AF292857

Die Reihe Technik der Turboflugtriebwerke enthält
wissenschaftlich fundierte Gesamtdarstellungen des vorhandenen Fachwissens zur Berechnung, Konstruktion
und zum Bau von Turboflugtriebwerken.

**Fertigungsverfahren
von Turboflugtriebwerken**
von Peter Adam

**Steuerung und Regelung
der Turboflugtriebwerke**
von Klaus Bauerfeind

Projektierung von Turboflugtriebwerken
von Hubert Grieb

Hubert Grieb

Projektierung von Turboflugtriebwerken

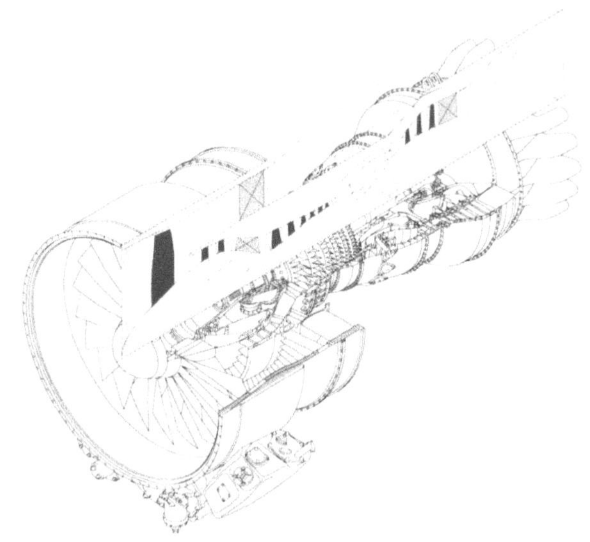

Springer Basel AG

Der Autor:

Dr. Hubert Grieb
Nimrodstr. 44
D-82110-Germering

Dieses Buch entstand mit freundlicher Unterstützung der MTU München.
Redaktionelle und herausgeberische Betreuung: Dipl.-Ing. Helmut Schubert.

Bibliografische Information der Deutschen Bibliothek
Die Deutsche Bibliothek verzeichnet diese Publikation in der Deutschen Nationalbibliografie,
detaillierte bibliografische Daten sind im Internet über http://dnb.ddb.de abrufbar.

ISBN 978-3-0348-9627-6   ISBN 978-3-0348-7938-5 (eBook)
DOI 10.1007/978-3-0348-7938-5
© 2004 Springer Basel AG
Ursprünglich erschienen bei Birkhäuser Verlag, Basel, Switzerland 2004
Softcover reprint of the hardcover 1st edition 2004

ISBN 978-3-0348-9627-6

9 8 7 6 5 4 3 2 1

Zum Geleit

Turboantriebe für die Luftfahrt gehören zu den faszinierenden Gebieten des Maschinenbaus. Hier kommen Disziplinen wie die Aerodynamik, Thermodynamik, die Werkstoffkunde sowie die Verbrennungskinetik aufs engste zusammen und werden bis an die Grenze der technischen Möglichkeiten ausgenutzt. Das Ergebnis sind Wirkungsgrade und Leistungsgewichte, die den theoretischen maximalen Möglichkeiten sehr nahe kommen und daher, wenn nicht neue Konzepte zur Anwendung kommen, kaum noch zu steigern sind.

Weil sich verschiedene Triebwerkskonzepte bezüglich Leistung und Zuverlässigkeit einander angenähert haben, entbrennt nun ein erbitterter Kampf im Hinblick auf Herstell- und Lebenswegkosten. Gerade hier wird noch einmal ein wesentlicher Fortschritt erwartet. Denn eine noch ausgefeiltere Aerodynamik sowie neue Bauweisen erlauben es, zu hochbelasteten Turbokomponenten überzugehen und die Anzahl der Schaufeln um bis zu 40 Prozent zu senken. Diese Entwicklung ist in der Militärluftfahrt aus Gründen des Gewichts bereits verwirklicht. Sie wird sich aus Kostengründen auch in der zivilen Luftfahrt durchsetzen und noch einmal eine neue Generation von Turbofantriebwerken einleiten.

Die Frage des optimalen Konzeptes bleibt damit hochaktuell und wird die Triebwerksingenieure weiter beschäftigen. Sie kann auch zu vollkommen neuen Lösungen führen, dem sogenannten Getriebefan und/oder rekuperativen Turbofan, die zur Einführung anstehen, wenn sich Umeltforderungen und Energiekosten weiter verschärfen.

Die Entwicklung von Turbofan- und Turbowellentriebwerken hat nur in der halben Zeit jener des Kolbentriebwerkes stattgefunden. Gleich von Anfang an war die MTU bzw. ihre Vorgängergesellschaften an diesem rasanten Werdegang beteiligt. Die MTU ist heute der fünftgrößte Triebwerkshersteller der Welt und der größte in Deutschland. Sie wird auch in Zukunft in wesentlichem Maße eingebunden sein in die Findung optimierter konventioneller und zukünftiger Triebwerkskonzepte. Um so erfreulicher ist es, daß für dieses zentrale Thema mit Herrn Dr. Grieb ein Autor gefunden wurde, der fast von Anfang an die Triebwerksentwicklung in der MTU und ihren Partnerfirmen miterlebt und mitgestaltet hat und der den Stoff in klaren Zusammenhängen übersichtlich dargestellt hat. Ihm sei an dieser Stelle – ohne die zahlreichen Zuarbeiter zu vergessen – besonders gedankt.

Dr. Klaus Steffens
Vorsitzender der Geschäftsführung
MTU Aero Engines
München

Vorwort

Entsprechend der Zielsetzung wendet sich dieses Buch an Studierende von Fachhochschulen und Technischen Universitäten mit Vorkenntnissen in Luftfahrtantrieben und Gasturbinen. Ebenso werden junge Ingenieure in der Luftfahrtindustrie angesprochen, die über ihre spezielle Tätigkeit hinaus wenig Gelegenheit haben, sich einen breiteren Überblick über das gesamte Gebiet der Turboflugtriebwerke mit den dabei wichtigen thermodynamischen Zusammenhängen und der vor sich gehenden vielseitigen Entwicklung zu verschaffen.

Ich danke der Geschäftsleitung der MTU München, auf deren Anregung das Buch im Rahmen der Buchreihe „Technik der Turboflugtriebwerke" in Angriff genommen wurde, für die großzügige, aktive Unterstützung, zumal die Logistik und Datenbasis der MTU in Anspruch genommen wurde und damit das Buch im vorliegenden Umfang überhaupt entstehen konnte.

Besonderen Dank schulde ich Dr. J. Kurzke für die Berechnung parametrischer spezifischer Leistungsdaten, R. Schaber und H. Mark für die Berechnung parametrischer Leistungsdaten von Turbofans und Wellenleistungstriebwerken, R. Gumucio für die Berechnung von Daten rekuperativer Triebwerke und Dr. G. Dhont für die Berechnung parametrischer Daten zur Festigkeit von Turbinenscheiben.

Ferner schulde ich Dank H. Groenewald, von dem ich viele wertvolle Informationen und Hinweise zur Wirtschaftlichkeit von Flugzeugen und Triebwerken und zu Fragen der Triebwerkinstallation und -zulassung erhielt.

Darüber hinaus möchte ich mich für die vielen Hinweise, Anregungen und Informationen bedanken, die ich von Kollegen der MTU und von anderer Seite erhielt. Genannt seien dabei nach Alphabet

H. Abdullahi	W. Krüger	Dr. R. Schreieck
Dr. M. Albers	Dr. H. Künkler (IABG)	D. Schubert
H.-P. Borufka	J. Kurzak	W. Schütte
Th. Breuer	K. Kutz	F. Schwamm
Dr. J. Broede	W. Lauer	L. Schweikl
H.-J. Dietrichs	R. Lederer	Dr. J. Sieber
M. Dupslaff	A. Mintiouris	Dr. B. Simon
Dr. J. Eßlinger	H. Nitsch	Dr. A. Spirkl †
M. Fischer	G. Pellischek	Dr. E. Steinhardt
H.-A. Geidel	K. Pfaff	R. Traunspurger
Dr. K. Heinig	Th. Ripplinger	W. Weiler
Dr. F. Heitmeier	A.-O. Roßmann	W. Werner
K. Katheder	Dr. K.-P. Rüd	Dr. J. Wortmann
E. Kennepohl	A. Schäffler	Dr. N. Zarzalis
H. Klingels	U. Schmidt-Eisenlohr	
W. Klußmann	J. Schmücker	

Ferner gilt mein herzlicher Dank Dr. med. Chr. Graeven für die Niederschrift der Erstfassung des Textes und in besonderer Weise P. Augustin für die exzellente Bearbeitung der Endfassung. Herzlichen Dank schulde in ebenso H.-M. Hechtl und insbesondere J. Glas für die Herstellung der Diagramme und Schemata in ausgezeichneter Qualität.

Mein Dank gebührt aber auch H. Schubert für die redaktionelle Betreuung des Buches, R. Glander, L. Kiritschenko und K. Weiss für ihre unentbehrliche Hilfe bei Literaturrecherchen, und ganz besonders H. Prechter und A. Schäffler für die kritische Durchsicht des Manuskriptes.

Zu guter letzt aber danke ich auch meiner Frau für ihre Mitarbeit, ebenso wie für ihre große Geduld und Rücksichtnahme während der Vorbereitung dieses Buches.

München, November 2003   *Dr.-Ing. Hubert Grieb*

Inhalt

1 Zielsetzung

Mit diesem Buch soll eine Anleitung zur flugmissionsgerechten, kompetitiven und technologisch fundierten Gestaltung bzw. Projektierung von Turbostrahltriebwerken und Wellenleistungstriebwerken vermittelt werden. Hierzu werden auf der Grundlage einer breiten, industriell verfügbaren Datenbasis die bei Kreisprozeß- und Komponentendaten festzustellenden Entwicklungstendenzen der wichtigen, für Effizienz und Dimensionierung entscheidenden Parameter bis zum heutigen technologischen Stand dargestellt. Damit werden zugleich Anhaltspunkte für die in weiterer Zukunft zu erwartenden Fortschritte bzw. Trends geliefert.

Orientiert an den Einsatzbedingungen der Flugtriebwerke wird für derzeit relevante und zukünftig vorstellbare Triebwerkkonzepte die geeignete Festlegung der Kreisprozeß- und Komponentendaten erläutert. Vor dem Hintergrund der beim Triebwerkentwurf zu beachtenden betriebstechnischen und technologischen Beschränkungen und mit Blick auf bestehende oder zukünftig zu erwartende ökologische Auflagen werden die verfügbaren technischen Maßnahmen zur Erfüllung der erfahrungsgemäß zu erwartenden Forderungen zur Leistungssteigerung beschrieben. Die beim Triebwerkentwurf von Beginn an im Auge zu behaltenden, erst bei späterer Detaillierung lösbaren Entwicklungsprobleme werden angesprochen. Besondere Beachtung wird nicht nur den vom Standpunkt der Werkstoffe und Bauweisen bestehenden, vorläufig nicht überwindbar erscheinenden Entwicklungsgrenzen gewidmet, sondern auch den vorstellbaren konzeptionellen Möglichkeiten zur Überwindung dieser Barrieren geschenkt. Danach steht außer Zweifel, daß die weitere Entwicklung der Turboflugtriebwerke noch sehr bedeutende Fortschritte in wirtschaftlicher und ökologischer Richtung ermöglicht und damit zukünftigen Ingenieuren ein weites Feld kreativer Tätigkeit bietet.

Triebwerke für zivilen und militärischen Einsatz werden in gleicher Weise behandelt, wobei die Gemeinsamkeiten und Unterschiede in den Anforderungen und Betriebsbedingungen der gesamten Antriebsanlage und deren Komponenten, ebenso wie die daraus resultierenden konzeptionellen Besonderheiten erläutert werden. Hilfsaggregate für den Bordbedarf werden nicht mit einbezogen.

Dem bei Projektstudien üblichen und berechtigten Bestreben, zunächst mit geringem Aufwand in kurzer Zeit zu attraktiven, kompetitiven Entwürfen zu kommen, die der späteren, detaillierten, mit höherem Aufwand betriebenen Überprüfung standhalten, aber auch der daraus resultierenden Methodik der Projektierung wird besondere Aufmerksamkeit geschenkt. Schließlich wird großer Wert darauf gelegt, die Möglichkeit der Durchführung von Projektstudien und von Analysen bestehender Triebwerke mit einfachen, in diesem Buch dargelegten Mitteln aufzuzeigen, um Studierenden und jungen Ingenieuren, die über die Anwendung verfügbarer Rechenprogramme hinaus tiefer in das Verständnis der physikalisch/technisch/wirtschaftlichen Zusammenhänge bei der Gestaltung von Turboflugtriebwerken und deren Komponenten eindringen wollen, zu qualifizierten Schlüssen und/oder brauchbaren Studienergebnissen bzw. Triebwerkentwürfen zu verhelfen. Damit soll zugleich der Blick für zukünftige Entwicklungen und die dabei anstehende bzw. zu lösende Problematik geschärft werden.

Die langjährige Tätigkeit des Verfassers bei der MTU München in der Komponentenentwicklung und Projektierung von Turbotriebwerken hat zusammen mit dem Rückgriff auf die MTU-Datenbasis wesentlich zum Gehalt des Buches an technischer Information beigetragen. Die beschriebenen Entwicklungstendenzen bei Triebwerken und die behandelten Triebwerkkonzepte reflektieren jedoch weitestgehend die persönliche Meinung des Verfassers und nicht die bei der MTU verfolgten technischen Entwicklungen und Projekte. Etwaige Ähnlichkeiten der beschriebenen Triebwerkkonzepte mit Projekten der MTU sind daher zufällig.

2 Einführung

Allgemeines zu Triebwerken für die zivile Luftfahrt

Bei der Projektierung eines Triebwerks für den Luftverkehr stellt die optimale Erfüllung der im Prinzip konkurrierenden Kriterien

– Betriebssicherheit,

– Wirtschaftlichkeit,

– Ökologische Verträglichkeit

und damit

– Markt- bzw. Konkurrenzfähigkeit

als Leitgedanken über allen technischen Zielsetzungen. Immerhin tragen die Triebwerke eines Verkehrsflugzeugs nach Bild 2.1 nicht unbeträchtlich – wenn auch mit unterschiedlicher Akzentuierung je nach Kurz- und Langstreckeneinsatz – zu den Betriebskosten des Flugzeugs bei. Ferner muß ein zu entwickelndes Triebwerk

– den von den internationalen und nationalen Zulassungsbehörden (z.B. FAA, ICAO und LBA) festgelegten und ggf. zu erwartenden Sicherheitsstandards voll entsprechen, um die Luftverkehrszulassung erhalten zu können,

– den von den Luftverkehrsgesellschaften geforderten Zeitintervallen zwischen Wartungs- und Erhaltungsprozeduren mit dabei akzeptablen Kosten entsprechen und

– ferner müssen neben den bestehenden Auflagen der internationalen Zulassungsbehörden (d.h. FAA, ICAO) und lokalen Organisationen (z.B. Flughafenverwaltungen) zur Ökologie auch die noch in der Diskussion stehenden, aber zukünftig zu erwartenden Erweiterungen/Verschärfungen der Auflagen beachtet werden, um späteren Nachteilen wie höheren Flughafengebühren etc. zu entgehen.

Immerhin wurden bisher ökologische Auflagen stets so festgelegt, daß genügend zeitlicher Spielraum für die Erneuerung der Flotten blieb und die zukünftigen Verschärfungen im realistischen, d.h. technisch bewältigbaren Rahmen blieben. Hierzu finden sich z.B. in Abschnitt 5.3 konkrete Daten und Argumente zur Frage der NO_x-Emission.

Niemand ist bereit, wirtschaftliche oder ökologische Fortschritte auf Kosten der Betriebssicherheit oder auf dem Wege höheren Wartungs-/Erhaltungsaufwands zu erzielen oder zu akzeptieren. Vielmehr führen die Analysen der Unfälle bzw. Schäden in allen Bereichen der Luftfahrt zur Verschärfung/Differenzierung der Bauvorschriften und Zulassungsbestimmungen, um das Schadenrisiko weiter zu minimieren. Hierzu demonstriert die folgende Tabelle die seit Beginn des strahlgetriebenen Luftverkehrs um 1960 erreichten Fortschritte, gemessen in Triebwerkabschaltungen im Flugbetrieb und die nach Einführung eines Triebwerkmusters anstehende „Reifung" der Triebwerke im praktischen Flugbetrieb.

	Abschaltungen im Flug pro 1.000 Flugstunden	
	Triebwerke nach Flugfreigabe bzw. nach der Einführung in den Dienst	voll entwickelte bzw. „reife" Triebwerke
1. Dekade des strahlgetriebenen Luftverkehrs	0,5 ... 1,0	0,1 ... 0,3
Moderne Triebwerke (90er Jahre)	0,08 ... 0,12	0,01 ... 0,02

Unter diesen Voraussetzungen werden Fortschritte in Richtung höherer Wirtschaftlichkeit (z.B. durch besseren *SBV*, höhere Werte *F/G* oder *P/G*) bei den heute relevanten Triebwerkkonzeptionen im allgemeinen den Auflagen zur besseren Ökologie (z.B. reduzierter NO_x-Emission) entgegengesetzt sein, wenn man

– von dem eher marginalen Beitrag der Luftfahrt zur weltweiten Reduzierung der CO_2-Emission als Nebenprodukt der Verbesserung des *SBV* und dem

– von der Verbesserung des *SBV* getriebenen Trend zur Reduzierung des spezifischen Schubes, der zugleich ein Potential zu niedrigerem Lärmpegel erschließt,

absieht. Hierzu zeigt Bild 2.2 die im Zeitraum EIS (Einführung in den Dienst) = 1970–1995 erzielte bedeutende Verbesserung des *SBV* im Reiseflug und die im gleichen Zeitraum erreichte, eher bescheidene Reduzierung der NO_x-Emission nach dem maßgebenden ICAO-LTO-Zyklus, vgl. hierzu Abschnitt 5.3. Zu Entwicklungen, die zugleich Fortschritte in der Wirtschaftlichkeit *und* Ökologie bringen, bedarf es grundsätzlicher Innovationen, wie sie z.B. rekuperative Triebwerke darstellen, die in Abschnitt 6.10 angesprochen werden.

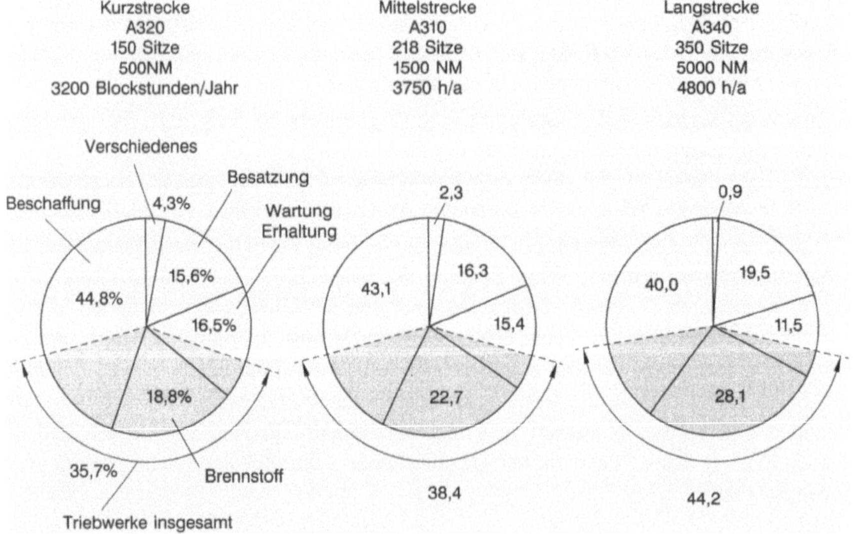

Bild 2.1: Anteil der Triebwerke an den direkten Betriebskosten von Verkehrsflugzeugen (nach MTU-Datenbasis)

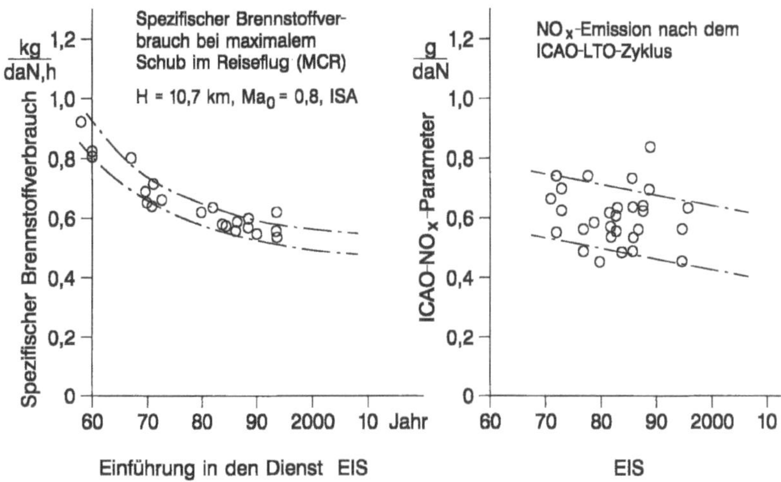

Bild 2.2: Zeitliche Entwicklung des spezifischen Brennstoffverbrauchs (*SBV*) und der NO$_x$-Emission in der Verkehrsluftfahrt (nach MTU-Datenbasis)

Besonderheiten von Triebwerken für den militärischen Einsatz

Bei militärischen Triebwerken – vor allem für Kampfflugzeuge – steht maximale Effektivität bei akzeptabler Betriebssicherheit im Vordergrund, während auf ökologische Auflagen – zumindest bisher – praktisch keine Rücksicht genommen zu werden brauchte. Das letztere ist verständlich, wenn man den geringen Anteil der durch die militärische Luftfahrt emittierten Schadstoffe an der Gesamtemission in der Luftfahrt in Betracht zieht.

Entsprechend sind Niveau und Tempo der zeitlichen Entwicklung des für die Leistungsfähigkeit maßgebenden Parameters, nämlich der Temperatur am Turbineneintritt – wie in Abschnitt 5.10 angesprochen – höher als im zivilen Bereich, zumal der dabei als Basis erforderliche Technologiestand im Sinne von Werkstoffbelastungen und -temperaturen dem im zivilen Bereich üblichen Niveau deutlich, d.h. zeitlich um 10 bis 15 Jahre, vorauseilt.

Technologiestand – Annäherung an physikalische Grenzen

Dabei ist zu sehen, daß die bisherige Entwicklung zu höheren Temperaturen am Verdichteraustritt und Turbineneintritt aus folgenden Gründen nur noch begrenzte Zeit fortgesetzt werden kann:

– Die an die Werkstoffentwicklung gebundene Steigerung der Temperatur am Verdichteraustritt kann mit metallischen Werkstoffen wahrscheinlich nicht wesentlich weiter erhöht werden, und ob zukünftig nichtmetallische (Verbund-)Werkstoffe einen Ausweg aus dieser Situation darstellen werden, ist noch offen, vgl. hierzu Abschnitt 6.11.

– Besonders bei militärischen Triebwerken für Kampfflugzeuge ist die Annäherung der Temperatur am Brennkammeraustritt an stöchiometrische Bedingungen weit vorangeschritten. Bei Triebwerken für den zivilen Einsatz besteht zwar noch ein gewisser Abstand, aber auch hier ist die Annäherung an diese Grenze unausweichlich, wobei hier

die Annäherung an stöchiometrische Bedingungen mit Rücksicht auf die Schadstoff-
entwicklung weit problematischer ist, vgl. hierzu Abschnitt 5.3.

Insgesamt gesehen stellt der Technologiestand des HD-Systems eines Triebwerks,
der entscheidend von den maximal zulässigen Temperaturen am Verdichteraustritt und
Turbineneintritt charakterisiert wird, den Schlüssel dar für die Wirtschaftlichkeit bzw.
Effektivität des gesamten Triebwerks, vgl. Abschnitt 6.2. Hinzu kommt, daß bei Triebwerken für Verkehrsflugzeuge – besonders im Langstreckeneinsatz – die Tendenz zur
Reduzierung des spezifischen Schubes als Ausgangspunkt für die Verbesserung des SBV
seine Grenze in der Effektivität des installierten Triebwerks findet, weil nach heutiger
Erkenntnis spezifische Schübe des (nicht installierten) Triebwerks aufgrund des Gondelwiderstandes unter Reiseflugbedingungen unterhalb $F/M = 80\ldots 90$ m/s nicht sinnvoll
sind, vgl. hierzu Abschnitt 5.11.

Technischer Fortschritt und Markt/Bedarf

Wenngleich vom Standpunkt des Ingenieurs die Entwicklung neuer Triebwerkkonzepte
und -technologien mit dem Ziel des Fortschritts im o.a. Sinne im Mittelpunkt stehen, so
ist doch offenkundig, daß nicht alles, was technisch möglich ist, auch wert ist, verfolgt zu
werden, sondern daß jede Entwicklung der Markt- bzw. Konkurrenzfähigkeit als Produkt
im Sinne der o.a. Kriterien zu dienen hat. Daher wird das an sich mögliche Entwick-
lungstempo nicht allein durch das Verfügbarwerden neuer Technologien oder neuer
Konzepte bestimmt, sondern ist im zivilen Bereich auch von der Ertragslage der Indus-
trieunternehmen und Luftlinien, bzw. im militärischen Bereich von den Beschaffungs-
plänen der öffentlichen Auftraggeber etc. abhängig. Während im militärischen Bereich
der Anspruch, dem potentiellen Gegner zumindest gewachsen, wenn nicht überlegen zu
sein, von vornherein anspruchsvolle Technologieentwicklungen fordert, welche die
Entwicklung entsprechend effektiver Triebwerke ermöglicht, besteht im zivilen Bereich
viel eher die Tendenz, beim bewährten, gut eingeführten, beim Kunden geschätzten,
verläßlichen Produkt zu bleiben, statt mit einem zwar überlegenen, aber technologisch
neuen Produkt möglicherweise Risiken einzugehen. Hier ist die Konkurrenzfähigkeit des
Produkts schlußendlich maßgebend.

Relevante Triebwerkklassen und Einsatzbedingungen

Vor dem beschriebenen Hintergrund werden in den Abschnitten 6.2 und 6.3 an Beispielen die bei zivilien Turbofans/Mantelpropfans, militärischen Turbofans mit Nachbrenner
und Wellenleistungstriebwerken als Hubschrauberantrieb oder Turboprop bei der Gestaltung des Strömungskanals, d.h. des Ringraums, der Auslegung der Komponenten und der
Berechnung der Leistungsdaten zu beachtenden Gesichtspunkte dargelegt und in den
Abschnitten 6.4 und 6.5 die im Hinblick auf spätere Schub- bzw. Leistungssteigerungen
oder im Zusammenhang mit der Konzipierung einer Triebwerkfamilie zu treffenden,
konzeptionellen Maßnahmen erläutert. Dem zuletzt genannten Gesichtspunkt kommt
beim Neuentwurf eines Triebwerks deswegen hohe Bedeutung zu, weil darauf
– bei der Konzeption bzw. Architektur eines Triebwerks von vornherein ausgeprägte
  Rücksicht genommen werden muß und

– beginnend mit dem Start eines Triebwerkprogramms für Entwicklung und Nutzung
ein Zeitraum von 30 bis 40 Jahren abzudecken ist, während dessen Ablauf die Voraussetzungen zur kontinuierlichen Weiterentwicklung des Triebwerks zu höherer Leistung etc. – möglichst ohne grundsätzliche Eingriffe – gegeben sein müssen.

Über die heute im zivilen Einsatz stehenden Triebwerke bzw. Triebwerkkonzepte
hinaus werden die bei einem potentiellen zukünftigen Überschall-Luftverkehr an den
Antrieb zu stellenden Forderungen und die dabei zu lösende Problematik angesprochen,
vgl. Abschnitt 6.7. Auch die bei Hyperschallantrieben für zukünftige, normal startende
Raumtransporter bestehenden Anforderungen, Betriebsbedingungen und die zu lösenden
technischen bzw. technologischen Probleme werden umrissen, vgl. Abschnitt 6.8.

Die seit den 70er Jahren anhängige Frage, ob Triebwerke mit variablem Kreisprozeß
für den Antrieb von Überschall-Verkehrsflugzeugen und/oder Überschall-Kampfflugzeugen aufgrund ihrer Anpassungsfähigkeit an unterschiedliche, d.h. Überschall- und Unterschall-Flugbedingungen trotz des damit verbundenen konstruktiven Mehraufwandes
attraktiv sein können, wird mit dem Blick auf die dabei zu lösende grundsätzliche Problematik, die innovative Komponententechnologie erfordert, erläutert, vgl. Abschnitte 6.6
und 6.11. Ferner wird auch die nach wie vor relevante Frage des Antriebs senkrecht
startender, ggf. überschallfähiger Kampfflugzeuge im Lichte der vom Antrieb im allgemeinen weitgehend erzwungenen speziellen Flugzeugkonfigurationen und der hier herrschenden besonderen Installations- und Betriebsbedingungen und schließlich der dabei
zu lösenden Problematik wenigstens in Kürze behandelt, vgl. Abschnitt 6.9.

Schließlich wird der heutige Wissensstand zur Frage der Einführung des als ökologisch günstig propagierten flüssigen Wasserstoffs als Brennstoff in der Verkehrsluftfahrt
umrissen. Dabei werden die weniger den Antrieb, als vielmehr Flugzeug und Logistik
bzw. Infrastruktur betreffenden Probleme angesprochen, vgl. hierzu Abschnitt 6.11.

Datenbasis

Die Brauchbarkeit eines neuen Triebwerkkonzepts bzw. -entwurfs steht und fällt mit der
Qualität der eingebrachten Komponentendaten, d.h. mit der verfügbaren Datenbasis zur
realistischen, aber fortschrittlichen Auslegung und Dimensionierung aller Komponenten.
Hierzu wird in Abschnitt 5 neben den Turbomaschinen als zentralem Teil auch eine
Datenübersicht aller übrigen, bei Turboflugtriebwerken vorkommenden Komponenten
geboten. Dabei werden, soweit genügend Unterlagen verfügbar waren und Entwicklungstendenzen ermittelt werden konnten, diese Daten in der Weise ausgewertet und
präsentiert, daß Technologiestand, d.h. Einführung in den Dienst (EIS), Komponentengröße und Betriebsbedingungen (u.a. Re-Zahl-Niveau) als Ordnungsparameter berücksichtigt und in die Normierung aller Daten eingebracht werden konnten. Dies bedeutet
zugleich, daß diese Parameter, was bei EIS bei der Projektierung logischerweise auf eine
Extrapolation in die Zukunft hinausläuft, bei der Festlegung der Komponentendaten im
Zuge der Projektierung – schon aus formalen Gründen – Berücksichtigung finden müssen. Darüber hinaus werden bei Komponenten wie Getriebe für den Antrieb von Mantelpropfans oder Propellern und bei Wärmetauschern mit Blick auf die Abschnitte 6.3
und 6.10 die für die Auslegung und Dimensionierung wichtigen Parameter erläutert, vgl.
Abschnitte 5.7 und 5.8.

Als Ergänzung wird auch eine Analyse der seit EIS = 1970 zurückgelegten Entwicklung wichtiger Auslegungs-/Kreisprozeß-/Leistungsparameter wie Verdichterdruckverhältnis Π_V und Verdichteraustrittstemperatur T_3, Turbineneintrittstemperatur $T_{4.1}$, spezifische Schübe F/M zusammen mit den Nebenstromverhältnissen ziviler und militärischer Turbofans und den spezifischen Leistungen P/M von Wellenleistungstriebwerken unter wichtigen Betriebsbedingungen sowie der gewichtspezifischen Parameter wie F/G und P/G durchgeführt.

Ebenso gut wie die erarbeitete Komponenten-Datenbasis der *Projektierung* dient, ist bei der *Analyse/Beurteilung* eines bestehenden Triebwerks die sinnvolle Einordnung ermittelter Komponentendaten, z.B. Wirkungsgrade, Belastungszahlen etc. in die o.a. Statistik nur unter Beachtung der beschriebenen Ordnungsparameter bzw. Normierung sinnvoll, bzw. sind nur dann aus dem Vergleich konkrete bzw. korrekte Schlüsse möglich.

Im Bewußtsein, daß die detaillierte und dennoch rationelle Berechnung von Leistungsdaten bei den heutigen komplexen Triebwerken nur mit EDV bewältigt werden kann, wird dem Zusammenspiel der Komponenten und den Einflüssen der Komponenten und ihrer Anordung auf das Betriebsverhalten eines Triebwerks entsprechend Abschnitt 4 besondere Aufmerksamkeit geschenkt, um über Ergebnisse mit EDV-Programmen hinaus das Verständnis für die grundsätzlichen aero-/thermodynamischen Zusammenhänge vor allem im Teillastbereich zu wecken. Erfahrungsgemäß werden viele Projektstudien etc. bereits mit der Erarbeitung der Thermodynamik bzw. der Leistungsdaten abgebrochen. Daher erschien es opportun, in Abschnitt 4 die im Teillastbereich zu erwartenden Verläufe von Komponentenwirkungsgraden und Druckverlusten etc. mit unterzubringen, obwohl diese auch in Abschnitt 5 hätten angesiedelt werden können.

Zum Komplex Betriebsverhalten gehört im Zusammenhang mit dem Wiederzünden in großer Flughöhe auch das Betriebsverhalten bei *Windmilling*, wobei leider die experimentelle Datenbasis schmal und größtenteils relativ veraltet ist.

Grenzen und Ziele der Projektierung

Ein nicht unwesentlicher Grundsatz der verfolgten bzw. eingeschlagenen Methodik im beabsichtigten, für die Projektierung zunächst ausreichenden Umfang ist der Verzicht auf Unterlagen/Daten, die erst im Laufe der späteren Detaillierung verfügbar werden, d.h. auf wesentlich breiterer und vertiefterer Datenbasis beruhen. Vielmehr kann, um eine rationelle, flexible und trotzdem erfolgversprechende Projektierung zu ermöglichen – der überwiegenden Praxis folgend – die Auslegung und Dimensionierung der Komponenten etc. auf der Basis der im vorliegenden Buch dargelegten Unterlagen durchgeführt werden. Dies muß jedoch im Bewußtsein und Verständnis der anliegenden Problematik (die beschrieben wird, vgl. z.B. Abschnitte 5.12 bis 5.15) und damit in der begründeten Erwartung geschehen, daß sich bei weiterer Bearbeitung bzw. späterer Detaillierung keine schwerwiegenden Probleme ergeben werden, welche einschneidende Änderungen erfordern.

Bei der Projektierung/Gestaltung eines Triebwerks wird man um so eher von vornherein auf Rechenprogramme etc. zurückgreifen, je näher das angestrebte Konzept und der geplante Technologiestand dem aktuellen Stand der Technik ist. Werden aber innovative, d.h. über den Stand der Technik sichtbar hinausgehende Konzepte in Angriff genommen, so ist die Wahrscheinlichkeit, daß verfügbare Komponentendaten und Rechenprogramme ihre Brauchbarkeit einbüßen, in Betracht zu ziehen. Im Extremfall wird man sich – auch aus Zeitgründen – und um nicht durch Programmaussagen eingeengt zu sein, auf die hier beschriebenen Zusammenhänge zurückbesinnen müssen, um rasch und kreativ – wenn auch vorläufig und genähert, aber doch richtungweisend – zu ersten Aussagen zu kommen.

3 Thermodynamische Kreisprozesse

3.1 Grundsätzliches

Seit der Einführung der Turbo-Strahltriebwerke in die Luftfahrt, zunächst in den militärischen, später in den zivilen Einsatz, hat sich eine Reihe von Grundtypen mit vielen Varianten herausgebildet, die einerseits den Fortschritt der Technik dokumentieren, andererseits aber die Anpassung an die Einsatzbedingungen reflektieren bzw. neue, erweiterte Einsatzbedingungen der Flugzeuge ermöglichten. Was den Fortschritt der Technik betrifft, so ist nicht nur eine bedeutende Entwicklung zu anspruchsvolleren thermodynamischen Hauptparametern wie Turbineneintrittstemperatur, Verdichterdruckverhältnis und Nebenstromverhältnis zu verzeichnen, sondern auch triebwerksinterne Parameter, wie das Kühl- und Luftsystem, haben eine außerordentliche Differenzierung erfahren.

Die Einsatzbedingungen ziviler Flugzeuge liegen mit Rücksicht auf den Widerstandsanstieg der Flugzeuge im transsonischen Bereich bei Mach-Zahlen unter 0,85, wobei in Höhen von 9 bis 12 km – bei Geschäftsflugzeugen auch höher, d.h. bis 14 km – geflogen wird. Abgesehen vom Überschallflugzeug „Concorde", das bei Mach 2 und in 17 km Höhe fliegt, ist eine Renaissance des Überschall-Luftverkehrs mit neuen, effektiveren und umweltfreundlicheren Flugzeugen derzeit nicht absehbar. Im militärischen Bereich gehen die Einsatzbedingungen – von Ausnahmen wie die Lockheed SR 71 „Blackbird" abgesehen – bis ca. Mach 2,4 bei Flughöhen bis 22 km, wobei allerdings auch hier Unterschall-Flugbedingungen wichtig sind. Bei propellergetriebenen Verkehrs- und Transportflugzeugen gehen die Flug-Mach-Zahlen bis ca. 0,6, bei entsprechend niedrigeren Flughöhen bis ca. 8 km, während bei Hubschraubern die Flug-Enveloppe bis Mach-Zahlen um 0,25 bei Flughöhen bis 5 km reichen.

Daraus ergibt sich mit Blick auf die thermodynamische Auslegung der Triebwerke, daß Schwerpunkt und Spannweite der Einsatzbedingungen und die dabei zu beachtenden Relationen der geforderten bzw. realisierbaren Triebwerksleistungen bei der Projektierung von Beginn an eine wichtige Rolle spielen.

Gerade in der Anfangsphase der Projektierung wird man im allgemeinen nicht in der Lage sein, auf alle Einzelheiten des Kreisprozesses, die sich bei der späteren verbindlichen Definition des Triebwerks als wichtig herausstellen können, einzugehen. Vielmehr ist es opportun, diese Einzelheiten, die zudem genauere Kenntnis der Komponenten etc. erfordern, in späteren Phasen der Projektierung zu klären. In diesem Sinne werden im folgenden einfach strukturierte thermodynamische Modellprozesse für Einkreis-Strahltriebwerke behandelt, aus denen mittels einfacher, überschaubarer, ohne EDV-Programme beherrschbarer Beziehungen Kreisprozeßdaten von Zweikreis-Triebwerken ohne oder mit Mischung beider Ströme, ohne oder mit Nachverbrennung, sowie von Wellenleistungstriebwerken, jeweils für Boden/Stand und beliebige Flugbedingungen, abgeleitet werden können. Die damit berechenbaren spezifischen Leistungsdaten wie

– spezifische Schübe,

– spezifische Wellenleistungen,

– spezifische Brennstoffverbräuche

sowie

– Düsendruckverhältnisse und Strahlgeschwindigkeiten

erlauben – ohne auf triebwerksinterne Einzelheiten eingehen zu müssen – bereits qualifizierte Aussagen über die zu erwartenden Triebwerksleistungen und Abmessungen, so daß damit die beabsichtigte, weitgehende Einengung der in Frage kommenden thermodynamischen Hauptdaten wie Turbineneintrittstemperatur, Verdichterdruckverhältnis und Nebenstromverhältnis etc. möglich ist.

Vor diesem Hintergrund werden im folgenden Daten eines „Modell"-Einkreis-Triebwerkes nach dem gegenwärtigen Stand der Technik, d.h. entsprechend EIS ≈ 1995, dargestellt. In diesem Zusammenhang sei allerdings bemerkt, daß auch bei anspruchsvoller Festlegung der für den thermischen Wirkungsgrad maßgebenden Haupt-Auslegungsparameter, wie Turbineneintrittstemperatur und Verdichterdruckverhältnis im heißen Kreis, die Fortschrittlichkeit bzw. der Erfolg des Triebwerks im praktischen Einsatz keineswegs garantiert sind. Ebenso wichtig wie die erwähnten Haupt-Auslegungsparameter sind technische Daten der Komponenten wie

– Wirkungsgrade von Verdichtern und Turbinen,

– Druckverluste in Brennkammer, Nachbrenner, Kanälen, Mischer etc.,

– Ausbrenngrade in Brennkammer und Nachbrenner,

– Kühlluftsystem bzw. Aufwand an Kühlluft,

– Schadstoff-Emissionsindizes,

– Leistungsbedarf für Triebwerks-Hilfsaggregate,

– Rückwirkungen der Entnahmen von Druckluft und mechanischer Leistung für den Bordbedarf auf das Triebwerk.

Auch der Verbesserung des Vortriebswirkungsgrades durch Herabsetzung des spezifischen Schubes bzw. Erhöhung des Nebenstromverhältnisses sind mit Rücksicht auf die Installation Grenzen gesetzt.

Die Erfahrung zeigt, daß allzu anspruchsvolle oder gar ambitiöse aero-/thermodynamische Festlegungen im Sinne hoher Turbineneintrittstemperaturen und Druckverhältnisse zu Nachteilen bei Komponenten-Wirkungsgraden etc. und/oder zu erhöhtem Bauaufwand führen können. Ferner wird dabei das Risiko erhöhter Entwicklungskosten oder gar der Nichterfüllung eingegangener Abnahmeverpflichtungen eingegangen. Damit kann der zunächst erhoffte Gewinn an Wirtschaftlichkeit zunichte gemacht oder ins Gegenteil verkehrt werden. Ferner trägt die Einfachheit des konstruktiven Konzepts, u.a. die minimale Anzahl von Lagerträgern, Labyrinthen, Strömungsumlenkungen, Luftentnahmen, gekühlten Turbinenstufen etc. wesentlich zur thermodynamischen Effektivität bei, da hierdurch Verluste verschiedener Art vermieden werden können.

Die im folgenden entwickelten Beziehungen und Daten sollen bei der Konzipierung eines Triebwerks einen ersten Ansatz zur Abklärung der Thermodynamik liefern, ohne auf Einzelheiten der Komponenten etc. eingehen zu müssen. Ebensogut können diese entwickelten Beziehungen aber auch im speziellen Fall auf der Basis eines „Modell"-Einkreis-Triebwerks mit geänderten Annahmen zu Komponenten wie Wirkungsgrade, Druckverluste, Kühlluftbedarf etc., ohne großen Aufwand nachvollzogen werden, um zu relevanteren Ergebnissen zu kommen.

Dazu sind nur die zu einer vorgegebenen Kombination der Turbineneintrittstemperatur $T_{4.1}$, bezogen auf die Temperatur T_2 am Triebwerkseintritt, und des Verdichterdruckverhältnisses Π_V gehörenden Parameter des Einkreis-Triebwerks, d.h.

$$F/M_V, \quad SBV_F, \quad T_D \quad \text{und} \quad \Pi_D$$

erforderlich, die ebensogut aber auch aus anderer Quelle stammen können und einen beliebigen technologischen Standard repräsentieren mögen. So gesehen haben die in Abschnitt 3.2 dargestellten Auslegungsdiagramme nur den Rang eines Beispiels zur allgemeinen Orientierung.

3.2 Spezifische Leistungsdaten von Einkreis-Strahltriebwerken

Die für allgemeine Verwendung, d.h. für Einkreis- und Zweikreis-Triebwerke sowie Wellenleistungstriebwerke für beliebige Eintrittstemperaturen bzw. Flughöhen und Flug-Mach-Zahlen entwickelten Diagramme für spezifische Leistungsdaten von Einkreis-Triebwerken entsprechend Bild 3.2.1a und 3.2.1b sind für einen Stand der Technik Mitte der 90er Jahre gegeben, der folgenden wichtigen Festlegungen entspricht:
– polytroper Verdichterwirkungsgrad: 0,90,
– polytroper Turbinenwirkungsgrad: 0,88,
– Brennkammerdruckverlust: 0,05,
– Brennkammerausbrenngrad: 1,0,
– Düse konvergent, isentrop.

Die kühlungsrelevanten Daten für $T_2 = 288$ K sind
– mittlere Laufschaufeltemperatur der ersten Turbinenstufe: 1200 K,
– max. Scheibentemperatur: 850 K,
– Kühlungseffektivität der Laufschaufeln: 0,60,
– Turbinen-Laufschaufelkühlung beginnt bei $T_{4.1}$: $\approx$1360 K,
– im Temperaturbereich $T_m = (T_{4.1} + T_3)/2$ zwischen 1000 und 1400 K linearer Anstieg der gesamten Kühlluftmenge, bezogen auf den Verdichterdurchsatz, von 0 auf 20%, vgl. Bild 3.2.2.

Dabei ist die thermodynamisch nicht relevante Kühlluftmenge für das 1. Turbinenleitrad nicht miteinbezogen.

Die Festlegung nach Bild 3.2.2 beruht auf der Analyse der Kühlluftsysteme ausgeführter und in Entwicklung befindlicher Triebwerke, die in Abschnitt 5.2.3.4 näher beschrieben ist.

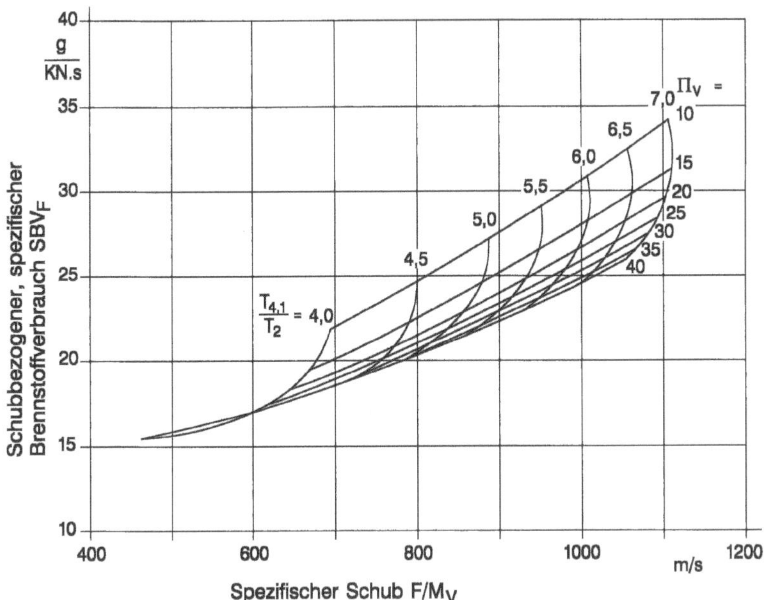

Bild 3.2.1a: Spezifische Leistungsdaten von Einkreis-Strahltriebwerken bei ISA, 0/0

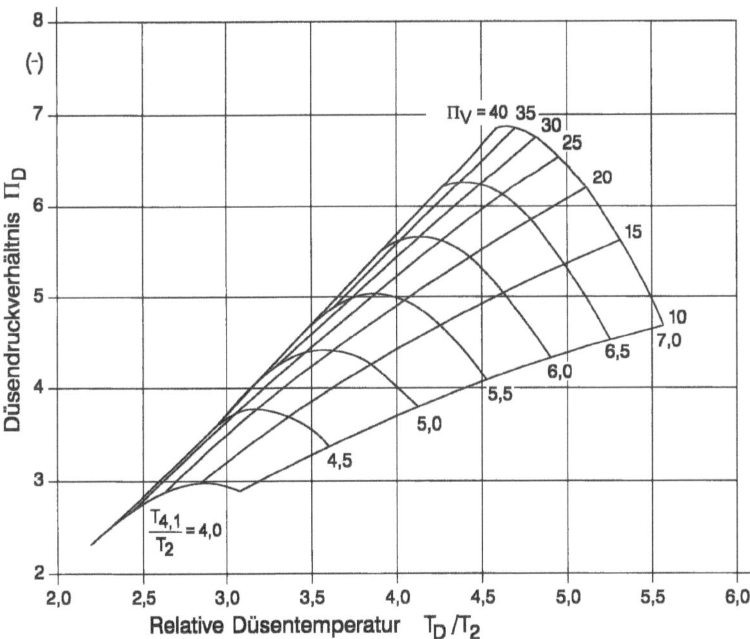

Bild 3.2.1b: Düsendruckverhältnis und -temperatur von Einkreis-Strahltriebwerken bei ISA 0/0

Da die aus dem Verdichterbereich abgezweigte Kühlluft im Turbinenbereich eine gewisse Arbeit leistet, ist der o.a. Betrag M_{KL} an Kühlluft, der diese Arbeit leistet, der Einfachheit halber durch den Betrag

$$M_{KL}^{*} = \chi \cdot M_{KL} \qquad (3.2.1)$$

der keine Arbeit leistet, in der Leistungsbilanz Verdichter/Turbine zu berücksichtigen. Dabei ist unter der vereinfachenden Annahme, daß die gesamte Kühlluft am Verdichteraustritt entnommen wird, sowie unter berechtigter Vernachlässigung des Energietransfers zwischen Heißgas und Kühlluft

$$\chi = \frac{M_{KL}^{*}}{M_{KL}} = 1 - \sum \frac{\Delta M_{KL,x-1}}{M_{KL}} \cdot \frac{T_3}{T_{4.x}} \cdot \frac{H_{eff,x}}{H_{eff,ges}} \qquad (3.2.2)$$

$$\approx 1 - \sum \frac{\Delta M_{KL,x-1}}{M_{KL}} \cdot \frac{T_3}{T_{4.x}} \cdot \frac{T_{4.x} - T_5}{T_{4.1} - T_5} \qquad (3.2.3)$$

Dabei ist

$H_{eff,ges} \approx \overline{c}_{p,T} \left(T_{4.1} - T_5 \right)$ das gesamte Turbinengefälle,

$H_{eff,x} \approx \overline{c}_{p,T} \left(T_{4.x} - T_5 \right)$ das restliche Turbinengefälle nach Eintritt der Kühlluftmenge $\Delta M_{KL.x-1}$,

M_{KL} die gesamte Kühlluftmenge,

$\Delta M_{KL,x-1}$ die an bestimmter Stelle $x-1$ in ein Gitter eintretende Kühlluftmenge,

T_3 die Temperatur am Verdichteraustritt,

T_5 die Temperatur am Turbinenaustritt.

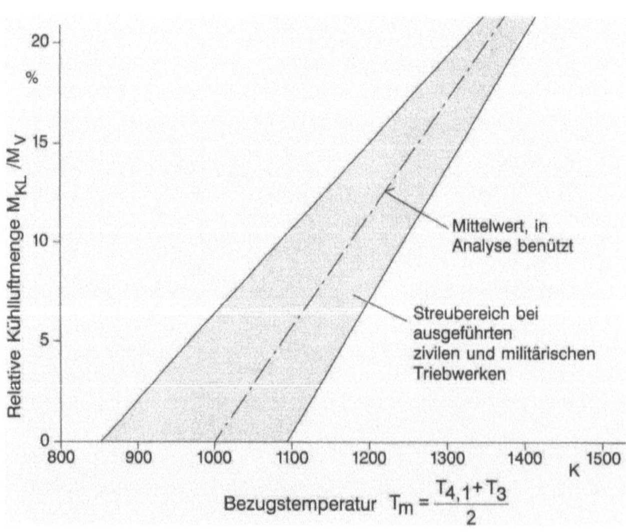

Bild 3.2.2: Auf Verdichterdurchsatz M_V bezogene Kühlluftmengen M_{KL} bei TO, ISA 0/0

Dabei ist ferner vorausgesetzt, daß die in ein Turbinenleit- oder -laufgitter $(x-1)$ eintretende Kühlluftmenge $\Delta M_{KL,x-1}$ erst im darauffolgenden Laufgitter (x) mechanische Arbeit leistet.

Aus einer Reihe existierender Zweikreis-Triebwerke für zivilen oder militärischen Einsatz mit zwei oder drei Wellen ergibt sich nach Abschnitt 5.2.3.4 der Bereich

$$\chi = 0{,}67 \ldots 0{,}88 \ ,$$

so daß für die Erstellung der Diagramme nach Bild 3.2.1 der Mittelwert $\chi = 0{,}75$ gesetzt wurde.

Damit ergibt sich das Leistungsgleichgewicht zwischen Verdichter und Turbine aus

$$H_{eff,V} \cdot M_V = H_{eff,T} \cdot \overline{M}_T \tag{3.2.4}$$

mit

$$\overline{M}_T = \left(M_V - M_{KL}^*\right)\left(1 + m_{id}\right) \tag{3.2.5}$$

und dem Brennstoff/Luftverhältnis

$$m = \frac{B}{M_{BK}} = \frac{B}{M_V - M_{KL}^*} \tag{3.2.6}$$

mit dem nur noch vom Brennstoff abhängigen Verhältnis für vollständige Verbrennung

$$m_{id} = f\left(T_3, T_{4.1}\right) = m \cdot \eta_{BK} \ . \tag{3.2.6a}$$

Zugleich folgt daraus der später benötigte Quotient

$$\frac{B}{M_V} = \left(1 - \frac{M_{KL}^*}{M_V}\right)m \ . \tag{3.2.6b}$$

Hierbei wird ebenso wie bei späterer Gelegenheit, z.B. in Abschnitt 3.6, der unverbrannte Brennstoff als gasförmig angenommen, so daß er entsprechend den Gasgesetzen an der Expansion in der Turbine teilnehmen kann.

Bei Flugtriebwerken ist im interessierenden Leistungsbereich $\eta_{BK} = 1$, so daß vereinfacht $m = m_{id}$ gesetzt werden kann. Dies gilt auch für die Diagramme nach Bild 3.2.1 sowie für die folgenden Ableitungen.

Ferner ist, wie bekannt, mit jeweils gemittelten Werten

$$\kappa = \frac{c_p}{c_p - R} = f\left(T, m_{id}\right) \ ,$$

$$H_{eff,V} = \frac{H_{is,V}}{\eta_{is,V}} \ ; \ \frac{H_{is,V}}{T_2} = R\frac{\kappa}{\kappa - 1}\left[\Pi_V^{\frac{\kappa-1}{\kappa}} - 1\right] \ ,$$

$$H_{eff,T} = H_{is,T} \cdot \eta_{is,T} \ ; \ \frac{H_{is,T}}{T_{4.1}} = R\frac{\kappa}{\kappa - 1}\left[1 - \left(\frac{1}{\Pi_T}\right)^{\frac{\kappa-1}{\kappa}}\right] \ ,$$

so daß sich aus dem Leistungsgleichgewicht nach Gl. (3.2.4)

$$\frac{H_{is,V}}{T_2} = \left(1 - \frac{M_{KL}^*}{M_V}\right)(1+m)\eta_{is,V}\cdot\eta_{is,T}\cdot\frac{T_{4.1}}{T_2}\cdot\frac{H_{is,T}}{T_{4.1}} \tag{3.2.7}$$

ergibt. Dies erlaubt die Bestimmung des Turbinendruckverhältnisses Π_T hauptsächlich als Funktion des Verdichterdruckverhältnisses Π_T und des Temperaturverhältnisses $T_{4.1}/T_2$.

Ferner ist bei Expansion auf Atmosphärendruck das Düsendruckverhältnis

$$\Pi_D = \frac{\Pi_V}{\Pi_T}\left(1 - \frac{\Delta p_{Bk}}{p_3}\right) = \frac{p_9}{p_0}\;, \tag{3.2.8}$$

die Temperatur in der Düse

$$T_D = T_7 = \frac{M_T\cdot c_{p,5}\cdot T_5 + M_{KL}^*\cdot c_{p,3}\cdot T_3}{(M_T + M_{KL}^*)c_{p,7}} \tag{3.2.9}$$

mit

$$\left(M_T + M_{KL}^*\right)c_{p,7} \approx M_T\cdot c_{p,5} + M_{KL}^*\cdot c_{p,3}$$

sowie der Durchsatz an der Düse mit Gl. 3.2.5

$$M_D = M_T + M_{KL}^* = (M_V - M_{KL}^*)(1+m) + M_{KL}^* \tag{3.2.10}$$

bzw. die Relation

$$\frac{M_D}{M_V} = \left(1 - \frac{M_{KL}^*}{M_V}\right)(1+m) + \frac{M_{KL}^*}{M_V}\;. \tag{3.2.10a}$$

Aus Π_D und T_D ergibt sich die für spätere Ableitungen benötigte isentrope, nur bei vollständiger innerer Expansion erreichbare Strahlgeschwindigkeit

$$C_{is,D} = \sqrt{\frac{2\kappa}{\kappa-1}RT_D\left[1 - \left(\frac{1}{\Pi_D}\right)^{\frac{\kappa-1}{\kappa}}\right]} \tag{3.2.11}$$

mit

$$f_{is,D} = \frac{C_{is,D}}{\sqrt{T_D}} = \sqrt{\frac{2\kappa}{\kappa-1}R\left[1 - \left(\frac{1}{\Pi_D}\right)^{\frac{\kappa-1}{\kappa}}\right]} \tag{3.2.11a}$$

und $\kappa = c_p/(c_p - R)$ als Funktion von T_D und dem fiktiven Brennstoff-/Luftverhältnis in der Düse

$$m_D = m_{BK} \cdot \frac{M_{BK}}{M_V} = m_{BK}\left(1 - \frac{M_{KL}^*}{M_V}\right) \tag{3.2.12}$$

sowie mit Gl. 3.2.10 der isentrope spezifische Schub

$$\left(F/M_V\right)_{is} = \frac{M_D}{M_V} \cdot C_{is,D} \ . \tag{3.2.13}$$

Mit der isentropen bzw. effektiven spezifischen Expansionsarbeit

$$H_{is} = \frac{1}{2}C_{is}^2 \ \ \text{bzw.} \ \ H_{eff} = \frac{1}{2}C^2$$

ergibt sich der Düsenwirkungsgrad

$$\eta_D = \left(H_{eff}/H_{is}\right)_D = \left(C/C_{is}\right)_D^2 \ , \tag{3.2.14}$$

die effektive Strahlgeschwindigkeit

$$C_D = C_{is,D} \cdot \sqrt{\eta_D} \tag{3.2.15}$$

und damit der effektive spezifische Schub

$$F/M_V = \frac{M_D}{M_V} \cdot C_D \tag{3.2.16}$$

Dieser Ansatz für F/M_V gilt uneingeschränkt nur bei konvergenter Düse und $\Pi_D \leq \Pi_{krit}$. Bei Düsendruckverhältnissen $\Pi_D \geq \Pi_{krit}$ und/oder konvergent/divergenten Düsen gelten kompliziertere Beziehungen, wobei verschiedene Fälle zu unterscheiden sind. Bei eindimensionaler Betrachtung herrscht am Düsenaustritt – abhängig von der Düsenkonfiguration – der statische Druck $p_{stat,9} \lessgtr p_0$. Damit herrscht am Düsenaustritt die Strahlgeschwindigkeit

$$C_9 = \sqrt{\eta_D} \cdot \sqrt{\frac{2\kappa}{\kappa-1}RT_D\left[1 - \left(\frac{p_{stat}}{p_D}\right)_9^{\frac{\kappa-1}{\kappa}}\right]} \tag{3.2.17}$$

so daß sich der spezifische Schub

$$F/M_V = \frac{1}{M_V}\left[A_9\left(p_{stat,9} - p_0\right) + M_D \cdot C_9\right] \tag{3.2.18}$$

ergibt. Dabei ist die Stromdichte am Düsenaustritt:

$$I_9 = \left(\frac{C}{\sqrt{T_D}} \cdot \frac{\rho_{stat}}{\rho_D}\right)_9 = \left(\frac{C}{\sqrt{T_D}} \cdot \frac{p_{stat}/p_D}{T_{stat}/T_D}\right) \tag{3.2.19}$$

mit

$$\left(\frac{T_{stat}}{T_D}\right)_9 = 1 - \eta_D \left[1 - \left(\frac{p_{stat}}{p_D}\right)_9^{\frac{\kappa-1}{\kappa}}\right] \qquad (3.2.20)$$

Damit ist die Düsenaustrittsfläche

$$A_9 = \frac{M_D \, R \sqrt{T_D}}{I_9 \cdot p_D \cdot 10^5} \qquad (3.2.21)$$

und der erzielbare spezifische Schub

$$F / M_V = \frac{M_D}{M_V}\left[\frac{R\sqrt{T_D}}{I_9 \cdot p_D \cdot 10^5}\left(p_{stat,9} - p_0\right) + C_9\right] \qquad (3.2.22)$$

In dem Sonderfall der „angepaßten" konvergent/divergenten Düse, d.h. bei $p_{stat,9} = p_0$, werden Gl. 3.2.17 bzw. 3.2.22 auf Gl. 3.2.15 bzw. 3.2.16 zurückgeführt.

Im wichtigen Sonderfall der konvergenten Düse bei $\Pi_D = \left(p_D / p_{stat}\right)_9 > \Pi_{krit}$ ist $p_{stat,9} > p_0$ bzw. $C_9 = C_{9,krit}$ und damit der spezifische Schub

$$\frac{F_{co}}{M_V} = \frac{1}{M_V}\left[A_{9,krit}\left(p_{9,krit} - p_o\right) + M_D \cdot C_{9,krit}\right] \qquad (3.2.23)$$

mit der kritischen Düsenfläche

$$A_8 = A_{krit} = \frac{M_D \cdot R\sqrt{T_D}}{p_D \cdot I_{krit} \cdot 10^5} \qquad (3.2.24)$$

und der kritischen Stromdichte I_{krit}. Diese ergibt sich entsprechend Gl. 3.2.18 und 3.2.19 aus der Differentiation

$$\frac{dI}{dp_{stat}} = \frac{d}{dp_{stat}}\left(\frac{C}{\sqrt{T_D}} \cdot \frac{p_{stat} / p_D}{T_{stat} / T_D}\right)_9 = 0 \ ,$$

d.h. mit $x = p_{stat} / p_D$ aus der Gleichung

$$\frac{1 - \dfrac{3\kappa-1}{2\kappa} \cdot x^{\frac{\kappa-1}{\kappa}}}{1 - x^{\frac{\kappa-1}{\kappa}}} = \frac{\dfrac{\kappa-1}{\kappa} \cdot \eta_D \cdot x^{\frac{\kappa-1}{\kappa}}}{1 - \eta_D + \eta_D \cdot x^{\frac{\kappa-1}{\kappa}}} \ . \qquad (3.2.25)$$

Die Werte $\left(p_{stat} / p_D\right)_{krit}$, $C_{krit} / \sqrt{T_D}$ und I_{krit} sind für $\kappa = 1{,}25 \ldots 1{,}40$ und $\eta_D = 0{,}95 \ldots 1{,}0$ aus Bild 3.2.3 und 3.2.4 zu entnehmen.

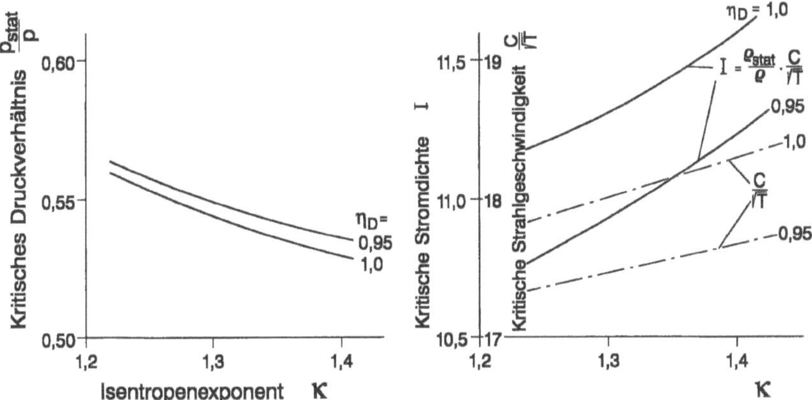

Bild 3.2.3: Einfluß des Isentropenexponenten und des Düsenwirkungsgrades auf Düsen-Strömungsparameter beim Schalldurchgang

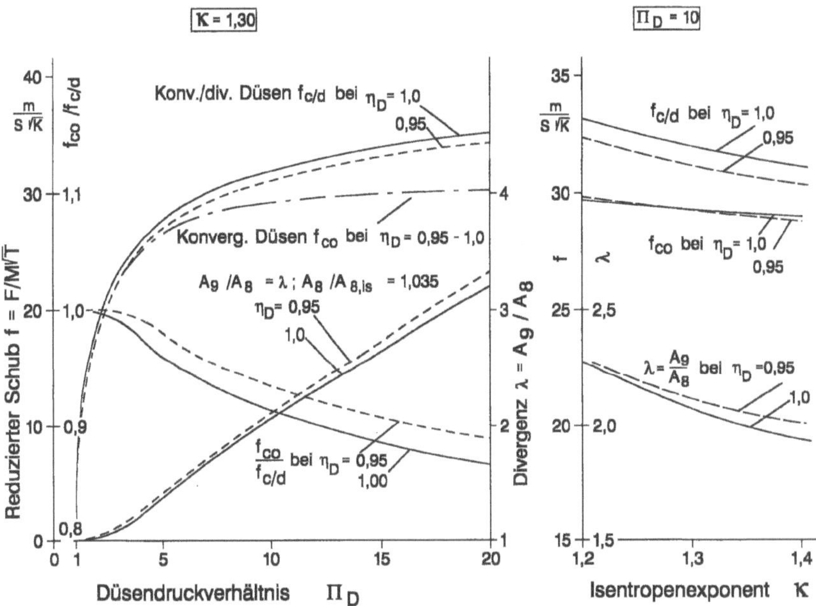

Bild 3.2.4: Einfluß des Isentropenexponenten und Düsenwirkungsgrades auf reduzierten Schub $f_{c/d}$ und Divergenz λ für konv./div. Düsen und f_{co} für konvergente Düsen

Für die isentrope Düse ergibt sich der leicht überschaubare Sonderfall

$$\frac{1}{\Pi_{krit}} = \left(\frac{p_{krit}}{p_D}\right)_9 = \left(\frac{2}{1+\kappa}\right)^{\frac{\kappa}{\kappa-1}} \tag{3.2.26}$$

$$\frac{C_{is,krit}}{\sqrt{T_D}} = \sqrt{\frac{2\kappa}{\kappa+1} \cdot R} \tag{3.2.27}$$

$$I_{is,krit} = \frac{A \cdot p_D \cdot 10^5}{R\sqrt{T_D}} = \left(\frac{2}{1+\kappa}\right)^{\frac{1}{\kappa-1}} \cdot \sqrt{\frac{2\kappa}{\kappa-1} \cdot R} \tag{3.2.28}$$

und damit die Düsenfläche

$$A_{is,krit} = \frac{M_D R\sqrt{T_D}}{p_D \cdot I_{is,krit} \cdot 10^5} \tag{3.2.29}$$

Da bei konvergenten Düsen in einem großen Bereich des Düsendruckverhältnisses der Düsenwirkungsgrad bei Werten um η_D=0,98 ... 0,99 liegt, kann entsprechend Bild 3.2.1 mit guter Näherung isentrop gerechnet werden. Damit kann analog zur isentropen, reduzierten Strahlgeschwindigkeit f_{is} nach Gl. 3.2.11a für die konvergente, isentrope Düse die – fiktive – reduzierte Strahlgeschwindigkeit

$$f_{co,is} = \frac{C_{9,co,is}}{\sqrt{T_D}} = \frac{R\left[\left(\dfrac{2}{\kappa+1}\right)^{\frac{\kappa-1}{\kappa}} - \dfrac{1}{\Pi_D}\right]}{\left(\dfrac{2}{\kappa+1}\right)^{\frac{1}{\kappa-1}} \cdot \sqrt{\dfrac{2\kappa}{\kappa+1} \cdot R}} + \sqrt{\frac{2\kappa}{\kappa+1} \cdot R} \tag{3.2.30}$$

definiert werden, wobei dieser Ausdruck aus einem „Druckglied" und einem „Geschwindigkeitsglied" besteht. Damit ist der spezifische Schub mit konvergenter, isentroper Düse analog Gl. 3.2.13

$$\left(F / M_V\right)_{is,co} = \frac{M_D}{M_V} \cdot C_{9,co,is} \cdot \tag{3.2.31}$$

Bei konvergent/divergenten Düsen ist die Bestimmung des Parameters

$$Y_D = \frac{\Pi_D - 1}{\Pi_D^* - 1} \tag{3.2.32}$$

mit dem Druckverhältnis Π_D^* der „angepaßten" Düse, d.h. mit $p_{stat,9} = p_0$, hilfreich. Dabei kann, wie in Abschnitt 5.6.2.3 näher ausgeführt wird, im Bereich $Y_D > 0,5$ die Strahlgeschwindigkeit C_9 nach Gl. 3.2.17 und der spezifische Schub nach Gl. 3.2.18 bzw. 3.2.22 bestimmt werden, wobei im Falle $Y_D < 1$ das „Druckglied" in Gl. 3.2.30 negativ wird. Damit ergibt sich bei der konvergent/divergenten Düse analog Gl. 3.2.30 die – fiktive – reduzierte, isentrope Strahlgeschwindigkeit bei $Y_D > 0,5$

$$f_{c/d,is} = \frac{C_{9,c/d,is}}{\sqrt{T_D}} = \frac{R}{I_{9,is}}\left(\frac{p_{stat,9}}{p_D} - \frac{p_0}{p_D}\right) + \frac{C_{9,is}}{\sqrt{T_D}} , \tag{3.2.33}$$

während im Bereich $0 < Y_D < 0,5$ der Zusammenhang, wie in Abschnitt 5.6.2.3 beschrieben, komplizierter ist.

Bei realen Düsen ergibt sich das „Druckglied" der konvergenten Düse aus Gl. 3.2.22 mit den realen Werten für Π_{krit} und I_{krit} nach Bild 3.2.3 mit dem Düsenwirkungsgrad nach Gl. 3.2.14. Ferner ist das ebenfalls mit dem realen Wert Π_{krit} zu berechnende „Geschwindigkeitsglied" mit dem Schubkoeffizienten

$$c_F = \sqrt{\eta_D}$$

zu belasten. Dieser Schubkoeffizient liegt nach Abschnitt 5.6.2.2 und 5.6.2.3 bei konvergenten Düsen im Bereich $c_F = 0,99 \ldots 0,92$ (entspr. $\Pi_D = 2 \ldots 10$), bei konvergent/divergenten Düsen im Bereich $c_F = 0,99 \ldots 0,94$ (entspr. $\Pi_D = 2 \ldots 20$). Somit ergibt sich die − fiktive − Strahlgeschwindigkeit der konvergenten, verlustbehafteten Düse aus Gl. 3.2.30 zu

$$f_{co} = \frac{R}{I_{krit}}\left(\frac{1}{\Pi_{krit}} - \frac{1}{\Pi_D}\right) + c_F \cdot \frac{C_{krit}}{\sqrt{T_D}} \tag{3.2.34}$$

und der konvergent/divergenten Düse aus Gl. 3.2.33 mit Beachtung von Gl. 3.2.11 zu

$$f_{c/d} = \frac{R}{I_9}\left(\frac{p_{stat,9}}{p_D} - \frac{1}{\Pi_D}\right) + c_F \cdot \frac{C_{9,is}}{\sqrt{T_D}} \ . \tag{3.2.35}$$

Mit diesen Beziehungen erhält man den schubbezogenen spezifischen Brennstoffverbrauch aus

$$SBV_F = \frac{B}{F} = \frac{B}{M_V} \cdot \frac{1}{F/M_V} \tag{3.2.36}$$

mit B/M_V nach Gl. 3.2.6b und F/M_V nach Gl. 3.2.13 für volle, interne, isentrope Expansion oder nach Gl. 3.2.31 für konvergente, isentrope Düse. F/M_V und SBV_F können für konvergente, isentrope Düse Bild 3.2.1 entnommen werden.

Die Ausdrücke f_{is} nach Gl. 3.2.11a und $f_{co,is}$ nach Gl. 3.2.30 sind zusammen mit dem Verhältnis

$$c_{F,co,is} = \frac{f_{co,is}}{f_{is}} = f(\Pi_D, \kappa) \leq 1 \tag{3.2.37}$$

und dem aus Gl. 3.2.21 und 3.2.24 gebildeten Flächenverhältnis

$$\lambda = \left(\frac{A_9}{A_8}\right)_{is} = \left(\frac{A_9}{A_{krit}}\right)_{is} = f(\Pi_D, \kappa) \tag{3.2.38}$$

in Bild 3.2.4 für $\kappa = 1,25 \ldots 1,35$ dargestellt.

In den weiteren Ableitungen für Einkreis- und Zweikreis-Triebwerke bei Flug-Mach-Zahlen $Ma_0 \geq 0$ können die Düsendruckverhältnisse einen sehr weiten Bereich $\Pi_D \lesseqgtr \Pi_{krit}$ einnehmen. Dabei ist der im Einzelfall erreichbare spezifische Schub bzw.

Bruttoschub (Schub des Düsenstrahls) neben den Parametern Π_D und T_D vom Düsenkonzept, vom Düsenwirkungsgrad η_D bzw. Schubkoeffizienten c_F und bei konvergent/divergenten Düsen vom Parameter Y_D nach Gl. 3.2.32 abhängig. Damit ergibt sich der spezifische Schub bzw. Bruttoschub in der allgemeinen Form

$$\left(F / M_V\right)_{Br} = \left(M_D / M_V\right) \cdot f_{co} \cdot \sqrt{T_D} \quad \text{bzw.} \quad f_{c/d} \cdot \sqrt{T_D} \tag{3.2.39}$$

mit M_D / M_V nach Gl. 3.2.10a, f_{co} nach Gl. 3.2.34 und $f_{c/d}$ nach Gl. 3.2.35 unter Beachtung von Y_D bzw. Abschnitt 5.6.2.3.

3.3 Spezifische Leistungsdaten bei beliebiger Eintrittstemperatur

Die im folgenden beschriebene Übetragung der spezifischen Leistungsdaten entsprechend Bild 3.2.1 auf beliebige Flugbedingungen erfordert ihre Erweiterung auf Eintrittstemperaturen im Bereich $T_2 = 288 - 50$ bis $+ 100$ K entsprechend 238 bis 388 K.

Werden die aus Abschnitt 3.2 hervorgegangenen Daten F / M_V, SBV_F, Π_D und T_D für konstante Werte c_p bzw. κ abgeleitet, so ergeben sich mit den für $T_2^* = 288$ K gültigen Werten $\left(F / M_V\right)^*$, SBV_F^*, Π_D^* und T_D^* für beliebige Werte T_2 bzw. $\Theta = T_2 / T_2^*$ die einfachen Beziehungen

$$F / M_V = \left(F / M\right)^* \cdot \sqrt{\Theta} \;, \tag{3.3.1}$$

$$SBV_F = SBV_F^* \cdot \sqrt{\Theta} \;, \tag{3.3.2}$$

$$T_D = T_D^* \cdot \Theta \;, \tag{3.3.3}$$

$$\Pi_D = \Pi_D^* \;. \tag{3.3.4}$$

Mit veränderlichen Werten c_p bzw. $\kappa = c_p /(c_p - R)$ sind jedoch Korrekturen anzubringen, die von $T_{4.1}/T_2$ und Π_V abhängen. Aus den neben $T_2^* = 288$ K für $T_2 = 238$, 338 K und 388 K berechneten spezifischen Leistungsdaten analog Bild 3.2.1 ergeben sich folgende Umrechnungsformeln:

$$F / M_V = \left(F / M_V\right)^* \cdot \sqrt{\Theta} + f(\Pi_V) \cdot \frac{T_2 - T_2^*}{50} \tag{3.3.5}$$

mit

$$f(\Pi_V) = 0{,}32 \cdot \Pi_V + 13 \;,$$

$$SBV_F = SBV_F^* \cdot \sqrt{\Theta} + f(T_{4.1} / T_2) \cdot \frac{T_2 - T_2^*}{50} \tag{3.3.6}$$

mit

$$f(T_{4.1} / T_2) = 1{,}5 \cdot T_{4.1} / T_2 - 2{,}6$$

$$T_D = T_D^* \cdot \Theta + f(\Pi_V) \cdot \frac{T_2 - T_2^*}{50} \tag{3.3.7}$$

mit

$$f(\Pi_V) = 0{,}4 \cdot \Pi_V + 9 \ , \tag{3.3.7}$$

$$\Pi_D = \Pi_D^* + f(\Pi_V, T_{4.1}/T_2) \cdot \frac{T_2 - T_2^*}{50} \tag{3.3.8}$$

mit

$$f(\Pi_V, T_{4.1}/T_2) = \frac{\Pi_V}{1000}\left(0{,}66\, T_{4.1}/T_2 + 2{,}2\right) \ .$$

Dabei werden Werte erreicht, die im betrachteten Bereich $T_2 = 238$ bis 388 K gegenüber den korrekten Daten nach Abschnitt 3.2 maximal um nachfolgend zusammengestellte Beträge abweichen:

	$T_2 = 238$ K	$T_2 = 388$ K
$(\Delta F / M_V)/(F / M_V)$	$+7‰$	$-7‰$
$(\Delta SBV / SBV)_F$	$+11$	-12
$\Delta T_D / T_D$	$+7$	-4
$\Delta \Pi_D / \Pi_D$	$+9$	-8

Dabei bleibt die Relation $M_{KL}/M_V = f(T_m)$ entsprechend Bild 3.2.2 bei $T_2 \neq T_2^*$ und $T_{4.1}/T_2 = $ const. unverändert, um dem beim Einsatz eines Triebwerks unter verschiedenen Betriebsbedingungen bzw. unterschiedlichen Eintrittstemperaturen sich nicht ändernden Kühlsystem zu entsprechen. Man wird daher im Einzelfall – d.h. vor allem bei hohen Werten T_2, wie sie im Überschallflug vorkommen – anhand von Abschnitt 5.2.3.3 und 5.2.3.4 prüfen müssen, ob die in Bild 3.2.1 vorausgesetzten Kühlluftmengen entsprechend Bild 3.2.2 im Hinblick auf die bei $T_{4.1}/T_2 = $ const. ebenfalls mit T_2 proportional sich ändernden Temperaturen der Turbinenschaufeln und -scheiben noch realistisch sind.

3.4 Spezifische Leistungsdaten bei $Ma_0 \neq 0$

Bei gegebenem Temperaturverhältnis $T_{4.1}/T_2$ entsprechend

$$T_2 = T_0 + \frac{\kappa - 1}{2} \cdot Ma_0^2 \tag{3.4.1}$$

$$T_0 = f(H) \quad \text{nach ISA} \tag{3.4.2}$$

erhält man nach Bild 3.2.1 mit Korrekturen nach Gl. 3.3.5 bis 3.3.8 die für $T_2, T_{4.1}$ und Π_V geltenden Daten

F/M_V, SBV_F, T_D, Π_D und B/M_V .

Mit dem Vorstau–Druckverhältnis unter Berücksichtigung des Einlauf–Druckverlustfaktors IRF ≤ 1 (dafür hat sich der englische Ausdruck $\underline{I}nlet\ \underline{R}ecovery\ \underline{F}actor$ eingebürgert)

$$p_2 / p_0 = \left(T_2 / T_0\right)^{\frac{\kappa}{\kappa-1}} \cdot IRF = \Pi_{vst} \tag{3.4.3}$$

erhält man aus Gl. 3.2.8 bei gleichen Werten $T_{4.1}/T_2$ und Π_V wie bei Boden/Stand, ISA, das Düsendruckverhältnis

$$\Pi_D = \Pi_{vst} \cdot \frac{\Pi_V\left(1 - \dfrac{\Delta p_{BK}}{p_3}\right)}{\Pi_T} \tag{3.4.4}$$

Im einfachsten Falle, d.h. bei gleichbleibenden Werten $T_{4.1}/T_2$ und Π_V, wird aus dem Düsendruckverhältnis $\Pi_{D,0}$ für $Ma_0 = 0$ nach Bild 3.2.1b bei $Ma_0 > 0$ das Druckverhältnis

$$\Pi_{D,Ma} = \Pi_{D,0} \cdot \Pi_{vst} \ . \tag{3.4.5}$$

Die nach Bild 3.2.1b bei Boden/Stand im Bereich technisch interessanter Werte $\Pi_V = 25\ldots 35$ erreichten Düsendruckverhältnisse $\Pi_D \approx 5\ldots 8$ können im Überschallflug – z.B. bei Mach 2 in großer Flughöhe, d.h. mit entsprechend niedrigeren Werten $T_{4.1}/T_2$ und Π_V – zu Werten von $10\ldots 16$ führen, so daß konvergent/divergente Düsen mit weitgehender interner Expansion entsprechend Bild 3.2.4 erhebliche Gewinne an spezifischem Bruttoschub mit umso höherer Verbesserung des spezifischen Nettoschubes und des SBV_F mit sich bringen.

Im Sinne einer realistischen Bewertung von Kreisprozessen und Leistungsdaten – insbesondere auch beim Vergleich verschiedener Triebwerke – wird im Überschallbereich üblicherweise ein Einlaufdruckverlust nach US-MIL-E-5007D entsprechend

$$IRF = \frac{p_2}{p_{2,is}} = 1 - 0{,}075\left(Ma_0 - 1\right)^{1,35}$$

angesetzt, der zugleich etwa dem IRF nach AIA entspricht, vgl. [1].

Damit kann nach Gl. 3.2.16 bzw. 3.2.39 der spezifische Bruttoschub ermittelt werden. Daraus ergibt sich der spezifische Nettoschub entsprechend

$$F_{Ne} = M_D \cdot C_D - M_V \cdot C_0$$

zu

$$\left(F/M_V\right)_{Ne} = \frac{M_D}{M_V} \cdot C_D - C_0 = \left(F/M_V\right)_{Br} - C_0 \tag{3.4.6}$$

mit

$$C_0 = Ma_0 \sqrt{\kappa R T_0} \tag{3.4.7}$$

Zu dieser einfachen, klassischen Form der Ermittlung des spezifischen Schubes bei $Ma \neq 0$ entsprechend Gl. 3.4.6 gilt es, die Gesichtspunkte zur Frage der Installation entsprechend Abschnitt 5.11.2 zu beachten.

Ferner ist der spezifische Brennstoffverbrauch mit B / M_V nach Gl. 3.2.6b und 3.4.6

$$SBV_F = B / M_V \cdot \frac{1}{\left(F / M_V\right)_{Ne}} \ . \tag{3.4.8}$$

Zur Verknüpfung der spezifischen Leistungsdaten von Einkreis–Triebwerken für beliebige Flug– und Betriebsbedingungen im Sinne des zu erwartenden Betriebsverhaltens eines konkreten Triebwerks ist die Kenntnis des Zusammenhangs zwischen den Parametern $T_{4.1} / T_2$ und Π_2 nötig. Dieser Zusammenhang, der nur mit Kenntnis weiterer Nebenbedingungen, z.B. der Durchsatzkapazität der HD-Turbine und der Düsenfläche, explizit ausgedrückt werden kann, wird für Einkreis- und Zweikreis-Triebwerke sowie Wellenleistungstriebwerke in Abschnitt 4 beschrieben.

3.5 Spezifische Leistungsdaten von Zweikreis-Strahltriebwerken, abgeleitet aus Daten von Einkreis-Strahltriebwerken

3.5.1 Allgemeines

Die in Abschnitt 3.2 bis 3.4 beschriebenen spezifischen Leistungsdaten von Einkreis-Triebwerken können durch einfache, überschaubare Beziehungen in entsprechende Daten von Zweikreis-Triebwerken ohne und mit Mischung beider Ströme überführt werden. Dabei wird beim Zweikreis-Triebwerk von den gleichen Auslegungsparametern Π_V, $T_{4.1} / T_2, M_V$ und m wie beim zugrundeliegenden Einkreis-Triebwerk ausgegangen. Ferner wird entsprechend Bild 3.5.1 auf die Eintrittspartie des Verdichters ein weiterer Verdichter (Fan, außen) aufgesetzt, dessen Durchsatz M_k dem hinzugekommenen 2. (kalten) Kreis entspricht. Um den Gesamtdurchsatz des Zweikreis-Triebwerks von jenem (M_V) des Einkreis-Triebwerks zu unterscheiden, wird für den Durchsatz des Zweikreis-Triebwerks

$$M_F = M_V + M_k \tag{3.5.1}$$

gesetzt.

Der Fan wird angetrieben durch eine Turbine, die stromabwärts der Turbine des Einkreis-Triebwerks vom 1. (heißen) Kreis durchströmt wird. Ob im Zuge dieser Erweiterung die Komponenten der Turbopartie im heißen Kreis sich ändern, z.B. durch den Übergang von 2 auf 3 Wellen, oder entsprechend einer anderen Aufteilung der spezifischen Arbeit auf das ND- und HD-System, ist in diesem Zusammenhang – d.h. rein thermodynamisch – unwichtig, solange sich dadurch der Wirkungsgrad der gesamten Verdichtung und Expansion der Turbokomponenten nicht ändert und die o.a. Auslegungsparameter erhalten bleiben.

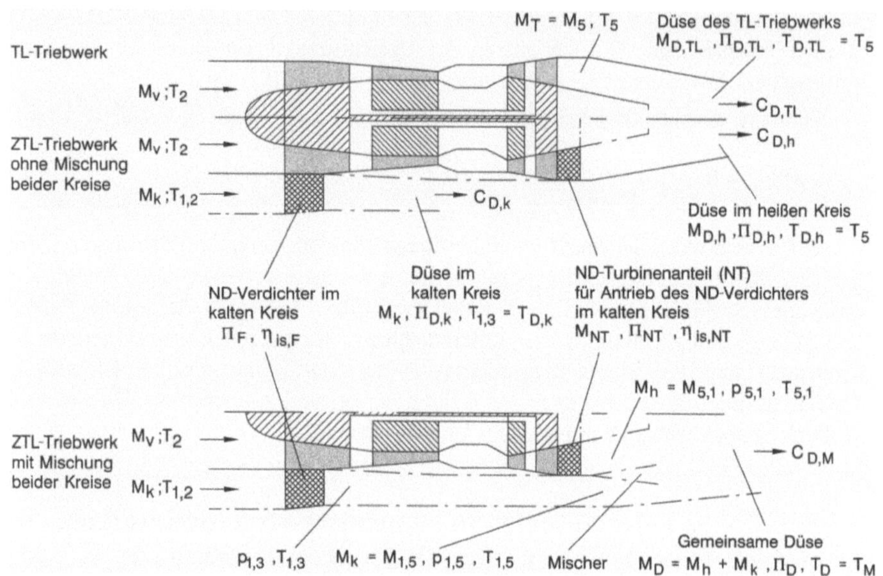

Bild 3.5.1: Berechnung der Leistungsdaten ohne Nachverbrennung von ZTL-Triebwerken ohne und mit Mischung beider Kreise aus Daten des TL-Triebwerks

Geht man ferner davon aus, daß die gesamte Turbinenkühlluft vor dem Eintritt in die angefügten Turbinenstufen in den heißen Kreis, d.h. in den Turbinenkanal zurückgeflossen ist und in diesen Stufen Arbeit leistet, so ergibt sich mit $M_{NT} = M_h$ nach Gl. 3.2.10 das Leistungsgleichgewicht

$$M_k \cdot H_{eff,F} = M_h \cdot H_{eff,NT} \ . \tag{3.5.2}$$

Bei der Ableitung der folgenden Beziehungen ist es vorteilhaft, das auf den Turbinendurchsatz M_{NT} bezogene Nebenstromverhältnis

$$\mu_T = \frac{M_k}{M_{NT}} = \frac{M_k}{M_h} \tag{3.5.3}$$

zu verwenden, das mit der allgemeinen Definition des Nebenstromverhältnisses

$$\mu = \frac{M_k}{M_V} \tag{3.5.4}$$

und mit $M_h = M_{D,h}$ nach Gl. 3.2.10 in der Beziehung

$$\mu = \frac{M_k}{M_{NT}} \cdot \frac{M_h}{M_V} = \frac{M_k}{M_h} \cdot \frac{M_{Dh}}{M_V} = \mu_T \left[\left(1 - \frac{M^*_{Kl}}{M_V} \right)(1+m) + \frac{M^*_{KL}}{M_V} \right] \tag{3.5.5}$$

steht. Ferner ist mit dem Vorstau bei der Flug-Mach-Zahl Ma_0 bzw. der Fluggeschwindigkeit C_0 nach Gl. 3.4.1 die Fan-Eintrittstemperatur

$$T_{1.2} = T_2 = T_0 + \frac{C_0^2}{2c_p} \cdot \qquad (3.5.6)$$

Der Wirkungsgrad des Vorstaus ist nach Gl. 3.4.3 und Bild 3.5.2

$$\eta_{vst} = (C_{0,\textit{eff}} / C_0)^2 = \frac{T_2 / T_0 \cdot IRF^{\frac{\kappa-1}{\kappa}} - 1}{T_2 / T_0 - 1} \qquad (3.5.7)$$

und der Wirkungsgrad des Nebenstromkanals aufgrund der Druckverluste $(\Delta p / p)_{NSK}$

$$\eta_{NSK} = \frac{H_{is,D,k} - \Delta H_{NSK}}{H_{is,D,k}} = 1 - \frac{\left(\dfrac{1}{\Pi_{D,k}}\right)^{\frac{\kappa-1}{\kappa}} \cdot \left(\dfrac{\kappa-1}{\kappa}\right)\left(\dfrac{\Delta p}{p}\right)_{NSK}}{1 - \left(\dfrac{1}{\Pi_{D,k}}\right)^{\frac{\kappa-1}{\kappa}}} \cdot \qquad (3.5.8)$$

Damit ergibt sich nach Bild 3.5.2 die isentrope, spezifische Expansionsarbeit an der Düse des kalten Kreises

$$H_{is,D,k} = \frac{C_{is,D,k}^2}{2} = \left(\frac{C_0^2}{2} \cdot \frac{T_{1.2}{}'}{T_{1.2}} \cdot \eta_{vst} + H_{is,F} \cdot \frac{T_{1.3}}{T_{1.3,is}}\right) \eta_{NSK} \cdot$$

Dabei ist nach Bild 3.5.2

$$\frac{T_{1.2}{}'}{T_{1.2}} = \frac{T_{1.3}}{T_{1.3,is}} \,, \qquad (3.5.9)$$

so daß daraus die isentrope, spezifische Fan-Arbeit

$$H_{is,F} = \frac{C_{is,D,k}^2}{2} \cdot \frac{T_{1.3,is}}{T_{1.3}} \cdot \frac{1}{\eta_{NSK}} - \frac{C_0^2}{2} \cdot \eta_{vst} \qquad (3.5.10)$$

folgt. Wird die hinter der Turbine des Einkreis-Triebwerks verfügbare isentrope spezifische Arbeit des Strahls $C_{TL,is}^2 / 2$ teilweise in den neu hinzugekommenen Turbinenstufen in mechanische Arbeit umgesetzt, so daß nur noch die isentrope spezifische Arbeit des Strahls $C_{h,is}^2 / 2$ verbleibt, so ist mit dem Wirkungsgrad des Turbinenabgaskanals aufgrund der Druckverluste $(\Delta p / p)_{TAK}$ analog Gl. 3.5.8

$$\eta_{TAK} = \frac{H_{is,D,h} - \Delta H_{TAK}}{H_{is,D,h}} = 1 - \frac{\left(\dfrac{1}{\Pi_{D,h}}\right)^{\frac{\kappa-1}{\kappa}} \left(\dfrac{\kappa-1}{\kappa}\right) \cdot \left(\dfrac{\Delta p}{p}\right)_{TAK}}{1 - \left(\dfrac{1}{\Pi_{D,h}}\right)^{\frac{\kappa-1}{\kappa}}} \qquad (3.5.11)$$

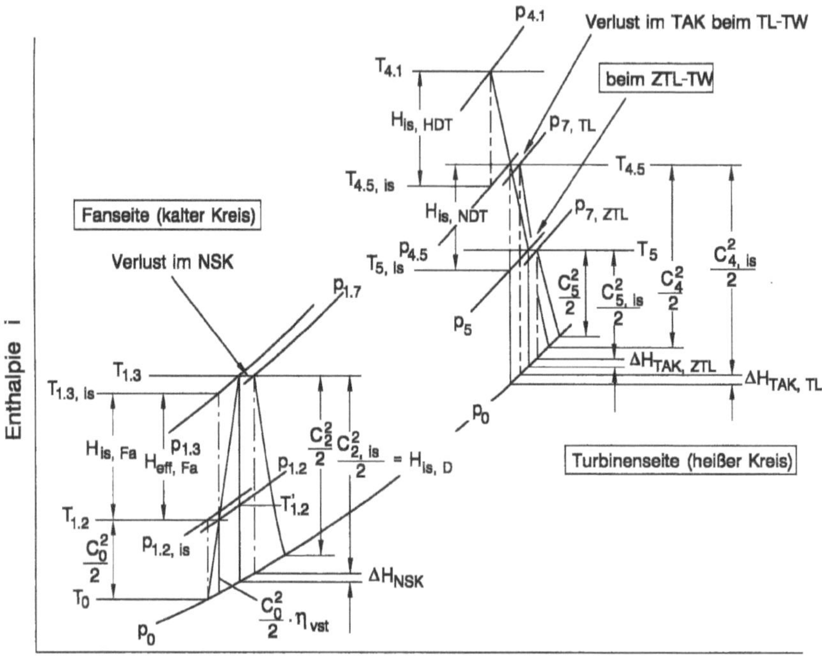

Bild 3.5.2: Thermodynamische Zusammenhänge beim Schritt vom Einkreis- zum Zweikreis-Strahltriebwerk im Enthropie-/Enthalpie-Diagramm

und dem nach Abschnitt 5.5.3 durchaus begründeten, vereinfachenden Ansatz $\eta_{TAK,TL} \approx \eta_{TAK,ZTL}$ die isentrope spezifische Arbeit der ND-Turbine nach Bild 3.5.2

$$H_{is,NT} = \left(\frac{C_{is,TL}^2}{2} - \frac{C_{is,h}^2}{2} \cdot \frac{T_{5,is}}{T_5} \right) \frac{1}{\eta_{TAK}} \; . \tag{3.5.12}$$

Aus Gl. 3.5.6 und 3.5.11 folgt nun mit dem Leistungsgleichgewicht nach Gl. 3.5.2 und den Gln. 3.5.3 bis 3.5.5 die Beziehung zwischen den Strahlgeschwindigkeiten $C_{is,k}$, $C_{is,h}$ und $C_{is,TL}$

$$\left(\frac{C_{is,k}^2}{2} \cdot \frac{T_{1.3,is}}{T_{1.3}} \cdot \frac{1}{\eta_{NSK}} - \frac{C_o^2}{2} \cdot \eta_{vst} \right) \frac{\mu_T}{\eta_{is,F}} = \left(\frac{C_{is,TL}^2}{2} - \frac{C_{is,h}^2}{2} \cdot \frac{T_{5,is}}{T_5} \right) \frac{\eta_{is,NT}}{\eta_{TAK}} \; . \tag{3.5.13}$$

Zur formalen Vereinfachung führt man folgende Abkürzungen ein:

$$\varepsilon = \frac{\eta_{NSK}}{\eta_{TAK}} \; , \tag{3.5.14}$$

$$K = \eta_{is,F} \cdot \eta_{is,NT} \; , \tag{3.5.15}$$

$$\zeta = \left(C_k / C_h \right)_{is} \; . \tag{3.5.16}$$

Entsprechend der „Wärmerückwirkung" aufgrund der in Fan und Turbine auftretenden aerodynamischen Verluste werden ferner die Faktoren

$$\tau_F = \frac{T_{1.3}}{T_{1.3,is}} = \frac{1+(H/T)_{is,F}\cdot\dfrac{1}{c_{p,F}}\cdot\dfrac{1}{\eta_{is,F}}}{1+(H/T)_{is,F}\cdot\dfrac{1}{c_{p,F}}} \approx 1+(H/T)_{is,F}\cdot\frac{1}{c_{p,F}}\left(\frac{1}{\eta_{is,F}}-1\right) \quad (3.5.17)$$

$$\tau_T = \frac{T_5}{T_{5,is}} = \frac{1-(H/T)_{is,NT}\cdot\dfrac{1}{c_{p,NT}}\cdot\eta_{is,NT}}{1-(H/T)_{is,NT}\cdot\dfrac{1}{c_{p,NT}}} \approx 1+(H/T)_{is,NT}\cdot\frac{1}{c_{p,NT}}\left(1-\eta_{is,NT}\right)$$

$$(3.5.18)$$

explizit formuliert. Damit erhält man aus Gl. 3.5.13 zunächst

$$\mu_T\left[\frac{\zeta^2}{\tau_F\cdot\eta_{NSK}}-\left(\frac{C_0}{C_{is,TL}}\right)^2\cdot\eta_{vst}\right] = \frac{K}{\eta_{TAK}}\cdot\left[1-\left(\frac{C_h^2}{C_{TL}}\right)_{is}^2\cdot\frac{1}{\tau_T}\right] \quad (3.5.19)$$

und daraus die für die Festlegung bzw. Optimierung der isentropen Strahlgeschwindigkeiten maßgebende Gleichung

$$\left(\frac{C_h}{C_{TL}}\right)_{is} = \sqrt{\frac{1+\left(\dfrac{C_0}{C_{is,TL}}\right)^2\cdot\dfrac{\eta_{vst}\cdot\eta_{TAK}\cdot\mu_T}{K}}{\dfrac{\mu_T\cdot\zeta^2}{\varepsilon\cdot K\cdot\tau_F}+\dfrac{1}{\tau_T}}}\,. \quad (3.5.20)$$

Dabei sind auch die Faktoren τ_F und τ_T – wenn auch nur schwach und indirekt –
von ζ abhängig. Im übrigen entsprechen die isentropen Strahlgeschwindigkeiten
$C_{is,TL}$, $C_{is,k}$ und $C_{is,h}$ – unabhängig vom später zu entscheidenden Düsenkonzept –
dem Ansatz für vollständige interne Expansion nach Gl. 3.2.11 und 3.2.11a.

Bei Zweikreis-Triebwerken *ohne* Mischung beider Kreise erfolgt nun die Optimierung des Strahlgeschwindigkeitsverhältnisses $\zeta = (C_k/C_h)_{is}$ im Sinne maximaler Schubausbeute nach Abschnitt 3.5.2, während bei Zweikreis-Triebwerken *mit* Mischung
beider Kreise dieses Geschwindigkeitsverhältnis nur noch fiktive Bedeutung hat und nur
zur mischungsgerechten Festlegung der thermodynamischen Zustände $p_{1.3}, T_{1.3}$ und
p_5, T_5 in beiden Kreisen dient, vgl. Abschnitt 3.5.3.

3.5.2 Zweikreis-Strahltriebwerke ohne Mischung beider Kreise

Hierunter seien Triebwerke verstanden, bei denen die beiden Ströme aus getrennten Düsen austreten. Bei der Optimierung des Strahlgeschwindigkeitsverhältnisses ist zu bedenken, daß das Konzept des Zweikreis-Triebwerks ohne Mischung beider Ströme – wie noch
begründet wird – nur bei niedrigen spezifischen Schüben im Bereich $F/M_F < 200$ m/s

unter Reiseflugbedingungen bzw. $F/M_F < 370$ m/s bei Boden/Stand Vorteile bringt, so daß einerseits die Düsendruckverhältnisse im Bereich $\Pi_D < 3{,}0$ bleiben, andererseits die Düsen beider Kreise konvergent sind.

Während in Abschnitt 3.5.1 die energiebezogenen Relationen zwischen $C_{is,TL}$, $C_{is,k}$ und $C_{is,h}$ jeweils für vollständige, interne Expansion, d.h. nach Gl. 3.2.11 abzuleiten waren, sind die schubbezogenen Relationen jeweils für konvergente Düsen, d.h. im Sinne von Gln. 3.2.11a, 3.2.14 und 3.2.15 entsprechend

$$C_D = \sqrt{T_D} \cdot f_{is} \cdot c_F$$

zu bilden. Damit wird der Nettoschub des Zweikreis-Triebwerks, bezogen auf den Nettoschub des zugrundeliegenden Einkreis-Triebwerks mit ebenfalls konvergenter Düse, mit $M_{D,h} = M_{NT}$

$$\frac{F_{ZTL}}{F_{TL}} = \frac{M_h \cdot C_{is,h} \cdot c_{F,h} - M_V \cdot C_0 + M_K \left(C_{is,k} \cdot c_{F,h} - C_0 \right)}{M_h \cdot C_{is,TL} \cdot c_{F,TL} - M_V \cdot C_0} \cdot \tag{3.5.21}$$

Daraus ergibt sich mit Benützung von Gl. 3.5.20 nach einiger Umformung

$$\frac{F_{ZTL}}{F_{TL}} = \frac{c_{F,h}/c_{F,TL} + \mu_T \cdot \zeta \cdot c_{F,k}/c_{F,TL}}{\sqrt{\dfrac{\mu_T \cdot \zeta^2}{\varepsilon \cdot K \cdot \tau_F} + \dfrac{1}{\tau_T}}} \cdot \frac{A}{C} - \frac{B}{C} \tag{3.5.22}$$

mit dem von ζ weitgehend unabhängigen Term

$$A = \sqrt{1 + \left(\frac{C_0}{C_{is,TL}} \right)^2 \cdot \frac{\eta_{vst} \cdot \eta_{TAK} \cdot \mu_T}{K}} \tag{3.5.23}$$

und den absolut unabhängigen Termen

$$B = \left(\frac{M_V}{M_h} + \mu_T \right) \left(\frac{C_0}{C_{is,TL}} \right) \cdot \frac{1}{c_{F,TL}} \tag{3.5.24}$$

$$C = 1 - \frac{M_V}{M_h} \cdot \left(\frac{C_0}{C_{is,TL}} \right) \cdot \frac{1}{c_{F,TL}} \cdot \tag{3.5.25}$$

Dabei ist die Strahlgeschwindigkeit $C_{is,TL}$ unter dem Einfluß der Flug-Mach-Zahl und Flughöhe und damit nach den Abschnitten 3.2 bis 3.4 zu berechnen.

Die Optimierung von F_{ZTL}/F_{TL} kann wegen $c_{F,TL} = $ const. auf den von ζ abhängigen Teil der rechten Seite von Gl. 3.5.22 beschränkt werden, so daß die Optimierung des Strahlgeschwindigkeitsverhältnisses ζ unabhängig von der Flug-Mach-Zahl bzw. vom Parameter $C_0/C_{is,TL}$ ist.

Streng genommen müßte die Optimierung der Schubausbeute durch Differentiation von F_{ZTL}/F_{TL} nach $\zeta \cdot c_{F,k}/c_{F,h}$ erfolgen. Da aber im praktisch interessierenden Bereich von F/M_F die Düsendruckverhältnisse $\Pi_{D,k}$ und $\Pi_{D,h}$ relativ niedrig und die Schubkoeffizienten $c_{F,k}$ und $c_{F,h}$ bei Variation von ζ im relevanten Bereich 0,6 bis 0,8 bei zwar gegenläufiger Tendenz nur sehr wenig veränderlich sind, genügt jedoch die Differentation nach ζ entsprechend

$$\frac{\partial}{\partial \zeta}\left(\frac{F_{ZTL}}{F_{TL}}\right) = 0$$

Diese führt nach Umformung auf die Gleichung 3. Grades

$$a\zeta^3 + b\zeta^2 + c\zeta + d = 0 \tag{3.5.26}$$

mit den Koeffizienten

$$a = \frac{\mu_T^2 \cdot c_{F,k}}{2K}\left(\frac{\varepsilon' \cdot \tau_F + \varepsilon \cdot \tau'_F}{\varepsilon^2 \cdot \tau_F^2}\right) + \frac{\mu_T^2 \cdot c'_{F,k}}{\tau_F \cdot \varepsilon \cdot K} \; ,$$

$$b = \frac{\mu_T \cdot c_{F,h}}{2K}\left(\frac{\varepsilon' \cdot \tau_F + \varepsilon \cdot \tau'_F}{\varepsilon^2 \cdot \tau_F^2}\right) + \frac{\mu_T \cdot c'_{F,h}}{\tau_F \cdot \varepsilon \cdot K} \; ,$$

$$c = \frac{\mu_T \cdot \tau'_T \cdot c_{F,k}}{2\tau_T^2} + \frac{\mu_T \cdot c_{F,k}}{\tau_T} - \frac{\mu_T \cdot c_{F,h}}{\tau_F \cdot \varepsilon \cdot K} \; ,$$

$$d = \frac{\mu_T \cdot c_{F,k}}{\tau_T} + \frac{c'_{F,h}}{\tau_T} + \frac{\tau'_T \cdot c_{F,h}}{2\tau_T^2} \; .$$

Einerseits ist die Lösung dieser Gleichung zwar mathematisch möglich, aber umständlich und daher für die Praxis ungeeignet. Andererseits zeigt die numerische Analyse der Koeffizienten, daß die $\tau'_T, \tau'_F, c'_{F,k}, c'_{F,h}$ und ε' enthaltenden Terme gegenüber den restlichen, d.h. $\mu_T \cdot c_{F,h}/\tau_F \cdot \varepsilon \cdot K$ und $\mu_T \cdot c_{F,k}/\tau_T$ verschwindend klein sind, so daß Gl. 3.5.26 zu

$$-\zeta_{opt} \cdot \frac{\mu_T \cdot c_{Fh}}{\tau_F \cdot \varepsilon \cdot K} + \frac{\mu_T \cdot c_{Fk}}{\tau_T} + \text{Restglied} = 0$$

degeneriert. Daraus ergibt sich

$$\zeta_{opt} \approx \frac{\tau_F}{\tau_T} \cdot \frac{c_{F,k}}{c_{F,h}} \cdot \varepsilon \cdot K + \text{Restglied} \cdot \frac{\tau_F \cdot \varepsilon \cdot K}{\mu_T \cdot c_{F,h}} \tag{3.5.27}$$

$$\zeta_{opt} \approx \frac{\tau_F}{\tau_T} \cdot \frac{c_{F,k}}{c_{F,h}} \cdot \varepsilon \cdot K \; , \tag{3.5.28}$$

woraus mit der nach Abschnitt 5.5.3 durchaus begründeten weiteren Vereinfachung $\varepsilon \approx 1$ und $c_{F,k}/c_{F,h} \approx 1$ schließlich

$$\zeta_{opt} \approx \frac{\tau_F}{\tau_T} \cdot K \tag{3.5.29}$$

folgt. Man wird noch sehen, daß das Optimum der Schubausbeute – und damit zugleich das Minimum des SBV_F – vor allem bei hohen Nebenstromverhältnissen sehr flach ist, so daß die genäherte Berechnung von ζ_{opt} durchaus genügt.

Die Auswertung der Gl. 3.5.29 führt bei repräsentativen Kreisprozessen entsprechend

$$T_{4.1}/T_2 = \quad 4{,}5 \qquad\qquad 6{,}5$$
$$\Pi_V = \quad 15 \text{ bis } 30 \qquad 40 \text{ bis } 60$$

im Bereich

$$\mu_T = \qquad\qquad 0 \text{ bis } 20$$

für die Werte

$$K = \eta_{is,F} \cdot \eta_{is,NT} = 0{,}88^2 = 0{,}775 \,,$$
$$0{,}90^2 = 0{,}81 \,,$$
$$0{,}92^2 = 0{,}847$$

zu genäherten Werten ζ_{opt} nach Bild 3.5.3. Ferner ergibt sich mit Gln. 3.5.23 und 3.5.28 aus Gl. 3.5.20

$$\left(C_h / C_{TL}\right)_{is,opt} = \frac{A \cdot \sqrt{\tau_T}}{\sqrt{1 + \varepsilon \cdot \mu_T \cdot K \cdot \dfrac{\tau_F}{\tau_T} \cdot \left(\dfrac{c_{F,k}}{c_{F,h}}\right)^2}} \qquad (3.5.30)$$

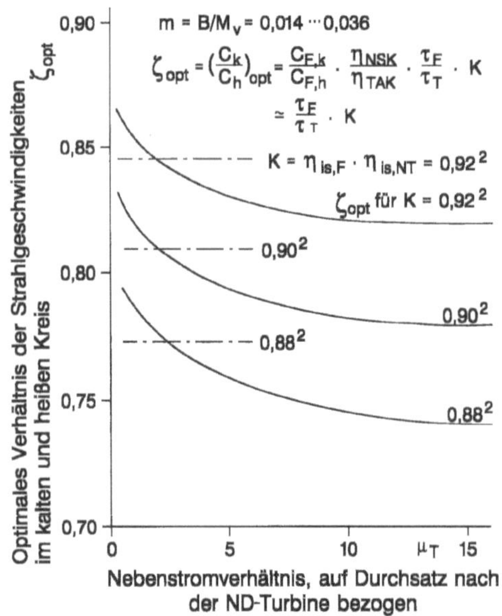

Bild 3.5.3:
Optimales Verhältnis der Strahlgeschwindigkeiten im kalten und heißen Kreis

Vergleiche hierzu die für $C_0/C_{is,TL}=0$, bzw. $A=1$, $\varepsilon=1$ und $c_{F,k}/c_{F,h}=1$ auf Bild 3.5.4 dargestellten Werte $(C_h/C_{TL})_{is,opt}$, die nach Gl. 3.5.30 und 3.5.23 für beliebige Werte $(C_0/C_{is,TL})$ modifiziert werden können. Hierbei erwies sich die Benützung der Nebenstromverhältnisses μ_T nach Gl. 3.5.3 deswegen als opportun, weil damit der Einfluß des Kreisprozesses des zugrundeliegenden Einkreis-Triebwerks – d.h. von $T_{4.1}/T_2$ und Π_V, die zu individuellen Werten m im Bereich 0,014 ... 0,036 führen – sehr gering ist.

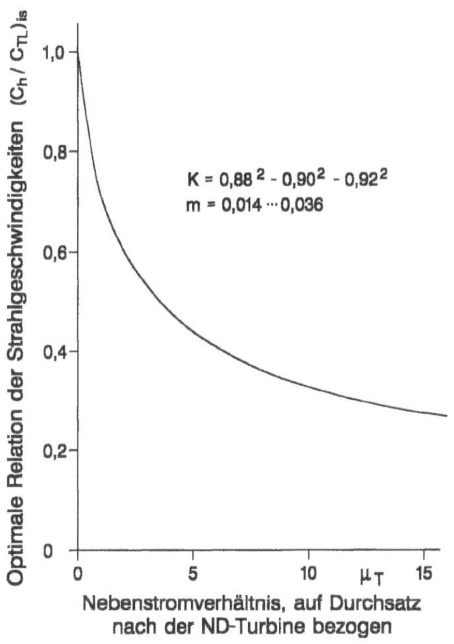

Bild 3.5.4:
Relation der Strahlgeschwindigkeit C_h im heißen Kreis zur Strahlgeschwindigkeit C_{TL} des zugrundeliegenden Einkreis-Triebwerks bei C_k/C_h = Optimum

Mit den Gln. 3.5.28 und 3.5.30 folgt aus Gl. 3.5.22 mit $\varepsilon=1$ und $c_{F,k}/c_{F,h}=1$ genähert die optimale Schubausbeute

$$\left(F_{ZTL}/F_{TL}\right)_{opt} = \frac{c_{F,h}}{c_{F,TL}}\cdot\sqrt{\tau_T}\,\sqrt{1+\varepsilon\cdot\mu_T\cdot K\cdot\frac{\tau_F}{\tau_T}\cdot\frac{A}{C}-\frac{B}{C}} \qquad (3.5.31)$$

Ferner ist das Verhältnis der spezifischen Schübe

$$\frac{\left(F/M\right)_{ZTL}}{\left(F/M\right)_{TL}} = \frac{F_{ZTL}}{F_{TL}}\cdot\frac{1}{1+\mu} \qquad (3.5.32)$$

mit μ nach Gl. 3.5.4 und das Verhältnis der SBVs

$$\frac{SBV_{ZTL}}{SBV_{TL}} = \frac{1}{F_{ZTL}/F_{TL}} \qquad (3.5.33)$$

wobei der spezifische Schub $(F/M)_{TL}$ und der SBV_{TL} des Einkreis-Triebwerks aus Abschnitt 3.2 hervorgehen können.

Da einerseits die Faktoren τ_F und τ_T nur wenig von 1 verschieden sind und andererseits für überschlägige Abschätzungen die weiteren Vereinfachungen

$$\frac{M_{NT}}{M_h} \approx 1 \text{ bzw. } \mu_T = \mu \; ; \; \eta_{vst} \approx 1 \; ; \; c_{F,h} \approx 1 \; ; \; c_{F,TL} \approx 1 \text{ und } \varepsilon \approx 1$$

opportun erscheinen, kann in einfacher Weise

$$(F_{ZTL}/F_{TL})_{opt} \approx \sqrt{1+K\cdot\mu} \cdot \frac{A'}{C'} - \frac{B'}{C'} \tag{3.5.34}$$

mit

$$A' \approx \sqrt{1+\left(\frac{C_0}{C_{is,TL}}\right)^2 \cdot \frac{\mu}{K}} \;,$$

$$B' \approx (1+\mu)\left(\frac{C_0}{C_{is,TL}}\right),$$

$$C' \approx 1-\left(\frac{C_0}{C_{is,TL}}\right)$$

gesetzt werden, woraus sich für $C_0 = 0$ der sehr einfache Ausdruck

$$(F_{ZTL}/F_{TL})_{opt} \approx \sqrt{1+\mu\cdot K} \tag{3.5.35}$$

ergibt. Hierzu gibt Bild 3.5.5a das optimal erreichbare Schubverhältnis F_{ZTL}/F_{TL} für $C_0 = 0$ nach Gl. 3.5.35 und Bild 3.5.5b für $C_0/C_{is,TL}$ = Parameter nach Gl. 3.5.34. Bemerkenswert ist dabei, daß bei gleichen Daten des Kerntriebwerks bzw. bei gleichen Kreisprozeßdaten im heißen Kreis beim Übergang vom Einkreis- zum Zweikreis-Triebwerk umso weniger Schub zu gewinnen ist, je höher das Nebenstromverhältnis und die Fluggeschwindigkeit sind.

Im Gegensatz zur Relation F_{ZTL}/F_{TL} nach Gl. 3.5.31, bei der der spezifische Schub des zugrundeliegenden Einkreis-Triebwerks bei $C_0 = 0$ mittels $c_{F,h}/c_{F,TL}$ nur eine bescheidene Rolle spielt, ist bei $C_0 > 0$ der spezifische Schub des zugrundeliegenden Einkreis-Triebwerks aufgrund des Parameters $C_0/C_{is,TL}$ von wesentlich größerem Einfluß.

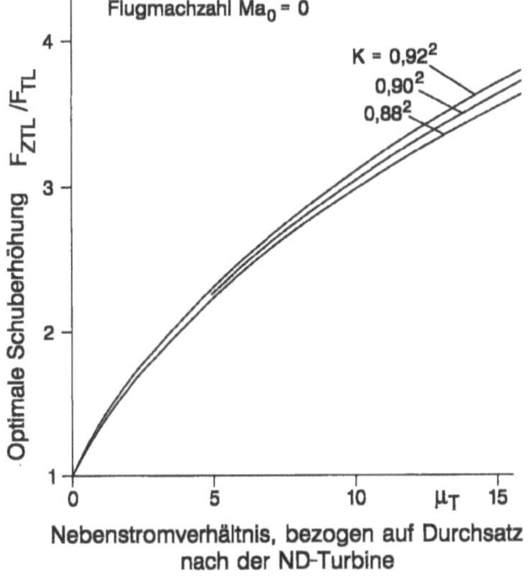

Bild 3.5.5a:
Schub des Zweikreis-Triebwerks ohne Mischung beider Kreise, bezogen auf Schub des Einkreis-Triebwerks bei optimalem Strahlgeschwindigkeitsverhältnis

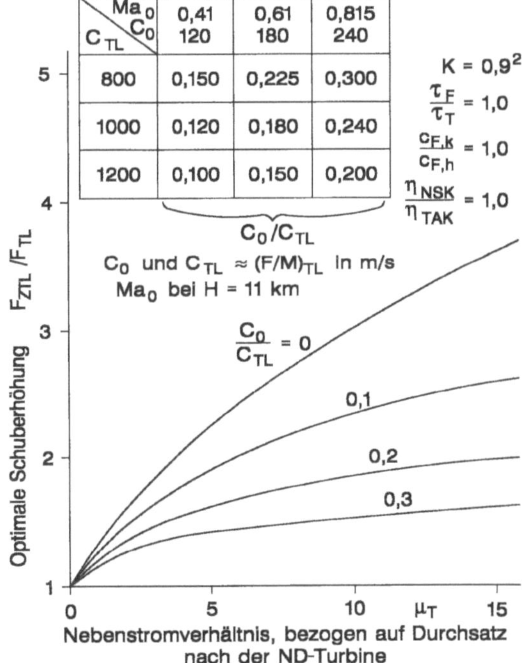

Ma$_0$ / C$_0$ $\quad$ C$_{TL}$	0,41 / 120	0,61 / 180	0,815 / 240
800	0,150	0,225	0,300
1000	0,120	0,180	0,240
1200	0,100	0,150	0,200

Bild 3.5.5b:
Einfluß der Fluggeschwindigkeit auf die Schuberhöhung bei optimalem Strahlgeschwindigkeitsverhältnis

Mit Rücksicht auf den konstruktiven Aufwand ist es einerseits opportun, $\zeta < \zeta_{opt}$ zu wählen, da dies nach Abschnitt 3.5.1 eine Reduzierung der von der Turbine auf den Fan zu übertragenden Leistung mit sich bringt. Diese ergibt sich aus Gln. 3.5.10 und 3.5.12 durch Einsetzen von $\zeta = (C_k / C_h)_{is}$ bzw. ζ_{opt} nach Gl. 3.5.29 und von $(C_h / C_{TL})_{is}$ nach Gl. 3.5.20 – wiederum jeweils für ζ und ζ_{opt}. Bild 3.5.6 zeigt den Trend von $H_{is,F}$ und $H_{is,NT}$, bezogen auf die Werte bei $\zeta = \zeta_{opt}$ für $C_0 = 0$ als Funktion von

$$\zeta_{rel} = \zeta / \zeta_{opt} \qquad\qquad\qquad (3.5.36)$$

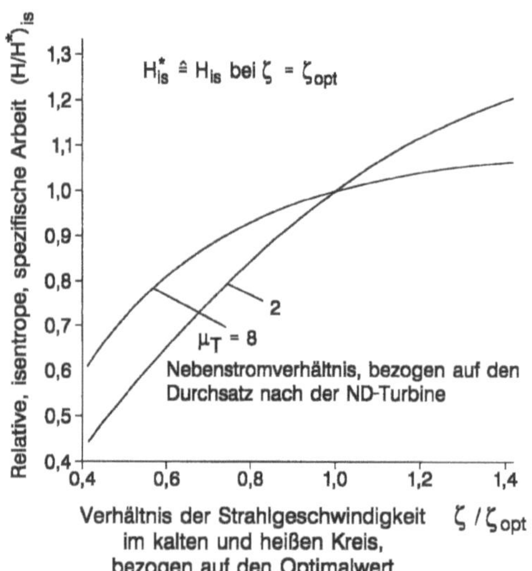

Bild 3.5.6:
Einfluß der Abweichung des Strahlgeschwindigkeitsverhältnisses $\zeta = C_k / C_h$ vom Optimalwert ζ_{opt} auf die isentrope, spezifische Arbeit des Fans (im kalten Kreis) und der ND-Turbine (für Antrieb) des Fans im kalten Kreis), vgl. Bild 3.5.1

Andererseits ist damit ein gewisser Schubverlust verbunden, der für die o.a. Kreisprozesse aus der Relation von F_{ZTL} / F_{TL} nach Gl. 3.5.22 und 3.5.31 hervorgeht und für $C_0 = 0$ auf Bild 3.5.7 ebenfalls als Funktion von ζ_{rel} dargestellt ist. Ins Auge springend ist dabei, daß das Schuboptimum mit zunehmendem μ immer flacher wird, so daß vor allem bei großen μ-Werten beträchtlicher Freiraum für eine Festlegung von ζ besteht. Der Aufbau von Gl. 3.5.22 zeigt, daß dies auch für $C_0 \neq 0$ gilt.

Aus Bild 3.5.6 und 3.5.7 ergibt sich z.B., daß bei $\mu_T = 8$ mit $\zeta_{rel} = 0,7$ und $K = 0,90^2$ nur ein Verlust an Bruttoschub um 1% auftritt, während die spezifische Arbeit des Fans und der ND-Turbine jeweils um 12% reduziert wird. Dies mag als indirekte Folge eine Verbesserung der Wirkungsgrade $\eta_{is,F}$ und $\eta_{is,NT}$ oder die Reduzierung der Umfangsgeschwindigkeit des Fans bzw. die Reduzierung der Zahl der Turbinenstufen ermöglichen. Im Einzelfall muß die Entscheidung über das zu wählende Geschwindigkeitsverhältnis ζ entsprechend dem wirtschaftlichen Optimum, das Bauaufwand und Leistungsdaten einschließt, getroffen werden.

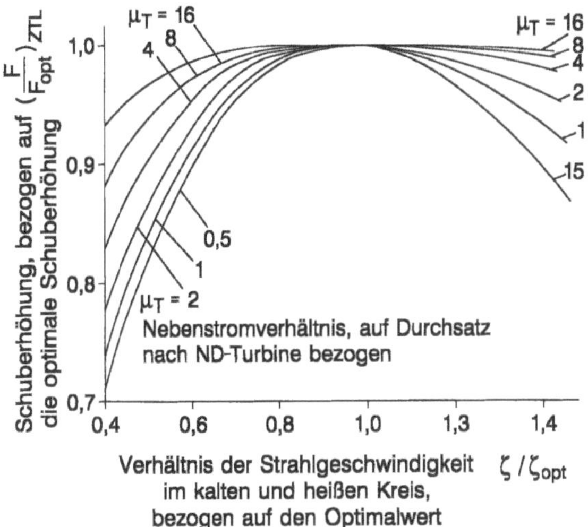

Bild 3.5.7: Einfluß der Abweichung des Strahlgeschwindigkeitsverhältnisses $\zeta = C_k / C_h$ vom Optimalwert ζ_{opt} auf den erreichbaren Schub des ZTL-Triebwerkes

Allerdings ist zu bedenken, daß ein Verlust an Bruttoschub umso höhere Verluste an Nettoschub mit entsprechender Verschlechterung des SBV_F verursacht, je niedriger der spezifische Schub und je höher die Fluggeschwindigkeit ist, vgl. hierzu auch Abschnitt 3.5.3, bzw. 3.5.11.

Darüber hinaus steigt, wie in Abschnitt 4.2.3 noch gezeigt wird, das Verhältnis ζ bei Teillast gegenüber dem Wert im Auslegungspunkt (z.B. maximaler Schub im Reiseflug) stark an, so daß ζ im Auslegungspunkt mit Rücksicht auf optimalen SBV_F im Reiseflug, d.h. z.B. bei 60 ... 80% des maximalen Schubes, noch tiefer anzusetzen ist.

3.5.3 Zweikreis-Strahltriebwerk mit Mischung beider Kreise

Bei Zweikreis-Triebwerken mit Mischung müssen beide Ströme bei etwa gleichem Gesamtdruck und gleichem statischen Druck, d.h. bei etwa gleichen Strömungs-Mach-Zahlen zusammengeführt werden, wenn größere Verluste an Gesamtdruck vermieden werden sollen.

Unabhängig von der Frage der Mischungsbedingungen kann zunächst bei $p_{1.5} \neq p_{5.1}$ das „fiktive" Strahlgeschwindigkeitsverhältnis entsprechend vollständiger, interner, i-sentroper Expansion

$$\zeta_M = \left(\frac{C_k}{C_h} \right)_{is} = \beta \sqrt{T_{1.5} / T_{5.1}} \tag{3.5.37}$$

$$\text{mit } \beta = \left(\frac{f_k}{f_h} \right)_{is} \text{ bzw. } f_{is,k} = f\left(p_{1.5} / p_0 \right) \text{ und } f_{is,h} = f\left(p_{5.1} / p_0 \right)$$

nach Gl. 3.2.11/11a definiert werden, das sich dann einstellen würde, falls beide Ströme entsprechend dem jeweiligen Zustand $p_{1.5}, T_{1.5}$ und $p_{5.1}, T_{5.1}$ vor Eintritt in die Mischung isentrop auf Außendruck expandieren würden. Aus diesem Geschwindigkeitsverhältnis kann wie beim Triebwerk ohne Mischung das erforderliche Fan-Druckverhältnis im kalten Kreis und damit zugleich der Druck vor Eintritt in die Mischung bestimmt werden.

Zur Einführung von ζ_M nach Gl. 3.5.37 in die allgemeinen Beziehungen nach Abschnitt 3.5.1 folgt mit

$$H_{eff,F} = c_{p,F}\left(T_{1,3} - T_{1,2}\right) = \frac{H_{is,F}}{\eta_{is,F}}$$

unter Benützung von Gl. 3.5.10 und 3.5.17

$$T_{1.3} - T_{1.2} = \left(\frac{H_{is}}{c_p \cdot \eta_{is}}\right)_F = \frac{1}{c_{p,F} \cdot \eta_{is,F}}\left(\frac{C_{is,k}^2}{2} \cdot \frac{1}{\tau_F} \cdot \frac{1}{\eta_{NSK}} - \frac{C_0^2}{2}\eta_{vst}\right). \tag{3.5.38}$$

Entsprechend erhält man nach Bild 3.5.1 und 3.5.2 mit $T_{5.1} = T_{TL}$ beim Einkreis- und $T_{5.1} = T_h$ beim Zweikreis-Triebwerk

$$H_{eff,NT} = c_{p,NT}\left(T_{4.5} - T_5\right) = H_{is,NT} \cdot \eta_{is,NT}$$

unter Benützung von Gl. 3.5.12 und 3.5.8

$$T_{TL} - T_h = \left(\frac{H_{is} \cdot \eta_{is}}{c_p}\right)_{NT} = \frac{\eta_{is,NT}}{c_{p,NT} \cdot \eta_{TAK}}\left(\frac{C_{is,TL}^2}{2} - \frac{C_{is,h}^2}{2} \cdot \frac{1}{\tau_T}\right). \tag{3.5.39}$$

Aus Gl. 3.5.38 und 3.5.39 folgt mit $T_{1.2} = T_2$ und $T_{1.3} = T_{1.5} = T_k$

$$\frac{T_k}{T_h} = \frac{T_2 + \dfrac{1}{c_{p,F} \cdot \eta_{is,F}} \cdot \left(\dfrac{C_{is,k}^2}{2} \cdot \dfrac{1}{\tau_F \cdot \eta_{NSK}} - \dfrac{C_0^2}{2} \cdot \eta_{vst}\right)}{T_{TL} - \dfrac{\eta_{is,NT}}{c_{p,NT} \cdot \eta_{TAK}}\left(\dfrac{C_{is,TL}^2}{2} - \dfrac{C_{is,h}^2}{2} \cdot \dfrac{1}{\tau_T}\right)}. \tag{3.5.40}$$

Mit Einführung von

$$\left(\frac{C_k}{C_h}\right)_{is}^2 = \zeta_M^2 = \beta^2 \cdot \frac{T_k}{T_h}$$

und den Abkürzungen nach den Gln. 3.5.14 bis 3.5.16 sowie $\left(C_h / C_{TL}\right)_{is}$ nach Gl. 3.5.20 ergibt sich daraus die biquadratische Gleichung

$$a\,\zeta_M^4 + b\,\zeta_M^2 + c = 0 \tag{3.5.41}$$

mit den Koeffizienten

$$a = \frac{\mu_T}{\varepsilon \cdot K \cdot \tau_F / \tau_T} \ ,$$

$$b = \frac{1 - \dfrac{\mu_T \cdot \beta^2}{\varepsilon \cdot K \cdot \tau_F / \tau_T} \cdot \dfrac{T_2}{T_{TL}} - \dfrac{\beta^2}{2 c_{p,F} \cdot \eta_{NSK} \cdot \tau_F / \tau_T} \cdot \dfrac{C_{is,TL}^2}{T_{TL}} + \dfrac{\eta_{is,NT} \cdot \eta_{vst} \cdot \mu_T}{2 \cdot c_{p,NT} \cdot K} \cdot \dfrac{C_0^2}{T_{TL}}}{1 - \dfrac{\eta_{is,NT}}{2 c_{p,NT} \cdot \eta_{TAK}} \cdot \dfrac{C_{is,TL}^2}{T_{TL}}} \ ,$$

$$c = \frac{-\beta^2 \cdot \dfrac{T_2}{T_{TL}} + \dfrac{\eta_{vst} \cdot \beta^2}{2 c_{p,F} \cdot \eta_{is,F}} \cdot \dfrac{C_0^2}{T_{TL}}}{1 - \dfrac{\eta_{is,NT}}{2 c_{p,NT} \cdot \eta_{TAK}} \cdot \dfrac{C_{is,TL}^2}{T_{TL}}} \ ,$$

deren Lösung

$$\zeta_M^2 = \frac{-b + \sqrt{b^2 - 4ac}}{2a} \tag{3.5.42}$$

ist. Im Falle $C_0 = 0$ vereinfachen sich diese Koeffizienten sehr wesentlich zu

$$a_0 = \frac{\mu_T}{\varepsilon \cdot K \cdot \tau_F / \tau_T} \ ,$$

$$b_0 = \frac{1 - \dfrac{\mu_T \cdot \beta^2}{\varepsilon \cdot K \cdot \tau_F / \tau_T} \cdot \dfrac{T_2}{T_{TL}} - \dfrac{\beta^2}{2 c_{p,F} \cdot \eta_{is,F} \cdot \eta_{NSK} \cdot \tau_F / \tau_T} \cdot \dfrac{C_{is,TL}^2}{T_{TL}}}{1 - \dfrac{\eta_{is,NT}}{2 c_{p,NT} \cdot \eta_{TAK}} \cdot \dfrac{C_{is,TL}^2}{T_{TL}}} \ ,$$

$$c_0 = -\frac{\beta^2 \cdot \dfrac{T_2}{T_{TL}}}{1 - \dfrac{\eta_{is,NT}}{2 c_{p,NT} \cdot \eta_{TAK}} \cdot \dfrac{C_{is,TL}^2}{T_{TL}}} \ .$$

Analog dem Fall ohne Mischung entsprechend Abschnitt 3.5.2 enthalten auch hier die Koeffizienten a bis c die Faktoren τ_F und τ_T, so daß ζ_M im Prinzip nur über die Iteration dieser Koeffizienten bestimmt werden kann. Für einfache Schätzungen oder für den Einstieg in die o.a. Iteration erhält man mit den Vereinfachungen $\beta = 1$, $\tau_F / \tau_T = 1$, $\varepsilon = 1$ bzw. $\eta_{NSK} = \eta_{TAK} = 1$, $\eta_{vst} = 1$ und $\mu_T = \mu$ die einfachen, ohne Iteration bestimmbaren Koeffizienten

$$a' = \frac{\mu}{K} \ ,$$

$$b' = \frac{1 - \dfrac{\mu}{K}\cdot\dfrac{T_2}{T_{TL}} - \dfrac{1}{2c_{p,F}\cdot\eta_{is,F}}\cdot\dfrac{C_{is,TL}^2}{T_{TL}} + \dfrac{\eta_{is,NT}\cdot\mu}{2c_{p,NT}\cdot K}\cdot\dfrac{C_0^2}{T_{TL}}}{1 - \dfrac{\eta_{is,NT}}{2c_{p,NT}}\cdot\dfrac{C_{is,TL}^2}{T_{TL}}} \quad,$$

$$c' = \frac{-\dfrac{T_2}{T_{TL}} + \dfrac{1}{2c_{p,F}\cdot\eta_{is,F}}\cdot\dfrac{C_0^2}{T_{TL}}}{1 - \dfrac{\eta_{is,NT}}{2c_{p,NT}}\cdot\dfrac{C_{is,TL}^2}{T_{TL}}} \quad.$$

Man erkennt, daß im Gegensatz zum Fall ohne Mischung, d.h. im Vergleich zu Gl. 3.5.28 und 3.5.29, ζ_M hier offenbar in viel stärkerem Maße vom Kreisprozeß des Einkreis-Triebwerks abhängt, da in den Koeffizienten b und c die Terme $(C_0/C_{is,TL})^2$, T_2/T_{TL} und $C_{is,TL}^2/T_{TL}$ vorkommen. Hierzu gibt Bild 3.5.8 die mit vereinfachten Koeffizienten a', b' und c' nach Gl. 3.5.42 erhaltenen ζ_M für einige Werte $C_0/C_{is,TL}$, T_2/T_{TL} und $C_{is,TL}^2/T_{TL}$, die dem Kreisprozeß des Einkreis-Triebwerks mit

$T_{4.1}/T_2$	4,5	5,5,	6,5
Π_V	15 ... 30	20 ... 35	25 ... 40

entsprechen.

Mit ζ_M erhält man nach Gl. 3.5.16 und 3.5.20 mit $\varepsilon = 1$ die Relation $(C_h/C_{TL})_{is,M}$, so daß damit, ausgehend von Gl. 3.5.10 und 3.5.12 aufgrund der bekannten Werte $C_{is,TL}$ und T_{TL} bei vollständiger, interner Expansion

$$H_{is,F} = \frac{\zeta_M^2}{\tau_F\cdot\eta_{NSK}}\cdot\frac{C_{is,h}^2}{2} - \eta_{vst}\frac{C_0^2}{2} \qquad (3.5.43)$$

$$H_{is,NT} = \frac{1}{\eta_{TAK}}\cdot\frac{C_{is,TL}^2}{2} - \frac{1}{\tau_T\cdot\eta_{TAK}}\cdot\frac{C_{is,h}^2}{2} \qquad (3.5.44)$$

bestimmt werden können. Damit lassen sich auch die benötigten Größen Π_F, $T_k = T_{1.5}$, Π_{NT} und $T_h = T_{5.1}$ bestimmen, so daß mit μ_T nach Gl. 3.5.3 bzw. 3.5.5 die Mischungstemperatur

$$T_M = \frac{(M\cdot c_p\cdot T)_{5.1} + (M\cdot c_p\cdot T)_{1.5}}{(M_{5.1} + M_{1.5})c_{p,M}} \approx \frac{(c_p\cdot T)_{5.1} + \mu_T(c_p\cdot T)_{1.5}}{(1 + \mu_T)c_{p,M}} \qquad (3.5.45)$$

ermittelt werden kann.

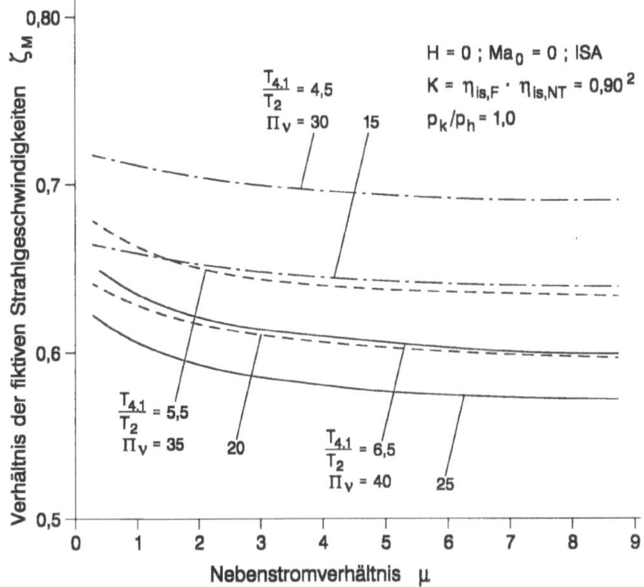

Bild 3.5.8: Verhältnis der fiktiven Strahlgeschwindigkeit $\zeta_M = (C_k / C_h)_{is}$ bei Zweikreis-Triebwerken mit Mischung beider Kreise

Im einfachsten Falle, d.h. mit den Koeffizienten a', b' und c' ergibt sich mit ζ_M nach Gl. 3.5.42, $(C_h / C_{TL})_{is}$ nach Gl. 3.5.20 und $T_{5.1} = T_h$ aus Gl. 3.5.39 und 3.5.45 die Strahlgeschwindigkeit

$$C_{is,M} = C_{is,TL} \cdot (C_h / C_{TL})_{is} \cdot \sqrt{\frac{T_M}{T_h}} \qquad (3.5.46)$$

und damit das Schubverhältnis bei $Ma_0 = 0$

$$\left(\frac{F_{ZTL,M}}{F_{TL}} \right)_{is} = (1+\mu) \left(\frac{C_M}{C_{TL}} \right)_{is} . \qquad (3.5.47)$$

Hierzu zeigt Bild 3.5.9 die Relation der mit Mischung nach Gl. 3.5.47 und maximal ohne Mischung nach Gl. 3.5.35 erreichbaren Schübe bzw. spezifischen Schübe. Es ist leicht einzusehen, daß der Schubgewinn durch Mischung umso stärker ausfällt, je höher $T_{4.1} / T_2$ und damit auch $T_h / T_k = T_{5.1} / T_{1.5}$ ist, bzw. je stärker der Temperaturausgleich im Abgassystem ins Gewicht fällt.

Dieses Ergebnis stellt die Synthese aus folgenden zwei gegenläufigen thermodynamischen Effekten dar:

– beim Triebwerk mit Mischung ist ζ_M wesentlich niedriger als ζ_{opt} beim Triebwerk ohne Mischung, was zunächst – d.h. ohne Berücksichtigung der Mischung – unter sonst gleichen Bedingungen sowie ohne Mischungsverluste einen Verlust an Schubausbeute ergibt,

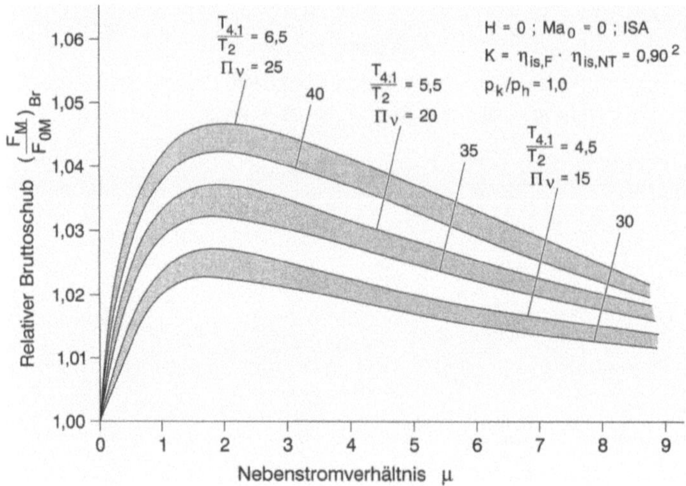

Bild 3.5.9: Theoretischer Gewinn an Bruttoschub bei Zweikreis-Triebwerken durch Mischung beider Kreise

– aufgrund der Mischung beider Ströme ergibt sich jedoch ein Schubgewinn, der – ohne Mischungsverluste betrachtet – die o.a. Nachteile überwiegt.

Im übrigen empfiehlt sich die Kontrolle, ob die erhaltenen Werte

$$\frac{p_{1.5}}{p_0} = \Pi_F \cdot \frac{p_2}{p_0}\left[1-\left(\frac{Ap}{p}\right)_{NSK}\right] \tag{3.5.48}$$

$$\frac{p_{5.1}}{p_0} = \frac{\Pi_{D,TL}}{\Pi_{NT}}\left[1-\left(\frac{Ap}{p}\right)_{TAK}\right] \tag{3.5.49}$$

mit dem Düsendruckverhältnis $\Pi_{D,TL}$ des zugrundeliegenden Einkreis-Triebwerks nach Gl. 3.2.8 dem eingangs angenommenen Parameter β entsprechen.

Während bei militärischen Turbofans, d.h. mit Rücksicht auf den Nachbrenner, in beiden Strömen moderate, etwa gleiche Mach-Zahlen und damit etwa gleiche Totaldrücke $p_{1.5}$ und $p_{5.1}$ gefordert sind, liegt bei zivilen Turbofans Durchmischung mit nachfolgender Beschleunigung der Strömung zur Düse hin vor. Dementsprechend sind bei militärischen Turbofans Druckverhältnisse $p_{1.5}/p_{5.1}$ um 1, bei zivilen Turbofans dagegen in der Größenordnung von 1,05 ... 1,20 zu finden, zumal in diesem Bereich die Druckverluste durch Mischung noch unbedeutend sind.

Bei vorgegebenem Druckverhältnis $p_{1.5}/p_{5.1} = p_k/p_h$ erhält man unter der Annahme verlustfreier Mischung für den Druck nach der Mischung $p_{6,id}/p_{5.1} = p_{M,id}/p_h$ trotz grober Vereinfachung durch die Annahme konstanter spezifischen Wärme die einfache, aber eine gute Näherung darstellende Beziehung

$$\lambda = \frac{(p_M / p_h)_{id} - 1}{p_k / p_h - 1} \approx \frac{\mu_T}{\dfrac{T_h}{T_k} \cdot \dfrac{p_k}{p_h} + \mu_T} \;, \tag{3.5.50}$$

die in Abschnitt 5.5.2 in größerem Zusammenhang erläutert und dargestellt wird. Daraus ergibt sich der gewünschte Druck nach der Mischung aus

$$\frac{p_{M,id}}{p_h} = 1 + \lambda \left(\frac{p_k}{p_h} - 1 \right) \;. \tag{3.5.51}$$

Gegenüber der verlustfreien Mischung fallen im Mischer gewisse, in Abschnitt 5.5.2 näher beschriebene Druckverluste an, die bei praktisch relevanten Bedingungen in der Größenordnung

$$\frac{p_{M,id} - p_M}{p_{M,id}} = \left(\frac{\Delta p}{p} \right)_M = 0{,}01 \ldots 0{,}015$$

liegen. Ferner fällt bei zivilen Turbofans im Abgaskanal zur Düse hin ein Druckverlust

$$\left(\frac{\Delta p}{p_{M,id}} \right)_{AK} \approx 0{,}005$$

an. Damit ergibt sich bei zivilen Turbofans das resultierende Düsendruckverhältnis

$$\Pi_{D,M} = \frac{p_9}{p_0} = \frac{p_{6,id}}{p_0} \left[1 - \left(\frac{\Delta p}{p} \right)_M - \left(\frac{\Delta p}{p} \right)_{AK} \right] = (0{,}980 \ldots 0{,}985) \cdot \frac{p_{6,id}}{p_0} \tag{3.5.52}$$

Bei Turbofans mit Nachbrenner liegen andere Bedingungen vor, die in Abschnitt 3.6 beschrieben werden.

Eine eingehende Analyse der Mischung mit Darlegung der wichtigen Einfluß- und Gestaltungsparameter ist in Abschnitt 5.5.2 zu finden.

Die Auswirkung der Druckverluste im Bereich der Mischung auf den Bruttoschub ist ebenso wie jene der Druckverluste im Nebenstrom- und Turbinenabgaskanal und im Abgassystem nach der Mischung umso gravierender, je niedriger das Düsendruckver-hältnis ist. In Übereinstimmung mit den Wirkungsgraden η_{NSK} bzw. η_{TAK} des Neben-strom- bzw. Turbinenabgaskanals nach Gl. 3.5.8 bzw. Gl. 3.5.11 ergibt sich für die Druckverluste im Bereich der Mischung und im Abgassystem der Bruttoschubverlust mit den Strahlgeschwindigkeiten C_D' bzw. C_D mit bzw. ohne Druckverlust mit

$$\left(\frac{\Delta F}{F} \right)_{Br} = 1 - \left(\frac{C'}{C} \right)_D$$

aus

$$\frac{(\Delta F / F)_{Br}}{(\Delta p / p)_D} \approx \frac{\dfrac{1}{2}\left(\dfrac{\kappa - 1}{\kappa}\right)}{1 - \left(\dfrac{1}{\Pi}\right)^{\frac{\kappa - 1}{\kappa}}} \ . \tag{3.5.53}$$

Hierzu zeigt Bild 3.5.10 den Zusammenhang nach Gl. 3.5.53.

Mit $M_{5.1} = M_h$ erhält man bei gleichen Werten $T_{4.1}/T_2$ und Π_V wie beim Ein-kreis-Triebwerk analog Abschnitt 3.4 und 3.5.2 den Nettoschub des Zweikreis-Trieb-werks, bezogen auf den Nettoschub des Einkreis-Triebwerks

$$\left(\frac{F_{ZTL}}{F_{TL}}\right)_{Ne} = \frac{(M_h + M_K)C_M - (M_V + M_K)C_0}{M_h \cdot C_{TL} - M_V \cdot C_0}$$

$$\approx \frac{(M_h / M_V + \mu)C_M - (1 + \mu)C_0}{(M_h / M_v) \cdot C_{TL} - C_0} \ . \tag{3.5.54}$$

Ferner ergibt sich das Verhältnis der spezifischen Schübe und der SBVs nach Gl. 3.5.32 und 3.5.33.

Vollständige Durchmischung im Sinne eines vollen Temperaturausgleichs zwischen kaltem und heißem Kreis ist bei akzeptablem Aufwand nicht erreichbar. Die realisierba-ren Werte des Mischungswirkungsgrades liegen im Bereich

$$\eta_M = \frac{F_M - F_{0,M}}{F_{M,opt} - F_{0,M}} = 0{,}5 \ldots 0{,}8 \ . \tag{3.5.55}$$

Der resultierende Schub ist daher

$$F_M = F_{0,M} + \eta_M \left(F_{M,opt} - F_{0,M}\right) \tag{3.5.56}$$

bzw. der Schubverlust gegenüber vollständiger Mischung

$$\left(\frac{\Delta F}{F}\right)_M = \frac{F_{M,opt} - F_M}{F_{M,opt}} = (1 - \eta_M)\left(1 - \frac{F_{0,M}}{F_{M,opt}}\right) \ . \tag{3.5.57}$$

Eine realistische Modellierung der bei (unvollständiger) Mischung erreichbaren, von vielen Parametern abhängigen Temperatur- und Druckverteilung hinter dem Mischer ist praktisch nicht möglich, so daß die üblichen, aus dem Schubgewinn durch Mischung abgeleiteten Angaben über η_M als rein empirisch zu verstehen sind.

Da Mischungsdruckverluste praktisch unvermeidlich sind und vollständige Mischung nicht erreichbar ist, so ist der nach Bild 3.5.9 durch Mischung erreichbare Gewinn an Bruttoschub nur unter bestimmten Umständen groß genug, um die Mischung beider Kreise zu rechtfertigen. Vom Standpunkt des SBV_F ist Mischung um so weniger ge-rechtfertigt, je geringer der spezifische Schub, d.h. je niedriger das Düsendruckverhältnis ist.

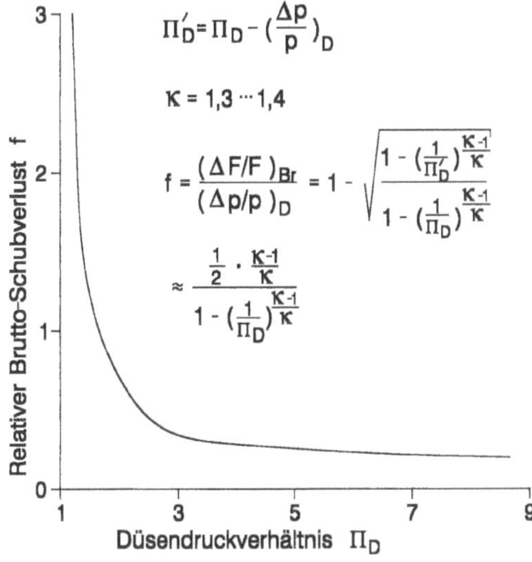

$$\Pi'_D = \Pi_D - \left(\frac{\Delta p}{p}\right)_D$$

$$\kappa = 1,3 \cdots 1,4$$

$$f = \frac{(\Delta F/F)_{Br}}{(\Delta p/p)_D} = 1 - \sqrt{\frac{1 - \left(\frac{1}{\Pi'_D}\right)^{\frac{\kappa-1}{\kappa}}}{1 - \left(\frac{1}{\Pi_D}\right)^{\frac{\kappa-1}{\kappa}}}}$$

$$\approx \frac{\frac{1}{2} \cdot \frac{\kappa-1}{\kappa}}{1 - \left(\frac{1}{\Pi_D}\right)^{\frac{\kappa-1}{\kappa}}}$$

Bild 3.5.10:
Einfluß des Düsendruckverhältnisses auf den durch Druckverluste im Abgassystem verursachten Verlust an Bruttoschub

Dabei muß jedoch gesehen werden, daß der bei $C_0 = 0$ durch Mischung sich einstellende Schubgewinn unter Flugbedingungen umso mehr überhöht wird, je höher die Fluggewindigkeit und je niedriger der spezifische Brutto- bzw. Nettoschub ist. Hierzu zeigt Bild 3.5.11 mit

$$\left(\frac{\Delta F}{F}\right)_{Br} = \frac{(F/M)_M}{(F/M)_{0,M}} - 1 \tag{3.5.58}$$

und der bei vollständiger interner Expansion gültigen Vereinfachung $(F/M)_{Br} \approx C_D$ den Zusammenhang

$$\frac{(\Delta F/F)_{Ne}}{(\Delta F/F)_{Br}} = \frac{1}{1 - \dfrac{C_0}{(F/M)_{Br}}} \approx \frac{1}{1 - C_0/C_D} \ . \tag{3.5.59}$$

Im übrigen trifft dieser Zusammenhang sinngemäß auch bei Verlusten an Bruttoschub durch Druckverluste im Abgassystem entsprechend Gl. 3.5.53 bzw. Bild 3.5.10 zu.

Ferner muß man in Rechnung stellen, daß bei Triebwerken mit Mischung der Parameter ζ_M nach Bild 3.5.3 und 3.5.8 wesentlich kleiner als beim Triebwerk ohne Mischung ist, so daß mit der damit verbundenen Verkleinerung der von der Turbine zum Fan zu übertragenden Leistung mit entsprechend niedrigerem Fan-Druckverhältnis einerseits eine Verbesserung des Fan-Wirkungsgrades erreichbar ist und andererseits entweder die Verbesserung des Wirkungsgrades der ND-Turbine oder eine Herabsetzung ihrer Stufenzahl und/oder ihrer mechanischen Belastung zur Folge hat. Dadurch wird indirekt – d.h. durch höheren Wert K – der Kreisprozeß verbessert und damit der Auslegungsbereich, in dem durch Mischung Schubgewinn erreicht werden kann, gegenüber Bild 3.5.9 in Richtung kleinerer spezifischer Schübe bzw. höherer Nebenstromverhältnisse erweitert.

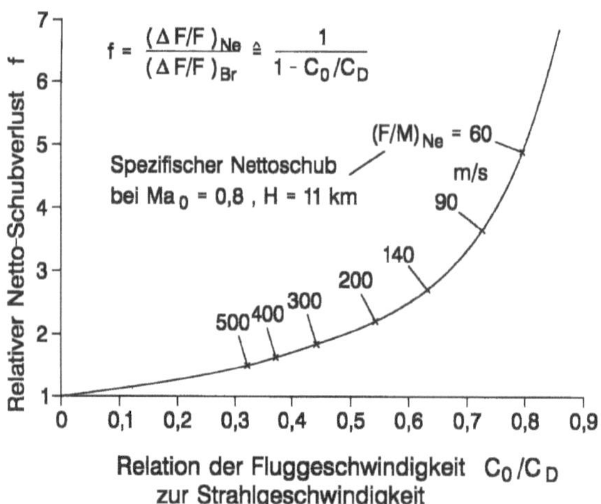

Bild 3.5.11: Einfluß der Flugbedingungen und des spezifischen Nettoschubes auf den durch Verlust an Bruttoschub verursachten Nettoschubverlust

Ferner spielen bei Triebwerken für Verkehrsflugzeuge bei der Entscheidung über die Bauweise ohne oder mit Mischung weitere Gesichtspunkte wie Installationsgewicht, Gondelwiderstand und Lärmdämmung eine wesentliche Rolle. Darauf wird in Abschnitt 5.11 und 5.14 näher eingegangen. Bei Triebwerken mit Nachbrenner ist dagegen die Ausführung mit Mischung beider Kreise und gemeinsamer Düse ohnehin vorgegeben.

3.6 Strahltriebwerke mit Nachbrenner

Bei Triebwerken der 1. Generation bis ca. 1960 wies das aus der Turbine austretende Abgas noch eine gewisse Kühlkapazität auf, die zur Kühlung des Nachbrennermantels herangezogen werden konnte. Damit konnten Nachbrennertriebwerke – wie damals auch bei Triebwerken ohne Nachbrenner üblich – ebenfalls als Einkreis-Triebwerke gebaut werden. Moderne Nachbrennertriebwerke können praktisch nur als Zweikreis-Triebwerke gebaut werden, da bei ihnen ein gewisser Anteil des Durchsatzes im kalten Kreis – oder aber bei niedrigem Nebenstromverhältnis der gesamte kalte Strom – zur Kühlung des Nachbrennermantels und der Düse mittels eines sogenannten Hitzeschildes benutzt wird. Der Ringkanal zwischen Mantel und Hitzeschild wird mit 15 ... 30% des gesamten Fan-Durchsatzes beaufschlagt, wobei ein Durchsatz-Anteil $\Delta M_{HS}/M_F = 13 ... 15\%$ als nicht an der Nachverbrennung teilnehmend betrachtet wird. Damit ergibt sich zugleich das für moderne Nachbrennertriebwerke minimal erforderliche Nebenstromverhältnis

$$\mu_{min} = \frac{\Delta M_{HS}}{M_V} = \frac{\Delta M_{HS}/M_F}{1-\Delta M_{HS}/M_F} = 0,15 ... 0,18 \ . \tag{3.6.1}$$

Ferner ist das am Nachbrennereintritt bereits bestehende, auf den gesamten Luft-durchsatz M_F bezogene Brennstoff-/Luftverhältnis mit Gln. 3.2.6 und 3.2.6b

$$m_{TR} = \frac{B_{BK}}{M_F} = \frac{M_V \left(1 - \dfrac{M_{KL}^*}{M_V}\right) \cdot m_{BK}}{M_F} = \frac{m_{BK}}{1+\mu}\left(1 - \frac{M_{KL}^*}{M_V}\right), \qquad (3.6.2)$$

so daß sich daraus mit $m_{stöch} = 0{,}0675$ das für die Nachverbrennung (bei $\eta_{NV} = 1$) maximal verbleibende, für die resultierende Temperaturerhöhung des gesamten Durchsatzes maßgebende Brennstoff-/Luftverhältnis

$$\frac{B_{NV,\max,id}}{M_F} = m_{NV,\max,id} = m_{stöch}\left(1 - \frac{\Delta M_{HS}}{M_F}\right) - m_{TR} \qquad (3.6.3)$$

ergibt.

Der nicht zur Kühlung des Nachbrennermantels und der Düse benötigte Anteil des kalten Stroms kann vor Eintritt in den Nachbrenner mit dem heißen Strom gemischt werden. Auf die damit zusammenhängenden Probleme wird u.a. in Abschnitt 5.4.2 und 5.4.3 näher eingegangen. Im Rahmen der Berechnung der spezifischen Leistungsdaten ist diese Frage zunächst unerheblich, so daß hier der Einfachheit halber davon ausgegangen wird, daß die beiden Ströme entsprechend Abschnitt 3.5.3 vor Eintritt in den Nachbrenner vollständig gemischt sind. Unter dieser Voraussetzung erhält man nach Abschnitt 3.5.3 bzw. nach Gl. 3.5.45 mit μ_T nach Gl. 3.5.3 und mit Gl. 3.5.51 die Nachbrenner-Eintrittsdaten $T_6 = T_M$ und $P_{6,id}$ und unter Beachtung von Gl. (3.6.3)

$$m_{NV,id} = \frac{B_{NV,id}}{M_F} = f(T_M, \Delta T_{NV}) \le m_{NV,\max,id} \;. \qquad (3.6.4)$$

Hieraus folgt das zur Erreichung der auf den gesamten Durchsatz M_F bezogenen Nachbrenner-Austrittstemperatur T_{NV} erforderliche effektive Brennstoff-/Luftverhältnis

$$m_{NV} = \frac{B_{NV}}{M_F} = \frac{m_{NV,id}}{\eta_{NV}} \;. \qquad (3.6.5)$$

Dabei werden mit Kerosin bei Boden/Stand, d.h. bei $T_2 = 288$ K – praktisch unabhängig von den Kreisprozeßdaten $T_{4.1}$, Π_V und μ – maximale Nachbrenner-Austrittstemperaturen um $T_{NV} = 2100$ K erreicht.

Die nach Gl. 3.6.4 ermittelbare Nachbrenner-Austrittstemperatur T_{NV} enthält den Einfluß der an der Nachverbrennung nicht teilnehmenden Kühlluftmenge ΔM_{HS} und stellt damit den für die Berechnung des Schubes zuständigen Mittelwert dar. Die getrennte Behandlung des Kühlluftstromes bis hin zur Berechnung des Schubes ist nicht opportun, zumal auch die Druckverluste des Kühlluftstromes nicht näher bestimmt werden können bzw. denen des Hauptstroms gleichgesetzt sind.

Der Nachverbrennungswirkungsgrad η_{NV}, der bei maximalem Brennstoff-] Luftverhältnis unter günstigen Bedingungen bei 85 ... 90% liegt, ist von mehreren aero-/thermodynamischen und geometrischen Parametern abhängig und wird in Abschnitt 5.4.4 näher behandelt.

Auch der unverbrannte Brennstoff wird am Nachbrenneraustritt bzw. in der Düse als gasförmig betrachtet, so daß er entsprechend den Gasgesetzen an der Expansion in der Düse teilnimmt, d.h., er wird bei der Berechnung der Gasmenge bzw. des Schubes – wenigstens genähert – durch Hinzurechnung der gesamten zugeführten Brennstoffmenge berücksichtigt.

Bei Triebwerken mit Nachbrenner sind Mischung und Flammhalterung praktisch nicht zu trennen. Üblicherweise wird rechnerisch davon ausgegangen, daß am Eintritt in den Flammhalter, wie in Abschnitt 5.4.2 näher beschrieben, die Mischung bereits vollzogen ist, obwohl diese – da ein Mischer im eigentlichen Sinne i.a. nicht vorhanden ist – erst im Nachbrennerkanal vor sich geht. In jedem Falle ist mit Rücksicht auf den Druckverlust im Flammhalter die Strömungs-Mach-Zahl nach der Mischung im Bereich $Ma_6 = 0{,}2$ bis $0{,}25$ bei Druckverhältnissen $p_{1,5} / p_{5,1} = 0{,}97 \ldots 1{,}03$ zu halten. Damit ist gegenüber dem nach den Gln. 3.5.49 bis 3.5.51 zu bestimmenden Druck $p_{M,id} = p_{6,id}$ mit einem Mischungsverlust in der Größenordnung

$$\left(\Delta p / p\right)_M = 0{,}005$$

zu rechnen. Ferner ergibt sich

- bei gezündetem oder nicht gezündetem Nachbrenner im Flammhalter ein aerodynamisch bedingter Druckverlust in der Größenordnung

$$\left(\Delta p / p\right)_{FH} = 0{,}005 \ldots 0{,}025$$

- und bei gezündetem Nachbrenner zusätzlich ein auf der Temperaturerhöhung beruhender, thermodynamisch bedingter Druckverlust in der Größenordnung

$$\left(\Delta p / p\right)_{th} = 0{,}030 \ldots 0{,}040 \ .$$

Auf die Beeinflussung dieses Druckverlusts und des oben angeführten Ausbrenngrades η_{NV} bei der Dimensionierung und Gestaltung des Nachbrenners wird in Abschnitt 5.4.2 bis 5.4.4 näher eingegangen.

Damit ergibt sich im Trockenbetrieb das Düsendruckverhältnis aus

$$\Pi_{D,TR} = \frac{p_{6,id}}{p_0}\left[1-\left(\frac{\Delta p}{p}\right)_M -\left(\frac{\Delta p}{p}\right)_{FH}\right] = (0{,}96 \ldots 0{,}97)\frac{p_{6,id}}{p_0} \qquad (3.6.6)$$

und bei gezündetem Nachbrenner zu

$$\Pi_{D,NV} = \Pi_{D,TR}\left[1-\left(\frac{\Delta p}{p}\right)_{th}\right] = (0{,}92 \ldots 0{,}94)\frac{p_{6,id}}{p_0} \ . \qquad (3.6.7)$$

Die Temperatur an der Düse ist im Trockenbetrieb weiterhin $T_{TR} = T_M$ entsprechend Gl. 3.5.45 und im Nachbrennerbetrieb mit Gl. 3.6.4

$$T_{NV} = T_M + \Delta T_{NV} \ . \qquad (3.6.9)$$

Damit ergibt sich mit den Daten T_M und $\Pi_{D,TR}$ die Strahlgeschwindigkeit C_{TR} im Trockenbetrieb bzw. mit T_{NV} und $\Pi_{D,NV}$ die Strahlgeschwindigkeit C_{NV} im Nachbrennerbetrieb, jeweils sinngemäß nach Gl. 3.2.11/11a und 3.2.34/35.

Mit dem Gesamtdurchsatz an der Düse im Trockenbetrieb, bezogen auf den Luftdurchsatz des Triebwerks

$$\frac{M_{TR}}{M_F} = \frac{M_F + B_{BK}}{M_F} = 1 + m_{TR} \tag{3.6.10}$$

ergibt sich der spezifische Schub im Trockenbetrieb

$$\left(F/M\right)_{TR} = \frac{M_{TR}}{M_F} \cdot C_{TR} - C_0 \tag{3.6.11}$$

und mit dem Gesamtdurchsatz im Nachbrennerbetrieb

$$\frac{M_{NV}}{M_F} = \frac{M_F + B_{BK} + B_{NV}}{M_F} = 1 + m_{TR} + m_{NV} \tag{3.6.12}$$

folgt der spezifische Schub mit Nachverbrennung

$$\left(F/M\right)_{NV} = \frac{M_{NV}}{M_F} \cdot C_{NV} - C_0 \; . \tag{3.6.13}$$

Auch hier wird somit der unverbrannte, aber als verdampft betrachtete Brennstoffanteil gewichtsanteilig in die Expansion einbezogen.

Es sei bemerkt, daß z.B. bei isentroper Expansion gegenüber dem Triebwerk ohne Nachbrenner aufgrund der Düsendruckverhältnisse

$$\Pi_{D,NV} < \Pi_{D,TR} < \Pi_{D,M}$$

die reduzierten isentropen Strahlgeschwindigkeiten

$$\frac{C_{NV,is}}{\sqrt{T_{NV}}} < \frac{C_{TR,is}}{\sqrt{T_M}} < \frac{C_{M,is}}{\sqrt{T_M}}$$

sind. Bei konvergenter und/oder verlustbehafteter Düse besteht eine ähnliche Relation.

Das Verhältnis der spezifischen Schübe ohne und mit Nachverbrennung, das zugleich auch das Verhältnis der Schübe selbst ist, ergibt sich aus

$$\frac{F_{TR}}{F_{NV}} = \frac{\left(F/M\right)_{TR}}{\left(F/M\right)_{NV}} = \frac{\dfrac{M_{TR}}{M_F} \cdot C_{TR} - C_0}{\dfrac{M_{NV}}{M_F} \cdot C_{NV} - C_0} \tag{3.6.14}$$

mit M_{TR} bzw. M_{NV} nach Gl. 3.6.10 und 3.6.12 sowie C_{TR} bzw. C_{NV} mit $T_{TR} = T_M$ und κ_M bzw. T_{NV} und κ_{NV} nach Gl. 3.2.11/11a und 3.2.34/35.

Ferner ergeben sich mit dem jeweils auf M_F bezogenen Brennstoff-/Luftverhältnis ohne und mit Nachverbrennung nach Gl. 3.6.2 und 3.6.5 die spezifischen Brennstoffverbräuche ohne und mit Nachverbrennung entsprechend

$$SBV_{TR} = \frac{m_{TR}}{(F/M)_{TR}} \tag{3.6.17}$$

sowie

$$SBV_{NV} = \frac{m_{TR} + m_{NV}}{(F/M)_{NV}} \ . \tag{3.6.18}$$

Hierzu zeigt Bild 3.6.1a und 3.6.1b für einige Kombinationen $T_{4.1}/T_2$ und Π_V bei Nebenstromverhältnissen $\mu = 0{,}2$ (Minimum) und 1 die bei gleichen Kreisprozeßannahmen wie beim Triebwerk ohne Nachbrenner, beim Nachbrennertriebwerk ohne und mit Nachverbrennung zu erwartenden spezifischen Leistungsdaten. Daraus ergibt sich der wichtige Schluß, daß – unabhängig vom Nebenstromverhältnis – neben F/M auch der SBV mit Nachverbrennung mit zunehmenden Werten $T_{4.1}/T_2$ und Π_V – wenn auch degressiv – verbessert wird. Dies erklärt den langjährig zu beobachtenden Trend, – vgl. Abschnitt 5.10.3 – wonach bei Nachbrennertriebwerken neben maximal beherrschbaren Turbineneintrittstemperaturen auch maximal zulässige Druckverhältnisse – begrenzt durch die realisierbare Verdichteraustrittstemperatur – angestrebt werden, um im Betrieb mit Nachverbrennung maximale Werte F/M mit minmalen Werten SBV zu kombinieren.

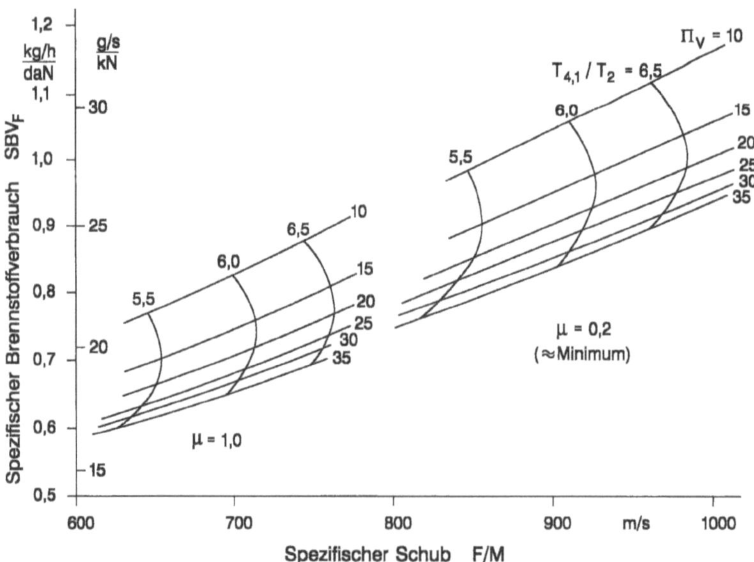

Bild 3.6.1a: Turbofan mit Nachbrenner; spezifische Leistungsdaten ohne Nachverbrennung

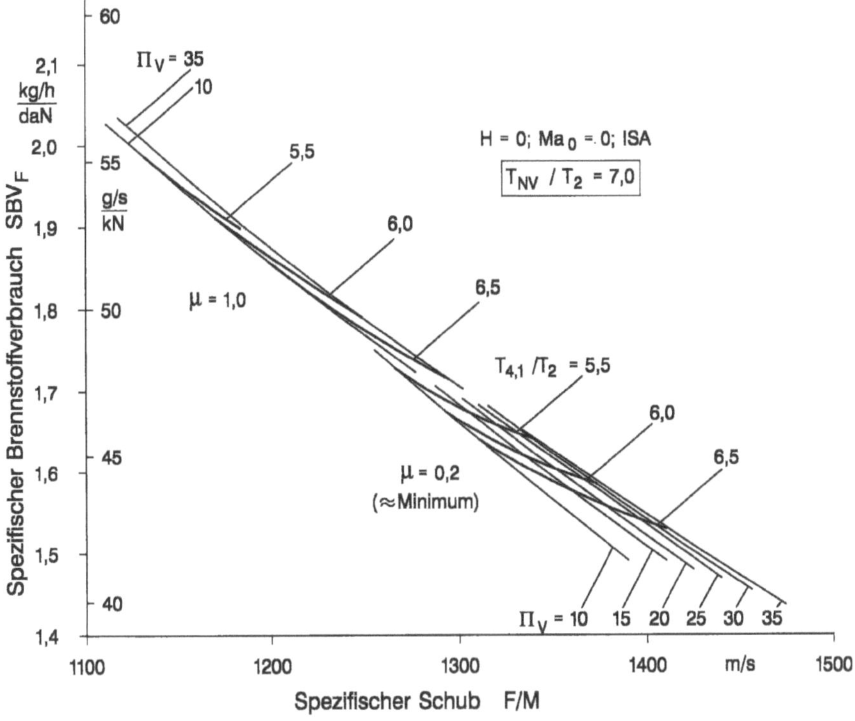

Bild 3.6.1b: Turbofan mit Nachbrenner; spezifische Leistungsdaten mit Nachverbrennung

Die spezifischen Leistungsdaten F/M und SBV mit NV nach Bild 3.6.1b fügen sich ebenso wie die Daten ohne NV nach Bild 3.6.1a bei $T_2 \neq 288$ K in die Tendenzen nach Abschnitt 3.3 ein. Allerdings muß beim Nachbrenner gesichert sein, daß nach Gln. 3.6.2 bis 3.6.5 das Brennstoff-/Luftverhältnis

$$m_{NV} = \Theta \cdot m^{*}_{NV} < m_{NV,\text{max}}$$

bleibt.

Ferner interessiert bei Nachbrennertriebwerken das Verhältnis der spezifischen Schübe bzw. der Schübe ohne und mit Nachverbrennung entsprechend Gl. 3.6.14, das entsprechend Bild 3.6.2 mit zunehmendem Verhältnis $T_{4.1}/T_2$ ansteigt. Dies rührt daher, daß mit zunehmendem $T_{4.1}$ auch die Temperatur T_M am Eintritt in den Nachbrenner steigt, so daß damit die Temperaturerhöhung im Nachbrenner zurückgeht.

Da üblicherweise für die Dimensionierung von Nachbrennertriebwerken der Betrieb mit NV maßgebend ist, bedeutet die Erhöhung von $T_{4.1}$ zugleich die stets wünschenswerte Vergrößerung des Schubes ohne NV entsprechend Bild 3.6.2. Zugleich wird bei der Erhöhung von $T_{4.1}/T_2$ entsprechend Bild 3.6.1a und 3.6.1b zwar der SBV mit NV verbessert, der SBV ohne NV jedoch verschlechtert.

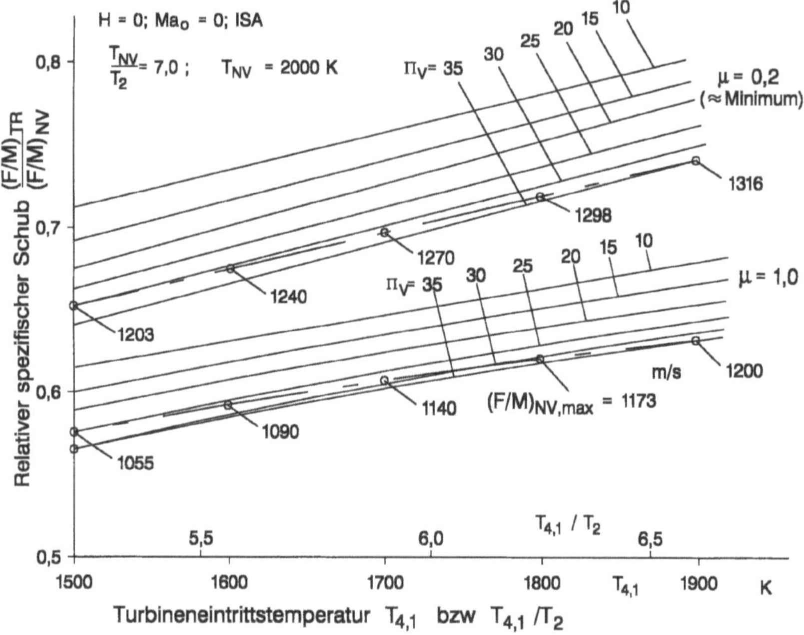

Bild 3.6.2: Verhältnis der spezifischen Schübe ohne und mit Nachverbrennung und maximale Schübe mit *NV*

Bei modernen Nachbrennertriebwerken ist neben der notwendigerweise verstellbaren Düsenhalsfläche A_8 durchweg auch die Divergenz, d.h. das Verhältnis der Düsenaustrittsfläche A_9 zur Halsfläche A_8 verstellbar, d.h. ≥ 1. Dies ist aufgrund der mit zunehmender Flug-Mach-Zahl – besonders im Überschallbereich – wegen des damit ebenfalls zunehmenden Düsendruckverhältnisses – mit Blick auf Bild 3.2.4 besonders vorteilhaft, zumal die Geschwindigkeitsverhältnisse C_0/C_{TR} und C_0/C_{NV} mit zunehmender Flug-Mach-Zahl ansteigen und damit die Vergrößerung der Strahlgeschwindigkeiten C_{TR} bzw. C_{NV} bei Annäherung an die isentrope Expansion durch die konvergent/divergente Düse den spezifischen Schub nach Gl. 3.6.11 bzw. 3.6.13 und damit zugleich den spezifischen Brennstoffverbrauch nach Gl. 3.6.17 bzw. 3.6.18 überproportional verbessern.

3.7 Spezifische Leistungsdaten von Wellenleistungstriebwerken und Propellertriebwerken

3.7.1 Vorbemerkungen

Bei Wellenleistungstriebwerken für Luftfahrzeuge, die vorwiegend bei niedriger Fluggeschwindigkeit operieren (z.B. Hubschrauber), wird man die Auslegung so vornehmen, daß die hinter der Verdichter-Antriebsturbine verfügbare Gasleistung in der nachfolgenden Nutzturbine möglichst vollständig in mechanische bzw. Wellenleistung umgesetzt wird.

Bei Wellenleistungstriebwerken für Propellerflugzeuge, bei denen die Wellenleistung über Getriebe und Propeller in Vortriebsleistung umgesetzt wird, trägt ein gewisser Restschub des Abgasstrahls bei entsprechender Installation zur gesamten verfügbaren Vortriebsleistung bei. Die Festlegung des Anteils der oben angeführten, insgesamt verfügbaren Gasleistung, der dabei in Restschub umzusetzen ist, bzw. das zu wählende Düsendruckverhältnis, bedarf daher der Optimierung im Sinne maximaler, resultierender Vortriebsleistung. Für die vergleichende Beurteilung verschiedener Propellertriebwerke ist in diesem Falle nicht die Wellenleistung P_W und der darauf bezogene spezifische Brennstoffverbrauch SBV_W, sondern die sog. Wellenvergleichsleistung P_{WV} maßgebend, welche die mit dem Triebwerk-Restschub gewonnene Vortriebsleistung mit umfaßt.

Ist F_R der Restschub des Triebwerks im Reiseflug und η_{Pr} der für derartige Vergleiche üblicherweise gewählte Wirkungsgrad der Umsetzung der Wellenleistung in Vortriebsleistung, so ist mit der Fluggeschwindigkeit C_0 die Wellenvergleichsleistung

$$P_{WV} = P_W + \frac{F_R \cdot C_0}{\eta_{Pr}} \qquad\qquad (3.7.1)$$

wobei nach [3.2] $\eta_{Pr} = 0{,}85$ allgemein akzeptiert ist. Der Wellenvergleichsleistung entspricht die gesamte Vortriebsleistung

$$P_{Fr} = P_W \cdot \eta_{Pr} + F_R \cdot C_0 \;, \qquad\qquad (3.7.2)$$

die bei der Auslegung eines Propellertriebwerks zu optimieren ist. Dabei ist in P_W der Wirkungsgrad η_G des für den Propellerantrieb benötigten Untersetzungsgetriebes enthalten. Im Startfall, d.h. bei $C_0 = 0$, ist mit dem Restschub $F_{R,0}$ und dem Umrechnungsfaktor $A = (F_R / P_W)_0$ die Wellenvergleichsleistung.

$$P_{WV,0} = P_{W,0} + \frac{F_{R,0}}{A} \;. \qquad\qquad (3.7.3)$$

Der Faktor A reicht nach [3.2] von 8 ... 16 N/kW, wobei der kleinere Wert für kleine, einfache Propeller, der höhere Wert für Hochleistungspropeller anzusetzen ist.

Während bei Wellenleistungstriebwerken für schnell und hoch fliegende Geschäfts- und Verkehrsflugzeuge die Auslegung für maximale Vortriebsleistung unter Reiseflugbedingungen zu optimieren ist, ist bei langsamen, niedrig fliegenden Transportflugzeugen die Vortriebsleistung beim Start zu maximieren. Damit ist die Mehrzweck-Verwendbarkeit von Wellenleistungstriebwerken, die für den einen oder anderen Anwendungsfall konzipiert sind, nicht verunmöglicht, da durch die Umrüstung des Austrittskanals bzw. der Düse die Adaption an die jeweils andere Anwendung ohne gravierende Nachteile möglich ist. Selbstverständlich sind bei der Festlegung des Kreisprozesses für Wellenleistungstriebwerke für die eine oder andere Anwendung weitere Gesichtspunkte zu beachten, die Gasgenerator und Nutzturbine betreffen. Hierauf wird in Abschnitt 6.2.4 und 6.3.5 näher eingegangen.

3.7.2 Reine Wellenleistungstriebwerke

Wird beim Einkreis-Strahltriebwerk die Düse mit Druckverhältnis Π_D durch eine Nutzturbine mit Übergangs- und Austrittskanal etc. ersetzt, so ergibt sich in Anlehnung an
Abschnitt 3.2 unter Berücksichtigung der im Übergangs- und Austrittskanal auftretenden
Druckverluste $(\Delta p / p)_{NT}$ sowie des beim Gasaustritt in die Atmosphäre nötigen dynamischen Drucks $(\Delta p / p)_D$ die spezifische Arbeit der Nutzturbine aus dem Druckverhältnis

$$\Pi_{NT} = \Pi_D \cdot \left(1 - \left(\frac{\Delta p}{p}\right)_{NT+D}\right) . \tag{3.7.4}$$

Ferner ist am Eintritt der Nutzturbine in Anlehnung an Abschnitt 3.2

$$T_{NT} = T_D; \; M_{NT} = M_D \; \text{und} \; m_{NT} = m_D$$

entsprechend Gl. 3.2.9, 3.2.10 und 3.2.12. Die im Bereich der Nutzturbine entstehenden
Druckverluste werden insgesamt zu $(\Delta p / p)_{NT} \approx 0{,}03$ angesetzt, während für den dynamischen Druckverlust am Gasaustritt $(\Delta p / p)_D = 0{,}02$ entsprechend einer Austritts-
Mach-Zahl $Ma_D = 0{,}175$ gesetzt wird. Damit ist der resultierende Druckverlust
$(\Delta p / p)_{NT+D} \approx 0{,}05$, so daß mit den Kreisprozeßparametern $T_{4.1} / T_2$ und Π_V und den
übrigen Kreisprozeßdaten entsprechend Abschnitt 3.2 auch das Druckverhältnis der
Nutzturbine mit Gl. 3.7.4 festliegt.

Damit ist die spezifische Arbeit der Nutzturbine

$$H_{eff,NT} = RT_{NT} \cdot \frac{\kappa}{\kappa - 1} \left[1 - \left(\frac{1}{\Pi_{NT}}\right)^{\frac{\kappa-1}{\kappa}}\right] \cdot \eta_{is,NT} \tag{3.7.5}$$

$$\text{mit} \; \kappa = \left(\frac{c_p}{c_p - R}\right)_{NT} \; \text{und} \; c_{p,NT} = f\left(\overline{T}_{NT}, m_{NT}\right) .$$

Ferner ist analog Gl. 3.2.13 die spezifische Wellenleistung (ohne Getriebe)

$$\frac{P_W}{M_V} = \frac{M_{NT}}{M_V} \cdot H_{eff,NT} \tag{3.7.6}$$

sowie analog Gl. 3.2.36 der auf die Wellenleistung bezogene spezifische Brennstoffverbrauch

$$SBV_W = \frac{B}{M_V} \cdot \frac{1}{P_W / M_V} . \tag{3.7.7}$$

Damit ergeben sich entsprechend Bild 3.7.1 die spezifischen Leistungen von Wellenleistungstriebwerken für verschiedene Parameter $T_{4.1} / T_2$ und Π_V und in den thermodynamischen Voraussetzungen weitgehend konsistent mit jenen für Einkreis-Strahltriebwerke nach Bild 3.2.1.

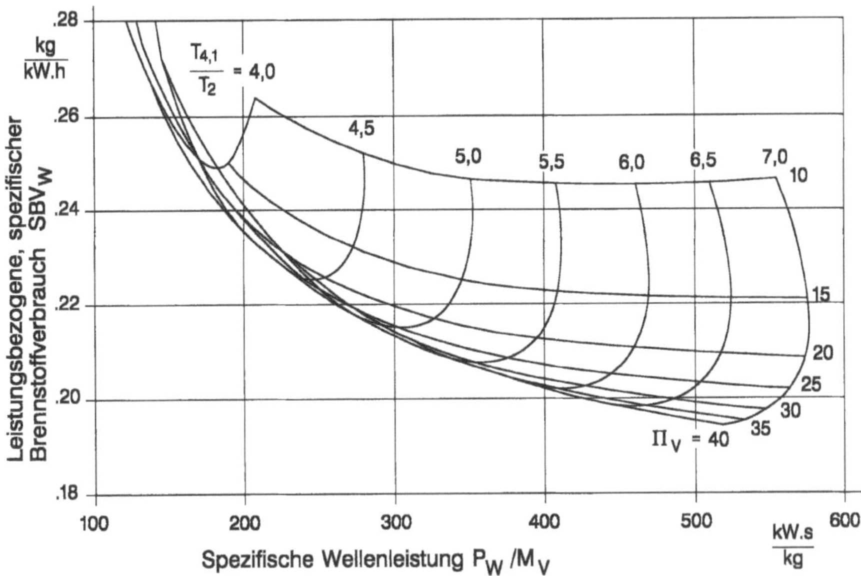

Bild 3.7.1: Spezifische Leistungsdaten von Wellenleistungstriebwerken bei ISA, 0/0

Sollen spezifische Leistungsdaten für $T_2 \neq 288K$ ermittelt werden, so kann dies in Anlehnung an Abschnitt 3.3 analog der Behandlung von F/M_V und SBV_F nach den Gln. 3.3.1 bis 3.3.8 geschehen, wenn mit

$$P_W / M_V \approx \left(F/M_V\right)^2 = \left(F/M_V\right)^{*2} \cdot \Theta \approx \left(P/M_V\right)^* \cdot \Theta \tag{3.7.8}$$

$$B/M_V = SBV_F \cdot F/M_V = SBV^* \cdot \left(F/M_V\right)^* \cdot \Theta \approx \left(B/M_V\right)^* \cdot \Theta$$

$$SBV_W = \left(B/M_V\right)/\left(P_W/M_V\right) \approx \left(B/M\right)^* /\left(P_W/M\right)^* \approx SBV_W^* \tag{3.7.9}$$

gesetzt wird.

3.7.3 Propellertriebwerke

Bei der Auslegung eines Propellertriebwerks verfährt man analog Abschnitt 3.4 ebenso wie bei Einkreis-Strahltriebwerken, indem bei gleichen Parametern $T_{4.1}/T_2$ und Π_V wie bei $Ma_0 = 0$ und unter Berücksichtigung der im Bereich der Nutzturbine auftretenden Druckverluste $\left(\Delta p/p\right)_{NT}$ analog Gl. 3.4.4 zunächst die nutzbare Gesamtexpansion

$$\Pi_{NT+D} = \Pi_{NT} \cdot \Pi_D = \frac{\Pi_V \cdot \Pi_{vst}}{\Pi_{GT}} \left[1 - \left(\frac{\Delta p}{p}\right)_{BK}\right]\left[1 - \left(\frac{\Delta p}{p}\right)_{NT}\right] \tag{3.7.10}$$

bestimmt wird.

Zur Optimierung der spezifischen Vortriebsleistung durch Propeller- und Restschub setzt man die mit der Nutzturbine erzielbare spezifische Vortriebsleistung

$$\left(\frac{P_{Fr}}{M_V}\right)_{NT} = \frac{M_{NT}}{M_V}\cdot H_{is,NT}\cdot \eta_{is,NT}\cdot \eta_G\cdot \eta_{Pr} \tag{3.7.11}$$

und die aus dem Restschub des Abgasstrahls resultierende Vortriebsleistung

$$\left(\frac{P_{Fr}}{M_V}\right)_R = \left(\frac{M_{NT}}{M_V}\cdot C_D - C_0\right)C_0\ . \tag{3.7.12}$$

Bei zur Triebwerks-/Propellerachse geneigter Düse ist die Komponente der Strahlgeschwindigkeit C_D in Achsrichtung zu beachten. In Anlehnung an Abschnitt 3.5.1 ergibt sich mit den Bezeichnungen

$$C_{is,NT+D} \triangleq C_{is,TL} = f\left(T_{NT},\Pi_{NT+D}\right)\ \text{ und }\ C_D \triangleq C_{5,is}\cdot c_F = f\left(T_5,\Pi_D\right)\cdot c_F$$

die isentrope Arbeit der Nutzturbine

$$H_{is,NT} = \left(\frac{C_{is,TL}^2}{2} - \frac{C_{5,is}^2}{2}\cdot\frac{T_{5,is}}{T_5}\right) \tag{3.7.13}$$

mit $\tau_T = \dfrac{T_5}{T_{5,is}} = f\left(\Pi_{NT},\eta_{is,NT}\right)$

nach Gl. 3.5.18. Damit ergibt sich die gesamte spezifische Vortriebsleistung aus den Gln. 3.7.10 bis 3.7.13 zu

$$\frac{P_{Fr}}{M_V} = \frac{M_{NT}}{M_V}\left[\frac{C_{is,TL}^2}{2} - \frac{C_{5,is}^2}{2}\cdot\frac{1}{\tau_T}\right]\cdot \eta_{is,NT}\cdot \eta_G\cdot \eta_{Pr} + \left(\frac{M_D}{M_V}\cdot C_{5,is}\cdot c_F - C_0\right)C_0\ . \tag{3.7.14}$$

Aus der Differentation

$$\frac{\partial}{\partial C_{5,is}}\left(\frac{P_{Fr}}{M_V}\right) = 0$$

folgt analog zu Gln. 3.5.28 und 3.5.29 das optimale Geschwindigkeitsverhältnis

$$\zeta_{opt} = \left(\frac{C_0}{C_{5,is}}\right)_{opt} = \frac{\Gamma}{\tau_T\cdot c_F\cdot M_D / M_{NT}} \tag{3.7.15}$$

mit der „Wirkungsgradkette"

$$\Gamma = \eta_{is,NT}\cdot \eta_G\cdot \eta_{Pr}\ . \tag{3.7.16}$$

Geht man davon aus, daß

$$\eta_{is,NT} = 0{,}90\ldots 0{,}93\ \text{(Nutzturbine)},$$

$$\eta_{Pr} = \frac{P_{Fr}}{P_W} = 0{,}80\ldots 0{,}90\ \text{(Propeller)},$$

$\eta_G = 0{,}98\ldots 0{,}99$ (Getriebe) ist, so ergibt sich insgesamt $\Gamma \approx 0{,}70\ldots 0{,}83$.

Dabei ist Γ durchaus mit dem in Abschnitt 3.7.1 erwähnten, für Vergleiche angesetzten Wirkungsgrad $\eta_{Pr} = 0{,}85$ im Einklang, da Γ auch den Nutzturbinen- und Getriebewirkungsgrad enthält.

Bei dieser Optimierung ist allerdings die mittelbare Dissipation des Triebwerk-Abgasstrahls (C_D) in den Propellerstrahl ($C_0' > C_0$) mit nachfolgender Dissipation des gesamten Strahls aus Propeller und Gasturbine in die Atmosphäre vernachlässigt, d.h. es ist zur Vereinfachung unmittelbare Dissipation des Abgasstrahls in die Atmosphäre angenommen.

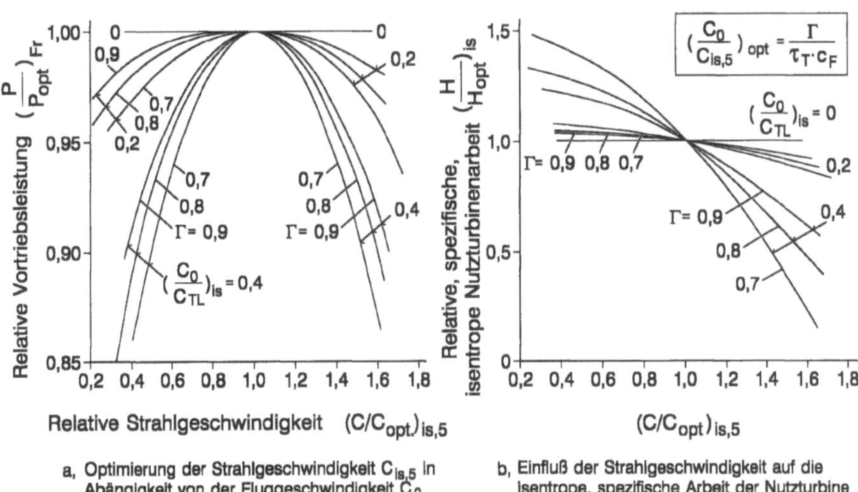

Bild 3.7.2: Einfluß der Geschwindigkeit des Abgasstrahls auf die Vortriebsleistung und die spezifische Arbeit der Nutzturbine

Analog der Berechnung der Zweikreis-Triebwerke ohne Mischung nach Abschnitt 3.5.2 ist zu fragen, welche Nachteile die Abweichung des praktisch gewählten Verhältnisses $C_0 / C_{5,is}$ vom optimalen Wert nach Gl. 3.7.15 mit sich bringt. Hierzu zeigt Bild 3.7.2a die relative Vortriebsleistung als Funktion von

$$\zeta = \left(\frac{C}{C_{opt}}\right)_{5,is} = \frac{(C_0 / C_{5,is})_{opt}}{(C_0 / C_{5,is})} \tag{3.7.17}$$

und Bild 3.7.2b die Auswirkung von Abweichungen im Sinne $\zeta \neq 1$ auf die spezifische Arbeit der Nutzturbine. Danach ist es eher ratsam, $\zeta > 1$ zu wählen, solange der Verlust an Vortriebsleistung < 1% bleibt. Aus Bild 3.7.2a kann zusammen mit Bild 3.7.3 ferner geschlossen werden, daß bei einem reinen Wellenleistungstriebwerk mit minimalem Düsendruckverhältnis $\Pi_D = 1{,}02$ bei $Ma_0 = 0$ trotz der bei $Ma_0 > 0$ auftretenden

Vergrößerung von Π_D bzw. der Strahlgeschwindigkeit $C_D = C_5$ die bei Flug-Mach-Zahlen $Ma_0 = 0{,}5$ bis $0{,}7$ wünschenswerte Relation

$$C_0 / C_{5,is} = (1{,}0 \dots 1{,}3)\left(C_0 / C_{5,is}\right)_{opt} \qquad\qquad 3.7.18$$

nicht annähernd erreichbar ist, so daß Verluste an Vortriebsleistung in der Größenordnung von 2 bis 4% zu erwarten sind. Bild 3.7.3 liefert hierzu die für eine Abschätzung des günstigsten Düsendruckverhältnisses Π_D bzw. der zu empfehlenden Strahlgeschwindigkeit C_5 für relevante Kreisprozeßdaten $T_{4.1}/T_2$ und Π_V die zur Bestimmung von C_0/C_5 benötigten Parameter $(C/\sqrt{T})_{TL}$ und T_{TL}/T_2.

Insgesamt gesehen ist die Optimierung von P_{Fr}/M_V umso wichtiger, je höher die Flug-Mach-Zahl ist. Die bei Abweichung von ζ_{opt} hinzunehmende Verkleinerung der Vortriebsleistung bzw. Erhöhung des SBV_{Fr} ist jedoch umso geringer, je größer die spezifische Wellenleistung P_W/M_V der Gasturbine ist.

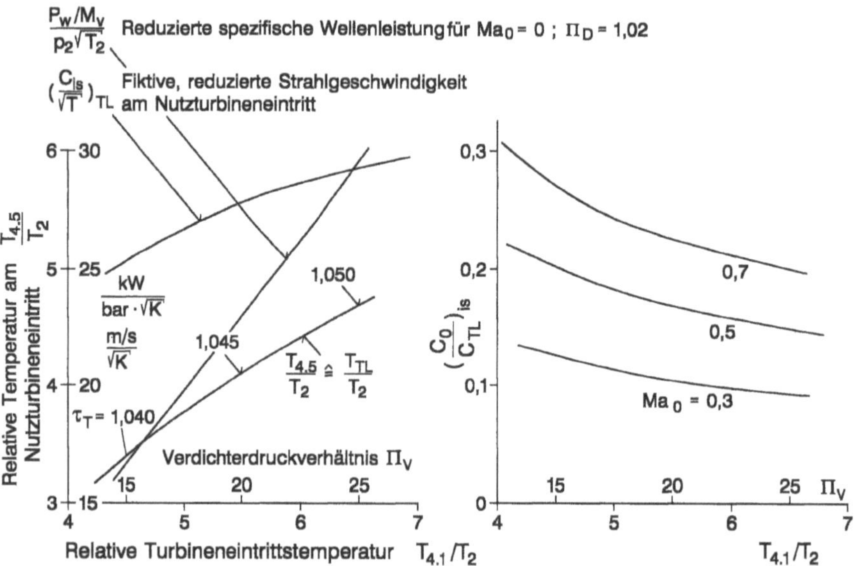

Bild 3.7.3: Einfluß der Kreisprozeßdaten und der Flug-Mach-Zahl auf die Optimierung der Geschwindigkeit des Abgasstrahls

3.8 Triebwerke für kleine Leistungen

Es ist bekannt, daß Turboflugtriebwerke im unteren Leistungsbereich, d.h. bei Luftdurchsätzen (ggf. im Kerntriebwerk bzw. im heißen Kreis) bei Boden/Stand unterhalb 30 bis 60 kg/s, bei gegebenen Kreisprozeßparametern $T_{4.1}$ und Π_V ungünstigere spezifische Leistungsdaten als bei größeren Durchsätzen aufweisen, weil die Wirkungsgrade der Strömungsmaschinen bei Verkleinerung der Abmessungen zunehmend schlechter werden. Dies hat nicht nur zur Folge, daß die spezifischen Leistungsdaten F / M_V bzw. P_W / M_V und SBV_F bzw. SBV_W ungünstiger werden, sondern verursacht u.a. auch die Verschiebung der Druckverhältnisse Π_V für optimale SBVs zu kleineren Werten.

Auf die Ursachen der zu kleineren korrigierten Durchsätzen hin eintretenden Verschlechterung der Wirkungsgrade und die aus statistischen Komponentendaten gewonnene Korrelation der für gleichen Technologiestand entsprechend EIS = 1995 und für RNI = 1 normierten polytropen Wirkungsgrade $\eta_{pol,V}$ und $\eta_{pol,T}$ über M_{korr} wird in Abschnitt 5.2.1 näher eingegangen. Danach läßt sich der Größeneinfluß bei Verdichtern und Turbinen formal ebenso wie der Re-Einfluß entsprechend Gl. 5.2.1.5

$$\frac{1-\eta_{pol}}{1-\eta_{pol}^*} = x^{-m} \tag{3.8.1}$$

mit $x = M_{korr} / M_{Korr}^*$ \hfill (3.8.2)

darstellen. Dabei ist $M_{korr}^* \approx 70$ kg/s der mit den Komponenten-Eintrittsbedingungen gebildete korrigierte Durchsatz, oberhalb dessen der Größeneinfluß praktisch verschwindet und der oben angesetzte, maximale polytrope Wirkungsgrad η_{pol}^* erreicht wird.

Bei Gasturbinen ist die Relation der korrigierten Durchsätze $M_{korr,V}$ und $M_{korr,T}$ stark von den Kreisprozeßdaten abhängig entsprechend

$$\frac{M_{korr,T}}{M_{korr,V}} = \frac{M_T}{M_V} \cdot \sqrt{\frac{T_{4.1}}{T_2}} \cdot \frac{1}{\Pi_V \cdot \left[1 - (\Delta p/p)_{BK}\right]} \tag{3.8.3}$$

mit M_T / M_V nach Gl. 3.2.5. Daraus ergibt sich, daß bei üblichen Kreisprozeßdaten der korrigierte Turbinendurchsatz $M_{korr,T}$ bereits bei korrigierten Verdichterdurchsätzen $M_{korr,V} > M_{korr,V}^* = 70$ kg/s in den Bereich $M_{korr,T} < M_{korr,T}^* = 70$ kg/s kommt.

Während im hier behandelten Fall für die Verdichter der Re-Zahl-Index RNI = 1 gilt, wobei hydraulisch glatte Umströmung der Schaufeln vorliegt, ist bei den Turbinen – abhängig von $T_{4.1}$ und Π_V bzw. p_3 – RNI im Bereich 0,5 bis 2,0. Ferner liegt zugleich der Übergangsbereich glatt/rauh vor, so daß Re-Einflüsse nur geringe Bedeutung haben. Die nach diesen Bedingungen angesetzten Komponentenwirkungsgrade und der dabei angesprochene Bereich der korrigierten Durchsätze sind auf Bild 3.8.1 dargestellt.

Diese Festlegungen sind einigermaßen konsistent mit den für Triebwerke im mittleren und oberen Leistungsbereich getroffenen Annahmen entsprechend Abschnitt 3.2.

Im Gegensatz zu den Turbomaschinen können bei Triebwerken kleiner Leistung keine allgemeinen Tendenzen betreffend Brennkammer-Druckverlust und Kühlluftaufwand bei gegebener Kühleffektivität bzw. Turbineneintrittstemperatur verzeichnet werden, wenngleich eine – in diesem Zusammenhang ignorierte – Tendenz zu größeren internen Leckagen besteht. Allerdings sind bei Triebwerken kleinerer Leistung im allgemeinen die Kühleffektivitäten bzw. Turbineneintrittstemperaturen sichtbar moderater als bei Großtriebwerken.

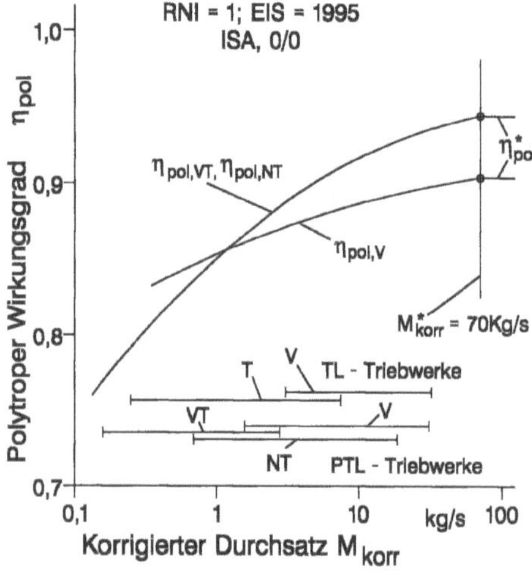

Bild 3.8.1: Bereich der korrigierten Durchsätze und polytropen Wirkungsgrade bei kleinen TL- und PTL-Triebwerken
Schubbereich: F_{TL} = 300 ... 2.400 daN bei ISA, 0/0
Leistungsbereich: P_W = 500 ... 4.000 kW

Die Berechnung der spezifischen Leistungsdaten von Einkreis-Strahltriebwerken wird für $T_2 = 288$ K entsprechend Abschnitt 3.2 in der Weise durchgeführt, daß für $F =$ const. und nach Gl. 3.2.14 bzw. Bild 3.2.1 geschätztem Verdichterdurchsatz M_V bzw. Turbinendurchsatz M_T nach Gl. 3.8.5 Verdichter- und Turbinenwirkungsgrade als Funktion der korrigierten Durchsätze entsprechend den Gln. 3.8.1 bis 3.8.4 mit den entsprechend Bild 3.8.1 für große korrigierte Durchsätze zutreffenden Werten

$$\overline{\eta}^*_{pol,V} = 0{,}905 \, , \quad \overline{\eta}^*_{pol,VT} = \overline{\eta}^*_{pol,NT} = 0{,}945$$

eingeführt werden.

Bei nachfolgend angegebenen Boden/Stand-Schüben von Einkreis-Triebwerken würde es sich z.B. bei $T_{4.1}/T_2 = 5{,}0$ und $\Pi_V = 25$ um Durchsätze in den angegebenen Größenordnungen handeln. Diese Durchsätze entsprechen – in diesem Falle als Kerntriebwerkdurchsätze betrachtet – bei Zweikreis-Triebwerken mit Nebenstromverhältnis $\mu = 4$ nach Abschnitt 3.5 Standschüben in den angegebenen Größen:

$F_{TL} =$	1.600	800	400	200	daN
$M_V \approx$	25 … 42	12 … 22	6 … 12	3 … 6	kg/s
$F_{ZTL} \approx$	3.200	1.600	800	400	daN

Daraus ergeben sich nach Iteration der korrigierten Durchsätze und polytropen Wirkungsgrade die für bestimmte Schübe gültigen spezifischen Leistungsdaten. F/M_V und SBV_F entsprechend Bild 3.8.2 sowie mit Bild 3.8.3 die Zusammenfassung der Ergebnisse für eine spezielle Kombination der Parameter $T_{4.1}/T_2$ und Π_V .

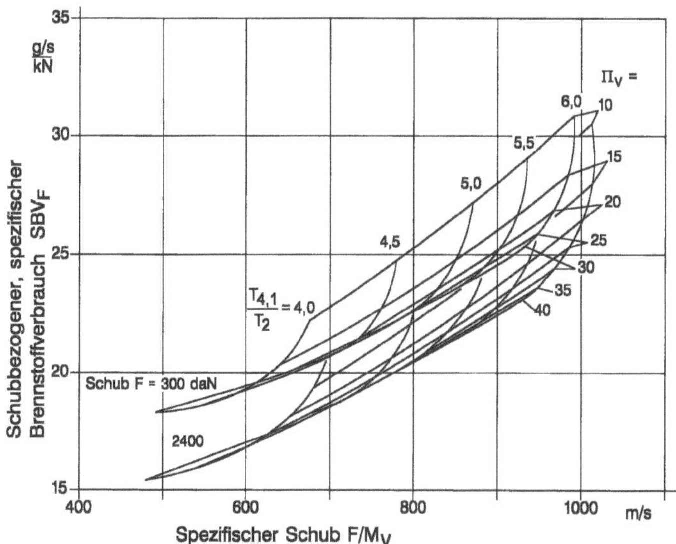

Bild 3.8.2: Spezifische Leistungsdaten von kleinen Einkreis-Strahltriebwerken bei ISA, 0/0

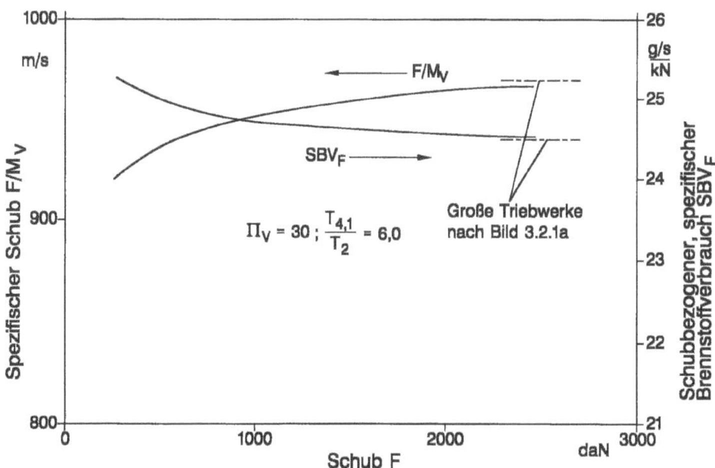

Bild 3.8.3: Einfluß der Triebwerkgröße (Schub) auf die spezifischen Leistungsdaten bei ISA, 0/0

Ebenso geht man bei Wellenleistungstriebwerken entsprechend Abschnitt 3.7 vor, was bei gleichem technologischem Standard wie oben zu spezifischen Leistungsdaten entsprechend Bild 3.8.4 und 3.8.5 führt. Dabei ergeben sich mit gleichen Kreisprozeßparametern wie oben folgende Werte:

$P_W =$	6.000	3.000	1.500	750	kW
$M_V =$	10 ... 30	5 ... 15	2,5 ... 8	1,5 ... 4	kg/s

Damit ergeben sich die spezifischen Leistungsdaten P_W / M_V und SBV_W nach Bild 3.8.4 und eine Zusammenfassung für eine relevante Kombination $T_{4.1} / T_2$ und Π_V nach Bild 3.8.5.

Was die Anwendung dieser spezifischen Leistungsdaten bei $T_2 \neq 288\,\text{K}$ und $Ma_0 \neq 0$ betrifft, so gilt natürlich dasselbe wie in den Abschnitten 3.3 und 3.4 sowie 3.7.2.

Aus den spezifischen Leistungsdaten für Einkreis-Strahltriebwerke und Wellenleistungstriebwerke bei kleinen Durchsätzen lassen sich folgende allgemeinen Schlüsse ziehen:

– die spezifischen Leistungsdaten F / M_V und SBV_F bzw. P_W / M_V und SBV_W werden bei der Verkleinerung des Triebwerkdurchsatzes progressiv ungünstiger, wobei Wellenleistungstriebwerke wesentlich stärker betroffen sind als Strahltriebwerke,

– die spezifischen Leistungsdaten bei kleinen Durchsätzen folgen – wenn auch etwas abgeschwächt und auf ungünstigerem Niveau – bei Erhöhung von $T_{4.1} / T_2$ und Π_V dem bei Großtriebwerken herrschenden Trend.

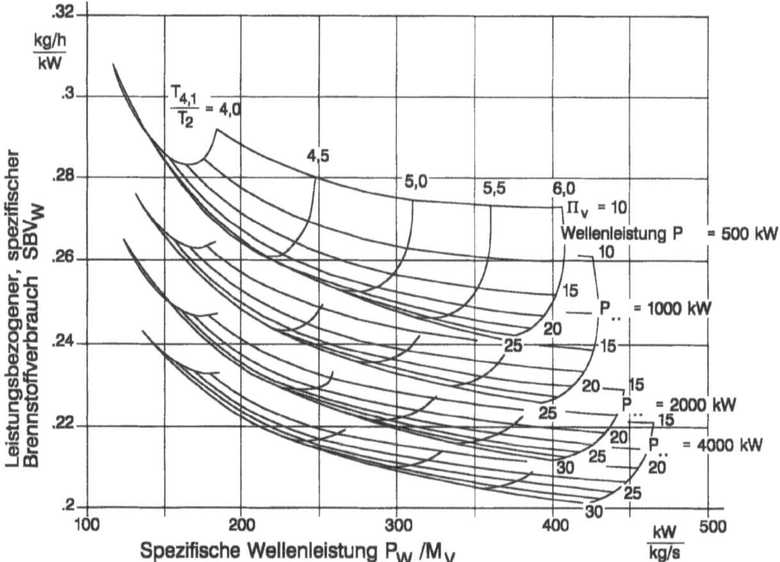

Bild 3.8.4: Spezifische Leistungsdaten von kleinen Wellenleistungstriebwerken bei ISA, 0/0

Gegenüber diesen Tendenzen führt bei konkreten Triebwerken kleiner Leistung – d.h. bei gegebenen Hauptabmessungen – die Erhöhung der Turbineneintrittstemperatur unabhängig von der Triebwerkgröße bzw. -Leistungsklasse bei den spezifischen Leistungsdaten zu denselben Effekten wie bei Großtriebwerken.

Der Einfluß der Maschinengröße auf Komponentenwirkungsgrade, realisierbare Kreisprozeßdaten und spezielle Leistungsdaten und deren zu verzeichnende zeitliche Entwicklung, werden in [3.8.1] behandelt. Ferner wird dabei auch der Einfluß der Maschinengröße auf den Schlankheitsgrad axialer Beschaufelungen dargelegt, vgl. hierzu auch Abschnitte 5.2.2 und 5.2.3.

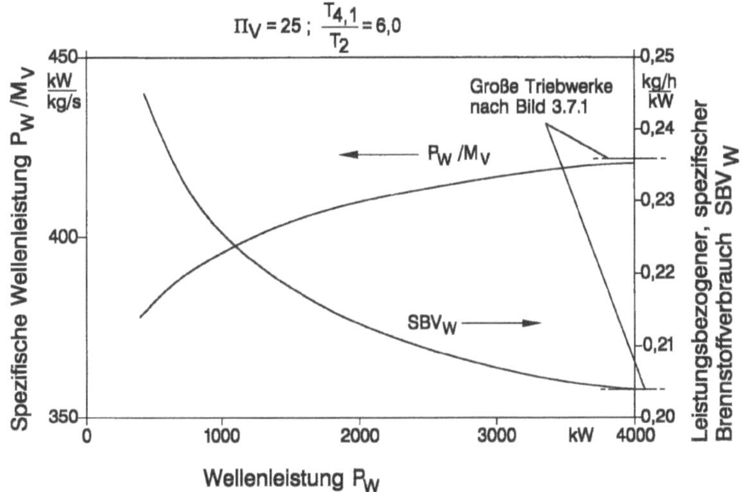

Bild 3.8.5: Einfluß der Triebwerkgröße (Wellenleistung) auf die spezifischen Leistungsdaten bei ISA, 0/0

3.9 Vortriebswirkungsgrad und thermischer Wirkungsgrad

Die nachfolgend dargelegten Zusammenhänge mögen zwar zum allgemeinen Verständnis der Thermodynamik der Fluggasturbinen beitragen, sie spielen aber im Rahmen der Festlegung von Kreisprozessen, bei der – neben technologischen Grenzen – spezifischer Schub bzw. spezifische Leistung und spezifischer Brennstoffverbrauch maßgebend sind, keine Rolle. Daher werden die angesprochenen Beziehungen in vereinfachter bzw. genäherter Form sowie für vollständige interne Strahlexpansion präsentiert, welche zugleich die grundsätzlichen Zusammenhänge deutlich werden lassen.

Bei Einkreis-Strahltriebwerken beträgt die Vortriebsleistung mit der den Vortrieb erzeugenden Strahlgeschwindigkeit $C_{D,Fr} = C_{is,D} \cdot c_F$ und der Fluggeschwindigkeit C_0

$$P_{Fr} = F_{Ne} \cdot C_0 = \left(M_D \cdot C_{D,Fr} - M_V \cdot C_0 \right) C_0 , \qquad (3.9.1)$$

während die im Triebwerk erzeugte Gasleistung mit der diese repräsentierenden Strahlgeschwindigkeit $C_{D,G}$

$$P_G = M_D \cdot \frac{C_{D,G}^2}{2} - M_V \frac{C_0^2}{2} \tag{3.9.2}$$

ist. Die mit dem Brennstoff zugeführte Leistung ist

$$P_B = B \cdot Hu = M_V \cdot \frac{M_{BK}}{M_V} \cdot m \cdot Hu \ . \tag{3.9.3}$$

Dabei ist $M_D / M_V \approx$ const. und m von $T_{4.1} / T_2$ und Π_V und damit auch von den Flugbedingungen abhängig.

Damit ergibt sich der Vortriebswirkungsgrad

$$\eta_{Fr} = \frac{P_{Fr}}{P_G} \ , \tag{3.9.4}$$

der innere bzw. thermische Wirkungsgrad

$$\eta_{th} = \frac{P_G}{P_B} \tag{3.9.5}$$

und damit der Gesamtwirkungsgrad

$$\eta_{ges} = \eta_{Fr} \cdot \eta_{th} = \frac{P_{Fr}}{P_B} \ . \tag{3.9.6}$$

Was die Schubleistung P_{Fr} betrifft, ist die Strahlgeschwindigkeit $C_{D,Fr}$ entsprechend Gl. 3.2.11/11a und Gl. 3.2.34/35 in der Form

$$C_{D,Fr} = \sqrt{T_D} \ (f_{co} \ \text{oder} \ f_{c/d}) \ ,$$

die Düsenwirkungsgrad und -konzept (konvergent oder konvergent/divergent) umfaßt, einzusetzen, während im Falle der Gasleistung P_G von

$$C_{D,G} = \sqrt{\eta_D} \cdot C_{is,D}$$

nach Gl. 3.2.15 auszugehen ist. Dabei gehen allerdings in allen Fällen, wo die Schubleistung bzw. der Vortriebswirkungsgrad angesprochen ist, die im folgenden gezeigten Möglichkeiten der formalen Vereinfachung von η_{Fr} und η_{ges} verloren, wobei zugleich – unter sonst gleichen thermodynamischen Bedingungen – die Werte η_{Fr} und η_{ges} verschlechtert werden.

Führt man die Vereinfachung $M_D = M_V$ und $C_{D,Fr} = C_{D,G} = C_D$ nach Gl. 3.2.15 mit $\eta_D = 1$ ein, so ergibt sich aus Gl. 3.9.1 und 3.9.2 die bekannte Form des Vortriebswirkungsgrades des Einkreis-Triebwerks

$$\eta_{Fr,TL} = \frac{(C_{D,Fr} - C_0)C_0}{(C_{D,G}^2 - C_0^2)0{,}5} \approx \frac{(C_D - C_0)C_0}{0{,}5(C_D^2 - C_0^2)} = \frac{2C_0/C_D}{1 + C_0/C_D} \tag{3.9.7}$$

und aus Gln. 3.9.2 und 3.9.3 der thermische Wirkungsgrad

$$\eta_{th,TL} \approx \frac{C_D^2 - C_0^2}{2\,B/M_V \cdot Hu} = \frac{\varepsilon_{TL}}{2}\left[1 - (C_0/C_D)^2\right] \tag{3.9.8}$$

mit dem von den Kreisprozeßparametern $T_{4.1}/T_2, \Pi_V$ und den Flugbedingungen abhängigen Parameter

$$\varepsilon_{TL} = \frac{C_D^2}{B/M_V \cdot Hu}\ . \tag{3.9.9}$$

Damit ergibt sich zugleich der Gesamtwirkungsgrad

$$\eta_{ges,TL} \approx \frac{2\left(C_D - C_0\right)C_0}{B/M_V \cdot Hu} = \varepsilon_{TL}\left[1 - C_0/C_D\right]C_0/C_D\ . \tag{3.9.10}$$

Diese Beziehungen gelten auch für Zweikreis-Triebwerke, wenn C_D die entsprechende mittlere Strahlgeschwindigkeit repräsentiert. Zunächst ergibt sich bei Zweikreis-Triebwerken ohne Mischung in Anlehnung an Gl. 3.5.21 die Vortriebsleistung entsprechend

$$P_{Fr} \approx M_V\left[\frac{M_D}{M_V} \cdot C_{h,Fr} + \mu C_{k,Fr} - (1+\mu)C_0\right]C_0\ ,$$

woraus mit $M_D \approx M_V$ und $M_F = M_V(1+\mu)$ sowie der weiteren Vereinfachung $C_{h,Fr} \approx C_{h,G} \approx C_h$ und $C_{k,Fr} \approx C_{k,G} \approx C_k$

$$P_{Fr} = M_V\left[\frac{M_D}{M_V} \cdot C_h + \mu C_k - (1+\mu)C_0\right]C_0 \tag{3.9.11}$$

mit der mittleren Strahlgeschwindigkeit

$$\overline{C}_D = \frac{C_h + \mu C_k}{1+\mu} \tag{3.9.12}$$

folgt. Entsprechend ist die Gasleistung

$$P_G = \frac{M_V}{2}\left[\frac{M_D}{M_V} \cdot C_{h,G}^2 + \mu C_{k,G}^2 - (1+\mu)C_0^2\right] \approx \frac{M_V}{2}\left[\frac{C_h^2 + \mu C_k^2}{1+\mu} - C_0^2\right] \tag{3.9.13}$$

mit der mittleren Strahlenergie

$$\frac{\overline{C}_D^2}{2} = \frac{C_h^2 + \mu C_k^2}{2\,(1+\mu)}\ , \tag{3.9.14}$$

während die Brennstoffleistung bei gleichen Werten $T_{4.1}/T_2$ und Π_V weiterhin Gl. 3.9.3 entspricht. Damit ergibt sich der Vortriebswirkungsgrad analog Gl. 3.9.7 zu

$$\eta_{Fr,ZTL} = \frac{2C_0/\overline{C}_D}{1 + C_0/\overline{C}_D} \tag{3.9.15}$$

und der thermische Wirkungsgrad analog Gl. 3.9.8 zu

$$\eta_{th,ZTL} = \frac{\varepsilon_{ZTL}}{2}\left[1-\left(C_0/\overline{C}_D\right)^2\right] \tag{3.9.16}$$

mit $\overline{C}_D$ nach Gl. 3.9.12 bzw. $\overline{C}_D^2$ nach Gl. 3.9.14 und dem von den Kreisprozeßparametern $T_{4.1}/T_2, \Pi_V$ und μ sowie von den Flugbedingungen abhängigen Parameter

$$\varepsilon_{ZTL} = \frac{(1+\mu)\overline{C}_D^2}{B/M_V \cdot Hu} \ . \tag{3.9.17}$$

Die Wirkungsgrade η_{Fr}, η_{th} und η_{ges} sind in der vereinfachten Form nach den Gln. 3.9.7 bis 3.9.10 auf Bild 3.9.1 mit $\varepsilon = 1$ dargestellt, wobei die bei militärischen und zivilen Turbofans und Mantelpropfans unter Reiseflugbedingungen anzutreffenden Werte C_0/C_D bzw. $C_0/\overline{C}_D$ markiert sind. Dabei ist zu beachten, daß die Parameter C_0 und C_D jeweils Auslegungswerte repräsentieren, so daß Bild 3.9.1 keine Charakteristiken von η_{th} bzw. von η_{ges} bestimmter Triebwerke als Funktion von C_0/C_D darstellen. Die nicht unbeträchtliche Streuung der auf Bild 3.9.2 eingetragenen Werte η_{th} bzw. η_{ges} konkreter Triebwerke rührt nur zum geringen Teil von den nicht völlig konsistenten Flugbedingungen her, sondern ergibt sich zum überwiegenden Teil aus der mit enthaltenen Entwicklung des Technologiestandes, der entsprechend Bild 3.9.3 von EIS = 1970 bis 1995 reicht.

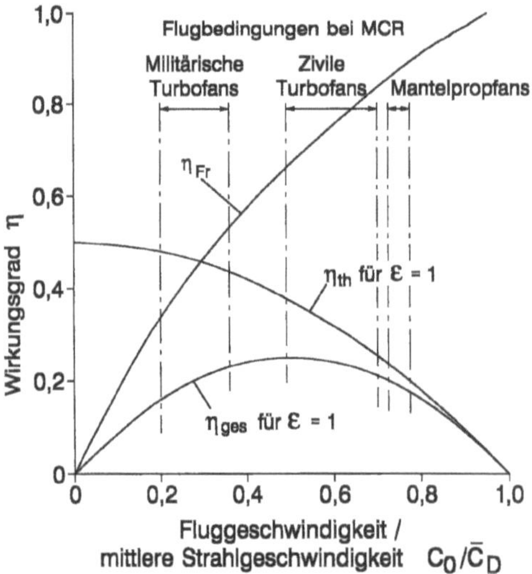

Bild 3.9.1: Vortriebswirkungsgrad, thermischer Wirkungsgrad und Gesamtwirkungsgrad mit typischen Betriebsbereichen der Triebwerke bei MCR

Während aus den Gln. 3.9.7 und 3.9.15 leicht zu erkennen ist, daß der Vortriebswirkungsgrad – unabhängig davon, ob es sich um ein Einkreis- oder Zweikreis-Triebwerk handelt – mit abnehmendem spezifischem Schub

$$\left(F/M_V\right)_{TL} \approx C_D - C_0 \quad \text{bzw.} \quad \left(F/M_F\right)_{ZTL} \approx \overline{C}_D - C_0$$

bzw. mit größer werdendem Verhältnis C_0/C_D bzw. $C_0/\overline{C}_D$ stark zunimmt, muß darauf hingewiesen werden, daß beim Übergang vom Einkreis- zum Zweikreis-Triebwerk der thermische Wirkungsgrad prinzipiell schlechter wird. Dieser allgemeine Zusammenhang läßt sich formal am einfachsten anhand des Zweikreis-Triebwerks ohne Mischung darstellen. Da bei gleichen Kreisprozeßdaten $T_{4.1}/T_2$ und Π_V in beiden Fällen die Brennstoffleistung nach Gl. 3.9.3 dieselbe ist, ergibt sich aus den Gln. 3.9.2 und 3.9.12 mit $M_D \approx M_V$ die Relation der thermischen Wirkungsgrade

$$\eta_{th,rel} = \frac{\eta_{th,ZTL}}{\eta_{th,TL}} = \frac{P_{G,ZTL}}{P_{G,TL}} \approx \frac{C_h^2 + \mu\, C_k^2 - (1+\mu)\, C_0^2}{C_{TL}^2 - C_0^2}\,,$$

wobei nunmehr in Anlehnung an Abschnitt 3.7.2 die Strahlgeschwindigkeit des Einkreis-Triebwerks $= C_{TL}$ gesetzt wird.

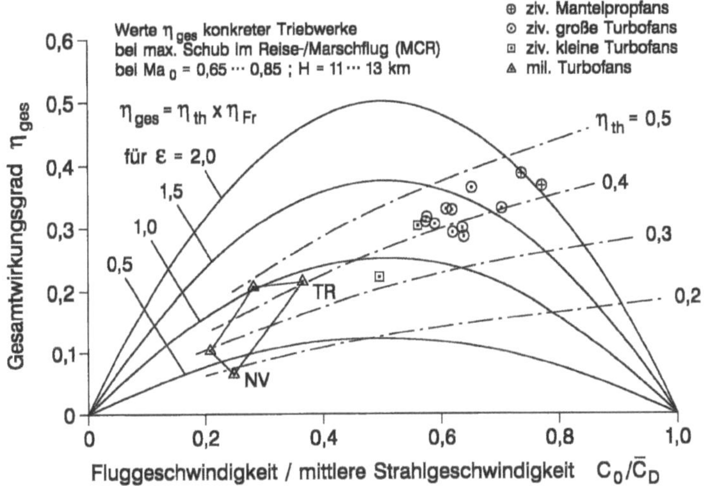

Bild 3.9.2: Thermische Wirkungsgrade und Gesamtwirkungsgrade von Strahltriebwerken unter Reise-/Marschflugbedingungen

Mit den in Abschnitt 3.5.2 entwickelten Beziehungen zwischen C_{TL}, C_h, C_k und C_0 ergibt sich daraus mit der sinnvollen Festlegung $\zeta = \left(C_k/C_h\right)_{is} = K$ nach einigen Umformungen

$$\eta_{th,rel} = \frac{\dfrac{1+K^2\cdot\mu}{1+K\cdot\mu}\cdot\left[1+\dfrac{\mu}{K}\left(\dfrac{C_0}{C_{TL}}\right)^2\right] - (1+\mu)\left(\dfrac{C_0}{C_{TL}}\right)^2}{1-\left(\dfrac{C_0}{C_{TL}}\right)^2} \tag{3.9.18}$$

mit den Grenzwerten

$$\eta_{th,rel} = 1 \quad \text{für} \quad \mu = 0$$

und

$$\eta_{th,rel} = \frac{K - (C_0 / C_{TL})^2}{1 - (C_0 / C_{TL})^2} \approx K \quad \text{für} \quad \mu = \infty, \, C_0 / C_{TL} = 0 \ .$$

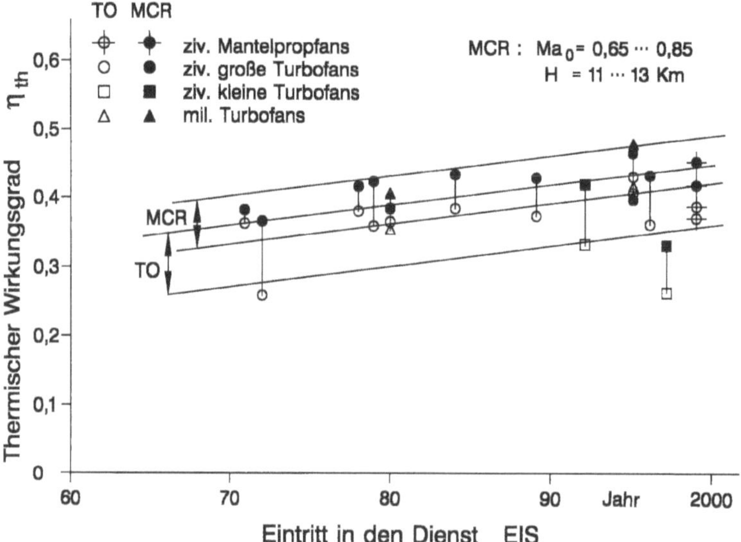

Bild 3.9.3: Entwicklung der thermischen Wirkungsgrade bei MCR und TO über EIS

Im übrigen zeigt Bild 3.9.4 den Verlauf von $\eta_{th,rel}$ im praktisch sinnvollen Bereich $C_0 / C_{TL} = 0$ bis 0,25 und $\mu = 0 \dots 30$. Diese Relation illustriert den Umstand, daß beim Zweikreis-Triebwerk die ursprünglich beim Einkreis-Triebwerk verfügbare Gasleistung über ND-Turbine und Fan (außen) teilweise – d.h. mit steigendem Nebenstromverhältnis zunehmend – auf den zweiten Kreis übertragen wird, wobei die ursprünglich verfügbare Strahlleistung entsprechend $K = \eta_{is,NT} \cdot \eta_{is,F}$ teilweise entwertet wird.

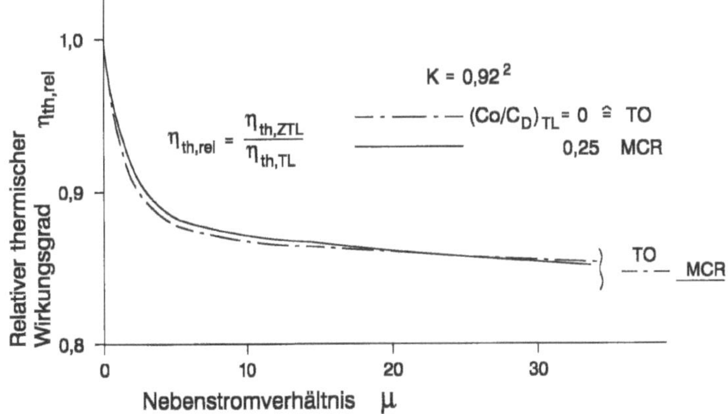

Bild 3.9.4: Thermischer Wirkungsgrad von ZTL-Triebwerken in Relation zum thermischen Wirkungsgrad von TL-Triebwerken bei gleichen Kreisprozeßdaten

Bei Zweikreis-Triebwerken mit Mischung beider Kreise ist – bezogen auf das zugrundeliegende Einkreis-Triebwerk – die Relation der Gasleistungen etwa die gleiche wie bei Zweikreis-Triebwerken ohne Mischung, während die Relation der Vortriebsleistungen aufgrund des Schubgewinns durch Mischung etwas günstiger ist. Insgesamt aber bestehen dieselben Tendenzen im Vergleich zum Einkreis-Triebwerk, so daß auf die Darstellung dieses Falles verzichtet werden kann.

Der thermische Wirkungsgrad von Wellenleistungstriebwerken ergibt sich – soweit die reine Wellenleistung angesprochen ist – nach Abschnitt 3.7.2 in einfacher Weise zu

$$\eta_{th,PTL} = \frac{P_W}{B \cdot Hu} = \frac{1}{SBV_W \cdot Hu} \ . \tag{3.9.19}$$

Beim Vergleich der thermischen Wirkungsgrade von Zweikreis- und Wellenleistungstriebwerken ist zu beachten, daß η_{th} bei letzteren auch mit dem Wirkungsgrad der Nutzturbine und mit gewissen Druckverlusten belastet ist und nur für $C_0 = 0$ sinnvoll ist, so daß – z.B. bei gleichen Kreisprozeßparametern wie bei Einkreis-Triebwerken – η_{th} entsprechend niedriger ausfällt.

Bei Propeller-Triebwerken können Vortriebs- und thermischer Wirkungsgrad nur unter Einbeziehung des Propellers etc. definiert werden. Dabei ist mit der gesamten spezifischen Vortriebsleistung entsprechend Gl. 3.7.14

$$\frac{P_{Fr}}{M_V} = \frac{M_{NT}}{M_V} \left[\frac{C^2_{TL,is}}{2} - \frac{C^2_{5,is}}{2} \cdot \frac{1}{\tau_T} \right] \cdot \eta_{is,NT} \cdot \eta_G \cdot \eta_{Pr} + \left(\frac{M_{NT}}{M_V} \cdot C_{5,is} - C_0 \right) C_0$$

die entsprechende spezifische Gasleistung

$$\frac{P_G}{M_V} = \frac{M_{NT}}{M_V} \left[\frac{C^2_{TL,is}}{2} - \frac{C^2_{5,is}}{2} \cdot \frac{1}{\tau_T} \right] \eta_{is,NT} + \left[\frac{M_{NT}}{M_V} \cdot \frac{C^2_{5,is}}{2} - \frac{C^2_0}{2} \right] \tag{3.9.20}$$

Ferner ist auch hier entsprechend Gl. 3.9.3 die Brennstoffleistung

$$\frac{P_B}{M_V} = \frac{M_{Bk}}{M_V} \cdot m \cdot Hu$$

Damit kann der Vortriebswirkungsgrad nach Gl. 3.9.4 und der Gesamtwirkungsgrad nach Gl. 3.9.6, ggf. auch hier mit der Vereinfachung $M_{NT} = M_V$ berechnet werden.

Einerseits ist, wie zu Beginn dieses Abschnitts erwähnt, der thermische Wirkungsgrad nicht als maßgebendes Kriterium bei der Auslegung eines Strahltriebwerks zu betrachten; andererseits mag der Vergleich mit Industriegasturbinen auf der Basis der thermischen Wirkungsgrade von allgemeinem Interesse sein.

Dabei ist allerdings zu beachten, daß einerseits nach Bild 3.9.3 die thermischen Wirkungsgrade von Zweikreis-Triebwerken unter sonst gleichen thermodynamischen Bedingungen, d.h. gleichen Werten $T_{4.1}$, Π_V, Komponentenwirkungsgraden und vergleichbarem Durchsatz M_V, sichtbar ungünstiger als jene von Einkreis-Triebwerken sind.

Andererseits sind – im Gegensatz zu Flugtriebwerken – Industriegasturbinen mit dem Wirkungsgrad der Nutzturbine belastet. Damit sind thermische Wirkungsgrade von Zweikreis-Triebwerken mit jenen von Industriegasturbinen nur in der Formulierung

$$\eta_{th,korr} = \eta_{th,ZTL} \cdot \frac{1}{\eta_{th,rel}} \cdot \eta_{is,NT} \tag{3.9.21}$$

sinnvoll mit $\eta_{th,ZTL}$ nach Gl. 3.9.16 und $\eta_{th,rel}$ nach Gl. 3.9.18.

4 Betriebsverhalten

4.1 Allgemeines

Im Rahmen der Kreisprozeß- und Konzeptauswahl und im Zuge der Dimensionierung eines Triebwerkes ist es notwendig – zumindest opportun – in einem möglichst frühen Stadium der Projektierung einen Überblick der unter verschiedenen Flug- und Betriebsbedingungen zu erwartenden Relationen der maximalen Leistungen und der im praktischen Einsatz zu erwartenden bzw. erreichbaren Daten wie Brennstoffberbrauch, Luftdurchsatz, Turbineneintrittstemperaturen etc. zu erhalten. Durch Vergleich der Leistungsdaten bzw. ihrer Relationen mit den bestehenden oder gewünschten Einsatzbedingungen bzw. Forderungen erhält man die nötige Orientierung für den vom Standpunkt der Leistungen adäquaten, d.h. einsatzgerechten Entwurf des Triebwerks.

Auch bei Verfügbarkeit entsprechender EDV-Programme zur Berechnung des Betriebsverhaltens wird man im frühen Stadium der Projektierung im allgemeinen nicht in der Lage sein, die dabei im konkreten Falle festzulegenden triebwerkinternen bzw. Komponentendaten konzept- und technologiegerecht zu beschaffen und für die Verwendung in o.a. EDV-Programmen aufzubereiten – es sei denn, man benützt „eben verfügbare" Daten, die dem verfolgten Triebwerkkonzept angemessen sein mögen – oder auch nicht. Es ist daher wichtig, zunächst mit einem Minimum an triebwerkinternen Daten zu überschlägigen, aber richtungweisenden Aussagen zu kommen, und in diesem Zusammenhang wichtige Parameter und deren Einfluß auf das gesamte Triebwerk dort variieren zu können, wo im Stadium der Projektierung bzw. Komponentenentwicklung Gestaltungs- und Entwicklungsspielraum gesehen wird. Die im Folgenden dargestellten Zusammenhänge sollen daher dazu dienen, das Verständnis für das grundsätzliche Zusammenwirken der Komponenten im Teillastbereich und der sich dabei einstellenden Kreisprozeß- und Leistungsdaten zu wecken, um verfügbare EDV-Programme und/oder Berechnungsergebnisse kritisch beurteilen zu können.

Bei Leistungsrechnungen bestehen im Prinzip folgende Fragestellungen:

„A": Maximalleistungen unter verschiedenen Flugbedingungen,

„B": Teillast im Bereich einsatzrelevanter Schub- bzw. Leistungsforderungen und Flugbedingungen.

Dabei interessieren im Rahmen der Projektierung in erster Linie die Leistungsparameter F und SBV_F von Stahltriebwerken bzw. P und SBV_W von Wellenleistungstriebwerken sowie die Luftdurchsätze, Turbineneintrittstemperaturen, Druckverhältnisse im heißen und kalten Kreis, d.h. von Verdichtern, Turbinen und Düsen sowie Strahlgeschwindigkeiten.

Bei konkreten, d.h. in den Hauptabmessungen festgelegten Triebwerken sind die gesamten Leistungs- und Betriebsdaten weitgehend – d.h. von Nebeneffekten wie Re-Einflüssen, Entnahmen von Wellenleistung und Druckluft für Bordbedarf abgesehen – Funktionen des Temperaturverhältnisses $T_{4.1}/T_2$ und teilweise der Flugmachzahl Ma_0.

Entsprechend ergibt sich mit den der Machschen Ähnlichkeit entsprechenden, d.h. „kompressiblen" Variablen für Strahl- und Wellenleistungstriebwerke

$$M\sqrt{T}/p, \quad B/p\sqrt{T}, \quad C/\sqrt{T}, \quad H/T, \quad \Pi, \quad P/p\sqrt{T}, \quad F/p \quad \text{etc.}$$

im einfachen Fall des Einkreis-Strahltriebwerks als Beispiel aus dem prinzipiellen Ansatz für Schub und Brennstoffverbrauch entsprechend

$$F \approx M\left(C_D - C_0\right)$$

$$B \sim M\left(T_{4.1} - T_3\right)c_p$$

durch Umformung im Sinne der obigen Parameter

$$\frac{F}{p_2} \approx \frac{M\sqrt{T_2}}{p_2} \cdot \left(\frac{C_D}{\sqrt{T_{4.1}}} \cdot \sqrt{\frac{T_{4.1}}{T_2}} - \frac{C_0}{\sqrt{T_2}}\right) \tag{4.1.1}$$

$$\frac{B}{p_2\sqrt{T_2}} \sim \frac{M\sqrt{T_2}}{p_2} \cdot \left(\frac{T_{4.1} - T_3}{T_2}\right) \tag{4.1.2}$$

oder alternativ, d.h. in manchen Fällen besser geeignet (vgl. Abschnitt 4.2.6/7)

$$\frac{F}{p_0} = \frac{p_2}{p_0} \cdot \frac{M\sqrt{T_2}}{p_2} \left(\frac{C_D}{\sqrt{T_{4.1}}} \cdot \sqrt{\frac{T_{4.1}}{T_2}} - \frac{C_0}{\sqrt{T_2}}\right) \tag{4.1.1a}$$

$$\frac{B}{p_0\sqrt{T_0}} = \frac{p_2\sqrt{T_2}}{p_0\sqrt{T_0}} \cdot \frac{M\sqrt{T_2}}{p_2} \leq \left(\frac{T_{4.1} - T_3}{T_2}\right). \tag{4.1.2a}$$

Beim Zweikreis-Strahltriebwerk ergeben sich mit Rücksicht auf den zweiten Kreis etwas kompliziertere Ansätze mit weiteren Parametern wie $T_{1.3}/T_2$, die abgesehen davon, daß die Brennstoffzufuhr nur im heißen Kreis erfolgt, keine anderweitigen Erkenntnisse bringen.

Entsprechend ergibt sich beim Wellenleistungstriebwerk – der Einfachheit halber unter Vernachlässigung des Restschubes – aus dem Ansatz

$$P \approx M \cdot H_{eff,NT}$$

$$B \sim M \cdot \left(T_{4.1} - T_3\right)c_p$$

durch Umformung wie oben

$$\frac{P}{p_2\sqrt{T_2}} \approx \frac{M\sqrt{T_2}}{p_2} \cdot \frac{H_{eff,NT}}{T_{4.1}} \cdot \frac{T_{4.1}}{T_2} \tag{4.1.3}$$

sowie ebenso wie beim Strahltriebwerk

$$\frac{B}{p_2\sqrt{T_2}} \sim \frac{M\sqrt{T_2}}{p_2} \cdot \left(\frac{T_{4.1} - T_3}{T_2}\right).$$

Analog dem Strahltriebwerk können auch hier die Formulierungen

$$\frac{P}{p_0\sqrt{T_0}} = \frac{p_2\sqrt{T_2}}{p_0\sqrt{T_0}} \cdot \frac{M\sqrt{T_2}}{p_2} \cdot \frac{H_{eff,NT}}{T_{4.1}} \cdot \frac{T_{4.1}}{T_2} \tag{4.1.3a}$$

$$\frac{B}{p_0\sqrt{T_0}} \quad \text{wie nach Gl. 4.1.2a}$$

von praktischem Nutzen sein. Immerhin sind in den Gln. 4.1.1a/2a und 4.1.3a die mit den Atmosphärendaten reduzierten Leistungswerte auf der linken Seite von den durch $T_{4.1}/T_2$ und/oder Ma_0 vorbestimmten Parametern auf der rechten Seite getrennt. Beim Strahltriebwerk ist mit Blick auf Gl. 3.2.11 und 3.2.15 die reduzierte Strahlgeschwindigkeit

$$\frac{C_D}{\sqrt{T_{4.1}}} = \frac{C_D}{\sqrt{T_D}} \cdot \sqrt{\frac{T_D}{T_{4.1}}} = f\left(\frac{T_{4.1}}{T_2}, Ma_0\right) \tag{4.1.4}$$

und beim Wellenleistungstriebwerk im Blick auf Gl. 3.7.4 die reduzierte isentrope spezifische Arbeit der Nutzturbine

$$\frac{H_{is,NT}}{T_{4.1}} = \frac{H_{is,NT}}{T_5} \cdot \frac{T_5}{T_{4.1}} = f\left(\frac{T_{4.1}}{T_2}, Ma_0\right) \tag{4.1.5}$$

nicht nur vom Temperaturniveau $T_{4.1}/T_2$, sondern auch von der Flug-Mach-Zahl Ma_0 direkt abhängig. Demgegenüber sind die auftretenden Betriebsparameter

$$\frac{M\sqrt{T_2}}{p_2}, \quad \frac{B}{p_2\sqrt{T_2}}, \quad \frac{T_3}{T_2}$$

– von Nebeneinflüssen wie o.a. abgesehen – hauptsächlich Funktionen von $T_{4.1}/T_2$ mit gleichsinniger Tendenz – zumindest, wenn die Düse kritisch ist.

Ferner kann der spezifische Brennstoffverbrauch für das Strahltriebwerk prinzipiell in der Form

$$SBV_F = \frac{B}{F} \sim \frac{T_{4.1}-T_3}{C_D-C_0} = \frac{T_{4.1}/T_2 - T_3/T_2}{C_D/\sqrt{T}_{4.1} \cdot \sqrt{\dfrac{T_{4.1}}{T_2}} - C_0/\sqrt{T_2}} \cdot \sqrt{T_2} \tag{4.1.6}$$

und für das Wellenleistungstriebwerk entsprechend

$$SBV_P = \frac{B}{P} \sim \frac{T_{4.1}-T_3}{H_{eff,NT}} = \frac{T_{4.1}/T_2 - T_3/T_2}{\dfrac{H_{eff,NT}}{T_{4.1}} \cdot \dfrac{T_{4.1}}{T_2}} \tag{4.1.7}$$

gesetzt werden. Der dabei maßgebende Parameter $T_{4.1}/T_2$ durchläuft im praktischen Einsatz im Sinne der o.a. Fragestellung „A" je nach Triebwerkklasse bestimmte Werte, die in Bild 4.1.1 für die behandelten Triebwerkklassen tabellarisch zusammengefaßt sind.

Daraus geht hervor, daß z.B. die Betriebspunkte mit maximaler thermischer Belastung am Brennkammeraustritt bzw. Turbineneintritt, d.h. mit $T_{4.1,max}$, durchaus nicht mit den Betriebspunkten höchster aerodynamischer Belastung im Sinne maximaler Druckverhältnisse, maximaler reduzierter Durchsätze, maximaler triebwerkinterner Strömungs-Mach-Zahlen und maximaler Brennstoff-/Luftverhältnisse etc. zusammenfallen müssen. Insbesondere bei Triebwerken für Überschallflugzeuge – zivil oder militärisch – sind die Betriebspunkte mit maximaler thermischer Belastung im obigen Sinne, die im Überschallflug auftreten, aerodynamisch gesehen mehr oder weniger als „Teillast"-Betriebspunkte zu betrachten. Kennzeichnend ist dabei der Parameter

$$X = \frac{T_{4.1}/T_2}{\left(T_{4.1}/T_2\right)_{AP}} \tag{4.1.8}$$

mit dem Temperaturverhältnis $\left(T_{4.1}/T_2\right)_{AP}$ im aerodynamischen Auslegungspunkt. Darüber hinaus werden bei „echter" Teillast im Sinne der Fragestellung „B", d.h. mit $T_{4.1} < T_{4.1,max}$, bei gegebener Flugbedingung (H, Ma_0) zwischen Leerlauf und Vollast Werte im Bereich

$$0,5 \dots 0,6 < X < 1$$

durchfahren. Allerdings können Werte X etwas über 1 in bestimmten Betriebsphasen, z.B. im Steigflug oder bei Notleistung, durchaus erreicht werden.

Aus Bild 4.1.1 ist z.B. zu schließen, daß Strahl- und Wellenleistungstriebwerke, die für den Flug in mittleren und großen Flughöhen bei entsprechenden Unterschall-Flug-Mach-Zahlen ausgelegt werden, beim Start trotz $T_{4.1} = T_{4.1,max}$ aerodynamisch im oberen Teillastbereich, d.h. bei $X = 0,8 \dots 0,9$ arbeiten. Demgegenüber müssen Strahltriebwerke für Überschall-Verkehrsflugzeuge, falls der aerodynamische Auslegungspunkt entsprechend $\left(T_{4.1}/T_2\right)_{AP}$ bzw. $X = 1$ bei $H = 11$ km, $Ma_0 = 0,9$ liegt, im Überschallreiseflug – je nach Flug-Mach-Zahl – bei $X = 0,5 \dots 07$, d.h. im Bereich des aerodynamischen Leerlaufs betrieben werden, sofern nicht von variabler Geometrie Gebrauch gemacht wird, um effektiven Betrieb zu ermöglichen.

Was die generelle Tendenz des SBV bei Strahl- und Wellenleistungstriebwerken mit zunehmender Flug-Mach-Zahl betrifft, so ist nach Gl. 4.1.6 und 4.1.7 leicht zu erkennen, daß bei gleichem, die Temperaturerhöhung in der Brennkammer bzw. den Brennstoffverbrauch repräsentierenden Zähler $\sim \left(T_{4.1} - T_3\right)$

– beim Strahltriebwerk der Nenner mit zunehmender Flug-Mach-Zahl bzw. zunehmendem $C_0/\sqrt{T_2}$ um so stärker abnimmt, je niedriger $C_D/\sqrt{T_2}$ bzw. je niedriger der spezifische Bruttoschub ist und somit der SBV_F mit zunehmender Flug-Mach-Zahl um so stärker ansteigt, während

– beim Wellenleistungstriebwerk der Nenner mit zunehmender Flug-Mach-Zahl ebenfalls ansteigt, so daß der SBV_P mit zunehmender Flug-Mach-Zahl eher eine Tendenz zur Verbesserung annimmt.

Triebwerk-klassen	Typische Flugbedingung			Triebwerk-Lastzustand und Auslegungspunkt (AP)	Beispiel für $T_{4.1}$ und T_2			Typische Relation $X = \dfrac{T_{4.1}/T_2}{(T_{4.1}/T_2)_{AP}}$	Kritische Belastung	
	H Km	Ma_0	Atm.		$T_{4.1}$ K	T_2 K	$T_{4.1}/T_2$		thermisch / mechanisch	aero-dynamisch
Turbofan/ Mantelpropfen für Unterschall-Verkehrsflugzeuge	11	0,8	ISA	MCR (AP)	1500	244	6,15	1,0		X
	0	0	ISA+15K	HDTO*	1650	303	5,45	0,888	X	
Turbofan für Überschall-Verkehrsflugzeuge	17	2,0	ISA	Supers. MCR	1600	390	4,10	0,666	X	
	11	0,9	ISA	Subs. MCR (AP)	1600	260	6,15	1,0		X
	0	0	ISA+15K	HDTO*	1500	303	4,95	0,805		
Nachbrenner-Turbofan für Kampfflugzeuge	>11	2,2	ISA	} Überschall-Luftkampf	1700	400	4,25	0,61	X	
	11	1,8	ISA		1800	357	5,05	0,725	X	
	11	0,8	ISA	MCR (AP)	1700	244	6,95	1,0		X
	0	0	ISA	TO	1700	288	5,90	0,85	X	
Wellenleistungstriebwerk für propellergetr. Transportflugzeuge	7	0,5	ISA	MCR (AP)	1450	250	5,80	1,0		X
	0	0	ISA+15K	HDTO*	1600	303	5,28	0,91	X	
Wellenleistungstriebwerk für Hubschrauber	5	0,2	ISA	MCR	1450	258	5,62	1,08		X
	0	0	ISA	TO (AP)	1500	288	5,20	1,0	X	

* (Heißer Tag, Hot Day Take Off) ☐ AP

Bild 4.1.1: Typische Flug-/Betriebsbedingungen und gewählte thermodynamische Auslegungspunkte ($X = 1$)

Die Berechnung des Betriebsverhaltens gestaltet sich im allgemeinen schwierig, solange der Verlauf des Druckverhältnisses Π_V (gegebenenfalls im heißen Kreis) in Abhängigkeit vom Temperaturverhältnis $T_{4.1}/T_2$ nicht bekannt ist, d.h. es ist ein erheblicher Iterationsaufwand nötig, der praktisch nur durch EDV-Programme rationell bewältigt werden kann. Ist dagegen der Verlauf Π_V als Funktion von $T_{4.1}/T_2$ für gegebene Flugbedingungen bekannt, so ist die Berechnung der o.a. Leistungs- und Betriebsdaten relativ einfach. Die im folgenden diskutierte Berechnungsmethode geht daher dahin, die bei gegebenen Flugbedingungen und vorgegebenen Werten des Temperaturverhältnisses $T_{4.1}/T_2$ zu erwartende Arbeitslinie $\Pi_V = f\left(T_{4.1}/T_2\right)$ unter Berücksichtigung wichtiger Einflüsse wie Komponentenwirkungsgrade, Druckverluste und Leistungs-/Druckluftentnahme allgemeingültig vorauszubestimmen. Dies geschieht auf der Basis teils analytischer Ergebnisse, teils statistischer Daten aus der Analyse einer größeren Anzahl ausgeführter oder projektierter Triebwerke, zu denen vollständige Datensätze verfügbar sind.

Für Einkreis- und Zweikreis-Strahltriebwerke sowie für Wellenleistungstriebwerke mit freier Nutzturbine ergibt sich in Anlehnung an Abschnitte 3.2 und 3.5 bzw. an Gl. 3.2.4 und 3.5.2 die allgemein gültige Grundgleichung des Leistungsgleichgewichts zwischen einem – zunächst einwellig angenommenen – Verdichter und der für deren Antrieb zuständigen – ebenfalls einwelligen – Turbine mit deren mittlerem Durchsatz $\overline{M}_T$

$$M_{F,k} \cdot H_{eff,F,k} + M_V \cdot H_{eff,V} = \overline{M}_T \cdot H_{eff,T} \; , \tag{4.1.9}$$

woraus in Anlehnung an Bild 3.7.1 mit

$$H_{eff,F,k} = \frac{H_{is,F,k}}{T_2} \cdot T_2 \cdot \frac{1}{\eta_{is,F,k}} \; ,$$

$$H_{eff,V} = \frac{H_{is,V}}{T_2} \cdot T_2 \cdot \frac{1}{\eta_{is,V}} \; ,$$

$$H_{eff,T} = \frac{H_{is,T}}{T_2} \cdot T_{4.1} \cdot \eta_{is,T} \; ,$$

$$\frac{M_{F,k}}{M_V} = \mu$$

und dem zur Abkürzung eingeführten Parameter

$$\alpha = \mu \cdot \frac{H_{eff,F,k}}{H_{eff,V}} = \mu \cdot \frac{H_{is,F,k}}{H_{is,V}} \cdot \frac{\eta_{is,V}}{\eta_{is,F,k}} \tag{4.1.10}$$

die maßgebliche Gleichung

$$(1+\alpha)\frac{H_{is,V}}{T_2} = \frac{\overline{M}_T}{M_V} \cdot \eta_{is,V} \cdot \eta_{is,T} \cdot \frac{H_{is,T}}{T_{4.1}} \cdot \frac{T_{4.1}}{T_2} \tag{4.1.11}$$

folgt. Die Auswertung dieser Gleichung im Sinne der Bestimmung des Verlaufs $\Pi_V = f\left(T_{4.1}/T_2\right)$ erfolgt unter folgenden, teilweise vom Triebwerkkonzept abhängigen Nebenbedingungen:

– In allen Fällen kann die Kapazität der Turbine im interessierenden Betriebsbereich

$$\Phi_{4.1} = \frac{M_{4.1}\sqrt{T_{4.1}}}{p_4} \approx const. \tag{4.1.12}$$

gesetzt werden. Dies geht aus der im folgenden Abschnitt 4.2 beschriebenen Analyse konkreter Triebwerke hervor und ist auch theoretisch gut begründet.

– Damit ist zugleich der reduzierte Durchsatz am Triebwerkeintritt (gegebenenfalls im heißen Kreis mit $M_V = M_h = M_2$)

$$\frac{\Phi_2}{\Phi_{4.1}} = \frac{M_2}{M_{4.1}} \cdot \sqrt{\frac{T_2}{T_{4.1}}} \cdot \frac{1}{\Pi_V} \cdot \frac{1}{1-(\Delta p/p)_{BK}} \tag{4.1.13}$$

als Funktion des Druckverhältnisses Π_V, des Brennkammerdruckverlustes $(\Delta p/p)_{BK}$ und des Durchsatzverhältnisses $\overline{M}_T/M_V$ unter Berücksichtigung der Brennstoffzufuhr und der Kühlluftentnahme entsprechend Abschnitt 3.2.2 sowie etwaiger Entnahmen für den Bordbedarf gegeben.

– Ferner ergibt sich entsprechend der Expansion im Turbinenbereich der reduzierte Durchsatz am Turbinenaustritt

$$\frac{\Phi_5}{\Phi_{4.1}} = \frac{M_5}{M_{4.1}} \cdot \sqrt{\frac{T_5}{T_{4.1}}} \cdot \Pi_T \tag{4.1.14}$$

– Die Wirkungsgrade $\eta_{is,V}$ und $\eta_{is,T}$ können nach Unterlagen, die in Abschnitt 4.2 beschrieben werden, in Abhängigkeit der Parameter

$$Y_V = \frac{\Pi_V - 1}{\Pi_{V,AP} - 1}; \quad Y_T = \frac{\Pi_T - 1}{\Pi_{T,AP} - 1} \tag{4.1.15}$$

oder X nach Gl. 4.1.8 vorgegeben werden. Dabei ist es zunächst unerheblich, ob die Verdichter- und Turbinenstufen jeweils auf *einer* Welle sitzen oder auf zwei oder drei Wellen verteilt sind. Hierauf wird in Abschnitt 4.2 näher eingegangen.

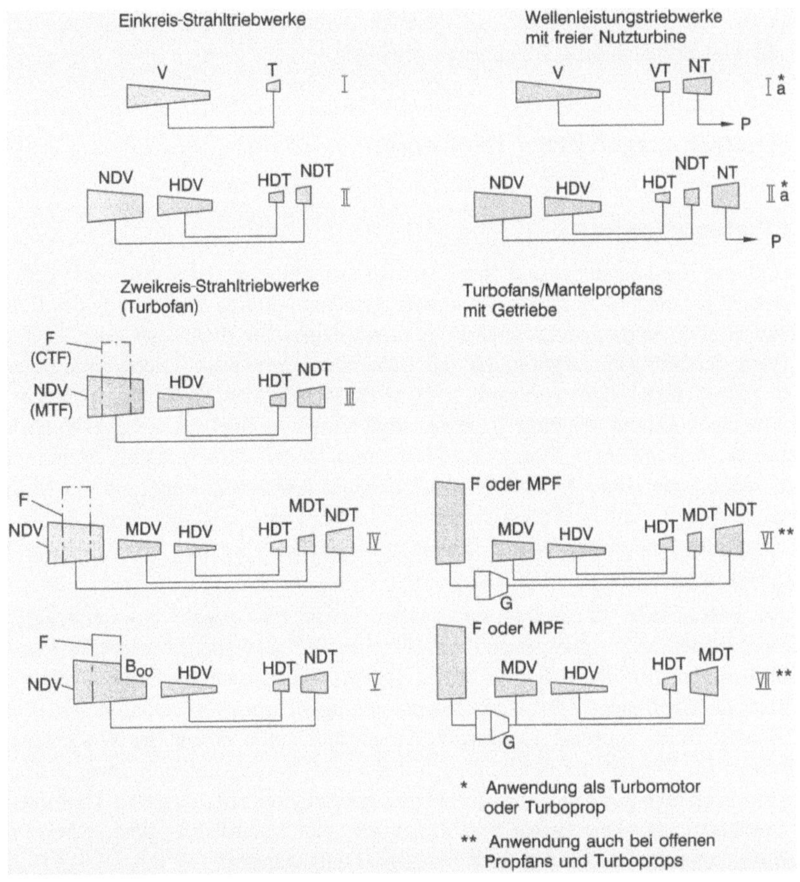

Bild 4.1.2: Grundsätzliche mechanische Anordnungen der Turbokomponenten von Strahl- und Wellenleistungstriebwerken

Die weiteren Nebenbedingungen sind entsprechend den verschiedenen Triebwerkkonzepten spezialisiert. Die Berechnung der Leistungs- und Betriebsdaten der Konzepte nach Bild 4.1.2 und – mit Einschränkungen – von Triebwerken mit variabler Geometrie werden in Abschnitt 4.3 explizit beschrieben. Dabei besteht bei konventionellen Triebwerkkonzepten nach Bild 4.1.2 die Zielrichtung darin, die Arbeitslinie im heißen Kreis, d.h.

$$\Pi_V = f\,(T_{4.1}\,/\,T_2 + \text{ggf. weiterer Parameter})$$

bzw.

$$Y_V = f\,(X + ...)$$

ohne Iteration, d.h. entsprechend statistischen Daten, die durch analytische Überlegungen ergänzt werden, mit genügender Genauigkeit zu bestimmen. Ist dieser Zusammenhang definiert, so gestaltet sich die Berechnung der Leistungsdaten F bzw. P und SBV sowie der Betriebsdaten bzw. Komponentendaten wie Durchsätze und Druckverhältnisse etc. in einfacher Weise, d.h. ohne Iteration. Es sei darauf hingewiesen, daß diese Zusammenhänge im Falle von Triebwerken mit variabler Geometrie nicht ohne weiteres zutreffen. Hierauf wird in Abschnitt 4.3.7 näher eingegangen.

4.2 Analyse ausgeführter Triebwerke

4.2.1 Vorbemerkungen

Die Analyse der Leistungs- und Betriebsdaten ausgeführter Triebwerke zielt darauf ab, Unterlagen für eine vereinfachte, wenn auch genäherte direkte Berechnung des Betriebsverhaltens ohne zeitraubende Iteration zu ermöglichen. Sie dient aber auch dazu, einen gewissen Erfahrungshintergrund für die Behandlung konkreter Triebwerkprojekte, bei denen Einzelheiten weder vorliegen, noch allzu wichtig sind, zu schaffen. Hierfür standen komplette Datensätze zum Betriebsverhalten der in Bild 4.2.1 aufgeführten zwölf Triebwerke verschiedener Klassen zur Verfügung, so daß die wichtigen, thermodynamischen und konstruktiven Merkmale wie Zweikreis-Triebwerke ohne und mit Mischung beider Kreise, 2- und 3-Wellen-Triebwerke, Triebwerke mit und ohne Nachbrenner, Mantelpropfan-Triebwerke sowie Wellenleistungstriebwerke mit freier Nutzturbine – überwiegend mehrfach – vertreten sind.

An dieser Stelle sei erwähnt, daß weitere Triebwerkkonzepte, wie einwellige Wellenleistungstriebwerke, rekuperative Strahl- oder Wellenleistungstriebwerke mit freier, verstellbarer Nutzturbine sich nicht in das Betriebsverhalten der oben angeführten, in der Luftfahrt anzutreffenden Triebwerkkonzepte einfügen. Triebwerke nach diesen Konzepten werden daher zunächst ausgespart, zumal zum einen einwellige Wellenleistungstriebwerke aus verschiedenen Gründen, auf die noch einzugehen sein wird, in der Luftfahrt nur noch eine geringe Rolle spielen und zum anderen rekuperativen Triebwerken in der Luftfahrt bisher kein Erfolg beschieden war. Auf zukunftsbezogene Aspekte dieses Triebwerkkonzepts wird in Abschnitt 6.10 näher eingegangen.

Die Analyse ausgeführter Triebwerke soll zugleich dem besseren Verständnis der bestehenden physikalisch/technischen Zusammenhänge dienen und den Ingenieur auf besonders kritische Bereiche, auf Toleranzgrenzen und Beeinflussungsspielräume bei einzelnen Parametern sowie auf möglicherweise existierende Entwicklungspotentiale hinweisen. Ferner können die gezeigten Daten als Anleitung für die kritische Analyse bestehender Triebwerke dienen.

Zweikreis-Strahltriebwerke

N°.	Klasse	Kreisprozeß-/Leistungsdaten (gerundete Werte)					Konzept	
		Boden/Stand (TO)		Reiseflug/Marschflug *			Turbomaschinen nach Bild 4.1.2	mit/ohne Mischung M / U
		Schub daN	$T_{4.1}$ K	Π_V	μ	F/M m/s		
1	MTF	9000/5800	–	27	0,4	610	III	M
2	"	7700/4100	1600	27	1,0	440	IV	M
3	CTF	1200	1260	13	3,7	200	III	M
4	"	2400	1450	24	4,3	190	III	M
5	"	8200	1530	27	4,8	180	V	M
6	"	17300	1580	30	5,8	155	V	U
7	"	10700	1520	32	5,3	150	V	M
8	"	34500	1620	33	6,8	130	V	U
9	MPF	18000	1620	41	15	90	VII	U
10	"	19600	1540	37	13	70	VI	U

* Im Bereich
$Ma_0 = 0,65 \div 0,82$
$H = 10,7 \div 13$ Km

Wellenleistungstriebwerke

N°.	Klasse	Kreisprozeß-/Leistungsdaten (gerundete Werte)				P/M $\frac{kW}{kg/s}$	Konzept
		Boden/Stand (TO)					Turbomaschinen nach Bild 4.1.2
		Leistung kW	$T_{4.1}$ K	Π_V			
11	TM	960	1460	13		300	Ia
12	TM	920	1500	14		280	"
13	PTL	1570	1420	14		270	"
14	TM	1160	1480	16		250	"

Bild 4.2.1: Kreisprozeßdaten, Leistungsdaten und Konzepte von Strahltriebwerken und Wellenleistungstriebwerken

Die Analyse der Triebwerke nach Bild 4.2.1 wird zum besseren Verständnis durch folgende analytische Studien begleitet:

1. Vollast- und Teillast-Leistungsdaten der Triebwerke 1, 2, 8 und 9 nach Bild 4.2.1, die das gesamte praktisch interessierende Spektrum der spezifischen Schübe abdecken und deren Druckverhältnisse im Bereich $\Pi_{V,AP}$ 26 bis 41 liegen, bei parametrischer Variation der Wirkungsgrade der Turbomaschinen im Bereich

$$\Delta\eta_{is,x} = \eta_{is,x} - \eta_{is,x,AP} = -4 \text{ bis} + 4\%$$

Diese Studie sei im folgenden als „Parametrische ZTL-Trendanalyse" bezeichnet.

2. TL-Triebwerke bei Vollast und Teillast mit folgenden Kreisprozeßdaten

$\left(T_{4.1}/T_2\right)_{AP}$	4	5	6	7
$\Pi_{V,AP}$	10 ... 20	20 ... 40	40 ... 60	60 ... 80

bei konstanten Komponentenwirkungsgraden, wobei die Düse auch im Bereich tiefer Teillast kritisch bleibt und daher die Kreisprozeßdaten bei gegebenem $T_{4.1}/T_2$ von den Flugbedingungen unabhängig sind. Diese Berechnungen werden im folgenden „Parametrische TL-Studie" genannt.

3. ZTL-Triebwerke bei Vollast und Teillast im Reiseflug und bei Boden/Stand – ebenfalls mit konstanten Komponentenwirkungsgraden – mit folgenden Kombinationen der Kreisprozeßdaten bei maximalem Schub im Reiseflug (MCR):

$T_{4.1}$	1200 K	1350 K	1500 K	1650 K
Π_V	12	24	36	48

Es wurden die spezifischen Schübe bei Triebwerken ohne Mischung

$\left(F/M\right)_{MCR}$	60 m/s	90 m/s	140 m/s	200 m/s

und bei Triebwerken mit Mischung beider Ströme

$\left(F/M\right)_{MCR}$	200 m/s	300 m/s	400 m/s	400 m/s

betrachtet. Des weiteren wurde bei einigen Varianten die mechanische Konzeption im Sinne der Anordnungen III, IV und V nach Bild 4.1.2 variiert. Diese Untersuchung wird im folgenden als „Parametrische ZTL-Studie" bezeichnet.

4. Wellenleistungstriebwerke mit freier Nutzturbine bei Vollast und Teillast im Reiseflug und bei Boden/Stand bei gleichen Kreisprozeßdaten und gleicher Behandlung der Komponentenwirkungsgrade wie bei der oben angeführten „Parametrische ZTL-Studie". Diese Betrachtung wird als „Parametrische PTL-Studie" geführt.

4.2.2 Arbeitslinie im heißen Kreis

Was die wichtige Frage der Arbeitslinie (bei Zweikreis-Triebwerken im heißen Kreis) betrifft, so wurde aufgrund der großen Spannweite der Parameter $T_{4.1}$ und Π_V die Darstellung $Y_V = f(X)$ mit den Parametern X und Y_V entsprechend Gl. 4.1.8 und 4.1.15 gewählt, wobei aus praktischen Gründen der Auslegungspunkt AP bzw. die Auslegungsdaten $(T_{4.1}/T_2)_{AP}$ und $\Pi_{V,AP}$ bei maximalem Schub bzw. maximaler Leistung im Reiseflug (bei zivilen Triebwerken) bzw. im Marschflug (bei militärischen Triebwerken) unter Flugbedingungen entsprechend Bild 4.1.1 gewählt wurden.

Mit dieser Festlegung besteht nach Bild 4.2.2 immer noch eine sehr beträchtliche Streuung der Arbeitslinien $Y_V = f(X)$, vor allem unter Boden-/Standbedingungen. Dabei können weder das Druckverhältnis $\Pi_{V,AP}$ im heißen Kreis, noch das Temperaturverhältnis $(T_{4.1}/T_2)_{AP}$, noch das Nebenstromverhältnis μ_{AP}, noch der spezifische Schub $(F/M)_{AP}$ jeweils im Auslegungspunkt AP mit Erfolg als weitere Ordnungsparameter herangezogen werden. Dies ist mit Blick auf Gleichung 4.1.11, die in relativierter Form, d.h. mit jeweils auf den Auslegungspunkt AP bezogenen Termen entsprechend

$$(1+\alpha)_{rel} \cdot \left(\frac{H_{is,V}}{T_2}\right)_{rel} = \left(\frac{\overline{M}_T}{M_V}\right)_{rel} \cdot \left(\eta_{is,V} \cdot \eta_{is,T}\right)_{rel} \cdot \left(\frac{H_{is,T}}{T_{4.1}}\right)_{rel} \cdot X \qquad (4.2.1)$$

geschrieben werden kann, einigermaßen verständlich. Hierzu folgende Diskussion der einzelnen Terme:

$$(1+\alpha)_{rel} = \frac{1+\alpha}{1+\alpha_{AP}}$$

mit α nach Gl. 4.1.10 ist mit abnehmendem X – je nach Nebenstromverhältnis – bei Triebwerken ohne und mit Mischung beider Ströme jedoch verschieden stark und progressiv abnehmend,

$$\left(\frac{H_{is,V}}{T_2}\right)_{rel} = \frac{H_{is,V}/T_2}{\left(H_{is,V}/T_2\right)_{AP}}$$

steht mit Y in schwach nichtlinearer Beziehung,

$$\left(\frac{\overline{M}_T}{M_V}\right)_{rel} = \frac{\overline{M}_T/M_V}{\left(\overline{M}_T/M_V\right)_{AP}}$$

ist mit abnehmendem X nur sehr wenig veränderlich, d. h. leicht abnehmend,

$$\left(\eta_{is,V} \cdot \eta_{is,T}\right)_{rel} = \frac{\eta_{is,V} \cdot \eta_{is,T}}{\left(\eta_{is,V} \cdot \eta_{is,T}\right)_{AP}}$$

nimmt mit abnehmendem X je nach Komponentenauslegung im allgemeinen zunächst zu, bei tiefer Teillast im allgemeinen progressiv ab; dies trifft um so mehr zu, wenn auch Druckluft- und Leistungsentnahme mitberücksichtigt werden,

$$\left(\frac{H_{is,T}}{T_{4.1}}\right)_{rel} = \frac{H_{is,T}/T_{4.1}}{\left(H_{is,T}/T_{4.1}\right)_{AP}}$$

nimmt mit abnehmendem X nur dann ab, wenn die Düse unterkritisch ist; dies trifft vor allem bei Boden/Stand und im übrigen um so mehr zu, je geringer der spezifische Schub $(F/M)_{AP}$ ist.

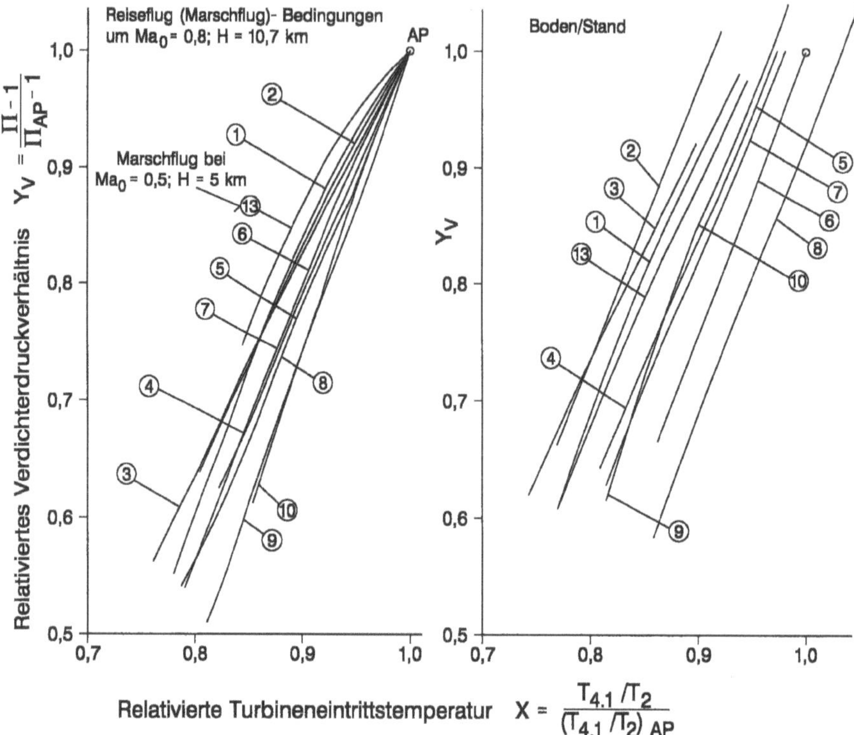

Relativierte Turbineneintrittstemperatur $X = \dfrac{T_{4.1}/T_2}{(T_{4.1}/T_2)_{AP}}$

Bild 4.2.2: Thermische Arbeitslinie $Y_V = f(X)$, ggf. im heißen Kreis, im Reise-/ Marschflug und bei Boden/Stand

Aus der „Parametrischen ZTL-Studie" geht entsprechend einer Zusammenfassung nach Bild 4.2.3 hervor, daß die Terme $(1+\alpha)_{rel}$ und $(H_{is,T}/T_{4.1})_{rel}$ im ganzen Bereich der spezifischen Schübe $(F/M)_{MCR}$ und X-Werte, d.h. zugleich je nach über- oder unterkritischer Düse eine ähnliche oder dieselbe Tendenz haben. Somit ist in Gl. 4.2.1 der resultierende Einfluß beider Terme auf $(H_{is,V}/T_2)_{rel}$ und damit auf $Y = f(X)$ gering und durchaus unbestimmt. Daraus ergibt sich aus Gl. 4.2.1 analytisch der Schluß, daß bei der Bestimmung von $Y_V = f(X,...)$ – neben X selbst – der Verlauf des Terms

$$(\eta_{is,V} \cdot \eta_{is,T})_{rel} = f(X),$$

in dem auch der Einfluß der Entnahme von Druckluft und mechanischer Leistung berücksichtigt werden kann, zusammen mit dem Verlauf von $(H_{is,T}/T_{4.1})_{rel}$ maßgebend ist.

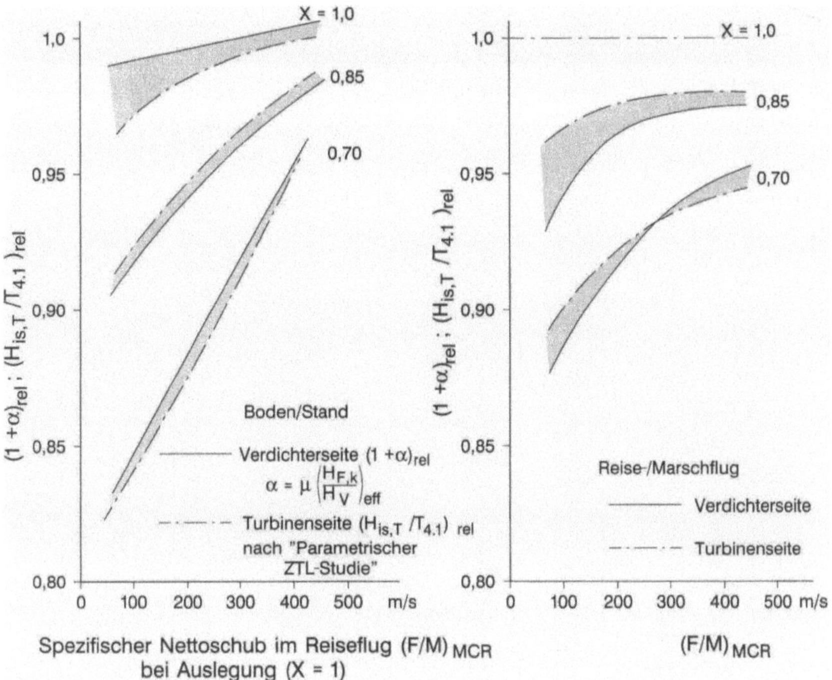

Bild 4.2.3: Diskussion der Terme $(1 + \alpha)_{rel}$ und $(H_{is,T} / T_{4.1})_{rel}$ der Hauptgleichung 4.2.1 zur Bestimmung der thermodynamischen Arbeitslinie $Y = f(X)$

Die Auswertung der Triebwerke nach Bild 4.2.1 erfolgte dabei in der Weise, daß der resultierende Verdichterwirkungsgrad im heißen Kreis mit den direkt gegebenen Komponentendaten $H_{eff,x}$ und $\eta_{is,x}$, wie in Bild 4.2.4 erläutert, entsprechend

$$\eta_{is,V,res} = \frac{\sum\limits_{x} M_V \cdot \Delta H_{eff,x} \cdot \eta_{is,V} - \sum \frac{\Delta M_E}{M_V} \cdot H_{eff,Ent} - \sum \frac{\Delta P_{Ent}}{M_V}}{\sum\limits_{x} M_V \cdot \Delta H_{eff,V}} \qquad (4.2.2)$$

und der resultierende Turbinenwirkungsgrad entsprechend

$$\eta_{is,T,res} = \frac{\sum\limits_{x} M_T \cdot \Delta H_{eff,T}}{\sum\limits_{x} M_T \cdot \Delta H_{eff,T} / \eta_{is,T}} \qquad (4.2.3)$$

gebildet werden. Dabei stehen M_V, $\Delta H_{eff,V}$ und $\eta_{is,V}$ für Durchsatz, spezifische Arbeit und isentroper Wirkungsgrad der Verdichterkomponenten und M_T, $\Delta H_{eff,T}$ und $\eta_{is,T}$ für die entsprechenden Werte auf der Turbinenseite.

Bei einwelligen Verdichtern entsprechend Konzept I, Bild 4.1.2, ist $\eta_{V,res} = \eta_{is,V}$, während z.B. bei dreiwelligen Verdichtern entsprechend Konzept III $\eta_{V,res}$ näher bei $\eta_{pol,V}$ liegt. Diese Form der Analyse wurde einerseits mit Rücksicht auf eine möglichst rationelle Auswertung der vorliegenden Triebwerkdaten, andererseits aber auch im Hinblick auf die technisch sinnvolle Bildung von η_{res} aus gegebenen Komponentenwirkungsgraden $\eta_{is,V,x}$ und $\eta_{is,T,x}$ und gegebenen spezifischen Arbeiten $\Delta H_{eff,V,x}$ und $\Delta H_{eff,T,x}$ gewählt.

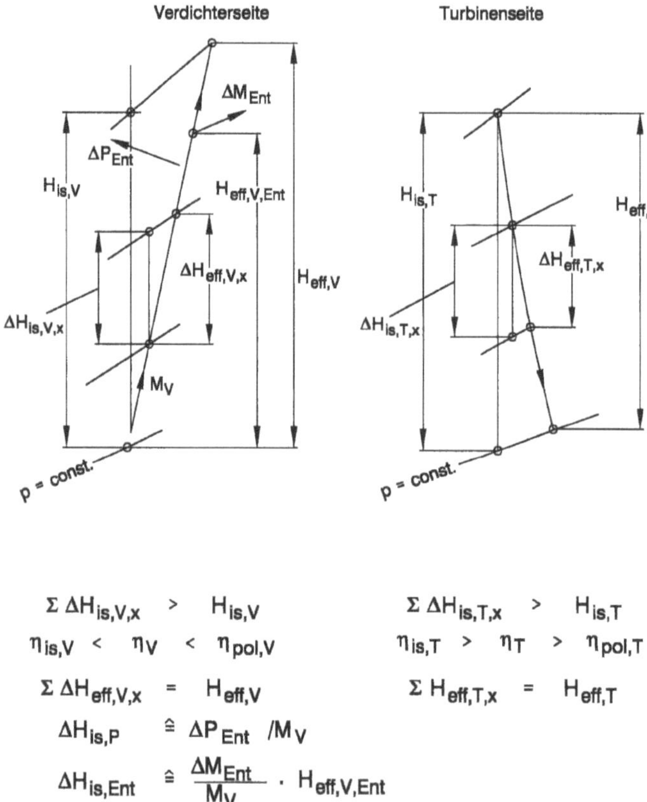

$$\Sigma \, \Delta H_{is,V,x} \quad > \quad H_{is,V} \qquad\qquad \Sigma \, \Delta H_{is,T,x} \quad > \quad H_{is,T}$$

$$\eta_{is,V} \; < \; \eta_V \; < \; \eta_{pol,V} \qquad\qquad \eta_{is,T} \; > \; \eta_T \; > \; \eta_{pol,T}$$

$$\Sigma \, \Delta H_{eff,V,x} \quad = \quad H_{eff,V} \qquad\qquad \Sigma \, H_{eff,T,x} \quad = \quad H_{eff,T}$$

$$\Delta H_{is,P} \quad \hat{=} \quad \Delta P_{Ent} \, / M_V$$

$$\Delta H_{is,Ent} \quad \hat{=} \quad \frac{\Delta M_{Ent}}{M_V} \cdot H_{eff,V,Ent}$$

Bild 4.2.4: Bezeichnungen/Definitionen zur Bestimmung des resultierenden Wirkungsgrades der Turbomaschine

Ferner bedeuten

$\dfrac{\Delta M_{Ent}}{M_V}$ die relative Entnahmemenge,

$H_{eff,Ent}$ die bis zur Entnahmestelle aufgelaufene spezifische Verdichterarbeit und

P_{Ent} die an einem Verdichter (im allgemeinen dem HD-Verdichter) entnommene mechanische Leistung.

Damit folgt der für die Darstellung der Ergebnisse der Analyse benötigte resultierende Wirkungsgrad in der Form

$$\eta_{res} = \sqrt{\eta_{is,V,res} \cdot \eta_{is,T,res}} \qquad (4.2.4)$$

Die Einbringung der Druckluft- und Leistungsentnahme in der gwählten genäherten Form ergibt sich u. a. auch als Notwendigkeit daraus, daß die verfügbaren Datensätze teilweise mit, teilweise ohne Entnahme vorliegen, und dabei die Isolierung dieses Einflusses auf die Arbeitslinie praktisch nicht möglich war.

Damit lassen sich die Ergebnisse der statistischen Analyse entsprechend Bild 4.2.5 in der Form

$$Y = f\left(\Delta\eta_{res}\right)_{X=Parameter} \qquad (4.2.5)$$

mit

$$\Delta\eta_{res} = \eta_{res} - \eta_{res,AP} \qquad (4.2.6)$$

darstellen, wobei alle unter Vollast und Teillast für verschiedene Flugbedingungen und für Boden/Stand verfügbaren Daten der Triebwerke nach Bild 4.2.1 zusammengefaßt sind.

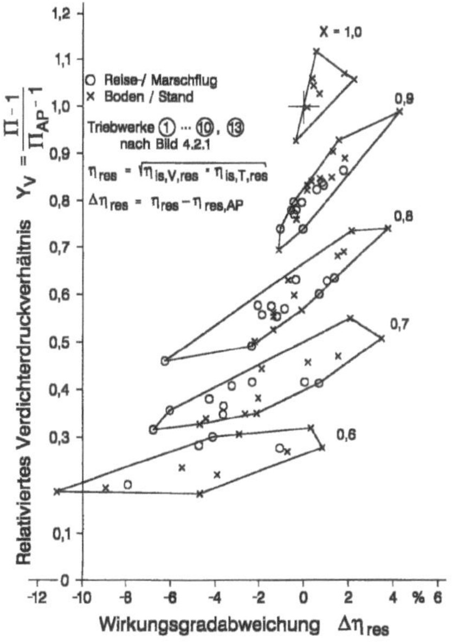

Bild 4.2.5:
Auswirkung der Abweichung des resultierenden Wirkungsgrades vom Auslegungswert auf die thermodynamische Arbeitslinie $Y = f(X)$

Die Tendenz und Streuung von $Y(X, \Delta\eta_{res})$ nach Bild 4.2.5 werden bestätigt und weiterer Interpretation zugeführt durch folgende ergänzenden analytischen Untersuchungen:

Für Einkreis-Triebwerke, bei denen die Düse auch bei tiefer Teillast kritisch bleibt, ergibt sich aus Gl. 4.2.1 mit $\alpha = 0$ die auszuwertende Gleichung

$$\left(\frac{H_{is,V}}{T_2}\right)_{rel} = \left(\frac{\overline{M}_T}{M_V}\right)_{rel} \cdot \left(\eta_{is,V} \cdot \eta_{is,T}\right)_{rel} \cdot \left(\frac{H_{is,T}}{T_{4.1}}\right)_{rel} \cdot X \,, \qquad (4.2.7)$$

wobei $\overline{M}_T / M_V$ nach Gl. 3.2.5 und 3.2.6 einzusetzen ist. Ferner ist bei kritischer Düse $\Phi_5 \approx \Phi_D = const.$ und damit wegen Φ_5 und $\Phi_{4.1} = const.$ – abgesehen von c_p -Effekten – auch $\Pi_T = const.$ Damit ergibt sich der für die Kombinationen der Auslegungsdaten der „Parametrischen TL-Studie" mit

$$\eta_{is,V} \cdot \eta_{is,T} = const. \text{ bzw. } \eta_{res} \approx const.$$

auf Bild 4.2.6 dargestellte Verlauf von $Y(X)$ mit $\Pi_{V,AP}$ als Parameter.

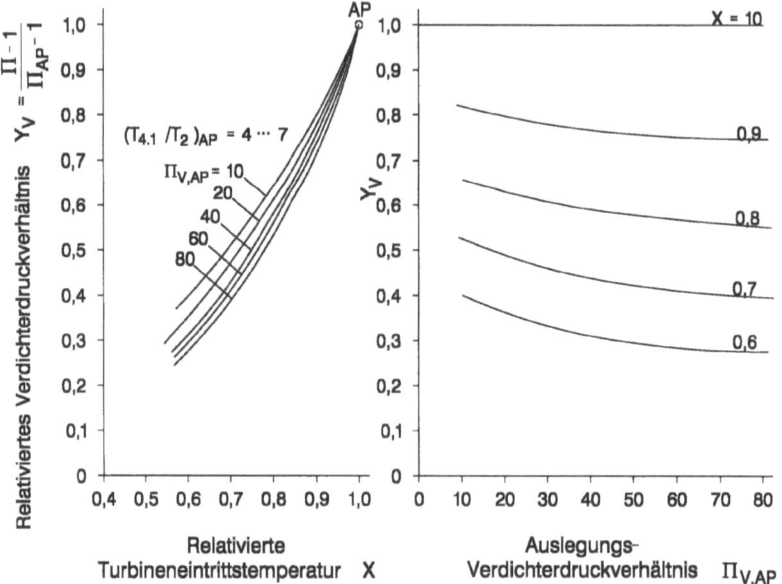

Bild 4.2.6: Relativiertes Verdichterdruckverhältnis $Y_V = f(X)$ nach der „Parametrischen TL-Studie"

Danach fällt die Arbeitslinie $Y(X)$ mit abnehmendem X umso stärker ab, je größer das Auslegungsdruckverhältnis $\Pi_{V,AP}$ ist. Hierzu sei bemerkt, daß bei der Variation von $\Pi_{V,AP}$ und damit auch $\Pi_{T,AP}$ im angesprochenen Bereich bei konstanten polytropen Wirkungsgraden bzw. $\eta_{pol,V} \cdot \eta_{pol,T} = const.$ sich das Produkt $\eta_{is,V} \cdot \eta_{is,T}$ wegen der entgegengesetzten Tendenz von $\eta_{is,V}$ und $\eta_{is,T}$ nur wenig verändert. Entsprechendes gilt natürlich auch für $\eta_{is,V} \cdot \eta_{is,T} = const.$ bezüglich $\eta_{pol,V} \cdot \eta_{pol,T}$. Die zwischen diesen beiden Möglichkeiten liegende Auswertung konkreter Triebwerke entsprechend Gln. 4.2.2 bis 4.2.6 ist somit praktisch zulässig. Der nach der „Parametrischen TL-Studie" bei parametrischer Variation von $\eta_{is,V} \cdot \eta_{is,T} = const.$ festgestellte Trend entsprechend Gln. 4.2.4 bis 4.2.6, aber auch der nach der „Parametrischen ZTL-Trendanalyse" (d.h. bei den Triebwerken 1, 2, 8 und 9 nach Bild 4.2.1) festgestellte Trend ist den statistischen Ergebnissen nach Bild 4.2.5 in Bild 4.2.7 gegenübergestellt und bestätigt somit den für die Festlegung der Arbeitslinie maßgebenden Zusammenhang

$$Y = f\left(\Delta\eta_{res}\right)_{X=const.} \; .$$

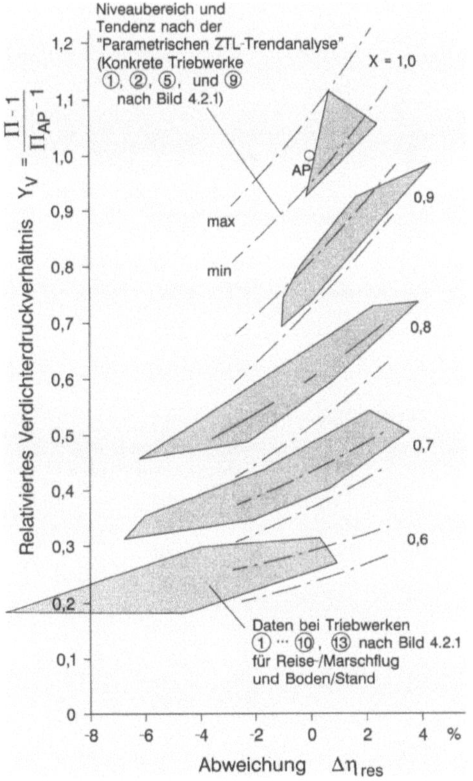

Bild 4.2.7:
Einfluß der Abweichung des resultierenden Wirkungsgrades vom Auslegungswert auf die thermodynamische Arbeitslinie. Vergleich der Daten nach Bild 4.2.5 mit dem Ergebnis der „Parametrischen ZTL-Trendanalyse"

Schließlich ergeben sich aus der weiteren, den gesamten interessierenden Bereich $T_{4.1}$, Π_V und F/M_V umfassenden, mit konstanten polytropen Wirkungsgraden durchgeführten „Parametrischen ZTL-Studie", auf die noch mehrfach einzugehen sein wird, weitere Daten $Y(X)$ für $\eta_{res} \approx const.$, die mit jenen von Bild 4.2.5 bei $\Delta\eta_{res} = 0$ und den Werten $Y(X)$ nach Bild 4.2.6 in Bild 4.2.8 vereinigt sind.

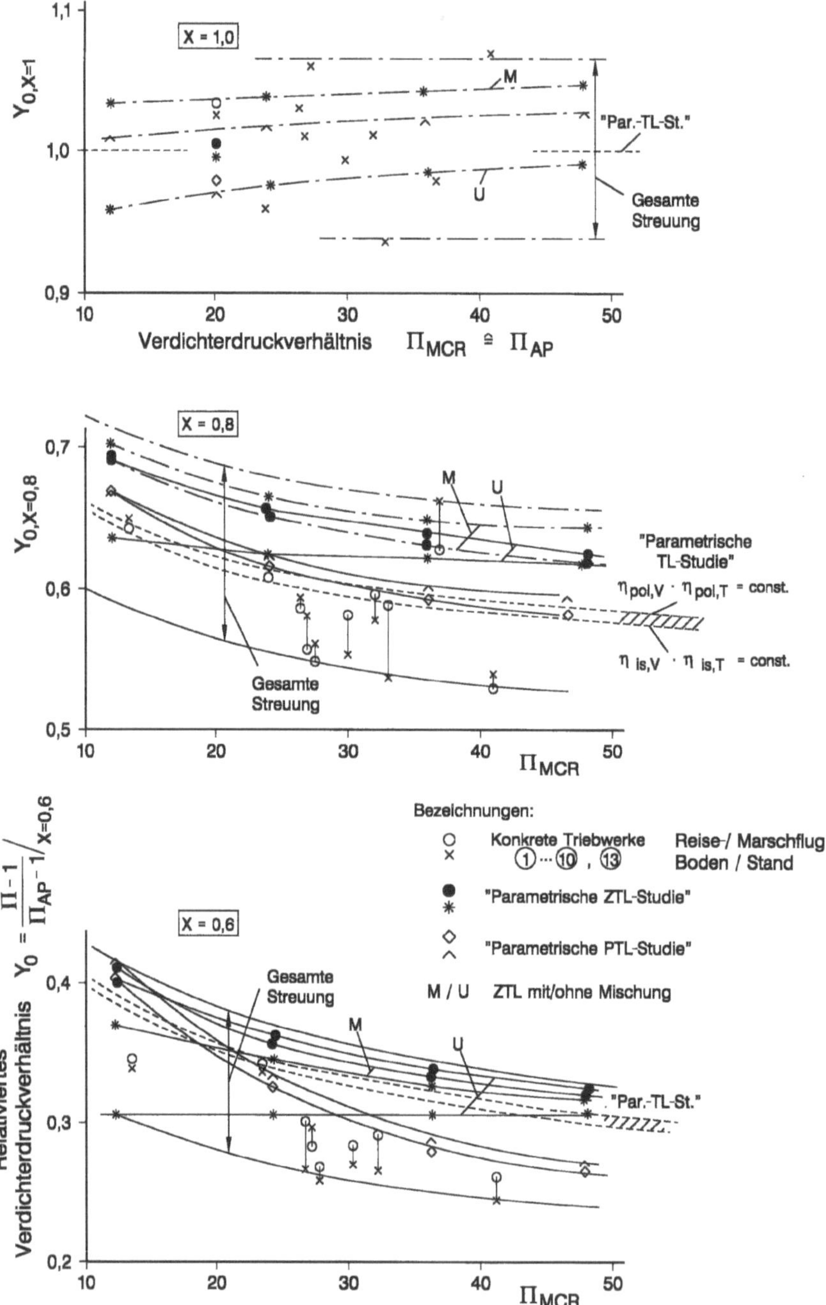

Bild 4.2.8: Zusammenfassung aller statistischen und analytischen Daten zu thermodynamischen Arbeitslinien $Y_0 = (X, \Pi_{V,AP})$ bei $\Delta\eta_{res} = 0$ zur Erfassung der Streuung

Wie schon erwähnt und in Bild 4.2.3 erläutert, ergibt sich aus der zuletzt genannten, auf die Variation des spezifischen Schubes zugeschnittenen „Parametrischen ZTL-Studie" nach Gl. 4.2.1, daß die Terme $(1+\alpha)_{rel}$ und $(H_{is,T}/T_{4.1})_{rel}$ bei gleichen Auslegungsdaten $(T_{4.1}/T_2)_{AP}$, $\Pi_{V,AP}$ bzw. $(F/M)_{AP}$ auch bei Teillast bis herunter zu X = 0,6 bis 0,7 etwa annähernd gleich sind. Damit degeneriert Gl. 4.2.1 praktisch zu

$$\left(H_{is,V}/T_2\right)_{rel} \approx \left(\eta_{is,V}\cdot\eta_{is,T}\right)_{rel}\cdot X \ .$$

Dieser Zusammenhang entspricht jenem für TL-Triebwerke nach Gl. 4.2.7, da dort – bei kritischer Düse, d.h. stets – $(H_{is,T}/T_{4.1})_{rel}=1$ ist. Hieraus kann geschlossen werden, daß das Niveau des spezifischen Schubes bzw. Nebenstromverhältnisses auf den Verlauf $Y(X)$ praktisch keinen Einfluß hat. Die Zusammenfassung der Ergebnisse der „Parametrischen ZTL-Trendanalyse" für $\Delta\eta_{res}=0$ und der „Parametrischen ZTL-Studie" bei gleichen Werten $\Pi_{V,AP}$ und $(T_{4.1}/T_2)_{AP}$ und konstanten polytropen Komponentenwirkungsgraden demonstriert entsprechend Bild 4.2.9 den vernachlässigbaren Einfluß des spezifischen Schubes auf $Y(X)$ gegenüber den Ordnungsparametern $\Pi_{V,AP}$ und η_{res}. Allerdings konnte die Natur der Streuung der Werte $Y = f(F/M)$ bei X = const., die im Rahmen der bereits in Bild 4.2.7 festgestellten Streuung liegt, nicht weiter eingeengt werden. Ein an sich zu erwartender Einfluß des Düsendruckverhältnisses (ggf. der Primärdüse bei Zweikreis-Triebwerken ohne Mischung beider Ströme), der nur bei unterkritischem Druckverhältnis, d.h. im Bereich niedrigerer spezifischer Schübe und/oder bei niedrigen Flugmachzahlen bzw. bei Boden/Stand besteht, trat im Rahmen der verarbeiteten Unterlagen nicht zutage. Damit ergibt sich der in Bild 4.2.10 dargestellte Verlauf der Arbeitslinie

$$Y_0 = f(X) \tag{4.2.8}$$

für $\Delta\eta_{res}=0$ und $\Pi_{V,AP}$ = Parameter. Die nach Gl. 4.2.7 bzw. aus der „Parametrischen TL-Studie" und aus der die Triebwerke 1, 2, 8 und 9 betreffenden „Parametrischen ZTL-Trendanalyse" erhaltene und mit den statistischen Werten nach Bild 4.2.5 konforme Korrektur

$$\Delta Y = \frac{dY}{d\eta_{res}}\cdot\Delta\eta_{res} \tag{4.2.9}$$

entspricht dem in Bild 4.2.10 ebenfalls dargestellten Gradienten

$$\frac{dY}{d\eta_{res}} = f(X), \tag{4.2.10}$$

so daß die Festlegung der Arbeitslinie unter Berücksichtigung des resultierenden Wirkungsgrades $\eta_{res}(X)$ entsprechend

$$Y_{res} = Y_0(X)+\Delta Y(\Delta\eta_{res}) \tag{4.2.11}$$

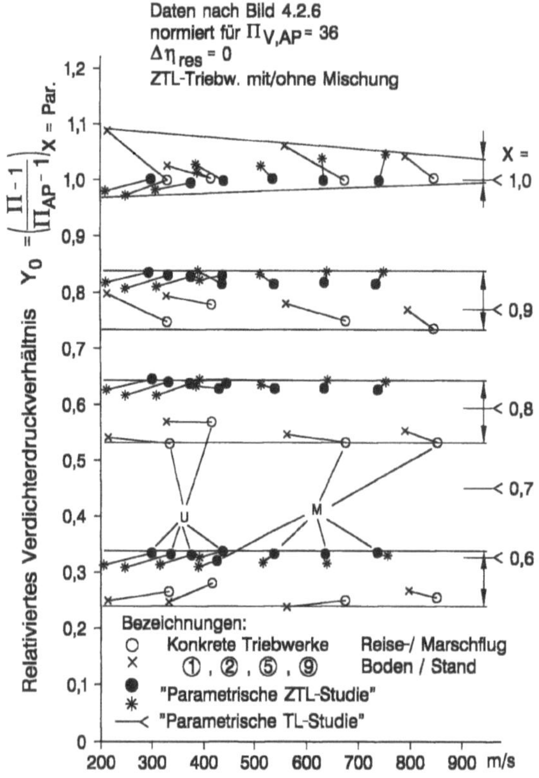

Bild 4.2.9:
Demonstration der Unabhängigkeit der thermodynamischen Arbeitslinie $Y_0 = f(X, \Pi_{V,AP})$ vom spezifischen Bruttoschub

als Ausgangspunkt für die Berechnung des Betriebsverhaltens dienen kann. In diese Zusammenhänge fügen sich auch Wellenleistungstriebwerke mit freier Nutzturbine zwanglos ein. Dabei bleibt – wie oben erwähnt und in Bild 4.2.11 festgehalten – unter ungünstigen Umständen eine Reststreuung $\Delta Y_0 = \pm 0,04 \ldots 0,05$ gegenüber dem Verlauf von $Y_0(X)$ bei TL-Triebwerken bestehen.

Bei der Festlegung der Arbeitslinie nach Bild 4.2.10 ergibt sich aufgrund dieser Reststreuung nach Abschnitt 3.2 eine gewisse Unsicherheit im *SBV*, die ebenfalls in Bild 4.2.11 dargestellt ist und bei überschlägigen Rechnungen ohne Vorliegen interner Triebwerkdaten, deren Festlegung späteren Projektphasen vorbehalten ist, als tolerierbar erscheint. In diesem Zusammenhang darf nicht übersehen werden, daß im frühen Projektierungsstadium Rechnungen mit detaillierten EDV-Programmen, die entsprechend detaillierte Eingaben erfordern, welche auf vagen Annahmen beruhen müssen, zu scheinbar genauen bzw. korrekten Ergebnissen führen, die über den geringen Erkenntnisstand betreffend das „Triebwerkinnere" hinwegtäuschen können, wenn die vage Eingangsdatenbasis nicht bewußt bleibt.

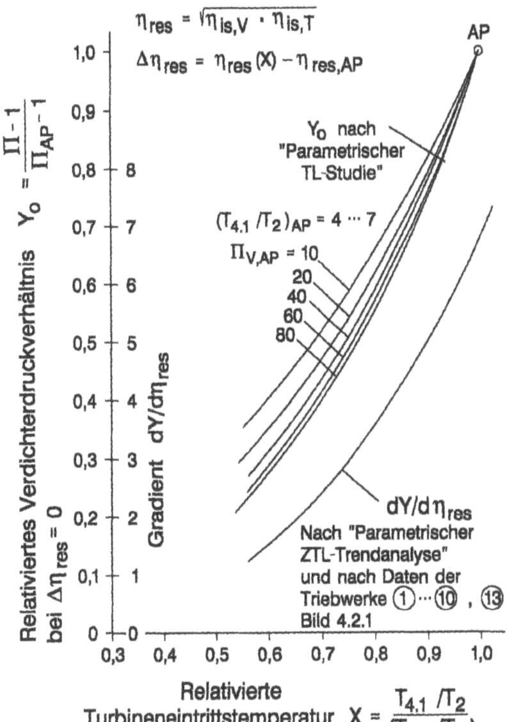

Bild 4.2.10:
Relativierte thermodynamische Arbeitslinien $Y_0 = f(X, \Pi_{V,AP})$ und Gradient $dY/d\eta_{res}$

Der auf der Basis von Daten konkreter Triebwerke nach Bild 4.2.1, d.h. mit fester Geometrie, ermittelte Zusammenhang entsprechend Bild 4.2.10 ist auch bei Triebwerken mit variabler Geometrie zutreffend, wenn sich die Verstellbarkeit der Komponenten bei ansonsten konventioneller Triebwerksarchitektur bei fester HD-Turbine auf den Bereich der ND(+MD)-Turbine und die Düse(n) beschränkt. Dies gilt umso mehr, als nach Bild 4.2.9 der spezifische Schub, um dessen Flexibilität es bei Triebwerken mit variabler Geometrie vornehmlich geht, praktisch keinen Einfluß auf die Lage der Arbeitslinie $Y = f(X)$ hat, vgl. hierzu auch Abschnitt 4.3.7.

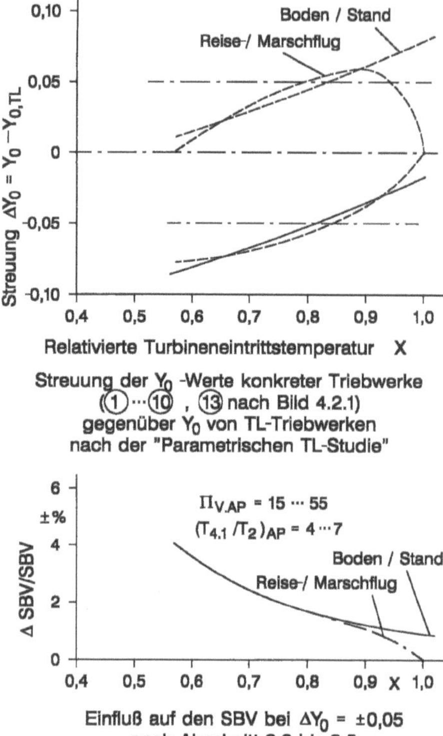

Streuung der Y_0 -Werte konkreter Triebwerke
(1)···(10) , (13) nach Bild 4.2.1)
gegenüber Y_0 von TL-Triebwerken
nach der "Parametrischen TL-Studie"

Einfluß auf den SBV bei ΔY_0 = ±0,05
nach Abschnitt 3.2 bis 3.5

Bild 4.2.11:
Streuung der thermodynamischen Arbeitslinien $Y_0 = f(X)$ gegenüber den Werten nach der „Parametrischen TL-Studie" und Auswirkung auf den *SBV*

4.2.3 Thermodynamisch relevante Betriebsparameter

Aus der großen Zahl von Parametern, die aus der Auswertung der Triebwerke nach Bild 4.2.1 ermittelt wurden, die aber nicht zur Berechnung des Betriebsverhaltens benötigt werden, seien zum Verständnis einiger wichtiger Phänomene des Betriebsverhaltens die folgenden wiedergegeben.

Nach Bild 4.2.12 nimmt bei Zweikreis-Triebwerken ohne und mit Mischung beider Ströme das relative Nebenstromverhältnis μ_{rel} mit abnehmendem X unter üblichen Flugbedingungen, d.h. mit weitgehend kritischer Düse, stark zu, während – allerdings nicht dargestellt – z.B. bei Boden/Stand nach anfänglichem schwächerem Anstieg im allgemeinen ein abrupter Abfall – teilweise unter den Auslegungswert – eintritt.

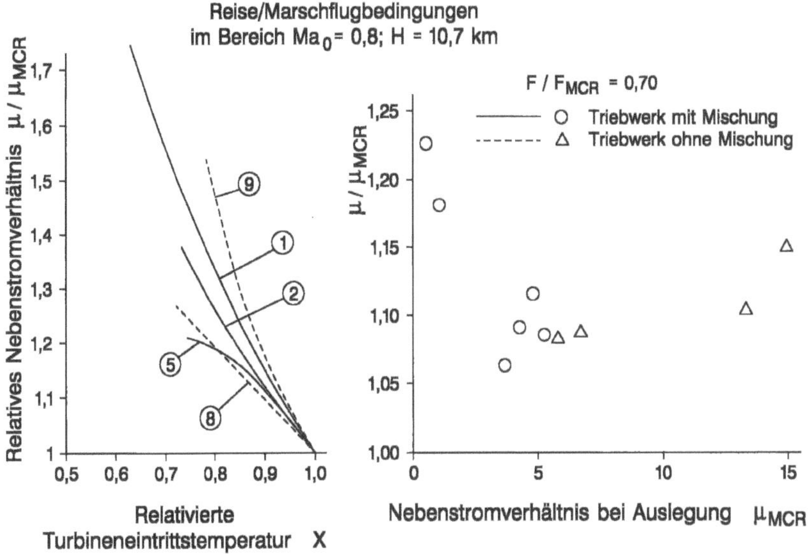

Bild 4.2.12: Einfluß der Kreisprozeßdaten bei Auslegung (MCR) und der Belastung F/F_{MCR} auf das relative Nebenstromverhältnis (Triebwerke nach Bild 4.2.1)

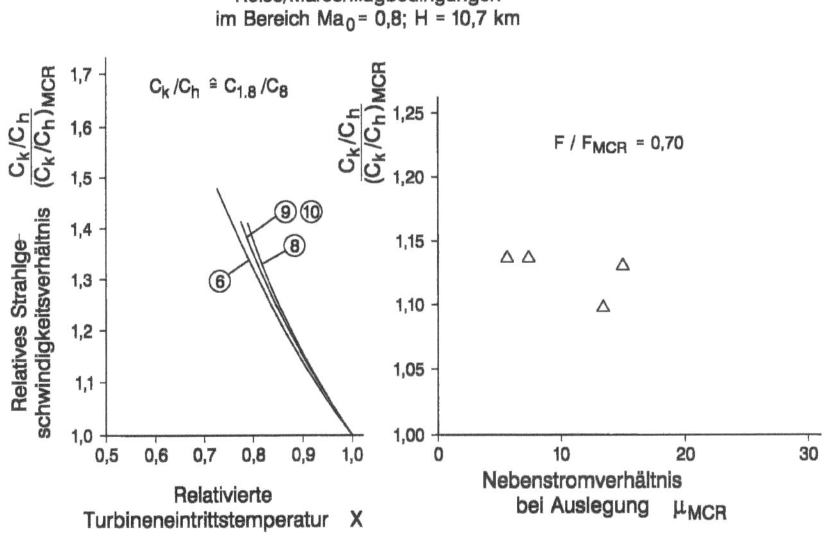

Bild 4.2.13: Einfluß der Kreisprozeßdaten bei Auslegung (MCR) und der Belastung F/F_{MCR} auf das relative Strahlgeschwindigkeitsverhältnis (Triebwerke ohne Mischung nach Bild 4.2.1)

Nach Bild 4.2.13 nimmt bei Zweikreis-Triebwerken ohne Mischung beider Ströme das Strahlgeschwindigkeitsverhältnis C_k / C_h mit abnehmendem X unter relevanten Flugbedingungen stark zu, so daß zugleich – je nach Auslegung – das optimale Geschwindigkeitsverhältnis – wie in Abschnitt 3.5.2 abgeleitet – nur in einem bestimmten Betriebspunkt X erreicht werden kann. Dieser Gesichtspunkt spielt bereits bei der Festlegung des Kreisprozesses im Auslegungspunkt AP mit Rücksicht auf den SBV bei Teillast eine wichtige Rolle. Zugleich geht daraus hervor, daß die in Abschnitt 3.5.2 mit Rücksicht auf den konstruktiven Aufwand begründete Festlegung $(C_k / C_h) < (C_k / C_h)_{opt} = K \cdot \tau_F / \tau_T$ mit der Festlegung von $C_k / C_h < (C_k / C_h)_{opt}$ im Teillastbereich $X < 1$, die im Reiseflug wichtig ist, durchaus harmonieren kann.

Analog dem Strahlgeschwindigkeitsverhältnis C_k / C_h bei Zweikreis-Triebwerken ohne Mischung beider Ströme tritt auch bei Triebwerken mit Mischung bei Teillast eine starke Änderung der Mischungsbedingungen im Sinne der Überhöhung des Drucks im kalten Kreis ein, die in Bild 4.2.14 dargestellt ist (vergleiche hierzu auch Abschnitt 5.5.2 bzw. Bild 5.5.5). Auch hier ist die – ebenfalls nicht dargestellte – Tendenz bei Boden/ Stand sichtbar weniger einheitlich als unter Reiseflugbedingungen.

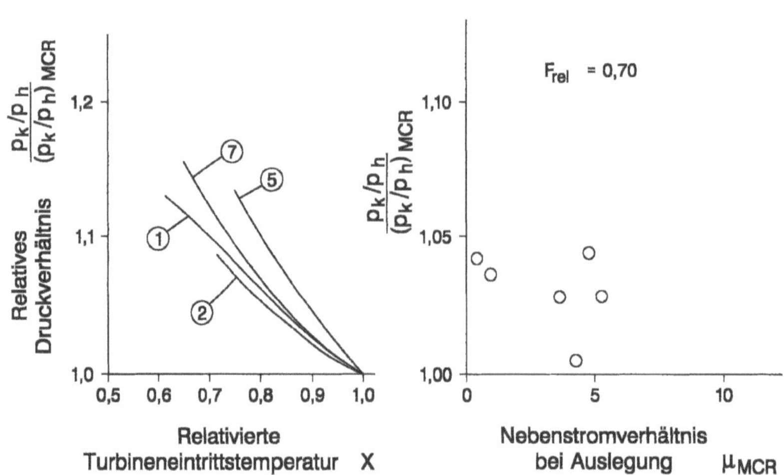

Bild 4.2.14: Einfluß der Kreisprozeßdaten bei Auslegung (MCR) und der Belastung F/F_{MCR} auf die Relation der Drücke p_k/p_h am Eintritt in den Mischer (Triebwerke mit Mischung nach Bild 4.2.1

Schließlich zeigt Bild 4.2.15, daß bei den Zweikreis-Triebwerken nach Bild 4.1.2, Anordnungen III – VI, bei hohem Nebenstromverhältnis die spezifische Arbeit $H_{eff,h}$ des Fans oder ND-Verdichters im heißen Kreis, relativ zur spezifischen Arbeit $H_{eff,k}$ des Fans im kalten Kreis, unter Reiseflugbedingungen mit abnehmendem X stark zunimmt, während bei Boden/Stand, ebenfalls nicht gezeigt, – ähnlich dem Nebenstromverhältnis nach Bild 4.2.12 – nach einem gewissen Anstieg ein abrupter Abfall unter den Auslegungswert auftritt. Ein bei abnehmender Teillast ansteigendes Verhältnis $H_{eff,h} / H_{eff,k}$ entspricht im Vergleich zu der durch die Düse vorgegebenen, gewissermaßen „normalen" Arbeitslinie im äußeren Teil des Fans einer „flachen" Arbeitslinie des Fans bzw. ND-Verdichters im heißen Kreis, die somit bei abnehmender Teillast mehr oder weniger stark gegen die Pumpgrenze dieser Komponente tendieren kann. Hierzu wurde im Rahmen der „Parametrischen ZTL-Studie" für die in Bild 4.2.16 skizzierten, den Anordnungen III – VII entsprechenden Triebwerkauslegungen die an den einzelnen Verdichtern auftretenden Arbeitspunkte $Y = f(\Phi_{rel})$ bei Teillast, d.h. im Reiseflug, im als besonders kritisch erkannten Bereich $F_{rel} \approx 0{,}7$ zusammen mit den bei konkreten Zweikreis-Triebwerken nach Bild 4.2.1 erhaltenen Daten in Bild 4.2.17 aufgetragen.

Insgesamt ergibt sich daraus, wie in Bild 4.2.18 gezeigt, daß bei hohem Nebenstromverhältnis bzw. niedrigem Druckverhältnis des ND-Verdichters dessen Arbeitslinie besonders bei Anordnungen V und VI – weniger dagegen jene des MD-Verdichters bei Anordnung IV – vom Bereich guter Wirkungsgrade in Richtung Pumpgrenze angehoben wird. Dabei sind in Bild 4.2.18 der Bereich optimaler Wirkungsgrade und die Lage der Pumpgrenze nach den in Abschnitt 5.2.2.7 dargelegten statistischen Daten eingezeichnet. Dieses Phänomen, das bei allen Zweikreis-Triebwerken, d.h. ohne oder mit Mischung beider Ströme, unabhängig von der mechanischen Anordnung III bis VI, Bild 4.1.2, insbesondere bei hohen Nebenstromverhältnissen auftritt, erfordert zumindest bei den Konzepten V und VII im Einzelfall zu treffende, besondere Maßnahmen, um bei Teillast die Stabilität des ND- und ggf. MD-Verdichters sicherzustellen.

Bei Konzept V, dessen an den Fan angehängte NDV-Stufen (im üblichen Sprachgebrauch „Booster"-Stufen genannt) normalerweise mit fester Geometrie ausgeführt werden, ist zwischen „Booster"-Stufen und HD-Verdichter unterhalb $X = 0{,}85$ bis $0{,}90$ eine Abblasung in den Nebenstromkanal erforderlich, die entsprechend Bild 4.2.19 bemessen ist. Daraus geht im Zusammenhang mit Bild 4.2.18 zugleich hervor, daß ND-Verdichter (d.h. Fan, innen + „Booster" mit niedrigem Druckverhältnis – der Erfahrung entsprechend – eher schwieriger zu stabilisieren sind bzw. höhere Abblasungen erfordern als solche mit höherem Druckverhältnis. Um die Abblasmenge in Grenzen zu halten, sind üblicherweise „Booster"-Stufen mit beträchtlicher Pumpgrenzenreserve auszustatten bzw. aerodynamisch nur mäßig belastbar, wobei zugleich die Arbeitslinie den Bereich optimaler Wirkungsgrade bei Teillast durchquert.

Bei Konzept VII nach Bild 4.1.2, bei dem der MD-Verdichter sichtbar höhere spezifische Arbeit aufnimmt als der ND-Verdichter bei Konzept V, wäre die Abblasung nach dem MD-Verdichter thermodynamisch ungünstig. In diesem Falle ist daher die Anwendung variabler Geometrie in der Form verstellbarer Leitschaufeln im allgemeinen unumgänglich.

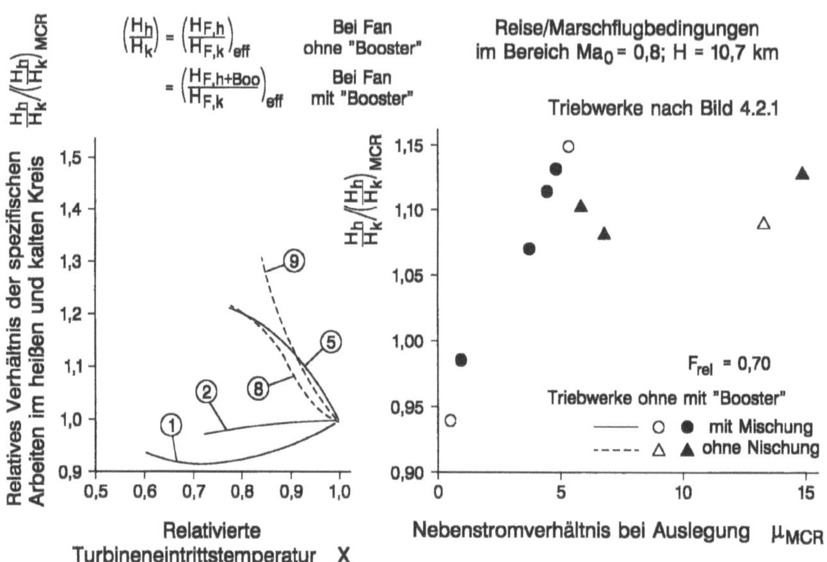

Bild 4.2.15: Einfluß der Kreisprozeßdaten bei Auslegung (MCR) und der Belastung F/F_{MCR} auf die Relation der spezifischen Arbeiten des Fans bzw. NDV im heißen und kalten Kreis (Triebwerke nach Bild 4.2.1)

Hauptdaten	Konzept		Verdichterdruckverhältnis				
$\Pi_V = 36$; $T_{4.1} = 1500$ K	Mischung	Bild 4.2.1	Wellen	F,h	F,h+Boo	MDV	HDV
F/M = 90 m/s		VII	2	1,20	2,02*	-	18,0
$\mu = 15,5$	—	VII	2	"	4,04*	-	9,0
$\Pi_{F,k} = 1,39$		VI	3	"	-	6,8	4,5
F/M = 200 m/s		V	2	1,80	2,02	-	18,0
$\mu = 5,1$	+	V	2	"	4,04	-	9,0
$\Pi_{F,k} = 2,07$		IV	3	"	-	4,53	4,5
F/M = 400 m/s		III	2	3,11	-	-	11,8
$\mu = 1,48$	+	V	2	"	4,31	-	8,44
$\Pi_{F,k} = 3,49$		IV	3	"	-	2,79	4,22

Bezeichnungen: ○   △   □   ◎

Auslegung bei MCR:
$Ma_0 = 0,8$; $H = 10,7$ km

* In diesen Fällen werden "Booster" auch als MDV angesprochen

Bild 4.2.16: Variation der Verdichteranordnung im Rahmen der „Parametrischen ZTL-Studie"

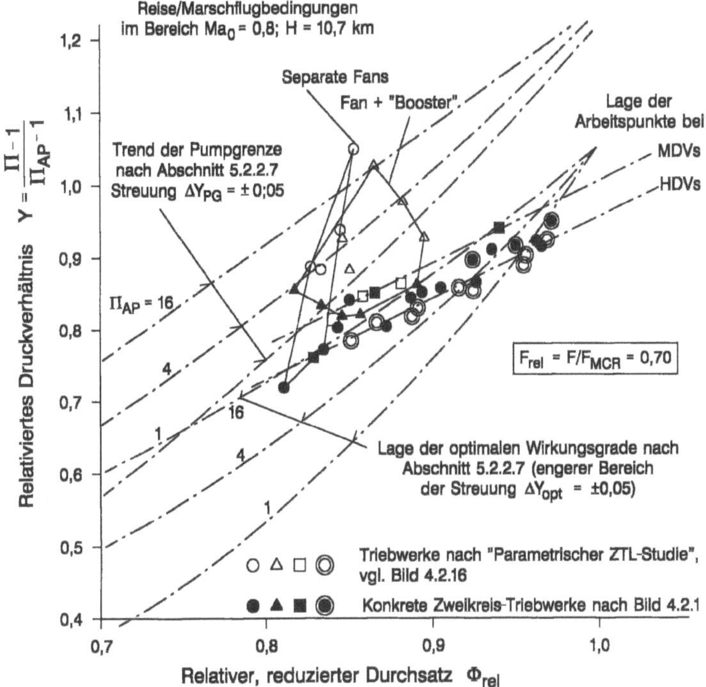

Bild 4.2.17: Einfluß des Triebwerkkonzepts auf die Lage der Verdichter-Arbeitspunkte im kritischen Bereich F/F_{MCR}

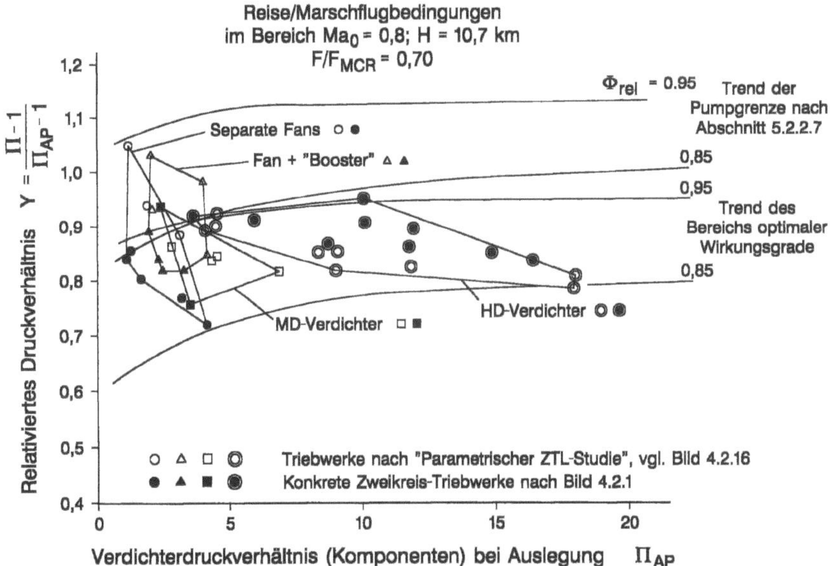

Bild 4.2.18: Einfluß des Triebwerkkonzepts auf die Lage der Verdichter-Arbeitspunkte im kritischen Bereich F/F_{MCR}

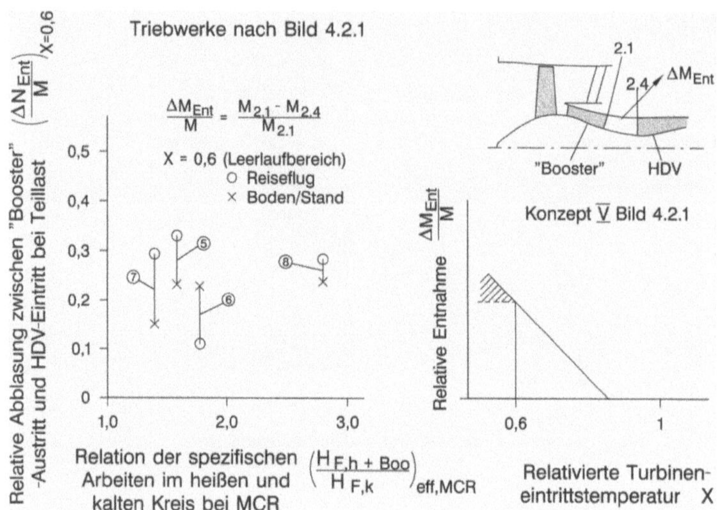

Bild 4.2.19: Entnahmemengen nach dem ND-Verdichter (Fan + „Booster") im Teillastbereich zur Erhaltung der Stabilität

Bei ND-Verdichtern militärischer Turbofans - d.h. solcher mit niedrigem Nebenstromverhältnis $\mu < 1$ – ist das beschriebene Problem weder bei Anordnung III noch IV anzutreffen. Auch bei Wellenleistungstriebwerken mit freier Nutzturbine nach Anordnung Ia und IIa besteht vom Standpunkt der Verdichterarbeitslinie bei Teillast kein Problem.

4.2.4 Komponentenwirkungsgrade

Zur allgemeinen Orientierung über das Verhalten der Turbokomponenten im Triebwerkverband, aber auch zur sinnvollen Festlegung der Wirkungsgrade $\eta_{V,res}$ und $\eta_{T,res}$ nach Gln. 4.2.2 und 4.2.3 und des resultierenden Wirkungsgrades η_{res} nach Gl. 4.2.4 ist die Kenntnis der Komponentenwirkungsgrade auf der Verdichter- und Turbinenseite erforderlich. Die Auswertung der Triebwerke nach Bild 4.2.1 liefert hierzu einigermaßen umfassende Daten zu den auf der jeweiligen Komponentenarbeitslinie erreichten Wirkungsgraden, die in der Form

$$\left(\eta / \eta_{AP}\right)_{is,V\,oder\,T} = f(X)$$

jeweils für Reiseflugbedingungen und Boden/Stand durch Bild 4.2.20 bis 4.2.29 gegeben sind und nach Präsentation aller Daten zusammenfassend kommentiert werden.

Das Bild 4.2.20 zeigt die Wirkungsgrade mehrstufiger Fans bzw. ND-Verdichter für militärische Zweikreis-Triebwerke, d.h. für die Konfigurationen III und IV im äußeren Teil, der den kalten Kreis beaufschlagt und im inneren Teil, der den heißen Kreis bildet. Bild 4.2.21 zeigt ferner die Wirkungsgrade der äußeren und inneren Partien einstufiger Fans ohne und mit „Booster"-Stufen für zivile Zweikreis-Triebwerke der Konfigurationen III, V, VI und VII.

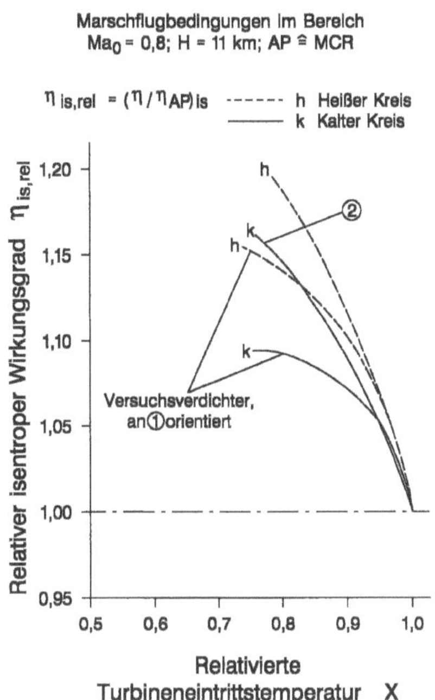

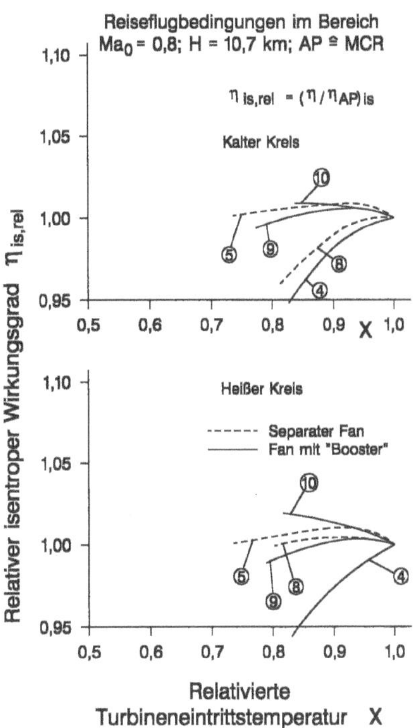

Bild 4.2.20:
Relative isentrope Wirkungsgrade mehrstufiger ND-Verdichter von MTF, Triebwerke nach Bild 4.2.1

Bild 4.2.21:
Relative isentrope Wirkungsgrade einstufiger Fans von CTF und MPF. Triebwerke nach Bild 4.2.1

Das Bild 4.2.22 zeigt die Wirkungsgrade von MD-Verdichtern militärischer oder ziviler Zweikreis-Triebwerke entsprechend den Konfigurationen IV, VI und VII.

Das Bild 4.2.23 zeigt die Wirkungsgrade von HD-Verdichtern militärischer oder ziviler Zweikreis-Triebwerke der Konfigurationen III bis VII.

Schließlich zeigt Bild 4.2.24 die Wirkungsgrade einwelliger Axial-/Radial-HD-Verdichter kleiner Zweikreis-Triebwerke nach Anordnung III sowie von Axial-/Radialverdichtern von Wellenleistungstriebwerken mit freier Nutzturbine nach Anordnung Ia.

Das Bild 4.2.25 zeigt die Wirkungsgrade ein- und zweistufiger HD-Turbinen aller Triebwerkkonfigurationen I bis VII.

Das Bild 4.2.26 zeigt die Wirkungsgrade von MD-Turbinen militärischer und ziviler Zweikreis-Triebwerke der Konfiguration IV.

Das Bild 4.2.27 zeigt die Wirkungsgrade der ein- und zweistufigen ND-Turbinen militärischer und ziviler Zweikreis-Triebwerke der Konfigurationen III bis VII und Bild 4.2.28 die Wirkungsgrade zweistufiger Nutzturbinen von Wellenleistungstriebwerken nach Konfiguration Ia.

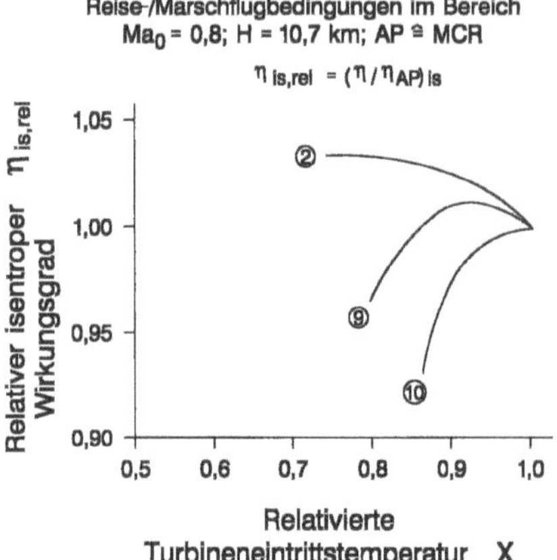

Bild 4.2.22:
Relative isentrope Wirkungsgrade von MD-
Verdichtern (MTF, CTF und MPF), Triebwer-
ke nach Bild 4.2.1

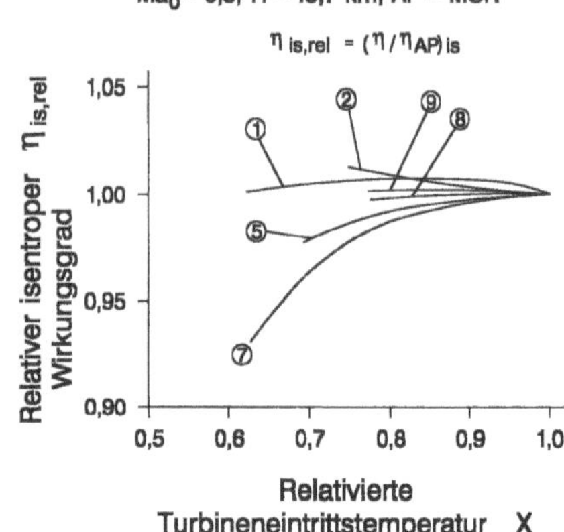

Bild 4.2.23:
Relative isentrope Wirkungsgrade von axialen
HD-Verdichtern (MTF, CTF und MPF),
Triebwerke nach Bild 4.2.1

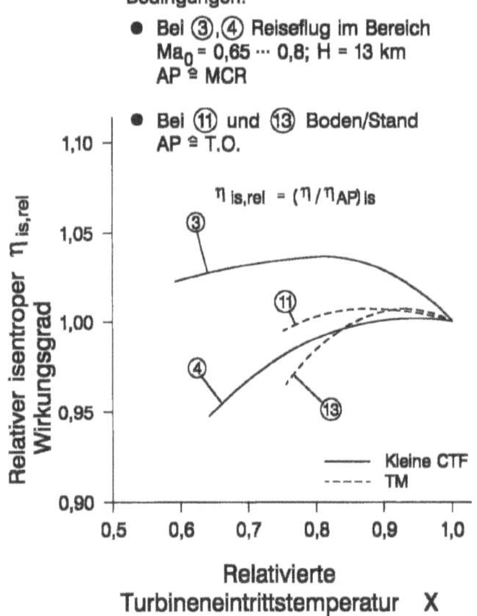

Bild 4.2.24:
Relative isentrope Wirkungsgrade von
HD-Verdichtern (axial/radial) und GG-
Verdichtern (axial/radial oder zweistufig/
radial), Triebwerke nach Bild 4.2.1

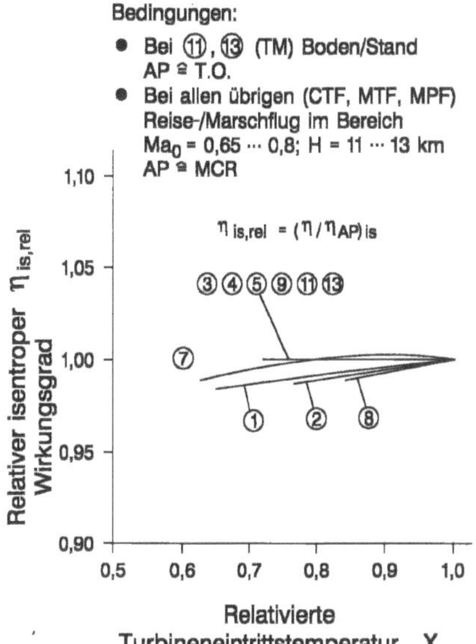

Bild 4.2.25:
Relative isentrope Wirkungsgrade von HD-Turbinen (CTF, MPF und TM), Triebwerke nach Bild 4.2.1

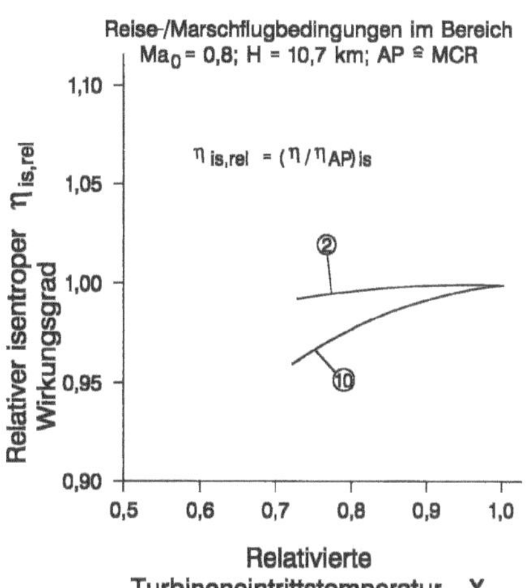

Bild 4.2.26:
Relative isentrope Wirkungsgrade von MD-Turbinen (MTF, MPF), Triebwerke nach Bild 4.2.1

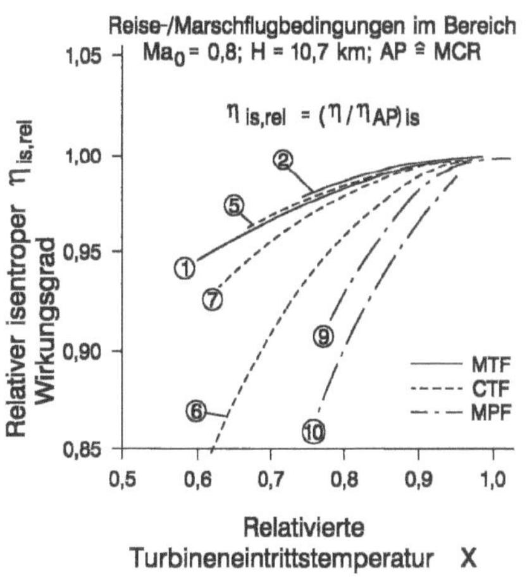

Bild 4.2.27:
Relative isentrope Wirkungsgrade von ND-Turbinen (CTF, MTF, MPF), Triebwerke nach Bild 4.2.1

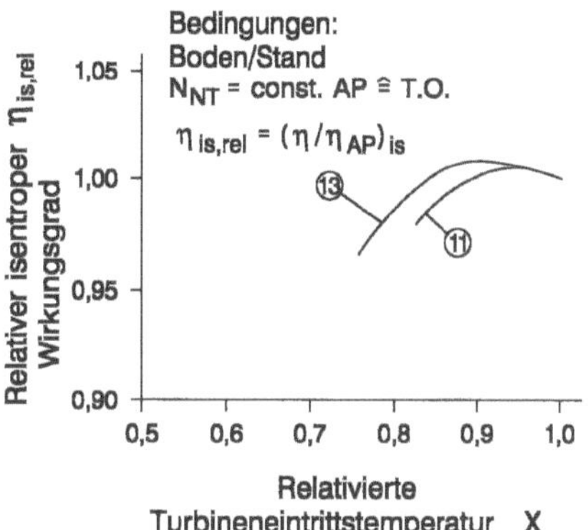

Bild 4.2.28:
Relative isentrope Wirkungsgrade von Nutz-turbinen (TM), Triebwerke nach Bild 4.2.1

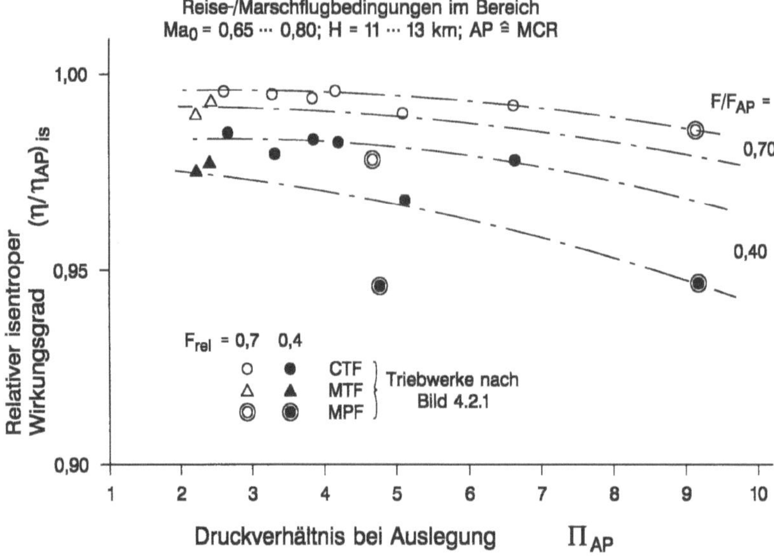

Bild 4.2.29: Einfluß des Auslegungs-Druckverhältnisses der ND-Turbine auf die Verschlechterung
des Wirkungsgrades bei Teillast

Aus den Bildern 4.2.20 bis 4.2.28 können folgende Schlüsse gezogen werden, die für
die projektmäßige, d.h. überschlägige Berechnung des Betriebsverhaltens wichtig sind:

– Die ND-Verdichter militärischer Zweikreis-Triebwerke zeigen nach Bild 4.2.20 innen
und außen einen sehr starken Wirkungsgradabfall bei Annäherung an $X = 1$ bzw. sehr
gute Wirkungsgrade bei Teillast, was eine Folge der hohen aerodynamischen Belastung und insbesondere des hohen Mach-Zahl-Niveaus ist. Dies ist vom Standpunkt der
Forderung maximalen Schubes im Überschallflug, der sich z.B. bei $Ma_0 = 1,8$, $H = 11$
km im Bereich $X = 0,8$ bis 0,85 abspielt, durchaus wünschenswert, und beim Start akzeptabel. Die unterschiedlichen Tendenzen der Wirkungsgrade in beiden Kreisen hängen u.a. damit zusammen, daß die auf den Strömungsteiler treffende Trennungsstrom-
fläche zwischen kaltem und heißem Kreis bei Zunahme des Nebenstromverhältnisses
– vgl. Bilder 4.2.12 und 4.2.15 – die Strömung im heißen Kreis drosselt, im kalten
Kreis dagegen entdrosselt.

– Die Wirkungsgrade von einstufigen Fans ziviler Zweikreis-Triebwerke zeigen nach
Bild 4.2.21 überwiegend konformes Verhalten mit relativ geringen Änderungen des
Wirkungsgrades bei Teillast, während im Einzelfall erhebliche Verschlechterungen im
Teillastbereich zu verzeichnen sind.

– Dagegen sind nach Bild 4.2.22 bei separaten MD-Verdichtern für militärische und
zivile Zweikreis-Triebwerke erhebliche Differenzen im individuellen Verhalten zu sehen, die unter Betrachtung der jeweiligen Auslegungsdaten der Triebwerke einerseits
aus der Lage der Arbeitslinien (vgl. Bild 4.2.17 und 4.2.18) und andererseits aus der
individuellen Gestalt der Verdichterkennfelder erklärt werden können.

– Die Wirkungsgrade von HD-Verdichtern zeigen nach Bild 4.2.23 bei allen Konfigurationen, die zugleich einen weiten Bereich der HDV-Druckverhältnisse abdecken, nur

geringe Veränderlichkeit im wichtigen Betriebsbereich $X > 0,75$, wobei kein weiterer Ordnungsparameter wie Druckverhältnis bei Auslegung oder Stufenzahl ermittelt werden konnte.

– Sichtbar größer sind nach Bild 4.2.24 die Unterschiede in den Tendenzen bei Axial-/ Radialverdichtern von HD-Systemen kleiner Zweikreis-Triebwerke und bei Gasgeneratoren von Wellenleistungstriebwerken. Dabei ist im Einzelfall auch der auf der generell schwierigen Abstimmung des Axial- und Radialteils beruhende Wirkungsgradabfall gegen $X = 1$ hin anzutreffen. Dies ist bei Triebwerken, die im Reiseflug in großer Höhe günstiges Betriebsverhalten aufweisen sollen, durchaus kritisch zu sehen.

– Die Wirkungsgrade der HD-Turbinen sind nach Bild 4.2.25 bei allen Konfigurationen ebenso wie die Kapazitäten und die Druckverhältnisse praktisch konstant. Dies sind wichtige Voraussetzungen für die in Abschnitt 4.3 beschriebene Berechnung des Betriebsverhaltens der Triebwerke.

– Auch bei MD-Turbinen ändert sich nach Bild 4.2.26 der Wirkungsgrad nur wenig. Ähnliches gilt auch hier für Kapazität und Druckverhältnis.

– Dem gegenüber ist bei ND-Turbinen nach Bild 4.2.27 und 4.2.28 mit abnehmendem X ein deutlicher Abfall der Wirkungsgrade festzustellen, der nach Bild 4.2.29 um so stärker ist, je höher – z.B. bei Zweikreis-Triebwerken –das Auslegungsdruckverhältnis der Turbine ist.
Dies ist die Folge des bei abnehmendem X in den unterkritischen Bereich geratenden Düsendruckverhältnisses, das aufgrund der dadurch progressiv abfallenden Düsenkapazität zugleich einen Rückgang des Druckverhältnisses der gesamten Turbine nach sich zieht. Dabei konzentriert sich der Rückgang des Turbinendruckverhältnisses auf den austrittsseitigen Teil – eben die ND-Turbine – die damit entsprechend den bekannten „Dampfkegelgesetzen", vergleiche [4], unvermeidlich ist und den beobachteten Wirkungsgradabfall verursacht. Dieser Abfall kann durch entsprechende Turbinenauslegung nur begrenzt beeinflußt werden.

Somit ist nur bei mehrstufigen ND-Verdichtern militärischer Zweikreis-Triebwerke, von Fall zu Fall bei MD-Verdichtern, bei Axial-/Radialverdichtern (HD-Verdichter kleiner Zweikreis-Triebwerke und bei Wellenleistungstriebwerken) sowie bei allen ND-Turbinen ein ausgeprägter Trend der Wirkungsgrade in Abhängigkeit von X zu erkennen, der bei der projektmäßigen Berechnung des Betriebsverhaltens von vornherein berücksichtigt werden muß. Bei allen übrigen Komponenten genügt es zunächst, mit konstanten Wirkungsgraden zu rechnen, zumal hier keine generelle, ausgeprägte Tendenz festgestellt werden kann. Problematisch ist stets das Verhalten von separaten MD-Verdichtern, dessen Klärung jedoch späteren Phasen der Projektierung vorbehalten bleiben muß.

Die Darstellung der bei ausgeführten Triebwerken auftretenden Komponentenwirkungsgrade und ihres Einflusses auf Betriebsverhalten und Leistungsdaten mag auch als grundsätzliche Orientierung dienen, wenn bei der Projektierung eines Triebwerks Betriebsverhalten und Leistungsdaten unter Berücksichtigung der Komponententechnologie realistisch berechnet und beurteilt werden sollen. Dabei verdient gerade auch die Frage, ob man sich innerhalb der Streuung des Wirkungsgradniveaus und der Wirkungsgradtendenzen bewegen soll oder Grund hat, diese zu verlassen, durchaus Beachtung. Gerade bei der Einführung neuer Technologien, die unter anderem auch Einfluß auf die Komponentenwirkungsgrade haben können, mag dabei der Vergleich mit dem Stand der Technik wertvoll sein.

4.2.5 Leistungsrelevante Betriebsparameter

Mit den Komponentenwirkungsgraden nach Bild 4.2.20 bis 4.2.28 ergeben sich die entsprechend Gl. 4.2.4 definierten resultierenden Wirkungsgrade η_{res}, die für die Triebwerke nach Bild 4.2.1 in Bild 4.2.30 in Abhängigkeit von X dargestellt sind. Interessanterweise besteht bei Zweikreis-Triebwerken unter Reiseflugbedingungen vor allem im Teillastbereich eine ausgeprägte Abhängigkeit des Wirkungsgrades $\eta_{res}(X)$ vom spezifischen Schub im Auslegungspunkt $AP \triangleq MCR$. Die bei $F_{rel} = const.$ mit abnehmendem spezifischen Schub zunehmende Verschlechterung ist nach Bild 4.2.21 und 4.2.22 sowie Bild 4.2.29 offensichtlich die Konsequenz der bei Teillast zu beobachtenden progressiven Verschlechterung der Wirkungsgrade des ND-Verdichters im heißen Kreis – besonders bei Konzept V, Bild 4.1.2 –, des MD-Verdichters bei Konzept IV, VI und VII und vor allem der ND-Turbine bei allen Konzepten. Diese Tendenz wird in ihrer Auswirkung auf den SBV allerdings dadurch gemildert, daß – wie in Bild 4.2.30 gezeigt – unter dem maßgebenden Kriterium $F_{rel} = const.$ die Werte X um so höher liegen, je niedriger der spezifische Schub im Auslegungspunkt AP ist. Dementsprechend zeigt die Korrelation

$$\left(\frac{\Delta \eta_{CR}}{\eta_{AP}}\right)_{res} = \left(\frac{\eta_{CR} - \eta_{AP}}{\eta_{AP}}\right)_{res} = f(F/M)_{AP} \tag{4.2.12}$$

z.B. für den Reiseflug bei F_{rel} = 40 und 70% entsprechend Bild 4.2.31 im betrachteten Bereich $(F/M)_{AP}$ = 60 ... 600 m/s bei F_{rel} = 0,7 einen Wirkungsgradanstieg von ca 2% zu höheren Werten $(F/M)_{AP}$ im Vergleich zu 3,5% bei F_{rel} = 0,4.

Die bei Zweikreis-Triebwerken aufgrund des Betriebsverhaltens der Komponenten bei Teillast auftretende Verschlechterung des *SBV* zu niedrigen Schüben hin wird beträchtlich akzentuiert durch den generellen Einfluß der Auslegungsparameter $(F/M)_{AP}$, Π_{AP} und $T_{4.1,AP}$ auf den *SBV* bei Teillast. Hierzu zeigt Bild 4.2.32 auf der Basis der „Parametrischen ZTL-Studie" (siehe Abschnitt 4.2.1) die bei Variation von $(F/M)_{AP}$, Π_{AP} und $T_{4.1,AP}$ bei konstanten Komponentenwirkungsgraden bei F_{rel} = 40 und 70% zu erwartenden Werte SBV_{rel}. Danach ist der Einfluß des spezifischen Schubes $(F/M)_{AP}$ sichtbar höher als jener der Parameter Π_{AP} und $T_{4.1,AP}$. Mit eingezeichnet sind die Werte SBV_{rel} konkreter Triebwerke nach Bild 4.2.1, bei denen die Kreisprozeß- und Komponentendaten bekannt sind. Damit ist bei Zweikreis-Triebwerken mit niedrigem spezifischen Schub, besonders also bei Mantelpropfans, d.h. mit $(F/M)_{AP} < 100$ m/s, besonderes Augenmerk darauf zu richten, daß im wichtigen Reiseflug-Schubbereich, d.h. bei F_{rel} = 40 ... 90%, gegenüber Zweikreis-Triebwerken mit höherem spezifischen Schub, der Vorteil geringeren Missions-Brennstoffverbrauchs wirklich groß genug ist, um den bei niedrigem spezifischen Schub hinzunehmenden konstruktiven

Mehraufwand und die höheren Installationsverluste (Gondelwiderstand, Leistungs- und Druckluftentnahme, vgl. Abschnitt 5.11) zu rechtfertigen.

Die in Bild 4.2.32 festzustellenden Abweichungen der relativen *SBVs* konkreter Zweikreis-Triebwerke gegenüber den Werten nach der „Parametrischen ZTL-Studie" lassen sich mit den Werten $\eta_{res,CR}$ nach Bild 4.2.31 korrelieren, so daß der Zusammenhang

$$\Delta\left(\frac{SBV_{CR}}{SBV_{AP}}\right) = \left(\frac{SBV_{CR}}{SBV_{AP}}\right)_{Statistik} - \left(\frac{SBV_{CR}}{SBV_{AP}}\right)_{Par.ZTL-Stud.} = f\left(\frac{\Delta\eta_{CR}}{\eta_{AP}}\right)_{res} \quad (4.2.13)$$

für F_{rel} = Parameter entsteht, vgl. Bild 4.2.33. Wenngleich dabei eine sehr erhebliche Streuung zu verzeichnen ist, so betont diese Darstellung doch eindrucksvoll, daß bei der Gestaltung eines Zweikreis-Triebwerks und der Abstimmung seiner Komponenten die Optimierung des Verlaufs $\eta_{res}(X)$ bzw. $\eta_{res}(F_{rel})$ im Hinblick auf die Optimierung des Brennstoffverbrauchs im Reiseflug größte Beachtung verdient.

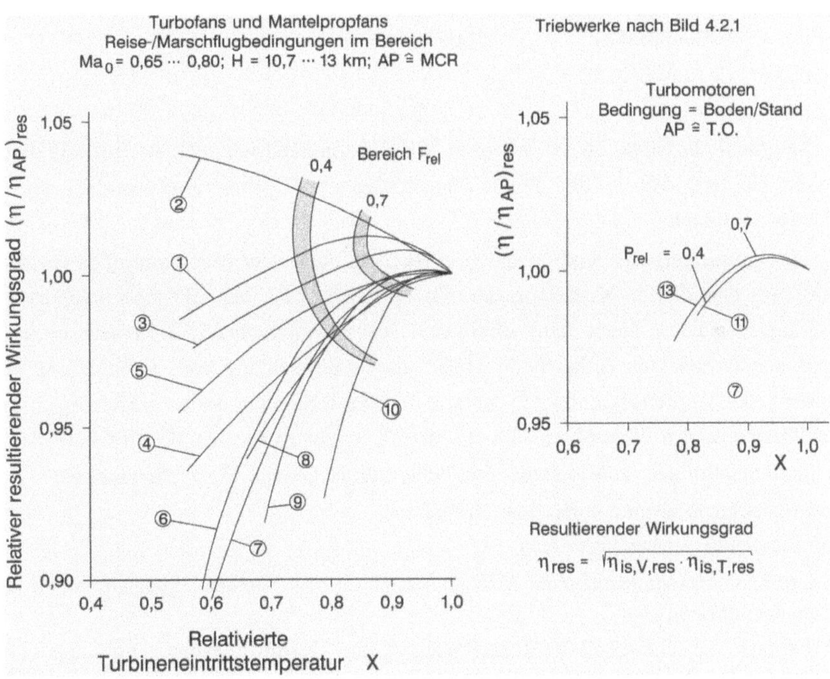

Bild 4.2.30: Resultierende Wirkungsgrade von Turbofans, Mantelpropfans und Turbomotoren bei Teillast-Triebwerken nach Bild 4.2.1

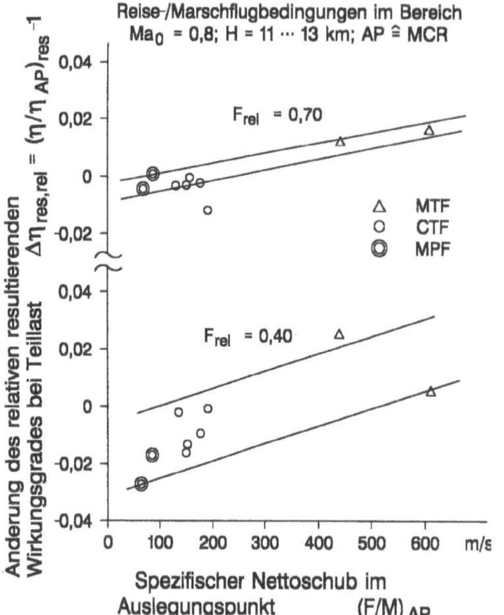

Bild 4.2.31:
Änderung des resultierenden Wirkungsgrades bei Teillast. Einfluß des spezifischen Nettoschubes bei Auslegung, Triebwerke nach Bild 4.2.1

Die erhebliche Streuung der Werte ΔSBV_{rel} kann natürlich auch als Hinweis dafür gesehen werden, daß in der Praxis unterschiedliche Optimierungsvorgaben und -methoden vorliegen.

Die Optimierung der Komponenten eines Turbofans oder Mantelpropfans entsprechend dem diskutierten Kriterium, d.h. für optimalen SBV bei mittleren Schüben im Reiseflug, mag heute Stand der Technik sein. Neue, weitergehende Triebwerkkonzepte mögen aber verstärkten Anlaß dafür bieten, durch Betrachtung bzw. Optimierung des resultierenden Wirkungsgrades η_{res} bereits im frühen Stadium der Projektierung in der geschilderten Weise vorzugehen, um das dem Konzept entsprechende SBV-Potential – z.B. für akquisitorische Aktivitäten – möglichst früh zu kennen. Dies mag nicht nur

– bei Mantelpropfans mit verstellbarem Fan und

– für rekuperative Mantelpropfans

mit dem hier vorliegenden hohen Maß an Variablen bzw. Optimierungsparametern zutreffen, sondern auch bei

– Turbofans für Überschall-Verkehrsflugzeuge und -Kampfflugzeuge, mit oder ohne NV, mit oder ohne variable Geometrie, d.h. mit weitem Einsatzspektrum

zutreffen. Gerade bei dem in Abschnitt 6.10.3 behandelten rekuperativen Mantelpropfan ist diesem Gesichtspunkt besondere Aufmerksamkeit zu schenken, um das gerade hier im Reiseflug bei mittleren Schüben zu erwartende ausgeprägte Minimum des SBV gewissermaßen zu „züchten". Nicht weniger anspruchsvoll bzw. wichtig erscheint diese Optimierung bei Turbofans mit oder ohne NV, bei denen – z.B. im Falle des Einsatzes in Überschall-Verkehrsflugzeugen – die Triebwerke im Reiseflug bei hohen Werten $T_{4.1}$

und T_3 bei trotzdem niedrigen Werten $X = 0,6 \ldots 0,7$ im Bereich des aerodynamischen Leerlaufs arbeiten (vgl. Bild 4.1.1), wo normalerweise die Komponentenwirkungsgrade nicht optimal sind. Im Unterschall-Reiseflug werden die Triebwerke dagegen bei relativ hohen Werten X gefahren bei ebenfalls großem Interesse an günstigem SBV.

Bei Triebwerken mit variabler Geometrie – wie in Abschnitt 6.6 beschrieben – erhält die Optimierungsprozedur insofern eine zusätzliche Dimension, als hier neben der Betrachtung von η_{res} noch die Optimierung des Zusammenwirkens der Komponenten hinzukommt.

Zumindest beim Mantelpropfan und beim überschallfähigen Turbofan mit konventionellem Kreisprozeß sollte die Optimierung der Komponentenwirkungsgrade im gefragten Schubbereich auch deswegen geschehen, weil sich dadurch nach Abschnitt 4.2.1 zugleich die günstigsten Werte Y_V einstellen.

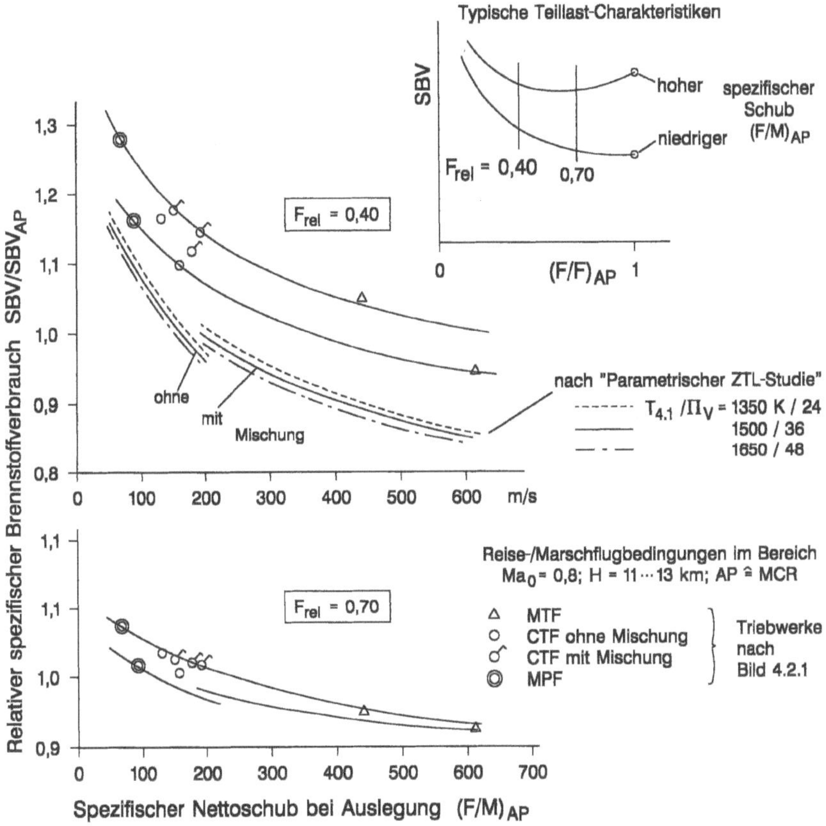

Bild 4.2.32: Bei konkreten Zweikreis-Triebwerken erreichte relative SBV-Werte bei Teillast im Vergleich zu Ergebnissen nach der „Parametrischen ZTL-Studie"

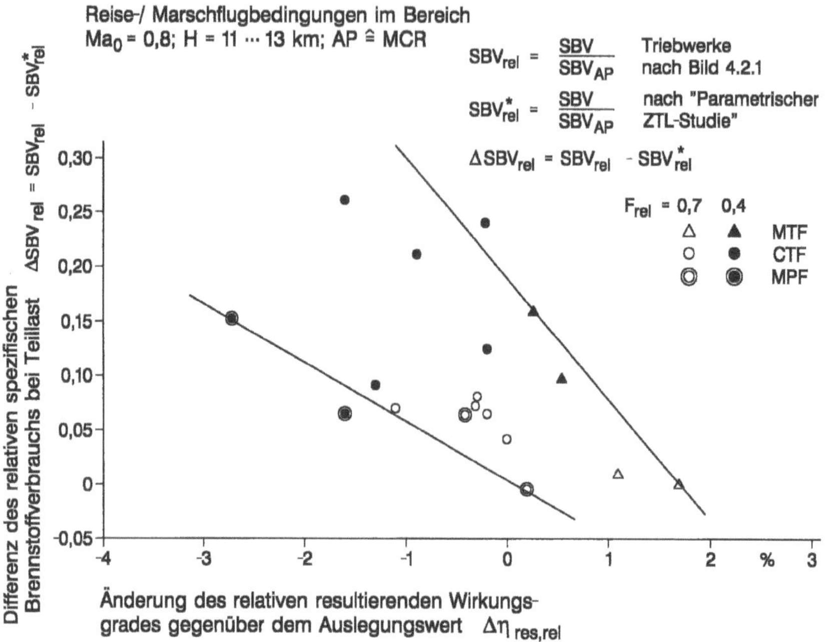

Bild 4.2.33: Einfluß der Änderung des resultierenden Wirkungsgrades bei Teillast auf den spezifischen Brennstoffverbrauch. Vergleich der Triebwerke nach Bild 4.2.1 mit Ergebnissen nach der „Parametrischen ZTL-Studie"

Darüber hinaus muß natürlich im Sinne der Effektivitätsbewertung in jedem Fall das Bemühen um optimale Komponentenwirkungsgrade im gefragten Betriebsbereich gegenüber denkbaren sonstigen Nachteilen abgewogen werden.

Bei Wellenleistungstriebwerken mit freier Nutzturbine sind im Teillastbereich – im Gegensatz zu Zweikreis-Triebwerken mit hohem spezifischen Schub – nach Bild 4.2.34 in jedem Falle Werte $SBV_{rel} > 1$ zu erwarten, wobei der Einfluß der Parameter Π_{AP} und $T_{4.1,AP}$ – analog den Zweikreis-Triebwerken – nach den Ergebnissen der „Parametrischen PTL-Studie" (vgl. Abschnitt 4.2.1) relativ bescheiden ist. Die Komponentenwirkungsgrade – hierbei sind z.B. der Axial-/ Radialverdichter nach Bild 4.2.24 und die Nutzturbine nach Bild 4.2.28 angesprochen – spielen hier natürlich eine ähnliche Rolle wie bei den Zweikreis-Triebwerken. Die relativen $SBVs$ einiger konkreter Wellenleistungstriebwerke sind in Bild 4.2.34 mit eingetragen.

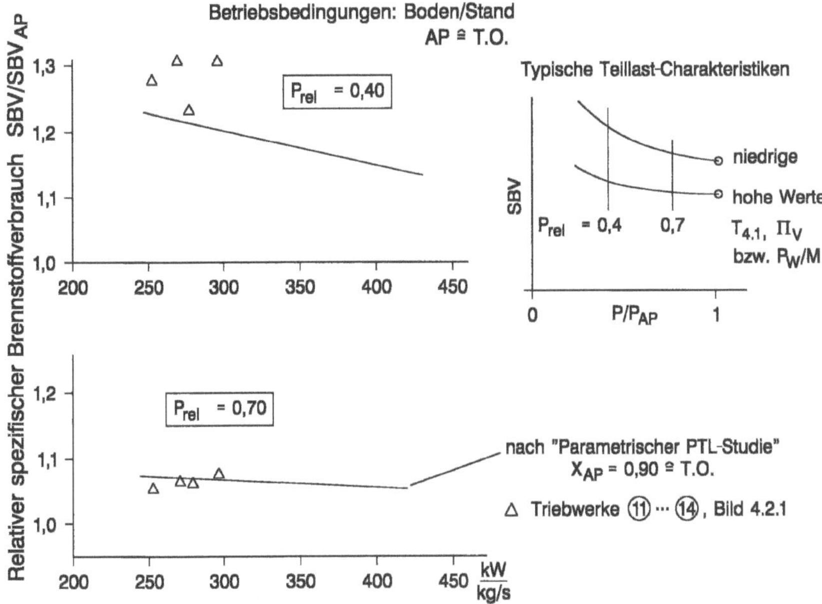

Bild 4.2.34: Bei konkreten Wellenleistungstriebwerken erreichte relative *SBV*-Werte bei Teillast im Vergleich zu Ergebnissen der „Parametrischen PTL-Studie"

4.2.6 Schubcharakteristiken von Zweikreis-Strahltriebwerken

Bei der Festlegung der Kreisprozeßparameter $T_{4.1}, \Pi_V$ und μ ist es wichtig und notwendig, einerseits die geforderten oder wünschenswerten Relationen F_{TO}/F_{MCR} mit einer technologisch realistischen und vom Standpunkt der Lebensdauer opportunen Relation X zu verbinden und andererseits durch die Wahl des spezifischen Schubes $(F/M)_{MCR}$ und der Parameter $\Pi_V, T_{4.1}$ und μ die Ansprüche an Wirtschaftlichkeit und Ökologie des Triebwerks zu erfüllen.

Mit Blick auf Abschnitt 4.1.1 bzw. Gl. 4.1.1a ist der maximale Schub im Reiseflug, d.h. bei $X = 1$, bezogen auf den Druck p_0

$$\left(\frac{F}{p_0}\right)_{MCR} = \frac{M_2\sqrt{T_2}}{p_2} \cdot \frac{p_2}{p_0} \left[\frac{C_D}{\sqrt{T_{4.1}}} \cdot \sqrt{\frac{T_{4.1}}{T_2}} - \frac{C_0}{\sqrt{T_2}}\right]_{X=1} \tag{4.2.14}$$

und der ebenfalls auf den Atmosphärendruck bezogene Schub bei Take-off mit $p_2 \approx p_0$

$$\left(\frac{F}{p_0}\right)_{TO} = \frac{M_2\sqrt{T_2}}{p_2} \cdot \frac{p_2}{p_0} \left[\frac{C_D}{\sqrt{T_{4.1}}} \cdot \sqrt{\frac{T_{4.1}}{T_2}}\right]_{X \triangleq TO} . \tag{4.2.15}$$

Daraus ergibt sich die von den Kreisprozeßdaten Π_V und $T_{4.1}$ nur wenig abhängige und den Einfluß der Flughöhe enthaltende Relation (*Lapse Rate*)

$$LR = \frac{(F/p_0)_{TO}}{(F/p_0)_{MCR}} = f\left[X_{TO},(F/M)_{MCR},Ma_{0,MCR}\right] \tag{4.2.16}$$

Bei dieser Formulierung ist zugleich auch die Frage des sog. *Flat Rating* angesprochen bzw. gelöst, da bei $X_{TO} = const.$ trotz Änderung von T_2 und damit $T_{4.1}$ der Schub $F_{TO} \approx const.$ ist.

Aus der „Parametrischen ZTL-Studie" nach Abschnitt 4.2.1 geht hervor, daß für $Ma_0 = const.$ bei Variation von X_{TO} um den (statistischen) Mittelwert 0,9 herum genähert

$$LR(X) \approx LR_{X=0,9} \cdot \left(\frac{X}{0,9}\right)^{2,45} \approx \frac{(F/p_0)_{TO,X=0,9}}{(F/p_0)_{MCR}} \cdot \left(\frac{X}{0,9}\right)^{2,45} \tag{4.2.17}$$

werden kann. Hierzu zeigt Bild 4.2.35 den Zusammenhang zwischen LR, $(F/M)_{MCR}$, Ma_0 und X für die bei der „Parametrischen ZTL-Studie" bei MCR gewählten Kreisparameter $\Pi_V = 36$ und $T_{4.1} = 1.500$ K.

Bei anderen Kreisprozeßparametern empfiehlt sich die in Bild 4.2.35 mit angegebene Korrektur

$$LR\left(\Pi_V,T_{4.1}\right) = \varepsilon \cdot LR(36/1500) \quad \text{mit} \quad \varepsilon = f\left[F/M,\Pi_V,T_{4.1}\right]_{MCR}. \tag{4.2.18}$$

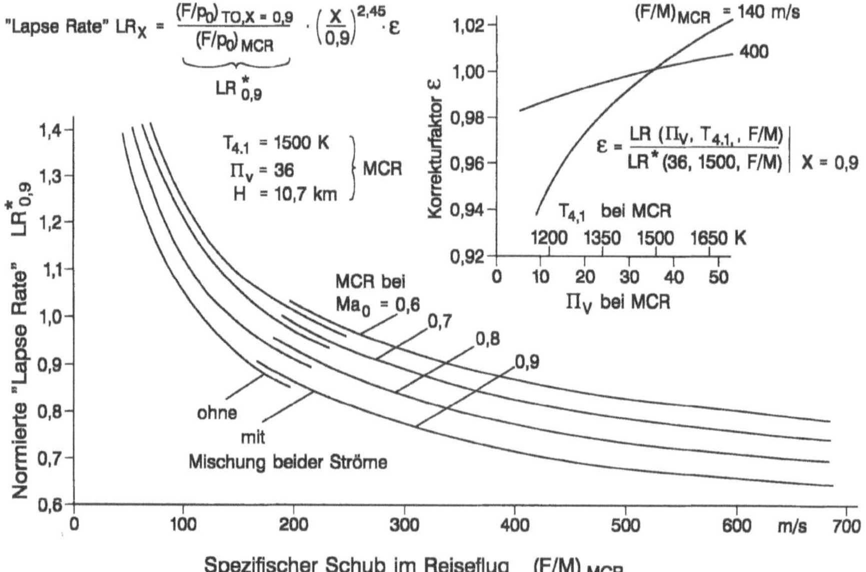

Bild 4.2.35: *Lapse Rate* von Zweikreis-Strahltriebwerken (MTF, CTF und MPF) nach „Parametrischer ZTL-Studie"

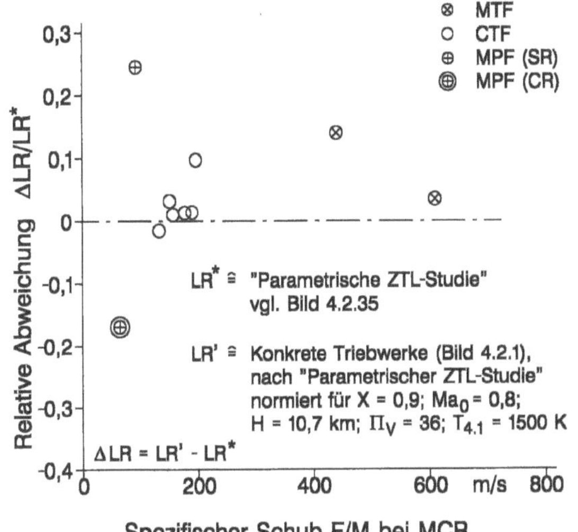

Bild 4.2.36:
Vergleich der *LR*-Daten konkreter Triebwerke mit Ergebnissen der „Parametrischen ZTL-Studie"

Ferner gibt Bild 4.2.36 den Vergleich der Ergebnisse nach der „Parametrischen ZTL-Studie" mit statistischen Triebwerkdaten entsprechend Bild 4.2.1, wobei allerdings in einigen Fällen die Übereinstimmung sehr schlecht ist.

Ist jedoch bei geforderter oder angestrebter Schubrelation F_{TO}/F_{MCR} bzw. des Parameters LR die mögliche Kombination der Parameter X und F/M bekannt, so ist bei Festlegung von $T_{4.1}$ auch μ in engen Grenzen bekannt, zumal der Einfluß der Parameter Π_V und $T_{4.1}$ bei MCR nach Bild 4.2.35 relativ klein ist.

Im allgemeinen ist $T_{4.1,TO} = T_{max}$ bei hohen spezifischen Schüben $(F/M)_{MCR}$ für die Lebensdauer der HD-Turbine entscheidend, während besonders bei niedrigen spezifischen Schüben $(F/M)_{MCR}$ die Turbineneintrittstemperatur $T_{4.1,MCR}$ für den Verbrauch an Lebensdauer maßgebend ist. Mit der Vorgabe von X sind somit beide $T_{4.1}$-Werte festgelegt. Mit Blick auf den angestrebten SBV im Reiseflug und die verfügbare Technologie bzw. die bei TO am heißen Tag zulässige Verdichteraustrittstemperatur T_3 kann schließlich auch Π_V festgelegt werden.

Insgesamt gesehen bestätigt Bild 4.2.35 die bekannte Tendenz, nach der

- ältere Triebwerke mit hohem spezifischen Schub bzw. niedrigem Nebenstromverhältnis bei Erfüllung der Startschubbedingungen selbst bei maximalem Schub im Reiseflug stark gedrosselt betrieben wurden, während

- bei neueren Triebwerken mit niedrigem spezifischen Schub bzw. hohem Nebenstromverhältnis bei Erfüllung der Schubforderungen bei TO und festgehaltener Relation F_{MCR}/F_{TO} wie oben eine Tendenz zu höherer thermischer Belastung bei MCR als bisher zu erwarten ist.

Bei Verkehrsflugzeugen ist über den Schubbedarf im Reiseflug hinaus zur Wahrung der Manövrierfähigkeit in Notfällen oder kritischen Situationen ein gewisser Schubüberschuß gefordert, der durch die Zulassungsvorschrift FAR 25, vgl. [4.1], festgelegt ist. Bei Flugzeugen mit mehr als 5,7 t Abfluggewicht bzw. mehr als 9 Passagieren ist beim Eintritt in den Reiseflug (*initial cruise* $\triangleq ICR$) eine Schubreserve vorgeschrieben, die Steigen mit der Vertikalgeschwindigkeit C_v = 300 ft/min, d.h. 1,52 m/s erlaubt. Somit ist der *en route*-Steiggradient z.B. bei einer Flug-Machzahl Ma_0 = 0,8 und der Flughöhe H = 10,7 km mindestens

$$\text{tg}\,\alpha_{ICR} = \left(C_v / C_0\right)_{ICR} = \frac{1,52}{237} = 0,64\%$$

(4.2.19)

und bei einem Verhältnis Auftrieb zu Widerstand des Flugzeugs im Bereich

$$\frac{A}{W} = 14 \ldots 20$$

(4.2.20)

ist damit der erforderliche Schubbedarf über F_{ICR} hinaus

$$\frac{\Delta F}{F_{ICR}} = \frac{F_{MCR}}{F_{ICR}} - 1 \geq \frac{A}{W} \cdot \text{tg}\,\alpha_{ICR}$$

bzw. die gefragte Relation

$$\frac{F_{MCR}}{F_{ICR}} \geq 1 + \frac{A}{W} \cdot \text{tg}\,\alpha_{ICR} \; .$$

(4.2.21)

Ferner ist am Ende der Steigflugphase – was gleichbedeutend mit dem Eintritt in den Reiseflug ist – bei 2/3/4-motorigen Flugzeugen der oben angeführten Klasse der Steiggradient

$$\text{tg}\,\alpha_{MCL} = 1,1 / 1,4 / 1,6\%$$

gefordert, so daß gegenüber dem Schub F_{ICR} der Schubüberschuß

$$\frac{\Delta F}{F_{ICR}} = \frac{F_{MCL}}{F_{ICR}} - 1 \geq \frac{A}{W} \cdot \text{tg}\,\alpha_{MCL}$$

und damit die Relation

$$\frac{F_{MCL}}{F_{ICR}} \geq 1 + \frac{A}{W} \cdot \text{tg}\,\alpha_{MCL}$$

(4.2.22)

vorgeschrieben ist. Hieraus folgt, wenn der Schub F_{MCR} dem Triebwerkauslegungspunkt AP zugeordnet ist, aus Gln. 4.2.21 und 4.2.22 die wichtige Beziehung

$$\frac{F_{MCL}}{F_{MCR}} \geq \frac{1 + \dfrac{A}{W} \cdot \text{tg}\,\alpha_{MCL}}{1 + \dfrac{A}{W} \cdot \text{tg}\,\alpha_{ICR}}$$

(4.2.23)

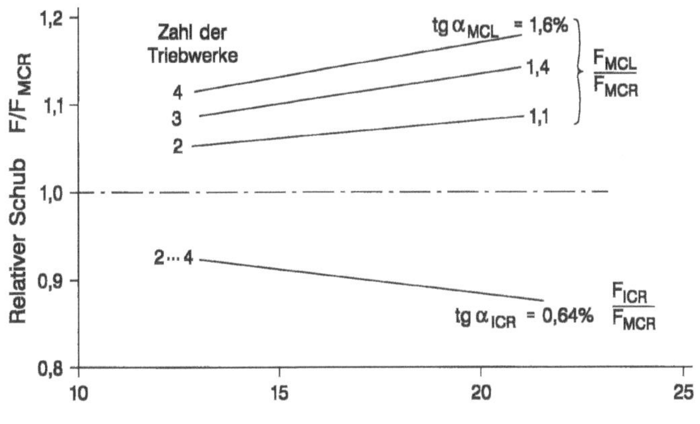

Bild 4.2.37: Schubbedarf bei strahlgetriebenen Verkehrsflugzeugen am Ende der Steigphase (*MCL*) bzw. am Eintritt in den Reiseflug (*ICR*) gegenüber MCR nach FAR 25

Die Relationen F_{ICR}/F_{MCR} und F_{MCL}/F_{MCR} sind in Bild 4.2.37 im Bereich der angesprochenen Werte A/W und α_{MCL} bzw. α_{ICR} dargestellt. Danach ist beim Eintritt in den Reiseflug je nach Flugzeugtyp (Zahl der Triebwerke) und Qualität (A/W) des Flugzeugs gegenüber dem Auslegungspunkt $AP \triangleq MCR$ insgesamt ein Schubüberschuß

$$\frac{F_{MCL} - F_{MCR}}{F_{MCR}} = 6 \dots 17\%$$

erforderlich. Die Analyse konkreter Strahltriebwerke zeigt entsprechend Bild 4.2.38 die dabei realisierten Werte F_{MCL}/F_{MCR} im Bereich 1,03 ... 1,15 – mit steigender Tendenz über EIS.

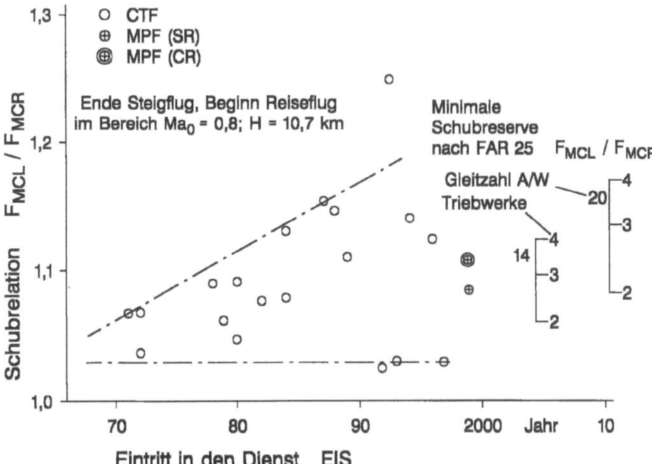

Bild 4.2.38: Zeitliche Entwicklung spezifizierter Schübe F_{MCL} und F_{MCR} im Vergleich mit Forderungen nach FAR 25

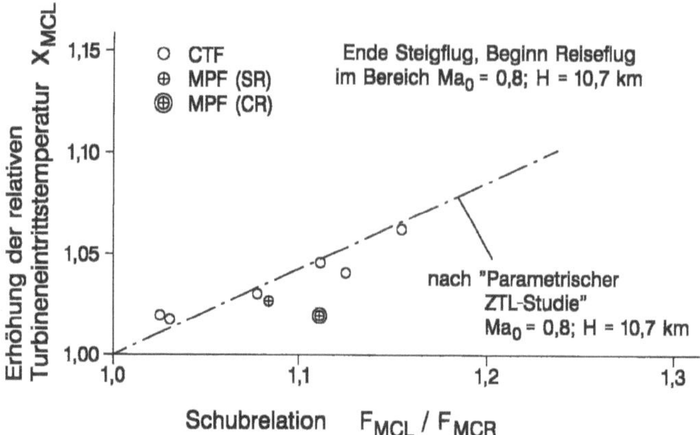

Bild 4.2.39: Erhöhung der relativen Turbineneintrittstemperatur bei F_{MCL} gegenüber F_{MCR} bei konkreten Triebwerken nach Bild 4.2.1 und nach der „Parametrischen ZTL-Studie"

Der Betrieb beim Schub F_{MCL} erfordert höhere Turbineneintrittstemperaturen entsprechend $X > 1$, die bei der Festlegung der Kreisprozeßdaten im Rahmen der Projektierung im Auge zu behalten sind, zumal die Steigphase länger dauert und wesentlich zum Verbrauch an Lebensdauer der Turbinenschaufeln beiträgt. Hierzu zeigt Bild 4.2.39 die Korrelation (mit $X_{MCR} = 1$)

$$X_{MCL} = f\left(F_{MCL} / F_{MCR}\right) \tag{4.2.24}$$

nach der „Parametrischen ZTL-Studie" (vgl. Abschnitt 4.2.1) und nach Daten konkreter Triebwerke. In Anlehnung an Gl. 4.2.17 kann aber auch – aus Gl. 4.2.17 abgeleitet – mit guter Näherung im Bereich der Flug-Mach-Zahlen $Ma_0 = 0{,}7 \ldots 0{,}9$

$$X_{MCL} \approx \left(F_{MCL} / F_{MCR}\right)^{0,4} \tag{4.2.25}$$

gesetzt werden.

Damit kann bereits im frühen Stadium der Projektierung im Zuge der missionsgerechten Festlegung der Kreisprozeßdaten die Relation der Schübe und Turbineneintrittstemperaturen für *TO, MCL* und *MCR*, wenn auch genähert, so doch überschaubar abgestimmt werden.

4.2.7 Leistungscharakteristiken von Wellenleistungstriebwerken

Entsprechend Abschnitt 4.1.1 bzw. nach Gl. 4.1.3a ist die maximale Leistung im Reiseflug, d.h. bei $X = 1$, bezogen auf die Atmosphärendaten p_0 und T_0

$$\left(\frac{P}{p_0\sqrt{T_0}}\right)_{MCR} = \frac{p_2\sqrt{T_2}}{p_0\sqrt{T_0}} \cdot \frac{M_2\sqrt{T_2}}{p_2} \cdot \frac{H_{eff,NT}}{T_{4.1}} \cdot \frac{T_{4.1}}{T_2}\Bigg|_{X=1} \tag{4.2.26}$$

und – ebenfalls auf die Atmosphärendaten bezogen – die Wellenleistung bei *TO* bzw.
$p_2 \approx p_0$, $T_2 = T_0$

$$\left(\frac{P}{p_0\sqrt{T_0}}\right)_{TO} = \frac{M_2\sqrt{T_0}}{p_0} \cdot \frac{H_{eff,NT}}{T_{4.1}} \cdot \left.\frac{T_{4.1}}{T_2}\right|_{TO} \tag{4.2.27}$$

Daraus folgt analog dem Zweikreis-Triebwerk die Relation

$$LR = \frac{\left(P/p_0\sqrt{T_0}\right)_{TO}}{\left(P/p_0\sqrt{T_0}\right)_{MCR}} = f\left[X_{TO},(P/M)_{MCR},Ma_{0,MCR}\right], \tag{4.2.28}$$

wobei hier die spezifische Wellenleistung $(P/M)_{MCR}$ hauptsächlich eine Funktion von Π_V und $T_{4.1}$ ist. Im Gegensatz zu den Zweikreis-Triebwerken, bei denen ein großer Einfluß des spezifischen Schubes besteht, spielt bei den Wellenleistungstriebwerken die spezifische Leistung nur eine untergeordnete Rolle. Auch bei Propellertriebwerken, bei denen die oben angeführten Beziehungen auf die Wellenvergleichsleistung P_{WV} entsprechend Abschnitt 3.7.3 anzuwenden sind, spielt die spezifische Leistung nur eine untergeordnete Rolle.

Analog den Zweikreis-Triebwerken läßt sich der Ausdruck nach Gl. 4.2.28 – auch hier mit $X_{TO} = 0{,}9$ als Mittelwert – auf die genäherte, einfache Form

$$LR(X) \approx LR_{X=0,9} \cdot \left(\frac{X}{0,9}\right)^{3,7} \approx \frac{\left(P/p_0\sqrt{T_0}\right)_{TO,X=0,9}}{\left(P/p_0\sqrt{T_0}\right)_{MCR}} \cdot \left(\frac{X}{0,9}\right)^{3,7} \tag{4.2.29}$$

bringen, so daß auch hier eine einfache, für Wellenleistungs- und Propellertriebwerke nutzbare Auftragung entsprechend Bild 4.2.40 möglich ist. Dabei enthält die spezifische Wellenleistung bzw. Wellenvergleichsleistung $(P/M)_{MCR}$ zugleich den Einfluß der Parameter Π_V und $T_{4.1}$ entsprechend der „Parametrischen PTL-Studie" nach Abschnitt 4.2.1 sowie den Einfluß des Düsendruckverhältnisses Π_D (vgl. Abschnitt 3.7.3).

Auch bei Propellerflugzeugen ergibt sich aus der Leistungsforderung P_{TO}/P_{MCR}, die bei hoch und schnell fliegenden Geschäftsflugzeugen und Regionalverkehrsflugzeugen wesentlich anders liegen als bei niedrig und langsam fliegenden kleinen Transportflugzeugen oder Hubschraubern, durch die entwickelten Beziehungen der entscheidende Hinweis bereits im vorhinein darauf, ob die Leistungsgrenze eines Triebwerks beim Start oder im Reiseflug bzw. Steigflug angesprochen ist. Auch hier besteht durch die Festlegung des Parameters X bzw. der Relation der Temperaturen $T_{4.1}$ beim Start und Reiseflug von vornherein die Möglichkeit der Einflußnahme im Sinne optimaler Nutzung des Lebensdauer- und Leistungspotentials.

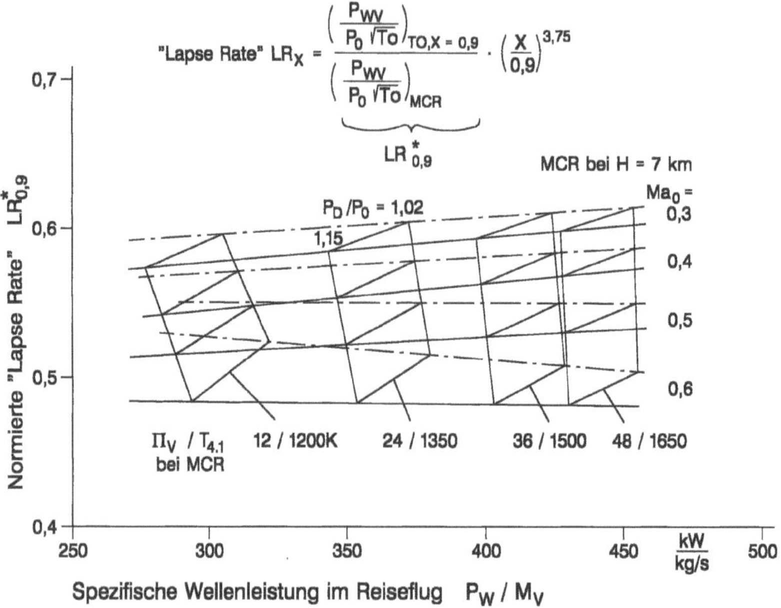

Bild 4.2.40: *Lapse Rate* bei Wellenvergleichsleistung von Propellertriebwerken nach „Parametrischer PTL-Studie"

Ebenso wie bei Strahlflugzeugen werden auch bei Propellerflugzeugen Schubreserven gefordert, wie sie in Abschnitt 4.2.6 beschrieben werden. Bei konstanter Fluggeschwindigkeit ergibt sich unter der Annahme konstanten Propellerwirkungsgrades, der im Bereich der Leistungen $P_{ICR} ... P_{MCL}$ berechtigt ist, die Relation $F \sim P_{Fr}$. Damit ist z. B. bei der Flug-Machzahl $Ma_0 = 0,5$ und der Flughöhe $H = 7$ km der geforderte *en route*-Steiggradient nach Gl. 4.2.19

$$\text{tg}\,\alpha_{ICR} = \frac{1,52}{156} = 0,98\%$$

Somit ergibt sich bei Propellerflugzeugen derselben Klasse wie in Abschnitt 4.2.6 mit dem für solche Flugzeuge typischen Verhältnis

$$\frac{A}{W} = 16 ... 20$$

die geforderte en route-Leistungsreserve

$$\frac{\Delta P}{P_{ICR}} = \frac{P_{MCR}}{P_{ICR}} - 1 \geq \frac{A}{W} \cdot \text{tg}\,\alpha_{ICR} \tag{4.2.30}$$

Ferner ist der am Ende der Steigphase geforderte Steiggradient ebenso wie bei Strahlflugzeugen mit 2/3/4 Triebwerken

$$\text{tg}\,\alpha_{MCL} = 1,1 / 1,4 / 1,6\%$$

und damit der geforderte Leistungsüberschuß

$$\frac{\Delta P}{P_{ICR}} = \frac{P_{MCL}}{P_{ICR}} - 1 \geq \frac{A}{W} \cdot \mathrm{tg}\,\alpha_{MCL} \ . \tag{4.2.31}$$

Hieraus ergibt sich analog Abschnitt 4.2.6 mit Gln. 4.2.30 und 4.2.31 der wichtige Zusammenhang

$$\frac{P_{MCL}}{P_{MCR}} \geq \frac{1 + \dfrac{A}{W} \cdot \mathrm{tg}\,\alpha_{MCL}}{1 + \dfrac{A}{W} \cdot \mathrm{tg}\,\alpha_{ICR}} \ . \tag{4.2.32}$$

Die Relationen P_{ICR}/P_{MCR} und P_{MCL}/P_{MCR} sind im relevanten Bereich A/W und α_{ICR} bzw. α_{MCL} in Bild 4.2.41 dargestellt. Daraus ergeben sich gegenüber dem Auslegungspunkt AP (MCR) Leistungsüberschüsse für MCL im Bereich

$$\frac{P_{MCL} - P_{MCR}}{P_{MCR}} = 2 \ldots 11\% \ .$$

In Anlehnung an Bild 4.2.40 und die Ergebnisse der „Parametrischen PTL-Studie" nach Abschnitt 4.2.1 kann auch hier die bei der geforderten Steigleistung P_{MCL} zu erwartende Turbineneintrittstemperatur bzw. $X > 1$ für den Bereich der Flug-Mach-Zahlen um 0,5 mit $X_{MCR} = 1$ entsprechend

$$X_{MCL} \approx \left(\frac{P_{MCL}}{P_{MCR}} \right)^{0,4} \tag{4.2.33}$$

berechnet werden. Daraus geht hervor, daß bei Wellenleistungs- bzw. Propellertriebwerken aufgrund kleinerer Werte P_{MCL}/P_{MCR} geringere Übertemperaturen am Turbineneintritt gefordert sind als bei Strahltriebwerken. An sich wäre aufgrund des Zusammenhangs nach Gl. 4.2.29 ein wesentlich kleinerer Exponent entsprechend $1/3{,}7 = 0{,}27$ zu erwarten. Nach den wenigen verfügbaren statistischen Daten ergibt sich jedoch aufgrund progressiv schlechter werdender Komponentenwirkungsgrade etc. im Bereich $X > 1$ der als „vorsichtiger" zu betrachtende Exponent 0,4, vgl. hierzu Bild 4.2.42.

Über die Zuordnung der bei TO, MCL und MCR geforderten Leistungen und der dabei auftretenden Turbineneintrittstemperaturen gilt daher ähnliches wie bei Strahltriebwerken, wenngleich bei Wellenleistungstriebwerken die Einflußnahme auf diese Relationen im wesentlichen nur über die Turbineneintrittstemperatur möglich ist, vgl. hierzu Abschnitt 3.7.1.

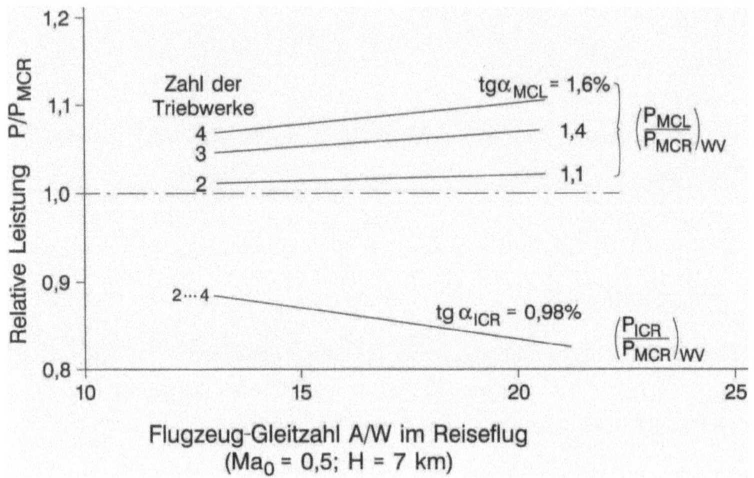

Bild 4.2.41: Leistungsbedarf propellergetriebener Verkehrs-/Transportflugzeuge am Ende der Steigphase (*MCL*) bzw. am Eintritt in den Reiseflug (*ICR*) gegenüber MCR nach FAR 25

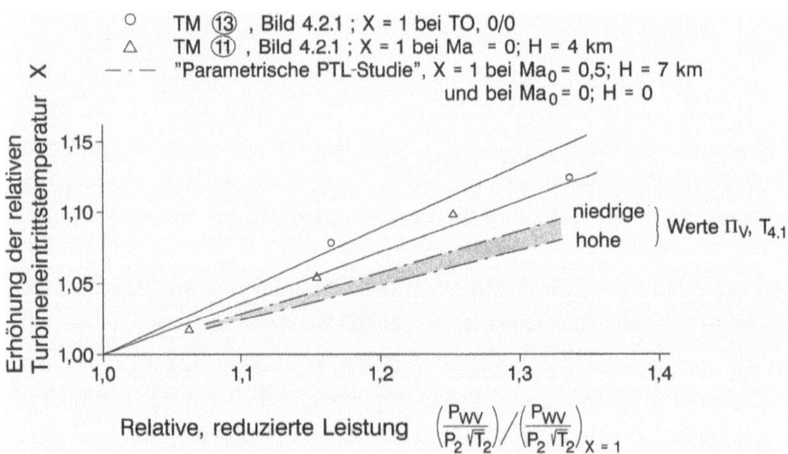

Bild 4.2.42: Erhöhung der relativen Turbineneintrittstemperatur bei $P_{WV,MCL}$ gegenüber $P_{WV,MCR}$ bei konkreten Wellenleistungstriebwerken und nach der „Parametrischen PTL-Studie"

4.2.8 Schleppbetrieb („Windmilling") und Wiederzünden

4.2.8.1 Allgemeines

Werden Flugtriebwerke im Flug (absichtlich) abgestellt oder verlöschen (unabsichtlich) so stellt sich beim an sich weiterhin betriebsfähigen Triebwerk nach dem Drehzahlabfall innerhalb sehr kurzer Zeit ein stationärer Zustand ein, d.h. die Drehzahlen der Rotoren nehmen ebenso wie die Drücke und Temperaturen im Triebwerk in Abhängigkeit von der Flug-Mach-Zahl konstante Werte an. Dafür hat sich der englische Begriff *Windmilling* eingebürgert. Wenigstens erwähnt seien die dafür in Frage kommenden deutschen Begriffe Schleppbetrieb, Staubetrieb und Autorotation, die im allgemeinen nicht benützt werden. Unabhängig vom Ausgangspunkt des *Windmilling* interessiert im Falle des betriebsfähig gebliebenen Triebwerks die Frage nach den Bedingungen für das Wiederanlassen im Fluge. Hierzu existiert eine Reihe in der Mehrzahl weiter zurückliegender Publikationen zu Einkreis-Strahltriebwerken, die auf analytische und/oder experimentelle Untersuchungen zurückgehen, vgl. [4.2 bis 4.4]. Über die in der jüngeren Vergangenheit hinzugekommene wichtige Frage nach dem Betriebsverhalten von Zweikreis-Strahltriebwerken bis hin zu großen Nebenstromverhältnissen, sind bisher praktisch keine Publikationen mit verwertbaren analytischen oder experimentellen Daten verfügbar. Erst in jüngster Vergangenheit ist mit [4.5] eine analytische Studie zum *Windmilling*-Verhalten von Zweikreis-Strahltriebwerken im Vergleich zum Einkreis-Strahltriebwerk vorgelegt worden. Danach kann davon ausgegangen werden, daß sich Zweikreis-Strahltriebwerke bis hin zu hohen Nebenstromverhältnissen – d.h. bis hin zum Mantelpropfan – ganz ähnlich wie Einkreis-Strahltriebwerke verhalten, wobei allerdings

– das aero-/thermodynamische und das mechanische Konzept, d.h. also die Frage mit oder ohne Mischung beider Ströme und die Anordnungen der Verdichter bzw. die Zahl der Wellen und – wie bekannt –

– die Zufuhr oder Entnahme mechanischer Leistung (im allgemeinen vom HD-System)

einen starken Einfluß auf die Betriebsparameter und damit auf die in der Brennkammer sich einstellenden, für das Wiederzünden zuständigen Parameter p_3, T_3 und Φ_3 hat.

Nach [4.2] kann man sich das Einkreis-Strahltriebwerk als Rohr mit eingebrachten Widerständen vorstellen, das axial angeströmt wird und am Austritt eine Düse aufweist, aus der die Strömung in die Atmosphäre expandiert. Dementsprechend steigen mit zunehmender Flug-Mach-Zahl die Drehzahl, der Durchsatz, das im Verdichter erreichte Druckverhältnis und das Druckverhältnis in der Düse so lange an, bis in der Düse kritische Strömung erreicht wird. Dieser Zustand wird nach [4.5] allerdings erst bei Überschall-Flug-Mach-Zahlen im Bereich oberhalb 1,4 ... 1,8 entsprechend Vorstau-Druckverhältnissen $p_2/p_0 = 3$ ... 6 erreicht. Entsprechendes gilt auch für Zweikreis-Strahltriebwerke mit Mischung beider Ströme bei niedrigem Nebenstromverhältnis, während bei hohen Nebenstromverhältnissen ohne Mischung beider Ströme die Düse im kalten Kreis bereits bei niedrigeren Überschall-Flug-Mach-Zahlen kritisch wird. Bei *Windmilling* im Unterschallbereich, der vor allem für das Wiederzünden interessant ist, liegen die Düsendruckverhältnisse im heißen Kreis nach [4.5 und 4.6] dicht über 1. Dabei tritt natürlich das in Abschnitt 4.2.3 diskutierte Phänomen, wonach bei Zweikreis-Strahltriebwerken *ohne* Mischung bei Teillast das Strahlgeschwindigkeitsverhältnis C_k/C_h beider Kreise und damit das Verhältnis der Totaldrücke p_k/p_h in beiden Düsen stark zunimmt, und auch bei Triebwerken *mit* Mischung das Verhältnis der Totaldrücke in beiden Kreisen vor dem Eintritt in die Mischung bei Teillast stark ansteigt, wieder in Erscheinung.

Das bei Einkreis-Strahltriebwerken z.B. in [4.2] beschriebene Phänomen, wonach im Bereich niedriger Flug-Mach-Zahlen unterhalb $Ma_0 \approx 0{,}6 \dots 0{,}8$ kein Druck im Verdichter aufgebaut wird bzw. der Verdichter mit einem Wirkungsgrad < 0 arbeitet und erst bei höherer Flug-Mach-Zahl ein harter Übergang zu einem Bereich mit Wirkungsgrad $>$ 0 und raschem Druckaufbau eintritt, wurde nach [4.5] nur bei Zweikreis-Strahltriebwerken mit hohem Nebenstromverhältnis und hier nur im ND-Verdichter bzw. im Fan festgestellt. Dagegen besteht nach [4.6] bei Einkreis-Strahltriebwerken zwischen beiden Bereichen, die von Triebwerk zu Triebwerk verschieden stark ausgeprägt – teilweise aber gar nicht – auftreten, ein kontinuierlicher Übergang.

Zum Einfluß der Leistungszufuhr/Entnahme (bei Mehrwellen-Triebwerken im HD-System) liegen nur sehr wenige verwertbare (analytische) Daten vor, so daß die Beschreibung dieses sehr wichtigen Einflusses nach [4.5] auf einen Sonderfall, nämlich ein Zweikreis-Strahltriebwerk mit Nebenstromverhältnis 0,5 beschränkt bleiben muß.

Es mag interessant sein, daß auch die teilweise weiter zurückliegenden Untersuchungen zu Zweikreis-Strahltriebwerken mit Kreisprozeßdaten im Bereich $\Pi_V \leq 15$, $T_{4.1} \leq 1350\,\mathrm{K}$ und $\mu < 1{,}0$ nach [4.3, 4.4 und 4.6] im Hinblick auf die wichtigen *Windmilling*-Betriebsparameter

$$\Pi_V \,,\, \left(N/\sqrt{T_2}\right)_{HDV} \text{ und } \Phi_2$$

mit den analytischen Ergebnissen nach [4.5], die in Abschnitt 4.2.8.3 im Auszug wiedergegeben werden, durchaus konform sind.

Über die Bedingungen in der Brennkammer, unter denen Wiederzünden in der Höhe möglich ist, wird in Abschnitt 5.3 berichtet. Wichtig ist dabei die Kenntnis der Parameter p_3, T_3 und Φ_3 unter *Windmilling*-Bedingungen, die in Abschnitt 4.2.8.3 beschrieben werden. Im Falle des Verlöschens eines Triebwerks in der Höhe mag es auch wichtig sein, zu wissen, wie lange es dauert und mit welchem Höhenverlust gerechnet werden muß, bis Wiederzünden möglich ist. Diese Frage wird z. B. für Kampfflugzeuge in [4.7] angesprochen.

4.2.8.2 Bemerkungen zur analytischen Bestimmung des Betriebsverhaltens bei „Windmilling"

Im Prinzip könnte das Betriebsverhalten bei *Windmilling* nach der gleichen Methode wie in Abschnitt 4.2 und 4.3 beschrieben berechnet werden, indem $m = 0$ und $T_{4.1} = T_3$ gesetzt wird. Allerdings läge dabei das Ziel nicht in der Berechnung von Leistungsdaten, sondern in der Bestimmung der Parameter

$$\Phi_{NDV,2} \,,\, \left(N/\sqrt{T_2}\right)_{HD} \,,\, p_3 \,,\, T_3 \text{ und } \Phi_3 \,.$$

Dabei ist die Bestimmung des Parameters $\Phi_{NDV,2}$ in Relation zum Auslegungswert $\Phi_{NDV,2,AP}$ maßgebend für die Berechnung des Gondelwiderstandes, da der Querschnitt

$$A_0 = f\left(Ma_0\,,\,\Phi_{NDV,2}\right)$$

des ankommenden, vom Triebwerk geschluckten Luftstrahls maßgebend ist für den Gondelwiderstand und den Überströmwiderstand. Die Kenntnis der Drehzahl

$$\left(N\,/\,\sqrt{T_2}\right)_{HD}$$

des HD-Systems, aus dem mechanische Leistung für den Antrieb der Hilfsaggregate entnommen wird, ist wichtig für die Bestimmung der Leistungen, die für das Triebwerk selbst und ggf. für die Bord-Stromversorung etc. verfügbar sind. Schließlich sind die am HD-Verdichteraustritt erreichten Parameter p_3, T_3 und Φ_3 entscheidend für die Bestimmung der Wiederzündfähigkeit der Brennkammer.

Allerdings ist die Berechnung dieser Parameter unter *Windmilling*-Bedingungen im Rahmen der Projektierung eines Triebwerks dadurch extrem erschwert, daß z.B. mit Blick auf Gl. 4.1.9 bzw. 4.2.1 folgende Umstände unüberwindbare Hemmnisse darstellen:

- Die Arbeitslinie $Y_V = f(X)$ im heißen Kreis verläuft anders als im Normalbetrieb, d.h. nicht nach Gln. 4.2.8 bis 4.2.11, und ist nicht bekannt, zumal der Parameter X bei *Windmilling* die Form

$$X_{WM} = \frac{\left(T_3/T_2\right)_{WM}}{\left(T_{4.1}/T_2\right)_{AP}} \tag{4.2.34}$$

annimmt und damit in die Größenordnung

$$X_{WM} = 0{,}17 \dots 0{,}22$$

fällt, während sich der normale Teillastbetrieb im Bereich $0{,}4 < X < 1$ abspielt.

- Die Wirkungsgrade $\eta_{is,V}$ und $\eta_{is,T}$ im unteren Teillastbereich der Komponenten sind im allgemeinen nicht bekannt.

- Das Nebenstromverhältnis μ ist aufgrund des geringeren Widerstandes des kalten Kreises im Vergleich zum heißen Kreis – beim Triebwerk ohne oder mit Mischung – wesentlich höher als im Normalbetrieb.

- Die HD-Turbine liegt nicht mehr im kritischen Bereich $\Phi_{4.1} = \Phi_{4.1,AP} = const.$, sondern bei $\Phi_{4.1,WM} < \Phi_{4.1,AP}$, da ihr Druckverhältnis wesentlich kleiner ist.

- Es ist davon auszugehen, daß im unteren, in Abschnitt 4.2.8.1 erwähnten Bereich der *Windmilling*-Flug-Mach-Zahlen, der ND-Verdichter bzw. Fan im 2. Kreis mit $\Pi < 1$ bzw. als Turbine arbeitet und somit Leistung auf die ND-Turbine im heißen Kreis überträgt, während sich oberhalb des oben angeführten Umschlagpunktes „normale" Verhältnisse, wenn auch unter sehr schlechten Wirkungsgraden, einstellen.

Normalerweise können die für die Berechnung des Betriebsverhaltens bei *Windmilling* notwendigen Komponentendaten erst im Verlaufe der Triebwerks- oder Komponentenentwicklung erarbeitet werden, so daß erst dann Erfolgschancen für eine treffsichere Vorhersage der Betriebsverhältnisse bei *Windmilling* bestehen.

Relativ gut überschaubar sind die bei *Windmilling* in der Brennkammer herrschenden Bedingungen. Wichtig ist, daß aufgrund der bei *Windmilling* nicht bestehenden thermischen Blockage, d.h. mit $T_4 = T_3$ in der Brennkammer, höhere Durchström-Mach-Zahlen als im Normalbetrieb auftreten können, die bei der Beurteilung der Wiederzündfähigkeit zu beachten sind. Ist im Auslegungspunkt der reduzierte Durchsatz am HD-Verdichteraustritt

$$\Phi_{3,AP} = \Phi_{4.1,AP} \cdot \sqrt{\left(\frac{T_3}{T_{4.1}}\right)_{AP}} \cdot \left(\frac{p_4}{p_3}\right)_{AP} \tag{4.2.35}$$

und bei *Windmilling*

$$\Phi_{3,WM} = \Phi_{4.1,AP} \cdot Q_{WM} \cdot \left(\frac{p_4}{p_3}\right)_{WM} \tag{4.2.36}$$

so ergibt sich mit

$$\left(\frac{p_4}{p_3}\right)_{AP} = 1 - \left(\frac{\Delta p}{p}\right)_{BK,AP} \tag{4.2.37}$$

$$\left(\frac{p_4}{p_3}\right)_{WM} \approx 1 - \left(\frac{\Delta p}{p}\right)_{BK,AP} \cdot \left(\frac{\Phi_{WM}}{\Phi_{AP}}\right)_3^2 \tag{4.2.38}$$

und der bei *Windmilling* kleineren Schluckfähigkeit der HD-Turbine entsprechend

$$Q_{WM} = \left(\frac{\Phi_{WM}}{\Phi_{AP}}\right)_{4.1} < 1 \tag{4.2.39}$$

der reduzierte Durchsatz am Verdichteraustritt bei *Windmilling* aus

$$\left(\frac{\Phi_{WM}}{\Phi_{AP}}\right)_3 = \frac{-b + \sqrt{b^2 - 4a \cdot c}}{2a} \tag{4.2.40}$$

mit den Koeffizienten

$$a = \left(\frac{\Delta p}{p}\right)_{BK,AP} \ , \quad b = \frac{1 - \left(\frac{\Delta p}{p}\right)_{BK,AP}}{Q_{WM} \cdot \sqrt{\left(\frac{T_{4.1}}{T_3}\right)_{AP}}} \ , \quad c = -1 \ .$$

Bei relevanten Werten $\left(T_{4.1}/T_3\right)_{AP}$ und $\left(\Delta p/p\right)_{BK,AP}$ ergibt sich

$$\left(\frac{\Phi_{WM}}{\Phi_{AP}}\right)_3 = 1{,}1 \dots 1{,}3 \tag{4.2.41}$$

Diese Relation ist bei der Behandlung der Wiederzündfähigkeit der Brennkammer in Abschnitt 5.3.4 impliziert enthalten.

Als Konsequenz aus der unbefriedigenden Situation bei der Berechnung des Betriebsverhaltens bei *Windmilling* kann im frühen Stadium der Projektierung bei der Abschätzung vor allem des Wiederzündverhaltens von den im folgenden dargestellten, auf Publikationen beruhenden Zusammenhängen ausgegangen werden.

4.2.8.3 „Windmilling"-Betriebsverhalten nach publizierten Daten

Dabei werden die analytischen, alle wichtigen Parameter umfassenden Daten nach [4.5] im Auszug mit den teils analytischen, teils experimentellen, allerdings sehr kargen Daten nach [4.3, 4.4 und 4.6] zusammengeführt.

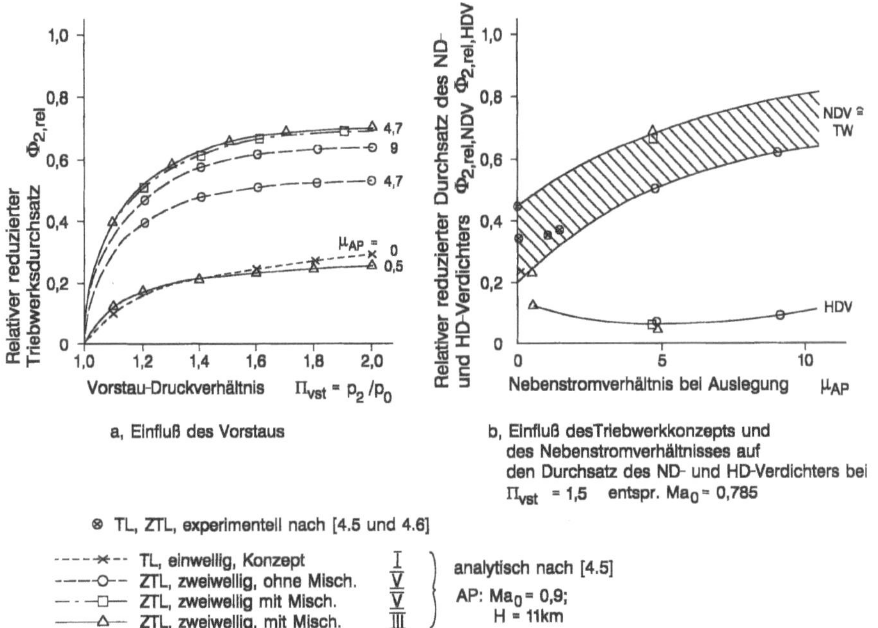

Bild 4.2.43: Einfluß des Triebwerkkonzepts und des Nebenstromverhältnisses auf den Triebwerks- und HDV-Durchsatz bei freiem *Windmilling*

Zunächst zeigen die folgenden Abbildungen die bei „freiem" *Windmilling*, d.h. ohne Leistungsentnahme oder -zufuhr, sich einstellenden Parameter. In Bild 4.2.43a sind die reduzierten Durchsätze am Triebwerkeintritt für ein Einkreis- und mehrere Zweikreis-Triebwerke in Abhängigkeit von der Flug-Mach-Zahl bzw. dem Aufstau-Druckverhältnis p_2/p_0 und in Bild 4.2.43b bei gegebenem Aufstau-Druckverhältnis $p_2/p_0 = 1{,}5$ bei verschiedenen Kreisprozessen und Konfigurationen dargestellt. In Bild 4.2.43b ist zusätzlich der ebenfalls auf den Zustand am Triebwerkeintritt bezogene Durchsatz im heißen Kreis, d.h. im HD-Verdichter, eingezeichnet. Hieraus ist aufgrund des Zusammenhangs

$$1 + \mu_{WM} = \left(1 + \mu_{AP}\right) \frac{\left(\dfrac{\Phi_{WM}}{\Phi_{AP}}\right)_{NDV}}{\left(\dfrac{\Phi_{WM}}{\Phi_{AP}}\right)_{HDV}} \tag{4.2.42}$$

bereits zu erkennen, daß das Nebenstromverhältnis bei *Windmilling* sehr viel höher als im Normalbetrieb ist; vgl. hier auch Bild 4.2.44.

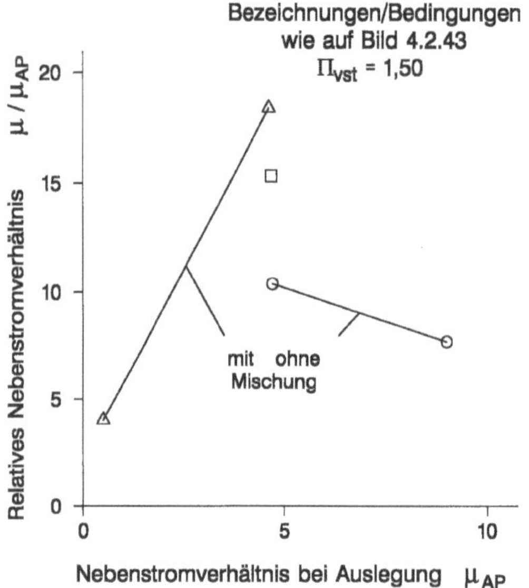

Bild 4.2.44:
Einfluß des Triebwerkkonzepts und des Nebenstromverhältnisses auf das relative Nebenstromverhältnis bei freiem *Windmilling* nach [4.5]

Das Druckverhältnis im heißen Kreis ist in Bild 4.2.45a/b dargestellt, wobei einerseits aus a) hervorgeht, daß nennenswerte Druckerhöhungen im Verdichter – wenn überhaupt – erst bei größerer Flug-Mach-Zahl bzw. höherem Druckverhältnis p_2 / p_0 auftreten. Während aus b) zu schließen ist, daß sich z.B. über dem Nebenstromverhältnis keine generelle Tendenz ergibt, scheinen sich bei Triebwerken ohne Mischung beider Kreise etwas höhere Druckverhältnisse im heißen Kreis zu ergeben als bei solchen mit Mischung. Demgegenüber sind die Streuungen im Bereich kleiner Nebenstromverhältnisse nach verschiedenen Publikationen [4.3 bis 4.6] erheblich größer, haben aber, da sie sich (z.B. bei $p_2 / p_0 = 1{,}5$) im Bereich $-0{,}04 < Y_V < +0{,}02$ bewegen, keine große Bedeutung.

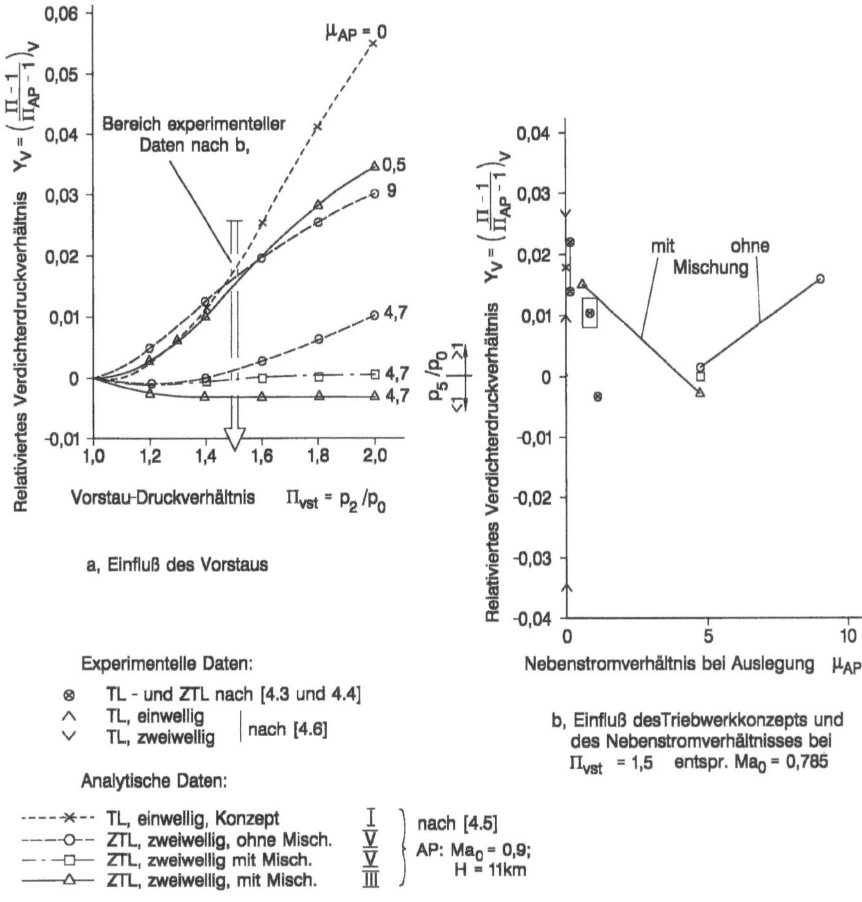

Bild 4.2.45: Einfluß des Triebwerkkonzepts und des Nebenstromverhältnisses auf das Verdichterdruckverhältnis bei freiem *Windmilling*

Das Bild 4.2.46 zeigt für $p_2 / p_0 = 1{,}5$ den am Brennkammereintritt sich einstellenden reduzierten Durchsatz, der im Bereich $\Phi_{3,WM} / \Phi_{3,AP} = 0{,}9 \dots 1{,}55$ liegt. Zum Vergleich ist mit eingezeichnet die nach Gl. 4.2.40 mit $Q_{WM} = 0{,}6 \dots 1$ erhaltene Relation.

Der Vollständigkeit halber zeigt Bild 4.2.47a/b die relativierten Düsendruckverhältnisse Y_D, ggf. im heißen Kreis. Bei Triebwerken mit Mischung beider Kreise treten nach b) höhere Düsendruckverhältnisse als bei solchen ohne Mischung auf, weil bei gemeinsamer Düse das Düsendruckverhältnis durch den Fan bestimmt wird. Dies mag aufgrund der dadurch behinderten Expansion im Turbinenbereich zu den kleineren Werten Y_V nach Bild 4.2.45 führen. Ansonsten liegen bei Einkreis- und Zweikreis-Strahltriebwerken bei Flug-Mach-Zahlen im Unterschallbereich die relativierten Düsendruckverhältnisse nach b) teilweise dicht über 0 und damit die Düsendruckverhältnisse selbst nur wenig über 1. Kritische Düsendruckverhältnisse treten, wie bereits erwähnt, erst bei Überschall-Flug-Mach-Zahlen auf.

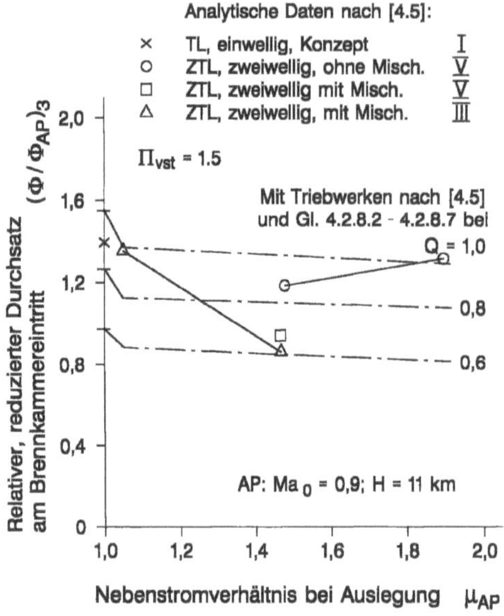

Bild 4.2.46:
Einfluß des Triebwerkkonzepts und
des Nebenstromverhältnisses auf die
Brennkammer-Eintrittsbedingung
bei freiem *Windmilling*

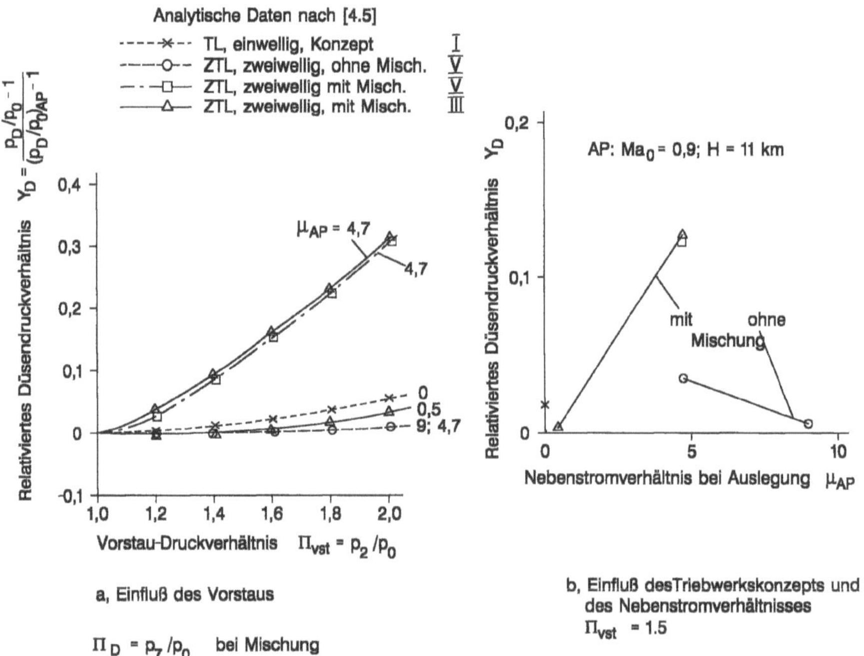

$\Pi_D = p_7/p_0$ bei Mischung
$\Pi_{D,h} = p_5/p_0$ ohne Mischung, heiße Düse

Bild 4.2.47: Einfluß des Triebwerkkonzepts und des Nebenstromverhältnisses auf das Düsendruckverhältnis bei freiem *Windmilling*

Schließlich zeigt Bild 4.2.48a/b die reduzierten Drehzahlen (ggf. des ND- und HD-Systems bei Zweikreis-Strahltriebwerken) bei freiem *Windmilling* für $p_2 / p_0 = 1,5$. Abgesehen von der erheblichen Streuung der Werte nach verschiedenen Publikationen und/oder bei unterschiedlichen Konfigurationen ist kein ausgesprochener, genereller Trend z.B. über dem Nebenstromverhältnis zu erkennen.

Die Zufuhr oder Entnahme mechanischer Leistung aus dem HD-System hat, wie erwartet, einen sichtbaren Einfluß auf die z.B. für das Wiederzünden maßgebenden Parameter. Leider sind hierzu nur analytische Daten aus [4.5] für ein Zweikreis-Strahltriebwerk mit Nebenstromverhältnis 0,5 verfügbar. Bild 4.2.49 zeigt den relativen, reduzierten Triebwerkdurchsatz, abhängig vom Druckverhältnis p_2 / p_0 und vom Leistungsentnahmeparameter

$$LEP = \frac{\left(\dfrac{P_{Ent}}{p_2 \cdot \sqrt{T_2}}\right)_{WM}}{\left(\dfrac{M_{HDV} \cdot \sqrt{T_2}}{p_2}\right)_{AP}} \; \hat{=} \; \frac{P_{Ent,WM}}{M_{HDV} \cdot T_2} \;, \qquad LEP \text{ in } \frac{kW}{(kg/s) \cdot K} \qquad (4.2.43)$$

der bei Leistungszufuhr bzw. -entnahme praktisch im Bereich $\pm\,0,01$ kW/(kg/s)·K liegen mag. Diese Werte entsprechen z. B. bei einem korrigierten Durchsatz im Kerntriebwerk $M_{korr} = 40$ kg/s bei *TO*, unter *Windmilling*-Bedingungen, d.h. z.B. bei $Ma_0 = 0,9$ und $H = 11$ km, einer Entnahmeleistung $P_{Ent} = 4$ kW. Dabei sei auf die formale Verwandtschaft mit der Abhängigkeit der spezifischen Leistung von Wellenleistungstriebwerken von der Eintrittstemperatur T_2 entsprechend Abschnitt 3.7.2 bzw. Gl. 3.7.8 hingewiesen. Ferner zeigt Bild 4.2.50 das sich einstellende Druckverhältnis Π_V in der reduzierten Form Y_V und Bild 4.2.51 den am Brennkammereintritt auftretenden relativen reduzierten Durchsatz. Abschließend sei mit Bild 4.2.52 der progressiv starke Einfluß der Leistungsentnahme auf die Drehzahl des HD-Systems, besonders bei niedrigen Werten p_2 / p_0, gezeigt.

Was Wellenleistungstriebwerke mit freier Nutzturbine betrifft, so kann das *Windmilling*-Betriebsverhalten mit jenem von Einkreis-Strahltriebwerken verglichen werden, wenn man den Komplex Nutzturbine plus Düse als resultierende Düse betrachtet. Zwar ist die Durchsatzcharakteristik $\Phi_{NT} = f(\Pi_{NT+D})$ der Nutzturbine plus Düse bei niedrigen Druckverhältnissen Π_{NT+D}, wie sie bei *Windmilling* auftreten, wesentlich flacher als jene einer einfachen Düse. Dieser Effekt deutet jedoch allenfalls eine gewisse Verwandtschaft mit dem Betriebsverhalten von Zweikreis-Triebwerken an.

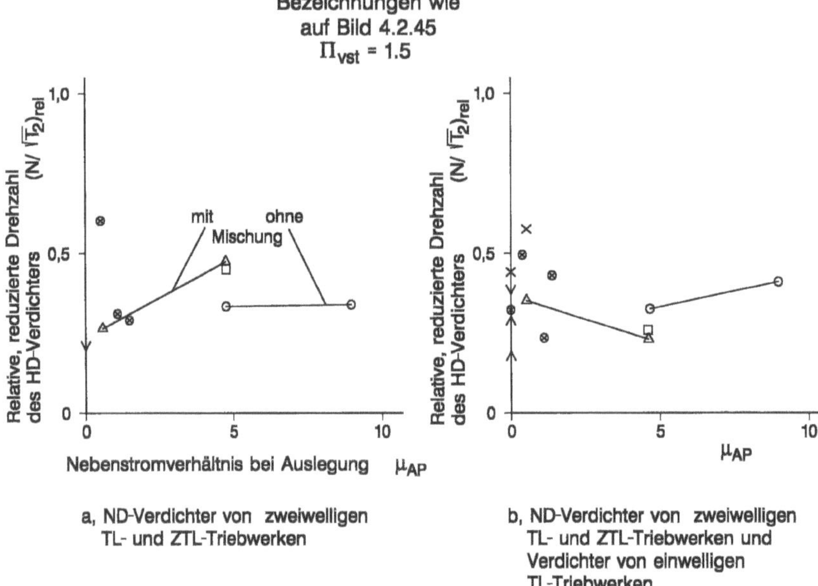

Bild 4.2.48: Relative reduzierte Drehzahlen von Einkreis- und Zweikreis-Triebwerken bei freiem *Windmilling* (Experimentelle und analytische Daten)

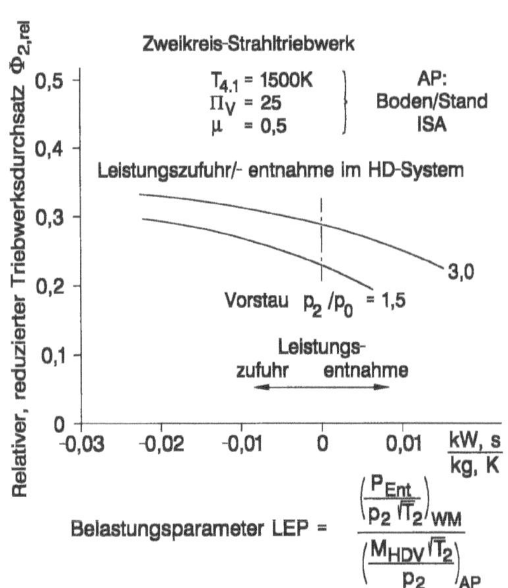

Bild 4.2.49:
Einfluß der Leistungszufuhr/
-entnahme auf den Triebwerkdurchsatz, analytische Ergebnisse
nach [4.5]

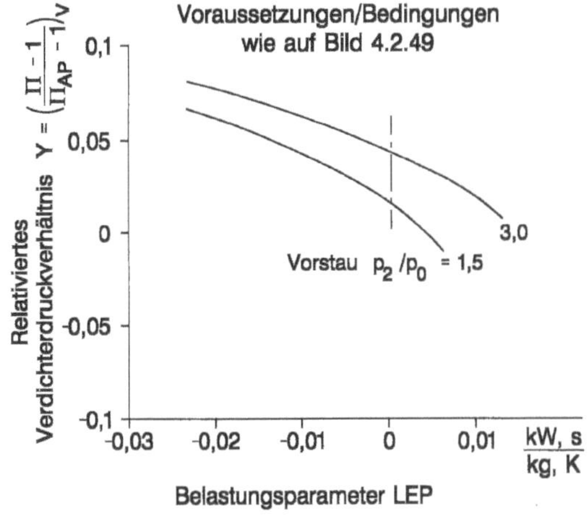

Bild 4.2.50:
Einfluß der Leistungszufuhr/
-entnahme auf das Verdichterdruckverhältnis

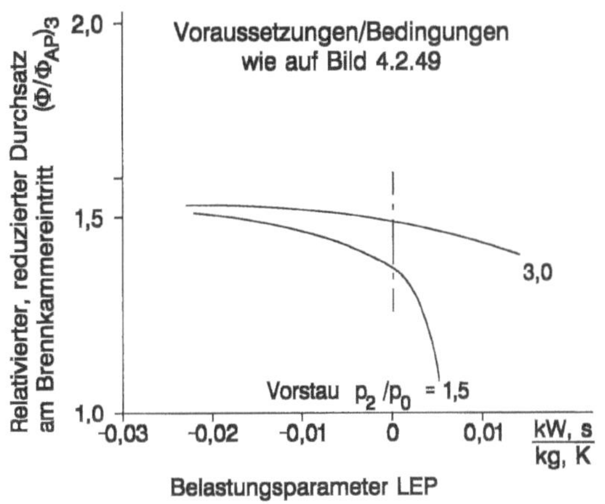

Bild 4.2.51:
Einfluß der Leistungszufuhr/
-entnahme auf den reduzierten
Durchsatz am Brennkammereintritt

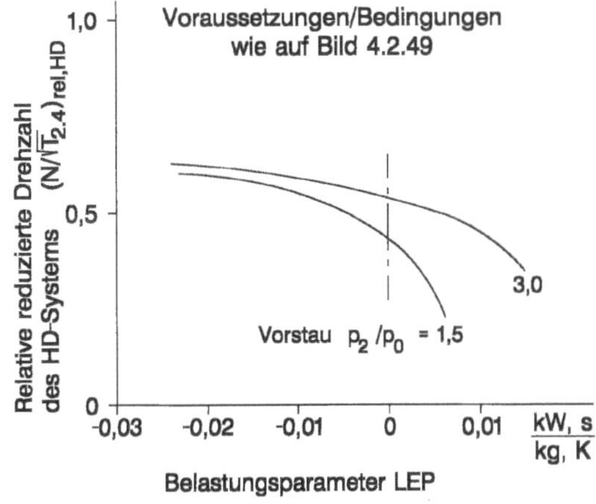

Bild 4.2.52:
Einfluß der Leistungszufuhr/
-entnahme auf die reduzierte
Drehzahl des HD-Systems

4.2.9 Gesichtspunkte zum instationären Betriebsverhalten

Wichtig für die gute Manövrierfähigkeit (das sog. *handling*) eines Triebwerks ist die möglichst rasche und unproblematische Beschleunigung vom Leerlauf oder einem beliebigen Teillastpunkt aus auf Vollast sowie eine problemlose Verzögerung zurück zu einem beliebigen Betriebspunkt. Bei der Beschleunigung können sich bei ungenügendem Abstand der Pumpgrenze des Verdichters von der (stationären) Arbeitslinie und/oder ungünstiger Reglereinstellung Stabilitätsprobleme, unzulässige Übertemperaturen am Turbineneintritt oder inakzeptable Beschleunigungszeiten ergeben.

Im Gegensatz zu dem bei stationärem Betrieb vorhandenen Leistungsgleichgewicht zwischen Verdichter und Turbine, die auf einer Welle sitzen, ist bei der Beschleunigung aufgrund der höheren Brennstoffzufuhr ein Leistungsüberschuß

$$\Delta P = P_T - \left(P_V + \Delta P_{HG}\right)$$
$$= P_T - P_V \tag{4.2.44}$$

mit der im Bereich 3 ... 5% der Verdichterleistung liegenden Leistung ΔP_{HG} der mit angetriebenen Hilfsgeräte vorhanden, der im Prinzip zur Drehbeschleunigung des Rotors dienen kann. Zugleich aber sind die von der Strömung benetzten Wandungen sowie durch Wärmeleitung nach und nach alle übrigen Teile des Triebwerks aufzuheizen, wozu Wärmeenergie aus der Strömung entnommen wird. Ferner sind alle Hohlräume, die mit dem Strömungskanal in Verbindung stehen, mit komprimiertem Medium zu füllen, was ebenso einen gewissen Energiebedarf bedeutet. Damit steht zur Drehbeschleunigung des Rotors nur die Leistung

$$\Delta P_{acc} = \frac{\mathrm{d}}{\mathrm{d}t}\left(\frac{\Theta \omega^2}{2}\right) = \Delta P - \frac{\mathrm{d}}{\mathrm{d}t}\left(\Delta E\right) \tag{4.2.45a}$$

$$= \Delta P \cdot \gamma \tag{4.2.45b}$$

mit $\gamma < 1$ zur Verfügung, wobei ΔE die für die Erwärmung der Triebwerkteile und die Füllung der seitlich vom Strömungskanal liegenden Hohlräume erforderliche Energie bzw. $\Delta P \, (1 - \gamma)$ die dafür aufzuwendende Leistung repräsentiert. Zugleich wird im Verdichter (ggf. HD-Verdichter) bei einer momentanen Turbineneintrittstemperatur $T_{4.1,acc} > T_{4.1,str}$ und konstanter Turbinenkapazität $\Phi_{4.1}$ ein höherer Druck vor der Turbine und damit eine höhere Arbeitslinie

$$\left(\frac{p_{acc}}{p_{str}}\right)_3 \approx \left(\frac{p_{acc}}{p_{str}}\right)_{4.1} = \sqrt{\left(\frac{T_{acc}}{T_{str}}\right)_{4.1}} \tag{4.2.46}$$

im Verdichter gefahren. Bei einwelligen Strahltriebwerken und Gasgeneratoren von Wellenleistungstriebwerken kann damit in einfacher Weise das während des Beschleunigungsvorgangs auftretende Verdichterdruckverhältnis

$$\left(\frac{\Pi_{acc}}{\Pi_{str}}\right)_V = \left(\frac{p_{acc}}{p_{str}}\right)_3 \tag{4.2.47}$$

gesetzt werden, während bei mehrwelligen Maschinen der Zusammenhang zwischen p_3 und Π_{HDV} wesentlich komplizierter ist. Die Beziehung nach Gl. 4.2.47 mag jedoch genähert auch für den HD-Verdichter bei mehrwelligen Triebwerken gelten. In jedem Falle wird bei entsprechend höherer Arbeitslinie im Verdichter (ggf. HD-Verdichter) entsprechend Bild 4.2.53 ein mehr oder weniger großer Teil der bei stationärem Betrieb vorhandenen Pumpgrenzenreserve

$$PGR_{str} = \left(\frac{\Pi_{PG} - \Pi_{AL}}{\Pi_{AL} - 1}\right)_{str}$$

(auf die in Abschnitten 5.2.2.7 und 5.2.2.8 noch näher eingegangen wird), aufgezehrt. Der durch die Temperaturerhöhung in der Turbine verbrauchte Teil der Pumpgrenzenreserve ist dabei unter Vernachlässigung des erhöhten Brennstoff-/Luftverhältnisses mit Gl. 4.2.47

$$\Delta PGR_{acc} \approx \frac{\sqrt{(T_{acc}/T_{str})_{4.1}} - 1}{\Pi_{AL} - 1} \cdot \Pi_{AL} \, . \tag{4.2.48}$$

Gleichzeitig ist die Leistung der Turbine

$$P_T = M_T \cdot H_{eff} = \left(\frac{M \cdot \sqrt{T}}{p}\right)_{4.1} \cdot \frac{H_{eff}}{T_{4.1}} \cdot p_{4.1} \cdot \sqrt{T_{4.1}} \tag{4.2.49}$$

und damit die Relation der Turbinenleistung bei Beschleunigung zur stationären Leistung

$$\left(\frac{P_{acc}}{P_{str}}\right)_T = \left(\frac{p_{acc}}{p_{str}}\right)_{4.1} \cdot \sqrt{\left(\frac{T_{acc}}{T_{str}}\right)_{4.1}} \, , \tag{4.2.50}$$

woraus nach Gl. 4.2.46

$$\frac{P_{acc}}{P_{str}} \approx \left(\frac{T_{acc}}{T_{str}}\right)_{4.1} \tag{4.2.51}$$

und mit Gl. 4.2.45b die für die Beschleunigung verfügbare Leistung

$$\frac{\Delta P_{acc}}{P_{V,str}} = \gamma \left[\left(\frac{T_{acc}}{T_{str}}\right)_{4.1} - 1\right] \tag{4.2.52}$$

folgt. Setzt man ferner die Verdichterleistung

$$(P/P_{AP})_V \approx (N/N_{AP})^3 = x^3 \, , \tag{4.2.53}$$

so erhält man den für die Weiterverwendung gesuchten Ausdruck

$$\frac{\Delta P_{acc}}{P_{V,AP}} = \gamma \left[\left(\frac{T_{acc}}{T_{str}}\right)_{4.1} - 1\right] \cdot x^3 \, . \tag{4.2.54}$$

Die Beschleunigungszeit zwischen der Leerlaufdrehzahl N_L und der Vollastdrehzahl N_{AP} erhält man nunmehr mit der Drehmasse Θ des gesamten Rotors (bzw. des HD-Rotors) und der Relation $x_L = N_L / N_{AP}$

$$t_{acc} = \int_{\omega_L}^{\omega_{AP}} \frac{\Theta \cdot \mathrm{d}\omega^2}{\Delta P_{acc}} = \frac{\Theta \cdot \omega_{AP}^2}{2 P_{V,AP}} \cdot \int_{x_L}^{1} \frac{\mathrm{d}x^2}{\dfrac{\Delta P_{acc}}{P_{V,AP}} \cdot x^3} \,, \tag{4.2.55}$$

woraus sich mit dem Trägheitsparameter

$$K = \frac{\Theta \cdot \omega_{AP}^2}{2 P_{V,AP}} \,, \qquad\qquad K \text{ in s,} \tag{4.2.56}$$

und der zwar willkürlichen, aber aufschlußreichen Annahme $\Delta P_{acc} / P_{V,AP} =$ const. die Beschleunigungszeit

$$t_{acc} = K \cdot \frac{2\left(\dfrac{1}{x_L} - 1\right)}{\gamma\left[\left(\dfrac{T_{acc}}{T_{str}}\right)_{4.1} - 1\right]} \tag{4.2.57}$$

ergibt. Der Parameter K stellt dabei die (fiktive) Zeit dar, die beim Antrieb des Rotors mit konstanter Leistung $P_{V,AP}$ vom Stillstand bis zur Auslegungsdrehzahl N_{AP} benötigt wird. Bei konstanten Werten K, x_L und t_{acc} ist bei konkreten Triebwerken (Strahltriebwerke und Wellenleistungstriebwerke mit freier Nutzturbine) die Bestimmung der dimensionslosen Beschleunigungszeit

$$\beta = \frac{t_{acc}}{K} = \frac{2\left(\dfrac{1}{x_L} - 1\right)}{\gamma\left[\left(\dfrac{T_{acc}}{T_{str}}\right)_{4.1} - 1\right]} \tag{4.2.58}$$

möglich, die auch eine Abschätzung des mittleren (bei $\gamma = 1$ zumindest minimalen) Temperaturverhältnisses $(T_{acc} / T_{str})_{4.1}$ während der Beschleunigung und damit der Anhebung der Arbeitslinie erlaubt. Hierzu zeigt Bild 4.2.54 die bei existierenden Triebwerken verschiedener Bauart und Größe ermittelten dimensionslosen Beschleunigungszeiten als Funktion der relativen Leerlaufdrehzahl. Hieraus geht der entscheidende Einfluß der relativen Leerlaufdrehzahl auf die Beschleunigungszeit hervor.

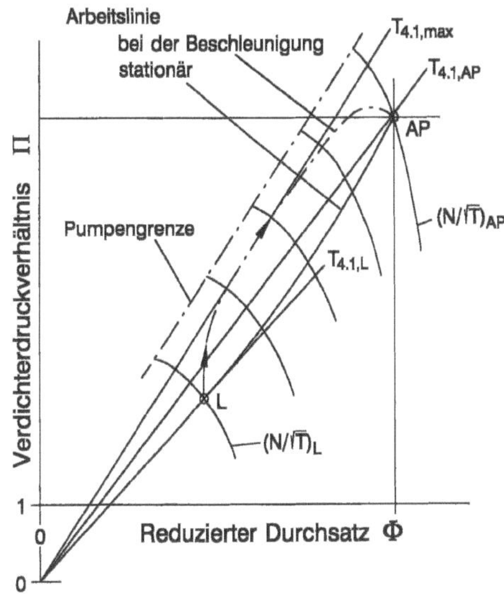

Bild 4.2.53:
Lage der Arbeitslinie im Verdichterkennfeld bei stationärem Betrieb und bei der Beschleunigung

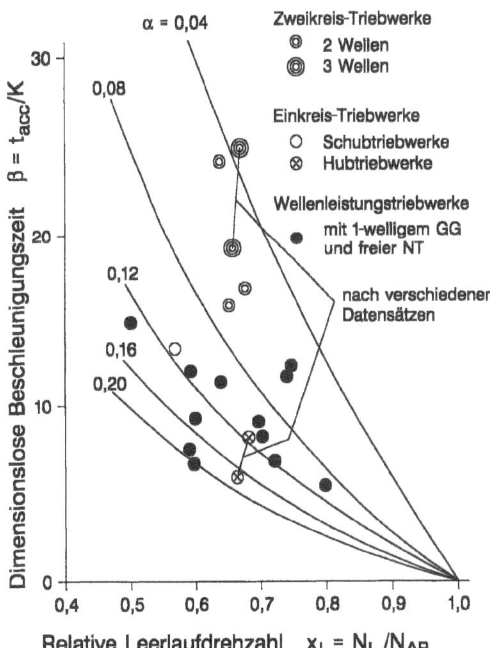

Bild 4.2.54:
Dimensionslose Beschleunigungszeit von Strahl- und Wellenleistungstriebwerken

Die abgeleiteten Beziehungen gelten für ein- und mehrwellige Triebwerke, wenn bei den letzteren die Parameter K, β und x_L des HD-Systems verwendet werden. Bei offenen und Mantelpropfans mit verstellbaren Fan-Schaufeln wird wegen der großen Trägheit des ND-Systems die ND-Drehzahl in Verbindung mit der Schaufelverstellung im gesamten Lastbereich zwischen Leerlauf und Vollast auf hohem Niveau (i.a. bei 100%) gehalten, so daß auch hier das HD-System für die Beschleunigung maßgebend ist. Bei Wellenleistungstriebwerken mit freier Nutzturbine für Propeller- oder Hubschrauberantrieb hat die i.a. mit konstanter Drehzahl arbeitende Nutzturbine ohnehin keinen Einfluß auf das Beschleunigungsverhalten des Gasgenerators.

Dabei erlaubt der sich durch Umformung von Gl. 4.2.58 ergebende Parameter

$$\alpha = \gamma \left[\left(\frac{T_{acc}}{T_{str}} \right)_{4.1} - 1 \right] = \frac{2 \left(\frac{1}{x_L} - 1 \right)}{\beta} \tag{4.2.59}$$

einen Hinweis auf die vom Standpunkt der thermischen Belastung und der Pumpgrenzenreserve relevanten Größe

$$\left(\frac{T_{acc}}{T_{str}} \right)_{4.1} = 1 + \frac{2 \left(\frac{1}{x_L} - 1 \right)}{\gamma \cdot \beta} = 1 + \frac{\alpha}{\gamma} \; . \tag{4.2.60}$$

Die in Bild 4.2.55 dargestellten Korrelationen t_{acc} und α über K zeigen, daß akzeptable Beschleunigungszeiten, die bei ausgeführten Triebwerken in Bodennähe im Bereich $t_{acc} = 2{,}5 \ldots 5{,}0$ s liegen, um so höhere thermische Belastung, ausgedrückt durch den Parameter α, erfordern, je größer die Trägheit der Turbopartie (bzw. des HD-Systems), ausgedrückt durch den Parameter K, ist. Bei absoluter Ähnlichkeit der Maschinen hätte der Trägheitsparameter die Tendenz

$$K \sim D \sim \sqrt{M_V} \; .$$

Praktisch ist aber im großen Leistungsbereich $P_{V,AP} = 250 \ldots 25000$ kW bei überwiegendem Einfluß der Streuung der Werte eine eher leicht fallende Tendenz festzustellen. Dabei spielt allerdings die bei kleinen Triebwerken vorherrschende radiale oder axial/radiale Bauart des Verdichters mit herein. Ferner ist im Zeitraum EIS = 1960 bis 1995 praktisch keine Tendenz – etwa zu kleineren Werten von K – festzustellen.

Der im Zusammenhang mit Gl. 4.2.45 beschriebene Koeffizient γ kann selbst bei ein- und demselben Triebwerk recht verschieden sein je nachdem, ob das Triebwerk aus dem „kalten" Zustand (d.h. aus dem stationären Leerlauf) oder nach der Verzögerung aus hoher Last mit kurzer Leerlaufphase wieder beschleunigt wird. Ferner werden im unteren Drehzahlbereich die Werte $(T_{acc} / T_{str})_{4.1}$ höher liegen als bei Annäherung an die Vollastdrehzahl. Immerhin erlaubt jedoch Gl. 4.2.60 im Zusammenhang mit Bild 4.2.54/55 eine gewisse Einsicht in die thermischen Bedingungen bei der Beschleunigung.

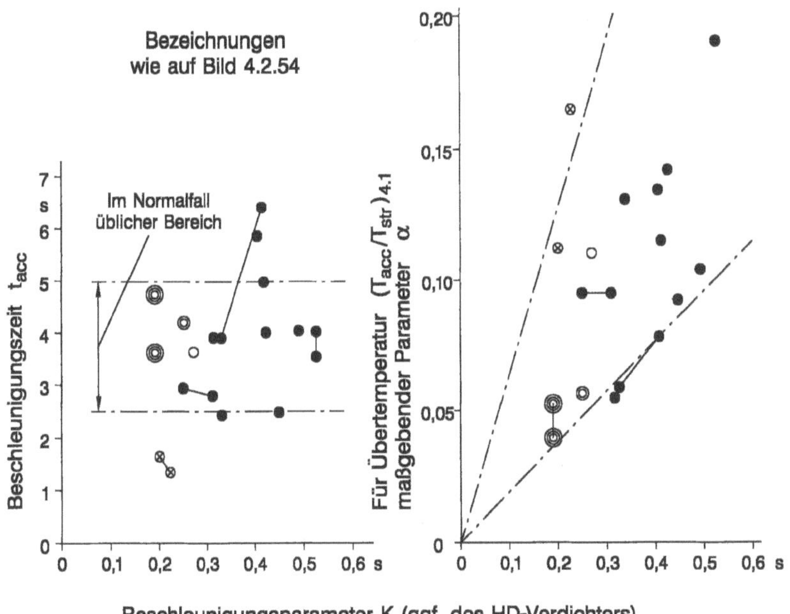

Bild 4.2.55: Für Beschleunigungszeit und Übertemperatur maßgebende Parameter K und α

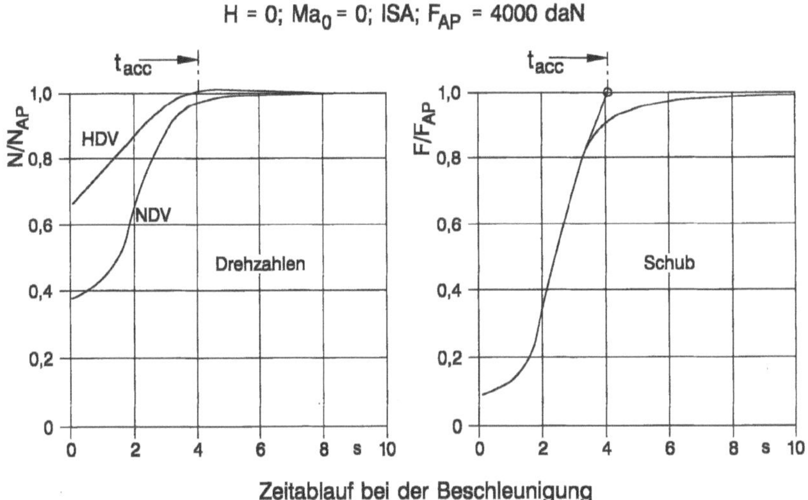

Bild 4.2.56: Verlauf der Drehzahlen und des Schubes bei der Beschleunigung eines 2-welligen Zweikreis-Triebwerks

In Bild 4.2.56 ist der bei der Beschleunigung eines Zweiwellen-/Zweikreis-Triebwerks erreichte Anstieg der Drehzahlen des ND- und HD-Systems sowie des Schubs über der Zeit dargestellt. Die Beschleunigungszeit zwischen Leerlauf und Vollast liegt im Rahmen üblicher Werte. In Bild 4.2.57 sind die stationären Arbeitslinien des ND- und HD-Verdichters sowie die instationären Arbeitslinien bei Beschleunigung und Verzögerung desselben zweiwelligen Zweikreis-Triebwerks eingezeichnet. Hierbei sind beim HD-Verdichter stärkere Abweichungen zu verzeichnen als beim ND-Verdichter. Die Ursache hierzu liegt in der bei der Beschleunigung und Verzögerung verschiedenen Brennstoffzufuhr und dem davon abhängigen Temperaturverhältnis $(T_{acc}/T_{str})_{4.1}$, so daß dadurch die Drosselung des HD-Verdichters verändert wird.

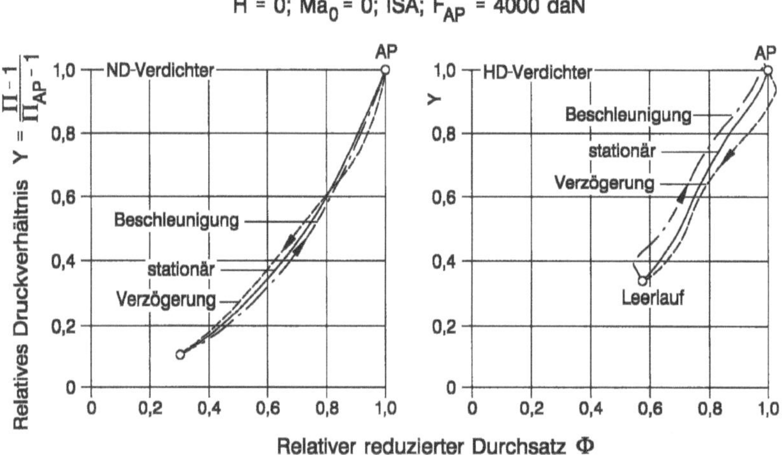

Bild 4.2.57: Arbeitslinien im ND- und HD-Verdichter bei der Beschleunigung und Verzögerung eines 2-welligen Zweikreis-Triebwerks im Vergleich zu den stationären Arbeitslinien

Bei Triebwerken mit Nachbrenner muß beim Übergang vom maximalen Schub ohne Nachverbrennung zum maximalen Schub mit Nachverbrennung mit einem Zeitbedarf von 1,5 ... 2 s gerechnet werden, vgl. hierzu auch Abschnitt 5.4.1.

Mit zunehmender Flughöhe nehmen die erforderlichen Beschleunigungszeiten zu, da die Gasleistungen entsprechend der Dichte des strömenden Mediums abnehmen, während die Massenträgheit des Rotors konstant bleibt. Diese Verschlechterung geht klar aus dem Parameter K hervor. Ferner wird mit zunehmender Flughöhe die dimensionslose Beschleunigungszeit β

– einerseits durch die i.a. abnehmende Pumpgrenzenreserve mit entsprechender Reglereinstellung erhöht und

– andererseits durch die übliche Anhebung der relativen Leerlaufdrehzahlen n_L/n_{AP} verkleinert.

Üblicherweise wird bei $H = 11$ km eine Erhöhung der Beschleunigungszeit um 2 ... 3 s gegenüber den in Bodennähe erreichten Zeiten in Kauf genommen.

Die detaillierte Berechnung des Beschleunigungsvorgangs erfordert selbst bei einfach aufgebauten Triebwerken – vor allem im Zusammenhang mit Gl. 4.2.45a/b – einen sehr beträchtlichen Aufwand.

4.3 Berechnung des Betriebsverhaltens und der Leistungsdaten

4.3.1 Allgemeines

Die im Folgenden dargestellten Zusammenhänge sollen dazu dienen, das Verständnis für das grundsätzliche Zusammenwirken der Komponenten bei Teillast, d.h. bei $X \neq 1$, und der sich dabei einstellenden Kreisprozeß- und Leistungsdaten dienen, um verfügbare EDV-Programme und/oder Berechnungsergebnisse kritisch beurteilen zu können. Wenngleich konkrete Leistungsrechnungen etc. danach durchführbar sind, wird man diese jedoch – soweit verfügbar – rationeller auf der Basis von EDV-Programmen, z.B. entsprechend [4.8], durchführen.

Bei den in Bild 4.1.2 schematisch dargestellten Triebwerkkonfigurationen wird die überschlägige Berechnung des Betriebsverhaltens auf der Basis einer genäherten Arbeitslinie (ggf. im heißen Kreis) nach Bild 4.2.10 durchgeführt. Dabei wird davon ausgegangen, daß im Regelfalle entsprechend Gl. 4.2.8 zunächst $Y_0(X)$ mit $\Delta\eta_{res} = 0$ gewählt wird, und mit den daraus abgeleiteten Komponentendaten, insbesondere den spezifischen Arbeiten $H_{eff,x}$, danach eine verbesserte Lösung $Y_{res} = f(X)$ entsprechend Gl. 4.2.11 berechnet wird, soweit entsprechende Komponentendaten, die eine realistische, dem Triebwerkkonzept angemessene Schätzung von η_{res} nach Gl. 4.2.4 erlauben, vorliegen.

Ferner wird in allen Fällen davon ausgegangen, daß das HD-System der allgemeinen Erfahrung entsprechend mit $\Pi_{HDT} = const.$ arbeitet. Bei der dreiwelligen Konfiguration IV nach Bild 4.1.2 werden das MD- und HD-System zunächst fiktiv als einwelliges MD-/HD-System zusammengefaßt, so daß die gleiche Berechnungsmethode wie bei den zweiwelligen Konfigurationen II und III sowie V und VI angewendet werden kann. Die weitere, interne Behandlung des MD-/HD-Systems mit den jeweils mit * gekennzeichneten Auslegungsparametern für das gemeinsame System

$$\Pi^*_{V,AP} = \left(\Pi_{MDV} \cdot \Pi_{HDV}\right)_{AP} \quad \text{und} \quad \Pi^*_{T,AP} = \left(\Pi_{MDT} \cdot \Pi_{HDT}\right)_{AP}$$

kann dann beginnen, wenn die entsprechenden Betriebsparameter

$$\Pi^*_V \text{ mit } T_3/T_{2.2} \text{ und } \Pi_{NDV} \text{ mit } T_{2.1}/T_2 \text{ und } \Pi^*_T, \Pi_{NDT} \text{ und } \Pi_D$$

jeweils als Funktion von X (ausgenommen $\Pi^*_T \approx const.$, siehe oben) bestimmt worden sind. Der Ansatzpunkt hierzu ergibt sich daraus, daß mit $\Pi^*_T \approx const.$ auch $\Pi_{MDT} \approx const.$ und $\Pi_{HDT} = const.$ gesetzt werden können, woraus wiederum unter Beachtung des Leistungsgleichgewichts zwischen Verdichter und Turbine mittels Gl. 4.2.7

$$\Pi_{MDV} \quad \text{und} \quad \Pi_{HDV} = f(X) \quad \text{sowie} \quad T_{2.3}/T_{2.2} \quad \text{und} \quad T_3/T_{2.4} = f(X)$$

berechnet werden können. Mit Rücksicht auf das Leistungsgleichgewicht zwischen Verdichter und Turbine im HD- und MD-System muß entsprechend der Auslegung entschieden werden, ob die Turbinenkühlluft zwischen HD- und MD- bzw. ND-Turbine oder erst nach der ND-Turbine wieder dem Hauptstrom zugeführt wird, vgl. hierzu Gl. 4.2.7 bzw. Abschnitt 3.2.

Analog verfährt man mit dem zweiwelligen Gasgenerator des Wellenleistungstriebwerks nach Konzept IIa, mit

$$\Pi_{V,AP}^* = \left(\Pi_{NDV} \cdot \Pi_{HDV}\right)_{AP} \quad \text{und} \quad \Pi_{T,AP}^* = \left(\Pi_{NDT} \cdot \Pi_{HDT}\right)_{AP}$$

4.3.2 Einkreis-Strahltriebwerk

Es wird davon ausgegangen, daß aus der thermodynamischen Berechnung für den Auslegungspunkt AP die nach Abschnitt 3.1 bis 3.4 vorgegebenen oder zu berechnenden Auslegungsdaten

$$T_{4.1}/T_2, \Pi_V, \Pi_T, (\Delta p/p)_{BK}, M_T/M_V, \Delta M_{KL}^*/M_V, M_D/M_V, \Pi_D,$$

$$\Phi_{4.1}, \Phi_5, \Phi_D, A_D, T_5/T_2, T_D/T_2$$

und ggf. die Luft- und Leistungs-Entnahmedaten

$$\Delta M_{Ent}/M_V \quad \text{bei} \quad H_{eff,Ent}/H_{eff,V}, \Delta P_{Ent}/M_V$$

vorliegen. Damit kann die Berechnung des Betriebsverhaltens in der hier beschriebenen Weise durchgeführt werden. Was Gl. 4.1.11 bzw. 4.2.1 betrifft, so liegt hier der einfache Fall $\alpha = 0$ vor.

a) Einwellige Ausführung

Im einfachsten Falle, dem einwelligen Triebwerk nach Konfiguration I, Bild 4.1.2, wird für eine Anzahl Werte $T_{4.1} < T_{4.1,AP}$ zunächst für $\Delta\eta_{res}=0$ nach Bild 4.2.10 die Arbeitslinie $Y_0 = f(X)$ und damit $\Pi_V = f(T_{4.1})$ bestimmt, wobei nach Bild 4.2.10 das Auslegungsdruckverhältnis $\Pi_{V,AP}$ einen gewissen Einfluß hat. Damit kann neben Φ_2 nach Gl. 4.1.13 und $H_{eff,V}$ zugleich T_3 und $m_{BK} = f(T_{4.1},T_3)$ sowie M_T/M_V nach Gl. 3.2.5, M_D/M_V nach Gl. 3.2.10 und schließlich Φ_5 nach Gl. 4.1.14, jeweils als Funktion von $T_{4.1}$ bzw. X bestimmt werden. Ferner erhält man das Düsendruckverhältnis Π_D nach Gl. 3.4.4, wobei der Praxis folgend der Brennkammer-Druckverlust $(\Delta p/p)_{BK} = const.$ gesetzt werden kann.

Ist das nach Gl. 3.4.4 berechnete Düsendruckverhältnis $\Pi_D \geq \Pi_{krit}$, so ist $\Pi_T = const.$, so daß $H_{eff,T}$ und T_5 sowie die nach Rückführung der Kühlluftmenge ΔM_{KL} in den Hauptstrom sich ergebende Mischtemperatur T_D nach Gl. 3.2.9 ermittelt werden kann. In diesem Falle ist die Abgleichung des am Turbinenaustritt bzw. an der Düse herrschenden reduzierten Durchsatzes

$$\Phi_D = \sqrt{\frac{T_D}{T_5}} \cdot \frac{1}{1-(\Delta p/p)_{TAK}} \cdot \Phi_5 = f(\Pi_T) \qquad (4.3.1)$$

mit der durch die Auslegung vorgegebenen Düsenkapazität

$$\Phi_{D,AP} = \frac{A_D \cdot I(\Pi_{D,AP})}{R} \qquad (4.3.2)$$

entsprechend Bild 4.3.1 durch den Auslegungspunkt AP bereits gegeben.

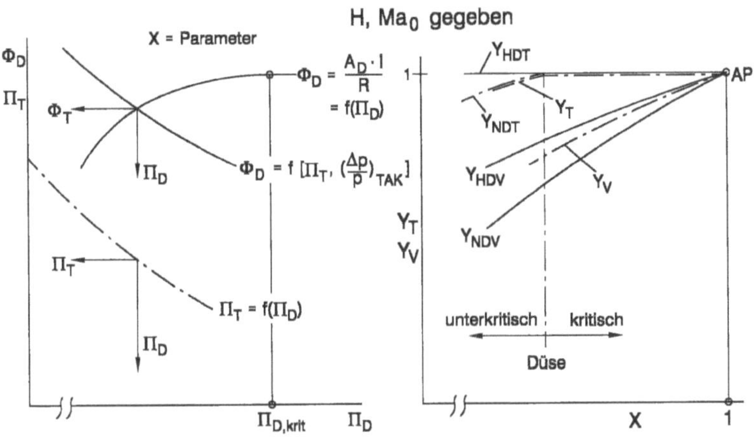

a. Abgleichung der Durchsatzkapazität
der Düse mit dem reduzierten
Durchsatz hinter dem Turbinenaustritt

b. Verlauf der normierten
Komponentendruckverhältnisse

———— 2- wellig
— · — 1- wellig

Bild 4.3.1: Zur Berechnung des Betriebsverhaltens 1- und 2-welliger Einkreis-Triebwerke

Ist dagegen das Düsendruckverhältnis $\Pi_D < \Pi_{krit}$, so ist entsprechend Gl. 4.1.14 Φ_5 bzw. Φ_D und damit das Turbinendruckverhältnis Π_T variabel. Damit sind die Parameter Φ_5 und Φ_D als Funktionen von Π_T und Π_D entsprechend Bild 4.3.1 abzugleichen. Der Fall $\Pi_D < \Pi_{krit}$ wird bei Einkreis-Triebwerken jedoch nur bei niedrigen Werten X, d.h. nur im Bereich tiefer Teillast eintreten In jedem Falle empfiehlt es sich, auch zu prüfen, ob die Annahme $\Phi_{4.1} = const.$ bei dem herrschenden Turbinendruckverhältnis Π_T noch gilt, oder ob mit Bezug auf Abschnitt 5.2.3.8 $\Phi_{4.1} = f(\Pi_T)$ zu setzen ist. In jedem Falle sind bei unterkritischer Düse bzw. $\Pi_T \neq const.$ die entsprechend

$$\Pi_V = \frac{\Pi_D \cdot \Pi_T}{\Pi_{vst}[1-(\Delta p/p)_{BK}]} \qquad (4.3.3)$$

zusammenhängenden Druckverhältnisse Π_V, Π_T und Π_D nach Gl. 4.2.7 und Bild 4.3.1 – gegebenenfalls iterativ – mit dem Ausgangspunkt entsprechend Bild 4.2.10 –

abzustimmen. Mit bekannten Werten Π_D und T_D ist die Strahlgeschwindigkeit C_D nach Abschnitt 3.2 bestimmbar, so daß nach Gl. 3.4.6 bis 3.4.8 auch die spezifischen Leistungsdaten F/M_V und SBV_F berechnet werden können.

Bei Bedarf kann mit $\eta_{is,V}(X)$ bzw. $\eta_{is,T}(X)$ eine verbesserte Lösung mit $Y_{res}(X)$ entsprechend Gl. 4.2.11 gesucht werden.

b) Zweiwellige Ausführung

Bei zweiwelliger Triebwerkausführung nach Konfiguration II, Bild 4.1.2, müssen neben den oben angeführten Auslegungsdaten auch die Auslegungswerte

$$\Pi_{NDV}, \Pi_{HDV} \quad \text{sowie} \quad \Pi_{HDT}, \Pi_{NDT}$$

gegeben sein. Bei kritischer Düse ergibt sich hier mit $\Pi_T = const.$ natürlich auch $\Pi_{HDT} = const.$ und $\Pi_{NDT} = const.$ Daraus resultiert für verschiedene Werte $T_{4.1}$ neben T_5 und T_D auch die Temperatur $T_{4.2}$ am HDT-Austritt.

Auch hier gewinnt man das Verdichterdruckverhältnis – zunächst genähert – aus dem Zusammenhang $Y = f(X, \Pi_{V,AP})$ nach Bild 4.2.10. Es mag opportun sein, die Verträglichkeit der Druckverhältnisse auf der Turbinen- und Verdichterseite mittels Gl. 4.3.3 zu überprüfen. Dabei wird man feststellen, daß selbst mit konstanten Werten Π_{HDT} und Π_{NDT} das Druckverhältnis Π_{NDV} bei Teillast, d.h. bei abnehmendem $T_{4.1}$ bzw. X stärker abfällt als Π_{HDV}, was aus der verschiedenen Tendenz der Eintrittstemperaturen, d.h. $T_2 = const.$ und $T_{2.4} = f(X)$ leicht zu erklären ist und der beobachteten Praxis entspricht.

Bei überkritischem Düsendruckverhältnis erfolgt die Berechnung von $C_D, F/M_V$ und SBV_F entsprechend Fall a). Dagegen bleibt bei unterkritischer Düse, d.h. im tiefen Teillastbereich, der allgemeinen Erfahrung bei Zweiwellen-Triebwerken entsprechend $\Pi_{HDT} = const.$, während nunmehr Π_{NDT} mit sinkender Turbineneintrittstemperatur $T_{4.1}$ abnimmt und dabei analog Fall a) die Abstimmung der Parameter $\Phi_D = f(\Pi_{NDT})$ und $\Phi_D = f(\Pi_D)$ entsprechend Bild 4.3.1 vorzunehmen ist.

Was die Einbringung veränderlicher bzw. von X abhängiger Komponentenwirkungsgrade etc. mit entsprechendem Einfluß auf die Arbeitslinie $Y_{res}(X, \Delta\eta_{res})$ nach Gl. 4.2.11 betrifft, so gilt hier dasselbe wie bei Fall a). Im Ganzen gesehen wird man diesen Fall ohne die Anwendung eines EDV-Programms nur unter stark vereinfachenden Annahmen und nur mit großem Zeitaufwand beherrschen können.

4.3.3 Zweikreis-Strahltriebwerk ohne Mischung beider Ströme

Was die Grundgleichung 4.1.11 betrifft, so liegt hier der weniger einfache Fall $\alpha > 0$ vor, wobei $(1+\alpha)_{rel}$ mit abnehmendem X entsprechend Bild 4.2.3 progressiv kleiner wird.

Über die bei zweiwelligen Einkreis-Triebwerken nach Abschnitt 4.3.2, Fall b), notwendigen Auslegungsdaten hinaus müssen hier bei den zweiwelligen Konfigurationen

III, V und VI, Bild 4.1.2, für den Auslegungspunkt das Fan-Druckverhältnis $\Pi_{F,k}$ und die Düsenfläche $A_{D,k}$ – d.h. jeweils im kalten Kreis – gegeben sein.

Bei der dreiwelligen Konfiguration IV kann zunächst entsprechend Abschnitt 4.3.1 das MD- und HD-System zu einem fiktiven einwelligen HD-System zusammengefaßt werden, so daß auch hier nach Ermittlung der Randbedingungen des MD-/HD-Systems, d.h. $p_{4.5}/p_{2.1}$ und $T_{4.5}/T_{2.1}$, die gleiche Prozedur wie bei den zweiwelligen Konfigurationen III, V und VI möglich ist.

Die Abgleichung des reduzierten Durchsatzes $\Phi_D = f(\Pi_{NDT})$ hinter dem Austritt der ND-Turbine mit der Kapazität $\Phi_{D,h} = f(\Pi_{D,h})$ der Düse im heißen Kreis entsprechend

$$\Phi_{D,h} = \sqrt{\frac{T_{D,h}}{T_5} \cdot \frac{1}{1-(\Delta p/p)_{TAK}}} \cdot \Phi_5 = f(\Pi_{NDT}) \tag{4.3.4}$$

$$\Phi_{D,h} = \frac{A_{D,h} \cdot I(\Pi_{D,h})}{R} \tag{4.3.5}$$

erfolgt je nach Fall $\Pi_{D,h} >$ oder $< \Pi_{krit}$ ebenso wie beim Einkreis-Triebwerk, Abschnitt 4.3.2, wobei hier allerdings die Düse – je nach spezifischem Schub bzw. Düsendruckverhältnis $\Pi_{D,h}$ und Flugbedingung – weitgehend im unterkritischen Bereich liegen wird, vergleiche hierzu Bild 4.3.2. Dies bedeutet zugleich, daß die nach den Bildern 4.2.27 bis 4.2.29 bedeutende Abhängigkeit des NDT-Wirkungsgrades von X und dem Auslegungs-druckverhältnis $\Pi_{NDT,AP}$ im zweiten Berechnungsschritt, d.h. bei $\Delta\eta_{res} \neq 0$, wesentlich stärker zum Tragen kommt als beim Einkreis-Triebwerk.

Des weiteren verzweigt sich die Leistung der ND-Turbine auf den ND-Verdichter (ggf. den Fan, innen + „Booster") im heißen Kreis und den Fan außen. Entsprechend Abschnitt 4.3.2, Fall b), ist auch hier mit $\Pi_{HDT} = const.$ neben $H_{eff,HDT}(X)$ auch $H_{eff,HDV}(X)$ und damit Π_{HDV} festgelegt, so daß daraus, – da Π_V durch $Y(X,\Pi_{V,AP})$ entsprechend Gl. 4.2.8 und 4.2.11 bzw. Bild 4.2.10 vorgegeben ist – auch $\Pi_{NDV}(X)$ und $H_{eff,NDV}(X)$ berechnet werden können. Zur Kontrolle der Vereinbarkeit der Druckverhältnisse auf der Turbinen- und Verdichterseite mag Gl. 4.3.3 herangezogen werden. Da ferner mit Gl. 4.1.12 auch der Durchsatz des Kerntriebwerks festliegt, ist die Leistungsaufnahme des ND-Verdichters im heißen Kreis gegeben, so daß damit die Leistung des Fans außen aus dem Leistungsgleichgewicht für das ND-System entsprechend

$$M_k \cdot H_{eff,F,k} + M_{NDV} \cdot H_{eff,NDV} = M_{NDT} \cdot H_{eff,NDT} \tag{4.3.6}$$

resultiert.

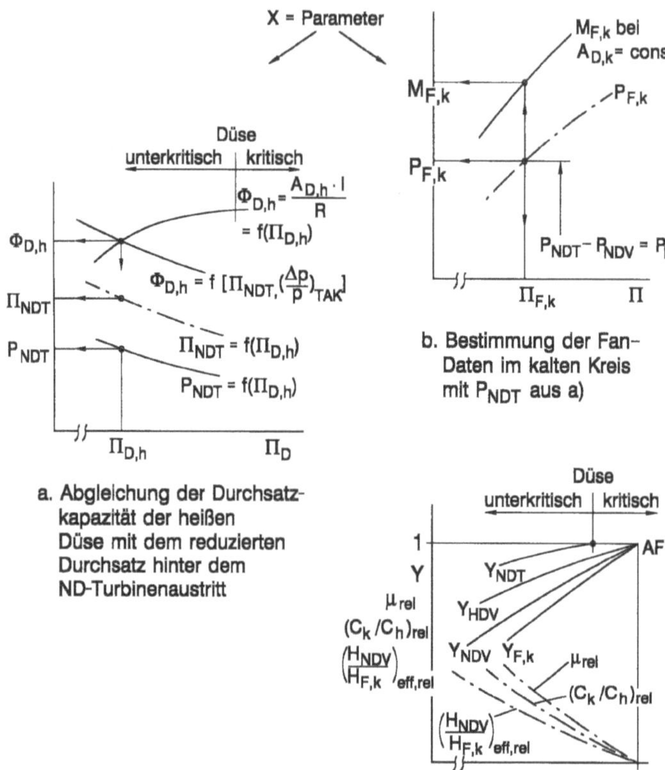

Bild 4.3.2: Zur Berechnung des Betriebsverhaltens von Zweikreis-Triebwerken ohne Mischung beider Kreise

Dabei ist

$$\frac{M_k}{M_{NDV}} = \mu$$

$$\frac{M_{NDV}}{M_{HDV}} = 1 + \frac{\Delta M_{Ent}}{M_{HDV}}$$

wobei – je nach Konzept und Niveau von X –
$\Delta M_{Ent} / M_{HDV} \geq 0$ sein kann, vergleiche Abschnitt 4.2.3
bzw. Bild 4.2.19, und

$$\frac{M_{NDT}}{M_{HDV}}$$

nach Gl. 3.2.5 oder 3.2.10 zu berechnen ist, je nachdem ob
die Turbinenkühlluft nach oder vor der ND-Turbine wieder
zugeführt wird.

Im übrigen können dabei M_{HDV} mit $\Phi_{4.1} = const.$ und $M_V = M_{HDV}$, $M_T = M_{HDT}$ aus Gl. 3.2.5 und 4.1.12 in Abhängigkeit von X bestimmt werden.

Aufgrund der gegebenen Düsenfläche $A_{D,k}$ ist die Leistung des Fans im kalten Kreis eine eindeutige Funktion des Fan-Druckverhältnisses $\Pi_{F,k}$, da die Schluckfähigkeit der kalten Düse

$$\Phi_{D,k} = \frac{M_{F,k} \cdot \sqrt{T_{1,3}}}{p_2 \cdot \Pi_{F,k}\left[1-\left(\frac{\Delta p}{p}\right)_{NSK}\right]} = \frac{A_{D,k} \cdot I\left(\Pi_{D,k}\right)}{R} \tag{4.3.7}$$

ist, wobei die Stromdichte $I_{D,k}$ im kalten Kreis eine Funktion des Düsendruckverhältnisses

$$\Pi_{D,k} = \Pi_{vst} \cdot \Pi_{F,k}\left[1-\left(\frac{\Delta p}{p}\right)_{NSK}\right] \tag{4.3.8}$$

und $(\Delta p / p)_{NSK}$ der Druckverlust im Nebenstromkanal ist. Die Abgleichung des reduzierten Durchsatzes $\Phi_{D,h}$ mit der Düsenkapazität im heißen Kreis zur Bestimmung des Düsendruckverhältnisses $\Pi_{D,h}$ und die Abgleichung der Leistung des Fans im kalten Kreis mit der dafür verfügbaren Leistung $P_{NDT} - P_{NDV}$ zur Bestimmung des Düsendruckverhältnisses $\Pi_{D,k}$ sind auf Bild 4.3.2 schematisch dargestellt.

Nach der Bestimmung der spezifischen Arbeiten H_{eff} aller Komponenten und der Durchsätze M_h und M_k aus dem ersten Durchgang, d.h. für $Y_0(X, \Pi_{V,AP})$ mit $\Delta\eta_{res} = 0$, können wie in Abschnitt 4.3.2 die Komponentenwirkungsgrade als Funktion von X festgelegt werden, so daß die Bestimmung von $\Delta\eta_{res}(X)$ nach Gl. 4.2.2 bis 4.2.4 die Berechnung einer verbesserten Arbeitslinie $Y_{res}(X)$ nach Gl. 4.2.10 und 4.2.11 die Basis für die erneute, genauere Durchrechnung des Betriebsverhaltens ist.

Die Berechnung der Strahlgeschwindigkeiten $C_{D,h}$ und $C_{D,k}$ erfolgt ebenso wie in Abschnitt 4.3.2. Was die spezifischen Leistungsdaten angeht, so berechnet man mit dem Brennstoff-/Luftverhältnis B/M_V nach Gl. 3.2.6b und dem auf den Durchsatz M_h bezogenen spezifischen Nettoschub

$$\begin{aligned}
\left(F / M_h\right)_{Netto} &= \frac{M_{D,h}}{M_h} \cdot C_{D,h} + \frac{M_k}{M_h} \cdot C_{D,k} - \frac{M_F}{M_h} \cdot C_0 \\
&= \frac{M_{D,h}}{M_h} \cdot C_{D,h} + \mu \cdot C_{D,k} - (1+\mu)C_0
\end{aligned} \tag{4.3.9}$$

den spezifischen Brennstoffverbrauch

$$SBV_F = \frac{B / M_h}{\left(F / M_h\right)_{Netto}} \tag{4.3.10}$$

und den auf den Gesamtdurchsatz M_F bezogenen spezifischen Nettoschub

$$\left(F/M_F\right)_{Netto} = \frac{1}{1+\mu} \cdot \frac{M_{D,h}}{M_h} \cdot C_{D,h} + \frac{\mu}{1+\mu} C_{D,k} - C_0 \,.$$

(4.3.11)

Es empfiehlt sich, die jeweils auf die Auslegungsdaten bezogenen Werte

$$\left(C_{D,k}/C_{D,h}\right)_{rel}, \ \left(H_{eff,NDV}/H_{eff,F,k}\right)_{rel}, \ \left(1+\mu \cdot H_{eff,F,k}/H_{eff,V}\right)_{rel} = \left(1+\alpha\right)_{rel}$$

und μ_{rel} anhand von den Bildern 4.2.3 und 4.2.12 bis 4.2.15 auf ihren realistischen Verlauf hin zu überprüfen.

4.3.4 Zweikreis-Strahltriebwerk mit Mischung beider Ströme

Hier werden die Konfigurationen III bis V nach Bild 4.1.2 angesprochen, da Konfigurationen VI und VII nur bei sehr hohen Nebenstromverhältnissen Sinn machen, bei denen die Mischung beider Ströme nicht in Frage kommt. Ebenso wie der im vorigen Abschnitt behandelte Fall ohne Mischung beider Ströme entspricht auch der hier angesprochene der Grundgleichung 4.1.11 mit $\alpha > 0$.

Sieht man von der hier vorliegenden gemeinsamen Düse mit der Fläche A_D zunächst ab, so sind dieselben Daten im Auslegungspunkt erforderlich wie beim Zweikreis-Triebwerk ohne Mischung nach Abschnitt 4.3.3. Zur Bestimmung des Druckverhältnisses im heißen Kreis wird ebenso vorgegangen wie in den Abschnitten 4.3.2 und 4.3.3. Der Unterschied in der Behandlung gegenüber dem Fall ohne Mischung besteht darin, daß die Abstimmung der Düsenkapazität Φ_D mit dem reduzierten Durchsatz $\Phi_{D,h}$ im heißen Kreis plus dem Durchsatz $\Phi_{D,k}$ im kalten Kreis nach Durchlaufen des Turbinenaustritts – bzw. Nebenstromkanals – und des Mischers am Düseneintritt erfolgen muß.

Aufgrund der vorgegebenen Arbeitslinie $X_0(X, \Pi_{V,AP})$ und der Annahme $\Pi_{HDT} = const.$ sind die spezifischen Arbeiten und Druckverhältnisse des ND-Verdichters (im heißen Kreis) und HD-Verdichters bekannt. Wird nun das Druckverhältnis Π_{NDT} und das Nebenstromverhältnis μ bei $X_0 = const.$ im erwarteten Bereich parametrisch variiert, so erhält man einerseits die spezifische Arbeit der ND-Turbine und nach Berücksichtigung der Druckverluste im heißen Kreis – als Zwischenwert – das Düsendruckverhältnis im heißen Kreis

$$\Pi_{D,h} = \frac{\Pi_{vst} \cdot \Pi_V \left[1-(\Delta p/p)_{BK}\right] \cdot \left[1-(\Delta p/p)_{TAK+M}\right]}{\Pi_{HDT} \cdot \Pi_{NDT}}$$

$$= f\left(\Pi_{NDT}\right).$$

(4.3.12)

Andererseits erhält man mit dem parametrisch variierten Druckverhältnis $\Pi_{F,k}$ des Fans außen, unter Beachtung des Leistungsgleichgewichts bei $X_0 = const.$ nach Abschnitt 4.3.3 bzw. Gl. 4.3.6 das im kalten Kreis herrschende Düsendruckverhältnis

$$\Pi_{D,k} = \Pi_{vst} \cdot \Pi_{F,k} \left[1-(\Delta p/p)_{NSK+M}\right] = f\left(\Pi_{NDT,\mu}\right).$$

(4.3.13)

Somit erhält man aus der Abgleichung der Düsendruckverhältnisse

$$\Pi_{D,h}\!\left(\Pi_{NDT}\right) = \Pi_{D,k}\!\left(\Pi_{NDT,\mu}\right)$$

entsprechend Bild 4.3.3a unter Berücksichtigung der Kanal- und Mischungsdruckverluste nach Gl. 4.3.12 bzw. 4.3.13 mit dem Fan-Druckverhältnis $\Pi_{F,k}$ das Düsendruckverhältnis Π_D als Funktion von μ. Damit kann unter Benützung von $H_{eff,NDT}$ und $H_{eff,F,k}$ entsprechend Bild 4.3.3b nach Berechnung von $T_{5.1}$ und $T_{1.5}$ auch die Mischungstemperatur T_M nach Gl. 3.5.45, ebenfalls als Funktion von μ ermittelt werden, vgl. Bild 4.3.3c.

Mit den nunmehr bekannten Werten Π_D und T_M sowie M_k als Funktion von μ und dem ohnehin bekannten Durchsatz M_5 am Austritt der ND-Turbine erhält man den resultierenden reduzierten Durchsatz am Düseneintritt Φ_D und die erforderliche Düsenfläche A_D, jeweils als Funktion von μ, deren Abgleichung mit der vorgegebenen Düsenfläche $A_{D,AP}$ entsprechend Bild 4.3.3c/d die Lösung für alle angesprochenen Parameter bringt. Bei der dreiwelligen Konfiguration IV kann wie in Abschnitt 4.3.3 vorgegangen werden.

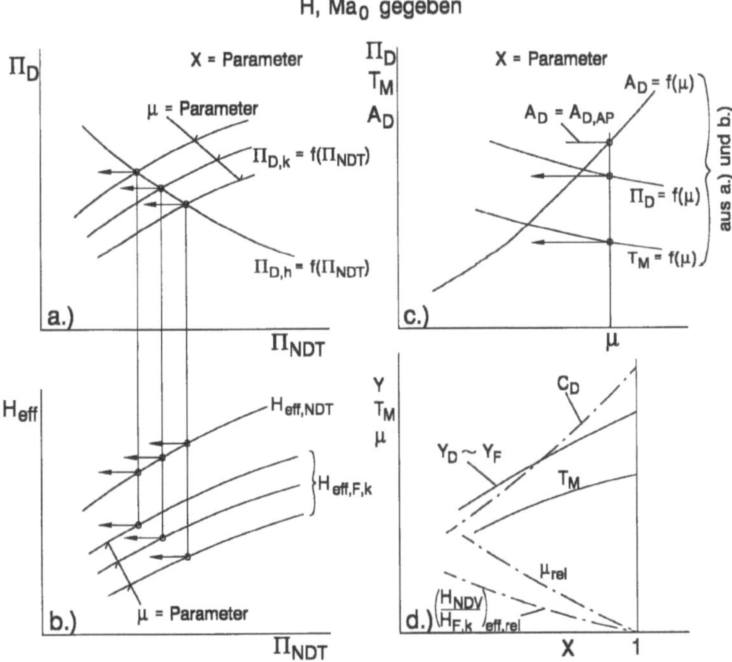

Bild 4.3.3: Zur Berechnung des Betriebsverhaltens von Zweikreis-Triebwerken mit Mischung beider Kreise

Damit kann nach Abschnitt 3.2 die Strahlgeschwindigkeit C_D berechnet werden. Die Leistungsdaten ergeben sich in Anlehnung an Abschnitt 4.3.3 mit B/M_h nach Gl. 3.2.6 und dem aus dem heißen Kreis kommenden Düsendurchsatz $M_{D,h}$ nach Gl. 3.2.10. Mit dem auf den Durchsatz im heißen Kreis bezogenen spezifischen Nettoschub

$$\left(F/M_h\right)_{Ne} = \left(\frac{M_{D,h}+M_k}{M_h}\right) \cdot C_M - \left(\frac{M_h+M_k}{M_h}\right) C_0$$
$$= \left(\frac{M_{D,h}}{M_h}+\mu\right) \cdot C_M - (1+\mu) C_0 \tag{4.3.14}$$

ergibt sich der spezifische Brennstoffverbrauch entsprechend Gl. 4.3.10

$$SBV_F = \frac{B/M_h}{\left(F/M_h\right)_{Netto}}$$

und der auf den gesamten Durchsatz M_F bezogene spezifische Nettoschub

$$\left(F/M_F\right)_{Ne} = \left(\frac{M_{D,h}/M_h+\mu}{1+\mu}\right) C_M - C_0 \ . \tag{4.3.15}$$

Es empfiehlt sich, die Parameter

$$\left(H_{eff,NDV}/H_{eff,F,k}\right)_{rel}, \left(1+\mu \cdot H_{eff,F,k}/H_{eff,V}\right)_{rel} = (1+\alpha)_{rel}, p_{1.5}/p_{5.1} \text{ und } \mu_{rel}$$

mit den Werten entsprechend Bild 4.2.3 und 4.2.12 bis 4.2.15 zu vergleichen.

Auch hier wird man bei Bedarf die Rechnung für $\Delta\eta_{res} \neq 0$ mit $Y_{res}(X)$ nach Gl. 4.2.11 wiederholen, um zu genaueren Daten zu kommen.

4.3.5 Nachbrennertriebwerke

Behandelt werden hier die Konfigurationen II bis V nach Bild 4.1.2 mit Mischung beider Ströme. Dabei ist davon auszugehen, daß gegenüber dem Triebwerk ohne Nachbrenner nach Abschnitt 4.3.4 beim Nachbrennertriebwerk mit nicht gezündetem Nachbrenner, die gleichen Parameter bzw. Zusammenhänge

$$\Pi_{NDV} \text{ und } \Pi_{HDV} \text{ bzw. } \Pi_V, \Pi_{HDT} \text{ und } \Pi_{NDT} \text{ bzw. } \Pi_T \ ,$$

$$\Pi_D, \mu, M_h, M_{D,h}/M_h, m_{BK}, \left(\Delta p/p\right)_M$$

etc. als Funktion von X erhalten bleiben, so daß sich für den Trockenbetrieb entsprechend Abschnitt 3.6 aufgrund der zusätzlichen aerodynamischen Druckverluste $\left(\Delta p/p\right)_{TR} \sim \Phi_M^2$ im Flammhalter und Nachbrenner die Düsenfläche $A_{D,TR}$, das Düsendruckverhältnis $\Pi_{D,TR}$ und die Strahlgeschwindigkeit $C_{D,TR}$ berechnen lassen. Es empfiehlt sich, die in Bild 4.3.4 dargestellten Parameter entsprechend zu verfolgen.

Ferner wird davon ausgegangen, daß Nachverbrennung unter allen Flugbedingungen nur bei Maximalwerten $T_{4.1,max}$ bzw. $X_{max} = f(H, Ma_0)$ gefahren wird, vergleiche Bild 4.1.1. Unter diesen Betriebsbedingungen können die zusätzlichen, d.h. thermischen Druckverluste bei gezündetem Nachbrenner auf der Basis von Abschnitt 3.6 mit

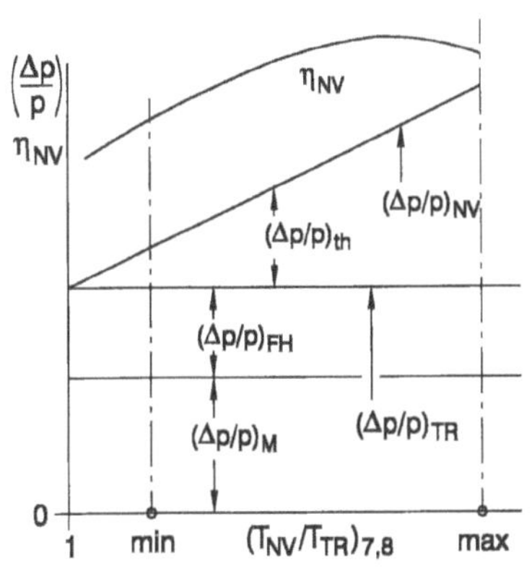
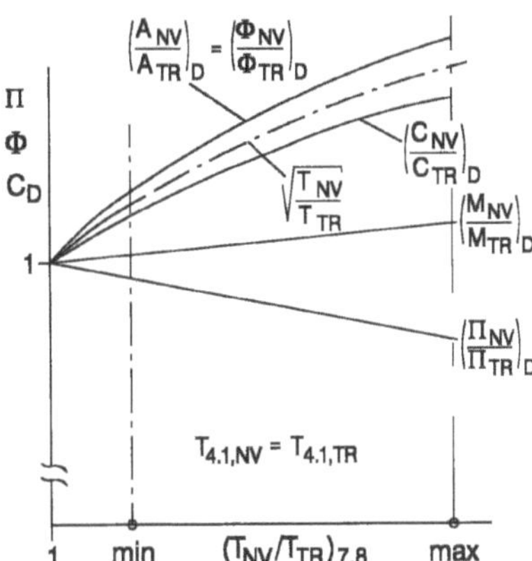

a. Druckverluste im Nachbrenner
ohne/mit NV und NV-Ausbrenngrad

b. Strömungsparameter ohne/mit NV im
Bereich des Nachbrenners und der Düse

Bild 4.3.4: Zur Berechnung des Betriebsverhaltens mit Nachverbrennung gegenüber dem Trockenbetrieb

$$\left(\Delta p\,/\,p\right)_{th} = f\!\left(T_{NV}\,/\,T_M, Ma_{FH}\right)$$

unter Beachtung von Abschnitt 5.4.3 und damit auch das Düsendruckverhältnis $\Pi_{D,NV}$ berechnet werden. Ferner ergeben sich die auf den Gesamtdurchsatz M_F bezogenen Brennstoff-/Luftverhältnisse m_{TR} und m_{NV} nach Gl. 3.6.2 und 3.6.5. Damit sind die relativen Massendurchsätze $M_{TR}\,/\,M_F$ und $M_{NV}\,/\,M_F$ an der Düse ohne und mit Nachverbrennung nach Gl. 3.6.10 und 3.6.12 bekannt. Ferner können mit bekannten Düsendruckverhältnissen $\Pi_{D,TR}$ und $\Pi_{D,NV}$ die Strahlgeschwindigkeiten $C_{D,TR}$ und $C_{D,NV}$ nach Abschnitt 3.2 berechnet werden. Schließlich erhält man unter der Annahme kritischer Düsendruckverhältnisse – die hier praktisch immer vorliegen – die Relation der Düsenhalsflächen mit $T_{TR} = T_M$ und der in den gegebenen Grenzen freien Variablen T_{NV}

$$\left(\frac{A_{NV}}{A_{TR}}\right)_D \approx \left(\frac{\Phi_{NV}}{\Phi_{TR}}\right)_D = \left(\frac{M_{NV}}{M_{TR}}\right)_D \cdot \frac{\Pi_{D,TR}}{\Pi_{D,NV}} \cdot \sqrt{\frac{T_{NV}}{T_{TR}}} \; . \tag{4.3.16}$$

Damit folgen mit $B_{BK}\,/\,M_F$ und $B_{NV}\,/\,M_F$ nach Gl. 3.6.2 und 3.6.5 und $M_{NV}\,/\,M_F$ nach Gl. 3.6.12 die spezifischen Leistungsdaten

$$SBV_{F,NV} = \frac{\left(B_{BK} + B_{NV}\right)/\,M_F}{\left(F\,/\,M_F\right)_{Ne,NV}} \tag{4.3.17}$$

und

$$\left(F\,/\,M_F\right)_{Ne,NV} = \frac{M_{NV}}{M_F} \cdot C_{D,NV} - C_0 \tag{4.3.18}$$

4.3.6 Wellenleistungstriebwerke

Bei Wellenleistungstriebwerken mit ein- oder zweiwelligem Gasgenerator und freier Nutzturbine nach Konfiguration Ia oder IIa, Bild 4.1.2, kann ebenso wie bei Einkreis-Strahltriebwerken nach Abschnitt 4.3.2 verfahren werden, wobei allerdings hier aufgrund des niedrigen Düsendruckverhältnisses – wie in Bild 4.3.1 bereits dargestellt – der bei unterkritischer Düse notwendige Abgleich des hinter dem Austritt der Nutzturbine vorliegenden reduzierten Durchsatzes $\Phi_D(\Pi_{NT})$ mit der Düsenkapazität $\Phi_D(\Pi_D)$ besondere Beachtung zu schenken ist.

Ferner geht man auch hier von dem Zusammenhang $Y_0 = f(X, \Pi_{V,AP})$ und von konstantem Druckverhältnis Π_{VT} der Gasgeneratorturbine (ggf. mit

$$\Pi_{VT} = \Pi_{HDT} \cdot \Pi_{NDT}$$

bei zweiwelligem Gasgenerator) aus, so daß neben $\Phi_{4.4} = const.$ entsprechend Gl. 4.1.13 auch die Kapazität $\Phi_{4.5}$ am Eintritt der Nutzturbine konstant ist. Für die Abgleichung des reduzierten Durchsatzes am Austritt der Nutzturbine mit der Düsenkapazität berechnet man zunächst das unter Variation des Druckverhältnisses Π_{NT} der Nutzturbine erhaltene Düsendruckverhältnis

$$\Pi_D = \frac{\Pi_{vst} \cdot \Pi_V \cdot \left[1 - (\Delta p / p)_{BK}\right]\left[1 - (\Delta p / p)_{TAK}\right]}{\Pi_{VT} \cdot \Pi_{NT}} = f(\Pi_{NT}) \qquad (4.3.19)$$

und den reduzierten Durchsatz $\Phi_5 = f(\Pi_{NT})$ am Austritt der Nutzturbine. Dabei kann davon ausgegangen werden, daß die gesamte Kühlluft bereits am Eintritt in die Nutzturbine wieder zugeführt worden ist. Dies kann durch Anwendung der Gl. 3.2.9 zur Berechnung der Temperatur am Eintritt in die Nutzturbine berücksichtigt werden.

Daraus folgt, wenn zwischen NT-Austritt und Düse ein Druckverlust $(\Delta p / p)_{TAK}$ auftritt, der reduzierte Durchsatz an der Düse

$$\Phi_D = \Phi_5 \cdot \frac{1}{1 - (\Delta p / p)_{TAK}} = f(\Pi_{NT}) \, . \qquad (4.3.20)$$

Ferner ergibt sich die Düsenkapazität entsprechend

$$\Phi_D = \frac{A_D \cdot I_D(\Pi_D)}{R} = f(\Pi_D) \, . \qquad (4.3.21)$$

Aus der Abgleichung dieser Parameter über Π_D nach Bild 4.3.5 ergeben sich die Werte Π_{NT} und Π_D sowie die spezifische Arbeit $H_{eff,NT}$ der Nutzturbine und $T_5 = T_D$, so daß auch die Strahlgeschwindigkeit C_D nach Abschnitt 3.2 berechnet werden kann.

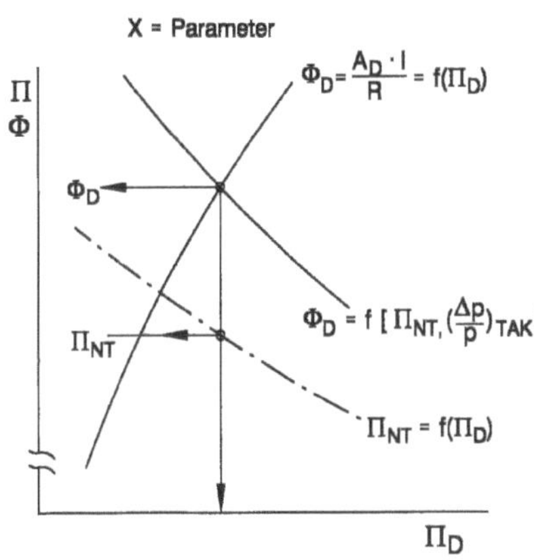
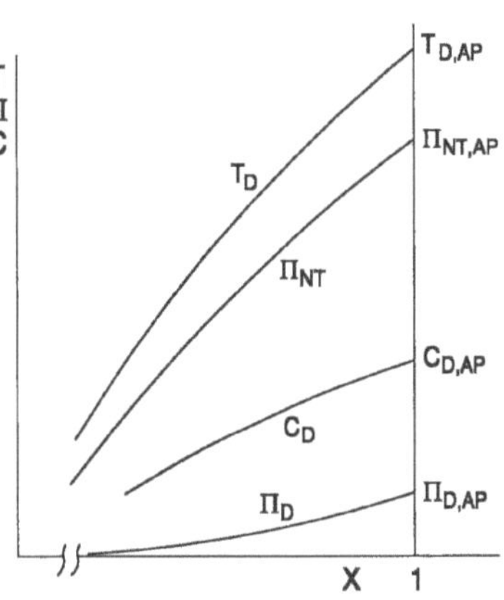

a. Abgleichung der Durchsatzkapazität
der Düse mit dem reduzierten Durchsatz
hinter dem Nutzturbinenaustritt

b. Qualitativer Verlauf
der Strömungsparameter im
Bereich des Abgassystems

Bild 4.3.5: Zur Berechnung des Betriebsverhaltens von Wellenleistungstriebwerken mit freier Nutzturbine

Ferner ergibt sich nach Gl. 3.2.6b das Brennstoff-/Luftverhältnis

$$B / M_V = \left(1 - \frac{M_{KL}^*}{M_V}\right) \cdot m_{BK}$$

und weiter die spezifische Nutzturbinen- bzw. Wellenleistung

$$P_{NT} / M_V = H_{eff,NT} \cdot M_{NT} / M_V = P_W / M_V \tag{4.3.22}$$

mit $M_{NT} / M_V = M_D / M_V$ nach Gl. 3.2.10a. Somit ist der auf die Wellenleistung bezogene spezifische Brennstoffverbrauch

$$SBV_W = \frac{B / M_V}{P_{NT} / M_V} \ . \tag{4.3.23}$$

Darüber hinaus ergibt sich mit der Austrittsgeschwindigkeit C_D an der Düse der Restschub

$$F_R = M_D \cdot C_D - M_V \cdot C_0$$

bzw. der auf den Durchsatz M_V bezogene spezifische Restschub

$$\frac{F_R}{M_V} = \frac{M_D}{M_V} \cdot C_D - C_0 \tag{4.3.24}$$

und damit die bei Turboprops wichtige spezifische Wellenvergleichsleistung

$$\frac{P_{WV}}{M_V} = \frac{P_W}{M_V} + \left(\frac{M_D}{M_V} \cdot C_D - C_0\right) \cdot C_0 \tag{4.3.25}$$

mit dem entsprechenden spezifischen Brennstoffverbrauch

$$SBV_{WV} = \frac{B/M_V}{P_{WV}/M_V} \; . \tag{4.3.26}$$

4.3.7 Triebwerke mit variabler Geometrie

Die größtenteils in Studien bzw. Projekten und nur in wenigen Fällen durch Komponenten- oder Demonstratorentwicklungen sichtbar gewordene große Vielfalt an Triebwerkkonzepten mit variabler Geometrie wird unter Berührung aller wichtigen Aspekte in Abschnitt 6.6 diskutiert. Aufgrund dieser konzeptionellen Vielfalt ist es nicht möglich, das Betriebsverhalten der Triebwerke mit variabler Geometrie (VCEs – $\underline{V}$ariable $\underline{C}$ycle $\underline{E}$ngines) allgemein darzustellen und in ebenso einfacher Weise wie bei konventionellen Triebwerken zu berechnen.

Studien haben jedoch gezeigt, daß auch bei konventionellen Konzepten, etwa entsprechend Konfigurationen III bis V nach Bild 4.1.2, durch Einsatz variabler Geometrie im Verdichter- und Turbinenbereich sowie unter allen Umständen durch variable Düse(n) eine beträchtliche Flexibilität in Kreisprozeßparametern und Leistungsdaten erreicht werden kann. Geht man im Sinne dieser vorderhand getroffenen Einschränkung von Zweikreis-Triebwerken ohne oder mit Mischung beider Kreise, ohne oder mit Nachverbrennung – ggf. in beiden Kreisen oder nur im heißen Kreis – d.h. von den Konfigurationen III bis V nach Bild 4.1.2 aus, so kann hier die Abgleichung der Strömungskapazität am Turbinenaustritt etc. mit der Düsenkapazität analog den Abschnitten 4.3.3 bis 4.3.5 erfolgen.

Aus Studien zu VCEs, vgl. [6.6.7], geht hervor, daß zumindest bei Zweikreis-Triebwerken mit Mischung beider Kreise bei variabler ND(+MD)-Turbine und variabler Düse, aber fester HD-Turbine, der bei konventionellen Triebwerken ermittelte Zusammenhang $Y_0 = f(X, \Pi_{V,AP})$ weiterhin gilt, so daß auch bei VCEs dieses Zuschnitts auf den Zusammenhang entsprechend Bild 4.2.10 – zumindest als Einstieg in die Berechnung des Betriebsverhaltens – zurückgegriffen werden kann. Bei variabler HD-Turbine ist dagegen ein anderer Verlauf des Zusammenhangs zwischen Y und X zu erwarten.

Bei variabler Düse im heißen Kreis ergibt sich mit

$$\Phi_{D,h} = \Phi_5 \cdot \frac{1}{1 - (\Delta p/p)_{TAK}} \tag{4.3.27}$$

zumindest auch ein variables Druckverhältnis der ND-Turbine entsprechend

$$\Pi_{NDT} = \frac{\Phi_5}{\Phi_{4.5}} \sqrt{\frac{T_{4.5}}{T_5}} = \frac{\Phi_{D,h}}{\Phi_{4.5}} \left[1 - (\Delta p/p)_{TAK} \right] \; . \tag{4.3.28}$$

Entsprechendes gilt auch bei Mischung beider Kreise bzw. bei gemeinsamer Düse, wobei hier allerdings – wie in Abschnitt 4.3.5 angesprochen –

$$\Pi_{NDT} = f\left[\Phi_{4.5}, (\Delta p/p)_{TAK}, \Phi_D, \mu \right] \tag{4.3.29}$$

ist. Hieraus kann, wenn eine genügend große Änderung von Π_{NDT} auch eine Beeinflussung von $\Phi_{4.2}$ nach sich zieht, zugleich ein variables Druckverhältnis der HD-Turbine entsprechend

$$\Pi_{HDT} = \frac{\Phi_{4.2}}{\Phi_{4.1}} \cdot \sqrt{\frac{T_{4.2}}{T_{4.1}}} \qquad (4.3.30)$$

auftreten. Daher empfiehlt es sich – zumindest bei den Konfigurationen III und V (im Falle von Konzept IV zunächst mit Zusammenfassung des MD-/HD-Systems bei fester HD- und MD-Turbine) – durch Vorgabe eines wünschenswerten Verlaufs von $T_{4.1}$ bzw. $X = f(F/p_0)$ die Arbeitslinien Y_V und $Y_T = f(X)$ – jeweils das HD- bzw. das MD-/HD-System umfassend – die Parameter $p_{4.5}/p_{2.1}$ und $T_{4.5}/T_{2.1}$ in Abhängigkeit von X zu ermitteln. Danach können in Anlehnung an Abschnitt 4.3.3 bis 4.3.5 bzw. Bild 4.3.2 bis 4.3.4 für variable Düsenfläche $A_{D,h}(X)$ bzw. $A_D(X)$ und ggf. variablen reduzierten Durchsatz $\Phi_{4.5}(X)$ der ND-Turbine die Parameter

$$\Pi_{NDV}, \Pi_{NDT}, \Pi_D, \mu, \text{ etc.}$$

jeweils als Funktion von X ermittelt werden. Dabei mag die Kontrolle des Zusammenhangs

$$\Pi_V = \Pi_{NDV} \cdot \Pi_{HDV} = \frac{\Pi_{HDT} \cdot \Pi_{NDT} \cdot \Pi_D}{\Pi_{vst} \cdot \left[1 - (\Delta p/p)_{BK}\right]\left[1 - (\Delta p/p)_{TAK}\right]} \qquad (4.3.31)$$

zu empfehlen sein. Die Berechnung der Leistungsdaten F/M und SBV_F erfolgt dann ebenso wie in Abschnitt 4.3.3 bis 4.3.5.

Die Veränderlichkeit der Geometrie der ND-Turbine und/oder Düse(n) bringt bei Strahltriebwerken jedoch nur dann einen nennenswerten Gewinn im Sinne der angestrebten Flexibilität des Betriebsverhaltens, d.h. die Variation von F/M und SBV, die letztlich auf eine Variation des Nebenstromverhältnisses μ und damit des Fan-Druckverhältnisses $\Pi_{F,k}$ im kalten Kreis hinausläuft, wenn beim ND-Verdichter bzw. Fan die Parameter Druckverhältnis und Durchsatz entkoppelt werden können, d.h. wenn die Arbeitslinie $\Pi_F = f(\Phi_2)$ ohne große Einbuße an Wirkungsgrad und/oder Pumpgrenzenreserve in einem größeren Bereich veränderbar ist. Hierzu gibt es mehrere technische Ansätze bzw. Lösungen, die in Abschnitt 6.6 behandelt werden.

In die hier angesprochene Triebwerkskategorie der VCEs lassen sich zwanglos auch rekuperative Triebwerke (die notwendigerweise mit variabler ND- bzw. Nutzturbine konzipiert werden) einordnen, vgl. Abschnitt 6.10. Gerade hier ist die Annahme eines wünschenswerten Verlaufs $X = f(F_{rel})$ bzw. $f(P_{rel})$ als Ausgangspunkt für die Berechnung des Betriebsverhaltens besonders zu empfehlen.

5 Komponententechnologie

5.1 Allgemeines

Umfang und Ausrichtung dieses Abschnitts erlauben es nicht, alle bei Turbo-Flugtriebwerken bekannten und interessierenden Komponenten und Baugruppen umfassend zu beschreiben. Immerhin sollen die für eine technisch-wirtschaftlich fortschrittliche und erfolgversprechende Gestaltung eines Triebwerks entscheidenden Daten der wichtigen Komponenten in Form und Umfang soweit dargelegt werden, wie es einerseits für das Verständnis der Funktion im Zusammenwirken mit den übrigen Komponenten und andererseits für die Dimensionierung und die Berechnung des Betriebsverhaltens und der Leistungen notwendig ist. Dabei ist im Hinblick auf die Tatsache, daß

- vom Beginn der Projektierung bis hin zur Einführung in den Dienst (EIS) ein Zeitraum von 10 bis 15 Jahren verstreichen kann und

- nach Einführung in den Dienst – unter Einschluß von Leistungssteigerungen und technischen Verbesserungen – eine Nutzungsphase von 25 bis 30 Jahren in Betracht zu ziehen ist, um zu Recht von einem wirtschaftlich erfolgreichen Programm sprechen zu können,

voraussichtlich ein Zeitraum von insgesamt 35 bis 45 Jahren, gerechnet vom Beginn der Projektierung an, in Betracht zu ziehen. Damit stehen folgende Forderungen und Fragen an, die sich auch gegenseitig bedingen:

- Die wichtigen Komponenten müssen zum Zeitpunkt der Einführung in den Dienst dem Stand der Entwicklung weitestgehend entsprechen.

- Sie müssen ausreichend Entwicklungspotential besitzen, um in den folgenden Jahren genügend Spielraum für Leistungssteigerungen zu haben.

- Dies bedeutet bei den Komponenten genügend Spielraum bei Aero-/Thermodynamik, Konstruktion und Werkstoffen für die Weiterentwicklung der für die Leistungsdaten maßgebenden Hauptauslegungsparameter des Triebwerks, d.h. $T_{4.1}$, Π_V und μ bei Schubtriebwerken und $T_{4.1}$, Π_V bei Wellentriebwerken.

- Von gleicher Wichtigkeit wie die Steigerung der Leistungsdaten ist längerfristig die Entwicklung der ökologischen Parameter Lärm- und Schadstoffemission, wobei die zu erwartende Situation bei Zulassungsbestimmungen und Auflagen im Flugbetrieb einzukalkulieren sind.

Es ist bekannt, daß viele Triebwerkmuster – z.B. Turbofans im zivilen Einsatz – im Laufe ihrer Einsatzphasen, natürlich unter Einschluß von Modifikationen bis hin zur Einführung inzwischen verfügbar gewordener Technologien, Schubsteigerungen bis zu 80% erfahren haben.

Dabei läuft der Prozeß der Projektierung im allgemeinen eher so ab, daß an das Triebwerk vom Standpunkt der Anwendung bzw. des Einsatzprofils, aber auch mit Blick auf die Konkurrenzsituation, Forderungen an die entscheidenden Komponenten gestellt werden, die über den bei vorausgegangenen Entwicklungen erreichten und im Einsatz bewährten Standard hinausgehen. Ausgehend von diesen Ansprüchen, die in den Augen der für die Komponentenentwicklung verantwortlichen Ingenieure nicht zur „Bedrohung" entarten dürfen, kann man nur kollaborativ und iterativ zu einem fortschrittlichen, wenn nötig sogar aggressiven, aber harmonischen und auf Realität beruhenden Triebwerkentwurf gelangen.

Dabei ist eine möglichst gute Kenntnis nicht nur des firmeneigenen Standes der Technik und der firmeneigenen Entwicklungs- und Forschungsaktivitäten, sondern auch ein möglichst guter Informationsstand des bei konkurrierenden Firmen erreichten Standes und der dort erkennbaren Entwicklungsaktivitäten schlechthin unerläßlich. Je umfassender dabei die firmeneigene und fremde Datenbasis ist, desto dezidierter können im Zusammenhang mit der Projektierung bzw. Komponentenauslegung und -dimensionierung vertretbare Schritte über den Stand der Technik hinaus mit akzeptablem finanziellen und zeitlichen Entwicklungsrisiko gemacht werden.

Die im folgenden aufbereiteten Daten – insbesondere von Komponenten, die für die Projektierung entscheidend sind, d.h. Turbomaschinen, Kühltechnologie, Brennkammer und ggf. Nachbrenner, Düsen sowie Gewichte und ggf. Gondelwiderstände etc.,

- sollten einerseits erlauben, im Bewußtsein der erkennbaren Entwicklungstendenzen die zukünftig zu erwartenden bzw. anzustrebenden Daten realistisch zu bestimmen bzw. zu sichtbaren Fortschrittspotentialen und vertretbaren Entwicklungsrisiken eine qualifizierte Position zu beziehen,

- sollten aber andererseits auch die Möglichkeit bieten, aufgrund der Analyse bestehender Triebwerke bei genügender Datenbasis die einzelnen Komponenten zu analysieren und in den Stand der Technik einzuordnen, und schließlich,

- denkbare Anreize für Technologieentwicklungen als Vorstufe für zukünftige Projekte zu liefern.

Die präsentierten Daten sollen dem Projektingenieur aber auch den beträchtlichen, teilweise auf firmenspezifische Gestaltungscharakteristika zurückgehenden Spielraum in der Auswahl der Auslegungsparameter bewußt machen, der ohne Nachteil für die Leistungsfähigkeit (z.B. Wirkungsgrade oder Druckverluste) in Anspruch genommen werden kann. Dies kommt ohne Zweifel dem bei der Projektierung benötigten Freiraum in der gegenseitigen Anpassung der aerodynamischen und mechanischen Auslegung der Komponenten und damit der Ringraumgestaltung bis hin zur Konstruktion zugute.

Natürlich ist die Qualität der verarbeiteten, fast ausnahmslos aus dem Westen stammenden Triebwerkdaten unterschiedlich, wobei im Falle mehrerer unabhängiger Quellen im allgemeinen Unterschiede in einzelnen Angaben aufzutreten pflegten. Darauf mag ein gewisser Teil der beobachteten, nicht weiter auflösbaren Streuung der Daten – insbesondere bei Wirkungsgraden und sonstigen aerodynamischen Parametern – zurückzuführen sein. Des weiteren wurden Daten für alle heute und wohl auch zukünftig relevanten Bauarten von Turboflugtriebwerken, d.h. Turbofans für zivile und militärische Anwendungen, Mantelpropfans und Wellenleistungs- bzw. Propellertriebwerke, jeweils in mehreren Exemplaren bei verschiedenem konstruktiven Aufbau in unterschiedlichen Stadien (Einsatz bzw. Produktion, Entwicklung oder fortgeschrittene Projektierung) plus einer Anzahl separater Komponenten aus Technologie- und Entwicklungsprogrammen verarbeitet. Dabei wurde, was die tatsächliche oder vorgesehene bzw. technisch mögliche Einführung in den Dienst (EIS) betrifft, ein Zeitraum von 25 Jahren erfaßt.

5.2 Turbomaschinen

5.2.1 Grundsätzliches zur statistischen Erfassung und Analyse existierender Triebwerke

Die verfügbare Datenbasis in der Form von Kreisprozeß- und Leistungsdaten, Komponenten-Auslegungsdaten, Längsschnitten und Baubeschreibungen von zivilen und militärischen Strahl- und Wellenleistungstriebwerken umfaßt den Zeitraum EIS = 1970 bis 1996. Bei den Turbomaschinen liegen die korrigierten Durchsätze, bezogen auf den Eintritt, im Bereich 0,8 ... 1300 kg/s (Verdichter) bzw. 0,6 ... 60 kg/s (Turbinen). Bei Re-Indices (RNI: $\underline{R}$eynolds $\underline{N}$umber $\underline{I}$ndex), ebenfalls bezogen auf die Komponenten-Eintrittsbedingungen bei MCR oder ggf. TO, liegen die Werte im Bereich $RNI = 0,3$ ... 2,3 (Verdichter) bzw. 0,1 ... 1,3 (Turbinen). Da ein entscheidender Teil der verfügbaren Informationen aus der Datenbasis der MTU stammt, wurde dieses Material anonym, d.h. ohne Nennung der Triebwerkbezeichnung etc. in relativierter bzw. normierter Form verwendet. Dieses Vorgehen erschien im Hinblick auf Umfang und Qualität der gewonnenen bzw. vermittelten Erkenntnisse bedeutend wertvoller als die Beschränkung der Datenbasis auf publizierte Informationen mit Nennung der jeweiligen Quellen.

Besondere Sorgfalt wurde der korrekten Erfassung der polytropen Wirkungsgrade der Turbokomponenten als Voraussetzung für eine realistische bzw. verläßliche Analyse der bisherigen Entwicklung etwa seit 1970 und des heute erreichten technologischen Standes gewidmet. Hierzu wurden die verfügbaren „Rohdaten" nach Beziehungen, die noch beschrieben werden, in der Form

$$\eta_{pol,M} = f\left(M_{korr}\right) \quad \text{für EIS} = 1995 \text{ und } RNI = 1,0 , \tag{5.2.1.1}$$

$$\eta_{pol,EIS} = f\left(EIS\right) \quad \text{für } M_{korr} = M_{korr}^* \text{ und } RNI = 1,0 , \tag{5.2.1.2}$$

$$\eta_{pol,Re} = f\left(Re\right) \quad \text{für EIS} = 1995 \text{ und } M_{korr} = M_{korr}^* \tag{5.2.1.3}$$

und daraus als Zusammenfassung

$$\eta_{pol}^{***} = f(\text{Auslegungswerte } \varphi, \psi \text{ etc.}) \tag{5.2.1.4}$$

$$\text{für EIS} = 1995, \; M_{korr} = M_{korr}^*, RNI = 1,0$$

iterativ ermittelt. Die normierten Wirkungsgrade η_{pol}^{***} enthalten somit – im Prinzip, d.h. soweit vorhanden – noch die Einflüsse aller aerodynamischen Parameter wie Π_{St}, φ, ψ/φ^2, Mach-Zahl-Niveau und Schlankheitsgrad der Schaufeln bis hin zu Parametern betreffend die Turbinenkühlung, obwohl diese Parameter – zumindest teilweise – ebenfalls einer zeitlichen Veränderung unterliegen. Diese Einflüsse werden bei der Darstellung der einzelnen Komponenten erläutert und – soweit möglich bzw. nötig – in die Korrelationen zur Bestimmung der Wirkungsgrade mit eingebracht.

Größeneinfluß

Was den bereits in Abschnitt 3.8 angesprochenen Größeneinfluß betrifft, so ist zu erwarten, daß bei Verdichtern und Turbinen zu kleinen korrigierten Durchsätzen hin (die für die geometrischen Abmessungen maßgebend sind) eine zunehmende Verschlechterung und Streuung der Wirkungsgrade eintritt. Dies hat eine Reihe von Ursachen, zu denen die folgenden gehören:

- die Profilqualität der Schaufeln, d.h. die Fertigungstoleranzen in Relation zu den Profilabmessungen)
- bei Turbinen das Höhen/Seitenverhältnis der Schaufeln,
- die Größe der Radialspalte, die bei sehr kleinen Einheiten nicht mehr dem Durchmesser oder der Schaufelhöhe entsprechend reduziert werden kann,
- der allgemeine konstruktive Standard, z.B. im Sinne der „Glätte" der Gehäuse- und der – unterbrochenen – Nabenkontur.

Unabhängig von der Größe der Komponenten bestehen weitere Ursachen für die Streuung der analysierten Wirkungsgrade, zu denen besonders die folgenden gehören:

- die Auswertung (Rückrechnung) von Wirkungsgraden aus Leistungsdaten ist generell mit Unsicherheiten belastet,
- soweit Wirkungsgrade direkt gegeben sind, bestehen je nach Quelle Unterschiede in ihrer Definition, besonders bei Turbinen mit Schaufelkühlung,
- Einfluß radialer Temperaturprofile (bei Turbinen) auf die Wirkungsgraddefinition,
- Komponenten-Arbeitspunkte, z.B. bei MCR oder *TO*, fallen nicht unbedingt mit den optimalen Wirkungsgraden der Komponenten zusammen, besonders bei Verdichtern, z.B. mit Rücksicht auf die Pumpgrenzenreserve,
- Einfluß der Konstruktion (z.B. kompensierende Gehäuse, aktive Spaltkontrolle) auf die Radialspalte,
- Unsicherheiten in der Abschätzung des *Re*-Einflusses im Zusammenhang mit der Rauhigkeit der Schaufeln,
- Gestaltung der Leiträder mit oder ohne Innenringe,
- begrenzte Genauigkeit bei der Ermittlung von Abmessungen mit entsprechender Auswirkung auf die Bestimmung aerodynamischer und mechanischer Parameter.

Nach der Normierung der Wirkungsgrade η_{pol} auf $RNI = 1$, die noch zu beschreiben ist, können diese nach iterativem Prozeß als Funktionen von EIS oder M_{korr} entsprechend Bild 5.2.1.1 dargestellt werden. Für die Abhängigkeit von M_{korr} läßt sich bei Verdichtern und Turbinen eine der bekannten *Re*-Abhängigkeit entsprechende Tendenz

$$\frac{1-\eta_{pol}}{1-\eta_{pol}^*} = \left(\frac{M_{korr}}{M_{korr}^*}\right)^{-m} \tag{5.2.1.5}$$

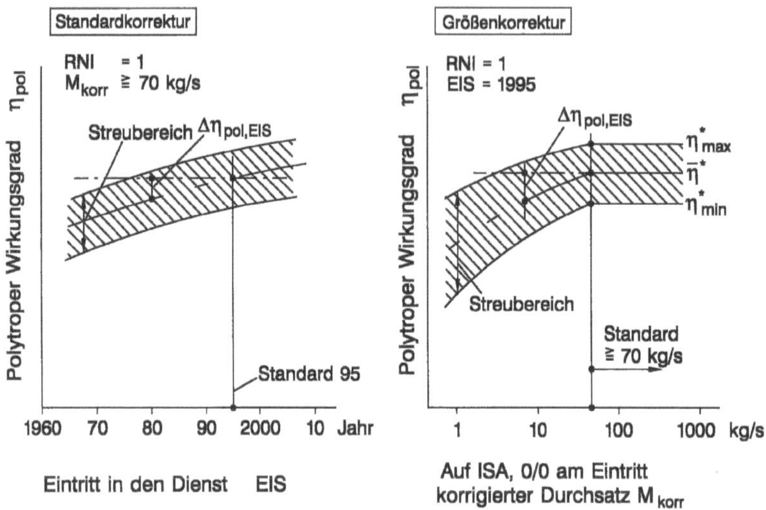

Bild 5.2.1.1: Normierung der polytropen Wirkungsgrade für EIS = 1995 und M_{korr} = 70 kg/s

ableiten. Zur groben Klassifizierung bzw. Einordnung bestimmter Verdichter- und Turbinentypen wie z.B. 1-stufige ND-Verdichter (Fans) oder mehrstufige ND-Verdichter etc. kann der von M_{korr} unabhängige Parameter

$$\lambda = \left(\frac{\eta - \eta_{\min}}{\eta_{\max} - \eta_{\min}}\right)_{pol} = \left(\frac{\eta - \eta_{\min}}{\eta_{\max} - \eta_{\min}}\right)^{*}_{pol} \tag{5.2.1.6}$$

und der ebenfalls von M_{korr} unabhängige Streuungsparameter

$$\sigma = \left(\frac{\eta_{\max} - \eta_{\min}}{1 - \bar{\eta}}\right)_{pol} = \left(\frac{\eta_{\max} - \eta_{\min}}{1 - \bar{\eta}}\right)^{*}_{pol} \tag{5.2.1.7}$$

$$\text{mit } \bar{\eta}_{pol} = \frac{\eta_{pol,\max} + \eta_{pol,\min}}{2}$$

eingeführt werden. Im übrigen wird der Wirkungsgrad der einzelnen Komponenten bei RNI = 1 und EIS = 1995 für die Auftragung nach den Gln. 5.2.1.1 bis 5.2.1.6 mit $\lambda = const.$ auf den Wert η^{*}_{pol} bei M^{*}_{korr} korrigiert.

Die Zusammenfassung aller Verdichter- und Turbinenwirkungsgrade nach Gl. 5.2.1.1 für RNI = 1 und EIS = 1995 normiert, ist in den Bilder 5.2.1.2 und 5.2.1.3 gegeben. Die bei den einzelnen Komponenten durchaus verschiedenen Tendenzen $\eta_{pol,EIS} = f(\text{EIS})$ und die daraus abgeleiteten Korrekturen $\Delta\eta_{pol,EIS} = f(\text{EIS})$ werden später in den Abschnitten 5.2.2 und 5.2.3 im Zusammenhang mit der Diskussion anderer Parameter explizit behandelt.

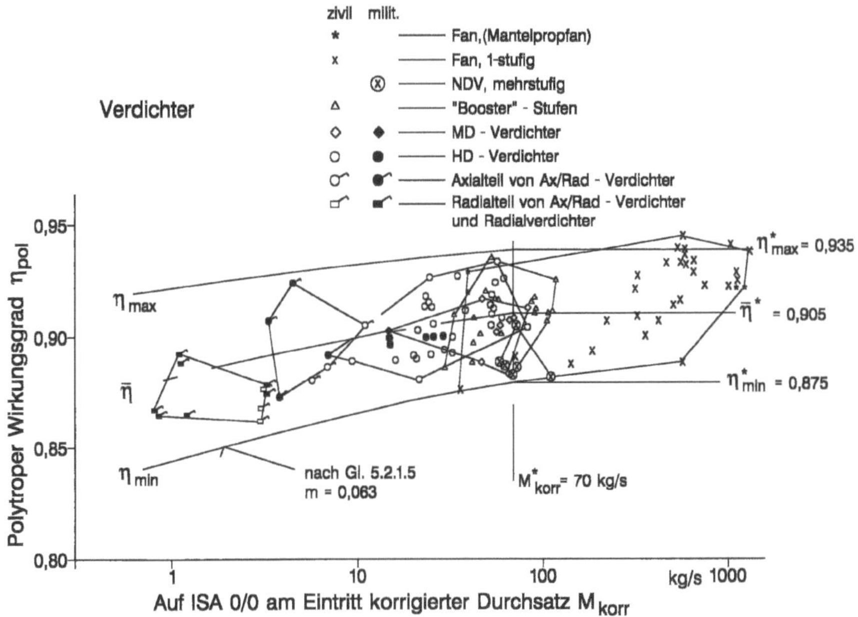

Bild 5.2.1.2: Größeneinfluß bei Verdichtern und Ermittlung der polytropen Wirkungsgrade für $M^*_{korr} = 70$ kg/s; $RNI = 1$; EIS = 1995

Aufgrund der Lage der in Bild 5.2.1.2 mit eingezeichneten Wirkungsgrade 1-stufiger Fans und der Größenordnung ihrer korrigierten Durchsätze – im wesentlichen im Bereich $M_{korr} > 100$ kg/s – bei der ein nennenswerter Größeneinfluß nicht mehr vorstellbar ist, aber auch aufgrund der in Abschnitt 5.2.2.1 dargelegten Erkenntnis, daß bei dieser Komponente andere Parameter für den Wirkungsgrad maßgebend sind, wurde diese Komponente aus der analytischen Behandlung des Größeneinflusses herausgenommen. Damit wird sowohl bei Verdichtern als auch bei Turbinen der korrigierte Durchsatz $M^*_{korr} \approx 70$ kg/s festgelegt, oberhalb dessen der Größeneinfluß als verschwunden betrachtet wird. Bei Turbinen enthält der normierte polytrope Wirkungsgrad noch nicht den bereits eingangs erwähnten Einfluß des Schlankheitsgrades der Schaufeln. Bei der in Betracht gezogenen Korrektur des Wirkungsgrades $\eta_{pol,M} = f(M_{korr})$ im Sinne einer Normierung des axialen Schlankheitsgrades auf einen Mittelwert wurde weder eine Verkleinerung der Streuung noch eine Änderung der Tendenz über M_{korr} erreicht, obwohl Turbinen bei niedrigen Werten M_{korr} im Durchschnitt niedrigere Werte der Schaufel-Schlankheitsgrade h/l_{ax} aufweisen als bei höheren Werten M_{korr}. Ferner wird in Abschnitt 5.2.3.5 bzw. Bild 5.2.3.37 noch dargelegt, daß – ohne Berücksichtigung des Parameters h/l_{ax} – kein Unterschied im Wirkungsgradniveau von Klein- und Großgasturbinen zu Ungunsten der Kleingasturbinen besteht. Daher wurde in Bild 5.2.1.3 auf diese Korrektur verzichtet, zumal bei späterer Verwendung dieser Daten zur Festlegung von Wirkungsgraden im frühen Projektstadium die Notwendigkeit der Festlegung des axialen Schlankheitsgrades der Beschaufelungen eine Behinderung dargestellt hätte. Die in Erwägung gezogene Korrelation der Wirkungsgrade über den Mittelwerten der korrigierten Durchsätze am Eintritt und Austritt der Komponenten wurde ebenfalls wieder verlassen, weil dadurch einerseits die spätere Anwendung der Ergebnisse erschwert würde und andererseits dadurch keine neuen Erkenntnisse zu gewinnen waren.

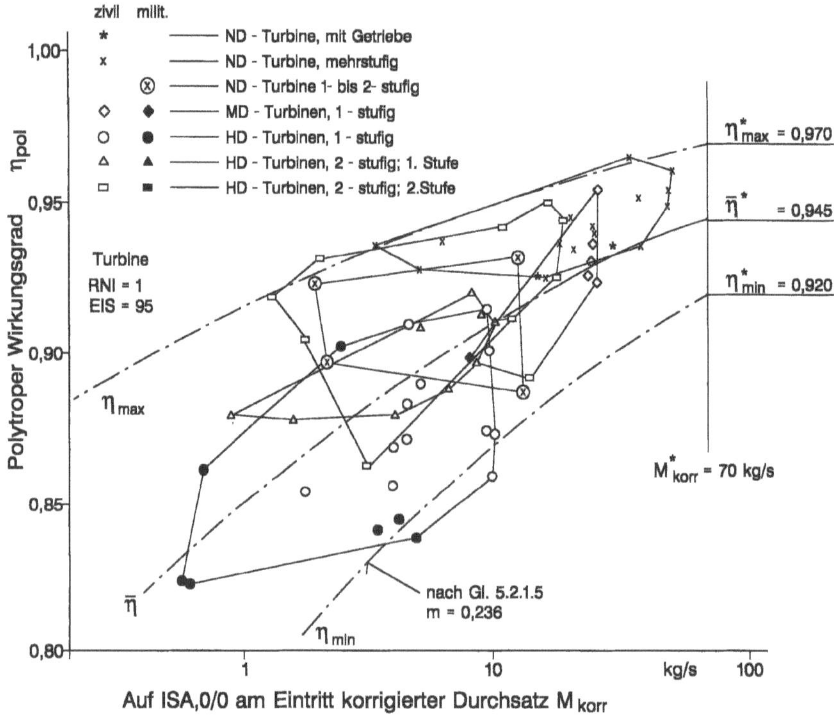

Bild 5.2.1.3: Größeneinfluß bei Turbinen und Ermittlung der polytropen Wirkungsgrade für M^*_{korr} = 70 kg/s; RNI = 1; EIS = 1995

Insgesamt wurden folgende Parameterwerte ermittelt (vgl. Abschnitt 3.8):

	Verdichter	**Turbinen**
M^*_{korr} kg/s	70	70
η^*_{pol}	0,875 ... 0,935	0,920 ... 0,970
$\bar{\eta}^*_{pol}$	0,905	0,945
m	0,063	0,236
σ	0,63	0,85

Innerhalb des gesamten Streubereichs $0 \leq \lambda \leq 1$ liegen die einzelnen Bauarten wie folgt:

a) Verdichter $\qquad\qquad\qquad \lambda =$

1-stufige Fans	(nicht miteinbezogen)
mehrstufige, milit. NDV	0,2 ... 0,7
ND-Verdichter („Booster")	0 ... 1
MD-Verdichter von 3-Wellen-Triebwerken	0,1 ... 0,7
HD-Verdichter von 2- und 3-Wellen-Triebwerken	0,2 ... 1
Axialteile von Ax/R-Verdichtern	0,3 ... 0,9
Radialverdichter	0,2 ... 0,7

Dabei ist bemerkenswert, daß sich auch Radialverdichter zwanglos in den Streubereich der Axialverdichter einfügen.

b) Turbinen $\qquad\qquad\qquad \lambda =$

1-stufige HD-Turbinen	0 ... 0,7
2-stufige HD-Turbinen (1. Stufe)	0,4 ... 0,7
(2. Stufe)	0,5 ... 0,9
1-stufige MD-Turbinen von 3-Wellen-Triebwerken und 1-stufige ND-Turbinen von milit. Triebwerken	0,1 ... 0,7
mehrstufige ND-Turbinen	0,5 ... 1

Die relative Lage bzw. Zuordnung dieser Komponentenbauarten im Sinne des Parameters λ ist mit der Vorstellung über die dabei bestehenden technischen Probleme im Zusammenhang mit Kühlung, thermischen Dehnungen, Spalthaltung etc. durchaus in Einklang zu bringen.

Einführungszeitraum EIS

Eine Zusammenfassung der bei den einzelnen Komponentenbauarten gefundenen Entwicklungsgradienten bzw. der für eine Normierung auf EIS = 1995 nötigen Korrektur $\Delta\eta_{pol,\text{EIS}} = f(\text{EIS})$ ist vorab in Bild 5.2.1.4 dargestellt. Die von Komponente zu Komponente durchaus verschiedenen Tendenzen der Wirkungsgrade und anderer Parameter gegenüber EIS werden explizit bei der Beschreibung der Komponenten in den folgenden Abschnitten behandelt.

$$\eta_{pol,95} = \eta_{pol,EIS} - \Delta\eta_{pol,EIS}$$

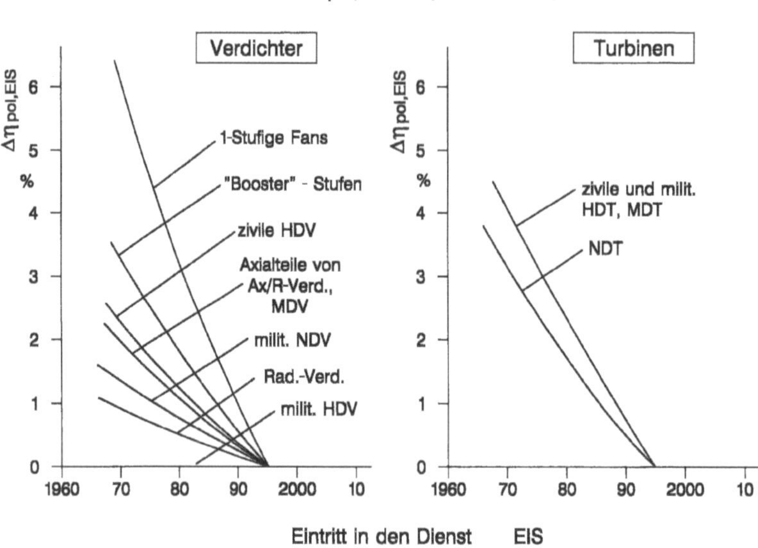

Bild 5.2.1.4: Normierung der polytropen Wirkungsgrad bei M_{korr} 70 kg/s auf EIS = 1995

Einfluß der *Re*-Zahl

Was die Abhängigkeit der Wirkungsgrade von der *Re*-Zahl und die Normierung aller Wirkungsgrade für $RNI = 1$ betrifft, so kann bezüglich dieser Abhängigkeit im hydraulisch glatten Bereich auf die bekannte Beziehung

$$\frac{1-\eta_{pol}}{1-\eta_{pol}^*} = \left(\frac{Re}{Re^*}\right)^{-n} \tag{5.2.1.8}$$

zurückgegriffen werden, wobei nach der Datenbasis der MTU sowie nach [8] und [5.2.1 bis 5.2.3] folgende Exponenten anzusetzen sind

– Fans und ND-Verdichter: $n = 0{,}14$,

– MD-Verdichter und „Booster"-Stufen: $0{,}12 \dots 0{,}14$,

– axiale HD-Verdichter und Radialverdichter: $0{,}10$,

– Turbinen: $0{,}18$.

Die Lage des Übergangs glatt/rauh ist bei Axialverdichtern besser überschaubar als bei Radialverdichtern und Turbinen. Nach [5.2.2] ist bei Axialverdichtern – mit Bezeichnungen nach Bild 5.2.1.5 – die mit der Eintrittsgeschwindigkeit W_1 bzw. C_2 und der „technischen" Rauhigkeit Rt gebildete kritische *Re*-Zahl

$$Re_{Rt,krit} = \frac{W_1 \cdot Rt}{v_{stat,1}} = 90 \dots 120 \ , \tag{5.2.1.9}$$

oberhalb der auch bei weiterer Steigerung der *Re*-Zahl keine weitere Erhöhung des Wirkungsgrades mehr zu erwarten ist. Die in [5.2.2] abgeleitete Beziehung nach Gl. 5.2.1.9 wurde an einer sehr kleinen Gruppe von Verdichtern mit sehr kleinen Schaufeln ermittelt. Es ist jedoch nicht ausgeschlossen, daß bei Übertragung dieses Kriteriums auf Verdichter bzw. Schaufeln mit größeren Abmessungen eher die kritische *Re*-Zahl

$$Re'_{Rt,krit} = \frac{W_1 \cdot l}{v_{stat,1}} \cdot \frac{Rt}{l} \tag{5.2.1.10}$$

von einem kritischen Wert Rt/l abhängig ist. Dies entspricht der Vorstellung, daß ein bestimmter Anteil des Profils, d.h. die Rauhigkeit im Bereich der Eintrittspartie – z.B. 10% der Profilsehnenlänge – für den Übergang glatt/rauh maßgebend ist, zumal die Grenzschichtentwicklung sich nach diesem Parameter richtet. In diesem Falle wäre der Parameter Rt/l maßgebend. Hierzu besteht jedoch keine experimentell unterbaute Evidenz, so daß bei Verdichtern der Übergang glatt/rauh weiterhin nach Gl. 5.2.1.9 behandelt wird.

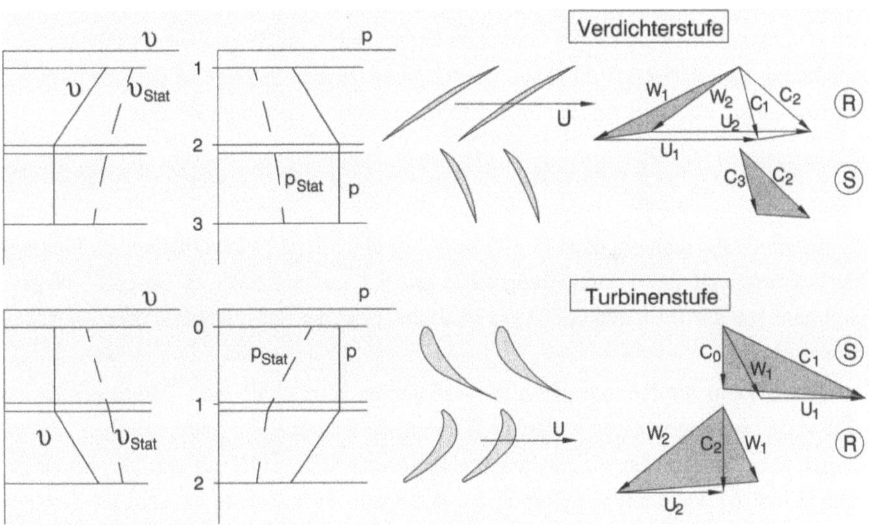

Bild 5.2.1.5: Bezeichnungen und Zusammenhänge bei der Berechnung von Re_{Rt} bei Verdichter- und Turbinenstufen

Aufgrund der bei Verdichtern und Turbinen vom Standpunkt des Auflaufens der Grenzschicht hinter dem Eintritt auf der Saugseite vergleichbaren aerodynamischen Problematik, aber auch vor dem Hintergrund der in [5.2.4] beschriebenen Messungen an Turbinenschaufeln, kann auch bei Turbinen eine kritische *Re*-Zahl analog Gl. 5.2.1.9 definiert werden. Nach [5.2.4] ist bei Turbinen – ebenfalls mit Bezeichnungen nach Bild 5.2.1.5 – ein klarer Übergang glatt/rauh bei einer mit Rt gebildeten, auf die Austrittsgeschwindigkeit C_1 bzw. W_2 bezogenen *Re*-Zahl – je nach Rauhigkeitstyp –

$$Re_{Rt,krit} = \frac{C_1 \cdot Rt}{v_{stat,1}} = 70 \dots 140 \qquad (5.2.1.11)$$

zu erwarten. Da bei Turbinen trotz der für die Beschreibung der Re-Situation signifikanteren Austrittsgeschwindigkeit C_1 bzw. W_2 zu erwarten ist, daß auch hier die Eintrittsgeschwindigkeit C_0 bzw. W_1, d.h. die Anlaufgrenzschicht und damit der Profileintritt maßgebend ist, kann mit dem in [5.2.4] herrschenden Geschwindigkeitsverhältnis $C_0 / C_1 = 0{,}38$ aus Gl. 5.2.1.11 die auf den Eintritt bezogene Re-Zahl

$$Re_{Rt,krit} = \frac{C_0 \cdot Rt}{v_{stat,0}} = 27 \dots 53 \qquad (5.2.1.12)$$

abgeleitet werden.

Da ferner aus [5.2.5 bis 5.2.7] hervorgeht, daß bei den untersuchten Turbinengittern die relative Impulsverlustdicke δ_2 / l der Saugseitengrenzschicht sowohl am Profileintritt $x / l = 0{,}1$ als auch am Profilaustritt $x / l = 0{,}9$ bei 55% bzw. bei 45 ... 59% jener von Verdichtergittern liegen, besteht vom Standpunkt der am Übergang glatt/rauh herrschenden Bedingung $Rt \approx$ Dicke der laminaren Grenzschicht im Bereich des Profileintritts in Anlehnung an Gl. 5.2.1.9 durchaus Berechtigung zu der Festlegung der bei Turbinen anzusetzenden, ebenfalls auf den Profileintritt bezogenen kritischen Re-Zahl

$$Re_{Rt,krit} = \frac{C_0 \cdot Rt}{v_{stat,0}} \approx 44 \dots 66 , \qquad (5.2.1.13)$$

die mit der Untersuchung nach [5.2.4] bzw. mit Gl. 5.2.1.12 einigermaßen im Einklang ist. Entsprechend der Formulierung nach Gl. 5.2.1.9 und 5.2.1.13 ist der Übergang glatt/rauh von der absoluten Größe der Maschine bzw. der Schaufelgröße oder Kanalweite unabhängig.

Damit kann die Normierung aller verfügbaren Verdichter- und Turbinendaten auf $RNI = 1$ in homogener und einfacher Weise ohne Kenntnis der geometrischen Abmessungen der Beschaufelungen etc. durchgeführt werden. Dabei ist mit den Bezeichnungen nach Bild 5.2.1.5 die mit der Oberflächenrauhigkeit Rt gebildete Re-Zahl mit Gewichtung der aerodynamischen Wirkung des Lauf- und Leitgitters einer Stufe entsprechend dem kinematischen Reaktionsgrad $r = W_{u,\infty} / U$ bei Verdichterstufen

$$Re_{Rt} = \left[\frac{r \cdot W_1}{v_{stat,1}} + \frac{(1-r) \cdot C_2}{v_{stat,2}} \right] Rt = \left[r \frac{W_1}{U} + (1-r) \frac{C_2}{U} \cdot \frac{v_{stat,1}}{v_{stat,2}} \right] \frac{Rt \cdot U}{v_{stat,1}} \qquad (5.2.1.14)$$

und bei Turbinenstufen

$$Re_{Rt} = \left[(1-r) \frac{C_0}{v_{stat,0}} + r \frac{W_1}{v_{stat,1}} \right] Rt = \left[(1-r) \frac{C_0}{U} \cdot \frac{v_{stat,1}}{v_{stat,0}} + r \frac{W_1}{U} \right] \frac{Rt \cdot U}{v_{stat,1}} \qquad (5.2.1.15)$$

mit

$$\frac{1}{v_{stat}} = \frac{RNI}{v^* \cdot v_{stat}/v} \qquad (5.2.1.16)$$

mit der kinematischen Zähigkeit $v^* = 14{,}5 \cdot 10^{-6}$ m²/s bei ISA, Boden/Stand. Nach Bild 5.2.1.5 ist bei Verdichtern $v_{stat,2} < v_{stat,1}$ und bei Turbinen $v_{stat,1} < v_{stat,0}$, aber angesichts der sonstigen Unsicherheit genügt eine relativ grobe Abschätzung von Re_{Rt}, so daß unbedenklich $v_{stat,2} \approx v_{stat,1}$ bzw. $v_{stat,1} \approx v_{stat,0}$ gesetzt werden kann. Damit werden für die Auswertung der statistischen Daten die Re-Zahlen nach Gl. 5.2.1.14 und 5.2.1.15 jeweils mit den Gaszuständen am Rotoreintritt bei Verdichterstufen

$$Re_{Rt} \approx \left[r \cdot \frac{W_1}{U} + (1-r)\frac{C_2}{U} \right] \frac{Rt \cdot U}{v^*} \cdot \frac{RNI}{\left(v_{stat}/v\right)_1} \qquad (5.2.1.17)$$

und bei Turbinenstufen

$$Re_{Rt} \approx \left[(1-r)\frac{C_0}{U} + r\frac{W_1}{U} \right] \frac{Rt \cdot U}{v^*} \cdot \frac{RNI}{\left(v_{stat}/v\right)_1} \qquad (5.2.1.18)$$

berechnet. Hierzu sind die von den Auslegungsparametern φ, ψ und r abhängigen Klammerausdrücke in den Bildern 5.2.1.6 und 5.2.1.7 dargestellt.

Bei mehrstufigen Verdichtern und Turbinen mit z Stufen, bei denen bei der Analyse eines konkreten Triebwerks oder im frühen Projektstadium nur die Mittelwerte einer Komponente $\overline{\varphi}$, $\overline{\psi}$ und r sowie die Eintritts- und Austrittsbedingungen p und T bekannt sind, können die Klammerausdrücke nach Gl. 5.2.1.17 und 5.2.1.18 im Sinne von Mittelwerten für eine ganze Komponente ebenfalls nach Bild 5.2.1.6 und 5.2.1.7 berechnet werden, so daß mit den aus Eintritts- und Austrittsbedingungen bestimmten Mittelwerten der angesprochenen Parameter

$$\overline{U}, \overline{\alpha}_1, \overline{Ma}_{ax,1}, \overline{RNI} \text{ und } \overline{v}_{stat}/v$$

die für die gesamte Komponente zuständige Re-Zahl

$$\overline{Re}_{Rt} = f\left[\overline{\varphi}, \overline{\psi}, r\right]\frac{Rt \cdot \overline{U}}{v^*} \cdot \frac{\overline{RNI}}{\overline{v}_{stat}/v} \qquad (5.2.1.19)$$

mit

$$\frac{\overline{RNI}}{RNI_E} \approx \frac{1}{2}\left[1 + \frac{z-1}{z} \cdot \frac{RNI_A}{RNI_E} \right] \qquad (5.2.1.20)$$

und

$$\overline{v}_{stat}/v \approx f\left(\overline{Ma}_{ax}, \overline{\alpha}_1\right) \qquad (5.2.1.21)$$

nach Bild 5.2.1.8 bestimmt werden kann.

$$\frac{\overline{W}}{U} = \frac{W_1}{U} \cdot r + \frac{C_2}{U} \cdot (1 - r)$$

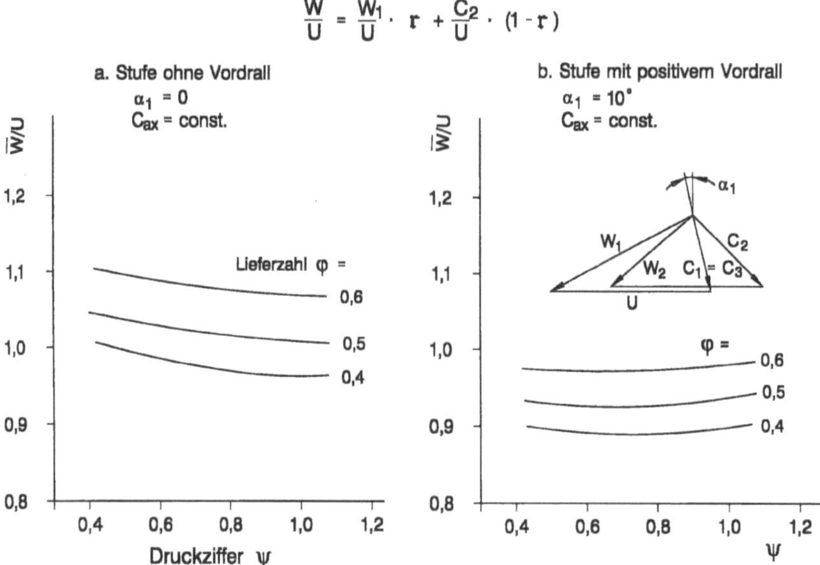

Bild 5.2.1.6: Mittlere, bezogene Anströmgeschwindigkeit bei Verdichterstufen

$$\frac{\overline{W}}{U} = \frac{C_0}{U} \cdot (1 - r) + \frac{W_1}{U} \cdot r$$

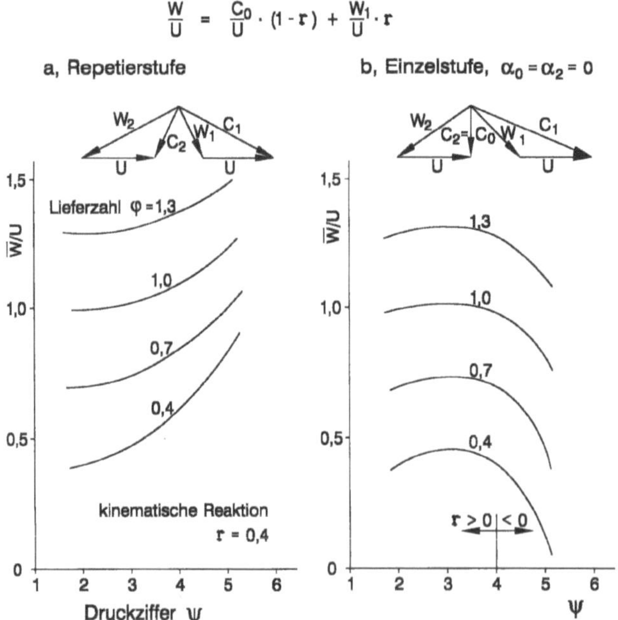

Bild 5.2.1.7: Mittlere, bezogene Anströmgeschwindigkeit bei Turbinenstufen

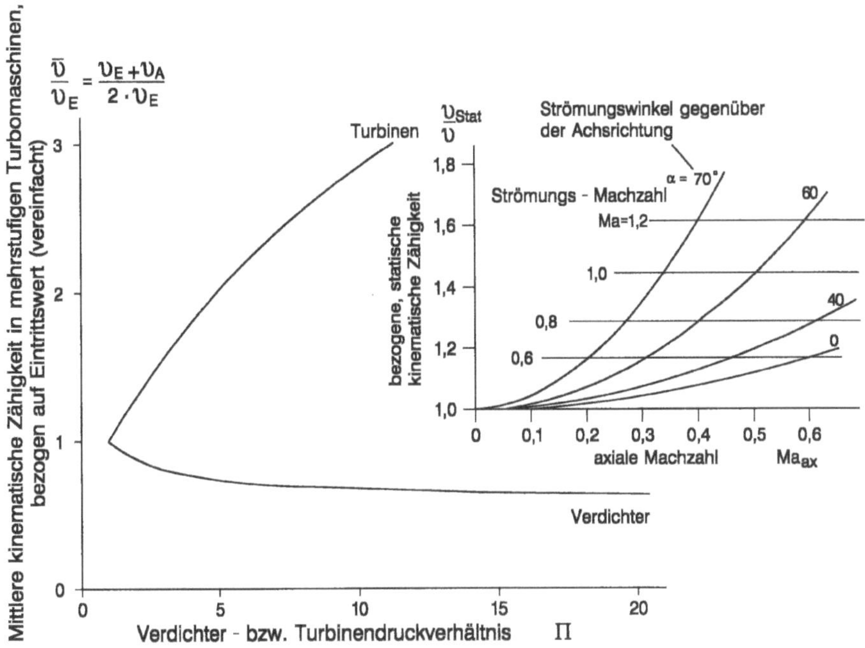

Bild 5.2.1.8: Hilfsfunktionen zur Berechnung der mittleren, statischen, kinematischen Zähigkeit mehrstufiger Turbomaschinen

Mit diesen für 1- und mehrstufige Verdichter und Turbinen anzuwendenden Berechnungen von Re_{Rt} oder $\overline{Re}_{Rt}$ ergibt sich nach Gl. 5.2.1.11 bzw. 5.2.1.13 mit den Mittelwerten $Re^* = Re_{Rt,krit} = 105$ (Verdichter) bzw. 55 (Turbinen) die im Bereich $Re_{Rt} < Re^*$ gültige Beziehung nach Gl. 5.2.1.8, während im Bereich $Re_{Rt} > Re^*$ der Wirkungsgrad $\eta_{pol} = \eta_{pol}^* = $ const. ist. Hierzu zeigt Bild 5.2.1.9 die im relevanten Bereich n und $\left(Re / Re_{krit}\right)_{Rt}$ zu erwartenden Korrekturen der polytropen Wirkungsgrade. Ferner zeigt Bild 5.2.1.10 die daraus zu gewinnende Korrektur der Wirkungsgrade für $RNI = 1$, die je nachdem, ob $Re_{Rt} \gtrless Re_{Rt,krit}$ bei $RNI \gtrless 1$ erreicht wird, individuell verschieden zu behandeln ist. Bild 5.2.1.11 zeigt für Verdichter und Turbinen die Re-Korrekturen bei allen analysierten Komponenten im Zuge der Normierung für $RNI = 1$. Da für Radialverdichter Daten über $Re_{Rt,krit}$ nicht verfügbar sind und somit die Frage glatter oder rauher Bereich nicht entschieden werden kann, wurde hier die Re-Korrektur in genäherter Form als Funktion von RNI nach Bild 5.2.1.11 vorgenommen.

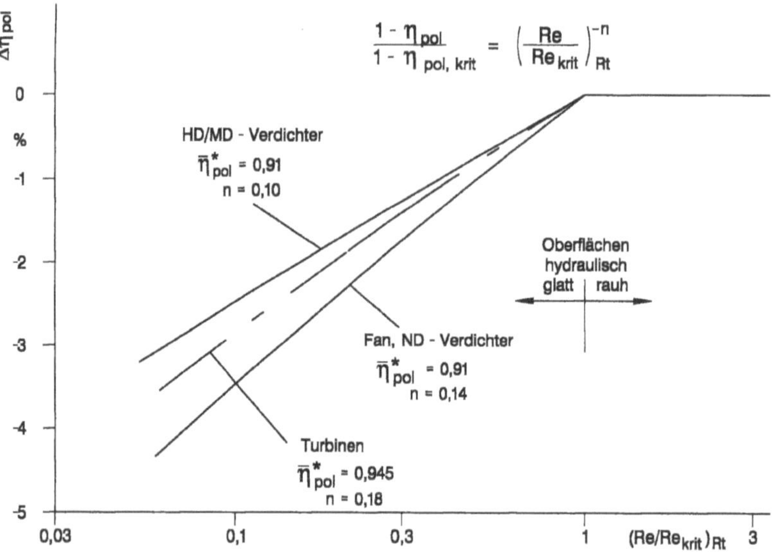

Bild 5.2.1.9: Einfluß der *Re*-Zahl auf den polytropen Wirkungsgrad im hydraulisch glatten Bereich (vereinfacht)

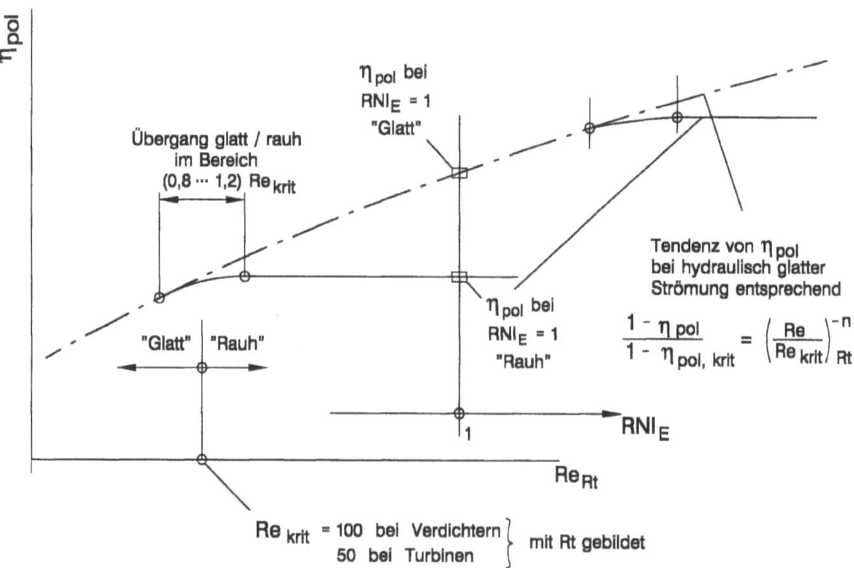

Bild 5.2.1.10: Erläuterung zur Ermittlung von η_{pol} bei $RNI_E = 1$

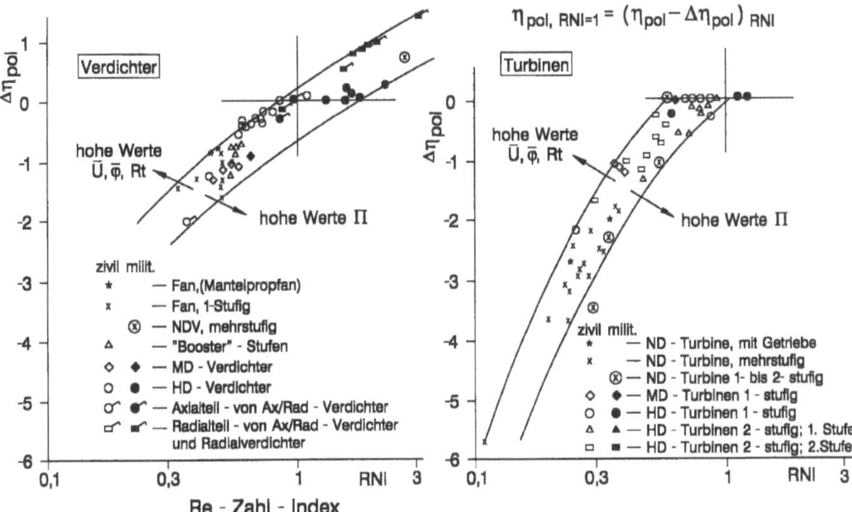

Bild 5.2.1.11: Korrektur des polytropen Wirkungsgrades bei Normierung für $RNI = 1$ als Konsequenz aus der Abhängigkeit $\eta_{pol} = (Re/Re_{krit})_{Rt}$

Angesichts der in [5.2.3] bei Verdichtern zwar angesprochenen, teilweise aber ungeklärten Rolle des Rauhigkeitstyps, des Zusammenwirkens von Lauf- und Leitgitter und mehrerer Stufen beim Übergang glatt/rauh und der weitgehend unsicheren Situation bei Turbinen mag die beschriebene Abschätzung als Arbeitshypothese akzeptiert werden können. Ohne Zweifel ist in dieser Hinsicht eine experimentell angelegte Verifizierung auf der Basis verschiedener Strömungsmaschinen unterschiedlicher Größe und Auslegung sowie mit systematischer Variation der Rauhigkeit zu empfehlen.

Normierte polytrope Wirkungsgrade

Diese ergeben sich aus den gegebenen „direkten" Werten η_{pol}, d.h. aus den mittels statistischer Auswertung und Analyse errechneten, für $M_{korr}^{*} = 70$ kg/s, EIS = 1995 und $RNI = 1$ geltenden polytropen Wirkungsgraden, die im folgenden als „normiert" bezeichnet werden, entsprechend

$$\eta_{pol}^{***} = \eta_{pol} + \Delta\eta_{pol,M} + \Delta\eta_{pol,EIS} + \Delta\eta_{pol,Re} \tag{5.2.1.22}$$

mit

$\Delta\eta_{pol,M}$ nach Gl. 5.2.1.1 bzw. Bild 5.2.1.2 und 5.2.1.3,

$\Delta\eta_{pol,EIS}$ nach Gl. 5.2.1.2 bzw. Bild 5.2.1.4,

$\Delta\eta_{pol,Re}$ nach Gl. 5.2.1.3 bzw. Bild 5.2.1.6 bis 5.2.1.10.

Diese normierten Wirkungsgrade enthalten – wie eingangs erwähnt – noch alle Einflüsse der im Folgenden zu behandelnden aerodynamischen und mechanischen Auslegungsparameter, so daß die in Bild 5.2.1.2 und 5.2.1.3 zu beobachtende erhebliche Streuung zunächst verständlich ist.

5.2.2 Verdichter

5.2.2.1 Korrelationsparameter

Bei allen in die Analyse einbezogenen Axialverdichterbauarten wie

- 1-stufige Fans ziviler Turbofans und Mantelpropfans,
- mehrstufige ND-Verdichter militärischer Turbofans,
- „Booster"-Stufen ziviler Turbofans,
- MD-Verdichter ziviler und militärischer Turbofans,
- HD-Verdichter ziviler und militärischer Turbofans,
- Axialteile von Axial-/Radialverdichtern von Wellenleistungstriebwerken und kleinen Turbofans

werden die nachfolgend definierten Auslegungsparameter ψ_{fm} und φ_{fm} im Flächenmittel

$$D_{fm} = \sqrt{\frac{1}{2}\left(D_a^2 + D_i^2\right)} = D_a\sqrt{\frac{1}{2}\left(1+v^2\right)} \qquad (5.2.2.1)$$

bestimmt. Mit den Totalzuständen p und T und den Strömungsquerschnitten am Verdichtereintritt und -austritt und den daraus gebildeten Axialgeschwindigkeiten $C_{ax,E}$ und $C_{ax,A}$ oder ggf. den Meridiangeschwindigkeiten bei größerer Neigung der Querschnittsflächen zur Achse ergeben sich die Lieferzahlen am Rotoreintritt der ersten Stufe

$$\varphi_E \approx \frac{C_{ax,E}}{U_{1,fm}} \qquad (5.2.2.2)$$

und am Rotoraustritt der letzten Stufe

$$\varphi_A \approx \frac{C_{ax,A}}{U_{2,fm}} . \qquad (5.2.2.3)$$

Damit ergibt sich die mittlere Lieferzahl

$$\overline{\varphi} = \frac{1}{2}\left(\varphi_E + \varphi_A\right) . \qquad (5.2.2.4)$$

Ferner ist mit der spezifischen Arbeit H_{eff} des gesamten Verdichters und den Umfangsgeschwindigkeiten $U_{2,fm}$ der einzelnen Stufen am Rotoraustritt die mittlere Druckziffer

$$\overline{\psi} = \frac{2H_{eff}}{\sum\limits_{1}^{z} U_{2,fm}^2} . \qquad (5.2.2.5)$$

Schließlich ergibt sich daraus die vom Radius normalerweise unabhängige Drosselziffer

$$\overline{\sigma} = \overline{\psi} / \overline{\varphi}^2 = \frac{2H_{eff}}{\overline{C}_{ax}^2} . \qquad (5.2.2.6)$$

Damit sind die neben dem Stufendruckverhältnis Π_{St} zur Beurteilung von Einzelstufen oder mehrstufigen Axialverdichtern – auch im Zusammenhang mit dem bereits in Abschnitt 5.2.1 abgeleiteten normierten, polytropen Wirkungsgrad η_{pol}^{***} – herangezogenen Parameter $\overline{\varphi}, \overline{\psi}$ und $\overline{\sigma}$ definiert und ggf. auch in ihrer zeitlichen Entwicklung, d.h. über EIS, darstellbar. Ferner werden – soweit sinnvoll – die geometrischen Parameter $\nu = D_i / D_a$ und die Relation der mittleren Durchmesser D_{fm} – jeweils am Eintritt und Austritt – und der für den Entwurf eines Verdichters wichtige konstruktive Parameter axialer Schlankheitsgrad (Aspect Ratio, AR)

$$AR_{ax} = \frac{D_a - D_i}{2 \cdot l_{ax}} \tag{5.2.2.7}$$

verfolgt.

Von Interesse ist ferner eine Zusammenstellung der bei ein- und mehrstufigen Verdichtern bei Teillast zu erwartenden Lage der optimalen Wirkungsgrade bei

$$Y_{AL,opt} = \frac{\Pi_{AL,opt} - 1}{\Pi_{AP} - 1} \tag{5.2.2.8}$$

und der Lage der Pumpgrenze bei

$$Y_{PG} = \frac{\Pi_{PG} - 1}{\Pi_{AP} - 1}. \tag{5.2.2.9}$$

Damit ergibt sich, z.B. relativ zum Bereich optimaler Wirkungsgrade, die Pumpgrenzenreserve

$$PGR = \frac{\Pi_{PG} - \Pi_{AL,opt}}{\Pi_{AL,opt} - 1} = \frac{Y_{PG} - Y_{AL,opt}}{Y_{AL,opt}}. \tag{5.2.2.10}$$

Diese Daten werden in der Weise präsentiert, daß – soweit sinnvoll – mehrere Komponenten (z.B. „Booster"-Stufen und MD-Verdichter) von 2- und 3-Wellen-Triebwerken oder z.B. HD-Verdichter von 2- und 3-Wellen-Triebwerken oder Axialteile von Axial-/Radialverdichtern von Wellenleistungstriebwerken oder kleinen Turbofans im Vergleich mit MD- und/oder HD-Verdichtern behandelt werden.

Radialverdichter als Endstufen von Axial-/Radialverdichtern oder als Front- oder Endstufe 2-stufiger Radialverdichter werden in Abschnitt 5.2.2.6 separat behandelt, zumal bei diesen andere aerodynamische und geometrische Auslegungsparameter angesprochen sind.

Entsprechend der überwiegenden Auslegungspraxis und aufgrund der verfügbaren Datenbasis sind die aerodynamischen Auslegungsdaten, insbesondere die Verdichterwirkungsgrade ziviler Turbofans für MCR, jene von militärischen Turbofans für Boden/Stand bzw. *TO* gegeben. Die spätere gemeinsame Analyse ist trotzdem zulässig, da bei zivilen Turbofans bei MCR und bei militärischen Turbofans im gesamten Vollast-Betriebsbereich die Düse kritisch ist, so daß die Flugbedingungen keinen nennenswerten Einfluß auf die Verdichter- und Turbinenarbeitspunkte haben. Auch bei Wellenleistungstriebwerken sind die Daten für Boden/Stand bzw. *TO* gegeben. Verdichter dieser Triebwerke werden ebenfalls in die gemeinsame Analyse einbezogen, da bei Wellenleistungstriebwerken die Betriebsdaten des Gasgenerators nur sehr wenig von den Austrittsbedingungen der Nutzturbine (kleines Druckverhältnis der Düse) abhängen.

5.2.2.2 1-stufige Fans von zivilen Turbofans und Mantelpropfans

Die Abhängigkeit des polytropen Wirkungsgrades von M_{korr} und EIS wurde bereits in Bild 5.2.1.1 und 5.2.1.2 dargestellt. Danach spielt bei dieser Gruppe der Größeneinfluß praktisch keine Rolle. Teilweise handelt es sich um separate Fans, teilweise um Fans mit angehängten „Booster"-Stufen. In beiden Fällen werden die Daten des äußeren, den kalten Strom beaufschlagenden Teils gegenüber jenen des inneren, den heißen Kreis beaufschlagenden Teils klar abgesetzt. Ferner werden die Wirkungsgrade älterer Fans mit schlanken Schaufeln und Schwingungsdämpfern zu dessen fiktiver Eliminierung um 0,8% aufgewertet. Zunächst zeigt Bild 5.2.2.1 im Zusammenhang mit Bild 5.2.1.4 die bemerkenswerte Entwicklung des für $RNI = 1$ korrigierten polytropen Wirkungsgrades über EIS, deren Ende noch keineswegs abzusehen ist.

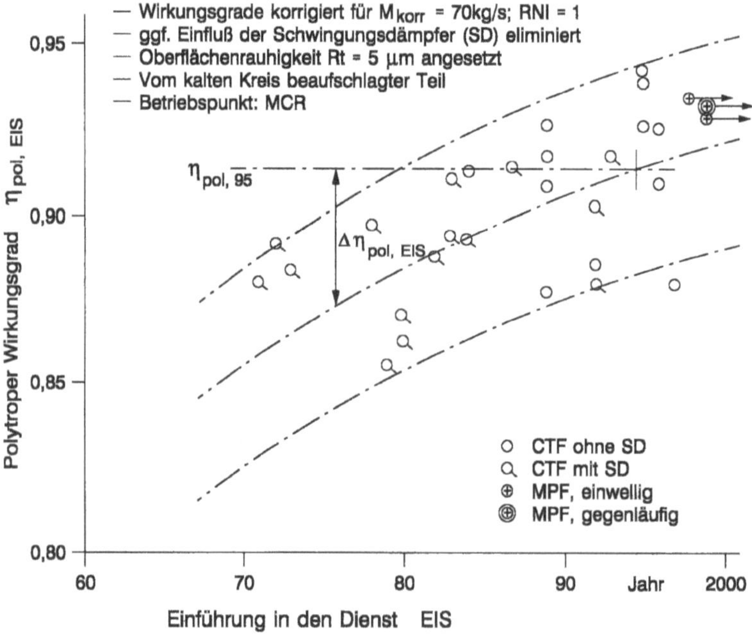

Bild 5.2.2.1: Zeitliche Entwicklung der polytropen Wirkungsgrade 1-stufiger Fans von CTF und MPF

Bezüglich des normierten, d.h. alle Korrekturen enthaltenden Wirkungsgrades η_{pol}^{***} geht aus Bild 5.2.2.2 hervor, daß mit zunehmendem Stufendruckverhältnis Π_{St} eine progressive Verschlechterung des polytropen Wirkungsgrades eintritt. Zugleich wird aber durch Bild 5.2.2.3 demonstriert, daß aufgrund des durch den Kreisprozeß bzw. den spezifischen Schub festgelegten, von EIS unabhängigen mittleren Niveaus der Stufendruckverhältnisse – zumindest bei konventionellen Turbofans – in der Darstellung von $\eta_{pol}^{***} = f(\Pi_{F,k})$ kein direkter Einfluß des Parameters EIS enthalten ist. Dagegen ist aufgrund der Tendenz $\psi = f(EIS)$ und $\eta_{pol}^{***} = f(\psi)$ entsprechend Bild 5.2.2.4 und 5.2.2.5 ein gewisser Einfluß des Parameters ψ in Bild 5.2.2.2 enthalten. Versuche, die nach Bild 5.2.2.2 doch erhebliche Streuung der Wirkungsgrade durch genauere Betrachtung der Anström-Mach-Zahlen und Druckziffern zu verkleinern bzw. zu eliminieren, waren erfolglos. Hierzu mag auch der Umstand beitragen, daß der Fan-Betriebspunkt bei MCR mit Rücksicht auf die Pumpgrenzenreserve nicht unbedingt im Wirkungsgradoptimum zu liegen braucht. Eine Übersicht der bei Fans bei Teillast zu verzeichnenden Werte $Y_{Al,opt}$ und Y_{PG} wird in Abschnitt 5.2.2.7 beschrieben.

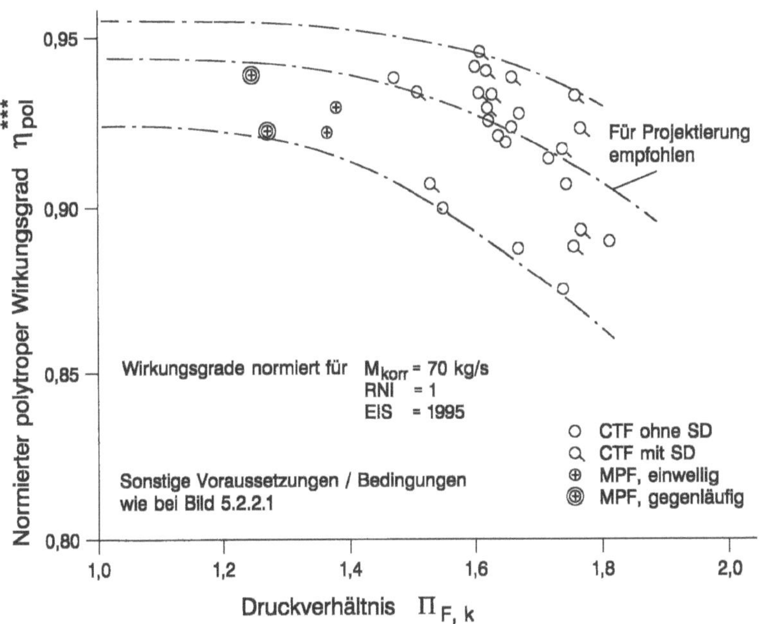

Bild 5.2.2.2: Einfluß des Druckverhältnisses auf den polytropen Wirkungsgrad 1-stufiger Fans von CTF und MPF

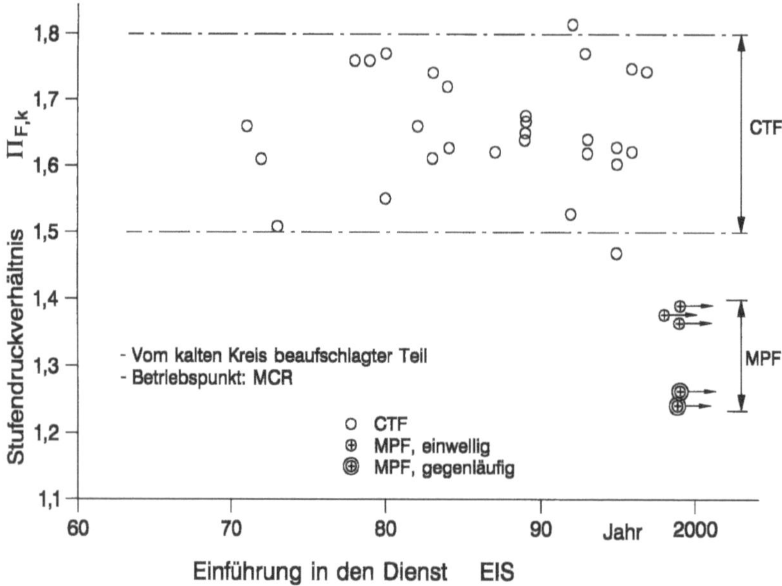

Bild 5.2.2.3: Zeitliche Entwicklung der Druckverhältnisse 1-stufiger Fans im kalten Kreis von CTF und MPF

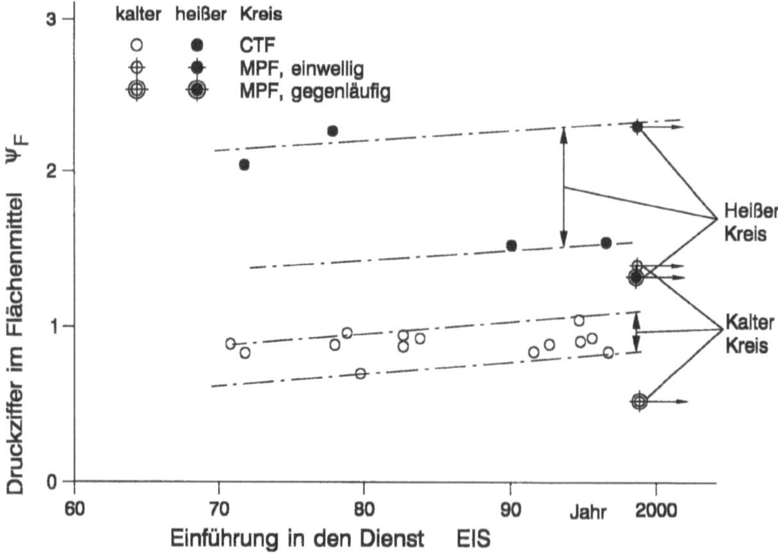

Bild 5.2.2.4: Zeitliche Entwicklung der Druckziffern 1-stufiger Fans im kalten und heißen Kreis von CTF und MPF

Bild 5.2.2.4 zeigt die zeitliche Entwicklung der Druckziffer ψ_{fm} und ihre Relation im äußeren und inneren Teilstrom, die im Folgenden noch kommentiert wird. Einerseits besteht nach Bild 5.2.2.5 eine gewisse, gemessen an der Streuung der Wirkungsgrade eher vage Abhängigkeit des Wirkungsgrades von der Druckziffer, die jedoch theoretisch zumindest qualitativ durchaus begründet ist und sich auch bei den anderen Verdichterbauarten wiederfinden wird. Andererseits entspricht die Erhöhung der Druckziffer bei gegebenem Druckverhältnis einer generellen Reduzierung der Umfangsgeschwindigkeit, die als Ausgangspunkt für die Reduzierung des vom Fan ausgehenden Lärmproblems zu betrachten ist. Hierzu zeigt Bild 5.2.2.6a die Korrelation der reduzierten Umfangsgeschwindigkeiten $U_a / \sqrt{T_2}$ am Außendurchmesser über dem Druckverhältnis und Bild 5.2.2.6b – unabhängig vom Druckverhältnis – den Trend der Herabsetzung der reduzierten Umfangsgeschwindigkeit am Außendurchmesser, bezogen auf ein aktuelles Niveau (EIS = 1995) der Druckziffer $\psi^{*}_{fm,k} = 1{,}0$ im kalten Kreis und des Durchmesserverhältnisses $(D_{fm,k} / D_a)^{*} = 0{,}8$ entsprechend

$$\frac{U_a / \sqrt{T_2}}{\left(U_a / \sqrt{T_2}\right)^{*}} = \sqrt{\left(\frac{\psi^{*}}{\psi}\right)_{fm,k}} \cdot \frac{\left(D_{fm,k} / D_a\right)^{*}}{D_{fm,k} / D_a} . \tag{5.2.2.11}$$

Dieser Trend über EIS hat nicht nur zur Verbesserung der Wirkungsgrade, sondern auch zur Herabsetzung des Lärmpegels beigetragen.

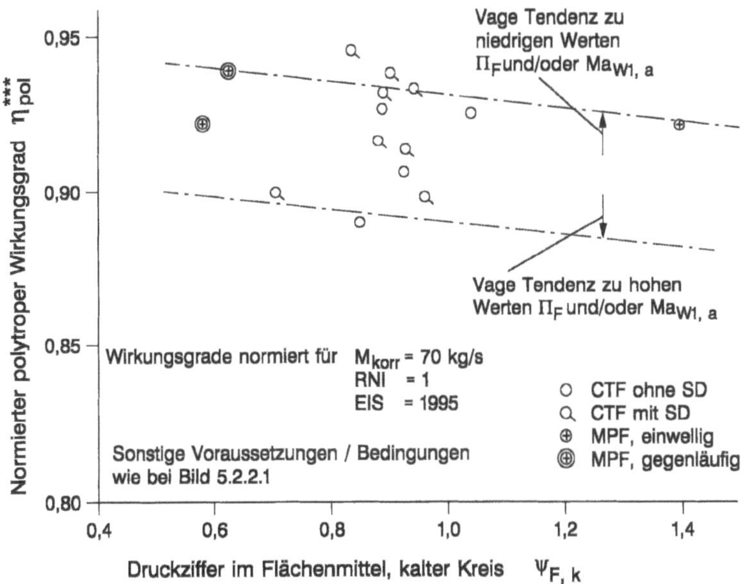

Bild 5.2.2.5: Korrelation der normierten polytropen Wirkungsgrade über den Druckziffern 1-stufiger Fans von CTF und MPF

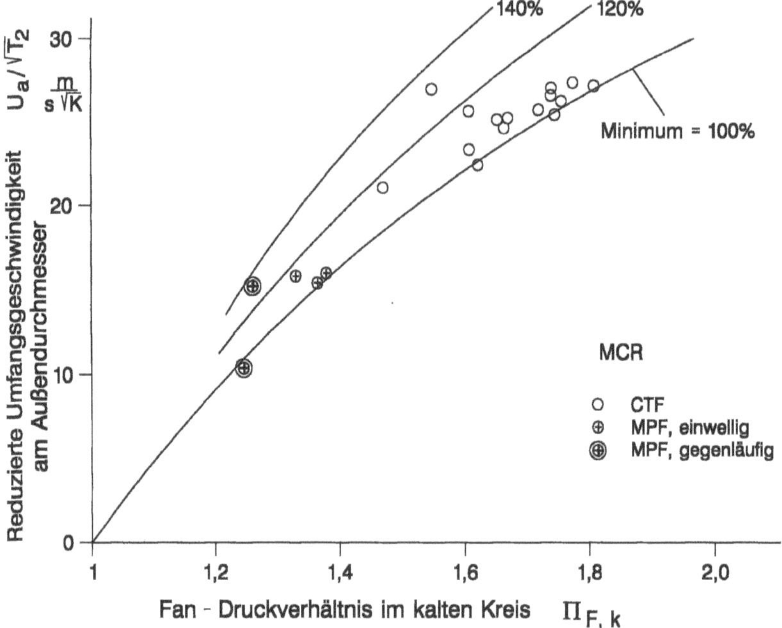

Bild 5.2.2.6a: Korrelation der reduzierten Umfangsgeschwindigkeit am Außendurchmesser über dem Druckverhältnis im kalten Kreis 1-stufiger Fans von CTF und MPF

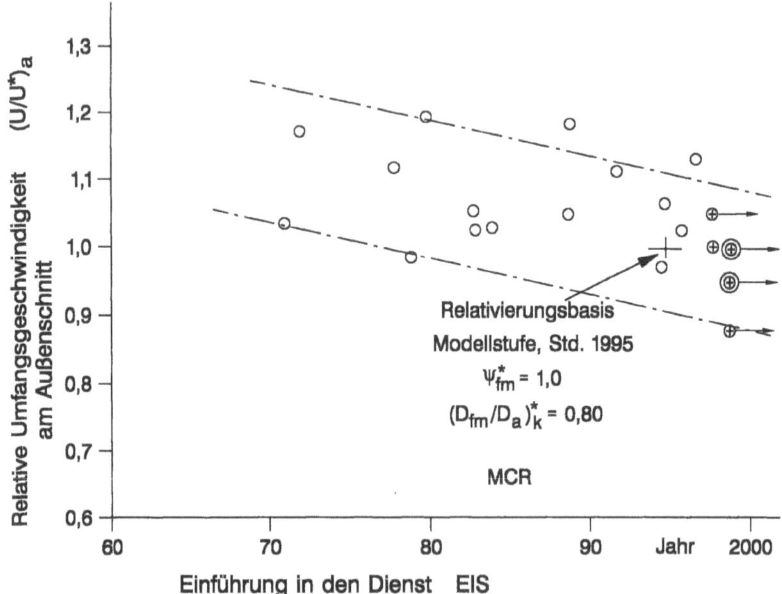

Bild 5.2.2.6b: Zeitlicher Trend der Umfangsgeschwindigkeit am Außenschnitt 1-stufiger Fans von CTF und MPF in Relation zu einer Modellstufe vom Standard 1995

Interessanterweise zeigen die Drosselziffern ψ / φ^2 entsprechend Bild 5.2.2.7 weder im äußeren noch im inneren Teilstrom eine nennenswerte Veränderung über EIS. Besonders instruktiv ist der Zusammenhang $\psi = f(\varphi)$ für die äußere und innere Fan-Partie nach Bild 5.2.2.8. Aus den Bildern 5.2.2.6 bis 5.2.2.8 geht übrigens hervor, daß mit Mantelpropfans – ob 1-stufig oder gegenläufig – völlig neue aerodynamische Bereiche in ψ und φ erschlossen werden, da hier die Axialgeschwindigkeiten jenen von konventionellen Turbofans entsprechen oder sogar erheblich höher liegen (z.B. beim gegenläufigen Mantelpropfan), während die Umfangsgeschwindigkeiten bzw. Druckverhältnisse (besonders beim gegenläufigen Mantelpropfan) erheblich niedriger sind.

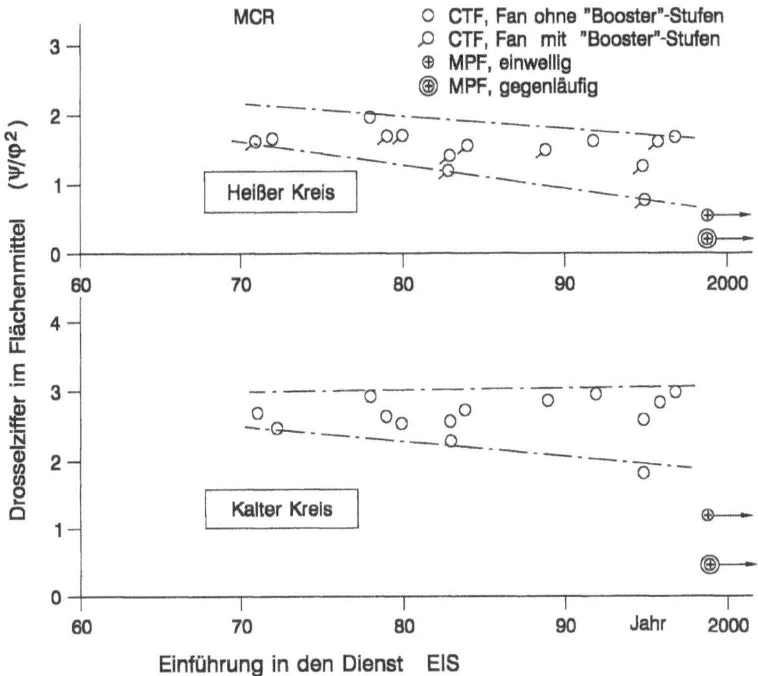

Bild 5.2.2.7: Zeitliche Entwicklung der Drosselziffern 1-stufiger Fans von CTF und MPF im heißen und kalten Kreis

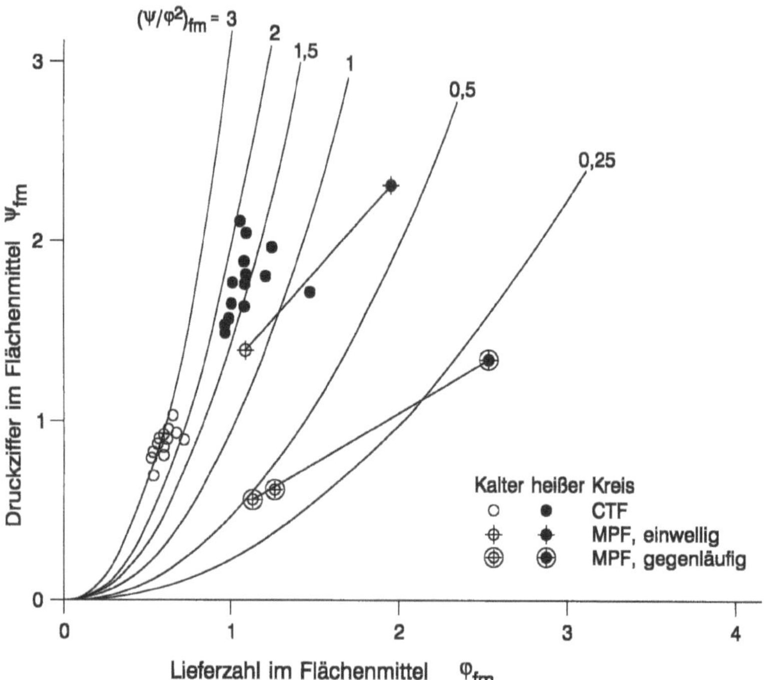

Bild 5.2.2.8: Zuordnung der Druckziffern und Lieferzahlen, jeweils im Flächenmittel des kalten und heißen Kreises, bei 1-stufigen Fans von CTF und MPF

Hierzu zeigt Bild 5.2.2.9 die zeitliche Entwicklung der axialen Mach-Zahlen am Fan-Eintritt und Bild 5.2.2.10 die Relation der axialen Mach-Zahlen am Fan-Eintritt und -Austritt (bzw. am Eintritt in den Nebenstromkanal). Während nach Bild 5.2.2.9 bei konventionellen Stufen (einschließlich einwelliger Mantelpropfans) praktisch keine Entwicklung zu höheren axialen Eintritts-Mach-Zahlen zu verzeichnen ist, was mit Rücksicht auf die Versperrungen des Kanals durch die Schaufeln verständlich ist, eröffnet sich mit dem gegenläufigen Propfan aufgrund der hier auftretenden, weit geringeren Versperrung (hohes Schaufelteilungsverhältnis und Pfeilung der Schaufeln) eine beträchtliche Anhebung des Niveaus der maximal möglichen axialen Mach-Zahlen am Fan-Eintritt. Eine Darstellung der beim einwelligen und gegenläufigen Mantelpropfan im Vergleich zum Turbofan vorliegenden typischen Auslegungsmerkmale und der anstehenden Problematik bei Auslegung und Betrieb ist in [5.2.8] gegeben.

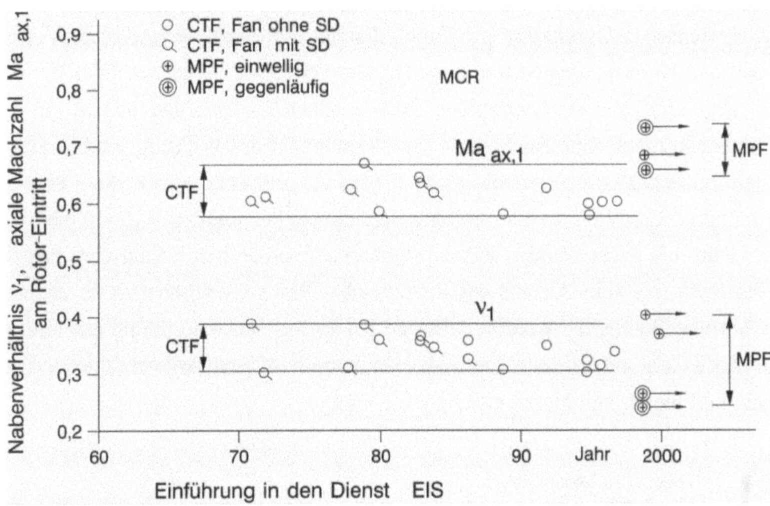

Bild 5.2.2.9: Zeitliche Entwicklung der axialen Eintritts-Mach-Zahlen und Nabenverhältnisse 1-stufiger Fans von CTF und MPF

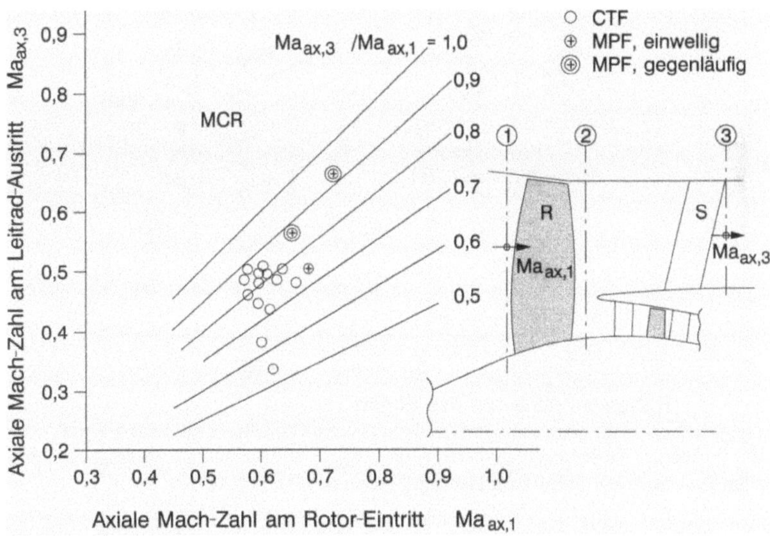

Bild 5.2.2.10: Relation der axialen Mach-Zahlen am Rotor-Eintritt und Leitrad-Austritt 1-stufiger Fans von CTF und MPF

Die bei konventionellen Turbofans sowie bei einwelligen und gegenläufigen Mantelpropfans erreichbaren Durchsätze pro Frontalfläche, die einen wesentlichen Vorteil des gegenläufigen Konzepts signalisieren, gehen aus Bild 5.2.2.11 hervor. Was die besonders bei gegenläufigen Mantelpropfans extrem hohen Lieferzahlen betrifft, so sei bemerkt, daß bei Rotoren ohne Nachleitrad vom Standpunkt des Wirkungsgrades relativ hohe optimale Lieferzahlen im Bereich $\varphi_{fm} = 0,7$ bis $1,5$ auftreten, während bei einwelliger Anordnung Laufrad/Leitrad der optimale Bereich wie bekannt bei $\varphi_{fm} = 0,4$ bis $0,8$ liegt. Ferner kann bei gegenläufigen Mantelpropfans die axiale Mach-Zahl vom Eintritt in den ersten Rotor bis zum Austritt aus dem zweiten Rotor etwa konstant im Bereich $Ma_{ax} = 0,75$ bis $0,80$ gehalten werden, während bei einwelliger Anordnung das Niveau der axialen Mach-Zahl mit Rücksicht auf das Nachleitrad auf jenes konventioneller Fan-Stufen beschränkt bleibt, vgl. hierzu [5.2.8].

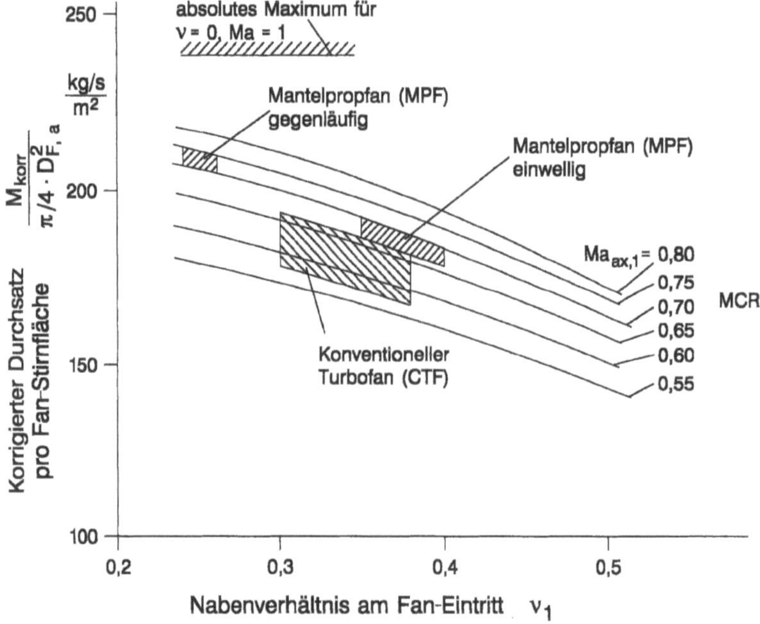

Bild 5.2.2.11: Einfluß der Auslegungsparameter v_1 und $Ma_{ax,1}$ bzw. deren Realisierungsbereich auf den korrigierten Durchsatz pro Stirnfläche 1-stufiger Fans von CTF und MPF

Trotz der extrem hohen ψ-Werte im inneren Teil, die vom Standpunkt der Stufencharakteristik $\psi = f(\varphi)$ bei Änderung der Lieferzahl an die aerodynamische Grenze $\psi = 2,0$ bis $2,4$ heranreichen, ist die spezifische Arbeit im inneren Teil gegenüber jener im äußeren Teil umso kleiner, je höher das Nebenstromverhältnis ist. Hierzu gibt Bild 5.2.2.12 die bei einer Reihe von Fan-Stufen ohne „Booster"-Stufen vorgefundenen Verhältnisse, die der Form

$$\left(\frac{H_h}{H_k}\right)_{eff} = \frac{\psi_{fm,h}}{\psi_{fm,k} \cdot \left(D_k / D_h\right)^2_{fm}} = f(\mu) \tag{5.2.2.12}$$

entsprechen. Bei der Auswertung anderer Fan-Stufen mit „Booster"-Stufen wurde diese Beziehung herangezogen und damit die separate Analyse der angehängten „Booster"-Stufen ermöglicht. Diese, aus aerodynamischen und konstruktiven Gründen (Gestaltung der Schaufeln in Nabennähe und Übergang Schaufel/Fußplatte/Fuß) erforderliche bzw. praktizierte Auslegung beeinflußt entsprechend Bild 5.2.2.13 aufgrund des radialen Gleichgewichts der Strömung die Axialgeschwindigkeit am Rotoraustritt in Nabennähe. Einen groben, d.h. eher pessimistischen Anhalt für diese Störung erhält man aus dem einfachen radialen Gleichgewicht (d.h. ohne Berücksichtigung der Meridian-Stromlinien-krümmung). Danach ergibt sich aus dem inkompressiblen Ansatz

$$\frac{\partial H_{is}}{\partial r} = \frac{1}{\rho} \cdot \frac{\partial p}{\partial r} = \frac{1}{2} \cdot \frac{\partial C^2_{ax,2}}{\partial r} + \frac{C^2_{u,2}}{r} + \frac{1}{2} \cdot \frac{\partial C^2_{u,2}}{\partial r} \tag{5.2.2.13}$$

$$= \eta \cdot \frac{\partial\left(U \cdot C_{u,2}\right)}{\partial r} \tag{5.2.2.14}$$

mit

$$\psi = \frac{2\Delta C_u}{U} = \frac{2C_{u,2}}{U}$$

und den Bezeichnungen nach Bild 5.2.2.13 für $\psi = $ const. und $C_{ax,1} = $ const. nach einiger Umformung das Verhältnis der Axialgeschwindigkeit an der Nabe zu jener am Übergang zwischen heißem und kaltem Kreis am Rotoraustritt

$$\left(\frac{C_{ax,i}}{C_{ax,a}}\right)_{h,2} = \sqrt{1 - \frac{2\eta\psi_h - \psi^2_h}{2 \cdot \left(C_{ax} / U_a\right)^2_{h,1}}\left[1 - \left(\frac{r_i}{r_a}\right)^2_h\right]} \tag{5.2.2.15}$$

Mit den nach Bild 5.2.2.7 relevanten Werten der Parameter $\psi = 1{,}5 \ldots 2{,}5$ und $\varphi = 1{,}0 \ldots 1{,}2$ erhält man die in Bild 5.2.2.13 dargestellte Störung der Axialgeschwindigkeit am Rotoraustritt des Fans. Danach ist die auftretende Störung, welche die Stabilität des Fans (Pumpgrenze) beeinträchtigen kann und die Zuströmung zu den „Booster"-Stufen bzw. zum MD-Verdichter stört, durchaus beherrschbar, zumal im Bereich des heißen Kreises das Nabenverhältnis des Fans

$$\nu_h = \left(\frac{r_i}{r_a}\right)_{h,1} \approx \sqrt{\frac{1}{\frac{1}{1+\mu}\left[\frac{1}{\nu^2_1} - 1\right] + 1}} \tag{5.2.2.16}$$

mit dem Nabenverhältnis $\nu_1 = 0{,}30 \ldots 0{,}38$ des gesamten Fans im Bereich $\nu_h = 0{,}65$ bis $0{,}8$ liegt und die vernachlässigte, aber existierende Krümmung der Meridianstromlinien diese Störung abschwächt.

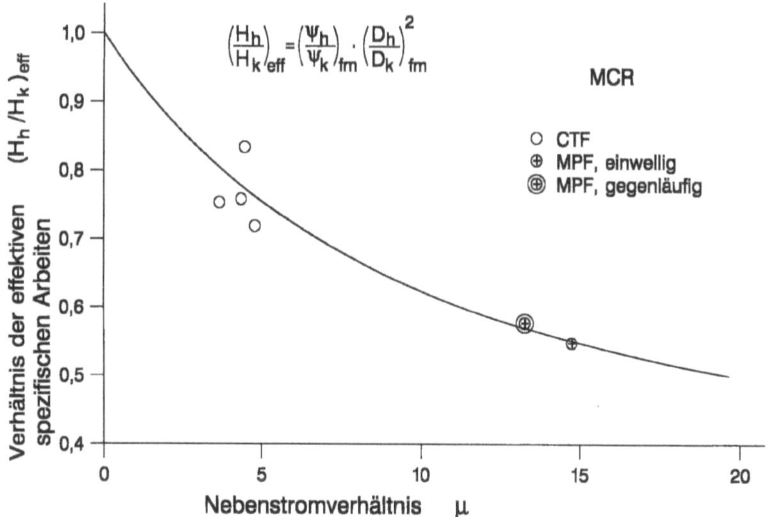

Bild 5.2.2.12: Einfluß des Nebenstromverhältnisses auf die Relation der effektiven spezifischen Arbeiten im heißen und kalten Kreis 1-stufiger Fans von CTF und MPF

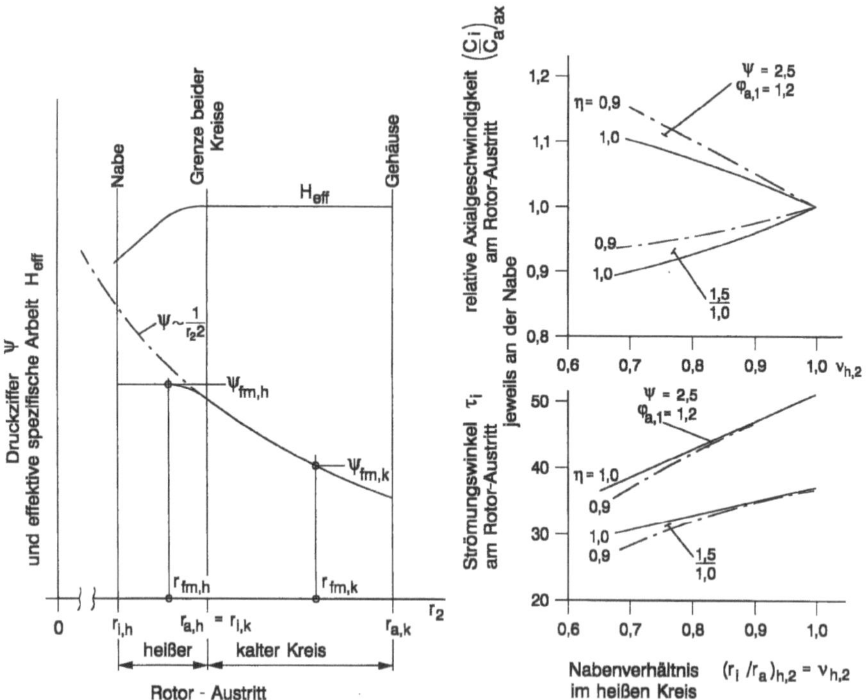

Bild 5.2.2.13: Radialer Verlauf der Druckziffer und effektiven spezifischen Arbeit im kalten und heißen Kreis 1-stufiger Fans von CTF und MPF und ihr Einfluß auf Axialgeschwindigkeit und Strömungswinkel am Rotor-Austritt im heißen Kreis (vereinfacht, idealisiert)

Die Auslegung des Fans für $H_{h,\mathit{eff}} < H_{k,\mathit{eff}}$ im Sinne von Bild 5.2.2.13 ist umso wichtiger, je höher das Nebenstromverhältnis und je kleiner das Nabenverhältnis ist, zumal dies dazu beitragen kann, im kalten Kreis eine Kombination der Parameter ψ und φ zu erreichen, die optimalen Wirkungsgrad verspricht, vgl. hierzu auch Abschnitt 6.11.3. Dabei ist der Effekt eines Gewinns an Wirkungsgrad gegenüber dem bei $\overline{p}_h < \overline{p}_k$ bzw. $(p_i < p_a)_k$ hinzunehmenden Impulsverlust abzuwägen. Des weiteren wird durch diese Auslegung aufgrund der kleineren Profilkrümmung im Nabenbereich der Übergang Schaufel/Fuß außerordentlich verbessert.

Die in Bild 5.2.2.2 angegebenen Wirkungsgrade η_{pol}^{***} gelten strenggenommen nur für den äußeren, den kalten Kreis beaufschlagenden Teil. Die für den inneren, den heißen Kreis beaufschlagenden Teil verfügbaren Daten sind dagegen ungenügend bzw. zu widersprüchlich und signalisieren keine ausgeprägte Tendenz $\eta_{pol,h}^{***} \gtrless \eta_{pol,k}^{***}$. Für die Projektierung kann daher unbedenklich $\eta_{pol,h} = \eta_{pol,k}$ gesetzt werden.

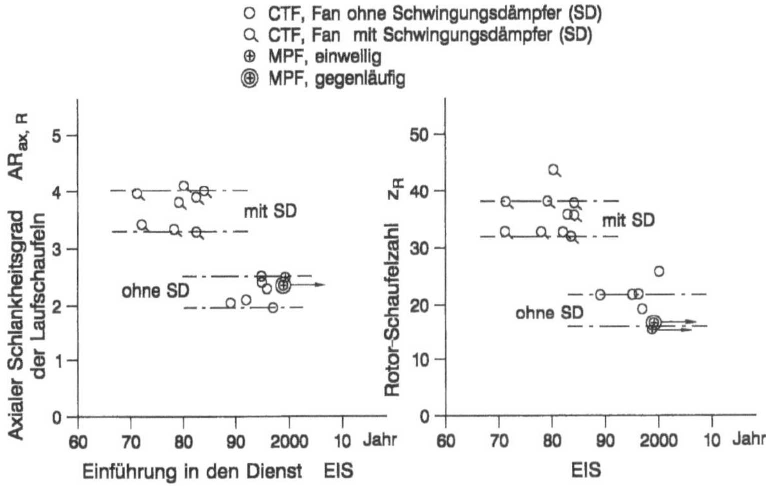

Bild 5.2.2.14a: Zeitliche Entwicklung der Zahl und des axialen Schlankheitsgrades der Laufschaufeln 1-stufiger Fans von CTF und MPF

Das für den konstruktiven Entwurf des Fan-Rotors und dessen Integrität bei Eigenschwingungen/Flattern/Vogelschlag entscheidende Höhen-/Seitenverhältnis der Laufschaufeln ist in Bild 5.2.2.14a/b in der Form als axialer Schlankheitsgrad

$$AR_{ax} = \frac{\overline{D}_a - \overline{D}_i}{2\,l_{ax,i}} = \frac{\overline{h}}{l_{ax,i}} \tag{5.2.2.17}$$

als Funktion von EIS und M_{korr} aufgetragen. Man erkennt einerseits den in den 80er Jahren einsetzenden Übergang von schlanken Schaufeln mit Schwingungsdämpfern zu

Schaufeln mit großer Profilsehne ohne Schwingungsdämpfer und andererseits einen beträchtlichen Größeneinfluß. Mit der Eliminierung der Schwingungsdämpfer ist – wie erwähnt – eine Verbesserung des Wirkungsgrades um ca. 0,8% erreichbar. Mit diesem Entwicklungsschritt einher ging die Tendenz zu Hohlschaufeln aus Titan oder zu Schaufeln aus nichtmetallischen Verbundwerkstoffen mit Panzerung der Eintrittskante, die ihrerseits eine Ausführung der Schaufeln mit Schwingungsdämpfern nicht zulassen.

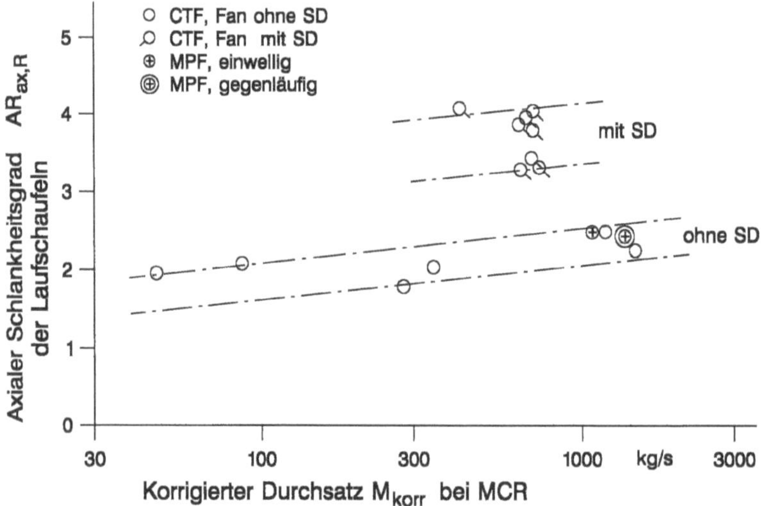

Bild 5.2.2.14b: Einfluß der Maschinengröße bzw. des korrigierten Durchsatzes auf den axialen Schlankheitsgrad der Laufschaufeln 1-stufiger Fans von CTF und MPF

5.2.2.3 Mehrstufige ND-Verdichter militärischer Turbofans

Nach Bild 5.2.1.2 liegen die analysierten Verdichter dieser Gruppe im Bereich M_{korr} = 60 … 110 kg/s, so daß die Größenkorrektur nach Gl. 5.2.1.1 praktisch keine Rolle spielt. Teilweise handelt es sich um Verdichter mit verstellbarem Vorleitrad, teilweise um solche ohne Vorleitgitter. Einige haben Laufschaufeln mit Schwingungsdämpfern, andere, vor allem die neueren, nicht. Bei den Verdichtern mit Schwingungsdämpfern wurden diese bei der Darstellung des Wirkungsgrades fiktiv eliminiert und durch einen Wirkungsgradbonus von 0,8% berücksichtigt.

Damit ergeben sich nach Bild 5.2.2.15 die für M_{korr}^{*} = 70 kg/s und RNI = 1 korrigierten Wirkungsgrade $\eta_{pol,EIS}$ bei maximalem Durchsatz bzw. Druckverhältnis (d.h. bei TO) und bei Teillast, d.h. bei optimalem Wirkungsgrad, als Funktion von EIS. Daraus erklärt sich die Korrektur $\Delta\eta_{pol,EIS}$ nach Gl. 5.2.1.2, die bereits in Bild 5.2.1.4 aufgenommen wurde.

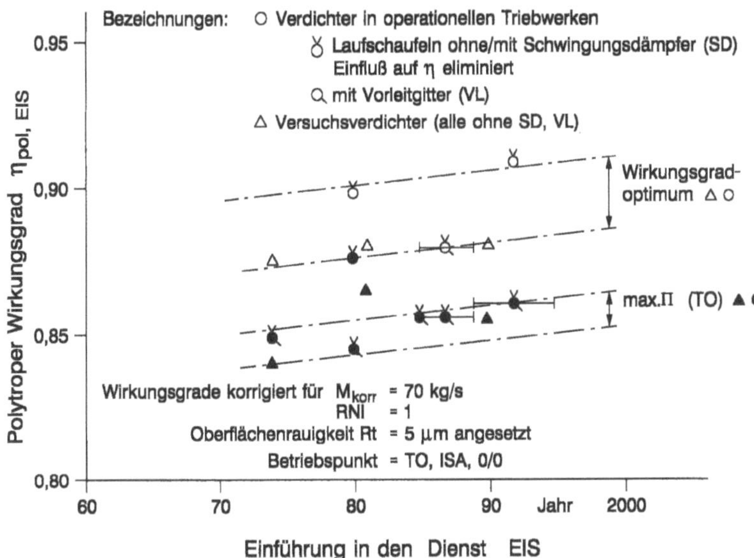

Bild 5.2.2.15: Zeitliche Entwicklung der polytropen Wirkungsgrade mehrstufiger ND-Verdichter von militärischen Turbofans (MTF)

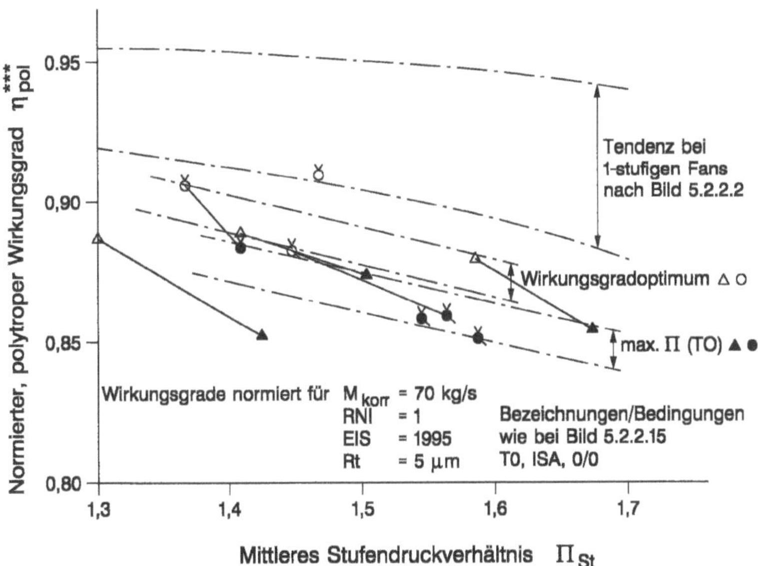

Bild 5.2.2.16: Einfluß des mittleren Stufendruckverhältnisses auf den polytropen Wirkungsgrad mehrstufiger ND-Verdichter von militärischen Turbofans (MTF)

Die Abhängigkeit des normierten Wirkungsgrades $\overset{***}{\eta}_{pol}$ vom mittleren Stufendruckverhältnis $\overline{\Pi}_{St}$ zeigt nach Bild 5.2.2.16 etwa dieselbe Tendenz wie bei 1-stufigen Fans entsprechend Bild 5.2.2.2.

Im Gegensatz zu den 1-stufigen Fans ziviler Turbofans, bei denen das Stufendruckverhältnis durch den spezifischen Schub vorgegeben ist, ist allerdings die bedeutende zeitliche Entwicklung der mittleren Stufendruckverhältnisse entsprechend der Erhöhung der spezifischen Schübe zu sehen, die natürlich aufgrund der Abhängigkeit

$$\overset{***}{\eta}_{pol} = f(\overline{\Pi}_{St})$$

ebenso wie der Einfluß von

$$\overset{***}{\eta}_{pol} = f(\overline{\psi})$$

in Bild 5.2.2.15 enthalten ist.

Die zwischen *TO* und dem Bereich optimaler Wirkungsgrade bei Teillast bestehende Wirkungsgraddifferenz streut nach Bild 5.2.2.16 erheblich. Sie ist einerseits eine Folge der bei dieser Komponente charakteristischen Aerodynamik, andererseits aber nicht unerwünscht, soweit der Bereich optimaler Wirkungsgrade nach Bild 5.2.2.17 bei Werten von $\phi_{rel,opt}$ und Y_{opt} liegt, die z.B. im Überschallflug, d.h. bei maximalen Leistungen bzw. $T_{4.1}$ auftreten, vgl. hierzu Bild 4.1.1 und 4.2.20.

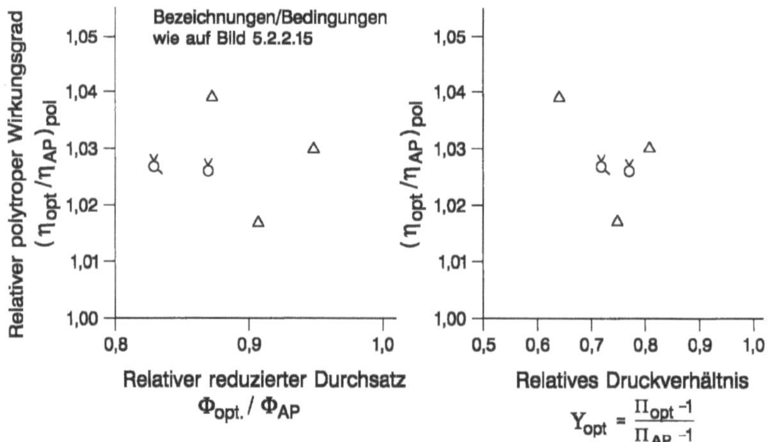

Bild 5.2.2.17: Lage der optimalen polytropen Wirkungsgrade im Kennfeld bei mehrstufigen ND-Verdichtern von MTF

Die im Unterschied zu den 1-stufigen Fans relativ geringe Steigerung der korrigierten Wirkungsgrade $\eta_{pol,EIS}$ über EIS nach Bild 5.2.2.15 erklärt sich nach Abschnitt 5.2.2.2 qualitativ aus dem Einfluß der mit EIS kräftig steigenden Stufendruckverhältnisse nach Bild 5.2.2.18 und dem zugleich starken Anstieg der Druckziffer nach Bild 5.2.2.19.

Die Tendenz der normierten Wirkungsgrade $\eta_{pol}^{***} = f(\overline{\psi})$ zeigt nach Bild 5.2.2.20 allerdings aufgrund der erheblichen Streuung und der begrenzten Datenbasis einen nur vage
feststellbaren Einfluß von $\overline{\psi}$, der aber theoretisch begründet werden kann und mit den
bei anderen Komponenten gefundenen Tendenzen zumindest nicht im Widerspruch steht.
Anders als bei 1-stufigen Fans bewirkt die beträchtliche Zunahme von $\overline{\psi}$ über EIS, Bild
5.2.2.19, nach Bild 5.2.2.21 teilweise auch einen deutlichen Anstieg von $\overline{\psi}/\overline{\varphi}^2$ über
EIS. Instruktiv ist auch hier die Darstellung $\overline{\psi} = f(\overline{\varphi})$ nach Bild 5.2.2.22.

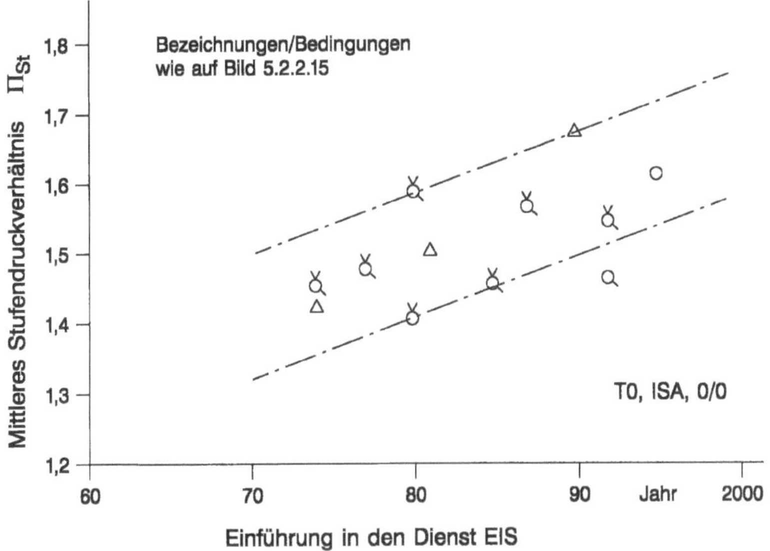

Bild 5.2.2.18: Zeitliche Entwicklung der mittleren Stufendruckverhältnisse mehrstufiger ND-
Verdichter von militärischen Turbofans (MTF)

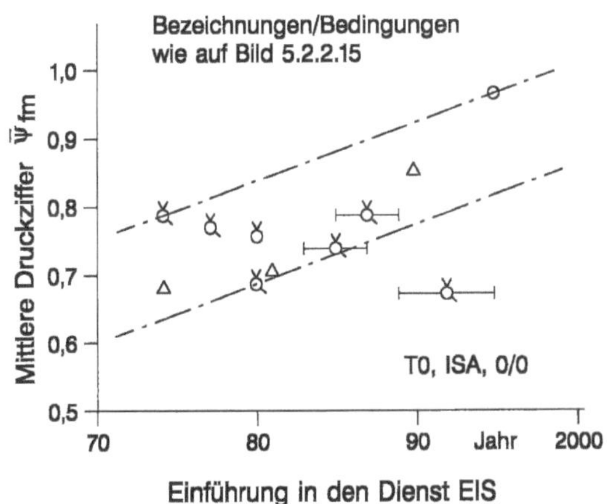

Bild 5.2.2.19:
Zeitliche Entwicklung der mittleren
Druckziffern mehrstufiger ND-Ver-
dichter von militärischen Turbofans
(MTF)

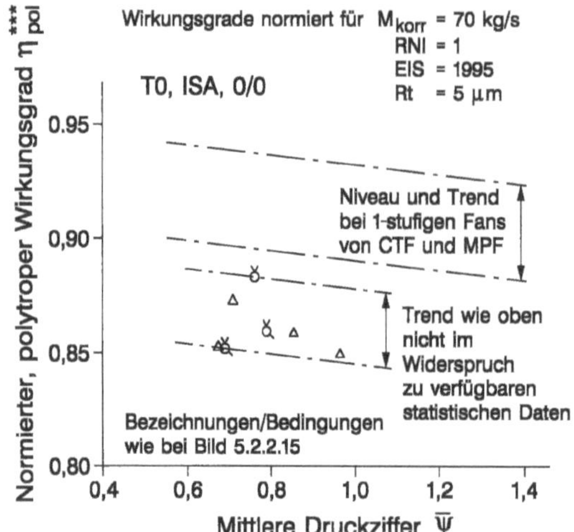

Bild 5.2.2.20:
Einfluß der mittleren Druckziffer auf den normierten, polytropen Wirkungsgrad mehrstufiger ND-Verdichter von MTF

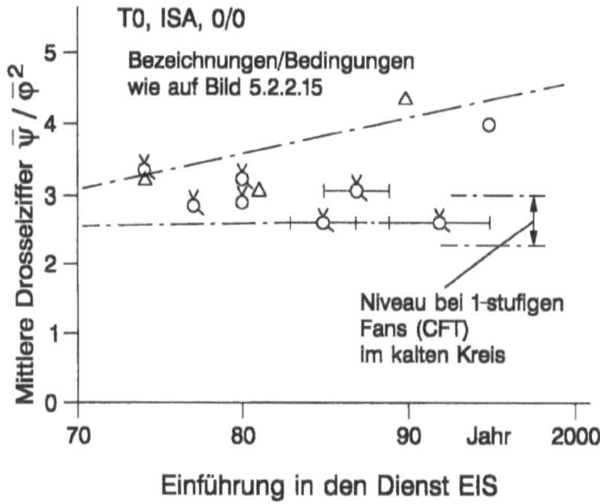

Bild 5.2.2.21:
Zeitliche Entwicklung der mittleren Drosselziffer bei mehrstufigen ND-Verdichtern von MTF

Die zeitliche Entwicklung der axialen Eintritts-Mach-Zahlen ist in Bild 5.2.2.23 dargestellt und signalisiert eine bereits erreichte weitgehende Annäherung an die physikalische Grenze, die hier bei Ma_{ax} = 0,67 bis 0,70 liegen dürfte. Die Relation der axialen Mach-Zahlen am Eintritt und Austritt nach Bild 5.2.2.24 entspricht trotz der von Stufe zu Stufe zunehmenden Temperatur einer beträchtlichen Abnahme der Axialgeschwindigkeit von Stufe zu Stufe, die in Bild 5.2.2.25 gezeigt ist.

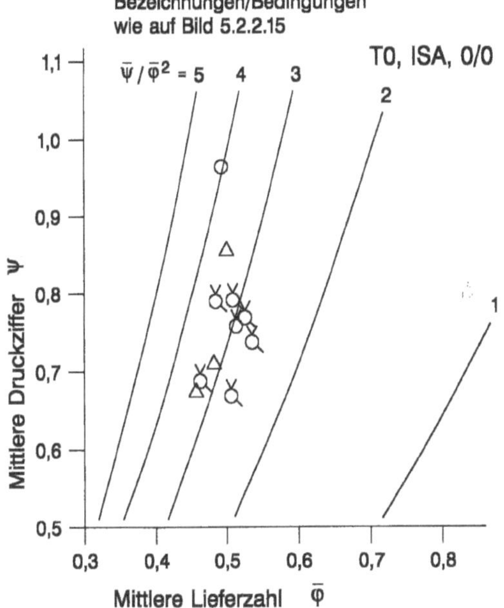

Bild 5.2.2.22:
Zuordnung der mittleren Druckziffern und Lieferzahlen mehrstufiger ND-Verdichter von MTF

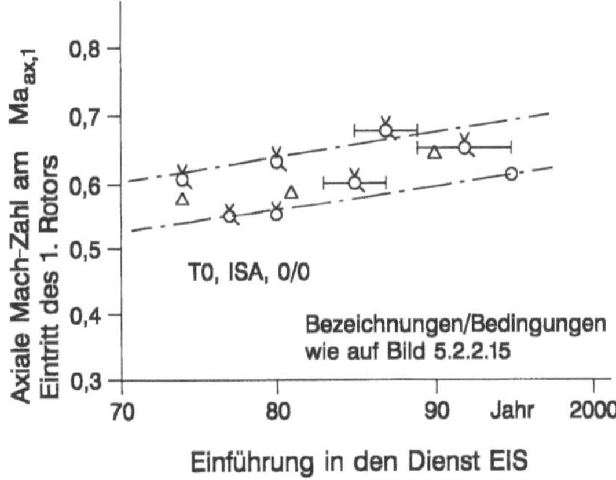

Bild 5.2.2.23:
Zeitliche Entwicklung der axialen Mach-Zahlen am Eintritt des 1. Rotors mehrstufiger ND-Verdichter von MTF

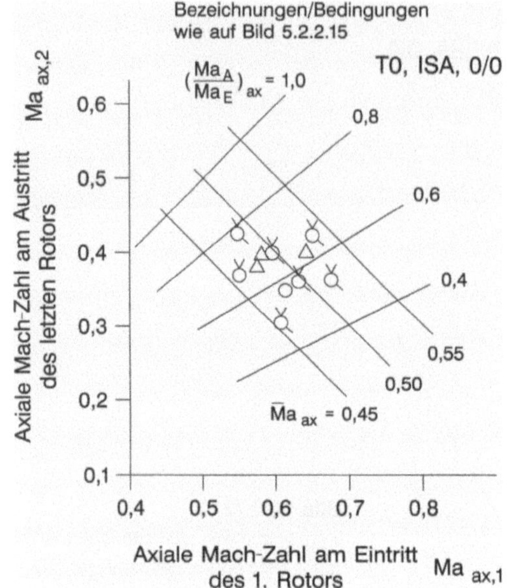

Bild 5.2.2.24:
Zuordnung der axialen Mach-Zahlen am Eintritt und Austritt mehrstufiger ND-Verdichter von MTF

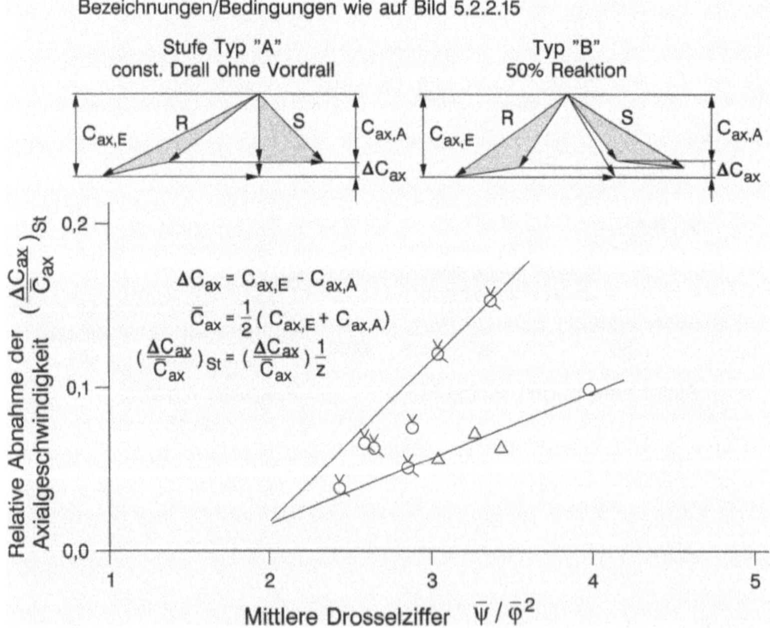

Bild 5.2.2.25: Mittlere, relative Abnahme der Axialgeschwindigkeit pro Stufe bei mehrstufigen ND-Verdichtern von MTF

Man muß davon ausgehen, daß nicht nur höhere Werte des Parameters $\overline{\psi}/\overline{\varphi}^2$, sondern auch von $\Delta\overline{C}_{ax}/\overline{C}_{ax}$ das Niveau der Diffusionszahlen der Gitter erhöhen und damit die zu erwartende Pumpgrenzenreserve des Verdichters beeinträchtigen. Zwar besteht keine eindeutige Zuordnung des Parameters $\overline{\psi}/\overline{\varphi}^2$ und des Niveaus der Diffusionszahlen

$$DF_R = 1 - W_2/W_1 + \frac{\Delta W_u}{2 \cdot W_1} \cdot (t/l)_R \qquad \text{(Laufgitter)}$$

$$DF_S = 1 - C_3/C_2 + \frac{\Delta C_u}{2 \cdot C_2} \cdot (t/l)_S , \qquad \text{(Leitgitter)}$$

aber immerhin besteht ein Gradient

$$\frac{\Delta DF}{\Delta(\overline{\psi}/\overline{\varphi}^2)} = 0{,}03 \dots 0{,}04 .$$

Die Analyse zeigt ferner, daß im insgesamt interessierenden Bereich $\overline{\psi}/\overline{\varphi}^2 = 2{,}5 \dots$ 5 die Abnahme der Axialgeschwindigkeit bei der Durchströmung einer Stufe mit konstantem Drall ohne Vordrall (Typ A, Bild 5.2.2.25) zur Zunahme der Diffusionszahlen im Bereich

$$\frac{\Delta DF}{\Delta(\Delta\overline{C}_{ax}/\overline{C}_{ax})} = \begin{cases} 0{,}15 \dots 0{,}20 & (\textit{Laufgitter}) \\ 0{,}40 \dots 0{,}54 & (\textit{Leitgitter}) \end{cases},$$

und bei einer Stufe mit 50% Reaktion (Typ B) bei Lauf- und Leitgittern im Bereich 0,30 ... 0,35 führt.

Als wichtige konstruktive Parameter zeigt Bild 5.2.2.26 die Nabenverhältnisse am Eintritt und Austritt zusammen mit der Relation $(D_A/D_E)_a$ der Außendurchmesser und die Relation $(D_A/D_E)_{fm}$ der Durchmesser im Flächenmittel. Schließlich sind in Bild 5.2.2.27a die Mittelwerte der axialen Schlankheitsgrade $\overline{AR}_{ax}$ der ersten und letzten Stufe in ihrer Entwicklung über EIS und in Bild 5.2.2.27b in ihrer Abhängigkeit von M_{korr} dargestellt. Hierzu werden – analog der Normierung der polytropen Wirkungsgrade – zur Eliminierung des Parameters EIS bei der Korrelation $AR_{ax} = f(M_{Korr})$, die Werte

$$\overline{AR}_{ax} = \frac{1}{2}\left(AR_{ax,R} + AR_{ax,S}\right) \qquad (5.2.2.18)$$

entsprechend dem Bild 5.2.2.27a entnommenen Gradienten $\Delta\overline{AR}_{ax}/\Delta\text{EIS} \approx -0{,}05$ auf den Standard EIS = 1995 gebracht.

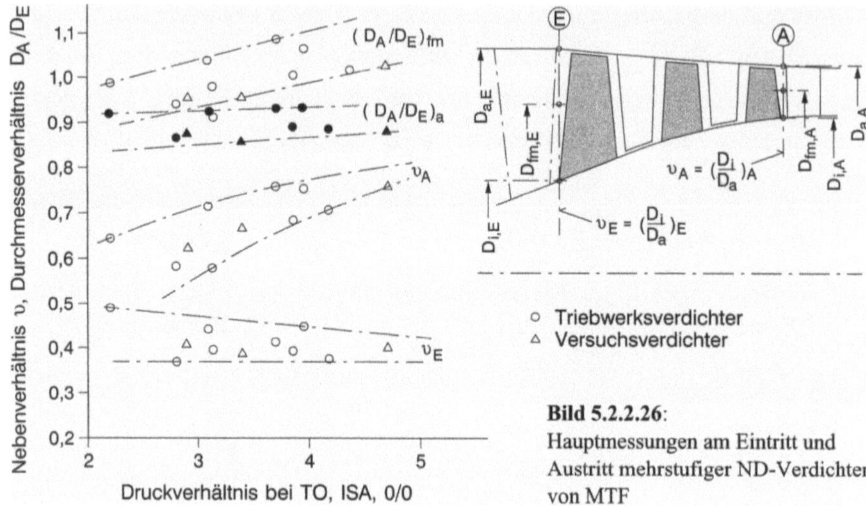

Bild 5.2.2.26:
Hauptmessungen am Eintritt und Austritt mehrstufiger ND-Verdichter von MTF

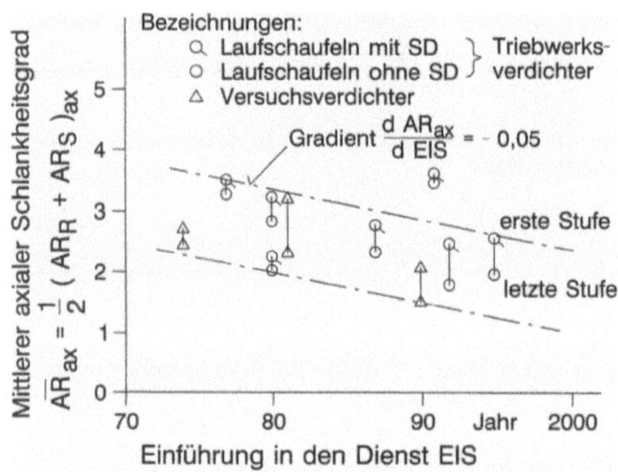

Bild 5.2.2.27a: Zeitliche Entwicklung der axialen Schlankheitsgrade der Beschaufelungen mehrstufiger ND-Verdichter von MTF

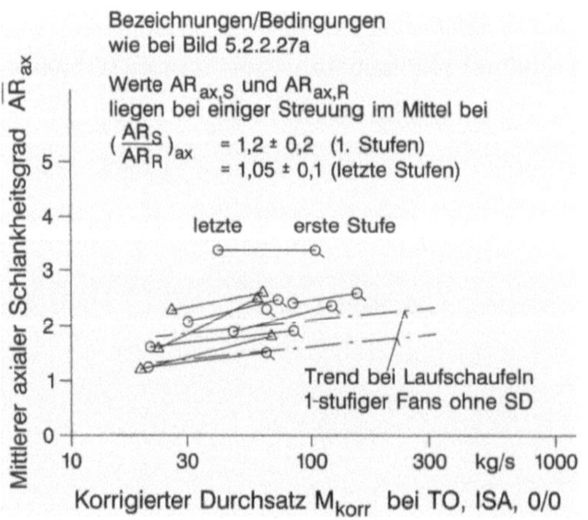

Bild 5.2.2.27b:
Einfluß der Maschinengröße bzw. des korrigierten Durchsatzes auf die axialen Schlankheitsgrade der Beschaufelungen mehrstufiger ND-Verdichter von MTF (EIS = 1995)

5.2.2.4 MD-Verdichter und „Booster"-Stufen von Turbofans und Mantelpropfans

Diese beiden Komponenten unterliegen einerseits zwar sehr verschiedenen aerodynamischen und konstruktiven Bedingungen, andererseits begegnen gerade diese Komponenten bei der längerfristigen Entwicklung eines Triebwerks nach dessen Einführung in den Dienst – d.h. bei Leistungssteigerungen – gleichartigen Forderungen. Die Entwicklung eines Triebwerks zu höherer Leistung bedeutet stets die Steigerung der Turbineneintrittstemperatur mit entsprechender Erhöhung des Druckverhältnisses im heißen Kreis, die ihrerseits stets auf eine Erhöhung des Druckverhältnisses der Fan/MD-Verdichter- oder Fan/„Booster"-Partie hinausläuft. Wird bei der Leistungssteigerung der spezifische Schub und damit das Fan-Druckverhältnis mittels Erhöhung des Fan-Durchsatzes bzw. -Durchmessers konstant gelassen, so konzentriert sich die gesamte Steigerung des Druckverhältnisses im heißen Kreis auf die „Booster"-Stufen bzw. den MD-Verdichter.

Ferner ist im Teillastbetrieb, und zwar unabhängig von der Frage der Leistungssteigerung des Triebwerks, besonders bei Triebwerken mit „Booster"-Stufen mit einer relativ „flachen" Arbeitslinie dieser Komponente und den damit einhergehenden Stabilitätsproblemen zu rechnen, vgl. Abschnitt 4.2.3. Beim Entwurf dieser Komponente ist daher besonderes Augenmerk auf die Stabilität im Betrieb, d.h. auf eine möglichst große Pumpgrenzenreseve und auf ein möglichst großzügiges Entwicklungspotential zu legen.

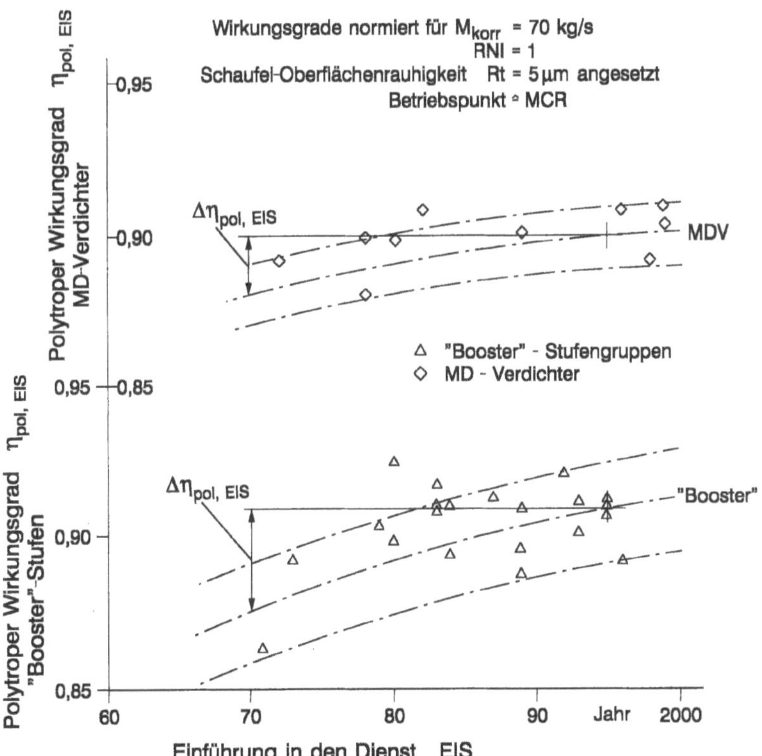

Bild 5.2.2.28: Zeitliche Entwicklung der polytropen Wirkungsgrade von „Booster"-Stufengruppen und MD-Verdichtern von CTF, MTF und MPF

Bild 5.2.2.28 zeigt den vor allem bei „Booster"-Stufen, weniger bei MD-Verdichtern festgestellten Trend der zeitlichen Verbesserung der korrigierten Wirkungsgrade $\eta_{pol,EIS}$ und Bild 5.2.2.29 die Abhängigkeit des normierten Wirkungsgrades η_{pol}^{***} vom Stufendruckverhältnis. Die bei „Booster"-Stufen bzw. bei sehr kleinen Stufendruckverhältnissen besonders auffällige Streuung der Wirkungsgrade mag durchaus die Folge der Rücksichtnahme auf die in Abschnitt 4.2.3. beschriebenen Stabilitätsprobleme bei Teillast sein. Die mittleren Stufendruckverhältnisse liegen nach Bild 5.2.2.30 bei „Booster"-Stufen aus verschiedenen Gründen, d.h. vor allem aufgrund der hier herrschenden niedrigen Umfangsgeschwindigkeiten, unterhalb jener von MD-Verdichterstufen. Eine zeitliche Entwicklung zu höheren Werten, etwa wie bei mehrstufigen ND-Verdichtern oder bei den noch zu betrachtenden HD-Verdichtern, ist aber nicht zu erkennen.

Ferner führt, wie noch gezeigt wird, die ausgeprägte Tendenz der Entwicklung der zivilen Turbofans zu höheren Nebenstromverhältnissen zu niedrigeren Umfangsgeschwindigkeiten in Fan und „Booster".

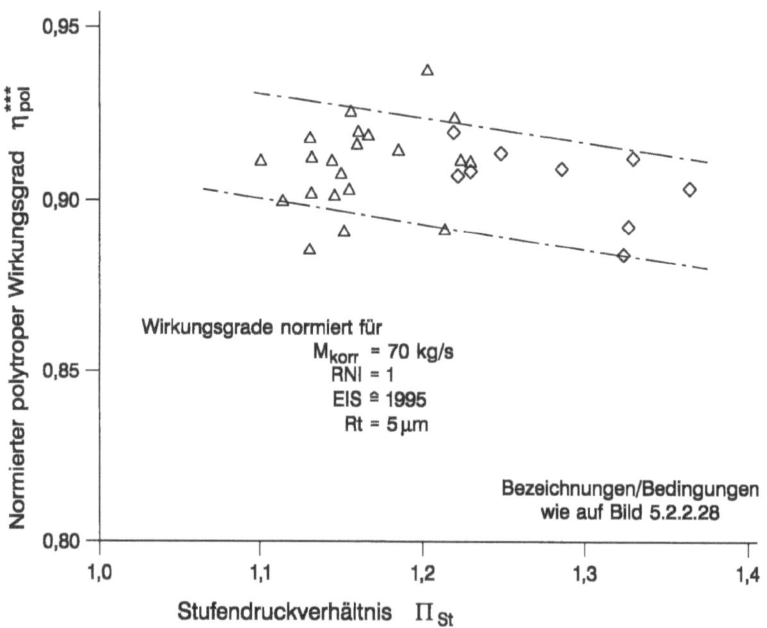

Bild 5.2.2.29: Einfluß des Stufendruckverhältnisses auf den polytropen Wirkungsgrad von „Booster"-Stufengruppen und MD-Verdichtern von CTF, MTF und MPF

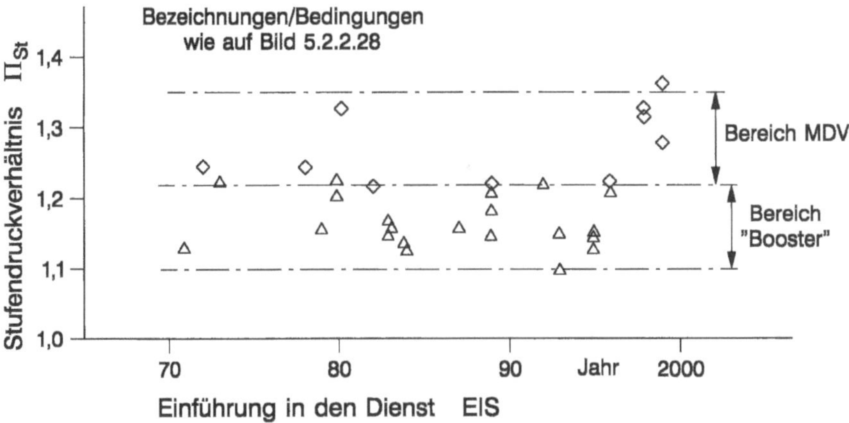

Bild 5.2.2.30: Zeitliche Entwicklung der Stufendruckverhältnisse bei „Booster"-Stufengruppen und MD-Verdichtern von CTF, MTF und MPF

Die mittlere Druckziffer $\overline{\psi}$ nach Bild 5.2.2.31 überdeckt zwar einen sehr weiten Bereich und liegt teilweise – auch bei „Booster"-Stufen – bemerkenswert hoch, aber eine generelle zeitliche Entwicklung zu höheren Werten wie bei anderen Komponenten ist nicht zu erkennen. Schließlich zeigt Bild 5.2.2.32 den Trend $\eta_{pol}^{***} = f(\overline{\psi})$, der – neben einer zu erwartenden Tendenz – aufgrund der großen Streuung ebenso wie nach Bild 5.2.2.29 die Rücksichtnahme auf Stabilitätsprobleme signalisiert. Diese Rücksichtnahme kommt signifikant zum Ausdruck durch das in Bild 5.2.2.33 dargestellte, im Vergleich zu anderen Komponenten eher moderate, bei „Booster"-Stufen besonders niedrige Niveau der Drosselzahl $\overline{\psi}/\overline{\varphi}^2$. Besonders instruktiv ist wiederum die zusammenfassende Darstellung $\overline{\psi} = f(\overline{\varphi})$ nach Bild 5.2.2.34.

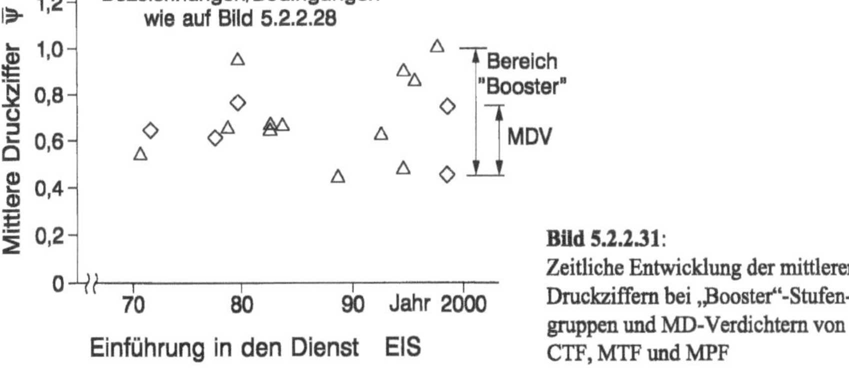

Bild 5.2.2.31:
Zeitliche Entwicklung der mittleren Druckziffern bei „Booster"-Stufengruppen und MD-Verdichtern von CTF, MTF und MPF

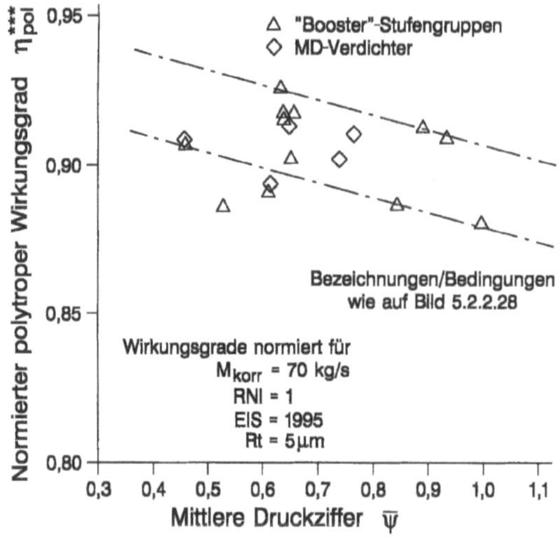

Bild 5.2.2.32:
Einfluß der mittleren Druckziffer auf den normierten polytropen Wirkungsgrad von „Booster"-Stufengruppen und MD-Verdichtern von CTF, MTF und MPF

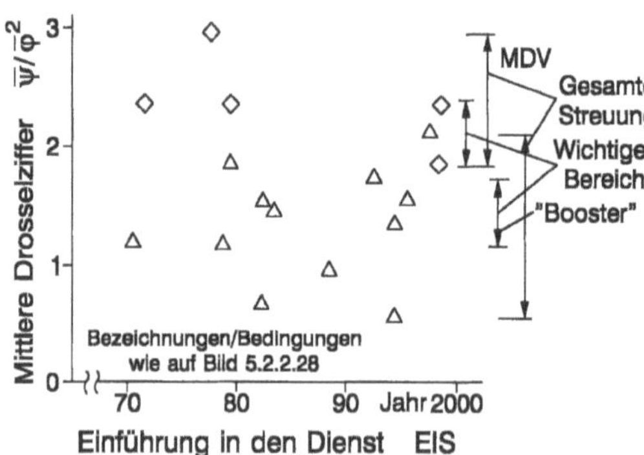

Bild 5.2.2.33:
Zeitliche Entwicklung der mittleren Drosselziffer von „Booster"-Stufengruppen und MD-Verdichtern von CTF, MTF und MPF

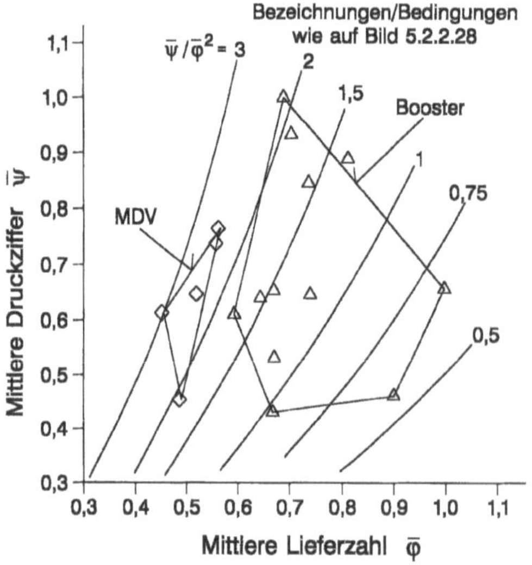

Bild 5.2.2.34:
Zuordnung der mittleren Druckziffern und Lieferzahlen von „Booster"-Stufengruppen und MD-Verdichtern von CTF, MTF und

Eine zeitliche Entwicklung der im Bereich $Ma_{ax} = 0{,}41$ bis $0{,}56$ liegenden axialen Eintritts-Mach-Zahlen zu höheren Werten ist hier – verständlicherweise – ebensowenig zu erkennen wie bei 1-stufigen Fans und den noch zu betrachtenden HD-Verdichtern. Die Relation der axialen Eintritts- und Austritts-Mach-Zahlen ist in Bild 5.2.2.35 und die mittlere Veränderung der Axialgeschwindigkeit pro Stufe, die zusammen mit dem Parameter $\overline{\psi}/\overline{\varphi}^2$ die Stabilität beeinflußt, in Bild 5.2.2.36 dargestellt.

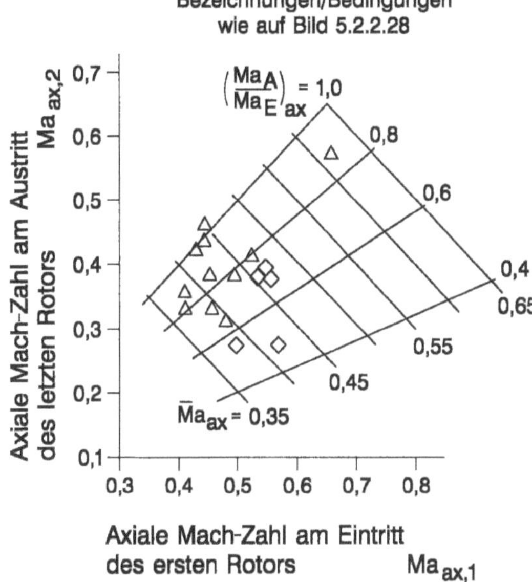

Bild 5.2.2.35: Zuordnung der axialen Mach-Zahlen am Eintritt und Austritt von „Booster"-Stufengruppen und MD-Verdichtern von CTF, MTF und MPF

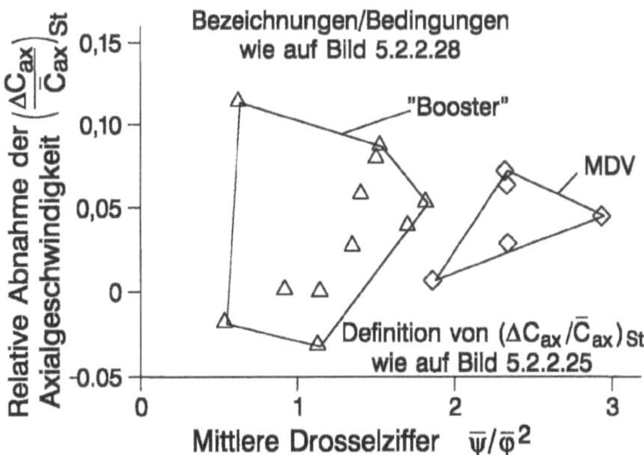

Bild 5.2.2.36: Mittlere relative Abnahme der Axialgeschwindigkeit pro Stufe bei „Booster"-Stufengruppen und MD-Verdichtern von CTF, MTF und MPF

Die Relation der Hauptabmessungen am Eintritt und Austritt, die natürlich stark von der Einordnung dieser Komponente zwischen Fan und HD-Verdichter geprägt ist, zeigt Bild 5.2.2.37a/b. Ferner ist beim Ensemble Fan/„Booster"-Stufen mit Rücksicht auf die in den „Booster"-Stufen realisierbare spezifische Arbeit die Relation der Durchmesser, jeweils im Flächenmittel $D_{F,k,fm}$ des Fans im kalten Kreis und $D_{Boo,fm}$ der „Booster"-Stufengruppe, jeweils am Eintritt, als sehr kritisch anzusehen. Diese Relation folgt bei den ausgewerteten Triebwerken einer nach Bild 5.2.2.38 verständlichen, gut erkennbaren, fallenden Tendenz. Da mit zunehmendem Nebenstromverhältnis, genauer gesagt mit abnehmendem spezifischen Schub, die Fan-Umfangsgeschwindigkeit $U_{F,k,fm}$ entsprechend Bild 5.2.2.38 zurückgeht, werden auch die Umfangsgeschwindigkeiten in den „Booster"-Stufen umso mehr reduziert.

Dieser Umstand erhält zunehmende Bedeutung durch die Entwicklung des zivilen Turbofans in Richtung höherer Nebenstromverhältnisse, vgl. Abschnitt 5.10.2. Zugleich wird dadurch die 3-Wellen-Bauart begünstigt, da hier die Drehzahlen des ND- und MD-Systems mechanisch nicht gekoppelt sind. Dabei wird zugleich die Frage der Leistungssteigerung berührt, die in Abschnitt 6.4.2 angesprochen wird. Bei Turbofans mit Getriebe ist die Lage ohnehin völlig anders, vgl. Abschnitte 6.3.2 und 6.4.2.

Schließlich zeigt Bild 5.2.2.39a und b die Abhängigkeit der axialen Schlankheitsgrade der Beschaufelungen von EIS und M_{korr}.

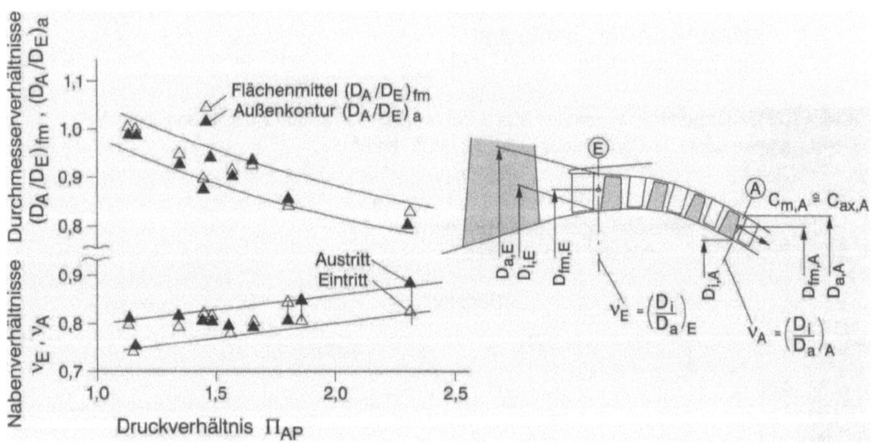

Bild 5.2.2.37a: Relationen der radialen Ringraumabmessungen am Eintritt und Austritt von „Booster"-Stufengruppen

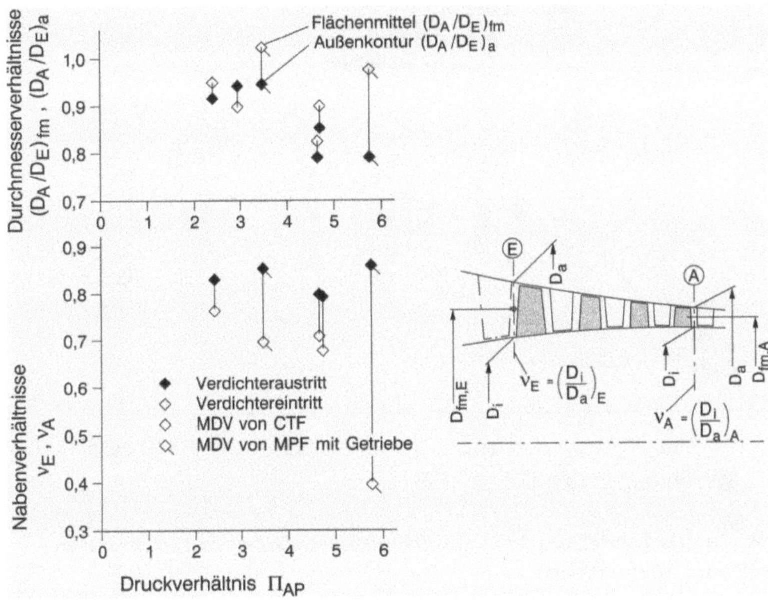

Bild 5.2.2.37b: Relationen der radialen Ringraumabmessungen am Eintritt und Austritt von MD-Verdichtern

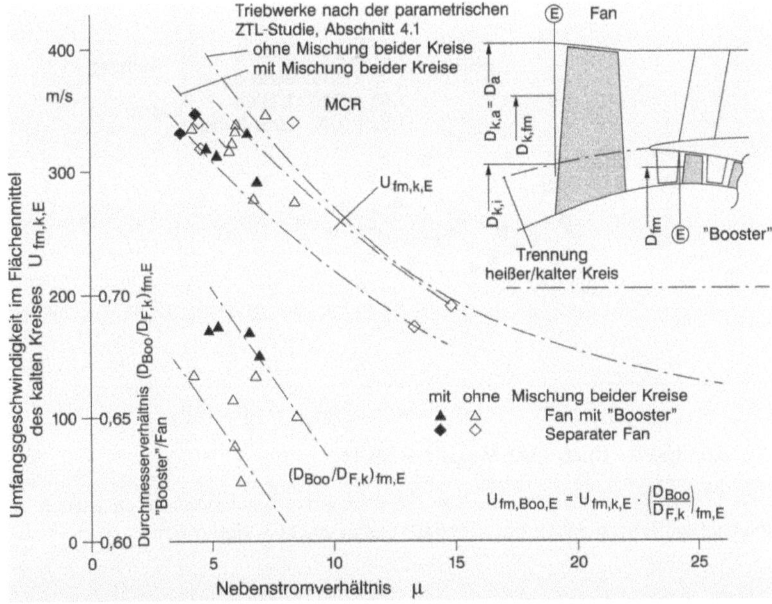

Bild 5.2.2.38: Einfluß des Nebenstromverhältnisses auf die Relation der Durchmesser am Fan- und „Booster"-Eintritt und damit auf die am „Booster" erreichbare Umfangsgeschwindigkeit

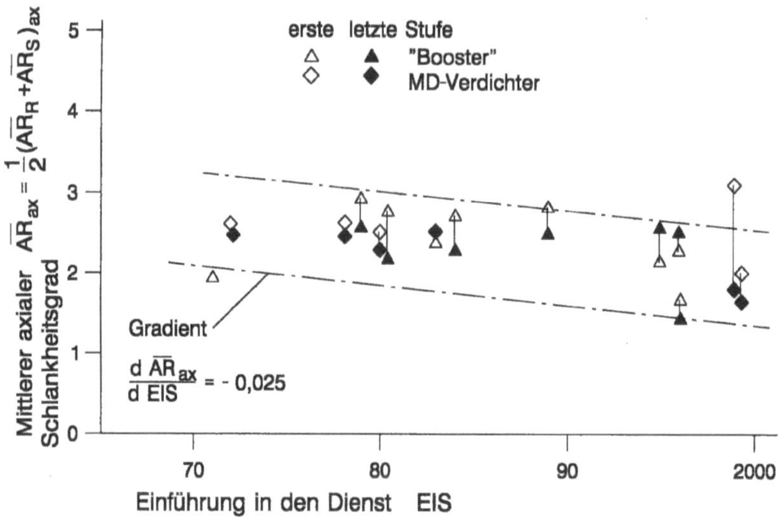

Bild 5.2.2.39a: Zeitliche Entwicklung der axialen Schlankheitsgrade der Beschaufelungen von „Booster"-Stufen und MD-Verdichtern

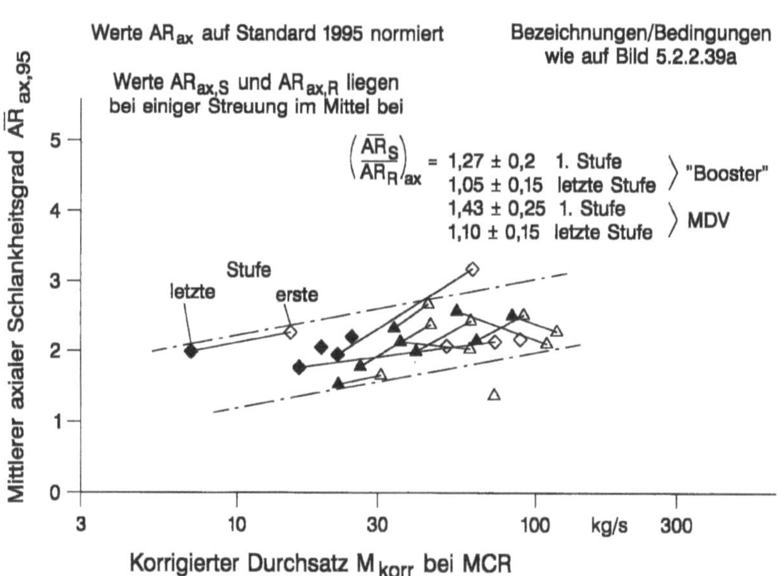

Bild 5.2.2.39b: Einfluß der Maschinengröße bzw. des korrigierten Durchsatzes auf die axialen Schlankheitsgrade der Beschaufelung von „Booster"-Stufen und MD-Verdichtern

5.2.2.5 HD-Verdichter von Turbofans und Mantelpropfans

Die Komponente HD-Verdichter bzw. die dabei einsetzbare Technologie ist in der Mehrzahl der Fälle – zusammen mit der verfügbaren Technologie der HD-Turbine – Ausgangspunkt für den Entwurf neuer Triebwerke, und häufig ist ein verfügbares Kerntriebwerk über Jahrzehnte hinweg die Entwicklungsbasis für eine ganze Triebwerkfamilie. Daher unterliegt das Kerntriebwerk selbst bei gleicher Grundkonzeption einer laufenden technischen Weiterentwicklung durch Einführung neuer Werkstoffe, verbesserter Kühlverfahren und fortschrittlicher Fertigungsverfahren, so daß „dasselbe" Kerntriebwerk längerfristig aufgrund der Entwicklung zu höheren Werten $T_{4.1}$ und Π_V bzw. T_3 dem allgemeinen Entwicklungstrend folgt oder sogar vorausgehen kann, vgl. hierzu Abschnitt 5.10. Insgesamt gesehen ist die Technologie der Komponente HD-Verdichter – abgesehen von den Kreisprozeßdaten – mit jener der HD-Turbine und der Brennkammer insofern untrennbar verbunden, als die HD-Turbine zusammen mit den thermischen Bedingungen am Verdichteraustritt maßgebend ist für die realisierbaren Umfangsgeschwindigkeiten und die aerodynamischen Parameter am Verdichteraustritt mit den Eintrittsbedingungen der Brennkammer verträglich sein müssen. Dabei ist einerseits das Konzept des HD-Systems mit *einer* Turbinenstufe und mäßigem Verdichterdruckverhältnis (derzeit bis ca. $\Pi = 10$), andererseits das Konzept mit zwei Turbinenstufen und höherem Verdichterdruckverhältnis (derzeit bis ca. $\Pi = 23$) im Einsatz.

In einigen Fällen sind HD-Systeme militärischer Turbofans für zivile Turbofans adaptiert oder in Erwägung gezogen worden. Bei neueren Entwicklungs- bzw. Technologieprogrammen sind aufgrund der extrem hohen Kosten für die einsatzreife Entwicklung von Kerntriebwerken Tendenzen zu erkennen, zunächst militärisch ausgerichtete Technologieprogramme von vornherein so zu konzipieren, daß eine spätere zivile Nutzung (mit zeitlichem Verzug und entsprechend entschärften Betriebsbedingungen) möglich ist. Dabei muß man sich jedoch im klaren darüber sein, daß die bei militärischem und zivilem Einsatz maßgebenden Kriterien bzw. Forderungen teilweise grundsätzlich verschieden sind.

Vom Standpunkt der Betriebsbedingungen ist die Situation bei HD-Verdichtern weit übersichtlicher als z.B. bei „Booster"-Stufen oder MD-Verdichtern, da HD-Verdichter – wenigstens genähert – gegen eine feste Drossel, eben die HD-Turbine, arbeiten. Allenfalls bedeuten Luftentnahmen für Turbinenkühlung und/oder externen Bedarf neben der Entnahme mechanischer Leistung, ggf. zusammen mit den vom ND/MD-System kommenden Störungen der Strömung, potentielle Komplikationen.

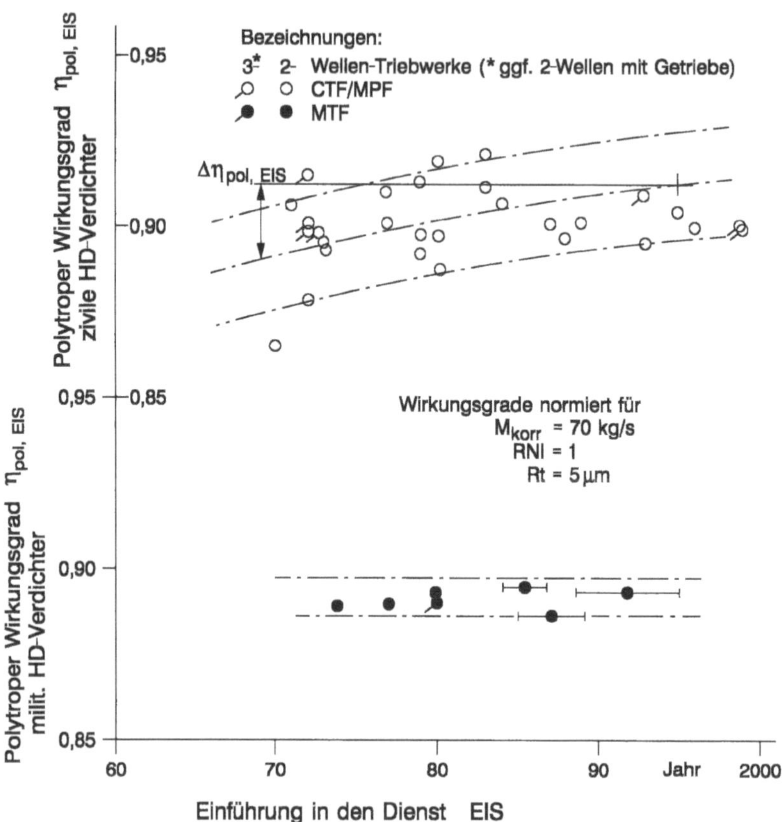

Bild 5.2.2.40: Zeitliche Entwicklung der polytropen Wirkungsgrade von HD-Verdichtern von CTF, MTF und MPF

Zunächst zeigt Bild 5.2.2.40 die zeitliche Entwicklung der für $RNI = 1$ und $M_{korr} = 70$ kg/s korrigierten Wirkungsgrade $\eta_{pol,EIS}$ von HD-Verdichtern militärischer und ziviler Turbofans und Mantelpropfans. Dabei ist bemerkenswert, daß im Gegensatz zu zivilen HD-Verdichtern, bei denen ein erheblicher Fortschritt über EIS zu verzeichnen ist, bei HD-Verdichtern militärischer Turbofans praktisch keine Verbesserung der Wirkungsgrade feststellbar ist. Allerdings ist die verfügbare Datenbasis bei militärischen Triebwerken weit dürftiger als bei zivilen Triebwerken. Der Umstand, daß bei militärischen Triebwerken nur *TO*-Daten vorliegen, bei den zivilen dagegen MCR-Daten, ist unwesentlich, da bei militärischen Triebwerken mit hohem spezifischen Schub die Düse bei Vollast stets kritisch ist und im Trockenbetrieb mit konstanter Fläche arbeitet, so daß nur der Parameter X – vgl. Abschnitt 4.1.1 – den Arbeitspunkt des HD-Verdichters beeinflussen kann. Dieser Einfluß erscheint jedoch nach Abschnitt 4.2.4 vernachlässigbar. Wie die Bilder 5.2.2.41 bis 5.2.2.45 zeigen werden, ist für die unterschiedliche Tendenz der Wirkungsgrade vom Standpunkt der Parameter Π_{St}, ψ und $\overline{\psi}/\overline{\varphi}^2$ keine Erklärung greifbar.

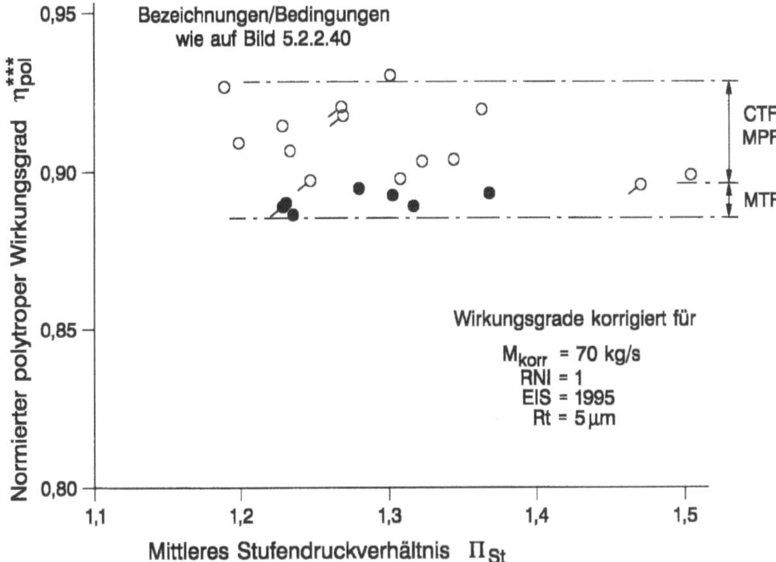

Bild 5.2.2.41: Zusammenhang zwischen normiertem, polytropem Wirkungsgrad und mittlerem Stufendruckverhältnis bei HD-Verdichtern von CTF, MPF und MTF

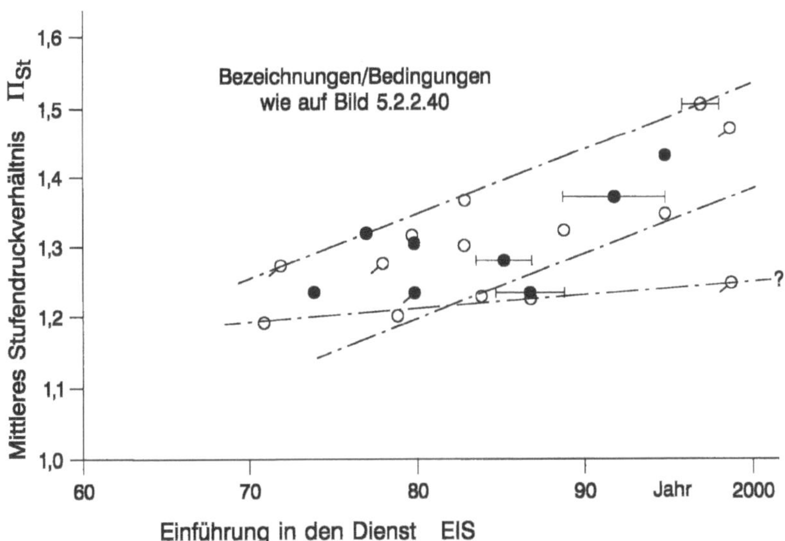

Bild 5.2.2.42: Zeitliche Entwicklung der mittleren Stufendruckverhältnisse bei HD-Verdichtern von CTF, MTF und MPF

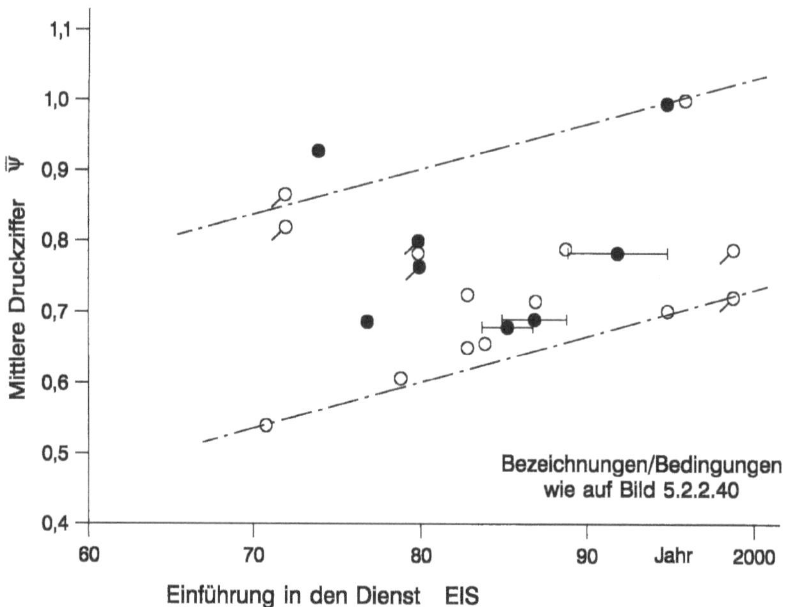

Bild 5.2.2.43: Zeitliche Entwicklung der mittleren Druckziffern bei HD-Verdichtern von CTF, MTF und MPF

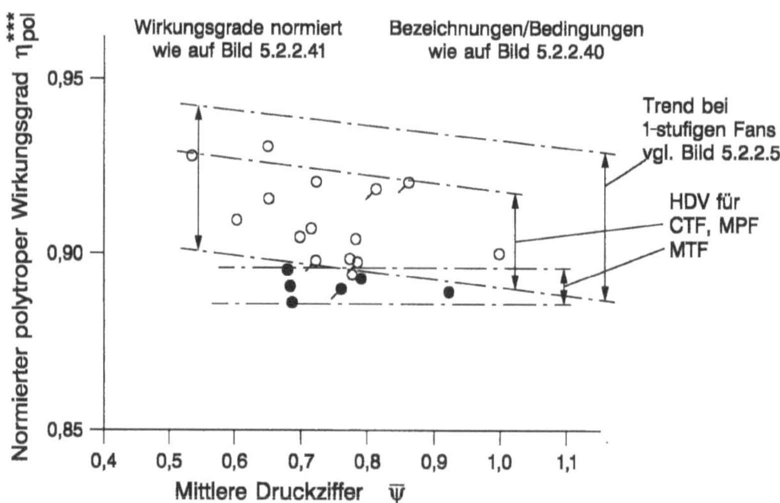

Bild 5.2.2.44: Einfluß der mittleren Druckziffer auf den normierten polytropen Wirkungsgrad bei HD-Verdichtern von CTF, MTF und MPF

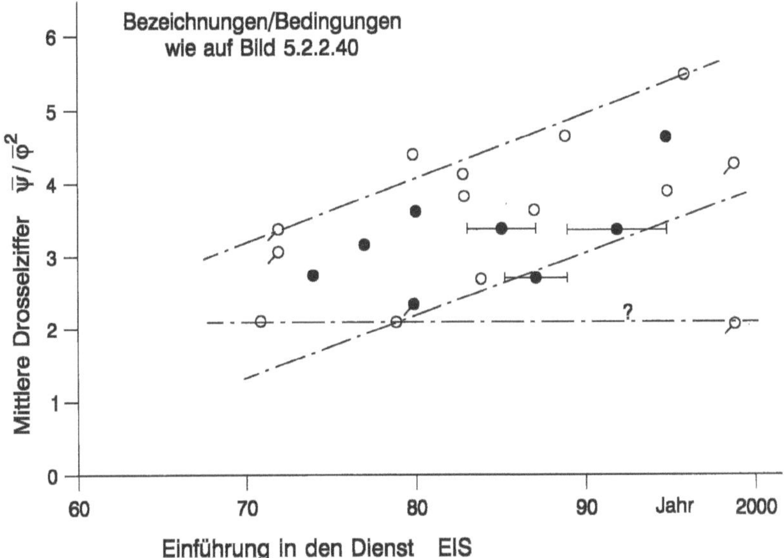

Bild 5.2.2.45: Zeitliche Entwicklung der mittleren Drosselziffer bei HD-Verdichtern von CTF, MTF und MPF

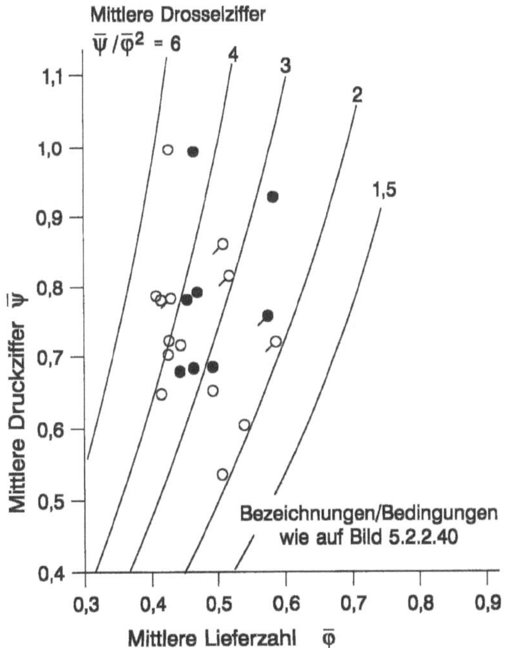

Bild 5.2.2.46
Zuordnung der mittleren Druckziffern und Lieferzahlen bei HD-Verdichtern von CTF, MTF und MPF

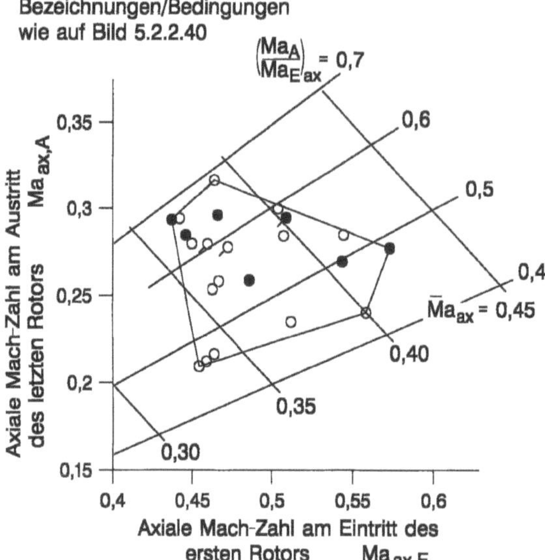

Bild 5.2.2.47
Zuordnung der axialen Mach-Zahlen am Eintritt und Austritt bei HD-Verdichtern von CTF, MTF und MPF

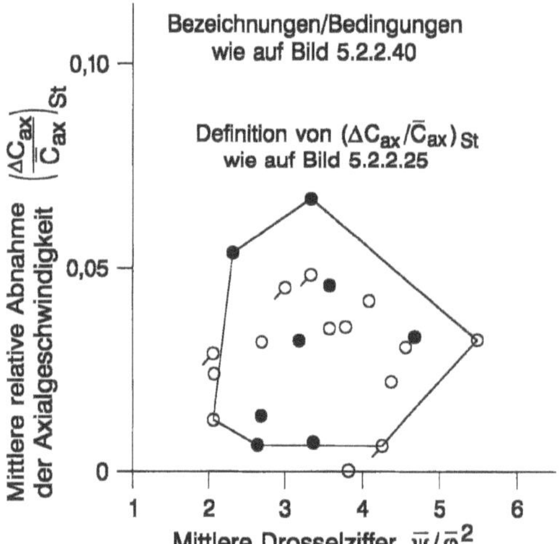

Bild 5.2.2.48
Mittlere relative Abnahme der Axialgeschwindigkeit pro Stufe bei HD-Verdichtern von CTF, MTF und MPF

Im einzelnen zeigt Bild 5.2.2.41 die Abhängigkeit des normierten Wirkungsgrades η_{pol}^{***} vom mittleren Stufendruckverhältnis, Bild 5.2.2.42 die zeitliche Entwicklung des mittleren Stufendruckverhältnisses, Bild 5.2.2.43 die zeitliche Entwicklung der mittleren Druckziffer und Bild 5.2.2.44 den normierten Wirkungsgrad η_{pol}^{***} in Abhängigkeit von der mittleren Druckziffer. Während danach bei zivilen HD-Verdichtern eine verständliche, auch bei anderen Komponenten festgestellte, fallende Tendenz $\eta_{pol}^{***} = f(\overline{\psi})$ besteht, scheint bei militärischen HD-Verdichtern – aufgrund der unzureichenden Datenbasis nur mit Vorbehalt feststellbar und wenig glaubhaft – keine Tendenz über $\overline{\psi}$ zu bestehen. Schließlich zeigt Bild 5.2.2.45 die zeitliche Entwicklung des für die Stabilität maßgebenden Parameters $\overline{\psi} / \overline{\varphi}^2$, dessen Anstieg über EIS bemerkenswert ist und Bild 5.2.2.46 die zusammenfassende Darstellung $\psi = f(\varphi)$. Bei den axialen Mach-Zahlen am Eintritt und Austritt ist keine Entwicklung in Abhängigkeit von EIS oder Π feststellbar. Die Relation der axialen Mach-Zahlen am Eintritt und Austritt ist in Bild 5.2.2.47 dargestellt. Diese liegen am Eintritt im Bereich $Ma_{ax,E} = 0{,}42$ bis $0{,}58$ und am Austritt bei $Ma_{ax,A} = 0{,}21$ bis $0{,}30$ $(0{,}32)$. Sie führen zusammen mit dem Temperaturanstieg im Verdichter zu der mittleren Abnahme der Axialgeschwindigkeit pro Stufe, die in Bild 5.2.2.48 über $\overline{\psi} / \overline{\varphi}^2$ dargestellt ist. Die Kombination dieser beiden Parameter kann, wie schon in den vorangegangenen Abschnitten erwähnt, als Hinweis auf das erwartbare Maß an Stabilität gelten. Ferner zeigt Bild 5.2.2.49 die Umfangsgeschwindigkeiten im Flächenmittel der ersten Stufe, die zusammen mit den Schaufelabmessungen und dem Schaufelwerkstoff den entscheidenden Hinweis auf die Anfälligkeit der Schaufeln bei Erosion durch Fremdkörper bildet, siehe hierzu Abschnitt 5.2.2.9. Dieses Problem ist besonders bei zivilen Triebwerken aufgrund der geforderten langen Intervalle zwischen den Überholungen ein wichtiges Kriterium für die Gesamtauslegung des HD-Verdichters. Eine weitere Steigerung der Umfangsgeschwindigkeiten $U_{fm,E}$ am Verdichtereintritt über EIS ist damit zwar bei militärischen, kaum aber bei zivilen Turbofans zu erwarten.

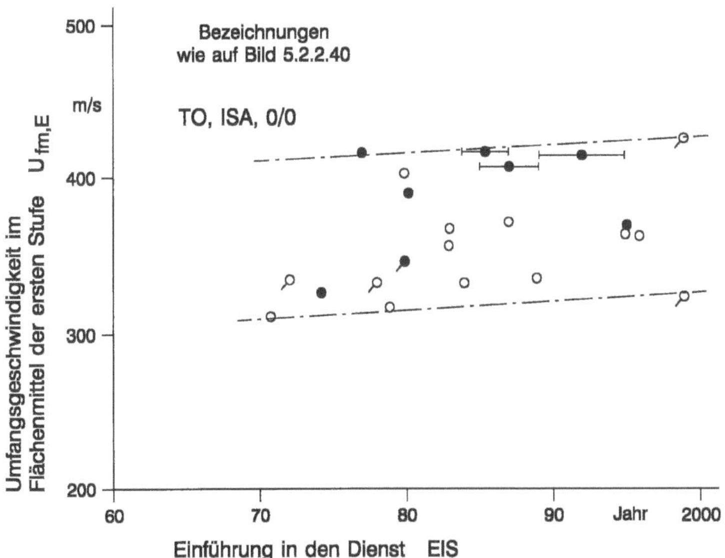

Bild 5.2.2.49: Zeitliche Entwicklung der Umfangsgeschwindigkeit im Flächenmittel am Rotoreintritt der ersten Stufe bei HD-Verdichtern von CTF, MTF und MPF

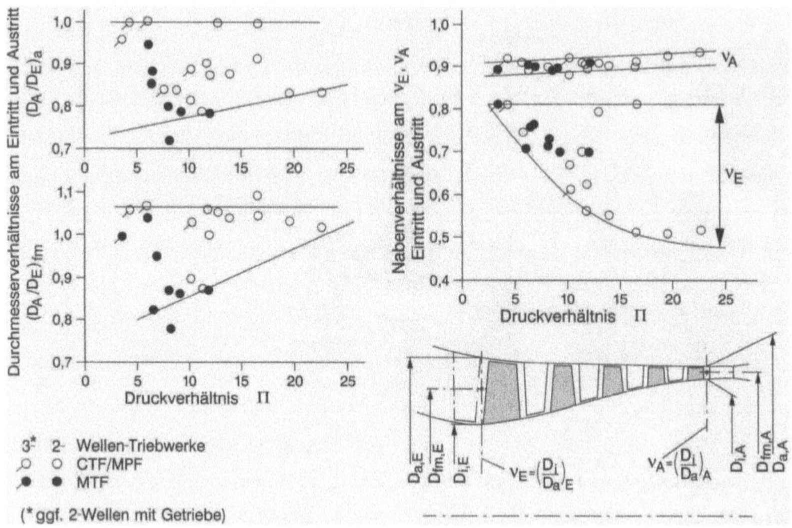

Bild 5.2.2.50: Relationen der radialen Ringraumabmessungen am Eintritt und Austritt bei HD-Verdichtern von CTF, MTF und MPF

Schließlich zeigt Bild 5.2.2.50 die Relation der Durchmesser im Flächenmittel am Eintritt und Austritt zusammen mit dem Nabenverhältnis am Eintritt. Die teilweise große Streuung dieser Daten signalisiert den praktizierten weiten Gestaltungsspielraum zwischen $D_a = const.$ und $D_i = const.$ Das Nabenverhältnis am Austritt liegt mit Rücksicht auf die Radialspalte im Bereich der letzten Stufen, die bei kompensierenden Gehäusen im Betrieb bei $s/D_a \approx 1‰$ gehalten werden können, bei allen HD-Verdichtern in einem engen Bereich

$$v_A = 0,89 ... 0,91 \quad \text{(im Einzelfall bis 0,93)}.$$

Damit liegen die für Wirkungsgrad und Pumpgrenzenreserve im stationären Betrieb maßgebenden Radialspiele, bezogen auf die Schaufelhöhe, normalerweise bei

$$(s/h)_A = \left(\frac{s}{D_a} \cdot \frac{2}{1-v}\right)_A = 0,018 ... 0,022(0,028) \tag{5.2.2.19}$$

Abschließend zeigt Bild 5.2.2.51a/b die axialen Schlankheitsgrade der Beschaufelungen, korreliert über EIS und M_{korr}, wobei hier nur eine geringfügige Entwicklung über EIS zu kleineren Werten feststellbar ist.

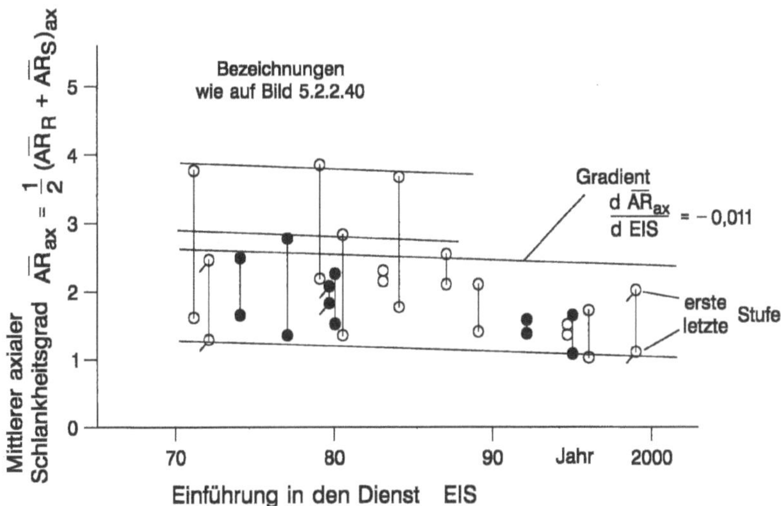

Bild 5.2.2.51a: Zeitliche Entwicklung der axialen Schlankheitsgrade der Beschaufelungen von HD-Verdichtern von CTF, MTF und MPF

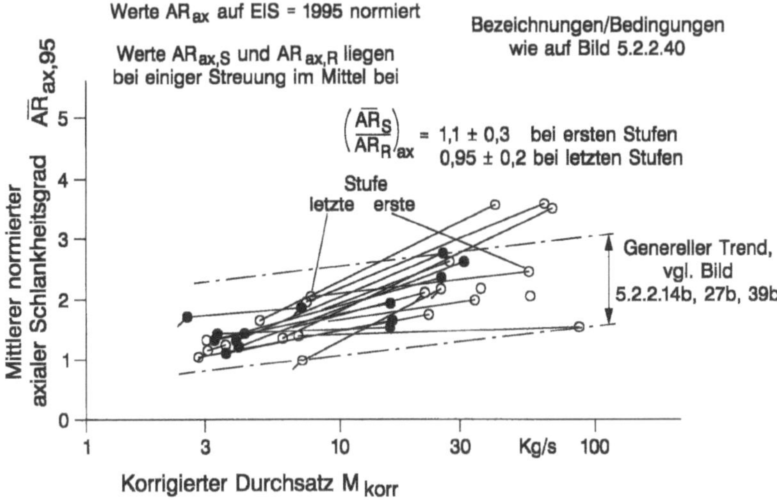

Bild 5.2.2.51b: Einfluß der Maschinengröße bzw. des korrigierten Durchsatzes auf die axialen Schlankheitsgrade der Beschaufelungen von HD-Verdichtern von CTF, MTF und MPF

Auf den Zusammenhang zwischen axialem Schlankheitsgrad der Beschaufelung und der Lage der Pumpgrenze wird in Abschnitt 5.2.2.8 explizit eingegangen. Die Verfolgung der zeitlichen Entwicklung der aerodynamischen Auslegungsparameter $\overline{\psi}$ und $\overline{\varphi}$ auf der einen Seite und der axialen Schlankheitsgrade $\overline{AR}_{ax}$ auf der anderen Seite läßt mit Blick auf die Bilder 5.2.2.43, 5.2.2.44 und 5.2.2.51a den Schluß zu, daß bei modernen, aerodynamisch hochbelasteten HD-Verdichtern akzeptable Pumpgrenzenreserven nur mit niedrigen axialen Schlankheitsgraden erreichbar sind. Zugleich ergeben sich damit robuste, gegenüber Erosion durch Fremdkörper weniger empfindliche Schaufeln in geringerer Zahl, wobei diese Entwicklung zugleich zur Senkung der Produktionskosten beitragen mag.

Die Bauweise der Leitgitter mit Innenringen kann einerseits die Pumpgrenzenreserve im oberen Drehzahlbereich beeinträchtigen, erlaubt aber andererseits wesentlich günstigere, gegenüber Anstreifen weit weniger empfindliche Rotorkonstruktionen. Bei konkreten Triebwerken überwiegt daher die Leitgitterbauweise mit Innenringen bei weitem.

Die hier diskutierten Zusammenhänge gelten sinngemäß auch für „Booster"-Stufen, MD-Verdichter und Axialteile von Ax/R-Verdichtern.

5.2.2.6 Axial-/Radialverdichter und 2-stufige Radialverdichter für kleine Turbofans und Wellenleistungstriebwerke

Bei HD-Systemen von kleinen Turbofans oder bei Gasgeneratoren von Wellenleistungstriebwerken, bei denen der korrigierte Durchsatz, bezogen auf den Eintrittszustand, im Bereich 3,5 ... 10 kg/s liegt, wird mit Rücksicht auf den hinteren Teil des Verdichters, wo der korrigierte Durchsatz aufgrund der Vorverdichtung auf Werte unter 3 kg/s sinkt, die axial/radiale Verdichterbauweise bevorzugt. Bei kleinen Turbofans ist dabei insbesondere die Rücksichtnahme auf die Integration des HD-Systems mit der Fan-Partie und dem Nebenstromkanal angesprochen. Bei korrigierten Durchsätzen eines HD-Systems oder Gasgenerators < 3 ... 3,5 kg/s wird im allgemeinen die 1- oder 2-stufige radiale Bauweise vorgezogen. Insbesondere bei Axial-/Radialverdichtern erfordert die Abstimmung der beiden Teile wegen der im Axial- und Radialteil verschiedenen Kennfelder nach [5.2.12] große Sorgfalt, um im Teillastbereich gute Wirkungsgrade zusammen mit genügender Pumpgrenzenreserve zu erhalten.

Axialteile

Da die schmale Datenbasis kaum zu einer Verfolgung von Entwicklungstrends ausreicht, werden die Daten vor dem Hintergrund der bei MD- und vor allem HD-Verdichtern ermittelten Entwicklungstendenzen dargestellt. Bild 5.2.2.52 zeigt – wenngleich auf schmaler Datenbasis – die für M_{korr} = 70 kg/s und RNI = 1 korrigierten Wirkungsgrade $\eta_{pol,EIS}$ über EIS. Damit besteht zumindest kein Widerspruch zu Trend und Niveau bei HD-Verdichtern nach Bild 5.2.2.40. Die Parameter $\overline{\Pi}_{St}$ und $\overline{\psi}$ zeigen nach den Bildern 5.2.2.53 und 5.2.2.54 eine sichtbar stärkere Entwicklung über EIS als HD-Verdichter, vgl. Bilder 5.2.2.42 und 5.2.2.43. Die normierten Wirkungsgrade η_{pol}^{***} liegen nach den Bildern 5.2.2.55 und 5.2.2.56 in Niveau und Tendenz, abhängig von $\overline{\Pi}_{St}$ und $\overline{\psi}$, bei denen von HD-Verdichtern, vgl. Bilder 5.2.2.41 und 5.2.2.44. Auch der Parameter $\overline{\psi}/\overline{\varphi}^2$ scheint sich nach Bild 5.2.2.57 schneller zu entwickeln als bei HD-Verdichtern bzw. nähert sich dem dort erreichten Niveau. Ergänzend zeigt Bild 5.2.2.58 den Zusammenhang $\overline{\psi}=f(\overline{\varphi})$.

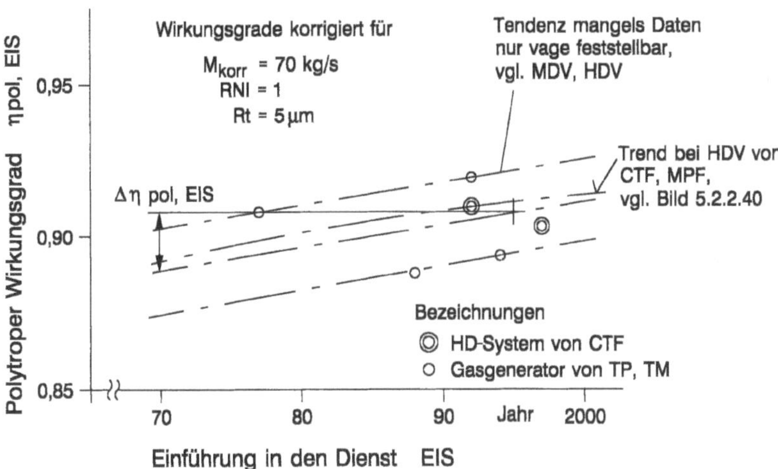

Bild 5.2.2.52: Zeitliche Entwicklung der polytropen Wirkungsgrade bei Axialteilen von Ax/R-Verdichtern von CTF, TM und TP

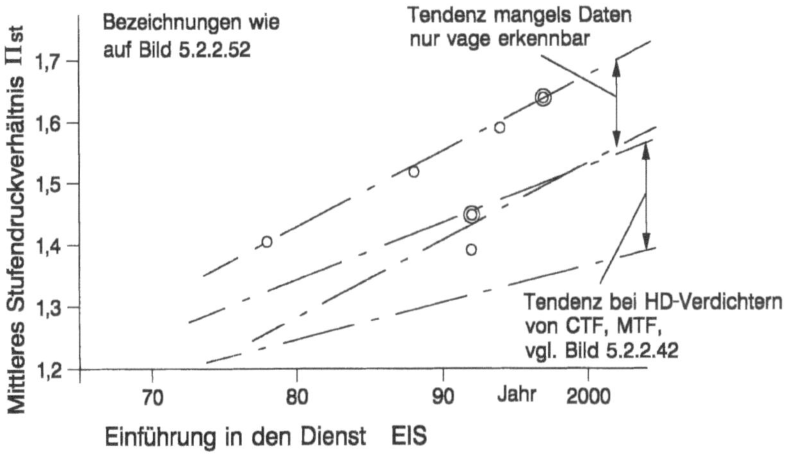

Bild 5.2.2.53: Zeitliche Entwickung der mittleren Stufendruckverhältnisse bei Axialteilen von Ax/R-Verdichtern von CTF, TM und TP

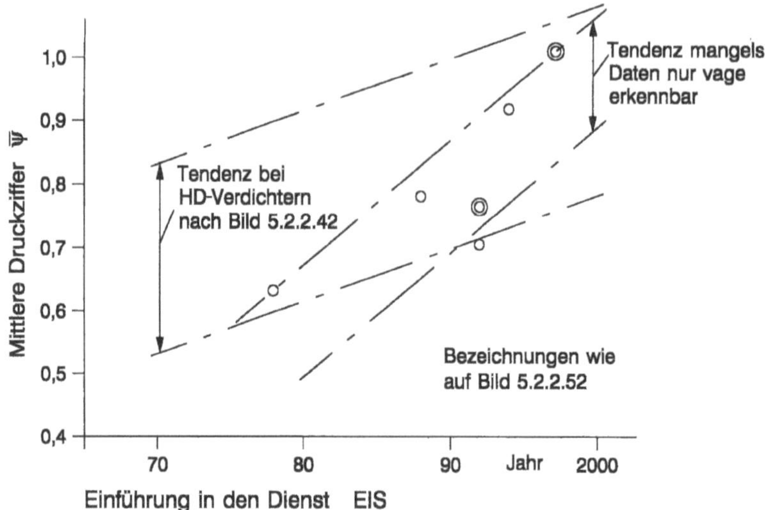

Bild 5.2.2.54: Zeitliche Entwicklung der mittleren Druckziffern bei Axialteilen von Ax/R-Verdichtern von CTF, TM und TP

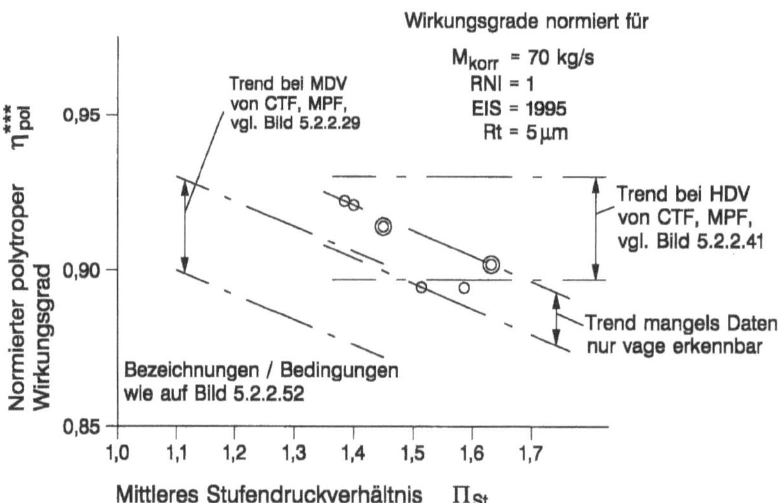

Bild 5.2.2.55: Einfluß des mittleren Stufendruckverhältnisses auf den normierten, polytropen Wirkungsgrad bei Axialteilen von Ax/R-Verdichtern von CTF, TM und TP

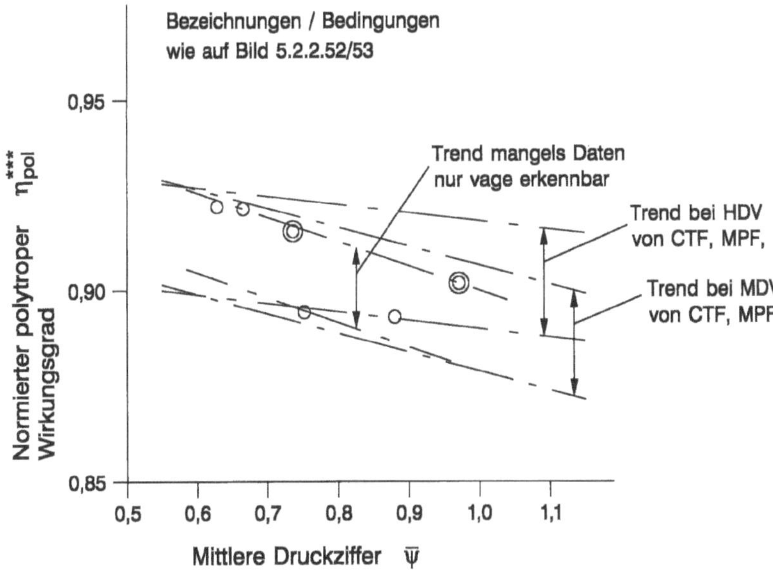

Bild 5.2.2.56: Einfluß der mittleren Druckziffer auf den normierten polytropen Wirkungsgrad bei Axialteilen von Ax/R-Verdichtern von CTF, TM und TP

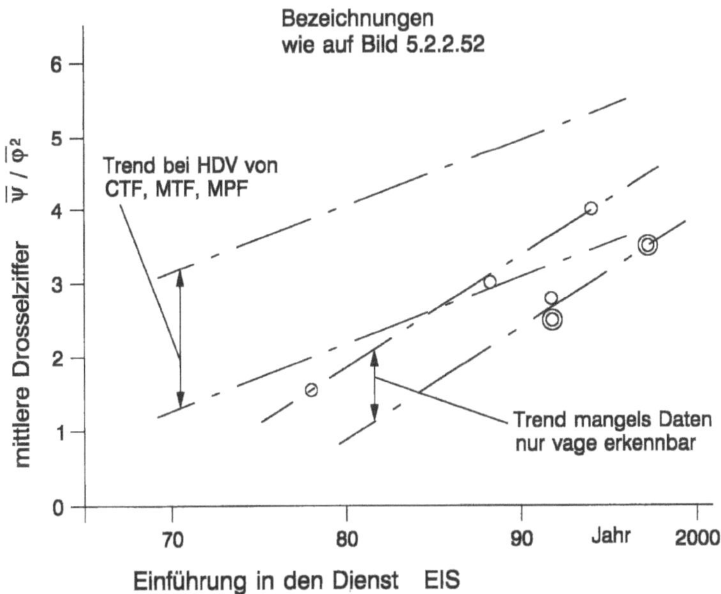

Bild 5.2.2.57: Zeitliche Entwicklung der mittleren Drosselziffer bei Axialteilen von Ax/R-Verdichtern von CTF, TM und TP

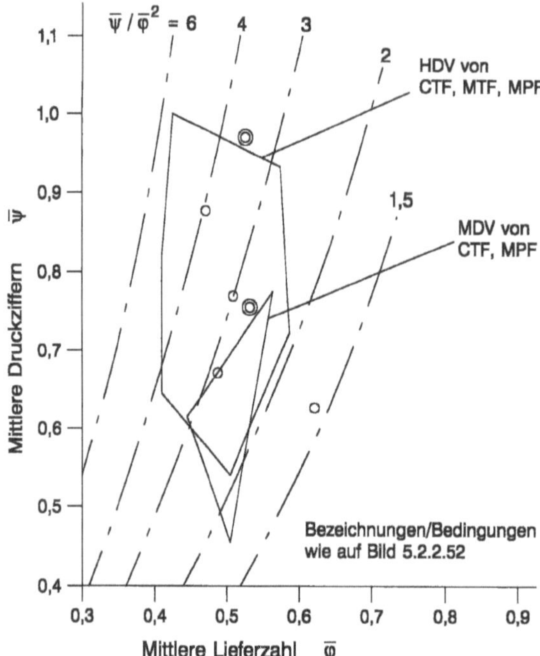

Bild 5.2.2.58: Zuordnung der mittleren Druckziffern und Lieferzahlen von Axialteilen bei Ax/R-Verdichtern von CTF, TM und TP

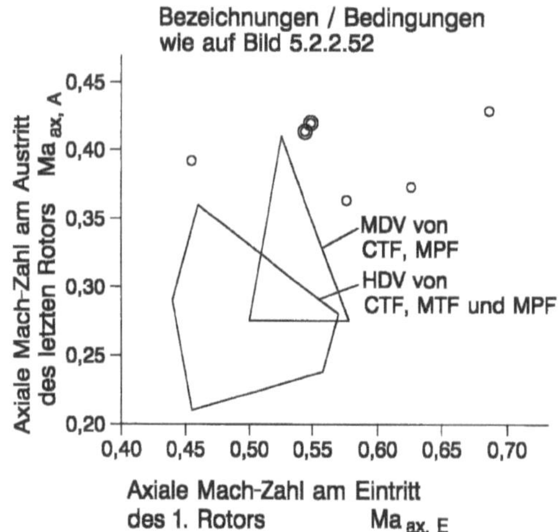

Bild 5.2.2.59
Zuordnung der axialen Mach-Zahlen am Eintritt und Austritt von Axialteilen bei Ax/R-Verdichtern von CTF, TM und TP

In Einzelfällen gehen nach Bild 5.2.2.59 die axialen Eintritts-Mach-Zahlen über jene bei HD-Verdichtern gefundenen weit hinaus, während die axialen Austritts-Mach-Zahlen im Bereich jener von „Booster"-Stufen/MD-Verdichtern liegen. Die Werte $\left(\Delta \overline{C}_{ax} / \overline{C}_{ax}\right)_{St}$

liegen nach Bild 5.2.2.60 ebenfalls im wesentlichen im Bereich jener von HD-Verdichtern. Schließlich zeigt Bild 5.2.2.61 die Relation der radialen Hauptabmessungen und Bild 5.2.2.62a/b die axialen Schlankheitsgrade der Beschaufelungen. Insgesamt gesehen erscheinen die Axialteile in ihrer aerodynamischen Auslegung teilweise forcierter als jene von axialen HD-Verdichtern für Großtriebwerke. Die thermisch/mechanischen Bedingungen sind jedoch sichtbar moderater als bei HD-Verdichtern von Großtriebwerken.

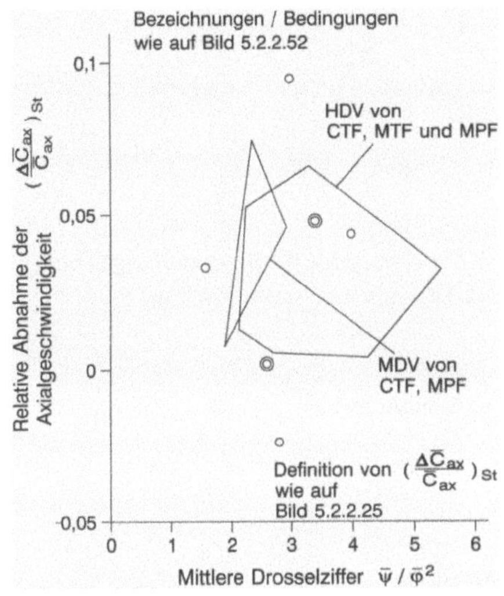

Bild 5.2.2.60
Mittlere relative Abnahme der Axialgeschwindigkeit pro Stufe bei Axialteilen von Ax/R-Verdichtern von CTF, TM und TP

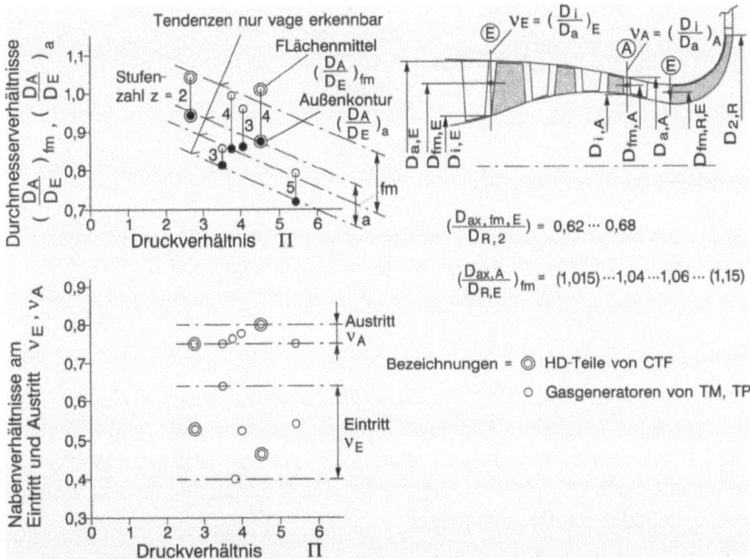

Bild 5.2.2.61: Relationen der radialen Ringraumabmessungen am Eintritt und Austritt bei Axialteilen von Ax/R-Verdichtern von CTF, TM und TP

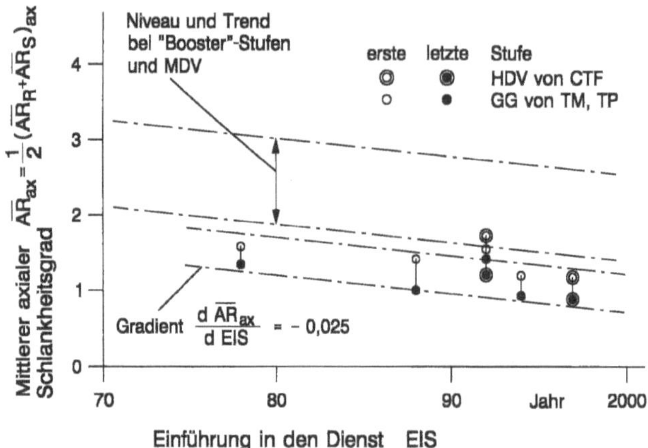

Bild 5.2.2.62a: Zeitliche Entwicklung der axialen Schlankheitsgrade der Beschaufelungen bei Axialteilen von Ax/R-Verdichtern von CTF, TM und TP

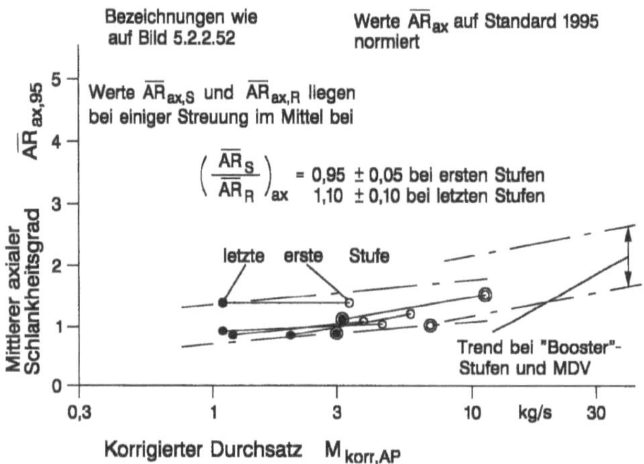

Bild 5.2.2.62b: Einfluß der Maschinengröße bzw. des korrigierten Durchsatzes auf die axialen Schlankheitsgrade der Beschaufelungen von Axialteilen bei Ax/R-Verdichtern von CTF, TM und TP

Radialverdichter

Hier handelt es sich um die Endstufen von Axial-/Radialverdichtern von kleinen Turbofans und Gasgeneratoren von Wellenleistungstriebwerken und um die 1. und 2. Stufe von 2-stufigen Radialverdichtern von Gasgeneratoren für Wellenleistungstriebwerke. Bild 5.2.2.63 gibt einen Überblick der dabei angesprochenen Konfigurationen mit verfolgten Hauptabmessungen und deren Bezeichnungen.

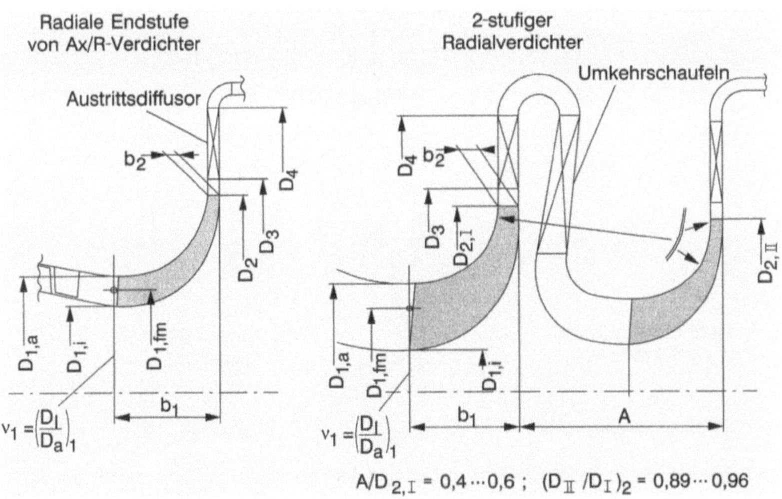

$$v_1 = \left(\frac{D_I}{D_a}\right)_1$$

$$v_1 = \left(\frac{D_I}{D_a}\right)_1$$

$$A/D_{2,I} = 0,4 \cdots 0,6 \;;\; (D_{II}/D_I)_2 = 0,89 \cdots 0,96$$

Bild 5.2.2.63: Bezeichnungen und Hauptabmessungen bei Radialverdichtern

Bild 5.2.2.64 zeigt die Entwicklung der für M_{korr} = 70 kg/s und RNI = 1 korrigierten polytropen Wirkungsgrade über EIS, wobei – abgesehen von einem Niveauunterschied von ca. 1% – offenbar ein ähnlicher Trend wie bei den Axialteilen und den HD-Verdichtern zu bestehen scheint. Die Datenbasis reicht jedoch nach Bild 5.2.2.65 nicht aus, um einen Trend der normierten Wirkungsgrade η_{pol}^{***} in Abhängigkeit von Π_{St} oder ψ feststellen zu können, zumal ein Vergleich mit den Tendenzen bei mehrstufigen Axialverdichtern nicht sinnvoll ist.

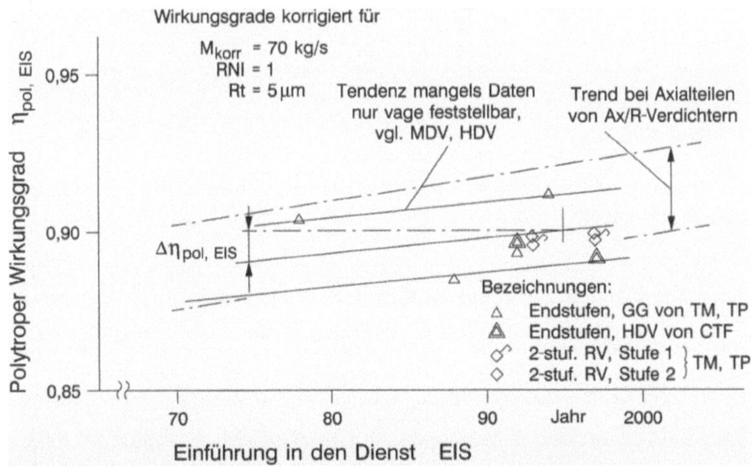

Bild 5.2.2.64: Zeitliche Entwicklung der polytropen Wirkungsgrade von Radial-Verdichterstufen in Ax/R-Verdichtern und 2-stufigen Radialverdichtern

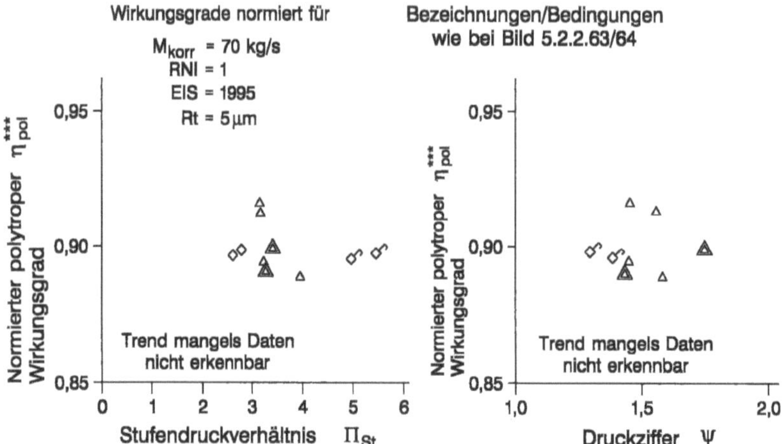

Bild 5.2.2.65: Einfluß des Stufendruckverhältnisses und der Druckziffer auf den normierten, polytropen Wirkungsgrad von Radial-Verdichterstufen

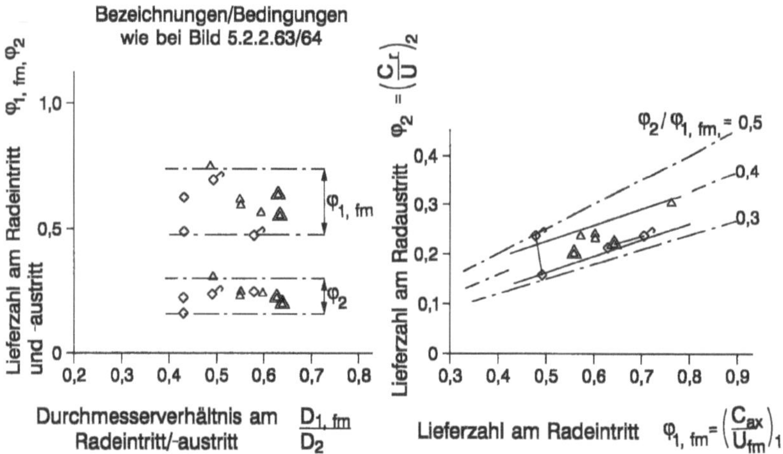

Bild 5.2.2.66: Lieferzahlen am Radeintritt und -austritt bei Radialstufen von Ax/R-Verdichtern und 2-stufigen Radialverdichtern

Die Lieferzahlen am Radeintritt und -austritt und ihre gegenseitige Zuordnung sind in Bild 5.2.2.66 dargestellt und Bild 5.2.2.67 zeigt den Einfluß der Druckziffer auf die Verzögerung $W_2/W_{1,fm}$ der relativen Strömungsgeschwindigkeit im Rotor und die Strömungs-Mach-Zahl am Rotoraustritt. Bemerkenswert ist nach Bild 5.2.2.67, daß hohe Druckziffern bei hohen Druckverhältnissen, die zu Überschall-Mach-Zahlen am Leitradeintritt führen würden, offenbar konsequent vermieden werden, vgl. hierzu Bild 5.2.2.68. Dabei signalisieren die im Bereich $\psi = 1{,}3 \dots 1{,}7$ liegenden Druckziffern entsprechend einem Geschwindigkeitsverhältnis $(C_u / U)_2 = \psi / 2$, daß es sich um Räder mit mehr oder weniger stark rückwärts gekrümmten Schaufeln handelt. Diese erfordern bei gegebener spezifischer Arbeit im Gegensatz zu Rädern älteren Zuschnitts mit radialem Schaufelaustritt zwar höhere Umfangsgeschwindigkeiten, die zugleich mit Rücksicht auf die Festigkeit der Laufschaufeln stärker begrenzt sind, liefern dafür aber stabilere Kennfelder bei besseren Wirkungsgraden.

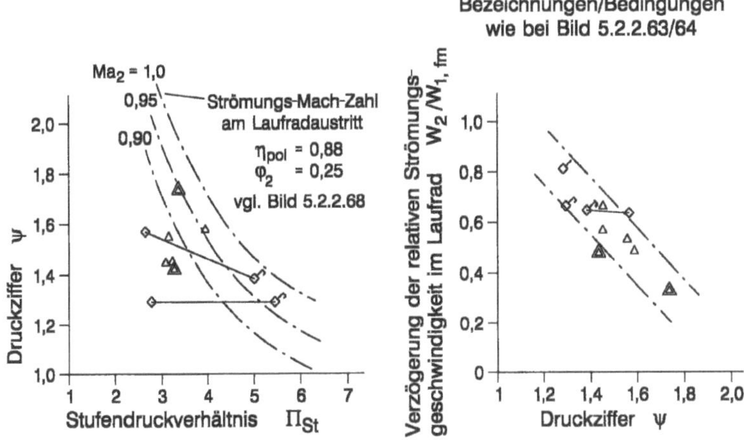

Bild 5.2.2.67: Einfluß der Auslegungsparameter Stufendruckverhältnis und Druckziffer auf die Verzögerung der relativen Strömungsgeschwindigkeit im Laufrad bei Radial-Verdichterstufen

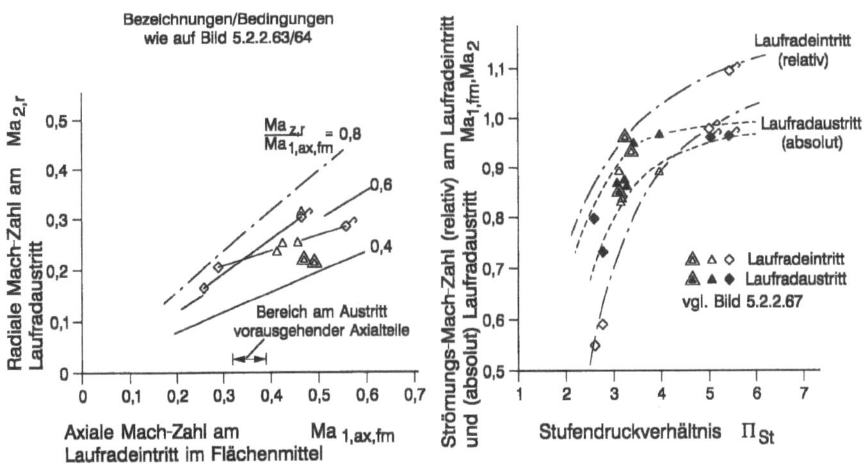

Bild 5.2.2.68: Strömungs- und axiale Mach-Zahlen am Laufradeintritt und -austritt bei Radialstufen von Ax/R-Verdichtern und 2-stufigen Radialverdichtern

Auf Bild 5.2.2.68 sind die axialen Mach-Zahlen am Radeintritt und radialen Mach-Zahlen am Radaustritt sowie die Anström-Mach-Zahl des Rotors im Flächenmittel und die Anström-Mach-Zahl des Leitrads dargestellt. Danach sind die Rotoreintritte im Flächenmittel bei Druckverhältnissen über 3 ... 3,5 transsonisch, während die Leitradeintritte auch bei höheren Druckverhältnissen – dank der Rückwärtskrümmung der Laufschaufeln bzw. der niedrigeren Druckziffern – im hohen Unterschallbereich liegen. Die für die geometrische Gestaltung des Rotors maßgebenden Parameter D_{1a}/D_2 und $v_E = (D_i/D_a)_1$ sind in Bild 5.2.2.69 dargestellt, wobei man insbesondere beim Parameter D_{1a}/D_2 mit Rücksicht auf die Anström-Mach-Zahl am Außenschnitt und die Durchströmung des Rotors auch bei hohen Druckverhältnissen möglichst nicht über Werte um 0,7 hinausgehen sollte. Die Nabenverhältnisse v_E am Radeintritt sind zusammen mit dem Verhältnis D_{1a}/D_2 im Falle von Axial-/Radialverdichter-Endstufen und 2. Stufen von 2-stufigen Radialverdichtern durch die vorausgehenden Axialstufen oder die vorausgehende Radialstufe vorgegeben, während bei der 1. Stufe von 2-stufigen Radialverdichtern günstigere, d.h. wesentlich kleinere Nabenverhältnisse möglich sind. Die Laufradbreiten b_1/D_2 und b_2/D_2 sind in Bild 5.2.2.70 zusammengestellt. Schließlich zeigt Bild 5.2.2.71 den Radialspalt zwischen Laufrad und Leitrad und die radialen Abmessungen des Austrittsdiffusors. Letztere sind sehr stark von der Integration der Radialstufe(n) in das Gesamttriebwerk mitbestimmt. Insbesondere können sich bei Triebwerken mit Axial-/Radial- oder 2-stufigem Radialverdichter nach Bild 5.2.2.71 als Konsequenz aus dem hier vorherrschenden Konzept mit Umkehr-Ringbrennkammer besonders große Durchmesser D_4 ergeben.

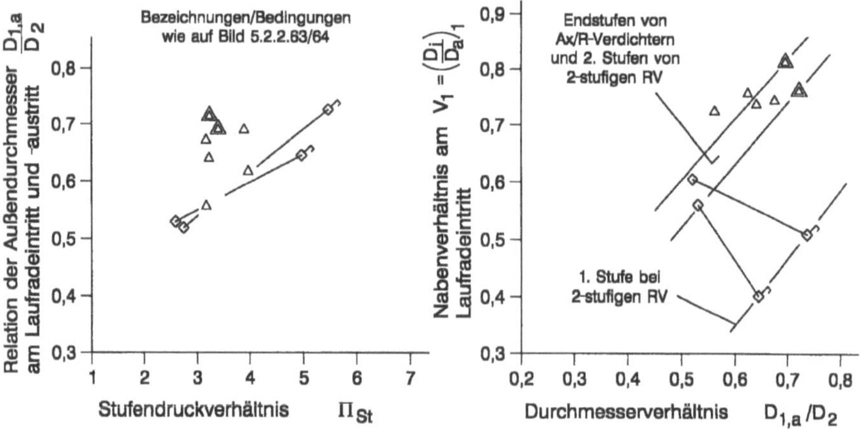

Bild 5.2.2.69: Zuordnung der Hauptabmessungen am Eintritt bei RV-Laufrädern von Ax/R-Verdichtern und 2-stufigen Radialverdichtern

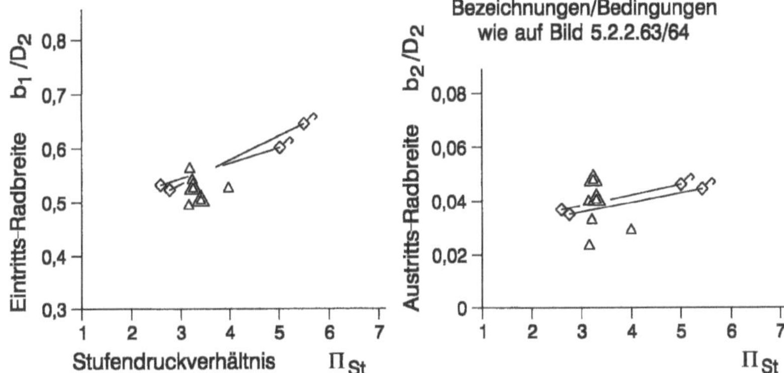

Bild 5.2.2.70: Axiale Eintritts- und Austritts-Radbreiten bei RV-Laufrädern von Ax/R-Verdichtern und 2-stufigen Radialverdichtern

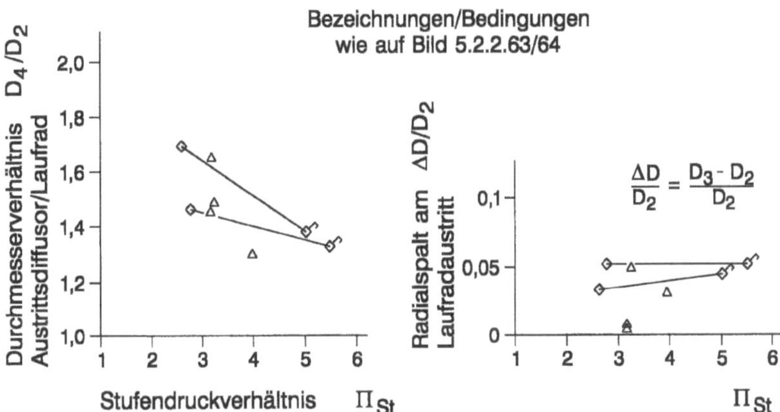

Bild 5.2.2.71: Durchmesserverhältnis Austrittsdiffusor/Laufrad und Radialspalt zwischen Diffusor und Laufrad

Technisch relevant mögen die bei den analysierten Radialrädern – sämtliche aus Titan – realisierten Umfangsgeschwindigkeiten am Außendurchmesser sein Diese sind in Bild 5.2.2.72 im Vergleich zu den bei ggf. vorausgehenden Axialteilen im Flächenmittel des 1. Rotors und bei HD-Verdichtern angetroffenen Umfangsgeschwindigkeiten über EIS dargestellt.

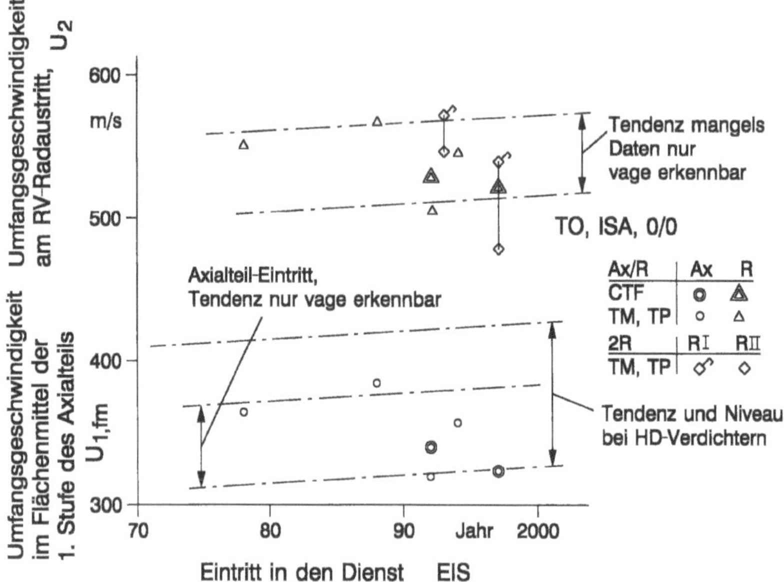

Bild 5.2.2.72: Zeitliche Entwicklung der Umfangsgeschwindigkeiten bei Ax/R-Verdichtern und 2-stufigen Radialverdichtern

5.2.2.7 Verdichterkennfelder

Neben der bereits im frühen Projektstadium wichtigen, wenn auch genäherten, aber technisch gerechtfertigten Festlegung der Verdichterwirkungsgrade ist es gleichzeitig ebenso wichtig festzustellen, ob bei Vollast und Teillast eine günstige Lage der Verdichter-Arbeitslinie bei genügendem Pumpgrenzenabstand erwartet werden kann. Um hier nicht von zufällig verfügbaren Verdichterkennfeldern abhängig zu sein bzw. um das Risiko zu vermeiden, evtl. von falschen Voraussetzungen auszugehen, werden aus einer größeren Zahl bekannter Verdichterkennfelder von 1-stufigen Fans nach Abschnitt 5.2.2.1 bis hin zu Axial-/Radial- oder 2-stufigen Radialverdichtern nach Abschnitt 5.2.2.6 die Lage der vom Standpunkt des Wirkungsgrades „optimalen" Arbeitslinie und der dabei vorhandenen Pumpgrenzenreserve statistisch erfaßt. Die dabei angesprochene Definition der Pumpgrenzenreserve nach den Gln. 5.2.2.8 bis 5.2.2.10

$$PGR = \frac{\Pi_{PG} - \Pi_{AL}}{\Pi_{AL} - 1} = \frac{Y_{PG} - Y_{AL}}{Y_{AL}} = \frac{Y_{PG}}{Y_{AL}} - 1$$

geht auf die bei inkompressibler Strömung gültige Formulierung

$$PGR_{ink} = \frac{p_{PG} - p_{AL}}{p_{AL} - p_E} \tag{5.2.2.20}$$

zurück und ist theoretisch um so korrekter, je näher $\Pi = p_A / p_E$ bei 1 liegt. Das gelegentlich ebenfalls vorzufindende Kriterium

$$PGR = \frac{\Pi_{PG} - \Pi_{AL}}{\Pi_{AL}} \qquad\qquad (5.2.2.21)$$

ergibt generell kleinere Werte PGR und ist bei $\Pi_{AL} \approx 1$ nicht mehr brauchbar.

Entsprechend den relativierten Druckverhältnissen Y_{PG} und Y_{AL} bzw. Y_{opt} wurde nach Bild 5.2.2.73 bei den betrachteten Kennfeldern der Auslegungspunkt $Y_{AP} = 1$ im Sinne einer Normierung so festgelegt, daß bei $N/\sqrt{T} = 100\%$ bzw. $\Phi_{rel} = 1,0$ eine Punpgrenzenreserve

$$PGR_{AP} = \frac{Y_{PG,AP}}{Y_{AP}} - 1 = 0,20 \qquad\qquad (5.2.2.22)$$

besteht.

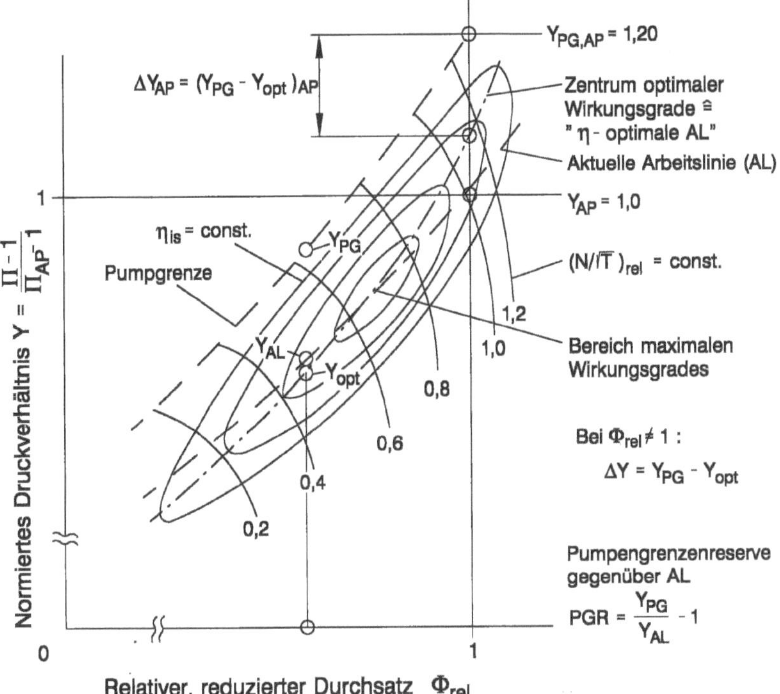

Bild 5.2.2.73: Musterkennfeld mit Bezeichnungen zur Auswertung von Verdichterkennfeldern

Damit ergeben sich die in Bild 5.2.2.74 zusammengestellten Werte $Y_{AL,opt}$ für $\Phi_{rel} = 1,0$; 0,85 und 0,7 und Y_{PG} für $\Phi_{rel} = 1,0$; 0,85; 0,70 und 0,40. Dabei liegt $\Phi_{rel} = 0,70\dots1,0$ im praktisch relevanten Betriebsbereich, während $\Phi_{rel} = 0,40$ im Zünd/Anlaßbereich liegt, wo unter Umständen Probleme mit der Pumpgrenze auftreten können. Einerseits fällt bei Bild 5.2.2.74 auf, daß die Streuung von Y_{opt} bei $\Phi_{rel} = 1$

besonders groß ist, während andererseits die Werte $Y_{opt} > 1$ bei $\Phi_{rel} = 1$ in der Mehrzahl sind, so daß im Regelfall im Auslegungspunkt AP genügende Pumpgrenzenreserve und optimaler Wirkungsgrad nicht zugleich erreichbar sind. Damit sind im Auslegungspunkt bzw. im Arbeitspunkt bei $\Phi_{rel} = 1$ häufig Wirkungsgradabschläge gegenüber dem Optimum einzukalkulieren. Ist im Einzelfall die bei $\Phi_{rel} = 1$ geforderte Pumpgrenzenreserve

$$PGR_{AL} = \left(\frac{1{,}20}{Y_{AL}} - 1 \right)$$

und die Pumpgrenzenreserve nach Bild 5.2.2.74 gegenüber der „optimalen" Arbeitslinie bei $\Phi_{rel} = 1$

$$PGR_{opt} = \frac{Y_{PG} - Y_{opt}}{Y_{opt}} = \frac{1{,}20}{Y_{opt}} - 1 \; , \tag{5.2.2.23}$$

dann ist hier die Arbeitslinie um den Betrag

$$\Delta Y = Y_{opt} - Y_{AL} \tag{5.2.2.24}$$

mit

$$\frac{\Delta Y}{Y_{opt}} = \left(PGR_{opt} - PGR_{AL} \right) \frac{Y_{opt}}{1{,}2} \tag{5.2.2.25}$$

tiefer als Y_{opt} zu wählen und damit ein Wirkungsgradabschlag

$$\Delta \eta_{is} = \left(\eta_{opt} - \eta_{AP} \right)_{is} = f(\Delta Y) \tag{5.2.2.26}$$

nach Bild 5.2.2.75 anzusetzen. Dabei sind nach Bild 5.2.2.74 unter der Voraussetzung $Y_{PG,AP} = 1{,}20$ zwei Fälle zu unterscheiden.

A) Ist – wie im Regelfall – bei $\Phi_{rel} = 1$ $Y_{opt} > 1$, so ist bei der Festlegung genügender Pumpgrenzenreserve nach Gl. 5.2.2.24 und 5.2.2.25 der in Bild 5.2.2.75 dargestellte Wirkungsgradabschlag einzukalkulieren.

B) Ist dagegen bei $\Phi_{rel} = 1$ $Y_{opt} < 1$ und damit die Pumpgrenzenreserve auf der optimalen Arbeitslinie $PGR_{opt} > 0{,}2$, so mag bei der Festlegung des Arbeitspunktes $Y_{AL} \gtrless Y_{opt}$ die Frage der Priorität von PGR gegenüber η und Π_{AP} entschieden werden.

Damit kann im Bereich $\Phi_{rel} < 1$ bei beliebiger Arbeitslinie $Y_{AL} = f(\Phi_{rel})$ ihre Lage relativ zur „optimalen" Arbeitslinie Y_{opt} und relativ zur Pumpgrenze Y_{PG} und damit auch die Pumpgrenzenreserve nach den Gln. 5.2.2.8 bis 5.2.2.10 nach Bild 5.2.2.74 im Rahmen der Streuung der statistischen Werte bestimmt werden.

Einerseits treten bei $\Phi_{rel} = 1$ die Fälle $Y_{opt} < 1$ besonders bei kleinen Druckverhältnissen bzw. bei 1-stufigen Fans auf, andererseits sind gerade hier hohe Pumpgrenzenreserven $PGR_{AP} > 0{,}2$ aus mehreren Gründen besonders angesprochen.

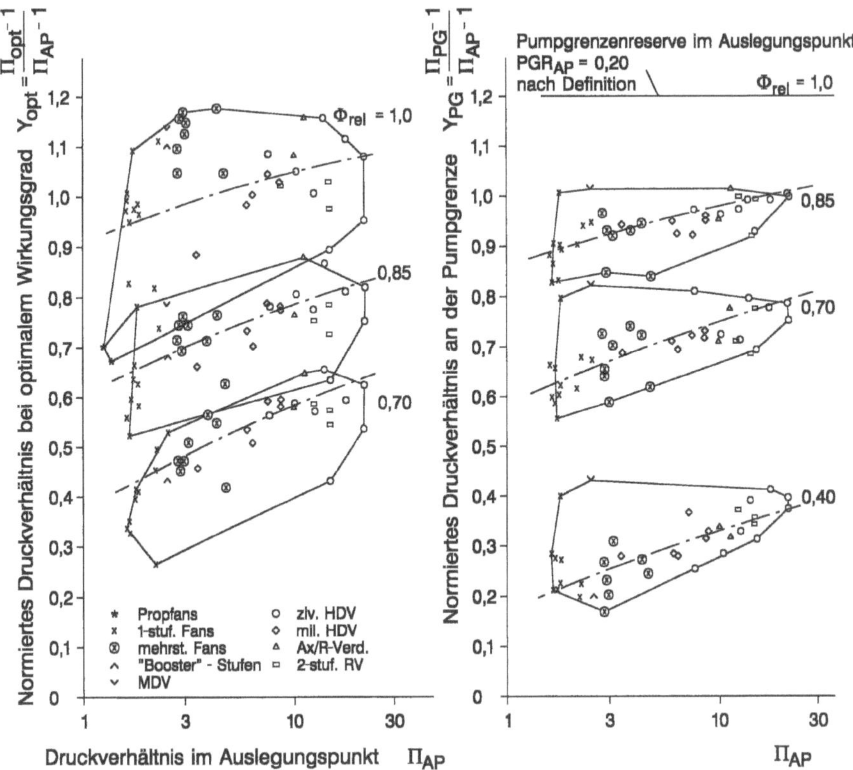

Bild 5.2.2.74: Normierte Druckverhältnisse bei optimalem Wirkungsgrad und an der Pumpgrenze, im Auslegungspunkt und bei Teillast (statistische Auswertung)

Was die zeitliche Entwicklung des „optimalen" Pumpgrenzenabstandes PGR_{opt} bei $\Phi_{rel}=1$ nach Gl. 5.2.2.24 bzw. Bild 5.2.2.74 betrifft, so zeigt Bild 5.2.2.76 bei $\Phi_{rel}=1$ – abgesehen von der erheblichen Streuung – eine gewisse Entwicklung der Werte $\Delta Y = Y_{PG} - Y_{opt}$ für 1-stufige Fans zum Positiven, d.h. zu größeren Pumpgrenzenreserven. Diese Entwicklung konnte auch für Werte $\Phi_{rel}<1$ bestätigt werden. Im übrigen ist das Niveau der Werte Y_{opt} bei $\Phi_{rel}=1$ nach Bild 5.2.2.74 von Π_{AP} praktisch unabhängig, so daß zumindest die in Bild 5.2.2.76 dargestellte Tendenz von einem etwaigen Einfluß des Parameters Π_{AP} frei ist.

1-stufige Radialverdichter fügen sich nicht in die Statistik aller übrigen Verdichter nach den Bildern 5.2.2.74 bis 5.2.2.76 ein. Hierzu zeigt Bild 5.2.2.77 die gegenüber dem Optimalpunkt bei $\Phi_{rel}=1$, $\left(N/\sqrt{T}\right)_{rel}=1$ festgestellten Pumpgrenzenreserven, die mit zunehmendem Stufendruckverhältnis rasch gegen 0 gehen. Mit eingetragen sind Pumpgrenzenreserven einiger 2-stufiger Radialverdichter, wobei als Stufen-Druckverhältnis $\Pi_{St} = \sqrt{\Pi_{ges}}$ angenommen wurde.

Akzeptiert man einen gewissen Wirkungsgradabschlag, um die Pumpgrenzenreserve zu erhöhen, so ergibt sich z.B. bei $\Delta\eta_{is} = 1\%$ nach Bild 5.2.2.77 eine Verbesserung der Pumpgrenzenreserve von $\Delta PGR = 10 \ldots 20\%$.

Bei Ax/R-Verdichtern stellt zwar die Kombination des Gesamtkennfeldes aus den Kennfeldern des Axial- und Radialteils kein Problem dar. Schwierig ist jedoch die Ermittlung der gemeinsamen Pumpgrenze, zumal die Erzielung einer günstigen Pumpgrenze des Gesamtverdichters nach [5.2.12] an bestimmte Voraussetzungen bei den Kennfeldern des Axial- und Radialteils gebunden ist.

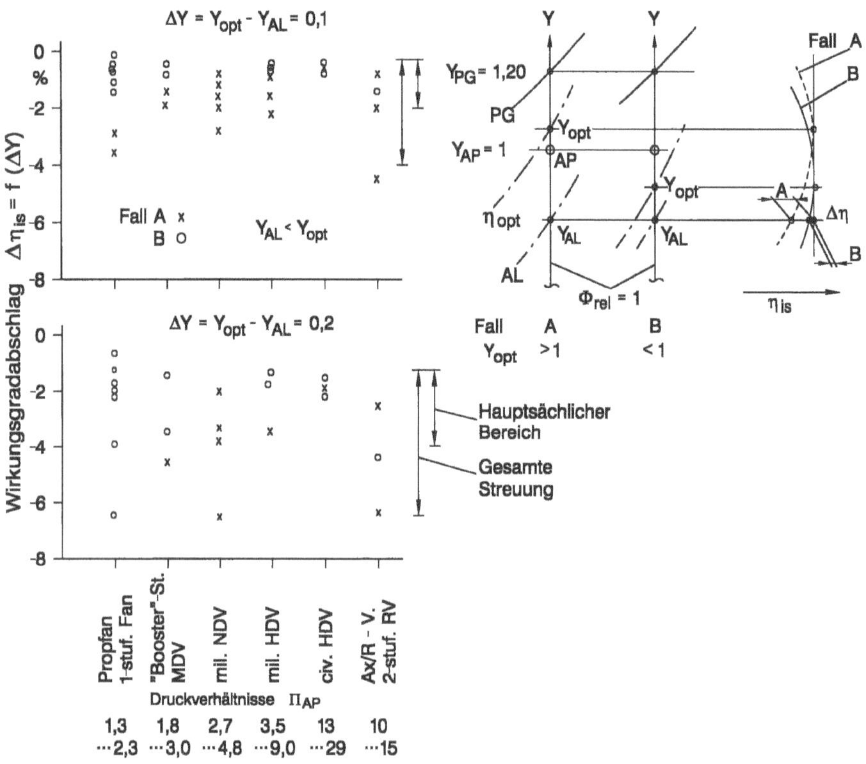

Bild 5.2.2.75: Wirkungsgradabschlag bei Festlegung des Auslegungspunktes entsprechend $PGR_{AP} = 0,20$ und $Y_{opt,AP} \gtrless 1$

Die Frage der Erreichbarkeit optimaler Wirkungsgrade auf der Arbeitslinie bei zugleich wünschenswerter Pumpgrenzenreserve ist nach Abschnitt 4.2.3 bzw. den Bildern 4.2.16 bis 4.2.18 besonders bei Fan-Stufen, „Booster"-Stufen und MD-Verdichtern im Teillastbetrieb relevant. Des weiteren ist diese Frage bei Sonderbauarten wie Triebwerken mit variabler Geometrie oder rekuperativen Triebwerken (Mantelpropfan oder

Wellenleistungstriebwerk) von vornherein – d.h. auch im Bereich des HD-Verdichters – zu stellen. Von diesem Standpunkt aus gesehen geben die Bilder 5.2.2.74 und 5.2.2.75 wichtige Hinweise über den verfügbaren Entwurfs- bzw. Entwicklungsspielraum, zumal auch in Zukunft kaum anzunehmen ist, daß Verdichter entwickelt werden können, deren Kennfelder wesentlich außerhalb des hier angesprochenen statistischen Rahmens liegen.

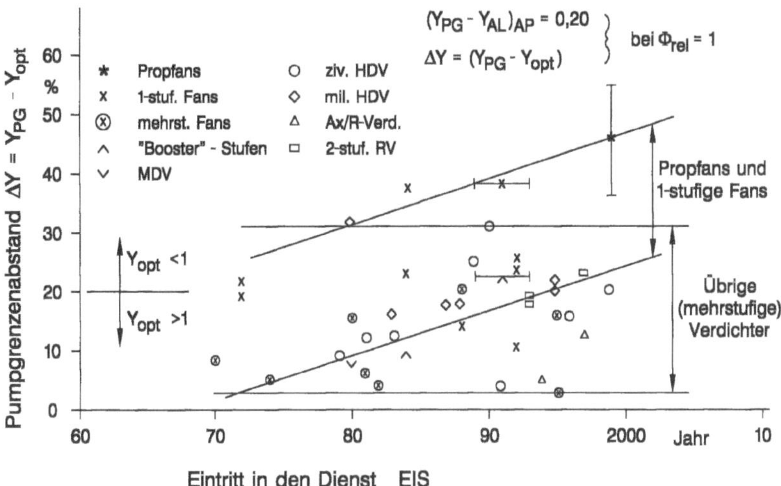

Bild 5.2.2.76: Pumpgrenzenabstand gegenüber der wirkungsgradoptimalen Arbeitslinie bei $\Phi_{rel} = 1$ (statistische Auswertung)

Variable Geometrie

Bei allen mehrstufigen Verdichtern – ob axial oder axial/radial – ist seit den 60er Jahren die Anwendung variabler Geometrie in der Form verstellbarer Leitgitter der vorderen Stufen Stand der Technik, während bis dahin Zwischenstufen-Abblasungen, die bei Teillast in Aktion traten, die alleinige Praxis darstellten. Dementsprechend enthalten in den Bildern 5.2.2.74 bis 5.2.2.76 mehrstufige ND-Verdichter mit $\Pi_{AP} > 2,2$, MD-Verdichter mit $\Pi_{AP} > 3,5$, HD-Verdichter mit $\Pi_{AP} > 6,0$ und Ax/R-Verdichter mit $\Pi_{AP} > 12$ den Einfluß variabler Geometrie mittels verstellbarer Leitgitter.

Bei der Beurteilung des Einflusses variabler Geometrie auf das Betriebsverhalten einer Axialstufe ist stets das Ensemble aus Laufgitter und davorliegendem Leitgitter zu betrachten. Die Verstellung des (Vor-)Leitgitters geht dabei im Teillastbereich im Sinne von „schließen" bis zu 50°, wobei im Falle mehrerer verstellbarer Leitgitter bei 1-parametrischer Verstellung, die allgemein praktiziert wird, die Verstellwinkel von Stufe zu Stufe rasch abklingen.

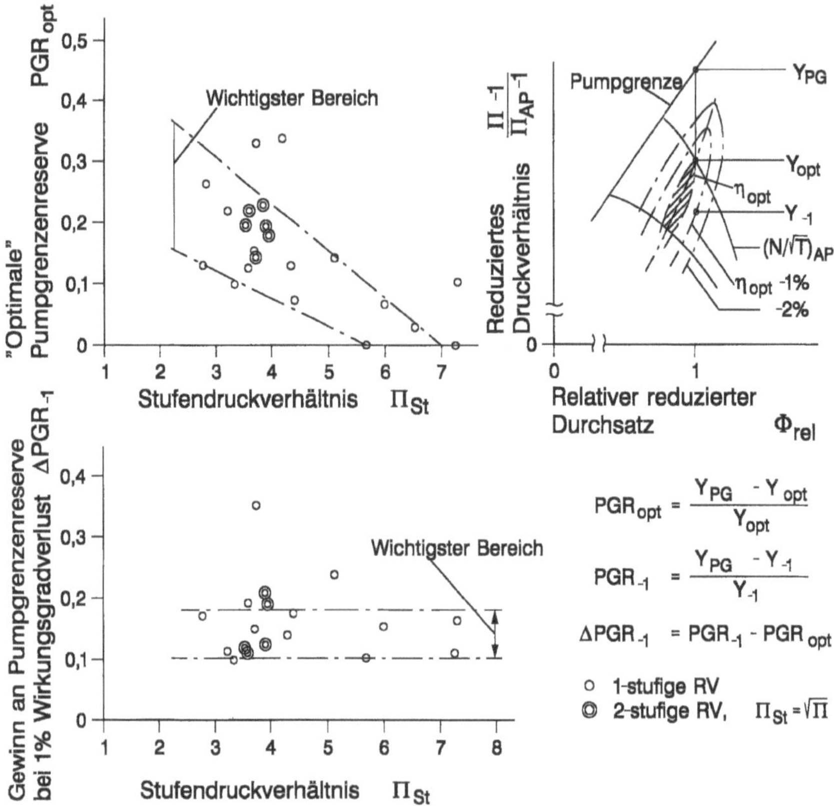

Bild 5.2.2.77: Pumpgrenzenreserve bei 1- und 2-stufigen Radialverdichtern

Hierzu zeigt Bild 5.2.2.78 zunächst die zeitliche Entwicklung der Zahl z_v der Verstelleitgitter, bezogen auf die Gesamtzahl z_{St} der Stufen. Um dabei auch Ax/R-Verdichter erfassen zu können, wurde bei diesen eine fiktive Stufenzahl des gesamten Verdichters (im Sinne eines Axialverdichters) entsprechend

$$z_{St} = z_{St,ax} \cdot \left(\frac{H_{ges}}{H_{ax}}\right)_{eff} \tag{5.2.2.27}$$

angenommen. Wie man erkennt, ist bei HD- und Ax/R-Verdichtern über einen langen Zeitraum hinweg keine Tendenz bezüglich z_v / z_{St} feststellbar, wenngleich dabei die Druckverhältnisse pro Welle erheblich größer geworden sind. Allerdings bestehen bei 2-welligen Mantelpropfans mit Getriebe besonders hohe Anforderungen an die Anpassungsfähigkeit des MD-Verdichters an die Bedingungen bei Teillast mit entsprechend hohen Werten z_v / z_{St}. Ferner zeigt Bild 5.2.2.79 den Umfang variabler Geometrie bei MD-, HD- und Ax/R-Verdichtern in Abhängigkeit vom Druckverhältnis, wobei mit zunehmendem Druckverhältnis allenfalls eine vage Tendenz zu höheren Werten z_v / z_{St}

festgestellt werden kann. Insgesamt gesehen sind – abgesehen vom Sonderfall MD-Verdichter für 2-wellige Mantelpropfans mit Getriebe – Werte $z_v / z_{St} \leq 0,5$ anzutreffen.

Kompliziertere Formen der variablen Geometrie, die in der Zukunft liegen und für rekuperative Triebwerke relevant sein mögen, werden in Abschnitt 6.11.3 behandelt.

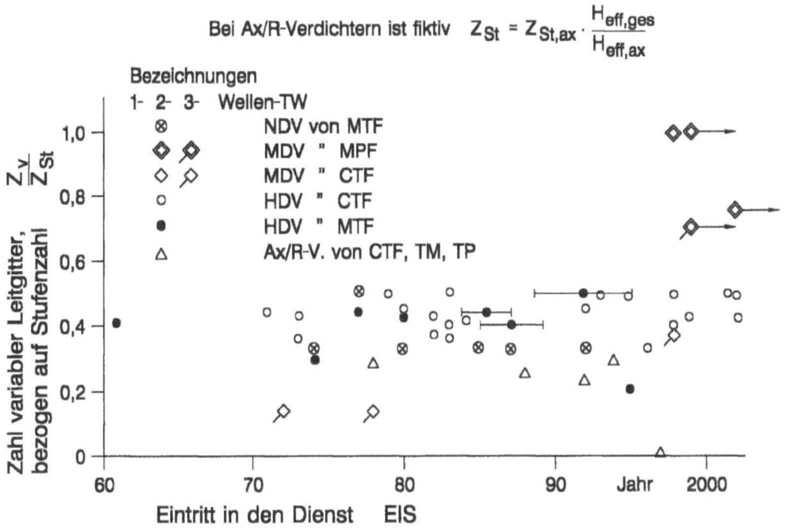

Bild 5.2.2.78: Zeitliche Entwicklung des Umfangs der variablen Geometrie bei Axial- und Ax/R-Verdichtern

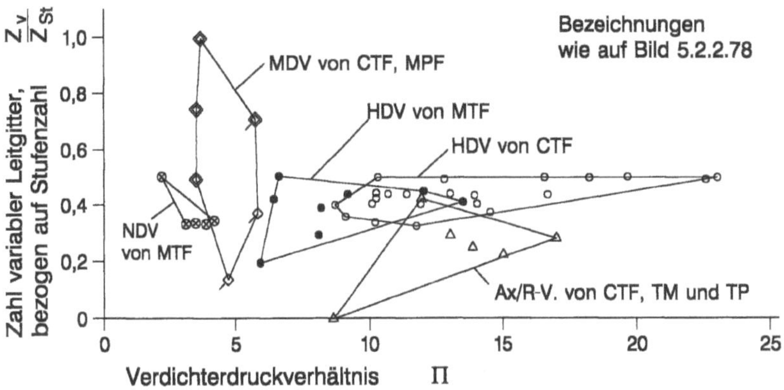

Bild 5.2.2.79: Einfluß des Verdichterdruckverhältnisses und der Anordnung im Triebwerk auf den Umfang an variabler Geometrie

5.2.2.8 Pumpgrenzenreserve

Mit auf der Aerodynamik der Gitterdurchströmung beruhenden Kriterien kann die im Einzelfall zu erwartende Pumpgrenzenreserve bei Vollast und Teillast bestimmt werden, vgl. z.B. [5.2.9] bis [5.2.11]. Die Anwendung dieser Kriterien setzt allerdings nicht nur die genaue Kenntnis der Gittergoemetrie, sondern auch detaillierte Daten zur Durchströmung der Schaufeln voraus, die im Stadium der Projektierung im allgemeinen noch nicht verfügbar sind.

Während bei 1-stufigen Verdichtern – axial wie radial – der Strömungsabriß im Laufrad zugleich die Pumpgrenze darstellt, ist bei mehrstufigen Verdichtern – axial wie axial/radial oder radial – die Situation wesentlich komplizierter. Bei mehrstufigen Axialverdichtern gelten nach wie vor die in [5.2.13] beschriebenen grundsätzlichen Zusammenhänge zwischen dem Abreißen der Strömung in einem Gitter oder einer Stufe und der Pumpgrenze, wobei

- im oberen Drehzahlbereich mit $\Pi > \Pi_{AP}$ bei der Drosselung des Durchsatzes die hinteren Stufen zuerst abreißen, wobei zugleich Pumpen eintritt,

- im Bereich $\Pi < \Pi_{AP}$ und $\left(N/\sqrt{T}\right)_{rel} > 70 \ldots 80\%$ die vorderen Stufen mit abnehmendem Druckverhältnis zunehmend in den Zustand abgerissener Strömung geraten, wobei aber nicht zugleich Pumpen eintritt, und

- im Bereich $\left(N/\sqrt{T}\right)_{rel} < 70 \ldots 80\%$, d.h. bei weitgehend abgerissener Strömung – wie in [5.2.13] dargestellt – bei Drosselung des Verdichters Pumpen erst bei $\partial \Pi / \partial \Phi = 0$, d.h. im Maximum der Kennlinie $\Pi = f(\Phi)$ bei $N/\sqrt{T} = const.$ einsetzt.

Allerdings scheint der in [5.2.13] ebenso wie in anderen älteren Publikationen beschriebene tiefe Einschnitt der Pumpgrenze in das Kennfeld bei $\left(N/\sqrt{T}\right)_{rel} = 70 \ldots 80\%$, der ein beträchtliches Stabilitätsproblem im Teillastbereich darstellt, bei modernen Verdichtern mit variabler Geometrie weitgehend behoben zu sein. Bei Axial-/Radialverdichtern verlangt die Bestimmung der Pumpgrenze des Gesamtverdichters bei Kenntnis der Pumpgrenzen beider zu koppelnden Teile eine spezielle Methodik, vgl. [5.2.12].

Bei 1-stufigen Radialverdichtern ist kein Verfahren bekannt, das auf der Basis weniger, bei der Projektierung festzulegender, aerodynamischer und geometrischer Parameter wie $\Pi_{St}, \psi, W_2/W_1$ etc. – vgl. Abschnitt 5.2.2.6 – zumindest bei $\Phi_{rel} = 1$ bzw. $\left(N/\sqrt{T}\right)_{rel} = 1$ die Abschätzung der Pumpgrenzenreserve gegenüber dem Bereich optimaler Wirkungsgrade erlaubt. Dagegen wurde bei mehrstufigen Axialverdichtern nach der MTU-Datenbasis in der weiter zurückliegenden Vergangenheit, d.h. seit den 60er Jahren, ein rein empirisches Kriterium zur Bestimmung der Pumpgrenzenreserve im Auslegungspunkt angewendet, bei dem neben den Auslegungsparametern $\overline{\psi}$ und $\overline{\varphi}$ zusammen mit den radialen und axialen Hauptabmessungen des Ringraums, d.h. des Verhältnisses der Durchmesser im Flächenmittel am Eintritt in das erste und Austritt aus dem letzten Laufgitter und des mittleren axialen Schlankheitsgrades der Stufen als Datenbasis genügte, während andere Parameter, die ebenfalls die Pumpgrenze beeinflussen, wie z.B. der Reaktionsgrad der Stufen und die mittlere Abnahme der Axialgeschwindigkeit pro Stufe, keine Berücksichtigung fanden. Allerdings war bei diesem Verfahren mit einer Unsicherheit von mindestens ±10% gegenüber dem damit errechneten Wert der Pumpgrenzenreserve auszugehen. Diese Unsicherheit ist anhand der auf den Bildern 5.2.2.74 und 5.2.2.75 sichtbaren Streuung der Werte Y_{opt} bei $\Phi_{rel} = 1$ nicht weiter verwunderlich.

Seit den 70er Jahren sind, wie in den Abschnitten 5.2.2.2 bis 5.2.2.6 dargestellt, aufgrund der möglich gewordenen analytischen Durchdringung der Strömung, enorme Steigerungen der Anström-Mach-Zahlen und aerodynamischen Belastungen der Gitter bei zugleich verbesserten Wirkungsgraden erreicht worden. Im gleichen Zeitraum sind jedoch die nach Bild 5.2.2.76 dargestellten Pumpgrenzenreserven weitgehend unverändert geblieben bzw. wurden Verbesserungen nur in Einzelfällen erreicht. Dies ist wahrscheinlich darauf zurückzuführen, daß zwar die Belastungszahlen $\overline{\psi}$ und die Drosselziffern $\overline{\psi}/\overline{\varphi}^2$ gesteigert wurden, daß zugleich aber die axialen Schlankheitsgrade $\overline{AR}_{ax}$, die einen bedeutenden Einfluß auf die Pumpgrenzenreserve haben, wie in den Abschnitten 5.2.2.2 bis 5.2.2.6 dargestellt, kleiner geworden sind. Die verfügbare Datenbasis reicht jedoch nicht aus, um diese Entwicklung durch genügend besetzte und unterbaute Korrelationen zu belegen. Da der Blick in Bild 5.2.2.76 zeigt, daß seit den 70er Jahren nur bei einigen 1-stufigen Fans von zivilen Turbofans und Mantelpropfans sichtbare Verbesserungen der Pumpgrenzenreserve zu verzeichnen sind, im übrigen aber keine Tendenz über EIS zu erkennen ist, wird das o.a. einfache Kriterium für mehrstufige Axialverdichter so aufbereitet, daß es für die Anwendung bei der Projektierung geeignet ist. Damit ergibt sich eine Pumpgrenzenreserve im Auslegungspunkt in der Definition nach den Gln. 5.2.2.8 bis 5.2.2.10 aus

$$PGR = \Delta PGR_{aero} + \Delta PGR_{AR+D} \tag{5.2.2.28}$$

Mit Bezeichnungen nach Bild 5.2.2.80 ergeben sich die zwei Terme auf der rechten Seite aus Bild 5.2.2.81a und b. Dabei stellt ΔPGR_{aero} den Einfluß der aerodynamischen Belastung und ΔPGR_{AR+D} den Einfluß der Ringraumabmessungen dar.

Das beschriebene Verfahren kann besonders dann angewendet werden, wenn von einem bestimmten Verdichter mit bekannter Auslegung auf die Pumpgrenzenreserve eines anderen mit vergleichbarer Auslegung, aber anderen Parameterwerten, geschlossen werden soll.

Neben den hier einbezogenen Verdichter-Auslegungsdaten sind natürlich weitere Parameter wie die Radialspiele der Laufschaufeln, die Konstruktion des Gehäuses ohne oder mit thermischer Kompensation, die Bauweise der Leiträder ohne oder mit Innenringen, die axialen Abstände der Gitter, der Einfluß der z.B. bei zunehmendem Druckverhältnis eines Verdichters sich nach dem Austritt zu verschlechternden Qualität der Gitterdurchströmung infolge zunehmender Seitenwandgrenzschichten und damit einhergehender Schaufel-Fehlanströmungen etc. und schließlich die Einordnung des Verdichters in das gesamte Triebwerk von Einfluß, die aber im Rahmen der Projektierung zunächst nicht quantifiziert werden können.

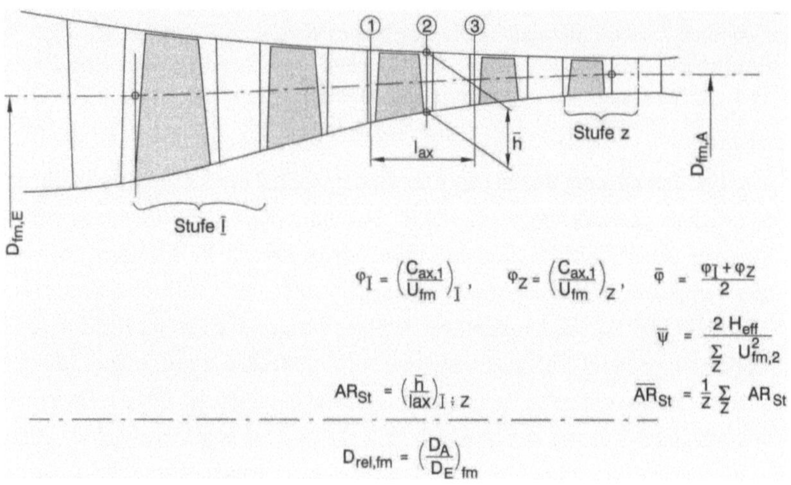

$$\varphi_{\mathrm{I}} = \left(\frac{C_{ax,1}}{U_{fm}}\right)_{\mathrm{I}}, \qquad \varphi_{z} = \left(\frac{C_{ax,1}}{U_{fm}}\right)_{z}, \qquad \overline{\varphi} = \frac{\varphi_{\mathrm{I}} + \varphi_{z}}{2}$$

$$\overline{\psi} = \frac{2\,H_{eff}}{\sum\limits_{z} U_{fm,2}^{2}}$$

$$AR_{St} = \left(\frac{\overline{h}}{l_{ax}}\right)_{\mathrm{I} \div z} \qquad \overline{AR}_{St} = \frac{1}{z}\sum\limits_{z} AR_{St}$$

$$D_{rel,fm} = \left(\frac{D_A}{D_E}\right)_{fm}$$

Bild 5.2.2.80: Bezeichnungen und Parameter zur Abschätzung der Pumpgrenzenreserve

Neben der Sicherstellung der geforderten Pumpgrenzenreserve ist die Vermeidung rotierender Ablösung (*rotating stall*) im stationären Teillastbereich (1. Art) und beim Hochfahren (2. Art) im Auge zu behalten.

Vor diesem komplizierten Hintergrund wird festgestellt, daß die aerodynamische und geometrische Dimensionierung eines Verdichters im Rahmen der durch Abschnitt 5.2 gegebenen Daten einschließlich der hier beschriebenen Kontrolle der zu erwartenden Pumpgrenzenreserve eine sehr gute Voraussetzung dafür liefert, daß die gestellten Anforderungen an den Wirkungsgrad, das Kennfeld und die Pumpgrenze erfüllt werden.

Möglicherweise besteht bei höheren Werten $\overline{\psi}$ bzw. $\overline{\psi}/\overline{\varphi}^{2}$ mit entsprechend niedrigem oder gar negativem Term $PGR_{aero} = f(\overline{\psi},\overline{\varphi})$ entsprechend Gl. 5.2.2.28 eine größere Unsicherheit bei der Abschätzung der Pumpgrenzenreserve, weil der einfach strukturierte und damit wohl eine grobe Näherung darstellende Term ΔPGR_{AR+D} eine umso bedeutendere Rolle spielt.

Bei der Festlegung des am Verdichterprüfstand anzustrebenden Pumpgrenzenabstandes sind eine Reihe von Gesichtspunkten zu beachten, die später im Einsatz des gesamten Triebwerks wichtig werden. Hierzu gehören folgende Phänomene:

– Ermittlung der wirklichen Radialspiele der Beschaufelung im Betrieb unter dem Einfluß thermischer und mechanischer Dehnungen, zumal die Vergrößerung des relativen Radialspiels s/h um 1 % einen Verlust von ca. 7% Pumpgrenzenreserve kostet,

– die vorübergehende Vergrößerung/Verkleinerung der Radialspiele bei instationären Vorgängen, wobei die Verkleinerung die Gefahr des Anstreifens mit entsprechenden Folgeerscheinungen mit sich bringt,

– die Verschlechterung der Aerodynamik des Triebwerks bei niedrigen *Re*-Zahlen (u.a. in großen Flughöhen) mit entsprechender Annäherung der Arbeitslinie an die (i.a. dabei wenig veränderliche) Pumpgrenze,

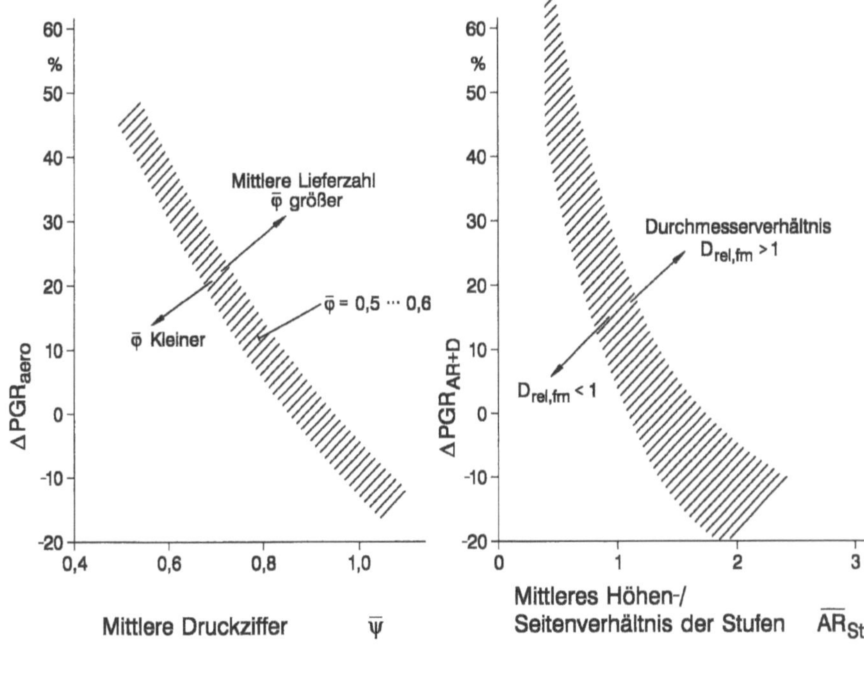

a,) Einfluß der aerodynamischen Belastung   b,) Einfluß der Ringraumabmessungen

Bild 5.2.2.81: Funktionen zur Abschätzung der Pumpgrenzenreserve mehrstufiger Axialverdichter im Auslegungspunkt, nach MTU-Datenbasis abgeleitet und vereinfacht

- die Verschlechterung der Schaufelqualität durch Fremdkörper und damit auch der Pumpgrenzenreserve im Laufe längerer Betriebszeit (vgl. hierzu [5.2.14]),

- die Verschlechterung der Pumpgrenze durch Druckstörungen mit erhöhter Turbulenz am Triebwerkeintritt, die beim Durchgang durch einen Verdichter in Temperaturstörungen transformiert werden, die bei einem nachfolgenden Verdichter zu noch stärkeren Auswirkungen führen,

- Druckschwankungen im Nebenstromkanal von militärischen Turbofans im Nachbrennerbetrieb, die besonders bei ND-Verdichtern beachtet werden müssen,

- Koppelungseffekte zwischen aufeinanderfolgenden Verdichtern und Strömungskanälen mit Deformation der Axialgeschwindigkeitsprofile, z.B. am Strömungsteiler hinter dem ND-Verdichter militärischer Turbofans,

- Verkleinerung der Pumpgrenzenreserve bei HD-Verdichtern durch Entnahme von Druckluft und mechanischer Leistung.

So kann es durchaus sein, daß zur Sicherstellung eines z.B. bei stationärem Normalbetrieb am HD-Verdichter geforderten Mindestwertes der Pumpgrenzenreserve von 15% die Berücksichtigung der o.a. Phänomene zur einer am Prüfstand nachzuweisenden Pumpgrenzenreserve von 30 ... 35% führt. Die quantitative Abklärung dieser Problematik kann nur iterativ im weiteren Entwicklungsprozeß erfolgen.

5.2.2.9 Schaufelerosion bei Verdichtern

Die Erosion von Verdichterschaufeln durch Sand und sonstige kleine, harte Partikel, die
in Bodennähe angesaugt werden, kann bei Hubschraubertriebwerken, die längere Zeit in
Bodennähe operieren, aber auch bei Verdichtern ziviler Strahltriebwerke aufgrund der
langen Betriebszeiten zwischen zwei Überholungen ein Problem darstellen. Durch Erosion werden nicht nur Wirkungsgradeinbußen und Beeinträchtigungen der Pumpgrenzenreserve verursacht; vielmehr kann auch eine Gefährdung der dynamischen Festigkeit und
damit der Betriebssicherheit eintreten, vgl. [5.2.15]. HD-Verdichter sind deswegen besonders anfällig, weil bei ihnen die Anströmgeschwindigkeiten am höchsten und die
Schaufelabmessungen, d.h. die Profilsehnen, am kleinsten sind. Maßgebend für den Grad
der Erosion im Sinne der Veränderung des Schaufelprofils – vor allem im Bereich der
Eintrittspartie – ist der für ein ganzes Schaufelblatt oder ein radiales Schaufelelement
anzusetzende Erosionsparameter

$$ ErP = \frac{\text{Durch Erosion abgetragener Teil des Schaufelvolumens}}{\text{Gesamtes Volumen der unbe-schädigten Schaufel}} = \frac{\Delta V_{Er}}{V_{Sch}} \ll 1 \qquad (5.2.2.29a) $$

Greift man ein bestimmtes Schaufelelement der Höhe dh heraus, so kann dieser Parameter auch auf die dortige Verkleinerung der Profilfläche, bezogen auf die ursprüngliche, gesunde Profilfläche, bezogen werden, so daß in diesem Falle

$$ ErP = \frac{\Delta A_{Er}}{A_{Sch}} \ll 1 \qquad (5.2.2.29b) $$

gesetzt werden kann, vgl. hierzu Bild 5.2.2.82a. Grundsätzlich schreitet die Schädigung
der Schaufeln einer Stufe mit der im Laufe der Betriebszeit insgesamt angesaugten Parti-
kelmenge/Frontalfläche, z.B. in kg/m^2 fort, und zwar unabhängig davon, ob die Parti-
kelmenge M_P bei hoher Konzentration Partikel-/ Luftmenge und damit in kurzer Zeit
angesaugt wird oder umgekehrt. Ferner kann man davon ausgehen, daß bei Schaufeln
vom Standpunkt der o.a. aerodynamischen und mechanischen Konsequenzen der Schäden eine gewisse Größe des Parameters ErP zulässig ist. Damit entspricht die zu erwartende Standzeit (Erosionslebensdauer LD_{Er}) entsprechend einem zeitlich linearen Fortschritt der Schädigung dem Zusammenhang

$$ LD_{Er} \sim \frac{1}{M_P / A \cdot ErP} , \qquad (5.2.2.36) $$

wenn dabei M_P / A die insgesamt von einer Stufe angesaugte Partikelmasse/Frontal-
fläche ist. Dabei ist der Anteil der Partikel, der die Schaufeln trifft, nicht weiter spezifiziert.

Durch den Aufprall der Partikel, deren Abmessungen als klein gegenüber den Schau-
fel- bzw. den Profilabmessungen betrachtet werden, wird bei dem in Axialverdichtern
zutreffenden Spektrum der Aufprallwinkel α an Laufschaufeln pro Element dh der
Schaufelhöhe pro Zeiteinheit das Schaufelvolumen

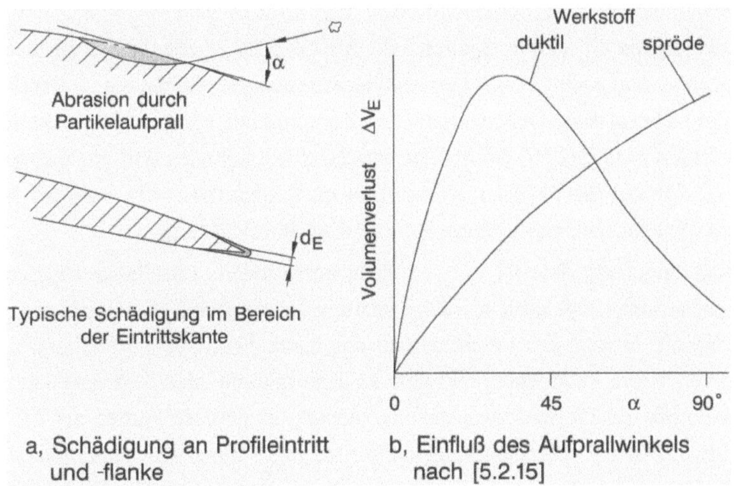

Bild 5.2.2.82: Ursache und Wirkung der Schaufelerosion durch Partikelaufprall (qualitativ, schematisch)

$$\Delta V_{Er} \approx \frac{l_{Pr} \cdot W_1^n}{\sigma_{0,2}} \cdot dh \qquad\qquad (5.2.2.31)$$

abgetragen, während das Schaufelvolumen im gleichen Element bei gegebener Profilform

$$V_{Sch} \approx l_{Pr}^2 \cdot dh \qquad\qquad (5.2.2.32)$$

beträgt. Damit ergibt sich für den Erosionsparameter der Laufschaufeln an einem Element auf beliebigem Radius der Zusammenhang

$$ErP = \frac{\Delta V_{Er}}{V_{Sch}} \sim \frac{W_1^n}{l_{Pr} \cdot \sigma_{0,2}} \cdot \qquad\qquad (5.2.2.33)$$

Da die Geschwindigkeiten der Partikel zum einen verschieden groß sind und zum anderen auf dem Weg zum HD-Verdichter mehrfach Berührung mit metallischen Oberflächen, z.B. vorausgegangenen Schaufeln oder Kanalwänden haben können, entsprechen ihre Geschwindigkeiten und Richtungen nicht unbedingt der Strömung selbst. Dies trifft um so eher zu, je größer die Partikel sind. Der Erosionsparameter kann daher für zwei Grenzfälle berechnet werden, von denen der erste nach Gl. 5.2.2.33 mit der Anströmgeschwindigkeit W_1, der zweite mit der Umfangsgeschwindigkeit U entsprechend

$$ErP' \approx \frac{U^n}{l_{Pr} \cdot \sigma_{0,2}} \qquad\qquad (5.2.2.34)$$

gebildet wird. Während bei Verdichtern mit Vorleitgitter bzw. mit positivem Vordrall (ungefähr 10°) die Werte W_1/U im Bereich 1,0 ... 1,08 liegen, ist bei Verdichtern ohne Vorleitgitter bzw. mit axialer Zuströmung mit 1,16 ... 1,20 zu rechnen.

Bei Leitschaufeln ist im 1. Grenzfall nach Gl. 5.2.2.33 statt W_1 die Leitrad-Anströmgeschwindigkeit C_2 und im 2. Grenzfall nach Gl. 5.2.2.34 ebenfalls U einzusetzen. Der Exponent n liegt nach [5.2.15] bei metallischen (duktilen) Schaufeln im Bereich $n = 2 \dots 3$, während bei spröden Werkstoffen (z.B. Keramik) mit $n = 3 \dots 6,5$ zu rechnen ist. Allerdings liegen nach [5.2.15] die Auftreffwinkel α mit höchster Wirkung entsprechend Bild 5.2.2.82b bei metallischen Werkstoffen im Bereich 20 ... 40°, während bei spröden Werkstoffen der senkrechte Aufprall die stärkste Wirkung zeigt.

Da bei Axialverdichtern stets $W_1 > C_2$ ist, kann trotz größerer Profillänge der Laufschaufeln gegenüber den Leitschaufeln – der Erfahrung entsprechend – davon ausgegangen werden, daß die Erosion der Laufschaufeln dominiert. Die radiale Verteilung der Erosion hängt von vielen Parametern, darunter der Konfiguration des Strömungskanals und der Partikelgröße ab. Obwohl zwar im allgemeinen die äußeren Partien der Laufschaufeln aufgrund höherer Anströmgeschwindigkeiten und höherer Konzentration größerer Partikel stärker betroffen sind als die inneren, wird die Analyse existierender Triebwerke für die Bedingungen im Flächenmittel durchgeführt. Maßgebend sind dabei die Daten bei TO.

Bei der Analyse existierender Triebwerke wird mit Rücksicht auf die nach Abschnitt 5.2 bereits verfügbaren oder daraus berechenbaren Daten der Parameter ErP für das Laufrad der ersten Stufe des HD-Verdichters und – bei 3-Wellen-Triebwerken – auch für das erste Laufrad des MD-Verdichters bestimmt, obwohl bei den nachfolgenden Laufrädern aufgrund der von Stufe zu Stufe abnehmenden Profilsehnenlängen etwas höhere Werte ErP auftreten können.

Zur Berechnung von ErP für den ersten Grenzfall setzt man nach Abschnitt 5.2.1 die Strömungsgeschwindigkeit am Eintritt und Austritt des Laufrades

$$\frac{W_{1,2}}{U} = \sqrt{\varphi^2 + \left(r \pm \frac{\psi}{4}\right)^2} \qquad (5.2.2.35)$$

und mit dem Winkel α_1 der absoluten Zuströmung zum Laufrad den kinematischen Reaktionsgrad

$$r = 1 - \frac{\psi}{4} - \varphi \cdot tg\,\alpha_1 \qquad (5.2.2.36)$$

Des weiteren erhält man aus dem axialen Schlankheitsgrad h/l_{ax} mit der Näherungsbeziehung

$$\frac{l_{ax}}{l} \approx \frac{C_{ax}}{C_\infty} = \frac{2\varphi}{\dfrac{W_1}{U} + \dfrac{W_2}{U}} \qquad (5.2.2.37)$$

und damit aus den nach Abschnitt 5.2 bekannten Werten $h/l_{ax,i}$ mit $l_{ax,fm}/l_{ax,i} < 1$ die Profillänge im Flächenmittel

$$l_{fm} \approx \left(\frac{W_\infty}{C_{ax}}\right)_{fm} \cdot \frac{l_{ax,i}}{h} \cdot \frac{l_{ax,fm}}{l_{ax,i}} \cdot h \ . \tag{5.2.2.38}$$

Geht man davon aus, daß bei allen HD- (und MD-)Verdichtern existierender bzw. analysierter Triebwerke die ersten Stufen mit Laufschaufeln aus Titan bestückt werden, so kann nach [5.2.15] der Exponent $n = 2,5$ gewählt werden. Damit ergeben sich die in Bild 5.2.2.83 für den ersten Grenzfall zusammengestellten Erosionsparameter, die je nach Triebwerkklasse in folgenden Relationen zueinander stehen:

- Gegenüber HD-Verdichtern und Axialteilen von Ax-/Rad-Verdichtern zeigen MD-Verdichter ziviler Turbofans bedeutend niedrigere ErP-Werte.

- HD-Verdichter ziviler Turbofans und Mantelpropfans zeigen zumindest teilweise sichtbar niedrigere ErP-Werte als solche militärischer Turbofans.

- Interessanterweise zeigen die Axialteile der Ax-/Rad-Verdichter von Wellenleistungstriebwerken, die in Hubschraubern installiert sind, trotz besonders hohen Laufzeiten in Bodennähe, keineswegs besonders „vorsichtige", d.h. niedrige ErP-Werte.

- Insgesamt besteht der Eindruck, daß aufgrund der mit EIS fortschreitenden Herabsetzung der Schlankheitsgrade AR der Verdichterschaufeln auch ein Trend zu kleineren ErP-Werten vorliegt. Jedenfalls ist nach den Abschnitten 5.2.2.4 bis 5.2.2.6 kein Trend zu geringeren Umfangsgeschwindigkeiten U_{fm} zu erkennen.

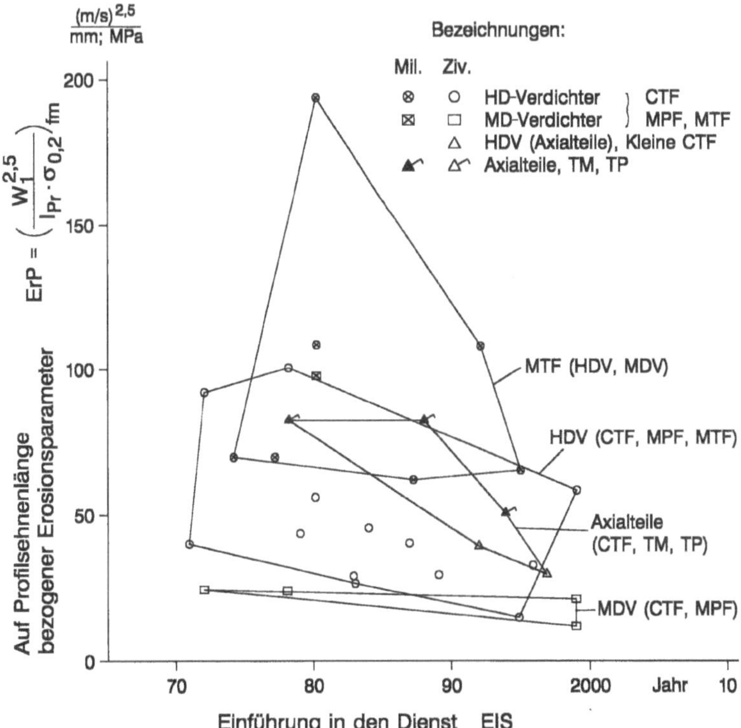

Bild 5.2.2.83: Erosionsparameter der Laufschaufeln der 1. Stufen von Axialverdichtern

Aus den für Axialverdichter ermittelten ErP-Daten ergibt sich auch ein Hinweis auf die Bemessung der Schaufeleintrittskanten von Radialrädern, um auch hier der Forderung genügender Standfestigkeit gegenüber Erosion gerecht zu werden.. Wird davon ausgegangen, daß bei Axialverdichtern die Dicke d_E der Schaufeleintrittskanten in einem festen Verhältnis zur Sehnenlänge l steht, so ergibt sich aus dem auf die Sehnenlänge l bezogenen Erosionsparameter ErP_l nach Gl. 5.2.2.33 bzw. 5.2.2.34 der auf die Eintrittskantendicke bezogene Parameter

$$ErP_d = ErP_l \cdot \frac{1}{d_E/l} \qquad\qquad (5.2.2.39)$$

Da bei Axialverdichtern im Bereich des Flächenmittels die relativen maximalen Profildicken im Bereich $d_{max}/l = 0{,}06 \ldots 0{,}08$ liegen und das Verhältnis der Eintrittskantendicke zur maximalen Profildicke im Bereich $d_E/d_{max} = 0{,}10 \ldots 0{,}15$ angenommen werden kann, ergibt sich die Relation

$$d_E/l \approx 0{,}006 \ldots 0{,}012 \approx 0{,}009 \,,$$

so daß aus den ErP_l – Werten nach Bild 5.2.2.80 folgende Werte ErP_d ermittelt werden können:

	ErP_l	ErP_d
zivile HDV	30 ... 120	$3{,}3 \ldots 13 \cdot 10^3$
militärische HDV	90 ... 150 (230)	$10 \ldots 17 \cdot 10^3$
Ax-/Rad.Verdichter	50 ... 130	$5{,}5 \ldots 15 \cdot 10^3$

Damit können die ermittelten ErP_d -Werte als Anhaltspunkt für die erosionsgerechte Dimensionierung der Schaufeleintrittskanten von Radialrädern aus Titan entsprechend ihrer Verwendung bzw. der erwarteten Standzeit angesehen werden. Im Vordergrund stehen dabei die Werte für Axial-/Radialverdichter von Hubschrauber- und Propellertriebwerken.

5.2.3 Turbinen

5.2.3.1 Korrelationsparameter

Zu den in diesem Abschnitt behandelten Komponenten gehören

– mehrstufige, im wesentlichen ungekühlte ND-Turbinen von zivilen Turbofans,
– mehrstufige ND-Turbinen mit Getriebe von Mantelpropfans,
– 1- bis 2-stufige, gekühlte ND-Turbinen militärischer Turbofans,
– 2-stufige Nutzturbinen von Wellenleistungstriebwerken,
– 1-stufige, gekühlte MD-Turbinen von 3-Wellen-Triebwerken (militärische oder zivile Turbofans),

- 1- oder 2-stufige HD-Turbinen für alle Arten von Triebwerken und schließlich in aller Kürze, da bei Flugtriebwerken nicht relevant,
- Radialturbinen.

Dabei werden die Auslegungsparameter φ und ψ ausgeführter Triebwerke jeweils im Flächenmittel entsprechend Gl. 5.2.2.1 bestimmt. Mit den Totalzuständen p und T und den Strömungsquerschnitten am Komponenteneintritt (Leitradeintritt) und -austritt (Laufradaustritt) und den daraus abgeleiteten Axialgeschwindigkeiten $C_{ax,E}$ und $C_{ax,A}$ (oder ggf. Meridiangeschwindigkeiten bei Neigung des Querschnitts zur Achse) ergibt sich mit der Umfangsgeschwindigkeit $U_{2,fm}$ am Rotoraustritt mit den Bezeichnungen nach Bild 5.2.1.5 die Lieferzahl der 1-stufigen Turbine

$$\varphi = \left(\frac{C_{ax}}{U_{fm}}\right)_2 = \frac{C_{ax,A}}{U_{2,fm}} \tag{5.2.3.1}$$

und bei mehrstufigen Turbinen, bei denen i. a. nur die Axialgeschwindigkeiten am Eintritt und Austritt der gesamten Komponente berechenbar sind, mit den Lieferzahlen der ersten und letzten Stufe

$$\varphi_E = \left.\frac{C_{ax,o}}{U_{2,fm}}\right|_{St\,1} = \left.\frac{C_{ax,E}}{U_{2,fm}}\right|_{St\,1} \tag{5.2.3.2}$$

$$\varphi_A = \left.\frac{C_{ax,2}}{U_{2,fm}}\right|_{St\,z} = \left.\frac{C_{ax,A}}{U_{2,fm}}\right|_{St\,z} \tag{5.2.3.3}$$

der Mittelwert

$$\overline{\varphi} = \frac{1}{2}\left(\varphi_E + \varphi_A\right) . \tag{5.2.3.4}$$

Die Kombination der Axialgeschwindigkeit $C_{ax,E}$ mit der Umfangsgeschwindigkeit $U_{2,fm}$ ist zwar inkonsequent, bei mehrstufigen Turbinen aber unumgänglich, da die Axialgeschwindigkeit nach der ersten Stufe normalerweise nicht zuverlässig ermittelt werden kann.

Ferner ist mit der spezifischen Arbeit H_{eff} und der Umfangsgeschwindigkeit $U_{2,fm}$ die Druckziffer der 1-stufigen Turbine

$$\psi = \frac{2H_{eff}}{U_{2,fm}^2} \tag{5.2.3.5}$$

und die mittlere Druckziffer der mehrstufigen Turbine mit der gesamten spezifischen Arbeit H_{eff} und den Umfangsgeschwindigkeiten $U_{2,fm}$ aller Stufen

$$\overline{\psi} = \frac{2H_{eff}}{\sum\limits_1^z U_{2,fm}^2} \; .$$

(5.2.3.5a)

Mit den Axialgeschwindigkeiten $C_{ax,E}$ und $C_{ax,A}$ und den bekannten Werten T_E und T_A werden die axialen Mach-Zahlen $Ma_{ax,E}$ und $Ma_{ax,A}$ berechnet. Zusammen mit dem bereits in Abschnitt 5.2.1 abgeleiteten normierten Wirkungsgrad η_{pol}^{***} und dem mittleren Stufendruckverhältnis

$$\Pi_{St} = \sqrt[z]{\Pi}$$

(5.2.3.6)

sind damit alle bei der aerodynamischen Analyse benötigten Parameter definiert und in ihrer zeitlichen Entwicklung und gegenseitigen Abhängigkeit darstellbar.

Ferner werden bei 1-stufigen Turbinen die Nabenverhältnisse v_A am Rotoraustritt und bei mehrstufigen Turbinen neben den Nabenverhältnissen jeweils am Rotoraustritt der ersten und letzten Stufe die für die Dimensionierung und Auslegung ebenso wichtige Relation der Durchmesser $D_{2,fm}$ der ersten und letzten Stufe, und schließlich die maximale Neigung der Außenkontur zur Achse ermittelt.

Von großer Bedeutung für die Entwicklung ist auch die Einhaltung gewisser Grenzen des mechanischen Belastungsparameters $A_{ax} \cdot (N/60)^2$ der Beschaufelung und der im Flächenmittel herrschenden Umfangsgeschwindigkeit $U_{2,fm}$, bei mehrstufigen Turbinen jeweils der letzten Stufe. Schließlich wird der für den Entwurf einer Turbine wichtige konstruktive Parameter axialer Schlankheitsgrad AR_{ax} entsprechend Gl. 5.2.2.7 – bei mehrstufigen Turbinen der ersten und letzten Stufe – verfolgt.

Bei gekühlten Turbinen wird der Einfluß der Kühlung auf den Wirkungsgrad ermittelt, so daß sich eine gute Korrelation der Abhängigkeit der normierten Wirkungsgrade aller ungekühlten und gekühlten Turbinen *ohne* Kühlungseinfluß von den oben angeführten Auslegungsparametern ergibt. Schließlich werden die für ein Turbinenensemble, bestehend aus HD-, MD- und ND-Turbinen insgesamt und in den einzelnen Stufengruppen bzw. -stufen erforderlichen Kühlluftmengen und deren Auswirkung auf den thermodynamischen Kreisprozeß in Abschnitt 5.2.3.4 zusammenfassend behandelt.

Analog der Verdichterseite werden auch die Turbinen ziviler Turbofans und Mantelpropfans bei MCR, die Turbinen von militärischen Turbofans und Wellenleistungstriebwerken bei *TO* ausgewertet. Bei HD- und MD-Turbinen spielt die Frage MCR oder *TO* praktisch keine Rolle, da bei militärischen Turbofans die Düse bei MCR und *TO* kritisch ist. Auch die Nutzturbinen von Wellenleistungstriebwerken wurden in die gemeinsame Analyse einbezogen, obwohl hier bei MCR andere Bedingungen als bei *TO* oder bei MCR von Turbofans herrschen.

5.2.3.2 Mehrstufige ND-Turbinen von Turbofans, Mantelpropfans und Nutzturbinen von Wellenleistungstriebwerken

Soweit sinnvoll, werden hier auch Daten gekühlter ND-Turbinen von militärischen Turbofans, die an sich im nächsten Abschnitt behandelt werden, mit einbezogen. Die Abhängigkeit des polytropen Wirkungsgrades von M_{korr} und *EIS* wurde bereits in Abschnitt 5.2.1 dargestellt. Nach Bild 5.2.1.3 spielt bei dieser Gruppe von Turbinen, deren korrigierte Durchsätze im Bereich $M_{korr} = 2 \dots 50$ kg/s liegen, der Größeneinfluß auf den Wirkungsgrad eine erhebliche Rolle.

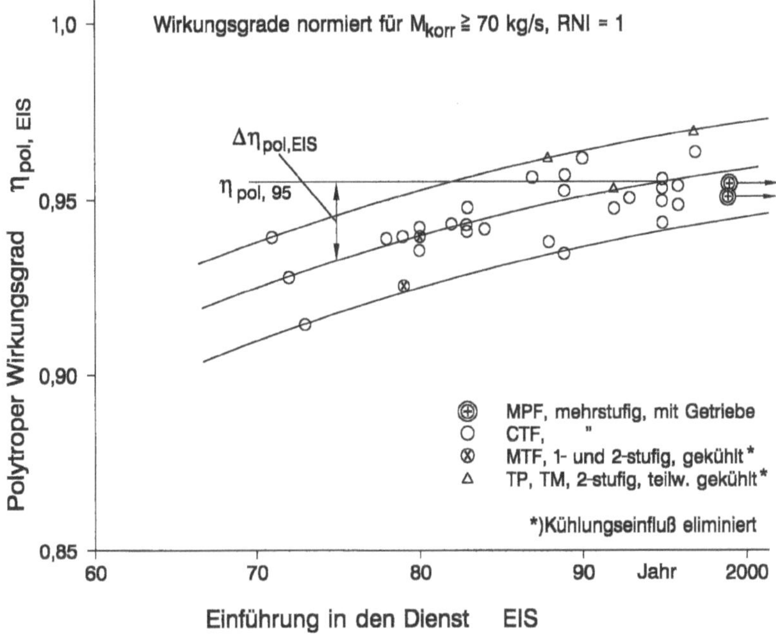

Bild 5.2.3.1: Zeitliche Entwicklung der polytropen Wirkungsgrade von ND-Turbinen

In Bild 5.2.3.1 ist die Entwicklung der für $M_{korr} = 70$ kg/s und $RNI = 1$ korrigierten polytropen Wirkungsgrade $\eta_{pol,EIS}$ über *EIS* gezeigt.

In der zeitlichen Entwicklung der korrigierten Wirkungsgrade ist nach Bild 5.2.3.2 kein Einfluß einer etwaigen zeitlichen Entwicklung der Druckziffer ψ enthalten, zumal – wie noch gezeigt wird – die Druckziffer bei neueren Turbinen nur geringen Einfluß auf den Wirkungsgrad hat. Das nicht gezeigte mittlere Stufendruckverhältnis stellt bei mehrstufigen ND-Turbinen kein Auslegungskriterium dar.

Damit ergibt sich nach Bild 5.2.3.3 die Abhängigkeit des normierten polytropen Wirkungsgrades η_{pol}^{***} von der mittleren Druckziffer.

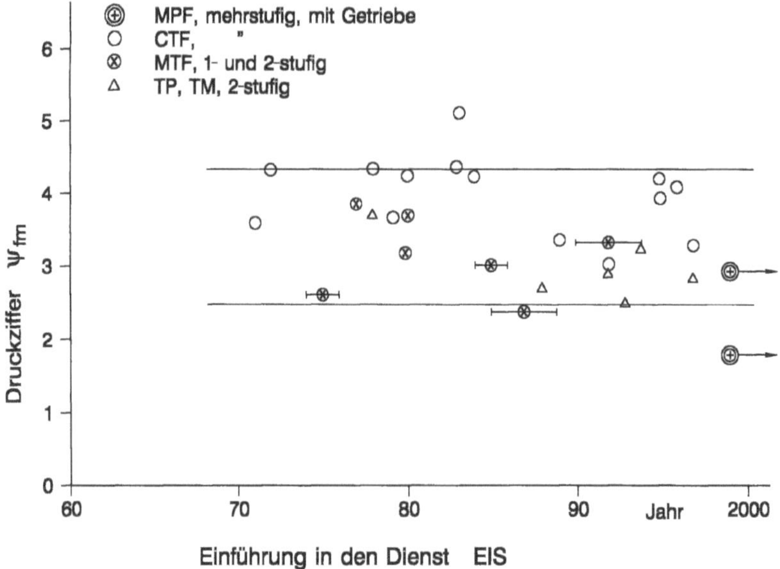

Bild 5.2.3.2: Niveau der aerodynamischen Belastung von ND-Turbinen

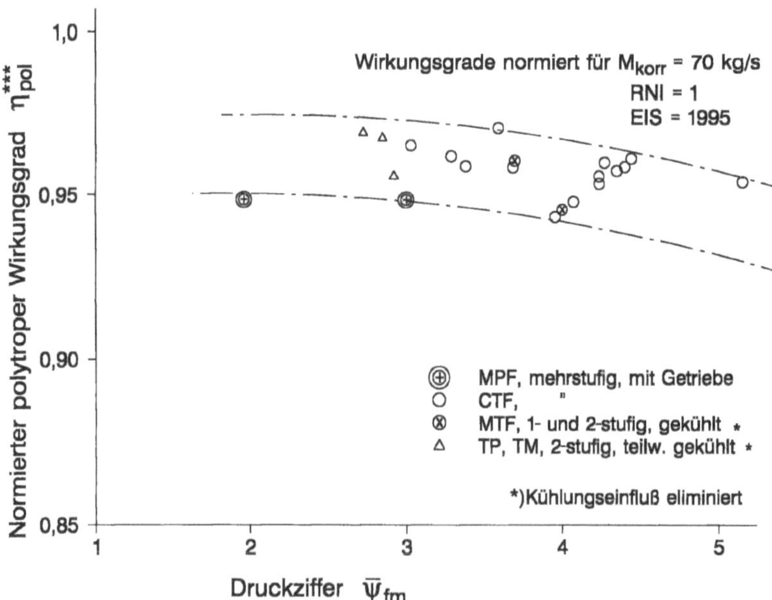

Bild 5.2.3.3: Einfluß der aerodynamischen Belastung auf den normierten, polytropen Wirkungsgrad von ND-Turbinen

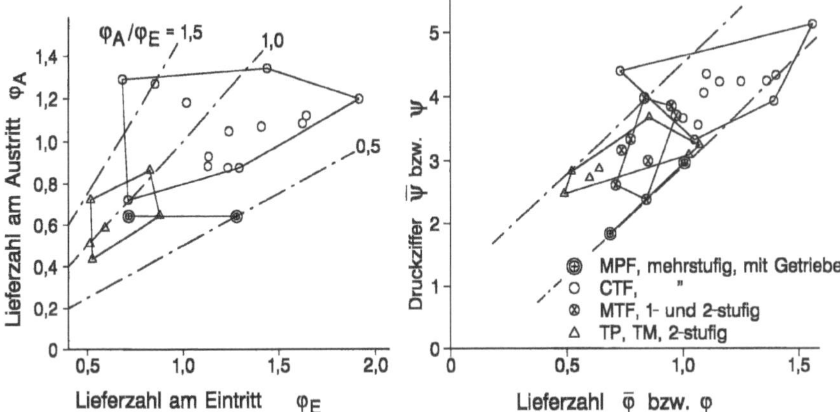

Bild 5.2.3.4: Aerodynamische Auslegungsparameter von ND-Turbinen

Der zwar geringe, aber progressive Trend zur Verschlechterung mit zunehmender Belastung ist allerdings wesentlich schwächer als der nach [5.2.16] zu verzeichnende, auf einem länger zurückliegenden Entwicklungsstand beruhende Trend (vgl. hierzu Abschnitt 5.2.3.5). Ferner zeigt Bild 5.2.3.4 die Zuordnung der Lieferzahlen am Eintritt und Austritt und die Relation $\bar{\psi} = f(\bar{\varphi})$, die beide im Zusammenhang mit der Optimierung des Wirkungsgrades gesehen werden müssen, vgl. Abschnitt 5.2.3.5. Ferner interessieren die axialen Mach-Zahlen $Ma_{ax,E}$ und $Ma_{ax,A}$ nach Bild 5.2.3.5. Bemerkenswert sind dabei die eher moderaten Austrittswerte bei militärischen Turbofans (wohl mit Rücksicht auf den nachfolgenden Nachbrenner) und bei Wellenleistungstriebwerken (wohl mit Rücksicht auf den Austrittsverlust), während bei zivilen Turbofans das Niveau der Austrittswerte etwas höher liegt.

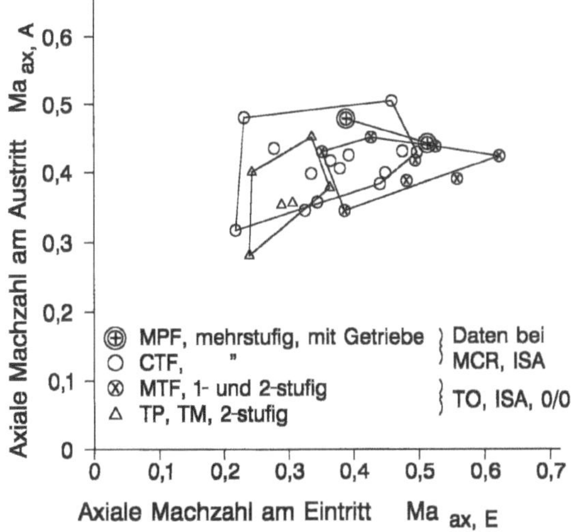

Bild 5.2.3.5
Axiale Machzahlen am Eintritt
und Austritt von ND-Turbinen

Die mechanische Belastung der Laufschaufeln der jeweils letzten Stufe liegt nach Bild 5.2.3.6 bei mehrstufigen, langsam laufenden ND-Turbinen ziviler Turbofans sehr niedrig, während bei schnellaufenden ND-Turbinen militärischer Turbofans und insbesondere von ND-Turbinen für Mantelpropfans mit Getriebe extrem hohe Werte vorkommen, die jene von HD-Turbinen erheblich übertreffen. Die extrem hohen Belastungsparameter von ND-Turbinen von Mantelpropfans mit Getriebe erfordern besondere Sorgfalt bei der Profilgestaltung im Nabenbereich mit Rücksicht auf die dort herrschenden besonderen Strömungsbedingungen (hohe Umlenkung, hohe Mach-Zahlen, enge Schaufelteilungen, mechanisch hochbelastete, d.h. „dicke" Profile), um Wirkungsgradeinbrüche zu vermeiden. Im Auge zu behalten sind dabei die bei Mantelpropfans mit verstellbaren Fan-Laufschaufeln und bei Propellertriebwerken zu beherrschenden extrem hohen Berst-Überdrehzahlen. Hierzu zeigt Bild 5.2.3.7 auch die zeitliche Entwicklung der Umfangsgeschwindigkeiten im Flächenmittel (ggf. der letzten Stufe).

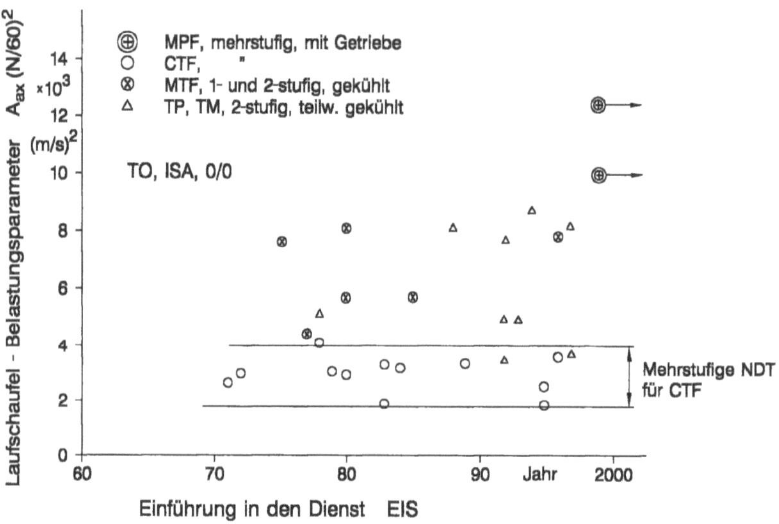

Bild 5.2.3.6: Zeitliche Entwicklung der mechanischen Laufschaufel-Belastung von ND-Turbinen (ggf. zweite bzw. letzte Stufe)

Was die geometrische Gestaltung des Ringraums betrifft, so zeigt Bild 5.2.3.8 die Nabenverhältnisse am Austritt der letzten Stufe und das Verhältnis der Durchmesser am Eintritt und Austritt im Flächenmittel. Dabei stellen sich Neigungen der Außenkontur gegenüber der Triebwerkachse bis zu 35° (< 40°) ein. Ferner zeigt Bild 5.2.3.9 die langsame, aber stetige zeitliche Entwicklung der axialen Schlankheitsgrade der Beschaufelung der ersten und letzten Stufe zu kleineren Werten hin und Bild 5.2.3.10 die Abhängigkeit dieses für den Entwurf maßgebenden Parameters vom korrigierten Durchsatz am Eintritt und Austritt der ND-Turbine, normiert für EIS = 1995.

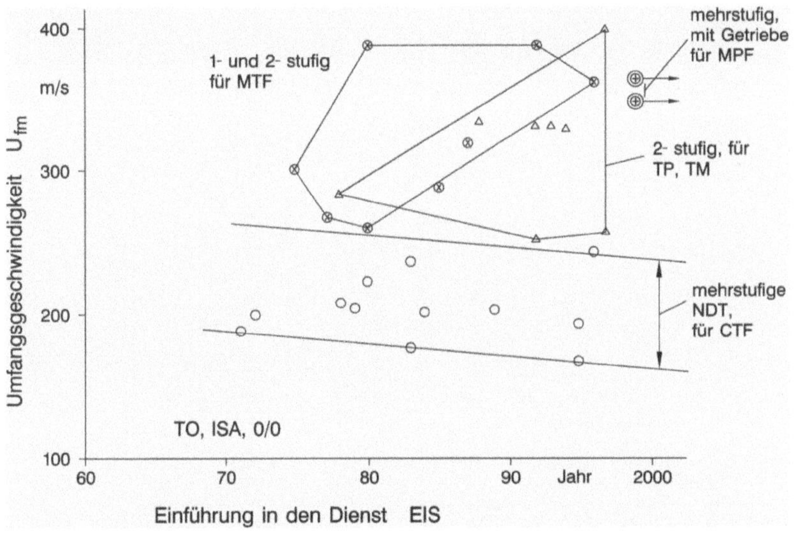

Bild5.2.3.7: Zeitliche Entwicklung der mittleren Umfangsgeschwindigkeiten an den Laufschaufeln von ND-Turbinen (bei mehrstufigen Turbinen letzte Stufe)

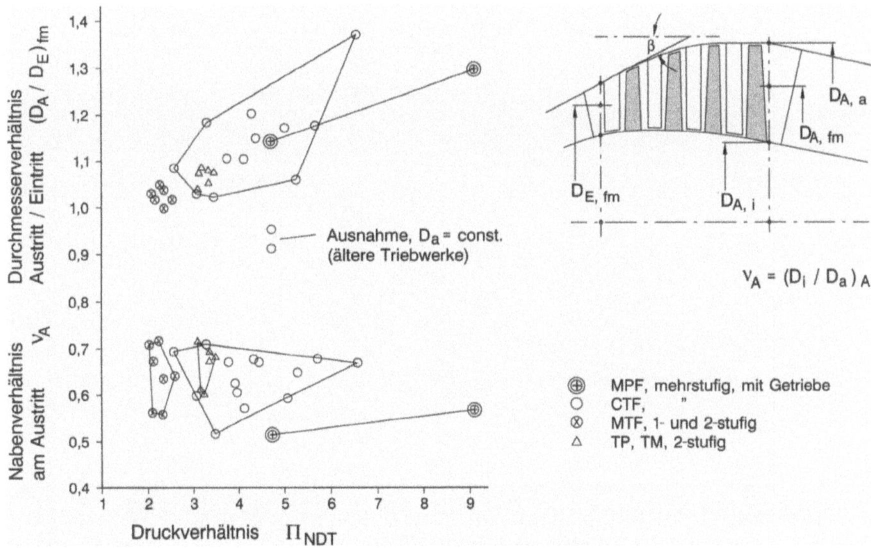

Bild 5.2.3.8: Parameter zur geometrischen Gestaltung des Ringraums von ND-Turbinen

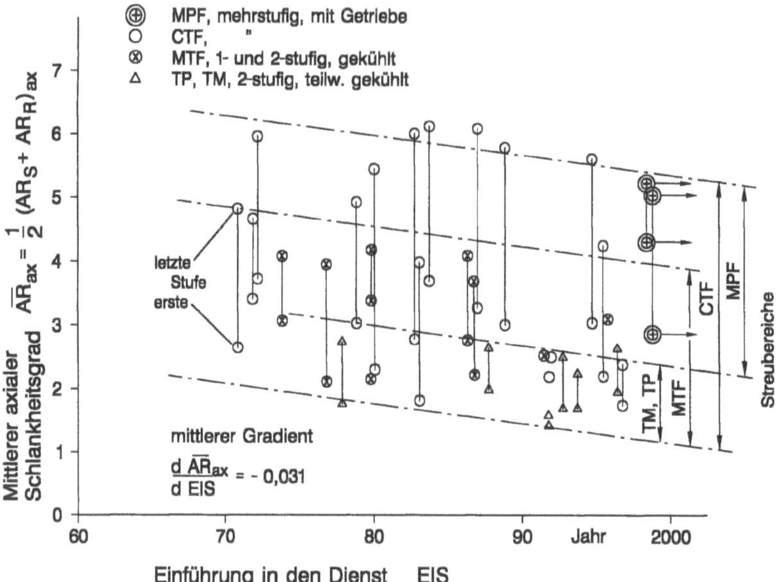

Bild 5.2.3.9: Zeitliche Entwicklung der mittleren axialen Schlankheitsgrade der Beschaufelung von ND-Turbinen

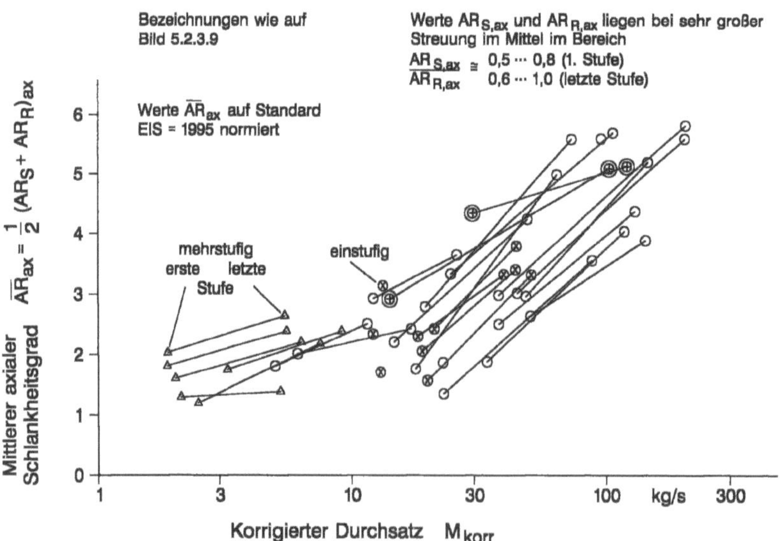

Bild 5.2.3.10: Einfluß der Maschinengröße bzw. des korrigierten Durchsatzes auf die mittleren axialen Schlankheitsgrade der Beschaufelung von ND-Turbinen

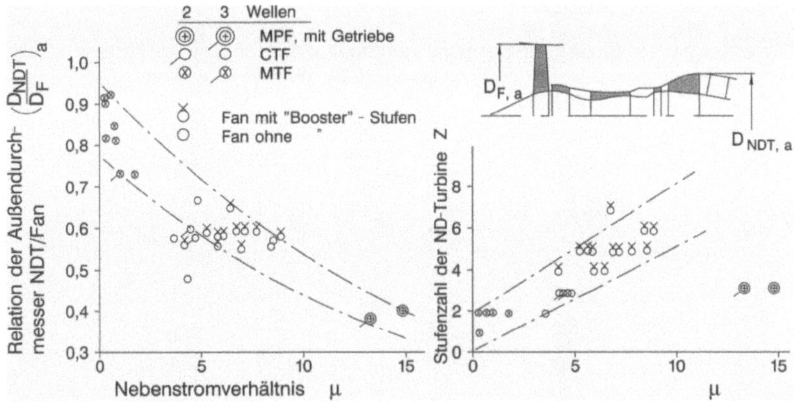

Bild 5.2.3.11: Einfluß des Nebenstromverhältnisses auf die Durchmesserrelation NDT/Fan und die Stufenzahl von ND-Turbinen

Schließlich ist bei der Ringraumgestaltung der ND-Turbine auch deren harmonische Einordnung in das gesamte Triebwerk mit Blick auf die aerodynamisch günstige Gestaltung der Gondel von Bedeutung. Hierzu zeigt Bild 5.2.3.11 das Verhältnis des Außendurchmessers der ND-Turbine im Bereich der letzten Stufe in Relation zum Außendurchmesser des Fans, das mit zunehmendem Nebenstromverhältnis immer kleiner wird, und die dabei zu verzeichnende Zahl von ND-Turbinenstufen. Damit wird verständlich, daß die weitere Entwicklung der zivilen Turbofans zu geringerem spezifischen Schub bei größerem Nebenstromverhältnis über $\mu = 8 \dots 9$ hinaus mit Rücksicht auf die Zahl der ND-Turbinenstufen voraussichtlich nur mit Getriebe zu realisieren ist.

5.2.3.3 MD- und HD-Turbinen

Neben den gekühlten MD- und HD-Turbinen aller Bauarten von Triebwerken werden hier auch die gekühlten ND-Turbinen militärischer Turbofans behandelt.

Die Abhängigkeit des polytropen Wirkungsgrades von M_{korr} und RNI wurde bereits in Abschnitt 5.2.1 behandelt. Nach Bild 5.2.1.3 spielt bei dieser Gruppe von Turbinen der korrigierte Durchsatz, der bei HD-Turbinen immerhin den Bereich $M_{korr} = 0,5 \dots 10$ kg/s, bei MD-Turbinen $M_{korr} = 0,7 \dots 25$ kg/s überdeckt, bei der Ermittlung der normierten Wirkungsgrade η_{pol}^{***} eine sehr wichtige Rolle. Zunächst zeigt Bild 5.2.3.12 die Entwicklung der korrigierten polytropen Wirkungsgrade über EIS bei $M_{korr} = 70$ kg/s und $RNI = 1$. In der zeitlichen Entwicklung der Wirkungsgrade ist, wie durch die Bilder 5.2.3.13 und 5.2.3.14 gezeigt wird, weder der Einfluß einer generellen Entwicklung der Druckziffer ψ noch des Stufendruckverhältnisses Π_{St} enthalten. Dagegen ist aufgrund der kräftigen Steigerung der Turbineneintrittstemperatur $T_{4.1}$ bei zivilen und insbesondere bei militärischen Turbofans, die in Abschnitt 5.10 noch gesondert behandelt wird, mit einem beträchtlichen, über EIS zunehmenden Einfluß der Schaufelkühlung auf den Wirkungsgrad zu rechnen.

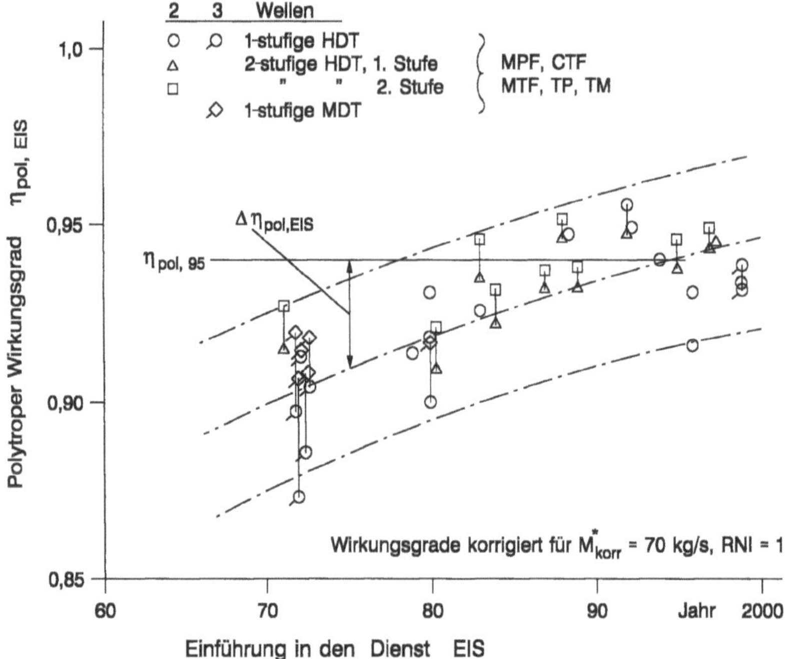

Bild 5.2.3.12: Zeitliche Entwicklung der polytropen Wirkungsgrade von HD- und MD-Turbinen

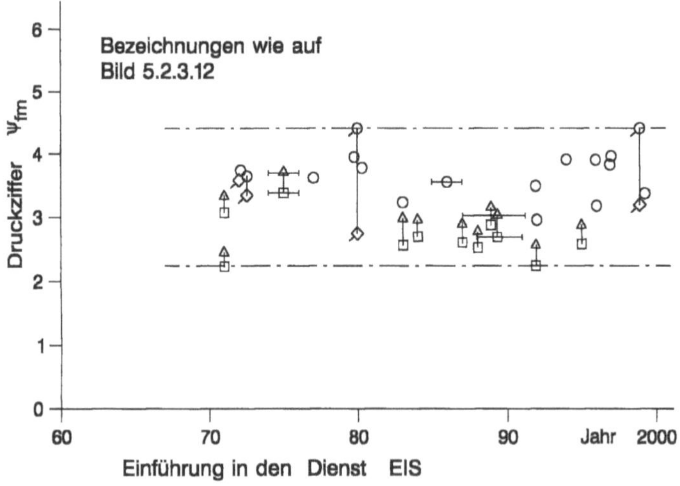

Bild 5.2.3.13: Niveau der aerodynamischen Belastung bei HD- und MD-Turbinen

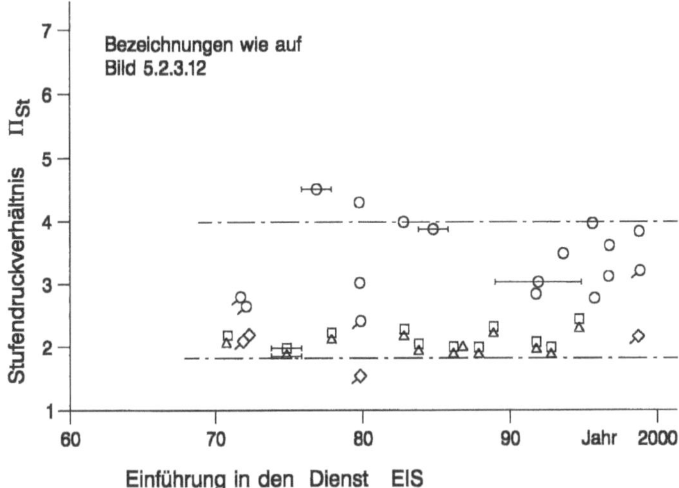

Bild 5.2.3.14: Niveau der Stufendruckverhältnisse bei HD- und MD-Turbinen

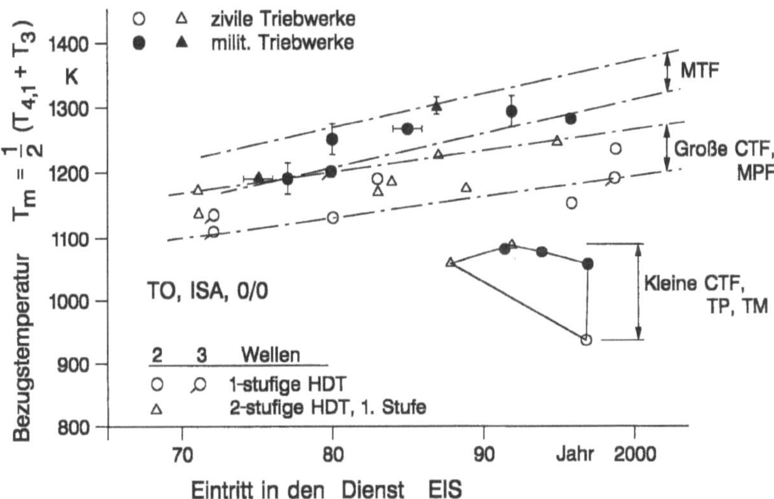

Bild 5.2.3.15: Zeitliche Entwicklung der für die thermische Belastung der ersten Turbinenstufe maßgebenden Bezugstemperatur T_m

Bei großen relativen Kühlluftmengen, die vor einer betrachteten Turbinenstufe bereits entnommen wurden, müssen die relativen Kühlluftmengen nach den Bildern 5.2.3.16 und 5.2.3.17 konsequenterweise auf den „restlichen" Luftdurchsatz bzw. den vor dieser Stufe vorliegenden Gasdurchsatz bezogen werden. Dies tritt z.B. bei dem in Abschnitt 6.11.4 behandelten Konzept mit Tandem-Brennkammer zu.

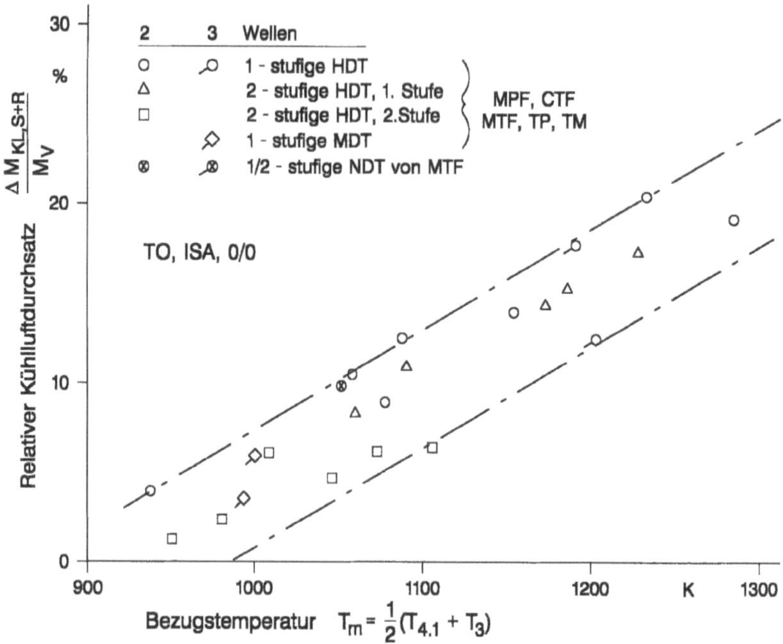

Bild 5.2.3.16: Gesamter Kühlluftdurchsatz durch Leitrad und Laufrad, bezogen auf den Durchsatz des HD-Verdichters

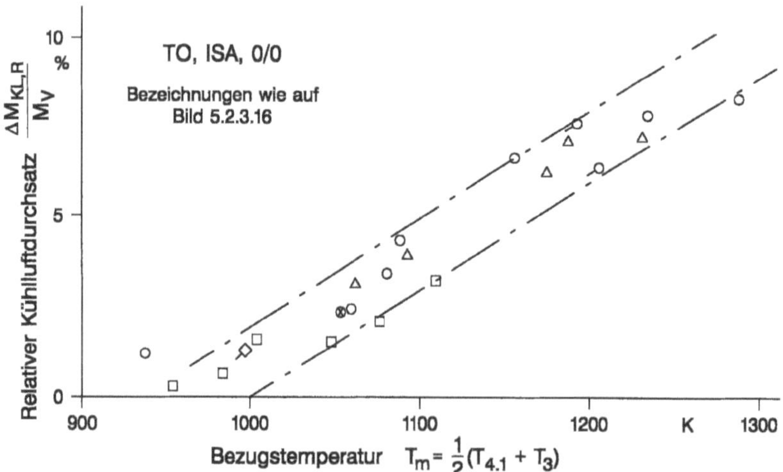

Bild 5.2.3.17: Kühlluftdurchsatz im Bereich des Laufrades (Scheibe, Laufschaufeln, Lauffläche bzw. Gehäusepartie über Laufschaufeln), bezogen auf den Durchsatz des HD-Verdichters

Die im Einzelfall erforderliche Abklärung der benötigten bzw. adäquaten Kühltechnologie erfordert sehr viel mehr technische Detailinformationen, als im (frühen) Projektstadium verfügbar sein können. Daher wird in Abschnitt 5.2.3.4

$$T_{m,1} = \frac{1}{2}\left(T_{4.1} + T_{KL,E,1}\right)$$
(5.2.3.7a)

mit $T_{KL,E,1} = T_3$ und für die zweite und dritte Stufe mit $x = 2,3$ ...

$$T_{m,x} = \frac{1}{2}\left(T_{4.x} + T_{KL,E,x}\right)$$
(5.2.3.7b)

vorausgesetzt, wobei nur dann, wenn die gesamte Kühlluft am Verdichteraustritt entnommen wird, auch bei der zweiten und dritten Stufe $T_{KL,E} = T_3$ gesetzt werden kann. Hierzu zeigt Bild 5.2.3.15 Niveau und zeitlichen Verlauf der Temperatur $T_{m,1}$ und Bild 5.2.3.16 die aus konkreten Triebwerken ermittelten Kühlluftmengen für Leitrad plus Laufrad der ersten und weiteren Stufen

$$\left(\frac{\Delta M_{KL}}{M_V}\right)_{St} = f\left(T_m\right)$$
(5.2.3.8)

und Bild 5.2.3.17 die dabei für die Kühlung der Laufräder (d.h. für Schaufeln, Füße, Scheibe und Gehäuselauffläche) ermittelten Kühlluftmengen

$$\left(\frac{\Delta M_{KL}}{M_V}\right)_R = f\left(T_m\right) .$$
(5.2.3.9)

Dabei mag das mit T_m leicht ansteigende Verhältnis

$$\frac{\Delta M_{KL,R}}{\Delta M_{KL,St}} = f\left(T_m\right)$$
(5.2.3.10)

thermodynamisch und konstruktiv von Interesse sein. Es wird davon ausgegangen, daß die im Leitrad und Laufrad einer Stufe <u>insgesamt</u> zugeführte Kühlluft maßgebend für die der Kühlung zuzuschreibende Wirkungsgradverschlechterung ist. Die einzelnen Kühlluftanteile, die der Konvektions- und ggf. der Filmkühlung der Schaufeln selbst und den Fußplatten und Gehäuselaufflächen sowie der Scheibe zugeführt werden müssen, nehmen zwar − wie in Abschnitt 5.2.3.4 näher beschrieben wird − durchaus verschieden stark Einfluß auf den Wirkungsgrad. Dies wird jedoch im Rahmen der Projektierung zunächst nicht berücksichtigt. Daher wurde die Abhängigkeit des normierten polytropen Wirkungsgrades η_{pol}^{***} von der gesamten Kühlluftmenge $\left(\Delta M_{KL} / M_V\right)_{St}$, wie in Bild 5.2.3.18 dargestellt, aus Leistungsdaten ausgeführter Triebwerke ermittelt. Daraus ergibt sich der ebenfalls in Bild 5.2.3.18 gezeigte Mittelwert des Wirkungsgradabschlags durch Kühlung

$$\Delta\eta_{KL} = f\left(\frac{\Delta M_{KL}}{M_V}\right)_{St} .$$
(5.2.3.11)

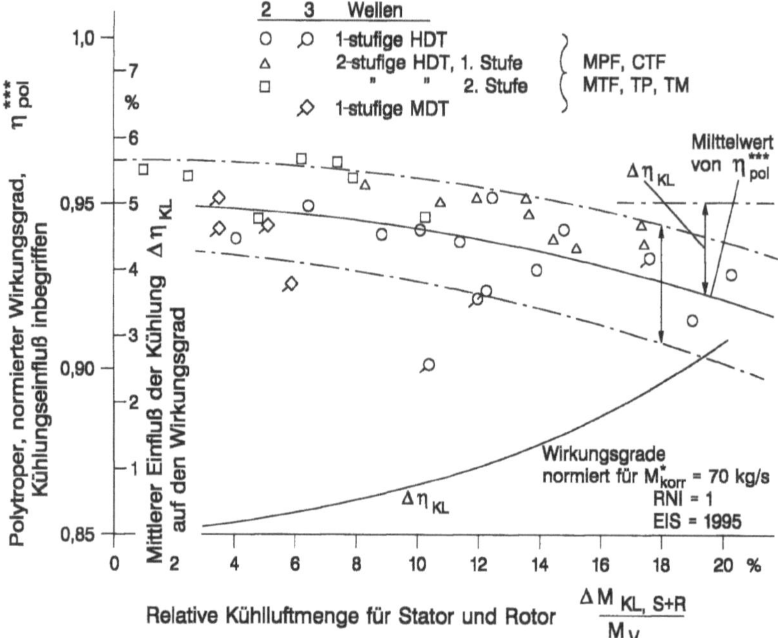

Bild 5.2.3.18: Einfluß des relativen Kühlluftdurchsatzes auf den normierten polytropen Wirkungsgrad von HD- und MD-Turbinen

Damit kann der normierte polytrope Wirkungsgrad ohne Kühlungseinfluß

$$\eta_{pol,o.KL}^{***} = \eta_{pol}^{***} + \Delta\eta_{KL} \tag{5.2.3.12}$$

definiert werden, der in Bild 5.2.3.19 in Abhängigkeit von ψ dargestellt ist. Bemerkenswert ist dabei der bei „ungekühlten" MD- und HD-Turbinen festgestellte, gleiche Trend der normierten Wirkungsgrade über ψ wie bei ND-Turbinen, vgl. Bild 5.2.3.3. Wie bereits erwähnt, ist ein nennenswerter Einfluß des Stufendruckverhältnisses auf η_{pol}^{***} und damit auf $\eta_{pol,o.KL}^{***}$ nicht feststellbar, vgl. Abschnitt 5.2.3.5.

Bei der Definition und Analyse der Turbinenwirkungsgrade aus Leistungsdaten ausgeführter Triebwerke ist nicht geklärt, ob dabei die für die Versorgung der Laufräder mit Kühlluft nötige Pumpleistung berücksichtigt ist oder nicht. Daher wird empfohlen, diese Wirkungsgrade als <u>mit</u> berücksichtigter Pumpleistung zu interpretieren, vgl. hierzu Abschnitt 5.2.3.4. In Kenntnis dieser Zusammenhänge, die erst im Rahmen der späteren, detaillierten Schaufelberechnung etc. abgeklärt werden können, wird im Rahmen der Projektierung die Kühlung nur in pauschaler Weise, d.h. bezüglich der in diesem Abschnitt beschriebenen Auswirkung auf den Wirkungsgrad und der im folgenden Abschnitt angesprochenen Auswirkung auf den thermodynamischen Kreisprozeß behandelt.

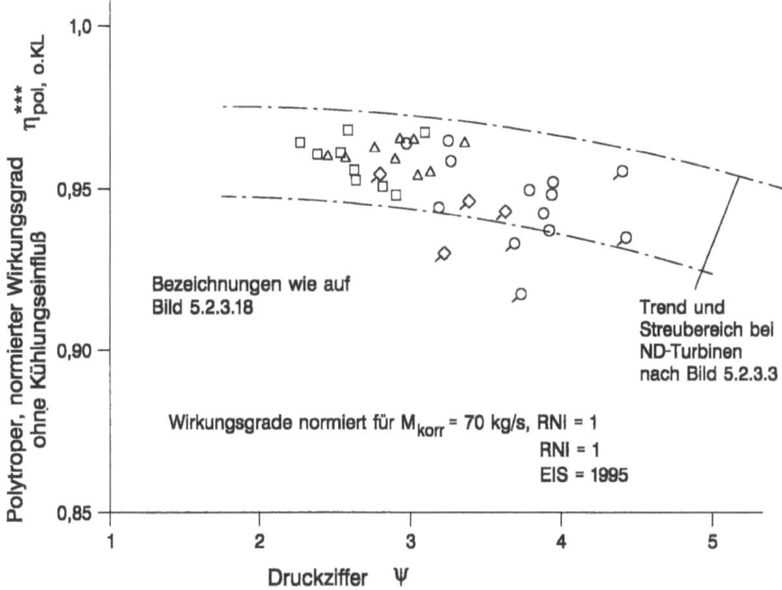

Bild 5.2.3.19: Einfluß der aerodynamischen Belastung auf den normierten, polytropen Wirkungsgrad von HD- und MD-Turbinen, Kühlungseinfluß eliminiert

Bei den 1-stufigen HD- und MD-Turbinen wurden die entsprechend Gl. 5.2.3.5 definierten Druckziffern gegenüber den nach Gl. 5.2.3.1 definierten Lieferzahlen in Bild 5.2.3.20 korreliert und die axialen Mach-Zahlen am Rotoraustritt in Abhängigkeit vom Stufendruckverhältnis in Bild 5.2.3.21 dargestellt, wobei im letzteren Fall dieser an sich verständliche Zusammenhang wegen der beträchtlichen Streuung nur vage erkennbar ist.

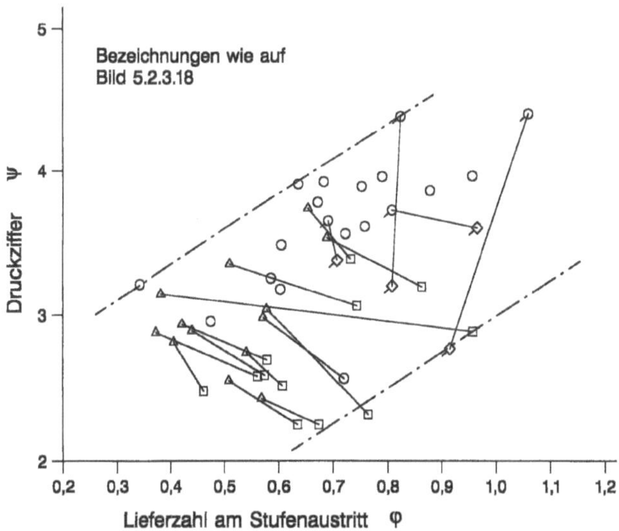

Bild 5.2.3.20: Aerodynamische Auslegungsparameter für HD- und MD-Turbinen

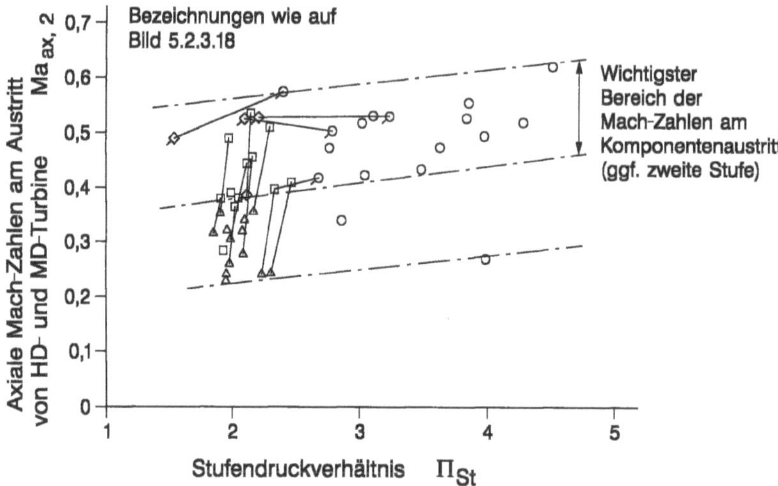

Bild 5.2.3.21: Axiale Mach-Zahlen am Austritt von HD- und MD-Turbinen

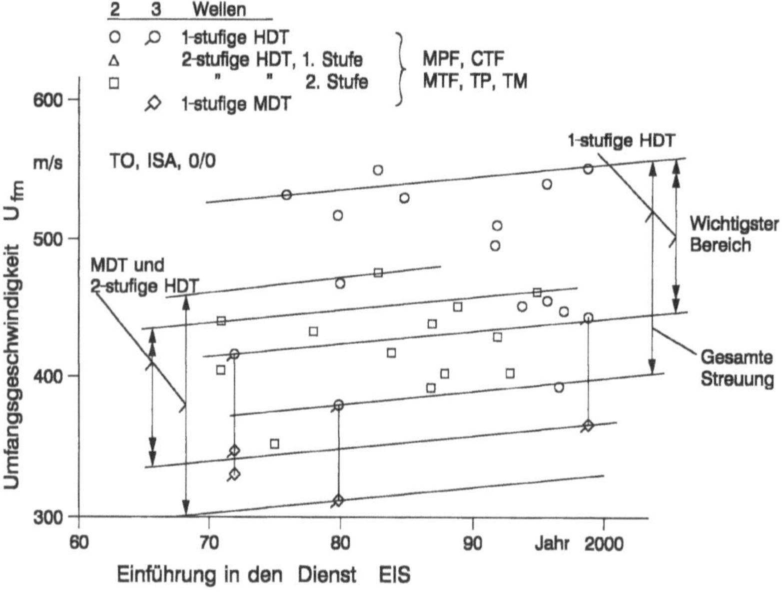

Bild 5.2.3.22: Zeitliche Entwicklung der mittleren Umfangsgeschwindigkeit an den Laufschaufeln von HD- und MD-Turbinen

Von entscheidender Bedeutung ist bei HD-Turbinen die Frage der mechanischen Belastung der Scheiben und Laufschaufeln. Hierzu zeigen Bild 5.2.3.22 und 5.2.3.23 die Entwicklung der Umfangsgeschwindigkeit $U_{2,fm}$ im Flächenmittel der Beschaufelung und des Belastungsparameters $A_{ax}(N/60)^2$, jeweils über EIS. Die dabei zu verzeichnende Streuung hat teilweise konstruktive Gründe. Der Zusammenhang

$$A_{ax}(N/60)^2 = \frac{H_{eff}}{\psi} \cdot \frac{1}{\pi}\left(\frac{1-v^2}{1+v^2}\right) \approx U_{fm}^2 \cdot f(v) \tag{5.2.3.13}$$

zeigt, daß unter sonst gleichen Bedingungen (d.h. gleiche Werte H_{eff}, ψ und damit auch $U_{2,fm}$) das gewählte Nabenverhältnis und die dadurch festgelegte Drehzahl von entscheidendem Einfluß sind. Zwar sind unter sonst gleichen Voraussetzungen, d.h. H_{eff} und ψ, die mechanischen Bedingungen um so bequemer, je höher das Nabenverhältnis ist. Zugleich aber steigt der Turbinendurchmesser an, während bei gleichem Strömungsquerschnitt die Schaufelhöhe $h = 0{,}5\,D_a(1-v)$ abnimmt. Damit wird wegen des Zusammenhangs Radialspiel $s \sim D_a$ und des Spaltverlustes $\Delta\eta \sim s/h$ ein schlechterer Wirkungsgrad riskiert. Nach Bild 5.2.3.22 liegen die Umfangsgeschwindigkeiten einstufiger HD-Turbinen im allgemeinen sichtbar höher als jene von 2-stufigen HD-Turbinen und von 1-stufigen MD-Turbinen.

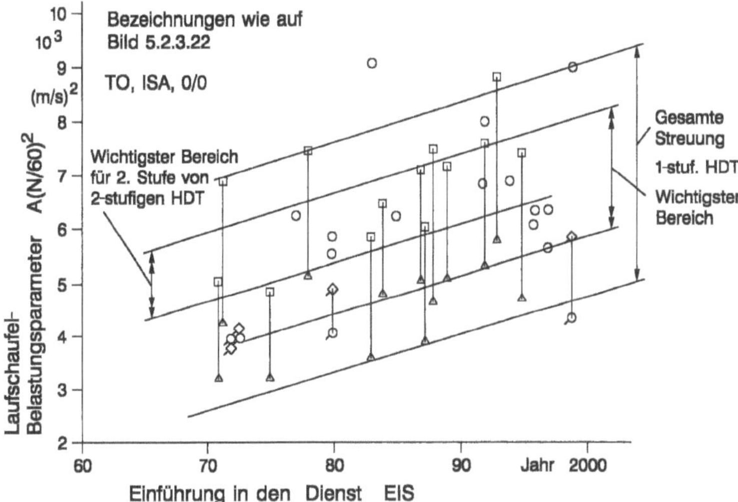

Bild 5.2.3.23: Zeitliche Entwicklung der mechanischen Laufschaufel-Belastung bei HD- und MD-Turbinen

Die bei 1- und 2-stufigen HD-Turbinen und 1-stufigen MD-Turbinen anzutreffenden Nabenverhältnisse am Rotoraustritt (ggf. der zweiten Stufe) sind in Bild 5.2.3.24 dargestellt. Bei 2-stufigen HD-Turbinen liegen die Durchmesser beider Stufen im Bereich $D_{fm} = const.$ bis $D_i = const.$ Schließlich zeigt Bild 5.2.3.25 die zeitlich langsam aber stetig fortschreitende Entwicklung der axialen Schlankheitsgrade der Beschaufelungen zu kleineren Werten und Bild 5.2.3.26 die Abhängigkeit der für EIS = 1995 normierten Werte von M_{korr}, die – bei erheblicher Streuung – mit zunehmender Maschinengröße ansteigen.

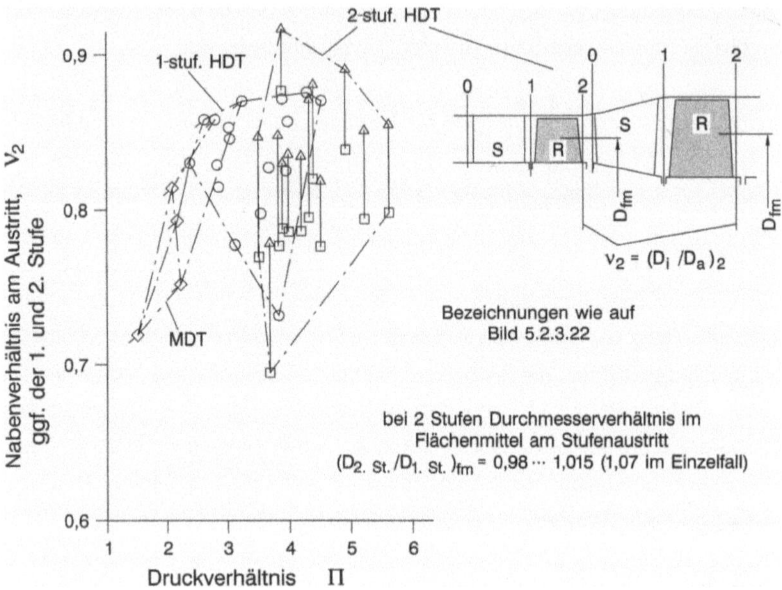

Bild 5.2.3.24: Parameter zur geometrischen Gestaltung der Ringräume von HD- und MD-Turbinen

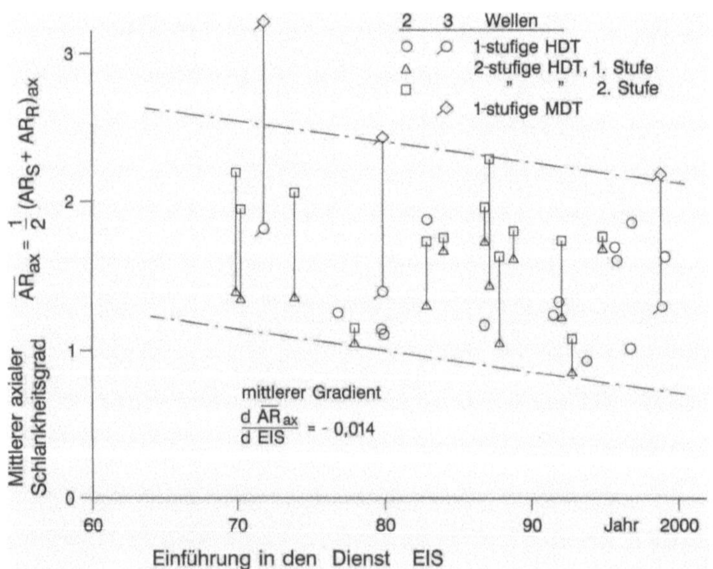

Bild 5.2.3.25: Zeitliche Entwicklung der mittleren axialen Schlankheitsgrade der Beschaufelungen von HD- und MD-Turbinen

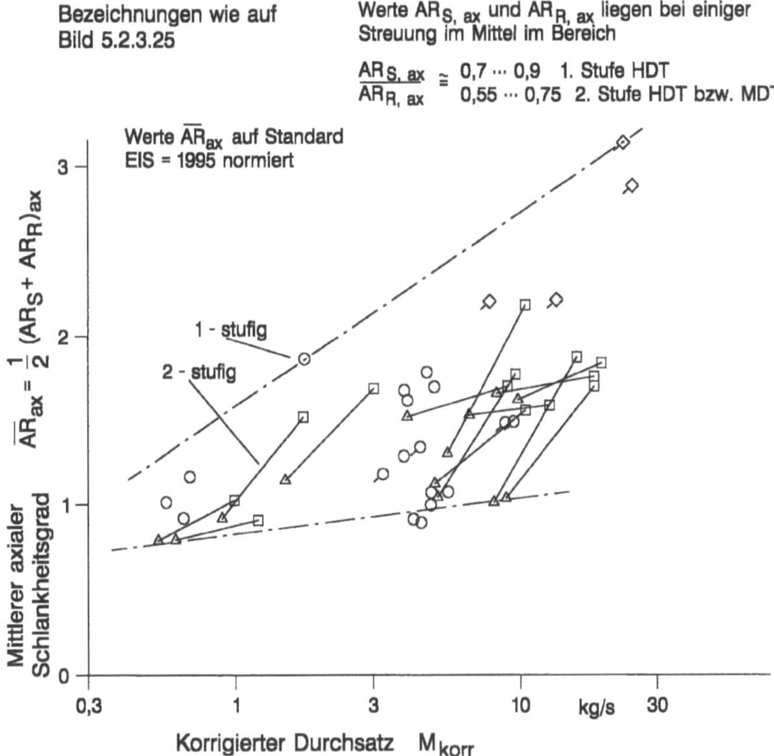

Bild 5.2.3.26: Einfluß der Maschinengröße auf die mittleren axialen Schlankheitsgrade der Beschaufelung von HD- von MD-Turbinen

5.2.3.4 Turbinenkühlung

Thermodynamik

Maßgebend für die thermodynamische Auswirkung der Kühlung sind die dem Luftstrom im Verdichterbereich entnommenen und im Turbinenbereich dem Gasstrom sukzessiv wieder zugeführten Kühlluftmengen, die einerseits zunächst einen Drosselverlust erleiden, andererseits stromabwärts der Wiedereinführung eine gewisse Expansionsarbeit leisten. Die in den einzelnen Turbinenstufen Expansionsarbeit leistenden Durchsätze ergeben sich aus der einfachen, aber realistische Annahme, wonach Kühlluft, die in einem beliebigen Lauf- oder Leitgitter zugeführt wird, in dem darauffolgenden Laufgitter voll arbeitet. Entsprechend dieser Annahme und der weiteren Voraussetzung, wonach der Kühlluft zwar das Druckniveau der Hauptströmung aufgeprägt wird, die Kühlluft im übrigen aber parallel der Hauptströmung ohne Energieaustausch expandiert, ergibt sich aus dem Verhältnis der gesamten Expansionsleistung mit Entnahme/Wiederzufuhr der Kühlluft zu jener ohne Kühlluft (d.h. ohne Kühlluftentnahme) mit $M^{*}_{KL} = \chi \cdot M_{KL}$ nach Abschnitt 3.2

$$\frac{P}{P_{o.KL}} = \frac{\left(M_V - M_{KL}^*\right)(1+m)\cdot H_{is,T}\cdot \eta_{is,T}}{M_V\left(1+m_{o.KL}\right)\cdot H_{is,T}\cdot \eta_{is,T,o.KL}}$$

$$= \frac{\left(1-\dfrac{M_{KL}^*}{M_V}\right)(1+m)\cdot \eta_{is,T}}{\left(1+m_{o.KL}\right)\cdot \eta_{is,T,o.KL}} \qquad\qquad (5.2.3.14a)$$

$$\approx \left(1-\chi\cdot \frac{M_{KL}}{M_V}\right)\cdot \frac{\eta_{is,T}}{\eta_{is,T,o.KL}} \qquad\qquad (5.2.3.14b)$$

mit dem bereits in Abschnitt 3.2 mit Gl. 3.2.3 formulierten Parameter

$$\chi = \frac{M_{KL}^*}{M_{KL}} = 1 - \sum_{x=1}^{z} \frac{\Delta M_{KL,x-1}}{M_{KL}}\cdot \frac{T_{KL,E}}{T_{4.x}}\cdot \left(\frac{T_{4.x}-T_5}{T_{4.1}-T_5}\right),$$

der die restliche Nutzung der Kühlluft parallel zum Hauptstrom genähert erfaßt. Dabei ist auf der allgemein praktizierten Basis

$$T_{4.1} = T_{4.1,o.KL} \quad \text{und} \quad T_4 > T_{4,o.KL}$$

das Brennstoff-/Luftverhältnis

$$m > m_{o.KL}$$

und ferner, wie in Abschnitt 5.2.2.3 bereits behandelt,

$$\eta_{is,T} < \eta_{is,T,o.KL} \ .$$

Ferner ist $T_{4,x}$ (mit ungeraden Indices x) die Eintrittstemperatur am Rotor der x-ten Stufe, während $\Delta M_{KL,x-1}$ die im vorausgegangenen Lauf- und Leitgitter zugeführte Kühlluft repräsentiert, die noch keine Arbeit geleistet hat. Bei $\chi = 1$ leistet die gesamte Kühlluft keine Arbeit, während bei $\chi = 0$ (rein theoretisch) kein Verlust an Expansionsleistung eintritt. Mit diesem Ansatz kommt selbstverständlich auch zum Ausdruck, daß die Kühlluft des ersten, d.h. der Brennkammer folgenden Leitrades thermodynamisch nicht schädlich ist, da diese Kühlluft nach obiger Festlegung bereits im folgenden (1.) Laufrad (Index 4.1) arbeitet. Nichtsdestoweniger beeinträchtigt die dem ersten Leitrad zugefügte Kühlluft – wie in Abschnitt 5.2.3.3 beschrieben, den Wirkungsgrad der ersten Stufe.

Der nach der Kühlluftentnahme am Verdichteraustritt und der Brennstoffzufuhr in der Brennkammer am Leitradeintritt der ersten Turbinenstufe auftretende relative Durchsatz M_4 / M_V und der am Laufradeintritt der ersten Stufe verfügbare relative Durchsatz $M_{4.1} / M_V$ sind in Bild 5.2.3.27 in Abhängigkeit von der Temperatur T_m nach Gl. 5.2.3.7a mit $T_{KL} = T_3$ aufgetragen. Dabei stellt die Differenz beider relativen Durchsätze die Kühlluftzufuhr im ersten Leitrad dar, die entsprechend Gl. 5.2.3.8 und 5.2.3.9 aus Bild 5.2.3.16 und 5.2.3.17 ermittelt werden kann.

Die praktisch auftretenden Temperaturquotienten $(T_{4.x} - T_5)/(T_{4.1} - T_5)$ sind gegenüber dem Durchsatzquotienten $(M_{4.x} - M_{4.1})/(M_5 - M_{4.1})$ in Bild 5.2.3.28 für die Rotoreintritte der MD- und ND-Turbinen bei 3-Wellen-Triebwerken und der ND- bzw. Nutzturbinen bei 2-Wellen-Triebwerken (Turbofans und Wellenleistungstriebwerke) aufgetragen und können im frühen Stadium der Projektierung zur realistischen Abschätzung des Kühllufteinflusses entsprechend Gl. 5.2.3.14 bzw. Gl. 3.2.3 herangezogen werden. Schließlich zeigt Bild 5.2.3.29 die bei konkreten Triebwerken praktisch erreichten Werte χ nach Gl. 3.2.3, deren Mittelwert $\overline{\chi} = 0{,}75$ für grobe erste Abschätzungen des Kühllufteinflusses genügen mag.

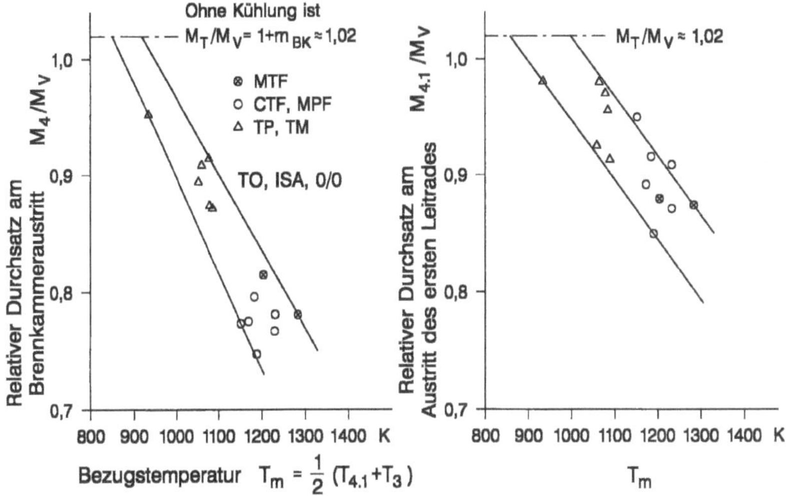

Bild 5.2.3.27: Einfluß der Turbinenkühlung auf den relativen Durchsatz am Brennkammeraustritt und den thermodynamisch maßgebenden Durchsatz am Austritt des Leitrades der ersten Turbinenstufe

Außerdem ist die für die Versorgung der Turbinenlaufräder mit Kühlluft benötigte Pumpleistung, die den Turbinenwirkungsgrad indirekt ebenfalls beeinträchtigt, zu berücksichtigen. Bei neueren Triebwerken wird die Laufradkühlluft der ersten Stufe nach Bild 5.2.3.30a entweder im radialen Bereich der Schaufelfüße mittels Dralldüsen direkt eingebracht oder weiter innen – ebenfalls durch Dralldüsen – in einen zwischen Scheibe und Deckscheibe gebildeten Ringraum überführt. Dabei tritt in jedem Falle – d.h. ohne oder mit Deckscheibe – aufgrund des Übergangs vom Absolut- in das Relativsystem zunächst eine Temperaturabsenkung ein. Danach wird die Kühlluft beim System <u>mit</u> Deckscheibe – wenngleich mit schlechtem Wirkungsgrad – nach außen zu den Schaufelfüßen zentrifugiert. Dabei steigt zwar die Temperatur an, zugleich wird aber ein Druckanstieg erreicht, der insbesondere bei der Filmkühlung im Bereich der Profilnasen willkommen bzw. notwendig ist. Nachteilig ist dabei einerseits die aufzubringende Pumpleistung, andererseits werden dadurch schwer kalkulierbare Verluste an Kühlluft vermieden, die bei der Einbringung in Höhe der Schaufelfüße entstehen. Insgesamt stellt daher die Einführung der Deckscheibe als Beitrag zur höheren Effektivität und besseren Berechenbarkeit des Kühlsystems im Bereich der ersten Stufe einen wichtigen Fortschritt dar.

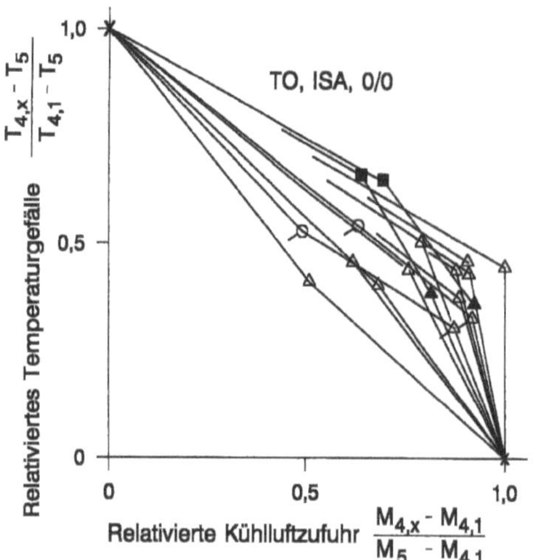

Kühllufteintritte jeweils vor Laufrad:

1-stufige HDT	⟋○	Eintritt MDT, 3-Wellen
	⟋△	" NDT, 3-Wellen
	△	" NDT, 2-Wellen
2-stufige HDT	■	Eintritt 2. Stufe HDT } 2-Wellen
	▲	" NDT
	×	Eintritt HDT, Austritt NDT

Bild 5.2.3.28
Sequenz des Temperaturgefälles und der Kühlluftzufuhr in mehrstufigen/mehrwelligen Turbinen

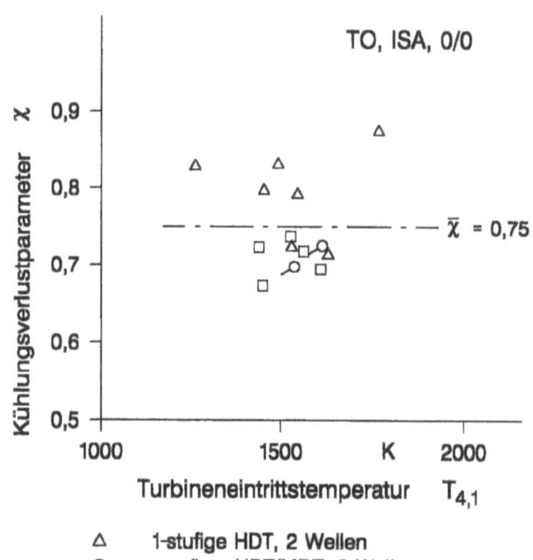

△	1-stufige HDT, 2 Wellen
⟋○	" HDT/MDT, 3 Wellen
□	2-stufige HDT, 2 Wellen

Bild 5.2.3.29
Einfluß der Kühlluftentnahme und -wiederzufuhr auf die Expansionsleistung der gesamten Turbine, Resümee

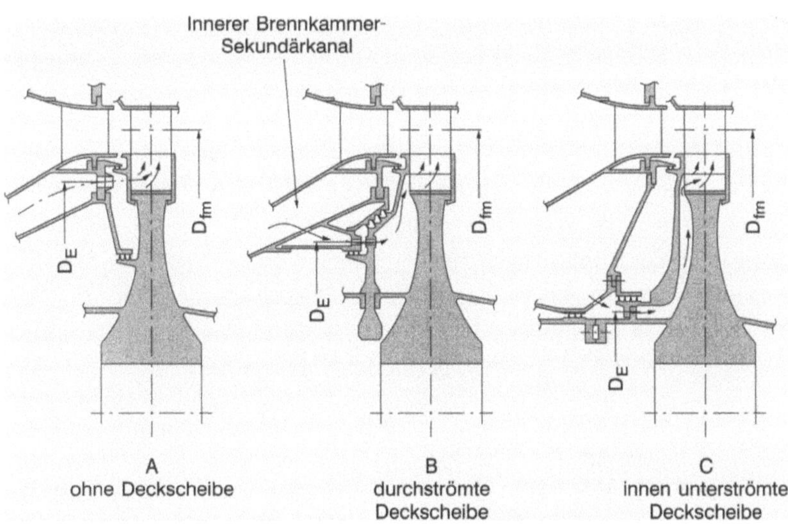

Bild 5.2.3.30a: Konstruktive Konzepte zur Einbringung der Kühlluft in den Rotor der ersten Turbinenstufe (vereinfacht)

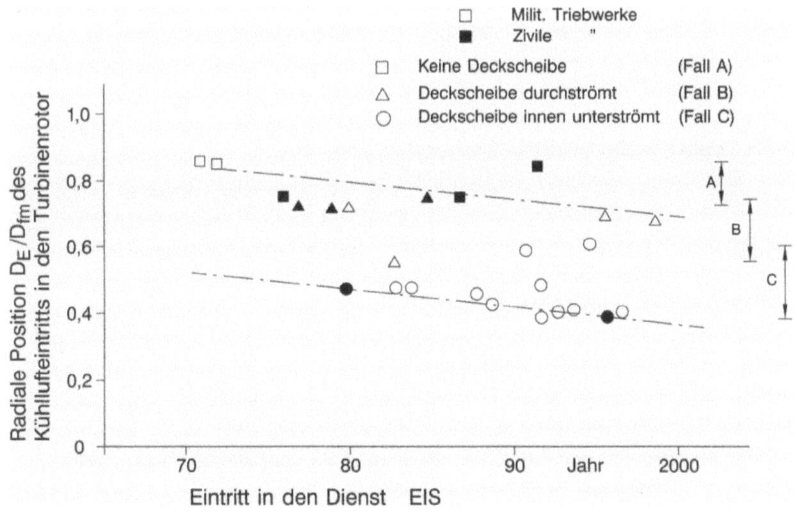

Bild 5.2.3.30b: Radiale Position der Kühlluftzufuhr in HD-Turbinenstufen ohne/mit Deckscheibe

Unter der Annahme, daß bei Zufuhr der Kühlluft mit Deckscheibe die Kühlluft bei einem Durchmesser $D_E < D_{fm}$ eingebracht wird und die Laufschaufeln im Mittel mit U_{fm} wieder verläßt, wird der Kühlluftmenge $\Delta M_{KL,Sch}$ die spezifische Arbeit $\Delta H_{eff,P}$ zugeführt, deren Relation zur spezifischen Arbeit $H_{eff,T}$ der Turbinenstufe

$$\left(\frac{\Delta H_P}{H_T}\right)_{eff} = \frac{\Delta M_{KL,Sch}}{M_T} \cdot \frac{\psi_P}{\psi_T}\left[1-\left(\frac{D_E}{D_{fm}}\right)^2\right] \qquad (5.2.3.15)$$

ist. Dabei liegt der durch die Laufschaufeln selbst strömende Anteil $\Delta M_{KL,Sch}$ der im Laufradbereich insgesamt zugeführten Kühlluft (vgl. Bild 5.2.3.17) bei 40 bis 60%. Weiterhin ist $\psi_P = 2$, da vereinfachend angenommen wird, daß die Kühlluft am Durchmesser D_{fm} der Beschaufelung mit U_{fm}, ohne Arbeit zu leisten, wieder in die Hauptströmung eintritt. Bei den Turbinenstufen mit Deckscheibe liegt D_E / D_{fm} nach Bild 5.2.3.30b je nach Konstruktion im Bereich 0,4 ... 0,75. Die aus Triebwerkdaten ermittelten Werte $\left(\Delta H_P / H_T\right)_{eff}$ werden in Bild 5.2.3.31 dargestellt.

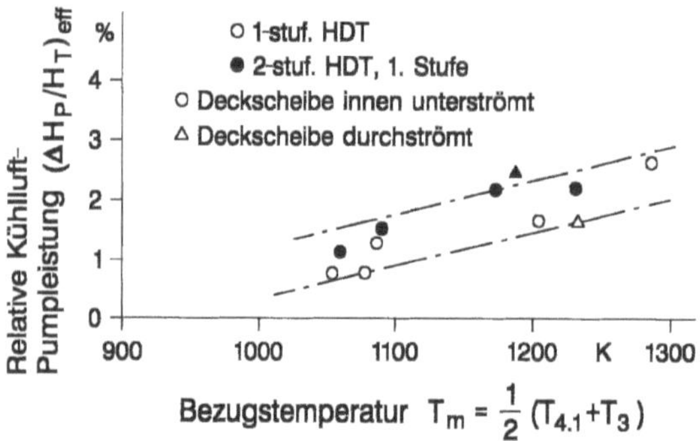

Bild 5.2.3.31: Relative Kühlluft-Pumpleistung bei HD-Turbinen

Schaufelkühlung

Entsprechend der Definition der Kühlungseffektivität

$$\varepsilon = \frac{T_G - T_{Sch}}{T_G - T_{KL,E}} \qquad (5.2.3.16)$$

ist die Relation der gewünschten bzw. zulässigen Schaufeltemperatur zur Gastemperatur und zur Kühllufttemperatur am Eintritt in die Schaufel – jeweils im Relativsystem – für die Bestimmung der anzuwendenden Kühltechnologie und der erforderlichen Kühlluftmenge maßgebend. Bei dem für die Projektierung eines Triebwerks maßgebendem Laufrad der 1. Turbinenstufe ist auf der Kühlluftseite – abhängig vom Radius der Kühlluftzufuhr in den Raum zwischen Turbinen- und Deckscheibe, vgl. Bild 5.2.3.30a – die Temperatur der Kühlluft im Relativsystem bei axialem Eintritt am Durchmesser D_E mit

$$T_{KL,E} \approx T_3$$

$$T_{KL,E,rel} \approx T_3 - U_E^2 / 2 c_p \qquad (5.2.3.17)$$

und die Temperaturerhöhung bis zur Laufschaufelmitte

$$\Delta T_{KL,rel} = \left(U_{fm}^2 - U_E^2\right)/2\,c_p\,, \qquad (5.2.3.18)$$

so daß in den Laufschaufeln die mittlere Kühllufteintrittstemperatur

$$T_{KL,E,fm} = \left(T_{E,rel} + \Delta T_{rel}\right)_{KL} \qquad (5.2.3.19)$$

entsteht. Diese wird im Folgenden, d.h. im Zusammenhang mit der Schaufelkühlung, der Einfachheit halber ebenso wie bei Leitschaufeln als $T_{KL,E}$ bezeichnet. Auf der Gasseite ergibt sich bei Laufrädern mit der Gastemperatur am Leitradaustritt im ruhenden System

$$T_{G,abs} = T_{stat} + \frac{C_1^2}{2\,c_p} \qquad (5.2.3.20)$$

und im Relativsystem

$$T_{G,rel} = T_{stat} + \frac{W_1^2}{2\,c_p} \qquad (5.2.3.21)$$

die Differenz

$$\Delta T_{rel} = T_{G,abs} - T_{G,rel} = \frac{1}{2\,c_p}\left(C_1^2 - W_1^2\right) = \frac{1}{2\,c_p}\left(C_{u,1}^2 - W_{u,1}^2\right). \qquad (5.2.3.22)$$

Mit der kinematischen Reaktion

$$r = \frac{W_{u,1} + W_{u,2}}{2U} = \frac{W_{u,\infty}}{U} \qquad (5.2.3.23)$$

(wobei W_u in Richtung von U negativ zu nehmen ist) und der spezifischen Arbeit der Stufe

$$H_{eff} = \frac{\psi}{2}U^2 = c_p \cdot \Delta T_{St} \qquad (5.2.3.24)$$

ergibt sich daraus die Temperaturabsenkung beim Übergang vom Absolut- zum Relativsystem, bezogen auf die absolute Temperaturabsenkung im Laufrad der Stufe

$$\frac{\Delta T_{rel}}{\Delta T_{St}} = \frac{1}{2} - \frac{1}{\psi}(r-1)\,, \qquad (5.2.3.25)$$

die in Bild 5.2.3.32 dargestellt ist. Bei typischen Druckziffern $\psi = 3{,}5 \ldots 4{,}0$ und Reaktionsgraden $r = 0{,}40 \ldots 0{,}45$ liegt $\Delta T_{rel}/\Delta T_{St}$ im Bereich $0{,}53 \ldots 0{,}55$. Da bei 1-stufigen HD-Turbinen das Temperaturgefälle ΔT_{St} stets größer als bei 2-stufigen Turbinen ist, bietet die 1-stufige HD-Turbine günstigere thermische Bedingungen in den Laufschaufeln, die den nach Bild 5.2.3.22 und 5.2.3.23 höheren mechanischen Belastungen entgegenkommen.

Bei gegebener Kühleffektivität liegt die benötigte Kühlluftmenge neben ε selbst von mehreren aero-/thermodynamischen und geometrischen Parametern ab, die erst im Verlauf detaillierter Auslegung der Turbinenschaufeln ermittelt werden können. Bei konvektiver Kühlung ergibt sich aus der Wärmebilanz

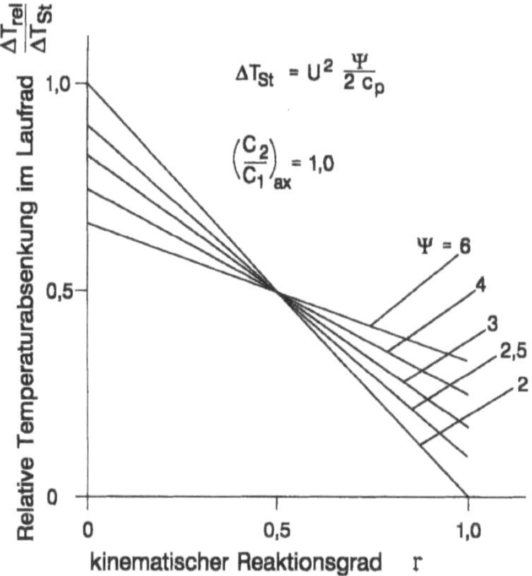

Bild 5.2.3.32: Einfluß der Strömungsparameter Ψ und r auf die Absenkung der Gastemperatur im Relativsystem

$$\alpha_G \cdot O_G \left(T_G - T_{Sch}\right) = M_{KL} \cdot c_{p,KL} \left(T_A - T_E\right)_{KL} \tag{5.2.3.26}$$

mit Bezeichnungen nach Bild 5.2.3.33 die Kühlungseffektivität aus dem Ansatz

$$\varepsilon_K = \frac{\psi_K \cdot \eta_K}{1 + \psi_K \cdot \eta_K} \tag{5.2.3.27}$$

mit dem die Wärmekapazität $M_{KL} \cdot c_{p,KL}$ der Kühlluftmenge und die gasseitige Wärmeübergangskapazität $O_G \cdot \alpha_G$ enthaltenden Wärmetransfer-Parameter

$$\psi_K = \frac{M_{KL} \cdot c_{p,KL}}{O_G \cdot \alpha_G} \tag{5.2.3.28}$$

und dem Nutzungsgrad der Kühlluft

$$\eta_K = \frac{\left(T_A - T_E\right)_{KL}}{T_{Sch} - T_{KL,E}} \; . \tag{5.2.3.29}$$

Sowohl ψ_K als auch η_K und damit ε_K sind entlang der Schaufelhöhe, auf Profilsaug- und -druckseite und an Profilnase, Profilmitte und Hinterkante verschieden. Es ist jedoch das Ziel jedes Kühlkonzepts, ε_K und damit auch die örtliche Schaufeltemperatur mit Rücksicht auf die stationäre und instationäre thermische Belastung in engen, für den Werkstoff entsprechend der örtlichen mechanischen Belastung günstigen Verteilung bestimmten Grenzen zu halten, vgl. hierzu [5.2.17].

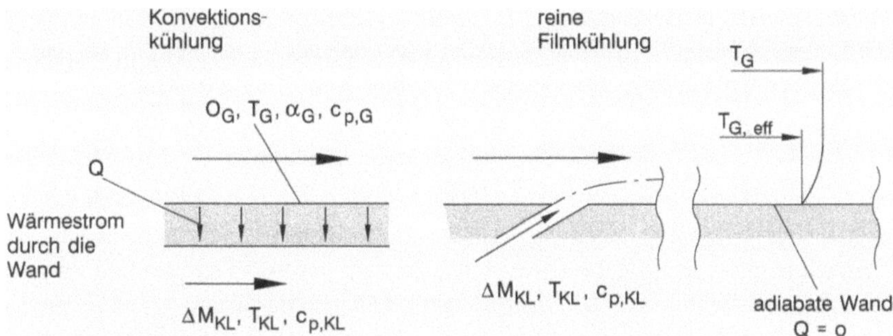

Bild 5.2.3.33: Erläuterung zur Wärmebilanz bei Konvektions- und Filmkühlung

Bei Kombination der konvektiven Kühlung mit der im Hochtemperaturbereich allgemein angewendeten Filmkühlung kommt als Parameter der Wirkungsgrad der Filmkühlung

$$\eta_F = \frac{T_G - T_{G,\textit{eff}}}{T_G - T_{KL,A}} \qquad (5.2.3.30)$$

mit Bezeichnungen nach Bild 5.2.3.33 hinzu, wobei $T_{G,\textit{eff}} < T_G$ eine durch Vermischung der austretenden Kühlluft mit der „äußeren" Gasströmung – ohne Wärmestrom in die Wand hinein – in Wandnähe entstehende „effektive" Gastemperatur unter dem Einfluß der Filmkühlung darstellt, die die Wärmebelastung der Schaufel reduziert. Aus der Wärmebilanz bei Kombination der Konvektions- und Filmkühlung

$$\alpha_G \cdot O_G \left(T_{G,\textit{eff}} - T_{Sch} \right) = M_{KL} \cdot c_{p,KL} \left(T_A - T_E \right)_{KL} \qquad (5.2.3.31)$$

ergibt sich die Effektivität der kombinierten Kühlung

$$\varepsilon_{K+F} = \frac{\eta_K \cdot \psi_K + \eta_F \cdot \left(1 - \eta_K \right)}{1 + \eta_K \cdot \left(\psi_K - \eta_F \right)} \; . \qquad (5.2.3.32)$$

Der Parameter ψ_K steht in einem engen, aber nicht eindeutigen Zusammenhang mit der relativen Kühlluftmenge pro Schaufelgitter $\Delta M_{Sch} / M_G$ bzw. kann auf die Form

$$\psi_K = \frac{\Delta M_{Sch}}{M_G} \cdot t / l \cdot f \quad \text{(div. Parameter)} \qquad (5.2.3.33a)$$

gebracht werden, wobei f eine Vielzahl aerodynamischer und geometrischer, die Innen- und Außenströmung betreffenden Parameter enthält. Die Auswertung ausgeführter Triebwerke bzw. deren HD-Turbinengitter ergibt für die Abschätzung der benötigten relativen Kühlluftmengen den einfachen Nährungsansatz

$$\frac{\Delta M_{Sch}}{M_G} \approx \left(0,007 \ldots 0,018 \right) + 0,017 \cdot \psi_K \; . \qquad (5.2.3.33b)$$

Ferner folgt die in ein Schaufelgitter maximal einbringbare relative Kühlluftmenge den die Hauptabmessungen der Beschaufelung bestimmenden Parametern t/l, d/l und l/h und der Relation der Kühlluft- und Gaszustandsgrößen p und T entsprechend

$$\left(\frac{\Delta M_{Sch}}{M_G}\right)_{max} = \frac{d/l}{t/l} \cdot l/h \cdot \frac{p_{KL}}{p_G} \cdot \sqrt{\frac{T_G}{T_{KL,E}}} \cdot f \quad \text{(div. Parameter)} \qquad (5.2.3.34a)$$

wobei auch hier f von vielen aerodynamischen und geometrischen Faktoren abhängt. Als roher Anhalt mag die aus hochgekühlten Laufschaufeln von HD-Turbinen und schwach gekühlten Laufschaufeln von MD-/ND-Turbinen abgeleitete Beziehung

$$\left(\frac{\Delta M_{Sch}}{M_G}\right)_{max} \approx C \cdot \frac{l_{ax}}{h} \cdot \frac{p_{KL,E}}{p_G} \sqrt{\frac{T_G}{T_{KL,E}}} \qquad (5.2.3.34b)$$

nützlich sein. Dabei signalisiert der Faktor

$$C \approx (0,1 \dots 0,02)\left(\frac{M_{korr}}{10}\right)$$

die starke Abhängigkeit des maximal möglichen relativen Kühlluftdurchsatzes von der Größe der Maschine bzw. deren Beschaufelung, wobei die Werte im oberen Bereich für hochgekühlte HD-Turbinenschaufeln mit relativ großen lichten Profilquerschnitten, jene im unteren Bereich für MD-/ND-Turbinenschaufeln mit einfacher Kühlkonzeption (z.B. radiale Bohrungen entlang der Profilkontur) gelten, vgl. Bild 5.2.3.34b.

Die Beziehungen nach Gl. 5.2.3.33b und 5.2.3.34b können vor allem dazu dienen, von einem Gitter auf ein anderes bei ähnlicher technischer Gestaltung, aber unterschiedlichen Hauptabmessungen und Luft- bzw. Gaszuständen zu schließen.

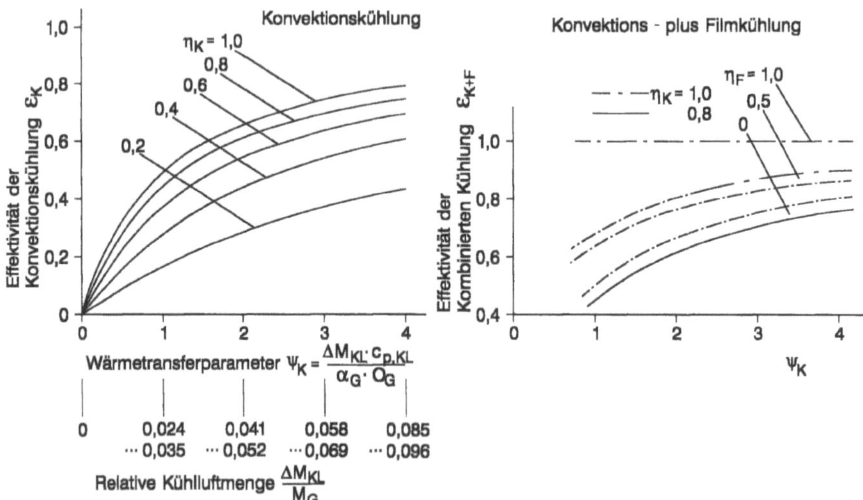

Bild 5.2.3.34a: Auslegungsparameter zur Konvektions- und Filmkühlung von Turbinenschaufeln

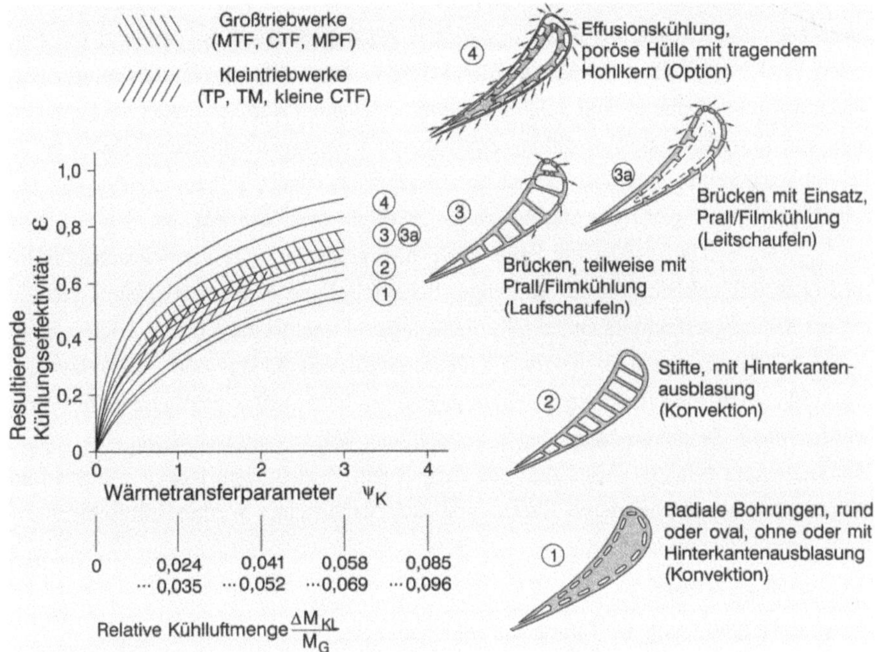

Bild 5.2.3.34b: Stand der Entwicklung bei der Kühlung von Turbinenschaufeln

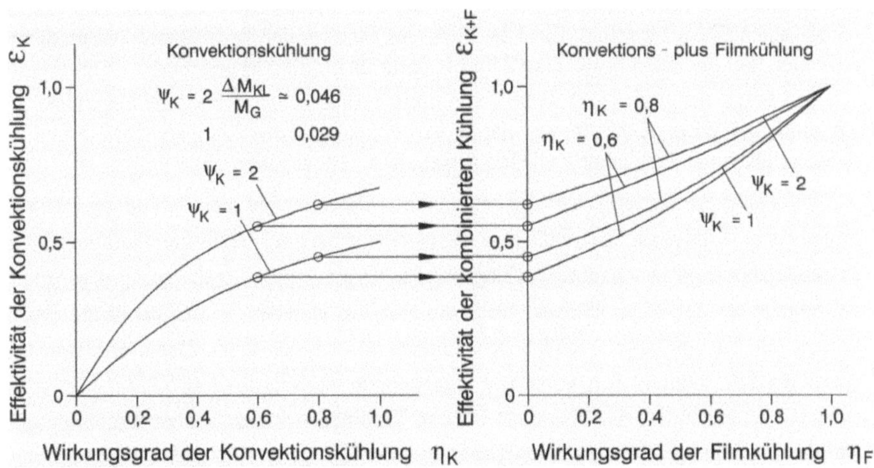

Bild 5.2.3.35: Zusammenhänge bei der Kombination von Konvektions- und Filmkühlung (Beispiel)

Die mit den theoretischen Ansätzen entsprechend Gl. 5.2.3.27 und 5.2.3.32 erreichbaren Kühleffektivitäten ε_K und ε_{K+F} sind in Abhängigkeit von η_K, η_F und ψ_K bzw. $\Delta M_{Sch} / M_G$ nach Gl. 5.2.3.33b in Bild 5.2.3.34a dargestellt. Diesem Zusammenhang gegenübergestellt sind in Bild 5.2.3.34b die mit relevanten Kühlkonzepten bei Konvektions- und Konvektions-/Filmkühlung erreichbaren Kühlungseffektivitäten. Dabei ist der bei Fluggasturbinen praktisch erreichbare Bereich ε über ψ_K bzw. $\Delta M_{KL,Sch} / M_G$ schraffiert eingetragen. Aus diesem Vergleich ergibt sich, daß z.B. bei $\psi_K = 2$ bzw. $\Delta M_{Sch} / M_G = 0{,}048$, d.h. im Falle einer hochgekühlten HD-Turbinenschaufel mit niedrigem Schlankheitsgrad h/l und enger Schaufelteilung t/l die erreichbaren resultierenden Kühlungseffektivitäten bei 60 ... 72% liegen. Dabei ist nach Bild 5.2.3.35 z.B. für $\varepsilon_{K+F} = 70\%$ mit einem konvektiven Kühlungswirkungsgrad $\eta_K = 60 ... 80\%$ bzw. mit $\varepsilon_K = 54 ... 61\%$ ein Filmkühlungswirkungsgrad $\eta_F = 41 ... 29\%$ anzusetzen. Im Prinzip würden diese Zusammenhänge beim Einsatz von Wärmedämmschichten eine weitere Komplizierung erfahren. Man kann die dargelegten Beziehungen jedoch weiterhin anwenden, wenn pauschal durch Einsatz von nichtmetallischen Wärmedämmschichten je nach deren Dicke im Bereich

$$s = 0{,}2 ... 0{,}5 mm$$

mit einer Herabsetzung der Temperatur im metallischen Schaufelbereich um ca.

$$\Delta T_{Sch} = 50 ... 150 \text{ K}$$

gerechnet wird. Allerdings werden Wärmedämmschichten bisher nur bei Leitschaufeln angewendet. Bei Laufschaufeln entsteht durch Anwendung von Wärmedämmschichten ein erhebliches Risiko im Falle örtlichen Abplatzens aufgrund der unterschiedlichen thermischen und mechanischen Dehnungen der nichtmetallischen Dämmschicht und der metallischen Schaufel selbst. Ein Überblick des Standes der Technik bei Wärmedämmschichten und der dabei bestehenden Problematik ist in [5.2.18] gegeben.

Die Frage der nach [6.11.4] im Falle eines militärischen Turbofans bekannten Anwendung gekühlter Kühlluft, des damit verbundenen Entwicklungspotentials und der dabei zu lösenden Problematik wird in Abschnitt 6.11.2 angesprochen.

Insgesamt gesehen ist durch die entwickelten Beziehungen die Verbindung zwischen erreichbarer Kühlungseffektivität bzw. Schaufeltemperatur, benötigter Kühlluftmenge, zu erwartendem Wirkungsgradabschlag und hinzunehmender Herabsetzung des Arbeitsvermögens der gekühlten Turbine durch die Kühlluft gegeben, so daß damit die Projektierung der Turbine unter realistischen Annahmen erfolgen kann. Dabei muß mit dem Anteil der Filmkühlung eher vorsichtig umgegangen werden, da diese Kühlungsart erfahrungsgemäß besonders dazu geeignet ist, den Turbinenwirkungsgrad zu beeinträchtigen. Bei der Festlegung der maximalen Gastemperatur T_4 bzw. $T_{4.1}$ und des anwendbaren Kühlkonzepts steht die Rücksichtnahme auf die hinzunehmende Wirkungsgradverschlechterung und die erreichbaren Schaufeltemperaturen bzw. die Sicherstellung der geforderten Lebensdauer im Vordergrund, da diese Parameter für die Wirtschaftlichkeit eines Triebwerks besonders relevant sind.

5.2.3.5 Zusammenfassung Axialturbinen

Die Ermittlung der normierten polytropen Wirkungsgrade der HD- und MD-Turbinen ohne Kühlungseinfluß führt interessanterweise zu einer brauchbaren Korrelation zusammen mit ungekühlten, vielstufigen ND-Turbinen. Zunächst zeigt Bild 5.2.3.36, daß die Auslegungsparameter ψ und Π_{St} aller Turbinen – soweit Daten verfügbar sind – bezüglich ψ den gleichen Bereich abdecken, der – wie schon mit Bild 5.2.3.2 und 5.2.3.13 gezeigt – im Verlauf der Entwicklung ebenso unverändert geblieben ist wie der abgedeckte Bereich der Stufendruckverhältnisse der HD- und MD-Turbinen nach Bild 5.2.3.14. Insbesondere zeigt Bild 5.2.3.37, daß die Wirkungsgrade aller Turbinen – ggf. ohne Kühlung und abgesehen von einer gewissen Streuung – dem gleichen Trend über ψ bzw. $\overline{\psi}$ folgen. Dieser Trend ist viel schwächer als nach älteren Korrelationen [5.2.16] und [5.2.17], vor allem nach [5.2.16], und offenbar das Ergebnis der seither zurückgelegten technologischen Entwicklung. In diesem Zusammenhang sei nochmals hervorgehoben, daß bei gekühlten Turbinen die in Abschnitt 5.2.3.3 angesprochene, aber bei der Analyse nicht berücksichtigte Auswirkung der Pumpleistung auf den Turbinenwirkungsgrad ebensowenig erkennbar ist wie die Auswirkung niedriger Schaufel-Schlankheitsgrade, deren Einfluß nicht nur bei HD-Turbinen großer Maschinen, sondern nach Bild 5.2.3.26 vor allem bei HD-Turbinen von Kleingasturbinen sichtbar werden müßte. Was das Niveau der in [5.2.16] und [5.2.17] angegebenen Wirkungsgrade betrifft, so liegt offenbar eine unterschiedliche Vergleichsbasis vor.

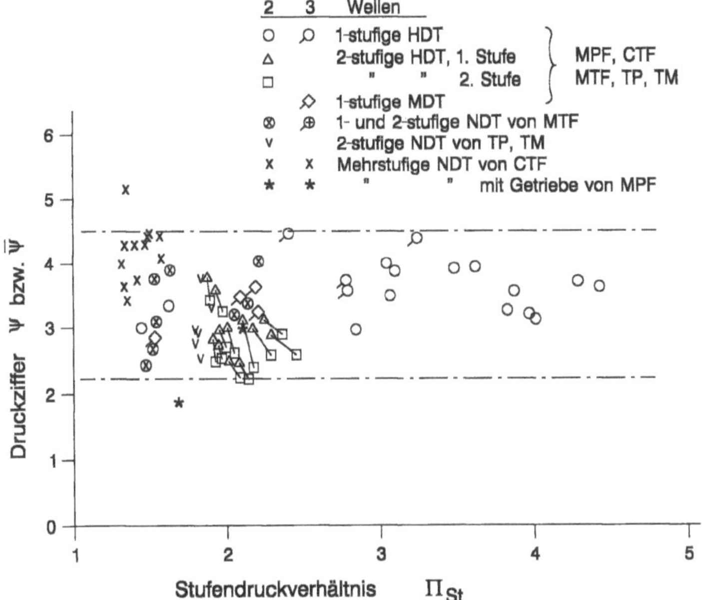

Bild 5.2.3.36: Zuordnung der aerodynamischen Auslegungsparameter von HD-, MD- und ND-Turbinen

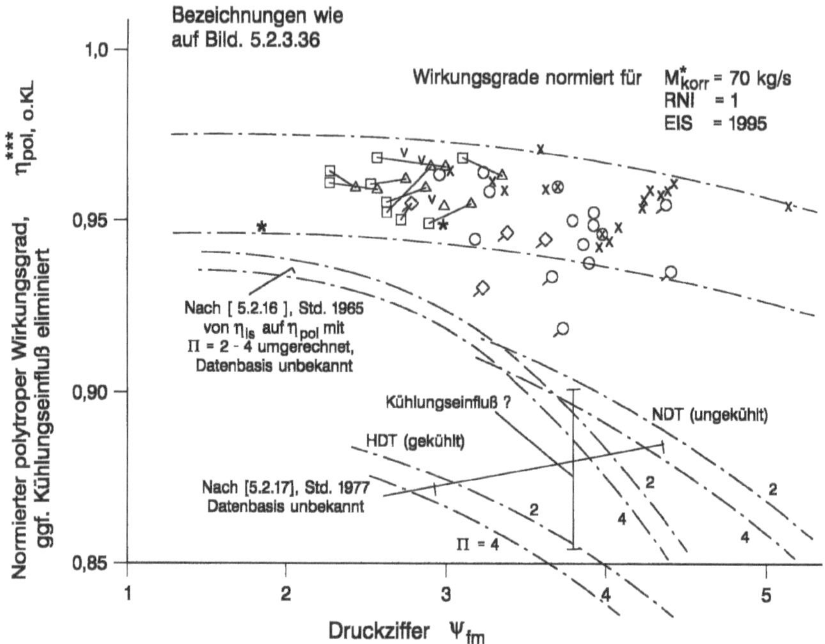

Bild 5.2.3.37: Einfluß der aerodynamischen Belastung auf den normierten polytropen Wirkungsgrad von HD-, MD- und ND-Turbinen und Vergleich mit älteren Korrelationen

Wichtig ist ferner, daß nach Bild 5.2.3.38 kein Einfluß des Stufendruckverhältnisses auf die „ungekühlten" Wirkungsgrade zu sehen ist. Vergleicht man schließlich den Bereich φ und ψ bei optimalen Wirkungsgraden nach [5.2.16] mit den Daten φ und ψ von Turbinen ausgeführter Triebwerke, so ergibt sich nach Bild 5.2.3.39 leidlich gute Übereinstimmung bei ND-Turbinen, während bei HD- und MD-Turbinen neuerer Triebwerke – offenbar ebenfalls als Ergebnis des Technologiefortschritts – höhere Belastungswerte ψ als nach [5.2.16] empfohlen praktiziert werden bzw. optimal sind.

Größere Abweichungen der mittleren Lieferzahl $\overline{\varphi}$ vom Optimalwert $\overline{\varphi}_{opt} = f(\overline{\psi})$ führen zu Wirkungsgradeinbußen. Damit ist vor allem bei langsam laufenden ND-Turbinen ziviler Turbofans ohne Getriebe zu rechnen, bei denen bei hoher aerodynamischer Belastung $\overline{\psi}$ aufgrund des niedrigeren Drehzahlniveaus zugleich hohe Axialgeschwindigkeiten und damit hohe Lieferzahlen gefordert sind, um die Strömungsquerschnitte in Grenzen zu halten.

Bei ungekühlten, mehrstufigen Turbinen mit Druckziffern im Bereich $\overline{\psi} = 2{,}5 \ldots 4{,}0$ liegen nach [5.2.16] und [5.2.17] im Rahmen der vorkommenden relativen Lieferzahlen die relativen Wirkungsgrade in den Bereichen:

$\overline{\varphi} / \overline{\varphi}_{opt} =$	0,6	0,8	1,0	1,2	1,4	1,6
$(\eta / \eta_{opt})_{is} =$	0,967 bis 0,977	0,992 bis 0,995	1,0	0,992 bis 0,996	0,972 bis 0,980	0,948 bis 0,960

Bei gekühlten Turbinen finden sich Werte im selben Bereich.

Es ist nicht bekannt, ob aufgrund der inzwischen zurückgelegten technologischen Entwicklung – vgl. hierzu Bild 5.2.3.37 und 5.2.3.39 – der obiger Tabelle zugrundeliegende Zusammenhang $\overline{\varphi}_{opt} = f(\overline{\psi})$ und die Abhängigkeit des Wirkungsgrades von $\overline{\varphi} / \overline{\varphi}_{opt}$ noch unverändert zutrifft.

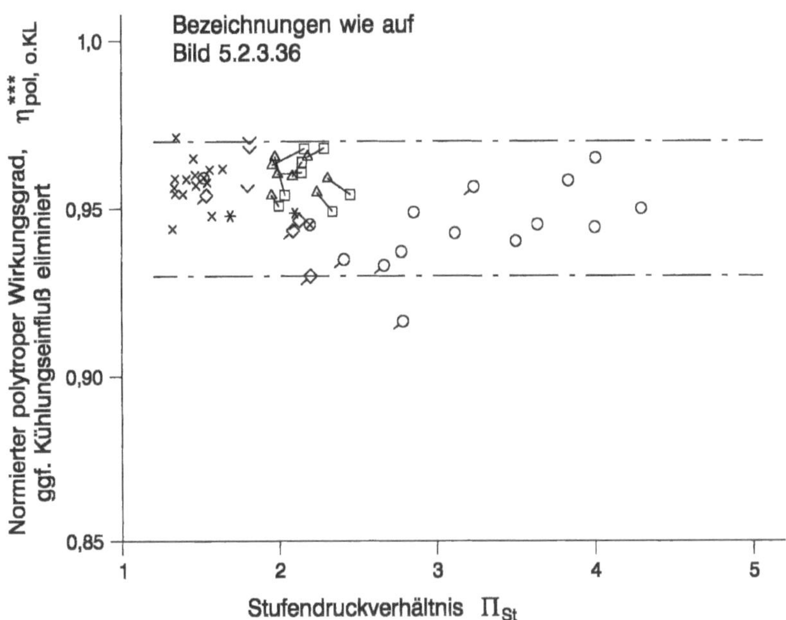

Bild 5.2.3.38: Zuordnung der normierten polytropen Wirkungsgrade und Stufendruckverhältnisse von HD-, MD- und ND-Turbinen

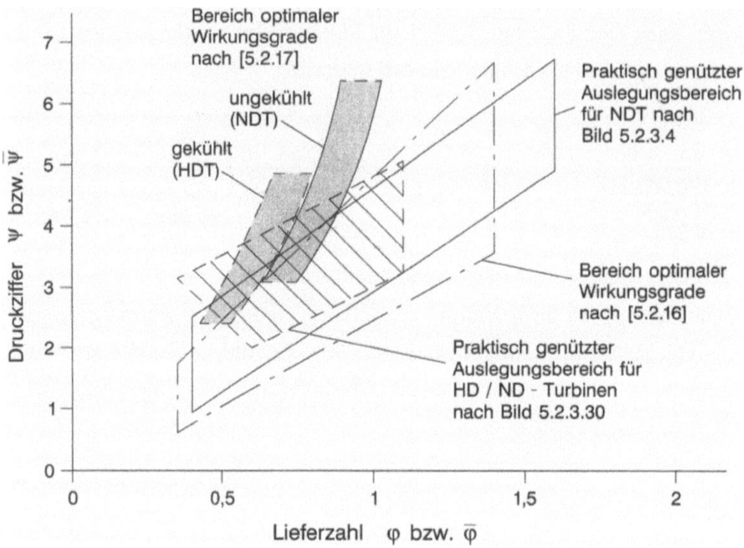

Bild 5.2.3.39: Korrelation günstiger aerodynamischer Auslegungsparameter für ND-, MD- und HD-Turbinen und Vergleich mit älteren Korrelationen

5.2.3.6 Scheiben- und Schaufelfestigkeit

Entsprechend dem bei der Projektierung verfolgten Grundsatz, wonach die Dimensionierung der maßgebenden Bauteile nach einfachen, aus der Analyse ausgeführter Triebwerke abgeleiteten Kriterien so vorgenommen werden soll, daß bei späterer detaillierter Berechnung keine schwerwiegenden Probleme auftreten, wird der Dimensionierung der Scheiben und Schaufeln der HD- und ggf. MD-Turbinen – als entscheidend für die Gestaltung des gesamten HD- und ggf. MD-Systems – besondere Aufmerksamkeit gewidmet. Entsprechend Abschnitt 5.2.3.3 ist mit Beachtung der Parameter U_{fm} und $A_{ax}(N/60)^2$ nach Bild 5.2.3.22 und 5.2.3.23 durch entsprechende Dimensionierung der Scheiben und Schaufeln dafür Sorge zu tragen, daß das nach dem Stand der Technik erreichte Niveau der oben angeführten Parameter voll genutzt wird oder – wenn dieser Standard verlassen werden soll – gute Gründe dafür bestehen.

Maßgebend für die Scheibenbelastung ist die mittlere, die Berstgrenze der Scheibe repräsentierende Ringspannung $\bar{\sigma}_\varphi$ und die für die zyklische Belastbarkeit zuständige Ringspannung $\sigma_{\varphi,i}$ in der Bohrung. Beide Spannungen folgen bei sinnvoller Scheibenkontur, z.B. entsprechend Bild 5.2.3.40, dem Scheibenkontur-Parameter

$$SKP = \frac{R_a' / R_i'}{B_a' / B_i'} \ . \tag{5.2.3.35}$$

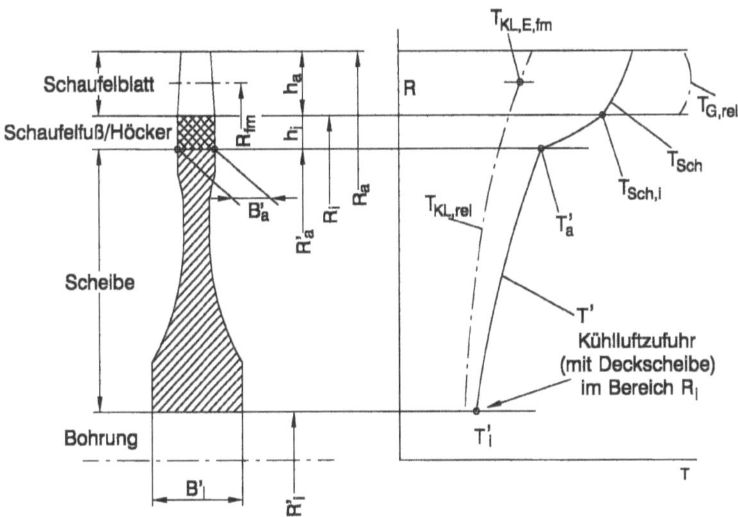

Bild 5.2.3.40: Bezeichnungen und Parameter zur Festigkeitsberechnung von Turbinenscheiben

Dabei ergibt sich der Radius R'_a der Scheibe am Übergang Scheibe/Höcker aus der radialen Erstreckung der Schaufelfüße

$$h_i / R_i = \frac{R_i - R'_a}{R_i} \, , \qquad (5.2.3.36)$$

die nach Bild 5.2.3.41 über dem korrigierten Durchsatz der analysierten Turbinen aufgetragen ist. Danach besteht zwar eine beträchtliche Streuung, die weder auf die Ausführung der Schaufeln mit oder ohne Kühlung noch auf den dabei überdeckten Zeitraum EIS zurückzuführen ist, während der Bereich zwischen Maximal- und Minimalwert um so höher liegt, je kleiner der korrigierte Durchsatz ist. Die Ringspannungen $\overline{\sigma}_\varphi$ und $\sigma_{\varphi,i}$ sind in der Form

$$\frac{\sigma_\varphi}{\rho U'^2_a} = f(SKP, \Delta T, p_R) \qquad (5.2.3.37)$$

in Bild 5.2.3.42 aufgetragen, wobei neben dem Scheibenkontur-Parameter SKP nach Gl. 5.2.3.35 die Scheibendichte ρ, der radiale Temperaturgradient $\Delta T' = T'_a - T'_i$ und die Randlast p_R am Durchmesser D'_a durch die Beschaufelung mit Füßen und Höckern mehr oder weniger großen Einfluß ausüben. Die am Scheibendurchmesser D'_a angreifende Randlast

$$p_R = \frac{F_R}{\pi D'_a b'_a} \qquad (5.2.3.38)$$

liegt üblicherweise im Bereich $p_R < 400$ MPa.

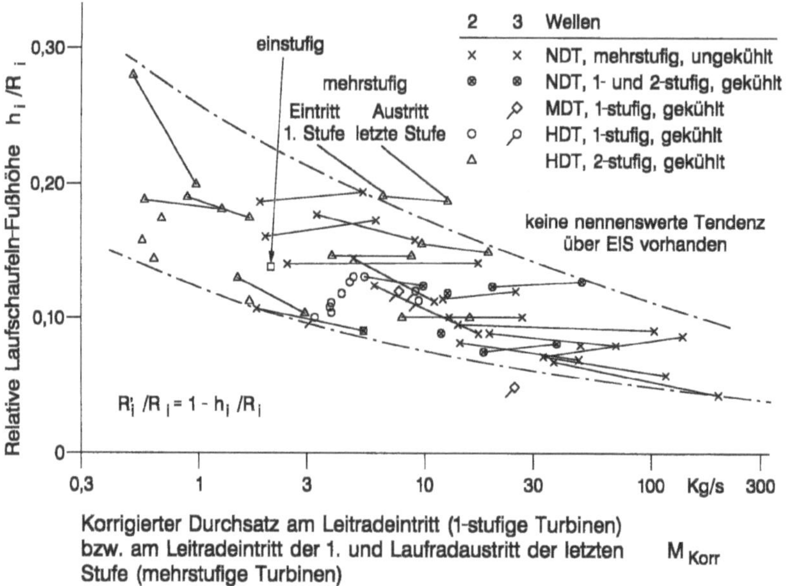

Korrigierter Durchsatz am Leitradeintritt (1-stufige Turbinen)
bzw. am Leitradeintritt der 1. und Laufradaustritt der letzten
Stufe (mehrstufige Turbinen)

Bild 5.2.3.41: Relative Laufschaufel-Fußhöhen von gekühlten und ungekühlten Turbinen

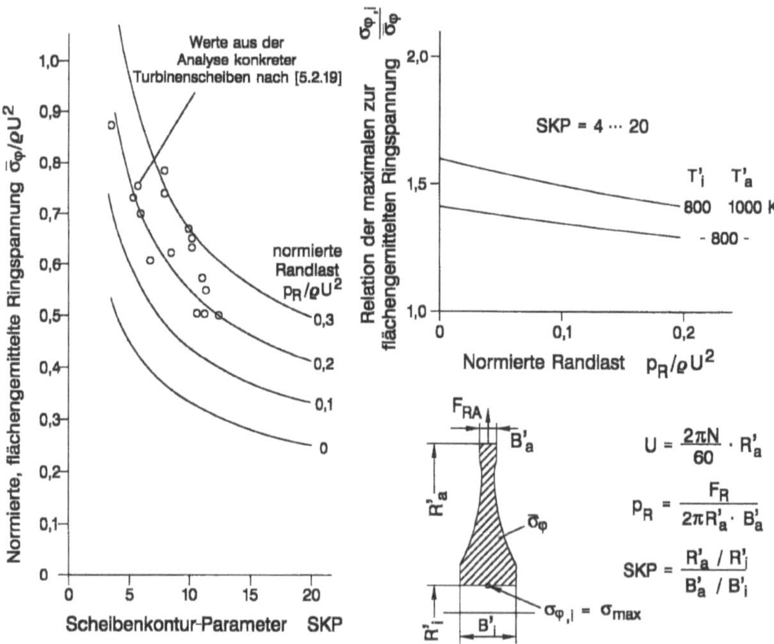

Bild 5.2.3.42: Einfluß der Scheibenform, der Randlast und des radialen Verlaufs der Betriebstemperatur auf die mittlere und maximale, normierte Ringspannung in Turbinenscheiben

Während bei HD-Turbinen mit Kühlluftzufuhr im Bereich der Laufschaufelfüße – vgl. Bild 5.2.3.30a – die Scheibentemperatur radial eher konstant gehalten werden kann, ist bei Kühlluftzufuhr mittels Deckscheibe mit radialem Temperaturgradienten zu rechnen. Dieser ergibt sich mit der Eintrittstemperatur der Kühlluft entsprechend Gl. 5.2.3.17 und der zwischen Scheibe und Kühlluft herrschenden Temperaturdifferenz ΔT genähert aus $T_i' \approx T_{KL,E,rel} + \Delta T \approx T_3$ im Bereich der Scheibennabe und mit der Temperatur $T_a' < T_{Sch,i}$ am Höckergrund entsprechend

$$T'(R) = T_i' + \left(T_a' - T_i'\right)\left(\frac{R' - R_i'}{R_a' - R_i'}\right)^2 , \qquad (5.2.3.39)$$

wobei die Temperatur T_a' im Sinne einer starken Vereinfachung der viel komplizierteren wirklichen Situation, in formaler Anlehnung an Gl. 5.2.3.16 aus

$$\alpha = \frac{T_a' - T_3}{T_{Sch,i} - T_3} \qquad (5.2.3.40)$$

mit α im Bereich 0,4 ... 0,6 ermittelt werden kann. Diese Relation führt mit Gl. 5.2.3.39 zu einer mittleren Scheibentemperatur $\overline{T}'$ entsprechend

$$\frac{\overline{T}' - T_3}{T_{Sch,i} - T_3} = \frac{\alpha}{3} \qquad (5.2.3.41)$$

Dabei liegen z.B. in zwei extremen Fällen mit den Annahmen

$$
\begin{array}{rcl}
T_{4.1} & = & 1300\text{ K} \ / \ 1800\text{ K} \\[4pt]
\Delta T_{rel} & = & 150\text{ K} \ / \ 200\text{ K} \\[4pt]
T_G & = & 1150\text{ K} \ / \ 1000\text{ K} \\[4pt]
T_3 & = & 650\text{ K} \ / \ 850\text{ K} \\[4pt]
\varepsilon = \varepsilon_i & = & 0,5 \ / \ 0,5 \\[4pt]
\alpha & = & 0,5 \\[4pt]
T_{Sch} = T_{Sch,i} & = & 1000\text{ K} \ / \ 1225\text{ K}
\end{array}
$$

die Temperaturen am Außenrand der Scheibe, d.h. bei D_a', bei

$$T_a' = 825\text{ K} \ / \ 1035\text{ K} .$$

Damit ergibt sich der (stationäre) Scheiben-Temperaturgradient

$$T_a' - T_i' = 175\text{ K} \ / \ 185\text{ K}$$

und die mittlere Scheibentemperatur

$$\overline{T}' \quad = \quad 767\,\mathrm{K} \; / \; 983\,\mathrm{K}\,.$$

Der Temperaturgradient kann sich bei instationärem Betrieb, insbesondere bei rascher Beschleunigung oder beim Abstellen des Triebwerks kurzzeitig um $\pm 100 \ldots 200\,\mathrm{K}$ ändern, woraus entsprechend veränderte radiale Spannungsverteilungen resultieren. Auch hieraus ist zu erkennen, daß für eine verbindliche Scheibenberechnung eine sehr umfassende Datenbasis vorliegen muß, die nur im Rahmen der späteren, detaillierten Auslegung erarbeitet werden kann.

Bei parametrischer Variation der Scheibenkontur, d.h. des Parameters SKP nach Gl. 5.2.3.35, der Randlast p_R nach Gl. 5.2.3.38 und des Temperaturgradienten $T_a' - T_i'$ nach den Gln. 5.2.3.39 bis 5.2.3.41 ergeben sich die auf $\rho \cdot U_a'^2$ bezogenen Ringspannungen $\overline{\sigma}_\varphi$ nach Bild 5.2.3.42, wobei die aus HD-Turbinenscheiben ausgeführter Triebwerke nach [5.2.19] ermittelten Werte mit eingetragen sind. Ferner zeigt Bild 5.2.3.42 den Einfluß der Randlast und des Temperaturgradienten auf das Verhältnis $\sigma_{\varphi,i} / \overline{\sigma}_\varphi$ und damit auf die maximalen, in der Bohrung auftretenden Spannungen, die maßgebend für die Lebensdauer bei zyklischer Belastung sind. Ergänzend zeigt Bild 5.2.3.43 die bei gegebenen Werten SKP, p_R und $\overline{\sigma}_\varphi$ zulässigen Umfangsgeschwindigkeiten U_a' im Vergleich zu den aus der Analyse konkreter Triebwerke und nach [5.2.19] ermittelten Werten.

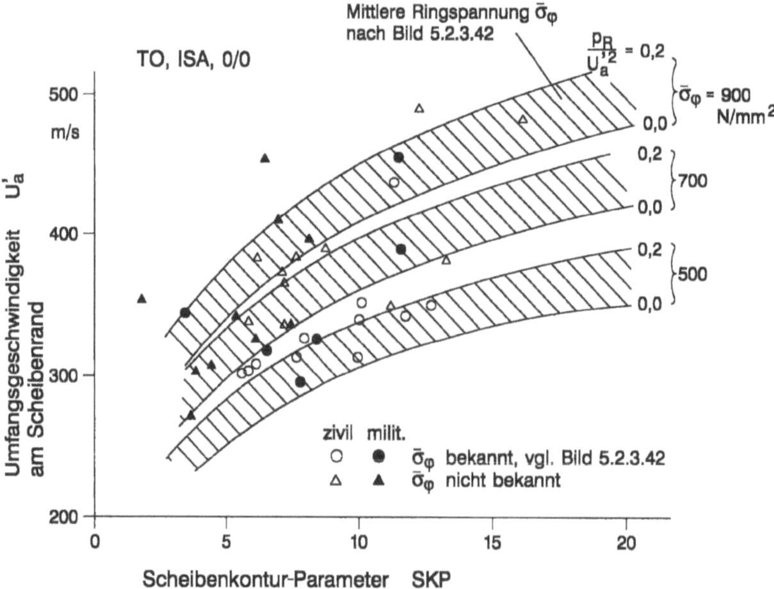

Bild 5.2.3.43: Parameter zur mechanischen Belastung von Turbinenscheiben

Was die zulässigen Spannungen $\bar{\sigma}_\varphi$ und $\sigma_{\varphi,i}$ betrifft, so besteht vom Standpunkt der Werkstoffe und im Hinblick auf die Belastung je nach Einsatzbedingungen und Lebensdauerforderungen einiger Spielraum. Üblicherweise sind zwei Bedingungen zu erfüllen:

– Die zyklische Belastung stellt das Kriterium für die zulässige Spannung $\sigma_{\varphi,i}$ dar, während

– die Berstsicherheit die mittlere Ringspannung $\bar{\sigma}_\varphi$ betrifft.

Um die geforderte Zyklenzahl, die in der Größenordnung 10^4 Lastwechsel (Leerlauf – Vollast – Leerlauf mit Haltezeiten $\hat{=}$ ein Referenzzyklus) liegen kann, zu beherrschen, wird in der Scheibenbohrung die Spannung $\sigma_{\varphi,i}$ entsprechend der Wechselfestigkeit σ_W festgelegt, die bei der angesprochenen Zyklenzahl $N = 10^4$ im Bereich der Streckgrenze $\sigma_{0,2}$ liegt. Hierzu zeigt Bild 5.2.3.44 für eine Gruppe von Scheibenwerkstoffen die zeitliche Entwicklung der Wechselfestigkeit σ_W bei 10^4 Zyklen zusammen mit der Streckgrenze $\sigma_{0,2}$ bei der Betriebstemperatur 400 °C. Bei anderen Zyklenzahlen sind Spannungswerte entsprechend

$$\log(\sigma/\sigma^*)_W = -0{,}20\log(N/N^*) \qquad (5.2.3.42)$$

anzusetzen mit $N^* = 10^4$ und $\sigma_W^* = f(\text{EIS})$ nach Bild 5.2.3.44. Dabei ist im Zeitraum EIS = 1950 ... 1990 eine Steigerung der σ-Werte um ca. 10 MPa/Jahr zu verzeichnen. Ferner zeigt Bild 5.2.3.44 – allerdings nur vage – für den gleichen Zeitraum die Entwicklung der Abnahme der $\sigma_{0,2}$-Werte bei höherer Temperatur, die z.B. bei EIS = 1990 im Bereich 0 ... 50 MPa/100 °C liegt und damit gegenüber den Werten $\sigma_{0,2}$ bei 400 °C nicht ins Gewicht fällt.

Bei einer im Triebwerk geforderten Wechselfestigkeit σ_W z.B. entsprechend 10^4 Zyklen muß zuvor im Schleuderversuch unter vergleichbaren Bedingungen bei einer größeren Zahl von Scheiben die drei- bis vierfache Zyklenzahl ohne Versagen erprobt worden sein.

Im Rahmen der verbindlichen Scheibendimensionierung und -berechnung, die erst im Verlauf der Triebwerkdefinition auf der Grundlage einer sehr viel breiteren Datenbasis erfolgen kann, werden unter Betrachtung aller in einer Mission vorkommenden Lastfälle und deren Übergänge – einschließlich des Anlassens und Abstellens des Triebwerks – mit Berücksichtigung der stationären und instationären radialen Temperaturgradienten und deren Einfluß auf die örtlichen Spannung untersucht und anhand des vorgesehenen Schaufelwerkstoffes unter Einbeziehung möglicher Fehlstellen als Ausgangspunkt für den Rißfortschritt die Erfüllung der geforderten Zyklenzahl kontrolliert, um bei möglichst weitgehender Nutzung des Festigkeitpotentials des Scheibenwerkstoffes das Risiko des Scheibenbruchs unter allen Umständen zu eliminieren. Der dabei benützte Zusammenhang zwischen der Streuung der Werkstoffdaten und dem zulässigen Höchstwert der Ausfallwahrscheinlichkeit, bezogen auf den Zeitpunkt des Auftretens eines Anrisses in der Scheibe, wird zusammen mit dem bei Schaufeln benützten, analogen Zusammenhang weiter unten behandelt.

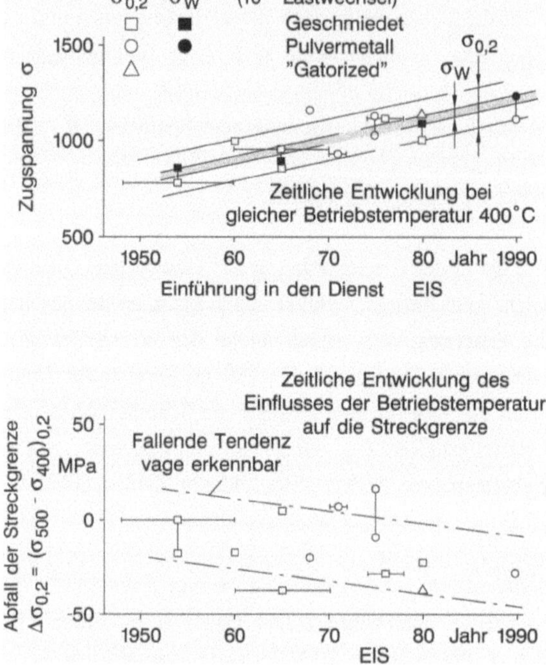

Bild 5.2.3.44: Zeitliche Entwicklungen der Spannungen $\sigma_{0,2}$ und σ_W von Scheibenwerkstoffen (Auszug aus MTU-Datenbank)

Ob der Trend $\sigma_{0,2} = f(T)$ entsprechend Bild 5.2.3.44 auch in weiterer Zukunft anhält, ist eher zu bezweifeln, wenn nicht wesentliche metallurgische Fortschritte erzielt werden können. Daher sei erwähnt, daß z.B. durch nichtmetallische, hochfeste, faserverstärkte Werkstoffe – auch im Hinblick auf die gleichzeitig geringere Dichte – mit Blick in Bild 5.2.3.42 ein Entwicklungspotential in Richtung höherer Umfangsgeschwindigkeiten und Betriebstemperaturen besteht, das völlig neue Aspekte im Triebwerkbau eröffnen kann.

Nach den Zulassungsbestimmungen entsprechend MIL E 5007 D, [1], bzw. FAR Part 33, [4.1] für militärische bzw. zivile Triebwerke müssen Scheiben eine Berstdrehzahl N_{Berst} ohne Bruch überstehen, die gegenüber der im Betrieb maximal auftretenden Drehzahl N_{max} in folgendem Verhältnis steht:

$N_{Berst} / N_{max} = 1{,}25 \ldots 1{,}30$ bei Scheiben von Turbofans und Gasgeneratoren von Turbomotoren

$= 1{,}40 \ldots 1{,}50$ bei Scheiben von Nutzturbinen für den Antrieb von Propellern oder Propfans.

Bei dieser Unterscheidung ist die Frage der Möglichkeit des Lastabwurfs (d.h. der schlagartigen Entlastung der Nutzturbine, z.B. bei falscher Propellerverstellung etc.) maßgebend. Da bekannt ist, daß Scheiben dann bersten, wenn die mittlere Ringspannung $\overline{\sigma}_{\varphi}$ die Bruchspannung σ_B erreicht hat, ergibt sich

$$N_{Berst} / N_{max} = \sqrt{\frac{\sigma_B}{\overline{\sigma}_{\varphi,max}}} \; . \tag{5.2.3.43a}$$

Da weiterhin mit Bild 5.2.3.42 die Relation $\sigma_{\varphi,i} / \overline{\sigma}_{\varphi}$ in Abhängigkeit von der Randlast p_R und dem Temperaturgradienten $\Delta T = T_a' - T_i'$ bekannt ist, ergibt sich aus Bild 5.2.3.42 mit Gl. 5.2.3.43a und $\sigma_{\varphi,i} = \sigma_{0,2}$

$$N_{Berst} / N_{max} \geq \sqrt{\frac{\sigma_B}{\sigma_{0,2}} \cdot \frac{\sigma_{0,2}}{\overline{\sigma}_{\varphi,i,max}}} < \left(\frac{N_{Berst}}{N_{max}}\right)_{krit} \tag{5.2.3.43b}$$

Da bei bekannten Scheibenwerkstoffen auf Nickelbasis im relevanten Temperaturbereich $\sigma_B / \sigma_{0,2}$ bei Werten um 1,5 liegt, ergibt sich mit Bild 5.2.3.42

$$N_{Berst} / N_{max} = \sqrt{1,5 \cdot (1,3 \ldots 1,6)} = 1,4 \ldots 1,55 \, ,$$

so daß bei der Berechnung der Scheiben auf zyklische Belastung im Normalfall das Berstkriterium mit erfüllt ist. Bei Nutzturbinen für Turboprops und Propfans ist es erforderlich, die Spannung $\sigma_{\varphi,i,max}$ hinter $\sigma_{0,2}$ zurückzunehmen, um das Berstkriterium zu erfüllen.

Randlasten

Mit Blick auf Bild 5.2.3.42 und 5.2.3.43 mag es im Einzelfall – besonders bei hoher Belastung – opportun sein, die üblicherweise in der Größenordnung $p_R \leq 400\,MPa$ liegende Randlast genauer einzugrenzen. Hierzu dienen die in Bild 5.2.3.45 zusammengestellten Gitterdaten, bei denen, von Bild 5.2.3.30 ausgehend, die Teilungsverhältnisse im Mittelschnitt nach [22] bestimmt sind, der Staffelungswinkel der Profilsehne im Mittelschnitt $\gamma_m = f(\psi, \varphi, r = 0,5)$ im Bereich 27 ... 40° liegt und der radiale Verlauf der relativen Profildicke d/l der formalen Einfachheit wegen entsprechend $d/l \sim 1/r$ mit l = const. und $(d/l)_i = 0,15$ angenommen wird. Damit folgt der Brutto-Profilquerschnitt

$$A_{Sch,Br} \approx 0,5\,l^2 \cdot d/l \tag{5.2.3.44}$$

und bei gekühlten Hohlschaufeln der mit Masse belegte Netto-Profilquerschnitt

$$A_{Sch,Ne} \geq 0,5\,A_{Sch,Br} \geq 0,25\,d/l \cdot l^2 \, . \tag{5.2.3.45}$$

Mit einem mittleren Staffelungswinkel $\gamma_m = 28°$ und der Tangentialfläche pro Schaufelteilung

$$A_t = l^2 \cdot t/l \cdot \cos\gamma_m \tag{5.2.3.46}$$

ergibt sich der Anteil der mit Masse besetzten Tangentialfläche pro Schaufelteilung

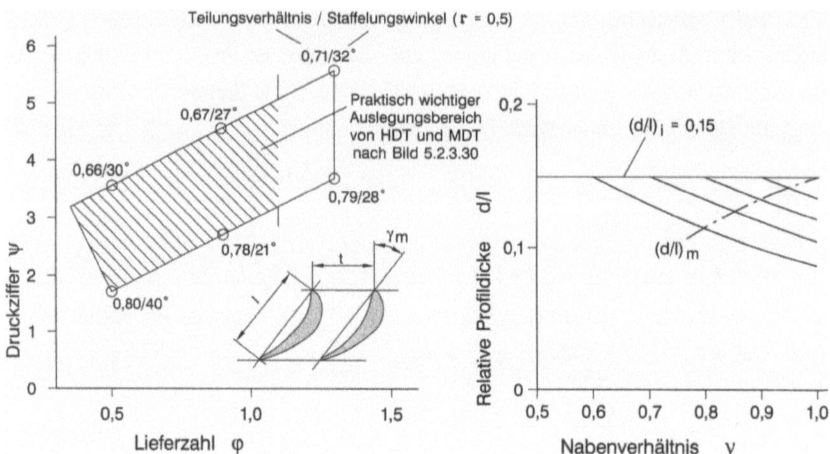

Bild 5.2.3.45: Repräsentative Gitterdaten zur Berechnung der Scheibenrandlast und der Laufschaufel-Radialspannung von HD- und MD-Turbinen

$$\frac{A_{Sch,Ne}}{A_t} \approx \frac{0{,}25\ldots0{,}50}{0{,}88}\cdot\frac{d/l}{t/l}$$

$$\approx (0{,}283\ldots0{,}566)\frac{(d/l)_m}{(t/l)_m}\cdot\left(\frac{1+\nu}{2}\right)^2\cdot\left(\frac{1}{r/R_i}\right)^2 \tag{5.2.3.47}$$

Damit erhält man mit der gesamten Tangentialfläche

$$A_T = 2\pi\, r\, b = z\cdot A_t \tag{5.2.3.48}$$

das Element der am Innenradius R_i des Strömungskanals angreifenden Radialkraft

$$\mathrm{d}F_{Sch,Ne} = A_T\cdot\frac{A_{Sch,Ne}}{A_t}\cdot r\cdot\mathrm{d}r\cdot\rho\omega^2 \tag{5.2.3.49}$$

und daraus mit der Normierung entsprechend $\rho\cdot U_i^2\cdot A_{Ti}$ durch Integration zwischen dem Innen- und Außenradius des Kanals die auf die gesamte Tangentialfläche am Radius R_i bezogene Randlast durch die Schaufeln

$$\frac{p_{R,Sch}}{\rho\cdot U_i^2} = \frac{F_{R,Sch}}{A_{T,i}\cdot\rho U_i^2}$$

$$\approx (0{,}283\ldots0{,}566)\frac{(d/l)_m}{(t/l)_m}\cdot\frac{(1+\nu)^2(1-\nu)}{4\nu^3}\,, \tag{5.2.3.50}$$

die in Bild 5.2.3.46a dargestellt ist.

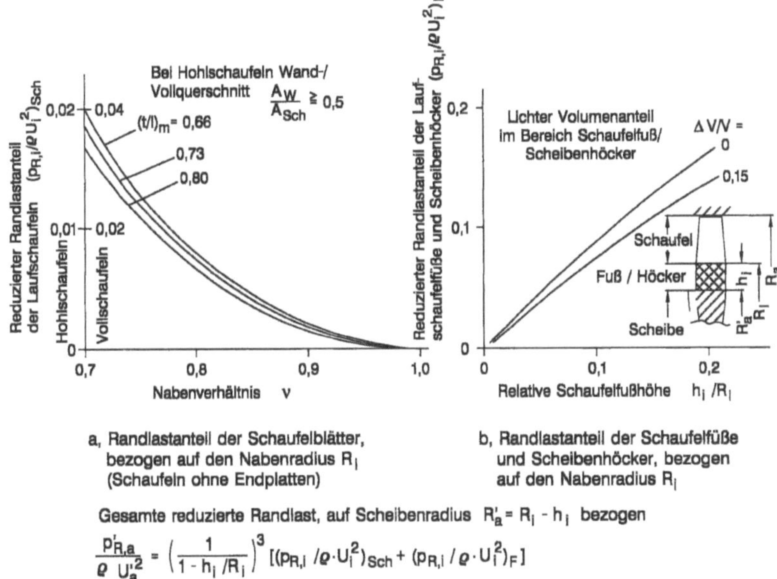

a, Randlastanteil der Schaufelblätter, bezogen auf den Nabenradius R_i (Schaufeln ohne Endplatten)

b, Randlastanteil der Schaufelfüße und Scheibenhöcker, bezogen auf den Nabenradius R_i

Gesamte reduzierte Randlast, auf Scheibenradius $R_a' = R_i - h_i$ bezogen

$$\frac{p_{R,a}'}{\varrho \, U_a'^2} = \left(\frac{1}{1 - h_i/R_i} \right)^3 [(p_{R,i}/\varrho \cdot U_i^2)_{Sch} + (p_{R,i}/\varrho \cdot U_i^2)_F]$$

Bild 5.2.3.46: Scheiben-Randlasten durch Schaufeln, Füße und Scheibenhöcker bei HD- und MD-Turbinen

Die Schaufelfüße bilden zusammen mit den ebenfalls nicht tragenden Scheibenhöckern das Element der Randlast

$$\mathrm{d}F_{R,F} = A_T \cdot \mathrm{d}r \cdot \rho \cdot r\omega^2 \cdot \xi \tag{5.2.3.51}$$

wobei $\xi = 0,85 \dots 1,0$ berücksichtigt, daß der Raum zwischen R_i und $R_a' = R_i - h_i$ nicht vollständig mit Masse gefüllt ist. Hieraus ergibt sich die ebenfalls auf die Tangentialfläche $A_{Ti} = 2\pi R_i \cdot b$ bezogene und mit $\rho \cdot U_i^2$ normierte und auf den Innenradius R_i bezogene Randlast der Füße und Höcker

$$\frac{p_{R,F}}{\rho \cdot U_i^2} = \frac{F_{R,F}}{A_{T,i} \cdot \rho U_i^2} = \frac{1}{3}\left[1 - (1 - h_i/R_i)^3\right]\xi \tag{5.2.3.52}$$

nach Bild 5.2.3.46b mit den nach Bild 5.2.3.41 bei ausgeführten Triebwerken angetroffenen relativen Fußhöhen h_i / R_i.

Daraus ergibt sich schließlich die gesamte Randlast, die am Außenradius R_a' der Scheibe angreift, zu

$$\frac{p_R}{\rho U_a'^2} = \frac{p_{R,Sch} + p_{R,F}}{(1 - h_i/R_i)^3} \cdot \frac{1}{\rho U_i^2} \tag{5.2.3.53}$$

Schaufelbelastung durch Kriechen

Die in den Abschnitten 5.2.3.2 und 5.2.3.3 dargestellte Entwicklung des Belastungsparameters $A_{ax}(N/60)^2$ gibt einen ungefähren Überblick der Schaufelbelastung. In kritischen Einzelfällen mag jedoch eine genauere Analyse der zu erwartenden Kriechspannung opportun sein, um im Zusammenhang mit den anliegenden Gas- und Kühllufttemperaturen und der angewendeten Kühltechnologie die zu erwartende Kriechlebensdauer genauer bestimmen zu können. Mit den Gitterdaten nach Bild 5.2.3.45 ergibt sich mit dem Netto-Schaufelquerschnitt nach Gl. 5.2.3.44/45

$$A_{Ne} = (0{,}25 \dots 0{,}50) \cdot l^2 \cdot d/l \ ,$$

das Element der Radialkraft pro Schaufel am Radius R_i

$$\mathrm{d}F_R = (0{,}25 \dots 0{,}5) \cdot l^2 \cdot d/l \cdot r \cdot \mathrm{d}r \cdot \rho \omega^2$$

$$= (0{,}25 \dots 0{,}50) l^2 \cdot (d/l)_i \cdot \mathrm{d}(r/R_i) \cdot \rho U_i^2 \tag{5.2.3.54}$$

und mit der Netto-Schaufelfläche an der Nabe

$$A_{Sch,Ne,i} = (0{,}25 \dots 0{,}50) l^2 (d/l)_i \ , \tag{5.2.3.55}$$

die auf den Querschnitt an der Nabe bezogene und mit ρU_i^2 normierte Spannung

$$\frac{\sigma_i}{\rho U_i^2} = \frac{F_R}{A_i} = \frac{1}{v} - 1 \ . \tag{5.2.3.56}$$

Der radiale Verlauf dieser Spannung bei beliebigem Radius r^* ergibt sich mit

$$F_R^* = \rho \omega^2 \cdot (0{,}25 \dots 0{,}50) l^2 (d/l)_i \int\limits_{r^*/R_i}^{1/v} \mathrm{d}(r/R_i)$$

und der Netto-Schaufelfläche entsprechend Gl. 5.2.3.44/45

$$A_{Sch,Ne}^* = (0{,}25 \dots 0{,}50) l^2 \cdot (d/l)_i \cdot \frac{1}{r^*/R_i}$$

aus

$$\frac{\sigma^*}{\rho U_i^2} = \left[\frac{1}{v} - \frac{r^*}{R_i}\right]\frac{r^*}{R_i} \ . \tag{5.2.3.57}$$

Im Sonderfall $r^* = r_m$, d.h. in der Kanalmitte, ergibt sich mit $r^*/r_i = (1+v)/2v$

$$\frac{\sigma_m}{\rho \cdot U_i^2} = \frac{1-v^2}{4v^2} \tag{5.2.3.58}$$

und damit die Relation

$$\frac{\sigma_m}{\sigma_i} = \frac{1+v}{4v} \ . \tag{5.2.3.59}$$

Wichtig ist der Zusammenhang zwischen σ und dem Belastungsparameter

$$A_{ax}(N/60)^2 = \pi r_i^2\left(\frac{1}{v^2}-1\right)\left(\frac{\omega}{2\pi}\right)^2 \ .$$
(5.2.3.60)

Hierfür ergeben sich mit Gl. 5.2.3.57 und 5.2.3.58 die Ausdrücke

$$\frac{\sigma_i}{\rho \cdot A_{ax} \cdot (N/60)^2} = \frac{4\pi v}{1+v}$$
(5.2.3.61)

und

$$\frac{\sigma_m}{\rho \cdot A_{ax} \cdot (N/60)^2} = \pi \ ,$$
(5.2.3.62)

die beide in Bild 5.2.3.47a zusammen mit σ_m/σ_i dargestellt sind. Wie erwartet, ist der Zusammenhang zwischen σ_m und dem Belastungsparameter zumindest vom Nabenverhältnis unabhängig – wenngleich ein gewisser Einfluß des radialen Verlaufs des Schaufelquerschnitts $A_{Sch,Ne} \sim d/l \sim 1/r$ angenommen werden muß –, während die Spannung σ_i neben dem Belastungsparameter auch vom Nabenverhältnis abhängt und darüber hinaus sicher stärker von der Formgebung der Schaufel beeinflußt wird als σ_m .

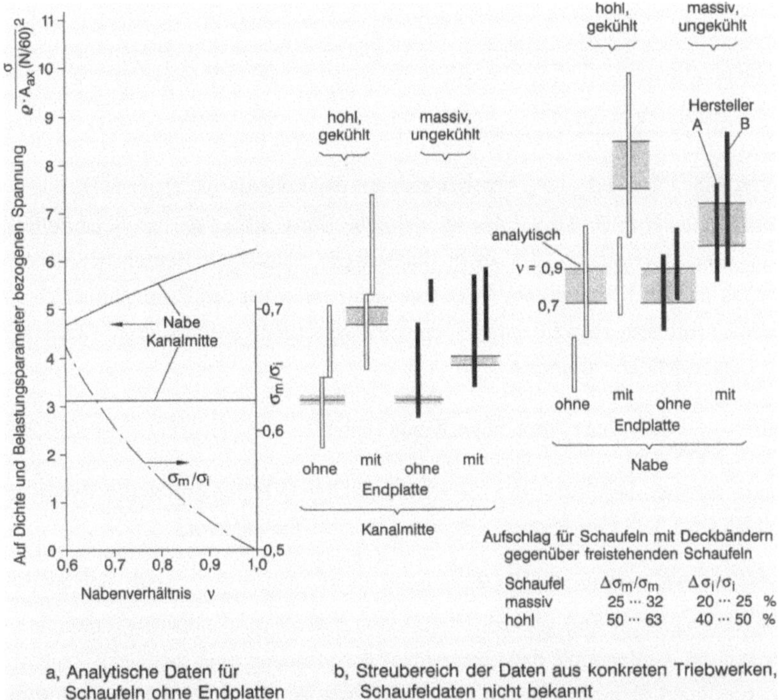

Bild 5.2.3.47: Auf Belastungsparameter und Dichte bezogene Radialspannungen in Laufschaufeln von HD- und MD-Turbinen, nach MTU-Datenbasis

Der radiale Spannungsverlauf $\sigma(r^*)$ nach Gl. 5.2.3.57 soll im Zusammenhang mit dem Temperaturverlauf $T_{Sch}(r^*)$ unter dem Einfluß der Gastemperatur T_G, der Kühllufttemperatur T_{KL} und der Kühlungseffektivität ε dazu dienen, den „gefährdeten", d.h. belastungskritischen Schaufelquerschnitt zu ermitteln. Dieser liegt nach bisheriger Erfahrung – zumindest bei ungekühlten Schaufeln – im allgemeinen im Bereich

$$\frac{r^* - R_i}{R_a - R_i} \approx 1/3$$

Ferner zeigt Bild 5.2.3.47b die nach der MTU-Datenbasis ermittelten, ebenfalls auf den Belastungsparameter bezogenen Spannungen verschiedener Schaufelbauformen. Daraus geht einerseits hervor, daß die analytischen Ergebnisse nach a) mit den statistischen Daten nach b) zumindest nicht im Widerspruch stehen, während andererseits eine sehr beträchtliche Streuung besteht, die auf mehrere Ursachen zurückgeht und der praktischen Anwendung bei der Projektierung entgegen steht. Es bleibt zu erwähnen, daß bei Schaufeln mit Endplatten (angeschmiedete Deckbänder) gegenüber den analytischen Daten nach a) folgende Aufschläge anzusetzen sind, die in den Daten nach b) vermerkt sind.

	$\Delta\sigma_m / \sigma_m$	$\Delta\sigma_i / \sigma_i$
bei massiven Schaufeln	25 ... 32	20 ... 25%
bei hohlen /gekühlten Schaufeln	50 ... 64	40 ... 50%

Die höheren Zuschläge $\Delta\sigma_m / \sigma_m$ ergeben sich aus der Relation $(d/l)_m /(d/l)_i < 1$.

Abschließend sei in Bild 5.2.3.48a die zeitliche Entwicklung der bei Schaufelwerkstoffen im Bereich praktisch relevanter Belastungen zulässigen Betriebstemperaturen dargestellt, so daß im Einzelfall der Zusammenhang zwischen den Parametern σ, T und der Standzeit t mit dem zu wählenden Werkstoff abgestimmt werden kann. Dabei kann nach dem Larson-Miller-Parameter

$$LMP = \frac{T}{1000}[20 + \log t] \quad \text{mit } [T] = \text{K und } [t] = \text{h} \tag{5.2.3.64}$$

vorgegangen werden. Ist LMP^* der für σ^* zuständige Wert, so ergibt sich daraus entsprechend Bild 5.2.3.48b bei anderer Spannung $\sigma \gtrless \sigma^*$ die Differenz

$$\Delta LMP = LMP - LMP^* = f(\sigma / \sigma^*) \tag{5.2.3.65}$$

Die in Bild 5.2.3.48b angegebenen Standzeiten sind als solche bis Bruch definiert, so daß dafür gesorgt werden muß, daß nach Ablauf der Standzeit noch genügend Reststandzeit bzw. genügend Sicherheit gegen Bruch gegeben ist. Bei militärischen und zivilen Triebwerken ist aufgrund des dabei verschiedenen akzeptablen Schadenrisikos das Vorgehen unterschiedlich.

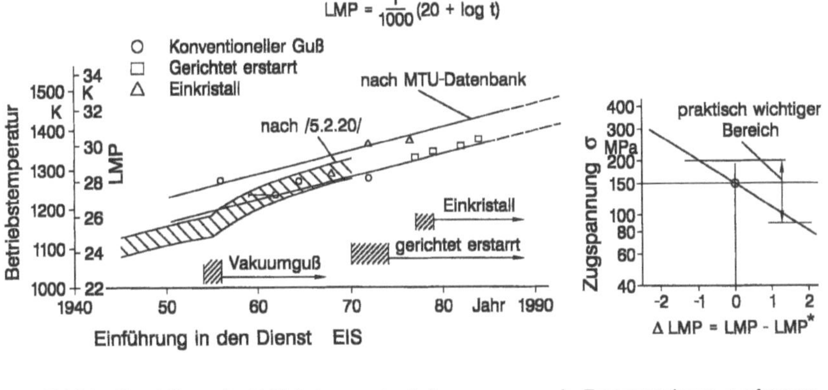

a, Zeitliche Entwicklung der Betriebstemperatur bei Kriechbelastung von Schaufelwerkstoffen (Bruch nach 100 h bei 150 MPa)

b, Zusammenhang $\sigma = f(\Delta LMP)$ bezogen auf LMP^* für $\sigma^* = 150$ MPa

Bild 5.2.3.48: Zeitliche Entwicklung der thermischen Belastbarkeit von Schaufelwerkstoffen und Zusammenhang zwischen Spannung, Betriebstemperatur und Standzeit

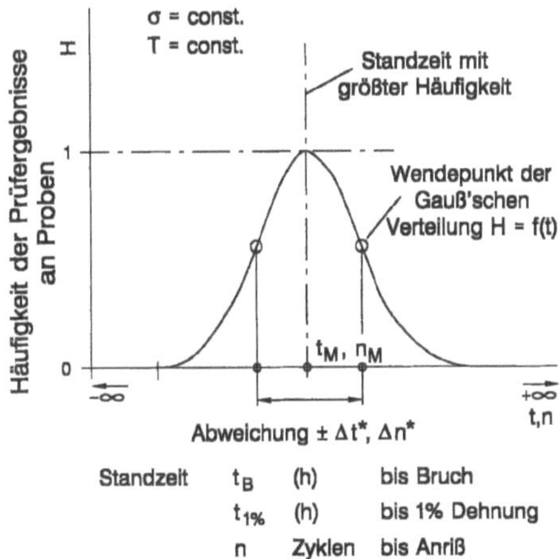

Standzeit t_B (h)   bis Bruch
$t_{1\%}$ (h)   bis 1% Dehnung
n   Zyklen   bis Anriß

Beispiel: Abweichung $-3\Delta t^*$ bzw. $-3\Delta n^*$ entspricht einer Ausfallwahrscheinlichkeit von ca. 1‰

Bild 5.2.3.49:
Festlegung der Minimalwerte der Kriechstandzeit bei Laufschaufeln und der Zyklenzahl bei Scheiben aufgrund der Streuung der Prüfergebnisse an Proben bzw. Scheiben

Die Meßergebnisse bei Standzeiten t_B bis Bruch an einem bestimmten Schaufelwerkstoff streuen bei $\sigma_B = const.$ und $T_B = const.$ entsprechend einer Gaußschen Verteilung um einen Mittelwert t_M. Dabei wird, wie in Bild 5.2.3.49 dargestellt, entsprechend der Abweichung Δt^* zu kleineren Werten hin, die dem Wendepunkt der Gaußschen Fehlerfunktion entspricht, die Abweichung $x\,\Delta t^*$ als Bezugspunkt für die Berechnung der Standzeit benützt. Dieser Bezugspunkt liegt z.B. bei $x = 3$ im Bereich der

Minimalwerte der insgesamt gemessenen Standzeiten. Dabei liegt das Bruchrisiko, das dem Anteil der Fläche unter der Gaußschen Fehlerfunktion außerhalb $t = \pm 3\Delta t^*$ entspricht, bei ca. 1‰. Häufig werden bei Turbinenschaufeln Sicherheitsstandards B_5, B_{10} oder B_{20} definiert, wobei die Indizes die Ausfallhäufigkeit (Bruch oder 1% Dehnung) in %-Werten darstellen. Diese entsprechend den o.a. Abweichungen $x = 1,95$, $1,64$ und $1,27$. Zwischen σ_B und $\sigma_{1\%}$ besteht bei $t = const.$ und $T = const.$ bei relevanten Schaufelwerkstoffen die Relation:

$$\sigma_B / \sigma_{1\%} - 1 = \quad 3 \ldots 18\% \quad \text{konventioneller Guß}$$
$$10 \quad \text{gerichtet erstarrt}$$
$$6 \ldots 9 \quad \text{Einkristalle}$$

Dies ist bei $\sigma = const.$ und $T = const.$ gleichbedeutend mit

$$t_B / t_{1\%} - 1 = \quad 1,6 \ldots 5\ \% \quad \text{konventioneller Guß}$$
$$3 \quad \text{gerichtet erstarrt}$$
$$2,5 \ldots 3,0 \quad \text{Einkristalle}$$

oder bei $\sigma = const.$ und $t = const.$
$$T_B / T_{1\%} - 1 = \quad 0,4 \ldots 2,2\ \% \quad \text{konventioneller Guß}$$
$$1,2 \quad \text{gerichtet erstarrt}$$
$$0,7 \ldots 1,1 \quad \text{Einkristalle}$$

Damit ergeben sich folgende Vorgehensweisen:

1) Bei militärischen Triebwerken wird akzeptiert, daß nach Ablauf der spezifizierten Standzeit ein Bruchrisiko von 1 ... 1,5‰ besteht.

2) Bei zivilen Triebwerken, z.B. für Verkehrsflugzeuge, wird die Festlegung von 1% Dehnung nach Ablauf der spezifizierten Standzeit akzeptiert, so daß nach Ablauf der Standzeit nur ein Risiko von 1 ... 1,5 ‰ des Überschreitens von 1% Dehnung besteht. Damit ergibt sich über diese Festlegung hinaus eine Sicherheit gegen Bruch entsprechend den o.a. Relationen $\sigma_B / \sigma_{1\%}$ bzw. $T_B / T_{1\%}$ oder $t_B / t_{1\%}$. In beiden Fällen muß darüber hinaus ein gewisser Zuschlag zur Berücksichtigung der zyklisch/thermischen Belastung und der Belastung durch Schwingungen vorgesehen werden. Dieser ist im Projektstadium schwer zu konkretisieren, zumal die Zentren der Belastung durch Kriechen, thermische Zyklen und durch Schwingungen örtlich nicht zusammenfallen. Eine Spannungsreserve gegenüber Kriechen im Bereich um 10 ... 15% ist angemessen. Bei Scheiben sind wegen der Gefährlichkeit von Scheibenbrüchen wesentlich höhere Sicherheitsstandards, betreffend die Zyklenzahl und bezogen auf den Zeitpunkt des Auftretens eines Anrisses, üblich. Typische Werte sind $B_{0,1}$ bis $B_{0,13}$, welche Werten $x = 3,3 \ldots 3,2$ entsprechen.

Ebenso wie bei Scheiben ist auch bei Schaufeln eine verbindliche Festigkeitsberechnung erst im Laufe der Triebwerkdefinition auf der Grundlage einer sehr viel breiteren

Datenbasis möglich, wobei die drei Belastungsarten Kriechen, thermische Zyklen und Schwingungen nach bekannten Hypothesen zu kombinieren sind.

Analog den Scheibenwerkstoffen ist auch hier darauf hinzuweisen, daß gegenüber dem in Bild 5.2.3.48 bisher zu verzeichnenden Aufwärtstrend der Betriebstemperatur bei $\sigma_B = const.$ und $t_B = const.$ von ca. 6 K/Jahr eine Fortsetzung dieser Tendenz unsicher ist. Es wird erwartet, daß weitere Fortschritte nur dann erreicht werden, wenn grundsätzliche metallurgische Neuerungen eingeführt werden können.

5.2.3.7 Radialturbinen

Bei Luftfahrtgasturbinen sind Radialturbinen allenfalls bei sehr kleinen Einheiten und auch hier nur in Einzelfällen anzutreffen, so daß hier nur sehr kurz und pauschal darauf eingegangen zu werden braucht.

Zunächst ist festzustellen, daß bei Radialturbinenrädern mit radial endenden Schaufeln, die praktisch nur in Frage kommen, die Druckziffer ähnlich jener von Radialverdichtern mit radialen Schaufeln – abhängig von der Schaufelzahl – bei

$$\psi = \frac{2H_{eff}}{U_a^2} = 1,7 \ldots 1,8 \quad (1,95 \text{ im Einzelfall}) \tag{5.2.3.66}$$

liegt. Damit sind bei gleicher spezifischer Arbeit im Vergleich zu Axialturbinen wesentlich höhere Umfangsgeschwindigkeiten erforderlich. In der Tat sind bei Radialturbinen Umfangsgeschwindigkeiten bis 700 m/s durchaus üblich. Aus diesem Grunde werden bei Radialturbinen – obwohl damit die Spaltverluste ansteigen – die Scheiben im Bereich des Außendurchmessers zwischen den Schaufeln hohlkreisförmig ausgenommen, da Schaufeln höhere Umfangsgeschwindigkeiten vertragen als Scheiben. Zugleich können bei Radialturbinen wesentlich höhere Stufendruckverhältnisse ($\Pi_{St} \leq 6 \ldots 7$) als bei Axialturbinen ($\Pi_{St} \leq 4 \ldots 4,5$) verarbeitet werden.

Die Wirkungsgrade können etwa entsprechend jenen von Axialturbinen mit gleichem korrigiertem Durchsatz angenommen werden. Weitere Informationen können der reichhaltigen, allerdings überwiegend weiter zurückliegenden Literatur, z.B. [5.2.21] bis [5.2.23] sowie [20] und [22], entnommen werden.

Da Radialturbinen stets mit Radialverdichtern kombiniert werden, stellt die abgestimmte Festlegung der Hauptabmessungen bzw. der Ringräume beider Komponenten kein Problem dar, wenngleich die Querabmessungen der Turbine im Vergleich zu jenen eines Gasgenerators mit Axial-/Radialverdichter und Axialturbine sichtbar größer sind. Des weiteren ist dabei das bei kleinen Maschinen vorherrschende Konzept mit einer über die Turbinenpartie gelegten Umkehr-Ringbrennkammer aus räumlichen Gründen praktisch nicht opportun. Räumlich besonders ungünstig ist bei Wellenleistungstriebwerken auch der Übergang vom Austritt der radialen Gasgeneratorturbine zum Eintritt der folgenden Nutzturbine, die praktisch nur in axialer Bauweise in Frage kommt.

Bei kleinen Einheiten liegt üblicherweise die Turbineneintrittstemperatur in einem Bereich, in dem nur Leitradkühlung erforderlich ist. In diesem Falle ist das Gesamtkonzept der Maschine durch den Umstand, wonach Laufradkühlung bei Radialturbinen praktisch nicht durchführbar bzw. deren Realisierung fertigungstechnisch sehr schwierig ist, nicht behindert. Damit ist aber zugleich die Konzeption und Entwicklung fortschrittlicher kleiner Maschinen mit höherer Turbineneintrittstemperatur, die Laufradkühlung erfordert, aus gegenwärtiger Sicht nicht realistisch.

5.2.3.8 Turbinenkennfelder

Während auf der Verdichterseite bereits bei der Projektierung ausreichende Kenntnisse über die in Frage kommenden Kennfelder und die zu erwartende Lage der Arbeitslinie verfügbar sein sollten, ist die Lage auf der Turbinenseite wesentlich einfacher. Es ist bekannt, daß bei Mehrwellentriebwerken wie Turbofans und Wellenleistungstriebwerken mit freier Nutzturbine sich bei der HD-Turbine die Lage des Arbeitspunktes im Turbinenkennfeld im interessierenden Betriebsbereich praktisch nicht verändert und auch bei MD-Turbinen von 3-Wellen-Triebwerken sich nur wenig verschiebt. Dagegen erfordert die ND- bzw. Nutzturbine, bei denen stärkere Änderungen der Arbeitspunkte im Turbinenkennfeld üblich sind, von Fall zu Fall einige Aufmerksamkeit.

Hierzu zeigt Bild 5.2.3.50 das typische Kennfeld einer einstufigen HD-Turbine und Bild 5.2.3.51 das typische Kennfeld einer mehrstufigen, langsam laufenden ND-Turbine eines Turbofans in der üblichen Darstellung

$$Y = \frac{\Pi - 1}{\Pi_{AP} - 1} = f\left[(N / \sqrt{T})_{rel} \cdot (M\sqrt{T} / p)_{rel}\right] \tag{5.2.3.67}$$

mit Linien $\left(N / \sqrt{T}\right)_{rel} = const.$ und $\eta_{is,rel} = const.$, bei der die gegenseitige Zuordnung der Parameter $N / \sqrt{T}, \Pi, \Phi = M\sqrt{T} / p$ und η gut überschaubar ist. Das bei 1-stufigen, transsonischen HD-Turbinen häufig anzutreffende Phänomen, wonach η_{opt} – wie in Bild 5.2.3.50 dargestellt – bei $Y_{opt} < 1$ auftritt, ist die Folge der am Leitrad- und/oder Laufradaustritt auftretenden Verdichtungsstöße, vgl. [5.2.24]. Diese kann bei entsprechenden Schaufelgestaltung – d.h. besonders im Bereich der saugseitigen Profilkontur – beeinflußt und damit Y_{opt} gegen 1 gerückt werden. Bei großen Einheiten bestehen dabei aus Fertigungsgründen bessere Chancen.

Mit den Bildern 5.2.3.52 bis 5.2.3.54 wird gezeigt, daß bei mehrstufigen ND-Turbinen im Teillastbereich – selbst auf Arbeitslinien im Bereich optimaler Wirkungsgrade – bezüglich der Zuordnung der Parameter $\Phi_{rel}, (N / \sqrt{T})_{rel}, \Pi$ bzw. Y und $\eta_{is,rel}$ beträchtliche Unterschiede bestehen, die aus den Auslegungsdaten wie Druckverhältnis und Stufenzahl als Ordnungsparameter nicht zu erklären sind bzw. hier nicht weiter verfolgt werden können, wohl aber bei der Projektierung im Auge behalten werden müssen. Vor allem der Verlauf des Wirkungsgrades $\eta_{is,rel} = f(Y)$ kann bei einem vorliegenden Kennfeld auch davon abhängen, ob der optimale Wirkungsgrad bei einem wichtigen Teillastpunkt oder z.B. bei MCR erreicht werden soll, vgl. hierzu Abschnitt 4.2.4.

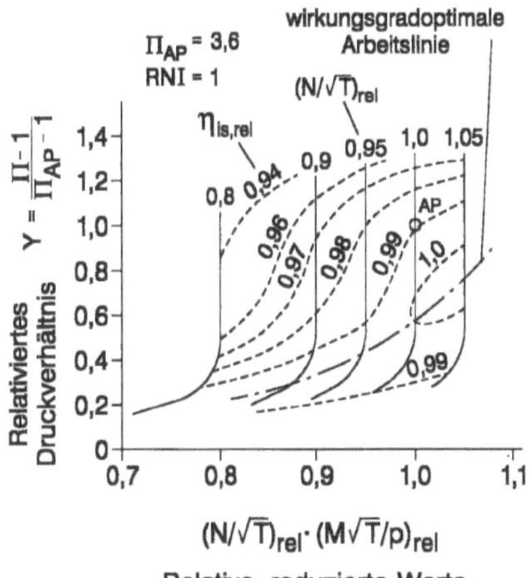

Bild 5.2.3.50
Typisches Kennfeld einer 1-stufigen,
transsonischen HD-Turbine

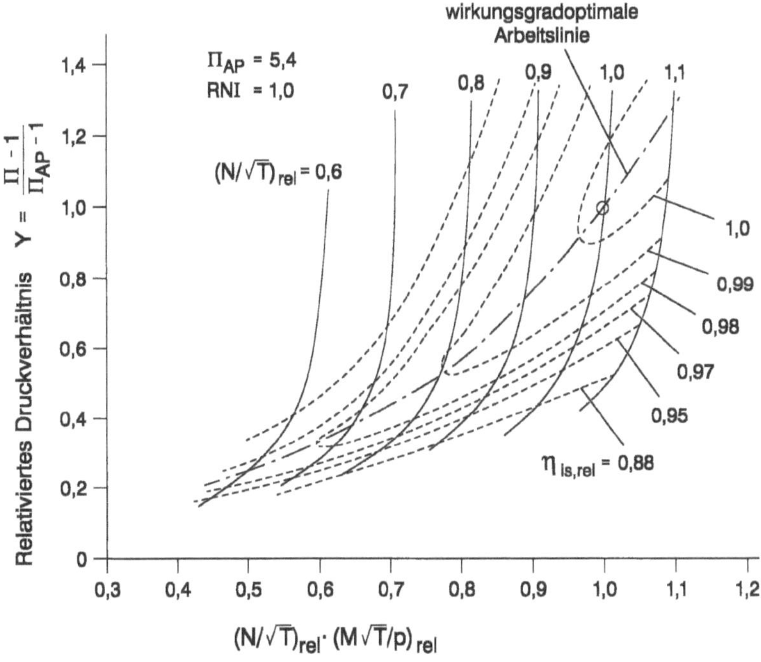

Bild 5.2.3.51: Typisches Kennfeld einer mehrstufigen, langsamlaufenden ND-Turbine

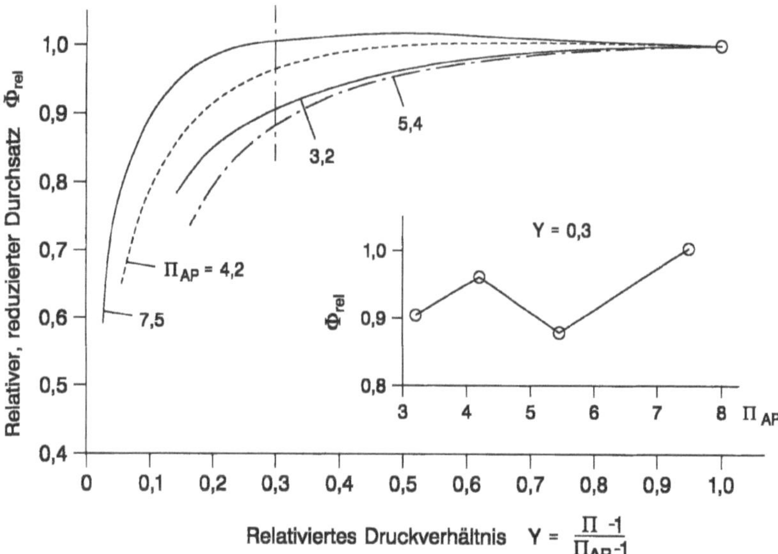

Relativiertes Druckverhältnis $Y = \dfrac{\Pi - 1}{\Pi_{AP} - 1}$

Bild 5.2.3.52: Durchsätze mehrstufiger ND-Turbinen entlang der wirkungsgradoptimalen Arbeitslinie in Abhängigkeit vom Druckverhältnis

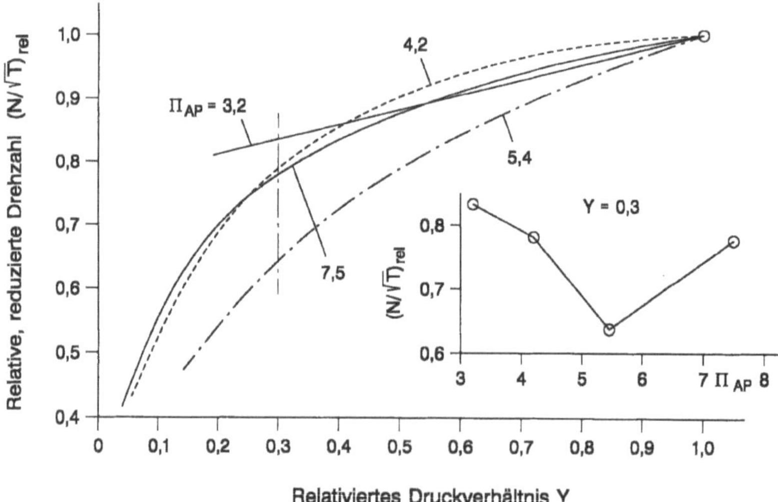

Relativiertes Druckverhältnis Y

Bild 5.2.3.53: Drehzahlen mehrstufiger ND-Turbinen entlang der wirkungsgradoptimalen Arbeitslinie in Abhängigkeit vom Druckverhältnis

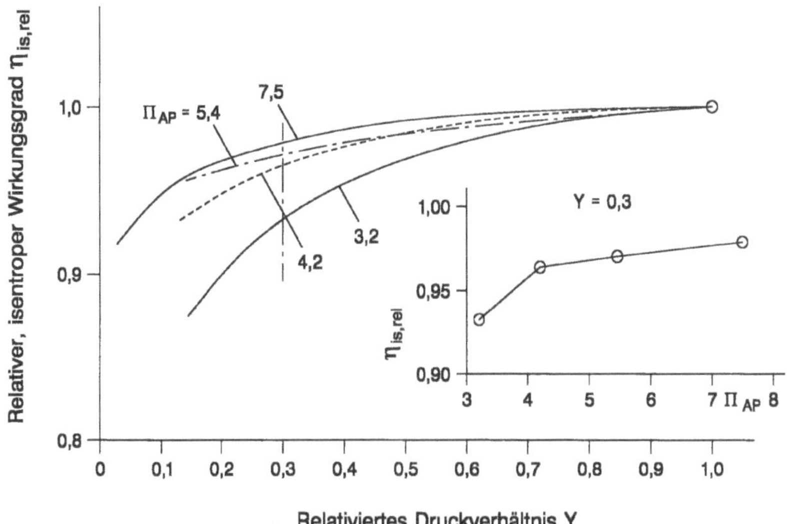

Bild 5.2.3.54: Isentrope Wirkungsgrade mehrstufiger ND-Turbinen entlang der wirkungsgradoptimalen Arbeitslinie in Abhängigkeit vom Druckverhältnis

Bei konventionellen Turbofans mit moderatem Nebenstromverhältnis ist die Situation bei den Teillast-Arbeitspunkten im ND-Turbinenkennfeld relativ unkritisch, da diese bis in den unteren Teillastbereich hinein zumindest in der Nähe des Bereiches optimaler Wirkungsgrade bleiben, vgl. hierzu Bild 5.2.3.55. Bei Turbofans mit niedrigem spezifischen Schub bzw. bei Mantelpropfans, d.h. bei ND-Turbinen mit hohem Druckverhältnis, tritt bei Teillast bei etwa gleicher Richtung der Arbeitslinie eine besonders starke Drosselung der ND-Turbine mit entsprechendem Wirkungsabfall auf, die in Abschnitt 4.2.4 bereits angesprochen wurde. Bei Wellenleistungstriebwerken für Propeller- oder Hubrotorantrieb, bei denen die mechanische Drehzahl der Nutzturbine im gesamten Betriebsbereich konstant bleibt, ist die Lage der Arbeitslinie weniger günstig, da hier – wie aus den Bilder 5.2.3.51 und 5.2.3.55 geschlossen werden kann – die Betriebspunkte bei Teillast eher in den Bereich schlechterer Wirkungsgrade hineingeraten.

Ferner interessiert bei vorgegebenem Druckverhältnis der ND- bzw. Nutzturbine der bei Variation der Drehzahl zu erwartende Verlauf des Drehmoments. Bei konstanter, reduzierter Gasleistung $P_{NDT}/(p\sqrt{T})_{4.5}$ ergibt sich mit der reduzierten Drehzahl $N/\sqrt{T}_{4.5}$ und dem Wirkungsgrad η_{is} der Verlauf des reduzierten Drehmoments

$$\frac{Md_{NDT}}{p_{4.5}} = \frac{P_{NDT}/(p\sqrt{T})_{4.5}}{N/\sqrt{T}_{4.5}} \cdot \eta_{is} \ , \tag{5.2.3.68}$$

woraus bei konstanten Eintrittsbedingungen $p_{4.5}$ und $T_{4.5}$ die Tendenz des relativen Drehmoments

$$Md_{rel} = \frac{\eta_{is,rel}}{(N/\sqrt{T}_{4.5})_{rel}} \tag{5.2.3.69}$$

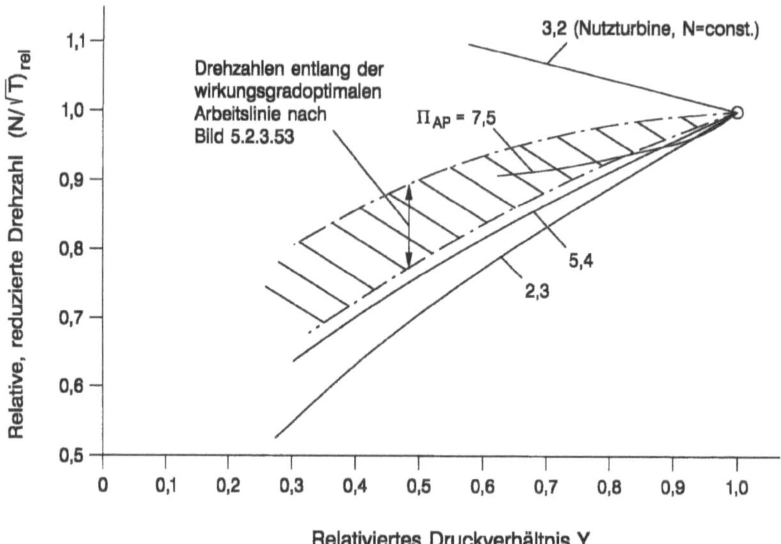

Bild 5.2.3.55: Vergleich der wirkungsgradoptimalen Arbeitslinien $(N/\sqrt{T})_{rel} = f(Y)$ mehrstufiger ND- und Nutzturbinen mit typischen Arbeitslinien in konkreten Triebwerken (Turbofans und Wellenleistungstriebwerke)

folgt, die aus Bild 5.2.3.56 hervorgeht. Sind im Betrieb – z.B. bei Wellenleistungstriebwerken für Propellerantrieb – bei hoher Leistung niedrige Drehzahlen möglich, was z.B. durch Fehlfunktion des Reglers der Propeller-Blattverstellung verursacht werden kann, so muß das auftretende hohe Drehmoment durch entsprechende Konstruktion des Wellenstrangs und/oder durch schnelle Abregelung der Gasturbine beschränkt werden, um Schäden zu vermeiden.

Wesentlich komplizierter ist die Situation bei verstellbaren Turbinen. Von praktischem Interesse sind bisher nur verstellbare ND- bzw. Nutzturbinen für Triebwerke mit variablem Kreisprozeß oder für rekuperative Triebwerke. Am wirksamsten – z.B. im Sinne der Beeinflussung der Durchsatzkapazität – ist bei mehrstufigen Turbinen die Verstellung der 1. bzw. der vorderen Stufen. Entsprechend klingen die zu beherrschenden bzw. optimalen Verstellbereiche der Turbinenleitgitter von Stufe zu Stufe rasch ab. Im allgemeinen müssen bei verstellbaren Turbinen bei den Stufen mit verstellbaren Leitgittern aufgrund der Spalte an Nabe und Gehäuse Wirkungsgradabschläge von 1 ... 2% hingenommen werden. Daher ist es verständlich, daß bei mehrstufigen, verstellbaren Turbinen angestrebt wird, nur das erste oder die vorderen Leitgitter verstellbar zu machen. Dabei ist eine Vielzahl von Möglichkeiten gegeben, so daß das Betriebsverhalten mit Verstellung nur im Einzelfall konkret geklärt werden kann.

Somit ist es bei der Beurteilung der ND- bzw. Nutzturbine wichtig, im Rahmen der Projektierung frühzeitig den Zusammenhang zwischen Π bzw. Y und $\left(N/\sqrt{T}\right)_{rel}$ abzuschätzen, um daraus Schlüsse auf die im betrachteten Betriebsbereich zu erwartenden Wirkungsgrade ziehen zu können.

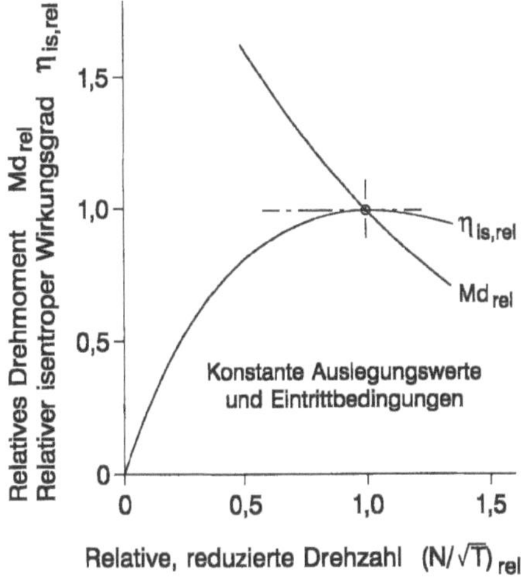

Bild 5.2.3.56
Drehmoment in Abhängigkeit von
der Drehzahl und vom Wirkungsgrad
(Beispiel)

5.3 Brennkammer

5.3.1 Allgemeines

Auf den ersten Blick erscheinen Brennkammern älterer Triebwerke aus den 50er und 60er Jahren im allgemeinen als relativ einfache Gebilde, deren Auslegung und Konstruktion – auch bei Beachtung aller damals relevanten, einsatzbezogenen Forderungen – für das Triebwerk als Ganzes nicht konzeptbestimmend waren. Auf den zweiten Blick ist jedoch zu erkennen, daß seit den 70er Jahren als Konsequenz aus den emissionsbedingten Forderungen eine besonders die Brennstoffeinspritzung und die Gestaltung der Primärzone des Flammrohrs betreffende komplexe Entwicklung in Gang gekommen ist, die noch keineswegs als abgeschlossen gelten kann. Mit dieser Entwicklung einher ging ein zunehmendes Interesse an der analytischen Durchdringung der extrem komplizierten reaktionskinetischen und aero-/ thermodynamischen Vorgänge im Flammrohr, um bestehenden und zukünftig zu erwartenden Forderungen nach der Reduzierung der Schadstoffemission, insbesondere NO_x, entgegenzukommen. Die dabei zu lösenden Entwicklungsprobleme werden akzentuiert durch die gleichzeitig stattfindende Entwicklung zu höheren Drücken und Temperaturen am Verdichteraustritt und Turbineneintritt.

Bei der Entwicklung neuerer Triebwerke, vor allem bei Turbofans für den zivilen Luftverkehr, verlangt die Gestaltung der Brennkammer mit Rücksicht auf die zu begrenzende Schadstoffemission eine äußerst anspruchsvolle, spezielle analytische und experimentelle Methodik. Dabei muß im einzelnen nach wie vor von folgenden maßgeblichen, auf die Triebwerkleistungen zugeschnittenen und daher gewissermaßen klassischen Forderungen ausgegangen werden, die weiterhin als unabdingbarer Rahmen für die weitergehenden, ökologischen Forderungen gelten:

1. Akzeptables Temperaturprofil am Brennkammeraustritt mit Rücksicht auf die thermische Belastung der vorderen Turbinenstufen, wobei folgende Richtwerte der zuständigen Kontrollparameter gelten können: Am Eintritt in das erste Turbinenleitrad ist der auf die gesamte Strömungsfläche bezogene Ungleichförmigkeitsgrad

$$OTDF = \frac{T_{4,\max} - \overline{T}_4}{\overline{\overline{T}}_4 - T_3} \leq 0{,}30 \,(\dots 0{,}35) \tag{5.3.1}$$

für den sich der englische Ausdruck Overall Temperatur Distribution Factor eingebürgert hat, während am Eintritt in das erste Turbinenlaufrad, das nur die radiale Ungleichförmigkeit zu registrieren vermag, der zunächst ebenfalls für den Leitradeintritt definierte radiale Ungleichförmigkeitsgrad

$$RTDF = \frac{T_{4,\max}(r) - \overline{T}_4}{\overline{\overline{T}}_4 - T_3} \leq 0{,}08 \,(\dots 0{,}10) \tag{5.3.2}$$

(Radial Temperature Distribution Factor) maßgebend ist. Ein Beispiel für die diesen Grenzwerten entsprechenden Temperaturprofile $T_4(r,\varphi)$ und $T_4(r)$ ist in Bild 5.3.1 gezeigt. Bei späterer verbindlicher Berechnung der HD-Turbine ist aus dem Temperaturprofil $T_4(r)$ das unter dem Einfluß der Kühlluftzufuhr etc. am Laufradeintritt entstehende Temperaturprofil $T_{4.1}(r)$ zu bestimmen.

Bei steigender Temperatur am BK-Austritt werden stöchiometrische Bedingungen zuerst an den heißen Stellen mit $T_{4,\max}$ erreicht, während die mittlere Temperatur $\overline{T}_4$ entsprechend OTDF tiefer liegt. Bei zivilen Triebwerken wird man gegenüber der Annäherung an örtlich stöchiometrische Bedingungen mit Rücksicht auf den Verbrennungswirkungsgrad und die NO_x-Emission vorsichtig sein, während bei militärischen Triebwerken eher die Tendenz besteht, diese Rücksichtnahmen zugunsten möglichst hoher Turbineneintrittstemperatur $T_{4.1}$ zu übergehen.

Die im allgemeinen in Kiellinie hinter den Einspritzelementen zu beobachtenden Temperaturspitzen $T_{4,\max}$ haben zu Versuchen geführt, die Leitschaufeln der 1. Stufe bei entsprechender Abstimmung der Düsen- und Leitschaufelzahlen auf Lücke zu setzen. Dieses Konzept hat sich jedoch wegen der vielen Parameter, die bei der Auswahl der Düsen- und Leitschaufelzahl zu beachten sind, bisher nicht durchsetzen können.

2. Der Gesamtdruckverlust

$$\frac{\Delta p}{p} = \frac{p_3 - p_4}{p_3} \tag{5.3.3}$$

soll im wichtigen Betriebsbereich den Betrag von 4 … 6% nicht überschreiten, zumal 1% Druckverlust eine Zunahme des *SBV* um ca. 0,5% verursacht. Die hierzu nötigen Voraussetzungen werden in Abschnitt 5.3.4.1 behandelt.

3. Der Ausbrenngrad bzw. Verbrennungswirkungsgrad

$$\eta_{BK} = \frac{\overline{T}_4 \cdot c_{p,4} - T_3 \cdot c_{p,3}}{\overline{T}_{4,id} \cdot c_{p,4} - T_3 \cdot c_{p,3}} \approx \frac{\overline{T}_4 - T_3}{\overline{T}_{4,id} - T_3} \tag{5.3.4}$$

mit der massegemittelten Temperatur $\overline{T}_4$ bzw. $\overline{T}_{4,id}$ soll in dem für die Wirtschaftlichkeit bzw. Effektivität des Triebwerks wichtigen Betriebsbereich annähernd 100%
betragen bzw. auch bei tiefer Teillast nicht unter 99% fallen. Die hierzu nötigen Voraussetzungen werden in Abschnitt 5.3.4.2 erläutert.

4. Hohe Standzeiten – zumindest in der gleichen Größenordnung wie bei den anderen
   Komponenten im heißen Bereich – d.h. 20000 ... 30000 Betriebsstunden bei zivilen
   und ca. 2000 h bei militärischen Triebwerken, wobei nicht nur die sichere Vermeidung von Ermüdungsrissen etc., sondern auch die Beherrschung der Oxidation von
   Oberflächen im Flammrohrbereich und die Vermeidung von Ablagerungen von Koh-
   lenstoff (Ruß) gefordert sind.

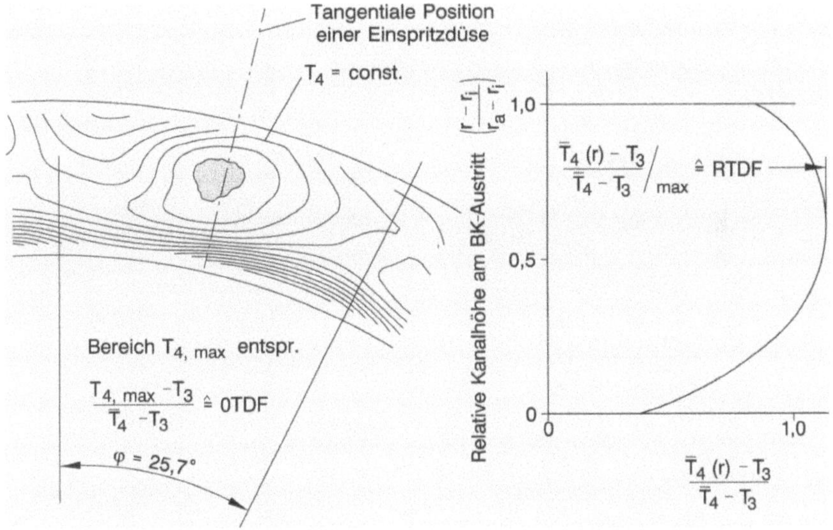

Typische polare Temperaturverteilung
$T_4 = f(r,\varphi)$ am BK Austritt
14 Einspritzdüsen

Typische radiale Temperaturverteilung
(tangentiale Mittelwerte) $\overline{T}_4 = f(r)$
am BK-Austritt

Bild 5.3.1: Typische polare und radiale Temperaturverteilung am Brennkammeraustritt

Die darüber hinausgehenden Forderungen zur Wiederzündfähigkeit und zum Beschleunigungsvermögen des Triebwerks werden in Abschnitt 5.3.4.3 und zur Schadstoffemission in Abschnitt 5.3.5 behandelt.

Zu den insgesamt angesprochenen, teilweise noch zu erläuternden Parametern wird im folgenden eine Übersicht des erreichten Standes der Technik und der bestehenden Entwicklungstendenzen gegeben.

Bei der statistischen Auswertung der verfügbaren Brennkammerdaten ausgeführter Triebwerke wurde analog den Turbomaschinen nach Abschnitt 5.1 die Normierung wichtiger Hauptabmessungen und aero-/thermodynamischer Auslegungsparameter vorgenommen. Dies war erforderlich, weil die Einführung der in die Betrachtung einbezogenen Triebwerke bzw. Brennkammern in den Dienst in dem weiten Zeitraum EIS = 1970 ... 1995 erfolgte und die korrigierten Durchsätze am Brennkammereintritt den weiten Bereich $M_{korr,BKE} = 0,3 \dots 6$ kg/s überdecken. Dabei war es nötig, die Einflüsse der Parameter EIS und $M_{korr,BKE}$ zu trennen bzw. zu isolieren. Die Normierung nach EIS und $M_{korr,BKE}$ wurde entsprechend Bild 5.3.2 so durchgeführt, daß bei Vorliegen „mittlerer" Tendenzen über EIS und/oder $M_{korr,BKE}$ die betrachteten Parameter so verändert wurden, daß deren Darstellung über EIS für $M_{korr,BKE} = 3$ kg/s und jene über $M_{korr,BKE}$ für EIS = 1995 erreicht wurde. Dabei mag es im Sinne der korrekten Elimination des Parameters EIS notwendig sein, darauf hinzuweisen, daß die statistischen Werte $M_{korr,BKE}$ zwar eine beträchtliche Streuung, aber keine Tendenz über EIS aufweisen. Zugleich verhindert diese Normierung Rückschlüsse über die zugrundeliegenden ausgeführten Triebwerke, so daß ebenso wie bei den Turbomaschinen der Datenschutz gewahrt bleibt.

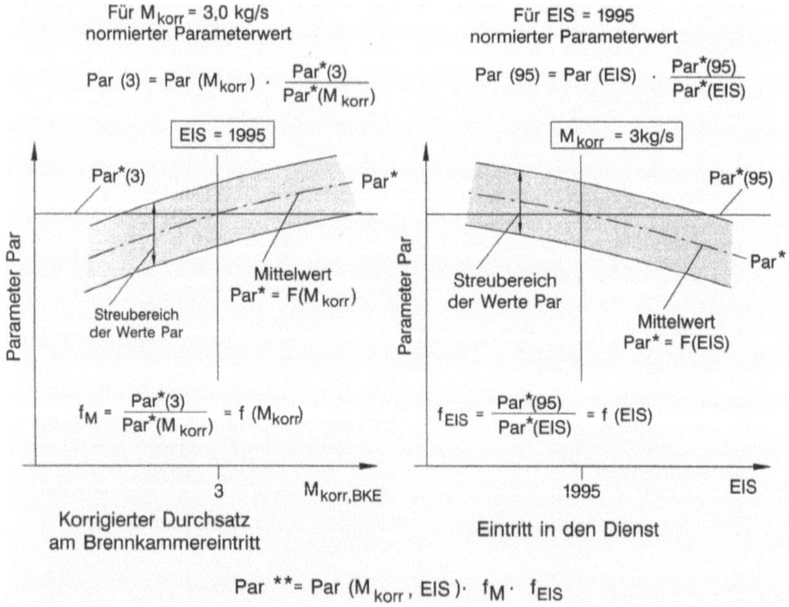

Bild 5.3.2: Normierung der Parameterwerte Par für $M_{korr,BKE} = 3,0$ kg/s und EIS = 1995 für die statistische Auswertung von Triebwerken

In den Fällen, wo bei geometrischer und/oder aero-/thermodynamischer Ähnlichkeit des Triebwerks ein theoretischer Größeneinfluß vorliegt, wurden die betroffenen Parameter entsprechend der dadurch vorgegebenen Tendenz normiert. Dies trifft z.B. für die in Abschnitt 5.3.4 zu diskutierenden, von $M_{korr,BKE}$ abhängigen Parameter Ausbrenngrad Θ, Wiederzündfähigkeit ZP und Beschleunigungsvermögen BP zu. Bei diesen Parametern wurden ferner – wie in Bild 5.3.2 erläutert – bei der Demonstration ihrer Abhängigkeit von den Kreisprozeßparametern, z.B. Π und μ, der Einfluß sowohl von $M_{korr,BKE}$ als auch von EIS eliminiert.

5.3.2 Bauformen und Funktionskonzepte

Zunächst zeigt Bild 5.3.3 schematisch die bei älteren und neueren Triebwerken anzutreffenden Bauformen und die dabei benützten Bezeichnungen der wichtigen Hauptabmessungen etc. Was die Diffusoren betrifft, so sind die bis in die 70er Jahre hinein üblichen 3-Wege-Diffusoren mit Trennung der Luftanteile für Primärzone und äußeren wie inneren Sekundärkanal weitgehend abgelöst worden durch sogenannte „Prall"-Diffusoren, bei denen nur die Primärzone durch den aus dem Verdichter kommenden, in einem Vordiffusor leicht verzögerten Luftstrom prall angeströmt wird, während die Sekundärkanäle erst nach erfolgter Neuordnung der Strömung nach der Ablösung und Verwirbelung des aus dem Verdichter austretenden Freistrahls beschickt werden.

Im Falle der Umkehr-Ringbrennkammer wird der üblichen Prozedur folgend davon ausgegangen, daß die Zumischung der Sekundärluft am Eintritt in die Umkehrung nach innen zur Turbine beendet ist und damit ab hier das am Turbineneintritt sich einstellende Temperaturprofil nicht weiter beeinflußt werden kann. Im Bereich der Umkehrung wird somit nur noch Kühlluft zugeführt. Damit ergibt sich neben der Definition der Gesamtlänge L_{ges} der Brennkammer auch die Länge L_{FR} des Flammrohrs, die u.a. im Zusammenhang mit der Beachtung des Beschleunigungsvermögens eine Rolle spielt. Bei Brennkammern mit Doppeldom in koplanarer oder radial/axial versetzter Anordnung der Brennstoffeinspritzelemente wird die Gesamthöhe der Primärzone – wenn nicht ausdrücklich anders vermerkt (z.B. in Bild 5.3.7 und 5.3.8) –

$$h_{PZ,ges} = h_{PZ,i} + h_{PZ,a}$$

gesetzt. Ferner wird bei der Analyse der statistischen Daten mangels weitergehender Informationen davon ausgegangen, daß in der Primärzone stöchiometrisches Mischungsverhältnis vorliegt, obwohl bekannt ist, daß bei modernen Brennkammern beim „Mager"-Konzept mit Rücksicht auf die NO_x-Emission bei Take-off Äquivalenzverhältnisse $\Phi_{PZ} < 1$ und beim „Reich/Mager"-Konzept in der 1. Primärzone $\Phi_{PZ} > 1$ und in der zweiten $\Phi_{PZ} < 1$ angestrebt wird. Somit wird allgemein der Anteil der in die Primärzone einströmenden Luft relativ zum gesamten Brennkammerdurchsatz bei konstanter Geometrie

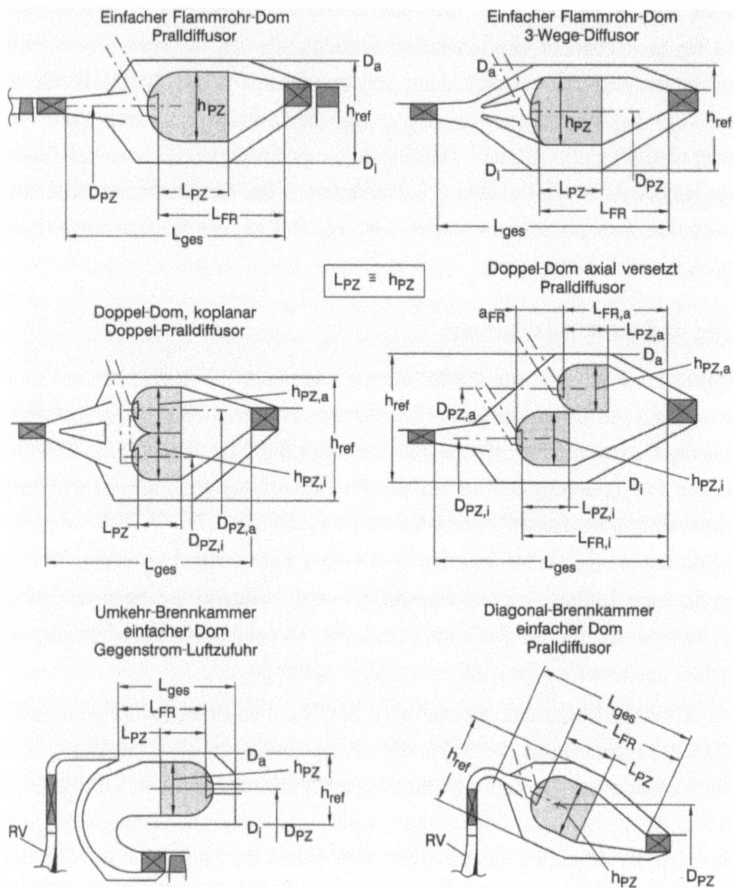

Bild 5.3.3: Bauformen und Hauptabmessungen von Ringbrennkammern

$$\frac{M_{PZ}}{M_{BKE}} = \left(\frac{m}{m_{stöch}} \cdot \frac{1}{\Phi_{PZ}} \right)_{AP} \approx const \qquad (5.3.5)$$

mit $m = B / M_{BKE}$ gesetzt. Somit besteht bei der Analyse statistischer Brennkammerdaten, insbesondere was die Primärzone betrifft, beträchtliche Unsicherheit, die bei der Beurteilung der Ergebnisse im Blickfeld zu behalten ist.

5.3.3 Hauptabmessungen

Die Erfassung der Brennkammerabmessungen konkreter Triebwerke kann zur Vereinfachung auf die Verfolgung der Parameter h_{ref}, h_{PZ}, L_{ges} und L_{FR} beschränkt werden, zumal z.B. bei allen Triebwerken mit Axialverdichter – unabhängig von der Größe – die geometrischen und aerodynamischen Bedingungen am HD-Verdichteraustritt nach Abschnitt 5.2.2.5 (d.h. Nabenverhältnisse und axiale Austritts-Mach-Zahlen) in engen Grenzen festliegen. Zunächst zeigt Bild 5.3.4 die reduzierte, d.h. vom Standpunkt der Triebwerkgröße normierte Brennkammerhöhe $h_{ref} / \sqrt{M_{rel}}$ über $M_{korr,BKE}$ und EIS, wonach die Brennkammern mit zunehmender Triebwerkgröße entgegen der strengen Ähnlichkeit geometrisch enger werden. Wichtig ist aber, daß die spezifischen Referenzquerschnitte mit fortschreitendem EIS, wie auch anhand anderer Parameter noch gezeigt wird, im allgemeinen kontinuierlich erhöht wurden. Die Relation L_{ges} / h_{ref} über $M_{korr,BKE}$ und EIS zeigt Bild 5.3.5, wonach selbst unter Beachtung der Tendenz von $h_{ref} / \sqrt{M_{rel}}$ in der Hauptsache ein Trend über EIS zu relativ kürzerer Bauart besteht.

Bei den für die Dimensionierung der Flammrohr-Primärzone wichtigen Relation h_{ref} / h_{PZ} stellt man nach Bild 5.3.6 zusammen mit Bild 5.3.4 außer einer erheblichen Streuung einen sichtbaren Trend zu breiteren Primärzonen fest, der z.B. im Hinblick auf die NO_x-Emission in Abschnitt 5.3.6 noch zu interpretieren ist. Aus der für die Gesamtlänge des Flammrohrs maßgebenden Relation L_{ges} / L_{FR} nach Bild 5.3.7 sind weder über $M_{korr,BKE}$ noch über EIS nennenswerte Tendenzen zu erkennen. Ein systematischer Einfluß der verschiedenen Diffusorkonzepte auf die Relation L_{ges} / L_{FR} ist ebenfalls nicht feststellbar. Dagegen fällt nach Bild 5.3.8 im Zusammenhang mit der nach Bild 5.3.4 und 5.3.6 festzustellenden Vergrößerung der Primärzonen- bzw. Flammrohrbreite und der starken Verkürzung der gesamten Brennkammer nach Bild 5.3.5 die ausgeprägte Verkürzung des Flammrohrs entsprechend der Relation L_{FR} / h_{PZ} über EIS auf.

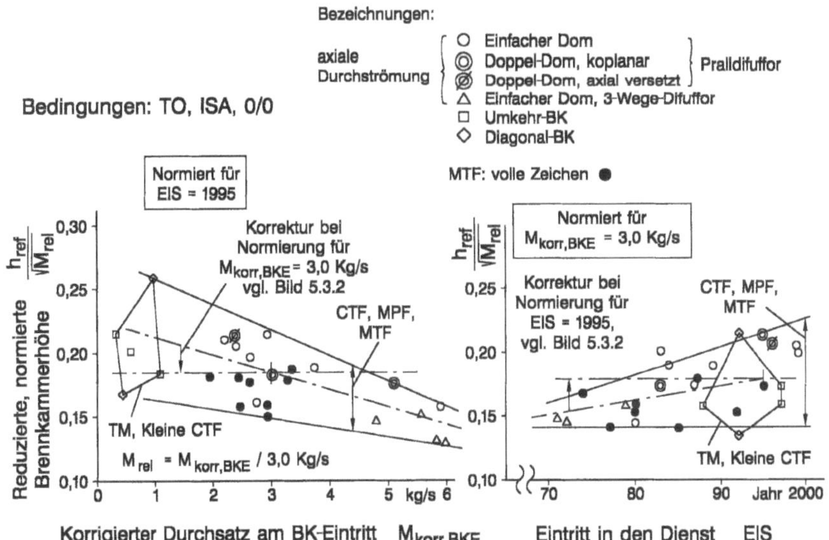

Bild 5.3.4: Einfluß des Brennkammerkonzepts, der Triebwerkklassen bzw. Einsatzart (zivil oder militärisch), der Triebwerkgröße und des Technologiestandes (EIS) auf die Brennkammer-Referenzhöhe

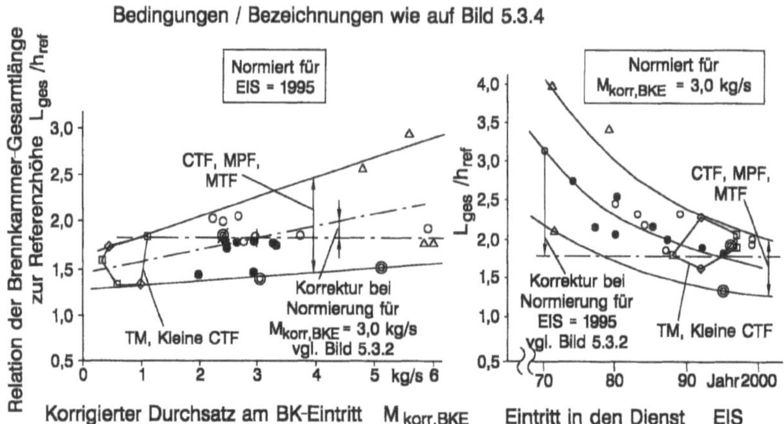

Bild 5.3.5: Einfluß des Brennkammerkonzepts, der Triebwerkklasse bzw. Einsatzart, der Triebwerkgröße und des Technologiestandes auf die Relation Gesamtlänge/Referenzhöhe

Bild 5.3.6: Einfluß des Brennkammerkonzepts, der Triebwerkklasse bzw. Einsatzart, der Triebwerkgröße und des Technologiestandes auf die Relation Referenzhöhe/Primärzonenhöhe

Ferner sei auf die nach Bild 5.3.7 und 5.3.8 bei radial/axial versetzten Doppeldom-Primärzonen die extreme Länge der innen liegenden Flammrohrpartie hingewiesen. Problematisch ist wegen der aus Triebwerklängsschnitten im allgemeinen nicht erkennbaren Grenze zwischen Primär- und Verdünnungszone die Bestimmung der Primärzonenlänge als Voraussetzung für die Berechnung des Primärzonenvolumens, das für die Ermittlung des in Abschnitt 5.3.4.3 zu behandelnden Wiederzündparameters PZ erforderlich ist. Daher wurde bei allen Brennkammern die Relation $L_{PZ}/h_{PZ}=1$ als Basis für davon abhängige Überlegungen gewählt. Für die projektmäßige Dimensionierung einer Brennkammer ist diese Relation jedoch nicht entscheidend.

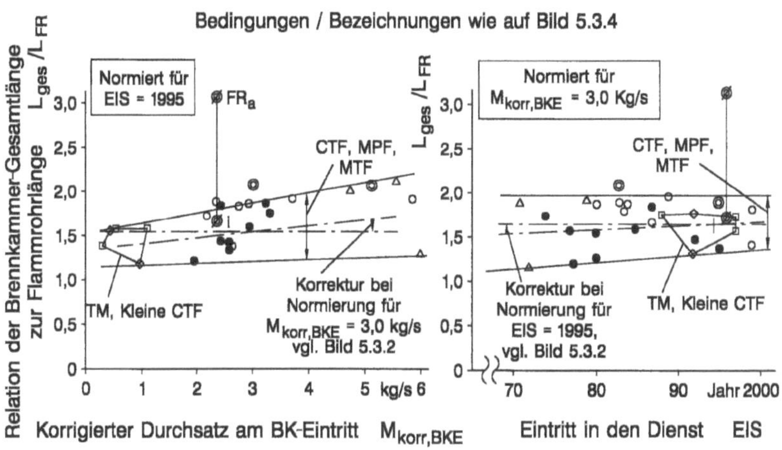

Bild 5.3.7: Einfluß des Brennkammerkonzepte, der Triebwerkklasse bzw. Einsatzart, der Triebwerkgröße und des Technologiestandes auf die Relation der Brennkammer-Gesamtlänge zur Flammrohrlänge

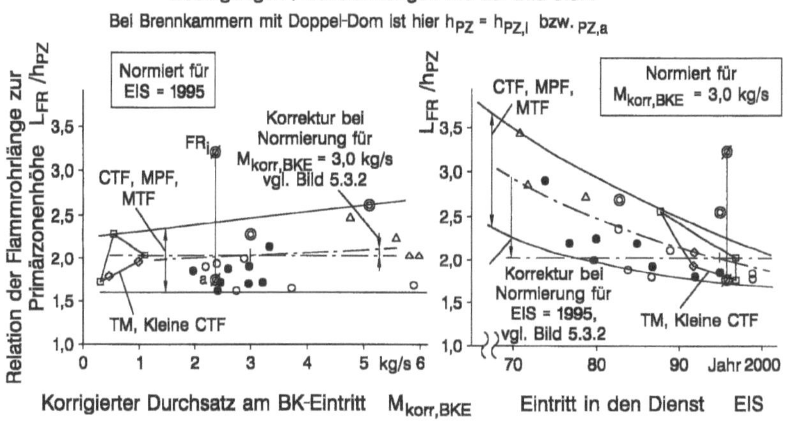

Bild 5.3.8: Einfluß des Brennkammerkonzepts, der Triebwerkklasse bzw. Einsatzart, der Triebwerkgröße und des Technologiestandes auf die Relation Flammrohrlänge/Primärzonenhöhe

Bei der Dimensionierung der Sekundärkanäle müssen mit Rücksicht auf das anzustrebende Temperaturprofil $T_4(r)$ die Querschnitte des inneren und äußeren Sekundärkanals in Höhe der Primärzone im Verhältnis der Durchsatzanteile $(\Delta M_i / \Delta M_a)_{sek} \approx (A_i / A_a)_{sek} = 1{,}2 \ldots 1{,}3$ bemessen werden, wobei mit Rücksicht auf die geometrisch günstige Einbringung der Sekundärluftstrahlen in das Flammrohr die Strömungs-Mach-Zahl unter 0,1 liegen soll. Im allgemeinen wird auch die Kühlluft für das erste Turbinenleitrad aus dem äußeren und inneren Sekundärkanal an deren Ende entnommen.

Auf der Basis der Relativierung der Querabmessungen h_{ref} und h_{PZ} mit $M_{korr,BK}$ erfordern größere Abweichungen des Nabenverhältnisses ν_3 am HDV-Austritt vom Bereich nach Abschnitt 5.2.2.5 Korrekturen im Sinne

$$A \sim h \cdot D_{fm,BK} \approx const. \tag{5.3.6}$$

mit

$$D_{fm,BK} \approx 0,5\,(D_3 + D_{4.1})_{fm} \tag{5.3.7}$$

Die Relationen L_{ges}/L_{FR} und L_{FR}/h_{PZ} sind davon praktisch nicht betroffen.

Bei Diagonal- und Umkehr-Brennkammern muß individuell vorgegangen werden.

Aus Bild 5.3.4 und 5.3.5 geht hervor, daß die zeitliche Entwicklung der Parameter $h_{ref}/\sqrt{M_{rel}}$ und L_{ges}/h_{ref} nicht nur zu größeren BK-Querschnitten bei kürzeren BK-Längen, sondern auch zu insgesamt kleineren BK-Volumina führt.

5.3.4 Betriebsverhalten

5.3.4.1 Druckverluste

Bei ausgeführten Triebwerken liegen die Druckverluste $\Delta p/p$ axial durchströmter Brennkammern in der Definition nach Gl. 5.3.3 nach Bild 5.3.9 sowohl bei zivilen als auch militärischen Triebwerken fast ausschließlich bei 4,0 ... 5,5%, während bei kleinen Turbofans und Wellenleistungstriebwerken, bei denen die Brennkammern aus Radialverdichtern angeströmt werden und Umkehr-Ringbrennkammern oder Diagonal-Brennkammern vorherrschen, die Druckverluste im Bereich 2,5 ... 4,5% liegen. Dabei ist interessant, daß die für die Durchströmung der Brennkammer kennzeichnende Referenz-Mach-Zahl Ma_{ref}, die sich aus der mittleren Stromdichte

$$I_{ref} = \frac{M_{BKE} \cdot R\sqrt{T_3}}{A_{ref} \cdot p_3} \tag{5.3.8}$$

ergibt, nach Bild 5.3.10 zwar mit zunehmender Triebwerkgröße zunimmt, mit fortschreitendem Einführungsdatum EIS, wie auch aus Bild 5.3.4 hervorgeht, jedoch signifikant abnimmt. Hieraus ergibt sich zwar nach Bild 5.3.11, daß bei höheren Referenz-Mach-Zahlen auch höhere Druckverluste $\Delta p/p$ auftreten. Aus Bild 5.3.10 und 5.3.11 kann jedoch geschlossen werden, daß die Relation

$$\Delta p/q_{ref} \sim Ma_{ref}^{-1.7} \text{ bis } Ma_{ref}^{-2.0} \tag{5.3.9}$$

besteht, die darauf hinausläuft, daß der Druckverlust $\Delta p/p$ nur wenig oder gar nicht vom relativen Referenzstaudruck

$$q_{ref}/p \approx \frac{\kappa}{2} Ma_{ref}^2 \tag{5.3.10}$$

abhängt (beim Exponenten $-2,0$ in Gl. 5.3.9 wäre er von Ma_{ref} ganz unabhängig). In Wahrheit wird jedoch die bestehende Relation zwischen $\Delta p/p$ und q_{ref}/p völlig von der Tendenz des Verlustkoeffizienten $\Delta p / q_{ref}$ nach Bild 5.3.12 beherrscht. Somit ist bei der Festlegung des Druckverlusts $\Delta p / p$ der Parameter Ma_{ref} nicht unbedingt das für die Auswahl der Querabmessungen bzw. des gesamten Brennkammerquerschnitts A_{ref} geeignete Kriterium. Vielmehr müssen die Parameter A_{ref} und h_{ref} mit Rücksicht auf die noch zu behandelnden Parameter Ausbrenngrad Θ, Wiederzündfähigkeit ZP und Beschleunigungsvermögen BP sowie mit Rücksicht auf die Schadstoffemission festgelegt werden.

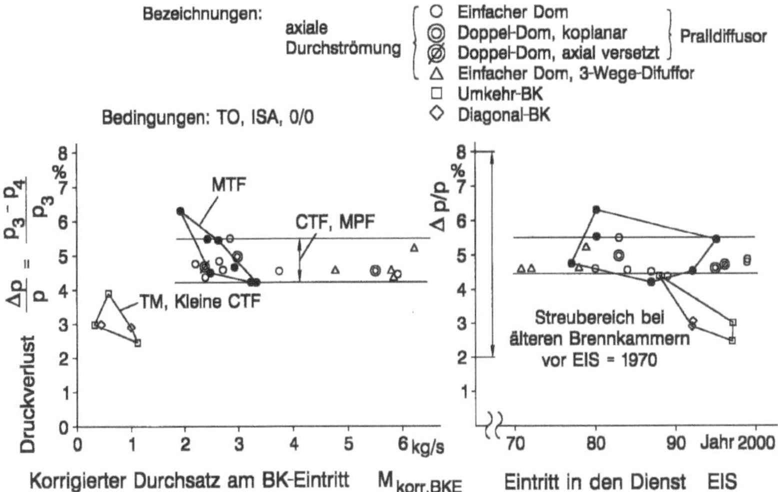

Bild 5.3.9: Druckverluste in Ringbrennkammern unterschiedlicher Anwendung, Konzeption, Größe ($M_{korr,BKE}$) und Technologie (EIS)

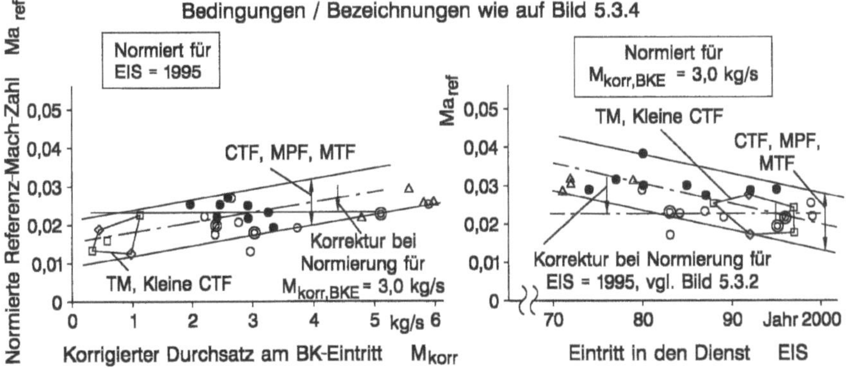

Bild 5.3.10: Einfluß des Brennkammerkonzepts, der Triebwerkklasse bzw. Einsatzart, der Triebwerkgröße und des Technologiestandes auf die Referenz-Mach-Zahl

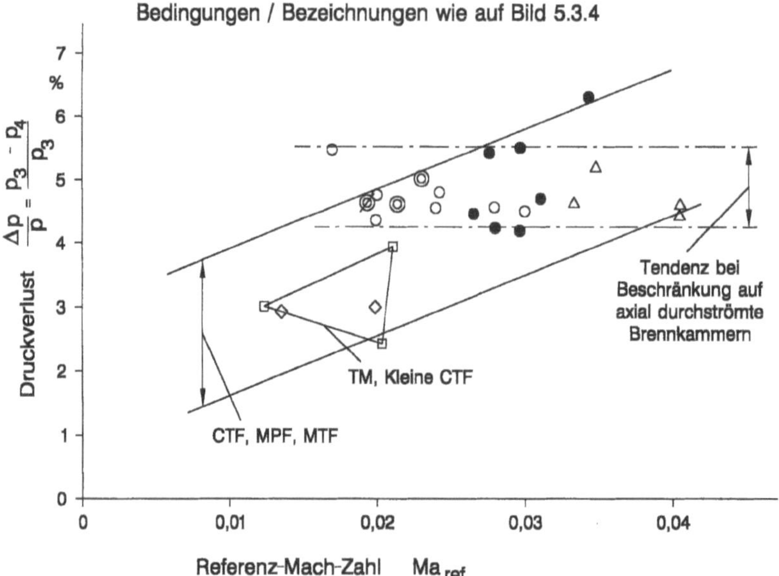

Bild 5.3.11: Einfluß der Referenz-Mach-Zahl, des Brennkammerkonzepts und der Triebwerkklasse bzw. Einsatzart auf den Brennkammer-Druckverlust

Bei der gemeinsamen Darstellung von axial durchströmten und Umkehr-Brennkammern muß beachtet werden, daß bei letzteren die Definition von A_{ref} und h_{ref} problematisch ist, weil hier im äußeren Sekundärkanal Gegenströmung herrscht. Vieles spricht dafür, in diesem Falle die aerodynamisch effektive Referenzfläche

$$A_{ref,eff} = 0{,}8 A_{ref,geo} \tag{5.3.11}$$

zu setzen, zumal mit dieser Annahme, die im Mittel den bei Umkehr-Ringbrennkammern angetroffenen Konfigurationen entspricht, eine i.a. erträgliche Einordnung in die gemeinsamen Korrelationen erreicht werden konnte. Eine Zusammenfassung der insgesamt anzutreffenden Werte $\Delta p / q_{ref}$ zeigt Bild 5.3.12, wobei aufgrund der Tendenz und Streuung der Werte der Schluß naheliegt, daß dieser Parameter mehr oder weniger durch andere Kriterien, d.h. durch die Rücksichtnahme auf Θ, ZP und BP und die Emissionswerte, bestimmt wird.

Während im Zeitraum EIS = 1970 ... 1995 die Referenz-Mach-Zahlen nach Bild 5.3.10 stark zurückgegangen sind, ist nach Abschnitt 5.2.2.5 das Mach-Zahl-Niveau am HD-Verdichteraustritt – bei Axialverdichtern – mit $Ma_3 = 0{,}2 ... 0{,}3$ praktisch unverändert geblieben, so daß die im Brennkammerbereich einschließlich des Vordiffusors insgesamt zu bewältigende Verzögerung bei axial durchströmten, modernen Brennkammern im Bereich

$$\frac{Ma_{ref}}{Ma_3} = \frac{0{,}015 ... 0{,}03}{0{,}2 ... 0{,}3} \approx 0{,}075 ... 0{,}10 \tag{5.3.12}$$

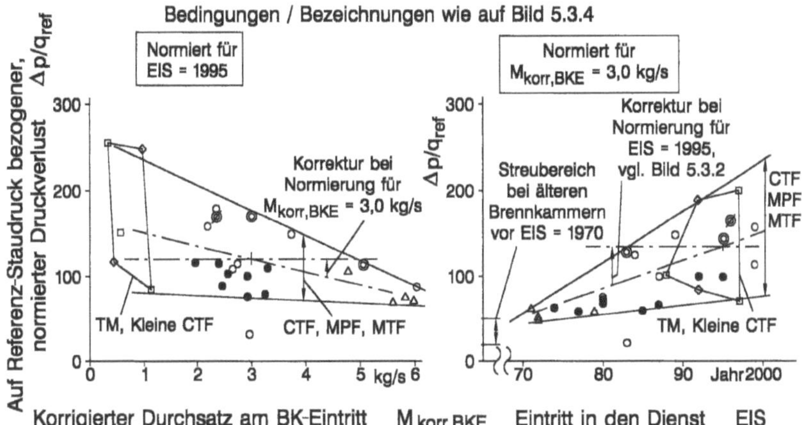

Bild 5.3.12: Einfluß des Brennkammerkonzepts, der Triebwerkklasse bzw. Einsatzart, der Triebwerkgröße und des Technologiestandes auf den Brennkammer-Druckverlust, bezogen auf den Referenz-Staudruck

liegt. Ein systematischer Einfluß des Diffusorkonzepts ist dabei nicht zu erkennen. Bei kleinen Turbofans und Wellenleistungstriebwerken mit Umkehr-Ringbrennkammern liegt das Niveau von Ma_3 bei 0,1 ... 0,15 und damit wesentlich tiefer.

In den gesamten Druckverlusten ist auch der thermodynamisch bedingte Erhitzungsdruckverlust mitenthalten, der unter idealisierten Bedingungen, d.h. beim zylindrischen Rohr und glatter Durchströmung – analog den Bedingungen in einem Nachbrenner – der Beziehung

$$(\Delta p / p)_{th} \approx \frac{\kappa}{2} \overline{Ma}_{FR}^2 \cdot (T_4 / T_3 - 1) \tag{5.3.13}$$

folgt. Dabei ist

$$q_{FR} / p \approx \frac{\kappa}{2} \overline{Ma}_{FR}^2 \approx \frac{\kappa}{2} \left(\frac{A_{ref}}{A_{FR}} \right)^2 \cdot Ma_{ref}^2 \approx \frac{\kappa}{2} \cdot \left(\frac{h_{ref}}{h_{FR}} \right)^2 \cdot Ma_{ref}^2 \tag{5.3.13a}$$

der auf den Totaldruck bezogene Staudruck im Flammrohr. Der Erhitzungsdruckverlust liegt mit den bei modernen Brennkammern vorzufindenden Parametern

$$\frac{h_{ref}}{h_{PZ}} = \frac{h_{ref}}{h_{FR}} = 1,3 \ldots 1,8$$

$$\frac{T_4}{T_3} = 1,9 \ldots 2,3$$

$$Ma_{ref} = 0,015 \ldots 0,030$$

im Bereich

$$(\Delta p / p)_{th} < 0,2\% ,$$

so daß er gegenüber den aerodynamischen Druckverlusten vernachlässigt werden kann. Davon unberührt ist allerdings die Frage der eventuellen Änderung der aerodynamischen Druckverluste ohne und mit Verbrennung.

5.3.4.2 Ausbrenngrad

Maßgebend für den im gesamten Betriebsbereich H, Ma_0, X erreichbaren Ausbrenngrad ist nach [5.3.1] der die Schnelligkeit der kinetischen Reaktion bei der Verbrennung beschreibende Parameter

$$\Theta = \frac{p_3^{1,75} \cdot e^{T_3/300}}{M_{BKE}} \cdot A_{ref} \cdot h_{ref} \quad , \qquad\qquad \Theta \text{ in } \frac{\text{bar}^{1,75} \cdot \text{m}^3}{\text{kg/s}} \qquad (5.3.14)$$

der bei einer Formulierung entsprechend

$$\Theta = \frac{p_3^{0,75} \cdot \sqrt{T_3} \cdot e^{T_3/300}}{\left(M\sqrt{T}/p\right)_{BKE}} \cdot A_{ref} \cdot h_{ref} \qquad\qquad (5.3.14a)$$

die bei Änderung der Flug-/Betriebsbedingungen eintretenden Änderungen der Einfluß-parameter p_3 und $(M\sqrt{T}/p)_{BKE}$ deutlich macht, zumal im normalen Betriebsbereich $(M\sqrt{T}/p)_{BKE}$ nur sehr wenig veränderlich ist. Mit dem Parameter Θ ergibt sich der Ausbrenngrad aus

$$\eta_{BK} = f(\Theta, m) \quad , \qquad\qquad (5.3.15)$$

der in Bild 5.3.13 für das Beispiel einer älteren Triebwerkbrennkammer dargestellt ist. Danach sind im interessierenden Betriebsbereich, d.h. unter anderem mit $m > 0,010$, Werte $\Theta \geq 0,2$ erforderlich, um $\eta_{BK} \approx 100\%$ erreichen zu können. Da die Relation $\Theta(H, Ma_0, X)/\Theta_{TO}$ vom Standpunkt der Drücke und Temperaturen am Brennkammereintritt vor allem nach Gl. 5.3.14a leicht überschaubar ist, werden bei bestehenden Triebwerken die Werte Θ_{TO} ermittelt, die somit als Richtwerte bei der Dimensionierung von Brennkammern dienen können, zumal im frühen Stadium der Projektierung die Flug-Enveloppe noch nicht definiert sein mag. Der Parameter Θ folgt unter gleichen aero-/thermodynamischen Bedingungen, zu denen auch der als Stromdichte zu interpretierende Quotient

$$I_{ref} = \frac{\left(M\sqrt{T}/p\right)_{BKE} \cdot R}{A_{ref}} \approx const. \qquad\qquad (5.3.16)$$

gehört, mit der Ähnlichkeitsbeziehung

$$h_{ref} \sim \sqrt{M_{korr,BKE}}$$

nach Gl. 5.3.14a der Tendenz

$$\Theta \sim \sqrt{M_{korr,BKE}} \qquad\qquad (5.3.17)$$

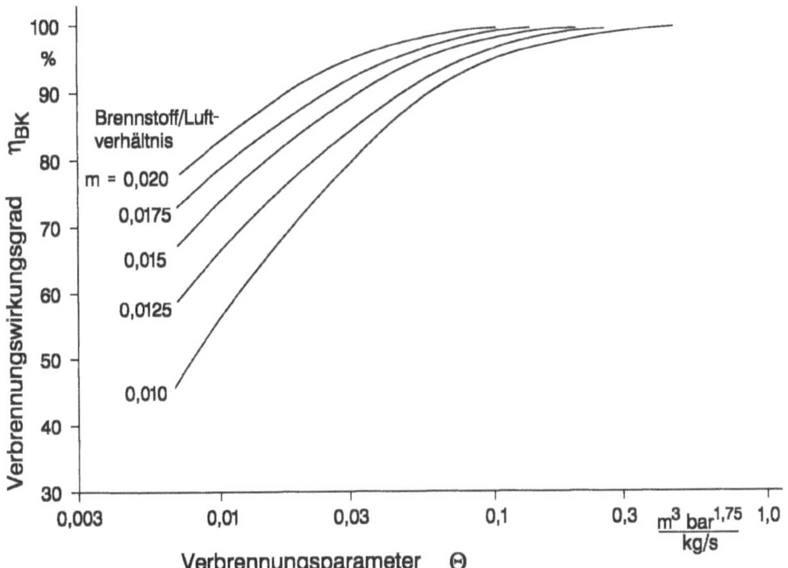

Bild 5.3.13: Einfluß des Verbrennungsparameters und des Brennstoff-/Luftverhältnisses auf den Ausbrenngrad, nach [5.3.1]

Hierzu zeigt Bild 5.3.14 die Korrelation der für $M_{korr,BKE} = 3$ kg/s und EIS = 1995 normierten Werte $\Theta_{TO} / \sqrt{M_{rel}}$ über $M_{korr,BKE}$ und EIS. Wie man sieht, entsprechen diese Werte – abgesehen von einer beträchtlichen Streuung – etwa der Tendenz nach Gl. 5.3.17. Bei den einbezogenen Wellenleistungstriebwerken, die offenbar für den Betrieb in geringen Flughöhen ausgelegt sind bzw. keine Rücksichtnahme auf große Flughöhen vorgenommen werden muß, liegen die Werte $\Theta / \sqrt{M_{rel}}$ verständlicherweise extrem tief.

Bemerkenswert ist die Entwicklung dieser Werte über EIS zu größeren Werten Θ_{TO}, die offensichtlich – nach Bild 5.3.10 und 5.3.11 zu urteilen – mit der Tendenz zu kleineren Werten Ma_{ref} bzw. I_{ref} konform geht.

Bemerkenswerterweise besteht nach Bild 5.3.15 eine ausgeprägte Tendenz des für $M_{korr,BKE} = 3$ kg/s und $EIS = 1995$ normierten, reduzierten Parameters $\Theta^{**} / \sqrt{M_{rel}}$ zu größeren Werten bei höherem Verdichterdruckverhältnis und Nebenstromverhältnis. Ob die nach Abschnitt 4.2.2 bei hohen Werten Π_{AP} stärker abfallende Arbeitslinie im heißen Kreis und die nach Abschnitt 4.2.8 bei „Windmilling" bei hohen Nebenstromverhältnissen μ_{AP} sich einstellenden niedrigeren Druckverhältnisse im heißen Kreis als Erklärung für die aus Bild 5.3.15 hervorgehende „praktizierte" Tendenz ausreichen, sei dahingestellt.

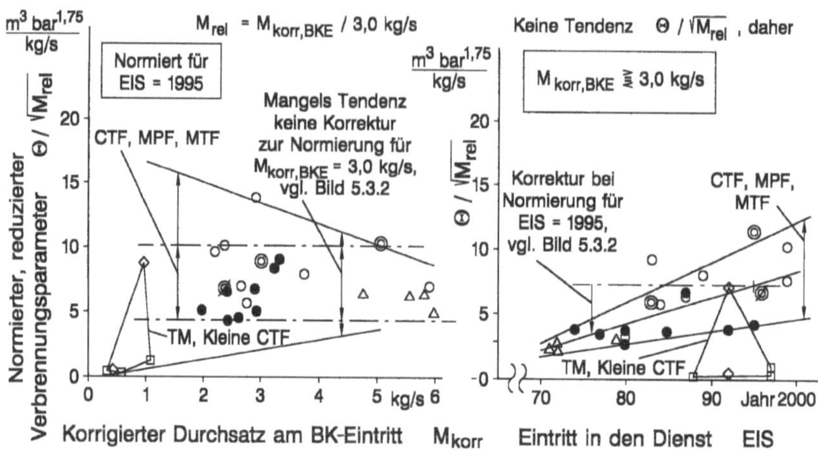

Bild 5.3.14: Einfluß des Brennkammerkonzepts, der Triebwerkklasse bzw. Einsatzart, der Triebwerkgröße und des Technologiestandes auf den Verbrennungsparameter

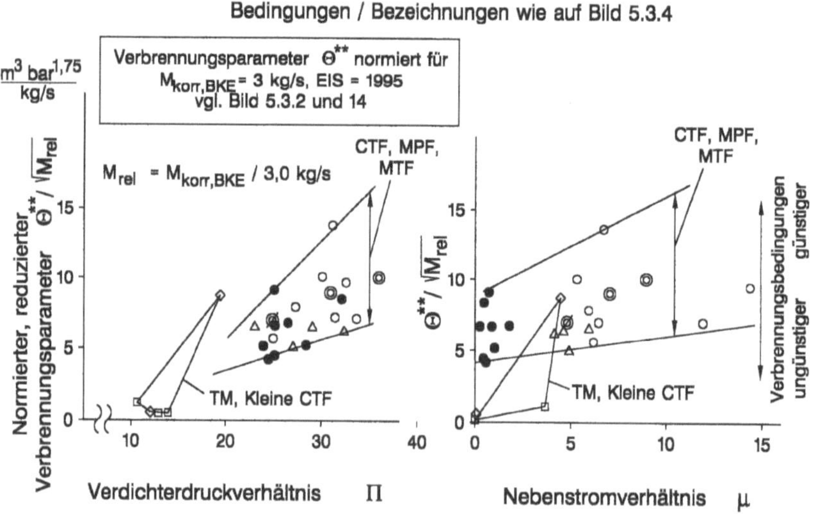

Bild 5.3.15: Einfluß des Brennkammerkonzepts und der Triebwerkklasse bzw. der Kreisprozeßparameter auf den Verbrennungsparameter

5.3.4.3 Wiederzündfähigkeit und Beschleunigungsvermögen

Wiederzündparameter

Um Triebwerke im Fluge – insbesondere unter Höhenbedingungen – nach beabsichtigtem oder unfreiwilligem Verlöschen der Brennkammer unter Nutzung des Vorstaus wieder zu zünden und danach beschleunigen zu können, müssen in der Brennkammer bestimmte aero-/thermodynamische Voraussetzungen erfüllt sein. In Anlehnung an [5.3.1] ist Wiederzünden nur möglich oberhalb eines Grenzwerts des Wiederzündparameters

$$ZP = \frac{V_{PZ} \cdot p_3^{1,3} \cdot 10^{T_3/700}}{M_{PZ}} > ZP_{\min} \tag{5.3.18}$$

Der Parameter ZP kann mit der Beziehung nach Gl. 5.3.5 analog dem Parameter Θ auf die Form

$$ZP = \frac{p_3^{0,3}\sqrt{T_3} \cdot 10^{T_3/700}}{\left(M\sqrt{T}/p\right)_{BKE} \cdot M_{PZ}/M_{BKE}} \cdot V_{PZ} \tag{5.3.18a}$$

gebracht werden, welche die Abhängigkeit von den Flug-/Betriebsbedingungen H, Ma_o, X besser erkennen läßt.

Mit Rücksicht auf formale Ähnlichkeit mit anderen Parametern (z.B. Θ in Abschnitt 5.3.4.2 und den noch zu diskutierenden Parametern BP nach Abschnitt 5.3.4.3 und Λ nach Abschnitt 5.4.5 wurden (entgegen [5.3.1] bzw. den dort diskutierten Parametern Ψ und Ω) deren Reziprokwerte $ZP = 1/\Psi$ und $BP = 1/\Omega$ eingeführt.

Der Grenzwert $ZP_{\min}$ ist für spezielle Brennkammerkonzepte bzw. -bauformen aus Triebwerkversuchen im Höhenprüfstand oder in Flugversuchen zu bestimmen.

Unter Wiederzündbedingungen in der Höhe liegt dieser Grenzwert nach [5.3.1] – allerdings an älteren Triebwerken ermittelt – im Bereich

$$ZP_{\min} = 0{,}027 \dots 0{,}037\,, \qquad\qquad ZP_{\min} \text{ in } \frac{\text{bar}^{1,3} \cdot \text{m}^3}{\text{kg/s}} \tag{5.3.19}$$

wobei natürlich der obere Wert als der pessimistischere zu gelten hat.

Da das mit der Meridianfläche $A_{PZ,mer}$ gebildete Volumen der Primärzone

$$V_{PZ} \approx A_{PZ,mer} \cdot D_m \cdot \pi \tag{5.3.20}$$

mit der Querschnittsfläche

$$A_{PZ} = h_{PZ} \cdot D_m \cdot \pi \tag{5.3.21}$$

und der Länge L_{PZ} auch in der Form

$$V_{PZ} \approx h_{PZ} \cdot D_m \cdot \pi \cdot L_{PZ} \tag{5.3.22}$$

geschrieben werden kann, ergibt sich analog Gl. 5.3.16 – abgesehen vom Druckverlust und der Temperaturerhöhung – eine Art mittlerer Stromdichte in der Primärzone

$$I_{PZ} \approx \frac{\left(M\sqrt{T}\,/\,p\right)_{PZ} \cdot R}{A_{PZ}} \quad , \tag{5.3.23}$$

so daß bei aero-/thermodynamischer und geometrischer Ähnlichkeit und $L_{PZ} = h_{PZ}$ (siehe Gl. 5.3.6) analog Gl. 5.3.17 auch hier

$$ZP \sim h_{PZ} \sim \sqrt{M_{korr,BKE}} \tag{5.3.24}$$

gesetzt werden kann. Damit erhält man die ähnlichkeitsgerechte und für $M_{korr,BKE} = $ 3 kg/s oder EIS = 1995 normierte Darstellung des reduzierten Wiederzündparameters $ZP\,/\,\sqrt{M_{rel}}$ nach Bild 5.3.16, welche die Ähnlichkeit nach Gl. 5.3.24 im Rahmen der bestehenden Streuung der Werte bestätigt.

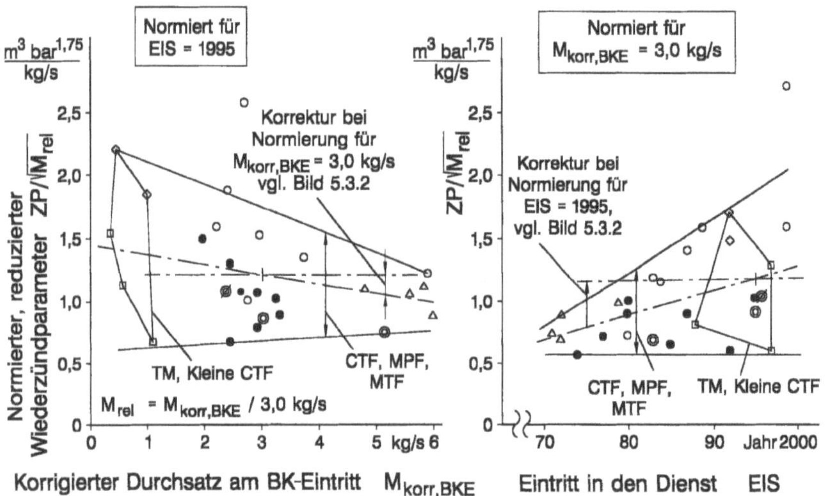

Bild 5.3.16: Einfluß des Brennkammerkonzepts, der Triebwerkklassen bzw. Einsatzart der Triebwerkgröße und des Technologiestandes auf den Zündparameter

Abgesehen davon, daß das Betriebsverhalten von Triebwerken unter Wiederzündbedingungen – also bei „Windmilling" – nach Abschnitt 4.2.8 beträchtliche, konzeptionsbedingte Unterschiede aufweist, die bei der Projektierung im allgemeinen noch nicht überschaubar sind, ergeben sich um so günstigere Wiederzündbedingungen, je größer ZP bei TO ist. Dies ist nach GL. 5.3.18a gut zu erkennen, zumal der Einfluß der Flughöhe und Flug-Mach-Zahl auf p_3 und T_3 leicht überschaubar ist.

Interessanterweise ergibt die Korrelation der nach Bild 5.3.2 normierten reduzierten Werte $ZP^{**}/\sqrt{M_{rel}}$ über dem Verdichterdruckverhältnis und dem Nebenstromverhältnis, jeweils bei TO, nach Bild 5.3.17, die ggf. eine Rücksichtnahme bei der Festlegung des Wertes ZP bei TO auf das Triebwerkkonzept signalisieren müßte, neben einer beträchtlichen Streuung der Werte nur eine schwache Tendenz zu größeren Werten $ZP^{**}/\sqrt{M_{rel}}$ nach höheren Druckverhältnissen und Nebenstromverhältnissen hin.

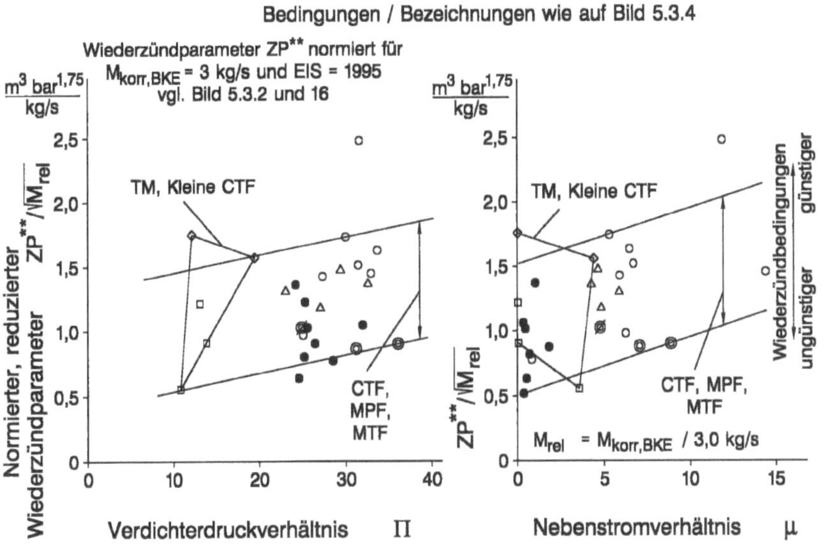

Bedingungen / Bezeichnungen wie auf Bild 5.3.4

Wiederzündparameter ZP^{**} normiert für $M_{korr,BKE}$ = 3 kg/s und EIS = 1995 vgl. Bild 5.3.2 und 16

$\frac{m^3\ bar^{1,75}}{kg/s}$

Normierter, reduzierter Wiederzündparameter $ZP^{**}/\sqrt{M_{rel}}$

TM, Kleine CTF

CTF, MPF, MTF

Verdichterdruckverhältnis   Π

$ZP^{**}/\sqrt{M_{rel}}$

TM, Kleine CTF

CTF, MPF, MTF

Wiederzündbedingungen — günstiger / ungünstiger

$M_{rel} = M_{korr,BKE} / 3,0$ kg/s

Nebenstromverhältnis   μ

Bild 5.3.17: Einfluß des Brennkammerkonzepts und der Triebwerkklasse bzw. der Kreisprozeßparameter auf den Wiederzündparameter

Beschleunigungsparameter

Das Beschleunigungsvermögen nach dem Wiederzünden, d.h. die Fähigkeit zur raschen Temperatursteigerung in der Brennkammer, wird durch den Parameter

$$BP = \frac{p_3^{1,8} \cdot 10^{T_3/700}}{M_{BKE}} \cdot V_{FR} > BP_{\min} \tag{5.3.25}$$

kontrolliert, der analog dem Wiederzündparameter ZP auf die besser überschaubare Form

$$BP = \frac{p_3^{0,8} \cdot \sqrt{T_3} \cdot 10^{T_3/700}}{\left(M\sqrt{T}/p\right)_{BKE}} \cdot V_{FR} \tag{5.3.25a}$$

gebracht werden kann und ebenfalls aus Versuchen an Triebwerken bzw. Triebwerkbrennkammern zu bestimmen ist. Nach [5.3.1] ist mit dem gleichen Vorbehalt wie bei ZP genügendes Beschleunigungsvermögen oberhalb Grenzwerten im Bereich

$$BP_{\min} = 0,008 \ldots 0,015 , \qquad\qquad BP_{\min} \text{ in } \frac{bar^{1,8} \cdot m^3}{kg/s} \tag{5.3.26}$$

gewährleistet.

Für diesen Parameter erhält man analog ZP entsprechende Ähnlichkeitsbeziehungen, d.h. es kann

$$I_{FR} \sim \frac{\left(M\sqrt{T}/p\right)_{FR} \cdot R}{A_{FR}} \tag{5.3.27}$$

mit dem Flammrohr-Strömungsquerschnitt

$$A_{FR} \sim h_{PZ} \cdot D_m \cdot \pi \ , \tag{5.3.28}$$

dem Flammrohrvolumen

$$V_{FR} \sim A_{FR} \cdot L_{FR} \tag{5.3.29}$$

und der Ähnlichkeit

$$BP \sim L_{FR} \sim \sqrt{M_{korr,BKE}} \tag{5.3.30}$$

geschrieben werden. Entsprechend zeigt Bild 5.3.18 die für $M_{korr,BKE} = 3$ kg/s oder $EIS = 1995$ normierten Werte $BP/\sqrt{M_{rel}}$. Natürlich ist das Beschleunigungsvermögen in der Höhe nach dem Wiederzünden um so besser, je höher der Wert BP bei TO ist.

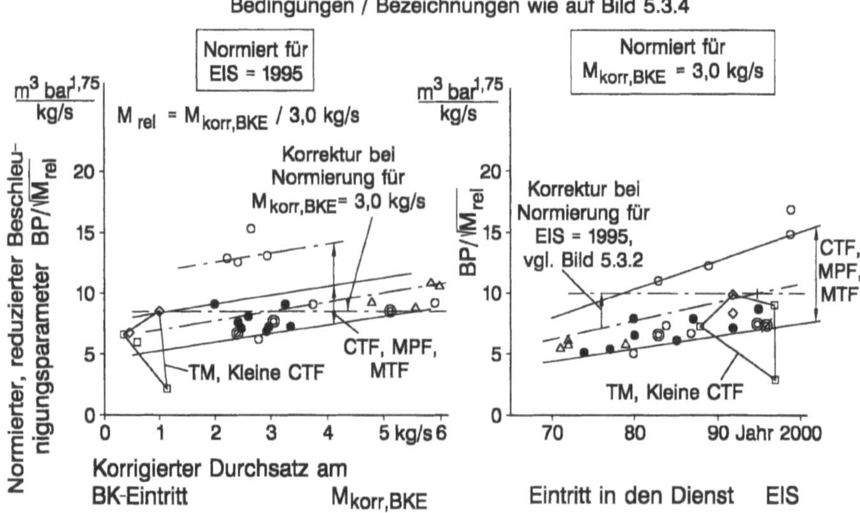

Bild 5.3.18: Einfluß des Brennkammerkonzepts, der Triebwerkklasse bzw. Einsatzart, der Triebwerkgröße und des Technologiestandes auf den Beschleunigungsparameter

Was die Tendenz der für $M_{korr,BKE} = 3$ kg/s und $EIS = 1995$ normierten, reduzierten Werte $BP^{**}/\sqrt{M_{rel}}$ über den Kreisprozeßparametern Π und μ, jeweils bei TO, betrifft, so gilt entsprechend Bild 5.3.19 sinngemäß dasselbe wie für den Wiederzündparameter.

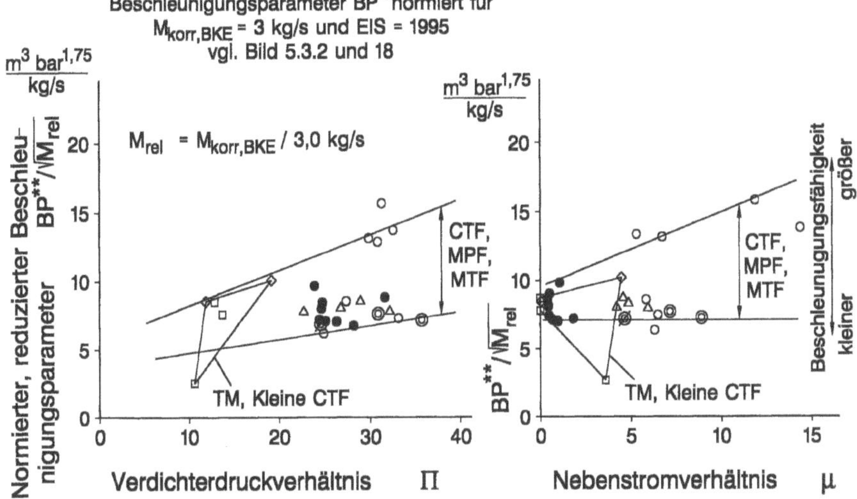

Bild 5.3.19: Einfluß des Brennkammerkonzepts und der Triebwerkklasse bzw. der Kreisprozeßparameter auf den Beschleunigungsparameter

Bemerkenswert ist in jedem Falle die bei *TO* teilweise beträchtlich steigende Tendenz der für $M_{korr,BKE}$=3 kg/s normierten, reduzierten Parameter $\Theta / \sqrt{M_{rel}}$, $ZP / \sqrt{M_{rel}}$ und $BP / \sqrt{M_{rel}}$ nach den Bildern 5.3.14, 5.3.16 und 5.3.18 mit fortschreitendem *EIS*, die mit der fallenden Tendenz von Ma_{ref} nach Bild 5.3.10 direkt in Beziehung gebracht werden kann. Hierauf wird im folgenden Abschnitt nochmals eingegangen.

5.3.5 Schadstoffemission

Wie in Abschnitt 5.3.1 bereits angesprochen, haben die Forderungen zur Reduzierung der Schadstoffemission, insbesondere NO_x, einen entscheidenden Anstoß zur besseren analytisch/experimentellen Analyse der Brennstoffeinspritzung und -aufbereitung, der reaktionskinetischen und aero-/thermodynamischen Vorgänge und zur Entwicklung neuer Brennkammerkonzepte hervorgebracht. Tatsächlich geht heute das erreichte Verständnis der ablaufenden Prozesse – vor allem in der Primärzone – und der physikalisch/technischen Möglichkeiten zu deren Beeinflussung, vor allem im Sinne der Reduzierung der Schadstoffemission, weit über die bis heute als realisierbar erkannten Konzepte hinaus, weil bei einigen Funktionsprinzipien bzw. Konzepten physikalische bzw. betriebstechnische „Nebenwirkungen" und /oder konstruktive Probleme bestehen, die bisher nicht gelöst werden konnten.

Angesichts der in Zukunft zu erwartenden weiteren Verschärfung der Emissionsbeschränkungen ist bei der Projektierung von Triebwerken bzw. Brennkammern dafür

Sorge zu tragen, daß die Auslegung und Dimensionierung diesen Erfordernissen nicht entgegenstehen bzw. genügend Freiraum für zukünftige Entwicklungen bieten.

Vom Standpunkt der Emissionsbeschränkung ist der von ICAO in den 70er Jahren definierte LTO-Zyklus [5.3.2] maßgebend, der nur die Flugzeugbewegungen im Flughafenbereich, d.h. den Start- und Landevorgang (5 Phasen) umfaßt (LTO steht für Landing and Take Off). Für zivile Turbofans, die aufgrund des großen Luftverkehrsaufkommens im Mittelpunkt des Interesses stehen, sind im Rahmen der Triebwerkszulassung die als Kriterium dienenden Emissionsparameter, z.B. für NO_x

$$ICAO - NO_x = \frac{\sum_1^5 EI_{NO_x} \cdot SBV \cdot F \cdot \Delta t}{F_{TO}} \qquad ICAO - NO_x \text{ in } \frac{g}{kN} \qquad (5.3.31)$$

auf der Basis am Triebwerk gemessener Emissionsindices, z.B. EI_{NOx} (g/kg), zu ermitteln. Die für die Schadstoffe NO_x, CO, HC und Rauch derzeit international geltenden Grenzwerte und die in einigen Fällen praktisch erreichten Emissionsdaten nach dem Stand EIS = 1990 sind in den Bildern 5.3.20 bis 5.3.23 in der üblichen Weise dargestellt. Dabei sei erwähnt, daß die Rauchzahl nach Bild 5.3.23 auch bei militärischen Turbofans wegen der optischen und/oder IR-Entdeckbarkeit eine wichtige Rolle spielt. Eine weitere Verschärfung der Situation ist nach Bild 5.3.20 bei NO_x im Gange, wobei einerseits mit einer weiteren Senkung der Grenzwerte auf weniger als 80% der bis 1995 gültigen Werte (100%) zu rechnen ist, und andererseits die Einbeziehung aller Phasen einer Flugmission, insbesondere auch der Reiseflugphase, im Gespräch ist.

Seit geraumer Zeit richtet sich der Schwerpunkt der Forschungs-/Entwicklungsaktivitäten auf die Reduzierung der NO_x-Emission, weil befürchtet wird, daß gerade diese Schadstoffkomponente im Bereich der Reiseflughöhe langfristig klimaschädlich ist. Zwar ist nach Bild 5.3.24 der Emissionsindex EI_{NOx} bei TO am höchsten, aufgrund der langen Dauer der Reiseflugphase ist jedoch selbst beim Kurzstreckenverkehr nach Bild 5.3.25 die absolute NO_x-Emission im Reiseflug dominierend. Unter der sehr großen Zahl an Publikationen zur Problematik der klimaschädlichen Schadstoffemissionen sind wichtige Angaben in [5.3.5 bis 5.3.7] zu finden. Die befürchtete Schädlichkeit der NO_x-Emission wird allerdings nach [5.3.15] aufgrund der Anwesenheit von Methan (CH_4) in der Atmosphäre relativiert.

Bei den von ICAO für den LTO-Zyklus festgelegten NO_x-Grenzwerten entsprechend Bild 5.3.20 wurde Rücksicht genommen auf die zeitliche Entwicklung der Triebwerke zu höheren Druckverhältnissen mit der damit einhergehenden Erschwernis bei der Erzielung niedriger NO_x-Werte. Dieser Tendenz gegenübergestellt sei die experimentell ermittelte Abhängigkeit der NO_x-Emission von den Bedingungen p_3 und T_3 am Brennkammereintritt entsprechend folgenden empirischen Beziehungen.

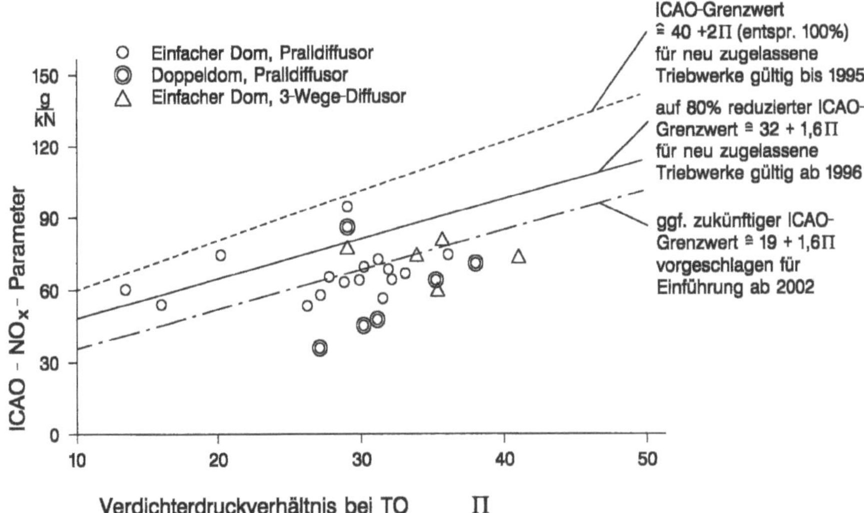

Bild 5.3.20: NO_x-Emissionen ziviler Turbofans im Vergleich zu ICAO-Grenzwerten (nach ICAO-Exhaust Emission Data Bank, Messung bei Zulassung)

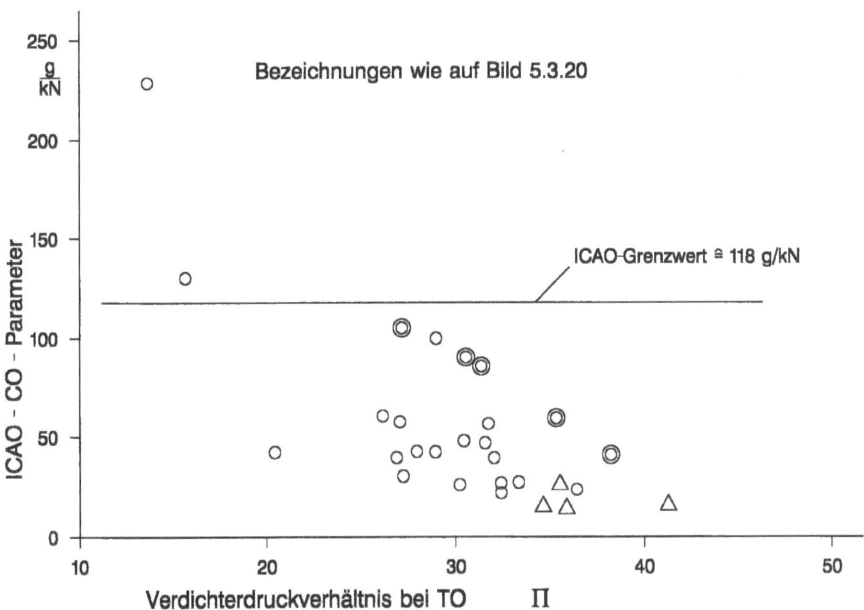

Bild 5.3.21: CO-Emissionen ziviler Turbofans im Vergleich zum ICAO-Grenzwert (nach ICAO-Exhaust Emission Data Bank, Messung bei Zulassung)

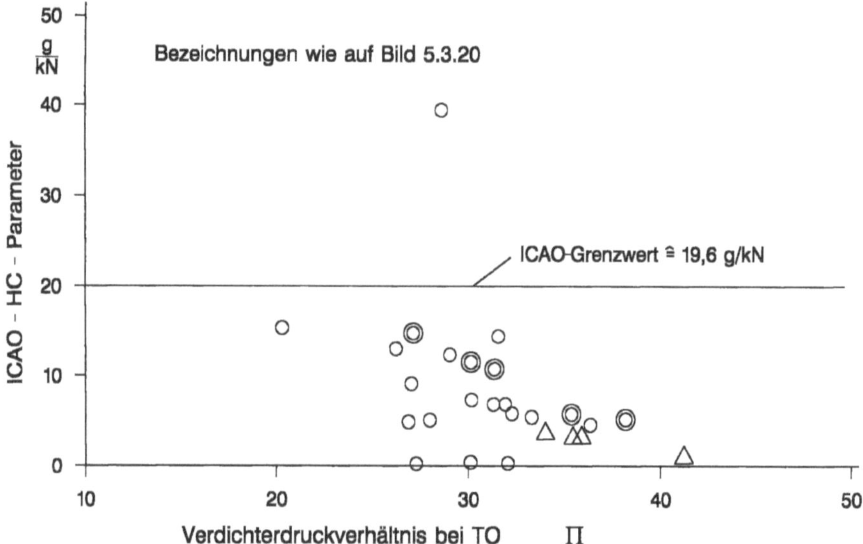

Bild 5.3.22: HC-Emissionen ziviler Turbofans im Vergleich zum ICAO-Grenzwert (nach ICAO-Exhaust Emission Data Bank, Messung bei Zulassung)

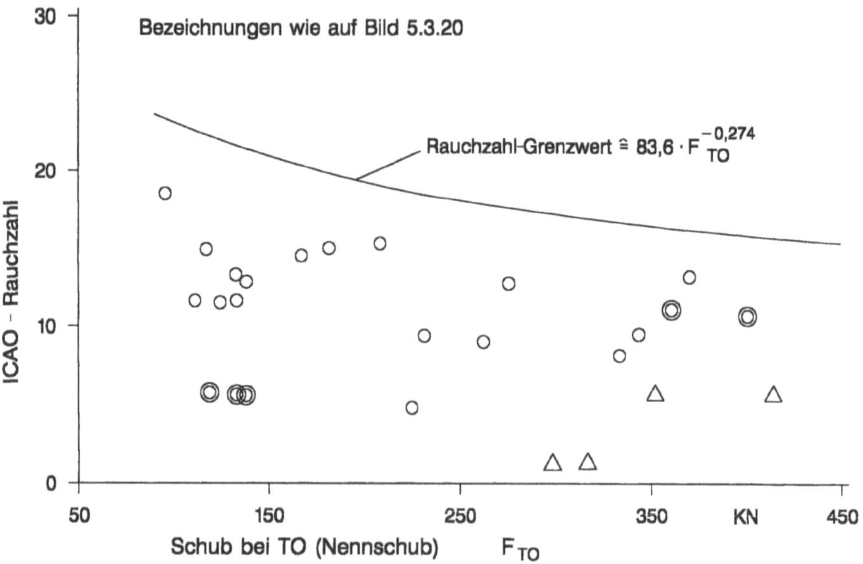

Bild 5.3.23: NO-Rauchemissionen ziviler Turbofans im Vergleich zum ICAO-Grenzwert (nach ICAO-Exhaust Emission Data Bank, Messung bei Zulassung)

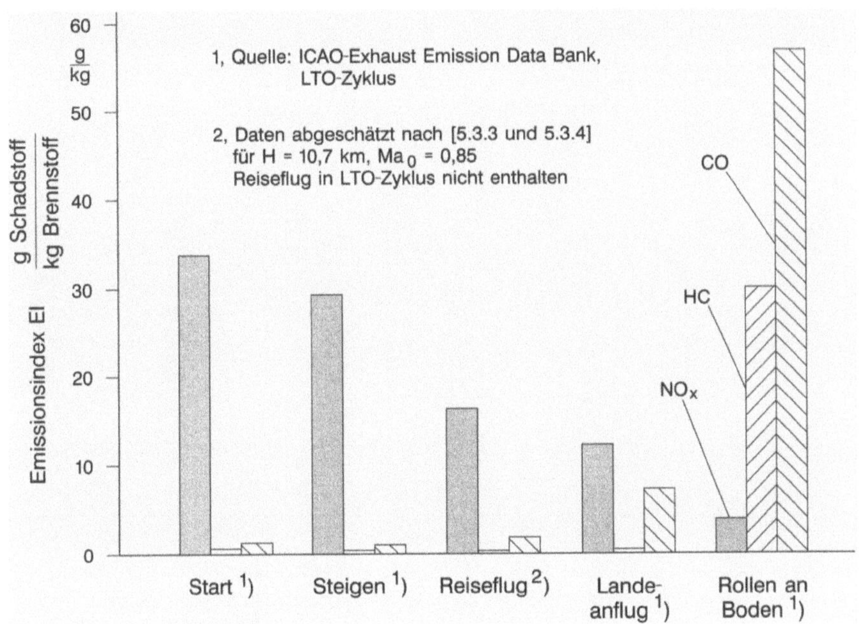

Bild 5.3.24: Emissionsindices eines zivilen Turbofans in verschiedenen Missionsphasen

Nach [5.3.8] sind mehrere Formulierungen dieses Sensibilitätsfaktors bekannt, von denen die auch in [5.3.9] diskutierte Beziehung

$$SF - EI_{NO_x} \sim p_3^{0,4} \cdot \exp\left(\frac{T_3}{194,4} - \frac{x}{53,2}\right) \tag{5.3.32}$$

mit dem Feuchtigkeitsgehalt der Luft x (g/kg) nur die BK-Eintrittsbedingungen reflektiert und auf Brennkammern von General Electric zugeschnitten ist. Diese Beziehung liefert etwa die gleichen Ergebnisse wie z.B. die von Pratt & Whitney stammende, auch die BK-Austrittstemperatur und die mittlere Aufenthaltszeit reflektierende Formulierung nach [5.3.8], aus der sich nach Vereinfachung entsprechend konstanter Aufenthaltszeit (d.h. praktisch für eine bestimmte Brennkammer)

$$SF - EI_{NO_x} \sim p_3^{0,5} \cdot T_4 \cdot \exp\left(\frac{T_3}{288} - \frac{x}{53,2}\right) \tag{5.3.33}$$

ergibt. Beim Vergleich dieser Faktoren mit dem Trend der ICAO-Grenzwerte sind zwei Fälle zu unterscheiden:

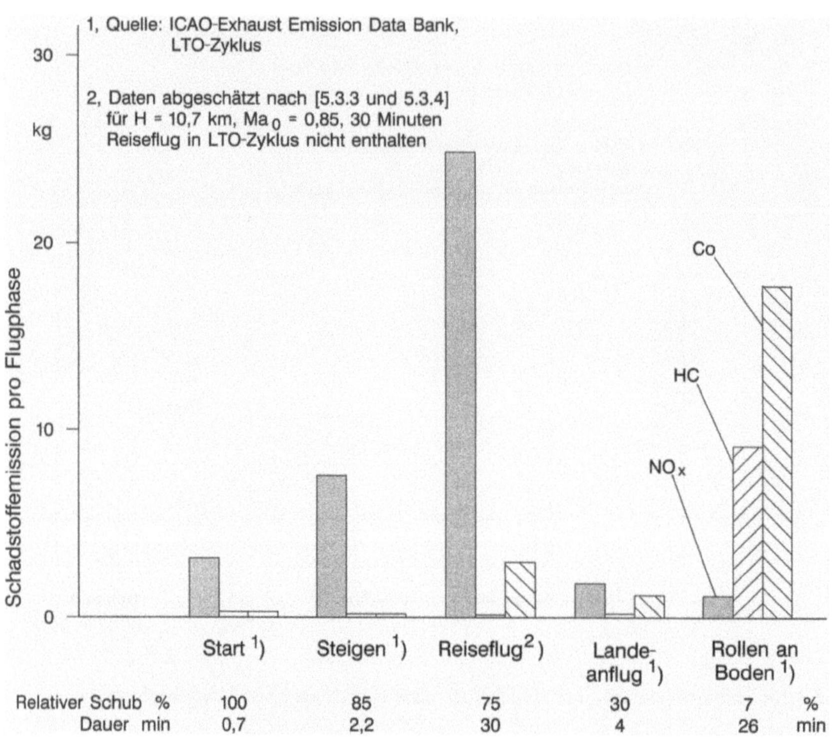

Bild 5.3.25: Schadstoffemissionen eines zivilen Turbofans in verschiedenen Missionsphasen

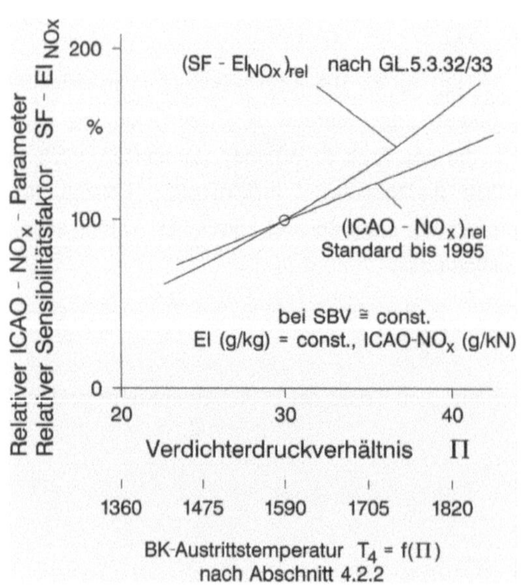

Bild 5.3.26:
Tendenz des Einflusses der BK-Eintritts- und ggf. -Austritts-bedingungen auf die NO_x-Emission im Vergleich mit den ICAO-NO_x-Grenzwerten

1. Bei der kurzfristigen Weiterentwicklung eines existierenden Triebwerks bei gleicher Konfiguration zu höherem Schub, bei der der *SBV* im allgemeinen in engen Grenzen konstant bleibt, ist ohne gleichzeitige technische Verbesserungen in der Brennkammer nach Bild 5.3.26 im Vergleich zu den ICAO-Grenzwerten eine sichtbar stärkere Zunahme der NO_x-Emission zu erwarten, die bei hohem Ausgangsniveau zu Problemen führen mag.

2. Bei der längerfristigen Entwicklung von Triebwerken, ggf. über Dekaden hinweg, die u.a. auch Konfigurationsänderungen sowie Technologieverbesserungen beinhaltet und infolgedessen u.a. auch eine Verbesserung im *SBV* zeigt, kann mit dem Trend der Druckverhältnisse bei *TO* über *EIS* nach Bild 5.3.27 praktisch mit einem wesentlich flacheren Anstieg der NO_x-Emission über dem Druckverhältnis als nach Gl. 4.3.32/33 gerechnet werden.

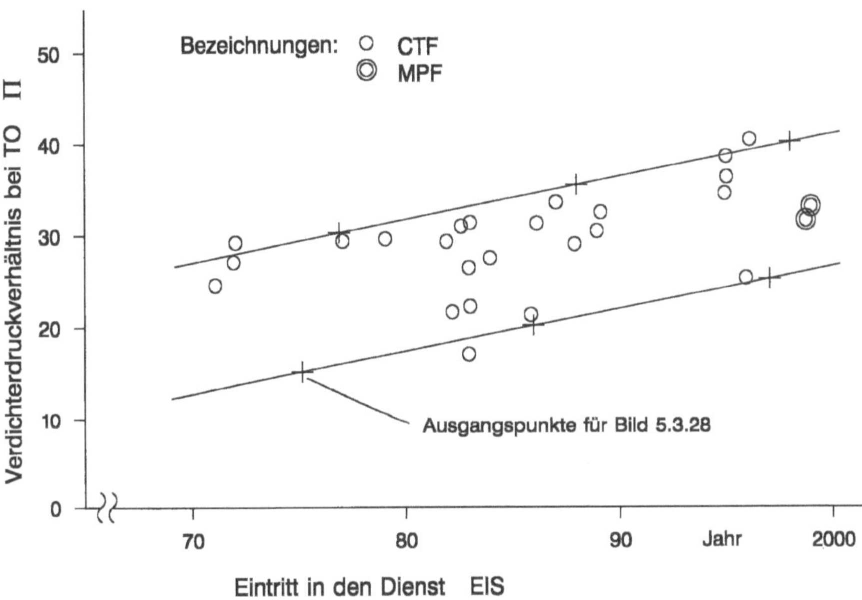

Bild 5.3.27: Zeitliche Entwicklung der Verdichterdruckverhältnisse ziviler Turbofans und Mantelpropfans bei *TO*

Damit kann davon ausgegangen werden, daß die längerfristige Entwicklung der Triebwerke zu höherer Wirtschaftlichkeit, insbesondere zu anspruchsvolleren Kreisprozessen mit günstigerem *SBV*, durch die Rücksichtnahme auf die NO_x-Emission nicht grundsätzlich behindert wird. Die seit 1970 erreichten NO_x-Emissionswerte nach dem LTO-Zyklus sind nach Bild 5.3.28 den nach Bild 5.3.20 bis 1995 (100%) und ab 1996 (80%) zulässigen Emissionswerten gegenübergestellt. Dieser Vergleich macht deutlich, daß bisher aufgrund der sich steigernden Verdichterdruckverhältnisse nur geringe Fortschritte in der Senkung der absoluten Beträge der NO_x-Emission erreicht wurden, wenngleich der Abstand zu den ICAO-NO_x-Grenzwerten erheblich vergrößert werden konnte.

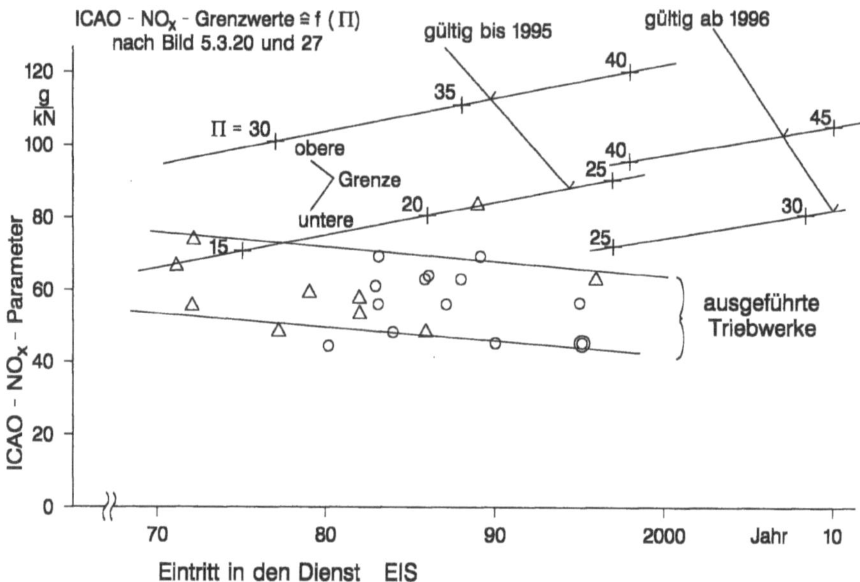

Bild 5.3.28: Zeitliche Entwicklung der ICAO-NO_x-Parameter ziviler Turbofans im Vergleich zu den aus der Entwicklung der Verdichterdruckverhältnisse resultierenden ICAO-NO_x-Grenzwerten

Bedingungen für NO_x-Bildung

Da die NO_x-Bildung um so größer ist, je höher die Drücke und Temperaturen beim Verbrennungsvorgang sind und je langsamer der Verbrennungsvorgang abläuft, kommt es bei der Gestaltung der Brennkammer darauf an, in der Primärzone folgende Prinzipien zu verfolgen:

1. Die Verbrennungstemperatur muß durch Vermeidung des stöchiometrischen Mischungsverhältnisses, d.h. durch Einstellung eines mittleren Äquivalenzverhältnisses $\overline{\Phi}_{PZ} \gtrless 1$ so weit wie möglich gesenkt werden.

2. In der Primärzone muß das örtliche Äquivalenzverhältnis Φ_{PZ} möglichst homogen sein, d.h. es ist eine möglichst geringe Ungleichförmigkeit der örtlichen Brennstoffverteilung zu erreichen.

3. Der Verbrennungsablauf muß bei $\Phi_{PZ} < 1$ so schnell wie möglich erfolgen.

Dabei ist bezüglich der Prinzipien 1. und 2. zu bedenken, daß nach Bild 5.3.29 stabile Verbrennung nur im Bereich $\Phi_{PZ} \geq 0{,}35 \ldots 0{,}37$ zu erreichen ist, während im Bereich

$\Phi_{PZ} > 1{,}3 \dots 1{,}5$ mit Rußbildung zu rechnen ist, die absolut vermieden werden muß. Aus der Forderung 1. mit den o.a. Beschränkungen des Äquivalenzverhältnisses haben sich folgende zwei, bereits in Abschnitt 5.3.2 angesprochene Funktionsprinzipien herausgebildet:

Beim Konzept der „Mager"-Verbrennung wird angestrebt, das mittlere Äquivalenzverhältnis so dicht wie möglich an die Armgrenze $\Phi_{PZ,\min}$ heranzurücken. Hierzu war, wie z.B. in [5.3.10] skizziert, vorgeschlagen worden, dies dadurch zu erreichen, daß der in die Primärzone einströmende Luftanteil entsprechend dem Lastzustand bzw. entsprechend der Brennstoffmenge durch variable Geometrie geregelt wird. Bisher war diesem Konzept in der Luftfahrt kein Erfolg beschieden. Praktisch hat sich bisher nur das sog. Doppeldom-Konzept, wie in Bild 5.3.3 skizziert, durchsetzen können, bei dem im Bereich niedriger Last die eine, z. B. die innere Düsengruppe, im Bereich hoher Last z. B. die äußere Düsengruppe in Aktion ist. In einigen Fällen, vgl. hierzu [5.3.3 und 5.3.9] – wird die äußere Düsengruppe axial nach hinten versetzt, wobei in diesem Falle im allgemeinen die inneren (Pilot-)Düsen im Leerlauf und unteren Lastbereich, die äußeren (Haupt-) Düsen im oberen Lastbereich arbeiten.

Bei der „Reich/Mager"-Verbrennung wird – wie in [5.3.4 und 5.3.10] skizziert, zunächst ein Teil des Brennstoffs in einer ersten Primärzone bei $\overline{\Phi}_{PZ,prim} > 1$ teilweise verbrannt, so daß hier nach Bild 5.3.29 nur moderate Verbrennungstemperaturen auftreten können, und dann – nach möglichst raschem Übergang in einem entsprechend eingeschnürten Übergangskanal – zu einer zweiten Primärzone geführt, wo der restliche Brennstoff unter Luftzufuhr bei niedrigem $\overline{\Phi}_{PZ,sek} < 1$ und damit ebenfalls bei niedrigen Verbrennungstemperaturen verbrennt. Brennkammern, die nach diesem Prinzip funktionieren, neigen eher zur Rußbildung, sind relativ lang und führen zu großen zu kühlenden Flammrohroberflächen.

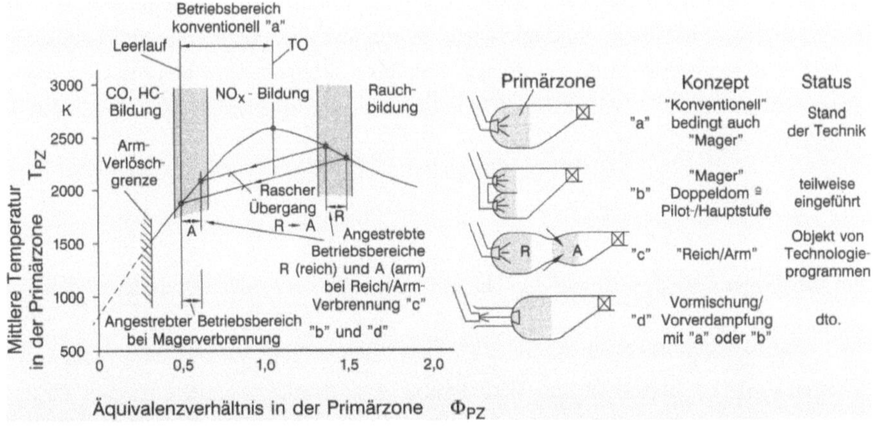

Bild 5.3.29: Verbrennungsbedingungen bei eingeführten und neuartigen bzw. zukünftigen Brennkammerkonzepten

In diesem Zusammenhang sei auch darauf hingewiesen, daß nach [5.3.11] mit zunehmenden Temperaturen im Bereich des Flammrohrs das Problem knapper werdender
Flammrohrkühlluft besteht, da auch bei herabgesetzten Verbrennungstemperaturen einerseits konvektive Kühlung der Flammrohrwände durch die Sekundärkanäle nicht ausreicht
und andererseits die Filmkühlung auch dazu nötig ist, um die Verbrennungszonen von
den Flammrohrwänden fernzuhalten. Ob dieses Problem durch die Einführung neuartiger
hochtemperaturbeständiger (nichtmetallischer) Werkstoffe in Zukunft gelöst werden
kann, sei dahingestellt.

Bei der „Mager"-Verbrennung kommt es darauf an, den Brennstoff in die Primärzone so einzubringen, daß eine räumlich möglichst gleichmäßige Verteilung bei minimaler
Tröpfchengröße und größtmöglichem Verdampfungsgrad entsteht. Dabei ist neben der
Homogenität der Brennstoffkonzentration die Schnelligkeit des Verbrennungsablaufs,
d.h. eine möglichst geringe mittlere Verweilzeit der Verbrennungsgase im Flammrohr,
für den Erfolg im Sinne minimaler NO_x-Emission maßgebend. Bei der „Reich-/Mager"-
Verbrennung gilt zwar ähnliches, wobei hier jedoch die Brennstoffverteilung nur über
die Brennstoffeinspritzung in die erste Primärzone beeinflußbar ist. Auch hier spielt im
Zusammenhang mit der NO_x-Bildung die mittlere Verweilzeit zumindest in der zweiten
Primärzone eine wesentliche Rolle.

Den Einfluß der Verweilzeit in der Primärzone auf die Verbrennungstemperatur und
die Emission stickstoffhaltiger Stoffe zeigt Bild 5.3.30 nach [5.3.12], jeweils in Abhängigkeit vom mittleren Äquivalenzverhältnis $\overline{\Phi}_{PZ}$, bei vorgegebenem Zustand p_3 und
T_3 vor der Verbrennung.

Die erreichbare Homogenität der Brennstoffverteilung, der Teilchengröße und des
Verdampfungsgrades ist sehr stark von der Qualität der Brennstoffeinspritzung abhängig.
Während früher, d.h. vor den 70er Jahren, einfache Hochdruck-Zerstäuberdüsen (i.a. 2-
Mengen-Düsen) vorherrschten, geschieht die Brennstoffeinspritzung heute mittels Drall-
Luftstrahldüsen mit zwei konzentrischen, konischen, i.a. gegensinnigen Drallzonen,
zwischen denen der Brennstoff in feinste Tröpfchen zerstäubt wird und die Gemischbildung einsetzt. Hierzu zeigt Bild 5.3.31 den Einfluß des Ungleichförmigkeitsgrades in der
Primärzone nach [5.3.13]

$$S = \frac{\Sigma_i \left(\Phi_i - \overline{\Phi}\right)^2_{PZ} \cdot \Delta A_i}{\Sigma \Delta A_i} \qquad (5.3.34)$$

auf den Emissionsindex $EI - NO_x$. Danach ist bei $\overline{\Phi}_{PZ} > 1$, also bei „reicher" Verbrennung, ein höherer Ungleichförmigkeitsgrad S – was physikalisch durchaus verständlich
ist – eher günstig, während bei $\overline{\Phi}_{PZ} < 1$, also bei „Mager"-Verbrennung (oder in der
zweiten Phase bei „Reich/Mager"-Verbrennung) eine möglichst geringe Ungleichförmigkeit und – nach Bild 5.3.30 – minimale Aufenthaltzeit in der Primärzone wichtig sind.

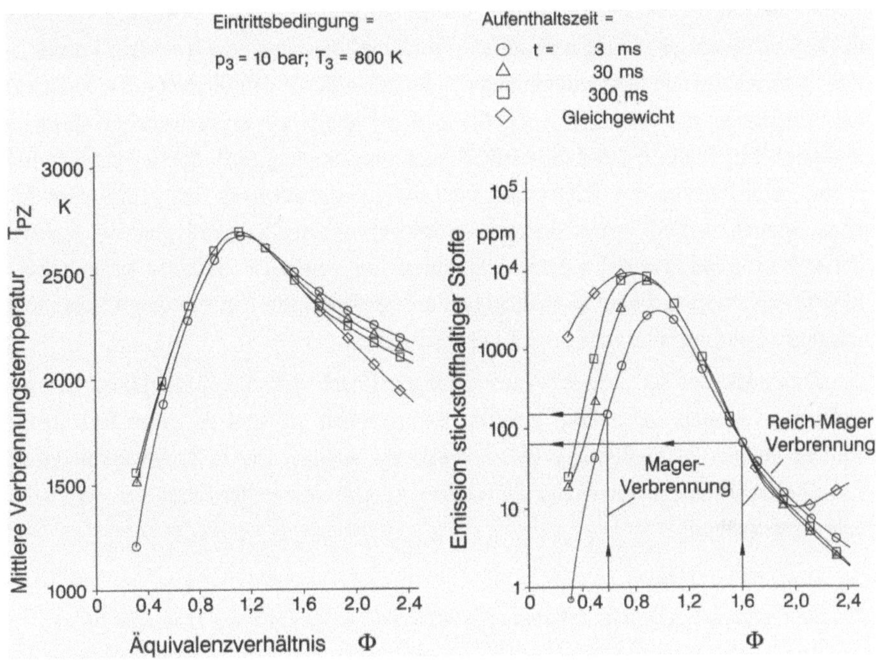

Bild 5.3.30: Einfluß der Aufenthaltszeit in der Primärzone auf die Verbrennungstemperatur und die Emission stickstoffhaltiger Stoffe (analytische Ergebnisse nach [5.3.12])

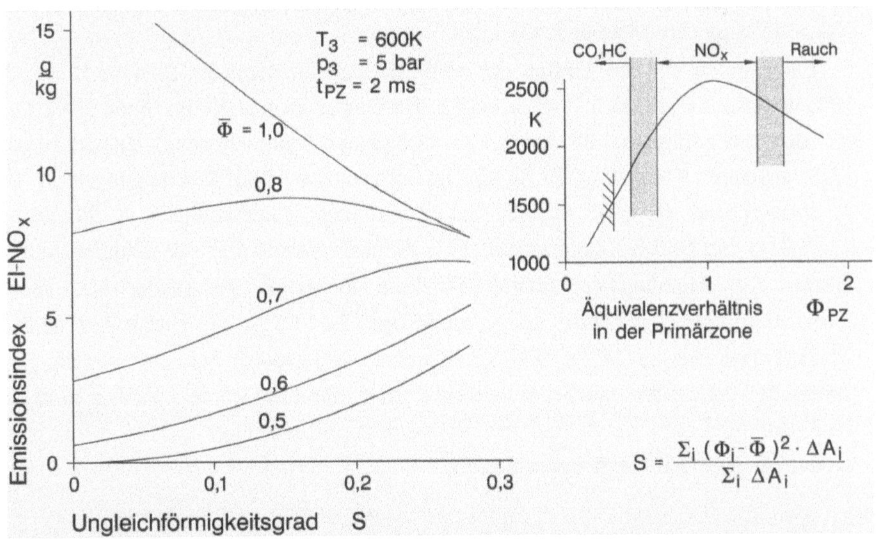

$$S = \frac{\Sigma_i\,(\Phi_i - \bar{\Phi})^2 \cdot \Delta A_i}{\Sigma_i\,\Delta A_i}$$

Bild 5.3.31: Einfluß des Ungleichförmigkeitsgrades des Brennstoff-/Luftverhältnisses in der Primärzone auf die NO_x-Emission (ermittelt aus analytischen Ergebnissen nach [5.3.10])

Da bei der Brennstoffeinspritzung durch Luftstrahldüsen nur begrenzte Gleichförmigkeit der Gemischbildung und geringe Verdampfungsraten erzielt werden können, ist die Vormischung und Vorverdampfung des Brennstoffs vor dem Eintritt des Gemischs in die Primärzone, wie etwa in [5.3.3 und 5.3.14] behandelt, ein erstrebenswertes Entwicklungsziel. Mit Rücksicht auf die Gefahr der Fremdzündung (z.B. durch Flammenrückschlag beim Pumpen des Triebwerks) oder durch Selbstzündung (bei genügender Aufenthaltsdauer in der Vormischkammer) wird gegenwärtig keine Möglichkeit gesehen, dieses Prinzip bei Flugtriebwerken einzuführen. Der von p_3, T_3 und der Aufenthaltszeit in der Verdampfungskammer abhängige Verdampfungsgrad und das damit zusammenhängende Betriebsrisiko wird in [5.3.11] beschrieben.

Zumindest bei der „Mager"-Verbrennung hat nach Bild 5.3.30 die Dauer des Verbrennungsvorgangs unter sonst gleichen Bedingungen p_3 und T_3 einen bedeutenden Einfluß auf die NO_x-Bildung. Daher wurde zur Analyse der in Triebwerkbrennkammern herrschenden Bedingungen die mittlere Aufenthaltszeit der Brenngase im Flammrohr entsprechend

$$\bar{t}_{FR} = V_{FR} / \dot{V}_{FR} \tag{5.3.35}$$

ermittelt, wobei das Durchsatzvolumen genähert als jenes am Flammrohraustritt

$$\dot{V}_{FR} \approx \Phi_{BKE} \cdot \frac{\sqrt{T_3} \cdot R}{1 - (\Delta p / p)_{BK}} \cdot \frac{T_4}{T_3} \tag{5.3.36}$$

angesetzt wurde. Die ermittelten Werte liegen nach Bild 5.3.32 im Bereich 2,5 bis 5 ms, wobei interessanterweise nur eine geringe, fallende Tendenz über EIS erkennbar ist, obwohl die mittlere Aufenthaltzeit, wie bereits erörtert, im Zusammenhang mit der NO_x-Emission eine wichtige Rolle spielt.

Ein Hinweis auf den Einfluß der mittleren Aufenthaltszeit im Flammrohr auf die NO_x-Emission ergibt sich – wenn auch auf schmaler Datenbasis im Sinne eines Teils der nach den Bildern 5.3.28 und 5.3.32 verfügbaren Informationen – aus der in Bild 5.3.33 gezeigten Korrelation der für gleiche Brennkammer-Eintrittsbedingungen p_3 und T_3 entsprechend $\Pi_V = 30$ nach Gl. 5.3.31 und Technologiestand EIS = 1995 mittels Bild 5.3.28 und Bild 5.3.2 normierten NO_x-Emissionswerte über der mittleren Aufenthaltszeit $\bar{t}_{FR}$. Allerdings enthalten die für diese Korrelation benützbaren Daten gegenüber dem mittleren Gradienten $\bar{t}_{FR} = f(EIS)$ nach Bild 5.3.32 eine eher stärker fallende Tendenz über EIS, so daß in Bild 5.3.33 der im betrachteten Zeitraum zurückgelegte technische Fortschritt möglicherweise nicht korrekt eliminiert wurde. Überdies kann Bild 5.3.33 aufgrund der Formulierung des NO_x-Emissionsparameters nach Gl. 5.3.31 ohnehin nur einen groben Überblick darstellen.

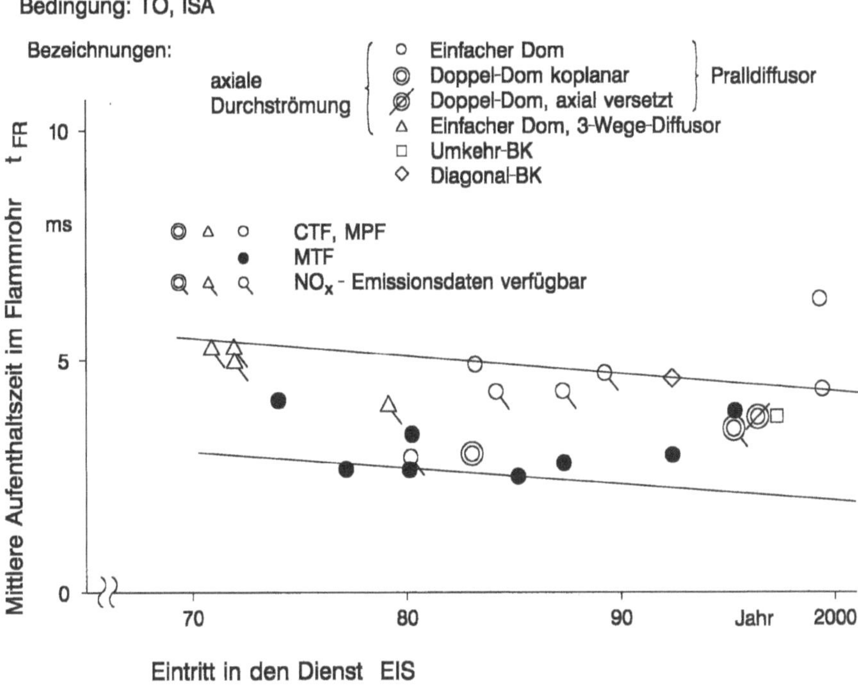

Bild 5.3.32: Mittlere Aufenthaltszeiten in Brennkammer-Flammrohren bei CTF, MPF und MTF

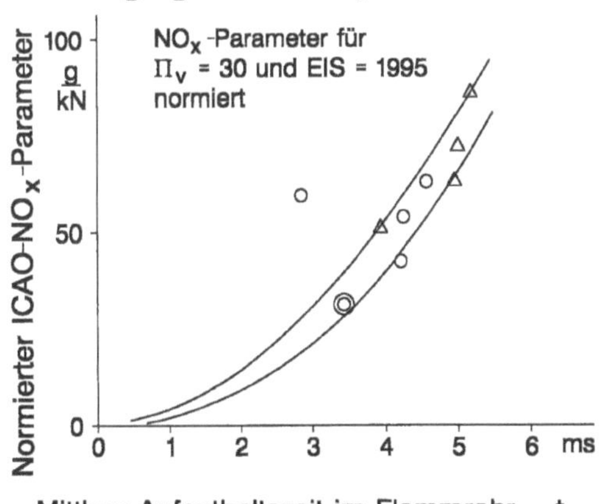

Bild 5.3.33:
Einfluß der mittleren Aufenthaltszeit im Flammrohr auf die NO_x-Emission bei zivilen Turbofans

Damit ergeben sich für die Dimensionierung des Flammrohrs bzw. der Primärzone folgende entgegengesetzten Optimierungstendenzen:

- einerseits hohe Stromdichte bzw. kurze Verweilzeit im Flammrohr vom Standpunkt der NO_x-Emission und

- andererseits niedrige Stromdichte bzw. großes Primärzonen- und Flammrohrvolumen mit Rücksicht auf Ausbrenngrad, Wiederzündfähigkeit und Beschleunigungsvermögen.

Demgegenüber ist offenbar die Frage der Druckverluste von der Festlegung des BK-Querschnitts bzw. der Referenz-Mach-Zahl nur wenig berührt, vgl. Bild 5.3.11.

Schließlich zeigt Bild 5.3.34 einen Überblick der in der Triebwerkindustrie nach [5.3.6] bestehenden oder geplanten Forschungs-/Entwicklungsaktivitäten zur weiteren Senkung der NO_x-Emission und ihre Einordnung in den Stand der Technik und in den Trend der ICAO-Grenzwerte.

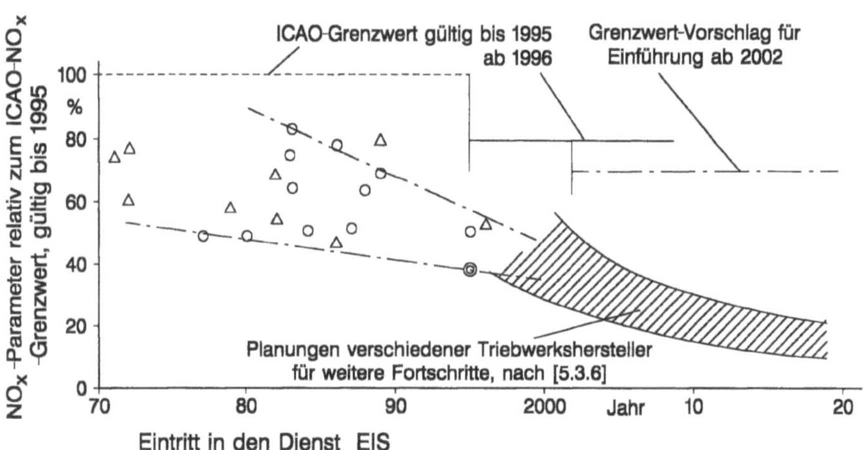

Bild 5.3.34: Stand der Technik und erwartete Fortschritte in der Reduzierung der NO_x-Emission bei Brennkammern ziviler Turbofans im Vergleich zu den ICAO-NO_x-Grenzwerten

5.4 Nachbrenner

5.4.1 Allgemeines

Im militärischen Bereich, d.h. bei Einkreis- und Zweikreis-Strahltriebwerken für Überschall-Kampfflugzeuge, stellt der Nachbrenner das effizienteste Mittel dar, die hohen

Schubforderungen im Überschallflug und unter Kampfbedingungen mit den weit geringeren Schubforderungen im Unterschall-Streckenflug und -Steigflug bei annehmbaren Triebwerkabmessungen und Luftdurchsätzen zu verbinden. Damit einher geht die Nutzung des Nachbrenners zur Ausweitung der Flugenveloppe in Richtung höherer Flug-Mach-Zahlen und größerer Flughöhen.

Außerdem kann ein ohnehin vorhandener Nachbrenner auch beim Start eingesetzt werden, um bei maximalem Abfluggewicht kurze Startstrecken zu ermöglichen.

Von Ausnahmen abgesehen, werden Kampfflugzeuge im Unterschallflug ohne Nachverbrennung eingesetzt. Nur wenn längere Flugphasen im Überschallflug bei moderaten Mach-Zahlen (z.B. im Bereich $Ma_0 = 1,4 ... 1,5$) geflogen werden sollen, wird auch dabei in Einzelfällen der Betrieb ohne Nachverbrennung in Betracht gezogen.

Der hohe *SBV* bei Nachverbrennung, der üblicherweise in der Größenordnung 1,7 bis 2,0 kg/daN,h liegt, bestimmt die Dauer der durchführbaren Überschallflug- oder Überschall-/Unterschall-Kampfphase, die im allgemeinen auf wenige Minuten pro Mission begrenzt ist. Dies führte in den 80er Jahren zu Überlegungen, Überschall-Kampfflugzeuge mit entsprechend dimensionierten Triebwerken ohne Nachbrenner zu konzipieren, die damit geeignet sind, aufgrund des günstigeren *SBV* längere Überschallflug- und Kampfphasen zu ermöglichen, natürlich mit entsprechend ungünstigen Auswirkungen im Unterschall-Streckenflug.

Bei Überschall-Verkehrsflugzeugen wird man nur bei T.O. und während der transsonischen Beschleunigungs- und Steigflugphase von der Nachverbrennung – ggf. in abgeschwächter Form – Gebrauch machen. Beim Langstrecken-Überschall-Reiseflug wird man jedoch mit Rücksicht auf den *SBV* unter allen Umständen ohne Nachverbrennung auskommen wollen bzw. müssen. Allerdings werden in diesem Zusammenhang auch Zweikreis-Strahltriebwerke mit variabler Geometrie und Nachverbrennung im zweiten Kreis in Betracht gezogen [5.4.1 und 5.4.2]. Im Zusammenhang mit überschallfähigen VTOL-Kampfflugzeugen (Vertikal Take Off and Landing) nach dem Harrier-/Pegasus-Konzept wurde die Nachverbrennung vor den Schwenkdüsen im heißen und kalten Kreis mit PCB (entspr. Plenum Chamber Burning) in Betracht gezogen, vgl. [6.9.1].

Mit Blick auf die Kreisprozeßdaten ist leicht zu erkennen, daß die Nachverbrennung um so höhere Schubsteigerungen ergibt, je größer die Temperatursteigerung im Nachbrenner ist. Da bei Nutzung des gesamten Sauerstoffgehalts der durchgesetzten Luft bei Verbrennung von Kerosin praktisch ca. 2200 K erreicht werden können, ist somit der Effekt der Nachverbrennung um so größer, je niedriger die mittlere Temperatur des Gasstroms am Nachbrennereintritt ist. Hierzu zeigt Bild 5.4.1a den Einfluß der Kreisprozeßparameter $T_{4.1}$, Π_V und μ bei *TO* auf die erreichbare Schuberhöhung und Bild 5.4.1b die bei konkreten Triebwerken nach verschiedenen Quellen erreichten Werte. Neben der mittleren Temperatur am Nachbrennereintritt, die für die erreichbare Schuberhöhung maßgebend ist, muß auch die Temperatur $T_{5.1}$ am Flammhaltereintritt im heißen Kreis im Auge behalten werden, da diese mit Rücksicht auf die thermische Standfestigkeit des Flammhalters und der davorliegenden Brennstoffleitungen und -düsen bei metallischer, ungekühlter Ausführung im Bereich unterhalb 1200 bis 1250 K gehalten werden muß.

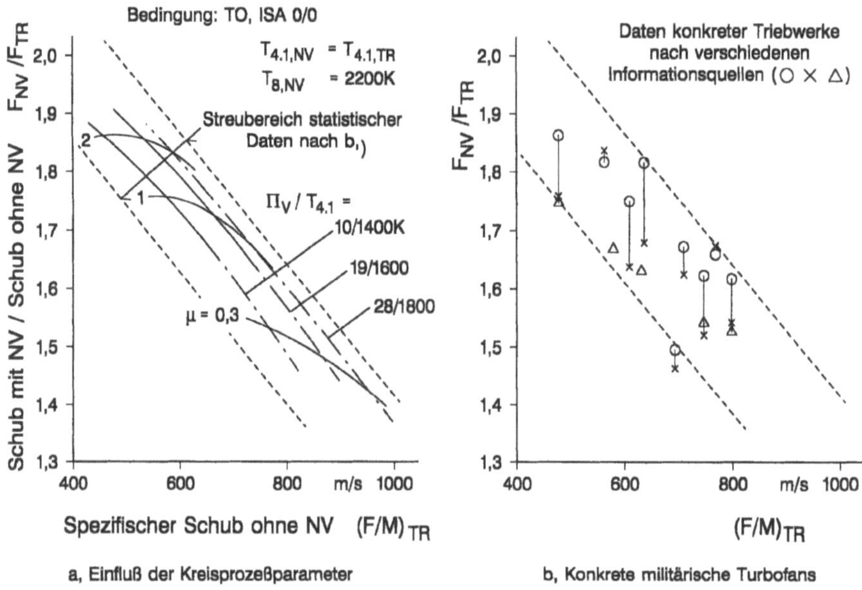

Bild 5.4.1: Durch Nachverbrennung erreichbare Schuberhöhungen bei Turbofans

Bild 5.4.2 zeigt die bei konkreten Triebwerken zu verzeichnende zeitliche Entwicklung der bei *TO* erreichten Temperaturen $T_{4.1}$ und $T_{5.1}$. Unter Überschall-Kampfbedingungen ist aufgrund der dabei im allgemeinen üblichen, um 30 bis 50 K höheren Temperatur $T_{4.1}$ auch mit etwas höheren Temperaturen $T_{5.1}$ zu rechnen. Ein Ansatz zur Entwicklung nichtmetallischer Flammhalter für höhere Temperaturen $T_{5.1}$ ist in [5.4.3] beschrieben. Insgesamt gesehen wird aber deutlich, daß aufgrund der Entwicklung zu höheren Werten $T_{4.1}$ der Spielraum für Schuberhöhung durch Nachverbrennung immer kleiner wird. Der Endpunkt dieser Entwicklung ist klar: Bei stöchiometrischer Verbrennung bereits in der Brennkammer ist – wenn man von der dem Hauptstrom im Turbinenbereich und dahiner wieder zugeführten Turbinenkühlluft absieht – Nachverbrennung im heißen Kreis mangels Sauerstoff nicht mehr möglich. Dieser Endpunkt der Entwicklung zur physikalisch maximalen Turbineneintrittstemperatur ist bereits konkret ins Auge gefaßt durch ein in den USA seit 1988 laufendes Technologieprogramm, siehe [5.4.4 und 5.4.5].

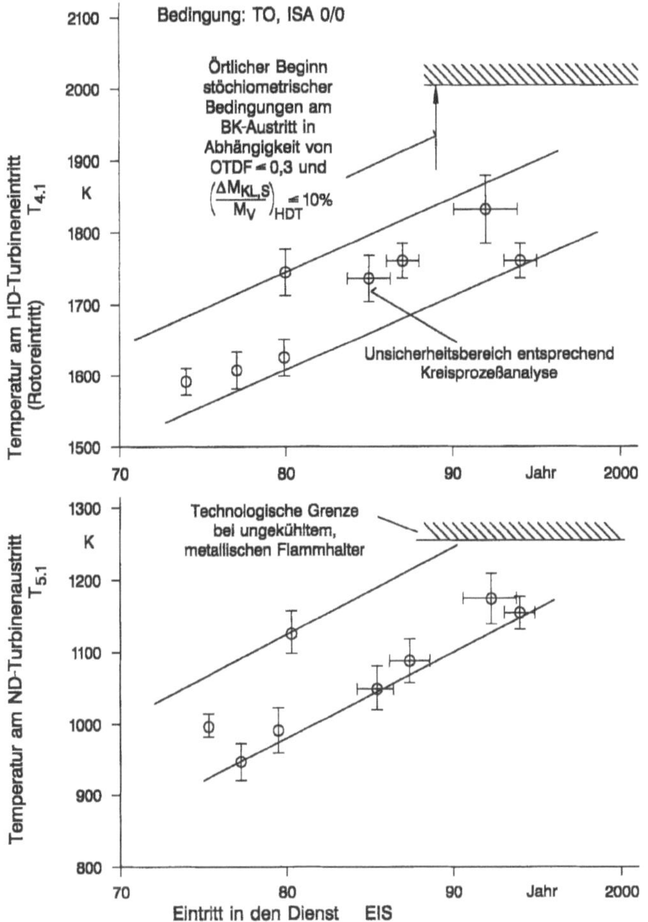

Bild 5.4.2: Gastemperaturen am HD-Turbineneintritt und ND-Turbinenaustritt militärischer Turbofans

Gegenüber Nachbrennern von älteren Einkreis-Strahltriebwerken, bei denen das Turbinenabgas noch genügend Kühlkapazität zur Kühlung des Nachbrennermantels – auch hier mit Hitzeschild – hatte, brachte die Entwicklung zu höheren Turbineneintritts- bzw. Abgastemperaturen zusammen mit dem Trend zum Zweikreis-Strahltriebwerk mehrere unterschiedliche Nachbrennerkonzepte mit sich, bei denen die Frage der Mischung beider Ströme, die Flammhalterausbildung in beiden Kreisen, die erreichbaren Ausbrenngrade, die Verlöschgrenze in großer Höhe und nicht zuletzt die Regelung der Düsenfläche im Zusammenhang mit der Brennstoffeinspritzung beim Zünden und Hochfahren des Nachbrenners, beträchtliche Entwicklungsaktivitäten auslösten. Insbesondere erforderte die beim Zweikreis-Strahltriebwerk vorhandene direkte aerodynamische Verbindung zwischen ND-Verdichter und Nachbrenner höchste Sorgfalt bei der Regelung

der Brennstoffzufuhr und der Düsenfläche, um beim Zünden und Hochfahren des Nachbrenners sprunghaften Änderungen der Arbeitslinie im NDV-Kennfeld und der damit
gegebenen Gefahr des Pumpens zu entgehen.

Schon sehr frühzeitig stellte sich aufgrund der systematischen Untersuchungen nach
[5.4.6] heraus, daß beim Übergang zum Zweikreis-Strahltriebwerk mit entsprechend
niedrigen Drücken und Temperaturen am Nachbrennereintritt die erzielbaren Ausbrenngrade – besonders in großen Flughöhen bei niedrigen Flug-Mach-Zahlen – bedeutend
schlechter als bei Einkreis-Strahltriebwerken sind. Ferner war aufgrund bekannter Ab-
hängigkeiten der Flammenfortschrittsgeschwindigkeit bzw. der Zündverzugszeit von
Druck und Temperatur damit zu rechnen, daß auch die Betriebsenveloppe mit Nachverbrennung im Bereich großer Flughöhen bei niedrigen Flug-Mach-Zahlen eingeschränkt und mit den bei Kampfflugzeugen zu stellenden Forderungen nicht ohne
Schwierigkeiten zur Deckung zu bringen sind. Die dabei geltenden Kriterien und zu
beachtenden konstruktiven Voraussetzungen werden in den Abschnitten 5.4.4 und 5.4.5
behandelt.

Da es bei der Nachverbrennung – besonders im Bereich hoher Brennstoff-/ Luftver-
hältnisse – darauf ankommt, eine im kalten und heißen Kreis zwar im Niveau verschiedene, ansonsten aber örtlich und zeitlich möglichst gleichmäßige Brennstoffverteilung zu
erzielen, war die Frage der Mischung beider Ströme Gegenstand intensiver experimentel-
ler Untersuchungen [5.4.7]. Bei neueren Strahltriebwerken werden beide Ströme – wie in
Bild 5.4.3 schematisch dargestellt – in Höhe des Flammhalters ohne Mischflossen parallel zusammengeführt, so daß Verbrennung und radiale Durchmischung durch Diffusion
parallel verlaufen. Dies hat einerseits den Vorteil, daß auf den Mischer mit entsprechender Baulänge verzichtet werden kann, während andererseits dieses Konzept günstige
Voraussetzungen für eine abgestufte zonenweise Nachverbrennung dadurch mit sich
bringt, daß die Brennstoffzufuhr bei abnehmendem Schubbedarf zunächst im kalten
Kreis zurückgenommen wird und die Zurücknahme erst danach im heißen Kreis fortgesetzt wird. Bei sehr geringer Schuberhöhung durch Nachverbrennung sind schließlich
nur noch die Primärdüsen in Betrieb, von denen aus bei Bedarf die sukzessive Zündung
der Verbrennung im heißen Strom und zuletzt im kalten Strom mittels jeweils radial
angeordneter V-Flammhalterprofile ausgeht. Diese, im Grenzbereich des kalten und
heißen Stroms angeordneten Flammhalter und Einspritzdüsen werden mit Abgas aus dem
heißen Strom bespült bzw. darin eingehüllt, um möglichst günstige Zündbedingungen zu
erreichen. Die beim Zünden und Hochfahren des Nachbrenners zu beachtenden Umstände, besonders im Hinblick auf die oben angeführte aerodynamische Stabilität des En-
sembles ND-Verdichter, Nebenstromkanal, Nachbrenner und Düse werden in [5.4.7 bis
5.4.10] beschrieben. Auf die Gestaltung der Primärdüsen/Flammhalter wird im Zusammenhang mit den Druckverlusten und der Nachbrenner-Verlöschgrenze in großer Höhe
in den Abschnitten 5.4.3 und 5.4.5 eingegangen.

Bei Annäherung des Brennstoff-/Luftverhältnisses m_{NV} im Nachbrenner an das Maximum sinkt die Wahrscheinlichkeit des geordneten Zusammentreffens der Brennstoffteilchen mit dem noch verbliebenen Sauerstoff progressiv ab. Dies ist einerseits erkennbar – wie noch erläutert wird – an der dabei eintretenden Verschlechterung des Ausbrenngrades. Andererseits führt dies bei stets anzutreffender räumlicher und zeitlicher Schwankung von m_{NV} zu Unstetigkeiten im Verbrennungsablauf, die wiederum unter Umständen den Anstoß zu axialen und/oder radialen Gasschwingungen darstellen. Die häufig zu beobachtenden axialen, niederfrequenten Schwingungen („Brummen" bzw. „Buzz" bei 50 bis 150 Hz) können bei Flammhaltern und Brennstoffleitungen zu Schäden führen. Insbesondere besteht aber die Gefahr der Erregung von Drehschwingungen im ND-Wellensystem, da die Druckschwankungen auf die tangential schrägen Saugseiten der Turbinenlaufschaufeln treffen. Die weniger häufig zu beobachtenden radialen, hochfrequenten Schwingungen („Kreischen" bzw. „Screech" bei 500 bis 3000 Hz) führen sehr rasch zur Zerstörung des Hitzeschildes und damit des Nachbrenners. Diese Schwingungsform kann durch entsprechende Belochung des Hitzeschildes im vorderen Teil des Nachbrenners unterdrückt werden, wobei das perforierte Hitzeschild zusammen mit dem Nachbrennermantel Helmholtz-Resonatoren bildet, die bei der Reflexion der radialen Druckwellen am Hitzeschild bzw. Nachbrennermantel energievernichtend wirken. Ausschlaggebend ist jedoch in jedem Fall die möglichst gleichmäßige Brennstoffverteilung und -verbrennung bei hohen Werten m_{NV}. Die analytische Modellierung zumindest der axialen Schwingungen ist inzwischen genähert gelöst, so daß bereits beim Nachbrennerentwurf die Frage der Entstehung und ggf. Verhinderung dieses Problems durch Modifikation der Auslegungsparameter etc. geklärt werden kann, vgl. [5.4.11 und 5.4.12].

Die Regelung der Düsenfläche erfolgte früher allgemein als sog. „geschlossenes System", bei dem die Düsenfläche entsprechend der als primäre Regelgröße fungierenden Brennstoffmenge und der daraus abgeleiteten Temperaturzunahme im Nachbrenner eingestellt wurde. Dieses Verfahren erwies sich aus dynamisch/mechanischen Gründen, d.h. aufgrund der relativen Langsamkeit der Verstellung der Düsenfläche, vor allem bei thermisch verursachten Druckschwankungen in der Zündphase und beim Hochfahren des Nachbrenners, als besonders problematisch. Im Gegensatz hierzu wirkt beim „offenen System" die Düsenfläche als primäre Steuer- bzw. Stellgröße, welche die Bemessung der Brennstoffzufuhr entsprechend der gewünschten Temperaturerhöhung bzw. Schuberhöhung – der Düsenfläche folgend – regelt, vgl. [5.4.8].

Ausgehend vom maximalen Schub ohne Nachverbrennung dauert das Zünden und Hochfahren des Nachbrenners bei TO ca. 1,5 bis 2 s. Im allgemeinen wird bei direktem Übergang vom Leerlauf zum vollen Nachbrennerschub der Nachbrenner kurz vor Erreichen des maximalen Trockenschubes (ca. 90% F_{TR}) gezündet, um die insgesamt benötigte Beschleunigungszeit, die bei TO ca. 4 bis 5,5 s beträgt, zu minimieren. Ebenso wie die Beschleunigung des Triebwerks im Trockenbetrieb ist – wenn auch aus anderen Gründen – die Zeit für Zünden und Hochfahren des Nachbrenners abhängig von der

Flughöhe, d.h. die oben angeführte Beschleunigungszeit für das Zünden und Hochfahren des Nachbrenners steigt z.B. in 11 km Höhe bei der Flug-Mach-Zahl 0,9 auf 3 bis 4 s an.

5.4.2 Dimensionierung

Ausgehend von der typischen Bauform moderner Nachbrenner entsprechend Bild 5.4.3, d.h. ohne ausgeprägten Mischer und mit radialen Flammhalterelementen in beiden Strömen, wird angenommen, daß der Durchmesser des Nachbrennermantels in der Partie hinter dem Flammhalter zunächst konstant und im hinteren Teil mit Rücksicht auf die Installation im Flugzeugheck leicht eingezogen ist. Es ist üblich, den teilweise nicht unbeträchtlichen Teil des Volumens zwischen den Anlenkungen der Düsenklappen bis zum Düsenhals trotz stärkerer Einziehung dem Nachbrenner zuzurechnen, wenngleich dadurch die Anwendung der für die Berechnung des Ausbrenngrades und der thermischen Druckverluste zuständigen Kriterien – die einen zylindrischen Nachbrenner voraussetzen – erschwert wird. Daher werden in den folgenden Bildern die in Bild 5.4.3 markierten Längen L_{min} und L_{max} angegeben. Das Hitzeschild beginnt etwa in der Höhe der Flammhalter und endet an den Düsenklappen, wobei der Austrittsquerschnitt zwischen Nachbrennermantel und Hitzeschild ohne Nachverbrennung, d.h. bei geschlossener Düse, weitgehend geschlossen ist, während bei Nachverbrennung mit fortschreitender Düsenöffnung sinnvollerweise auch der für die Kühlung der Düsenklappen nötige Luftstrom zunimmt. Bei Hitzeschildern existieren ebenso wie bei Flammhaltern viele konstruktive Varianten, die z.B. in [5.4.7], [3] und [14] beschrieben sind. Bei modernen Flammhaltersystemen befinden sich an der Grenze zwischen heißem und kaltem Kreis ringförmig angeordnete sog. Primär-Flammhalter mit -Einspritzdüsen, von denen ausgehend V-Elemente nach innen in den heißen und nach außen in den kalten Kreis hineinragen, vgl. hierzu [5.4.7] und Bild 5.4.3.

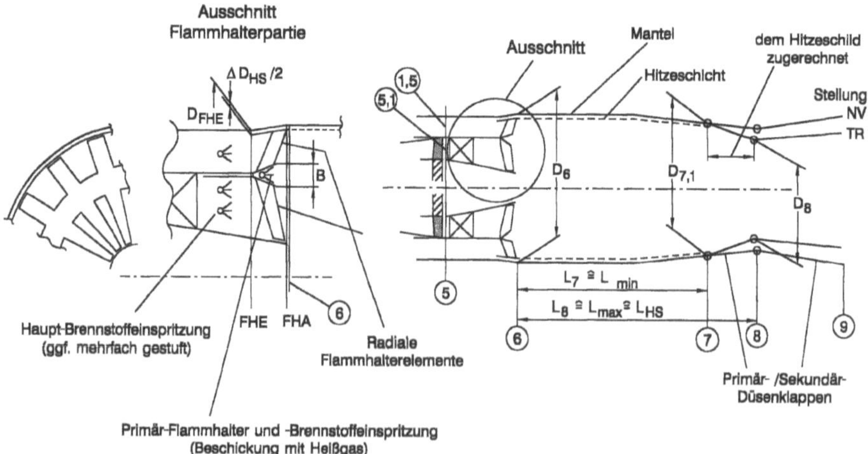

Bild 5.4.3: Konfiguration (schematisch) und Hauptabmessungen des Nachbrenners eines militärischen Turbofans

Im Bereich des Flammhaltersystems sind Durchmesserverhältnisse

$$D_{FHE} / D_6 = 0,96 ... 1,0$$

und Nabenverhältnisse

$$\left(D_i / D_a\right)_{FHA} \approx 0,1 ... 0,4$$

entsprechend dem Flächenverhältnis

$$A_{FHA} / A_6 = 0,78 ... 0,98 \tag{5.4.1}$$

vorherrschend. Das Verhältnis des Durchmessers D_7 am Anlenkpunkt der Düsenklappen zum (maximalen) Durchmesser D_6 liegt bei

$$D_7 / D_6 = 0,855 ... 1,0$$

Bei diesen internen Relationen sind die Hauptabmessungen $L_7 \approx L_{min}$ bzw. $L_8 \approx L_{max}$ nach Bild 5.4.4 unabhängig vom korrigierten Durchsatz $M_{6,korr}$ und vom Technologiestand bzw. vom Einführungsdatum EIS, d.h., die offensichtlich maßgebende Länge ist L_8 und liegt im Bereich

$$L_8 = 1,2 ... 1,7 \text{ m}$$

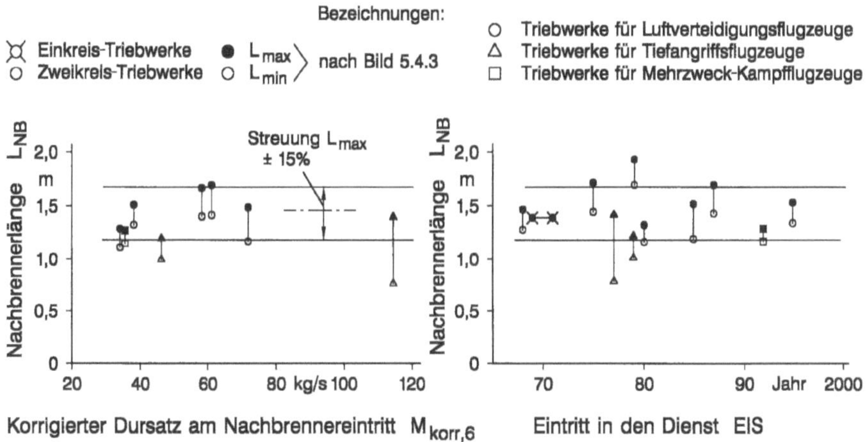

Bild 5.4.4: Korrelation der Nachbrennerlänge militärischer Turbofans für verschiedenen Einsatz über der Triebwerkgröße ($M_{korr,6}$) und dem Technologiestand (EIS)

Wie sich herausstellt, liegen die Nachbrennerlängen der für Luftverteidigungs- oder Tiefangriffsflugzeuge konzipierten Triebwerke innerhalb der insgesamt zu beobachtenden Streuung.

Damit ergibt sich aufgrund des bei gleichem Mach-Zahl-Niveau im Flammhalterbereich bestehenden Zusammenhangs $D_6 \sim \sqrt{M_{korr,6}}$ ein von $M_{korr,6}$ bzw. der Triebwerkgröße abhängiges Nachbrenner-Längen-/Durchmesserverhältnis, so daß sich nach Bild 5.4.5 das normierte, d.h. von der Triebwerkgröße unabhängige Verhältnis

$\left(L \cdot \sqrt{M_{rel}} / D\right)_{NB}$ mit $M_{rel} = M_{korr,6} / 75$ kg/s ergibt. Dieses ist – abgesehen von der Streuung – ebenfalls von $M_{korr,6}$ und EIS unabhängig.

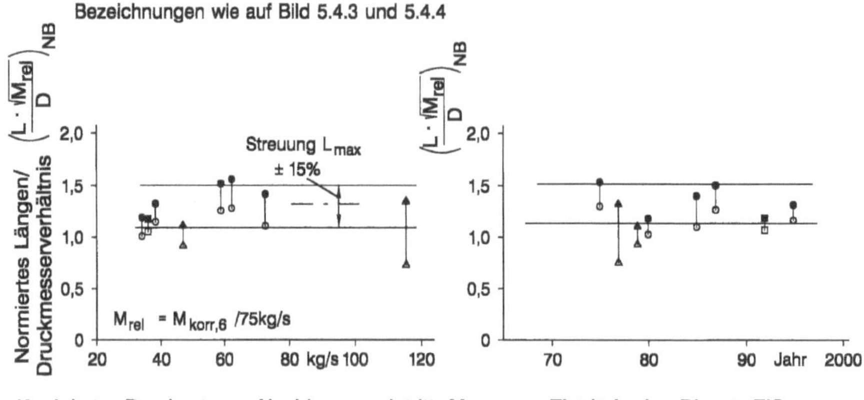

Bild 5.4.5: Korrelation der normierten Nachbrenner-Längen/Durchmesserverhält-nisse militärischer Turbofans für verschiedenen Einsatz über der Triebwerkgröße und dem Technologiestand

Die nach den Bildern 5.4.4 und 5.4.5 bestehenden, auf L_7 bzw. L_8 zurückgehende, erhebliche Streuung kann aufgrund der Tendenz der Länge L_8 über dem Standschub ohne NV entsprechend Bild 5.4.6a wenigstens z.T. aufgehellt werden. Zugleich wird mit Bild 5.4.5 und dem (bei $F_{TR} = const.$) bestehenden allgemeinen Zusammenhang $M_{korr,6} \sim M \sim 1/(F/M)_{TR}$ die in Bild 5.4.6b dargestellte Tendenz des Nachbrenner-Längen-/Durchmesserverhältnisses verständlich, nach der Nachbrenner bei etwa gleicher Länge L_8 über den gesamten betrachteten Zeitraum EIS hinweg um so schlanker bzw. länger erscheinen,

– je höher der spezifische Schub ohne NV und

– je kleiner das Triebwerk ist.

Ein gewisser Anhalt für den zur Kühlung des Hitzeschildes vorgesehenen Durchsatzanteil ergibt sich nach Bild 5.4.3 aus dem Querschnittanteil ΔA_{HS} zwischen Hitzeschild und Mantel entsprechend

$$\frac{\Delta A_{HS}}{A_{FHE}} = \frac{2\,\Delta D_{HS}}{D_{FHE}} \approx \frac{2\,\Delta D_{HS}}{D_6}, \qquad (5.4.2)$$

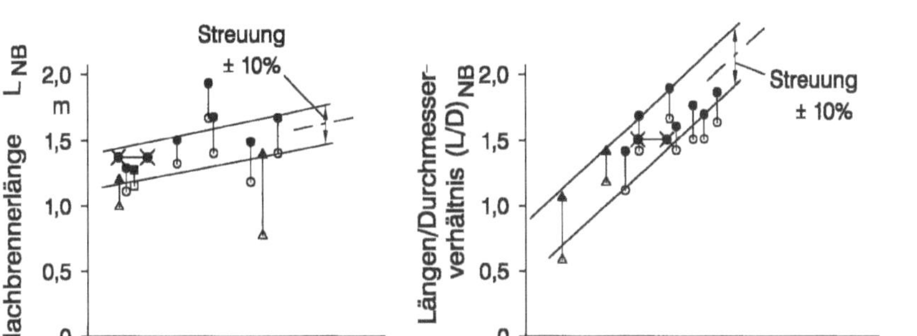

Bild 5.4.6: Einfluß des Standschubes ohne NV auf die Nachbrennerlänge und des spezifischen Schubes ohne NV auf das Längen-/Durchmesserverhältnis des Nachbrenners

der in Bild 5.4.7a dargestellt ist. Geht man davon aus, daß am Hitzeschild Umströmungen der Eintrittslippe vermieden werden, so ergibt sich der in Bild 5.4.7a ebenso gezeigte Durchsatzanteil

$$\frac{\Delta M_{HS}}{M_6} \approx \frac{\Delta A_{HS}}{A_6} \cdot \frac{\rho_{1.5.1}}{\rho_{5.1}} \approx \frac{\Delta A_{HS}}{A_6} \cdot \frac{T_5}{T_{1.5}} \ . \tag{5.4.3}$$

Die zu kühlende Hitzeschild-Oberfläche

$$O_{HS} = \pi \cdot (D_6 - \Delta D_{HS}) \cdot L_8 \approx \pi \cdot D_6 \cdot L_8 \tag{5.4.4}$$

ergibt mit dem Querschnitt des Hauptstroms

$$A_6 = \pi/4 \cdot (D_6 - \Delta D_{HS})^2 \approx \pi/4 \cdot D_6^2 \tag{5.4.5}$$

die Relation

$$\frac{O_{HS}}{A_6} \approx 4 \cdot \frac{L_8}{D_6} \ , \tag{5.4.6}$$

die nach Bild 5.4.7b bei allen betrachteten Triebwerken etwa gleich ist.

Der in Abschnitt 3.6.6 erwähnte, nicht an der Nachverbrennung teilnehmende Kühlluftstrom nach Bild 5.4.7a stellt nur einen Teil der zwischen Hitzeschild und Nachbrennermantel insgesamt geführten Luft dar, die zum größeren Teil nach Eintritt in den Hauptstrom an der Nachverbrennung teilnimmt.

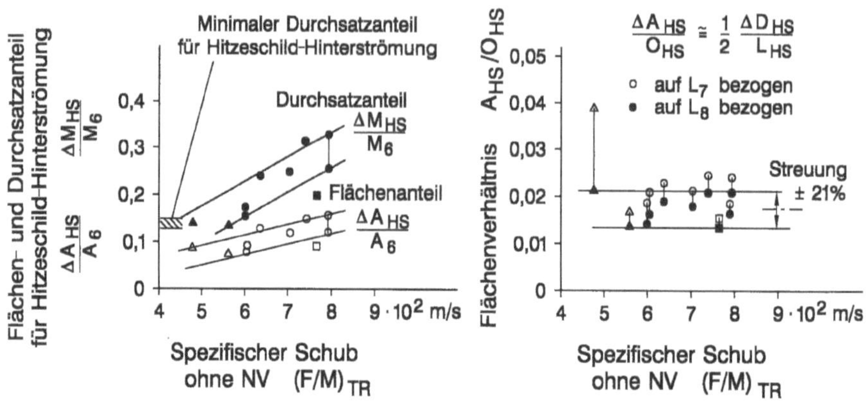

Bild 5.4.7: Relativer Querschnitt und Durchsatz der Hinterströmung und Relation zur Oberfläche des Nachbrenner-Hitzeschildes militärischer Turbofans

5.4.3 Druckverluste

Druckverluste im Nachbrenner treten auf bei der Zusammenführung/Mischung beider Ströme, im Flammhalter und aufgrund der Temperaturerhöhung bei der Nachverbrennung. Nach den Abschnitten 3.6 und 5.5.2 treten bei der axialen Zusammenführung bzw. Mischung beider Ströme nur dann fühlbare Verluste auf, wenn die Totaldrücke wesentlich verschieden und die Strömungs-Mach-Zahlen in der Ebene der Zusammenführung wesentlich über 0,3 liegen. Diese wünschenswerten Bedingungen sind nur im Auslegungspunkt erfüllbar, während sich bei Teillast, wie in Abschnitt 4.2.3 angesprochen, ein ausgeprägter Trend $p_{1.5} > p_5$ einstellt. Bei maximalem Trockenschub, der den Auslegungspunkt und zugleich den Ausgangspunkt für den Übergang auf Nachverbrennung darstellt, sind üblicherweise die Totaldrücke $p_{1.5}$ und p_5 etwa gleich, d.h. es ist

$$p_{1.5} \,/\, p_{5.1} = 0{,}98 \ldots 1{,}02$$

und die Mach-Zahlen in der Ebene am Flammhaltereintritt liegen nach Bild 5.4.8 im Bereich

$$Ma_{FHE} = 0{,}20 \ldots 0{,}24$$

und nach dem Flammhalter bei

$$Ma_{FHA} = 0{,}17 \ldots 0{,}20 \,.$$

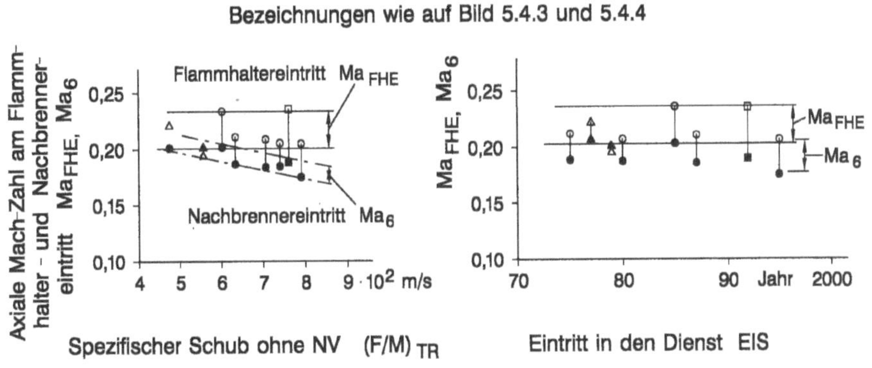

Bezeichnungen wie auf Bild 5.4.3 und 5.4.4

Bild 5.4.8: Axiale Mach-Zahlen im Flammhalterbereich militärischer Turbofans

Bei beiden Mach-Zahlen ist ein Trend über EIS nicht feststellbar. Falls bereits vor dem Flammhalter die Mischung beider Ströme eingeleitet wird, liegen nach Abschnitt 5.5.2 die bei der Zusammenführung der beiden Ströme gegenüber der verlustlosen Mischung zu erwartenden Druckverluste, die aufgrund der hier herrschenden Geometrie mit den bestehenden Ansätzen ohnehin nur grob abschätzbar sind, im Bereich

$$\left(\Delta p / p\right)_M = 0,002 \dots 0,004$$

entsprechend einem Verlustkoeffizienten mit dem Staudruck $q_M \approx q_{FHE}$

$$\zeta_M \approx \frac{\Delta p_M}{q_{FHE}} = 0,07 \dots 0,10$$

Der Druckverlust im Flammhalter selbst ergibt sich genähert aus der Blockage durch die Flammhalter in Verbindung mit der in diesem Bereich nach Bild 5.4.3 bestehenden Erweiterung der Ringraumfläche von A_{FHE} auf A_{FHA} und schließlich auf A_6. Unter der vereinfachenden Annahme, daß die Ringraumfläche A_{FH} beim Durchgang der Strömung durch den Flammhaltern konstant ist, und die Flammhalterelemente (V-Profile) örtlich etwa die gleiche geometrische Versperrung ergeben, ist aufgrund der mittleren aerodynamischen Versperrung entsprechend Bild 5.4.9 die Restfläche A' entsprechend

$$\frac{A'}{A_{FHA}} = \frac{t - N}{t} = f(B/t, \alpha) \tag{5.4.7}$$

anzusetzen. Soweit Daten konkreter Triebwerke vorliegen und als repräsentativ gelten können, liegt B/t bei 0,36 bis 0,40, so daß beim halben Profilwinkel $\alpha = 15 \dots 18°$, der einem üblichen Wert entspricht,

$$A' / A_{FHA} = 0,52 \dots 0,56 \tag{5.4.8}$$

zu erwarten ist. Mit dem nach Gl. 5.4.1 gegebenen Verhältnis der Ringraumflächen A_{FHA}/A_6 ergibt sich somit die für den Druckverlust im Flammhalter insgesamt maßgebende Flächenerweiterung entsprechend

$$\frac{A'}{A_6} = \frac{A'}{A_{FHA}} \cdot \frac{A_{FHA}}{A_6} = \left(1 - \frac{N}{t}\right) \cdot \frac{A_{FHA}}{A_6} \,, \tag{5.4.9}$$

die bei konkreten Triebwerken in der Größenordnung

$$A'/A_6 = (0{,}52 \ldots 0{,}56) \cdot (0{,}87 \ldots 0{,}98) = 0{,}46 \ldots 0{,}55 \tag{5.4.10}$$

liegt. Damit ist bei inkompressibler Formulierung des Carnot-Stoßes der Verlustkoeffizient, bezogen auf den Staudruck q_{FHE} am Flammhaltereintritt

$$\zeta_{FH} = \left(\frac{\Delta p}{q}\right)_{FH} = \left(\frac{A_6}{A'} - 1\right)^2 \cdot \left(\frac{A_{FHE}}{A_6}\right)^2 \tag{5.4.11}$$

Einen verbesserten Ansatz erhält man durch Einführung der allgemeinen Beziehung für den quasi-kompressiblen statischen Druck

$$\frac{p_{stat}}{p} = 1 - \frac{1}{2R}\left(\frac{C}{\sqrt{T}}\right)^2 = 1 - \frac{\kappa}{2} Ma^2$$

in den die Erweiterung der Ringraumfläche von A_{FHE} auf A_{FHA} zunächst ignorierenden Impulssatz

$$A_6 \cdot p'_{stat} + A' \cdot \rho' \cdot C'^2 = A_6 \left(p_{stat,6} + \rho_6 \cdot C_6^2\right) \tag{5.4.12}$$

mit

$$A' \cdot \rho' \cdot C' = A_6 \cdot \rho_6 \cdot C_6 \tag{5.4.13}$$

und

$$\rho' = \rho_{FH} = \left(\frac{p}{RT}\right)_{FH} , \; \rho_6 = \left(\frac{p}{RT}\right)_6 \,, \tag{5.4.14}$$

woraus nach einiger Umformung die quadratische Gleichung

$$a\left(\frac{p_6}{p_{FH}}\right)^2 + b\left(\frac{p_6}{p_{FH}}\right) + c = 0 \tag{5.4.15}$$

mit den Koeffizienten

$$a = 1$$

$$b = -\left[1 + \left(2\frac{A'}{A_6 - 1}\right)\left(\frac{A_6}{A'}\right)^2 \cdot \frac{1}{2R}\left(\frac{C}{\sqrt{T}}\right)^2_{FHE}\right]$$

$$c = \frac{1}{2R}\left(\frac{C}{\sqrt{T}}\right)^2_{FHE}$$

und der Lösung

$$\frac{p_6}{p_{FHE}} = -b + \sqrt{\left(\frac{b}{2}\right)^2 - c} \qquad (5.4.16)$$

resultiert. Daraus folgt mit dem Druckverlust

$$\left(\frac{\Delta p}{p}\right)_{FH} = 1 - \frac{p_6}{p_{FHE}} \qquad (5.4.17)$$

und dem relativen, quasi-kompressiblen Staudruck

$$\left(\frac{q}{p}\right)_{FHE} = \frac{1}{2R} \cdot \left(\frac{C}{\sqrt{T}}\right)^2_{FHE} = \frac{\kappa}{2} Ma^2_{FHE} \qquad (5.4.18)$$

analog Gl. 5.4.11 der nunmehr für $A_{FHE} \leq A_6$ gültige Verlustkoeffizient angenähert zu

$$\zeta_{FH} \approx \frac{1 - p_6 / p_{FHE}}{\dfrac{1}{2R}\left(\dfrac{C}{\sqrt{T}}\right)^2_{FHE} \cdot \left(\dfrac{A_{FHE}}{A_6}\right)^2} \cdot \qquad (5.4.19)$$

Hierzu zeigt Bild 5.4.10 den für den inkompressiblen Ansatz nach Gl. 5.4.11 und den quasi-kompressiblen Ansatz nach Gl. 5.4.17 bzw. 5.4.19 berechneten Druckverlust $(\Delta p/p)_{FH}$ im Bereich relevanter Werte A'/A_{FH}, A_{FH}/A_6 und $(C/\sqrt{T})_{FH}$. Damit ist z.B. für $B/t = 0{,}38$, $\alpha = 15°$, $A_{FH}/A_6 = 0{,}9$ und $(C/\sqrt{T})_{FH} = 4{,}4$ entsprechend $Ma_{FH} = 0{,}22$ das Flächenverhältnis $A'/A_6 = 0{,}485$ und damit $(\Delta p/p)_{FH} = 0{,}035$ gegenüber 0,031 bei inkompressiblem Ansatz nach Gl. 5.4.11 zu erwarten.

Der aufgrund der Temperaturerhöhung im Nachbrenner entstehende thermodynamisch bedingte Druckverlust kann z.B. nach [2] unter der Voraussetzung konstanten Querschnitts und der Vernachlässigung der Durchsatzerhöhung aufgrund der Brennstoffzufuhr entsprechend

$$\frac{\Delta p_{th}}{p_6} = f(\kappa, Ma_6, T_8/T_6) \qquad (5.4.20)$$

berechnet werden, woraus sich bei kleinen Mach-Zahlen die grobe Näherung

$$\frac{\Delta p_{th}}{p_6} \approx \frac{\kappa}{2} Ma^2_6 (T_8/T_6 - 1) \qquad (5.4.21)$$

ergibt.

Auch hier erhält man mit dem quasi-kompressiblen Ansatz analog der Druckverluste im Flammhalter mit $A_6 = A_7$ unter Berücksichtigung des Massenzuwachses entsprechend

$$M_8 = M_6(1 + m_{NV}) \qquad (5.4.22)$$

mit den Gleichungen

$$p_{stat,6} + \rho_6 \cdot C^2_6 = p_{stat,8} + \rho_8 \cdot C^2_8 \ , \qquad (5.4.23)$$

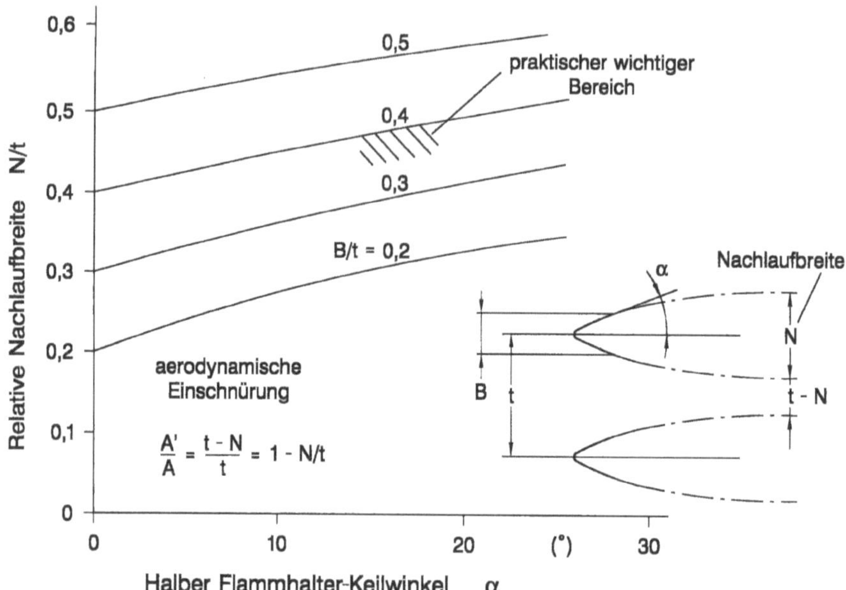

Bild 5.4.9: Aerodynamische Versperrung V-förmiger Flammhalterelemente (nach MTU-Datenbasis)

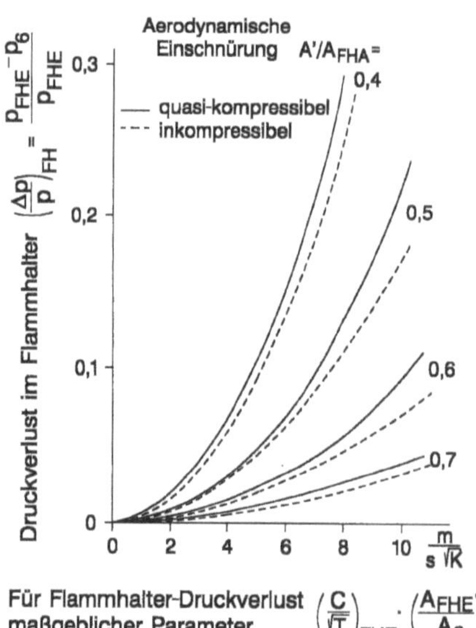

Bild 5.4.10: Druckverlust im Flammhalter in Abhängigkeit von der Versperrung durch Flammhalterelemente und der Erweiterung der Ringraumfläche

$$\rho_6 \cdot C_6 = \rho_8 \cdot C_8 \; , \qquad\qquad\qquad (5.4.24)$$

$$\rho_6 = \frac{p_6}{RT_6} \quad \text{und} \quad \rho_8 = \frac{p_8}{RT_8} \; , \qquad\qquad (5.4.25)$$

$$C_8 = C_6(1+m_{NV}) \cdot \frac{p_6}{p_8} \cdot \frac{T_8}{T_6} \qquad\qquad\qquad (5.4.26)$$

und

$$\frac{p_{stat}}{p} = 1 - \frac{\kappa}{2} Ma^2$$

nach einiger Umformung die quadratische Gleichung

$$a \cdot \left(\frac{p_8}{p_6}\right)^2 + b\left(\frac{p_8}{p_6}\right) + c = 0 \qquad\qquad\qquad (5.4.27)$$

mit den Koeffizienten

$$a = 1$$

$$b = -\left[1 + \frac{1}{2R}\left(\frac{C}{\sqrt{T}}\right)_6^2\right]$$

$$c = (1+m_{NV})^2 \cdot \frac{T_8}{T_6} \cdot \frac{1}{2R}\left(\frac{C}{\sqrt{T}}\right)_6^2$$

und der Lösung

$$\frac{p_8}{p_6} = -\frac{b}{2} + \sqrt{\left(\frac{b}{2}\right)^2 - c} \; . \qquad\qquad\qquad (5.4.28)$$

Hierzu zeigt Bild 5.4.11a den Druckverlust

$$\left(\frac{\Delta p}{p}\right)_{th} = 1 - \frac{p_8}{p_6} \qquad\qquad\qquad (5.4.29)$$

im Vergleich zwischen der „exakten" Lösung nach Gl. 5.4.20, der Näherungslösung nach Gl. 5.4.21 und nach Gln. 5.4.27 bis 5.4.29. Damit herrscht gute Übereinstimmung zwischen der „exakten" Lösung und der quasi-kompressiblen für $m_{NV} = 0$, während mit Berücksichtigung des Massenzuwachses nach Gl. 5.4.22 bzw. 5.4.26 – wie zu erwarten – merklich höhere thermische Druckverluste entstehen. Daher gibt Bild 5.4.11b den bei quasi-kompressiblem Ansatz mit Massenzunahme erhaltenen Druckverlust nach Gl. 5.4.28/29 für relevante Werte T_8/T_6 und Ma_6. Da bei Nachbrennern $D_8 < D_7$ und überwiegend $D_7/D_6 < 1$ ist, muß der thermische Druckverlust in Wahrheit noch etwas höher angesetzt werden. Demgegenüber wird der Rohrreibungsverlust zwischen Ebenen 6 und 8 als vernachlässigbar betrachtet, vgl. hierzu auch Abschnitt 5.5.3.

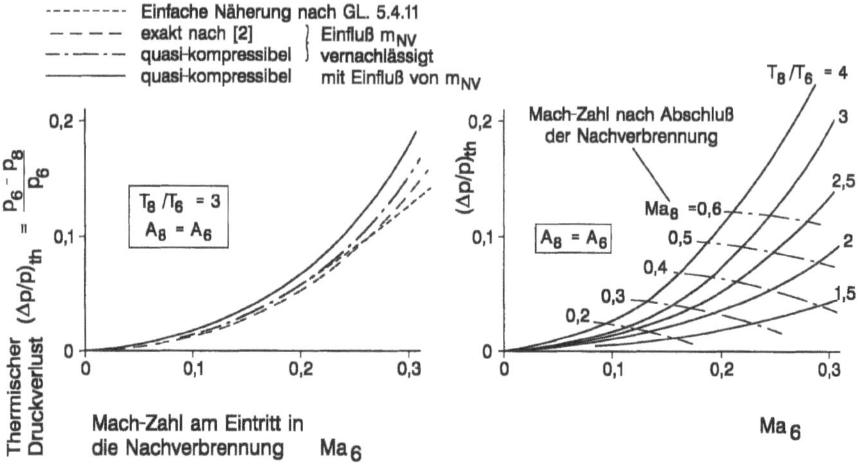

a, Vergleich der thermischen Druckverluste nach verschiedenen Ansätzen

b, Thermischer Druckverlust bei quasi-kompressiblem Ansatz mit Einfluß der Brennstoffzufuhr

Bild 5.4.11: Thermischer Druckverlust im Nachbrenner in Abhängigkeit von der axialen Mach-Zahl am Eintritt und der Temperaturerhöhung, nach verschiedenen Ansätzen

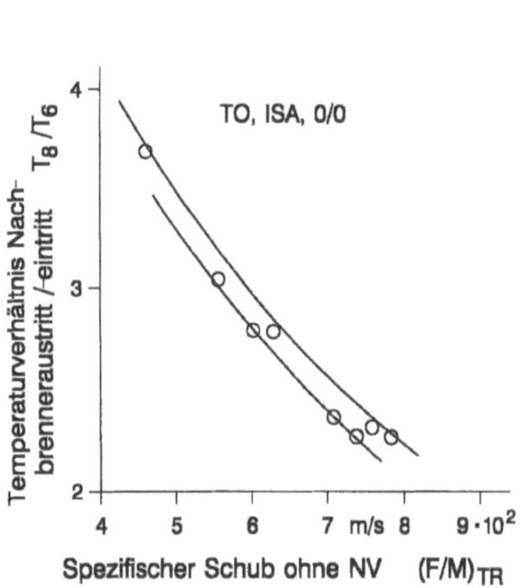

Bild 5.4.12:
Temperaturverhältnis im Nachbrenner militärischer Turbofans

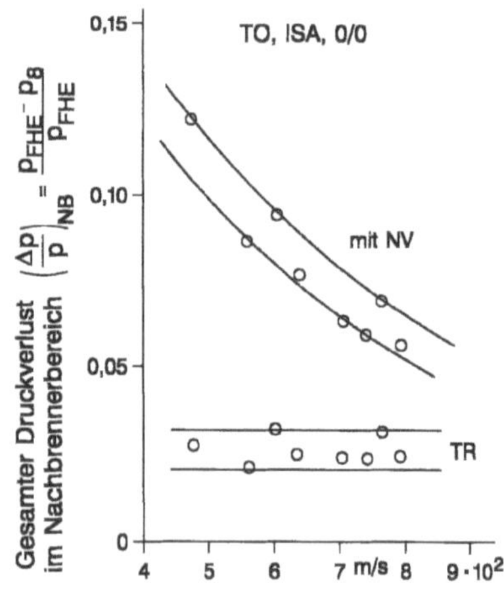

Bild 5.4.13:
Resultierender Druckverlust im Nachbrenner ohne und mit NV bei militärischen Turbofans

Damit ergeben sich bei konkreten Triebwerken die durch Mischung und Flammhalter im Trockenbetrieb und mit der Temperaturerhöhung T_8/T_6 im Nachbrennerbetrieb nach Bild 5.4.12 die insgesamt auftretenden Druckverluste entsprechend der Formulierung

$$\left(\frac{\Delta p}{p}\right)_{NB} = 1 - \frac{p_8}{p_{FHE}} \tag{5.4.30}$$

mit

$$\frac{p_8}{p_{FHE}} = \frac{p_8}{p_6}\cdot\frac{p_6}{p_{FHE}} = \left[1-\left(\frac{\Delta p}{p}\right)_{th}\right]\cdot\left[1-\left(\frac{\Delta p}{p}\right)_M - \left(\frac{\Delta p}{p}\right)_{FH}\right]$$

$$\approx 1 - \Sigma\left(\frac{\Delta p}{p}\right)_{th+M+FH} \tag{5.4.31}$$

aus Bild 5.4.13. Damit zeigt sich zugleich, daß der thermische Druckverlust bei Nachverbrennung durch die Temperaturerhöhung T_8/T_6 geprägt ist.

5.4.4 Ausbrenngrad

Der Ausbrenngrad der Nachverbrennung ist bei gegebener Konfiguration und Technologie – besonders des Flammhaltersystems – abhängig von den aero-/thermodynamischen Bedingungen am Nachbrennereintritt, d.h. p_6, T_6, C_6 und vom Brennstoff-/Luftverhältnis. Dabei ist zwar der im Nachbrenner zugeführte, auf den gesamten Durchsatz bezogene Brennstoff entsprechend m_{NV} für die Temperaturerhöhung im Nachbrenner maßgebend. Der Ausbrenngrad, der stark vom noch verfügbaren Sauerstoff abhängt, richtet sich jedoch nach dem insgesamt, d.h. unter Einfluß der vorausgegangenen Brennkammer zugeführten Brennstoff entsprechend dem resultierenden, auf den gesamten Durchsatz bezogenen Brennstoff-/Luftverhältnis

$$m_{ges} = m_{TR} + m_{NV} \tag{5.4.32}$$

mit den jeweils auf den gesamten Luftdurchsatz bezogenen Brennstoff-/Luftverhältnissen m_{TR} nach Gl. 3.6.2 und m_{NV} nach Gl. 3.6.3 bis 3.6.5. Die Abhängigkeit des Ausbrenngrades von den aero-/thermodynamischen Bedingungen am Nachbrennereintritt wurde nach [5.4.6] in einer Versuchsanordnung mit vorgegebenem Flammhalter-/Einspritzsystem systematisch untersucht. Danach ergeben sich Ausbrenngrade für Werte $m_{NV} = m_{ges} = const.$ in Abhängigkeit vom empirischen Parameter

$$\xi = 30{,}4\cdot\frac{p_6^{0,324}\cdot T_6^{1,07}\cdot(229-C_6)^{0,252}}{\exp(0{,}92/L_{NB})}\ ,\ \xi\ \text{in bar}^{0,324}\cdot\text{K}^{1,07}\cdot(\text{m/s})^{0,252} \tag{5.4.33}$$

mit asymptotischer Annäherung des Ausbrenngrades an $\eta_{NV} = 1$ bei hohen Werten $\xi > 80\ldots90\cdot10^3$. Dabei wurden die besten Ausbrenngrade bei maximalen Werten m_{NV} gemessen. Dies steht in starkem Gegensatz zu Messungen an konkreten Triebwerknachbrennern, bei denen übereinstimmend maximale Ausbrenngrade – unabhängig vom Niveau der ξ-Werte – bei mittleren Brennstoff-/Luft-verhältnissen entsprechend

$$m_{rel,opt} \triangleq \Phi_{NV,opt} \approx 0{,}6 \tag{5.4.34}$$

auftreten. Die Ergebnisse an vier konkreten Triebwerken sind denen nach [5.4.6] in Bild 5.4.14 in Abhängigkeit von ξ und in Bild 5.4.15 für einige Werte $\xi = const.$ als Beispiel in Abhängigkeit von m_{rel} dargestellt. Nach Glättung der beträchtlichen Streuung und teilweisen Widersprüchlichkeit der Ausbrenngrade werden die insgesamt verfügbaren Daten zur zusammengefaßten Darstellung $\eta = f(\Phi_{NV})_{\xi=const.}$ nach Bild 5.4.16 vereinigt, die im Rahmen der Projektierung als Richtwerte dienen können. Dabei liegt im wichtigen Bereich $0{,}4 < \Phi_{NV} < 1{,}0$ die Streuung der η_{NV}-Werte bei $\pm$ 4 bis 5%. Im Bereich $m_{rel} < 0{,}4$ ist bei hohen ξ-Werten der starke Abfall der η_{NV}-Werte (bei wesentlich höherer Streuung) bemerkenswert, wofür keine physikalisch plausible Erklärung gefunden werden konnte. Abschließend zeigt Bild 5.4.17 den Zusammenhang $\xi = f(F/M)_{TR}$ für TO, aus dem hervorgeht, daß bei Triebwerken mit $(F/M)_{TR} < 550 \ldots 650$ m/s bzw. $\xi < 80 \ldots 90 \cdot 10^3$ schon bei TO mit herabgesetztem Ausbrenngrad gerechnet werden muß.

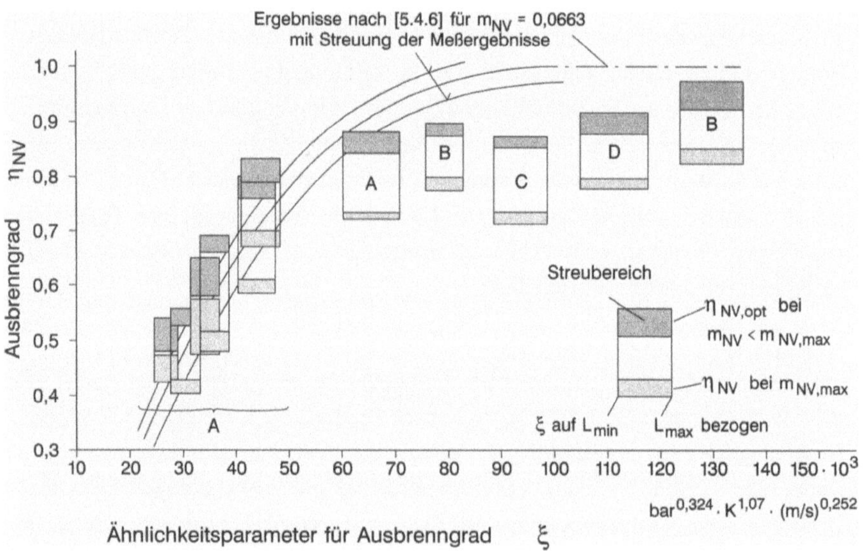

Bild 5.4.14: Abhängigkeit des Nachbrenner-Ausbrenngrades vom Ähnlichkeitsparameter ξ und vom Brennstoff-/Luftverhältnis, Triebwerke A bis D nach MTU-Datenbasis

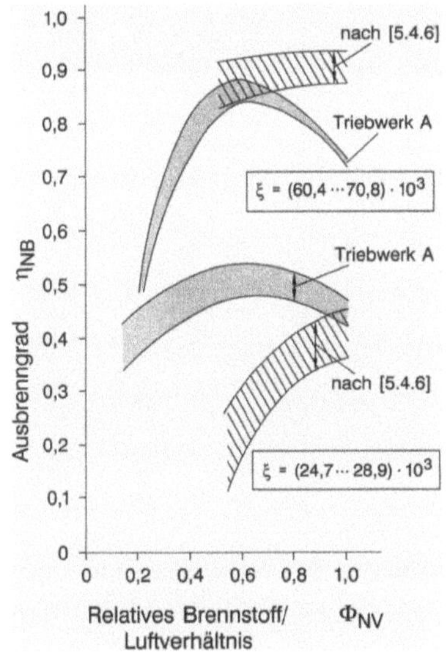

Bild 5.4.15:
Einfluß des Brennstoff-/Luftverhältnisses und des Parameters ξ auf den Ausbrenngrad

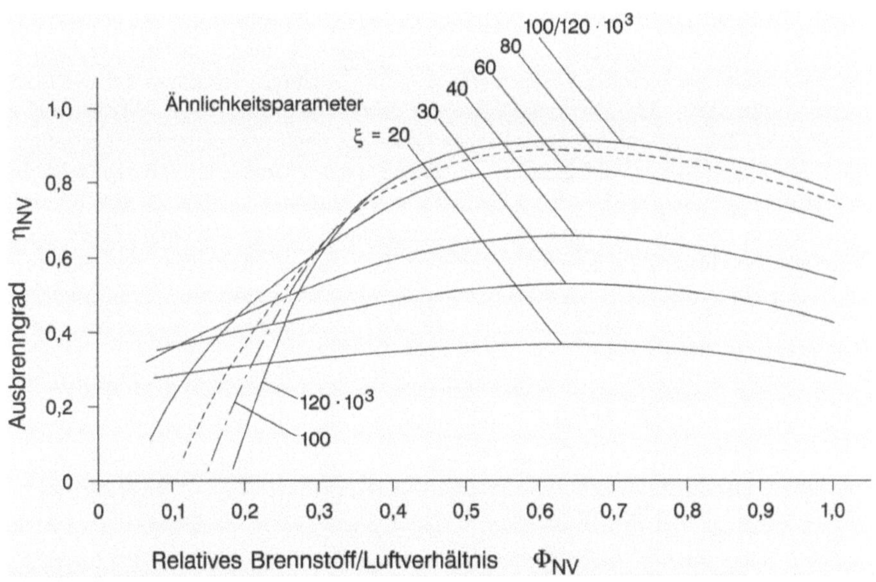

Bild 5.4.16: Ausbrenngrad in Abhängigkeit von Brennstoff-/Luftverhältnis und vom Niveau des Parameters ξ

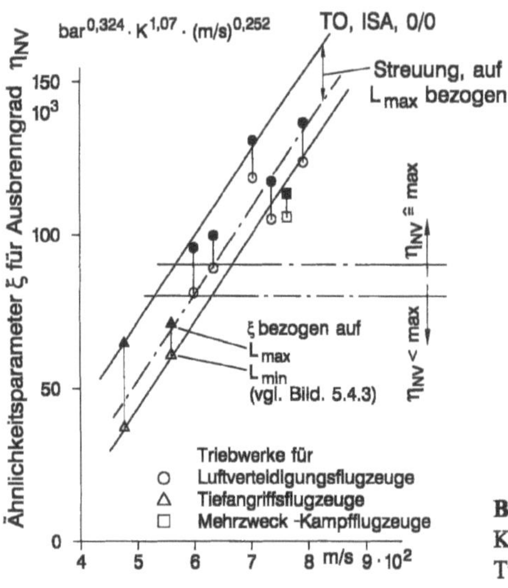

Bild 5.4.17:
Korrelation der ξ-Werte konkreter militärischer Turbofans über dem spezifischen Schub ohne NV

5.4.5 Verlöschgrenze in der Höhe

Bei Kampfflugzeugen, insbesondere für die Luftverteidigung, ist uneingeschränkte Kampffähigkeit nur innerhalb der Betriebsgrenzen des Nachbrenners bei voller Schub-Modulationsfähigkeit gegeben. Die in großer Flughöhe bei niedrigen Flug-Mach-Zahlen zu erwartende Nachbrenner-Verlöschgrenze ist ein wichtiges Kriterium bei der Festlegung/Verifizierung der Missions-Enveloppe eines Kampfflugzeuges. Maßgebend ist dabei neben den aero-/thermodynamischen Daten am Nachbrennereintritt die Konfiguration des Flammhalters, insbesondere im Bereich der Primärdüsen. Hierzu zeigt Bild 5.4.18 als Ergänzung zu Bild 5.4.3 die hinter den Flammhalterelementen sich bildenden Mischzonen und Rückstromgebiete. Erfahrungsgemäß beträgt die Länge L' der Rückstromgebiete hinter den Flammhalterelementen etwa das Vierfache der Flammhalterbreite B. Die Zündverzugszeit bei der Verbrennung von Kerosin in turbulenter Strömung in typischen Nachbrennerkonfigurationen kann nach verschiedenen Publikationen [5.4.13] und [16] in der Form

$$t_{ZV} = \frac{1}{p_{stat}^{a} \cdot T_{stat}^{b}} \cdot f\left(\Phi_{NV}\right) \tag{5.4.35}$$

mit einem markanten Minimum beim Äquivalenzverhältnis $\Phi_{NV} \approx 1$ angesetzt werden, wobei allerdings bei den Exponenten a und b beträchtliche Unsicherheit zu bestehen scheint. Immerhin sind dafür Werte im Bereich $a = 1$ bis 2 und $b = -1,4$ bis $+2,5$ zu finden. Herrscht in dem eingeengten Querschnitt zwischen zwei benachbaren Flammhalterelementen aufgrund der Einschnürung der Strömung entsprechend Gl. 5.4.7

$$A' / A_{FHA} = 1 - N / t$$

im engsten Querschnitt die Strömungsgeschwindigkeit

$$C^{'} \approx C_{FHA} \cdot \frac{A_{FHA}}{A^{'}} \, , \qquad (5.4.36)$$

so beträgt die zur Durchströmung der Länge L' benötigte Zeit

$$t^{'} = \frac{L^{'}}{C^{'}} \approx \frac{4B}{C^{'}} \qquad (5.4.37)$$

Die Grenze der Flammenstabilität ist damit im Bereich

$$t_{ZV} \approx t^{'}$$

erreicht, woraus sich das Verlöschkriterium

$$A = const. \cdot \frac{p_{stat}^{a} \cdot T_{stat}^{b} \cdot B}{C^{'}} \qquad (5.4.38)$$

ergibt. Soweit Daten konkreter Triebwerke verfügbar sind, liegen die Breiten der Primär-Flammhalterelemente im Bereich B = 40 bis 60 mm. Da es ferner mit Blick auf Gl. 5.4.35 opportun ist und der Praxis entspricht, die Primär-Flammhalterelemente mit Abgas aus dem heißen Kreis zu umspülen, ist in Gl. 5.4.38 die Temperatur T_{stat} aus T_5 zu bestimmen. Im übrigen ist bei den Primärdüsen die weitere Annahme $\Phi_{Prim} = 1$ als günstigste Nebenbedingung vorausgesetzt. Die Auswertung konkreter Triebwerke ergibt in Übereinstimmung mit [5.4.13], daß im Zusammenhang mit Primär-Flammhaltern die Exponenten $a = 1$ und $b = 1$ sinnvoll sind und den Grenzwert

$$A = \frac{p_{stat}^{'} \cdot T_{stat}^{'} \cdot B}{C^{'}} = 0{,}08 \ldots 0{,}10 \qquad \qquad A \text{ in } bar \cdot s \cdot k \qquad (5.4.39)$$

ergeben. Hierzu zeigt Bild 5.4.19 die Werte A bei TO und die an der Verlöschgrenze gefundenen Grenzwerte entsprechend Gl. 5.4.39. Schließlich gibt Bild 5.4.20 als Beispiel den für die Projektierung als allgemeine Orientierung nützlichen Zusammenhang zwischen den Werten A_{TO} und der an der Verlöschgrenze bei $Ma_0 = 0{,}8$ erreichten Flughöhe, der den Grundsatz bestätigt, wonach Nachbrennertriebwerke mit niedrigem Nebenstromverhältnis bzw. mit hohem spezifischen Schub für den Einsatz in Luftverteidigungsflugzeugen besser geeignet sind als solche mit niedrigem spezifischen Schub.

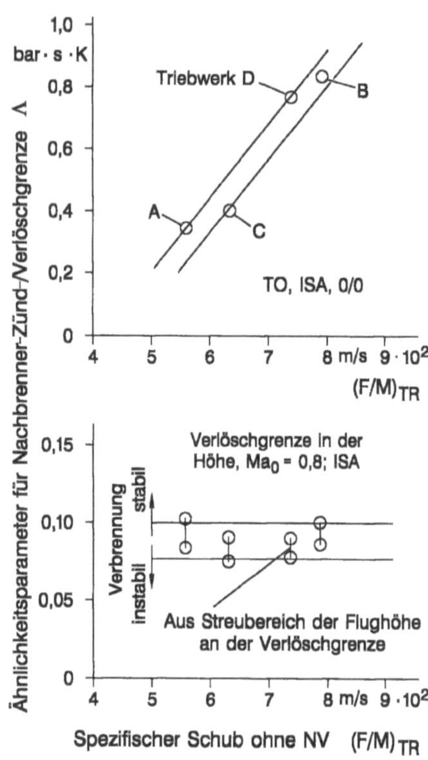

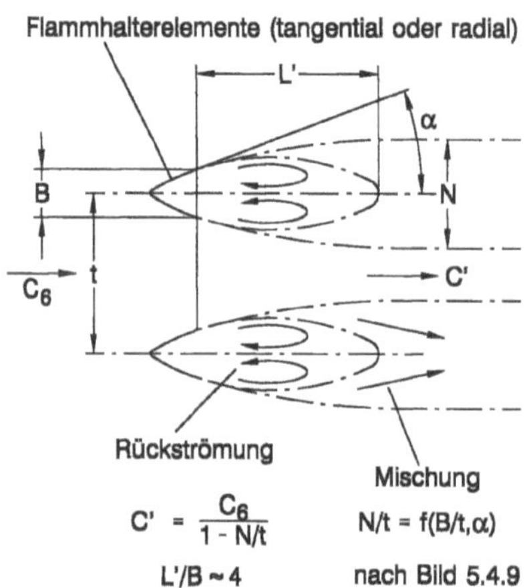

Bild 5.4.18: Ausdehnung der Rückstrombereiche hinter den Flammhalterelementen zur Flammenstabilisierung (vgl. Bild 5.4.9)

Bild 5.4.19: Werte des Stabilitätsparameter bei konkreten militärischen Turbofans bei *TO* und an der Verlöschgrenze in der Höhe

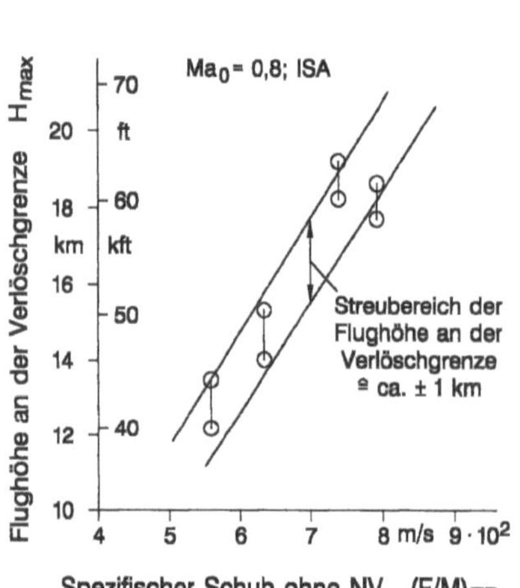

Bild 5.4.20: Verlöschgrenze bei Nachbrennern militärischer Turbofans in der Höhe

5.5 Mischer, Nebenstrom-, Abgas- und Verbindungskanäle

5.5.1 Allgemeines

Die hier behandelten strömungsführenden Elemente sind zwar unumgänglich, aber nur in zweiter Linie konzeptbestimmend. Sie beeinflussen jedoch die Leistungsdaten in der Weise, daß – im Mittel – z.B. 1% Druckverlust im gesamten Durchsatz ca. 0,5 % Verschlechterung im *SBV* und spezifischen Schub verursachen. Bei Zweikreis-Strahltriebwerken kann die Mischung beider Ströme im Abgasbereich zur Verbesserung der Leistungsdaten beitragen, wobei die dabei auftretenden Druckverluste diesen Effekt vermindern. Dabei stellen, wie in Abschnitt 3.5 bereits angesprochen, der spezifische Schub und die Flugbedingungen wesentliche Faktoren dar. Nach den Bildern 3.5.10 und 3.5.11 führt die Änderung (Verschlechterung) des Bruttoschubes zu um so höheren Änderungen des Nettoschubes, je niedriger der spezifische Nettoschub und je höher die Fluggeschwindigkeit ist. Dabei wirken sich nach Bild 3.5.12 Druckverluste im Abgassystem um so stärker auf den Bruttoschub aus, je niedriger das Düsendruckverhältnis bzw. der spezifische Bruttoschub ist. Insgesamt gesehen ist die Mischung beider Ströme vom Standpunkt der Leistungsdaten nur bei spezifischen Nettoschüben um $F / M \geq$ 180 bis 200 m/s im Reiseflug sinnvoll.

Die bei zivilen Turbofans ohne und mit Mischung beider Ströme bei Kanälen und ggf. Mischern anzutreffenden Konfigurationen sind in Bild 5.5.1 schematisch dargestellt. Entsprechendes ist für militärische Turbofans in Bild 5.5.2 gezeigt. Hierzu sei bemerkt, daß bei Turbofans mit Nachbrenner der Nutzen der Mischung beider Ströme vor dem Nachbrenner-Flammhalter, wie bereits in Abschnitt 5.4.1 angesprochen, eher umstritten ist. Schließlich sind in Bild 5.5.3 die bei Wellenleistungstriebwerken relevanten Kanäle dargestellt, wobei hier die Konfiguration des Teilchenabscheiders am Triebwerkeintritt besonders hervortritt und entsprechende Aufmerksamkeit erfordert.

5.5.2 Mischer

Unabhängig davon, ob der Mischer beider Ströme als konfluent anzusprechen ist, d.h. bei dem die beiden Ströme parallel zusammengeführt werden, oder z.B. als sog. Blütenmischer mit gegenseitig in den anderen Strom hineinreichenden Mischflossen ausgeführt ist, stellen sich – wie noch dargelegt wird – in der Ebene 6, d.h. der Zusammenführung, unter Vermeidung von Stromlinienkrümmungen mit entsprechenden Übergeschwindigkeiten in beiden Strömen gleiche statische Drücke ein. Damit sind die in beiden Strömen sich einstellenden Mach-Zahlen an das Verhältnis der Totaldrücke p_k / p_h am Mischereintritt gebunden.

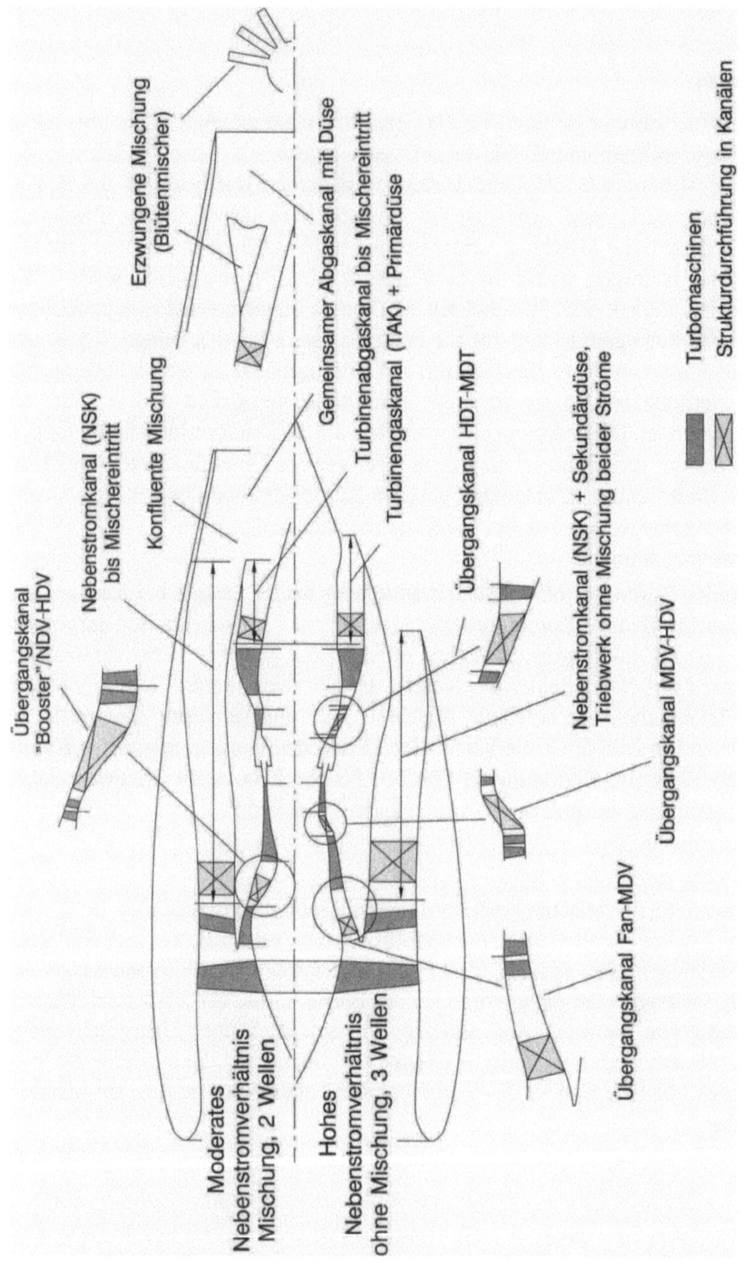

Bild 5.5.1: Kanalführungen und ggf. Mischer bei zivilen Turbofans ohne/mit Mischung beider Kreise

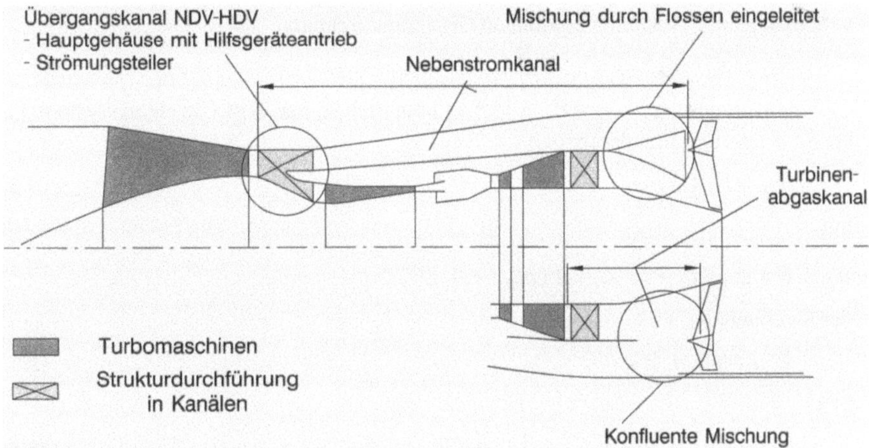

Bild 5.5.2: Militärischer Turbofan mit Nachbrenner bei mittlerem Nebenstromverhältnis; Kanalführung und Nachbrennereintritt mit konfluenter und erzwungener Mischung

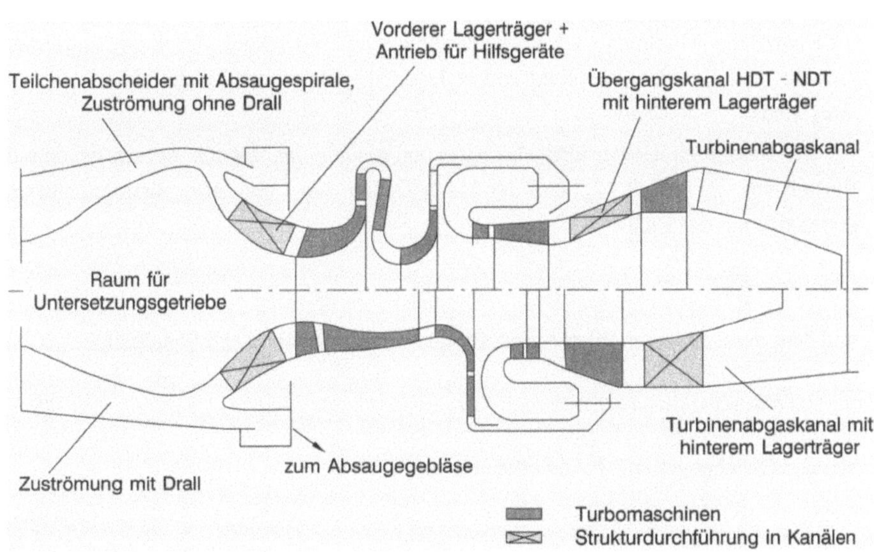

Bild 5.5.3: Kanalführung bei Wellenleistungstriebwerk/Turboprop mit Teilchenabscheider im Einlauf

Der nach vollständiger Mischung sich einstellende Totaldruck p_M ergibt sich unter der vereinfachenden Annahme konstanten Gesamtquerschnitts

$$A_M = A_h + A_k \tag{5.5.1}$$

nach dem Impulssatz, wie z.B. in [5.5.1] beschrieben, aus dem Gleichungssystem 5.5.1 bis 5.5.5 aus dem Impulssatz

$$F_M = F_h + F_k \tag{5.5.2}$$

mit

$$F = A \cdot p_{stat} + M \cdot C = A\,(p_{stat} + \rho \cdot C^2)\,,$$

der Kontinuität

$$M_M = M_k + M_h \tag{5.5.3}$$

bzw.

$$(A \cdot \rho \cdot C)_M = (A \cdot \rho \cdot C)_k + (A \cdot \rho \cdot C)_h \tag{5.5.4}$$

und der Enthalpie

$$(M \cdot c_p \cdot T)_M = (M \cdot c_p \cdot T)_k + (M \cdot c_p \cdot T)_h\,. \tag{5.5.5}$$

Hieraus ergibt sich mit den gasdynamischen Beziehungen zwischen Druck, Temperatur, Dichte und Massenstromdichte – ausgehend von den Drücken und Temperaturen p_k, T_k, p_h und T_h am Eintritt – nach Standardprozeduren iterativ der gesuchte Totaldruck p_M. Der erreichbare Druck p_M ist gegenüber dem bei idealer – praktisch nicht realisierbarer – Mischung nach dem Energiesatz zu erwartenden Druck um so geringer, je mehr p_k / p_h von 1 abweicht und je höher die Strömungs-Mach-Zahlen Ma_k und Ma_h sind.

Ein wesentlich leichter überschaubarer und geschlossen lösbarer Ansatz, bei dem der Einfluß von $p_k / p_h, T_k / T_h$ und der Mach-Zahlen Ma_k und Ma_h direkt sichtbar ist, ergibt sich mit der Dichte

$$\rho = \frac{p}{RT}$$

und dem quasi-kompressiblen Ansatz für den statischen Druck und Staudruck

$$\frac{p_{stat}}{p} = 1 - \frac{1}{2R} \cdot \frac{C^2}{T} \tag{5.5.6}$$

aus den Gleichungen mit Totalwerten p, ρ und T

$$F = A \cdot p \left[1 + \frac{1}{2R} \cdot \frac{C^2}{T} \right], \tag{5.5.7}$$

$$T_M = \frac{\mu \cdot T_k \cdot c_{p,k} + T_h \cdot c_{p,h}}{\mu \cdot c_{p,k} + c_{p,h}}\,, \tag{5.5.8}$$

$$C_M = \frac{(A \cdot \rho \cdot C)_k + (A \cdot \rho \cdot C)_h}{(A \cdot \rho)_M} \qquad (5.5.9)$$

und den Abkürzungen

$$\alpha_k = A_k / A_M ; \alpha_h = A_h / A_M \ .$$

Daraus folgt mit Gl. 5.5.2 die quadratische Gleichung

$$a\left(\frac{p_M}{p_h}\right)^2 + b\left(\frac{p_M}{p_h}\right) + c = 0 \qquad (5.5.10)$$

mit den Koeffizienten

$$a = 1$$

$$b = -\alpha_k\left[1+\frac{1}{2R}\left(\frac{C^2}{T}\right)_k\right] \cdot \frac{p_k}{p_h} - \alpha_h\left[1+\frac{1}{2R}\left(\frac{C^2}{T}\right)_h\right]$$

$$c = \frac{1}{2R} \cdot \frac{T_M}{T_h}\left[\alpha_k\left(\frac{C}{\sqrt{T}}\right)_k \cdot \frac{p_k}{p_h} \cdot \frac{T_h}{T_k} + \alpha_h\left(\frac{C}{\sqrt{T}}\right)_h\right] ,$$

deren Lösung

$$\frac{p_M}{p_h} = -\frac{b}{2} + \sqrt{\left(\frac{b}{2}\right)^2 - c} \qquad (5.5.11)$$

ist. Dabei folgen die Werte $\left(C/\sqrt{T}\right)_k$ und $\left(C/\sqrt{T}\right)_h$ entsprechend der Bedingung $p_{stat,k} = p_{stat,h}$ in der Ebene der Zusammenführung der Gleichung

$$\frac{p_k}{p_h} = \frac{1-\dfrac{1}{2R}\left(\dfrac{C^2}{T}\right)_h}{1-\dfrac{1}{2R}\left(\dfrac{C^2}{T}\right)_k} \cdot \qquad (5.5.12)$$

Eine formale Extrapolation von p_M / p_h für den Grenzfall der „idealen" Mischung, d.h. für $C_k = C_h = 0$, ist nicht möglich. Dieser Grenzfall ergibt sich mit der spezifischen isentropen Expansionsarbeit

$$H_{is} = R \cdot T \frac{\kappa}{\kappa-1}\left[1-\left(\frac{p_0}{p}\right)^{\frac{\kappa-1}{\kappa}}\right]$$

bei der Expansion auf einen – an sich beliebigen – Druck p_0 (z.B. den Atmosphären-druck) aus dem Ansatz

$$H_{is,h} + \mu \cdot H_{is,k} = (1+\mu)H_{is,M} \ . \qquad (5.5.13)$$

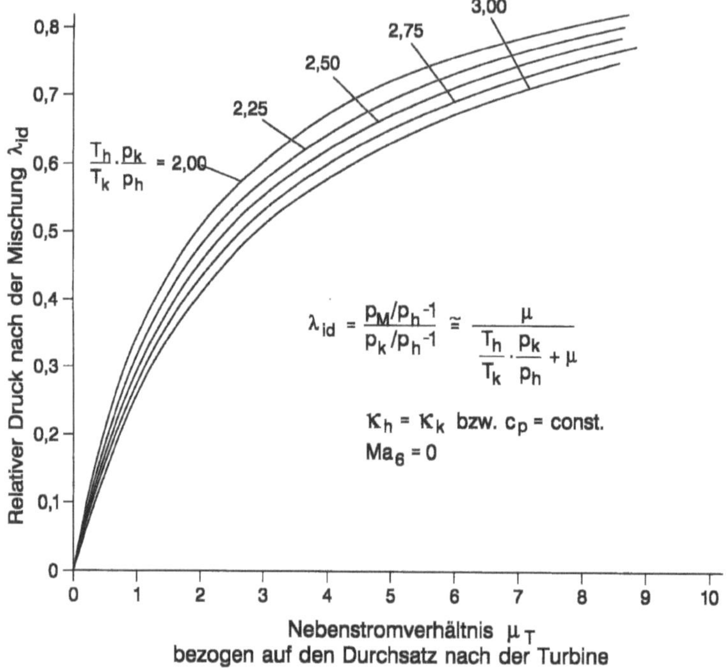

Bild 5.5.4: Druck nach der (idealen) Mischung beider Kreise in Abhängigkeit vom Nebenstromverhältnis und von den Drücken und Temperaturen vor der Mischung

Daraus folgt zunächst mit dem Parameter

$$A = \frac{T_h\left(\dfrac{\kappa}{\kappa-1}\right)_h}{T_k\left(\dfrac{\kappa}{\kappa-1}\right)_k} \qquad (5.5.14)$$

die Beziehung

$$\left(\frac{p_0}{p_M}\right)^{\left(\frac{\kappa-1}{\kappa}\right)}_M = \frac{A\left(\dfrac{p_0}{p_h}\right)^{\left(\frac{\kappa-1}{\kappa}\right)}_h + \mu\left(\dfrac{p_0}{p_k}\right)^{\left(\frac{\kappa-1}{\kappa}\right)}_k}{A+\mu} \; . \qquad (5.5.15)$$

Hieraus ergibt sich mit der an sich rigorosen Vereinfachung $\kappa_h = \kappa_k = \kappa_M$ und der Eliminierung von p_0 nach einiger Umformung schließlich die Lösung

$$\left(\frac{p_M}{p_h}\right)_{id} \approx \frac{\left(\dfrac{T_h}{T_k}+\mu\right)\dfrac{p_k}{p_h}}{\dfrac{T_h}{T_k}\cdot\dfrac{p_k}{p_h}+\mu} \; . \qquad (5.5.16)$$

Das Temperaturverhältnis T_h / T_k liegt nach der „Parametrischen ZTL-Studie" (vgl. Abschnitt 4.1) bei 2,3 bis 2,5 und streut bei konkreten Triebwerken im wesentlichen im Bereich 2,3 bis 2,7, so daß der Mittelwert $T_h / T_k = 2,5$ für die folgende parametrische Darstellung berechtigt erscheint. Das Druckverhältnis $(p_M / p_h)_{id}$ ist in der relativierten Form

$$\lambda_{id} = \frac{(p_M / p_h)_{id} - 1}{p_k / p_h - 1} \approx \frac{\mu}{\dfrac{T_h}{T_k} \cdot \dfrac{p_k}{p_h} + \mu} \tag{5.5.17}$$

für $p_k / p_h \neq 1$ in Bild 5.5.4 dargestellt. Die numerische Auswertung zeigt, daß p_M / p_h nach Gl. 5.5.11 bei Extrapolation nach $C \to 0$ sehr gut mit den nach Gl. 5.5.17 erhaltenen Werten $(p_M / p_h)_{id}$ übereinstimmt. Danach können die aus Gl. 5.5.11 für $C = 0$ und aus Gl. 5.5.16 erhaltenen Werte für $C \neq 0$ entsprechend

$$\frac{\Delta p_M}{p_h} = \left(\frac{p_M}{p_h}\right)_{id} - \left(\frac{p_M}{p_h}\right) \tag{5.5.18}$$

für $p_k / p_h \neq 1$ in der Form

$$\Delta\lambda = \frac{\dfrac{\Delta p_M}{p_h} - 1}{\dfrac{p_k}{p_h} - 1} = f\left[\mu, \frac{p_k}{p_h}, \left(\frac{C/\sqrt{T}}{8}\right)^2\right] \tag{5.5.19}$$

und für $p_k / p_h = 1$ in der Form

$$\frac{\Delta p_M}{p_h} = f\left[\mu, \left(\frac{C/\sqrt{T}}{8}\right)^2\right] \tag{5.5.20}$$

mit Hilfe von Bild 5.5.5a und b bestimmt werden. Es mag erwähnenswert sein, daß unter sonst gleichen Bedingungen p_k / p_h, T_k / T_h und $(C/\sqrt{T})_h$ nicht nur die Druckverluste nach Bild 5.5.5a und b, sondern auch die thermodynamisch bedingten Schubgewinne nach Abschnitt 3.5.3 bzw. Bild 3.5.9 jeweils im Bereich $\mu = 1$ bis 4 am größten sind. Einen Vergleich der mit dem kompressiblen Ansatz nach Gln. 5.5.1 bis 5.5.5 und dem quasi-kompressiblen Ansatz nach Gl. 5.5.6 bis 5.5.20 erhaltenen Werte p_M / p_h zeigt Bild 5.5.6 für $\mu = 1$ und 5. Danach ist im praktisch wichtigen Bereich $p_k / p_h > 0,98$ die Übereinstimmung bemerkenswert gut.

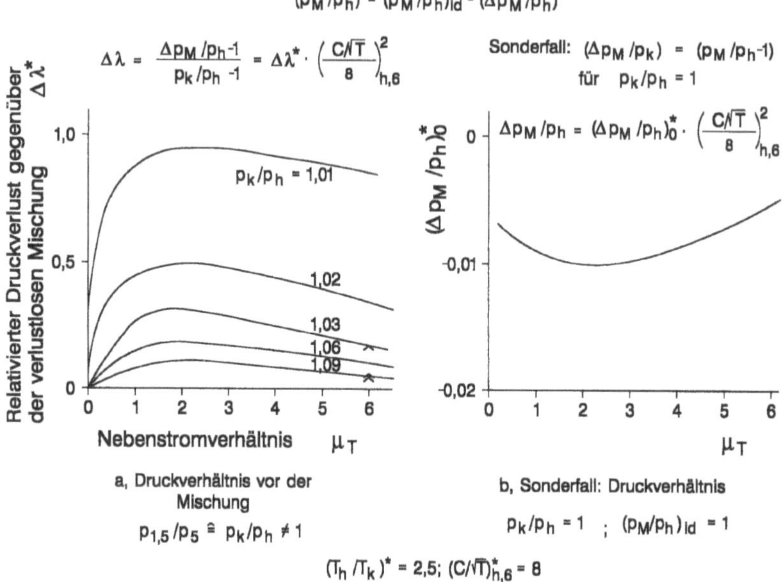

Bild 5.5.5: Druckverlust ($\Delta p_M / p_h$) gegenüber der verlustlosen Mischung bei quasi-kompressibler Behandlung des Mischungsvorgangs

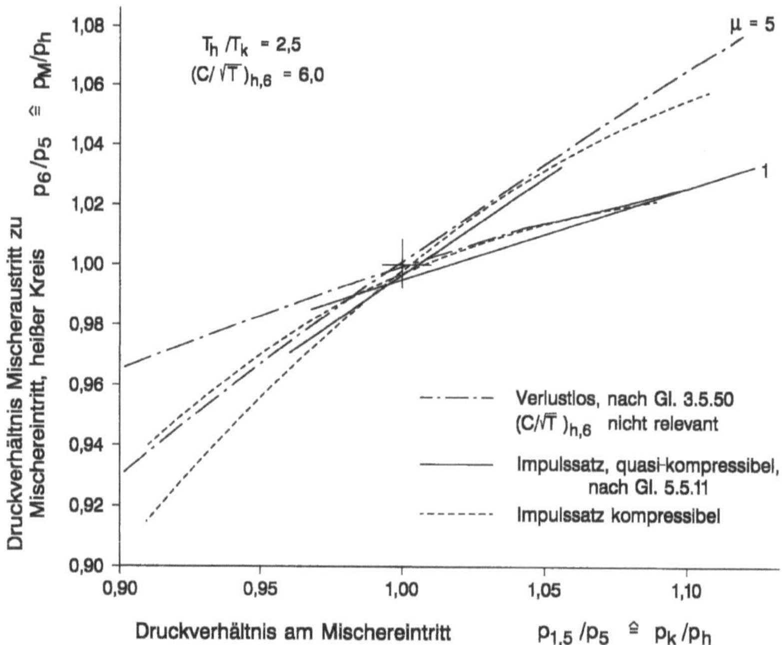

Bild 5.5.6: Vergleich der relativierten Drücke nach der Mischung nach verschiedenen Analyseansätzen

Es sollte im Auge behalten werden, daß im Bereich der Mischung – vor allem bei Blütenmischern – auch rein aerodynamisch bedingte Verluste als Folge der Wandreibung mit örtlichen Ablösungen in den Mischflossen entstehen, die in der Größenordnung

$$\left(\frac{\Delta p_M}{q}\right)_{M,aero} \approx 0,1 \tag{5.5.21}$$

liegen und damit z.B. bei $\left(C/\sqrt{T}\right)_h = 8$ zum Verlust $\Delta p / p = 0,5\%$ führen können. Bild 5.5.7 gibt einen Überblick der bei Zweikreis-Triebwerken ohne und mit Mischung beider Kreise bei MCR anzutreffenden Druckverhältnisse p_k / p_h (d.h. $p_{1.7} / p_7$ ohne Mischung und $p_{1.5.1} / p_{5.1}$ mit Mischung), wobei – soweit Angaben nach verschiedenen Quellen verfügbar sind – diese teilweise etwas differieren. Bei militärischen Turbofans liegen die Werte p_k / p_h mit Rücksicht auf den Nachbrenner im Bereich um 0,98, während bei zivilen Turbofans mit Mischung Werte im erstaunlich weiten Bereich 0,98 bis 1,18 anzutreffen sind. Bei Zweikreis-Triebwerken ohne Mischung beider Kreise liegen die Werte p_k / p_h erwartungsgemäß wesentlich höher.

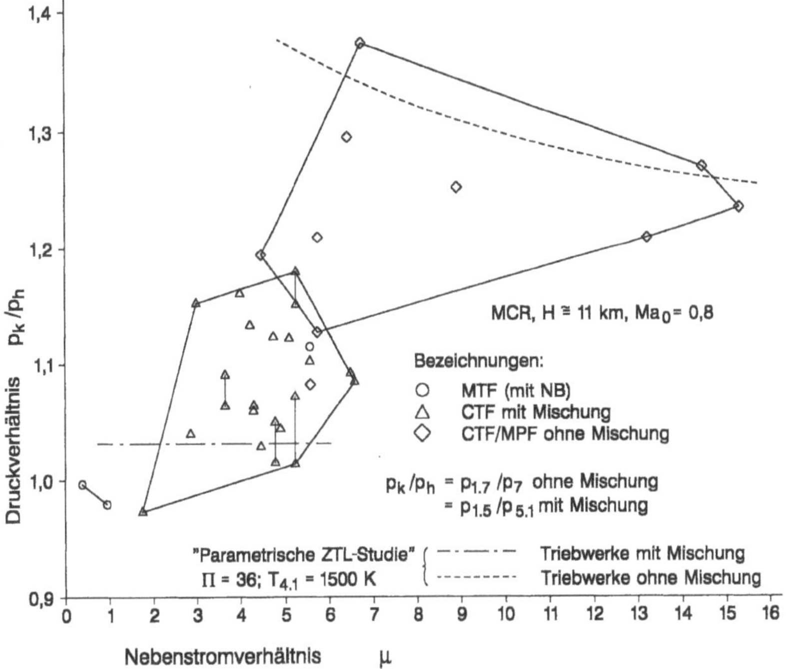

Bild 5.5.7: Relation der Drücke im kalten und heißen Kreis am Eintritt in den Mischer oder Nachbrenner oder am Düseneintritt bei konkreten Triebwerken

In diesem Zusammenhang sei auch erwähnt, daß bei der Festlegung der Mischbedingungen, insbesondere der Relation p_k / p_h im Auslegungspunkt, beachtet werden muß, daß nach Abschnitt 4.2.3 bzw. Bild 4.2.14 das Druckverhältnis p_k / p_h stark vom Betriebszustand, d.h. vom Parameter X in dem Sinne abhängt, daß es bei Teillast stark zunimmt und damit, wie noch beschrieben wird, die bei der Mischung entstehenden Druckverluste entsprechend ansteigen. Ergänzend sind in Bild 5.5.8 die bei konkreten Zweikreis-Triebwerken angetroffenen Relationen der Temperaturen im heißen und kalten Kreis dargestellt.

Ferner zeigt Bild 5.5.9 den Zusammenhang zwischen p_k / p_h und den im kalten und heißen Kreis in der Ebene der Zusammenführung nach Gl. 5.5.12 bestehenden Relationen der Strömungs-Mach-Zahlen.

Die nach [5.5.2] bei konfluenten und Blütenmischern in Abhängigkeit von den Hauptabmessungen experimentell ermittelten Mischungsraten und Gewinne an Nettoschub (vgl. auch Abschnitt 3.5.3) sind in Bild 5.5.10 dem bei konkreten Triebwerken erreichten Bereich an Schubgewinnen gegenübergestellt. Danach sind die erreichbaren Schubgewinne – abgesehen von den Kreisprozeßdaten – nicht nur vom Mischerkonzept, sondern wie erwartet in beträchtlicher Weise auch vom Mach-Zahl-Niveau im Bereich der Mischung abhängig.

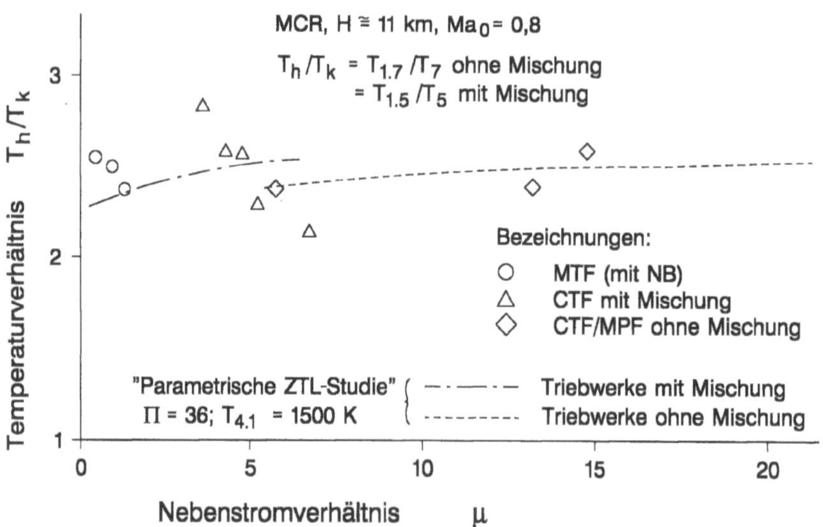

Bild 5.5.8: Relation der Temperaturen im kalten und heißen Kreis im Bereich des Eintritts in den Mischer oder die Düsen

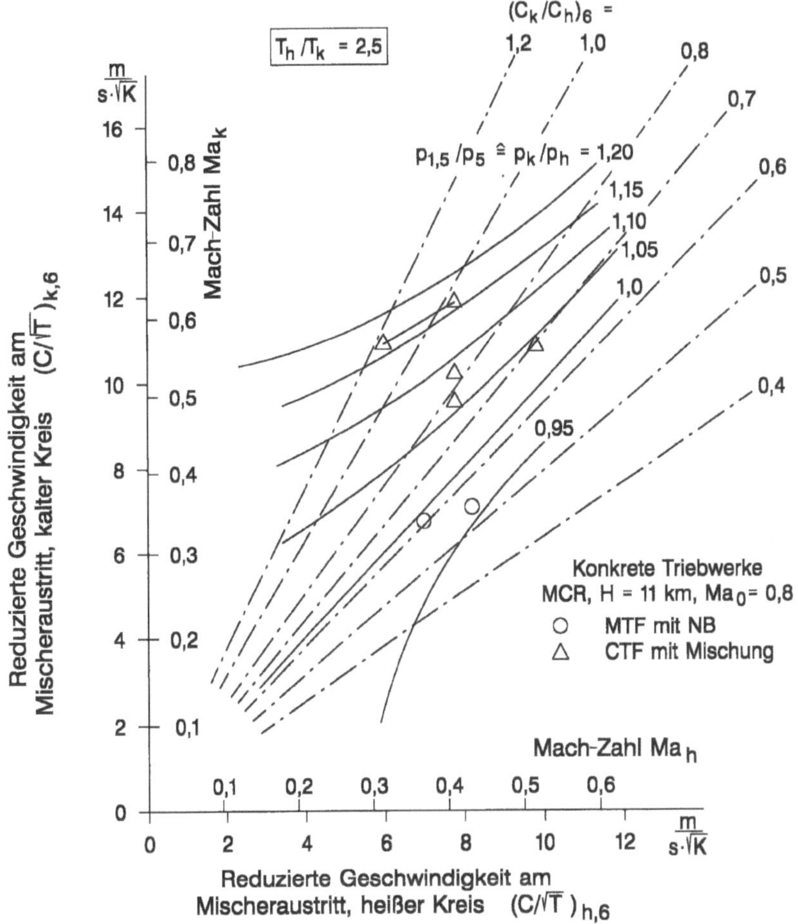

Bild 5.5.9: Einfluß der Bedingungen am Mischereintritt auf die Relation der Strömungsgeschwindigkeiten bzw. Mach-Zahlen am Mischeraustritt

Die in Bild 5.5.10 in Anlehnung an [5.5.2] als Korrelationsparameter benützte Mischungsrate $MR = \Delta Q / \Delta Q_{\text{max}}$ stellt die bei unvollständiger Mischung zwischen beiden Kreisen ausgetauschte Wärmeenergie ΔQ in Relation zur maximal austauschbaren Energie

$$\Delta Q_{\text{max}} = (T_h - T_M)c_{p,h} \cdot M_h$$

$$= (T_M - T_K)c_{p,k} \cdot M_k \; . \tag{5.5.22}$$

dar. Im Gegensatz zu ΔQ_{max} ist ΔQ aufgrund der bei unvollständiger Mischung bestehenden örtlichen (vor allem radialen) Temperaturunterschiede in beiden Kreisen praktisch nicht in korrekter Weise explizit darstellbar. Bei rigoroser Vereinfachung entsprechend konstanten Temperaturen $T_h' < T_h$ bzw. $T_k' > T_k$ in beiden Kreisen kann

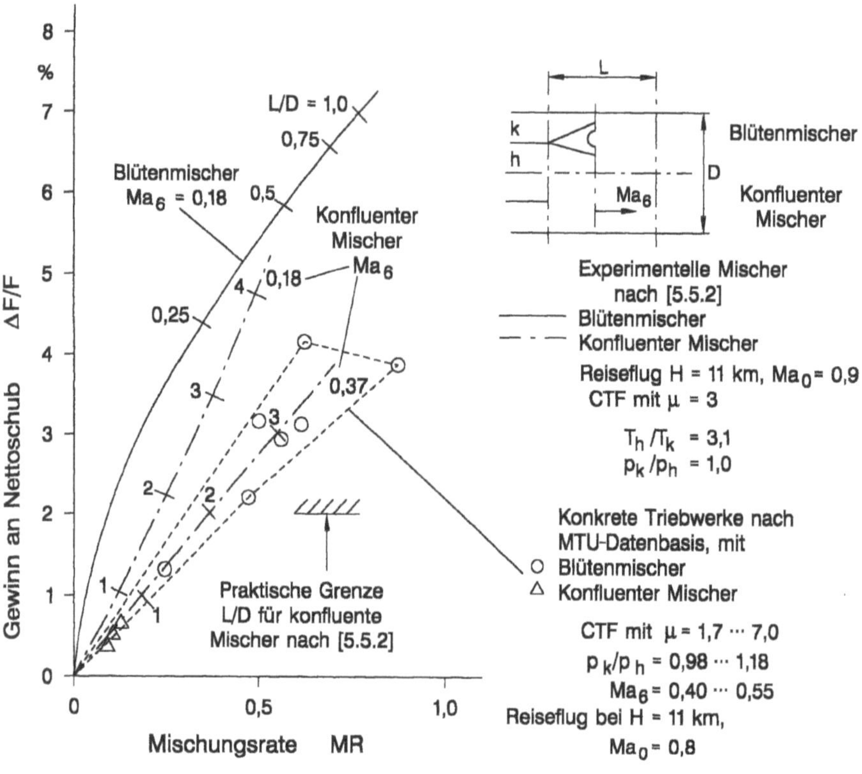

Bild 5.5.10: Mit Mischern verschiedener Konfiguration erreichbare Mischungsraten und Schubgewinne

$$\Delta Q \approx \left(T_h^{'} - T_M\right)c_{p,h}^{'} \cdot M_h$$

$$\approx \left(T_M - T_k^{'}\right)c_{p,k}^{'} \cdot M_k \tag{5.5.23}$$

und damit als grobe Näherung

$$MR = \Delta Q / \Delta Q_{max}$$

$$\approx \frac{T_h - T_h^{'}}{T_h - T_M} \approx \frac{T_M - T_k^{'}}{T_M - T_k} \tag{5.5.24}$$

gesetzt werden. Damit ist eine Korrelation mit dem schubbezogenen Mischungswirkungsgrad η_M nach Gl. 3.5.10 möglich. Mit

$$T_h^{'} = T_h - MR\left(T_h - T_M\right), \tag{5.5.25}$$

$$T_k^{'} = T_k + MR\left(T_M - T_k\right) \tag{5.5.26}$$

und dem Bruttoschub bei unvollständiger Mischung

$$F'_{M,Br} = M_h \cdot \sqrt{T'_h} \cdot \left(\frac{C}{\sqrt{T}}\right)_{D,h} + M_k \cdot \sqrt{T'_k} \cdot \left(\frac{C}{\sqrt{T}}\right)_{D,k} \qquad (5.5.27)$$

ergibt sich z.B. in Anlehnung an die „Parametrische ZTL-Studie" für $(F/M)_{Br} =$ 400 m/s, $T_h/T_k = 2,5$ und $p_k/p_h = 1,03$ der in Bild 5.5.11 dargestellte Zusammenhang $\eta_M = f(MR)$. Es läßt sich zeigen, daß diese Beziehung sowohl für F_{Br} als auch für F_{Ne} gilt.

Die bei konkreten Triebwerken erreichten Schubgewinne sind mit Benützung von Bild 5.5.11 in die Korrelation der übrigen Daten nach [5.5.2] in Bild 5.5.10 eingeordnet, wobei allerdings die Vergleichbarkeit aufgrund des unterschiedlichen Mach-Zahl-Niveaus problematisch ist. Für den Blütenmischer eines Turbofans mit hohem Nebenstromverhältnis wird in [5.5.3] der Einfluß der Mischergeometrie auf Mischungswirkungsgrad bzw. -rate und Druckverlust untersucht.

Abschließend sei auch die günstige Rolle des Blütenmischers bei der Frage der Dämpfung des aus dem Kerntriebwerk austretenden Lärms hingewiesen, vgl. [5.5.4].

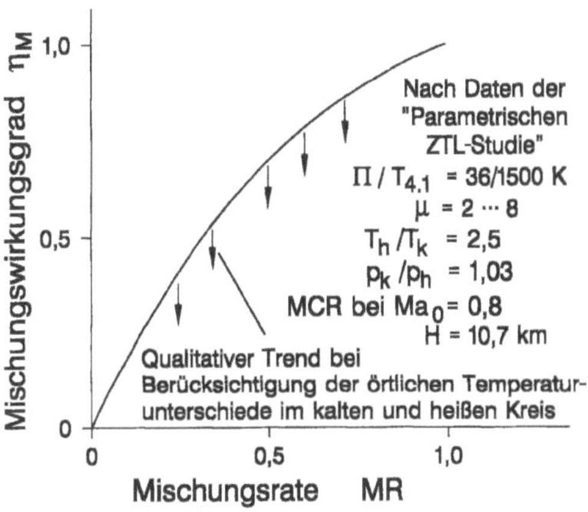

Bild 5.5.11: Relation zwischen Mischungsrate nach Gl. 5.5.24 und Mischungswirkungsgrad nach Gl. 3.5.55

5.5.3 Nebenstrom- und Abgaskanäle

Bei den Nebenstromkanälen ist die Analyse konkreter Triebwerke als Basis für die realistische Vorausberechnung der Druckverluste etc. bei der Projektierung dadurch erschwert, daß die Verluste aufgrund der „reinen" Wandreibung einschließlich der Stützschaufeln nur einen bescheidenen Anteil der gesamten Verluste ausmachen. Abgesehen von Wandkrümmungen und schallabsorbierenden Auskleidungen, die für erhöhte Wandreibung sorgen, werden Verluste insbesondere durch Einbauten verursacht, die in den Nebenstromkanal hineinragen, in ihm untergebracht sind oder ihn durchqueren, und nur in bestimmten Fällen, d.h. bei Installation des Triebwerks unter dem Flügel oder am Rumpfheck bzw. nur zum Teil im Bereich der verkleideten Triebwerkaufhängung untergebracht werden können. Hierzu gehören u.a. Elemente wie Ölkühler, Brennstoffleitungen, Ölversorgungs- und Drainageleitungen, ggf. Leitungen für die Turbinenkühlluft, Luftentnahmeleitungen für die Kabinenversorgung etc., Hebel für die Schubumkehrbetätigung und Sonden mit Leitungen zur Triebwerküberwachung, die beträchtliche Blockagen und Strömungsablösungen bzw. Nachläufe erzeugen können. Bei Turbinenabgaskanälen sind neben der Unterbrechung der Wandkontur am Übergang Rotor/Stator und beträchtlichen Wandkrümmungen im allgemeinen nur schallabsorbierende Auskleidungen und Sonden mit Leitungen zur Triebwerküberwachung als Verlustbringer zu verzeichnen. In beiden Fällen hat sich der Ansatz

$$\zeta = \Delta p / q_E = \zeta_{aero} + \zeta_{bl} \qquad\qquad (5.5.28)$$

mit dem Reibungsterm ζ_{aero} und dem Blockageterm ζ_{bl} als brauchbar gezeigt. Dabei berücksichtigt der Reibungsterm

$$\zeta_{aero} = \lambda_W \cdot l/\overline{d} + c_{W,G} \cdot c/t \qquad\qquad (5.5.29)$$

$$\approx (\lambda_{W,gl}^* \cdot l/\overline{d} + c_{W,G}^* \cdot c/t)\alpha_{gl} \cdot \left(\mathrm{Re}/\mathrm{Re}^*\right)^{-0,2} + (\lambda_W \cdot l/\overline{d}\cdot \alpha)_{rh} \qquad (5.5.30)$$

den Anteil α_{gl} der nicht ausgekleideten, d.h. hydraulisch glatten Oberfläche mit zugehörigem Re-abhängigen Reibungsbeiwert $\lambda_{W,gl}$, die Stützschaufeln mit dem Teilungsverhältnis t/c und dem Widerstandsbeiwert $c_{W,G}$ und dem Anteil $\alpha_{rh} = 1 - \alpha_{gl}$ der schallabsorbierenden, d.h. als hydraulisch rauh betrachteten Oberfläche mit dem Reibungsbeiwert $\lambda_{W,rh} > \lambda_{W,gl}$ und dem den Bereich der Auskleidung reflektierenden Parameter $(l/\overline{d})_{rh}$. Bei der Festlegung $\mathrm{Re}^* = 3\cdot 10^6$ kann $\lambda_{W,gl}^* = 0{,}010$ und $c_{W,G}^* = 0{,}010$ gesetzt werden. Dagegen sind Daten für $\lambda_{W,rh}$ nicht bekannt, und die Anteile α_{gl} bzw. α_{rh} sind bei konkreten Triebwerken nur in Einzelfällen ermittelbar.

Für den Blockageterm ζ_{bl} wird entsprechend dem inkompressiblen Carnot-Stoß in Anlehnung an Abschnitt 5.4.3 die Form

$$\zeta_{bl} = \left(\frac{\overline{A}}{A'} - 1\right)^2 \cdot \left(\frac{A_E}{\overline{A}}\right)^2 \qquad\qquad (5.5.31)$$

gewählt. Dabei ist $A_E = A_{1,3}$ bzw. A_5 die Eintrittsfläche im Nebenstrom- bzw. Abgaskanal, $\overline{A}$ die mittlere Querschnittfläche und A' die fiktive, durch die aerodynamische Versperrung A_{bl} verbleibende Restfläche, wenn die an verschiedenen Stellen auftretenden Blockagen fiktiv zu <u>einer</u> resultierenden Blockage des mittleren Querschnitts $\overline{A}$ vereinigt werden. Setzt man die resultierende aerodynamische Versperrung

$$\varepsilon = A_{bl} / \overline{A} \; , \qquad\qquad (5.5.32)$$

so ergibt sich mit

$$A' / \overline{A} = 1 - \varepsilon \qquad\qquad (5.5.33)$$

der Verlustbeiwert

$$\zeta_{bl} = \left(\frac{\varepsilon}{1-\varepsilon}\right)^2 \cdot \left(\frac{A_E}{\overline{A}}\right)^2 \qquad\qquad (5.5.34)$$

Damit existieren bei der Analyse konkreter Triebwerke nach Gl. 5.5.28, 5.5.30 und 5.5.34 mindestens die zwei unbekannten Parameter $\lambda_{W,rh}$ und ε, die nicht getrennt werden können. Daher wird in Gl. 5.5.30 in rigoroser Vereinfachung der Term $(\lambda_W \cdot l/\overline{d} \cdot \alpha)_{rh}$ dem Blockageterm ζ_{bl} zugeschlagen, so daß mit $\alpha_{gl} = 1$ der praktisch verwertbare Ausdruck

$$\zeta = (\lambda_{W,gl}^* \cdot l/\overline{d} + c_{W,G}^* \cdot c/t) \cdot \left(\frac{\mathrm{Re}}{\mathrm{Re}^*}\right)^{-0,2} + \left(\frac{\varepsilon}{1-\varepsilon}\right)^2 \cdot \left(\frac{A_E}{\overline{A}}\right)^2 \tag{5.5.35}$$

entsteht, bei dem nur noch ε zu ermitteln ist. Die Analyse der Nebenstrom- und Abgaskanäle konkreter Triebwerke ohne und mit Mischung beider Kreise ergeben die in Bild 5.5.12 zusammengestellten Werte ζ und ζ_{aero} und damit auch deren Differenz ζ_{bl}, worin auch die Werte $l/\overline{d}$ nach Bild 5.5.13 verarbeitet sind. Damit ergeben sich aus der Auswertung konkreter Triebwerke neben den angetroffenen Werten $h_E/\overline{h} \approx A_E/\overline{A}$ die für die Berechnung der Druckverluste bei der Projektierung ausschlaggebenden Werte ε aus Bild 5.5.14. Daß beim Nebenstromkanal die Blockage ε mit abnehmendem Nebenstromverhältnis progressiv zunimmt und bei militärischen Turbofans u.a. wegen der Brennstoffleitungen für den Nachbrenner besonders hoch ist, ist ersichtlich.

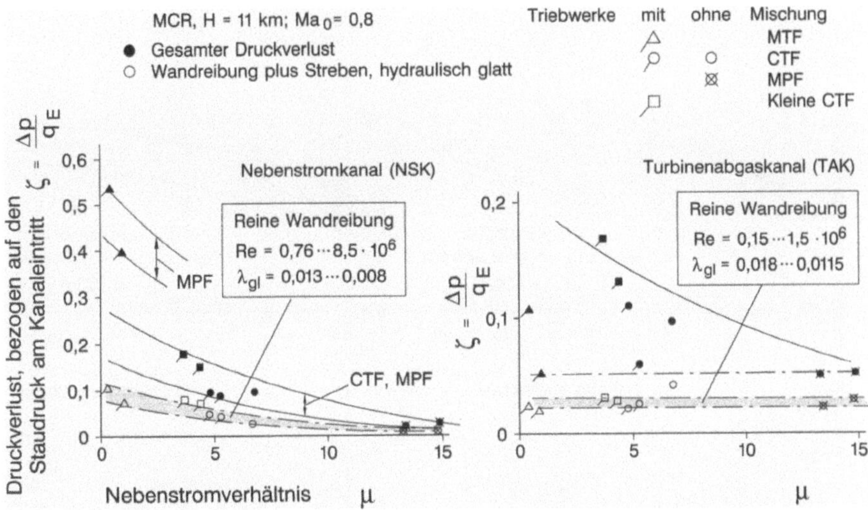

Bild 5.5.12: Druckverluste in Nebenstrom- und Turbinenabgaskanälen mit Reibungsanteil, jeweils bezogen auf den Staudruck am Eintritt, bei konkreten Triebwerken

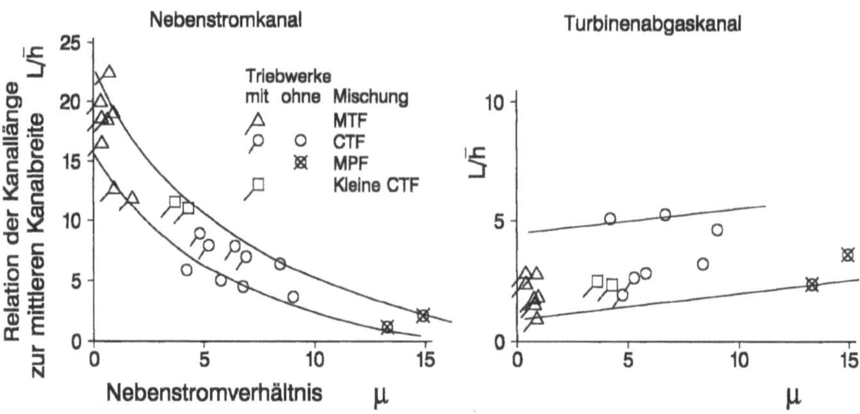

Bild 5.5.13: Verhältnis der Kanallänge zur mittleren Kanalbreite bei Nebenstrom- und Turbinen-abgaskanälen konkreter Triebwerke als Parameter zur Berechnung des Reibungsterms

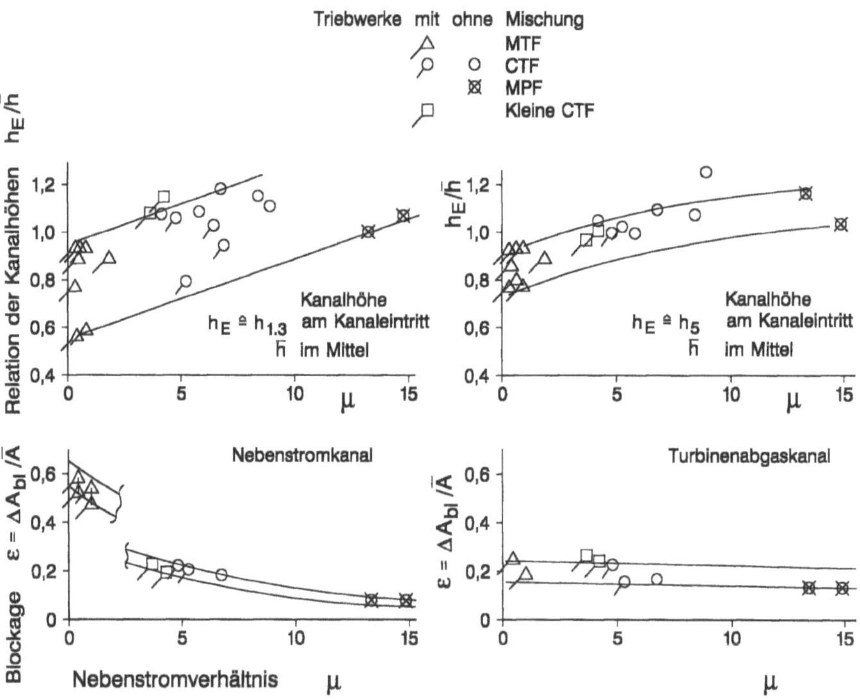

Bild 5.5.14: Übersicht der für den Blockageterm der Druckverluste in Nebenstrom- und Turbinen-abgaskanälen maßgebenden Parameter bei konkreten Triebwerken

Verständlich ist zugleich, daß die Blockage in den Turbinenabgaskanälen geringer und weitgehend unabhängig vom Nebenstromverhältnis ist. Bedenkt man, daß die geometrische Blockage etwa 50% der aerodynamischen ausmacht, so erscheinen die ε-Werte sowohl beim Nebenstrom- als auch beim Abgaskanal durchaus glaubhaft. Interessant ist insbesondere, daß die große Streuung der ζ-Werte nach Bild 5.5.12 durch den gewählten Ansatz nach Gl. 5.5.35 weitgehend verkleinert werden konnte, so daß dadurch Unsicherheiten bei der Abschätzung der Druckverluste im Rahmen der Projektierung beseitigt sind.

Schließlich gibt Bild 5.5.15 die bei der Ableitung thermodynamischer Daten von Zweikreis-Triebwerken aus Daten von Einkreis-Triebwerken entsprechend Abschnitt 3.5.1 benötigten Wirkungsgrade η_{NSK} und η_{TAK} nach Gl. 3.5.8 und 3.5.11. Aus dem Verlauf dieser Wirkungsgrade über dem Nebenstromverhältnis ist zu entnehmen, daß zumindest unter der vereinfachenden Annahme isentroper Expansion in der nachfolgenden Düse die entsprechenden Bruttoschübe im kalten und heißen Kreis durch die Druckverluste im Nebenstrom- und Turbinenabgaskanal entsprechend $\sqrt{\eta_{NSK}}$ und $\sqrt{\eta_{TAK}}$ in ungefähr gleichem Maße verschlechtert werden. Dabei überwiegt mit zunehmendem Nebenstromverhältnis bzw. abnehmendem spezifischem Schub in steigendem Maße der Einfluß des kalten Kreises.

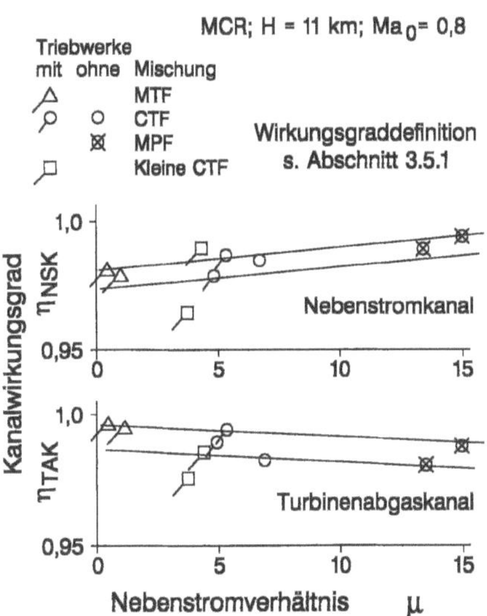

Bild 5.5.15: Thermodynamisch relevante Wirkungsgrade von Nebenstrom- und Turbinenabgaskanälen konkreter Triebwerke

5.5.4 Verbindungskanäle

Was die in den Bildern 5.5.1 bis 5.5.3 skizzierten Übergangskanäle zwischen aufeinanderfolgenden Verdichtern und Turbinen betrifft, so existieren zwar für bestimmte Konfigurationen auf Experimenten beruhende Verlustkorrelationen. Deren Anwendung ist jedoch wegen der dabei erforderlichen detaillierten Ausgangsdaten bei der Projektierung unpraktisch. Die Verlustkorrelationen für Turbinenabgaskanäle nach Abschnitt 5.5.3 stellen aber einen vernünftigen Ausgangspunkt für die hier betrachteten Elemente dar, da auch hier neben Stützrippen erhebliche Wandkrümmungen, Übergänge zwischen stehenden und rotierenden Teilen, Querschnitteinziehungen zur Beschleunigung der Strömung und evtl. Sonden mit Leitungen zur Triebwerküberwachung vorhanden sind. Jedenfalls erhält man mit den für solche Kanäle typischen Parametern $l/\overline{h} = 4$, $A_E/\overline{A} = 1{,}1$ und $c/t = 1{,}0$ mit $\varepsilon = 0{,}2$ nach Bild 5.5.14, $Re^* = 3\cdot10^6$ und $Ma_E \approx 0{,}4$ bzw. $(q/p)_E \approx 0{,}115$ einen Verlustkoeffizienten $\zeta \approx 0{,}1$ und damit den für solche Kanäle realistischen bzw. typischen Druckverlust $\Delta p/p \approx 0{,}01$.

Bei zivilen Turbofans mit Mischung beider Ströme kann auch der Druckverlust im Abgaskanal zwischen Mischer und Düse in der gleichen Weise abgeschätzt werden. Da hier keine Stützrippen vorhanden sind, kann der Term $c_W \cdot c/t$ in Gl. 5.5.29 eliminiert werden, und da es sich um beschleunigte Strömung mit geringen Wandkrümmungen handelt und neben schallabsorbierenden Auskleidungen und Sonden zur Triebwerküberwachung nur die aus dem Mischer kommenden Scherströmungen etc. erhöhte Verluste bringen können, ist dabei ein Wert ε am unteren Rand des Streubereichs nach Bild 5.5.14 zu empfehlen. Dabei muß geprüft werden, ob sich diese Verluste mit dem nach Abschnitt 5.6.2.1 anzusetzenden Düsenwirkungsgrad überdecken.

Bei militärischen Turbofans bzw. Nachbrennertriebwerken entsteht auch im Betrieb ohne Nachverbrennung zwischen Flammhalter und Düse ein Druckverlust, der aufgrund der Konfiguration des Hitzeschildes und der durch Flammhalter und Mischung beider Ströme geprägten Strömungsbedingungen sicher höher ist als beim glatten Rohr. Die Berechnung nach Gln. 5.5.28 bis 5.5.35 ergibt mit der Elimination des Terms $\lambda_{W,G} \cdot c/t$ und der Annahme $\varepsilon = 0{,}2$ nach Bild 5.5.14, mit dem Parameter $l/\overline{d} \mathrel{\hat{=}} l/d_6 = 1{,}5$ (mit $\overline{d} = 2\overline{h}$) als Beispiel einen Verlustbeiwert $\zeta \approx 0{,}088$ und damit bei $Ma_6 = 0{,}2$ einen Druckverlust in der Größenordnung $\Delta p/p = 0{,}0024$, der im Vergleich zu den übrigen, in diesem Bereich hinzunehmenden Druckverlusten keine Bedeutung hat.

5.5.5 Teilchenabscheider

Bei Hubschrauber- und Propellertriebwerken für den militärischen Einsatz, die von unbefestigten oder verschmutzten Pisten aus operieren müssen, sind Teilchenabscheider im Einlaufbereich erforderlich, um die Triebwerke vor rascher Zerstörung durch Erosion der Verdichterbeschaufelung und vor Ablagerungen im Verdichter- und Turbinenbereich zu schützen, vgl. hierzu Abschnitt 5.2.2.9.

Während bei Gasturbinen für schwere Landfahrzeuge ein- und zweistufige Zyklonfilter oder sogar Barrierefilter zum Einsatz kommen, sind diese bei Flugtriebwerken aus Einbaugründen nicht akzeptabel. Hier sind relativ kompakte Teilchenabscheider, wie in Bild 5.5.3 skizziert, im Einsatz, womit wenigstens die größeren, Erosion verursachenden Teilchen zum größten Teil ausgeschleudert werden können. Bei Propellertriebwerken mit konzentrischem Triebwerkeinlauf wird davon ausgegangen, daß bereits durch die Propellerblätter ein erheblicher Teil der Partikel am Einlauf vorbei nach außen geschleudert werden. Bei Hubschraubertriebwerken ist dagegen ein Teilchenabscheider im allgemeinen unumgänglich.

Teilchenabscheider können, wie in Bild 5.5.3 skizziert,

– mit drallbehafteter Zuströmung bei relativ sanfter Kanalkrümmung oder

– mit axialer Zuströmung und relativ scharfer Kanalkrümmung

konzipiert werden. In jedem Falle sind die nach außen geschleuderten Teilchen zusammen mit einem erheblichen Luftdurchsatz, der bis zu 25% des Triebwerkdurchsatzes betragen kann, mit einem Gebläse abzusaugen. Mit diesem System können nach [5.5.5] ca. 70 bis 90% der angesaugten (größeren) Teilchen abgesondert werden, wobei im Hauptstrom zum Triebwerk mit Druckverlusten im Bereich 0,5 bis 1% zu rechnen ist, und für die Absaugung ca. 3 bis 5% der Triebwerkleistung veranschlagt werden müssen. Die Absaugung muß nur bei Start und Landung in Bodennähe in Betrieb sein. Argumente zur Kanalgestaltung und zur Effektivität der Abscheidung finden sich in [5.5.5 bis 5.5.9].

5.6 Düsen

5.6.1 Allgemeines

Düsen decken einen außerordentlich weiten Bereich aero-/thermodynamischer Bedingungen ab und weisen eine Vielzahl konstruktiv/funktioneller Konzepte auf, um der Hauptaufgabe, d.h. der Expansion des Triebwerkdurchsatzes in die Atmosphäre, mit ggf. sekundären Anforderungen wie Schubvektorisierung und -umkehrung, IR-Abschirmung und Schalldämmung unter allen Flugbedingungen optimal gerecht werden zu können.

Während Aerodynamik und Konturgestaltung bei Düsen von Einkreis-Strahltriebwerken relativ unproblematisch sind und weitgehend autonom, d.h. ohne Einbeziehung der Außenströmung behandelt werden konnten, sind bei modernen zivilen Turbofans mit niedrigem spezifischen Schub, d.h. ohne Mischung beider Ströme und bei Mantelpropfans – jeweils mit axial versetzten Düsen im kalten und heißen Kreis – die Ausströmbedingungen erheblich von der Konfiguration der Triebwerksgondel abhängig bzw. stehen mit der Außenströmung in engem Zusammenhang. Was dabei die Gestaltung der Düse im heißen Kreis betrifft, so sind Konzepte ohne und mit herausragendem Zentralkörper zu finden, vgl. Bild 5.6.1, Konfigurationen a) und b). Große Sorgfalt erfordert die Festlegung der Kontur der aus dem Fan-Mantel herausragenden Verkleidung des Kerntriebwerks, z.B. nach [5.6.1 bis 5.6.3]. Bei zivilen Zweikreis-Strahltriebwerken mit Mischung beider Kreise bzw. mit langem Fan-Mantel, vgl. Konfiguration c) in Bild 5.6.1, treten diese Probleme weitgehend in den Hintergrund.

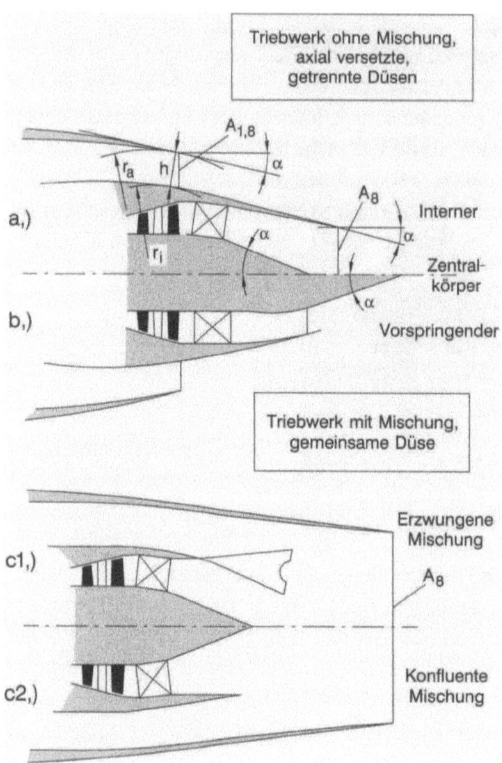

Bild 5.6.1: Düsenkonfigurationen bei zivilen Turbofans ohne und mit Mischung beider Kreise

Was die Reduzierung des Strahllärms bei hohem spezifischen Schub betrifft, so bestehen bei den Düsen selbst nur sehr begrenzte technische Möglichkeiten. Bei früheren Zweikreis-Strahltriebwerken mit niedrigem Nebenstromverhältnis und Mischung beider Ströme wurde durch Mehrfachdüsen oder Düsen in Blütenmischerform versucht, den Strahllärm zu reduzieren, um bereits bestehende Triebwerke im Einsatz halten zu können, vgl. hierzu [10] und [21]. Dabei konnte zwar der Lärm bei *TO* bis zu 10 PNdB reduziert werden, jedoch um den Preis erheblicher Verluste an Bruttoschub, vgl. [21], mit entsprechender Erhöhung des *SBV* neben konstruktivem Mehraufwand. Außerdem wurden bei früheren Triebwerken für Überschall-Verkehrsflugzeuge, bei denen hoher spezifischer Schub unumgänglich ist, interne Mehrfachdüsen mit Ejektor in Betracht gezogen [5.14.9]. Bei Zweikreis-Strahltriebwerken mit niedrigem Nebenstromverhältnis, die für Überschall-Verkehrsflugzeuge in Betracht gezogen wurden, scheint eine gewisse Lärmminderung bei höherer Strahlgeschwindigkeit an der Düse im kalten Kreis als an jener im heißen Kreis, d.h. bei $C_k / C_h > 1$ möglich zu sein, vgl. [5.14.7 und 5.14.8]. Diese Maßnahme führt jedoch nach Abschnitt 3.5.2 zu höherem konstruktivem Aufwand und zu schlechterem *SBV*.

Konvergente, verstellbare Kurzklappendüsen entsprechend Bild 5.6.2, Konfiguration d), sind vor allem bei älteren Nachbrennertriebwerken zu finden. Düsen dieses Konzepts sind zwar aerodynamisch und konstruktiv unproblematisch. Ihr Nachteil besteht jedoch – abgesehen von ungünstiger Schubausbeute bei hohen Düsendruckverhältnissen – in erheblichem Heckwiderstand des Flugzeugs aufgrund der unvermeidlichen Basisfläche im Betrieb ohne Nachverbrennung.

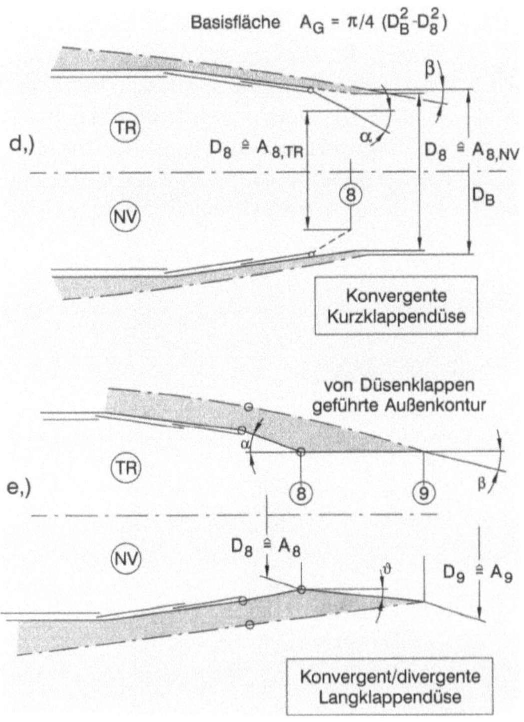

Bild 5.6.2: Konvergente und konvergent/divergente Düsen für Nachbrennertriebwerke

Bei konvergent/divergenten verstellbaren Düsen von Nachbrennertriebwerken mit verstellbarer Divergenz, d.h. der Querschnittflächenerweiterung zum Austritt hin, vgl. Bild 5.6.2, Konfiguration e), ist der Verstellbereich der Halsfläche durch die thermodymischen Bedingungen ohne und mit Nachverbrennung vorgegeben und die wünschenswerte Divergenz zwar eine Frage des Düsendruckverhältnisses und damit des Kreisprozesses und der Flugbedingungen. Im Überschallflug geht aber die an sich optimale Divergenz über die geometrisch/konstruktiv realisierbare weit hinaus. Ferner steht hier die Minimierung der Leckage an den Fugen der Verstellelemente und vor allem die Kühlung der großen, bei Nachverbrennung thermisch hochbelasteten Flächen hohe Anforderungen an die Kühltechnologie. Bei konvergent/divergenten Düsen sind mehrere konstruktive Konzepte nach Bild 5.6.3 im Einsatz. Bei Einkreis-Nachbrennertriebwerken – d.h. Triebwerken aus den 1950/60er Jahren – findet sich häufig das Konzept der Ejektordüse, bei dem um die eigentliche (konvergente) Düse ein Mantel gelegt ist, der die Ansaugung von Luft aus dem Triebwerkraum ermöglicht, wobei sich eine Art Divergenzeffekt mit entsprechendem Schubgewinn erzielen läßt. Die analytische und experimentelle Behandlung dieses Konzepts ist schwierig, da der Effekt des Ejektorstroms einerseits sehr stark von den Druckverlusten zwischen Triebwerkeinlauf und Ejektoreintritt und damit von den Einbaubedingungen abhängt und andererseits vom Grad der Mischung mit dem Abgasstrahl und damit von der Ejektor-Mischungslänge beeinflußt wird. Beschreibungen der grundsätzlichen aerodynamischen Funktion der Ejektordüse unter vereinfachenden Annahmen sind in [4] und [16] enthalten. Bei Zweikreis-Nachbrennertriebwerken aus den 60/70er Jahren ist teilweise noch das Prinzip der Irisdüse mit axial beweglichen Lamellen zu finden, wobei Düsenhalsfläche und Divergenz in einem festen Verhältnis zueinander stehen, vgl. [5.6.4 und 5.6.5]. Bei modernen Nachbrennertriebwerken dominieren nach Bild 5.6.3 Düsenkonzepte mit gelenkig verbundenen Klappen für den konvergenten und divergenten Teil, vgl. [5.6.5 und 5.6.6], wobei in [5.6.6] u.a. dem Zusammenhang zwischen Flexibilisierung der Funktion und konstruktivem Aufwand nachgegangen wird.

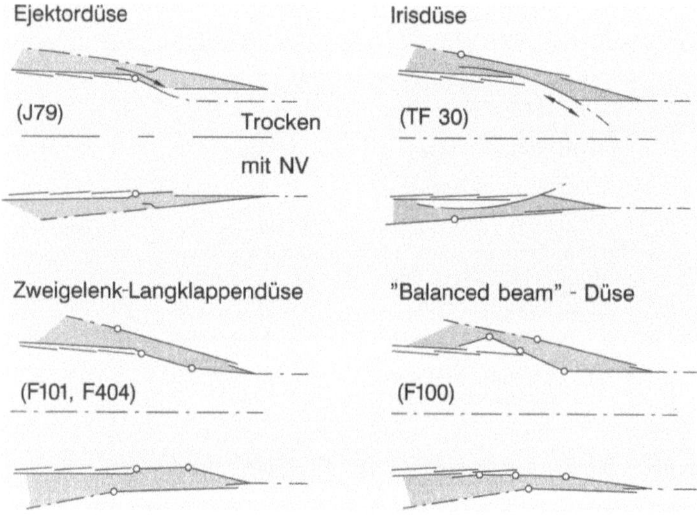

Bild 5.6.3: Konstuktiv/kinematische Konzepte ausgeführter, konvergent/divergenter Düsen von Nachbrennertriebwerken

Die Festlegung der Düsenkontur ohne und mit Nachverbrennung ist im Zusammenhang mit der Kontur des Flugzeughecks und des Nachbrenners vorzunehmen, wobei die ablösungsfreie Beherrschung der Außenaerodynamik des Flugzeughecks im Betrieb ohne Nachverbrennung wegen der starken Einziehung des Rumpfquerschnitts zum Düsenaustritt hin – besonders bei zweistrahligen Flugzeugen – große Sorgfalt erfordert. Der Einfluß der Düse auf die Leistungsdaten im Vergleich zur idealen Düse mit interner, isentroper Expansion ergibt sich zunächst aus dem Einfluß der Verluste in der Düse und den bei unvollständiger interner Expansion (d.h. bei konvergenter Kontur oder begrenzter Divergenz) oder den bei interner Überexpansion hinzunehmenden Schubeinbußen. Dabei überhöhen sich die Einbußen an Bruttoschub mit Blick auf den Nettoschub je nach dem spezifischen Bruttoschub des Triebwerks und den Flugbedingungen entsprechend Bild 3.5.11. Bei genauerer Analyse ist jedoch neben der Effektivität der Düse selbst auch das Rumpfheck bzw. dessen Widerstand in die Optimierung einzubeziehen, vgl. [5.6.6 bis 5.5.8]. Die im folgenden Abschnitt entwickelten analytischen Zusammenhänge sind jedoch zunächst auf die Düse selbst beschränkt.

Durch Schubvektorisierung können bei Kampfflugzeugen folgende flugmechanischen und kampftaktischen Vorteile erreicht werden:

– Verbesserung der Manövrierfähigkeit durch engere Kurvenradien bei geringeren g-Lasten über den stabilen Bereich des Flugzeugs hinaus (Post Stall),
– Erweiterung der Zielerfassung durch Entkoppelung der Flugrichtung und der Flugzeug-Längsachse und
– Unterstützung der Flugzeug-Steuerflächen bei Start und Landung.

Die mit der Schubvektorsteuerung sichtbar gewordenen Entwicklungspotentiale bei Kampfflugzeugen haben zu einer großen Zahl von Konzepten geführt, die teilweise zu Experimentalprogrammen bis hin zu Demonstrator-Flugprogrammen geführt haben, oder inzwischen sogar zum Einsatz gekommen sind. Dabei werden hauptsächlich zwei Konzepte verfolgt:

– die axiale Vektordüse mit Rundumvektorisierung, ohne oder mit Schubmodulation bzw. -umkehrung
– die Rechteckdüse mit Schubablenkung nach oben und unten und Schubmodulation bzw. -umkehrung

Angesichts der großen Zahl ausgeführter und vorgeschlagener Konzepte sei im Folgenden die Beschreibung auf wenige Beispiele beschränkt, die jeweils eine bestimmte Kategorie repräsentieren.

Bei **axialen Vektordüsen** für normalstartende Flugzeuge werden Ablenkwinkel von 10 bis 20° realisiert, vgl. [5.6.9 bis 5.6.13]. Dabei entsprechen Düsenkanalkontur und -enveloppe – und damit auch die Kontur des Rumpfhecks – weiterhin den Konfigurationen d) und e) in Bild 5.6.2. Nicht ganz unproblematisch sind dabei Konstruktion und Integration des Schubumkehrers. Bei diesen Konzepten können Dimensionierung und Betriebsverhalten auf die in Abschnitt 5.6.2.2 und 5.6.2.3 behandelten konventionellen Düsen zurückgeführt werden. Des weiteren sind axiale Vektordüsen mit Schubablenkung bis 100° bekannt, die für Senkrechtstarter bzw. VTOL-Flugzeuge (Vertical Take Off and Landing) vorgesehen waren, vgl. [5.6.14 und 15].

Bei Rechteckdüsen nach Bild 5.6.4, Konfiguration f), werden Ablenkwinkel nach oben und unten bis zu 30° verwirklicht. Besonders interessant ist bei diesem Konzept die konstruktiv geschickt gelöste Schubmodulation bis hin zur Schubumkehrung mit denselben Elementen, welche die konvergent/divergente Düse bilden, vgl. [5.6.9, 5.6.10, 5.6.12 und 5.6.13]. Die Unterstützung der Steuerflächen des Flugzeugs bei Start und Landung ist bei diesem Düsenkonzept besonders wirksam; ob im Luftkampf dieselben Vorteile erreicht werden können wie beim axialen Konzept mit Rundum-Schubablenkung, ist jedoch umstritten. Allerdings erfordert das Rechteck-Konzept mit Rücksicht auf die Steifigkeit der Seitenwände, die Abdichtung zwischen Seitenwänden und beweglichen Teilen und schließlich die Kühlung der bewegten Teile einen erheblichen konstruktiven

Mehraufwand mit entsprechendem Mehrgewicht, vgl. [5.6.12 und 5.6.16]. Ferner ist eine ungünstigere Heckkonfiguration des Flugzeugs hinzunehmen. Dimensionierung und Betriebsverhalten können bis zu erheblichen Ablenkwinkeln auf konventionelle Düsen nach Abschnitt 5.6.2.2 und 5.6.2.3 zurückgeführt werden, wie in Abschnitt 6.2.2.4 erläutert.

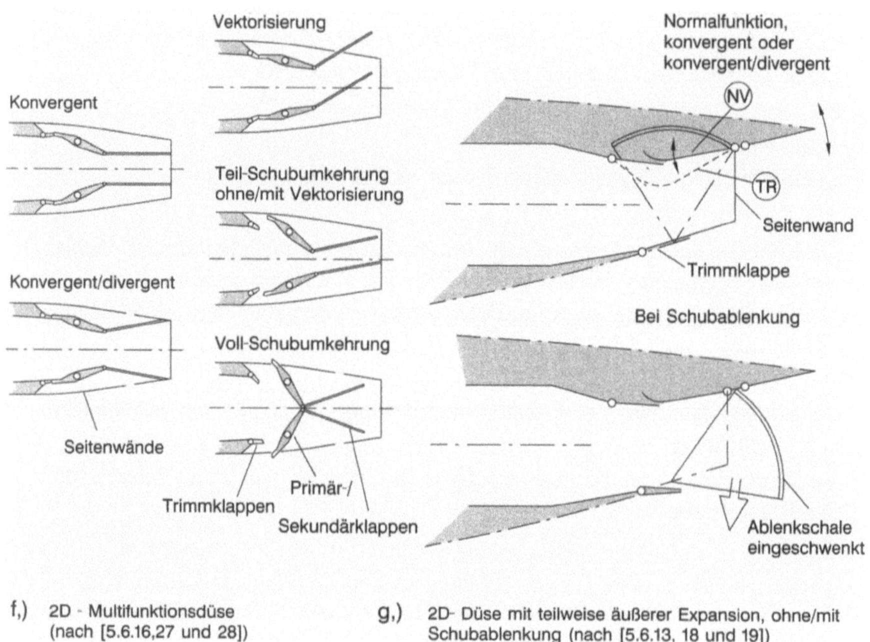

Bild 5.6.4: Konvergent/divergente Rechteck (2D)-Düsen mit Mehrfachfunktion

Ein weiteres Vektordüsenkonzept nach Bild 5.6.4, Konfiguration g), mit rechteckiger, fester Kastenstruktur und asymmetrischer, teilweise äußeren Expansionskontur, das die Schubablenkung bis zu 90° und damit die Anwendung bei VTOL-Flugzeugen ermöglicht, ist in [5.6.18 und 5.6.19] beschrieben. Aufgrund der festen Kastenstruktur sind der Mehraufwand an Gewicht und die zu erwartenden Leckagen sicher geringer als bei der Konfiguration f), wenngleich weniger Funktionen abgedeckt werden.

Düsen mit Zentralkörper

Im Prinzip können bei runden, konvergent/divergenten Verstelldüsen die beweglichen Klappen durch einen axial verschiebbaren, ansonsten festen Zentralkörper ersetzt werden, so daß Konfiguration h) nach Bild 5.6.5 entsteht. Die sich einstellende Divergenz wird dabei – wie bei Überschall-Einläufen – durch die mit dem Durchmesser an der Lippe gebildete Querschnittfläche $A_9 = D_L^2 \pi / 4$ und die zwischen Zentralkörper und Mantel gebildete veränderliche Halsfläche A_8 gebildet. Das der Divergenz $\lambda = A_9 / A_8$

entsprechende, „angepaßte" Düsendruckverhältnis ist dann erreicht, wenn die Über-
schallexpansion auf dem Kegelmantel zwischen Lippe und Zentralkörperspitze abgeschlossen ist bzw. der Strahl mit konstantem Durchmesser – Mischung mit der Umgebung vernachlässigt – die Lippe verläßt. Nach [4] kann bei diesem Konzept – verglichen
mit der Ideallösung – der vorspringende Teil des Zentralkörpers ohne nennenswerte
Schubeinbuße um 30 bis 50 % gekürzt werden. Allerdings eignet sich dieses Konzept mit
Rücksicht auf die Kühlung des Zentralkörper aus heutiger Sicht wohl kaum für Nach-
brenntriebwerke, wenngleich – wie noch erläutert wird – bei Düsen für zukünftige Hyperschalltriebwerke, bei denen mit extrem hohen Gastemperaturen zu rechnen ist, dieses
Konzept in der Diskussion steht. Ein für Nachbrennertriebwerke vorgesehenes Rechteck-
Düsenkonzept mit variablem Zentralkörper, das Schubvektorisierung nach oben/unten
vorsieht, ist in [5.6.16 und 5.6.20] beschrieben. Untersuchungen zur Kühlung von Zentralkörpern sind in [5.6.20 und 5.6.21] dargelegt.

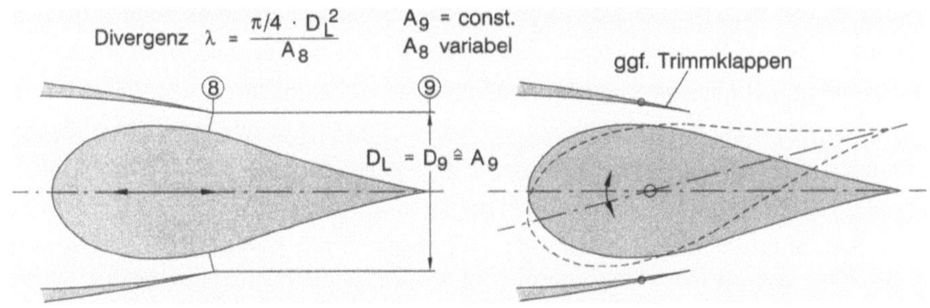

h.) Runde, konvergent/divergente Düse mit
    äußerer Expansion und axial verschiebbarem
    Zentralkörper zur Verstellung von A_8,
    (z.B. nach [4])

i.) Rechteck (2D)-Düse, konvergent/divergent,
    mit äußerer Expansion und schwenkbarem
    Zentralkörper zur Schubvektorisierung
    (z.B. nach [5.6.16])

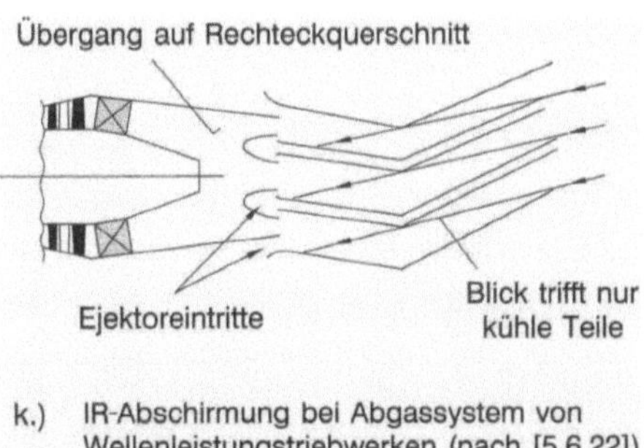

k.)   IR-Abschirmung bei Abgassystem von
       Wellenleistungstriebwerken (nach [5.6.22])

Bild 5.6.5: Konvergent/divergente Düsen mit Zentralkörper; Abgassystem mit IR-Abschirmung für
Wellenleistungstriebwerk

Erwähnt seien ferner die zur Unterdrückung der IR-Strahlung entwickelten oder in Betracht gezogenen Düsenkonzepte. Diese wurden seit den 80er Jahren bei Triebwerken ohne Nachbrenner verfolgt, die – wie schon in Abschnitt 5.4.1 erwähnt – zumindest zeitweilig für Kampfflugzeuge Interesse gefunden hatten.

Ein zur Schubvektorisierung und/oder Abschirmung gegen IR-Emission geeignetes Konzept einer Rechteckdüse mit Zentralkörper ist in Bild 5.6.5, Konfiguration i), skizziert. Dabei wird zur Schubablenkung nach oben oder unten der Zentralkörper geschwenkt. Das Expansionskonzept entspricht jenem von Konfiguration h, wenngleich hier der Divergenzwinkel ϑ_{2D} auf den äquivalenten Wert ϑ_{ax} zurückzuführen ist (vgl. Abschnitt 5.6.2.4). Zur Unterdrückung der IR-Emission können Zentralkörper und Düsenklappen so ausgebildet werden, daß einerseits der Blick zu den heißen Turbinenteilen versperrt wird, während andererseits Düsenmantel und Zentralkörper mit Luft aus dem kalten Kreis zu kühlen bzw. gegenüber den heißen Turbinenabgasen zu isolieren sind. Hierzu wurden Studien [5.6.16] durchgeführt. Im übrigen ist auch bei dem zuvor beschriebenen Konzept nach Konfiguration h) bei geeigneter Kanalführung die IR-Abschirmung möglich. Ebenso wie Konfiguration h ist auch Konfiguration i) für Nachbrenner-Triebwerke kaum geeignet. Die Verstellbarkeit der Düsenhalsfläche kann ebenso wie nach [5.6.20] entweder durch einen verstellbaren Zentralkörper oder durch verstellbare Lippen am Düsenkasten erreicht werden. Darüber hinaus sind, wie in [5.6.12] angesprochen, Schlitzdüsen für Strahlaustritt an der Flügelhinterkante (Kampfflugzeug Lockheed F 117) im Einsatz.

Obwohl es sich nicht um Düsen im eigentlichen Sinne handelt, sei der Vollständigkeit halber das bei Wellenleistungstriebwerken für militärische Hubschrauber wichtige Abgassystem mit Unterdrückung der IR-Emission erwähnt. Dabei ist das Konzept des Mehrfach-Ejektors nach Bild 5.6.5, Konfiguration k), bekannt, bei dem der Abgasstrahl in einzelne Kanäle mit großem Seitenverhältnis aufgelöst ist, die in geknickte Ejektoren münden. Diese Ejektoren versperren einerseits den Blick auf die heißen Turbinenteile und tragen andererseits zur Isolierung der benetzten Ejektorwände gegenüber den heißen Turbinenabgasen bei, bis weiter stromabwärts nach erfolgter Durchmischung Abgas mit niedriger Temperatur die Wandtemperatur bestimmt. Dieses Konzept ist z.B. in [5.6.22] beschrieben.

Düsen für Hyperschalltriebwerke

Bei Düsen für Hyperschall-Triebwerke ohne oder mit Übergang vom Turbobetrieb zum Staubetrieb kann im Mach-Zahl-Bereich $Ma_0 > 3$ die wünschenswerte Divergenz – ob mit oder ohne Zentralkörper – im Bereich der Düse selbst bei weitem nicht mehr konstruktiv realisiert werden. Die hier zum Einsatz kommende rumpfseitige Expansionsrampe ist nach [5.6.23] zwar geeignet, die Schubausbeute im gewünschten Umfang zu verbessern. Sie verursacht jedoch bedeutende, auf das Heck wirkende Querkräfte mit entsprechenden zellenseitigen Stabilitätsproblemen. Dabei werden nach Bild 5.6.6 neben Rechteckdüsen entsprechend Konfiguration l) mit einseitiger konvergent/divergenter

Konfiguration als Übergang zur zellenseitigen Rampe auch axiale Düsen mit Zentralkörper entsprechend Konfiguration m) mit axial verschiebbarem, kegel- oder stempelförmigem Zentralkörper in Betracht gezogen. Dieses Konzept ist nach [4] besonders im Hyperschallflug günstig, weil damit große Divergenzen möglich sind und sich dabei die Strömung hinter dem Zentralkörper rasch wieder schließt. Im Mach-Zahl-Bereich $Ma_0 < 2,5$ sind jedoch gegenüber konventionellen Düsen beträchtliche Effektivitätseinbrüche zu erwarten. Ferner besteht hier ebenso wie bei den übrigen Konzepten mit Zentralkörper, wie bereits angesprochen, das Problem der Kühlung des Zentralkörpers bei zugleich extrem intensivem Wärmeübergang im Düsenhalsbereich. Nach [5.6.23 und 5.6.24] verhalten sich die in Bild 5.6.6 skizzierten Konzepte l) und m) im Hinblick auf den bei $Ma_0 \approx 1 \ldots 1.5$ hinzunehmenden Einbruch im Schubkoeffizienten und den beträchtlichen Schubvektor zur Expansionsrampe hin etwa gleich.

Die Beurteilung der Effektivität konvergent/divergenter Düsen – ggf. mit Schubvektorisierung – kann nur unter Einbeziehung des Missionsprofils und mit Betrachtung des Flugzeughecks durchgeführt werden. Die bei der Entwicklung von Düsen mit komplexer Funktion zu lösenden Entwicklungsprobleme müssen bei der Projektierung zumindest identifiziert werden, um das Entwicklungsrisiko in Grenzen halten zu können. Wichtig ist in jedem Falle aber die funktionsgerechte, missionsorientierte Konzipierung und Dimensionierung.

Im folgenden Abschnitt werden Dimensionierung und Betriebsverhalten der Düsen beschrieben, die bisher praktische Bedeutung erlangt haben. Hierzu gehören konvergente und konvergent/divergente axiale Düsen sowie Vektordüsen in axialer und rechteckiger Bauweise.

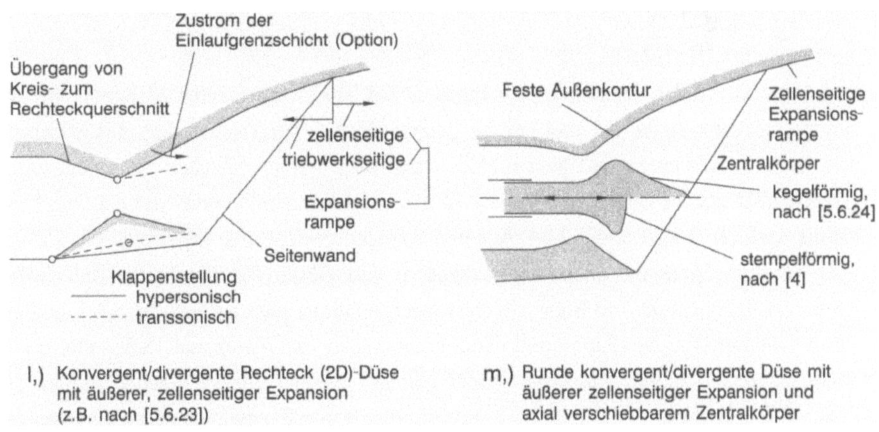

Bild 5.6.6: Rechteckige und runde konvergent/divergente Düsen mit äußerer Expansion für Hyperschall-Triebwerke

5.6.2 Dimensionierung und Betriebsverhalten

5.6.2.1 Konvergente Düsen von zivilen Turbofans und Mantelpropfans

Düsen für zvile Turbofans ohne und mit Mischung beider Ströme und für Mantelpropfans nach Bild 5.6.1, Konzepte a) bis c), sind stets konvergent, wenngleich im Reiseflug und teilweise im Steigflug überkritische Düsendruckverhältnisse auftreten können. Bei diesen Düsen ist es wichtig, im Bereich des Austritts der Strömung möglichst gestreckte Wandkonturen zu wählen, um Übergeschwindigkeiten nach Möglichkeit zu vermeiden. Dabei liegen die Konturwinkel am Fan-Mantel außen zur Düse hin bei α = 8 bis 15° (im Mittel 11°). An der Kerntriebwerkverkleidung bei Triebwerken ohne Mischung sind Konturwinkel auf gleichem Niveau wie am Fan-Mantel bei möglichst gestreckter Kontur zu empfehlen. Bei aus der Kerntriebwerkdüse herausragendem Zentralkörper (vgl. Konfiguration b) liegen die Konturwinkel bei 10 bis 18° (im Mittel 13°). Die Zentralkörper sind teilweise als spitze Kegel, zum Teil in schlanker Pilzform ausgeführt. Bei Zentralkörpern im Inneren der Düse, vgl. Konfiguration a), liegen die Konturwinkel bei 18 bis 27° (im Mittel 23°). Die Radien r_i der Innenkontur von Düsen im kalten Kreis liegen beim 1,5- bis 4fachen Wert (im Mittel 2,5) der Kanalhöhe h, wobei der Radius r_a der äußeren Düsenkontur im Bereich

$$\frac{r_a}{h} \geq \frac{r_i}{h} + 1 \tag{5.6.1}$$

liegt. Die Düsenflächen können bei überkritischem Druckverhältnis entsprechend Gl. 3.2.21, bei unterkritischem Druckverhältnis nach Gl. 3.2.14 berechnet werden. Dabei entspricht bezüglich der Düsenfläche

$$A_D = \frac{M_D \cdot R \cdot \sqrt{T_D}}{I_D \cdot P_D}$$

nach Abschnitt 3.2.1 der allgemeine Index D bei Triebwerken ohne Mischung bei der kalten Düse dem Index 1,5 und bei der heißen Düse 5, bei Triebwerken mit Mischung dem Index 7. Mit entsprechenden Indices erhält man den spezifischen Schub bei unterkritischem Druckverhältnis nach Gl. 3.2.15 und 3.2.16 und bei überkritischem Druckverhältnis nach Gl. 3.2.23 und 3.2.24. Aus den wenigen verfügbaren experimentellen Daten über Schubkoeffizienten und Durchflußzahlen von Düsen für den kalten und heißen Kreis von Triebwerken mit hohem Nebenstromverhältnis geht hervor, daß nach analytischen Untersuchungen [5.6.1] und Modellmessungen im Windkanal [5.6.2 und 5.6.3] Bruttoschub und Gondelwiderstand nicht getrennt werden können. Daher wurden aus Durchflußmessungen [5.6.2 und 5.6.3] nur die für $Ma_0 = 0$ erhaltenen Daten verwendet, zumal nicht vorstellbar ist, daß die Oberflächenreibung am Fan-Mantel und an der Kerntriebwerkverkleidung auf die Strömung im Inneren der Düsen des kalten und heißen Kreises Einfluß nehmen kann. Aus den o.a. Untersuchungen geht hervor, daß die Verkleidung des Kerntriebwerks mit konstantem Konturwinkel am günstigsten ist. Die nach

[5.6.2 und 5.6.3] für $Ma_0 = 0$ erhaltenen Schubbeiwerte $c_F = F / F_{is}$ und Durchfluß-zahlen $c_D = A_{eff} / A_{geo}$ sind in Bild 5.6.7 zusammengefaßt. Was die abfallende Tendenz der Werte c_F von Kerntriebwerkdüsen zu kleinen Druckverhältnissen hin nach [5.6.2] betrifft, so ist hierzu anzumerken, daß der Einfluß der Kerntriebwerkdüse auf den Ge-samtschub mit abnehmendem Düsendruckverhältnis, d.h. bei kleiner werdendem spezifi-schen Schub bzw. hohem Nebenstromverhältnis stark zurückgeht, so daß der resultieren-de, mit dem Durchsatzanteil beider Kreise gebildete Schubkoeffizient

$$c_{F,res} = \frac{F_{eff}}{F_{is}} = \frac{C_{D,h} \cdot c_{F,h} + \mu \cdot C_{D,k} \cdot c_{F,k}}{C_{D,h} + \mu \cdot C_{D,k}} \tag{5.6.2}$$

davon kaum berührt wird. Die Daten für Kerntriebwerkdüsen können auch für die ge-meinsame Düse bei Triebwerken mit Mischung beider Kreise nach Bild 5.6.1, Konfigu-ration c), benützt werden, zumal hier aufgrund der höheren spezifischen Schübe die Düsendruckverhältnisse bei Werten > 1,5 bis 1,8 liegen und damit ein Niveau von c_F erreicht wird, das etwa dem der Düsen im kalten Kreis entspricht.

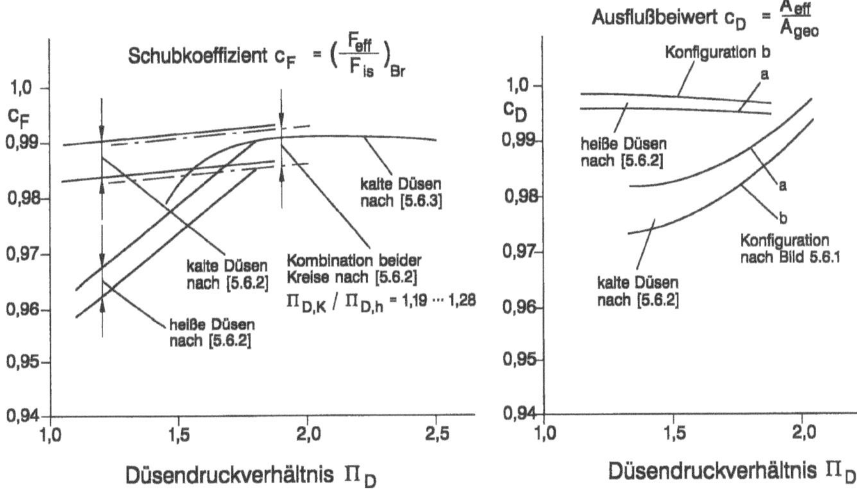

Bild 5.6.7: Schubkoeffizienten c_F und Ausflußbeiwerte c_D konvergenter Düsen von zivilen Turbo-fans ohne Mischung und von Mantelpropfans

Im übrigen kann bei konvergenten Düsen $c_F = \sqrt{\eta_D}$ nur bei Druckverhältnissen $\Pi_D < 2{,}0$ gesetzt werden, da bei höheren Druckverhältnissen, bei denen das Druckglied nach Gl. 3.2.23 einen merklichen Anteil am Gesamtschub hat, ebenso wie in den folgen-den Abschnitten

$$c_{F,co} = \frac{F_{co}}{F_{is}} = \frac{A_{9,krit}(p_{9,krit} - p_0) + \sqrt{\eta_D} \cdot C_{krit}}{C_{D,is}} \tag{5.6.3}$$

zu setzen ist.

5.6.2.2 Konvergente, verstellbare Kurzklappendüsen für militärische Turbofans

Düsen dieses Typs, schematisch dargestellt in Bild 5.6.2, Konfiguration d), waren bei älteren Nachbrennertriebwerken vorherrschend, zumal sie konstruktiv und aero-/thermodynamisch sowie kühl- und regeltechnisch einfach zu beherrschen sind. Aufgrund des thermodynamisch geforderten Verstellbereichs der Düsenfläche in der Größenordnung $\left(A_{NV}\,/\,A_{TR}\right)_8 \leq 2{,}1$ ist im Trockenbetrieb mit erheblichen Einschnürungswinkeln an den Klappen bis $\alpha = 40°$ zu rechnen, bei denen am Düsenaustritt, wie in Bild 5.6.8 schematisch dargestellt, eine Strahlkontraktion entsteht, so daß der Schalldurchgang erst hinter der Düse zustandekommt. Aufgrund der damit einhergehenden Stromlinienkrümmung ist die Strömungs-Mach-Zahl im Bereich des Düsenaustritts außen höher als im Zentrum. Diese dreidimensionalen Einflüsse führen bei unterkritischem Druckverhältnis zu einer gewissen Unterexpansion in der Austrittsebene mit entsprechender Schubeinbuße sowie zu relativ niedrigen Durchflußzahlen. Bei überkritischen Druckverhältnissen ergeben diese Einflüsse einen gewissen Gewinn gegenüber dem bei eindimensionaler Expansion erreichbaren Schub. Zugleich ergeben sich höhere Durchflußwerte. In Bild 5.6.8 sind die in Anlehnung an Abschnitt 3.2.1 definierten Schubkoeffizienten

$$c_{F,co} = F_{co}\,/\,F_{is} = f_{co}\,/\,f_{is}$$

gezeigt, wobei folgende zwei Fälle zu unterscheiden sind:

Für $\Pi_D < \Pi_{krit}$ ergibt sich aus Gl. 3.2.11 und Gl. 3.2.17

$$f_{co} = \frac{F_{co}}{M\sqrt{T_D}} = \sqrt{\eta_D} \cdot \sqrt{\frac{2\kappa}{\kappa-1} R \left[1 - \left(\frac{1}{\Pi_D}\right)^{\frac{\kappa-1}{\kappa}}\right]} \tag{5.6.4}$$

und für $\Pi_D > \Pi_{krit}$ aus Gl. 3.2.23 bis 3.2.33

$$f_{co} = \frac{R}{I_{krit}} \cdot \left(\frac{p_{krit}}{p_D} - \frac{p_o}{p_D}\right) + C_{krit} \tag{5.6.5}$$

mit

$$\frac{p_{krit}}{p_D} = f(\kappa,\eta_D)\,,$$

$$\frac{C_{krit}}{\sqrt{T_D}} = \sqrt{\eta_D} \cdot \sqrt{\frac{2\kappa}{\kappa+1}} \cdot R$$

und

$$I_{krit} = f(\kappa,\eta_D)$$

nach Bild 3.2.3, während f_{is} mit Gl. 3.2.11a gegeben ist. Die Formulierung von $c_{F,co}$ wurde gegenüber der häufig anzutreffenden Definition $c_F = f_{co}\,/\,f_{co,is}$ vorgezogen, um den direkten Vergleich mit konvergenten, unterkritischen Düsen von zivilen Turbofans und den im nächsten Abschnitt behandelten konvergent/divergenten Düsen zu erlauben.

Interessanterweise zeigt der Vergleich der Schubkoeffizienten und Durchflußzahlen nach Bild 5.6.8 bei Klappenwinkeln $\alpha \leq 10°$ im Bereich $\Pi_D > 1,5$ bis 1,8 gute Übereinstimmung mit den bei Düsen für zivile Turbofans und Mantelpropfans nach Bild 5.6.7 anzusetzenden Werten.

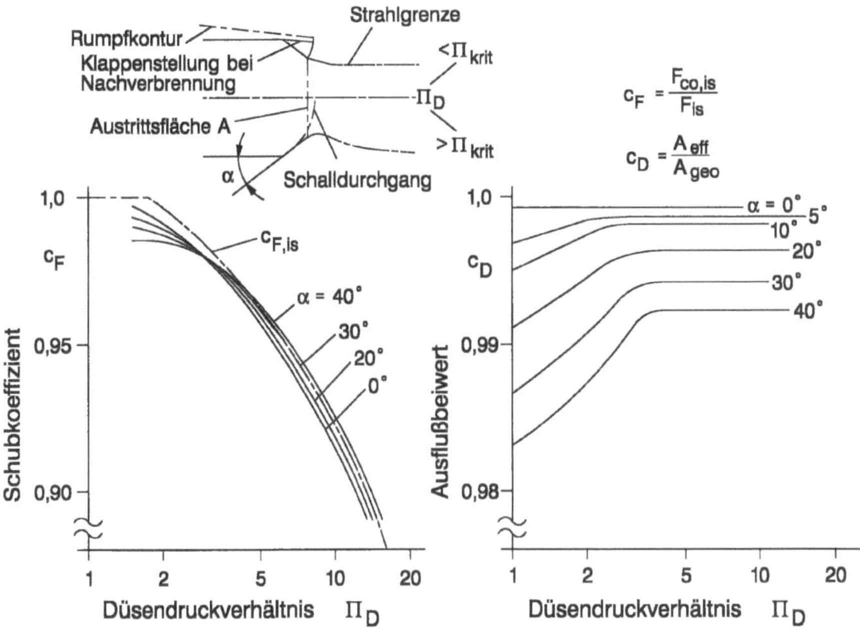

Bild 5.6.8: Schubkoeffizienten c_F und Ausflußbeiwerte c_D konvergenten Kurzklappendüsen, nach MTU-Datenbasis

Man kann nach Bild 5.6.8 davon ausgehen, daß bei Klappenwinkeln $\alpha < 5°$ praktisch keine negativen Einflüsse durch Übergeschwindigkeiten etc. mehr vorhanden sind, so daß der dabei auftretende Schubkoeffizient $c_{F,co} \approx 0,995$ in der Hauptsache durch Reibung zustandekommt und dem Düsenwirkungsgrad entspricht. Ferner ist in Bild 5.6.8 der bei reibungsfreier, eindimensionaler Strömung entstehende Schubkoeffizient $c_{F,co,is}$ nach Gl. 3.2.35 mit eingetragen. Dabei darf allerdings nicht unerwähnt bleiben, daß die Angaben zu Schubkoeffizienten von Kurzklappendüsen – in der Mehrzahl der verfügbaren Quellen – sehr widersprüchlich sind. Beispielsweise liegen im Bereich $\Pi_D = 2,5$ bis 3,5 die Schubkoeffizienten nach Experimenten an Modelldüsen im Bereich $c_{F,co} = 0,905$ bis 0,980.

Die Effektivität von verstellbaren Kurzklappendüsen muß schließlich im Zusammenhang mit der Installation – z.B. im Rumpfheck – gesehen werden, da die am Rumpfheck nach Bild 5.6.2 entstehende Basisfläche, gebildet aus der Differenz des Rumpfquerschnitts und Strahlquerschnitts, einen zusätzlichen Flugwiderstand mit sich bringt. Während diese Basisfläche im Trockenbetrieb erheblich ist, ist sie im Nachbrennerbetrieb gering und daher eher akzeptabel, vgl. hierzu [5.6.6].

5.6.2.3 Konvergent/divergente, verstellbare Düsen für militärische Turbofans

Besonders sorgfältige Behandlung erfordert dieses bei Nachbrennertriebwerken für Überschall-Kampfflugzeuge heute allgemein eingeführte Düsenkonzept entsprechend Bild 5.6.2, Konfiguration e). Relativ einfach zu behandeln ist der bereits in Abschnitt 3.2.1 angesprochene Sonderfall der angepaßten Düse bei isentroper, eindimensionaler Strömung, bei der ein bereits in Bild 3.2.4 dargestelltes Flächenverhältnis (Divergenz)

$$\lambda = (A_9 / A_8)_{is} = f(\Pi_D, \kappa) \tag{5.6.6}$$

erforderlich ist. Bei Nachbrennertriebwerken sind im Überschallflug jedoch Düsendruckverhältnisse im Bereich $\Pi_D = 10$ bis 15 zu erwarten, so daß bei angepaßten konvergent/divergenten Düsen Divergenzen im Bereich $\lambda = 2{,}0$ bis 2,5 zu beherrschen wären. Im Unterschallflug bei $Ma_0 \leq 0{,}9$ liegen dagegen die Düsendruckverhältnisse im Bereich $\Pi_D = 4$ bis 7, so daß hier Divergenzen im Bereich $\lambda = 1{,}2$ bis 1,6 gefragt sind. Diese Ansprüche müssen jedoch im Zusammenhang mit der Relation der Düsenhalsfläche A_8 ohne/mit Nachverbrennung gesehen werden, die nach Abschnitt 5.4 in der Größenordnung

$$(A_{NV} / A_{TR})_8 = 1{,}6 \dots 2{,}2 \tag{5.6.7}$$

liegen mögen, so daß mit $\lambda_{TR} \approx 1$ eine Relation

$$\left(\frac{A_{NV}}{A_{TR}}\right)_9 = \lambda_{NV} \cdot \left(\frac{A_{NV}}{A_{TR}}\right)_8 \approx 3 \dots 5$$

zustande käme. Hierzu zeigt Bild 5.6.9 den Zusammenhang zwischen dem Verstellbereich der Düsenhalsfläche A_8, der Düsenfläche A_9 und der dabei entstehenden Divergenz λ. Geht man davon aus, daß aus konstruktiven Gründen, d.h. bei genügender Überlappung der Haupt- und Nebenklappen ein Vehältnis $D_{max} / D_{min} \leq 1{,}7$ bis 1,85 erreicht werden kann, so ergibt sich mit dem konstruktiv maximal möglichen Flächenverhältnis

$$(A_{max} / A_{min}) \approx (D_{max} / D_{min})_9^2 = 2{,}9 \dots 3{,}4$$

und dem aero-/thermodynamisch geforderten Verhältnis $(A_{NV} / A_{TR})_8$ nach Gl. 5.6.7 der realisierbare Bereich $\lambda = 1{,}3$ bis 1,6. Somit ist zugleich klar, daß Düsen von Nachbrennertriebwerken im Überschallflug prinzipiell nicht angepaßt werden können. In Bild 5.6.9 sind verfügbare Daten konkreter Nachbrennertriebwerke (A bis D) mit eingetragen. Ferner gibt Bild 5.6.10 den Zusammenhang zwischen den für die Effektivität der axialen Düsen maßgebenden Parametern $\lambda, l / r_8$ und ϑ, ebenfalls mit den bei konkreten Triebwerken im Trocken- und Nachbrennerbetrieb ermittelten Werten. Danach liegen die Konturwinkel in folgenden Bereichen:

		Trocken- betrieb	Nachbrenner- betrieb
Konvergenter Bereich	α	20 bis35°	1 bis 10°
(Mittelwert)		30°	5,5°
Divergenter Bereich	ϑ	± 1,5°	7 bis 9,5°
(Mittelwert)		0	8,5°
Konturknick im Düsenhals	β	8 bis 35°	9 bis 19°
(Mittelwert)		28°	14°

Im Prinzip wäre eine zweiparametrische Regelung/Verstellung $\lambda = f(A_8, \Pi_D)$ wünschenswert, wie z.B. in [5.6.6] beschrieben, zumal der Betrieb mit Nachverbrennung im Überschall- und Unterschallflug relevant ist, während der Trockenbetrieb – von Ausnahmen abgesehen – nur im Unterschallflug verlangt wird. Allerdings ist damit, wie in [5.6.6] angesprochen, ein erheblicher konstruktiver Mehraufwand hinzunehmen.

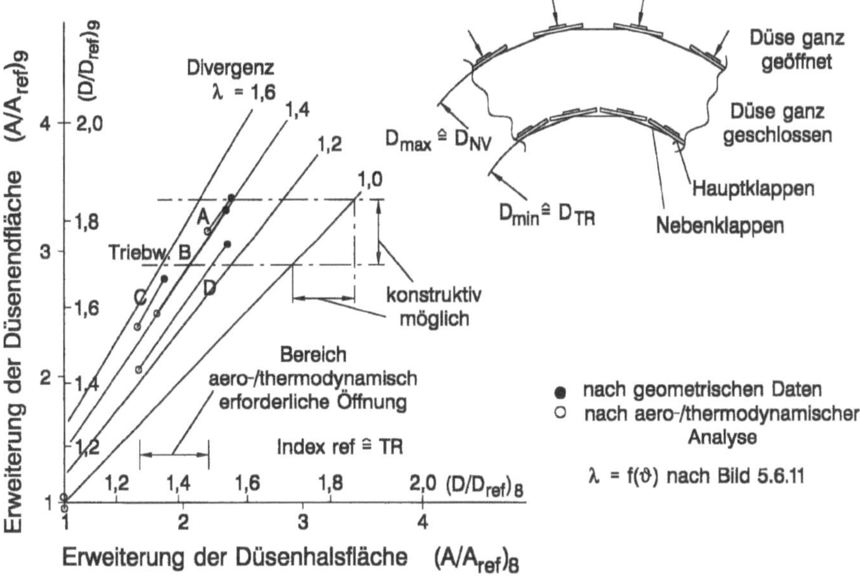

Bild 5.6.9: Zusammenhang zwischen der aero-/thermodynamisch erforderlichen und konstruktiv möglichen Erweiterung der Querschnittsflächen A_8 und A_9 bei konvergent/divergenten Düsen (Triebwerke A bis D)

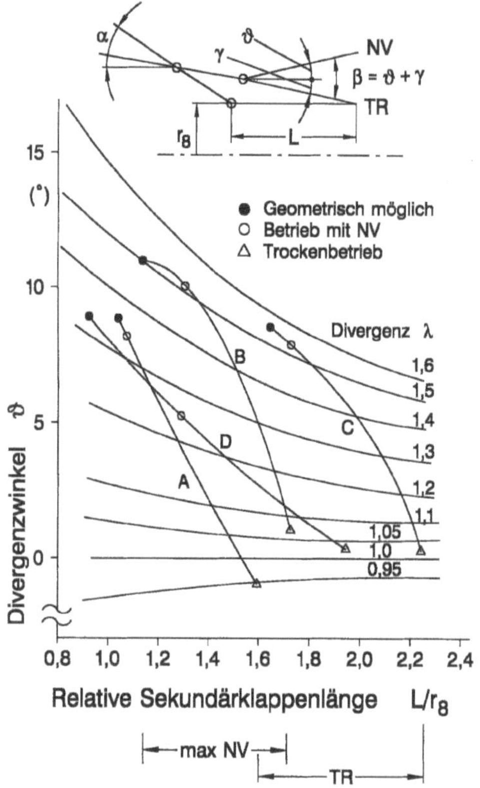

Bild 5.6.10:
Zusammenhang zwischen Divergenz, Klappenlänge und Divergenzwinkel im Trockenbetrieb und bei maximaler Nachverbrennung bei konvergent/ divergenten Düsen (Triebwerke A bis D)

Im praktischen Einsatz sind daher ausschließlich einparametrisch verstellbare Düsen. Dabei ergeben sich Charakteristiken $\lambda = f(\vartheta)$, die entsprechend Bild 5.6.11 mit $\vartheta^* = 8°$ im praktisch wichtigen Bereich $\lambda \leq \lambda_{max,NV}$ etwa auf die Form

$$\frac{\lambda-1}{\lambda^*-1} \approx \left(\frac{\vartheta}{\vartheta^*}\right)^{0,74} \tag{5.6.8}$$

gebracht werden können.

Die bei einparametrischer Verstellung bei verschiedenen Konstruktionen bestehende Kinematik der Betätigungshebel etc. ist in Bild 5.6.11 mit dargestellt.

Im einfach zu behandelnden Fall der angepaßten Düse mit Druckverhältnis Π_D^*, bei der am Düsenaustritt $p_{9,stat} = p_0$ herrscht, ist nach Abschnitt 3.2.1 der spezifische Schub bei isentroper eindimensionaler Strömung

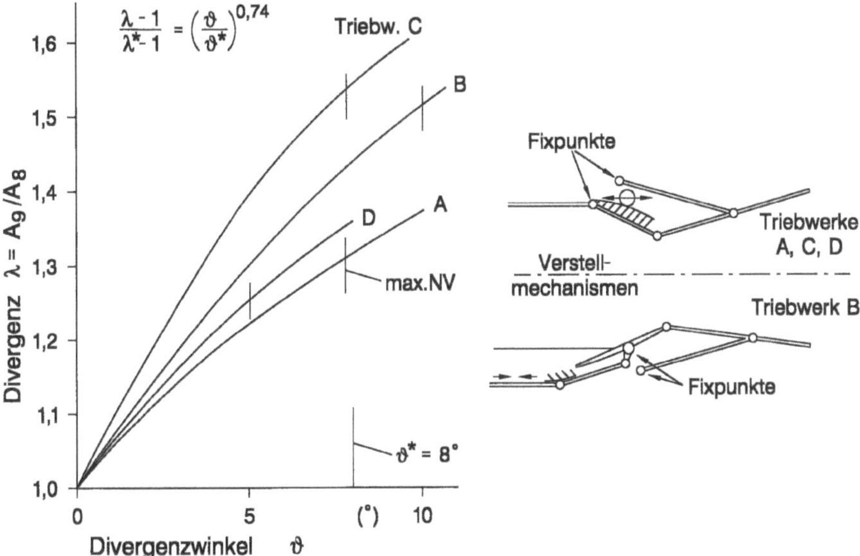

Bild 5.6.11: Verstellcharakteristiken und -mechanismen von 1-parametrisch verstellbaren, konvergent/divergenten Düsen (Triebwerke A bis D)

$$\frac{F_{is}^*}{M\sqrt{T_D}} = \sqrt{\frac{2\kappa}{\kappa - 1} \cdot R \cdot \left[1 - \left(\frac{1}{\Pi_D^*}\right)^{\frac{\kappa-1}{\kappa}}\right]} = C_{D,is}^*$$

und bei realer Strömung

$$\frac{F_{eff}^*}{M\sqrt{T_D}} = \sqrt{\eta_D} \cdot C_{D,is}^*$$

mit dem Schubkoeffizienten

$$c_F^* = \sqrt{\eta_D} = \left(\frac{F_{eff}}{F_{is}}\right)^* .$$

Ferner ist die effektive Düsenhalsfläche

$$A_{8,eff} = A_{krit} = \frac{M_D \cdot R\sqrt{T_D}}{p_D^* \cdot I_{krit}}$$

mit der kritischen Stromdichte $I_{krit} = f(\kappa, \eta_D)$ nach Abschnitt 3.2.1, so daß mit der Durchflußzahl

$$C_{D,8} = \left(\frac{A_{eff}}{A_{geo}}\right)_8 ,$$

die den Einfluß dreidimensionaler Effekte und von Grenzschichten reflektiert, die geometrische Düsenhalsfläche berechnet werden kann. Entsprechend gilt für die Düsenendfläche

$$A_{9,eff} = \frac{M_D \cdot R\sqrt{T_D}}{p_D^* \cdot I_9}$$

mit $I_9 = f(\kappa, \Pi_D^*, \eta_D)$, so daß mit der Durchflußzahl

$$c_{D,9} = \left(\frac{A_{eff}}{A_{geo}}\right)_9$$

die geometrische Endfläche bestimmt werden kann.

Im wichtigen Fall der nicht angepaßten Düse, d.h. bei $\Pi_D \neq \Pi_D^*$, wobei $p_{9,stat} \neq p_0$ ist und das Flächenverhältnis λ nicht dem Verlauf $\lambda^* = f(\Pi_D^*, \kappa, \eta_D)$ nach Bild 3.2.4 entspricht, ergibt sich der spezifische Schub – zunächst bei eindimensionaler, isentroper Strömung – zu

$$\frac{F_{is}}{M\sqrt{T_D}} = \left[\frac{A_9}{M}\left(p_{stat,9} - p_0\right) + \frac{C_9}{\sqrt{T_D}}\right]_{is} ,$$

woraus nach Umformung

$$\frac{F_{is}}{M\sqrt{T_D}} = \frac{R}{I_{9,is}}\left(\frac{1}{\Pi_{krit,is}} - \frac{1}{\Pi_D}\right) + \frac{C_{9,is}}{\sqrt{T_D}} \tag{5.6.9}$$

entsteht mit $C_{9,is}/\sqrt{T}_D$ nach Gl. 3.2.11 und $I_{9,is}$ nach Gl. 3.2.19. Hieraus ergibt sich der Schubkoeffizient der nicht angepaßten, isentropen Düse bei eindimensionaler Strömung

$$c_{F,is} = \frac{F_{is}}{F_{is}^*} = \frac{\dfrac{R}{I_{9,is}}\left(\dfrac{1}{\Pi_{krit,is}} - \dfrac{1}{\Pi_D}\right) + \dfrac{C_{9,is}}{\sqrt{T_D}}}{\sqrt{\dfrac{2\kappa}{\kappa-1}}\,R\left[1 - \left(\dfrac{1}{\Pi_D^*}\right)^{\frac{\kappa-1}{\kappa}}\right]} \tag{5.6.10}$$

Dieser Koeffizient ist neben κ nur von Π_D und λ abhängig und kann mit sehr guter Näherung in der allgemeinen Form

$$c_{F,is} = f(Y_D) \tag{5.6.11}$$

mit dem relativierten Druckverhältnis

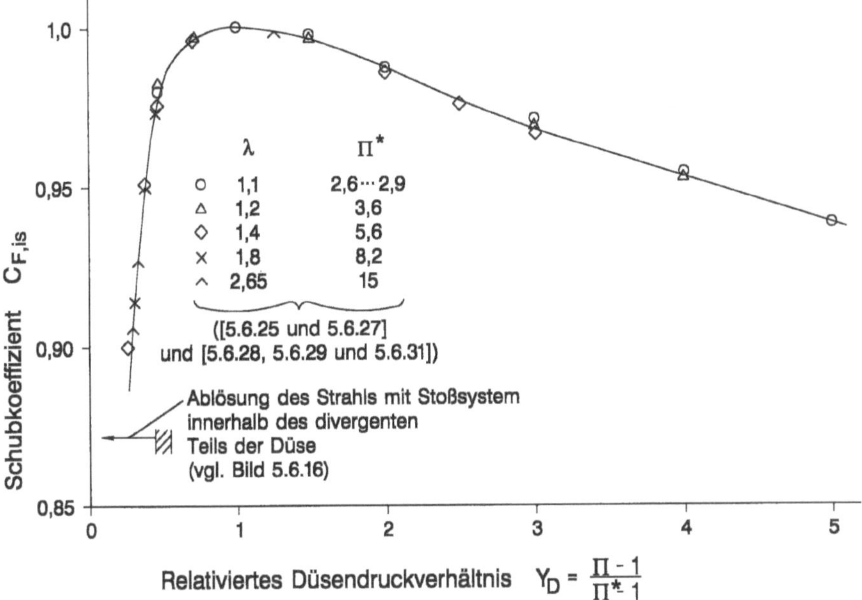

Bild 5.6.12: Schubkoeffizient der nicht angepaßten, eindimensionalen, isentropen, konvergent/divergenten Düse, nach Gleichung 5.6.9

$$Y_D = \frac{\Pi_D - 1}{\Pi_D^* - 1} \tag{5.6.12}$$

entsprechend Bild 5.6.12 dargestellt werden.

Bei der nicht angepaßten, dreidimensionalen (d.h. axialen), reibungsbehafteten Düse ergibt sich die allgemeine Form des Schubkoeffizienten

$$c_F = \frac{F_{eff}}{F_{is}} = \frac{\dfrac{R}{I_9}\left(\dfrac{1}{\Pi_{krit}} - \dfrac{1}{\Pi_D}\right) + c_{F,W} \cdot c_{F,\vartheta} \cdot c_{F,H} \cdot \dfrac{C_{9,is}}{\sqrt{T_D}}}{\sqrt{\dfrac{2\kappa}{\kappa-1} R \left[1 - \left(\dfrac{1}{\Pi_D^*}\right)^{\frac{\kappa-1}{\kappa}}\right]}} + \Delta c_{F,A} - \Delta c_L \; , \tag{5.6.13}$$

wobei mit den hinzugekommenen Koeffizienten folgende Einflüsse berücksichtigt werden:

– Die Wandreibung, die den dynamischen Teil des Schubes betrifft, ist durch den Koeffizienten $c_{F,W}$ repräsentiert.

– Von der bei $\lambda > 1$ bzw. $\vartheta > 0$ nicht exakt axial austretenden Strömung kann nur die axiale Komponente genützt werden. Dies wird durch den Koeffizienten $c_{F,\vartheta}$ berücksichtigt.

– Am Konturknick im Düsenhals entstehen Übergeschwindigkeiten mit zusätzlichen Verlusten, die im Koeffizienten $c_{F,H}$ ihren Niederschlag finden.

– Die in der Düse vorhandenen, über Bord gehenden Leckagen werden mit Δc_L berücksichtigt.

– Im Bereich $Y_D < 0{,}4$ bis $0{,}5$, also bei starker Überexpansion innerhalb der Düse, wandern die Verdichtungsstöße in den divergenten Teil der Düse hinein. Dies führt zu einem gewissen Schubgewinn, dem das Glied $\Delta c_{F,A}$ Rechnung trägt.

Im Gegensatz zur konvergenten Düse bei $\Pi_D \leq \Pi_{krit}$, bei der der Schubkoeffizient $c_F = \sqrt{\eta_D}$ ist, ergibt sich bei der konvergent/divergenten Düse nach Gl. 5.6.13 im Bereich $Y_D > 0{,}6$ zwar der Düsenwirkungsgrad

$$\eta_D = \left(\frac{C_9}{C_{9,is}}\right) = \left(c_{F,W} \cdot c_{F,\vartheta} \cdot c_{F,H}\right)^2 \ , \tag{5.6.14}$$

wobei aber $c_F \neq \sqrt{\eta_D}$ auch in dem Bereich Y_D ist, wo $\Delta c_{F,A} = 0$ ist.

Die angeführten Koeffizienten werden auf der Basis von Versuchen an Modell- und Triebwerkdüsen bei „angepaßten" Betriebsbedingungen ermittelt, deren Auslegungsdaten im Bereich $\Pi_D^* \leq 15$, $\lambda \leq 2{,}65$ und $\vartheta \leq 25°$, teilweise mit ausgerundeter Düsenhalskontur (d.h. $\varepsilon = r_H / r_8 \leq 4$) oder mit Konturnick (d.h. $\varepsilon = 0$), der mit Rücksicht auf das bei Verstelldüsen hier notwendige Klappengelenk hinzunehmen ist. Damit können die Koeffizienten $c_{F,W}, c_{F,\vartheta}$ und $c_{F,H}$ getrennt ermittelt werden. Hierzu zeigt Bild 5.6.13 die Werte des Koeffizienten $c_{F,W}$ über dem „angepaßten" Düsendruckverhältnis Π_D^* (mit dem zwar λ festliegt, nicht aber ϑ bzw. l/r_8 und ε). Danach liegen diese Werte im wesentlichen bei $0{,}985$ bis $0{,}992$ bei über Π_D^* leicht fallender, aber vager Tendenz. Die Werte $c_{F,W}$ gelten im gesamten Bereich $Y_D > 0{,}4$ bis $0{,}5$, da sich hier – wie noch erläutert wird – die Strömung innerhalb der Düse nicht ändert. Im übrigen geht die doch sehr erhebliche Streuung auf die für $\Pi_D = \Pi_D^*$ entsprechend Gl. 5.6.19 ermittelten Gesamtkoeffizienten $c_F = C_D / C_{D,is}$ zurück, so daß die bei der Ermittlung von $c_{F,\vartheta}$ und $c_{F,H}$ hinzunehmenden Unsicherheiten sich schließlich in $c_{F,W}$ niederschlagen.

Die Strömung hat im divergenten Teil der Düse eine radiale Komponente, die nicht genützt werden kann. Bei großen Verhältnissen l/r_8 , bei denen die Strömungsbedingungen im Düsenhals am Düsenaustritt abgeklungen sind, kann der Strömungswinkel

$$\vartheta_9(r) \approx \vartheta_a \cdot (r/r_a) \tag{5.6.15}$$

gesetzt werden. Setzt man gleiche Stromdichte in allen Querschnittelementen voraus, so ergibt sich damit der realisierbare Schub zu

$$F = 2\pi \cdot \int_0^{r_a} r \cdot C_D \cdot \cos\vartheta \, dr \ , \tag{5.6.16}$$

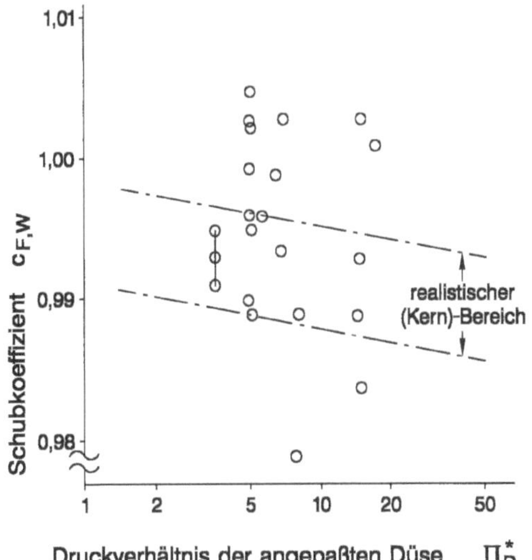

Bild 5.6.13: Schubkoeffizient $c_{F,W}$ zur Berücksichtigung der Wandreibung bei konvergent/divergenten Düsen (nach MTU-Datenbasis [5.6.27])

woraus sich mit dem eindimensionalen Schub

$$F_{1-di} = A \cdot C_D = \pi \cdot r_a^2 \cdot C_D \tag{5.6.17}$$

nach einiger Umformung der Koeffizient

$$c_{F,\vartheta} \approx 1 - \frac{1}{4}\left(\frac{2\pi}{360} \cdot \vartheta_a\right)^2 \approx 1 - 0{,}76 \cdot 10^{-4} \vartheta_a^2 \tag{5.6.18}$$

ergibt. Bei praktisch im weitesten Sinne interessanten Düsen, d.h. mit $\lambda < 2{,}65$ und $\vartheta < 15\,°$ ergeben sich (u. a. auch nach analytischen Untersuchungen und unveröffentlichten Messungen [5.6.25 und 5.6.26]) stärkere Auswirkungen des Divergenzwinkels ϑ_a, die zu Koeffizienten $c_{F,\vartheta}$ nach Bild 5.6.14 führen.

Die geometrischen und aerodynamischen Bedingungen am Düsenhals entsprechend Bild 5.6.15 ergeben im Trockenbetrieb, d.h. bei kleiner Düsenfläche mit allenfalls leichter Beschleunigung der Strömung zum Düsenaustritt hin örtliche Überschallgebiete in Wandnähe, während im Nachbrennerbetrieb bei offener Düse bzw. mit Beschleunigung der Strömung im divergenten Teil der Schalldurchgang im Bereich des Düsenhalses entlang einer gewölbten Fläche stattfindet. Bei Verstelldüsen verlangt das Klappengelenk im Düsenhals praktisch $r_H / r_8 \approx 0$, so daß gewisse Übergeschwindigkeiten mit entsprechenden Verlusten nicht zu vermeiden sind. Bei Modelldüsen mit abgerundeter Kontur im Düsenhals entsprechend $\varepsilon = r_H / r_8 = 2$ bis 4 wurde gegenüber Düsen mit geknickter Kontur ein Schubgewinn bis ca. 1% festgestellt. Der danach zu erwartende Verlauf von $c_{F,H}$ über ε ist in Bild 5.6.15 mit dargestellt. Damit ist bei konvergent/divergenten, verstellbaren Düsen stets $c_{F,H} \approx 0{,}988$ zu setzen.

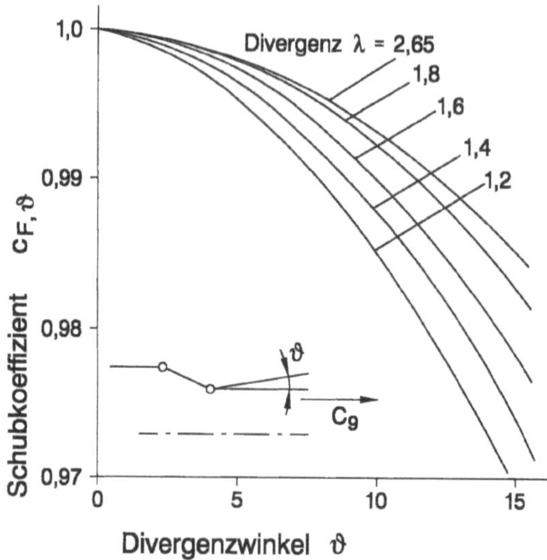

Bild 5.6.14: Schubkoeffizient zur Berücksichtigung der nicht nutzbaren Radialkomponente der Austrittsgeschwindigkeit C_9 bei konvergent/divergenten Düsen

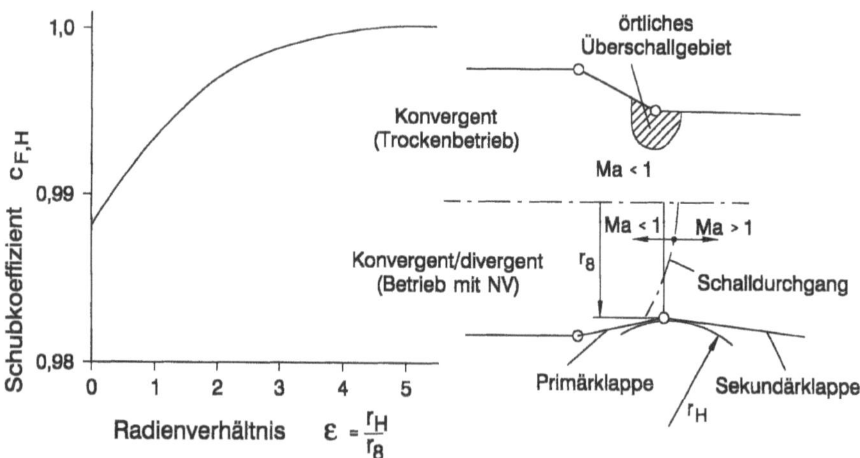

Bild 5.6.15: Schubkoeffizient zur Berücksichtigung der Konturkrümmung im Düsenhals von konvergent/divergenten Düsen

Die differenzierte Behandlung der den dynamischen Teil des Schubes betreffenden Relation

$$\frac{C_D}{C_{D,is}} = c_{F,W} \cdot c_{F,\vartheta} \cdot c_{F,H} \tag{5.6.19}$$

ist bei der Projektierung wichtig, da die Beschränkung auf eine pauschale Betrachtung entsprechend dem Produkt dieser drei Koeffizienten Werte im Bereich

$$\frac{C_D}{C_{D,is}} = 0,94 \text{ bis } 0,99 \stackrel{\wedge}{=} 0,965 \pm 0,025$$

ergeben würde, was im Hinblick auf die Behandlung des Bruttoschubs inakzeptabel wäre.

Die bei konvergent/divergenten, verstellbaren Düsen zu erwartenden, über Bord gehenden Leckagen liegen bei 0,5% und ergeben daher den Koeffizienten

$$\Delta c_L = 0,005 \ .$$

Der Ansatz für den Schubkoeffizienten $c_{F,is}$ nach Gl. 5.6.10 versagt im Bereich $Y_D < 0,4$ bis $0,5$, weil hier, wie in Bild 5.6.16 dargestellt, bei $p_{9,stat} < p_0$ der Schubstrahl innerhalb der Düse ablöst und ein vom Verhältnis $p_{9,stat} < p_0$ abhängiges System von Verdichtungsstößen produziert. Die dabei sich abspielenden komplizierten Vorgänge werden in [5.6.30] beschrieben und sichtbar gemacht. Ist $p'_{9,stat}$ der Druck, bei dem die Stöße in die Düse hineinzuwandern beginnen, so markiert dieser Punkt den Geltungsbereich von $c_{F,is}$ zu kleinen Y_D-Werten hin. Zur Bestimmung dieses Grenzfalles ist u. a. ein Hinweis in [16] hilfreich, wonach dies bei

$$\frac{p'_{9,stat}}{p_0} \approx \frac{1}{1 + Ma'/2} \tag{5.6.20}$$

eintritt. Kombiniert man das „interne" Düsendruckverhältnis

$$\frac{p_D}{p'_{9,stat}} = \left(1 + \frac{\kappa-1}{2} Ma'^2\right)^{\frac{\kappa}{\kappa-1}} \tag{5.6.21}$$

mit Gl. 5.6.20, so ergibt sich nach Umformung der Zusammenhang

$$\Pi_D^* = \left(\frac{p_D^*}{p_0}\right) = \frac{p'_{9,stat}}{p_0} \left[1 + \left(\frac{\kappa-1}{2}\right)\left(\frac{p_0}{p'_{9,stat}} - 1\right)^2\right]^{\frac{\kappa}{\kappa-1}} \tag{5.6.22}$$

mit dem Düsendruckverhältnis Π_D^* der „angepaßten" Düse, woraus der Grenzfall $p'_{9,stat}/p_0 = f(\Pi_D^*, \kappa)$ bestimmt werden kann. Weitgehend ähnliche Ergebnisse können [9] entnommen werden, vgl. hierzu Bild 5.6.17. Eine gleichwertige Beziehung ergibt sich auf der Basis von Gl. 5.6.12 mit $p_D/p_0 = \Pi_D^*$ aus

$$\Pi_D' = \frac{p_D'}{p_0} = \frac{p_D'}{p_D} \cdot \frac{p_D}{p_0} = \frac{p_D'}{p_D} \cdot \Pi_D^* \tag{5.6.23}$$

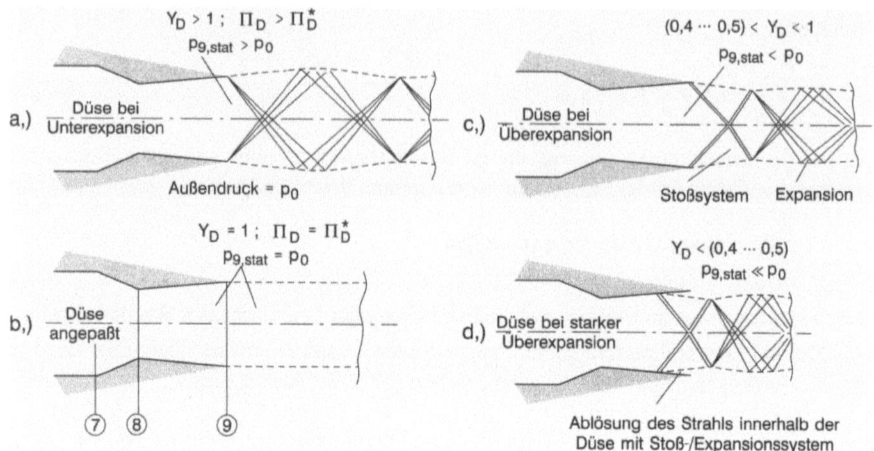

Bild 5.6.16: Strahlkonfigurationen am Austritt einer konvergent/divergenten Düse bei Unter- bzw. Überexpansion und bei angepaßtem Druckverhältnis

Da aber beim hier angesprochenen Druckverhältnis Π'_D innerhalb der Düse bis zum Austritt hin die gleiche Strömung wie bei der angepaßten Düse herrscht, ist

$$\frac{p'_D}{p_D} = \frac{p'_{9,stat}}{p_0} \tag{5.6.24}$$

und damit

$$Y'_D = \frac{\Pi_D^* \cdot \dfrac{p'_{9,stat}}{p_0} - 1}{\Pi_D^* - 1} \quad \text{bzw.} \tag{5.6.25}$$

$$\frac{p'_{9,stat}}{p_0} = \frac{1 + Y'_D(\Pi_D^* - 1)}{\Pi_D^*} \tag{5.6.26}$$

Aus verschiedenen Messungen an Modelldüsen geht hervor, daß das Druckverhältnis $p'_{9,stat} / p_0$ bei $Y'_D = 0,4$ bis 0,5 erreicht wird. Die damit bestimmten Werte $p'_{9,stat} / p_0$ liegen nach Bild 5.6.17 allerdings etwas höher als die vorgenannten.

Damit besteht im Bereich $Y_D < 0,4$ bis 0,5 die Notwendigkeit der Korrektur $\Delta c_{F,A}$ zum isentropen Schubkoeffizienten $c_{F,is}$ nach Gl. 5.6.10 bzw. Bild 5.6.12, die in Bild 5.6.18 dargestellt ist. Im Bereich $Y_D < 0,5$ weisen die Messungen der Schubkoeffizienten verständlicherweise erhebliche Streuungen auf, zumal in diesem Bereich die Strömung teilweise instabil ist. Somit stellt der Verlauf von $\Delta c_{F,A}$ nach Bild 5.6.18 entsprechend der mit eingezeichneten Streuung nur einen Mittelwert dar, vgl. hierzu auch [5.6.31].

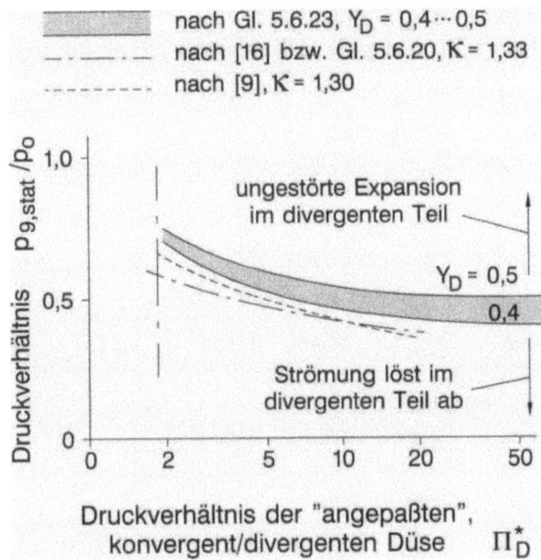

Bild 5.6.17: Druckverhältnisse $p'_{9,stat}/p_0$ bei konvergent/divergenten Düsen am Übergang vom Stoßsystem außerhalb zu innerhalb der Düsen nach verschiedenen Ansätzen

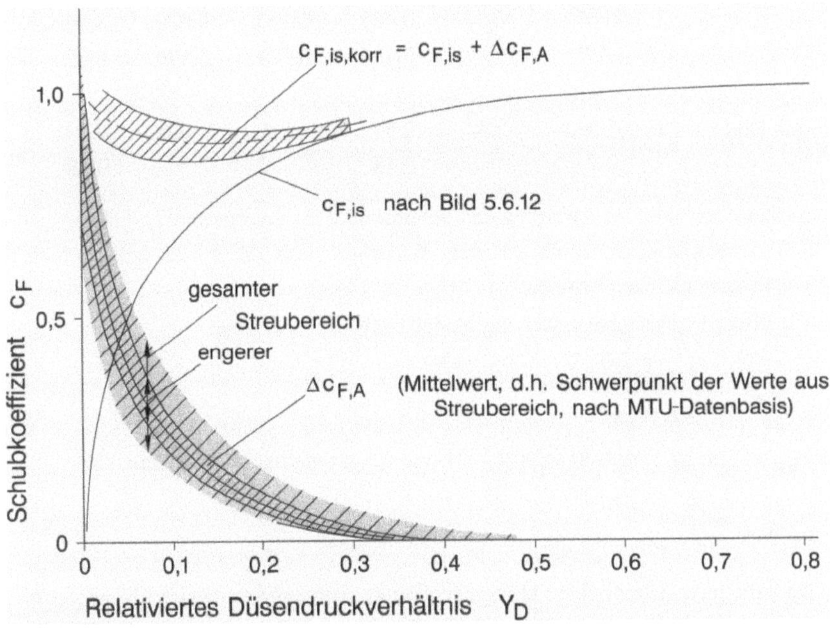

Bild 5.6.18: Ergänzung des Schubkoeffizienten $c_{F,is}$ der nicht angepaßten, eindimensionalen, isentropen, konvergent/divergenten Düse im Bereich $Y_D < 0,5$ durch Korrektur $\Delta c_{F,A}$

Der Grenzfall $p'_{9,stat} / p_0 = f(\Pi_D^*, \kappa)$ erklärt die bei konvergent/divergenten Düsen mit (einparametrischer) Verstellung der Divergenz in Funktion der Düsenhalsfläche, d.h. nach Gl. 5.6.8 bzw. Bild 5.6.11, bei TO in vielen Fällen zu beobachtende Ablösung der Strömung innerhalb des divergenten Teils der Düse mit entsprechend ungünstigen Schubkoeffizienten. Ist bei den in Bild 5.6.9 bis 5.6.11 behandelten Triebwerken

		A	B	C	D
die max. Divergenz bei max. Halsfläche entsprechend max. NV	$\lambda^* =$	1,315	1,515	1,54	1,26
mit dem zugehörigen „angepaßten" Düsen-druckverhältnis nach Bild 3.2.4	$\Pi_D^* =$	4,3...4,6	5,6...5,9	5,8...6,1	4,0...4,3
so ist aufgrund des bei TO auftretenden Düsendruckverhältnisses	$\Pi_{D,TO} =$	2,0	2,80	3,60	3,75
der Parameter	$Y_{D,TO} =$	0,303... 0,278	0,390... 0,367	0,540... 0,510	0,915... 0,83

Aus Gl. 5.6.23 und 5.6.24 ergibt sich ferner

		A	B	C	D
bei $p'_{9,stat} \neq p'_{9,stat}$	$\dfrac{p_{9,stat}}{p_0} = \dfrac{\Pi_{D,TO}}{\Pi_D^*} =$	0,460... 0,435	0,500... 0,475	0,620... 0,590	0,940... 0,870
Da nach Bild 5.6.17 zugleich	$\dfrac{p'_{9,stat}}{p_0} =$	0,49... 0,48	~ 0,47	~ 0,46	0,49... 0,48

ist, erscheint im Falle A) Ablösung des Schubstrahls im divergenten Teil sicher und im Falle B) wahrscheinlich. Auch mit dem Kriterium nach Gl. 5.6.25 kommt man mit $Y'_D = 0,40$ zum gleichen Schluß.

Die effektive Düsenhalsfläche ergibt sich nach Gl. 3.2.29 aus

$$A_{8,eff} = \frac{M_D \cdot R\sqrt{T_D}}{p_D \cdot I_{krit}}$$

mit $I_{krit} = f(\kappa, \eta_D)$ nach Abschnitt 3.2.1 und die geometrische Düsenhalsfläche

$$A_{8,geo} = \frac{A_{8,eff}}{c_{D,8}} \tag{5.6.27}$$

mit der nach unveröffentlichten Messungen bei konvergent/divergenten Düsen zutreffenden Durchflußzahl $c_{D,8}$ nach Bild 5.6.19. Dabei entsprechen die hier vom Düsendruck-verhältnis mehr oder weniger unabhängigen Werte $c_{D,8}$ den für konvergente Kurzklappendüsen nach Bild 5.6.8 bei $\Pi_D > 3,5$ zutreffenden Werten.

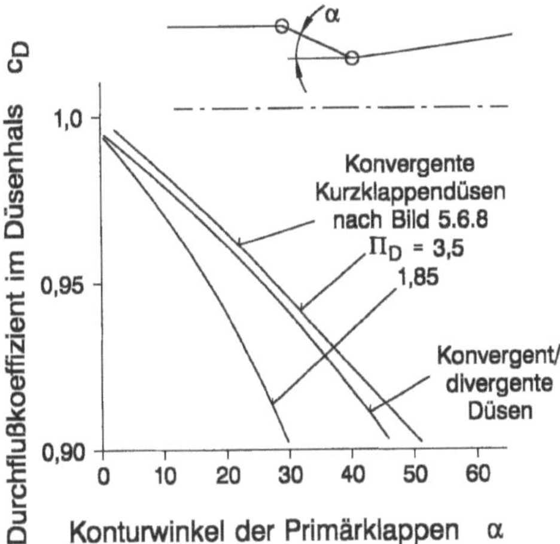

Bild 5.6.19: Durchflußkoeffizienten konvergent/divergenter Düsen im Düsenhals im Vergleich zu Durchflußkoeffizienten von konvergenten Kurzklappendüsen

Bei der nicht angepaßten Düse ist die effektive Endfläche

$$A_{9,eff} = \lambda \cdot A_{8,eff} \tag{5.6.28}$$

und die geometrische Endfläche

$$A_{9,geo} = \frac{A_{9,eff}}{c_{D,9}} \, , \tag{5.6.29}$$

wobei die Durchflußzahl $c_{D,9} = 0,995$ gesetzt werden kann.

Schließlich stellt die Kühlung der verstellbaren Lamellen bei Nachverbrennung hohe Ansprüche, die besondere Sorgfalt bei der Bemessung der Kühlluftzufuhr vom Nachbrenner-Hitzeschild aus erfordert. Einige Gesichtspunkte hierzu sind in [5.6.6] zu finden.

In jedem Falle sind konvergent/divergente Langklappendüsen sichtbar schwerer als konvergente Kurzklappendüsen, vgl. [5.6.6]. Zudem ist bei *TO* mit Nachverbrennung die Effektivität der konvergent/divergenten Düse wegen $Y_D < 1$ schlechter als jene der konvergenten Kurzklappendüse. Dagegen ist die konvergent/divergente Düse vor allem im Überschallflug mit Nachverbrennung bedeutend effektiver als die konvergente, da sie beträchtliche Schubgewinne ohne Mehrverbrauch an Brennstoff, d.h. mit zugleich günstigerem *SBV*, mit sich bringt.

5.6.2.4 Vektordüsen mit axialem und rechteckigem Querschnitt

Da Vektordüsen vor allem bei (Überschall)-Kampfflugzeugen interessant sind, kommen sie praktisch nur bei Nachbrennertriebwerken zum Einsatz. (Das Prinzip der Schwenkdüsen nach dem „Pegasus"-Konzept sei hier außer acht gelassen.) Damit können die Flächen A_8 und A_9 wie im vorausgegangenen Abschnitt 5.6.2.3 berechnet werden. Allerdings besteht bei Rechteckdüsen, z.B. entsprechend Bild 5.6.4, Konfiguration f), wesentlich größerer Freiraum bei der Verstellung der Halsfläche und der Divergenz als bei axialen Düsen, da hier der bei axialen Düsen einzuhaltende Überdeckungsbereich der Lamellenklappen entfällt. Außerdem kann bei Rechteckdüsen nach diesem Prinzip die Halsfläche bis auf 0 reduziert werden. Die Kinematik der Klappenverstellung kann analog jener der axialen Düsen gestaltet werden, wie bereits in Bild 5.6.11 für axiale Düsen dargestellt.

Bei axialen Vektordüsen ist bis hin zu den praktisch interessierenden Ablenkwinkeln < 20° praktisch keine Verschlechterung der Effektivität festzustellen. Bei Rechteckdüsen kann das Betriebsverhalten jenem der axialen Düsen gleichgestellt werden, wenn der geometrische Divergenzwinkel ϑ_{2D} der Rechteckdüse auf den äquivalenten Winkel ϑ_{ax} der axialen Düse zurückgeführt wird. Ist bei der axialen Düse

$$\sin\vartheta_{ax} = \frac{r_9 - r_8}{l} = \frac{r_8}{l}(\sqrt{\lambda} - 1) \tag{5.6.30}$$

und bei der Rechteckdüse nach Bild 5.6.20

$$\sin\vartheta_{2D} = \frac{h_9 - h_8}{2l} = \frac{h_8}{2l}(\lambda - 1) \; , \tag{5.6.31}$$

so ergibt sich bei gleicher Düsenhalsfläche

$$A_8 = \pi \cdot r_8^2 = h_8 \cdot b$$

und dem Breiten-/Höhenverhältnis b/h_8 und gleicher Düsenlänge die in Bild 5.6.20 dargestellte Relation nach Gl. 5.6.32.

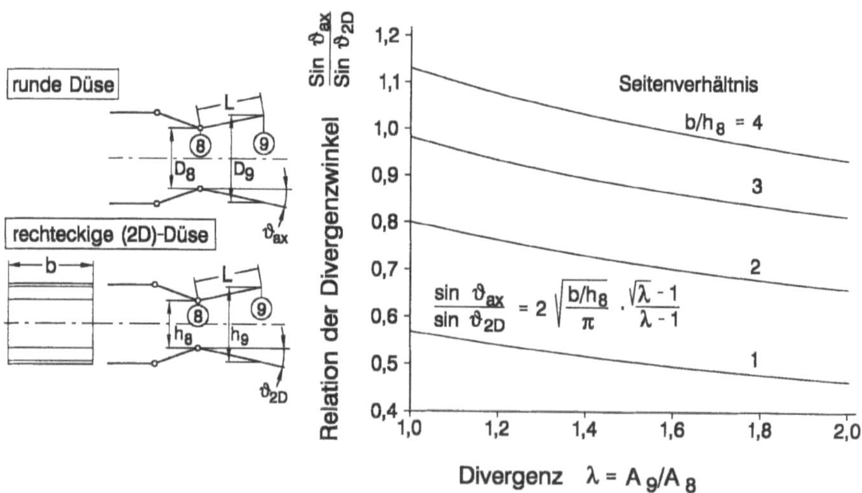

Bild 5.6.20: Relation der Divergenzwinkel runder und rechteckiger (2D-)Düsen bei gleicher Divergenz λ und gleicher Sekundärklappenlänge L

$$\frac{\sin\vartheta_{ax}}{\sin\vartheta_{2D}} = 2\sqrt{\frac{b/h_8}{\pi}} \cdot \frac{\sqrt{\lambda}-1}{\lambda-1} \tag{5.6.32}$$

Messungen ergaben, daß bei gleichen Parametern Π_D, λ und $\vartheta_{ax} = f(\vartheta_{2D})$ entsprechend Gl. 5.6.32 axiale und rechteckige Düsen nach [5.6.27 bis 5.6.29] praktisch gleiche Effektivität aufweisen. Allerdings muß bei Rechteckdüsen mit größerer Leckage im Bereich 1,0 bis 1,5 % gerechnet werden.

Wird bei Rechteckdüsen Schubmodulation bis hin zur Schubumkehrung vorgesehen, so besteht die Notwendigkeit, die gesamte effektive Düsenhalsfläche dabei konstant zu halten. Nach [5.6.16 und 5.6.17] sind hierzu spezielle Trimmklappen mit entsprechender Regelung erforderlich. Ferner bringt der hier besonders geforderte Leichtbau elastische Verformungen der Seitenwände und Klappen unter Innendruck mit sich, die Einfluß auf die Düsenhalsfläche haben können. Studien [5.6.17] haben ergeben, daß diesem Problem auch regeltechnisch begegnet werden kann.

5.7 Wärmetauscher

5.7.1 Allgemeines

Wärmetauscher spielen bei Flugtriebwerken aller Klassen bisher eine Nebenrolle insofern, als sie – außerhalb des eigentlichen Kreisprozesses – zur Kühlung von Öl (z.B. mittels Brennstoff), zur Kühlung von Druckluft (z.B. zur Klimatisierung von Lagerkammern im Heißgasbereich), zur Vorkühlung von Druckluft für den Bordbedarf oder zur Kühlung von Turbinenkühlluft (bisher nur in einem Einzelfall realisiert, siehe Abschnitt 6.11.2) eingesetzt werden. Im Einsatz sind dabei Rohrwärmetauscher im ein- oder zweifachen Kreuz-/Gegenstrom und Gegenstrom-Plattenwärmetauscher. Bei Turbofans und Mantelpropfans – jeweils mit Getrieben zwischen Fan und ND-Turbine – reicht die Kühlkapazität des Brennstoffs nicht mehr aus, um die beträchtliche Wärmeleistung in der Größenordnung von 0,8 bis 1,2% der Getriebeleistung abzuführen. Damit ist die Ölkühlung durch Luft aus dem zweiten Kreis unabdingbar, zumal die Kühlung durch Stauluft nicht genügt, da die größte Wärmebelastung bei TO, d.h. bei Boden/Stand auftritt. Dies führt nach Abschnitt 5.8.2 bzw. [5.8.5] zu beträchtlichem konstruktiven Aufwand. Soweit Druckluft aus dem zweiten Kreis zur Kühlung verwendet wird, sind infolge der dabei entstehenden Druckverluste im Nebenstromkanal durch Versperrung und im Wärmetauscher selbst, diese bei der Modellierung des Kreisprozesses zu berücksichtigen, vgl. Abschnitt 5.5.

Völlig anders ist die Situation, wenn Flugtriebwerke mit rekuperativem Kreisprozeß zur Verbesserung des SBV angesprochen sind. Dieses Konzept ist vor allem bei Wellenleistungstriebwerken seit Einführung der Gasturbine in die Luftfahrt gegen Ende des zweiten Weltkriegs in der Diskussion, wird aber auch bei Turbofans mit niedrigem spezifischen Schub seit längerer Zeit erwogen, siehe hierzu Abschnitt 6.10. Für die mit rekuperativen Triebwerken erreichbaren Fortschritte in der Effektivität bzw. Wirtschaftlichkeit sind folgende Parameter maßgebend, die auch in Zukunft ihre Gültigkeit nicht verlieren werden:

1. Der bei rekuperativen Triebwerken hinzunehmende konstruktive Mehraufwand ist –
   abgesehen von anderen Kriterien wie z.B. den direkten Betriebskosten – nur dann gerechtfertigt, wenn aufgrund der Missionsdaten – insbesondere der Missionsdauer – das
   eingesparte Brennstoffgewicht größer ist als das hinzunehmende Triebwerkmehrge-
   wicht. Der dabei maßgebende Parameter ist das Brennstoffgewicht/Mission, bezogen
   auf das Gewicht der (nicht installierten) Triebwerke mit konventionellem Kreisprozeß.
   Dieser Parameter liegt z.B. bei Hubschraubern und Kurzstrecken-Verkehrsflugzeugen
   bei $B/G_{TW} = 3$, bei Langstrecken-Verkehrsflugzeugen dagegen bei 6 bis 8. Rekuperative Triebwerke sind um so attraktiver, je höher dieser Parameter ist. Bei Werten
   < 3 bis 4 trifft dies voraussichtlich nicht mehr zu.

2. Liegt der Parameter B/G_{TW} in einer günstigen Größenordnung, so spielt mit Rücksicht auf die direkten Operationskosten auch der Brennstoffpreis eine weitere wichtige
   Rolle. Zumindest in den ersten Dekaden nach 2000 ist jedoch – von vorübergehenden
   Preisturbulenzen abgesehen – kein Trend zu höheren Brennstoffpreisen, der über den
   Trend des allgemeinen Preisniveaus hinausginge, zu erwarten. Eine langfristig denkbare Erschöpfung der Erdölreserven ist als Anlaß für Preissteigerungen ebenfalls nicht
   in Sicht.

3. Während beim rekuperativen Wellenleistungstriebwerk die Optimierung des Kreisprozesses relativ problemlos ist, muß beim rekuperativen Turbofan als weiteres Kriterium der spezifische Schub betrachtet werden. Beim rekuperativen Turbofan wird
   nach dem Austritt des Heißgases aus der ND-Turbine Wärme entnommen und dem
   Luftstrom vor der Brennkammer zugeführt. Die Absenkung der Temperatur der Tur-
   binenabgase bringt eine Verkleinerung des Schubanteils im heißen Kreis mit sich, was
   den mit der Verminderung der Brennstoffzufuhr angestrebten Effekt, d.h. die Verbesserung des *SBV*, abmindert. Je niedriger der spezifische Schub bzw. je höher das Nebenstromverhältnis ist, desto geringer ist der Schubanteil des heißen Kreises, so daß
   damit der „schädliche" Effekt der Temperaturabsenkung im heißen Kreis zunehmend
   in den Hintergrund rückt, vgl. [5.3.11]. Somit sind rekuperative Kreisprozesse – wenn
   überhaupt – nur bei Turbofans mit niedrigem spezifischen Schub bzw. bei Mantelpropfans sinnvoll. Diese Einschränkung erscheint um so mehr gerechtfertigt, als gerade diese Triebwerkklasse vornehmlich für den Langstreckeneinsatz in Frage kommt.

In jedem Falle kann bei rekuperativen Triebwerken aufgrund des geringeren, thermodynamisch optimalen Verdichterdruckverhältnisses mit einer Vereinfachung der
Turbokomponenten gerechnet werden, wenngleich der günstige *SBV* bei Teillast nur mit
verstellbarer ND- bzw. Nutzturbine erreichbar ist. Die dabei erforderliche Verkleinerung
der NDT- bzw. NT-Kapazität bei Teillast ergibt einen flacheren Verlauf der Arbeitslinie
im Verdichter, der zu Problemen mit dessen Pumpgrenze führen kann.

Während im Bereich schwerer Landfahrzeuge, z.B. bei Kampfpanzern, die rekuperative Wellenleistungsturbine in diese bisher vom Dieselmotor beherrschte Domäne ein-
brechen konnte, vgl. [5.7.1 bis 5.7.3], war bisher keinem der Ansätze zur Entwick-
lung/Einführung rekuperativer Flugtriebwerke – ob als Wellenleistungstriebwerk oder als
Turbofan im obigen Sinne – ein Erfolg beschieden. Dabei war auf der Basis der bis dahin
verfügbaren Wärmetauschertechnologie (Kompaktheit, Gewicht, thermische Belastbar-

keit) der konstruktive Aufwand für den Wärmetauscher und die Luft- und Gasleitungen, die trotz der Vereinfachung der Turbokomponenten insgesamt hinzunehmende Komplexität des gesamten Triebwerks, verglichen mit der Einsparung an Brennstoff, prohibitiv. Ein Überblick zum Stand der Wärmetauschertechnologie gegen Ende der 80er Jahre ist in [5.7.3] gegeben. Seit den 80er Jahren sind thermisch extrem hochbelastbare kompakte Wärmetauscher für den Gasturbinenantrieb von schweren Fahrzeugen in Entwicklung, die bei günstigen Umständen im Sinne der oben angeführten Kriterien erfolgversprechende Triebwerkkonzepte ermöglichen, vgl. [5.7.2 und 5.7.5]. Vor diesem Hintergrund werden im folgenden Dimensionierung und Betriebsverhalten eines kompakten, für die Luftfahrt vorgesehenen Wärmetauschers beschrieben, der dazu beitragen kann, den Weg zu attraktiven rekuperativen Triebwerkkonzepten zu ebnen.

5.7.2 Struktur, Dimensionierung und Integration einer Wärmetauschermatrix

Wenngleich die Zahl der bekannten Matrixbauformen und -strukturen extrem groß ist, so kann doch zwischen zwei Grundkonzepten, dem Plattenwärmetauscher und dem Rohrwärmetauscher unterschieden werden. Vor allem beim Plattenwärmetauscher sind sehr viele Matrixkonzepte bekannt, wobei neben kastenförmigen auch axialsymmetrische (walzenförmige) genannt seien, vgl. z.B. [5.7.1]. An sich stellt der Plattenwärmetauscher in der bei ihm im Idealfall möglichen Gegenstromanordnung, d.h. ohne Berücksichtigung der luft- und gasseitigen Eintritts- und Austrittskanäle nach [13] das theoretisch effektivste Konzept dar, zumal in diesem Falle die thermische Belastung am günstigsten, nämlich örtlich gleichmäßig verteilt ist. Leider wird die Effektivität dieses Konzepts durch die praktisch realisierbaren luft- und gasseitigen Eintritts- und Austrittskanäle – wie in Bild 5.7.1 dargestellt – beträchtlich kompromittiert, wobei vor allem die örtliche thermische Belastung der Matrixstruktur im Bereich hoher Gastemperaturen zu fortschreitenden Rissen mit entsprechenden Leckagen führt. Dies stellt ein bekanntes, bei höherer thermischer Belastung offensichtlich nicht lösbares Problem dar und betrifft sowohl die kastenförmige als auch die axialsymmetrische Anordnung.

Demgegenüber ist der Rohrwärmetauscher, wie aus Bild 5.7.1 hervorgeht, nur als Kreuzströmer bzw. als zwei- bis maximal vierfacher Kreuz-/Gegenströmer durchführbar. Dabei sind nach [15] die erreichbaren Austauschgrade stärker begrenzt als beim (idealen) Plattenwärmetauscher. Der Rohrwärmetauscher ist in seiner modernsten Form mit profilierten Rohren nach Bild 5.7.1 bzw. [5.7.2] außerordentlich kompakt und effektiv, und darüber hinaus ist die Integrität der Matrix unter extremer thermischer und mechanischer Belastung (z.B. in schweren Fahrzeugen) experimentell unter Beweis gestellt worden [5.7.5]. Ferner läßt sich der Profilwärmetauscher – obwohl er nicht axialsymmetrisch konzipiert werden kann – relativ zwanglos in den Abgaskanal eines Triebwerks integrieren, vgl. Abschnitt 6.10. Da die Verbindungen zwischen Luftsammelrohren und profilierten Röhren nur geringe Ausdehnung haben und weitgehend spannungsfrei sind, bleiben die Leckagen auch bei längerer zyklischer Belastung vernachlässigbar.

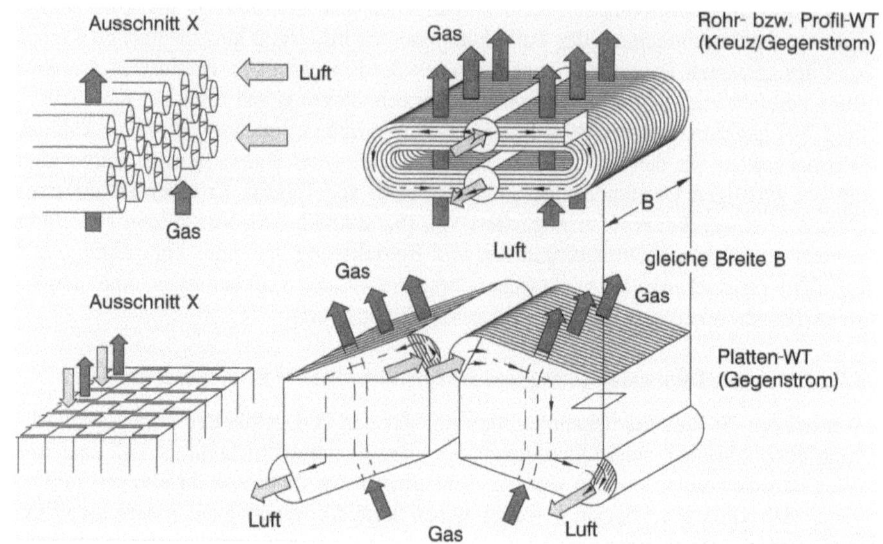

Bild 5.7.1: Gegenüberstellung der prinzipiellen Wärmetauscher-Bauarten

Im folgenden wird die Dimensionierung der Wärmetauschermatrix beschrieben, die zwar in Einzelheiten auf den Profilwärmetauscher zugeschnitten ist, im Prinzip mit entsprechend geänderten Kennwerten aber auch auf andere Matrixstrukturen übertragen werden kann. Zunächst ergibt sich – unabhängig von der Matrixstruktur und -bauform – nach [15] der Austauschgrad eines Wärmetauschers in Abhängigkeit des Parameters

$$NTU_{ges} = \cfrac{1}{\cfrac{1}{NTU_L} + \cfrac{1}{NTU_W} + \cfrac{1}{NTU_G}} \; , \tag{5.7.1}$$

wobei die Wärmetauscheinheit *NTU* (*Number of Transfer Units*) auf der Luft- und Gasseite

$$NTU_L = \left(\frac{O \cdot \alpha}{W}\right)_L ; \quad NTU_G = \left(\frac{O \cdot \alpha}{W}\right)_G \tag{5.7.2}$$

und der Zwischenwand

$$NTU_W = \left(\frac{O \cdot \lambda}{s \cdot W}\right)_W \tag{5.7.3}$$

ist. Dabei sind die Wärmekapazitäten (Wasserwerte) der Durchsätze auf der Luft- und Gasseite

$$W_L = \left(M \cdot \bar{c}_p\right)_L ; \quad W_G = \left(M \cdot \bar{c}_p\right)_G \tag{5.7.4}$$

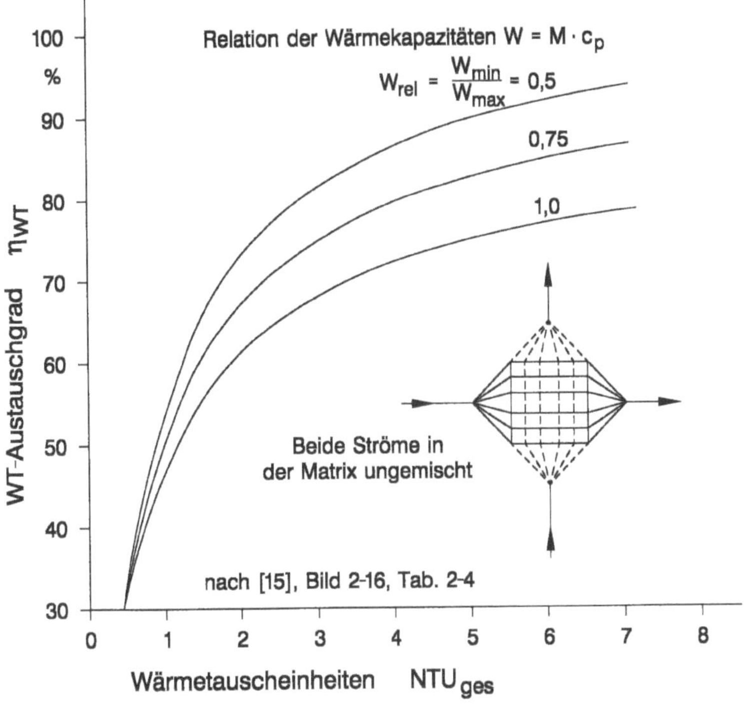

Bild 5.7.2: Wärmetauscher-Austauschgrade bei einfachem Kreuzstrom

Ferner entspricht in Gl. 5.7.3 die Kapazität W_W der kleineren der beiden Kapazitäten W_L und W_G (d.h. im allgemeinen W_L), während $O \approx O_L \approx O_G$ die von beiden Seiten benetzte, einfach zu nehmende wärmetauschende Oberfläche ist. Ferner sind in Gl. 5.7.2 die Wärmeübergangszahlen α_L, α_G und in Gl. 5.7.3 die Wärmeleitfähigkeit λ_W der Zwischenwand von der Stärke s enthalten. Praktisch ist λ_W / s sehr viel größer als α_L, α_G, so daß die Berechnung von NTU_{ges} nach Gl. 5.7.1 entsprechend

$$NTU_{ges} \approx \frac{1}{\dfrac{1}{NTU_L} + \dfrac{1}{NTU_G}} \tag{5.7.5}$$

vereinfacht werden kann. Mit gegebenem Wert NTU_{ges} ergibt sich bei beliebigem Wärmetauscherkonzept (z.B. ein- oder mehrfacher Kreuzstrom oder Gegenstrom) mit der ausgetauschten Wärmeleistung

$$Q = W_L \, l_3^{3'}(T_3' - T_3) \tag{5.7.6}$$

und der maximal austauschbaren Wärmeleistung

$$Q_{max} = W_L \, l_3^{5}(T_5 - T_3) \tag{5.7.7}$$

der Austauschgrad

$$\eta_{WT} = \frac{Q}{Q_{max}} \approx \frac{T_3' - T_3}{T_5 - T_3} \ ,$$
(5.7.8)

wenn die Wärmekapazitäten W_L für die Temperaturbereiche T_3' bis T_3 und T_5 bis T_3 gleichgesetzt werden. In Gl. 5.7.5 ist außer der Definition

$$NTU_{ges} = \frac{O \cdot k}{W_L}$$

mit der Wärmedurchgangszahl

$$k \approx \frac{1}{\dfrac{1}{\alpha_L} + \dfrac{s}{\lambda_W} + \dfrac{1}{\alpha_G}} \approx \frac{1}{\dfrac{1}{\alpha_L} + \dfrac{1}{\alpha_G}}$$

der Zusammenhang nach Gl. 5.7.2 und damit

$$NTU_{ges} \approx \frac{O}{\left(\dfrac{1}{\alpha_L} + \dfrac{1}{\alpha_G} \cdot \dfrac{W_G}{W_L} \right) W_L}$$

enthalten, so daß für den Austauschgrad der generelle Zusammenhang

$$\eta_{WT} = f(NTU_{ges}, W_L / W_G, WT - Konzept)$$
(5.7.9)

besteht. Hierzu können die im einfachsten Fall, d.h. dem einfachen Kreuzstrom-Wärmetauscher, erreichbaren Austauschgrade dem aus [15] abgeleiteten Bild 5.7.2 entnommen werden. Von sichtbarem Einfluß ist das Verhältnis

$$W_{rel} = W_L / W_G \ ,$$
(5.7.10)

das in der Literatur auch in der allgemeinen Formulierung

$$W_{rel} = W_{min} / W_{max}$$
(5.7.11)

zu finden ist. Diese Formulierung trägt dem Umstand Rechnung, daß auch Fälle mit $M_G < M_L$ vorstellbar sind, d.h. wenn z.B. nur ein Teil der Turbinen-Abgasmenge den Wärmetauscher durchströmt. Ist $W_G < W_L$, so ist die maximal übertragbare Wärme analog Gl. 5.7.7

$$Q_{max} = W_G(T_5 - T_3) = W_L(T_{3,max}' - T_3) \ ,$$
(5.7.12)

so daß hier mit Q entsprechend Gl. 5.7.6 und Q_{max} nach Gl. 5.7.12

$$\eta_{WT} = \frac{Q}{Q_{max}} = \frac{W_L(T_3' - T_3)}{W_L(T_{3,max}' - T_3)} \approx \frac{T_3' - T_3}{T_{3,max} - T_3}$$
(5.7.13)

mit

$$\frac{T_{3,max}' - T_3}{T_5 - T_3} = \frac{W_G}{W_L} \leq 1$$
(5.7.14)

folgt. Bei Gasturbinen liegt im Normalfall das Verhältnis W_{rel} nach Gl. 5.7.10 bzw. 5.7.11 im Bereich 0,8 bis 0,9, da hier zwischen Verdichteraustritt und Wärmetauschereintritt die Entnahme von Kühlluft etc. liegt und $\bar{c}_{p,L} < \bar{c}_{p,G}$ ist.

Aus den bei einfachem Kreuzstrom nach Bild 5.7.2 erreichbaren Austauschgraden kann nach [5.7.6] bzw. [15] mittels folgender Umrechnungsformel auch auf die bei zwei- oder mehrfachem Kreuz-/Gegenstrom ohne Mischung auf der Luftseite mit $W_{rel} \leq 1$ zu erwartenden Austauschgrade

$$\eta_{WT,n} = \frac{\left(\dfrac{1-\eta_{WT,1}\cdot W_{rel}}{1-\eta_{WT,1}}\right)^n - 1}{\left(\dfrac{1-\eta_{WT,1}\cdot W_{rel}}{1-\eta_{WT,1}}\right)^n - W_{rel}} \tag{5.7.15}$$

geschlossen werden. Dabei ist zugleich

$$O_n = n \cdot O_1$$

und

$$NTU_n = n \cdot NTU_1 \tag{5.7.16}$$

Hierzu liefert Bild 5.7.3 die Relationen zwischen den Austauschgraden $\eta_{WT,1}$ und $\eta_{WT,2}$ bei einfachem Kreuzstrom- und zweifachem Kreuz-/Gegenstrom-Wärmetauscher (d.h. dem Profilwärmetauscher) im relevanten Bereich.

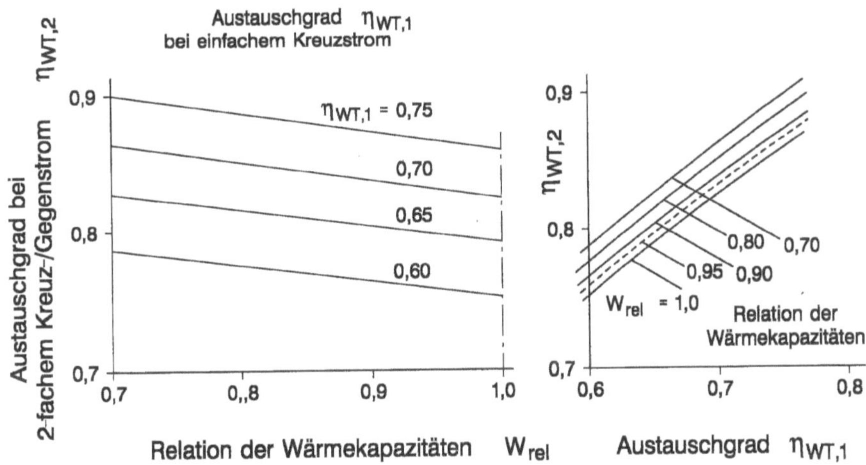

Bild 5.7.3: Wärmetauscher-Austauschgrade $\eta_{WT,2} = f(\eta_{WT,1}, W_{rel})$ bei 2-fachem Kreuz-/Gegenstrom, nach [5.7.6]

Interessant ist ferner, daß nach [15] bei zweifachem Kreuz-/Gegenstrom die Frage der Mischung auf der Luftseite zwischen beiden Ästen praktisch keine Rolle spielt. Beim Profilwärmetauscher findet diese Mischung nicht statt, d.h. die Luft wird nach Bild 5.7.1 in den gleichen Rohren von der kalten zur heißen Seite geführt. Man sieht, daß bei zweifachem Kreuz-/Gegenstrom bei Werten $NTU_{ges}= 4$ bis 5 etwa Austauschgrade $\eta_{WT} \approx 0{,}75$ bis $0{,}80$ erreicht werden können, wenn dabei der Aufwand im Sinne der erforderlichen Oberfläche im Rahmen bleiben soll. Für andere Matrixkonzepte finden sich umfassende Daten in [15].

Die Wärmeübergangszahlen ergeben sich aus

$$\alpha_L = \left(\frac{Nu \cdot \lambda}{D_{hyd}}\right)_L \; ; \; \alpha_G = \left(\frac{Nu \cdot \lambda}{D_{hyd}}\right)_G \tag{5.7.17}$$

mit der Wärmeleitfähigkeit λ, der Nusseltzahl

$$Nu = j \cdot Re \cdot Pr^{1/3} \tag{5.7.18}$$

und den von der Matrixstruktur abhängigen Colburn-Faktoren $j_L = f(Re_L)$ und $j_G = f(Re_G)$. Dabei ist auf der Luftseite, d.h. bei der Durchströmung der profilierten Rohre, der hydraulische Durchmesser

$$D_{hyd} = \frac{4A}{U}$$

mit dem Strömungsquerschnitt A und Querschnittsumfang U der Profile, während auf der Gasseite bei der Umströmung der Profile der hydraulische Durchmesser der Profillänge L_{Pr} entspricht. Damit ist auf der Luftseite

$$Re_L = \left(\frac{C_L \cdot D_{hyd}}{v}\right)_L \tag{5.7.19}$$

und auf der Gasseite

$$Re_G = \left(\frac{C_G \cdot L_{Pr}}{v}\right)_G \cdot \tag{5.7.20}$$

Die luftseitigen Druckverluste ergeben sich aus der Durchströmung der profilierten Röhrchen mit der Rohrlänge L_L nach [5.7.6] entsprechend

$$\left(\frac{\Delta p}{p}\right)_L = f_L \cdot \frac{4L_L}{D_{hyd}} \cdot \frac{1}{2R} \cdot \left(\frac{C}{\sqrt{T}}\right)_L^2 \tag{5.7.21}$$

und auf der Gasseite aufgrund der Durchströmung einer Reihe z gestaffelter profilierter Röhrchen

$$\left(\frac{\Delta p}{p}\right)_G = f_G \cdot \frac{4 \cdot L_{Pr} \cdot z}{L_{Pr}} \cdot \frac{1}{2R}\left(\frac{C}{\sqrt{T}}\right)_G^2 \tag{5.7.22}$$

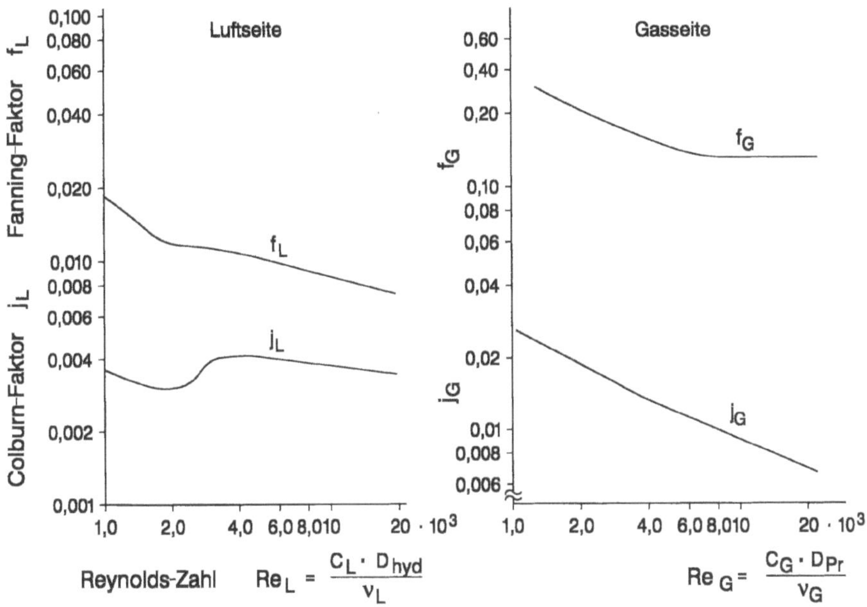

Bild 5.7.4: Aerodynamische Beiwerte der Profil-Wärmetauschermatrix, nach [5.7.6]

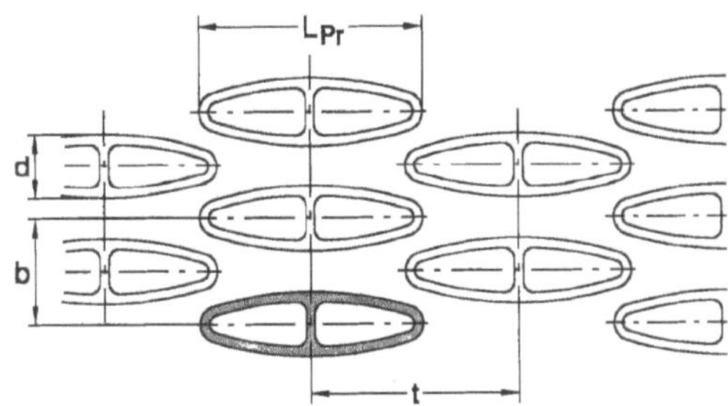

Bild 5.7.5: Matrixstruktur des Profilwärmetauschers, nach [5.7.5 und 5.7.6]

mit den ebenfalls von der Matrixstruktur abhängigen Fanning-Faktoren $f_L = f(Re_L)$ und $f_G = f(Re_G)$.

Die Werte j und f sind im vorliegenden Falle auf der Gasseite u.a. von der Form und Anordnung der Profile abhängig und müssen experimentell bestimmt werden, während auf der Luftseite reine Rohrströmung vorliegt. Im hier betrachteten Falle – d.h. beim Profilwärmetauscher – ergeben sich nach [5.7.6] die Werte j und f nach Bild 5.7.4. Die in [5.7.6] ebenfalls beschriebene Matrixstruktur des Profilwärmetauschers ergibt entsprechend Bild 5.7.5 folgende Relationen der Profilabmessungen und -anordnung:

Luftseite

   Hydraulischer Durchmesser D_{hyd} $=$ $0{,}218\ L_{\mathrm{Pr}}$

   Flächenverhältnis $(A_{WT}/A_0)_L = (C_0/C_{WT})_L$ $=$ $0{,}283$

Gasseite

   hydraulischer Durchmesser D_{hyd} $=$ L_{Pr}

   Abstand in Strömungsrichtung t $=$ $0{,}92\ L_{\mathrm{Pr}}$

   seitlicher Abstand b $=$ $0{,}45\ L_{\mathrm{Pr}}$

   Profildicke d $=$ $0{,}26\ L_{\mathrm{Pr}}$

   Flächenverhältnis $(A_{WT}/A_0)_G = (C_0/C_{WT})_G$ $=$ $0{,}41$

Damit gehen die Hauptabmessungen der Profilwärmetauschermatrix aus Bild 5.7.6 hervor.

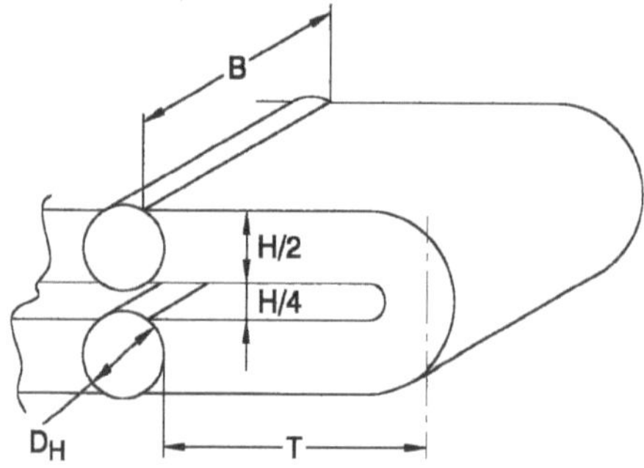

Matrixvolumen (pro Flügel) $V = B \cdot H \cdot T$
Frontalfläche (pro Flügel)

           gasseitig $A_{o,G} = B \cdot T$

           luftseitig $A_{o,L} = H/2 \cdot B$

Hauptrohrdurchmesser $D_H = 1{,}13 \cdot H/2$

Gesamte Matrixhöhe $H_{\mathrm{ges}} = 1{,}25\ H$

Zahl der Profilreihen $z = H/2t$
in Gas-Strömungsrichtung
(t nach Bild 5.7.5)

Bild 5.7.6:
Hauptabmessungen der Profilwärmetauscher-Matrix

Das spezifische Matrixgewicht bei Profilen aus hochwarmfestem Werkstoff, z.B. Hastalloy X, beträgt

$$\rho = \frac{G}{V} \approx 1600\ \mathrm{kg/m^3}$$

und die spezifische (einfach gerechnete) wärmetauschende Oberfläche

$$\beta = \frac{O}{V} = 820\ \mathrm{m^2/m^3}\ .$$

Bei geometrisch ähnlicher Variation der Profilgröße und damit der Profillänge L_{Pr} ergibt sich bei weiterhin unveränderter Matrixdichte wie oben die spezifische Oberfläche

$$\beta = \frac{O}{V} = \frac{5160}{L_{\mathrm{Pr}}} \; \frac{m^2}{m^3} \tag{5.7.23}$$

mit L_{Pr} in mm. Hieraus geht klar hervor, welch wichtige Rolle die Feinstruktur der Matrix spielt, wenn bei geforderter Oberfläche das Matrixvolumen minimiert werden soll. Bei dem hier beschriebenen Konzept dürfte die minimale Profillänge bei $L_{\mathrm{Pr}} \approx 5$ mm liegen, was zu einer spezifischen Oberfläche $\beta = 1030$ m²/m³ führen würde.

Beim Vergleich verschiedener Wärmetauscher kann nach [5.7.2] als Maß für die thermische Effektivität die Relation der thermischen Leistung zur hydraulischen Verlustleistung

$$\frac{P_{th}}{P_{hydr}} = \frac{M_L \cdot c_{p,L} \cdot (T_3' - T_3)}{(M \cdot \Delta p / \rho)_L + (M \cdot \Delta p / \rho)_G} \tag{5.7.24}$$

mit den hydraulischen Verlusten $M \cdot \Delta p / \rho$ auf der Luft- und Gasseite herangezogen werden. Für einen rein aerodynamischen Vergleich verschiedener Matrixkonzepte leistet auch die Relation j / f auf der Luft- und Gasseite wertvolle Dienste. Die Beurteilung der thermodynamischen Wirksamkeit eines Wärmetauschers ist jedoch nur unter Betrachtung des gesamten Kreisprozesses, d.h. im Vergleich der erzielbaren Verminderung des Brennstoffverbrauchs mit der dabei hinzunehmenden Einbuße an Schub oder Wellenleistung, d.h. im Sinne der Verbesserung des SBV möglich.

Wichtig ist beim Einsatz von Wärmetauschern bei Flugtriebwerken in großer Flughöhe, daß mit Blick auf Gl. 5.7.17 und 5.7.18 zusammen mit Bild 5.7.4 zwar die Werte α_L und α_G mit zunehmender Flughöhe zurückgehen, aufgrund abnehmender Gasdichte bzw. kleiner werdender Wärmekapazitäten W_L und W_G der Wert NTU_{ges} und damit der Austauschgrad zunimmt. Allerdings nehmen gleichzeitig mit Blick auf Gl. 5.7.19 bis 5.7.22 und Bild 5.7.4 auch die Druckverluste zu, so daß sich die o.a. Relation P_{th} / P_{hydr} und damit die thermische Effektivität des Wärmetauschers verschlechtert. Mit Kreisprozeßdaten eines Mantelpropfans bei TO und MCR ergibt sich als Beispiel folgender Vergleich sich einstellender Wärmetauscherdaten:

				TO	MCR
		Ma_0 / H		0/0	0,8/10,7 km
Eintritt	luftseitig	p_3	bar	19,9	10,1
		T_3	K	550	509
		M	kg/s	20,0	10,4
	gasseitig	p_5	bar	1,215	0,368
		T_5	K	996	863
		M_5	kg/s	21,1	11,0
Austauschgrad		η_{WT}	%	67,1	70,0

Druckverlust	luftseitig	$(\Delta p/p)_L$	%	1,9	2,4
	gasseitig	$(\Delta p/p)_G$	%	1,8	7,0
		P_{th}/P_{hydr}		37,0	11,4
Netto-Matrixvolumen		ΣV_{Ne}	m^3		0,170

Für die thermische Standzeit der Matrix ist nach [5.7.2 bzw. 5.7.5] die Temperatur T_5 zusammen mit der an den Profilen herrschenden Druckdifferenz $\Delta p = p_3 - p_5$ maßgebend. Die Festigkeitsanalyse im Zusammenhang mit [5.7.5] ergibt die maximale Spannung in der Profilwand

$$\sigma_{max} \hat{=} 8,5 \cdot \Delta p \tag{5.7.26}$$

Nach Abschnitt 5.2.3.6 besteht bei thermischem Kriechen für gegebenen Werkstoff der in Bild 5.2.3.48 dargestellte Zusammenhang zwischen σ, T und t bzw. hier zwischen $\Delta p, T_5$ und der Standzeit t. Danach ergeben sich bei relevanten Kreisprozeßdaten bzw. mit den dabei in großer Flughöhe vorliegenden Drücken bei Temperaturen $T_5 =$ 900 bis 950 K nach Bild 5.7.7 extrem hohe Standzeiten, während bei TO und zu Beginn der Steigphase bei den hier herrschenden hohen Drücken und Temperaturen $T_5 = 830$ bis 880 K mit wesentlich niedrigeren Standzeiten um 10^3 bis 10^4 h gerechnet werden muß.

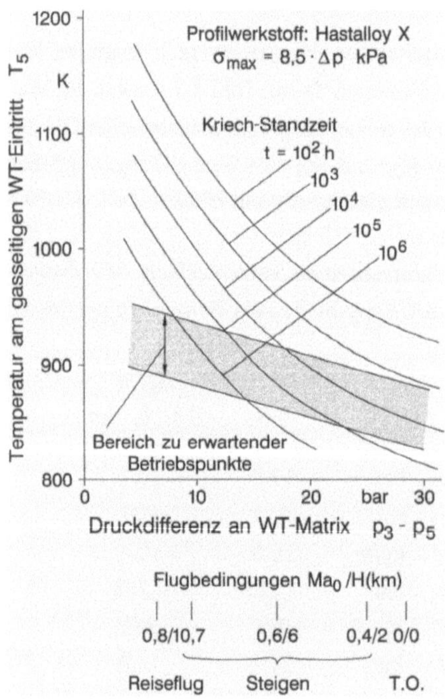

Bild 5.7.7:
Thermische Belastung eines Profilwärmetauschers bei Einsatz in rekuperativem Mantelpropfan, vgl. Abschnitt 6.10.3

Bei der Integration einer Matrix in die Triebwerkstruktur ist ferner das Matrixvolumen mit im allgemeinen sehr unterschiedlichen Dimensionen Länge/Breite/Höhe und dabei insbesondere die gasseitige Frontalfläche $A_{0,G}$ entscheidend. Hierzu wird in [5.7.2] ein Vergleich verschiedener Wärmetauschermatrizen angestellt. Besondere Aufmerksamkeit ist in der Praxis den gasseitigen, flexiblen Abdichtungen der Matrix gegenüber dem Gehäuse zu schenken. Dabei erfordert die Durchströmung und Abdeckung der Profile im Bogenbereich große Sorgfalt, um optimale Nutzung der gesamten Matrix zu erzielen. Ferner ist es wichtig, daß die Luft, wie in Bild 5.7.1 schematisch dargestellt, auf derselben Seite der Hauptrohre zu- und abgeführt wird, da nur dann allen Rohren dasselbe Druckgefälle zwischen Eintritt und Austritt aufgeprägt ist. Die Matrix ist im Gasführungsgehäuse so aufzuhängen, daß sie sich thermisch ungehindert dehnen kann und dabei die Dichtungen im Eingriff bleiben. Schließlich ist bei Rohr- bzw. Profilwärmetauschern mit mechanisch und/oder akustisch angeregten Schwingungen zu rechnen, die durch entsprechende Abstützung der Rohre/Profile zu unterbinden sind.

Bei Plattenwärmetauschern ist die Lage insofern komplizierter, als hier mit Rücksicht auf die von und nach der Seite orientierten Zuströmungs- und Abströmungskanäle (vgl. Bild 5.7.1) der „reine" Gegenstrom nicht erreichbar ist, und damit im Bereich der Zuström- und Abströmkanäle die thermischen Bedingungen örtlich zweidimensional verschieden sind. Auch im Zusammenhang mit der großen Zahl bekannter Matrixstrukturen von Plattenwärmetauschern kann daher zur Berechnung des Austauschgrades und der Profilverluste nur auf die Literatur, z.B. [15], verwiesen werden.

Während bei Rohr-/Profilwärmetauschern mit verfügbaren Werkstoffen, wie oben erläutert, Gastemperaturen bis $T_5 = 1000$ bis 1050 K zugelassen werden können, liegen beim Plattenwärmetauscher mit Rücksicht auf die hier entstehenden Thermospannungen gute Erfahrungen bisher nur bis $T_5 = 700$ bis 800 K vor.

Ein besonderes Problem stellt in jedem Falle die Neigung zu Ablagerungen in der Matrix dar. Dabei sind vor allem Gemische aus Öl/Staub und Verbrennungsrückständen gefährlich, die sich auf der Gasseite im Bereich tieferer Oberflächentemperaturen festsetzen können. Daher besteht bei rekuperativen Gasturbinen die absolute Forderung, den Eintritt auch kleinster Mengen von Öl im Strömungsbereich vor dem Wärmetauscher zu vermeiden. Für die Reinigung von Wärmetauschern bestehen bewährte Methoden ohne Demontage etc.

5.8 Getriebe

5.8.1 Allgemeines

Jedes Flugtriebwerk enthält Getriebe mit mehreren Stirnradsätzen zum Antrieb der Hilfsgeräte wie Brennstoff-, Hydraulik- und Ölpumpen, Fliehkraft-Ölabscheider, Gebläse für Partikelabscheider etc. und elektrischen Generator, die ihre Leistungszufuhr – jeweils mit verschiedenen Drehzahlen über spezielle Rädersätze – mittels einer radialen Welle, bei Mehrwellentriebwerken aus dem HD-System oder bei Wellenleistungstriebwerken aus dem Gasgenerator erhalten, vgl. hierzu z.B. [3]. Auf dem gleichen Wege erhält beim Anlassen des Triebwerks das HD-System oder der Gasgenerator die Antriebsleistung von außen. Bei modernen Triebwerken bildet dieses Getriebe zusammen mit den Hilfsgeräten einen Modul, der als Ganzes im Bereich der Verdichterpartie, d.h. am Hauptlagerträger auf der Höhe des HDV- bzw. Gasgeneratoreintritts, bzw. bei zivilen Turbofans der Zugänglichkeit wegen teilweise am Fan-Mantel untergebracht ist. Die Anordnung und Formgebung dieses Getriebes bzw. Moduls richtet sich u.a. auch nach den Einbauverhältnissen, wobei insbesondere bei militärischen Turbofans eine kompakte geometrische Triebwerkenveloppe mit Rechteckquerschnitt angestrebt wird.

So wichtig dieser Komplex des Hilfsgeräteantriebs mit allem Zubehör bei der Entwicklung und Integration im Rumpf oder in der Gondel sowie im späteren Einsatz des Triebwerks auch ist, wird man sich bei der Projektierung zunächst der Turbopartie selbst zuwenden, zumal diese konzeptbestimmend ist, wenngleich das Gewicht dieses Komplexes als nicht unerheblich von vornherein im Auge behalten werden muß, vgl. Abschnitt 5.9.5.

Demgegenüber spielt bei Wellenleistungstriebwerken für Hubschrauber und zum Antrieb von Propellern die Leistungsübertragung von der Nutzturbine zum Rotor bzw. Propeller vom Standpunkt der Auslegung und Dimensionierung der Nutzturbine und der Hauptabmessungen des Getriebes bereits bei der Projektierung eine wichtige Rolle. Darüber hinaus spielt beim Turbofan mit großem Nebenstromverhältnis bzw. beim Mantelpropfan bis hin zum offenen Propfan die Frage des Getriebes zwischen Fan bzw. Propeller und ND- bzw. Nutzturbine bereits bei der Auslegung/Dimensionierung der gesamten Turbopartie, zugleich aber auch bei der Beurteilung der Wirtschaftlichkeit, der ökologischen Verträglichkeit (Lärm) und insbesondere der Zuverlässigkeit des Triebwerks bei der Projektierung eine ausschlaggebende Rolle. Während beim Wellenleistungstriebwerk kleiner Leistung, d.h. im Bereich unterhalb 1000 bis 1500 kW, mit Übersetzungsverhältnissen unter $i = 4$ für Hubschrauber das normale Stirnradgetriebe mit seitlich versetzter Antriebswelle vorherrscht, ist bei Propellertriebwerken in allen Leistungsbereichen mit Übersetzungsverhältnissen bis $i = 22$ überwiegend das koaxiale Getriebe zu finden.

Einer der Gründe, weshalb sich mit der Einführung der Gasturbine in den zivilen Luftverkehr der Strahlantrieb gegenüber dem Propellerantrieb rasch durchsetzte, war nicht nur die hohe geforderte Schubleistung, die bei zugleich höherer Flug-Mach-Zahl erbracht werden konnte. Ebenso zugkräftig war auch der Umstand, daß der weitgehend vibrationsfreie Vortrieb durch das Strahltriebwerk mit dem dadurch gewonnenen Passagierkomfort zusammen mit der Eliminierung der beträchtlichen Schadenshäufigkeit des Propellers mit Getriebe und der Reduzierung des Wartungsaufwandes sehr viel attraktiver und wirtschaftlicher war. Mit der im Gefolge der Ölkrise in den 70er Jahren zur Verminderung des Brennstoffverbrauchs im zivilen Luftverkehr in Gang gekommenen Entwicklung des Propfan-Antriebs kam die Frage der Effektivität und Betriebssicherheit von koaxialen Getrieben großer Leistung für einwellige und gegenläufige offene Propfans erneut in die Diskussion, vgl. [5.8.1 bis 5.8.3]. Aus dem offenen Propfan wurde u.a. der Mantelpropfan abgeleitet, vgl. [5.2.8], für den die Getriebefrage in [5.8.5 und 5.8.6] und die Frage des Getriebekühlers in [5.8.5] behandelt wird.

Wenngleich der gegenläufige Mantelpropfan ohne Getriebe vorübergehend in Betracht gezogen wurde, vgl. [5.8.7 und 5.8.8], so besteht, wie in Abschnitt 6.5.1 noch erläutert wird, insgesamt gesehen kein Zweifel daran, daß ein Propfan ohne oder mit Mantel in einwelliger oder gegenläufiger Bauart zukünftig nur mit koaxialem Getriebe realisiert werden kann. Da aber inzwischen erkannt worden ist, daß der einwellige und gegenläufige Mantelpropfan mit verstellbaren Schaufeln außerordentlich kompliziert sind und der Vorteil günstigeren Brennstoffverbrauchs und damit geringerer Betriebskosten aufgrund des höheren Triebwerkgewichts und größerer Wartungs-/Erhaltungskosten gegenüber dem Turbofan geringer sein wird als ursprünglich angenommen, wird als Kompromiß zwischen dem klassischen Turbofan hohen Nebenstromverhältnisses und dem Mantelpropfan der seit langem bekannte und in Einzelfällen auch realisierte Turbofan mit Getriebe in die Diskussion mit einbezogen. Daher wird im folgenden auf die bei koaxialen Getrieben für Turbofans und Mantelpropfans sowie bei offenen Propfans bestehende Problematik und die Frage der Dimensionierung eingegangen.

5.8.2 Koaxiale Getriebe großer Leistung für Turbofans und Propfans

Die bekannten Anordnungen koaxialer Getriebe für einwellige Fans, Mantelpropfans und Propeller sind in Bild 5.8.1 und für gegenläufige Mantelpropfans und Propeller in Bild 5.8.2 schematisch dargestellt. Maßgebend für das gewünschte Übersetzungsverhältnis bei einwelligem Ausgang

$$i = N_{NT} / N_{Pr} \qquad (5.8.1)$$

ist die sog. Standübersetzung entsprechend Bild 5.8.1

$$i_0 = D_H / D_S \; , \qquad (5.8.2)$$

die sich aus dem Durchmesser D_H des Hohlrades bzw. der Enveloppe der Planeten und D_S des Sonnenrades ergibt. Realisierbar sind dabei Standübersetzungen im Bereich $i_0 = 1{,}5$ bis 10. Damit ergibt sich bei Getrieben mit einwelligem Ausgang nach Bild 5.8.1 bei der Variante 1, dem sog. „Umlaufgetriebe", das Übersetzungsverhältnis

$$i = \frac{D_H}{D_S} + 1 = i_0 + 1 \; , \qquad (5.8.3)$$

während bei der Variante 2, dem „Standgetriebe",

$$i = D_H / D_S = i_0 \qquad (5.8.4)$$

ist. Bei Getrieben mit gegenläufigem Ausgang nach Bild 5.8.2 sind mehrere Varianten möglich. Bei der einfachsten Variante 3 besteht keine feste Relation der Ausgangsdrehzahlen bzw. der Übersetzungsverhältnisse i_1 und i_2, wobei zugleich auch die Relation der von den beiden Rotoren aufgenommenen Leistungen P_1 und P_2 mit i_1 und i_2 in Beziehung steht. Entsprechend ergeben sich die gegenseitig abhängigen Übersetzungsverhältnisse

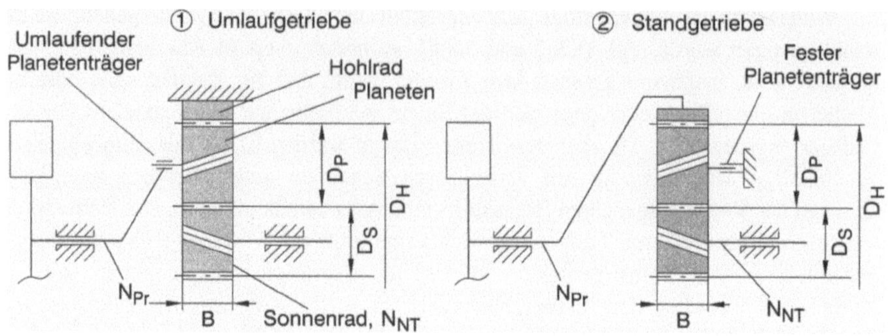

Bild 5.8.1: Koaxiale Getriebe mit einwelligem Ausgang (schematisch)

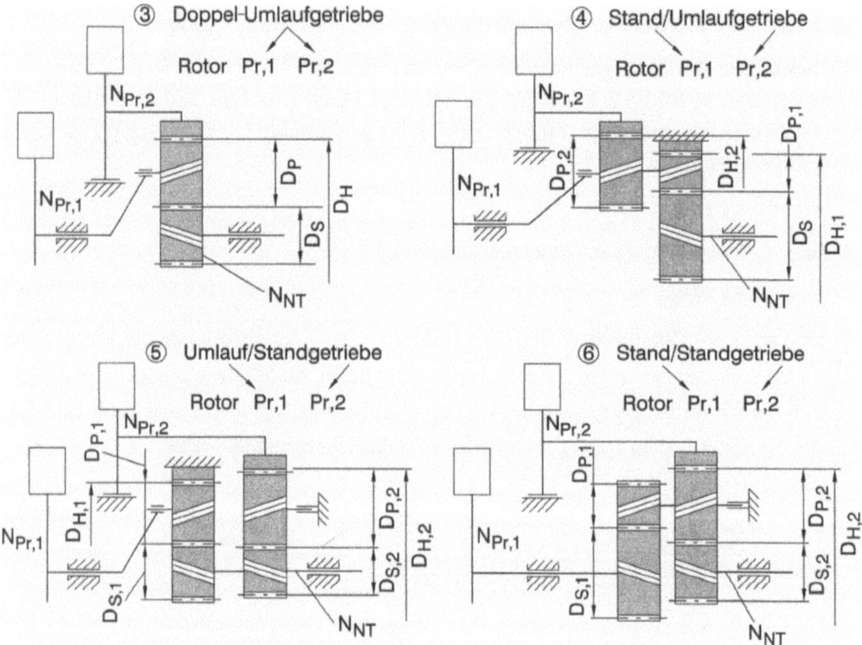

Bild 5.8.2: Koaxiale Getriebe mit 2-welligem (gegenläufigem) Ausgang (schematisch)

$$i_1 = \frac{1 + D_H / D_S}{1 - \dfrac{1}{i_2} \cdot D_H / D_S} \tag{5.8.5}$$

$$i_2 = \frac{D_H / D_S}{1 - \dfrac{1}{i_1}\left(1 + D_H / D_S\right)} \ . \tag{5.8.6}$$

Im Falle gleicher Übersetzungsverhältnisse, d.h. $i = i_1 = i_2$, ist

$$i = 1 + 2 \cdot D_H / D_S \ . \tag{5.8.7}$$

Ferner sind die Relationen der Leistungen P_1 und P_2 zur Eingangsleistung P_S

$$\frac{P_1}{P_S} = \frac{i_2 - 1}{i_1 + i_2} \tag{5.8.8}$$

$$\frac{P_2}{P_S} = \frac{i_1 + 1}{i_1 + i_2} \tag{5.8.9}$$

und damit die Relation beider Leistungen im Falle $i_1 = i_2$

$$\frac{P_1}{P_2} = \frac{i + 1}{i - 1} \ . \tag{5.8.10}$$

Hierzu zeigt Bild 5.8.3 als Beispiel für ein Verhältnis $i_0 = 3$ die in Abhängigkeit von i_1 zu erwartenden Werte i_2, P_1 / P_S und P_2 / P_S. Ferner ergibt sich hier der Sonderfall $i_1 = i_2 = 7$, wobei zugleich $P_1 / P_S = 0,45$ und $P_2 / P_S = 0,55$ ist. Gewöhnlich wird bei gegenläufigen Propfans aus mehreren – auch akustischen – Gründen $i_1 = i_2$ gefordert, wobei $P_1 \neq P_2$ zwar unausweichlich ist, aber nicht unerwünscht zu sein braucht. In jedem Falle besticht diese Variante durch ihre Einfachheit und den geringen Gewichtsaufwand. Durch einen weiteren Rädersatz kann auch in diesem Falle eine festen Relation $i_1 / i_2 = const.$ von vornherein festgelegt werden, wobei dieser Rädersatz allerdings in Abhängigkeit von der relativen Belastung der beiden Rotoren, soweit sie nicht der Relation nach Bild 5.8.2 bzw. 5.8.3 entspricht, eine gewisse Blindleistung vom einen zum anderen Rotor zu übertragen hat. Die Anwendung dieses Getriebekonzepts bei einem gegenläufigen Propfan oder Propeller mit verstellbaren Schaufeln mag im Falle der Fehlfunktion der Schaufelverstellung des einen Rotors mit oder ohne zusätzlichem Rädersatz zu einem Betriebsrisiko führen.

Die Getriebe mit gegenläufigem Ausgang nach Bild 5.8.2, Varianten 4 bis 6, bestehen aus Kombinationen der in Bild 5.8.1 gezeigten einwelligen Varianten 1 und 2, wobei jedoch die Übersetzungsverhältnisse i_1 und i_2 bei beliebiger Leistungsverteilung P_1 / P_2 konstruktiv fest vorgegeben sind. Bei Variante 4 entspricht der Leistungstransfer zu Rotor 1 einem Umlaufgetriebe, wobei die Übersetzung

$$i_1 = 1 + \frac{D_{H,1}}{D_S} \tag{5.8.11}$$

beträgt. Die Leistungsübertragung zum zweiten Rotor ähnelt jener von Variante 3, wobei hier allerdings, um Gegenläufigkeit zu erzeugen, das Verhältnis der Planetendurchmesser $D_{P2} / D_{P1} > 1$ sein muß.

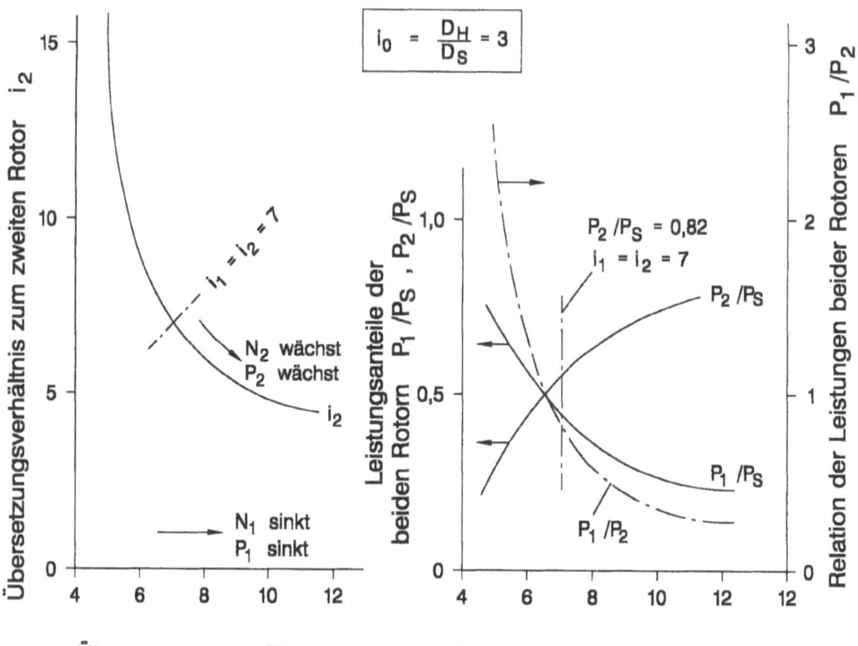

Bild 5.8.3: Betriebsverhalten eines koaxialen Getriebes mit gegenläufigem Ausgang; Variante ③ nach Bild 5.8.2

Damit ergibt sich das Übersetzungsverhältnis des zweiten Rotors

$$i_2 = \frac{i_1 - (2 - i_1)D_{P,2}/D_{P,1}}{2(D_{P,2}/D_{P,1} - 1)} \cdot \tag{5.8.12}$$

Die Variante 5 besteht im Prinzip aus zwei separaten Getrieben, wobei der erste Rotor über ein Umlaufgetriebe, der zweite Rotor über ein Standgetriebe angetrieben wird. Dabei sind die Übersetzungen

$$i_1 = 1 + (D_H/D_S)_1 \tag{5.8.13}$$

$$i_2 = (D_H/D_S)_2 \tag{5.8.14}$$

Schließlich stellt Variante 6 eine Abart von Variante 5 mit nur einem „primären" Sonnenrad für die gesamte Leistung dar, bei der allerdings die Leistung für Rotor 1 durch den Antrieb für Rotor 2 durchgeleitet werden muß. Die Übersetzungen sind dabei

$$i_1 = \frac{D_{S,1}}{D_{S,2}} \cdot \frac{D_{P,2}}{D_{P,1}} \tag{5.8.15}$$

$$i_2 = \frac{D_{H,2}}{D_{S,2}} \cdot \tag{5.8.16}$$

Für $i_1 = i_2$ ist dann

$$\frac{D_{H,2}}{D_{S,1}} = \frac{D_{P,2}}{D_{P,1}} \qquad (5.8.17)$$

erforderlich. Studien zeigten, daß bei den Varianten 4 bis 6 bedeutend höheres Gewicht als bei Variante 3 hinzunehmen ist, so daß diese letztere trotz der dabei bestehenden Problematik (s. oben) bevorzugt wird.

Bei der Dimensionierung der Raddurchmesser, insbesondere des insgesamt größenbestimmenden Durchmessers D_H, der Anzahl und Durchmesser der Planeten und des Durchmessers des Sonnenrades, der Radbreiten und des Zahnmoduls stellen mit Rücksicht auf die Grübchenbildung die Zahnflankenbelastung im Sinne der Hertzschen Pressung, die Biegebelastung im Zahngrund und die Sicherstellung des Schmierfilms zur Vermeidung des metallischen Kontakts der Zahnflanken durch Auswahl des Schmieröls von ausreichender Viskosität unter den gegebenen thermischen Bedingungen im Zahneingriff, zusammen mit der verlangten Laufzeit, die maßgebenden Kriterien dar. Damit ergeben sich die in Bild 5.8.4 nach Technologieprogrammen und Studienergebnissen seit den späten 80er Jahren zusammengestellten, mit dem Ähnlichkeitsparameter $D_H \sim i\sqrt{P}$ normierten Durchmesser des Hohlrades in der Korrelation

$$\delta_I = \frac{D_H}{i \cdot \sqrt{P}} \text{ über } P\,, \qquad (5.8.18)$$

die einen überraschend starken Größeneinfluß zugunsten leistungsstarker Getriebe erkennen läßt. Die Breiten des dimensionsbestimmenden Hohlrades liegen bei

$$B / D_H = 0{,}13 \text{ bis } 0{,}20\,.$$

Die aus Getrieben konkreter Triebwerke sowie aus Technologieprogrammen und nach Triebwerkprojekten – bzw. Studien aus den Jahren nach 1985 – ermittelten Gewichte sind, mit dem Ähnlichkeitsparameter $G \sim i \cdot P^{1,5}$ normiert, in der Korrelation

$$\gamma_I = \frac{G}{i \cdot P^{1.5}} \text{ über } P \qquad (5.8.19)$$

in Bild 5.8.5 dargestellt. Ein Trend der Getriebegewichte über P entsprechend dem Parameter γ konnte auch in [5.8.1] festgestellt werden.

Die Ähnlichkeitsparameter für D_H und G entsprechen der Bedingung gleicher Umfangsgeschwindigkeit am Zahnkranzdurchmesser und gleicher Umgangskraft pro Einheit der Kranzbreite. Die Ähnlichkeitsparameter δ und γ können auch für zweistufige Getriebe verwendet werden, wenn – dem Gedanken folgend, wonach bei zweistufiger Übersetzung zwei Getriebe, jeweils mit Übersetzungsverhältnis $i^* = \sqrt{i}$ hintereinandergeschaltet sind – entsprechend

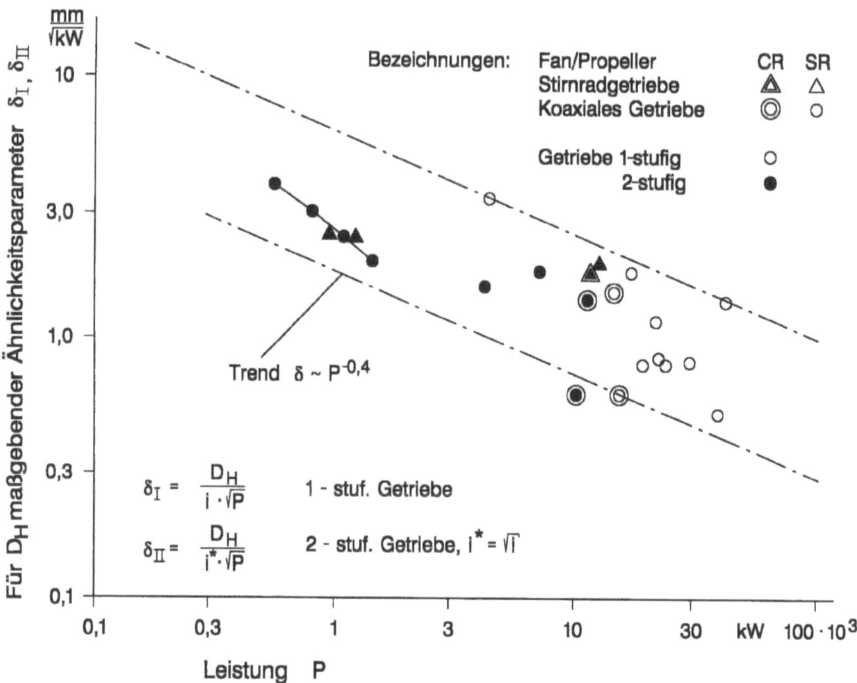

Bild 5.8.4: Tendenz und Streubereich des (Hohl-)Rades auf der Abtriebsseite von Stirnrad- und koaxialen Getrieben

$$\delta_{II} = \frac{D_H}{i^*\sqrt{P}} = \frac{D_H}{\sqrt{i}\cdot\sqrt{P}} \quad \text{statt} \quad \frac{D_H}{i\sqrt{P}} \tag{5.8.20}$$

$$\gamma_{II} = \frac{G}{2i^*P^{1.5}} = \frac{G}{2\sqrt{i}\,P^{1.5}} \quad \text{statt} \quad \frac{G}{iP^{1.5}} \tag{5.8.21}$$

gesetzt werden. Jedenfalls ordnen sich in Bild 5.8.4 und 5.8.5 bei dieser Formulierung die Daten für zweistufige Getriebe zwanglos in jene für einstufige Getriebe ein. Dabei handelt es sich immerhin um Getriebe mit Leistungen im Bereich 1000 bis 40000 kW bei Übersetzungsverhältnissen im Bereich $i = 2$ bis 22, bzw. im unteren Leistungsbereich um Stirnradgetriebe oder koaxiale Getriebe von Wellenleistungstriebwerken für den Antrieb

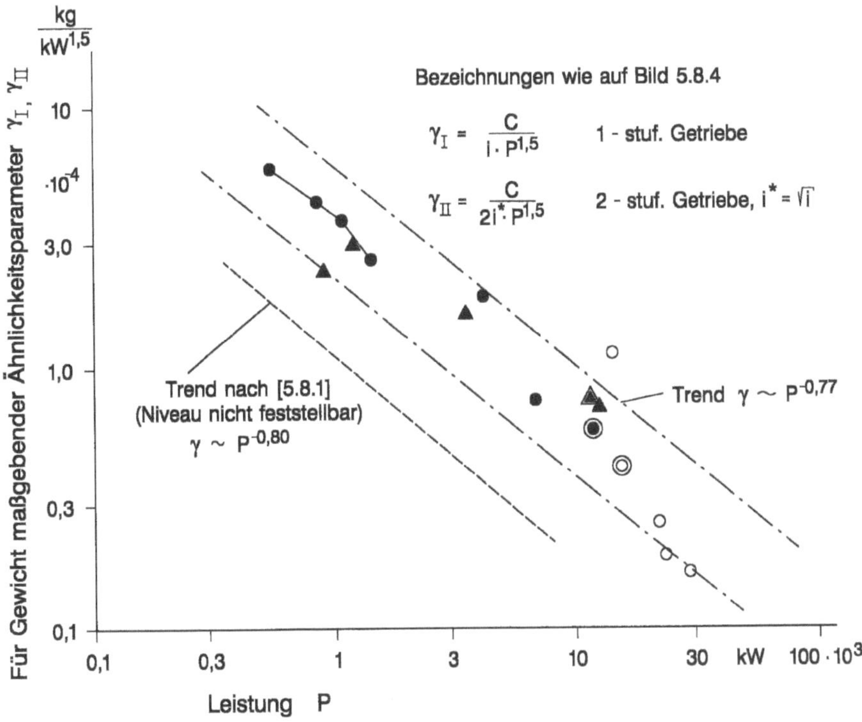

Bild 5.8.5: Tendenz und Streubereich der Gewichte von Stirnrad- und koaxialen Getrieben

von Hubschraubern oder für Propellerantrieb und im oberen Leistungsbereich um koaxiale Getriebe von Turbofans mit Getriebe und von einwelligen und gegenläufigen Mantelpropfans und von offenen Propfans, so daß die teilweise beträchtliche Streuung der Werte nicht weiter wundern darf. Bemerkenswert sind dabei die bei Getrieben für gegenläufige Mantelpropfans nach Varianten 4 bis 6, Bild 5.8.2, nach Studien ermittelten, sehr viel höheren Gewichte gegenüber der Variante 3.

Zur Ergänzung zeigt Bild 5.8.6 den Drehzahlparameter $N_{NT} \cdot \sqrt{P}$ und die Übersetzungsverhältnisse i.

Aus Bild 5.8.4 ist keine Entwicklung über EIS zu kleineren Werten δ (bei $P = const.$) zu erkennen. Dies ist vom Standpunkt der o.a. Kriterien für die Dimensionierung verständlich. Dagegen kann aus Bild 5.8.5 – wenn auch nur vage – geschlossen werden, daß der Parameter γ (bei $P = const.$) und damit die Gewichte selbst im Zeitraum EIS = 1970 bis 1995 um ca. 40% vermindert werden konnten.

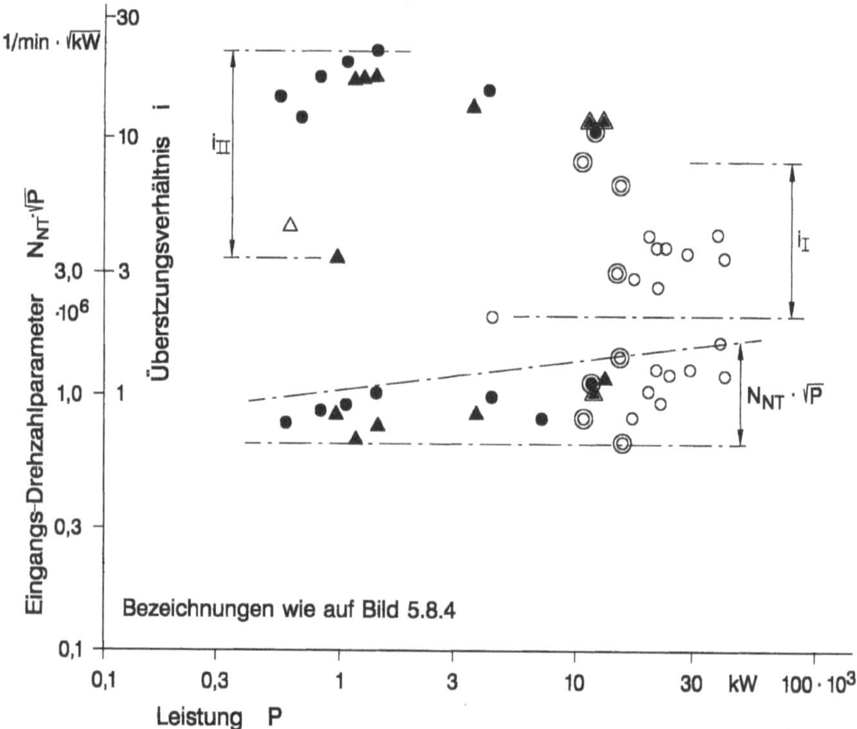

Bild 5.8.6: Eingangs-Drehzahlparameter und Übersetzungsverhältnisse von Stirnrad- und koaxialen Getrieben

Vor allem bei Mantelpropfans spielt die Integration des Getriebes in die Gesamtstruktur des Triebwerks in der Weise eine große Rolle, als durch dynamische Effekte, die durch Böen, Landestöße oder Richtungsänderungen des Triebwerks verursacht werden und durch Biegemomente, die von der Ausgangs- oder Eingangsseite her auf die rotierenden Getriebeteile wirken, keine Störungen der örtlichen Belastungen im Zahneingriff und an den Lagern, insbesondere den Gleitlagern der Planeten, entstehen dürfen. Dieses Konstruktionsprinzip stellt im Hinblick auf die geforderten hohen Standzeiten eine entscheidende Voraussetzung für den erfolgreichen praktischen Einsatz solcher Getriebe dar. Bild 5.8.7 zeigt am Beispiel des Getriebes für einen einwelligen Propfan die vorgesehenen elastischen und dämpfenden Elemente, um die oben angeführten Effekte zu beherrschen. Da man den Fan-Rotor zusammen mit dem umlaufenden Planetenträger als steif zu betrachten hat, sind folgende elastischen/flexiblen Elemente vorgesehen:

- Das Hohlrad ist elastisch und schwingungsdämpfend im Getriebegehäuse aufgehängt.

- Die Planeten sind im Planetenträger flexibel gelagert (Gleitlager).

- Die Antriebswelle ist elastisch mit dem Sonnenrad verbunden, so daß sich dieses an die Planeten anpassen kann.

Schließlich ist die bereits in Abschnitt 5.8.1 angesprochene Wärmeabfuhr aus dem Getriebe mittels Öl – beim Turbofan und Mantelpropfan in den zweiten Kreis –, die in der Größenordnung von 0,8 bis 1,2% der übertragenen Leistung liegt, keine leicht zu lösende Aufgabe. Die höchste Belastung des hierzu erforderlichen Wärmetauschers liegt bei TO vor, während sie im Reiseflug nur noch einen Bruchteil davon ausmacht, vgl. [5.8.5]. Mit Rücksicht auf den Einfluß der Ölkühlung auf den Brennstoffverbrauch des Triebwerks ist nach [5.8.5] die Regelung des Luftdurchsatzes im Ölkühler entsprechend der anfallenden Wärme unausweichlich, um im Reiseflug eine Verschlechterung des SBV, die ohne Regelung der Getriebekühlung bei 0,5 bis 0,8% liegen kann, zu vermeiden. Ferner ist der Ölkühler so einzubauen, daß außer dem Druckverlust im Ölkühler selbst – soweit möglich – keine sonstigen Druckverluste im Strömungskanal des Triebwerks selbst entstehen, daß das Ansaugen von flächigen Fremdkörpern (z.B. Laub etc.), die den Durchflußwiderstand erhöhen bzw. die Ölkühlung behindern können, vermieden wird und schließlich die visuelle Inspektion und Reinigung am kompletten, eingebauten Triebwerk problemlos möglich ist.

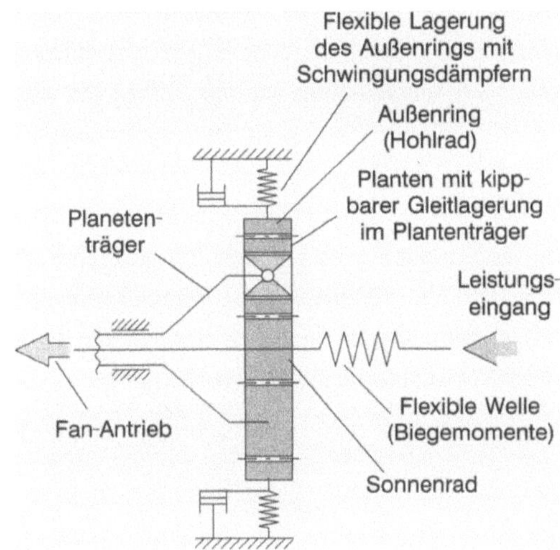

Bild 5.8.7:
Elastische, schwingungsdämpfende Anordnung der leistungsführenden Teile eines koaxialen Getriebes nach Variante 1, Bild 5.8.1

5.9 Triebwerkgewichte

5.9.1 Allgemeines

Die verfügbare Datenbasis wird in der Weise ausgewertet, daß der Einfluß der Triebwerkgröße, gemessen am Schub oder der Leistung bei TO, und der technologische Standard, charakterisiert durch das Jahr der Einführung in den Dienst (EIS), bei der Korrelation der Paramater $(F/G)_{TO}$ bzw. $(P/G)_{TO}$, durch Normierung auf EIS = 1995 und/oder (F/G) bzw. $(P/G) = const.$ eliminiert werden. Diese Prozedur ist unumgänglich, da immerhin zivile Turbofans im Bereich $F_{TO} = 10$ bis 400 kN bzw. militärische Turbofans im Bereich $F_{TO} = 20$ bis 160 kN und Wellenleistungstriebwerke im Bereich $P_{TO} = 400$ bis 6000 kW einbezogen werden, deren Einführung in den Dienst jeweils im

Zeitraum EIS = 1960 bis 1995 liegt. Bei allen drei behandelten Triebwerkklassen sind offensichtlich die Triebwerkgröße und/oder der Technologiestand bzw. EIS die für das Schub-/Gewichtsverhältnis $(F/G)_{TO}$ bzw. das Leistungs-/Gewichtsverhältnis $(P/G)_{TO}$ entscheidende Parameter, wenngleich sich bei allen drei Triebwerkklassen die Lage aus verschiedenen Gründen jeweils etwas anders darstellt.

Die im folgenden entwickelten Korrelationen $(F/G)_{TO}$ und $(P/G)_{TO}$ über F_{TO} bzw. P_{TO} oder EIS dienen nicht nur zur ersten Orientierung über die bei der Projektierung von Triebwerken zu erwartenden Triebwerkgewichte und der dabei maßgebenden Paramter, sondern auch zur Information über die dabei vorhandenen Spielräume im Zusammenhang mit Technologieeinsatz und Erfolgsrisiko. Dabei ist vor dem Hintergrund der möglichen bzw. überschaubaren weiteren Technologieentwicklung bei den ins Auge zu fassenden Zeitspannen zwischen Projektierung und Einführung in den Dienst die Entscheidung zwischen eher fortschrittlichen oder mehr konservativen Werten $(F/G)_{TO}$ bzw. $(P/G)_{TO}$ zu fällen, zumal auch andere Gründe (z.B. Kreisprozeßdaten etc. und deren Trend über EIS) im Hinblick auf Wirtschaftlichkeit bzw. Effektivität eine wichtige Rolle mitspielen.

5.9.2 Zivile Turbofans und Mantelpropfans

Die verfügbaren Daten $(F/G)_{TO}$ von Triebwerken dieser Klasse im Schubbereich $F_{TO} \leq 400$ kN und Einführungsjahr EIS = 1970 bis 1995 bei einem mit fortschreitendem EIS nach oben sich erweiternden Schubspektrum, werden nach Bild 5.9.1 in der Weise normiert, daß die jeweils auf die Schübe bei TO bezogenen Korrelationen

$$(F/G)_{95} = (F/G)_{EIS} - \Delta(F/G)^*_{EIS} \tag{5.9.1}$$

bei $F_{TO}=$ 50 klbs bzw. 223 kN und

$$(F/G)_{223} = (F/G)_F - \Delta(F/G)^*_F \tag{5.9.2}$$

für EIS = 1995 zustande kommen. Diese Korrelationen werden sowohl für die Schub-/Gewichtsverhältnisse $(F/G)_{TO}$ nicht installierter Triebwerke als auch für die Werte $(F/G)_{ges}$ des gesamten Triebwerks mit Gondel einschließlich aller darin untergebrachten, triebwerkseitigen Hilfsaggregate, jedoch ohne Triebwerkstiel, ermittelt. Dabei ergibt sich zugleich die ebenfalls verfolgte Korrelation

$$\frac{G_{ges}}{G_{TW}} = \frac{(F/G)_{TW}}{(F/G)_{ges}} \tag{5.9.3}$$

entweder über EIS für F_{TO} = 223 kN oder über F_{TO} für EIS = 1995.

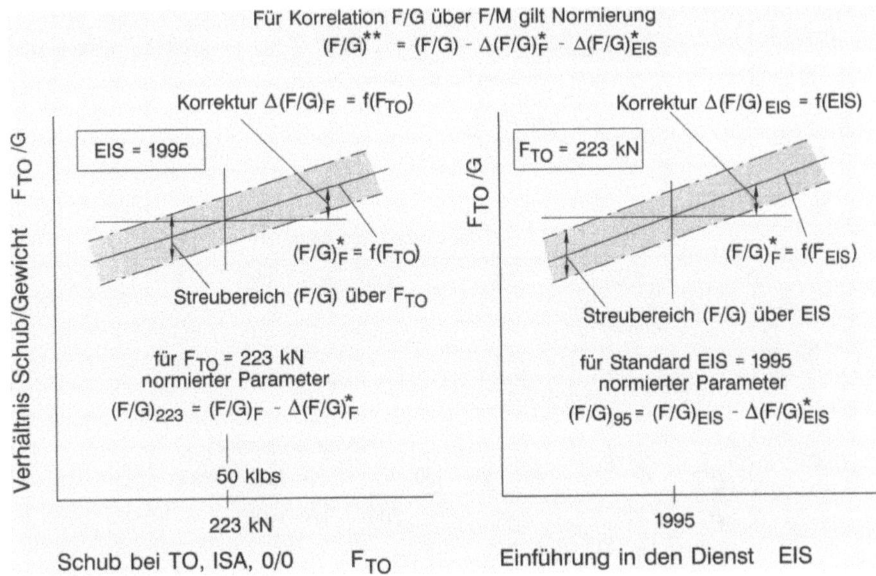

Bild 5.9.1: Normierung der Verhältnisse Schub/Gewicht *F/G* bzw. Wellenleistung/Gewicht *P/G* für F_{TO} = 223 kN bzw. *P* = 3000 kN und/oder EIS = 1995

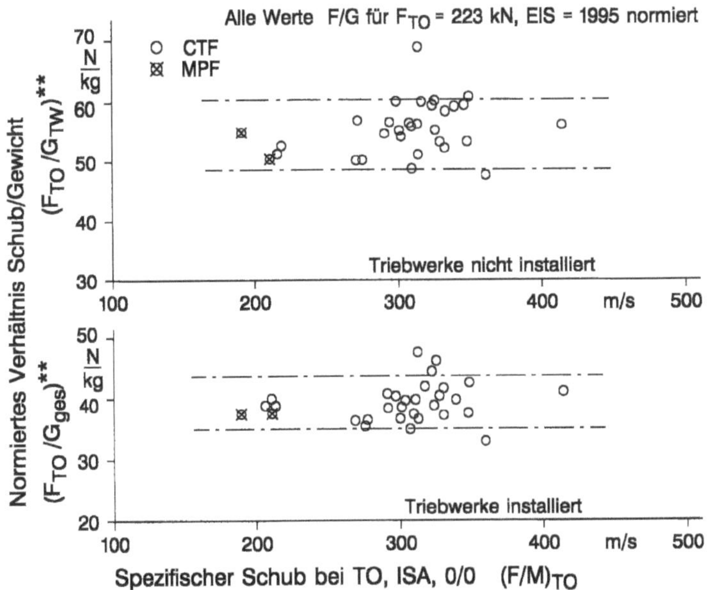

Bild 5.9.2: Schub-/Gewichtsverhältnis ziviler Turbofans und Mantelpropfans bei Installation in der Gondel und nicht installiert

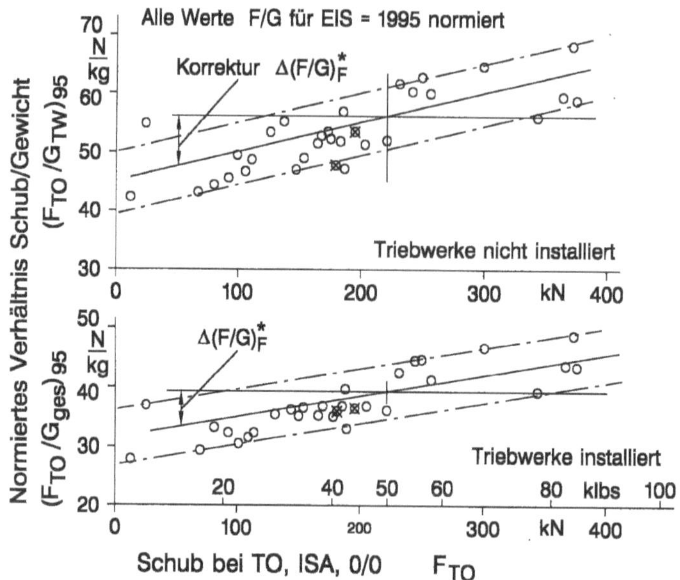

Bild 5.9.3: Einfluß der Triebwerkgröße bzw. des Standschubes auf die Schub-/Gewichtsverhältnisse ziviler Turbofans und Mantelpropfans bei Installation in der Gondel und nicht installiert

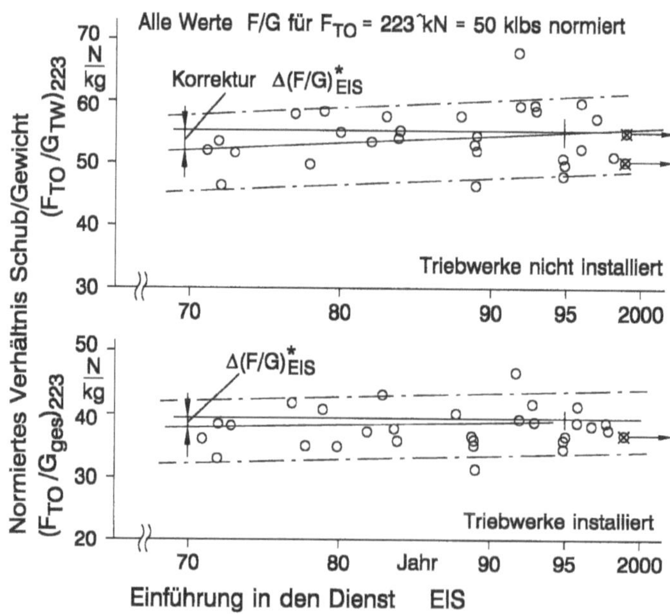

Bild 5.9.4: Einfluß des Technologiestandes (EIS) auf die Schub-/Gewichtsverhältnisse ziviler Turbofans und Mantelpropfans bei Installation in der Gondel und nicht installatiert

Wie aus Bild 5.9.2 hervorgeht, hat der spezifische Schub bei Normierung der Parameter F/G_{TW} und F/G_{ges} für $F_{TO} = 223$ kN und EIS = 1995 keinen generellen Einfluß auf diese Parameter. Dies kann damit interpretiert werden, daß bei der nach Abschnitt 5.10.2 mit EIS fortschreitenden Herabsetzung der spezifischen Schübe bei gegebenem Schub F_{TO} die Fanpartie vergrößert, das Kerntriebwerk dagegen verkleinert wird. Dieser Tendenz überlagert ist der Trend zu höherem maschinellen Aufwand zur Realisierung höherer Druckverhältnisse bzw. besserer *SBV*s. Allerdings kann ein denkbarer Einfluß des spezifischen Schubes auf F/G bei $F_{TO} = const.$ und EIS = *const.* nicht ausgeschlossen werden. Damit ergeben sich nach Bild 5.9.3 die Korrelationen $(F/G)_{TW}$ und $(F/G)_{ges}$ über F_{TO}, jeweils für EIS = 1995 und mit Bild 5.9.4 dieselben Korrelationen über EIS für $F_{TO} = 223$ kN. Während sich nach Bild 5.9.3 mit zunehmender Triebwerkgröße eine etwas unterschiedliche, aber deutliche Tendenz zu günstigeren Werten $(F/G)_{TW}$ und $(F/G)_{ges}$ zeigt, ist nach Bild 5.9.4 bei $(F/G)_{TW}$ und $(F/G)_{ges}$ nur eine schwache, wenngleich ebenfalls unterschiedliche Tendenz zu günstigeren Werten über EIS auszumachen. Hieraus folgt bei der (nicht dargestellten) Relation G_{ges}/G_{TW} nach Gl. 5.9.3 bei Normierung von $(F/G)_{TW}$ und $(F/G)_{ges}$ für EIS = 1995 keine Tendenz über F_{TO}, während aus der Korrelation G_{ges}/G_{TW} über EIS für $F_{TO} = 223$ kN nach Bild 5.9.5 ein gewisser Trend zu günstigeren Werten erkennbar ist.

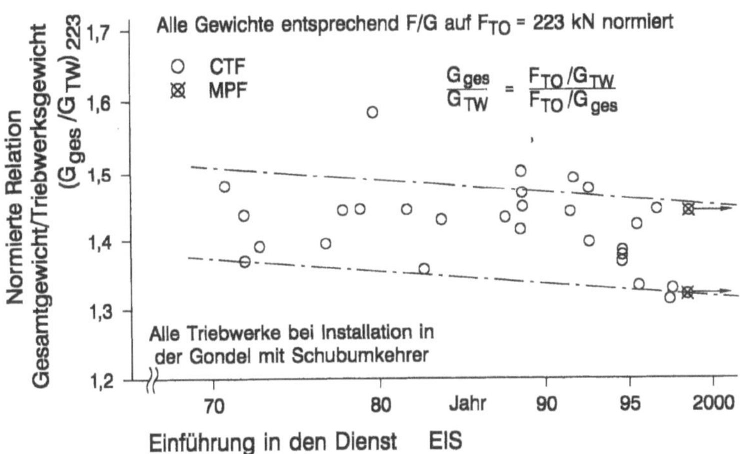

Bild 5.9.5: Relation der Gesamtgewichte ziviler Turbofans und Mantelpropfans bei Installation in der Gondel und nicht installiert

Insgesamt gesehen ist aber offensichtlich, daß bei dieser Triebwerkklasse die Triebwerkgröße bzw. F_{TO} der für den Trend von $(F/G)_{TW}$ und $(F/G)_{ges}$ entscheidende Parameter ist, während die technologische Entwicklung – repräsentiert durch den Parameter EIS – bisher kaum in Richtung geringerer Gewichte orientiert war. Dies ist absolut verständlich, wenn man die im gleichen Zeitraum durchlaufene Entwicklung zu günstigeren

*SBV*s, die höheren konstruktiven Aufwand bedeutet, dagegen hält. Dennoch zeigt Bild 5.9.5, daß der relative Gewichtsaufwand für die Installation – wohl auch aufgrund zunehmenden Einsatzes nichtmetallischer Werkstoffe im Bereich der Gondeln – etwas reduziert werden konnte.

5.9.3 Militärische Turbofans

Bei dieser Klasse von Triebwerken ergibt sich aus einer mäßig breiten Datenbasis, die Triebwerke im Schubbereich mit Nachverbrennung F_{TO} = 20 bis 150 kN bei etwa gleichmäßiger Verteilung der Triebwerkgröße über EIS umfaßt und deren Einführung in den Dienst den Zeitraum EIS = 1960 bis 1995 einschließt, daß bei der Normung für EIS = 1995 nach Bild 5.9.6 keine Tendenz von $(F/G)_{TO}$ über F_{TO} besteht. Dabei ist etwaiges Mehrgewicht für Schubumkehrer mit Bedienungsorganen eliminiert.

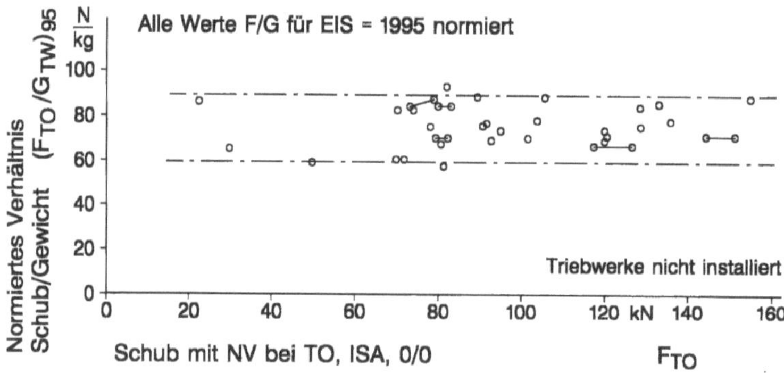

Bild 5.9.6: Schub-/Gewichtsverhältnisse militärischer Turbofans mit Nachbrenner

Somit ist bei der Korrelation $(F/G)_{TO}$ über EIS entsprechend Bild 5.9.7 keine Normung für F_{TO} = *const.* erforderlich. Ferner ist nach Bild 5.9.8 ein gewisser Einfluß des spezifischen Schubes mit Nachverbrennung auf $(F/G)_{TO}$ zu sehen, der im Zusammenhang mit der in Abschnitt 5.10.3 behandelten Tendenz der spezifischen Schübe ohne und mit Nachverbrennung über EIS betrachtet werden muß. Danach ist in Bild 5.9.8 der Einfluß von EIS auf $(F/G)_{TW}$ nicht vollständig eliminiert, weil nach Bild 5.10.9 höhere (tiefere) Werte $(F/M)_{NV}$ späteren (früheren) Werten EIS zuzuordnen sind. Trotzdem kann der viel schwächere Trend von F/G über F/M als über EIS in der Weise interpretiert werden, daß bei der Erhöhung des spezifischen Schubes zwar durch Reduzierung des Luftdurchsatzes (bei gegebenem Schub F_{TO}) das Gewicht verkleinert werden kann, daß dieser Einfluß jedoch aufgrund des höheren konstruktiven Aufwandes (höheres Druckverhältnis, höhere umgesetzte Leistungen in den Turbokomponenten) weitgehend kompensiert wird.

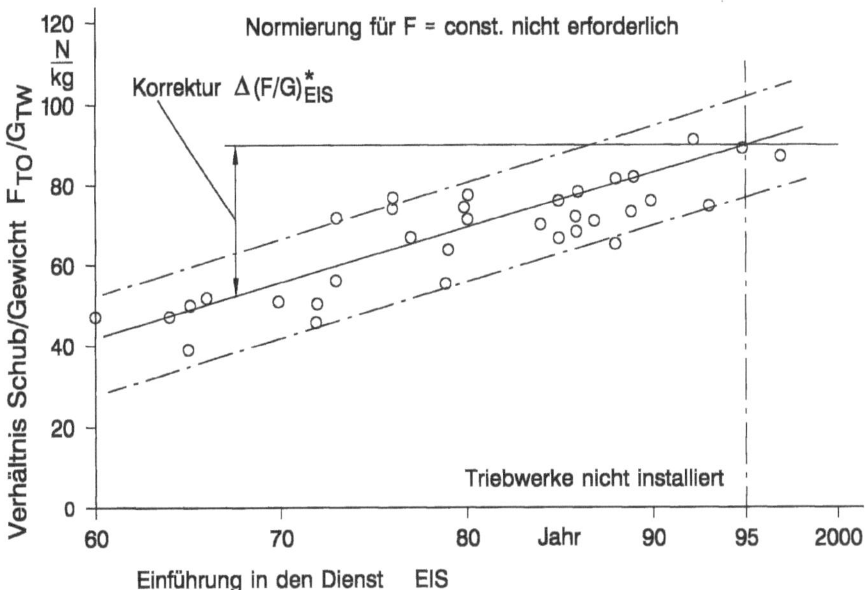

Bild 5.9.7: Einfluß des Technologiestandes (EIS) auf das Schub-/Gewichtsverhältnis militärischer Turbofans mit Nachbrenner

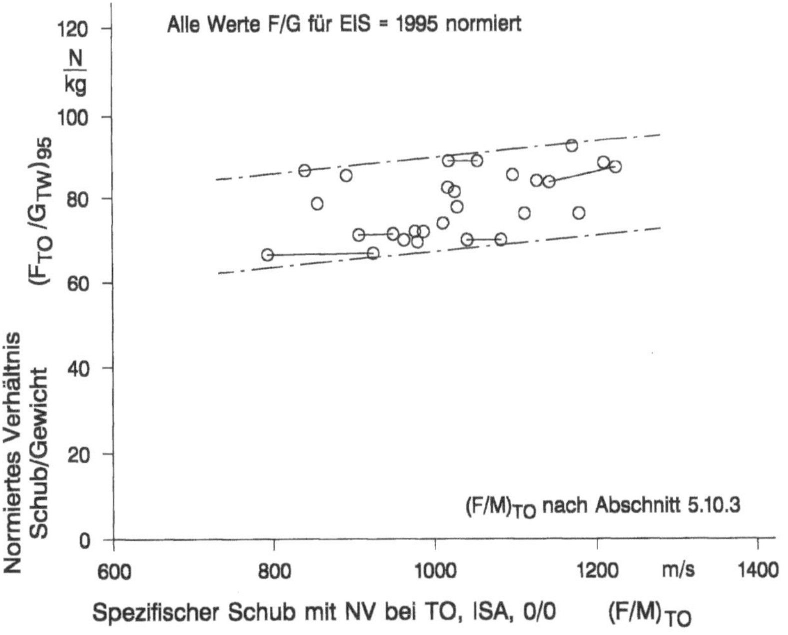

Bild 5.9.8: Einfluß des spezifischen Schubes mit NV auf das Schub-/Gewichtsverhältnis militärischer Turbofans mit Nachbrenner

Somit ist – im Gegensatz zu zivilen Turbofans – hier die technologische Entwicklung offensichtlich vor allem in Richtung geringerer Triebwerkgewichte orientiert, was im Hinblick auf die bei Kampfflugzeugen vorherrschenden Missionen verständlich ist. Die zurückgelegte technologische Entwicklung wird besonders deutlich in der aus $(F/G)_{NV}$ und $(F/M)_{NV}$ gewonnenen Auftragung des durchsatzspezifischen Gewichts

$$\frac{G_{TW}}{M_{TO}} = \frac{(F/M)_{TO}}{(F/G)_{TO}}\bigg|_{NV} \tag{5.9.4}$$

über EIS nach Bild 5.9.9, zumal dieser Fortschritt trotz des Anstiegs der Verdichterdruckverhältnisse und damit der in den Turbomaschinen umgesetzten Leistungen und bei anspruchsvolleren Düsenkonzepten etc. erzielt wurde.

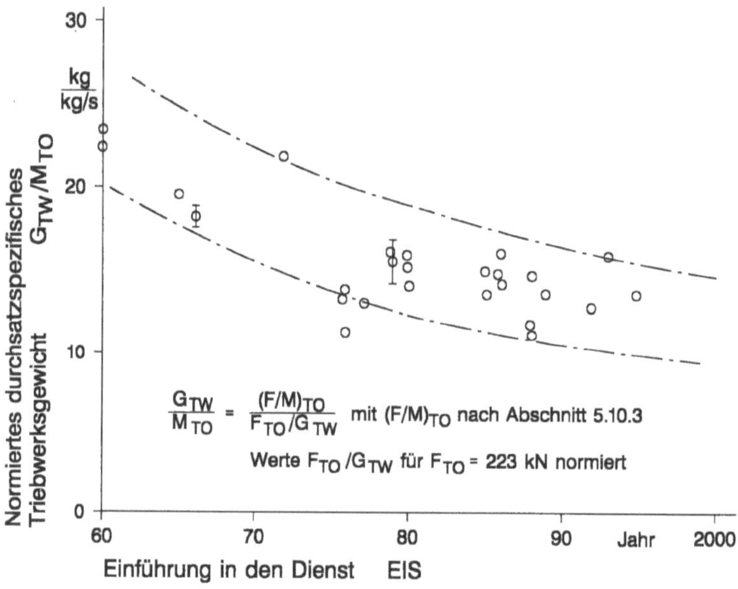

Bild 5.9.9: Einfluß des Technologiestandes (EIS) auf das durchsatzspezifische Gewicht militärischer Turbofans mit Nachbrenner

5.9.4 Wellenleistungstriebwerke

Die hier verfügbare Datenbasis, die Triebwerke im Leistungsbereich P_{TO} = 500 bis 6000 kW umfaßt, deren Einführung in den Dienst im Zeitraum EIS = 1960 bis 1995 liegt, enthält Triebwerke verschiedenen konstruktiven Standards, d.h. ohne/mit Reduziergetriebe für Hubschrauber- oder Propellerantrieb sowie ohne/mit Teilchenabscheider. Daher wurden alle Triebwerke auf einen einheitlichen konstruktiven Standard ohne Reduziergetriebe und ohne Teilchenabscheider normiert, wobei beim Getriebegewicht der starke Einfluß des Übersetzungsverhältnisses $i = N_{NT} / N_W$ berücksichtigt wurde. Bei Triebwerken für Hubschrauber liegt das Übersetzungsverhältnis im Bereich $i = 3{,}0$ bis 7,5 und bei Propellertriebwerken bei $i = 13$ bis 22. Dabei liegt das Gewicht des Getriebes, ermittelt an Triebwerken der Leistungsklasse $P = 1000$ bis 2000 kW, bezogen auf das Gewicht G_{GT} der reinen Gasturbine, d.h. ohne Getriebe und ohne Teilchenabscheider, im Bereich

$$\frac{\Delta G_G}{G_{GT}} \approx 0{,}02 + 0{,}047 \cdot i \;, \tag{5.9.5}$$

so daß bei Übersetzungsverhältnissen

$i = 3$ bis 22

Mehrgewichte im Bereich

$$\frac{\Delta G_G}{G_{GT}} = 16 \text{ bis } 106\% \tag{5.9.6}$$

zu erwarten sind. Die damit angenommenen Getriebegewichte liegen im Rahmen des in Abschnitt 5.8.3 dargestellten Streubereichs. Für Teilchenabscheider werden nach Triebwerkdaten in der gleichen Leistungsklasse Mehrgewichte

$$\frac{\Delta G_{TA}}{G_{GT}} = 15 \text{ bis } 18\% \tag{5.9.7}$$

angesetzt. Damit ergibt sich bei der Auswertung der verfügbaren Triebwerkdaten das hier verfolgte Gewicht G_{GT} der Gasturbine selbst aus

$$G_{GT} = \frac{G_{TW}}{1 + \dfrac{\Delta G_G}{G_{GT}} + \dfrac{\Delta G_{TA}}{G_{GT}}} \tag{5.9.8}$$

Auf dieser Basis zeigt Bild 5.9.10 die nach Bild 5.9.1 auf die Leistung $P_{TO} = 3000$ kW und EIS = 1995 normierten Wellenleistungs/Gewichtsverhältnisse $(P_{TO} / G_{GT})^{**}$ in Abhängigkeit von der spezifischen Leistung P / M. Da diese nach Abschnitt 5.10.4 mit EIS beträchtlich zunimmt, ist – ebenso wie bei militärischen Turbofans – in dieser Darstellung der Einfluß von EIS nicht grundsätzlich eliminiert. Dennoch spielt hier, da praktisch keine Tendenz $(P_{TO} / G)_{GT}$ über P / M existiert, in den folgenden Darstellungen P / M keine Rolle. Entsprechend zeigt Bild 5.9.11 die nach Bild 5.9.1 auf EIS = 1995 normierten Werte P_{TO} / G_{GT} über P_{TO} und Bild 5.9.12 die auf $P_{TO} = 3000$ kW normierten Werte P_{TO} / G_{GT} über EIS. Danach ist auch bei Wellenleistungstriebwerken der Einfluß von EIS auf P_{TO} / G_{GT} relativ gering bzw. eher unbestimmt, während – ebenso wie bei zivilen Turbofans – die Triebwerkgröße bzw. die Leistung P_{TO} für Tendenz und Niveau von P_{TO} / G_{GT} maßgebend ist. Dabei sind zwar einerseits die Tendenzen über EIS und P_{TO} bei militärischen und zivilen Triebwerken vermischt, da nicht trennbar. Andererseits wurden viele Triebwerke zunächst für militärische Verwendung entwickelt, später aber für den zivilen Einsatz umgerüstet.

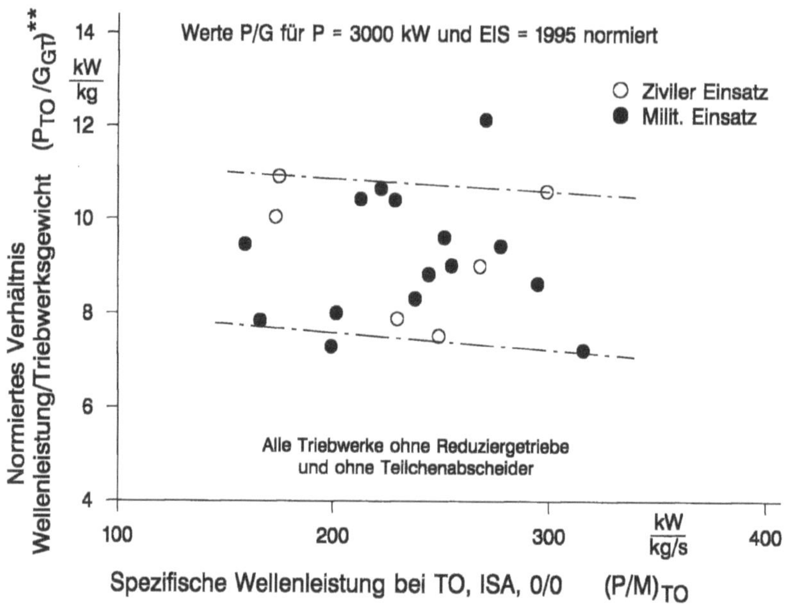

Bild 5.9.10: Einfluß der spezifischen Leistung auf das Leistungs-/Gewichtsverhältnis von Wellenleistungstriebwerken

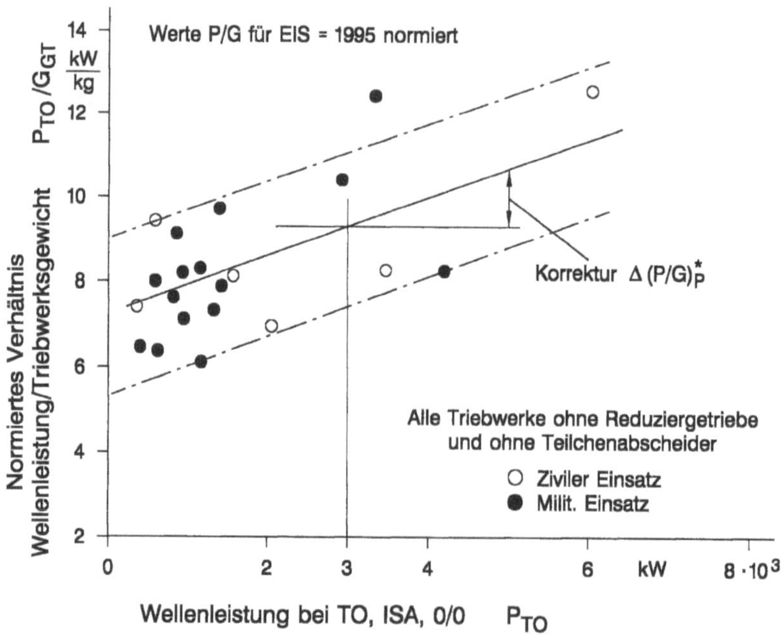

Bild 5.9.11: Einfluß der Triebwerkleistung auf das Leistungs-/Gewichtsverhältnis von Wellenleistungstriebwerken

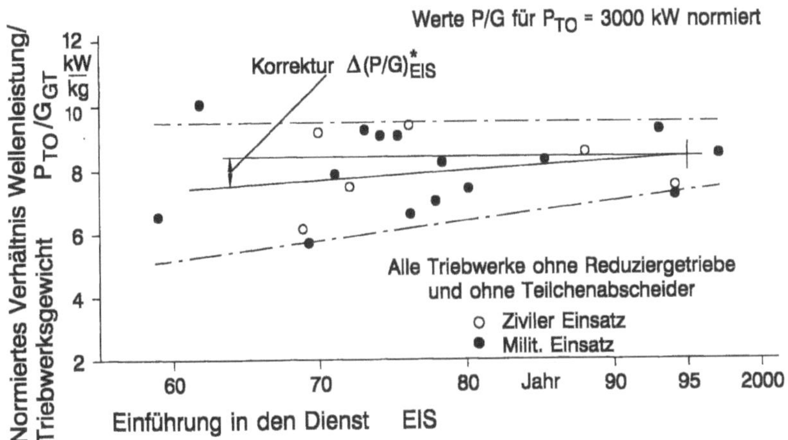

Bild 5.9.12: Einfluß des Technologiestandes (EIS) auf das Leistungs-/Gewichtsverhältnis von Wellenleistungstriebwerken

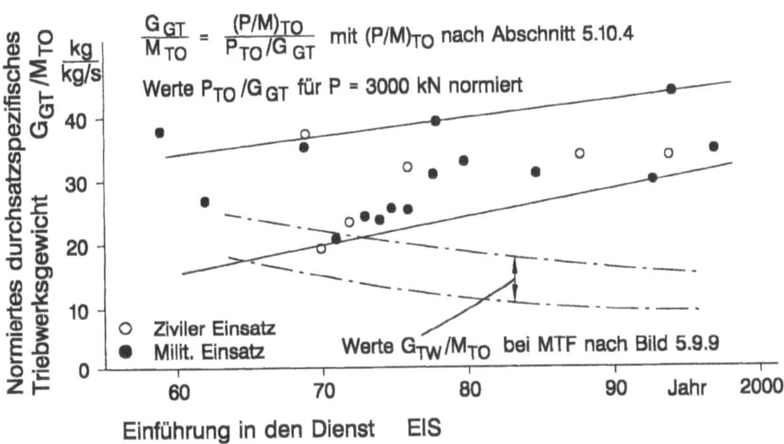

Bild 5.9.13: Einfluß des Technologiestandes (EIS) auf das durchsatzspezifische Gewicht von Wellenleistungstriebwerken

Analog den militärischen Turbofans erhält man aus dem Trend von P_{TO}/G_{GT} über EIS für P_{TO} = 3000 kW nach Bild 5.9.12 und dem Trend von P/M über EIS nach Abschnitt 5.10.4 das durchsatzspezifische Gewicht

$$\frac{G_{GT}}{M_{TO}} = \frac{P/M}{P/G_{GT}}\bigg|_{PbeiTO} \tag{5.9.9}$$

über EIS nach Bild 5.9.13. Dabei überwiegt hier trotz des zurückgelegten Technologiefortschritts der Einfluß der angestiegenen Verdichterdruckverhältnisse und der Umsetzung höherer spezifischer Gasleistungen in Wellenleistung.

5.9.5 Hilfsgeräte

Was die Hiflsgeräte betrifft, um die man sich im Detail bei der Projektierung eines Triebwerks im Regelfalle zunächst nicht kümmert, so ist doch ein gewisser Anhalt des dafür anzusetzenden Gewichts erforderlich, um ausgehend vom Konstruktionsentwurf des – zunächst „nackten" – Triebwerks auf das Gesamtgewicht schließen zu können. Allerdings ist die verfügbare Datenbasis zu schmal, um verläßliche und qualifizierte allgemeine Aussagen machen zu können, zumal die Hilfsgeräte nach Aufgabe, Umfang und Anordnung am Triebwerk je nach Triebwerkklasse, Triebwerkgröße und Technologiestand bzw. EIS ebenso unterschiedlich sind wie die Triebwerke im Ganzen.

Immerhin sei anhand weniger verfügbarer Daten von zivilen und militärischen Turbofans und Wellenleistungstriebwerken versucht, die Gewichte der Hilfsgeräte einschließlich aller Leitungen, der Leistungsentnahme aus dem Triebwerk mit Getriebekasten und Regler etc. mit dem (Kern)triebwerkdurchsatz zu korrelieren, da dieser ein rohes Maß für den Brennstoffdurchsatz ist. Normiert man ferner den Einfluß des Technologiestandes bzw. von EIS für zivile Turbofans anhand Bild 5.9.4, für militärische Turbofans anhand Bild 5.9.7 bzw. von Wellenleistungstriebwerken nach Bild 5.9.12, so erhält man die für diese Triebwerkklassen anwendbare Korrelation über dem (Kern)triebwerkdurchsatz

$$\Delta G_{HG} = f(M_h \text{ bzw. } M_V) \tag{5.9.10}$$

nach Bild 5.9.14. Dabei ist der für den Nachbrenner von militärischen Turbofans zu veranschlagende zusätzliche Gewichtsaufwand entsprechend

$$\Delta G_{NV} \approx 0{,}4 \cdot \Delta G_{TR} \tag{5.9.11}$$

in Relation zum Gewicht der Hilfsgeräte für den Trockenbetrieb anzusetzen. Ist G_0 das Gewicht der „nackten" Gasturbine ohne Hilfsgeräte, so ergibt sich das für die Projektkonstruktion als Richtwert benötigte Gewicht G_0 bei Strahltriebwerken mit G_{TW} nach Abschnitt 5.9.2 bzw. 5.9.3 aus

$$G_0 = G_{TW} - \Delta G_{HG} \tag{5.9.12}$$

mit dem aus den bekannten Daten F_{TO}, $(F/M)_{TO}$ und μ zu ermittelnden Verdichter- bzw. Kerntriebwerkdurchsatz M_V (bzw. M_h)

$$M_V \text{ bzw. } M_h = \frac{F}{F/M} \cdot \frac{1}{1+\mu} \bigg|_{TO} , \tag{5.9.13}$$

und damit das nach Gl. 5.9.10 und ggf. 5.9.11 bestimmbare Gewicht ΔG_{HG}. Bei Wellenleistungstriebwerken erhält man

$$G_0 = G_{GT} - \Delta G_{HG} \tag{5.9.14}$$

mit G_{GT} nach Abschnitt 5.9.4 und ΔG_{HG} aus den ebenfalls bekannten Daten P_{TO} und $(P/M)_{TO}$ wie oben.

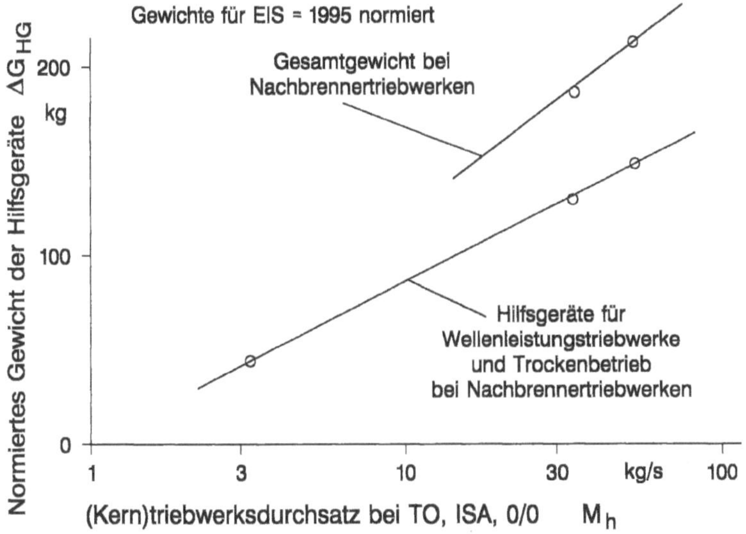

Bild 5.9.14: Gewichte der Hilfsgeräte nach Daten von militärischen Turbofans mit Nachbrenner und von Wellenleistungstriebwerken

5.10 Entwicklung wichtiger Auslegungsparameter

5.10.1 Allgemeines

Es ist bekannt, daß die verfügbare Technologie in vielfältiger Weise dazu beitragen kann, günstige Leistungsdaten und Betriebseigenschaften zu erreichen. Was die Leistungsdaten betrifft, so sind neben der Qualität der Komponenten, d.h. Komponentenwirkungsgraden, Druckverlusten, Kühl- und Leckluftmengen, Verbrennungswirkungsgraden und mechanischen Verlusten, bei Schubtriebwerken die Parameter Druckverhältnis Π_V, Turbineneintrittstemperatur $T_{4.1}$ und spezifischer Schub F/M – bzw. bei gegebenen Werten der Parameter Π_V und $T_{4.1}$ – das Nebenstromverhältnis μ maßgebend. Während vor allem bei neueren militärischen Turbofans hohe spezifische Schübe bzw. niedrige Nebenstromverhältnisse vorherrschend geworden sind, überspannt bei zivilen Turbofans der spezifische Schub – abhängig vom Einsatzbereich im Regional- bzw. Zubringerdienst bis hin zum Langstreckenbereich – ein sehr viel breiteres Spektrum bis hin zum modernen Mantelpropfan. Bei Wellenleistungstriebwerken für Hubschrauber und Propellerflugzeuge ist dagegen die Lage – thermodynamisch gesehen – wesentlich einfacher, weil hier neben der Qualität der Komponenten nur die Parameter Druckverhältnis Π_V und Turbineneintrittstemperatur $T_{4.1}$ zur Verbesserung der Leistungsdaten P/M und SBV verfügbar sind, wenn man vom geringen Einfluß der Optimierung des Restschubes bei Propellertriebwerken, wie in Abschnitt 3.9 beschrieben, absieht.

Die Qualität der nach verschiedenen Quellen verfügbaren Daten von Triebwerken der verschiedensten Größe, die im Zeitraum 1960 bis 1995 in den Dienst eingeführt wurden, ist unterschiedlich. Soweit Daten zu bestimmten Triebwerken nach verschiedenen Quellen vorliegen, bestehen teilweise Differenzen. In einigen Fällen konnten die angesprochenen Parameter nur indirekt ermittelt werden. Gemessen an der gewonnenen allgemeinen Übersicht sind diese Einzelheiten bzw. Einschränkungen jedoch ohne Bedeutung.

5.10.2 Zivile Turbofans und Mantelpropfans

Bemerkenswert, ist, daß bezüglich der Parameter Π_V und $T_{4.1}$ – abgesehen von einer erheblichen Streuung der Werte – eine nennenswerte Abhängigkeit weder vom Standpunkt der Größe der Triebwerke im Sinne des Standschubes F_{TO} oder der Größe der Kerntriebwerke im Sinne einer Tendenz Φ_3 über EIS, noch bezüglich Π_V über Φ_3, noch von $T_{4.1}$ über $\Phi_{4.1}$ festgestellt werden konnte, so daß die Korrelationen von $\Pi_{V,MCR}$ über EIS nach Bild 5.10.1 und $T_{4.1,TO}$ über EIS nach Bild 5.10.2 keine nennenswerten verdeckten Einflüsse sonstiger Parameter enthalten. In Bild 5.10.1 mit eingetragen sind die Werte X_{TO} im Bereich 0,9 bis 1,0, aus denen nach Abschnitt 4.2.6 abgeleitet werden kann, bei welchen Werten $\Pi_{V,MCR}$ und X_{TO}, d.h. bei welchem Startschub am heißen Tag in Relation zu F_{MCR} die maximal zulässige Temperatur T_3 am Verdichteraustritt erreicht wird.

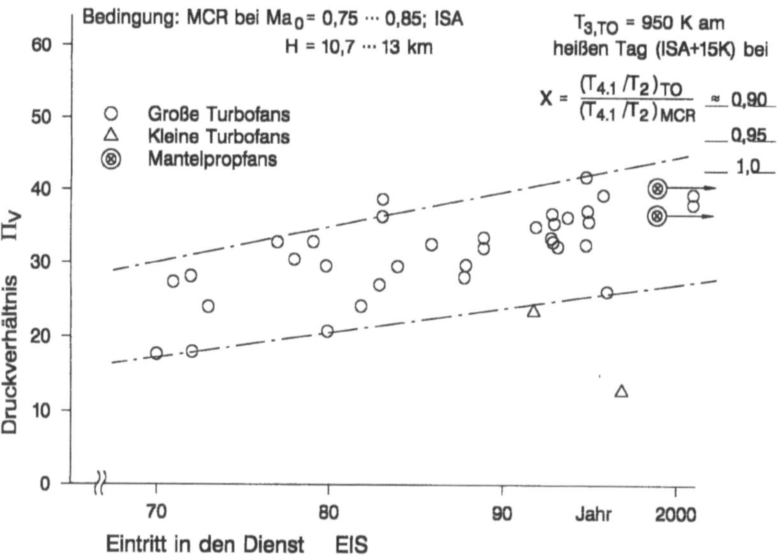

Bild 5.10.1: Zeitliche Entwicklung der Verdichterdruckverhältnisse (heißer Kreis) ziviler Turbofans und Mantelpropfans unter Reiseflugbedingungen

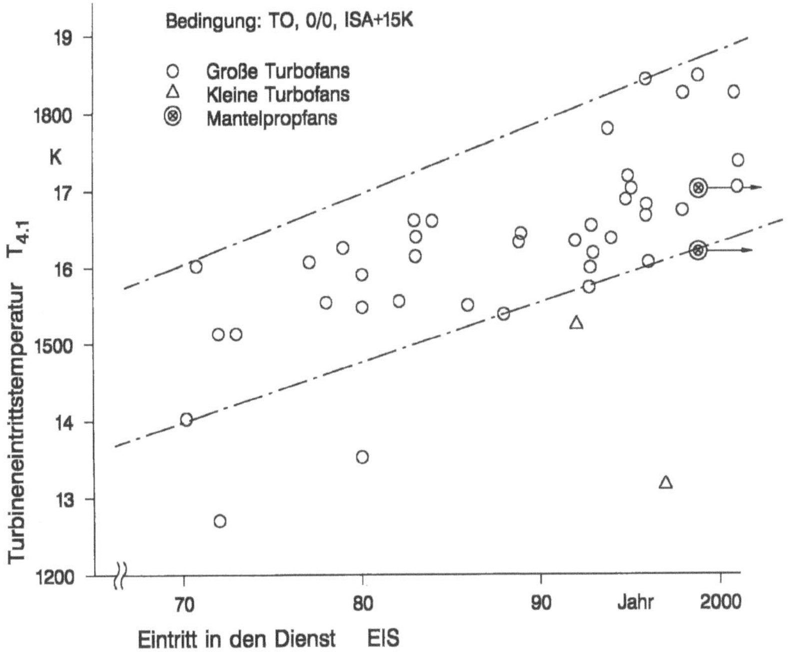

Bild 5.10.2: Zeitliche Entwicklung der Turbineneintrittstemperaturen bei zivilen Turbofans und Mantelpropfans beim Start am heißen Tag

Die unter Reiseflugbedingungen (MCR) übliche Zuordnung der Parameter Π_V und $T_{4.1}$ geht im Vergleich zu Studienergebnissen nach [5.3.11] und [5.10.1] aus Bild 5.10.3 hervor. Danach wird bei zivilen Turbofans und Mantelpropfans im Sinne möglichst günstiger *SBV*s relativ dicht an das thermodynamische Optimum herangegangen. Bei beliebiger Relation der Temperaturen $T_{4.1}$ und T_2, d.h. des Parameters X nach Gl. 4.1.8, kann das zugehörige Druckverhältnis Π_{TO} bei gegebenem Π_{MCR} aus dem Parameter $Y = f(X, \Pi_{AP}, \eta_{res})$ und damit auch die Temperatur T_3 nach Abschnitt 4.2.2 bestimmt werden. Hierzu zeigt Bild 5.10.4 die zeitliche Entwicklung der Temperatur T_3 bei *TO* am heißen Tag (ISA + 15 K) nach verfügbaren Daten, aus denen die Annäherung an die vorläufig als nicht überschreitbar betrachtete technologische Grenze $T_{3,\max} \approx 950\,\mathrm{K}$ hervorgeht. Diese Grenze ist bei zukünftigen Triebwerkentwicklungen – beginnend bei Triebwerken für den Langstreckeneinsatz mit der an günstigem *SBV* orientieren Forderung nach hohen Werten Π_V und $T_{4.1}$ – ausgehend von EIS = 1995 – angesprochen bzw. stellt eine einschneidende Beschränkung zukünftiger Triebwerkentwicklungen dar.

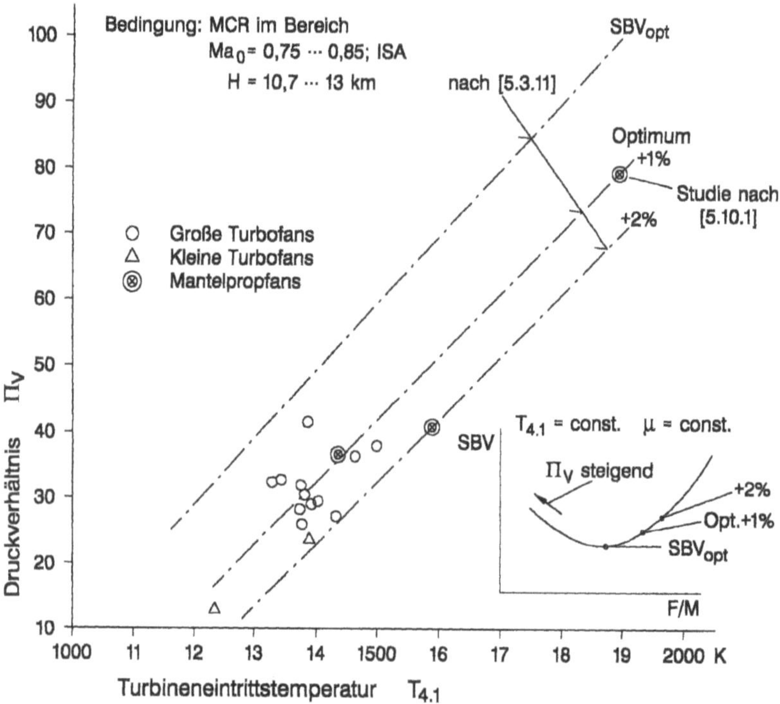

Bild 5.10.3: Lage der Werte Π_V und $T_{4,1}$ bei zivilen Turbofans und Mantelpropfans im Vergleich zur thermodynamisch optimalen Zuordnung im Reiseflug

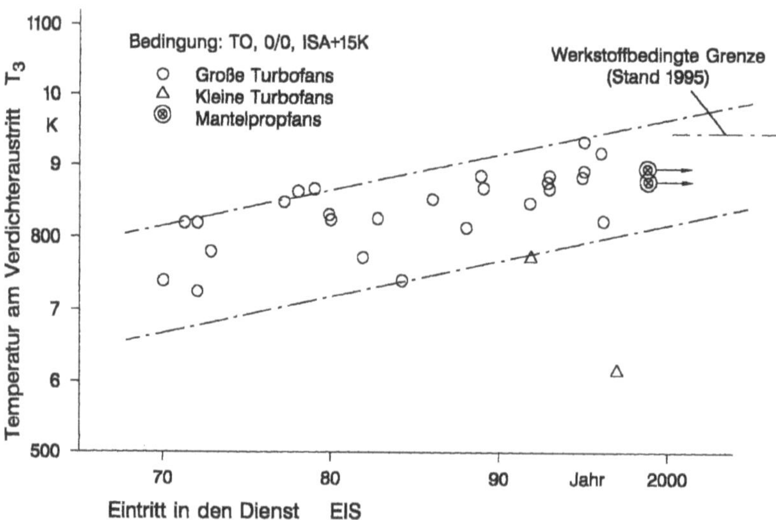

Bild 5.10.4: Zeitliche Entwicklung der Verdichteraustrittstemperaturen bei zivilen Turbofans und Mantelpropfans beim Start am heißen Tag

Demgegenüber sind nach Bild 5.10.2 die Turbineneintrittstemperaturen bei *TO* am heißen Tag noch weit vom physikalischen Maximum bei stöchiometrischer Verbrennung entfernt. Bei Temperaturen am Brennkammereintritt im Bereich

$$T_3 = \qquad 600 \qquad 800 \qquad 1000\ K$$

ergeben sich bei stöchiometrischer Verbrennung am BK-Austritt Temperaturen

$$T_4 = \qquad 2490 \qquad 2575 \qquad 2675\ K$$

Geht man von der heute überschaubaren Kühltechnologie nach Abschnitt 5.2.3.3 und 5.2.3.4 und einem Temperatur-Ungleichförmigkeitsgrad OTDF = 0,3 nach Abschnitt 5.3.1 aus, so kann bei stöchiometrischen Bedingungen an den heißesten Stellen etwa die Temperatur $T_{4.1} \approx 2000$ K erreicht werden, so daß – ausgehend von EIS = 1995 – noch eine Steigerungsreserve von 150 bis 200 K besteht. Dabei muß allerdings im Auge behalten werden, daß Verbesserungen des *SBV* bei $F/M = const.$ nur bei **gemeinsamer** Steigerung von Π_V und $T_{4.1}$ erreichbar sind, während bei $\Pi_V = const.$ durch eine Erhöhung von $T_{4.1}$ bei $F/M = const.$ und $SBV \approx const.$ nur das Kerntriebwerk kleiner bzw. das Nebenstromverhältnis größer wird.

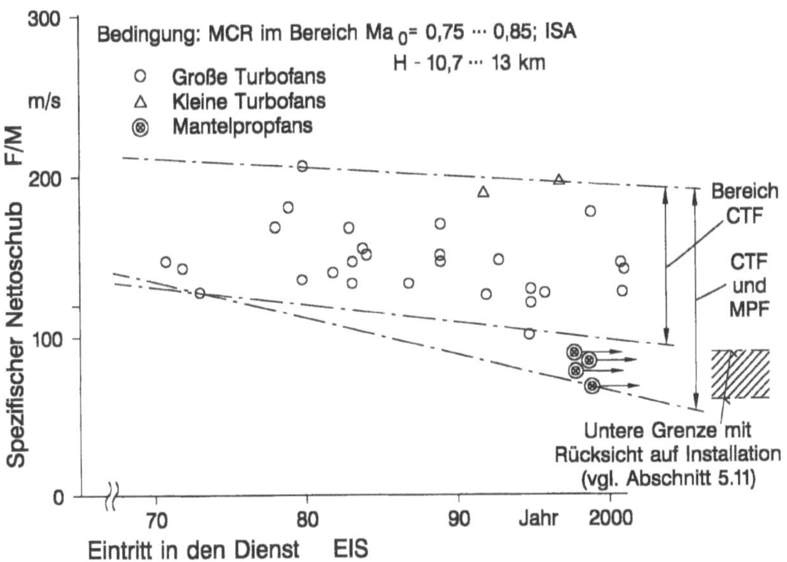

Bild 5.10.5: Zeitliche Entwicklung der spezifischen Schübe von Turbofans und Mantelpropfans im Reiseflug

Auch was den spezifischen Schub $(F/M)_{MCR}$ betrifft, so kann außer einer beträchtlichen Streuung über der Kerntriebwerkkapazität Φ_3 keine generelle Tendenz $(F/M)_{MCR}$ über Φ_3 festgestellt werden, so daß die Korrelation $(F/M)_{MCR}$ über EIS entsprechend Bild 5.10.5 keine nennenswerte Verfälschung durch andere Parameter

enthält. Die Entwicklung der Werte $(F/M)_{MCR}$ nach Bild 5.10.5 ist mit dem Herauf-
kommen des Mantelpropfans ebenfalls an die untere Grenze herangekommen, die bei
$(F/M)_{MCR} = 60$ bis 90 m/s liegen mag, vgl. Abschnitte 5.11.2 und 6.3.3. Daraus ergibt
sich als Konsequenz aus den insgesamt abnehmenden spezifischen Schüben $(F/M)_{MCR}$
bei zugleich steigenden Turbineneintrittstemperaturen $T_{4.1}$ die ausgeprägt steigende
Tendenz der Nebenstromverhältnisse μ nach Bild 5.10.6.

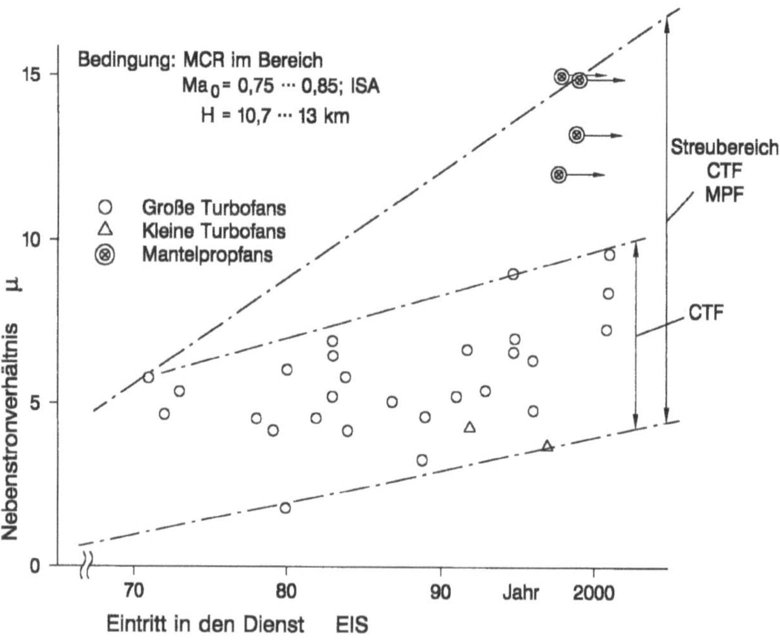

Bild 5.10.6: Zeitliche Entwicklung der Nebenstromverhältnisse bei zivilen Turbofans und Mantelpropfans unter Reiseflugbedingungen

5.10.3 Militärische Turbofans

Bei militärischen Triebwerken sind die Leistungsdaten bei TO i.a. für ISA spezifiziert
bzw. ist „flat rating" (z.B. bis ISA + 15 K wie bei zivilen Turbofans im Luftverkehr)
nicht gefordert. Was die Tendenzen von F_{TO} über EIS und die Tendenzen von Π_V und
$T_{4.1}$ über F_{TO} und Φ_3 betrifft, so gilt auch hier – allerdings bei sichtbar schmalerer und
damit nur knapp ausreichender Datenbasis – etwa dasselbe wie bei zivilen Turbofans.
Die höchste thermische Belastung ergibt sich hier – bei zwar aerodynamischer Teillast
entsprechend $X < 1$ – im Überschallflug. In Bild 5.10.7 sind die Verdichterdruckverhältnisse Π_V bei TO über EIS aufgetragen, wobei die im Überschallflug, z.B. bei

$Ma_0 = 1,8$; $H = 11$ km, unter der vereinfachenden Annahme gleicher spezifischer Verdichterarbeit, d.h.

$$H_{eff,0/0} \approx H_{eff,1.8/11}$$

zu erwartenden Druckverhältnisse Π_V und Verdichteraustrittstemperaturen T_3 mit eingetragen sind. Ferner zeigt Bild 5.10.8 die Turbineneintrittstemperaturen $T_{4.1}$ bei TO über EIS, die im Überschallflug, z.B. bei $Ma_0 = 1,8$; $H = 11$ km, entsprechend

$$T_{4.1(1.8/11)} \approx T_{4.1(0/0)} + (0 \text{ bis } 50K)$$

gleich oder etwas höher als bei TO sein mögen. Somit können auch die in Bild 5.10.7 angegebenen Verdichteraustrittstemperaturen T_3 im Überschallflug etwas höher liegen. Im übrigen wird bei Steigerung der Flug-Mach-Zahl – z.B. über 1,8 hinaus – $T_3 = const.$ gehalten und damit $T_{4.1}$ abgeregelt, vgl. hierzu Abschnitt 6.3.4.

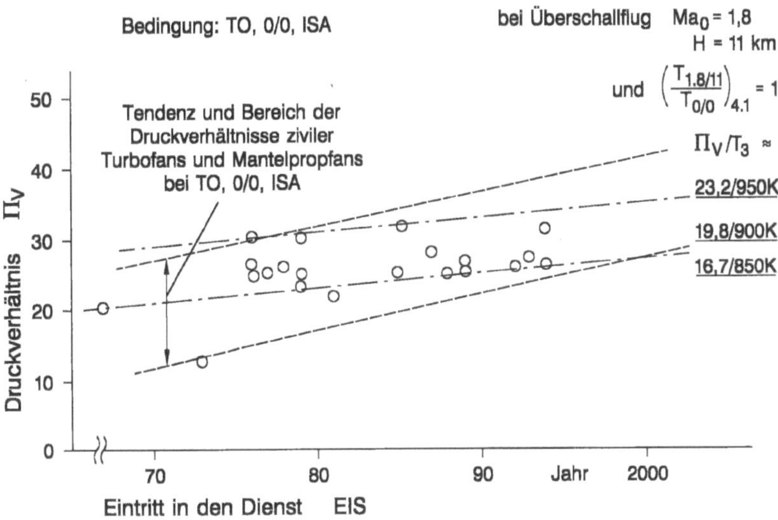

Bild 5.10.7: Zeitliche Entwicklung der Druckverhältnisse militärischer Turbofans bei Take-Off

Der Vergleich von Bild 5.10.1 und 5.10.7 zeigt, daß bei zivilen und militärischen Turbofans die maximal auftretenden Temperaturen T_3 am Verdichteraustritt – bei zivilen Turbofans bei TO am heißen Tag, bei militärischen Turbofans im Überschallflug – das gleiche Niveau erreichen können, so daß in beiden Fällen das mit bisher überschaubaren Werkstoffen beherrschbare Niveau nahezu erreicht ist. Dagegen sind in Bild 5.10.8 im Vergleich zu Bild 5.10.2 bei militärischen Turbofans sichtbar höhere Turbineneintrittstemperaturen bei zugleich höherer Steigerungsrate über EIS als bei zivilen Turbofans zu verzeichnen. Geht man davon aus, daß bei militärischen Turbofans bei stöchiometrischer Verbrennung – über zivile Turbofans hinausgehend – $T_{4.1} \approx 2000$ bis 2200 K erreichbar sind, so zeigt Bild 5.10.8, daß diese Grenze bei militärischen Turbofans als mehr oder weniger erreicht gelten muß, wenn nicht grundsätzlich neue Kühltechnologien und/oder Werkstoffe verfügbar werden. Die bei Annäherung der Brennkammer-Austrittstemperatur T_4 an stöchiometrische Bedingungen zu lösende Problematik wird in Abschnitt 5.3.1 angesprochen.

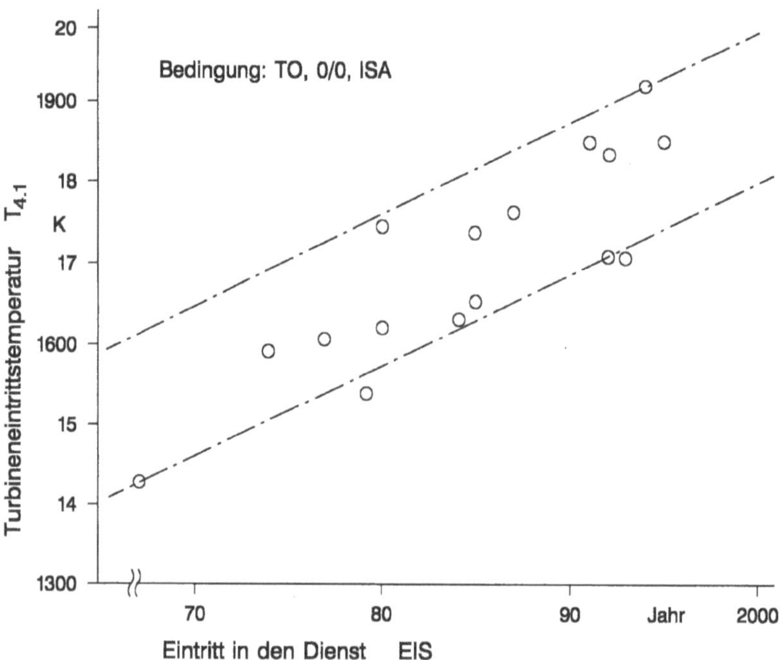

Bild 5.10.8: Zeitliche Entwicklung der Turbineneintrittstemperaturen militärischer Turbofans bei Take-Off

Bild 5.10.9 zeigt die spezifischen Schübe ohne und mit Nachverbrennung bei *TO* und Bild 5.10.10 die Relation $F_{TR} / F_{NV} \approx (F / M)_{TR} / (F / M)_{NV}$. Bei diesen Parametern sind die zu verzeichnenden Steigerungen über EIS einerseits von der Entwicklung der Parameter Π_V und $T_{4.1}$ geprägt – vgl. Abschnitt 3.6 –, andererseits nach Bild 5.10.11 aber auch auf die deutliche Senkung der Nebenstromverhältnisse mit Konzentration auf Werte im Bereich $\mu = 0{,}3$ zurückzuführen. Diese Entwicklung brachte u.a. eine starke Steigerung der NDV-Druckverhältnisse auf Kosten der HDV-Druckverhältnisse mit sich, die in Bild 5.10.12 dargestellt ist. Nach Abschnitt 5.4.4 führt dieser Trend auch zu einer bedeutenden Verbesserung der Nachbrenner-Betriebsdaten im Sinne höherer Ausbrenngrade und erweiterter Missions-Enveloppe.

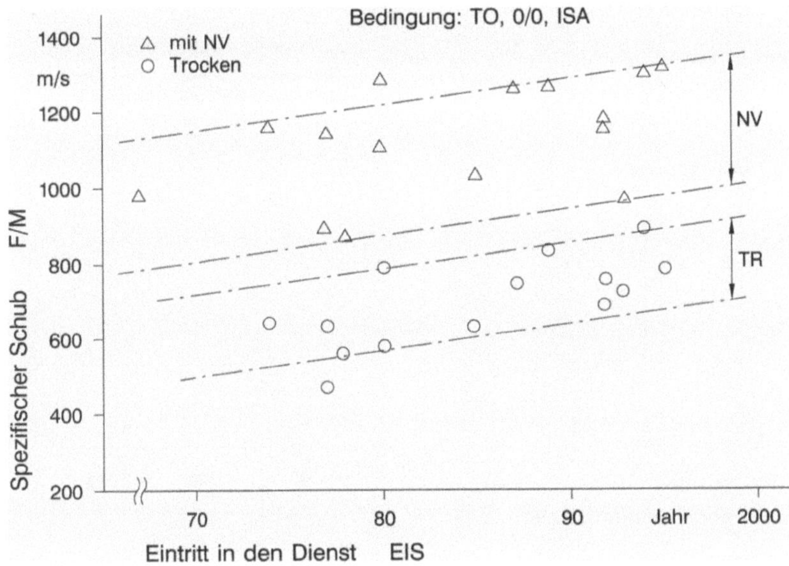

Bild 5.10.9: Zeitliche Entwicklung der spezifischen Schübe militärischer Turbofans mit und ohne NV bei Take-Off

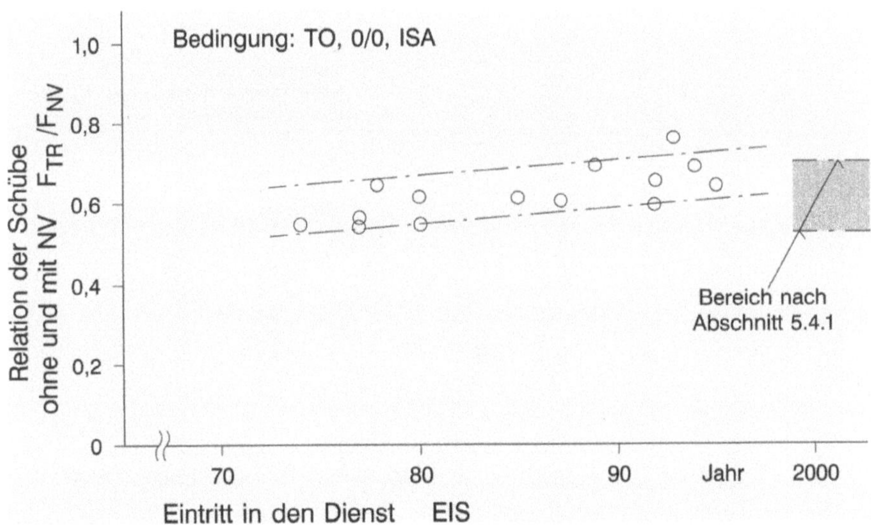

Bild 5.10.10: Zeitliche Entwicklung der Relation der Schübe militärischer Turbofans ohne und mit NV bei Take-off

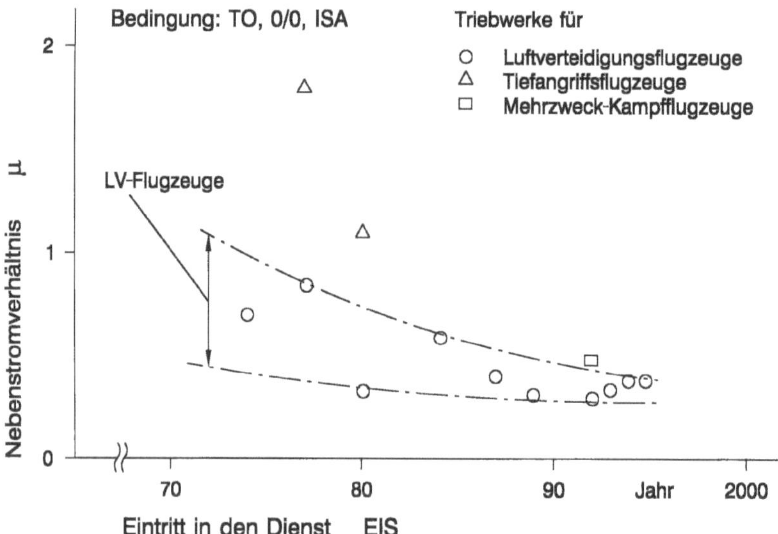

Bild 5.10.11: Zeitliche Entwicklung der Nebenstromverhältnisse militärischer Turbofans bei Take-Off

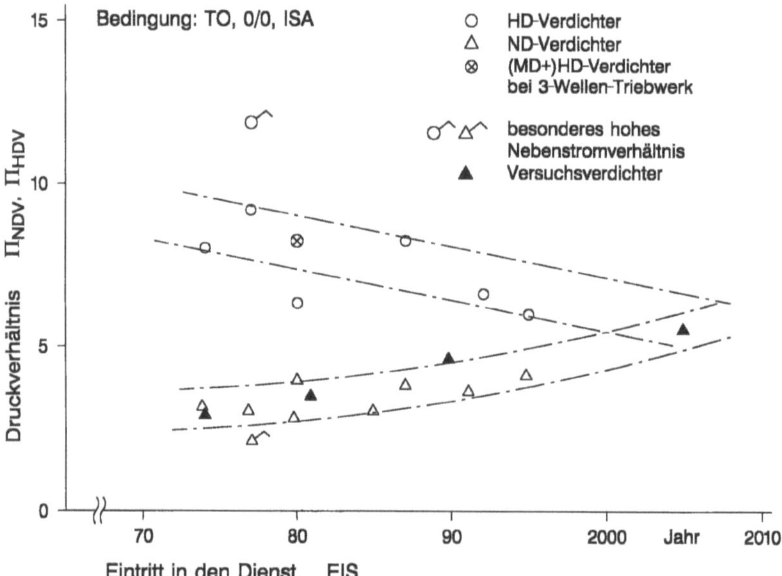

Bild 5.10.12: Zeitliche Entwicklung der NDV- und HDV-Druckverhältnisse bei militärischen Turbofans

5.10.4 Wellenleistungstriebwerke

Aus der verfügbaren Datenbasis, die zivile und militärische Triebwerke bis ca. 6000 kW Leistung bei *TO* enthält, die im Zeitraum 1960 bis 1995 in den Dienst eingetreten sind, besteht zwar eine beträchtliche Streuung der Kreisprozeßdaten. Es ist aber keine generelle Tendenz der Auslegungsparameter Π_V und $T_{4.1}$ über der Leistung P bei *TO* zu erkennen, so daß auch hier die direkten Korrelationen dieser Auslegungsparameter über EIS sinnvoll sind. Hierzu gibt Bild 5.10.13 die Entwicklung der Druckverhältnisse Π_V und Bild 5.10.14 der Turbineneintrittstemperatur $T_{4.1}$ bei *TO* über EIS.

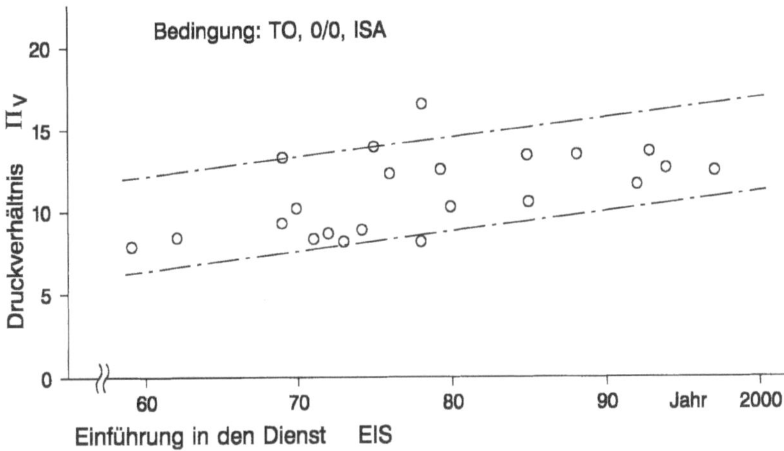

Bild 5.10.13: Zeitliche Entwicklung der Druckverhältnisse von Wellenleistungstriebwerken bei Take-Off

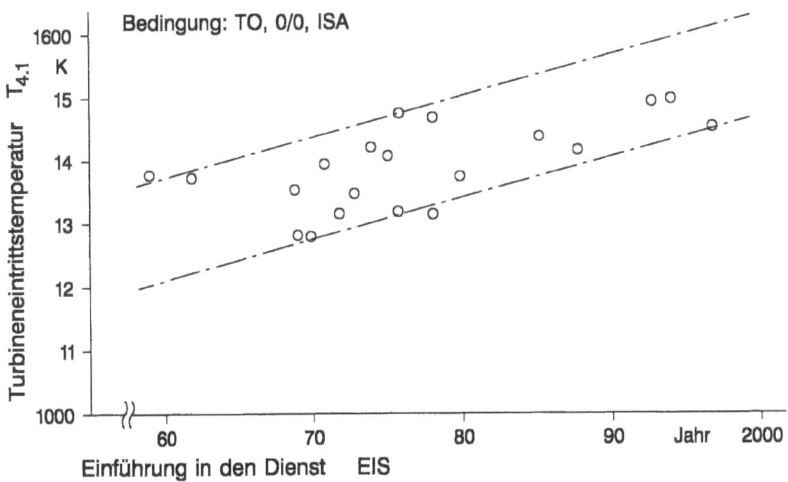

Bild 5.10.14: Zeitliche Entwicklung der Turbineneintrittstemperaturen von Wellenleistungstriebwerken bei Take-Off

Damit werden bei Wellenleistungstriebwerken die bei zivilen und militärischen Turbofans zu erwartenden Entwicklungsgrenzen vorläufig nicht berührt. Während der Anstieg
der Druckverhältnisse – bei ohnehin tieferem Niveau – geringer ist als bei zivilen Turbofans, scheint der Anstieg der Turbineneintrittstemperatur – allerdings bei tieferem und
auf ISA bezogenen Niveau – höher zu sein. Ferner sind in Bild 5.10.15 die angetroffenen
spezifischen Leistungen (P/M_{TO}) über EIS aufgetragen. Bei diesem Parameter zeigen
sich im Zeitraum EIS vor 1980 erhebliche Streuungen der Werte, welche den eingezeichneten Entwicklungstrend jedoch nicht in Frage stellen.

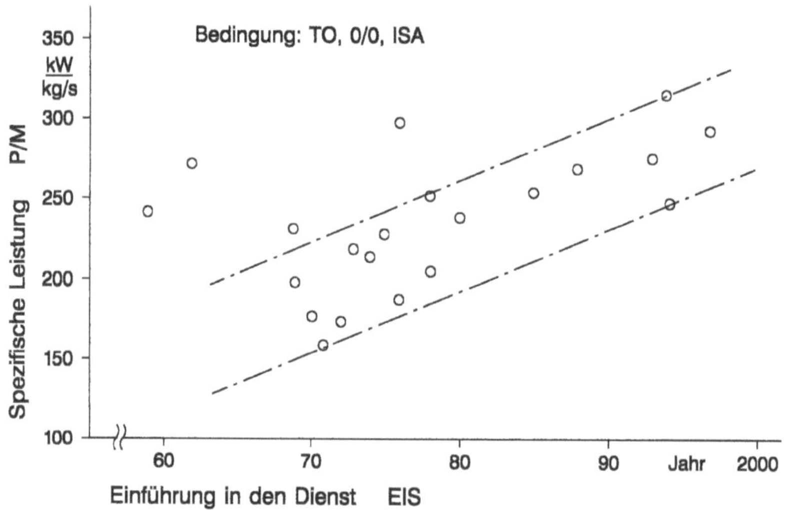

Bild 5.10.15: Zeitliche Entwicklung der spezifischen Leistungen von Wellenleistungstriebwerken
bei Take-Off

5.11 Triebwerkinstallation

5.11.1 Installationseinflüsse

Hierzu sind folgende Effekte zu zählen, die bei der Dimensionierung des Triebwerks für
einen bestimmten „installierten" Schub zu berücksichtigen sind:

– die Entnahme von Druckluft und mechanischer Leistung für die Bordversorgung,

– der Gondelwiderstand (Druck und Reibung) mit zusätzlichem Widerstand in der Anströmung,

– Verluste im Einlauf, ggf. im Nebenstromkanal und im Bereich der Düse(n).

Des weiteren ist mit der Triebwerkinstallation in der Gondel die Schubumkehrung
bei der Landung zu bewältigen.

Entnahme von Druckluft und mechanischer Leistung

Die an Bord zur Klimatisierung etc. benötigte Druckluft wird aus dem HD-Verdichter entnommen, wobei die Entnahmen für Kühlluft und Bordversorgung im allgemeinen konstruktiv getrennt sind bzw. an verschiedenen Zwischenstufen liegen. Mechanische Leistung wird ebenfalls aus dem HD-System abgezweigt, zumal die nach außen führende Welle zum Antrieb der Hilfsgeräte und für das Starten des Triebwerks verfügbar ist und an der Peripherie des Triebwerks in elektrische Leistung transformiert werden kann. Geht man davon aus, daß das Triebwerk ohne und mit Druckluft- und Leistungsentnahme denselben Schub bringen soll, so ergeben sich als Konsequenz der Entnahmen u.a. höhere Werte $T_{4.1}$ bzw. X, dagegen kleinere Werte Π_V bzw. Y_V. Ferner erhöht sich der SBV. Diese Effekte, die bei zivilen Turbofans und Mantelpropfans besonders deutlich sind, zeigt Bild 5.11.1 für Triebwerke entsprechend der „Parametrischen ZTL-Studie"

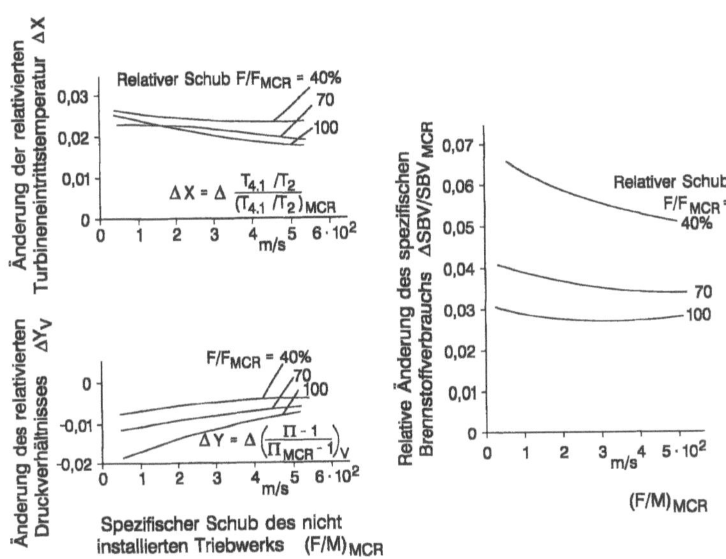

Triebwerksdaten nach "Parametrischer ZTL-Studie" bei MCR; Ma₀ = 0,8; H = 10,7 km; ISA

F_{MCR} = 2000 daN; Π_V = 36; $T_{4.1}$ = 1500 K (nicht installiert)

(F/M)_MCR =	60	140	300	500 m/s
Konfiguration	ohne Mischung		mit Mischung	beider Ströme
μ =	24,6	8,8	2,75	0,77
Π_{HDV} =	18	18	11,4	6,3
M_{Ent} =		0,40		kg/s
$(H_{Ent}/H_{HDV})_{eff}$ =		0,40		
M_{Ent}/M_{HDV} =	3,0	2,75	2,25	1,75 %
P_{Ent} =		60 kW		

Bild 5.11.1: Einfluß der Druckluft- und Leistungsentnahme auf Kreisprozeßdaten und SBV bei zivilen Turbofans und Mantelpropfans, bei gleichem Schub ohne/mit Entnahme

nach Abschnitt 4.2.1 für konstante, relevante Beträge der Druckluft- und Leistungsentnahme im Schubbereich F / F_{MCR} = 40 bis 70%. Danach sind die Effekte zwar gering und vom spezifischen Schub wenig abhängig, nehmen aber wie erwartet mit abnehmendem Schub deutlich zu.

Gondelwiderstand und additiver Widerstand

Der Nettoschub des installierten Triebwerks ist nach dem Impulssatz mit der Kontrollfläche nach Bild 5.11.2

$$F_{net,inst.} = M_9 \cdot C_9 + A_9(p_{9,stat} - p_0) - M_0 \cdot C_0$$

$$- \int_0^E (p_{stat} - p_0)\, \mathrm{d}A - \int_E^A (p_{stat} - p_0)\, \mathrm{d}A - W_R \qquad (5.11.1)$$

Dabei ist

$$F_{net} = M_9 \cdot C_9 + A_9(p_{9,stat} - p_0) - M_0 \cdot C_0 \qquad (5.11.2)$$

der Schub des nicht installierten Triebwerks (ohne oder mit Entnahmen),

$$W_{add} = \int_0^E (p_{stat} - p_0)\, \mathrm{d}A \qquad (5.11.3)$$

der „additive" Widerstand aufgrund des Aufstaus des vom Triebwerk angesaugten Luftstrahls vor dem Eintritt in die Gondel, und

$$W_{Go} = \int_E^A (p_{stat} - p_0)\, \mathrm{d}A + W_R \qquad (5.11.4)$$

der eigentliche Gondelwiderstand mit dem Druckglied

$$W_{Go,p} = \int_E^A (p_{stat} - p_0)\, \mathrm{d}A \qquad (5.11.5)$$

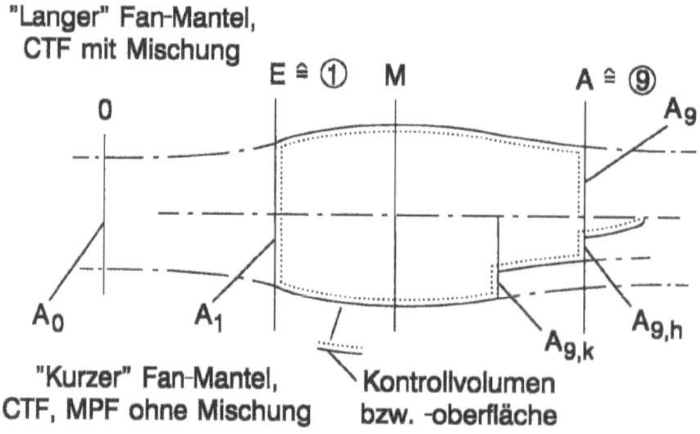

Bild 5.11.2: Aerodynamisch/geometrische Bedingungen an Gondeln von zivilen Turbofans und Mantelpropfans

und dem Reibungsglied

$$W_{Go,R} = \int_E^A c_W \cdot q \cdot dO \ . \tag{5.11.6}$$

Somit ist der gesamte Installationswiderstand

$$W_{inst.} = W_{Go} + W_{add} \tag{5.11.7}$$

mit dem sehr stark von den Flugbedingungen und dem Lastzustand des Triebwerks abhängigen Term W_{add}. Trennt man den Druckanteil des Gondelwiderstandes entsprechend

$$W_{Go,p} = \int_E^M (p_{stat} - p_0)\, dA + \int_M^A (p_{stat} - p_0)\, dA \tag{5.11.8}$$

in den je nach Flug-Mach-Zahl und Lastzustand des Triebwerks stark veränderlichen, unter Reiseflugbedingungen im allgemeinen negativen Anteil der Frontpartie zwischen E und M mit der üblichen Sogspitze im Lippenbereich und den wenig veränderlichen Anteil im hinteren Bereich zwischen M und A, so läßt sich der sogenannte Überströmwiderstand

$$W_{\ddot{U}} = W_{add} + \int_E^M (p_{stat} - p_0)\, dA \ < W_{add} \tag{5.11.9}$$

definieren. Dieser ist beim Entwurf einer Gondel durch entsprechende Gestaltung der Gondelfrontpartie, insbesondere der Eintrittsfläche A_E, im wichtigen Schubbereich zu minimieren, da somit zugleich der gesamte Installationswiderstand $W_{Go} + W_{add}$ minimiert wird.

Bei militärischen Turbofans mit Einbau im Rumpf ist dagegen der Überströmwiderstand $W_{\ddot{U}} \approx W_{add}$ und damit besonders im Teillastbereich, d.h. bei niedrigen Werten A_0 / A_E, sehr erheblich.

5.11.2 Gondelwiderstand ziviler Turbofans und Mantelpropfans

Bei dieser Klasse von Triebwerken erfordert die Festlegung des optimalen spezifischen Schubes und die richtige Dimensionierung für den bei MCR und MCL geforderten Schub des installierten Triebwerks bereits im frühen Stadium der Projektierung u.a. auch gute Kenntnis des bei der Installation in Gondeln an Stielen unter dem Flügel oder am Rumpfheck zu erwartenden gesamten Installationswiderstandes. Der dabei auftretende sogenannte Interferenzwiderstand wird zwar als Angelegenheit der Zellenseite betrachtet; bei der weiteren Entwicklung der Triebwerke in Richtung kleinerer spezifischer Schübe wird man diesen Effekt jedoch aufmerksam beobachten müssen. Eine Übersicht der dabei zu lösenden Problematik ist in [5.11.1] enthalten. Die Frage der Strahlausbreitung hinter dem Triebwerk im Zusammenhang mit der Triebwerkanordnung unter dem Flügel wird in [5.11.2 bis 5.11.4] behandelt. Entscheidend ist die Anordnung des Triebwerks an Stielen unter dem Flügel so, daß einerseits der sich ausbreitende Schubstrahl keinesfalls die Flügelunterseite berührt und hier auch keine Unterdrücke verursacht und andererseits die nötige Bodenfreiheit der Gondelunterseite gewahrt bleibt.

Im Rahmen der Projektierung interessieren vom Standpunkt des Gondelwiderstandes in erster Linie die Flugbedingungen im Reiseflug bei F_{MCR}, wo z.B. nach [5.11.5] der Überströmwiderstand ebenso wie der additive Widerstand, verglichen mit F_{MCR}, im Promille-Bereich liegt und damit im Verhältnis zum relativen Gondelwiderstand W_{Go}/F_{MCR} sehr gering ist. Allerdings ist nach [5.11.5] davon auszugehen, daß der Überströmwiderstand bei Teillast und damit um so mehr der additive Widerstand stark ansteigen können. Da bei Triebwerken mit niedrigem spezifischen Schub der Durchsatz mit abnehmendem Schub weniger stark zurückgeht als bei Triebwerken mit höherem spezifischen Schub und damit das für den additiven Widerstand maßgebende Flächenverhältnis A_0/A_E ebenfalls weniger stark abnimmt, ist bei Mantelpropfans die Situation vom Standpunkt des Gondelwiderstandes bei Teillast eher günstiger als bei Turbofans, so daß der Mantelpropfan durch die an sich ungünstigere Teillastcharakteristik $SBV_{rel} = f(F_{rel})$ des nicht installierten Triebwerks durch die Installation in der Gondel im Vergleich zum Turbofan nicht weiter benachteiligt wird. Abgesehen davon, daß der Installationswiderstand $W_{Go} + W_{add}$ wie angesprochen von den Flugbedingungen und dem Lastzustand des Triebwerks abhängt, sind auch bei festgehaltenen Betriebsbedingungen, z.B. bei MCR bzw. im Auslegungspunkt, weitere aerodynamische und geometrische Parameter für den Gondelwiderstand maßgebend, die sich aus der Triebwerkkonfiguration ergeben. Dabei spielt die Ausführung des Triebwerks ohne oder mit Mischung beider Kreise, d.h. entweder mit kurzem Fan-Mantel und getrennten, axial versetzten Düsen oder mit langem Fan-Mantel und gemeinsamer Düse, eine gewisse Rolle. Es wird davon ausgegangen, daß der durch die Mischung beider Kreise erzielbare Schubgewinn in der Berechnung der Leistungen des nicht installierten Triebwerks enthalten ist. Eine Zusammenstellung der bei Gondeln von Turbofans und Mantelpropfans wichtigen Gesichtspunkte zu Konfiguration und Betriebsbedingungen ist in [5.11.6] enthalten.

Die verfügbaren Triebwerkleistungsdaten enthalten nur teilweise die Verluste im Gondeleinlauf, im Nebenstromkanal und im Turbinenabgaskanal. Der im Triebwerkeinlauf zwischen Lippe und Fan-Eintritt auftretende Druckverlust wird durch den IRF nach Abschnitt 3.4 berücksichtigt. Dieser liegt z.B. nach [5.11.2] im Bereich der o.a. Flugbedingungen bei Werten um 0,996 bis 0,998. Die Verluste im Nebenstromkanal und Turbinenabgaskanal werden in Abschnitt 5.5.3 behandelt. Bei der Berechnung des Installationseinflusses ist somit stets zu klären, welcher Definition die Leistungsdaten des nicht installierten Triebwerks entsprechen.

Des weiteren sei erwähnt, daß neben der Minimierung des Gondelwiderstandes die Stabilität der Gondelumströmung und im Einlauf bei starken Anstellwinkeln bei Start und Landung sowie bei starkem Seitenwind zu beachten ist, während unter „Windmilling"-Bedingungen die sektorielle Ablösung der Gondelumströmung im allgemeinen nicht verhindert werden kann, vgl. [5.11.7].

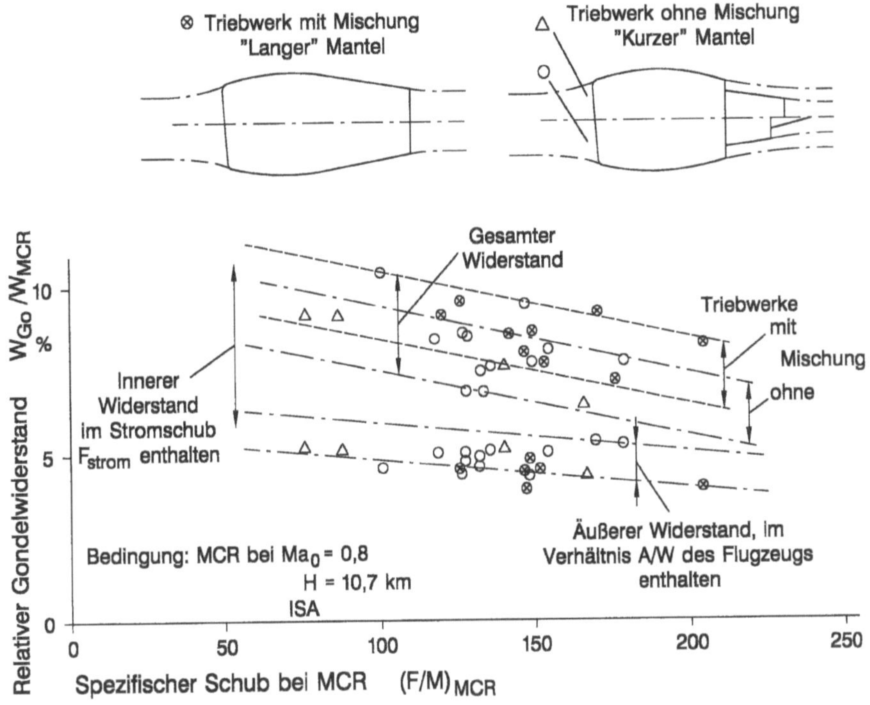

Bild 5.11.3: Gondelwiderstände ziviler Turbofans und Mantelpropfans im Reiseflug

Da bei der Korrelation der verfügbaren relativen Daten W_{Go}/F_{MCR} zwar eine beträchtliche Streuung der Werte, aber keine generelle Tendenz über EIS oder F_{MCR} auszumachen war, konnte auf die Normierung für EIS = 1995 und $F_{MCR} = const.$ verzichtet werden. Hierzu zeigt Bild 5.11.3 die Abhängigkeit des relativen Gondelwiderstandes vom spezifischen Schub bei MCR, wobei mit Rücksicht auf die von Fall zu Fall verschiedene Definition der Leistungsdaten des nicht installierten Triebwerks – siehe oben – die gesamten Gondelwiderstände und jene der äußeren, d.h. vom Schubstrahl nicht benetzten Gondeloberfläche getrennt angegeben sind. Die bekannte Zunahme des Gondelwiderstandes mit abnehmendem spezifischen Schub wird insbesondere bei den gesamten Gondelwiderständen deutlich, was aufgrund der Tendenz der Verluste im Nebenstrom- und Turbinenabgaskanal nach Abschnitt 5.5.3 verständlich ist, wenn man die Umsetzung der dabei angesprochenen Kanalwirkungsgrade bzw. Brutto-Schubverluste in Netto-Schubverluste berücksichtigt, vgl. Bild 3.5.11. Die in Bild 5.11.3 vorkommenden Gondelkonfigurationen sind skizzenhaft gekennzeichnet. Dabei scheinen Gondeln für Triebwerke mit Mischung beider Kreise – wohl aufgrund der insgesamt größeren benetzten Oberfläche – im Durchschnitt etwas höhere Widerstände als Gondeln für Triebwerke ohne Mischung beider Kreise zu haben, wenngleich bei letzteren die Oberfläche der

Kerntriebwerkverkleidung mit erhöhten Strömungsgeschwindigkeiten, d.h. der Strahlgeschwindigkeit im kalten Kreis, belastet wird (vgl. hierzu auch Abschnitt 5.6.1). Allerdings wird dieser höhere Widerstand der Gondeln mit langem Fan-Mantel mehrfach
aufgewogen durch den mit der Mischung erzielbaren Schubgewinn. Der Widerstand des
außerhalb des Schubstrahls liegenden Teils des Stiels zur Triebwerkaufhängung ist im
inneren Widerstand nicht enthalten, vgl. Abschnitt 5.5.2.

Unter der im Rahmen der Projektierung zulässigen, d.h. vereinfachenden Annahme,
daß bei den hier angesprochenen Reiseflugbedingungen Ma_0/H mit Schüben im Bereich von 70% F_{MCR} bis 100% F_{MCL} der Gondelwiderstand nach Gl. 5.11.4 dem gesamten Installationswiderstand nach Gl. 5.11.7 sehr nahe kommt bzw. der additive Widerstand sehr klein ist, erhält man aus den als gegeben vorausgesetzten Teillastcharakteristiken

$$SBV_{n.inst.} = f(F)_{n.inst.} \tag{5.11.10}$$

die relativierte Charakteristik des nicht installierten Triebwerks

$$SBV_{rel,n.inst.} = f(F_{rel})_{n.inst.} \tag{5.11.11}$$

mit

$$SBV_{rel} = SBV / SBV_{MCR} \; ; \; F_{rel} = F / F_{MCR}$$

und aus dem Ansatz für den Schub

$$F_{inst.} = F_{n.inst.} - W_{Go} \tag{5.11.12}$$

bzw.

$$F_{MCR,inst.} = F_{MCR,n.inst.} - W_{Go} \tag{5.11.13}$$

$$F_{rel,inst.} = \frac{F_{rel.n.inst.} - W_{Go} / F_{MCR,n.inst.}}{1 - W_{Go} / F_{MCR,n.inst.}} \, , \tag{5.11.14}$$

wobei der installierte Schub $F_{MCR,inst.}$ sich aus

$$\left(\frac{F_{inst.}}{F_{n.inst.}}\right)_{MCR} = 1 - \frac{W_{Go}}{F_{MCR,n.Inst.}} \tag{5.11.15}$$

ergibt. Für den SBV ergibt sich mit

$$SBV_{inst.} = SBV_{n.inst.} \cdot \frac{F_{n.inst.}}{F_{n.inst.} - W_{Go}} \tag{5.11.16}$$

und

$$SBV_{MCR,inst.} = SBV_{MCR,n.inst.} \cdot \frac{F_{MCR,n.inst.}}{F_{MCR,n.inst.} - W_{Go}} \tag{5.11.17}$$

$$SBV_{rel,inst.} = SBV_{rel,n.inst.} \cdot \left(\frac{F}{F_{MCR}}\right)_{n.inst.} \cdot \frac{1 - W_{Go} / F_{MCR,n.Inst.}}{\left(F / F_{MCR}\right)_{n.inst.} - W_{Go} / F_{MCR,n.Inst.}} \tag{5.11.18}$$

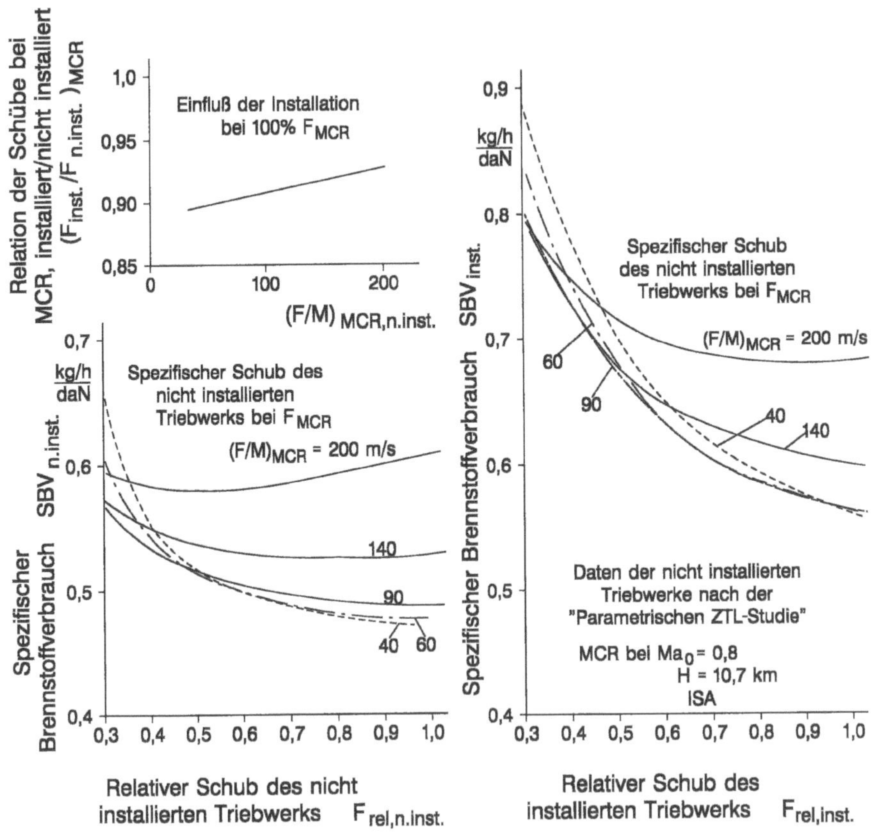

Bild 5.11.4: Einfluß der Installation (Düsen, Entnahmen, Gondel) auf den spezifischen Brennstoffverbrauch im Reiseflug

Analog Gl. 5.11.15 ist der installierte $SBV_{MCR,inst.}$ aus

$$\left(\frac{SBV_{inst.}}{SBV_{n.inst.}}\right)_{MCR} = \frac{1}{1 - W_{Go}/F_{MCR,n.inst.}} \qquad (5.11.19)$$

mit $W_{Go}/F_{MCR,n.inst.}$ nach Bild 5.11.3 berechenbar. Somit kann der gesuchte Zusammenhang

$$SBV_{rel,inst.} = f(F_{rel,inst.}) \qquad (5.11.20)$$

bei bekannten Werten $W_{Go}/F_{MCR,n.inst.}$ mit $SBV_{rel,n.inst.}$ nach Gl. 5.11.11 für beliebige Werte $F_{rel,inst.}$ nach Gl. 5.11.14 berechnet werden.

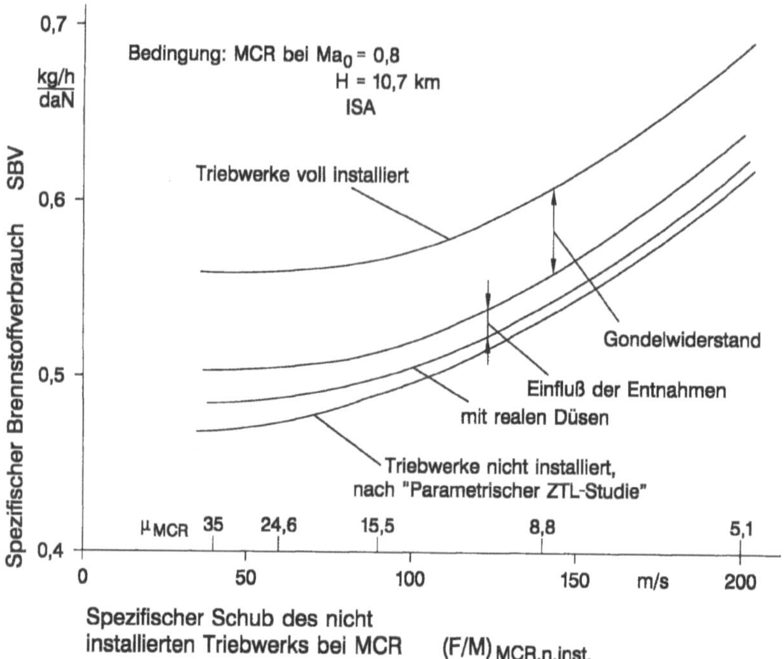

Bild 5.11.5: Einfluß der Installationseffekte auf den spezifischen Brennstoffverbrauch bei MCR

Nach Ergebnissen der „Parametrischen ZTL-Studie" und den in diesem Abschnitt behandelten Installationseinflüssen ergeben sich die in Bild 5.11.4 gegenübergestellten *SBV*s der installierten und nicht installierten Triebwerke bei (nicht installierten) spezifischen Schüben $(F/M)_{MCR}$ = 60 bis 200 m/s als Parameter. Hierzu zeigt Bild 5.11.5 den Einfluß des spezifischen Schubes bei MCR auf die bei F_{rel} = 100% auftretenden Installationseffekte. Als Konsequenz aus Bild 5.11.4 ist in Bild 5.11.6 der Einfluß des spezifischen Schubes des nicht installierten Triebwerks bei MCR auf den *SBV* des installierten Triebwerks im relevanten Schubbereich 50 bis 100% F_{MCR} aufgetragen. Geht man davon aus, daß im Reiseflug der im Mittel geforderte Schub bei 70 bis 80% des (installierten) Schubes F_{MCR} liegt, so wird deutlich, daß spezifische Schübe $(F/M)_{MCR}$ < 70 bis 80 m/s des nicht installierten Triebwerks vom Standpunkt des installierten *SBV* nicht sinnvoll sind. Daraus resultiert – wie in Abschnitt 5.10.2 bereits angesprochen – eine wichtige Einschränkung der weiteren Triebwerkentwicklung, insbesondere in Richtung zum Mantelpropfan. Dabei sei auch an die Frage der Optimierung der Komponenten von Turbofans und Mantelpropfans für optimalen Betrieb im Reiseflug nach Abschnitt 4.2.5 bzw. Bild 4.2.30 bis 4.2.33 erinnert.

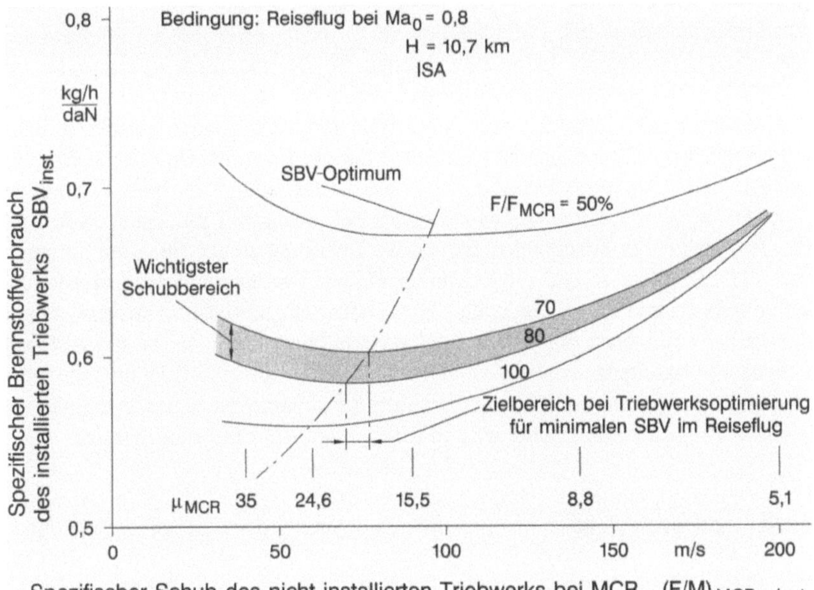

Bild 5.11.6: Einfluß der Installation auf den spezifischen Brennstoffverbrauch im Reiseflug bei Vollast und Teillast

5.11.3 Schubumkehrung

Bei älteren Turbofans mit höherem Anteil des Schubes im heißen Kreis am Gesamtschub wurde der Schub im kalten und heißen Kreis umgelenkt, so daß ca. 40% Umkehrschub, bezogen auf den maximalen Vorwärtsschub, erreicht werden konnten. Mit zunehmendem Nebenstromverhältnis bzw. abnehmendem Schubanteil im heißen Kreis wurde die Schubumkehrung auf den kalten Kreis beschränkt, wodurch bei Triebwerken ohne Mischung beider Kreise der resultierende Umkehrschub wegen des verbleibenden Vorwärtsschubes im heißen Kreis sehr gering wurde. Nach [5.11.5] beträgt bei einem Triebwerk mit spezifischem Schub $(F/M)_{TO}$ = 340 m/s bzw. mit einem Nebenstromverhältnis μ_{TO} = 4,3 mit 23% Schubanteil im heißen Kreis im Normalbetrieb bei *TO*, der verbleibende Umkehrschub nur 8% des maximalen Vorwärtsschubes. Bei Triebwerken mit Mischung beider Kreise expandiert dagegen bei Blockierung des kalten Kreises die ND-Turbine praktisch auf Atmosphärendruck. Damit liefert der heiße Kreis bei Schubumkehrung nur 10% an Vorwärtsschub, so daß der resultierende Umkehrschub bei 35% des maximalen Vorwärtsschubes liegt.

Bei Mantelpropfans ist es mindestens im Prinzip möglich, ohne Schubumkehrer mit verstellbaren Fan-Schaufeln genügend große Umkehrschübe zu erreichen, zumal hier der

heiße Kreis aufgrund des hohen Nebenstromverhältnisses nur einen sehr geringen Schubanteil am Gesamtschub liefert. Problematisch ist in jedem Falle die Umströmung der
Hinterkante des Fan-Mantels nach innen/vorne, die zu erheblichem Totwasser im
äußeren Teil des Nebenstromkanals führt und damit die erreichbaren Umkehrschübe
entscheidend vermindert. Diese Situation kann zwar durch Türen oder Klappen im Fan
Mantel im Bereich der Hinterkante entscheidend verbessert werden. Ob diese Hilfsmittel
als akzeptabel betrachtet werden können, ist jedoch vorderhand offen. Beim einwelligen
Fan ist zudem die Umsteuerung der Fanschaufeln besonders problematisch, da hier die
Laufschaufeln wegen der hohen aerodynamischen Belastung an der Nabe ein Teilungsverhältnis $t/l < 1$ haben, so daß die Schaufeln bei der Umsteuerung die Segelstellung
durchlaufen müssen und daher kurzzeitig extrem hoher Biegebelastung ausgesetzt sind.
In beiden Fällen – d.h. beim einwelligen und gegenläufigen Propfan – ist der Aufwand
für die Schaufelverstellung außerordentlich hoch, so daß die Ausführung mit festen
Schaufeln und variabler Düse mit konventionellem Schubumkehrer in der Diskussion ist.
Auf die hier vorliegende Problematik wird in Abschnitt 6.11.3 näher eingegangen.

5.12 Luft- und Ölsystem

Hierunter fallen alle Strömungsvorgänge, die außerhalb des Strömungskanals in den
seitlichen Hohlräumen einschließlich der Lagerkammern etc. und in den Verbindungen
dieser Hohlräume mit dem Strömungskanal und nach außen vor sich gehen. Die zu bewältigenden Hauptaufgaben sind

– Ausgleich der Axialschübe der Rotoren,

– Kühlung aller Bauteile im heißen Bereich, insbesondere der Turbinen,

– Kühlung/Ventilation der Lagerkammern und Schmierung der Lager,

– Versorgung aller triebwerks- und bordseitigen Druckluftverbraucher.

Axialschubausgleich

Die Axialschübe der einzelnen Rotoren werden dadurch ausgeglichen, daß die statischen
Drücke an den eintritts- und austrittsseitigen Stirnflächen auf der Verdichter- und Turbinenseite durch die Anordnung von Labyrinthen etc. so eingestellt werden, daß der
verbleibende Restschub unter allen stationären und instationären Betriebsbedingungen –
einschließlich denkbarer Pumpstöße – mit Rücksicht auf die Lager in akzeptablen Grenzen bleibt und in eine Richtung weist. Der Axialschub von Verdichtern und Turbinen ist
unter sonst gleichen Bedingungen neben Ringraum und Druckverhältnis der Komponenten vom Reaktionsgrad der Stufen abhängig. Hochfrequente Pumpstöße, wie sie in
Triebwerken typisch sind, werden nur in abgeschwächter Form auf die Lager übertragen.
Vogelschläge werden dagegen voll an den Lagern registriert.

Während bei HD-Systemen (und ggf. MD-Systemen) der Ausgleich des Axialschubs
bis auf den gewünschten Restschub in jedem Falle möglich ist, kann bei ND-Systemen
der Axialschub um so weniger ausgeglichen werden, je größer der ND-Verdichter bzw.
Fan im Vergleich zur ND-Turbine ist. Bei zivilen Turbofans und bei Mantelpropfans
muß daher der Axialschub des Fans mehr oder weniger vollständig vom vorderen Lager
der ND-Welle aufgenommen werden.

Bauteil-, insbesondere Turbinenkühlung

Das interne Kühlsystem stellt eine sehr komplexe Angelegenheit dar, deren wichtigste Aspekte im folgenden angesprochen werden.

Der für die Turbinenkühlung erforderliche, dem HD-Verdichter zu entnehmende Durchsatzanteil wird in Abschnitt 5.2.3.4 behandelt. Während die Kühlluftzufuhr zu den statischen Teilen der HD-Turbine über die Brennkammer-Sekundärkanäle und zu den statischen Teilen der nachfolgenden Stufen über Leitungen von außen her geschieht, ist die Versorgung der rotierenden Teile – vor allem der HD-Turbine – komplizierter bzw. problematischer. Während bei älteren Triebwerken, d.h. bei EIS vor 1970, die Kühlluft über Dralldüsen gegenüber den Laufschaufelfüßen „direkt" zugeführt wurde, herrscht bei modernen Triebwerken die Kühlluftzufuhr mittels Deckscheibe vor. Dabei wird die Kühlluft, wie in Abschnitt 5.2.3.4 dargestellt, ebenfalls über Dralldüsen entweder in Nabennähe oder auf halber Höhe in den Ringraum zwischen Turbinen- und Deckscheibe eingebracht. Während ohne Deckscheibe mit erheblichen Leckagen gerechnet werden mußte, liegen diese mit Deckscheibe in der Größenordnung von ca. 1% des Verdichterdurchsatzes (d.h. bei 5% Kühlluftbedarf immerhin noch bei 20% des Netto-Kühlluftdurchsatzes). Dies rührt in diesem Falle daher, daß die weiter innen liegenden Dralldüsen durch Labyrinthe wesentlich besser als im erstgenannten Fall durch Labyrinthe abgeschirmt werden können. Auf der Innenseite der Deckscheibe angebrachte radiale Schaufeln machen den Ringraum zwischen Turbinen- und Deckscheibe zum Radialverdichter, der – wenngleich mit schlechtem Wirkungsgrad – dafür sorgt, daß die in die Laufschaufeln eintretende Kühlluft den nötigen Druck hat, um Prallkühlung und Filmkühlung im Bereich der Profilnasen zu ermöglichen. Dafür in Kauf zu nehmen ist eine gewisse Temperaturerhöhung der Kühlluft. Die mit Deckscheiben auftretende Pumparbeit ist – wie in Abschnitt 5.2.3.4 dargestellt – nicht unerheblich. Besonderes Interesse verdient die Prall-/Filmkühlung der Laufflächen über den Laufschaufeln der HD-Turbine, die von Fall zu Fall so gestaltet wird, daß das Radialspiel im stationären Betrieb minimiert wird und bei instationären Vorgängen das Anstreifen sicher vermieden wird (aktive Spaltkontrolle). Bei ND-Turbinen ziviler Turbofans und Mantelpropfans, d.h. bei Triebwerken mit vorhersehbaren Betriebszuständen bzw. deren Änderungen, ist die aktive Spaltkontrolle durch Druckluft, die z.B. nach den „Booster"-Stufen entnommen und mittels Düsen von außen auf das Turbinengehäuse geblasen wird, Stand der Technik. Ferner muß im Turbinenbereich dafür gesorgt werden, daß kein Heißgas aus dem Strömungskanal in die Räume seitlich der Scheiben eindringen kann.

Die nach erfolgter Nutzung wieder in den Strömungskanal eintretende, erwärmte Kühlluft trägt, wie bereits in Abschnitt 3.2 formal behandelt, bei der Durchströmung des darauffolgenden Laufgitters zur weiteren spezifischen Expansionsarbeit bei. Bei der Auslegung des Kühlluftsystems ist es nicht unwichtig, die Drosselverluste zwischen der Entnahme aus dem Strömungskanal und der Wiederzufuhr in Grenzen zu halten. Die an sich sinnvolle, verschiedentlich diskutierte teilweise Abschaltung der Kühlluftzufuhr im unteren Teillastbereich zur Vermeidung der „Überkühlung" von Bauteilen und zur Erhöhung der Effektivität des Triebwerks hat sich bisher nicht durchsetzen können.

Lagerkühlung/Schmierung

Vor allem die Lager im Turbinenbereich müssen intensiv gekühlt werden, um sie gegenüber den sie umgebenden heißen Turbinenteilen zu isolieren und die einströmende Wärme abzuführen. Hierzu sind die Lagerkammern moderner Triebwerke zunehmend mehrfach abgeschottet, jeweils mit Labyrinth- oder Bürstendichtungen zwischen rotierenden und stehenden Teilen, wobei

— Druckluft mit entsprechendem Druck aus einer äußeren Zwischenkammer nach außen in die an den Strömungskanal angrenzenden Ringräume abzieht, um zu verhindern, daß heißes Turbinengas aus dem Strömungskanal einströmt, und

— Kühlluft höheren Drucks, aber niedrigerer Temperatur, die zuvor einen im Nebenstromkanal untergebrachten Wärmetauscher durchströmt hat, aus einer weiter innen liegenden Zwischenkammer einerseits in die Lagerkammer selbst, andererseits über Dichtungen nach außen in die o.a. Zwischenkammer strömt.

Damit werden die Wände der Lagerkammern und die Lager selbst mit Luft genügender Kühlkapazität bespült, so daß im Bereich der Lager die Temperaturen unter allen Betriebsbedingungen sichtbar unter dem maximal zulässigen Wert von ca. 200 °C gehalten werden können.

Auch bei der doppelten Umhüllung der eigentlichen Lagerkammer im Heißgasbereich und dem Einsatz von gekühlter Luft höheren Drucks besteht das Problem, daß an den Durchführungen der Lagerträgerstruktur Wärme nach innen fließt, so daß in den Lagerkammern selbst – auch an den Fassungen der Lager – heiße Stellen nicht ausgeschlossen werden können. Allerdings tragen nach [5.12.1] sogenannte „Preßfilm"-Lager – als Nebeneffekt – zur Isolation der Lageraußenringe gegenüber der o.a. thermischen Belastung bei. Die anzustrebende Angleichung der Temperaturen des Außen- und Innenrings eines Lagers ist auch wichtig im Hinblick auf die Einhaltung akzeptabler Lagerspiele.

Bei Temperaturen oberhalb 250 bis 300 °C sind auch synthetische Öle, die im Flugtriebwerk obligatorisch sind, nicht mehr stabil, und oberhalb 380 bis 400 °C besteht nach [5.12.2] unter Triebwerkbedingungen bei stöchiometrischem Mischungsverhältnis Selbstzündungsgefahr. Allerdings sind in Lagerkammern die Luft-/Ölgemische extrem fett (z.B. werden in einem militärischen Triebwerk der 7000 daN-Schubklasse 500 l/h Öl und 1500 l/h Druckluft den Lagerkammern zugeführt, so daß beim Gemisch Öl/Luft bei 5 bar, 180 °C das Gewichtsverhältnis bei 0,6 und damit das Äquivalenzverhältnis bei $\Phi > 10$ liegt. In diesem Zusammenhang ist aber auch der Notlauf bei unterbrochener Ölzufuhr (z.B. bei Leitungsbruch oder Pumpenschaden) anzusprechen.

Öl und Luft werden nach dem Durchlauf durch Zentrifugierung getrennt, damit das Öl in den Ölkreislauf zurückkehren kann, während die Luft mit sehr geringem Ölgehalt über Bord geht.

Versorgung der Druckluftverbraucher

Die Entnahme von Druckluft zwischen Verdichtern oder zwischen Verdichterstufen ist so zu gestalten, daß zirkulare Störungen der Strömung im Strömungskanal möglichst vermieden werden. Die Entnahme für die Bordversorgung, die zwar abhängig von den Flugbedingungen, aber unabhängig vom Lastzustand des Triebwerks und damit – bezogen auf den Triebwerkdurchsatz – variabel ist, wird i.a. von der Kühlluftentnahme konstruktiv getrennt, um Störungen der Kühlluftversorgung zu vermeiden, zumal i.a. verschiedene Drücke gefordert bzw. opportun sind. Werden im Nebenstromkanal Kühler für die Kühlung der Entnahme für die Bordversorgung untergebracht – dies ist bei militärischen Turbofans üblich – so ist der dadurch verursachte Druckverlust ebenso wie ggf. jener für den Wärmetauscher zur Kühlung der Lagerkühlluft bei der Kreisprozeß-Gesamtbilanz zu berücksichtigen, vgl. Abschnitt 5.5.3.

Vorgehen bei der Projektierung

Im Rahmen der Projektierung – zumindest im frühen Stadium – wird man sich zunächst darauf beschränken, den Luftbedarf für die Bauteilkühlung, die Entnahmen für die Bordversorgung und eine gewisse Leckage in die Berechnung der Kreisprozeß- und Leistungsdaten einzubringen. Bei der nachfolgenden aerodynamischen Berechnung und konstruktiven Gestaltung des Luftsystems, das im Prinzip ein weitverzweigtes System von Kaskaden mit Fugen zwischen statischen Bauteilen, Dichtungen, Restriktoren, Düsen etc. und mit einer großen Anzahl von Übergängen vom statischen ins rotierende System und umgekehrt darstellt, ist dieses so zu gestalten, daß die o.a. Aufgaben unter allen stationären und instationären Betriebsbedingungen erfüllt werden und dabei – über diese Aufgaben hinaus – ein Minimum an Mengen- und Drosselverlusten auftritt. Die rationelle Analyse eines solchen kompletten Systems ist verläßlich nur mit EDV zu bewältigen, vgl. [5.12.3 und 5.12.4], wobei als Voraussetzung sehr weitgehende aero-/thermodynamische Daten und konstruktive Einzelheiten verfügbar sein müssen, die erst im Laufe der fortgeschrittenen Projektierung erarbeitet werden können. Problematisch ist stets die im instationären Betrieb aufgrund verschiedener thermisch/mechanischer Dehnungen benachbarter Bauteile bestehende Gefahr unkontrollierter Leckagen, wenn überlappende oder gefügte Teile ohne/mit Berührungsdichtungen die Haftung verlieren bzw. außer Eingriff geraten. Dasselbe gilt auch für Labyrinthdichtungen, die bei axialer Verschiebung der Partnerteile außer Eingriff geraten können. Besondere Sorgfalt erfordern auch Kühlluftdurchführungen durch Wellen – vor allem bei gegenläufigen – mittels Bohrungen.

Eine wichtige Rolle spielen in jedem Falle die Dichtungen zwischen rotierenden und statischen Teilen zur Abdichtung von Hohlräumen unter verschiedenen Drücken, die als Labyrinthdichtungen (Spitzen) oder in zunehmendem Maße als Bürstendichtungen ausgeführt sein können. Nach [5.12.5] ist die Dichtwirkung von Bürstendichtungen erheblich größer als jene von Labyrinthdichtungen. Bei einstufiger Bürstendichtung kann gegenüber einem Labyrinth mit drei Spitzen eine Reduzierung der Leckage auf 10 bis 30% erreicht werden. Hinzu kommt, daß Labyrinthe im Laufe der Betriebszeit durch Auslenkungen des Rotors eine Vergrößerung des Spiels – das bei neuen Triebwerken, abhängig vom Durchmesser bei 0,1 bis 0,2 mm liegen mag – durch Abrieb erfahren, so daß sich die Leckage allmählich erhöht. Bei Bürstendichtungen wird dieser Alterungsprozeß aufgrund der Elastizität der Borsten nach bisheriger, noch relativ junger Erfahrung weitgehend vermieden. Im Bereich der Lagerkammern, d.h. bei geringen Relativgeschwindigkeiten und kleinen radialen und axialen Verschiebungen der Partnerteile, werden unter bestimmten Bedingungen – z.B. im Bereich der Abdichtungen gegenüber Öl-/Luftgemischen – auch Kohledichtungen (Berühungsdichtungen) eingesetzt.

5.13 Triebwerkdynamik und Bauteilfestigkeit

Die Hauptabmessungen eines Triebwerks, insbesondere die Querabmessungen bzw. die Außen-/Innendurchmesser der Turbokomponenten und Strömungskanäle, die Zahl der Verdichter- und Turbinenstufen und teilweise auch die axialen Abmessungen dieser Komponenten müssen zunächst in jedem Falle den geforderten Leistungsdaten bzw. den aero-/thermodynamischen Kriterien entsprechen, wie sie in den Abschnitten 3 bis 5 für die Kreisprozeßdaten und für die einzelnen Komponenten beschrieben werden.

Eine besonders wichtige Rolle spielen dabei im Zusammenhang mit der mechanisch/konstruktiven Dimensionierung folgende Belastungsparameter, die für die vorläufige Gestaltung der radialen und axialen Hauptabmessungen rotierender Teile – zunächst ohne Beachtung bzw. unter dem Vorbehalt der bei späterer detaillierter Berechnung zuständigen Kriterien – zur Anwendung kommen:

- Belastungsparameter $A_{ax}(N/60)^2$ von Turbinenschaufeln,
- zulässige Umfanggeschwindigkeit von Turbinenscheiben im Zusammenhang mit der Scheibenkontur und der Randlast, die wiederum (auch) vom Belastungsparameter $A_{ax}(N/60)^2$ abhängt,
- Erosionsparameter ErP für Verdichterschaufeln,
- axiale Schlankheitsgrade h/l_{ax} von Verdichter- und Turbinenschaufeln,
- radiale Tiefe der Füße von Turbinenschaufeln,
- erste Kontrolle der Lagerkennziffern $N \cdot D$.

Für eine spätere, verbindliche Dimensionierung bzw. konstruktive Gestaltung der hochbelasteten und/oder schwingungsfähigen Teile ist im Zusammenhang mit der Auswahl adäquater Werkstoffe eine große Zahl weiterer Kriterien zuständig, deren Anwendung erst bei gegebener Triebwerkkonstruktion und einer sehr detaillierten Basis thermisch/mechanischer Daten und Informationen über Werkstoffe möglich ist. Diese Datenbasis ist im Stadium der Projektierung noch nicht gegeben. Zu diesen Kriterien gehören die folgenden:

- kritische Drehzahlen (Biegung, Torsion) der Rotoren,
- Eigenfrequenzen aller schwingungsfähigen Bauteile, insbesondere der Schaufeln, bei mechanischer und aerodynamischer (akustischer) Anregung,
- Stärke der Anregungen (z.B. durch Nachlaufdellen) in Relation zur Dämpfung aller mechanisch und aerodynamisch erregten Schwingungen an Bauteilen, insbesondere Schaufeln,
- Beulen (Torsionsknicken) von dünnwandigen ND-Wellen bei hoher Torsionsbelastung,
- thermisch/mechanische zyklische Belastung von Scheiben und Schaufeln,
- zyklische Kriechbelastung von Turbinenschaufeln,
- Heißgaskorrosion/Oxydation von Turbinenschaufeln,
- Belastung der Verdichterschaufeln bei Vogelschlag,
- Kontrolle der Lagerkennziffern $N \cdot D$ für Axial- und Radial- sowie Zwischenwellenlager im Zusammenhang mit dem Lagerspiel,

- Radiale und axiale Belastungen der Lager unter allen stationären und instationären Bedingungen. Hierzu gehören:
  - Axialschübe,
  - gyroskopische Belastungen (Flugbahn, Böen),
  - Stoßbelastung bei Vogelschlag, Pumpen etc.,
  - Unwuchten/Vibrationen durch Verlust von Laufschaufeln;
- Auslenkungen der Rotoren und Statoren bei gyroskopischer Belastung im Hinblick auf Radialspiele von Schaufeln und Labyrinthen etc.,
- Verhalten der rotierenden und statischen Bauteile bei Anstreifen von Laufschaufeln,
- Festigkeit der Gehäuse bei Schaufelverlust (*blade containment*),
- Lebensdauer (zulässige Betriebszeit) aller thermisch/mechanisch/zyklisch hochbelasteten Bauteile und Beachtung der dafür entwickelten Schadenmechanismen,
- Aerodynamische Schwingungen im Nachbrenner:
  - axiale Schwingungen (Brummen),
  - radiale Schwingungen (Kreischen);
- Bei zivilen Turbofans und Mantelpropfans Kontrolle der Schallemission des Fans bzw. ND-Verdichters nach vorne und im kalten Kreis nach hinten sowie der Schallemission aus dem Brennkammer- und Turbinenbereich nach hinten mit anschließender Kontrolle der im Rahmen des Triebwerkeinbaus in die Gondel möglichen Lärmdämpfung durch Auskleidungen.

Die Lagerkennziffer $N \cdot D$ ist ein Maß für die Differenzgeschwindigkeit zwischen Käfig und Außen- bzw. Innenring, die zusammen mit dem Radialspiel die bestehende Schlupfgefahr zwischen Wälzkörpern und Ringen charakterisiert. Daher werden bei gleich- bzw. gegenläufigen Zwischenwellenlagern die Drehzahlen des Außen- und Innenrings subtrahiert bzw. addiert. Damit sind bei gegenläufigen Wellen unter sonst gleichen Bedingungen (z.B. gleiches Drehzahlniveau etc.) besonders hohe Werte $N \cdot D$ zu erwarten, die große Sorgfalt bei der konstruktiven Gestaltung erfordern, um das Radialspiel unter allen Betriebsbedingungen gering und in engen Grenzen halten zu können.

Was die schwingungstechnische Analyse betrifft, so wird diese aufgrund des fortgeschrittenen Leichtbaus mit dünnwandigen Schalen und teilweise ebenso dünnwandigen Rotorwandstärken und „weichen" Lagerträgern, vor allem aber aufgrund der Schaufeln mit teilweise niedrigem Schlankheitsgrad, in der Hauptsache integriert durchgeführt, d.h. am gesamten, in finite Elemente aufgelösten Triebwerk werden die an den schwingungsfähigen Bauteilen auftretenden Resonanzen und die trotz bestehender Dämpfung auftretenden Auslenkungen analysiert. Dies ist nur mit extrem leistungsstarken Rechnern durchführbar. Bei der Formgebung der Schaufeln, insbesondere im Verdichterbereich, ist die Situation aufgrund der immer kleiner werdenden Schlankheitsgrade der Schaufeln im Hinblick auf die verschiedenen vorkommenden Schwingungsformen und die Vielzahl der Resonanzmöglichkeiten mit den Harmonischen der Rotordrehzahlen zunehmend schwieriger, so daß nur noch die erste und möglichst auch die zweite Ordnung der Eigenfrequenzen der Schaufeln bei den auftretenden Schwingungsformen (Biegung, Torsion, „Leier" und „Übereck") außerhalb des Betriebsbereichs – zumindest außerhalb des Bereichs maximaler Drehzahlen – gehalten werden können.

Als Voraussetzung für die Anwendung der genannten Kriterien ist je nach Triebwerkklasse das gesamte Spektrum der Betriebsbedingungen in allen Lastpunkten unter den verschiedenen Flugbedingungen, aber auch bei instationärem Betrieb, der systematischen Auswertung zugänglich zu machen. Dabei sind die dem Triebwerkprojekt zugrunde liegenden Missionen mit allen Start-/Stopzyklen und allen Beschleunigungs- und Verzögerungsvorgängen zwischen verschiedenen Laststufen und natürlich auch die Zeiten im stationären Betrieb in ihrem Einfluß auf den Verbrauch an Lebensdauer analytisch nachzuvollziehen.

Werden dabei neue Werkstoffe eingeführt, so werden von den Zulassungsbehörden spezielle Versuche, z.B. Schleuderversuche an Scheiben zum Nachweis genügender zyklischer Lebensdauer verlangt, vergleiche Abschnitt 5.2.3.6. Hierzu wird eine Anzahl Referenzzyklen definiert, die den oben angeführten, verschiedenartigen Betriebszyklen in ihrem Einfluß auf die Gesamtlebensdauer der angesprochenen Bauteile äquivalent sind.

Während z.B. bei Turbofans und Mantelpropfans für Langstrecken-Verkehrsflugzeuge neben den Zyklen der Einfluß der stationären Betriebszeiten auf den Verbrauch an Lebensdauer bedeutend ist, spielt der zyklische Charakter des Betriebs bereits bei Kurzstrecken-Verkehrsflugzeugen, vor allem aber bei Triebwerken für militärische Flugzeuge und Hubschrauber eine absolut dominierende Rolle. Vor diesem extrem komplexen Hintergrund ist im Rahmen der Projektierung die Dimensionierung der Komponenten nach den in Abschnitt 3 bis 5 zusammengestellten Informationen anhand der statistisch erfaßten Daten einer größeren Zahl existierender Triebwerke, die immerhin die praktische Dimensionierung der Komponenten – auch in der zeitlichen Entwicklung (EIS) und in Abhängigkeit von der Triebwerkgröße – beinhaltet, die einzige Möglichkeit, durch eine realistische Festlegung der Hauptabmessungen – im Wissen um die später zu lösenden Probleme – die Voraussetzungen für eine mehr ins Detail gehenden Berechnung zu schaffen. Ferner erhält man bei der Anwendung dieser Daten die Chance, aufgrund der bestehenden Streuung eine mehr fortschrittliche, riskantere oder eine mehr moderate, d.h. eher auf der sicheren Seite liegende Auswahl zu treffen. Zugleich wird damit bei der Projektierung – vor allem beim Entwurf neuer Konzepte – erkennbar, ob und ggf. wie weit man sich im einzelnen vom Stand der Technik wegbewegt und damit in den Bereich neuer Technologie mit entsprechenden Entwicklungsproblemen begibt. Eine Anzahl konstruktiver, festigkeitstechnischer und triebwerkdynamischer Probleme ist in [5.13.1] angesprochen.

Ausgangspunkt für die projektmäßige Dimensionierung im Sinne einer von vornherein gesicherten Realisierungsmöglichkeit des Triebwerks in dynamischer und festigkeitstechnischer Hinsicht auf der Basis erster aero-/thermodynamischer Daten sind erfahrungsgemäß die folgenden Schlüsselentscheidungen:

- Die Festlegung der Hauptabmessungen und der Drehzahl der HD-Turbine nach Abschnitt 5.2.3, wobei der Parameter $A_{ax}(N/60)^2$ und die Umfangsgeschwindigkeit U_m auf Kanalmitte im Zusammenhang mit der verlangten spezifischen Arbeit und der im Einzelfall realisierbaren Scheibenkontur maßgebend sind. Praktisch ist stets die HD-Turbine maßgebend für die HD-Drehzahl.

Beim Mitteldrucksystem von 3-Wellen-Triebwerken und beim Gasgenerator von Wellenleistungstriebwerken verfährt man ähnlich wie oben angeführt.

– Die Festlegung der Hauptabmessungen und der Drehzahl des ND-Verdichters – ob ein- oder mehrstufig –, zumal damit zugleich auch der für die Dimensionierung der ND-Turbine maßgebende Parameter $A_{ax}(N/60)^2$ an der letzten Turbinenstufe festgelegt ist.

– Bei Wellenleistungstriebwerken mit freier Nutzturbine kann für diese der Parameter $A_{ax}(N/60)^2$ der letzten Stufe frei gewählt werden.

Wie schwierig im Verlauf der weiteren Projektierung die verbindliche Festlegung der Konstruktion ist, zeigt als besonders wichtiges bzw. entscheidendes Beispiel die komplexe Belastung der HD-Turbinenlaufschaufeln. Dabei ist die analytische Beherrschung der Belastung durch stationäres und zyklisches Kriechen, durch zyklische, thermische und mechanische Belastung sowie durch Schwingungen und schließlich die Herabsetzung der Standzeit durch Oxydation bei unvollständigem oder beschädigtem Oberflächenschutz ein komplizierter Prozeß, der nur durch die Zusammenarbeit einer Anzahl von Experten iterativ erledigt werden kann.

Bei der Projektierung muß man jedoch – im Wissen um diese Problematik – mit geringem Aufwand in kurzer Zeit zu Lösungen kommen, die der späteren genaueren und verbindlichen Berechnung standhalten.

5.14 Gesichtspunkte zur Lärmemission

Allgemeines

Ebenso wie bei der Behandlung des Luft-/Ölsystems nach Abschnitt 5.12 oder der Triebwerkdynamik und Bauteilfestigkeit in Abschnitt 5.13 besteht im Rahmen der Projektierung auch bei der Berechnung der Lärmemission des Triebwerks das Problem, daß verbindliche Emissionsdaten erst nach weitgehend fortgeschrittener Berechnung/Dimensionierung der gesamten Konfiguration und mit Kenntnis detaillierter Komponentendaten erarbeitet werden können. Insbesondere die Berechnung der Lärmemission installierter Triebwerke im Sinne der im Luftverkehr nach FAR Part 36 maßgebenden Werte EPNL an den 3 Meßpunkten entlang der Startbahn für „Flyover", „Sideline" und „Approach" müssen Konfiguration und Anordnung der Gondeln am Flugzeug sowie dessen Geschwindigkeit und Flugbahn bekannt sein. Was diese komplexe Prozedur betrifft, so gibt Bild 5.14.1 in Stichworten eine Übersicht der hierzu notwendigen Schritte, um von den Lärmemissionen der Triebwerkkomponenten mit den Parametern Schalldruckpegel, Richtung und Frequenz zu den am Boden in den oben angeführten Meßpunkten auftretenden EPNL-Werten zu kommen.

Im Rahmen der Projektierung kommt es dabei vor dem Hintergrund der höchstens teilweise vorhandenen Informationen über das Flugzeug etc. vor allem darauf an, bei zunächst eingeschränkter Datenbasis neben der bestmöglichen Erfüllung der Leistungsforderungen etc. die akustisch relevanten Komponenten so zu gestalten, daß im Vergleich zu existierenden oder in Entwicklung stehenden Triebwerken kompetitive Lärmdaten erwartet werden können, d.h. keine Festlegungen getroffen werden, die sich bei späterer genauerer Analyse als problematisch herausstellen.

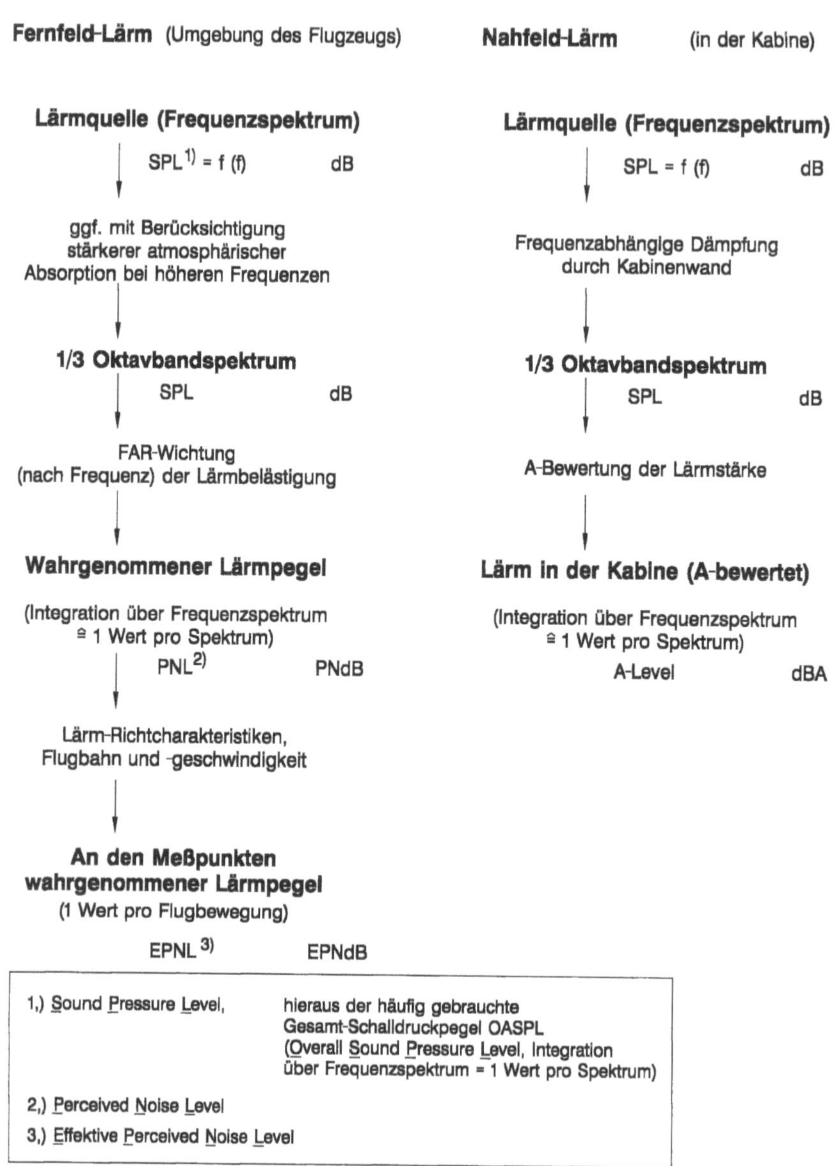

Bild 5.14.1: Prozedur bei Ermittlung der Parameter zur Schallemission und Lärmbelästigung

Aus bekannten theoretischen Zusammenhängen und aus der Analyse bestehender Triebwerke sind genügend Anhaltspunkte bekannt, um bei der Projektierung eines Triebwerks einschließlich seiner Installation bei zunächst schmaler Datenbasis in der Weise vorangehen zu können, daß günstige Vorbedingungen für spätere kompetitive Berechnungsergebnisse geschaffen werden. Im Vordergrund stehen dabei Turbofans und Mantelpropfans für den zivilen Luftverkehr, bei denen die bekannten, seit den 70er Jahren fortschreitend verschärften Zulassungsbedingungen entsprechend FAR Part 36 und die örtlichen Bestimmungen zur Beschränkung des Lärms in Flughafennähe mit ggf. kostenträchtigen Auflagen etc. einen starken Einfluß auf die Triebwerkentwicklung ausgeübt haben.

Während bei den im Luftverkehr eingesetzten Strahltriebwerken bis zu den 70er Jahren bei bis dahin relativ hohen spezifischen Schüben (entsprechend niedrigen Nebenstromverhältnissen) der Strahllärm dominierte, ist in der Entwicklung der Triebwerke mit hohen Nebenstromverhältnissen bis hin zu den in der Diskussion stehenden Einführung des Mantelpropfans der Fan-Lärm mehr und mehr in den Vordergrund getreten.

Hierzu zeigt Bild 5.14.2 die bei zivilen Turbofans mit niedrigen und mit hohen Nebenstromverhältnissen und bei militärischen Turbofans vorliegenden Emissionscharakteristiken qualitativ nach Stärke und Richtung. Dabei bestehen allerdings bei Start und Landung sehr beträchtliche Unterschiede in der relativen Stärke der verschiedenen Lärmquellen. Insbesondere tritt bei der Landung der Strahllärm gegenüber dem Fan-Lärm beträchtlich zurück, vgl. hierzu z.B. [5.14.1 und 5.14.10].

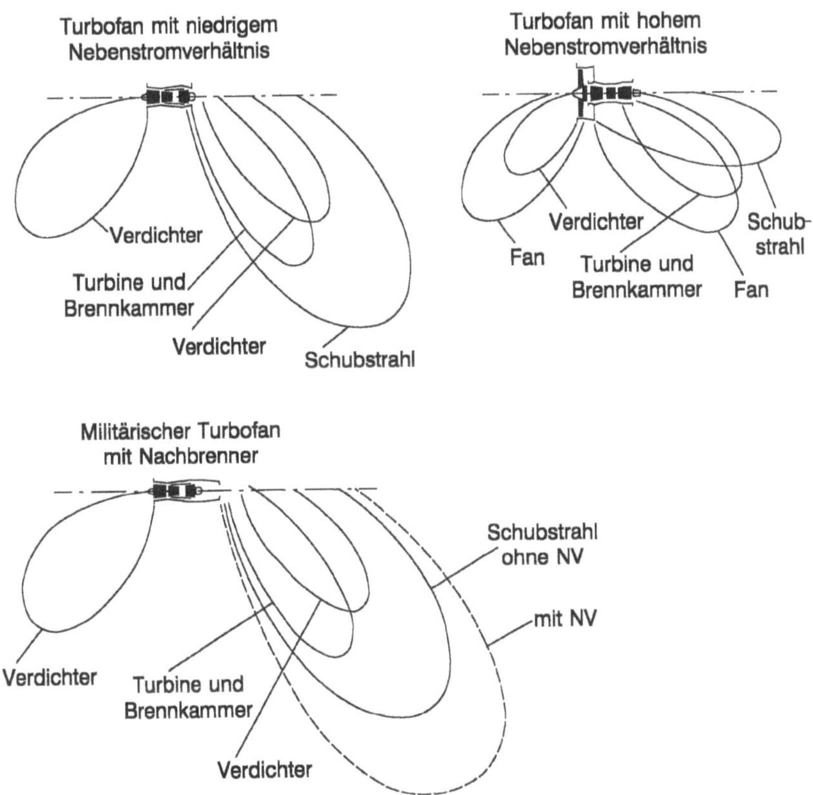

Bild 5.14.2: Typische Richtcharakteristiken der Lärmquellen bei verschiedenen Klassen von Strahltriebwerken

Während bei militärischen Turbofans die Optimierung des gesamten Triebwerks weiterhin im Sinne bestmöglicher Leistungsdaten bei minimalem Gewicht maßgebend ist, muß bei zivilen Turbofans und Mantelpropfans – ausgehend von den bestehenden Zulassungsbestimmungen und örtlichen Auflagen zur Lärmbegrenzung und deren zukünftig zu erwartenden weiteren Verschärfung – mit sichtbaren Konsequenzen für den Triebwerkentwurf gerechnet werden, so daß dieser Abschnitt im folgenden auf diese beiden Triebwerkklassen zugeschnitten wird. Behandelt werden der Fan-Lärm, der Turbinenlärm und der Strahllärm, wobei, wie schon angesprochen, die Lärmemission des Fans und die bestehenden konstruktiven Mittel zur Lärmbeschränkung im Vordergrund stehen.

Fan-Lärm

Der aus Wirtschaftlichkeitsgründen verfolgte Trend zu niedrigen spezifischen Schüben bis herunter zu Werten $F/M = 70$ bis 80 m/s bei MCR gibt zugleich einen Trend zu geringerem Fan-Lärm. Dabei sind zwei Lärmquellen zu betrachten:

- der dominierende, von den Laufschaufeln und der Relativbewegung Rotor/Stator verursachte Tonlärm entspricht der Laufschaufel-Drehfrequenz und ihren Harmonischen,
- der von den Schaufelgrenzschichten bzw. Nachlaufdellen an Laufrad und Leitrad ausgehende Breitbandlärm.

Die Zuordnung dieser beiden Lärmquellen nach Stärke und Frequenz ist in Bild 5.14.3 schematisch dargestellt. Dabei rücken sowohl die Schaufel-Drehfrequenztöne als auch das Maximum des Breitbandlärms mit größer werdendem Nebenstromverhältnis bei kleiner werdender Drehzahl zu niedrigeren Frequenzen. Was die Stärke des Fan-Lärms bei Änderung der Hauptauslegungsdaten betrifft, so ergibt sich nach [5.14.2], ausgehend vom dominierenden Lärm entsprechend den Schaufel-Drehfrequenzen, der Ansatz für die gesamte Lärmemissionsleistung (hier mit $z = $ Laufschaufelzahl)

$$P \sim M \cdot U^5 \cdot a_2^{-3} \cdot z , \qquad\qquad\qquad P \text{ in W} \qquad (5.14.1)$$

so daß daraus bei Änderung der Parameter M, U, a und z mit den beliebigen Bezugsgrößen M^*, U^*, a_2^* und z^* die Tendenz des resultierenden Schalldruckpegels

$$\Delta OASPL = 10\log(M/M^*) \cdot (U/U^*)^5 \cdot (a/a^*)_2^{-3} \cdot (z/z^*) \qquad OASPL \text{ in dB} \qquad (5.14.2)$$

folgt. Damit bestehen unter gleichen Bedingungen, insbesondere bei gleichem Schub, z.B. bei MCR oder MCL die zwei folgenden gegenläufigen Tendenzen:

- Mit abnehmendem spezifischen Schub nimmt der Triebwerkdurchsatz bzw. der Fan-Durchmesser entsprechend

$$D \sim \frac{1}{\sqrt{F/M}} \sim \sqrt{M} \qquad\qquad\qquad\qquad\qquad (5.14.3)$$

zu, so daß mit dem beliebigen Bezugsdurchsatz M^* unter sonst gleichen Bedingungen die Tendenz des gesamten Schalldruckpegels

$$\Delta OASPL \sim 10\log(M/M^*) \approx 20\log(D/D^*) \qquad OASPL \text{ in dB} \qquad (5.14.4)$$

besteht.

– Zugleich nimmt bei abnehmendem spezifischen Schub das Fan-Druckverhältnis und damit auch die Umfangsgeschwindigkeit ab (vgl. hierzu Bild 5.2.2.38), so daß unter sonst gleichen Bedingungen mit der Tendenz

$$\Delta OASPL \sim 10\log/(U/U^*)^5 \qquad\qquad OASPL \text{ in dB} \qquad (5.14.5)$$

gerechnet werden kann.

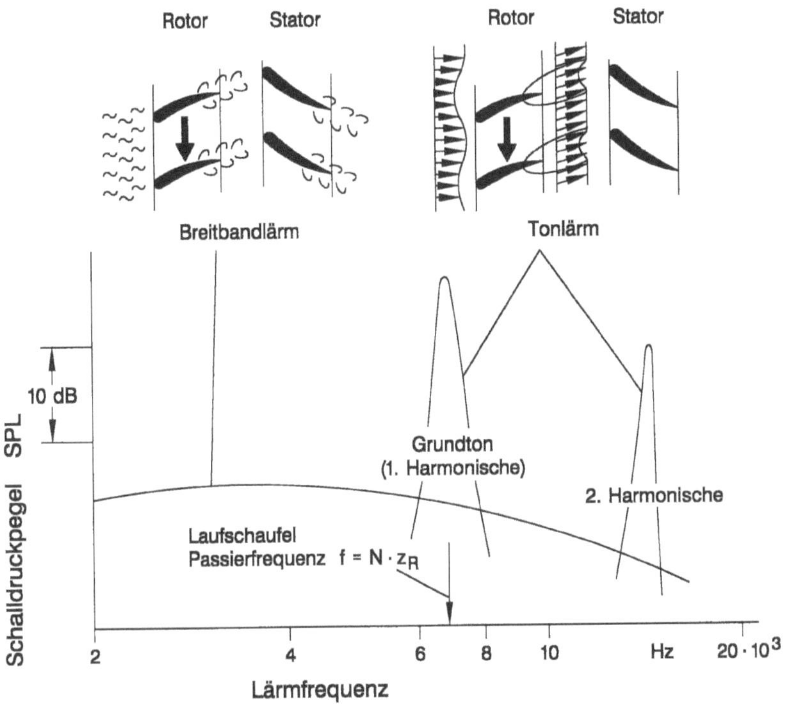

Bild 5.14.3: Fan-Lärmquellen und -Frequenzspektrum

Was die Fan-Laufschaufelzahl betrifft, so liegt diese unabhängig von der Triebwerkgröße und vom spezifischen Schub innerhalb enger Grenzen weitgehend fest. Während bei älteren Triebwerken mit schlanken Fan-Laufschaufeln mit Schwingungsdämpfern Laufschaufelzahlen $z = 32$ bis 38 anzutreffen sind, liegen diese bei modernen Triebwerken mit Laufschaufeln ohne Schwingungsdämpfer, die seit den 80er Jahren eingeführt wurden, im wesentlichen bei $z = 16$ bis 22, wenn man von einer vagen Tendenz zu noch kleineren Schaufelzahlen bei Mantelpropfans absieht, vgl. Abschnitt 5.2.2.2. Damit ergibt sich mit $z = const.$ in Bild 5.14.4 für Triebwerke mit gleichem Schub bei *MCR* bzw. *MCL* und gleichen Kreisprozeßdaten ($\Pi_V, T_{4.1}$), d.h. mit Daten entsprechend der „Parametrischen ZTL-Studie" (vgl. Abschnitt 4.2.1), bei Variation des Nebenstromverhältnisses bzw. des spezifischen Schubes $(F/M)_{MCR}$, die bei TO, 0/0, $X_{TO} = 0,9$ bestehende Tendenz des vom Fan ausgehenden gesamten Schalldruckpegels

$$\Delta OASPL = 10 \log(M/M^*) \cdot (U/U^*)^5 \qquad\qquad OASPL \text{ in dB} \qquad (5.14.6)$$

mit den Bezugswerten M^* und U^* für MCR bei $(F/M)^*_{MCR} = 200$ m/s entsprechend $\mu_{MCR} = 5,1$. Dabei folgen die Schaufel-Drehfrequenzen $(n = 1)$ mit ihren Harmonischen $(n = 2, 3, ...)$ dem ebenfalls in Bild 5.14.4 für $z = const.$ dargestellten Trend entsprechend

$$f_n = \frac{U_a \cdot z \cdot n}{D_a \cdot \pi} \qquad\qquad\qquad\qquad\qquad (5.14.7)$$

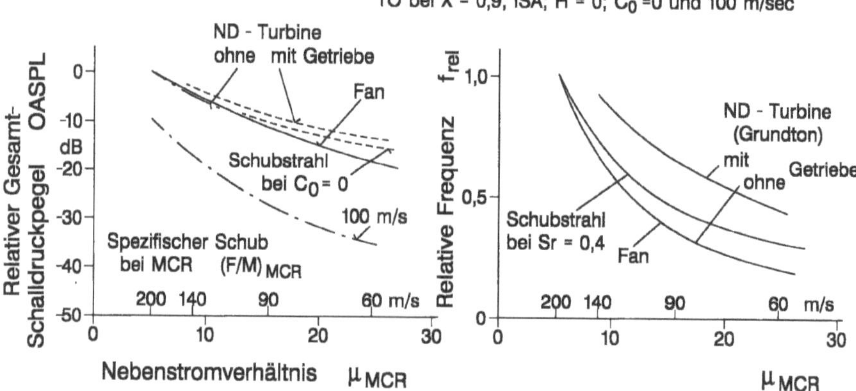

Bild 5.14.4: Tendenzen der relativen Schalldruckpegel und Frequenzen bei zivilen Turbofans und Mantelpropfans bei *TO* (Aero-/thermodynamische Daten aus „Parametrischer ZTL-Studie")

Zum besseren Verständnis enthält Bild 5.14.4 zugleich auch die im folgenden noch zu behandelnden Tendenzen des Turbinen- und Strahllärms.

Aus verständlichen Gründen hat der axiale Abstand zwischen Fan-Rotor und -Stator beträchtlichen Einfluß auf den Tonlärm, wie in Bild 5.14.5 dargestellt ist. Bei ausgeführten Triebwerken liegt das Verhältnis $s/l_{ax,R}$ im Bereich 1,5 bis 2,2 (in Einzelfällen bis 3,2). Teilweise sind die Leitschaufeln bis zu 30° axial gepfeilt, so daß die größten Werte $s/l_{ax,R}$ am Außendurchmesser entstehen. Dies bringt eine zusätzliche Verminderung des Tonlärms um 1 bis 2 dB. Ferner ist nach [21] zur Neutralisierung der Ausbreitung des Tonlärms nach vorn und hinten das Verhältnis der Schaufelzahl des Rotors und Stators entsprechend

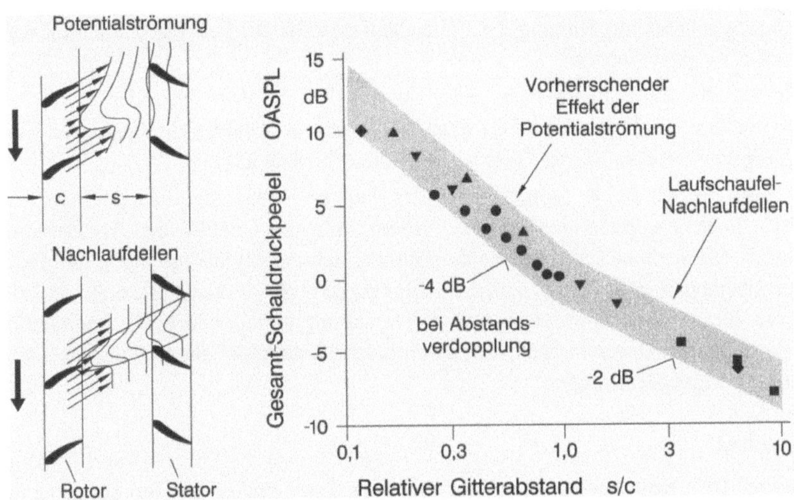

Bild 5.14.5: Änderung des Fan-Lärms mit dem Abstand zwischen Rotor und Stator (nach [5.14.3])

$$\frac{z_S}{z_R} = \zeta_n \cdot (1 + Ma_{W1,a})\, n \tag{5.14.8}$$

mit ζ_n im Bereich 0,85 bis 1,1 zu wählen. Aus praktischen Gründen beschränkt sich diese Maßnahme im allgemeinen auf die 1. Ordnung der Schaufel-Drehfrequenz, d.h. mit $n = 1$ wird entsprechend Gl. 5.14.8 mit $\zeta_1 = 1{,}1$

bei Fan-Druckverhältnis	$\Pi_F =$	1,35	1,80
und Spitzen-Anström-Mach-Zahlen	$Ma_{W1} =$	1,0 ... 1,1	1,4 ... 1,58
das Schaufelzahlverhältnis	$z_S / z_R =$	2,2 ... 2,3	2,64 ... 2,83

Tatsächlich zu finden sind bei bestehenden oder projektierten Triebwerken im gesamten Bereich der Fan-Druckverhältnisse bei $n = 1$ Faktoren im Bereich $\zeta_1 = 0{,}85$ bis 1,1, während in Einzelfällen, bei denen offenbar die 2. Ordnung mit abgedeckt werden soll, nach Gl. 5.14.8 mit $n = 2$ Werte $\zeta_2 = 0{,}85$ bis 0,90 vorkommen. Da bei modernen Triebwerken mit Laufschaufeln ohne Schwingungsdämpfer über alle Nebenstromverhältnisse bzw. Fan-Druckverhältnisse hinweg $z_R = 16$ bis 22 (im Einzelfall 26) ist, ergäben sich somit Leitschaufelzahlen im Bereich $z_S = 30$ bis 30. Mit der Festlegung der Leitschaufelzahl ergibt sich indirekt auch die axiale Erstreckung der Leitschaufeln, da bezüglich Strömungswinkeln und Teilungsverhältnis nur wenig Freiraum besteht. Damit ist zugleich die gelegentlich versuchte Kombination des Nachleitgitters mit den Rippen des Lagerträgers zumindest mit akustischen Nachteilen verbunden.

Durch die bei Mantelpropfans aufgrund der niedrigen Umfangsgeschwindigkeiten technisch mögliche axiale Pfeilung der Laufschaufeln kann der Fan-Lärmpegel um weitere 1 bis 2 dB gesenkt werden.

Aufgrund des Zusammenwirkens des Fans mit dem dahinter liegenden Verdichter entstehen weitere Tonlärmspitzen, die erst bei genauerer Analyse der gesamten Fan-/Verdichterpartie mit detaillierter Datenbasis ermittelt werden können.

Das absolute Niveau der Lärmemission des Fans ist – neben den beschriebenen Parametern – noch von anderen Faktoren, insbesondere der Qualität der Aerodynamik abhängig, da z.B. örtliche Instabilitäten der Grenzschichten, ungünstige Stoßkonfigurationen bei Überschallanströmung, örtliche Ablösungen z.B. im Nabenbereich, seitliche Hohlräume, die mit dem Strömungskanal in Verbindung stehen, und große Radialspalte – eben alles, was zu Abweichungen von der absoluten Rotationssymmetrie der Strömung führt – zum Lärmpegel beitragen.

Turbinenlärm

Der Turbinenlärm bzw. der aus dem Kerntriebwerk kommende Lärm hat aufgrund der Kombination des aus der Relativbewegung der Schaufeln und der Schaufelumströmung entstehenden Tonlärms und Breitbandlärms mit dem aus der Brennkammer direkt kommenden, niederfrequenten Lärm und dem Lärm, der von den aus der Brennkammer kommenden örtlich/zeitlichen Ungleichförmigkeiten der Strömung in der Turbine sekundär erzeugt wird, eine äußerst komplexe Struktur. Der aus der Turbine nach hinten austretende Lärm ist gegenüber den anderen Lärmquellen im allgemeinen zwar nicht dominierend, aber dennoch nicht vernachlässigbar. Aufgrund der gleichartigen physikalischen Bedingungen in Verdichtern und Turbinen bestehen gute Gründe anzunehmen, daß auch bei Turbinen eine ähnliche Gesetzmäßigkeit wie bei Verdichtern entsprechend Gl. 5.14.2 herrscht. In der Tat besteht nach [5.14.4] beim Vergleich der Schalleistungen verschiedener Turbinen ein Zusammenhang entsprechend

$$P \sim M \cdot U_{rel}^3 \cdot a_5^{-3} \cdot z \quad , \qquad\qquad\qquad P \text{ in W} \qquad (5.14.9)$$

wobei hier U_{rel} die Relativgeschwindigkeit Rotor/Stator und z die Zahl der Stufen ist. Hieraus folgt mit den beliebigen Bezugswerten M^*, U^*, a_5^* und z^* der Trend des gesamten Schalldruckpegels

$$\Delta OASPL \approx 10\log(M/M^*) \cdot (U/U^*)^3 \cdot (a/a^*)_5^{-3} \cdot (z/z^*) \qquad OASPL \text{ in dB} \qquad (5.14.10)$$

Danach ergibt sich mit zunehmendem Nebenstromverhältnis im Vergleich zum Fan-Lärm ein ähnlich starker Abfall des Turbinenlärms, da hier unter sonst gleichen Bedingungen (z.B. wie beim Fan-Lärm entsprechend der „Parametrischen ZTL-Studie“), die Größe des Kerntriebwerks bzw. dessen Durchsatz abnimmt, die Relativgeschwindigkeit zurückgeht und die Schallgeschwindigkeit sich im ganzen Bereich der Nebenstromverhältnisse nur wenig ändert, während die Stufenzahl zunimmt. Der bei Daten nach der „Parametrischen ZTL-Studie“ und relevanten Stufenzahlen, z.B. nach Abschnitt 5.2.3, sich einstellende Trend des Turbinenlärmpegels ist in Bild 5.14.4 für TO, 0/0 mit eingetragen. Was den Tonlärm betrifft, so kann auch hier durch Festlegung der Relation der Schaufelzahlen der letzten Stufe entsprechend Gl. 5.14.8 mit der Mach-Zahl Ma_{W2} am

Laufradaustritt zumindest der Tonlärm entsprechend der 1. Ordnung der Schaufel-Drehfrequenz neutralisiert werden. Bei einer größeren Anzahl mehrstufiger HD-/ND-Turbinen wurden in der Mehrzahl der Fälle bei Werten $z_S / z_R = 0,8$ bis 1,1 allerdings Werte ζ_1 im Bereich 0,50 bis 0,65, in wenigen Fällen bei $z_S / z_R = 1,4$ bis 1,7 unter der Annahme, daß hier auch die 2. Ordnung mit abgedeckt werden soll, $\zeta_2 = 0,40$ bis 0,47 gefunden. Nach [21] ist in der Tat bei Turbinen ein wesentlich niedrigerer Koeffizient ζ als bei Fans erforderlich, um die Ausbreitung der Grundfrequenz zu unterbinden. Ebenso wie beim Fan führt auch hier das Verhältnis z_S / z_R der Schaufelzahlen der letzten Stufe zu der akustisch wünschenswerten Relation der axialen Gitterbreiten $(L_S / L_R)_{ax}$, vgl. Abschnitt 5.2.3.2.

Während davon ausgegangen werden kann, daß bei zivilen Turbofans ohne Getriebe auch der Turbinenlärm mit zunehmendem Nebenstromverhältnis abnimmt, entsteht jedoch beim Übergang zum Mantelpropfan mit Getriebe mit Blick auf Gl. 5.14.10 möglicherweise eine neue, weniger günstige Situation, vgl. Bild 5.14.4.

Strahllärm

Die von einem Düsenstrahl emittierte Schalleistung folgt im wichtigen Bereich der Strahlgeschwindigkeiten nach [21] und [5.14.5] dem Gesetz

$$P \sim M \cdot C^7 \cdot a_0^{-5} \qquad\qquad P \text{ in W} \qquad (5.14.11)$$

mit der Strahlgeschwindigkeit C relativ zur Umgebung, d.h. zur Fluggeschwindigkeit C_0 und der Schallgeschwindigkeit a_0 in der Umgebung. Daraus ergibt sich mit den beliebigen Bezugsgrößen M^*, C^* und a_0^* die Tendenz des gesamten Schalldruckpegels

$$\Delta OASPL = 10 \log(M / M^*) \cdot (C / C^*)^7 (a / a^*)_0^{-5} \qquad OASPL \text{ in dB} \qquad (5.14.12)$$

Nach [5.14.4 und 5.14.5] mag unter der Voraussetzung, daß der Strahllärm vom Kerntriebwerklärm nicht zu trennen ist und daher mit diesem gemeinsam korreliert werden muß, die Formulierung

$$\Delta OASPL = 10 \log(M / M^*) \cdot (C / C^*)^n (a / a^*)_0^{2-n} \qquad OASPL \text{ in dB} \qquad (5.14.13)$$

gerechtfertigt erscheinen, wobei der Exponent n, wie aus Bild 5.14.6 abgeleitet werden kann, bei Mach-Zahlen $Ma < 1$ bei Strahlen aus Kerntriebwerken gegenüber $n = 7$ zunehmend kleiner wird. Bei Strahlen aus dem kalten Kreis und bei Modelldüsen bleibt dagegen im gesamten Mach-Zahl-Bereich der Exponent $n = 7$ erhalten. In Bild 5.14.4 ist die nach Gl. 5.14.13 mit Daten nach der „Parametrischen ZTL-Studie" und $n = 7$ sich ergebende Tendenz eingetragen. Daraus ist zu erkennen, daß der Strahllärm mit zunehmendem Nebenstromverhältnis stärker abnimmt als der Fan-Lärm und der Turbinenlärm.

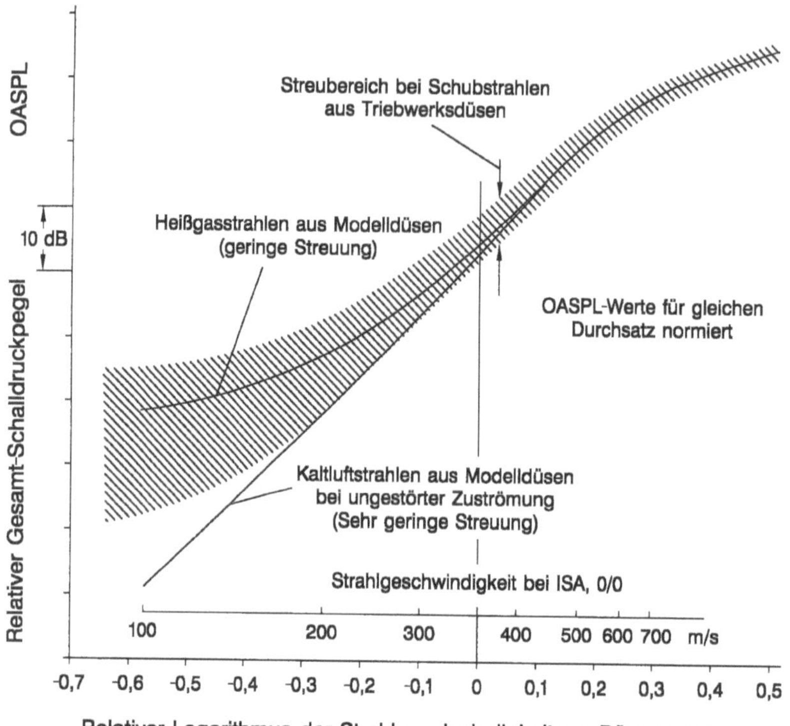

Bild 5.14.6: Gesamt-Schalldruckpegel bei Triebwerks- und Modelldüsen nach [5.14.5]

Das Maximum der Lärmemission entsteht nach Bild 5.14.7 hinter dem Düsenaustritt dort, wo der ursprüngliche Strahlkern aufgrund der turbulenten Durchmischung mit der Umgebung aufgezehrt ist und die Strahlgeschwindigkeit in der Strahlachse abzusinken beginnt. Dabei tritt nach [12] und [5.14.6] bei Kreisdüsen die höchste Schallintensität bei Strouhal-Zahlen

$$Sr = \frac{f}{C/D} \approx 0,15 \text{ bis } 0,50 \tag{5.14.14}$$

auf, während bei Düsen von Turbofans nach [5.14.6] die maximale Schallintensität, allerdings bei modifizierten Strouhal-Zahlen

$$Sr = \left(\frac{f}{\overline{C} \cdot D}\right) \cdot \sqrt{\frac{C_k}{C_h}} \approx 0,12 \text{ bis } 0,45 \;, \tag{5.14.15}$$

d.h. etwa im selben Bereich wie oben erreicht wird. Daraus ergibt sich, daß bei Variation der Kreisprozeßdaten entsprechend der „Parametrischen ZTL-Studie" die Frequenz des Strahllärms im Bereich höchster Schallintensität mit zunehmendem Nebenstromverhältnis etwas weniger schnell absinkt als jene des Fans, vgl. hierzu Bild 5.14.4.

Dieses in Bild 5.14.7 an einem Beispiel dargestellte Phänomen kann als Ausgangspunkt gelten für die bei Einkreis-Strahltriebwerken und frühen Zweikreis-Strahltriebwerken mit niedrigem Nebenstromverhältnis – im allgemeinen als nachträgliche Maßnahme zur Erfüllung von Auflagen zur Lärmbeschränkung – praktizierte Auflösung des
Schubstrahls in Einzelstrahlen oder die sternförmige Zerklüftung der Düsenfläche mit
Ansaugung von Luft aus der Umgebung, etwa nach [10], [21] und [5.14.9], weil dadurch
die axiale Ausdehnung der oben angeführten intensiven Durchmischungszone verkleinert
wird. Diese Maßnahme verliert allerdings ihre Wirkung bei Strahlgeschwindigkeiten
$C < 500$ m/s. Ferner ist dabei ein gewisser Schubverlust hinzunehmen. Nach [21] ist bei
einer Lärmreduzierung

$$\Delta OASPL = \qquad 5 \qquad 10 \qquad 15 \ \text{dB}$$

mit einem Verlust an Bruttoschub

$$(\Delta F / F)_{Br} = \qquad 0{,}25 \qquad 1 \qquad 4 \ \%$$

zu rechnen, der je nach Flugbedingung und spezifischem Nettoschub des Triebwerks
entsprechend höhere Verluste an Nettoschub bedeutet.

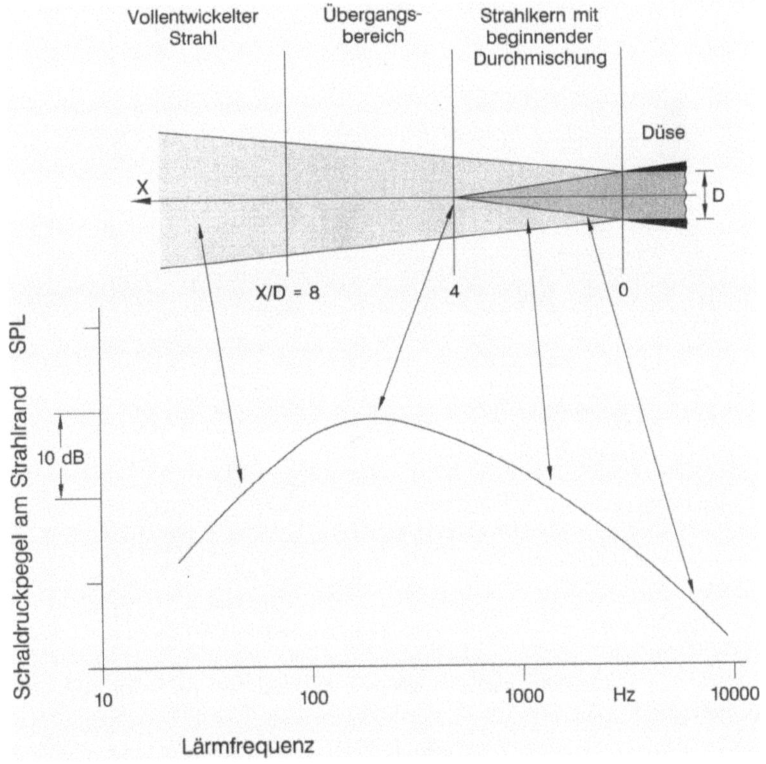

Bild 5.14.7: Sitz und Stärke der Lärmquellen im Schubstrahl, nach Terzanalyse

Auch das Geschwindigkeitsprofil am Düsenaustritt hat nach [5.14.7 und 5.14.8] einigen Einfluß auf die Stärke der Lärmemission; jedenfalls wurde nach [6.6.10] versucht, bei einem Turbofan mit niedrigem Nebenstromverhältnis bei *TO* durch Umschaltung dafür Sorge zu tragen, daß der aus dem Nebenstromkanal kommende Strom von dem aus dem Kerntriebwerk kommenden heißen Strom mit höherer Strahlgeschwindigkeit eingehüllt und damit der Strahllärm reduziert wird. In [5.14.9] wird auch die Dämpfung des Strahllärms bei *TO* durch Einschwenken von Elementen in den Abgaskanal zur Bildung einer internen Mehrfachdüse bei einem Triebwerk für ein Überschall-Verkehrsflugzeug beschrieben.

Lärmabsorption durch Auskleidungen im Einlauf, Nebenstrom- und Abgaskanal

Da der Fan-Lärm bei modernen Turbofans mit zunehmendem Nebenstromverhältnis bis hin zum Mantelpropfan mehr und mehr dominiert – vgl. hierzu auch [5.14.10] – wird den Methoden der Absorption des Fan-Lärms hohe Beachtung geschenkt. Praktische Bedeutung hat bisher nur die Reduktion der Lärmemission durch schallabsorbierende Auskleidungen, vgl. Bild 5.14.8.

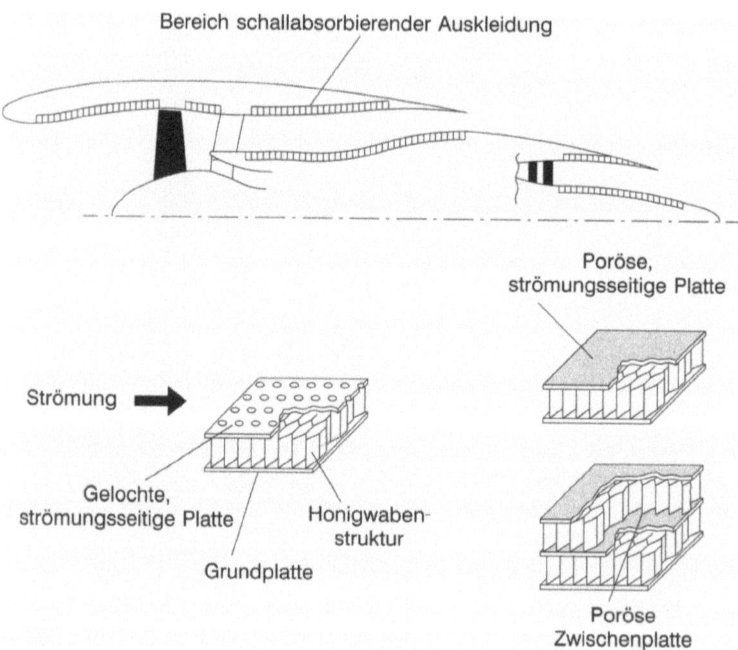

Bild 5.14.8: Anwendung und Struktur schallabsorbierender Auskleidungen der Strömungskanäle bei zivilen Turbofans

Den verschiedenen, vorwiegend auf dem Prinzip der Helmholtz-Resonatoren beruhenden Auskleidungselementen zur Lärmabsorption ist gemeinsam, daß ihre optimale Tiefe *d* etwa proportional der Wellenlänge des zu absorbierenden Schalls ist. Sie werden auch bei optimaler Tiefe d um so weniger wirksam, je tiefer die Frequenzlage des ankommenden Schalls ist. Praktisch realisierbar bzw. in der Gondelstruktur unterzubringen sind dabei Auskleidungstiefen im Bereich $d \leq 50$ mm. Im übrigen ist das Verhältnis der Kanallänge L zur Kanalbreite h oder des Durchmessers D aufgrund der davon abhängigen Zahl der Reflektionen der Schallwellen der konstruktiv maßgebende Parameter. Beim Nebenstromkanal nimmt, wie leicht verständlich, das Verhältnis L/h entsprechend Abschnitt 5.5.3 mit zunehmendem Nebenstromverhältnis ab, während gleichzeitig die Tiefe der Auskleidungen bei weitem nicht in dem Ausmaß erhöht werden kann, wie dies aufgrund der gleichzeitig abnehmenden Schaufel-Drehfrequenzen und des Maximums des Breitbandlärms bei gleicher Wirksamkeit der Auskleidung erforderlich wäre.

Die maximale Wirksamkeit von Auskleidungen scheint in einem Falle, d.h. nach [21] – abhängig von der Frequenz – im Bereich Tiefe/Wellenlänge = 0,10 bis 0,25 zu liegen, während in einem anderen Fall, d.h. nach [5.14.11] – allerdings bei tieferem Frequenzniveau – das Maximum bei Werten um 0,09 bis 0,11 auftritt. Entsprechend ist die Wirkung in diesen beiden Fällen bei gleichem Verhältnis Kanallänge/-breite nach Bild 5.14.9 außerordentlich unterschiedlich. Dies ist aufgrund der unterschiedlichen Frequenzlage, möglicherweise aber auch aufgrund verschiedener Strukturen der Auskleidungen, vgl. Bild 5.14.8, nicht anders zu erwarten.

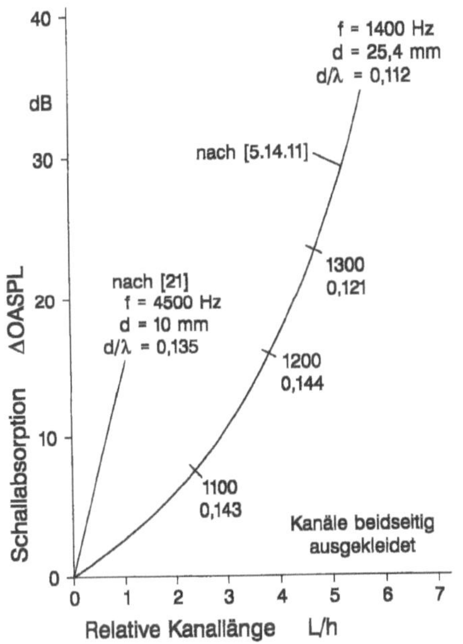

Bild 5.14.9:
Beispiele für die Wirkung von schallabsorbierenden Auskleidungen, jeweils bei Frequenz mit maximaler Wirkung

Während bei bestehenden zivilen Turbofans und projektierten Mantelpropfans die Abnahme der relativen Länge L/h des Nebenstromkanals nach Abschnitt 5.5.3 sehr beträchtlich ist, liegen bei Einläufen die Verhältnisse L/D_{min} im Bereich um 0,5 bis 0,6 (im Einzelfall bis 0,8) mit vage fallender Tendenz zu höheren Nebenstromverhältnissen hin, während bei Turbinenabgaskanälen mit Zentralkörper Werte $L/h = 2{,}7$ bis 5,8, bei Kanälen ohne oder mit kurzem Zentralkörper Werte um 0,7 bis 2,2 zu finden sind. Die in Einläufen und Abgaskanälen erreichte Minderung der Schallemission liegt nach [21] im Bereich < 5 dB, während in Nebenstromkanälen 5 bis 10 dB erreicht werden. Trotz der mit zunehmendem Nebenstromverhältnis abnehmenden Wirkung der Schallabsorption durch Auskleidungen aufgrund kürzer werdender Nebenstromkanäle und zu tieferen Werten tendierender Frequenzlage bleibt jedoch die Tendenz des emittierten Fan-Lärms im Sinne der erreichbaren EPNL-Werte fallend, vgl. [5.14.10].

Von gewisser Wirkung ist bei Turbofans mit erzwungener Mischung beider Kreise die absorbierende Wirkung des Mischers gegenüber dem aus Fan und ND-Turbine ankommenden Lärm, vgl. hierzu [5.5.4].

Schlußbemerkungen

Beim Vergleich des Fan-Lärms und Strahllärms von modernen Turbofans mit 1-stufigem Fan und Auskleidungen unter anderem im Nebenstromkanal dominiert der Fan-Lärm bei *TO* bereits bei Nebenstromverhältnissen im Bereich $\mu > 2$ bis 4. Bei der Landung ist der Fan-Lärm in viel stärkerem Maße dominierend, weil bei Teillast der Strahllärm stärker zurückgeht als der Fan-Lärm. Interessant ist, daß bei früheren Korrelationen, z.B. nach [21], der resultierende Fan-Lärm mit zunehmendem Nebenstromverhältnis anstieg, während er in neueren Studien, z.B. nach [5.14.10], abnimmt. Diese abfallende Tendenz ist zumindest in qualitativer Übereinstimmung mit Gl. 5.14.1 und 5.14.5 bzw. Bild 5.14.4. Dabei ist allerdings in Erinnerung zu bringen, daß die Tendenz des resultierenden Schalldruckpegels aufgrund der in Bild 5.14.1 angesprochenen Umrechnungsprozesse aus mehreren Gründen nicht jener des effektiv wahrgenommenen Schalldruckpegels EPNL entspricht.

Schließlich sei darauf hingewiesen, daß die weitere Entwicklung der Triebwerke und der dabei verfolgten Methoden zur Lärmbekämpfung z.B. nach [5.14.12 und 5.14.13] auf ein Lärmniveau hinführt, das bei Flugzeugen in der Start- und vor allem Landungskonfiguration zutrifft, und damit eine natürliche Grenze finden wird, deren Überschreitung nicht sinnvoll erscheint.

Ferner sei erwähnt, daß durch intensive Beschallung der Zelle, wie sie z.B. bei der Installation offener Propfans am Flugzeugheck in geringem Abstand vom Rumpf auftritt, durchaus Festigkeitsprobleme durch akustische Ermüdung der Zellenhaut auftreten können. In diesem Zusammenhang sei erwähnt, daß der Kabinenlärm – insbesondere bei strahlgetriebenen Verkehrsflugzeugen – mehrere Ursachen hat, zu denen der von den Triebwerken ausgehende Lärm bei Installation am Flügel nur wenig beiträgt. Nur bei Propellerflugzeugen stellt der in der Propellerebene abgestrahlte, niederfrequente und damit schwer zu dämmende Lärm eine Hürde dar, wenn in der Kabine ein akzeptables Niveau von ca. 80 dBA erreicht werden soll.

In neuerer Zeit wird ins Auge gefaßt, die Schallemission des Fans durch aktive Beeinflussung zu verringern, indem durch Lautsprecher im Einlauf und Nebenstromkanal die Schallwellen mit gleicher Frequenz wie die vom Fan ausgehenden, jedoch synchron in entgegengesetzter Phasenlage emittieren mit dem Ziel, die vom Fan ausgehenden Schallwellen ganz oder teilweise zu neutralisieren.

5.15 Aspekte der Triebwerkregelung

Bei der Projektierung eines Triebwerks steht die Frage der Regelung im Normalfall zunächst im Hintergrund, da man in keinem Falle akzeptieren würde, daß die Erfüllung der gestellten Forderungen an Betriebsdaten und Leistungen etc. durch die Regelung beeinträchtigt bzw. eingeengt werden könnte. Allerdings wird man sich bei der Konzipierung eines Triebwerks mit besonders hoher Zahl von Stellgliedern (z.B. bei hohem Grad an variabler Geometrie und/oder bei Bewältigung einer besonders ausgedehnten Einsatzenveloppe, z.B. in den Hyperschallbereich hinein, vgl. z.B. [6.8.3]) schon frühzeitig mit der konstruktiven Beherrschung der geforderten Einflußnahme auf die Triebwerkkonfiguration befassen.

Entsprechend wird man sich im Laufe der fortgeschrittenen Projektierung darauf konzentrieren, die Realisierbarkeit der aus dem Missionszuschnitt resultierenden Betriebsbedingungen durch Schaffung entsprechender Eingriffsmöglichkeiten am Triebwerk sicherzustellen. Zu den Forderungen an den Regler, deren Erfüllung bei jedem Triebwerkprojekt bzw. -konzept unabdingbar ist, zählen:

- Einstellung des gewünschten Schubes bzw. der Leistung entsprechend der Gashebelstellung unter allen Flugbedingungen,
- Aerodynamische Stabilität des Triebwerks unter allen stationären und instationären Betriebsbedingungen, insbesondere bei Beschleunigung und Verzögerung. Dabei ist aufgrund der nicht zu umgehenden Auslenkung der Arbeitslinie im Verdichter die Wahrung ausreichenden Abstandes zur Pumpgrenze und die Einhaltung der maximal zulässigen Turbineneintrittstemperatur von höchster Bedeutung. Siehe hierzu einige Gesichtspunkte in Abschnitt 4.2.9,
- Begrenzung bestimmter Betriebsparameter zur Sicherstellung der Integrität des Triebwerks bzw. zur Vermeidung mechanischer Schäden oder raschen Verbrauchs an Lebensdauer kritischer Teile,
- Reaktion auf Signale von Überwachungssonden etc. zur Vermeidung sich anbahnender Schäden,
- Sicherstellung der Bordversorgung mit elektrischer Energie und Druckluft,
- Schließlich – bei zukünftigen Reglern – Anpassung der Triebwerkparameter an Alterung/Abnützung von Komponenten zur Optimierung der Betriebsverhältnisse und zur Vermeidung von Folgeschäden (adaptive Regler).

Zur Entlastung des Piloten wird dabei die Tendenz verfolgt, ihn nur mit der Bedienung des Gashebels, d.h. mit der Einstellung des Schubes bzw. der Leistung, ggf. der Betätigung des Schubumkehrers, ggf. mit der Ein- und Ausschaltung des Nachbrenners und natürlich mit dem Anlassen und Abschalten des Triebwerks zu belasten, während alle anderen Funktionen/Reaktionen des Reglers von diesem selbst beherrscht bzw. eingeleitet und erledigt werden. Was die direkten bzw. operationellen, d.h. vom Piloten zu veranlassenden Aktionen und die ohne Zutun des Piloten, d.h. indirekten bzw. internen, d.h. Schub bzw. Leistung nicht betreffenden Aktionen des Reglers betrifft, stehen je nach Triebwerkklasse und -konzept eine Anzahl von Stellgliedern zur Verfügung, die im folgenden erläutert werden. Dabei muß im Auge behalten werden, daß die relevanten aerodynamischen und mechanischen Triebwerkparameter nur innerhalb Reaktionszeit-

Intervallen veränderbar sind, die um Größenordnungen verschieden sind. Während Änderungen der aero-/thermischen Parameter sich in Zeiträumen von 1 – 10 ms abspielen können, benötigt z.B. die Änderung des Brennstoffdurchsatzes, der Stellung von Leitschaufeln, Ventilen oder Düsenflächen Zeiträume, die von 3 bis 5 Millisekunden (z.B. bei kleinen Änderungen der Leitschaufelstellung) bis in den Bereich oberhalb von 0,1 s reichen können. Demgegenüber laufen Änderungen der Drehzahlen, z.B. von Leerlauf auf Vollast, aufgrund der Rotordrehmassen in Zeiträumen von mehreren Sekunden ab.

Die wichtigsten Stellglieder sind die folgenden:

- Das Brennstoff-Zumeßgerät der Brennkammer, das entsprechend der Gashebelstellung, abhängig von den Flugbedingungen, die zuzuführende Brennstoffmenge einstellt. Bei Brennkammern mit Pilot- und Hauptstufe ist dabei lastabhängig die Mengenaufteilung einzustellen.

  Bei Beschleunigung/Verzögerung des Triebwerks muß die Zumessung des Brennstoffs so erfolgen, daß beim Hochfahren (vor allem aus dem Leerlauf) die Stabilität der Verdichterpartie gewahrt bleibt und die zulässige Turbineneintrittstemperatur nicht überschritten wird, während beim Verzögern (vor allem auf Leerlauf) ein Verlöschen des Triebwerks vermieden wird.

- Bei Verdichtern mit variabler Geometrie müssen die Leitschaufeln nach vorprogrammiertem Schema, abhängig von der reduzierten Drehzahl und anderen Parametern, z.B. dem Gradienten der Drehzahl, dem Re-Niveau, ggf. dem Niveau der Eintrittsstörungen etc., die Stellung erhalten, die vom Standpunkt der Pumpgrenze und des Wirkungsgrades als optimal ermittelt wurde. Dabei ist vom Regler auch der Einfluß momentaner Fehleinstellungen auf Leistung und Stabilität des Triebwerks zu beherrschen.

- Vor allem bei Triebwerken mit großem Nebenstromverhältnis und „Booster"-Stufen hinter dem Fan müssen bei Teillast, abhängig vom Temperaturverhältnis $T_{4.1}/T_2$ bzw. von der reduzierten Drehzahl des HD-Verdichters, Abblaseventile hinter den „Booster"-Stufen zum Nebenstromkanal geöffnet werden, um die Stabilität des ND-Verdichters zu gewährleisten.

  Bei zweiwelligen Mantelpropfans wird man in diesem Sinne sowohl variable Geometrie im ND-Verdichter als auch Abblaseventile nach dem ND-Verdichter zu betätigen haben.

  Bei 3-Wellen-Triebwerken gilt in abgeschwächter Form ähnliches wie bei 2-Wellen-Turbofans.

- Soll die Bordversorgung mit Druckluft bei einem vorgesehenen maximalen Druck erfolgen, der an der Entnahmestelle im Triebwerk je nach Flug- und Betriebsbedingungen höher sein kann, so ist ein entsprechendes Drosselventil lastabhängig zu betätigen.

- Bei Propeller-Triebwerken wird die Stellung der Propellerblätter durch Eingriff von außen (Flugregler), im allgemeinen bei konstanter Propellerdrehzahl in Abhängigkeit von den Flugbedingungen eingestellt. Dabei wird das am Propeller auftretende Drehmoment kontrolliert und vom Triebwerkregler limitiert.

- Bei Hubschraubertriebwerken wird die Drehzahl der Nutzturbine bzw. des Hubrotors im gesamten Leistungsbereich durch den Triebwerkregler konstant gehalten und das Drehmoment über die Brennstoffzumessung bei beliebiger Rotorblattstellung durch den Triebwerkregler limitiert. Bei zweimotorigen Antrieben wird zudem durch einen besonderen Regelkreis für gleiche Leistung beider Triebwerke gesorgt.

– Bei Mantelpropfans mit verstellbaren Fan-Schaufeln wird die Blattstellung in Abhängigkeit von der Belastung und den Flugbedingungen eingestellt, d.h. bei relativ hoher Drehzahl entweder kontinuierlich verstellt oder in mehreren Positionen (z.B. für Start, Landung und Flug) fest eingestellt.

– Bei Turbofans/Mantelpropfans mit aktiver Kontrolle des Radialspiels im Turbinenbereich ist das Ventil für die Beaufschlagung des Gehäuses der ND-Turbine mit Druckluft aus dem Bereich des Austritts der „Booster"- bzw. NDV-Stufen zu betätigen. Diese Aktion wird mit Rücksicht auf die geringere thermische Trägkeit des Gehäuses gegenüber dem Rotor rechtzeitig vor der Drosselung des Triebwerks durch den Piloten veranlaßt. Daher kann diese Technik nur im zivilen Einsatz angewendet werden.

– Bei rekuperativen Triebwerken ist zur Verwirklichung wirtschaftlichen Betriebs, d.h. mit minimalem Brennstoffverbrauch, die Kapazität der Nutzturbine durch Verstellung der Leitschaufeln zumindest einer Stufe zu veranlassen.

– Bei Triebwerken mit konventionellem Schubumkehrer, d.h. bei Turbofans mit großem Nebenstromverhältnis durch Umkehrung des Nebenstroms mittels Türen im Fan-Mantel, bei militärischen Turbofans des gesamten Stroms durch Schubumkehrer hinter der Düse, ist das Triebwerk beim Übergang zur Schubumkehrung auf Leerlauf zu bringen und nach Betätigung des Schubumkehrers wieder hochzufahren.

– Beim Einschalten des Nachbrenners militärischer Turbofans besorgt der Regler zunächst – ggf. zusammen mit dem Hochfahren der Nachbrenner-Brennstoffpumpe bei separatem Antrieb – über einen speziellen Regelkreis das Füllen der Brennstoffleitungen, die im allgemeinen in mehrere parallele Äste verzweigt sind, und nach dem Zünden die dazu nötige Voröffnung der Düse, um die Fan-Arbeitslinie im zulässigen Kennfeldbereich zu halten. Danach wird

  – bei geschlossenem Regelkreis entsprechend dem gewünschten Schub der einzubringende Brennstoff als primäre Aktion reglergesteuert auf die einzelnen Äste der Brennstoffleitungen verteilt und davon abhängig die entsprechende Düsenöffnung so eingestellt, daß die gewünschte NDV-Arbeitslinie erreicht wird, oder

  – bei offenem Regelkreis entsprechend der primär eingestellten Düsenöffnung davon abhängig die Brennstoffmenge eingebracht und verteilt, vgl. Abschnitt 5.4.1.

Auf die im Nachbrennerbetrieb, besonders im oberen Lastbereich, bestehende Neigung zu Stabilitätsproblemen (Brummen und Kreischen) wird weiter unten im Zusammenhang mit den Überwachungsaktivitäten eingegangen.

Ferner sind folgende – zwar nicht in direktem Zusammenhang mit Laständerungen stehende – Regleraktionen möglich bzw. vorgesehen, um aerodynamische Stabilität und/oder mechanische Betriebssicherheit zu gewährleisten. Diese sind durch entsprechende Sonden etc. einzuleiten:

– Beim Auftreten stationärer und pulsierender Druckstörungen am Triebwerkeintritt (dies gilt besonders bei militärischen Turbofans) muß die Stellung der Verdichterleitschaufeln geändert, ggf. die Düse geöffnet und die Brennstoffzufuhr zurückgenommen werden, um die aerodynamische Stabilität des Verdichters zu gewährleisten.

Daher ist z.B. beim Feuern aus Bordkanonen oder Abschuß von Raketen, bei dem im allgemeinen heiße Gasschwaden von den Triebwerken angesaugt werden, die Temperatur- und Druckstörungen verursachen, kurzzeitig die Brennstoffzufuhr zurückzunehmen und bei Verdichtern mit variabler Geometrie die Einstellung der Leitschaufeln im Sinne „schließen" zu ändern oder/und die Düse zu öffnen, um Pumpen zu vermeiden.

— Tritt Pumpen des Triebwerks auf, was verschiedene Ursachen haben kann, so ist die Brennstoffzufuhr – vom Regler automatisch veranlaßt – sofort zurückzunehmen und/ oder ggf. die Düse zu öffnen und/oder sind Entnahmeventile zu öffnen, um die Stabilität zurückzuerlangen oder – im schlimmsten Fall – das Triebwerk ganz abzustellen.

Dabei können durchaus – z.B. bei Überwachung der Turbineneintrittstemperatur (Leitschaufel-Wandtemperatur) durch Pyrometer – die durch Flammen aus der Brennkammer vorgetäuschten hohen Temperaturen von sich aus für eine Zurücknahme der Brennstoffzufuhr sorgen.

— Beim Auftreten von Vibrationen, die durch entsprechende Geber festgestellt werden, müssen entsprechend ihrem Niveau die Drehzahlen zurückgenommen oder das Triebwerk ganz abgestellt werden, um Folgeschäden zu entgehen.

— Bei Vogelschlag, ggf. mit Schaufelverlust und entsprechender Unwucht, muß das Triebwerk zumindest auf geringere Drehzahlen zurückgefahren oder abgestellt werden.

— Beim Auftreten von axialen oder radialen Gasschwingungen im Nachbrenner (Brummen oder Kreischen) muß der Brennstofffluß im Nachbrenner zurückgenommen werden, um zur Stabilität der Verbrennung zurückzukehren, da sonst unmittelbare Schadengefahr besteht, vgl. Abschnitt 5.4.5.

Unabhängig von den aufgeführten Vorfällen im Betrieb werden durch den Regler bestimmte, kritische Betriebsparameter limitiert. Hierzu gehören:

— die mechanischen Drehzahlen (*red line*),

— mit Rücksicht auf Schaufelflattern und den Verlauf der Pumpgrenze im oberen Drehzahlbereich die Begrenzung der reduzierten Drehzahl $N/\sqrt{T}$, besonders des Fans bzw. ND-Verdichters,

— die Begrenzung des absoluten Drucks und der Temperatur am Verdichteraustritt (dies gilt besonders für militärische Turbofans im Überschallflug),

— die Begrenzung der Turbineneintrittstemperatur; dies kann durch Limitierung des Brennstoff-/Luftverhältnisses im Zusammenhang mit der Temperatur am Verdichteraustritt oder durch Limitierung der Turbinenaustrittstemperatur erfolgen. Bei modernen Triebwerken wird, wie oben bereits angesprochen, als Sicherheitsmaßnahme gegen Überhitzung auch die Messung der Oberflächentemperatur der Laufschaufeln der ersten Stufe mittels Infrarot in Betracht gezogen;

— die Limitierung oder Reduzierung des Brennstoff-/Luftverhältnisses im Nachbrenner je nach Flugbedingung, um Brummen oder Kreischen zu vermeiden und

— die Messung der Temperaturen in den Lagerkammern, ggf. indirekt durch Messung der Öltemperatur, besonders im Turbinenbereich, um Unterbrechungen der Ölzufuhr oder die Bedingungen für die Entstehung von Ölfeuer zu identifzieren und nötigenfalls das Triebwerk abzustellen.

Besondere Aufmerksamkeit wird bei militärischen Triebwerken der zyklischen Belastung der Turbinenscheiben und -schaufeln gewidmet mit dem Ziel, die verbleibende Restlebensdauer zu berechnen bzw. sich anbahnenden Schäden zu entgehen. Hierzu werden die in den Lastzuständen vor und nach einer Änderung herrschenden Temperaturen und Drehzahlen und deren Gradienten in Prozentsätze von Referenzzyklen transformiert, aus deren Summierung die Restlebensdauer abgeleitet werden kann.

Digitale Regler sind in der Lage, bei der Umsetzung von Regler-Eingangsimpulsen in Befehle an die Stellglieder einer Vielzahl von Funktionen zu folgen. Von besonderer Bedeutung ist dabei die redundante Aufnahme, Verarbeitung und Weitergabe von Signalen an die Stellglieder mittels mindestens zweifacher, bei lebenswichtigen Funktionen dreifacher, voneinander unabhängiger, paralleler Stränge, um Fehler in der Datenverarbeitung durch Vergleich der Informationen sicher entdecken zu können. Bei zweifacher paralleler Datenverarbeitung ist es im Falle der Diskrepanz der an der Ausgangsseite ankommenden Informationen wenigstens teilweise möglich, durch Vergleich der beiden Informationsinhalte mit anderen Daten durch Aufdeckung von Widersprüchen die falsche Information zu ermitteln.

Wenngleich heutige digitale Regler wesentlich weniger empfindlich gegenüber elektromagnetischen Feldern als frühere analoge Regler sind, so ist doch – besonders bei Reglern für militärische Triebwerke – die Abschirmung (d.h. das „Härten") des digitalen Teils gegenüber der Störung/Beeinflussung durch elektromagnetische Felder von großer Wichtigkeit.

Zur Versorgung des Reglers mit den nötigen Informationen sind – abgesehen von der Messung der Gashebelstellung – im Triebwerk eine größere Zahl von Meßstellen/Sonden etc. erforderlich, zu denen die folgenden gehören:

– statische Drücke $p_{2,stat}$, $p_{3,stat}$, $p_{7,stat}$, wobei $p_{7,stat}$ einerseits bei entsprechender Modellierung des Triebwerks zur Berechnung des Drucks nach dem ND-Verdichter bzw. Fan benützt werden kann und andererseits $p_{7,stat}$ bei Nachbrennertriebwerken zur Kontrolle des korrekten Zündens dient. Diese Meßstellen sind so ausgebildet, daß Druckschwankungen bis in die Größenordnung von 50 Hz ermittelt werden können.

– Temperaturen T_2, T_3 und T_5 durch Thermoelemente und die Oberflächentemperatur der Laufschaufeln der ersten Turbinenstufe über Infrarot-Meßgerät,

– mechanische Drehzahlen aller Rotoren,

– Stellung der Leitschaufeln in Verdichtern mit variabler Geometrie, wobei die Messung an einer Schaufelreihe genügt, da die übrigen in festem Verhältnis zur gemessenen stehen,

– ggf. Stellung der Leitschaufeln einer verstellbaren Nutzturbine analog der Verdichterseite,

– Öltemperaturen, zumindest am Austritt aus der Lagerkammer im Heißgasbereich,

– Temperatur im digitalen Regler, um Überhitzung festzustellen (zu überwachen ist diese Temperatur auch nach dem Abstellen des Triebwerks, um Überhitzung durch Wärmeeinströmung aus der Umgebung zu vermeiden),

– mechanische Schwingungen an den Lagern durch seismische Geber,

Der Autor:

Dr. Hubert Grieb
Nimrodstr. 44
D-82110-Germering

Dieses Buch entstand mit freundlicher Unterstützung der MTU München.
Redaktionelle und herausgeberische Betreuung: Dipl.-Ing. Helmut Schubert.

Bibliografische Information der Deutschen Bibliothek
Die Deutsche Bibliothek verzeichnet diese Publikation in der Deutschen Nationalbibliografie,
detaillierte bibliografische Daten sind im Internet über http://dnb.ddb.de abrufbar.

ISBN 978-3-0348-9627-6   ISBN 978-3-0348-7938-5 (eBook)
DOI 10.1007/978-3-0348-7938-5
© 2004 Springer Basel AG
Ursprünglich erschienen bei Birkhäuser Verlag, Basel, Switzerland 2004
Softcover reprint of the hardcover 1st edition 2004

ISBN 978-3-0348-9627-6

9 8 7 6 5 4 3 2 1

Zum Geleit

Turboantriebe für die Luftfahrt gehören zu den faszinierenden Gebieten des Maschinenbaus. Hier kommen Disziplinen wie die Aerodynamik, Thermodynamik, die Werkstoffkunde sowie die Verbrennungskinetik aufs engste zusammen und werden bis an die Grenze der technischen Möglichkeiten ausgenutzt. Das Ergebnis sind Wirkungsgrade und Leistungsgewichte, die den theoretischen maximalen Möglichkeiten sehr nahe kommen und daher, wenn nicht neue Konzepte zur Anwendung kommen, kaum noch zu steigern sind.

Weil sich verschiedene Triebwerkskonzepte bezüglich Leistung und Zuverlässigkeit einander angenähert haben, entbrennt nun ein erbitterter Kampf im Hinblick auf Herstell- und Lebenswegkosten. Gerade hier wird noch einmal ein wesentlicher Fortschritt erwartet. Denn eine noch ausgefeiltere Aerodynamik sowie neue Bauweisen erlauben es, zu hochbelasteten Turbokomponenten überzugehen und die Anzahl der Schaufeln um bis zu 40 Prozent zu senken. Diese Entwicklung ist in der Militärluftfahrt aus Gründen des Gewichts bereits verwirklicht. Sie wird sich aus Kostengründen auch in der zivilen Luftfahrt durchsetzen und noch einmal eine neue Generation von Turbofantriebwerken einleiten.

Die Frage des optimalen Konzeptes bleibt damit hochaktuell und wird die Triebwerksingenieure weiter beschäftigen. Sie kann auch zu vollkommen neuen Lösungen führen, dem sogenannten Getriebefan und/oder rekuperativen Turbofan, die zur Einführung anstehen, wenn sich Umeltforderungen und Energiekosten weiter verschärfen.

Die Entwicklung von Turbofan- und Turbowellentriebwerken hat nur in der halben Zeit jener des Kolbentriebwerkes stattgefunden. Gleich von Anfang an war die MTU bzw. ihre Vorgängergesellschaften an diesem rasanten Werdegang beteiligt. Die MTU ist heute der fünftgrößte Triebwerkshersteller der Welt und der größte in Deutschland. Sie wird auch in Zukunft in wesentlichem Maße eingebunden sein in die Findung optimierter konventioneller und zukünftiger Triebwerkskonzepte. Um so erfreulicher ist es, daß für dieses zentrale Thema mit Herrn Dr. Grieb ein Autor gefunden wurde, der fast von Anfang an die Triebwerksentwicklung in der MTU und ihren Partnerfirmen miterlebt und mitgestaltet hat und der den Stoff in klaren Zusammenhängen übersichtlich dargestellt hat. Ihm sei an dieser Stelle – ohne die zahlreichen Zuarbeiter zu vergessen – besonders gedankt.

Dr. Klaus Steffens
Vorsitzender der Geschäftsführung
MTU Aero Engines
München

Vorwort

Entsprechend der Zielsetzung wendet sich dieses Buch an Studierende von Fachhochschulen und Technischen Universitäten mit Vorkenntnissen in Luftfahrtantrieben und Gasturbinen. Ebenso werden junge Ingenieure in der Luftfahrtindustrie angesprochen, die über ihre spezielle Tätigkeit hinaus wenig Gelegenheit haben, sich einen breiteren Überblick über das gesamte Gebiet der Turboflugtriebwerke mit den dabei wichtigen thermodynamischen Zusammenhängen und der vor sich gehenden vielseitigen Entwicklung zu verschaffen.

Ich danke der Geschäftsleitung der MTU München, auf deren Anregung das Buch im Rahmen der Buchreihe „Technik der Turboflugtriebwerke" in Angriff genommen wurde, für die großzügige, aktive Unterstützung, zumal die Logistik und Datenbasis der MTU in Anspruch genommen wurde und damit das Buch im vorliegenden Umfang überhaupt entstehen konnte.

Besonderen Dank schulde ich Dr. J. Kurzke für die Berechnung parametrischer spezifischer Leistungsdaten, R. Schaber und H. Mark für die Berechnung parametrischer Leistungsdaten von Turbofans und Wellenleistungstriebwerken, R. Gumucio für die Berechnung von Daten rekuperativer Triebwerke und Dr. G. Dhont für die Berechnung parametrischer Daten zur Festigkeit von Turbinenscheiben.

Ferner schulde ich Dank H. Groenewald, von dem ich viele wertvolle Informationen und Hinweise zur Wirtschaftlichkeit von Flugzeugen und Triebwerken und zu Fragen der Triebwerkinstallation und -zulassung erhielt.

Darüber hinaus möchte ich mich für die vielen Hinweise, Anregungen und Informationen bedanken, die ich von Kollegen der MTU und von anderer Seite erhielt. Genannt seien dabei nach Alphabet

H. Abdullahi	W. Krüger	Dr. R. Schreieck
Dr. M. Albers	Dr. H. Künkler (IABG)	D. Schubert
H.-P. Borufka	J. Kurzak	W. Schütte
Th. Breuer	K. Kutz	F. Schwamm
Dr. J. Broede	W. Lauer	L. Schweikl
H.-J. Dietrichs	R. Lederer	Dr. J. Sieber
M. Dupslaff	A. Mintiouris	Dr. B. Simon
Dr. J. Eßlinger	H. Nitsch	Dr. A. Spirkl †
M. Fischer	G. Pellischek	Dr. E. Steinhardt
H.-A. Geidel	K. Pfaff	R. Traunspurger
Dr. K. Heinig	Th. Ripplinger	W. Weiler
Dr. F. Heitmeier	A.-O. Roßmann	W. Werner
K. Katheder	Dr. K.-P. Rüd	Dr. J. Wortmann
E. Kennepohl	A. Schäffler	Dr. N. Zarzalis
H. Klingels	U. Schmidt-Eisenlohr	
W. Klußmann	J. Schmücker	

Ferner gilt mein herzlicher Dank Dr. med. Chr. Graeven für die Niederschrift der Erstfassung des Textes und in besonderer Weise P. Augustin für die exzellente Bearbeitung der Endfassung. Herzlichen Dank schulde in ebenso H.-M. Hechtl und insbesondere J. Glas für die Herstellung der Diagramme und Schemata in ausgezeichneter Qualität.

Mein Dank gebührt aber auch H. Schubert für die redaktionelle Betreuung des Buches, R. Glander, L. Kiritschenko und K. Weiss für ihre unentbehrliche Hilfe bei Literaturrecherchen, und ganz besonders H. Prechter und A. Schäffler für die kritische Durchsicht des Manuskriptes.

Zu guter letzt aber danke ich auch meiner Frau für ihre Mitarbeit, ebenso wie für ihre große Geduld und Rücksichtnahme während der Vorbereitung dieses Buches.

München, November 2003   *Dr.-Ing. Hubert Grieb*

Inhalt

6 Projektierung

6.1 Allgemeines

Mit Blick auf die missionsgerechte, kompetitive und technologisch fundierte Gestaltung von Turboflugtriebwerken werden im folgenden auf der Grundlage der in den Abschnitten 3 bis 5 beschriebenen aero-/thermodynamischen Zusammenhänge und Komponentendaten die für die Projektierung wichtigen Kreisprozeß- und Leistungsdaten behandelt und die bei der Festlegung der Hauptabmessungen und bei der Gestaltung der Ringräume bzw. Auslegung der Komponenten zu verfolgenden Prinzipien bzw. zu beachtenden Parameter beschrieben. Dabei wird eine überschaubare, mit einfachen Mitteln zu beherrschende Methodik verfolgt.

Relevante Triebwerkklassen

Zunächst werden die wichtigen, derzeit im Einsatz stehenden Triebwerkklassen wie

- zivile Turbofans für Verkehrsflugzeuge,
- militärische Turbofans mit Nachbrenner für Kampfflugzeuge,
- Wellenleistungstriebwerke als
  - Turboprop für Regional-Verkehrsflugzeuge und -Transporter oder als
  - Turbomotoren für Hubschrauber

behandelt. Über diese gewissermaßen konventionellen Triebwerke hinaus werden folgende Konzepte angesprochen, bei denen aufgrund neuer, teilweise aggressiver Einsatzbedingungen und/oder über den gegenwärtigen Horizont sichtbar hinausgehenden Forderungen zur Wirtschaftlichkeit/Effektivität und/oder Ökologie überzeugende technische Lösungen noch ausstehen. Dazu gehören

- der Mantelpropfan für Langstrecken-Verkehrsflugzeuge in seinen verschiedenen Ausformungen mit neuer Technologie im Bereich des Fans mit Getriebe und entsprechendem Fortschrittpotential in Richtung höherer Wirtschaftlichkeit,
- rekuperative Triebwerke, vor allem als Mantelpropfan für Langstrecken-Verkehrsflugzeuge, aufgrund der damit erreichbaren Fortschritte in Wirtschaftlichkeit und Ökologie, wobei die verfügbare Wärmetauschertechnologie – seit Jahrzehnten Diskussionsstoff – entscheidend ist,
- der wirtschaftliche, ökologisch vertretbare Antrieb für Überschall-Verkehrsflugzeuge, bei dem auch nach jahrzehntelangen Bemühungen im Sinne von Studien- und Technologieprogrammen noch keine überzeugende Lösung in Sicht ist, die den komplexen Forderungen im Überschall- und Unterschallflug gerecht wird und damit zugleich gegenüber dem veralteten „Concorde"-Antrieb eine neue Generation darstellt,
- der für Überschall-Kampfflugzeuge wünschenswerte, die Unterschall- und Überschall-Einsatzbedingungen gleichermaßen günstig abdeckende Antrieb mit variabler Geometrie,

– der für vertikal startende Unterschall- und Überschall-Kampfflugzeuge nach wie vor attraktive Kombinationsantrieb für Hub und Schub, der auch den flugmechanischen Bedingungen bei Start und Landung (Schub- und Gewichtschwerpunkt etc.) gerecht wird und schließlich

– der bis in den Hyperschallflug reichende, für horizontal startende Raumtransporter oder langfristig für denkbare Hyperschall-Verkehrsflugzeuge geeignete Antrieb, ggf. in Kombination mit Staustrahltriebwerk (als „Ramjet" oder „Scramjet").

Praktische Durchführung

Triebwerkprojekte werden in der Regel so durchgeführt, daß nach Klärung der Einsatz-bedingungen und Leistungsforderungen folgende Schritte ablaufen:

– Optimierung/Festlegung des Kreisprozesses,

– Berechnung der Leistungsdaten,

– Auslegung/Dimensionierung der Komponenten zusammen mit der

– Festlegung des Ringraumes,

– Klärung der Installation und schließlich

– konstruktiver Entwurf mit Festigkeitanalyse und Gewichtbestimmung.

Ohne Zweifel ist dabei – abgesehen von den Leistungsdaten – ein technisch fundier-ter Konstruktionsentwurf das „Maß aller Dinge", da ein Projekt erst nach Vorliegen eines Konstruktionsentwurfs vermittelbar ist und nur auf dieser Basis über die Weiterverfol-gung entschieden werden kann. Da Längsschnitte mit allen konstruktiven Details in Fachzeitschriften und -büchern in großer Zahl publiziert sind und zudem der laufenden allgemeinen Entwicklung folgen bzw. einem stetigen Wandel unterworfen sind, wird im folgenden der Schwerpunkt nicht auf die Beschreibung von Konstruktionen etc., sondern auf die missionsgerechte Konzipierung und Dimensionierung des gesamten Triebwerks und dessen Komponenten gelegt. Die hierzu präsentierten Unterlagen sollen auch dazu dienen können, Triebwerke nach publizierten Längsschnitten etc. mit zugehörigen Leistungs-/Auslegungsdaten zu analysieren und die ermittelten Komponentendaten etc. im Vergleich mit dem bekannten Stand der Technik, z.B. nach Abschnitt 5, zu bewerten. Bei den in Abschnitt 5 dargelegten Komponentendaten wurde daher ganz besonderer Wert darauf gelegt, im Sinne zu planender, in die Zukunft reichender Triebwerkkonzepte bzw. -entwürfe einerseits die bestehenden Entwicklungspotentiale – z.B. in Richtung günstigerer Komponentenwirkungsgrade, höherer aerodynamischer und thermisch/me-chanischer Belastungen, höherer Strömungs-Mach-Zahlen etc. – sichtbar zu machen, und andererseits die bestehenden physikalischen, nicht überschreitbaren Grenzen offen zu legen.

Bearbeitungsphilosophie

Im Rahmen dieses Buches wird, wie in vorausgegangenen Abschnitten bereits angespro-chen, das Prinzip verfolgt, die Komponentenauslegung und -dimensionierung auf der Grundlage der im Stadium der Projektierung im allgemeinen verfügbaren, mehr oder weniger stark eingeschränkten Datenbasis in Kenntnis der anliegenden Problematik so vorzunehmen, daß bei späterer Detaillierung keine schwerwiegenden Entwicklungsprob-leme auftreten, die grundsätzliche Änderungen des technischen Konzepts erfordern, welche die Wirtschaftlichkeit bzw. Effektivität in Frage stellen oder den angestrebten Entwicklungszeit- und Kostenrahmen sprengen können.

Die bei Triebwerken für zivilen oder militärischen Einsatz bestehenden Gemeinsamkeiten und Unterschiede in der Gestaltung werden anhand der Anforderungen und Betriebsbedingungen des gesamten Triebwerks erläutert.

Stand der Technik, Innovation

Solange es sich bei der Projektierung – dies gilt vornehmlich im zivilen Bereich – um ein eingeführtes Triebwerkkonzept mit weitgehend verfügbarer Technologiebasis handelt, wird man rasch zur professionellen Bearbeitung der o.a. Disziplinen aufgrund verfügbarer EDV-Programme etc. kommen. Ist dagegen aufgrund aggressiver – ggf. revolutionierender – Einsatzbedingungen ein innovatives Triebwerkkonzept mit neuer, erstmals zum Einsatz kommender Komponententechnologie angesprochen, so erfordert die optimale Durchführung der Projektierung sehr viel Sorgfalt bei der realistischen Einschätzung und Nutzung dieser Möglichkeiten in dem Sinne, daß

- nicht durch allzu vorsichtige, dem Stand der Technik zu nahe stehende Lösungen existierende Entwicklungspotentiale nicht wahrgenommen oder verschenkt werden oder

- nicht durch allzu wagemutige, mit hohem Risiko verbundene Entwürfe die Weiterführung des Projekts auf der vorgeschlagenen Basis gefährdet oder der spätere Mißerfolg des vorgelegten Konzepts riskiert wird.

So sehr jeder größere konzeptionelle oder technologische Schritt über den Stand der Technik hinaus auf seine Realisierungschancen bzw. verborgenen Risiken hin kritisch abgeklopft werden muß, so wichtig ist es, bei Ablehnung oder Zurückstellung einer grundsätzlichen Neuerung aufgrund zu hoch erscheinender Risiken in jedem Falle sich genau zu vergewissern, ob die Ablehnung – z.B. aufgrund inakzeptabler Risiken – wirklich gerechtfertigt ist oder in Wahrheit auf einem Mangel an Information beruht. Im übrigen spielt dabei die Konkurrenzsituation zwischen den führenden Unternehmen im Sog des Marktes zurecht eine wichtige Rolle.

Mit der schwierigen Situation im Zusammenhang mit der Einführung neuer Technologie im Blick, wird dennoch einiger Raum den zukünftig vorstellbaren, über den Stand der Technik hinausgehenden, bisher nur in Studien und/oder Technologieprogrammen behandelten Elementen und den damit sich eröffnenden Fortschrittpotentialen gewidmet. Dabei wird auch der Frage der vollen Integration neuer, ggf. nichtmetallischer Werkstoffe, ggf. mit anisotroper Struktur angesprochen, mit denen die Architektur von Triebwerken bzw. deren Konstruktion auf eine völlig neue, möglicherweise weitgehend vereinfachte Basis gestellt werden kann, kommentiert.

Technologie-Demonstrator-Programme

Eine besonders anspruchsvolle Rolle spielen zu projektierende Leitkonzepte, die als Basis bzw. Hintergrund für Technologieprogramme dienen bzw. zu Demonstrator-Programmen führen und damit besonders weit in die Zukunft hineinreichen. Zudem werden solche Demonstrator-Programme im allgemeinen bereits unter dem Gesichtswinkel konkurrierender Unternehmen durchgeführt, da – wie z.B. in den USA bei militärischen Beschaffungsprogrammen üblich – aus im allgemeinen zwei konkurrierenden Demonstratoren einer für die Triebwerkentwicklung zur Produktreife ausgewählt wird. Die Erfahrung der letzten Jahrzehnte zeigt, daß es sich bei solchen Projekten in Technologie und Leistungsfähigkeit des Produkts stets um neue Triebwerkgenerationen handelt, die zugleich mit der Entwicklung auf der Flugzeugseite und der Waffentechnik Schritt zu halten haben.

Zeitplanung

Wie schon in Abschnitt 5.1 vom Standpunkt der Komponententechnologie angesprochen, ist bei Triebwerkprojekten davon auszugehen, daß

– die Projektierung einen Zeitraum von 5 bis 10 Jahren erfordert,

– die Entwicklung bis zur Produktreife bzw. Einführung in den Dienst 7 bis 15 Jahre in Anspruch nimmt und

– der praktische Einsatz, wenn zurecht von einem wirtschaftlichen Erfolg gesprochen werden soll, einen Zeitraum von 25 bis 30 Jahren umfassen muß.

Damit ist, gerechnet vom Abschluß der Projektierung bzw. Eintritt in die Entwicklung, insgesamt ein Zeitraum von 30 bis 50 Jahren mit Trend nach oben aufgrund länger werdender Nutzungphasen ins Auge zu fassen.

Langzeitplanung

Bei weitblickender Strategie und unternehmerischer Planung laufen langfristig angelegte, nicht auf konkrete Triebwerkprojekte zugeschnittene Basis-Technologieprogramme, aus denen bei Eintritt in ein konkretes Projekt Erkenntnisse entnommen werden können. Im übrigen kann – z.B. bei der Planung eines militärischen Triebwerks – von einem Planungsablauf entsprechend Bild 6.1.1 ausgegangen werden.

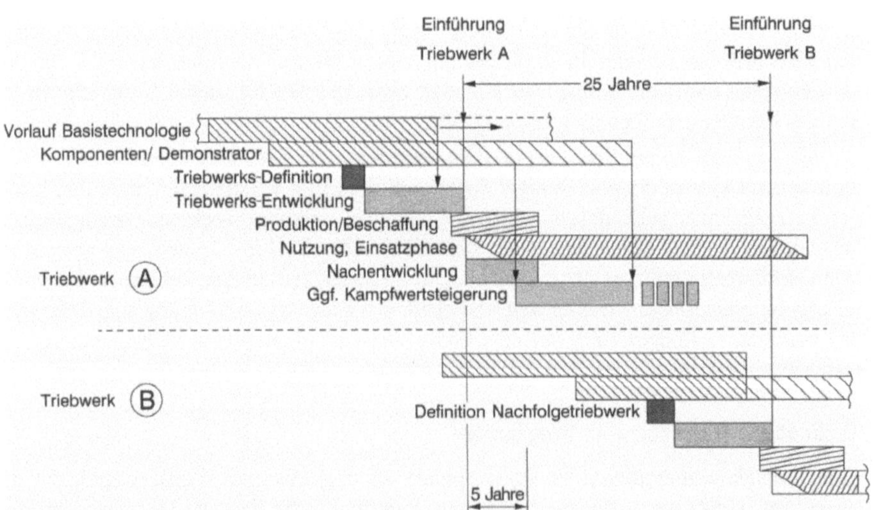

Bild 6.1.1: Typischer Ablauf einer Triebwerkentwicklung/Beschaffung/Nutzung (A) mit Vorbereitung eines Nachfolgemusters (B) bei 25 Jahren Einsatzdauer (idealisiert)

Dabei ist zu erkennen, daß im Stadium der Vollentwicklung des Triebwerks A bereits mit der technologischen Vorentwicklung/Projektierung des Nachfolgetriebwerks B begonnen werden muß, damit die Ablösung von A durch B nach einem Zeitraum von 25 Jahren erfolgen kann. Dies gilt bei militärischen Triebwerken um so mehr, als gerade in diesem Bereich ein neues Triebwerk – ebenso wie das dazugehörige neue Flugzeug – eine neue Generation in Technologie und Leistungsfähigkeit repräsentiert. Daher ist es verständlich, daß militärische Technologie-/Entwicklungsprogramme nach wie vor eine Schrittmacherrolle im Hinblick auf die spätere Nutzung der gewonnenen Technologie im zivilen Bereich spielen.

Leistungssteigerung, Entwicklungsgrenzen

Im Laufe der Nutzungsphase – zivil wie militärisch – stehen im allgemeinen Leistungssteigerungen an, die in Schritten – z.B. bei zivilen Turbofans – über 50 bis 70% mehr Schub hinausgehen können. Dies setzt die Einführung neuer Technologien, z.B. im Sinne höherer Werte $T_{4.1}$ und Π_V und – z.B. bei Turbofans – größere Strömungsquerschnitte im ND-Bereich voraus, auf die später noch speziell einzugehen sein wird. Während in früheren Jahrzehnten mit einer kontinuierlichen Entwicklung z.B. der unter Belastung erreichbaren Werkstofftemperaturen bei gleichzeitigen Fortschritten in der Kühltechnologie und der damit erreichbaren thermodynamischen Eckwerte T_3 bzw. Π_V und $T_{4.1}$ ausgegangen werden konnte, verstärkt sich entsprechend Abschnitt 5.10 inzwischen mehr und mehr der Eindruck, daß bei diesen thermodynamischen Schlüsselparametern nicht weiter überschreitbare Grenzen näherrücken. Hierzu gehört auch die – vor allem bei militärischen Triebwerken – bereits weit vorangeschrittene Annäherung an stöchiometrische Bedingungen am Brennkammeraustritt. Damit werden weitere sichtbare Fortschritte voraussichtlich grundsätzliche Innovationen erfordern. Diese werden aufwendige Technologieentwicklungen voraussetzen, die nur bei guter Ertragslage der Unternehmen und in internationaler Zusammenarbeit durchführbar sind.

Akquisition

Über die Bearbeitung technischer Daten hinaus ist es zum gegebenen Zeitpunkt, der oft durch die Konkurrenzlage oder den Projektstatus auf der Zellenseite bzw. des gesamten Projekts bestimmt wird, wichtig, das Triebwerkprojekt gegenüber dem Kunden, Interessenten und amtlichen Auftraggeber in attraktiver Weise zu präsentieren und dabei positive Reaktionen zu erreichen. Dazu gehört auch die Erarbeitung vorläufiger Daten zu den dem späteren Betreiber/Eigentümer im Einsatz entstehenden Kosten. Bei Triebwerken für zivilen Einsatz, die vom Betreiber zusammen mit dem Flugzeug etc. erworben werden, sind die Kosten pro Flugstunde maßgebend, in denen neben den Beschaffungskosten der Aufwand für Erhaltung, Wartung und Betriebsstoffe enthalten ist. Bei Triebwerken für militärischen Einsatz, die im allgemeinen im Auftrag des Staates entstehen, sind die Lebenswegkosten maßgebend, die sich wie folgt zusammensetzen:

- Entwicklungskosten (zu denen auch die Projektierung gehört) einschl. der üblichen Nachentwicklung nach Eintritt in den Dienst,

- Beschaffungskosten,

- Kosten im Einsatz, zu denen logistische Betreuung, Wartung, Erhaltung und Betriebsstoffe zählen.

Es ist leicht einzusehen, daß z.B. eine allzu fortschrittliche Projektierung spätestens bei der Analyse der Kosten pro Flugstunde oder der Lebenswegkosten aufgrund der kritischen Beurteilung der Korrektur anheim fällt.

Kooperation

Von besonderem Reiz ist die Durchführung eines Projekts in ggf. internationaler Zusammenarbeit mehrerer Firmen mit verschiedener Organisation und unterschiedlichem technologischen Hintergrund, wobei im allgemeinen verschiedene Standpunkte zu technologischen und konzeptionellen Fragen zu kanalisieren sind mit dem Ziel, zu guter Letzt ein Höchstmaß an Übereinstimmung zu erreichen. Dabei ist das Ergebnis mit großer Wahrscheinlichkeit mehr als die Summe der anfangs eingebrachten Erfahrungen und Einsichten. Da mittlererweile fast alle größeren Triebwerkprojekte in internationaler Zusammenarbeit durchgeführt werden, ist die ausgesprochene Kooperationsfähigkeit der teilnehmenden Personen bzw. Gruppen neben ihrer fachlichen Kompetenz ein entscheidender Faktor.

Organisation

Die Durchführung eines Projekts in einem Unternehmen kann organisatorisch auf verschiedene Weise geschehen:

- ein kleines Projektteam übernimmt die technisch/aquisitorische Koordination und überwacht die Erarbeitung der technischen Daten durch die Fachabteilungen, oder
- eine eigenständige Projektabteilung ist neben der technischen Koordination/Akquisition für die Erarbeitung der (vorläufigen) technischen Daten selbst – ggf. mit Unterstützung durch die Fachabteilungen – zuständig.

Die erste Organisationsform mag sich eher für die Bearbeitung konventioneller Projekte mit bekanntem technologischen Standard und direkter Orientierung am Bedarf eignen, während die zweite Form bei entsprechender Besetzung der Projektabteilung bei der Erarbeitung innovativer Konzepte Vorteile bieten mag. Der dabei – sicher nicht ganz unabhängig von der jeweiligen Organisationsform – zwischen Projektingenieuren und Komponentenexperten notwendige, nicht selten kontrovers geführte Dialog wird im allgemeinen so ablaufen müssen, daß die Komponentenexperten, die später die Verantwortung für die Realisierung der vorgegebenen Komponenten-Leistungsdaten zu tragen haben, sich mit dem Blick nach vorn auf das Ganze und die sich eröffnenden Entwicklungschancen mit dem von ihnen zu bewältigenden Technologieschritt schließlich identifizieren können. Anstoß und Nachdruck werden dabei stets von den Projektingenieuren kommen müssen, die aufgrund ihrer Erfahrung und Übersicht aus früheren Projekten, aber auch mit einem gewissen Maß an Intuition wissen, wann und wo sie aggressiv bleiben müssen oder wo sie nachgeben können.

Ein Konzept, das auf der Basis der eingangs abgelieferten Stellungnahmen der Komponentenexperten zustande kommt, ist stets in Gefahr, schon vor der Triebwerkdefinition, geschweige denn zum Zeitpunkt der Einführung in den Dienst, bereits veraltet zu sein.

Übergang zur Triebwerkdefinition/-entwicklung

Es ist von vornherein illusorisch, als Projektingenieur erwarten zu wollen, daß ein Triebwerk so realisiert wird, wie es ursprünglich, d.h. in der Projektphase, vorgesehen war. Daher ist es auch wenig opportun, bei der Projektierung „flächendeckend" allzusehr ins Detail zu gehen. Wichtig ist vielmehr, daß in den Schlüsselfragen, die für das Gesamtkonzept maßgebend sind, Durchblick erreicht wird. Dies ist mit der gebotenen Verläßlichkeit der Vorhersage der Leistungsdaten durchaus vereinbar.

In der Definitionsphase eines Triebwerks, die notwendigerweise in die Zuständigkeit der Fachabteilungen und des dafür einzurichtenden Entwicklungsmanagements fällt, ist es notwendig, daß die gesamte Berechnung und Konstruktion des Triebwerks nachvollzogen wird; einerseits um denkbare Irrtümer aufzudecken, andererseits um sicherzustellen, daß sich alle an der Entwicklung Beteiligten mit dem Objekt ihrer Aktivitäten identifizieren können. In diesem Sinne muß es für den Projektingenieur oberstes Ziel sein, daß das Triebwerk im Zuge der Realisierung „durch Andere" die ursprünglich erarbeiteten Leistungsdaten etc. erreicht und im Zuge der Entwicklung keine grundsätzlichen Probleme auftreten. Darüber hinaus ist das endgültige Erfolgskriterium eines Projekts die Akzeptanz am Markt – ggf. in Konkurrenz mit anderen Triebwerken – oder der erfolgreiche militärische Einsatz.

6.2 Dimensionierung von Kerntriebwerken und Gasgeneratoren

6.2.1 Allgemeines

Im Mittelpunkt jeder Triebwerkentwicklung steht sowohl vom Standpunkt der Wirtschaftlichkeit/Effektivität als auch der Betriebssicherheit das HD-System. Dabei werden – zunächst im Sinne von Turbofans und Mantelpropfans – folgende Argumente berührt:

1) Durch die beim HD-System verfügbare Technologie werden die entscheidenden thermodynamischen Parameter $T_{4.1}$ und Π_V bestimmt.

2) Mit der Kapazität des HD-Systems, die im allgemeinen durch den Parameter $M_{korr,3}$, d.h. den Luftdurchsatz am HDV-Austritt, charakterisiert wird, ist zusammen mit dem Durchsatz des ND-Systems die Größe des gesamten Triebwerks bestimmt.

3) Durch die Architektur des ggf. verfügbaren HD-Systems (z.B. mit 1- oder 2-stufiger HD-Turbine und entsprechendem HD-Verdichter) wird weitgehend auch der Aufbau des gesamten Triebwerks festgelegt, wenn man von Besonderheiten wie z.B. einem Getriebe zwischen Fan- und ND-Turbine oder der Ausführung als Nachbrennertriebwerk absieht.

4) Das im HD-System über den technischen Standard bei der Einführung (EIS) hinaus enthaltene Entwicklungspotential entscheidet zusammen mit der in der Nutzungsphase verfügbar werdenden Technologie über die in diesem Zeitraum mögliche Leistungssteigerung.

5) Bei der Konzeption einer Triebwerkfamilie mit gleichem, möglichst identischen Kerntriebwerk bzw. HD-System gelten ähnliche Gesichtspunkte wie unter 4).

Sinngemäß gilt dies auch für Gasgeneratoren von Wellenleistungstriebwerken mit freier Nutzturbine, wenngleich hier die Einflußmöglichkeiten, z.B. im Sinne von Leistungssteigerungen, im Vergleich zu Turbofans ungleich bescheidener sind.

Zu Kerntriebwerken für zivile Turbofans/Mantelpropfans können auch solche für große Propellertriebwerke bzw. Triebwerke mit offenem Propfan gerechnet werden. Dabei ist zunächst offen, ob ggf. der ND-Verdichter (über Getriebe) auf der Propellerwelle sitzt oder zu einem separaten, vom Propeller unabhängigen ND-System gehört, vgl. hierzu Abschnitt 6.3.5.

Die in den Abschnitten 6.2.2 bis 6.2.4 verfolgte Methodik der Komponentenberechnung/Dimensionierung und die Datenbasis entsprechend Abschnitt 5 sollen dazu dienen, am praktischen Beispiel den Blick für die bei Verdichter, Brennkammer und Turbine zu beachtenden Auslegungskriterien und bestehenden Zusammenhänge zu schärfen.

Unter den in Abschnitt 6.1 angesprochenen „konventionellen" Triebwerkklassen finden sich bei zivilen Turbofans bzw. Mantelpropfans und militärischen Turbofans, d.h. Nachbrennertriebwerken, HD-Systeme mit Axialverdichter und 1- oder 2-stufiger HD-Turbine. Bei kleinen Einheiten kommt auch der Axial-/Radialverdichter vor. Bei Turbomotoren und Turboprops in der hier behandelten Leistungsklasse bis 1500 kW ist neben dem Axial-/Radialverdichter auch der 2-stufige Radialverdichter anzutreffen.

Für diese Triebwerkklassen werden die etwa seit 1980 bestehenden Entwicklungstendenzen bei den maßgebenden Auslegungsparametern in die überschaubare Zukunft hinein, d.h. bis 2010 extrapoliert, um die weitere Entwicklung zu antizipieren und ggf. auftretende grundsätzliche Probleme zu identifizieren. Bei den in Abschnitt 6.1 erstgenannten 2 Triebwerkklassen mit Axialverdichtern werden in den Abschnitten 6.2.2 und 6.2.3 folgende 2 Grenzfälle behandelt, um die zukünftig zu erwartenden Entwicklungsmöglichkeiten und -grenzen darzulegen:

a) Die 1-stufige HD-Turbine ist aerodynamisch und mechanisch hochbelastet bzw. transsonisch und bestimmt damit – abhängig von $T_{4.1}$ und Π_V – das am HD-Verdichter realisierbare Druckverhältnis Π_{HDV}.

b) Der HD-Verdichter mit maximal realisierbarem Druckverhältnis im Bereich $\Pi_{HDV} = 25$ bis 30 bestimmt zusammen mit den Kreisprozeßdaten $T_{4.1}$ und Π_V die aerodynamischen und mechanischen Daten der 2-stufigen HD-Turbine.

Dabei wird von Kreisprozeßdaten nach Abschnitt 5.10.2 entsprechend dem oberen Rand des Streubereichs ausgegangen, d.h. im betrachteten Zeitraum

$$
\begin{array}{lrcr}
\text{EIS} & = & 1980 & \text{bis} & 2010 \\
\Pi_V & = & 32 & \text{bis} & 47 \\
T_{4.1} & = & 1620 & \text{bis} & 1880\ \text{K}
\end{array}
$$

wird bei TO, 0/0, ISA

angenommen. Da in Abschnitt 5.10.2 der üblichen Praxis folgend Π_V für MCR und $T_{4.1}$ für TO, 0/0, ISA + 15 K gegeben ist, werden diese Daten entsprechend Abschnitt 4.2 mit $X_{TO} = 0{,}92$ und $Y_{TO} = 0{,}85$ auf TO, ISA umgerechnet.

Im Rahmen der beiden Grenzfälle a) und b) können die später, d.h. in Abschnitt 6.3 angesprochenen HD-Systeme von Turbofans oder Mantelpropfans in 2- oder 3-welliger Bauart, ohne oder mit Getriebe, zwanglos eingeordnet werden. Vorab bemerkenswert mag jedoch der in Abschnitt 6.2.2 mitbehandelte Fall des militärischen Turbofans sein, bei dem entsprechend Abschnitt 5.10.3 das Druckverhältnis des HD-Verdichters sich aus den Kreisprozeßdaten $T_{4.1}$, Π_V und μ und damit aus Π_V und dem spezifischen Schub F/M ohne NV ergibt. Entsprechend resultieren wiederum aus dem oberen Rand des Streubereichs nach Abschnitt 5.10.3 die folgenden Daten bei TO, 0/0, ISA:

$$
\begin{array}{llccc}
\text{EIS} & = & 1980 & \text{bis} & 2010 \\
\Pi_V & & 31 & \text{bis} & 37 \\
T_{4.1} & & 1780 & \text{bis} & 2110 \\
\Pi_V / \Pi_{NDV} = & \Pi_{HDV} & 8{,}5 & \text{bis} & 5{,}9
\end{array}
$$

Dies führt im Regelfall zu Bedingungen an der HD-Turbine, die zwar aerodynamisch moderater, thermisch aber aggressiver sind als beim o. a. angeführten Grenzfall a), der im zivilen Bereich relevant ist.

Gasgeneratoren von Turbomotoren/Turboprops in der hier betrachteten Leistungsklasse mit Axial-/Radialverdichter oder 2-stufigem Radialverdichter und mit 1- oder 2-stufiger HD-Turbine mit Kreisprozeßdaten entsprechend Abschnitt 5.10.4, d.h. bei moderaten Werten $T_{4.1}$ und Π_V bei TO, 0/0, ISA entsprechend

$$
\begin{array}{llccl}
\text{EIS} & = & 1980 & \text{bis} & 2010 \\
\Pi_V & & 13 & \text{bis} & 17 \\
T_{4.1} & & 1450 & \text{bis} & 1650\ \text{K}
\end{array}
$$

werden in Abschnitt 6.2.4 behandelt.

Die bei TO, 0/0, ISA vorausgesetzten Kreisprozeßparameter der drei behandelten Triebwerkklassen sind in Bild 6.2.1 zusammengestellt.

Bei der Klassifizierung eines Kerntriebwerks bzw. HD-Systems ist üblicherweise der korrigierte Durchsatz $M_{korr,3}$ am HDV-Austritt (d.h. vor der Entnahme von Kühlluft etc.) genannt, da dieser zusammen mit den Parametern $\Pi_V, T_{4.1}$ und μ für die Größe des Triebwerks bzw. den erreichbaren Schub maßgebend ist. Typische Werte sind bei

militärischen Turbofans	$M_{korr,3} =$	2,5 bis 4,0 kg/s
zivilen Turbofans		2,5 bis 7,5
Mantelpropfans (soweit Daten verfügbar)		3,0 bis 3,5
Triebwerke mit Ax/R- oder 2-stufigem Radialverdichter		0,3 bis 1,5

Daher wird bei der Behandlung der o. a., bei Turbofans und Mantelpropfans relevanten Grenzfälle vom typischen Wert $M_{korr,3} = 4{,}0$ kg/s ausgegangen.

Im betrachteten Zeitraum werden die Komponentenwirkungsgrade nach den in Abschnitt 5.2.1 bis 5.2.3 dargelegten Tendenzen festgelegt. Entsprechendes gilt für die Brennkammer nach Abschnitt 5.3. Bei zivilen Turbofans und Mantelpropfans bleiben im betrachteten Zeitraum nach Bild 5.10.2 bei TO am heißen Tag die Temperaturen T_3 im Rahmen der bei Scheibenwerkstoffen Mitte der 90er Jahre bestehenden Grenze von ca. 950 K und die von Werkstoffen und Kühltechnologie abhängige Temperatur $T_{4.1} < T_4$ unterhalb der Grenze, die bei örtlichen stöchiometrischen Bedingungen am Brennkammer-Austritt durch die physikalische Grenze $T_{4,\mathrm{max}} = T_{4,stöch}$ markiert ist. Bei militärischen Turbofans sind Temperaturen T_3 entsprechend der genannten Grenze im Überschallflug weitgehend in Anspruch genommen und ferner stöchiometrische Bedingungen am Brennkammer-Austritt bereits in greifbare Nähe gerückt, zumal die Temperatur-Ungleichförmigkeit entsprechend OTDF = 0,3 realistisch ist und Werte $T_{4.1}$, die örtlichen stöchiometrischen Bedingungen am BK-Austritt bereits bei $T_4 < T_{4,\mathrm{max}}$ entsprechen, örtliche Äquivalenzverhältnisse $\Phi_4 > 1$ mit schlechterem Verbrennungswirkungsgrad und erhöhter Schadstoffproduktion bedeuten. Ob dies bei militärischen Triebwerken mit Rücksicht auf zukünftig geforderte Leistungssteigerungen zu akzeptieren sein wird oder nicht, sei dahingestellt. Bei zivilen Triebwerken wird man auch in weiterer Zukunft in respektvollem Abstand von (örtlichen) stöchiometrischen Bedingungen am Brennkammer-Austritt bleiben.

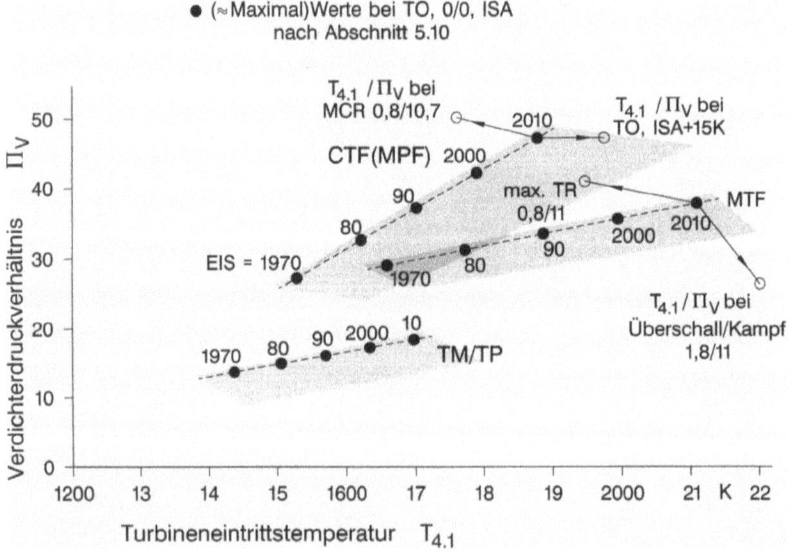

Bild 6.2.1: Zeitliche Entwicklung der Turbineneintrittstemperaturen und Verdichterdruckverhältnisse bei zivilen und militärischen Turbofans und bei Turbomotoren/Turboprops

6.2.2 Kerntriebwerke mit 1-stufiger HD-Turbine

Der hier betrachtete Grenzfall a) hat vor allem **bei zivilen Turbofans/Mantelpropfans** Bedeutung.

Zur Vereinfachung und um die abzuleitenden Beziehungen überschaubar zu machen, wird beim HD-Verdichter der Durchmesser D_{fm} aller Stufen gleichgehalten. Diese Voraussetzung kann als durchaus praxisnah gelten, obwohl nach Abschnitt 5.2.5 gerade bei HD-Verdichtern konkreter Triebwerke ein weiter Bereich zwischen $D_i = const.$ und $D_a = const.$ zu finden ist. Die Frage D_{fm} = oder $\neq const.$ wird bei vielstufigen HD-Verdichtern mit hohem Druckverhältnis im folgenden Abschnitt noch diskutiert.

Maßgebend für die Ermittlung des Verdichter- und Turbinenwirkungsgrades sind die Beziehungen nach Abschnitt 5.2.1, d.h.

$$\overset{***}{\eta}_{pol} = \eta_{pol} + \Delta\eta_{pol,M} + \Delta\eta_{pol,\mathrm{Re}} + \Delta\eta_{pol,EIS}$$

entsprechend Gl. 5.2.1.22 und 5.2.1.1 bis 5.2.1.3 und

$$\overset{***}{\eta}_{pol} = f \ (\text{Auslegungswerte } \psi, \varphi \text{ etc.})$$

nach Gl. 5.2.1.4. Diese Beziehungen gelten für Verdichter und Turbinen gleichermaßen, wobei $\overset{***}{\eta}_{pol}$ bei gekühlten Turbinen <u>mit</u> Einfluß der Kühlung zu verstehen ist. Zugleich ist nach Bild 5.2.1.1 bis 5.2.1.3 bei $M_{korr} > 70$ kg/s der Wirkungsgrad $\overset{*}{\eta}_{pol} = f(\lambda)$ mit λ nach Gl. 5.2.1.6, so daß damit der Größeneinfluß $\Delta\eta_{pol,M}$ ermittelt werden kann. Ferner können die Beträge $\Delta\eta_{pol,EIS}$ nach Bild 5.2.1.4 und – genähert – $\Delta\eta_{pol,\mathrm{Re}}$ in Abhängigkeit von RNI aus Bild 5.2.1.11 bestimmt werden. Damit kann der konkrete Verdichterwirkungsgrad mit Hilfe der Daten nach Abschnitt 5.2.2.5 bestimmt werden.

Nach Abschnitt 5.2.3.3 ist bei gekühlten Turbinen der Wirkungsgrad ohne Einfluß der Kühlung entsprechend Gl. 5.2.3.12

$$\overset{***}{\eta}_{pol,o.KL} = \overset{***}{\eta}_{pol} + \Delta\eta_{pol,KL} \ ,$$

wobei $\Delta\eta_{pol,KL} = f(\Delta M_{KL} / M_V)$ nach Gl. 5.2.3.11 den direkten Einfluß der Kühlluft auf die Aerodynamik der Beschaufelung darstellt. Bei gekühlten Turbinen ist ferner der aus η_{pol} gewonnene isentrope Wirkungsgrad η_{is}, der alle im Bereich des Strömungskanals bestehenden schädlichen Einflüsse einschließlich der Kühlung enthält, zur Berücksichtigung der Pumpleistung für die Zufuhr der Laufschaufel-Kühlluft nach Abschnitt 5.2.3.4 entsprechend

$$\eta_{is,res} = \eta_{is}\left[1 - \left(\frac{\Delta H_P}{H_T}\right)_{eff}\right] \tag{6.2.1}$$

zu korrigieren, wobei $(\Delta H_P / H_T)_{eff}$ nach Gl. 5.2.3.15 zu berechnen ist. Typische Werte $\eta_{is,res} / \eta_{is}$ liegen bei 0,99 bis 0,975.

Beim HD-Verdichter sind im Zusammenhang mit der Dimensionierung der HD-Turbine zunächst die in Abschnitt 5.2.2.5 dargestellten Parameter

$$v_3 \text{ und } Ma_{ax,3}$$

angesprochen, da diese starken Einfluß auf die Gestaltung der HD-Turbine haben. Des weiteren interessieren die für die Dimensionierung des HD-Verdichters wichtigen Parameter

$$\Pi_V, z, U_{fm}, \overline{\psi}, \varphi_{2.4} \text{ und } \varphi_3, v_{2.4} \text{ und } Ma_{ax,2.4}$$

und damit die Kontrollparameter $\overline{\varphi}, \overline{\psi}/\overline{\varphi}^2$, $(\Delta\overline{C}_{ax}/\overline{C}_{ax})_{St}$ und $\overline{\Pi}_{St}$ sowie schließlich die Anström-Mach-Zahlen Ma_{W1} am ersten Laufgitter im Flächenmittel und am Außendurchmesser.

Bei der HD-Turbine interessieren die Parameter

$$\Pi_{St}, \psi, \varphi, v, Ma_{ax,2}, U_{fm}, A_{ax}(N/60)^2$$

und die von den Kreisprozeßdaten $T_{4.1}$ und Π_V bzw. T_3 abhängigen, die Kühlung betreffenden Daten

$$T_m = 0,5(T_{4.1}+T_3), M_{4.1}/M_V, M_4/M_V, \Delta M_{KL}/M_V ,$$

die nach den Abschnitten 5.2.3.3 bis 5.2.3.5 festzulegen sind. Die aerodynamische Belastung wird in Anlehnung an die Abschnitte 5.2.3.3 und 5.2.3.5 bei dem maximal vertretbaren Druckverhältnis $\Pi \approx 4,0$ nach Bild 5.2.3.14 und $\psi = 3,8$ bei $\varphi = 0,6$ bis 0,7 nach Bild 5.2.3.20 angesetzt.

Zunächst wird man mit vorläufigen Daten $\eta_{pol,V} = 0,90$ und $\eta_{pol,T} = 0,88$ sowie $M_{4.1}/M_V$ nach Bild 5.2.3.27 überschlägliche Werte $H_{eff,T}$ und damit auch $H_{eff,HDV}$ und Π_{HDV} in Abhängigkeit von $T_{4.1}$ und Π_V ermitteln. Zusammen mit der bereits getroffenen Festlegung $M_{korr,3} = 4,0$ kg/s können nun die für die Wirkungsgradberechnung benötigten Parameter jeweils für HDV- und HDT-Eintritt bestimmt werden. Die so gewonnenen maßgebenden Auslegungsparameter des HD-Verdichters und der HD-Turbine werden in ihrer Tendenz über EIS in den Bildern 6.2.2 und 6.2.3 zusammengestellt.

Es ist zu empfehlen, nach erfolgter Festlegung der Kühlluftmengen für Rotor und Stator die für das Leistungsgleichgewicht zwischen Verdichter und Turbine maßgebende Relation

$$M_{4.1}/M_V = M_4/M_V + (\Delta M_{KL}/M_V)_S \tag{6.2.2}$$
$$= f(T_m)$$

mit

$$M_4/M_V = (1+m)\left[1-\Sigma\left(\frac{\Delta M_{KL}}{M_V}\right)_{R+S}\right] \tag{6.2.3}$$
$$= f(T_m)$$

anhand von Bild 5.2.3.27 zu kontrollieren. Der Durchsatz am HDT-Austritt nach Zufuhr der Rotor-Kühlluft ergibt sich aus den Daten nach Abschnitten 5.2.3.3 und 5.2.3.4 aus

$$M_{4.2}/M_V = \frac{M_{4.1}}{M_V} + \left(\frac{\Delta M_{KL}}{M_V}\right)_R , \tag{6.2.4}$$

so daß die Temperatur $T_{4.2}'$ nach Zumischung der Rotorkühlluft, deren Temperatur nach Abschnitt 3.2 definitionsgemäß nach wie vor T_3 entspricht, berechnet werden kann.

Die Drücke am Eintritt und Austritt der HD-Turbine ergeben sich aus Π_V und Π_T mit dem Druckverlust in der Brennkammer, der in Anlehnung an Abschnitt 5.3.4 entsprechend $(\Delta p/p)_{BK} = 0{,}05$ festgelegt wird.

Aus dem Leistungsgleichgewicht zwischen Verdichter und Turbine ergibt sich unter Berücksichtigung der Zwischenstufenentnahme $(\Delta M_{KL}/M_V)_{NDT}$ für die ND-Turbine an der Stelle $H_{eff,Ent} < H_{eff,V}$ (mit den vereinfachten Indizes HDV $\hat{=} V$ und HDT $\hat{=} T$)

$$M_V \cdot H_{eff,V} - (H_V - H_{Ent})_{eff} \cdot \Delta M_{KL,NDT} = \overline{M}_T \cdot H_{eff,T}$$

bzw. relativiert

$$H_{eff,V}\left[1 - \left(1 - \frac{H_{Ent}}{H_V}\right)_{eff} \cdot \frac{\Delta M_{KL,NDT}}{M_V}\right] = \frac{\overline{M}_T}{M_V} \cdot H_{eff,T} . \tag{6.2.5}$$

Mit der Vereinfachung

$$\alpha = \left(1 - \frac{H_{Ent}}{H_V}\right)_{eff} \cdot \frac{\Delta M_{KL,NDT}}{M_V} \tag{6.2.6}$$

und

$$\frac{\overline{M}_T}{M_V} = \frac{M_{4.1}}{M_V} \tag{6.2.7}$$

ergibt sich in diesem Falle schließlich

$$\left(\frac{H_T}{H_V}\right)_{eff} = \frac{1 - \alpha}{M_{4.1}/M_V} . \tag{6.2.8}$$

Bei ca. 30% Druckverlust zwischen Entnahme und Wiedereintritt in die Laufschaufeln der (ggf. ersten) ND-Turbinenstufe ergibt sich die Relation $(H_{Ent}/H_V)_{eff}$ aus

$$\frac{\Pi_{Ent}}{\Pi_{HDV}} \approx \frac{1 - (\Delta p/p)_{BK}}{0{,}7 \cdot \Pi_{HDT}} \tag{6.2.9}$$

Typische Werte α liegen im Bereich 0,01 bis 0,04. Solange die Parameter der ND-Turbine zur Bestimmung der NDT-Kühlluftmengen analog jenen der HD-Turbine noch nicht bekannt sind, ergibt sich die Zwischenstufenentnahme $(\Delta M_{KL}/M_V)_{NDT}$ für die ND-Turbine entsprechend Abschnitt 5.2.3.4 aus dem gesamten Kühlluftbedarf

$$\sum \frac{\Delta M_{KL}}{M_V} = 1 - \frac{1}{1+m} \cdot \frac{M_4}{M_V} \qquad\qquad (6.2.10)$$

und dem Kühlluftdurchsatz $(\Delta M_{KL}/M_V)_{HDT}$ der HD-Turbine vorläufig entsprechend

$$\left(\frac{\Delta M_{KL}}{M_V}\right)_{NDT} = \sum \frac{\Delta M_{KL}}{M_V} - \left(\frac{\Delta M_{KL}}{M_V}\right)_{HDT}. \qquad\qquad (6.2.11)$$

Es empfiehlt sich, dessen sinnvolle Größenordnung zu kontrollieren.

Aus Gl. 6.2.7 folgt mit

$$H_{eff,V} = \frac{\overline{\psi}_V}{2} \cdot U_{fm,V}^2 \cdot z_V \qquad\qquad (6.2.12)$$

und

$$H_{eff,T} = \frac{\psi_T}{2} \cdot U_{fm,T}^2 \qquad (z{=}1) \qquad\qquad (6.2.13)$$

$$\frac{\overline{\psi}_V}{2} \cdot U_{fm,V}^2 \cdot z_V = \frac{M_{4.1}}{M_V} \cdot \frac{\psi_T}{2} \cdot U_{fm,T}^2$$

und damit die für den Entwurf wichtige Relation der Durchmesser

$$\left(\frac{D_T}{D_V}\right)_{fm}^2 = \frac{\overline{\psi}_V}{\psi_T} \cdot \frac{z_V}{M_{4.1}/M_V} \qquad\qquad (6.2.14)$$

– zunächst vom Standpunkt der umgesetzten Leistung. Mit $\Pi_T = 4{,}0$ und $\eta_{is,T}$ nach Bild 6.2.2 ergibt sich die spezifische Arbeit der Turbine

$$H_{eff,T} = (H_{is}/T_{4.1}) \cdot T_{4.1} \cdot \eta_{is,T} \qquad\qquad (6.2.15)$$

und mit Gl. 6.2.8 auch $H_{eff,V}$ und damit Π_V iterativ aus

$$H_{is,V}/T_{2.4} = (H_{eff,V}/T_{2.4}) \cdot \eta_{is,V} \qquad\qquad (6.2.16)$$

mit $\eta_{is,V}$ nach Bild 6.2.3. Dabei ist der Turbinenwirkungsgrad $\eta_{is,T}$ nach den Abschnitten 5.2.1 und 5.2.3.3, der Verdichterwirkungsgrad nach den Abschnitten 5.2.1 und 5.2.2.5 zu bestimmen. Zum Turbinenwirkungsgrad nach Bild 6.2.2 ist zu bemerken, daß bei EIS nach 2000 aufgrund des zunehmend hohen, über den Stand der Technik hinausgehenden Kühlungsaufwandes $\Delta M_{KL}/M_V$ der normierte Wirkungsgrad $\eta_{pol,M}^{***}$ mit $\lambda < 0$ außerhalb des in Bild 5.2.1.3 dargestellten Streubereichs gerät. Dies mag als Anhalt dafür gesehen werden, daß die weitere Steigerung des Temperaturniveaus im Bereich der HD-Turbine ohne Verbesserung der Kühltechnologie im Sinne einer Beschränkung des Kühlluftbedarfs $\Delta M_{KL}/M_V$ bzw. Verkleinerung des hinzunehmenden Wirkungsabschlags $\Delta\eta_{pol,KL}$ als problematisch gesehen werden muß. Ein Hinweis auf zukünftige Fortschritte in der Kühltechnologie – wenn auch vage und nicht nachprüfbar – ist in [6.2.1] zu finden.

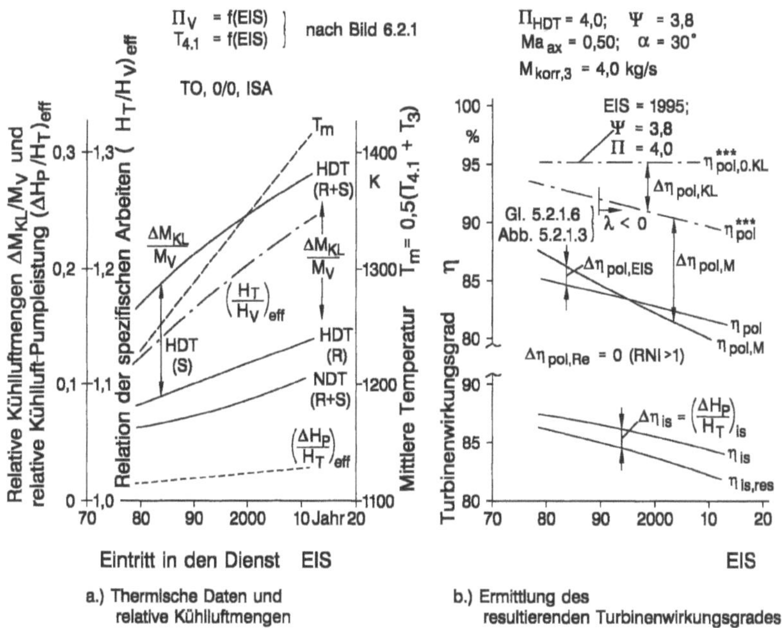

Bild 6.2.2: Zeitliche Entwicklung aero-/thermodynamisch relevanter Daten zu 1-stufigen HD-Turbinen von zivilen Turbofans/Mantelpropfans

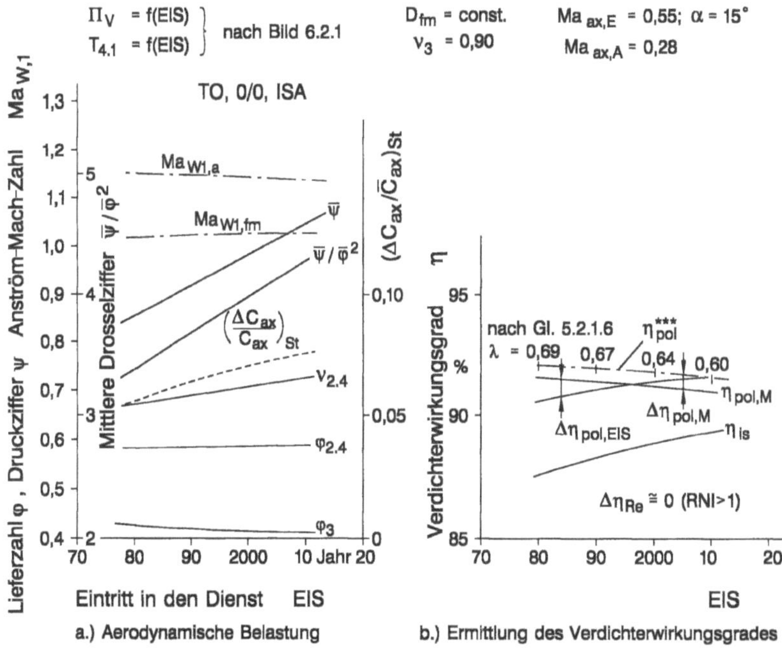

Bild 6.2.3: Zeitliche Entwicklung aero-/thermodynamisch relevanter Daten von HD-Verdichtern mit 1-stufiger HD-Turbine bei zivilen Turbofans/Mantelpropfans

Ferner folgt mit der Umfangsgeschwindigkeit der Turbine

$$U_{fm,T} = \sqrt{\frac{2H_{eff,T}}{\psi_T}} \qquad (6.2.17)$$

die Drehzahl

$$N = \frac{60 \cdot U_{fm}}{\pi D_{fm}} \bigg|_T \qquad (6.2.18)$$

und mit der Austritts-Ringraumfläche

$$A_{4.2} = \frac{\Phi_{4.2} \cdot R}{I_{4,2}} = \frac{\pi}{2} D_{fm,T}^2 \left(\frac{1-v^2}{1+v^2}\right)_T \qquad (6.2.19)$$

der von Abschnitt 5.2.3.3 bzw. Gl. 5.2.3.13 her bekannte Belastungsparameter

$$A_{4.2}(N/60)^2 = \frac{H_{eff,T}}{\psi_T} \cdot \frac{1}{\pi}\left(\frac{1-v^2}{1+v^2}\right)_{4.2} \cdot$$

Für den HDV-Austritt erhält man mit

$$A_3 = \frac{\Phi_3 \cdot R}{I_3} = \frac{\pi}{2} D_{fm,V}^2 \left(\frac{1-v^2}{1+v^2}\right)_3 \qquad (6.2.20)$$

und Gl. 6.2.19 die thermodynamisch relevante Relation

$$\frac{A_{4.2}}{A_3} = \frac{\Phi_{4.2}}{\Phi_3} \cdot \frac{I_3}{I_{4,2}} \qquad (6.2.21)$$

und daraus die der Kontinuität entsprechende Relation der Durchmesser aus

$$\left(\frac{D_T}{D_V}\right)_{fm}^2 = \frac{A_{4.2}}{A_3} \cdot \left(\frac{1+v^2}{1-v^2}\right)_{4.2} \cdot \left(\frac{1-v^2}{1+v^2}\right)_3 \cdot \qquad (6.2.22)$$

Damit ergibt sich mit dem aero-/thermodynamisch vorgegebenen Verhältnis $A_{4.2}/A_3$ zusammen mit den vorgegebenen oder wünschenswerten Parametern

$$v_3 \text{ und } v_{4.2}, \psi_V \text{ und } \psi_T \text{ sowie } M_{4.1}/M_V$$

aus Gln. 6.2.22 und 6.2.14 die Stufenzahl des Verdichters zu

$$z_V = \frac{\psi_T}{\psi_V} \cdot \frac{M_{4.1}/M_V}{1-\alpha} \cdot \frac{A_{4.2}}{A_3} \cdot \left(\frac{1+v^2}{1-v^2}\right)_{4.2} \cdot \left(\frac{1-v^2}{1+v^2}\right)_3 \cdot \qquad (6.2.23)$$

Dabei besteht bei Verdichter und Turbine einiger Spielraum, der zur Optimierung – insbesondere im Sinne des zulässigen Belastungsparameters $A_{ax}(N/60)^2$ genützt werden kann.

Am Verdichteraustritt wird nach Abschnitt 5.2.2.5 $v_3 = 0{,}88$ bis $0{,}91$ bei axialen Mach-Zahlen $Ma_{ax,3} = 0{,}25$ bis $0{,}30$ in Betracht gezogen. Am Turbinenaustritt kommt

$v_{4.2} = 0{,}78$ bis $0{,}88$ bei Mach-Zahlen $Ma_{ax,4.2} = 0{,}40$ bis $0{,}50$ in Frage, wobei hier die Strömungsrichtung gegenüber der Axialen bei $\alpha = 30°$ angenommen werden kann. Somit sind die Stromdichten am

Verdichteraustritt $\qquad I_3 = 4{,}85$ bis $5{,}75$ m/s, $\sqrt{K}$

Turbinenaustritt $\qquad I_{4.2} = 6{,}95$ bis $8{,}12$.

Für eine erste Betrachtung, d.h. die Verfolgung der Tendenzen über EIS, wird verdichterseitig

$$Ma_{ax,3} = 0{,}28 \text{ entsprechend } I_3 = 5{,}55 \text{ und } v_3 = 0{,}90$$

und turbinenseitig

$$Ma_{ax,4.2} = 0{,}50 \text{ entsprechend } I_{4.2} = 8{,}12 \text{ bei } v_{4.2} \approx 0{,}82$$

festgelegt, wobei $v_{4.2}$ noch zu diskutieren ist. Damit ergeben sich die in Bild 6.2.4 zusammengefaßten, für die Dimensionierung des HD-Verdichters und der HD-Turbine entscheidenden Parameter

$$U_{fm,T},\, A_{ax}(N/60)^2,\, (D_T/D_V)_{fm},$$

$$U_{fm,V},\, \Pi_V,\, z_V \text{ und } \Pi_{St,V} ,$$

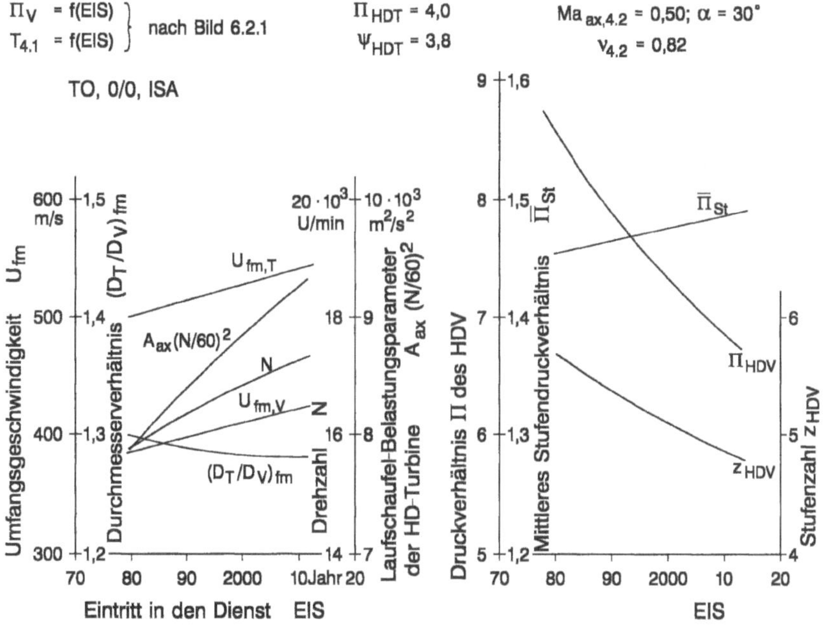

Bild 6.2.4: Zeitliche Entwicklung mechanischer und aero-/thermodynamischer Hauptdaten von HD-Systemen mit 1-stufiger HD-Turbine bei zivilen Turbofans und Mantelpropfans

wobei alle Parameter innerhalb, wenngleich – wie zu erwarten – teilweise am oberen Rande der in Abschnitt 5.2.2.5 (HDV) und 5.2.3.3 (HDT) dargestellten Streubereiche liegen.

Des weiteren ergibt sich mit dem Nabenverhältnis $v_{4.2}$ und der nach Bild 5.2.3.41 erforderlichen Schaufelfußhöhe h_i / R_i der Turbinenlaufschaufeln das Verhältnis

$$D_a^{'} / D_{fm} = (D_a^{'} / D_i) \cdot (D_i / D_a) \cdot (D_a / D_{fm}) = (1 - h_i / R_i)\sqrt{\frac{2v^2}{1+v^2}} \tag{6.2.24}$$

und damit aus U_{fm} die Umfangsgeschwindigkeit $U_a^{'}$ am Scheibenrand. Damit kann mit dem nach Abschnitt 5.2.3.6 aus den Hauptabmessungen der Scheibe gebildeten Scheiben-Konturparameter SKP und den ebenfalls nach Abschnitt 5.2.3.6 festzulegenden Gitterdaten die Randlast $p_R / \rho U_a^{'2}$ und damit die für die Abschätzung der zyklischen Standzeit maßgebende Ringspannung $\sigma_{\varphi,i}$ in der Scheibenbohrung ermittelt werden. Diese sind in Bild 6.2.5a der nach Abschnitt 5.2.3.6 zu erwartenden Entwicklung der Werkstoffdaten gegenübergestellt. Aus den in Abschnitt 5.2.3.4 dargelegten Beziehungen zur Kühlung der Laufschaufeln, den daraus resultierenden Betriebstemperaturen und den nach Abschnitt 5.2.3.6 festliegenden, für die Berechnung der radialen Schaufelbelastung maßgebenden Gitterdaten ergeben sich die in Bild 6.2.5b zusammengestellten Belastungsdaten der Laufschaufeln, die ebenfalls der Entwicklung der Werkstoffdaten gegenübergestellt ist.

Wie erwartet, wird durch die Ermittlung der Belastungen, Betriebstemperaturen und Werkstoffdaten für Scheiben und Schaufeln bestätigt, daß bei Einhaltung realistischer Belastungsparameter $A_{ax}(N/60)^2$ und Umfangsgeschwindigkeiten U_{fm} im Rahmen der Projektierung auch die konkreten Belastungswerte von Scheiben und Schaufeln sich in realisierbaren Größenordnungen bewegen. Wird davon ausgegangen, daß die Entwicklung der Schaufel- und Scheibenwerkstoffe zu höheren Betriebstemperaturen und/oder -spannungen bis auf weiteres anhält, so ist auch mit der Fortsetzung der bisherigen Tendenz in der Entwicklung der Parameter $T_{4.1}$ und Π_V zu rechnen. Dagegen stellen sich nach Bild 6.2.5b sichtbar aggressivere Ansprüche an die Schaufelkühlung, falls die Werkstoffentwicklung stagnieren sollte. Bei Scheiben wäre bei Stagnation der Werkstoffentwicklung nur durch Senkung des Belastungsparameters $A_{ax}(N/60)^2$ und Erhöhung des Scheibenkontur-Parameters SKP zu begegnen, was durch Einflußnahme auf $v_{4.2}$ bzw. $(D_T / D_V)_{fm}$ und damit durch ungünstigere Dimensionierung des Kerntriebwerks bis hin zu größerer Anzahl von Verdichterstufen erreicht werden könnte bzw. müßte. In diesem Sinne wird zur Ergänzung für $\Pi_V = 42$, $T_{4.1} = 1790$ K entsprechend dem Standard EIS = 2000 das Nabenverhältnis $v_{4.2}$ variiert, da gerade dieser Parameter einerseits nach Bild 5.2.3.24 eine große Streuung im Bereich 0,82 bis 0,88 aufweist und andererseits großen Einfluß auf die für die Belastung von Scheiben und Schaufeln maßgebenden Parameter $(D_T / D_V)_{fm}$ und $A_{ax}(N/60)^2$ und damit auch auf die Dimensionierung des gesamten HD-Systems hat, vgl. Bild 6.2.6. Allerdings geschieht die Entlastung der HD-Turbine durch Vergrößerung von $v_{4.2}$ um den Preis höherer Stufenzahl des Verdichters und höheren Durchmessers der Turbine bei geringerer Schaufelhöhe

$$h = 0{,}5 \cdot D_a (1-v)_{4.2} \; .$$
(6.2.25)

Da das Radialspiel gewöhnlich in der Größenordnung

$$s / D_a \approx (1 \text{ bis } 1{,}5) \text{ \textperthousand}$$

liegt, ist bei Erhöhung von $v_{4.2}$ wegen

$$s / h \approx \frac{0{,}002 \text{ bis } 0{,}003}{1 - v_{4.2}}$$
(6.2.26)

und aufgrund der bekannten Relation $\Delta\eta \approx 2 \cdot s / h$ – z.B. nach [5.2.24] – mit größerem Wirkungsgradabschlag zu rechnen.

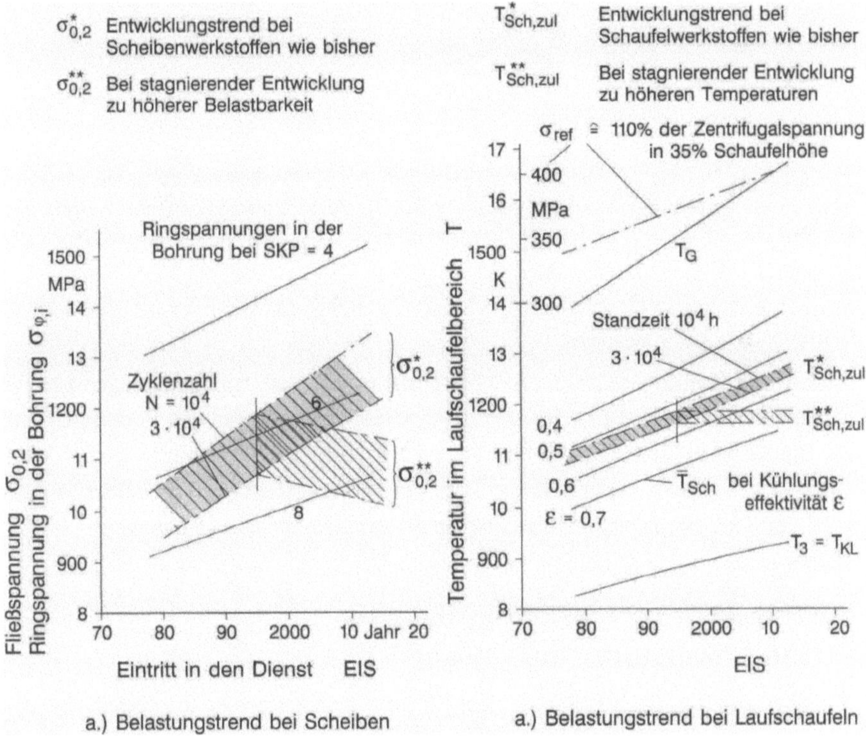

Bild 6.2.5: Entwicklungstrend der thermisch/mechanischen Belastung der Scheiben und Laufschaufeln 1-stufiger HD-Turbinen bei zivilen Turbofans und Mantelpropfans (Voraussetzungen/ Bedingungen entspr. den Bildern 6.2.1 bis 6.2.4)

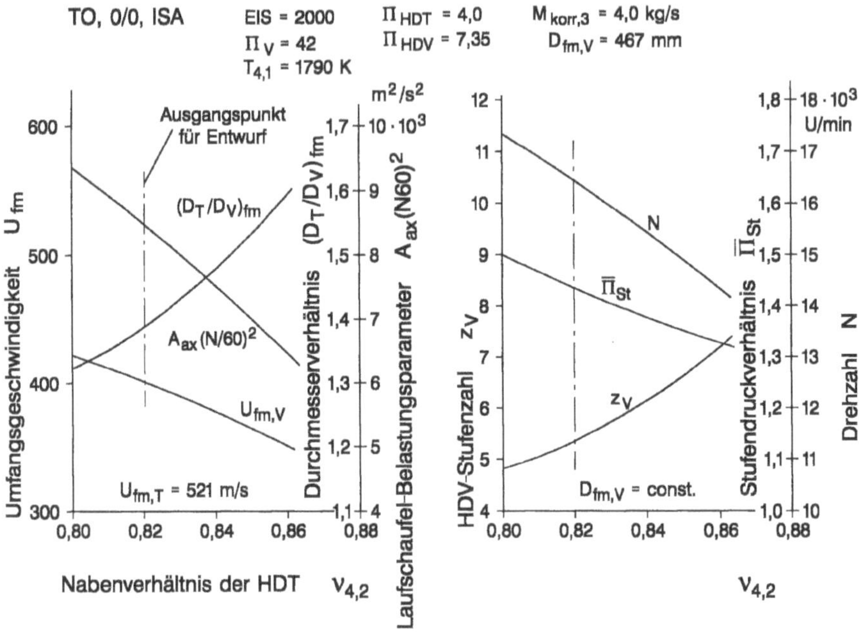

Bild 6.2.6: Einfluß des Nabenverhältnisses der (1-stufigen) HD-Turbine auf die mechanisch/thermischen und aerodynamischen Auslegungsdaten des HD-Systems bei zivilen Turbofans/Mantelpropfans

Für die noch zu kommentierende Dimensionierung des HD-Systems wird weiterhin von $v_{4.2} = 0{,}82$ ausgegangen.

Mit den Kreisprozeßdaten Π_V und $T_{4.1}$ über EIS und den Festlegungen zum Verdichteraustritt können nach Abschnitt 5.3 die Hauptabmessungen und Betriebsparameter der Brennkammer festgelegt werden. Hierzu zeigt Bild 6.2.7 für die bei gleichen Werten $M_{korr,3}$ und $\Delta p / p$ mit einfachem Dom und mit koplanarem Doppel-Dom nach Bild 5.3.3 gestaltete Brennkammer die Entwicklung der geometrischen Parameter

$$h_{ref}, L_{ges}, L_{FR} \text{ und } h_{PZ}$$

über EIS und Bild 6.2.8 die aerodynamischen Daten

$$Ma_{ref}, (\Delta p / q)_{ref} \text{ bei } \Delta p / p = const. \; .$$

Aufgrund dieser Festlegungen ergibt sich nach Bild 6.2.9 die zeitliche Entwicklung der Betriebsparameter Θ, ZP und BP und die mittlere Aufenthaltszeit $\bar{t}_{FR}$ im Flammrohr in der Definition nach Abschnitt 5.3.5 unter der Voraussetzung, daß beim Konzept mit Doppel-Dom bei TO das äußere Flammrohr in Betrieb ist und in der Primärzone entsprechend dem „Mager"-Konzept das Äquivalenzverhältnis $\Phi_{PZ} = 0{,}8$ herrscht. Mit Blick auf die Bilder 5.3.14 bis 5.3.19 liegen die Betriebsparameter nach Bild 6.2.9 allesamt in einem mit fortschreitendem EIS zunehmend günstiger werdenden Bereich.

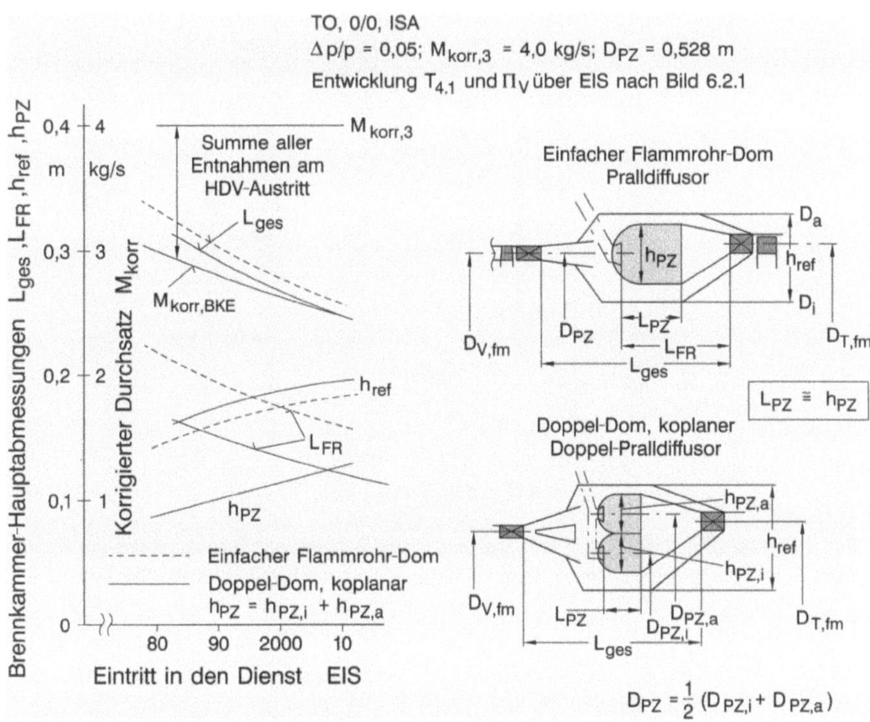

Bild 6.2.7: Zeitliche Entwicklung der Hauptabmessungen von Brennkammern mit einfachem Dom und koplanarem Doppel-Dom auf der Basis statistischer Daten nach Abschnitt 5.3

Dabei sind jedoch die Brennkammern mit einfachem Dom besser positioniert als jene mit Doppel-Dom. In einer vergleichsweise niedrigen mittleren Aufenthaltszeit im Flammrohr – vgl. Bild 5.3.33 – wird eine wichtige Vorbedingung für die Realisierung niedriger NO_x-Werte gesehen.

Mit den für Verdichter, Brennkammer und Turbine festgelegten Daten erhält man – für den Standard EIS = 2000, d.h. $T_{4.1} = 1790$ K, $\Pi_V = 42$ als Beispiel – skizzenhaft den in Bild 6.2.10a dargestellten Ringraum mit der Scheibenkontur entsprechend dem in Anlehnung an Bild 6.2.5a gewählten Scheibenkontur-Parameter SKP $\approx$ 8. Ferner zeigt Bild 6.2.11 die Einordnung des für die Dimensionierung wichtigen Durchmesserverhältnisses $(D_T / D_V)_{fm}$ in die Daten konkreter Triebwerke.

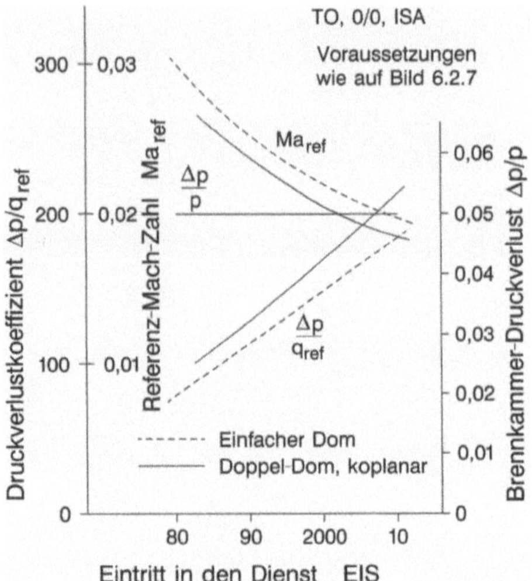

Bild 6.2.8: Zeitliche Entwicklung der aerodynamischen Beiwerte von Brennkammern mit einfachem Dom und koplanarem Doppel-Dom auf der Basis statistischer Daten nach Abschnitt 5.3

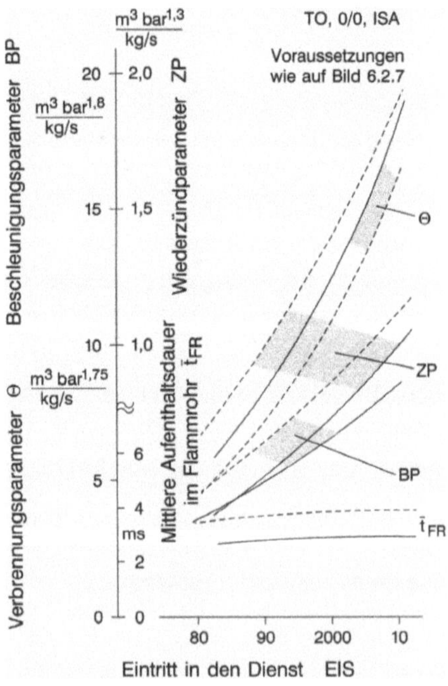

Bild 6.2.9: Zeitliche Entwicklung der Betriebsparameter bei Brennkammern mit einfachem Dom und koplanarem Doppel-Dom auf der Basis statistischer Daten nach Abschnitt 5.3

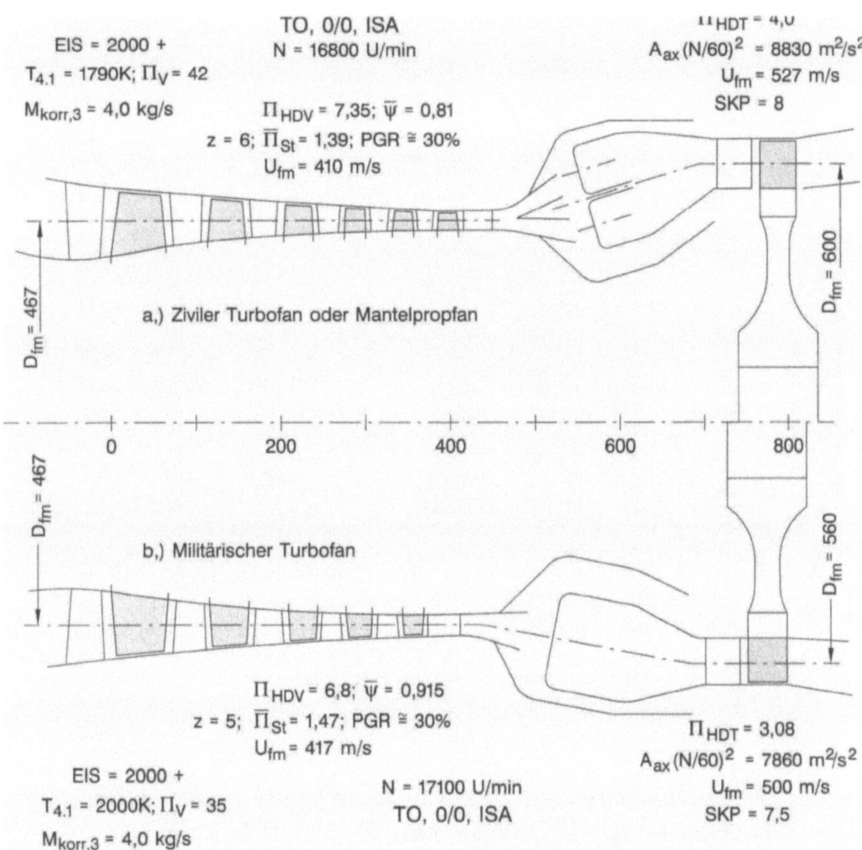

Bild 6.2.10: Ringräume von HD-Systemen mit 1-stufiger HD-Turbine für zivilen und militärischen Einsatz

Die in den Bildern 6.2.4 und 6.2.6 angegebene kontinuierliche HDV-Stufenzahl in Abhängigkeit von EIS oder $\nu_{4.2}$ bedarf bei der Auslegung des HD-Verdichters natürlich der Präzisierung. Dabei besteht unter Wahrung der übrigen Auslegungsparameter des HD-Verdichters wie H_{eff}, Π, D_{fm} und N einiger Spielraum, der zur Festlegung der Pumpgrenzenreserve nach Abschnitt 5.2.2.7, der Länge über alle Stufen und der Schaufelzahl genützt werden kann. Auf der Basis der angenommenen Druckziffer $\overline{\psi}$ stellen die Werte z_V in den Bildern 6.2.4 und 6.2.6 gewissermaßen Minimalwerte und die mittleren Stufendruckverhältnisse $\overline{\Pi}_{St}$ Maximalwerte dar. Wird eine bestimmte Pumpgrenzenreserve, im vorliegenden Fall z.B. PGR = 30%, beansprucht, so ergibt sich daraus nach Abschnitt 5.2.2.7 ein zwingendes Kriterium für den maximalen mittleren axialen Schlankkeitsgrad $\overline{AR}_{ax}$ der Lauf- und Leitschaufeln. Dies führt nicht unbedingt gleichzeitig zur günstigsten Bauform, wie folgende Überlegungen zeigen.

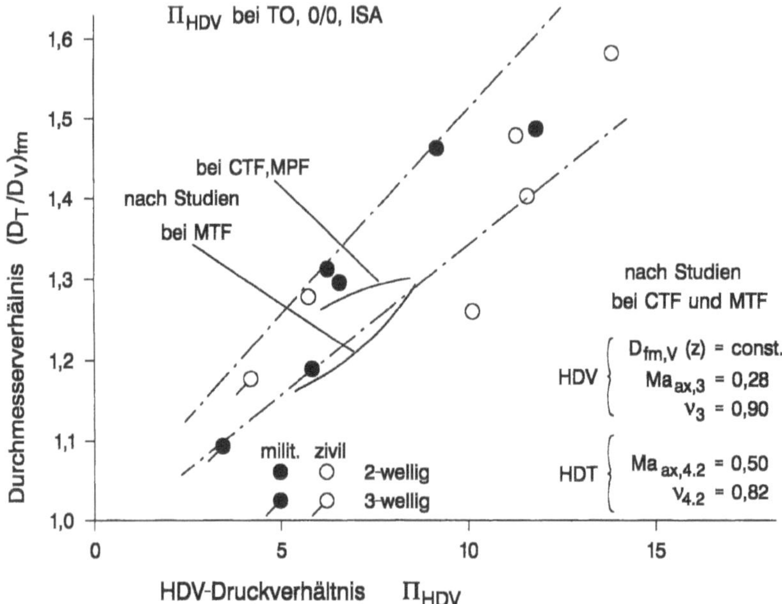

Bild 6.2.11: Durchmesserverhältnis HDT/HDV bei HD-Systemen mit 1-stufiger HD-Turbine von zivilen Turbofans/Mantelpropfans und militärischen Turbofans

Da die radialen Abmessungen der Beschaufelung erhalten bleiben, ergibt sich für die Verdichter-Gesamtlänge in der Definition nach Bild 5.2.2.80 der Trend

$$L_{ges} \sim z \cdot L_{ax,St} \sim \frac{z}{\overline{AR}_{ax}}$$

und für die gesamte Schaufelzahl

$$x_{ges} \sim z \cdot \frac{1}{\overline{L}_{ax,St}} \cdot f(\overline{\psi})$$

$$\sim z \cdot \overline{AR}_{ax,St} \cdot f(\overline{\psi})$$

Da mit zunehmender Stufenzahl z zugleich $\overline{\psi}$ abnimmt, nehmen die Teilungsverhältnisse t/l der Beschaufelung zu, so daß damit die Zunahme der Schaufelzahl x gedämpft wird. Die Funktion $t/l = f(\overline{\psi})$ kann für den speziellen Fall angenähert aus Abschnitt 6.11.3 bzw. Bild 6.11.7 abgeleitet werden. Hierzu folgender Vergleich, der Bild 6.2.10a zugrundeliegt:

$$z = 5 \qquad (5{,}48) \qquad 6 \qquad 7$$
$$(\text{Bild } 6.2.4)$$
$$\overline{PGR} = \underline{\hspace{4cm}} 30\% \underline{\hspace{2cm}}$$
$$\overline{AR}_{St,\max} = 0{,}40 \quad (0{,}46) \qquad 0{,}53 \qquad 0{,}68$$
$$L_{ges} \sim \frac{z}{\overline{AR}_{St}} \sim 1{,}05 \quad (1{,}0) \qquad 0{,}95 \qquad 0{,}86$$
$$\overline{\psi} = 1{,}07^* \quad (0{,}975) \qquad 0{,}89 \qquad 0{,}765$$
$$\overline{(t/l)}_{rel} \sim 0{,}84 \quad (1{,}0) \qquad 1{,}21 \qquad 1{,}60$$
$$x_{rel} \sim \frac{z \cdot \overline{AR}_{St}}{\overline{(t/l)}_{rel}} \sim 0{,}92 \quad (1{,}0) \qquad 1{,}05 \qquad 1{,}18$$

* nicht realisierbar

Damit fiel die Entscheidung zugunsten $z = 6$.

Es sei daran erinnert, daß die hier zusammengestellten Daten auf der Basis maximaler Werte $T_{4.1}$ und Π_V über EIS am oberen Rand der Statistik nach Abschnitt 5.10.2 ermittelt wurden und somit ebenfalls Spitzenwerte darstellen. Bei weniger aggressiven Kreisprozeßdaten würden sich selbstverständlich auch moderatere Belastungszahlen – wenngleich mit größeren Abmessungen des Kerntriebwerks bei geforderter absoluter Gasleistung (d.h. bei höherem Durchsatz bzw. geringerer spezifischer Gasleistung) – ergeben.

Obwohl die erhaltenen Ergebnisse nur als Beispiel gelten können, lassen sich daraus doch folgende allgemeine Schlüsse ziehen:

– Selbst dann, wenn die Weiterentwicklung der Schaufel- und Scheibenwerkstoffe zu höheren Betriebstemperaturen und/oder -spannungen zum Stillstand kommen sollte, wird die Entwicklung des Parameters $T_{4.1}$ zu höheren Werten – wie in Abschnitt 5.10.2 gezeigt – weitergehen können.

– Die eigentliche, schon in naher Zukunft einschneidende Grenze ist in der Annäherung der Temperatur am Verdichteraustritt an den derzeitigen, durch die Scheibenfestigkeit gegebenen Maximalwert $T_3 \approx 950\,\text{K}$ bei TO am heißen Tag gegeben, falls dieser nicht mehr erhöht werden kann.

– Bei Einhaltung der in Abschnitt 5.2.3.3 dargestellten Grenze des Belastungsparameters $A_{ax}(N/60)^2$ und der Umfangsgeschwindigkeit U_{fm} der HD-Turbine kann davon ausgegangen werden, daß auch mit den Spannungen $\sigma_{\varphi,i}$ in der Scheibenbohrung und der Spannung σ_{ref} in 35% der Schaufelhöhe die geforderten Standzeiten erfüllt werden können.

– Dabei ist zu beachten, daß die Entwicklung zu höheren Werten $T_{4.1}$ mit Blick auf die Verbesserung des SBV nur dann sinnvoll ist, wenn gleichzeitig auch Π_V erhöht werden kann. Ist dies nicht der Fall, so würden bei Erhöhung von $T_{4.1}$ bei gleichem spezifischen Schub des Turbofans oder Mantelpropfans nur die Abmessungen des Kerntriebwerks verkleinert werden können, vgl. hierzu auch Abschnitte 6.10 und 6.11.

- Bei weiterer Steigerung von $T_{4.1}$ und Π_V bei 1-stufiger HD-Turbine und maximaler Turbinenbelastung (Π_T und ψ) nehmen die im HD-Verdichter erreichbaren Druckverhältnisse ebenso wie die erforderliche Zahl von Stufen sichtbar ab.

- Ob diese Situation durch Verbesserung der Kühltechnologie (z.B. durch geringeren Kühlluftbedarf, wärmedämmende Überzüge etc.) sichtbar verbessert werden könnte, ist eher zu bezweifeln.

- Die Tendenz von Π_{HDV} über $T_{4.1}$ und damit Π_V (vgl. Bild 6.2.4) zeigt, daß bei 1-stufiger HD-Turbine dem Parameter $\Pi_{NDV} = \Pi_V / \Pi_{HDV}$ wachsende Beachtung geschenkt werden muß, indem das Konzept mit „Booster"-Stufen zugunsten schnellaufender ND-Verdichter bei Turbofans/Mantelpropfans mit Getriebe zunehmend an Rechtfertigung verliert.

- Zukünftig mag es durchaus möglich sein, 1-stufige HD-Turbinen bei hohem Wirkungsgrad bis zu Druckverhältnissen $\Pi_{HDT} = 5$ zu bauen. Dies entspricht gegenüber $\Pi_{HDT} = 4,0$ bei gleichem Wirkungsgrad einer Erhöhung der spezifischen Arbeit um ca. 13%, wodurch z.B. bei $\Pi_V = 42$, $T_{4.1} = 1790$ K entsprechend EIS = 2000 das Druckverhältnis des HD-Verdichters von $\Pi_{HDV} = 6,6$ auf ca. 9,2 angehoben werden könnte. Die dargestellte Entwicklung der Parameter zur Dimensionierung des HD-Systems würden daher sichtbar verändert werden können.

Bei HD-Systemen mit 1-stufiger HD-Turbine für **militärische Turbofans** ergibt sich das Druckverhältnis des HD-Verdichters entsprechend Abschnitt 5.10.3 von vornherein aus den Kreisprozeßdaten $T_{4.1}$, Π_V und μ und damit aus dem spezifischen Schub (ggf. ohne NV), wobei das Druckverhältnis der HD-Turbine sichtbar im Bereich $\Pi_{HDT} < 4,0$ bleibt. Ferner sind bei militärischem Einsatz weit niedrigere Standzeiten bei wesentlich höheren Zyklenzahlen/Einheit der Standzeit gefordert, die im Vergleich mit Triebwerken für zivilen Einsatz etwa folgenden Eckwerten entsprechen:

	Zivil (Kurzstrecken- Verkehrsflugzeug)	Militärisch (Kampfflugzeug)
Standzeit der HDT-Laufschaufeln (h)	$(2 \text{ bis } 3) \cdot 10^4$	$2 \cdot 10^3$
Zyklen bei HDT-Scheiben	$(2 \text{ bis } 3) \cdot 10^4$	$1,5 \cdot 10^4$
Zyklen/Flugstunde	1	7

Aufgrund der hohen Leistungskonzentration, aber auch unter dem Einfluß sichtbar niedrigerer Standzeiten und des weniger hohen Zuverlässigkeitsstandards als im Luftverkehr, werden hier – wie in Abschnitt 5.10.3 bereits dargelegt – wesentlich höhere Temperaturen $T_{4.1}$ gefahren. Während bei zivilen Kerntriebwerken die höchste thermische Belastung bei *TO* am heißen Tag auftritt, wird diese bei Kampfflugzeugen unter Überschall-Kampfbedingungen erreicht, wie durch folgende Vergleichstabelle verdeutlicht wird:

Std. 2000		CTF/MPF		MTF	
Bedingung		*TO*	*TO*	*TO*	Kampf
			– „flat rating" –		
Ma_0 / H (km)		0/0, ISA	ISA + 15 K	0/0, ISA	1,8/11
T_2	K	288	303	288	357
$T_{4.1}$	K	1790	1880	2000	2060
Π_V		– 42 –		35	24,5
T_3	K	900	948	855	944
N_{HDV}	U/min		100%	100%	101,7
$\dfrac{T_{4.1}/T_2}{(T_{4.1}/T_2)_{AP}} = X$		—— 0,92 ——		0,85	0,710

Auslegungspunkt	$X = 1$ bei		$X = 1$ bei	
	MCR	0,8/10,7 (km)	max.*TR*	0,8/11
		$T_{4.1} = 1680$		$T_{4.1} = 1850\ \text{K}$
		$\Pi_V = 48,6$		$\Pi_V = 41$

Vor diesem Hintergrund zeigt Bild 6.2.10b den Ringraum des Kerntriebwerks für militärische Verwendung bei Standard EIS = 2000, d.h. für $T_{4.1} = 2000\ \text{K}$, $\Pi_V = 35$. In diesem Falle wurde das Brennkammerkonzept nach Bild 5.3.3 mit einfachem Dom und Pralldiffusor gewählt. Ferner zeigt Bild 6.2.12 einige wichtige Hauptdaten des HD-Verdichters und der HD-Turbine im Vergleich zu jenen des zivilen Kerntriebwerks nach Bild 6.2.4. Auch hier zeigt der Vergleich mit den Abschnitten 5.2.2.5 und 5.2.3.3, daß alle Auslegungsparameter im Bereich der Streuung bei konkreten Triebwerken liegen und der dabei beobachteten Tendenz über EIS folgen.

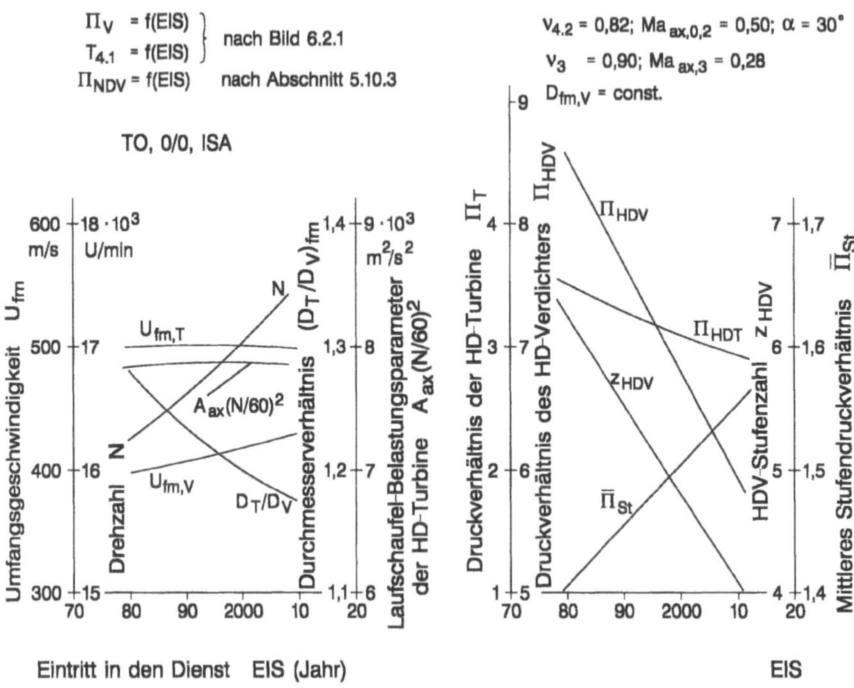

Bild 6.2.12: Zeitliche Entwicklung mechanischer und aero-/thermodynamischer Daten von HD-Systemen mit 1-stufiger HD-Turbine für militärische Turbofans

Trotz der Unterschiede in den Auslegungsparametern gegenüber dem zivilen Kerntriebwerk gleichen Standards EIS – vgl. Bilder 6.2.4 und 6.2.6 mit 6.2.12 und 6.2.13 – besteht doch aufgrund einiger Gemeinsamkeiten genügend Anlaß, den Einsatz militärischer HD-Systeme für zivilen Einsatz in Betracht zu ziehen. Bei militärischem und (ggf. späteren) zivilen Einsatz werden folgende Vorteile erreicht:

- Für die zivile Nutzung sind nur Kosten zur Anpassung an die übrige Architektur des Triebwerks und die Zulassung aufzubringen.

- Betriebserfahrungen und (vorausgehende) weitere Entwicklungen im militärischen Einsatz kommen auch der zivilen Seite zugute.

- Die Produktion größerer Stückzahlen für beide Anwendungen führt zu geringeren Kosten vor allem dann, wenn die entsprechenden Teile für beide Verwendungen nach gleichen Zeichnungen/Vorschriften gefertigt werden können.

- Im allgemeinen führt die Umrüstung für den zivilen Einsatz zu moderateren Werten $T_{4.1}$, Π_V und N etc., um dem höheren Sicherheitstandard im zivilen Bereich Rechnung zu tragen und den oben angesprochenen höheren Standzeiten gerecht zu werden.

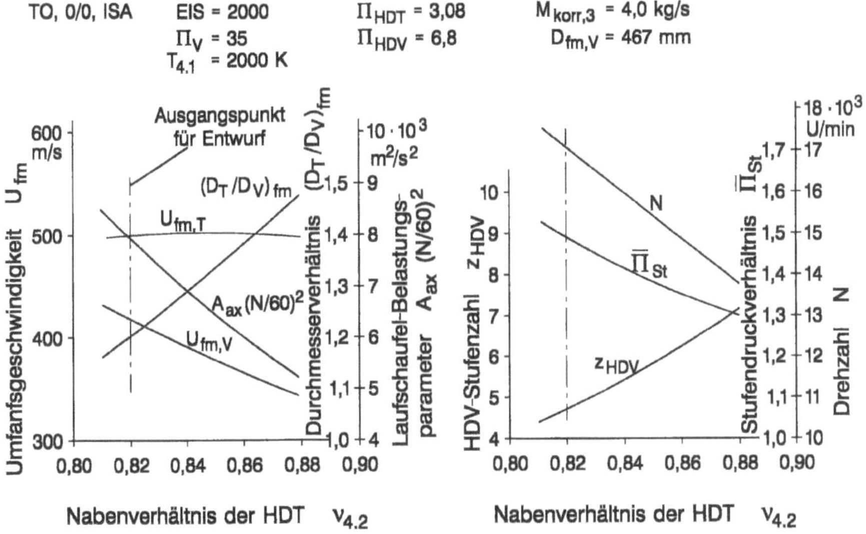

Bild 6.2.13: Einfluß des Nabenverhältnisses der (1-stufigen) HD-Turbine auf die mechanisch/thermischen und aerodynamischen Auslegungsdaten des HD-Systems bei militärischen Turbofans

Bei der Entwicklung der HDV- und HDT-Auslegungsdaten über EIS ist impliziert, daß mit $T_{4.1}$ zugleich Π_V der Tendenz nach Bild 6.2.1 entspricht und in den Bildern 6.2.2 bis 6.2.4 im Hinblick auf die Anwendung in zivilen Turbofans/Mantelpropfans $\Pi_{HDT} = 4,0$ ist, während in den Bildern 6.2.12 und 6.2.13 entsprechend der Situation bei militärischen Turbofans Π_{HDV} und Π_{HDT} nach Abschnitt 5.10.3 in Abhängigkeit von EIS festgelegt ist. Zur Ermittlung der HDV- und HDT-Auslegungsdaten bei gewünschtem Technologie-Standard EIS, aber anderen Parametern $T_{4.1}$ und Π_V und anderen Flugbedingungen (Ma_0, H bzw. T_2) kann mit den Daten des HD-Systems nach den Bildern 6.2.2 bis 6.2.4

$$(H_T/H_V)_{eff}, \eta_{is,T} \text{ und } \eta_{pol,V}$$

und den bekannten Zsammenhängen zwischen

$$H_{eff,HDT} \text{ und } \Pi_{HDT}, T_{4.1}, \eta_{is,HDT}$$

bzw.

$$H_{eff,HDV} \text{ und } \Pi_{HDV}, \eta_{pol,V}, \Pi_V, T_2$$

das Druckverhältnis über Π_{HDV} ebenso wie die weiteren Auslegungsparameter des HD-Systems ermittelt werden. Als Beispiel ist für zivile Turbofans und Mantelpropfans in Bild 6.2.14 beim einfachen Fall $\Pi_{HDT} = 4,0$ das bei Variation von Π_V zu erwartende Druckverhältnis Π_{HDV} dargestellt.

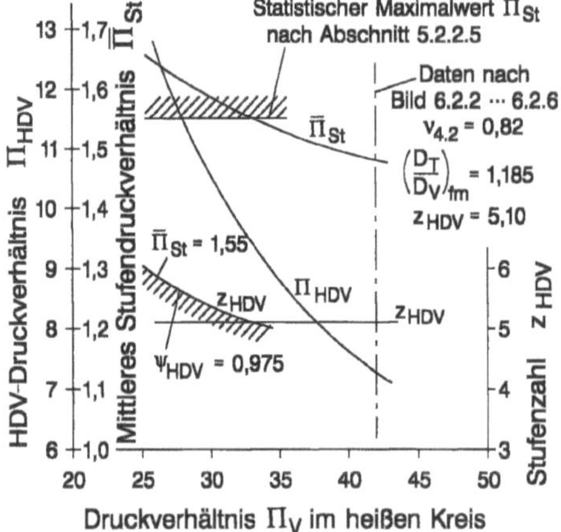

Bild 6.2.14:
Einfluß des Druckverhältnisses im heißen Kreis auf das Druckverhältnis des HD-Verdichters bei 1-stufiger HD-Turbine bei zivilen Turbofans und Mantelpropfans

6.2.3 Kerntriebwerke mit 2-stufiger HD-Turbine

Ausgehend vom gleichen Zusammenhang zwischen Π_V und $T_{4.1}$ über EIS und dem korrigierten Durchsatz $M_{korr,3}$ wie im Grenzfall a) beim zivilen Einsatz, werden hier im Sinne des in Abschnitt 6.2.1 erwähnten Grenzfalles b) für das maximal vorstellbare HDV-Druckverhältnis, das aus heutiger Sicht – wie noch begründet wird – bei Π_{HDV} = 25 bis 30 liegen mag, die bei der HD-Turbine in weiterer Zukunft geforderten bzw. zu erwartenden Parameter ermittelt. Dabei wird dieselbe Methodik wie bei Grenzfall a) verfolgt, wenngleich hier einige Gesichtspunkte – betreffend die zweite Stufe und das Kühlluft-Management – hinzukommen.

Zunächst ist festzustellen, daß bereits bei Axialverdichtern mit Druckverhältnissen über 10 bis 15 einige Beschränkungen bestehen, die beim Entwurf zu beachten sind und mittelbar auch die Auslegung der Turbine betreffen. Geht man weiterhin davon aus, daß am Verdichteraustritt $Ma_{ax,3}$ = 0,26 bis 0,28 bei Nabenverhältnissen v_3 = 0,9 herrschen soll, so ergeben sich mit axialen Eintritts-Mach-Zahlen $Ma_{ax,2.4}$ = 0,50 bis 0,55 bei D_a = *const.* und D_{fm} = *const.* die Nabenverhältnisse $v_{2.4}$ am Eintritt in das erste Laufrad in Abhängigkeit vom Druckverhältnis nach Bild 6.2.15. Bei den durchaus wünschenswerten Bedingungen $Ma_{ax,3}$ = 0,26 und v_3 = 0,90 sind bei Beschränkung des Nabenverhältnisses am Eintritt in das erste Laufrad auf Werte $v_{2.4}$ = 0,45 bis 0,50, die aus aerodynamischen und konstruktiven Gründen besteht, bei D_a = *const.* Druckverhältnisse $\Pi \leq 10$ bis 11 und bei D_{fm} = *const.* um 15 bis 18 realsierbar. Bei $Ma_{ax,3}$ = 0,28 tritt diese Begrenzung bei kleineren Werten ein. Bei Nabenverhältnissen $v_3 > 0,90$ werden sie dagegen zu größeren Werten verschoben.

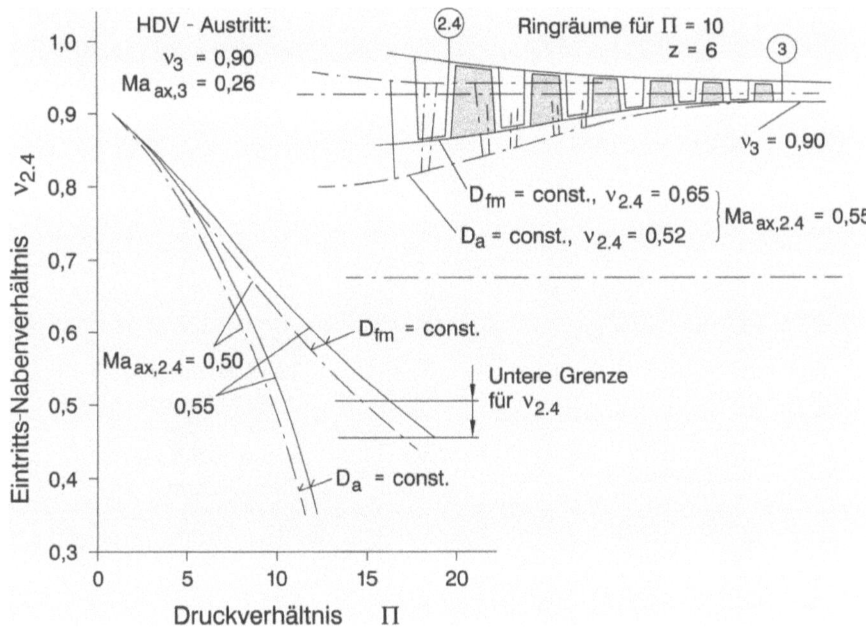

Bild 6.2.15: Einfluß der aerodynamischen und geometrischen Bedingungen am Eintritt auf das erreichbare Druckverhältnis von HD-Verdichtern

Bei weiterhin gleichen Annahmen zu axialen Mach-Zahlen am Eintritt und Austritt und bei Beschränkung auf Nabenverhältnisse am Eintritt auf $v_{2.4} \geq 0,45$ bis $0,50$ sind nach Bild 6.2.16 Durchmesser $D_a = const.$ praktisch nicht möglich und bei $D_{fm} = const.$ Druckverhältnisse im Bereich $\Pi \geq 18$ nur dann realisierbar, wenn v_3 über 0,90 hinaus angehoben wird. Bei maximal vorstellbarem Nabenverhältnis $v_3 = 0,93$ und $D_{fm} = const.$ sind bei $v_{2.4} = 0,45$ Druckverhältnisse im Bereich $\Pi = 25$ bis 27 und bei $v_{2.4} = 0,5$ von 20 bis 24 erreichbar.

Schließlich muß im Bereich $\Pi = 25$ bis 35 nach Bild 6.2.17 bei den angenommenen Mach-Zahlen und Nabenverhältnissen $v_3 = 0,93$ und $v_{2.4} = 0,45$ bis $0,50$ der Durchmesser $D_{fm,2.4} > D_{fm,3}$ sein, um die aerodynamischen Bedingungen am Ein- und Austritt zu erfüllen. Nach Bild 6.2.17 sind bei $v_3 = 0,93$ und $v_{2.4} = 0,45$ z.B. bei $(D_{2.4}/D_3)_{fm} = 1,08$ Druckverhältnisse $\Pi = 30$ bis 31,5 und bei $v_{2.4} = 0,50$ von 27 bis 28,5 realisierbar. Diese Beschränkungen befriedigen gewissermaßen nur die Kontinuitätsbedingung, während die Zahl der Stufen und die Umfangsgeschwindigkeiten davon nicht berührt werden. Diese Parameter können nur zusammen mit der Turbine festgelegt werden.

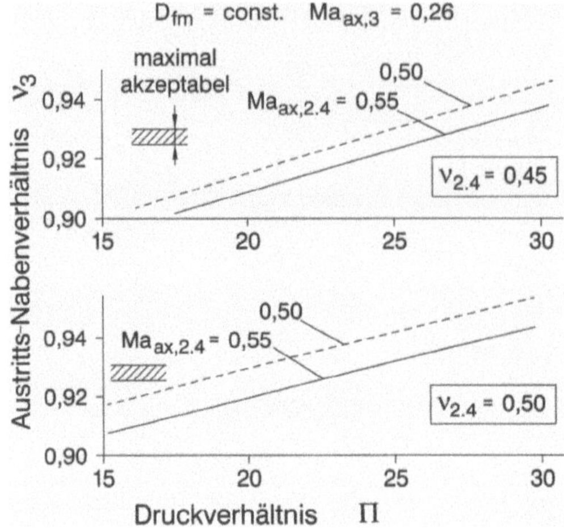

Bild 6.2.16:
Einfluß des Austritts-
Nabenverhältnisses
auf das erreichbare
Druckverhältnis von
HD-Verdichtern

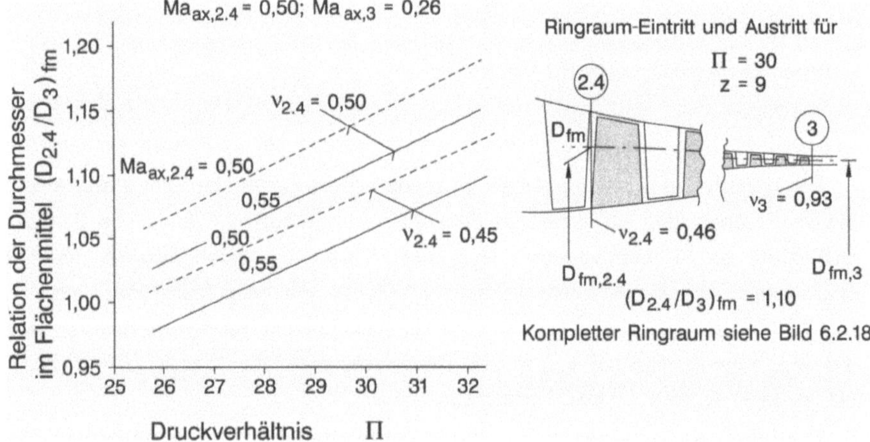

Bild 6.2.17: Einfluß der Relation der Durchmesser im Flächenmittel am Eintritt und Austritt auf
das erreichbare Druckverhältnis von HD-Verdichtern

Bei vielstufigen Axialverdichtern besteht die Möglichkeit – um nicht zu sagen die
Versuchung – den Ringraum im Bereich der mittleren Stufen entsprechend Bild 6.2.18
bei unverändertem Ein- und Austritt nach außen zu rücken, um bei gleicher Drehzahl
ΣU_{fm}^2 zu gewinnen und damit entweder Stufen zu sparen oder die Belastung $\bar{\psi}$ zu
senken. Dieser Möglichkeit sind jedoch enge Grenzen deswegen gesetzt, weil bei größe-

rem Durchmesser und gleicher Axialgeschwindigkeit (noch mehr bei gleicher Lieferzahl) in den mittleren Stufen – selbst bei unverändertem Druck- und Temperaturverlauf von Stufe zu Stufe – die Nabenverhältnisse rasch an die vertretbare obere Grenze geraten. Immerhin kann bei dieser Ringraumgestaltung – z.B. bei weiterhin neun Stufen entsprechend Bild 6.2.17 – die ΣU_{fm}^2 um ca. 25% angehoben werden. Allerdings kann die dabei in Kauf zu nehmende beträchtliche Neigung des Ringraums im Bereich der hinteren Stufen nach innen zu Einschränkungen der Belastbarkeit dieser Stufen und/oder zur Verschlechterung der Pumpgrenzenreserve im oberen Drehzahlbereich führen.

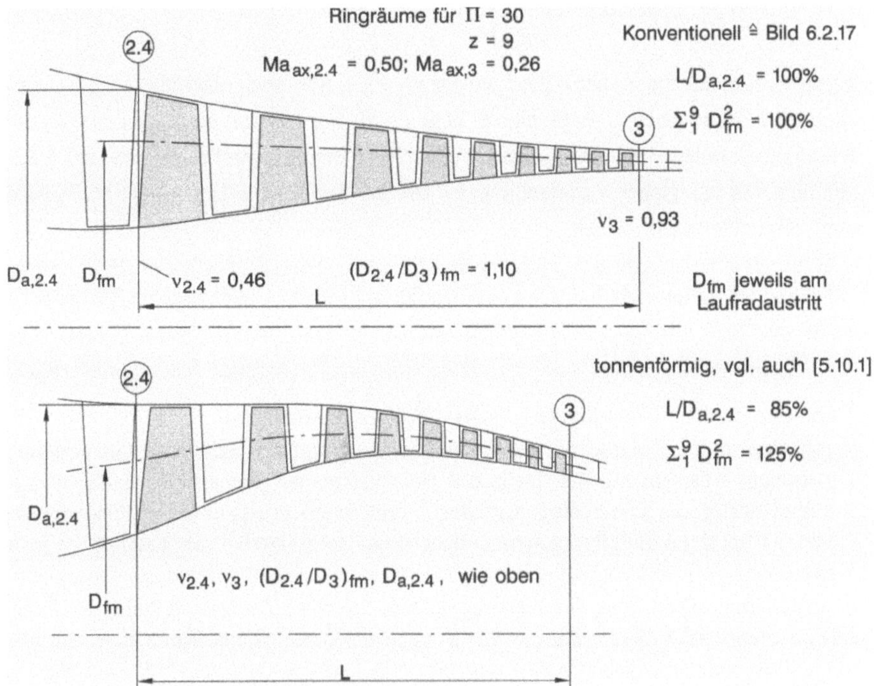

Bild 6.2.18: Alternative Ringräume von HD-Verdichtern mit hohem Druckverhältnis bei gleichen Eintritts- und Austrittsbedingungen

Vor diesem verdichterseitigen Hintergrund wird die folgende Analyse des Grenzfalles b) für $\Pi_{HDV} = 25$ durchgeführt, zumal hier bei $v_3 = 0{,}93$, $Ma_{ax,3} = 0{,}26$, $v_{2.4} = 0{,}46$ und $Ma_{ax,2.4} = 0{,}55$ der formal einfache Fall $D_{fm} = const.$ angenommen werden kann. Zudem hat die weitere Steigerung von Π_{HDV} über 25 hinaus nur geringen Einfluß auf die spezifische Verdichterarbeit $H_{eff,V}$, da die Austrittsbedingungen p_3 und T_3 konstant bleiben. Bei $\Pi_V = 42$ ist z.B. bei

$$\Pi_{HDV} \quad = \quad 20 \qquad 25 \qquad 30$$

$$H_{eff,HDV} \quad = \quad 560 \qquad 584 \qquad 602 \cdot 10^3 \quad \mathrm{m^2/sec^2}$$

$$H_{eff,rel} \quad = \quad 96 \qquad 100 \qquad 103 \quad \%$$

Auf der Turbinenseite ist aufgrund von Abschnitt 5.2.3.3 der Einfachheit halber und dem Stand der Technik durchaus entsprechend der Durchmesser D_{fm} beider Stufen gleichgehalten, so daß analog der Verdichterseite $H_{eff} \sim \psi$ und damit der „gewogene" mittlere Durchsatz

$$\overline{M}_T / M_V = \frac{(M_{4.1} / M_V) \cdot \psi_I + (M_{4.3} / M_V) \cdot \psi_{II}}{\psi_I + \psi_{II}} \tag{6.2.27}$$

angesetzt werden kann. Dies führt mit $\psi_I > \psi_{II}$, was nach Abschnitt 5.2.3.3 aerodynamisch begründet ist, zugleich zu $H_{eff,I} > H_{eff,II}$. Damit kann $M_{4.3} / M_V$ nach denselben Unterlagen wie $M_{4.1} / M_V$ entsprechend den Abschnitten 5.2.3.3 und 5.2.3.4 bestimmt werden. Dabei wird deutlich, daß bei der Versorgung der 2. Stufe mit Kühlluft zwei Möglichkeiten bestehen:

– Wird für die 2. Stufe der Einfachheit halber ebenfalls Kühlluft vom HDV-Austritt benutzt, so gelten auch hier die bei Grenzfall a) gültigen Gleichungen 6.2.2 bis 6.2.11 mit

$$T_{m,II} = 0{,}5(T_{4.3} + T_{KL}) \tag{6.2.28}$$

wenn α mit dem Kühlluftbedarf der ND-Turbine gebildet wird.

– Bei Versorgung der 2. Stufe durch eine Zwischenstufenentnahme mittels peripherer Leitungen oder entlang der Welle des HD-Systems ist zwar die Behandlung etwas komplizierter, die Kühlbedingungen der 2. Stufe werden jedoch wesentlich verbessert und der bei der Kühlluftversorgung entstehende Drosselverlust der Kühlluft ist geringer.

Auch im zweiten Falle, der überwiegend praktiziert wird, gelten weiterhin im Prinzip die Gleichungen 6.2.2 bis 6.2.11, wenn mit der Zwischenstufenentnahme nicht nur die 2. HDT-Stufe, sondern auch die nachfolgende ND-Turbine versorgt wird. Dies wird im folgenden angenommen. Somit ist in diesem Falle analog Gl. 6.2.6

$$\alpha = \left[1 - \left(\frac{H_{Ent}}{H_V}\right)_{eff}\right] \cdot \left[\left(\frac{\Delta M_{KL}}{M_V}\right)_{HDT,II} + \left(\frac{\Delta M_{KL}}{M_V}\right)_{NDT}\right] . \tag{6.2.29}$$

Damit gilt weiterhin analog Gl. 6.2.8

$$\left(\frac{H_T}{H_V}\right)_{eff} = \frac{1 - \alpha}{\overline{M}_T / M_V} \tag{6.2.30}$$

mit $\overline{M}_T / M_V$ nach Gl. 6.2.27. Damit folgt hier analog Gl. 6.2.14

$$\left(\frac{D_T}{D_V}\right)_{fm} = \frac{\overline{\psi}_V}{\overline{\psi}_T} \cdot \frac{z_V}{2} \cdot \frac{1 - \alpha}{\overline{M}_T / M_V} \tag{6.2.31}$$

und mit dem noch zu diskutierenden Nabenverhältnis $V_{4.4}$ am Austritt der 2. Stufe ergibt sich analog Gl. 6.2.22

$$\left(\frac{D_T}{D_V}\right)^2_{fm} = \frac{A_{4.4}}{A_3} \cdot \left(\frac{1+v^2}{1-v^2}\right)_{4.4} \cdot \left(\frac{1-v^2}{1+v^2}\right)_3 \tag{6.2.32}$$

und damit die Zahl der Verdichterstufen analog Gl. 6.2.23

$$z_V = 2\frac{\overline{\psi}_T}{\overline{\psi}_V} \cdot \frac{\overline{M}_T / M_V}{1-\alpha} \cdot \frac{A_{4.4}}{A_3} \cdot \left(\frac{1+v^2}{1-v^2}\right)_{4.4} \cdot \left(\frac{1-v^2}{1+v^2}\right)_3 \cdot \tag{6.2.33}$$

Ferner ist die Umfangsgeschwindigkeit im Flächenmittel

$$\overline{U}_{fm} = \sqrt{\frac{2H_{eff,T}}{2\overline{\psi}_T}} = \sqrt{\frac{H_{eff,T}}{\overline{\psi}_T}}\,, \tag{6.2.34}$$

wobei hier analog Gl. 6.2.27 die mittlere „gewogene" Druckziffer

$$\overline{\psi}_T = \frac{(M_{4.1}/M_V)\cdot\psi_I + (M_{4.3}/M_V)\cdot\psi_{II}}{M_{4.1}/M_V + M_{4.3}/M_V} \tag{6.2.35}$$

ist. Ferner ergeben sich die Druckverhältnisse beider Stufen aus

$$(H_{is}/T_{4.1})_I = \frac{H_{eff}}{T_{4.1}} \cdot \frac{1}{\eta_{is}}\bigg|_I \tag{6.2.36}$$

$$(H_{is}/T_{4.3})_{II} = \frac{H_{eff}}{T_{4.3}} \cdot \frac{1}{\eta_{is}}\bigg|_{II} \cdot \tag{6.2.37}$$

Dabei können hier die Stufenwirkungsgrade wie in Abschnitt 6.2.2 mit individuellen Größen $\eta_{pol}^{***}, M_{korr}, RNI, \Delta M_{KL}/M_V = f(T_m), \Delta\eta_{pol,KL} = f(\Delta M_{KL}/M_V)$ und $(\Delta H_P/H_T)_{eff}$ berechnet werden. Der isentrope Wirkungsgrad der 2-stufigen Turbine ergibt sich aus den Einzelwirkungsgraden aus

$$\overline{\eta}_{pol} = \frac{(M_{4.1}/M_V)\cdot\psi_I + (M_{4.3}/M_V)\cdot\psi_{II}}{\dfrac{(M_{4.1}/M_V)\cdot\psi_I}{\eta_{pol,I}} + \dfrac{(M_{4.3}/M_V)\cdot\psi_{II}}{\eta_{pol,II}}} \tag{6.2.38}$$

und

$$\Pi_T = \Pi_I \cdot \Pi_{II}\,. \tag{6.2.39}$$

Was die Kühlluft-Pumpleistung betrifft, so mag für die 1. Stufe weiterhin Konzept B nach Bild 5.2.3.30 mit $D_E/D_{fm} \approx 0{,}65$ gelten, während für die 2. Stufe – der Praxis folgend – Konzept A mit $D_E/D_{fm} \approx 0{,}8$ anzusetzen ist.

Während beim HD-Verdichter dieselben aerodynamischen Parameter $\overline{\psi}, \overline{\varphi}, \overline{\psi}/\overline{\varphi}^2$ und axialen Mach-Zahlen wie beim Grenzfall a) nach Abschnitt 6.2.2 anzusetzen sind, werden turbinenseitig die aerodynamisch wichtigen Parameter in Anlehnung an Abschnitt 5.2.3.3 – soweit im voraus möglich – wie folgt festgelegt:

		Stufe I	Stufe II
Druckziffer	ψ	2,7 bis 3,9	2,3 bis 3,5
bei Lieferzahlen im Bereich	φ	0,4 bis 0,9	0,5 bis 1,0
axiale Mach-Zahlen am Rotoraustritt	Ma_{ax}	um 0,3	0,45
Austrittswinkel zur Axialen	α	30°	30°
Nabenverhältnis	ν	~ 0,89	~ 0,78

Damit erhält man in Abhängigkeit von Π_V und $T_{4.1}$, d.h. über EIS, analog dem Grenzfall a) die in Bild 6.2.19 zusammengefaßten wichtigen aerodynamischen und mechanischen Auslegungsparameter wie

$$\overline{\psi}_V,\ \overline{\Pi}_{St},\ z_V,\ U_{fm,V}\ \text{und}\ \eta_{is,V}$$

auf der Verdichterseite und in Bild 6.2.20

$$\psi_{St},\ \Pi_{St},\ U_{fm,T},\ \eta_{is,T},\ \Delta M_{KL}\,/\,M_V\ \text{und}\ A_{ax}(N/60)^2$$

auf der Turbinenseite.

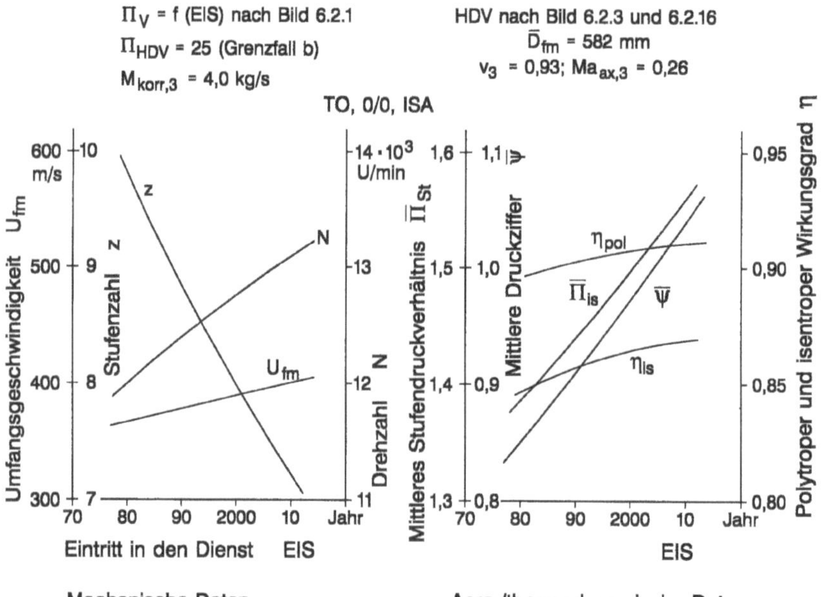

Bild 6.2.19: Zeitliche Entwicklung mechanischer und aero-/thermodynamischer Daten von HD-Verdichtern bei Kerntriebwerken mit 2-stufiger HD-Turbine von zivilen Turbofans und Mantelpropfans

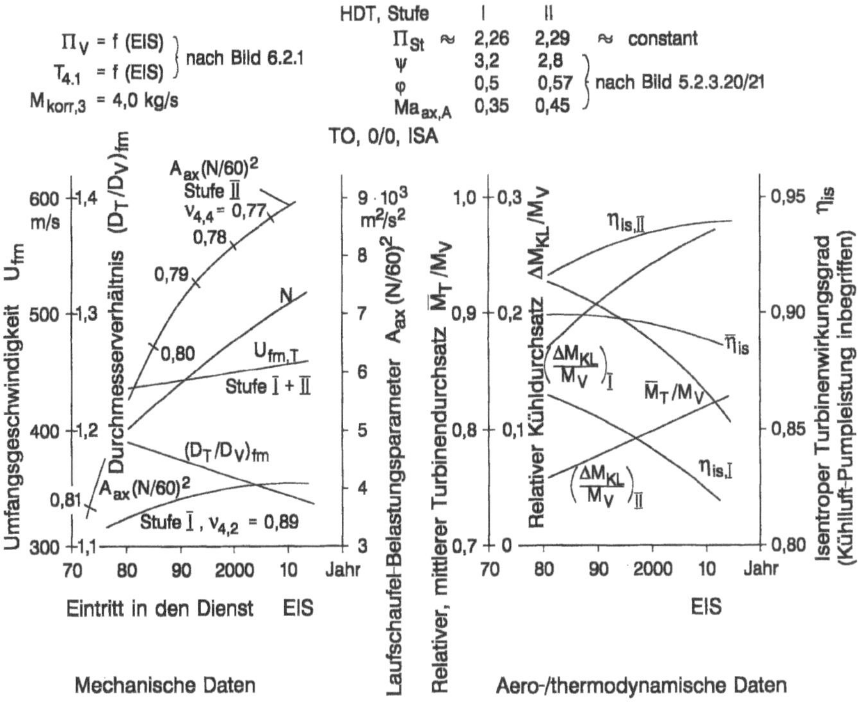

Bild 6.2.20: Zeitliche Entwicklung mechanischer und aero-/thermodynamischer Hauptdaten 2-stufiger HD-Turbinen bei Kerntriebwerken von zivilen Turbofans und Mantelpropfans

Bemerkenswert ist dabei, daß zwar der Belastungsparameter $A_{ax}(N/60)^2$ der 2. Stufe relativ hoch ist, aber im Bereich statistischer Werte nach Abschnitt 5.2.3.3 liegt und zudem in diesem Falle das Temperaturniveau der Laufschaufeln und der Scheibe sichtbar niedriger als bei der 1. Stufe oder gar der 1-stufigen HD-Turbine des Grenzfalles a) liegt. Ferner zeigt Bild 6.2.21 die Relation $(D_T/D_V)_{fm}$ im Vergleich mit Daten ausgeführter Triebwerke.

Was die Versorgung der 2. Stufe mit Kühlluft betrifft, so zeigt die folgende Vergleichstabelle, daß zwar mit beiden Varianten – Kühlluft aus der Zwischenstufenentnahme oder vom Verdichteraustritt – bei der 2. Stufe akzeptable Kühlbedingungen erreicht werden. Allerdings erlaubt die Kühlung mittels Zwischenstufenentnahme unter sonst gleichen Bedingungen ein sichtbar einfacheres Kühlkonzept (z.B. ε = 0,37 statt 0,5) als bei der 1. Stufe oder der ND-Turbine des Grenzfalles a), das willkommen sein mag.

Zivile Triebwerke (CTF, MPF), EIS = 2000, bei *TO*, 0/0, ISA

	1-stufige HDT Grenzfall a) nach Abschn. 6.2.1	2-stufige HDT, 2. Stufe Grenzfall b) nach Abschn. 6.2.1	
Kühlluft aus	HDV-Austritt	Zwischenstufe	HDV-Austritt
U_{fm}	527		451 m/s
$A_{ax}(N/60)^2$	8830	8200	$\approx 8200\ \mathrm{m^2/s^2}$
$T_{4.1}$	1790		1790 K
$T_{4.3}$	–		—— 1420 K ——
ΔT_{St}	399		232 K
ΔT_R	223		130 K
T_{KL}	900	763	900 K
T_{Sch} $(\varepsilon=0{,}5)$	1234	1027	1095 K
$(\varepsilon=0{,}37)$		1095	– K

Werden Auslegungsdaten des HD-Systems benötigt, bei denen die Werte $T_{4.1}$, Π_V und die Flugbedingung (d.h. T_2) von den Bedingungen nach Bild 6.2.1 abweichen, so kann ebenso wie bei HD-Systemen mit 1-stufiger HD-Turbine nach Abschnitt 6.2.2 vorgegangen werden. Allerdings liegt bei 2-stufiger HD-Turbine die Relation $(H_T/H_V)_{eff}$ nicht explizit vor, sondern muß nach Gl. 6.2.30 mit $\overline{M}_T/M_V$ nach Gl. 6.2.27 und α nach Gl. 6.2.29 im Einzelfall bestimmt werden. Die übrigen Daten, vor allem $\eta_{is,T}$ und $\eta_{pol,V}$, können für den gewünschten Technologie-Standard EIS den Bildern 6.2.19 und 6.2.20 entnommen werden.

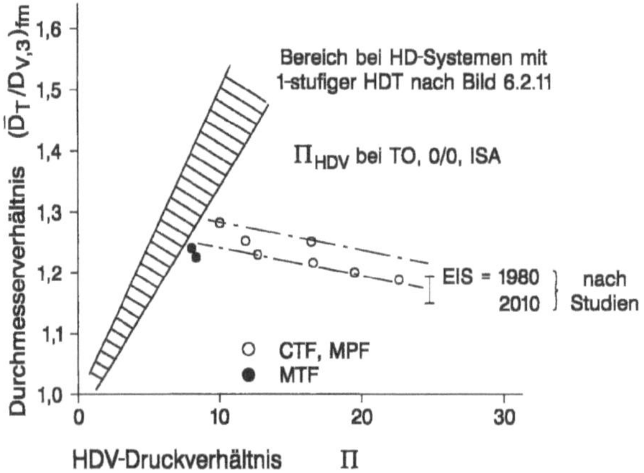

Bild 6.2.21: Durchmesserverhältnis HDT/HDV bei HD-Systemen mit 2-stufiger HD-Turbine, von CTF, MPF und MTF

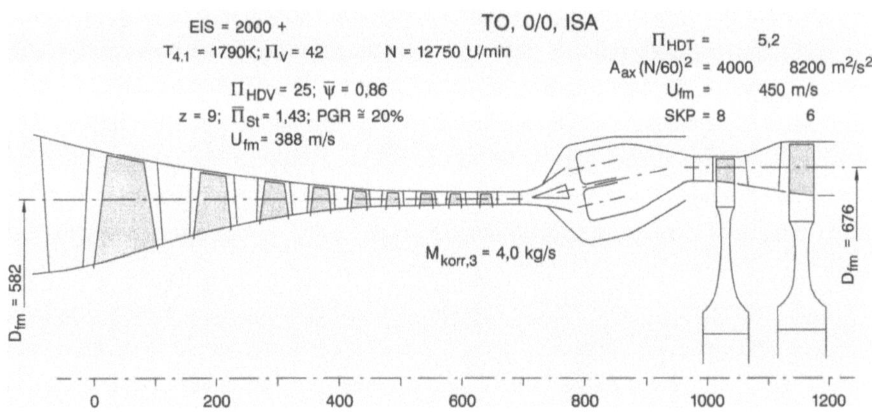

Bild 6.2.22: Ringraum eines HD-Systems mit 2-stufiger HD-Turbine für zivile Turbofans und Mantelpropfans

Was die Brennkammer betrifft, so bestehen hier gleiche Kreisprozeßdaten und gleiche aero-/thermodynamische Bedingungen wie beim Kerntriebwerk mit 1-stufiger HDT. Da allerdings die Durchmesser $D_{fm,V}$ und $D_{fm,T}$ aufgrund der HDV-Austrittsbedingungen $v_3 = 0,93$; $Ma_{ax,3} = 0,26$ (gegenüber $v_3 = 0,90$; $Ma_{ax,3} = 0,28$ beim Kerntriebwerk mit 1-stufiger HD-Turbine) hier etwas größer sind, können die Abmessungen h_{ref} und h_{PZ}, L_{ges} und L_{FR} entsprechend etwa gleichen Querschnittsflächen und gleichen Parametern Θ, ZP und BP und gleicher mittlerer Aufenthaltszeit $\bar{t}_{FR}$ etwas knapper gehalten werden.

Hierzu zeigt Bild 6.2.22 skizzenhaft den Ringraum mit Kontur der Turbinenscheiben.

6.2.4 Gasgeneratoren von Wellenleistungstriebwerken

Der Blick auf Bild 6.2.1 zeigt, daß bei Wellenleistungstriebwerken der hier betrachteten Leistungsklasse $P = 1000$ kW, bei denen die Bauweise des Gasgenerators mit Ax/R-Verdichter oder 2-stufigem Radialverdichter vorherrscht, sichtbar niedrigere Werte Π_V und $T_{4.1}$ verwirklicht werden als bei größeren zivilen oder militärischen Turbofans. Dies hat mehrere Gründe, die zum Teil in den kleineren Abmessungen auf der Verdichter- und Turbinenseite und – was das Druckverhältnis betrifft – auf der Verdichterbauart beruhen. Ausgehend von Abschnitt 6.2.1 werden die durchzuführenden Analysen etc. auf die Kapazität am Verdichteraustritt $M_{korr,3} = 0,3$ kg/s zugeschnitten, was bei $\Pi_V = 16$ und $T_{4.1} = 1600$ K und der Leistungsklasse $P = 1000$ kW nach Bild 6.2.1 etwa dem Standard EIS = 2000 entspricht. Es erscheint logisch, in diesem Abschnitt auch die HD-Systeme kleiner ziviler Turbofans mit Ax/R-Verdichter mitzubehandeln, obwohl die dafür verfügbaren Daten etwas größeren Werten $M_{korr,3}$ entsprechen als der für die Wellenleistungstriebwerke angesetzte Wert.

Während bei großen Triebwerken mit entsprechend hohen Werten $M_{korr,3}$ – auch bei Wellenleistungstriebwerken – nur die axiale Verdichterbauweise vorkommt, würde bei $M_{korr,3} = 0,3$ die axiale Bauart mit den Parametern $v_3 = 0,90$ und $Ma_{ax,3} = 0,25$ am Austritt – die aus anderen Gründen nicht zu umgehen wären (vgl. Abschnitt 6.2.3) – zu Kanalhöhen $h_3 \hateq 7$ mm führen, die zu erheblichen Problemen (Wirkungsgrad, Fertigung, Kosten, Empfindlichkeit gegenüber Erosion) führen würden. Der einzige Vertreter dieser Bauart ist der Turbomotor General Electric T58 (Gnome) aus den späten 50er Jahren.

Nach Abschnitt 3.8 sind bei der angesprochenen Leistungsklasse höhere Druckverhältnisse SBV-optimal. Dabei sind jedoch nur die Einflüsse der Komponentengröße (M_{korr} am Eintritt), der Re-Zahl (RNI) und der Auslegungsparameter (ψ, φ etc.) entsprechend Abschnitt 5.2.1 eingeschlossen, während sonstige Beschränkungen, z.B. aufgrund der Bauweise, die im folgenden erläutert werden, nicht bestehen.

Analog den Axialverdichtern, insbesondere solchen mit hohem Druckverhältnis, ergibt sich auch hier, d.h. beim Ax/R-Verdichter und beim 2-stufigen Radialverdichter (der im folgenden kurz als 2R-Verdichter bezeichnet wird) aus der Festlegung sinnvoller Bedingungen am Verdichtereintritt und -austritt Konsequenzen, die bei beiden Konzepten zu Einschränkungen des mit gutem Wirkungsgrad erreichbaren Druckverhältnisses führen. Zur Klärung dieser Zusammenhänge sind am Verdichtereintritt (ob mit Ax/R- oder 2R-Verdichter vorübergehend mit Index 1) der Strömungsquerschnitt

$$A_{ax,1} = \frac{M_{korr,1} \cdot R}{I_{ax,1}} = \frac{\pi}{4} D_{1,a}^2 \left(1 - v_1^2\right)$$

$$= \frac{\pi}{4} D_{1,fm}^2 \cdot \left(\frac{1 - v^2}{1 + v^2}\right)_1 \tag{6.2.40}$$

und am Laufradaustritt der radialen Endstufe oder 2. Stufe (vorübergehend mit Index 2)

$$A_{r,2} = \frac{M_{korr,2} \cdot R}{I_{r,2}} = \pi (b/D)_2 \cdot D_2^2 \tag{6.2.41}$$

gesetzt, so daß die Relation

$$\left(\frac{D_{ax,1,fm}}{D_{r,2}}\right)^2 = \left(\frac{1 + v^2}{1 - v^2}\right)_1 \cdot 2(b/D)_2 \cdot \frac{I_{r,2}}{I_{ax,1}} \cdot \left(\frac{M_1}{M_2}\right)_{korr} \tag{6.2.42}$$

gebildet werden kann. Dabei ist

$$\left(\frac{M_1}{M_2}\right)_{korr} = f(\Pi_V, \eta_{is,V}) \ , \tag{6.2.43}$$

wobei der isentrope Wirkungsgrad des Gesamtverdichters mit Rücksicht darauf, daß die Verluste im Nachleitrad der radialen Endstufe bzw. der 2. Radialstufe nicht enthalten sind, etwas aufgebessert werden muß. Ferner wird in Anlehnung an Abschnitt 5.2.2.6 davon ausgegangen, daß am Verdichtereintritt bei der Ausführung als

	Ax/R-Verdichter	2R-Verdichter
das Nabenverhältnis v_1	——————— 0,45 ———————	
die axiale Mach-Zahl $Ma_{ax,1}$	0,55	0,55 bis 0,65
der Mitdrall α_1	——————— 10° ———————	

beträgt und damit

	Ax/R-Verdichter	2R-Verdichter
die axiale Stromdichte $I_{ax,1}$	9,2	9,2 bis 10,15 m/s $\sqrt{K}$

herrscht und am Laufradaustritt der radialen Endstufe bzw. 2. Radialstufe

die radiale Mach-Zahl $Ma_{r,2}$	0,2 bis 0,3
die Lieferzahl $\varphi_{r,2}$	0,22
die Druckziffer ψ_r	1,3 bis 1,6
die Relation $(C_r/C_u)_2$	0,65 bis 0,80
und damit die radiale Stromdichte $I_{r,2}$	3,1 bis 3,85 m/s $\sqrt{K}$

erreicht wird. Ferner ist nach Abschnitt 5.2.2.6 bzw. Bild 5.2.2.61 beim Axialteil aus aerodynamischen und dimensionierungstechnischen Gründen – der Praxis folgend – mit den Indices E und A für Eintritt und Austritt die Relation

$$(D_A/D_E)_{ax,fm} \approx (0,9) \text{ bis } 1,0 \ ,$$

– wobei $D_{fm} = const.$ in jedem Falle vorzuziehen ist – und am Übergang zur radialen Endstufe

$$(D_{A,ax}/D_{E,r})_{fm} \approx 1,05$$

einzuhalten, während am Eintritt in die radiale Endstufe oder 2. Stufe nach Bild 5.2.2.69 – hier jeweils mit Index II –,

$$\left(\frac{D_{E,a}}{D_2} \right)_{II} \leq 0,70$$

bei

$$v_{E,II} \approx 0,75 \text{ bis } 0,80$$

und damit

$$\left(\frac{D_{E,fm}}{D_2} \right)_{II} = \left(\frac{D_{E,a}}{D_2} \right)_{II} \cdot \sqrt{\frac{1+v_{E,II}^2}{2}} \leq 0,62 \text{ bis } 0,63$$

vorgegeben ist.

Hieraus resultiert beim Ax/R-Verdichter die Relation

$$\frac{D_{ax,1,fm}}{D_{2,II}} = \left(\frac{D_E}{D_A}\right)_{ax,fm} \cdot \left(\frac{D_{A,ax}}{D_{E,II}}\right)_{fm} \left(\frac{D_{E,fm}}{D_2}\right)_{II} \tag{6.2.43}$$

$$= \frac{1}{(0,9)\ \text{bis}\ 1,0} \cdot 1,05 \cdot (0,62\ \text{bis}\ 0,63) = 0,65\ \text{bis}\ 0,67\ .$$

Beim 2R-Verdichter mit den Daten der Frontstufe nach den Bildern 5.2.2.61 und 5.2.2.69
– hier jeweils mit Index I –,

$$\left(\frac{D_{1,a}}{D_2}\right)_I \leq 0,70$$

$$v_{1,I} \leq 0,45$$

bzw.

$$\left(\frac{D_{1,fm}}{D_2}\right)_I \leq 0,54$$

und mit dem Durchmesserverhältnis der 1. und 2. Stufe

$$\left(\frac{D_I}{D_{II}}\right)_2 = 1,10\ \text{bis}\ 1,15$$

erhält man schließlich

$$\frac{D_{1,fm,I}}{D_{2,II}} = \left(\frac{D_{1,fm}}{D_2}\right)_I \cdot \left(\frac{D_I}{D_{II}}\right)_2 \tag{6.2.44}$$

$$= 0,60\ \text{bis}\ 0,62\ .$$

Aus dem Vergleich von Gl. 6.2.42 mit den Ergebnissen aus den Gleichungen 6.2.43 und
6.2.44 folgt, daß Verträglichkeit nur dann gegeben ist, wenn die relative Kanalbreite
$(b/D)_2$ der radialen Endstufe oder 2. Stufe mit Π_V fortschreitend abnimmt. Hierzu
zeigt Bild 6.2.23a den Verlauf von $D_{1,fm}/D_2 = f(\Pi_V)$ nach Gl. 6.2.42 für $(b/D)_2 =$
$0,05 = const.$ und für einen Verlauf von $(b/D)_2$ entsprechend den Mittelwerten der
Korrelation $(b/D)_2$ über Π_V der Daten konkreter Triebwerke nach Bild 6.2.24. Ferner
zeigt Bild 6.2.23b neben den Werten $D_{1,ax,fm}/D_{2,II}$ nach Gl. 6.2.43 und $D_{1,fm,I}/D_{2,II}$
nach Gl. 6.2.44 die aus konkreten Triebwerken ermittelten Werte über Π_V .

Abgesehen von der Schwierigkeit, hohe Druckverhältnisse bei kleinen Durchsätzen
mit entsprechenden Schaufelhöhen bzw. Kanalbreiten zu realisieren, ergibt sich aus der
unausweichlich fallenden Tendenz von $(b/D)_2$ über Π_V auch eine unerwünschte Verschlechterung des Wirkungsgrades der radialen Endstufe bzw. 2. Stufe. Ausgehend von
der bereits in Abschnitt 5.2.2.5 angesprochenen, bei Axialverdichtern brauchbaren Relation des Laufspiels zum Außendurchmesser, wird angenommen, daß unter günstigen

konstruktiven Bedingungen, d.h. mit Schublager in der Nähe des Radialrades, auch hier als Richtwert für die Relation des Laufspiels zum Raddurchmesser

$$s \approx 0,001 \cdot D_2$$

gesetzt werden kann. Nimmt man ferner auch hier den bekannten Einfluß der Spaltbreite auf den Wirkungsgrad entsprechend $\Delta\eta \approx 2 \cdot (s/b)$ an, so ergibt sich in Anlehnung an Gl. 5.2.2.19, d.h.

$$\Delta\eta \approx 2 \cdot (s/\overline{b}) \cdot (\overline{b}/D)_2 \approx \frac{0,002}{(\overline{b}/D)_2} \ ,$$

mit der entsprechend dem Beitrag zur spezifischen Arbeit des Laufrades „gewogenen" mittleren Kanalbreite

$$\overline{b} \approx 0,25\,b_1 + 0,75\,b_2$$

bei

$$b_1 = D_{1,a} \cdot \left(\frac{1-\nu_1}{2}\right)$$

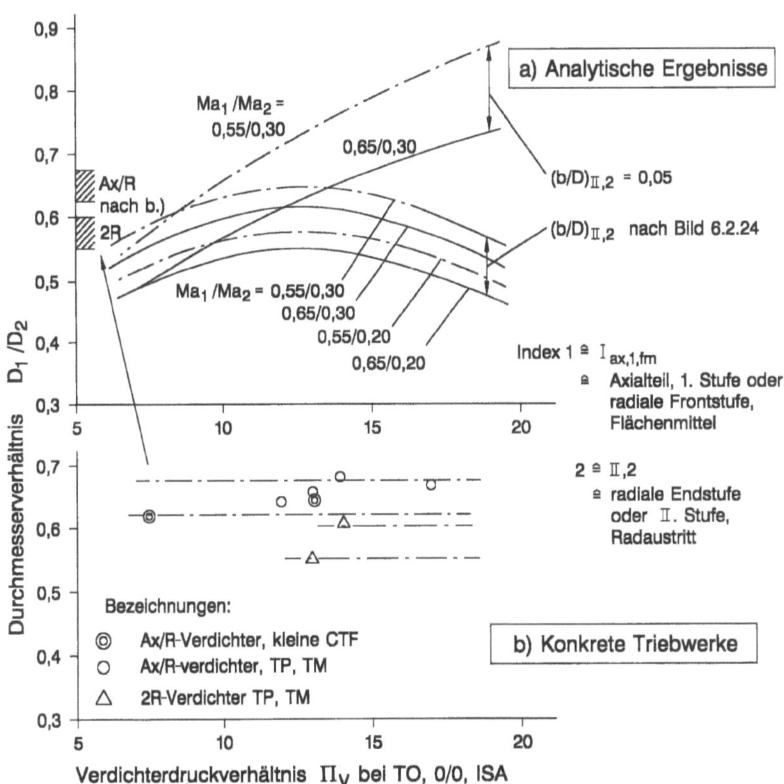

Bild 6.2.23: Zusammenhang zwischen Durchmesserverhältnis D_1/D_2 und relativer Radbreite der II. bzw. Endstufe bei Ax/R- und 2R-Verdichtern

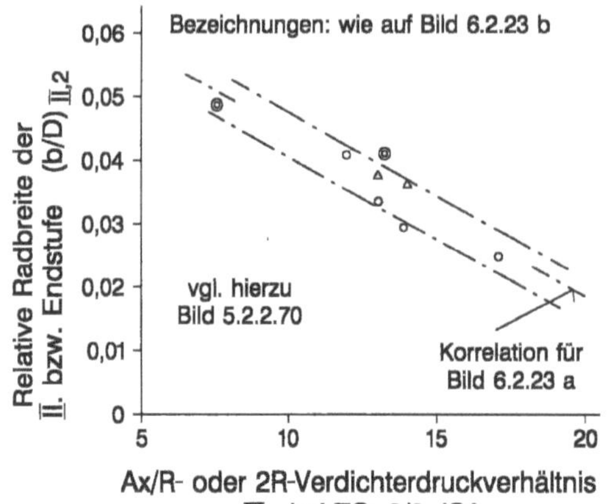

Bild 6.2.24:
Einfluß des Verdichterdruckverhält-
nisses auf die relative Radbreite der
II. bzw. Endstufe bei Ax/R- und 2R-
Verdichtern

z.B. für die Endstufe eines Ax/R-Verdichters mit $D_{1,a}/D_2 = 0,65$, $v_1 = 0,75$ die mittlere relative Kanalbreite

$$\bar{b}/D_2 = 0,25 \cdot 0,08 + 0,75 \cdot (b/D)_2 \ .$$

Damit ergeben sich für Werte der relativen Kanalbreite am Laufradaustritt nach Bild 6.2.24

bei	Π_V =	8	12	16
	$(b/D)_2 \approx$	0,05	0,04	0,03
Wirkungsgradabschläge	$\Delta\eta \approx$	0,035	0,040	0,048

die mit steigendem Druckverhältnis Π_V zunehmend inakzeptabel hoch werden.

Diese in den Daten SBV und P/M für $P = const.$ nach Abschnitt 3.8 nicht enthaltene Wirkungsgradverschlechterung der radialen Endstufe oder 2. Stufe trägt dazu bei, daß bei $T_{4,1}/T_2 = const.$ das SBV-Optimum bereits bei kleineren Werten Π_V und ungünstigeren Werten SBV und P/M erreicht wird.

Der Gl. 6.2.41 entsprechende Zusammenhang

$$\frac{M_{korr,3}}{D_2^2} = \frac{\pi \cdot I_{r,2}}{R} \cdot (b/D)_2 = f(\Pi_V) \ , \tag{6.2.45}$$

für den in Bild 6.2.25 Daten konkreter Triebwerke über Π_V korreliert sind, kann zusammen mit der Korrelation $(b/D)_2$ über Π_V nach Bild 6.2.24 als Einstieg in die Dimensionierung des Verdichters sowohl bei axial/radialer oder 2-stufig radialer Bauart benützt werden. Interessanterweise haben die Korrelationen $M_{korr,3}/D_2^2$ und $(b/D)_2$ über Π_V der Daten konkreter Triebwerke dieselbe Tendenz, was für etwa gleiches Niveau der Mach-Zahlen am Austritt der radialen Endstufe bzw. 2. Stufe im gesamten überdeckten Bereich Π_V spricht.

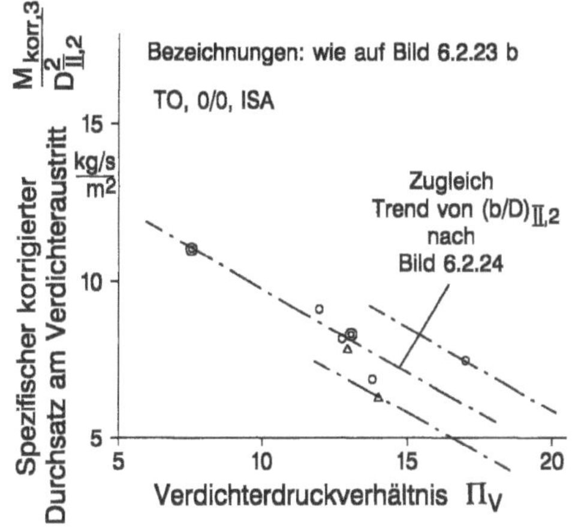

Bild 6.2.25:
Spezifischer korrigierter Durchsatz am Austritt von Ax/R- und 2R-Verdichtern

An sich ist vorstellbar, daß die diskutierte Beschränkung von Π_V Gegenstand der Entwicklung über EIS ist. Da aber die für eine interne Analyse verfügbare, schmale Datenbasis eine Beurteilung der Tendenzen von $M_{korr,3}/D_2^2$ und $(b/D)_2$ über EIS nicht zuläßt bzw. die Korrelationen von $M_{korr,3}$ und Π_V über EIS nicht den in Abschnitt 5.10.4 ermittelten Trend reflektieren, erschien die Normierung, z.B. für $M_{korr,3} = const.$ oder für EIS = 1995, nicht sinnvoll.

Des weiteren bestehen auch bei der Festlegung der Turbineneintrittstemperatur Beschränkungen, da bei Turbinenlaufschaufeln sehr kleiner Abmessungen aus Fertigungsgründen weniger hohe Ansprüche an die Kühlkonfiguration und damit an die Kühlungseffektivität ε nach Abschnitt 5.2.3.4 gestellt werden können. Auch im Hinblick auf spätere Leistungssteigerungen wird man bei der Festlegung von ε im Rahmen der Projektierung eher vorsichtig sein, da bei einwelligem Gasgenerator, wenn strukturelle Änderungen im Heißteilbereich vermieden werden sollen, Durchsatzsteigerungen zusammen mit der Erhöhung des Druckverhältnisses bei konstanter Drehzahl nur begrenzt und nur mit konstruktiven/strukturellen Änderungen im Eintrittsbereich des Verdichters realisiert werden können. Damit ist hier ein großzügiges Potential für die Steigerung der Turbineneintrittstemperatur, die wiederum nur mit Weiterentwicklung der Kühlkonfiguration erreicht werden kann, besonders wichtig. Mit Rücksicht auf diesen geforderten Entwicklungsspielraum wird daher für die Projektierung eine Kühlungseffektivität der HDT-Laufschaufeln bei TO im Bereich von $\varepsilon = 0,5$ anvisiert, obwohl bei EIS zunächst $\varepsilon = 0,25$ bis $0,30$ ausreichen würde. Darüber hinaus ist z.B. bei Wellenleistungstriebwerken für 2-motorige Kampfhubschrauber mit Rücksicht auf den bodennahen Einsatz kurzzeitig hohe Notleistung im Bereich $P = 125$ bis 130% P_{TO} gefordert, um sanfte Notlandung zu ermöglichen. Dies muß ggf. bereits bei der Projektierung einkalkuliert werden, vgl. auch Abschnitt 6.4.5.

Damit ergibt sich im Vergleich mit dem HD-System großer ziviler Turbofans/Mantelpropfans – z.B. mit 1-stufiger HD-Turbine nach Abschnitt 6.2.2 – folgende Übersicht der thermischen Bedingungen, orientiert an Kreisprozeßdaten etwa entsprechend EIS = 2000:

TO, 0/0, ISA			CTF	TM/TP
Verdichterdruckverhältnis	Π_V		42	16
Turbineneintrittstemperatur	$T_{4.1}$	K	1790	1600
Kühllufttemperatur	$T_{KL} = T_3$	K	900	696
Temperaturabsenkung in der HD-Turbine	ΔT_{St}	K	399	360
Gastemperatur bei $\Delta T_{rel} / \Delta T_{St} = 0{,}56$	T_G	K	1567	1400
Mittlere Laufschaufeltemperatur bei Kühlungseffektivität				
$\varepsilon = 0{,}5$	$\overline{T}_{Sch}$	K	1234	(1048)
$= 0{,}3$		K	–	1188
$= 0{,}25$		K		1224

Dabei wird von folgenden Standzeiten/Zyklenzahlen ausgegangen:

	CTF im Kurz-streckenverkehr	TM/TP im zivi-len Einsatz
Standzeit (h)	$(2 \text{ bis } 3) \cdot 10^4$	$5 \cdot 10^3$
Zyklen	$(2 \text{ bis } 3) \cdot 10^4$	$1{,}5 \cdot 10^4$
Zyklen/Stunde	1	3

Zur Bestimmung der Relation zwischen dem Durchmesser $D_{T,fm}$ der HD-Turbine und dem Laufraddurchmesser D_2 der radialen Endstufe oder 2. Stufe ergibt sich zunächst in Anlehnung an die Abschnitt 6.2.2 und 6.2.3 bzw. Gln. 6.2.8 und 6.2.30

$$\left(\frac{H_T}{H_V}\right)_{eff} = \frac{1-\alpha}{M_{4.1}/M_V} \quad \text{bei 1-stufiger und}$$

$$= \frac{1-\alpha}{\overline{\overline{M}}_T/M_V} \quad \text{bei 2-stufiger HDT.}$$

Entsprechend ist die spezifische Arbeit des Gesamtverdichters in Relation zu jener der radialen Endstufe oder 2. Stufe mit den Indizes I für den Axialteil oder die radiale Frontstufe und II für die radiale Endstufe oder 2. Stufe

$$\left(\frac{H_V}{H_{II}}\right)_{\!eff} = H_{II}\left(1+\frac{H_I}{H_{II}}\right) = H_{II}(1+\zeta) \tag{6.2.46}$$

mit

$$\zeta_{Ax/R} = z_{ax}\cdot\left(\frac{D_{ax,fm}}{D_{II,2}}\right)^{2}\cdot\frac{\psi_{ax}}{\psi_{II}} = \left(\frac{H_I}{H_{II}}\right)_{\!eff} \tag{6.2.47}$$

bei $D_{ax,fm} = const.$ und

$$\zeta_{2R} = \left(\frac{D_I}{D_{II}}\right)^{2}_{\!2}\cdot\frac{\psi_I}{\psi_{II}} \tag{6.2.48}$$

beim 2-stufigen Radialverdichter. Die bei konkreten Triebwerken angetroffenen Werte ζ sind in Bild 6.2.26 über Π_V korreliert und liegen damit – soweit die schmale Datenbasis eine Beurteilung zuläßt – bei Ax/R-Verdichtern im Bereich $\zeta_{Ax/R} = 0{,}6$ bis $0{,}9$ und bei 2R-Verdichtern bei $\zeta_{2R} = 1{,}1$. Damit sind zugleich die Druckverhältnisse in den Axialteilen bzw. in der radialen Frontstufe in Relation zum Druckverhältnis des gesamten Verdichters festgelegt.

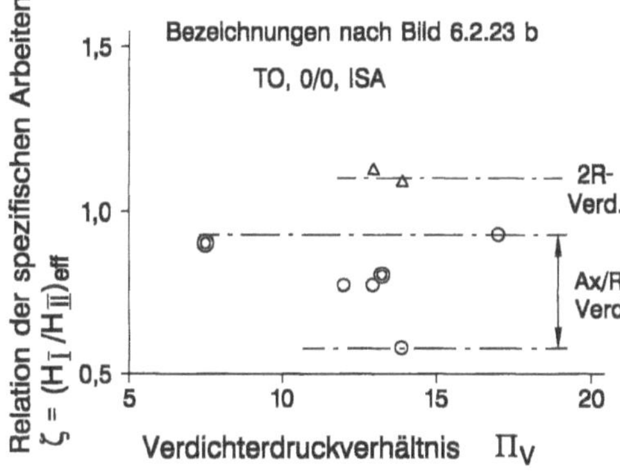

Bild 6.2.26:
Aufteilung der spezifischen Arbeit bei Ax/R- und 2R-Verdichtern auf den Axialteil bzw. die Frontstufe und die II. bzw. Endstufe

Bei gekühlter Nutzturbine oder wenn mit der Einführung der Nutzturbinenkühlung im Laufe der Entwicklung gerechnet werden muß, ist es opportun, die Nutzturbinenkühlluft am Übergang vom Axialteil bzw. der radialen Frontstufe zur radialen Endstufe bzw. 2. Stufe zu entnehmen. In Anlehnung an Gl. 6.2.9 erhält man somit die wünschenswerte Bedingung

$$\frac{\Pi_I}{\Pi_{II}} \geq \frac{\Pi_{Ent}}{\Pi_V} = \frac{1-(\Delta p/p)_{BK}}{(p_{4.2}/p_{2.4})\cdot\Pi_{HDT}} \ . \tag{6.2.49}$$

Nach Bild 6.2.27 liegen bei Wellenleistungstriebwerken die Werte $p_{4.2}/p_{2.4}$ etwa im Bereich 0,7 bis 1,0.

Geht man ebenso wie in Abschnitt 6.2.3 bei 2-stufigen HD-Turbinen von $D_{fm} = const.$ aus, so ergibt sich mit der spezifischen Arbeit der HD-Turbine

$$H_{T,eff} = \pi \cdot D_{T,fm}^2 \cdot \left(\frac{N}{60}\right)^2 \cdot \frac{\overline{\psi}_T}{2} \cdot z_T \tag{6.2.50}$$

und des (HD-)Verdichters

$$H_{V,eff} = (1+\zeta) \cdot \pi \cdot D_{II,2}^2 \cdot \frac{\psi_{II}}{2} \cdot \left(\frac{N}{60}\right)^2 \tag{6.2.51}$$

zusammen mit den Gln. 6.2.8 bzw. 6.2.30 aus

$$\left(\frac{H_T}{H_V}\right)_{eff} = \frac{z_T \cdot D_{T,fm}^2 \cdot \overline{\psi}_T}{(1+\zeta) \cdot D_{II,2}^2 \cdot \psi_{II}} = \frac{1-\alpha}{\overline{M}_T / M_V}$$

die gesuchte Relation

$$\left(\frac{D_{T,fm}}{D_{II,2}}\right)^2 = \frac{1+\zeta}{z_T} \cdot \frac{\psi_{II}}{\overline{\psi}_T} \cdot \frac{1-\alpha}{\overline{M}_T / M_V} \tag{6.2.52}$$

mit $\overline{M}_T / M_V = M_{4,1} / M_V$ nach Gl. 6.2.7 bei 1-stufiger und $\overline{M}_T / M_V$ nach Gl. 6.2.27 bei 2-stufiger HD-Turbine. Die bei konkreten Triebwerken zu findenden Werte $D_{T,fm} / D_{II,2}$ sind in Bild 6.2.28 über Π_V korreliert. Im übrigen richtet sich die Auslegung und Dimensionierung der HD-Turbine nach den in den Abschnitten 6.2.2 und 6.2.3 dargelegten Beziehungen. Mit der Relation $D_{T,fm} / D_{II,2}$ ist zugleich die Dimensionierung der Brennkammer angesprochen, für die sich bei konkreten Triebwerken – unabhängig vom Brennkammerkonzept und der Stufenzahl der HD-Turbine – mit dem Brennkammer- bzw. Triebwerkaußendurchmesser D_a die Relation $D_{T,fm} / D_a$ in relativ engen Grenzen entsprechend Bild 6.2.29 ergibt. Hieraus erklärt sich auch, daß die Relationen D_4 / D_2 nach Bild 5.2.2.71 bei Frontstufen kleiner sind und bei 2. oder Endstufen stärker streuen.

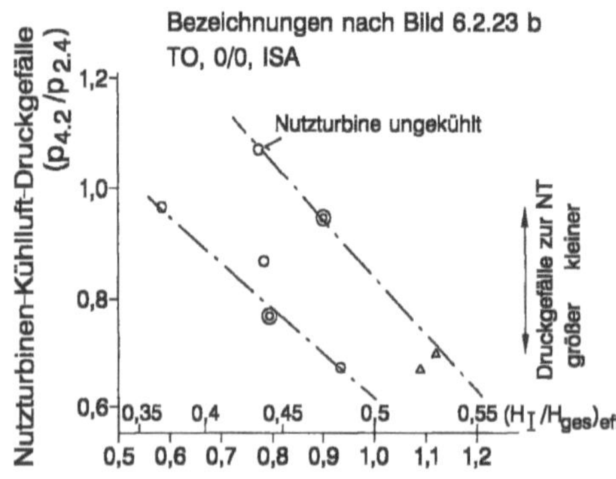

Bild 6.2.27:
Nutzturbinen-Kühlluft-Druckgefälle bei Entnahme zwischen Axialteil bzw. Frontstufe und II. bzw. Endstufe

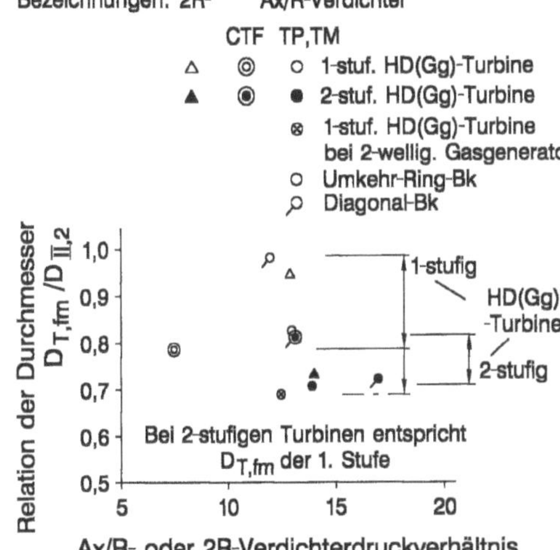

Bild 6.2.28:
Relation des Durchmessers der HD- bzw. Gasgenerator-Turbine im Flächenmittel zum Raddurchmesser der Verdichter-Endstufe

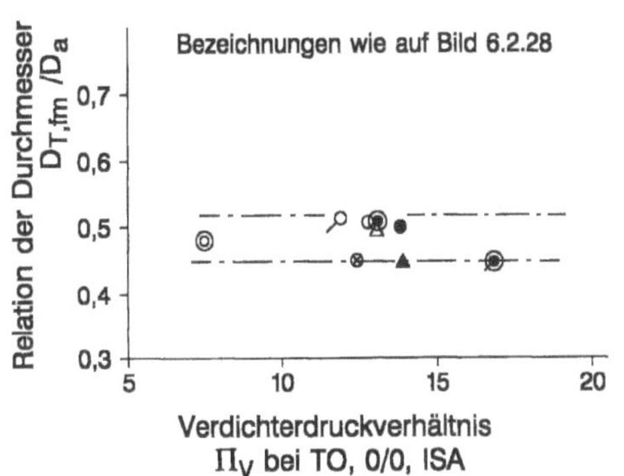

Bild 6.2.29:
Relation des Durchmessers der HD- bzw. Gasgenerator-Turbine im Flächenmittel zum Raddurchmesser der Verdichter-Endstufe

Damit können die für die Dimensionierung der Verdichterseite wichtigen Parameter im Falle des Ax/R-Verdichters

bei Axialteilen

$$z_{ax}, \frac{D_{ax,fm}}{D_{II,2}}, \overline{\psi}_{ax}, \varphi \text{ am Ax.V.-Eintritt und -Austritt}, \overline{\psi}/\overline{\varphi}^2, (\Delta \overline{C}_{ax}/\overline{C}_{ax})_{St}$$

und $\overline{AR}_{St}$

und der radialen Endstufe

$$\left(\frac{D_{1,fm}}{D_2}\right), \nu_1, (b/D)_2, b_1/D_2, \varphi_{1,ax} \text{ und } \varphi_{2,r}, \psi \text{ und } D_4/D_2$$

und bei 2R-Verdichtern diese Parameter für beide Stufen zusammen mit der Relation $(D_I / D_{II})_2$ ermittelt werden. Auf der Turbinenseite sind in Anlehnung an Gl. 6.2.52 zunächst nur die Parameter

$$z_T, \overline{\psi}_T, D_{T,fm} / D_{II,2}$$

festzulegen. Damit sind entsprechend den Abschnitten 6.2.2 und 3 die übrigen Parameter wie

$$\varphi, Ma_{ax} \text{ und } \nu \text{ am Rotoraustritt und } U_{fm}, A_{ax}(N/60)^2 \text{ etc.}$$

zu bestimmen und ihre Verträglichkeit mit den in Abschnitt 5.2.3.3 gezeigten statistischen Daten zu prüfen, zumal dort die Daten von Kleingasturbinen, d.h. Turbomotoren/ Turboprops der hier betrachteten Leistungsklasse, besonders gekennzeichnet sind.

Im Falle der Umkehr-Ringbrennkammer ist zwischen der HD-Turbine mit dem Ringraum-Außendurchmesser $D_{T,a}$ und Manteldurchmesser D_a die Referenzhöhe

$$\frac{h_{ref}}{D_a} = (0{,}35 \text{ bis } 0{,}45)\left(1 - \frac{D_{T,a}}{D_a}\right)$$

verfügbar, so daß sich im Zusammenhang mit der Dimensionierung der Brennkammer nach Abschnitt 5.3 auch ein Ansatz für die Festlegung von D_a und damit für den Diffusor der radialen Endstufe ergibt. Dabei mögen zugleich die Bilder 6.2.28 und 6.2.29 als Richtschnur und Kontrolle dienen. Im Falle der Diagonal-Brennkammer – vgl. Bild 5.3.3 – besteht mehr Freiraum bei der Gestaltung der Brennkammer, wenngleich auch hier Bild 6.2.29 zu beachten ist.

Unter diesen Randbedingungen können in Anlehnung an Abschnitt 5.3 die geometrischen Parameter

$$h_{ref}, L_{ges}, h_{PZ} \text{ und } L_{FR} \,,$$

die aerodynamischen Kennwerte

$$Ma_{ref}, \Delta p / q_{ref} \text{ und } \Delta p / p$$

und damit die Betriebsparameter

$$\Phi, ZP \text{ und } BP$$

bestimmt werden.

Schließlich zeigt Bild 6.2.30 für $\Pi_V = 16$ und $T_{4.1} = 1600$ K – was etwa einem Standard EIS = 2000 entspricht – die Ringräume der Gasgeneratoren auf der Basis $M_{korr,3} = 0{,}3$ kg/s entsprechend der Leistungsklasse 1000 kW mit den Varianten

– Ax/R- oder 2R-Verdichter,

– 1- oder 2-stufige HD-Turbine und

– Diagonal- oder Umkehr-Ringbrennkammer.

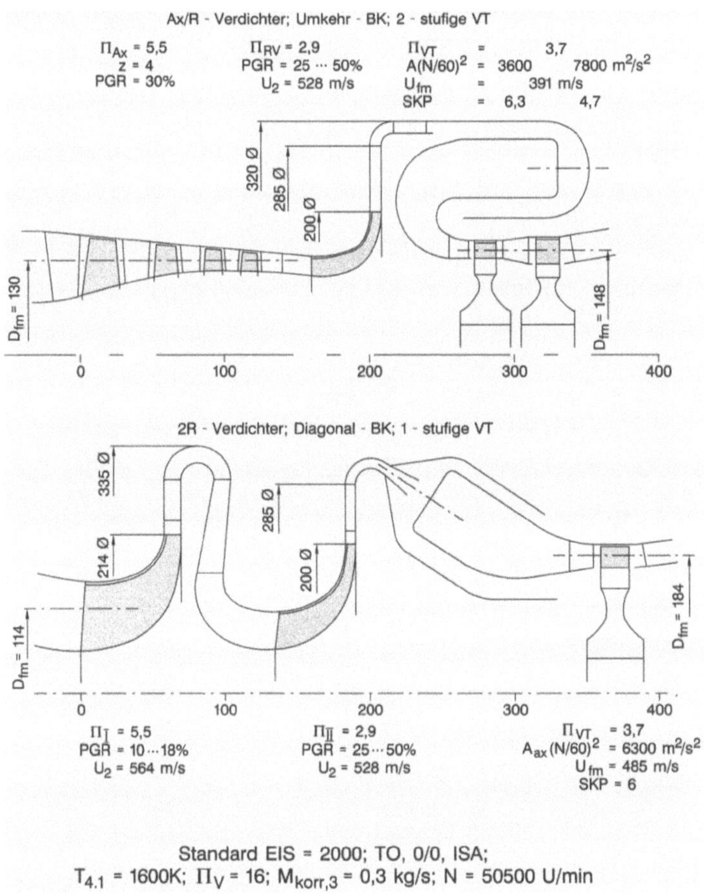

Bild 6.2.30: Beispiele für Ringräume bzw. Anordnungen der Komponenten bei 1-welligen Gasgeneratoren von Wellenleistungstriebwerken

Aus Bild 6.2.30 kann abgeleitet werden, daß bei beliebiger Kombination dieser Varianten praktisch gleiche Hauptabmessungen der Gasgeneratoren erreicht werden können. Desgleichen können bei allen Kombinationen etwa dieselben Leistungsdaten erreicht werden. Die Auswahl einer bestimmten Konzeption mag daher in erster Linie eine Frage der jeweils verfügbaren Komponententechnologie sein.

Im übrigen kommen bei konkreten Triebwerken der hier angesprochenen Leistungsklasse alle Kombinationen vor.

6.2.5 Thermodynamische Beurteilung von Kerntriebwerken

In Anlehnung an [6.2.1], zugleich aber abweichend davon, wird für die in den Abschnitten 6.2.2 bis 6.2.4 dargelegten Kerntriebwerkkonzepte der Grad der Annäherung der spezifischen Gas- bzw. Nutzleistung an ideale Verhältnisse (isentrop, ohne Kühlung, etc.) untersucht.

Während in [6.2.1] die Effektivität der Gesamtheit der Turbokomponenten im heißen Kreis zwischen Fan-Austritt und einem fiktiven NDT-Austritt behandelt wird, bei dem gewissermaßen, wie in Bild 3.5.1 dargestellt, der Anteil der ND-Turbinenleistung bzw. – stufen für den Antrieb des Fans im 2. Kreis ausgeschlossen wird, soll hier nur die Effektivität des HD-Systems im Vergleich zum idealen System bei gleichen Werten Π_{HDV} und $T_{4.1}/T_{2.4}$ betrachtet werden. Bei konkreten Systemen werden dabei folgende Parameter einbezogen:

- die isentropen Wirkungsgrade des HD-Verdichters und der HD-Turbine,

- der Druckverlust in der Brennkammer,

- die zugeführte Brennstoffmenge,

- der Aufwand für die Turbinenkühlung und

- etwaige Entnahme von mechanischer Leistung.

Beim idealen Kreisprozeß ist (mit Index Exp für Expansion)

$$M_T = (1 + m_{id})M_V = M_{Exp} \tag{6.2.53}$$

bei

$$m_{id} = B_{id} / M_V = f(T_{4.1}, T_3) \tag{6.2.54}$$

das Leistungsgleichgewicht

$$M_V \cdot H_{V,is} = M_{Exp} \cdot H_{T,is} \ . \tag{6.2.55}$$

Ferner ergibt sich mit der isentropen, spezifischen Verdichterarbeit

$$H_{V,is} = R \cdot T_{2.4}\left(\frac{\kappa}{\kappa-1}\right)_V \cdot \left[\Pi_V^{\left(\frac{\kappa-1}{\kappa}\right)_V} - 1\right] \tag{6.2.56}$$

und der gesamten isentropen spezifischen Expansionsarbeit bei $\Pi_V = \Pi_E$

$$H_{Exp,is} = R \cdot T_{4.1}\left(\frac{\kappa}{\kappa-1}\right)_{Exp}\left[1 - \left(\frac{1}{\Pi_{Exp}}\right)^{\left(\frac{\kappa-1}{\kappa}\right)_{Exp}}\right] \tag{6.2.57}$$

mit dem Leistungsgleichgewicht

$$M_{Exp} \cdot H_{N,is} = M_{Exp} \cdot H_{Exp,is} - M_V \cdot H_{V,is} \tag{6.2.58}$$

die gesuchte spezifische Nutzleistung (mit Index N)

$$\frac{P_{N,id}}{M_V} = \frac{M_{Exp}}{M_V} \cdot H_{N,is} = (1 + m_{id})\, H_{Exp,is} - H_{V,is} \tag{6.2.59}$$

$$= f(\Pi_V, T_{4.1}, T_{2.4})$$

Beim konkreten HD-System, zu dem alle Daten als bekannt vorausgesetzt werden, ist das Druckverhältnis der spezifischen Nutzarbeit

$$\Pi_N = \frac{\Pi_{HDV} \cdot \Pi_{BK}}{\Pi_{HDT}} \; . \tag{6.2.60}$$

Mit der Temperatur $T_{4.2}$ nach Zumischung der HDT-Kühlluft ist mit $M_V = M_{HDV}$ die spezifische Nutzleistung

$$P_N / M_V = \frac{M_{4.2}}{M_V} \cdot R \cdot T_{4.2} \cdot \left(\frac{\kappa}{\kappa-1}\right)_N \left[1 - \left(\frac{1}{\Pi_N}\right)^{\left(\frac{\kappa-1}{\kappa}\right)_N}\right] , \tag{6.2.61}$$

wobei in $M_{4.2}/M_V$ auch der auf den HDV-Durchsatz bezogene Brennstoffdurchsatz beim Ausbrenngrad $\eta_{BK} = 1$

$$B / M_V = \frac{M_{BK}}{M_V} \cdot m_{BK} \tag{6.2.62}$$

mit

$$M_{BK} / M_V = 1 - \frac{\Sigma \Delta M_{KL}}{M_V} \tag{6.2.63}$$

nach Abschnitt 6.2.2 oder 6.2.3 und

$$m_{BK} = f(T_{4.1}, T_3)$$

enthalten ist.

Liefert eine Zwischenstufenentnahme mit dem Druckverhältnis $\Pi_{Ent} < \Pi_{HDV}$ Kühlluft zur ND-Turbine, so ist, wenn der Drosselverlust bis zum Wiedereintritt der ND-Turbine angelastet wird, ein Zuschlag

$$\frac{\Delta P_{KL}}{M_V} = \left(\frac{M_{KL}}{M_V}\right)_{NDT} \cdot R \cdot T_{Ent} \left(\frac{\kappa}{\kappa-1}\right)_V \left[1 - \left(\frac{1}{\Pi_{Ent}}\right)^{\left(\frac{\kappa-1}{\kappa}\right)_V}\right] \tag{6.2.64}$$

zur spezifischen Leistung des Hauptstroms nach Gl. 6.2.61 zu berücksichtigen. Wird mechanische Leistung ΔP_{Ent} entnommen, so entspricht diese einem Beitrag P_{Ent} / M_V zur gesamten spezifischen Nutzleistung

$$\frac{P_{res}}{M_V} = \frac{P_N}{M_V} + \frac{\Delta P_{KL}}{M_V} + \frac{\Delta P_{Ent}}{M_V} \; . \tag{6.2.65}$$

Zunächst zeigt Bild 6.2.31 die Druckverhältnisse konkreter HD-Systeme im Vergleich zu den Druckverhältnissen für maximale spezifische Leistung beim idealen Prozeß in der extrem vereinfachten Formulierung nach [6.2.1]. Im übrigen ist bei der hier ebenfalls dargestellten Korrelation der Parameter Π_{HDV} und $T_{4.1}/T_{2.4}$ konkreter Triebwerke über EIS keine Tendenz zu erkennen. Dies ist nicht im Widerspruch zu den Tendenzen von Π_V und $T_{4.1}$ nach Abschnitt 5.10, da bei der Festlegung der HD-Systeme – relativ unabhängig vom Gesamt-Kreisprozeß – in erster Linie konzeptionell/konstruktive Gesichtspunkte maßgebend sind.

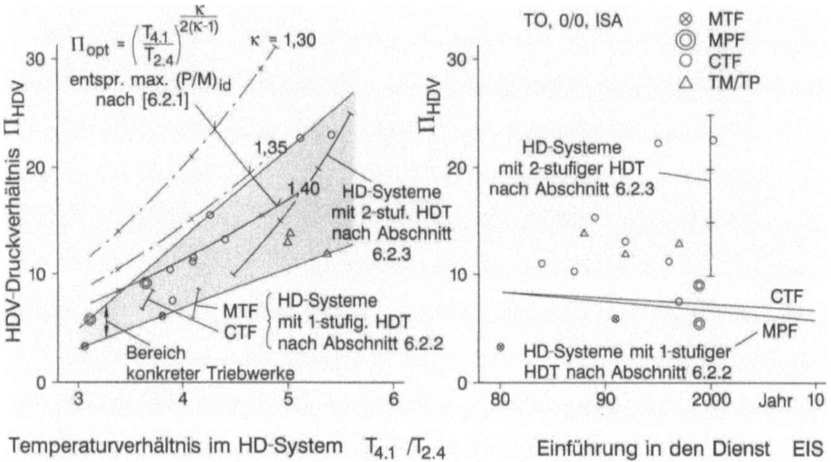

Bild 6.2.31: Zuordnung der Parameter Π_{HDV} und $T_{4.1}/T_{2.4}$ von HD-Systemen nach Studien und bei konkreten Triebwerken

Ferner zeigt Bild 6.2.32 die spezifischen Leistungen der HD-Systeme konkreter Triebwerke für idealen Prozeß nach Gl. 6.2.59 und für realen Prozeß nach den Gln. 6.2.60 bis 6.2.65 bei gleichen Werten Π_{HDV} und $T_{4.1}/T_{2.4}$ im Vergleich zu den entsprechenden Werten P_{id}/M_V und P/M_V nach [6.2.1]. Man erkennt, daß nach [6.2.1] etwa die Relation

$$\frac{(P/M_V)}{P_{id}/M_V} = 0,62 \text{ bis } 0,64$$

besteht, während nach der hier durchgeführten Analyse diese Werte im Bereich 0,40 bis 0,74 – mit Π_{HDV} bzw. $T_{4.1}/T_{2.4}$ ansteigend – liegen. Ein Unterschied in P/P_{id} zwischen HD-Systemen mit 1- oder 2-stufiger HD-Turbine ist nicht feststellbar. Ferner konnte keine Entwicklung über EIS zu höheren Werten festgestellt werden. Dies mag daran liegen, daß die aufgrund der Entwicklung der Turbomaschinen an sich zu erwartende Verbesserung durch den zunehmenden Aufwand für die Kühlung weitgehend kompensiert wird.

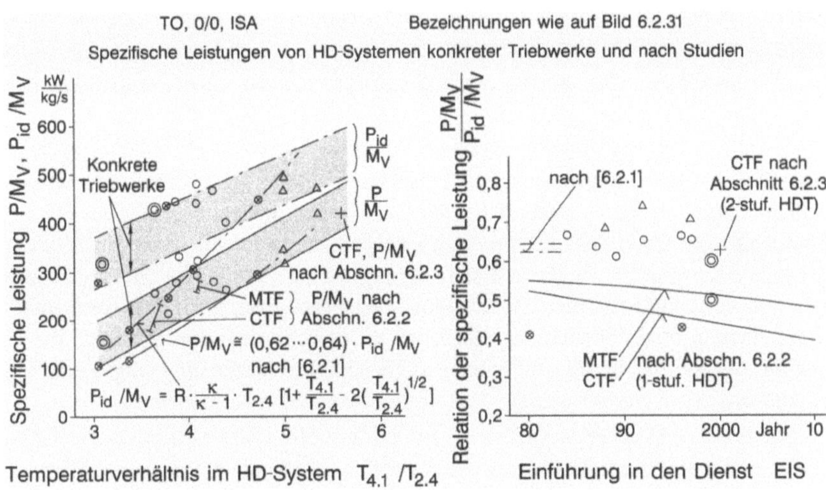

Bild 6.2.32: Spezifische Leistungen von HD-Systemen konkreter Triebwerke und nach Studien

6.3 Dimensionierung von Gesamttriebwerken

6.3.1 Vorbemerkungen

Ausgehend von den in Abschnitt 6.2 behandelten Gesichtspunkten zur Auslegung/ Dimensionierung von Kerntriebwerken werden hier die bei der Integration des Kerntriebwerks in das Gesamttriebwerk zu beachtenden Forderungen bzw. Konditionen und die zu verfolgenden Gestaltungsprinzipien der Komponenten und ihrer Zuordnung behandelt.

Während z.B. bei zivilen Turbofans/Mantelpropfans die Anwendung in verschiedenen Flugzeugmustern mit unterschiedlichen Schubforderungen und Flugmissionen und die dabei einigermaßen abzusehende zeitliche Entwicklung von vornherein einkalkuliert werden muß, um den Markterfolg sicherzustellen, wird bei militärischen Turbofans – z.B. für Kampfflugzeuge – im allgemeinen *ein* Triebwerk für *ein* bestimmtes, parallel zu entwickelndes Flugzeugmuster optimiert und dimensioniert, so daß Leistungsforderungen und Einbaubedingungen in relativ engen Grenzen festliegen und nur die im Laufe der Einsatzphase zu erwartende Kampfwert-/Leistungssteigerung in Betracht zu ziehen ist. Allerdings kann bei militärischen Turbofans der Einsatz eines bestehenden Triebwerkmusters – ggf. mit Modifikationen – bei Anwendung in einem

– VTOL-Flugzeug, vgl. Abschnitt 6.9, oder z.B. in einem

– Trainingsflugzeug

in Frage kommen, zumal – besonders im letzteren Fall – die Entwicklung eines speziellen Triebwerks aus Kostengründen nicht opportun sein mag. Derartige Fälle sind aber bei der Entwicklung eines militärischen Triebwerks dieser Klasse im allgemeinen nicht von vornherein eingeplant, da diese Situation zum Zeitpunkt der Triebwerkdefinition im allgemeinen nicht überschaubar zu sein pflegt.

Auch bei größeren (d.h. praktisch militärischen) Propeller- oder Propfan-Triebwerken für Transportflugzeuge gilt bezüglich der Ausrichtung des Triebwerks für ein bestimmtes Flugzeugmuster ähnliches wie für militärische Turbofans für Kampfflugzeuge.

Bei Wellenleistungstriebwerken für Hubschrauber, deren Entwicklung überwiegend an militärischen Projekten orientiert ist, wird häufig die spätere Mehrfachanwendung, z.B. als Ableitung für zivile Anwendung als Propellertriebwerk für Geschäftsflugzeuge oder kleine Transportflugzeuge impliziert, wenngleich auch hier die Mehrfachanwendung – ggf. aufgrund konkreter Forderungen – im allgemeinen nicht von vornherein in die Projektierung bzw. Entwicklung einfließen kann. Triebwerkentwicklungen, die von vornherein für zivilen Einsatz als Propellertriebwerke in Geschäftsflugzeugen oder kleinen Transportflugzeugen vorgesehen sind, zählen eher zu den Ausnahmen.

Große Bedeutung haben vor allem bei zivilen Turbofans/Mantelpropfans die als Folge der im Laufe der Einsatzphase stets eintretenden Leistungssteigerungen der Flugzeuge (z.B. durch Streckung zur Erhöhung der Passagierkapazität) unausweichlichen Schubsteigerungen mit der dadurch u. a. notwendig werdenden Erhöhung der Betriebstemperaturen am Verdichteraustritt und Turbineneintritt. Dabei sind die im geplanten Einsatzzeitraum zu erwartenden Technologiefortschritte, vor allem im Hinblick auf die

– am Verdichteraustritt mit Rücksicht auf die Scheibenwerkstoffe zulässige Temperatur T_3 und/oder

– am HD-Turbineneintritt mit Rücksicht auf Schaufelwerkstoffe und Kühltechnologie zulässige Turbineneintrittstemperatur $T_{4.1}$

gegenüber der bei Leistungssteigerung erforderlichen Erhöhung dieser Parameter abzuwägen. Hierzu mag Abschnitt 5.10 zusammen mit Abschnitt 5.2.3.6 mit den dort angesprochenen Entwicklungstendenzen hilfreich sein. Aufgrund dieser Zusammenhänge sind zum Zeitpunkt der Einführung eines neuen Triebwerkmusters die Parameter T_3 und $T_{4.1}$ gegenüber dem erreichten Stand der Technik umso mehr zurückzunehmen, je höher das gewünschte Entwicklungspotential anzusetzen ist. Diese Gesichtspunkte sind daher von Beginn der Projektierung an im Auge zu behalten bzw. maßgebend.

Da die Zeitachse der zu erwartenden Leistungssteigerungen nur vage und gegebenenfalls nur anhand früherer, ähnlich gelagerter Fälle vorhergesagt werden kann, liegt in der aus dieser Betrachtung resultierenden Festlegung von T_3 und $T_{4.1}$ eine gewisse Unsicherheit, zumal immerhin ein Zeitraum von mindestens 25 bis 30 Jahren in Betracht gezogen werden muß.

Die bei Leistungssteigerungen im einzelnen verfügbaren technischen Maßnahmen werden in Abschnitt 6.4 behandelt. Entsprechendes gilt für die im Falle ziviler Turbofans/Mantelpropfans relevante Planung einer Triebwerkfamilie, die in Abschnitt 6.5 angesprochen wird.

6.3.2 Zivile Turbofans

Im folgenden wird als Beispiel die Projektierung eines zivilen Turbofans beschrieben, dessen Auslegungsdaten auf den Einsatz in einem 2-strahligen Flugzeug für den Kurz-/Mittelstreckenverkehr zugeschnitten ist. Seit einiger Zeit ist in dieser Triebwerkklasse ein deutlicher Trend zu Konzepten mit Getriebe zwischen Fan und ND-Turbine zu beobachten mit dem Ziel, bei günstigem *SBV* zugleich den Lärmpegel nach FAR Part 36 auf einen zukünftig erwarteten Standard entsprechend Stage 3 minus 15 bis 20 EPNdB (kumulativ) zu senken. Daher wird in diesem Abschnitt die Ausführung ohne/mit Getriebe angesprochen, um die damit möglichen bzw. verbundenen Unterschiede im Triebwerkaufbau und im Kreisprozeß aufzuhellen. Selbstverständlich ist es möglich, ein Triebwerk mit Getriebe für höhere Nebenstromverhältnisse bzw. geringeren spezifischen Schub und damit günstigeren *SBV* gegenüber dem Triebwerk ohne Getriebe auszulegen. Damit wird jedoch ein Triebwerk mit größerem Fan-Durchmesser etc. entstehen, dessen Einbaubedingungen nicht unbedingt mit jenen des Turbofans ohne Getriebe vergleichbar wären. Daher werden beide Varianten für den „gleichen" Kreisprozeß bzw. den gleichen spezifischen Schub ausgelegt, um „äußerlich" gleiche Triebwerke mit gleichen Hauptabmessungen und Einbaubedingungen bei gleichen Betriebscharakteristiken im Einsatz zu erhalten. Dieses Vorgehen erscheint umso mehr sinnvoll, als im nächsten Abschnitt die Projektierung eines Mantelpropfans mit Getriebe mit sichtbar anderen Kreisprozeßdaten behandelt wird. Unbeschadet der im Einzelfall möglicherweise verschiedenen Ausgangsposition, was die bei der Projektierung verfügbaren Daten – insbesondere die geforderten Schübe bei *TO*, ICR und MCL – betrifft, wird hier von den in Abschnitt 4.2.5 betrachteten Zusammenhängen zwischen dem spezifischen Schub $(F/M)_{MCR}$ und der Schubcharakteristik $F/p_0 = f(X, Ma_0)$ bei Änderung von $T_{4.1}$ bzw. X ausgegangen. Hierzu wird der Triebwerkentwurf an einem Kurz-/Mittelstreckenflugzeug der Klasse A320 ausgerichtet. Am Ende der Steigphase bzw. beim Eintritt in den Reiseflug (ICR), d.h. bei $Ma_0 = 0,80$, $H = 10,7$ km, wird

$$(A/W)_{ICR} = \frac{G \cdot g}{F_{ICR,strom}} = 19,5 \qquad\qquad (6.3.1)$$

mit $G_{ICR}/G_A = 0,97$ angenommen. Ferner wird nach Bild 4.2.37

$$F_{ICR}/F_{MCR} = 0,88; \quad F_{MCL}/F_{MCR} = 1,08$$

und nach Abschnitt 5.11 aufgrund der „inneren" Installationsverluste im hier vorliegenden Bereich $(F/M)_{MCR}$ die Relation

$$F_{strom}/F_{n.inst.} = 0,97 \approx const.$$

festgelegt. Um sicherzustellen, daß die nach FAR Part 25 geforderte „en route"-Mindest-Steiggeschwindigkeit bei Ausfall eines Triebwerks erfüllt werden kann, werden die abzuleitenden Schübe F_{ICR}, F_{MCR} und F_{MCL} zusätzlich um 5% erhöht, so daß sich mit den o.a. Daten

$$(F/G)_{ICR,n.inst.} = \frac{g}{A/W} \cdot \frac{1,05}{F_{strom}/F_{n.inst.}} \qquad\qquad (6.3.2)$$

$$= \frac{9,81}{19,5} \cdot \frac{1,05}{0,97} = 0,545$$

ergibt. Ferner wird entsprechend der Forderung nach FAR Part 25 mit Rücksicht auf genügende Schubreserve bei Ausfall eines Triebwerks bei TO

$$(F_{TO}/G_A)_{n.inst.} = 3,0 \text{ N/kg}$$

angenommen. Diese Schubbelastung entspricht einer Mindestbelastung bei Ausfall eines von z Triebwerken, die nach statistischen Daten 2 bis 4-strahliger Verkehrsflugzeuge im Bereich

$$(F_{TO}/G_A)_{min} = \frac{z-1}{z} \cdot (F_{TO}/G_A)_{n.inst.} \tag{6.3.3}$$

$$= 1,4 \text{ bis } 2,1 \text{ N/kg}$$

mit Schwerpunkt bei 1,6 bis 1,9 liegt und damit im Vergleich zur Relation Auftrieb/ Widerstand in der Flugzeugkonfiguration bei TO mit eingezogenem (bzw. ausgefahrenem) Fahrwerk

$$(A/W)_{TO} = 9 \text{ bis } 10 \,(7 \text{ bis } 7,5)$$

die Schubreserve für die nach FAR Part 25 geforderte Mindest-Steigfähigkeit gewährleistet.

Damit ergibt sich die vom Standpunkt der Zuordnung der Kreisprozeßdaten bei MCR und TO wichtige Relation

$$\left(\frac{F_{MCR}}{F_{TO}}\right)_{n.inst.} = \frac{(F/G)_{ICR}}{(F_{TO}/G_A)} \cdot \frac{G_{ICR}}{G_A} \cdot \frac{F_{MCR}}{F_{ICR}} \tag{6.3.4}$$

$$= \frac{0,545}{3,0} \cdot \frac{0,97}{0,88} \approx 0,20$$

Hieraus folgt einerseits die „effektive Lapse-Rate" nach Gl. 4.2.16

$$LR_X = \frac{(F/p_0)_{TO}}{(F/p_0)_{MCR}} = 1,16 \; .$$

Andererseits ist nach Bild 4.2.35 auf der Basis der „Parametrischen ZTL-Studie", d.h. für $T_{4.1} = 1.500 \text{ K}$, $\Pi_V = 36$ bei MCR, die „normierte Lapse-Rate" $LR_{0,9}^*$, nicht installiert, bei

$$
\begin{array}{lcllll}
(F/M)_{MCR} & = & 140 & 170 & 200 & \text{m/s} \\
LR_{0,9}^* & = & 1,01 & 0,96 & 0,92 &
\end{array}
$$

$$\text{und damit } \frac{LR_X}{LR_{0,9}^*} = \left(\frac{X}{0,9}\right)^{2,45} = 1,15 \quad\;\; 1,20 \quad\;\; 1,26$$

$$\text{bzw. } X_{TO} = 0,952 \quad 0,974 \quad 0,990$$

Daraus folgt bei der vorläufigen Festlegung von $T_{4.1,MCR}$ entsprechend der „Parametrischen ZTL-Studie" die Turbineneintrittstemperatur bei TO am heißen Tag (ISA + 15 K)

$$T_{4.1} = 1750 \quad\;\; 1790 \quad\;\; 1830 \quad\;\; \text{K}$$

Ferner ergibt sich aus Bild 4.2.39 mit dem o.a. Verhältnis $F_{MCL}/F_{MCR} = 1,08$ die Relation $(T_{MCL}/T_{MCR})_{4.1} = 1,030$ und damit der Eckwert $T_{4.1,MCL} = 1545\,\text{K}$ sowie mit $F_{ICR}/F_{MCR} = 0,88$ durch Extrapolation nach $X < 1$ angenähert $T_{4.1,ICR} = 1425\,\text{K}$.

Hilfreich mögen als Einstieg in genauere Überlegungen zum Kreisprozeß Ergebnisse aus der „Parametrischen ZTL-Studie" nach den Bildern 6.3.1 und 6.3.2 sein. Danach ergeben sich z.B. für die o.a. spezifischen Schübe bei MCR die u. a. für den Lärm bei *TO* maßgebenden Werte

$$(F/M)_{TO} = f\big[(F/M)_{MCR}, X_{TO}\big]$$
$$= 290 \qquad 335 \qquad 385 \qquad \text{m/s},$$

das Nebenstromverhältnis bei MCR

$$\mu = 8,8 \qquad 6,7 \qquad 5,1$$

und das Fan-Druckverhältnis im kalten Kreis bei MCR

$$\text{ohne} \qquad \text{ohne} \qquad \text{(ohne)/mit}$$
$$\text{Mischung beider Ströme}$$
$$\Pi_{F,k} = 1,665 \qquad 1,86 \qquad (2,06)/1,91$$

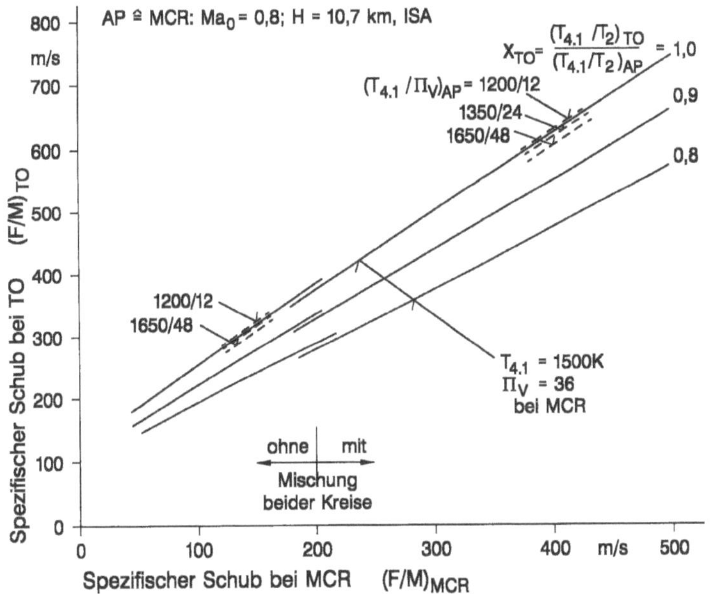

Bild 6.3.1: Relation der spezifischen Schübe bei *TO* und MCR von Turbofans ohne/mit Mischung beider Kreise und von Mantelpropfans nach Ergebnissen der „Parametrischen ZTL-Studie"

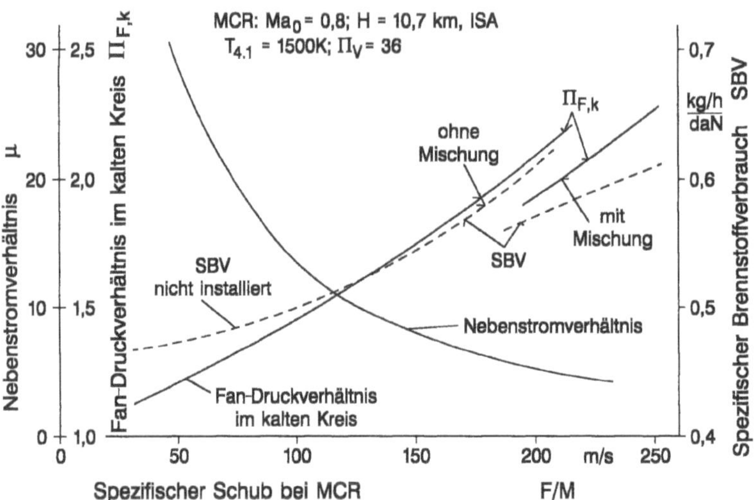

Bild 6.3.2: Kreisprozeß- und spezifische Leistungsdaten ziviler Turbofans ohne/mit Mischung beider Ströme und Mantelpropfans bei MCR nach Ergebnissen der „Parametrischen ZTL-Studie"

Man erkennt, daß für $(F/M)_{MCR} > 170$ m/s praktisch nur die Ausführung mit Mischung beider Ströme in Frage kommt, zumal entsprechend Bild 6.3.2 in diesem Falle das Fan-Druckverhältnis im kalten Kreis akzeptabel ist. Was die Entscheidung für einen bestimmten spezifischen Schub betrifft, so sind folgende Argumente im Spiel:

– Aus Abschnitt 5.9.2 geht hervor, daß $(F/M)_{TO}$ praktisch keinen Einfluß auf das Schub-/Gewichtsverhältnis – ohne oder mit Gondel – hat. Hier besteht allerdings ein gewisser Widerspruch zu der gängigen Vorstellung, nach der bei gleichem Schub das Triebwerkgewicht mit abnehmendem spezifischen Schub bzw. zunehmendem Fan-Durchmesser größer wird.

– Der Fan- und damit auch der Gondeldurchmesser nimmt mit abnehmendem spezifischen Schub unter sonst gleichen Fan-Auslegungsbedingungen entsprechend Bild 6.3.2 wie folgt zu

$$D_{Fa} \quad = \quad 110 \qquad 100 \qquad 92,3 \qquad \%$$

– Der *SBV* des nicht installierten Triebwerks bei MCR hat nach Bild 6.3.2 die Tendenz

$$SBV_{MCR} \quad = \quad 0,530 \qquad 0,563 \qquad (0,608)/0,570 \quad \frac{kg/h}{daN}$$

$$\hat{=} \quad 94 \qquad\quad 100 \qquad (108)/101 \qquad \%$$

Entsprechend ist nach Abschnitt 5.11.2 genähert mit dem *SBV* des installierten Triebwerks

$$SBV_{MCR} \quad = \quad 0,603 \qquad 0,638 \qquad (0,680)/0,638 \quad \frac{kg/h}{daN}$$

$$\hat{=} \quad 94,5 \qquad 100 \qquad (106,5)/100 \qquad \%$$

zu rechnen. Wird der Vergleich im wichtigsten Schubbereich, d.h. bei 70 bis 80% F_{MCR} gezogen, so ergibt sich aus Abschnitt 5.11.2 die Relation

$$\overline{SBV}_{CR,inst.} \quad = \quad 0{,}622 \quad\quad 0{,}649 \quad\quad (0{,}683)/0{,}645 \quad \frac{kg/h}{daN}$$

$$\hat{=} \quad 95{,}9 \quad\quad 100 \quad\quad (105{,}2)/99{,}4 \quad \%$$

– Bei festliegenden Daten $T_{4.1}$ und Π_V ist bei Variation des spezifischen Schubes im hier angesprochenen begrenzten Bereich kein nennenswerter Einfluß auf die Erhaltungs-/Wartungskosten des Triebwerks zu erwarten. Allerdings steigt die thermische Belastung der HD-Turbine bei TO mit zunehmendem spezifischen Schub etwas an.

– Die Lärmentwicklung bei TO folgt nach Abschnitt 5.14 beim Fan und der ND-Turbine der Tendenz

$$\Delta OASPL \quad = \quad -2{,}5 \quad\quad 0 \quad\quad +2{,}0 \quad\quad dB \,,$$

während der Strahllärm die Tendenz bei der Rollgeschwindigkeit $C_0 = 0$

$$\Delta OASPL \quad = \quad -2{,}7 \quad\quad 0 \quad\quad +2{,}0 \quad\quad dB$$

und bei $C_0 = 100$ m/s

$$\Delta OASPL \quad = \quad -29{,}5 \quad\quad -13{,}5 \quad\quad -9{,}5 \quad\quad dB$$

$$bzw. \quad\quad -16{,}0 \quad\quad 0 \quad\quad +4{,}0 \quad\quad dB$$

zeigt.

Dabei ist allerdings zu bemerken, daß bei der Ausführung des Triebwerks mit Getriebe der Fan – bei höherer aerodynamischer Belastung – mit niedrigerer Umfangsgeschwindigkeit konzipiert werden kann. Nach Abschnitt 5.14 folgt der Fan-Lärm unter sonst gleichen Bedingungen der Tendenz

$$\Delta OASPL = 10 \log (U/U^*)^5 \cdot z/z^*$$

mit der Laufschaufelzahl z. Wird, wie in Abschnitt 6.11.3 im Zusammenhang mit dem SR- und CR-Mantelpropfan erläutert, davon ausgegangen, daß die Druckziffer $\psi_{fm,k} \approx 1{,}0$ konventioneller Fans auf 1,4 gesteigert und damit die Umfangsgeschwindigkeit auf $1/\sqrt{1{,}4} = 85\%$ gesenkt werden kann, so ergibt sich bei gleicher Laufschaufelzahl eine Reduzierung des Schalldruckpegels um

$$\Delta OASPL = 10 \log 0{,}85^5 = -4{,}5 \, dB$$

Nach Abschnitt 6.11.3 ist damit zugleich eine Wirkungsgradverbesserung erreichbar. Zwar tritt mit Getriebe der Lärm des schnellaufenden ND-Verdichters stärker hervor als jener des langsamlaufenden „Boosters" mit Fan ohne Getriebe. Dennoch tritt diese Lärmquelle hinter jener des Fans bei weitem zurück.

Allerdings ist damit nach Abschnitt 5.14 eine Erhöhung des Turbinenlärms verbunden, die – z.B. bei $U^2 \cdot z = const.$, hier mit der *Stufenzahl* z –, z.B. beim Übergang von 5 auf 3 Stufen, ebenfalls

$$\Delta OASPL = 10\log(U/U^*)^5 \cdot z/z^*$$

$$= +4,5\,\text{db}$$

betragen kann. Aber auch diese Lärmquelle tritt in ihrer Bedeutung gegenüber anderen Lärmquellen zurück. Mit der schnellaufenden ND-Turbine kann aufgrund der günstigeren Lieferzahlen und niedrigeren aerodynamischen Belastung eine Wirkungsgradverbesserung gegenüber der langsamlaufenden ND-Turbine erreicht werden.

Insgesamt gesehen richtet sich somit die Festlegung des spezifischen Schubes

– in 1. Linie nach den Installationsbedingungen (Fan-/Gondeldurchmesser) und der Lärmentwicklung,

– in 2. Linie nach dem *SBV* und

– in 3. Linie nach der thermischen Belastung (Verbrauch an Lebensdauer) der HD-Turbine bei *TO*.

Gerade diese Entscheidung kann im konkreten Falle nur im engen Kontakt mit interessierten Flugzeugherstellern und Fluglinien getroffen werden. Im Rahmen dieses Abschnitts wird daher der spezifische Schub des nicht installierten Triebwerks ohne Mischung beider Kreise

$$(F/M)_{MCR} = 170\,\text{m/s}$$

festgelegt. Damit erhält man aus den obigen Festlegungen als Basis für die weiteren Überlegungen die folgenden Kreisprozeßdaten:

	TO	ICR	MCR	MCL	
	0/0, ISA + 15 K	$Ma_0 = 0,8; H = 10,7$ km; *ISA*			
Mit $X =$	0,974	0,955	1,0	1,030	

und der weiterhin sinnvoll erscheinenden Festlegung $T_{4.1,MCR} = 1500$ K entsprechend der „Parametrischen ZTL-Studie" ergibt sich

$T_{4.1} =$	1790	1425	1500	1545	K

Nach Abschnitt 4.2.2 bzw. den Bildern 4.2.5 und 4.2.10 erhält man ferner zunächst mit $\Delta\eta_{res} = 0$ die genäherten Werte des relativierten Verdichterdruckverhältnisses

$Y_0 =$	0,945	0,91	1,0	1,08

und mit $\Pi_{V,MCR} = 36$ das Verdichterdruckverhältnis selbst

$\Pi_V =$	34,0	32,8	36,0	38,4

mit der Verdichter-Austrittstemperatur

$T_3 =$	895	725	740	756	K

und mit $Y_V \approx Y_F$ genähert auch das Fan-Druckverhältnis im kalten Kreis

$\Pi_{F,k} =$	1,81	1,78	1,86	1,93

Im Prinzip könnten zur weiteren Optimierung in Anlehnung an Bild 5.10.3 die Parameter Π_V und $T_{4.1}$ bei MCR z.B. entsprechend

$$\Pi_V = 36 \qquad\qquad 38 \qquad\qquad 40$$
$$T_{4.1} = 1500 \qquad\qquad 1550 \qquad\qquad 1600 \qquad K$$

variiert werden. Dies würde jedoch eine parallele Durcharbeitung bis hin zum konstruktiven Entwurf erfordern, die den Rahmen dieses Abschnitts sprengen würde. Im übrigen ist bei der Festlegung von Π_V bei MCR auch eine gewisse Reserve in der Verdichteraustrittstemperatur bei TO am heißen Tag gegenüber späterer Schubsteigerung mit entsprechender Erhöhung von Π_V und damit T_3 im Auge zu behalten. Diese Frage wird in Abschnitt 6.4 angesprochen. Vor diesem Hintergrund wird die Projektierung auf der Basis der o.a. Daten bei MCR, d.h. $T_{4.1} = 1500\,\text{K}$, $\Pi_V = 36$ und $F/M = 170\,\text{m/s}$ durchgeführt, zumal damit als Nebeneffekt auch der Vergleich der ermittelten Daten mit den Ergebnissen der „Parametrischen ZTL-Studie" möglich ist. Zugleich ergibt sich mit diesen Kreisprozeßdaten ein Triebwerk, das

- nach Abschnitt 5.10.2 ein beträchtliches Entwicklungspotential aufweist,
- für die Ausführung ohne oder mit Mischung beider Ströme ausgelegt werden kann,
- ohne oder mit Getriebe ausführbar ist und schließlich
- kompetitive Leistungsdaten, Lärm-Emissionsdaten sowie akzeptable NO_x-Emissionsdaten verspricht.

Ferner wird die Projektierung entsprechend der Installation in einem Flugzeug der Klasse A320, d.h. mit einem Abfluggewicht $G_A = 77\,\text{t}$, für den Standschub

$$F_{TO} = 77000 \cdot 3{,}0 \cdot \frac{1}{2} = 115\,\text{kN} \approx 26000\,\text{lbs}$$

und damit der maximale Schub im Reiseflug

$$F_{MCR} = 0{,}20 \cdot 115 = 23\,\text{kN} \approx 5200\,\text{lbs}$$

bemessen. In der Praxis wäre zu prüfen, ob mit dieser Festlegung die nach FAR Part 25 geforderte „en route"-Minimalsteigrate bei Ausfall eines Triebwerks im ungünstigsten Falle, d.h. bei ICR, unter den in diesem Falle relevanten Flugbedingungen Ma_0, A/W erfüllt werden kann.

Es erscheint opportun, die aerodynamische Auslegung und damit die Dimensionierung für MCR vorzunehmen, allerdings mit Blick

- auf die bei $F_{rel} = 0{,}7$ bis $0{,}8$ liegende mittlere Belastung im Reiseflug mit möglichst günstigem SBV, die eine Optimierung des resultierenden Wirkungsgrades η_{res} nach Abschnitt 4.2.2 in diesem Schubbereich verlangt,
- auf MCL, da hier die größten Druckverhältnisse und Strömungs-Mach-Zahlen im Triebwerk auftreten und schließlich
- auf TO am heißen Tag aufgrund der hier auftretenden maximalen thermischen Belastung des HDV-Austritts und der HD-Turbine.

Zur Ermittlung der Kreisprozeß- und Komponentendaten kann man unbeschadet der Möglichkeit, sich eines Rechenprogramms – z.B. entsprechend [4.8] – zu bedienen, nach der in den Abschnitten 3.2 bis 3.5 beschriebenen Methode vorgehen, bei der die Daten des gewünschten ZTL-Triebwerks aus einem entsprechend Bild 3.5.1 definierten TL-Triebwerk mit Hilfe der Gln. 3.5.20 bis 3.5.25 und Gl. 3.5.32 entwickelt werden. Während bei überschlägigen Betrachtungen die Daten dieses TL-Triebwerks, d.h.

$$T_{D,TL}, \Pi_{D,TL}, C_{is,D,TL}, (M_D / M_V)_{TL}, (F / M)_{TL} \text{ und } (B / M)_{TL}$$

in Abhängigkeit von $T_{4.1}$ und Π_V nach Bild 3.2.1a und b und unter Beachtung der Flugbedingung Ma_0, H nach den Abschnitten 3.3 und 3.4 bestimmt werden können, wird man beim Entwurf eines Triebwerks wie im vorliegenden Falle das ohnehin festzulegende HD-System fiktiv zum o.a. TL-Triebwerk erweitern und auf dieser Basis die angesprochenen Parameter bestimmen.

Wie in den Abschnitten 6.2.2 und 6.2.3 bereits angesprochen, werden 2 Kerntriebwerkkonzepte verfolgt:

– HD-System mit 1-stufiger HD-Turbine, das zur Vorverdichtung durch Fan + „Booster"-Stufen führt und

– HD-System mit 2-stufiger HD-Turbine mit Vorverdichtung durch den Fan allein.

Entsprechend ergeben sich mit den noch darzulegenden Komponentendaten folgende Daten am Austritt der entsprechenden TL-Triebwerke bei MCR:

HD-Turbine		1-stufig	2-stufig
$T_{D,TL}$	K	1000	984
$\Pi_{D,TL}$		8,18	8,38
$C_{is,D,TL}$	m/s	966	960
M_D / M_V		── ≈ 1,020 ──	
$(F / M)_{TL}$	m/s	686	681
$(B / M_V)_{TL}$		0,0197	0,0190

Ferner ist mit dem Parameter

$$K = (\eta_{F,k} \cdot \eta_{NDT})_{is} \approx 0,91 \cdot 0,925 = 0,843 \text{ (ohne Getriebe)}$$

bzw.

$$= (\eta_{F,k} \cdot \eta_{NDT})_{is} \cdot \eta_G \approx 0,92 \cdot 0,940 \cdot 0,99 = 0,854 \text{ (mit Getriebe)}$$

das thermodynamisch optimale Strahlgeschwindigkeitsverhältnis des ZTL-Triebwerks ohne Mischung mit den hier zulässigen Vereinfachungen $\tau_F / \tau_T \approx 1, \varepsilon = 1$ und $c_{F,k} / c_{F,h} \approx 1,0$ nach den Gln. 3.5.28 und 3.5.29

$$(C_k / C_h)_{is,opt} = \zeta_{opt} \approx K$$

und mit der Festlegung $\zeta_{rel} \approx 0,80$ das technisch optimale bzw. praktisch maßgebende Verhältnis

$$(C_k / C_h)_{is} = \zeta_{opt} \cdot \zeta_{rel} = 0{,}68 \ .$$

Damit können aus

$$\frac{F_{ZTL}}{F_{TL}} \ \text{nach den Gln. 3.5.21 bis 3.5.25 und } \ \frac{(F/M)_{ZTL}}{(F/M)_{TL}} \ \text{nach Gl. 3.5.32}$$

mit $M_h / M_V = (M_D / M_V)_{TL}$ wie oben angegeben das Nebenstromverhältnis

$$\mu = \mu_T \cdot M_h / M_V = 5{,}9 \ \text{bzw. } 5{,}8$$

und mit dem Strahlgeschwindigkeitsverhältnis nach Gl. 3.5.20

$$(C_h / C_{TL})_{is} = 0{,}578 \ \text{bzw. } 0{,}582$$

schließlich die in beiden Fällen etwa gleichen Strahlgeschwindigkeiten

$$C_{k,is} = 380 \ \text{m/s und } C_{h,is} = 558 \ \text{m/s}$$

ermittelt werden, die zum angestrebten spezifischen Nettoschub

$$(F/M) = \frac{M_h / M_V \cdot C_h + \mu \cdot C_k}{1 + \mu} - C_0 = 170 \ \text{m/s}$$

führen.

Daraus ergeben sich mit den für Triebwerke ohne und mit Mischung beider Kreise geltenden Gleichungen 3.5.38 und 3.5.39 die Temperaturdifferenzen $T_{1.3} - T_{1.2}$ und $T_{TL} - T_{D,h}$ und damit die Temperaturen an den Düsen

$$T_{1.3} = T_{D,k} \qquad \text{K} \quad \text{——— 296 ———}$$
$$T_5 = T_{D,h} \qquad \text{K} \quad 745 \ \text{bzw. } 731 \ .$$

Diese erlauben zusammen mit den Strahlgeschwindigkeiten $C_{is,k}$ und $C_{is,h}$ die Bestimmung der Düsendruckverhältnisse

$$\Pi_{D,k} \qquad\qquad 2{,}72$$
$$\Pi_{D,h} \qquad\qquad 2{,}24 \ \text{bzw. } 2{,}27 \ .$$

Daraus folgen mit den nach Abschnitt 5.5.3 zu bestimmenden Druckverlusten im Nebenstrom- und Turbinenabgaskanal das Fan-Druckverhältnis und der NDT-Gegendruck

$$\Pi_{F,k} \qquad\qquad \text{——— 1,81 ———}$$
$$p_5 / p_2 \qquad\qquad 1{,}47 \ \text{bzw. } 1{,}48 \ .$$

Dabei ist nach Festlegung der Komponenten des HD- und ND-Systems die Vereinbarkeit des aus der Thermodynamik hervorgegangenen Druckverhältnisses p_5 / p_2 zur Kontrolle mit dem aus dem Leistungsgleichgewicht im ND-System resultierenden Druckverhältnis der ND-Turbine

$$\Pi_{NDT} = \frac{\Pi_V \cdot \Pi_{BK}}{\Pi_{HDT} \cdot p_5 / p_2}$$

zu überprüfen.

Aus $\Pi_{F,k}$ und μ ergibt sich nach Abschnitt 5.2.2.2 ferner, daß im heißen Kreis mit dem Fan-Druckverhältnis

$$\Pi_{F,h} = 1{,}545$$

gerechnet werden kann.

Schließlich ergibt sich aus der o. a. Schubforderung der Fan-Durchsatz bei MCR

$$M_F = \frac{F}{(F/M)} = \frac{23000}{170} = 135 \ \text{kg/s}$$

und der Durchsatz des Kerntriebwerks am Eintritt in den ND-Verdichter bzw. „Booster"

$$M_h = \frac{M_F}{1+\mu} = 19{,}5 \ \text{bzw. } 19{,}8 \ \text{kg/s} \ ,$$

so daß die für die Dimensionierung der Komponenten – insbesondere auch des Kerntriebwerks – benötigten Schlüsseldaten festliegen.

Ausgehend von den in den Abschnitten 6.2.2 und 6.2.3 für *TO*, 0/0, ISA dargelegten Auslegungsdaten ziviler Kerntriebwerke mit 1- oder 2-stufiger HD-Turbine ergibt sich bei MCR

– bei **1-stufiger HD-Turbine** mit $\Pi_{HDT} = 4{,}0$, $T_{4.1} = 1500 \ \text{K}$, $\Pi_V = 36$ und $(H_T / H_V)_{eff} = 1{,}12$ das HDV-Druckverhältnis $\Pi_{HDV} = 9{,}5$ und damit das für die „Booster"-Stufen verbleibende Druckverhältnis

$$\Pi_{Boo} = \frac{\Pi_V}{\Pi_{F,h} \cdot \Pi_{HDV}} = \frac{36}{1{,}545 \cdot 9{,}5} = 2{,}45 \ .$$

Mit Rücksicht auf den nötigen Freiraum für die Weiterentwicklung zu höherem Schub bei gleichem spezifischen Schub und damit gleichem Fan-Druckverhältnis, bei der zusammen mit der Drehzahl $N_{HD} = const.$ bzw. leicht zurückgehendem Druckverhältnis Π_{HDV} die gesamte Zunahme von Π_V auf die „Booster"-Stufen konzentriert wird, erscheint $\Pi_{Boo} = 2{,}45$ sehr hoch (vorteilhaft wäre als Einstieg $\Pi_{Boo} \leq 1{,}5$). Dies bedeutet, daß mit 1-stufiger HD-Turbine bei den hier beispielhaft angenommenen Kreisprozeßdaten, insbesondere Π_V, die Ausführung mit Getriebe und damit schnellaufendem ND-Verdichter attraktiv erscheint.

– Bei **2-stufiger HD-Turbine** bestehen dagegen gute Gründe dafür, ausgehend von einer Basisversion ohne „Booster"-Stufen das Druckverhältnis des HD-Verdichters

$$\Pi_{HDV} = \frac{36}{1{,}545} = 23{,}3$$

zu wählen und den Ringraum so festzulegen, daß „Booster"-Stufen im Rahmen späterer Leistungssteigerungen vorgesehen werden können. Selbstverständlich kann hier bereits die Basisversion auch mit „Booster"-Stufen bei entsprechend bescheidenerem HDV-Druckverhältnis gewählt werden.

Damit können die Kompontendaten der beiden Versionen ohne oder mit Getriebe im einzelnen ermittelt werden. Zunächst werden keine Entnahmen von mechanischer Leistung und Druckluft für den Bordbedarf berücksichtigt. Für die Festlegung der aerodynamischen, mechanischen und geometrischen Auslegungsparameter bilden die Abschnitte 5.2.2 (Verdichter), 5.2.3 (Turbinen), 5.3 (Brennkammer), 5.5 (Nebenstrom- und Turbinenabgaskanal), 5.6 (Düsen) und 5.8 (Getriebe) den allgemeinen Rahmen, während die Abschnitte 6.2.2 und 6.2.3 den engeren Rahmen für die Gestaltung der HD-Systeme liefern. Dabei sei besonders auf den nach dem Stand der Technik und den zu verzeichnenden Entwicklungstrends verfügbaren Spielraum hingewiesen, der dazu benützt werden kann,

– die Hauptabmessungen der Komponenten gegenseitig anzupassen und

– Risiken an kritischen Stellen durch Anhäufung aggressiver Parameter zu vermeiden.

Einige wichtige Daten sind im folgenden aufgelistet und kommentiert:

			HD-System mit	
			1-stufiger	2-stufiger
Daten bei MCR (0,8/10,7/ISA)			HD-Turbine	
	Konzept		mit Getriebe	ohne Getriebe
Fan	$M_{korr,2}$	kg/s	348	
	ν_2		0,34	
	$Ma_{ax,2}$		0,62	
	D_a	mm	1570	
	μ		5,9	5,8
– kalter Kreis	$\Pi_{F,k}$		1,81	
	$\Psi_{fm,k}$		1,4	1,0
	$D_{fm,k}/D_a$		$\approx 0,78$	
	$U_{fm,k}$	m/s	268	317
	N	U/min	4190	4950
	$\eta_{is,ink}$		0,924	0,920
	$\Delta\eta_{komp.}$		0,004	0,014
	$\eta^*_{is,komp.}$		0,920	0,906
– heißer Kreis	$(H_h/H_k)_{eff}$		$\approx 0,715$	
	$\Pi_{F,h}$		1,545	
	$\Psi_{fm,h}$		2,55	1,87

*) Ableitung in Anlehnung an Abschnitte 5.2.2.2 und 6.11.3

Getriebe	$N_{ND} = N_1$	U/min	9680	–
	$N_F = N_2$	U/min	4190	
	$i = N_1/N_2$		2,32	
	P	kW	6460 (MCR)	
			18500 (*TO*)	

		Symbol	Einheit		
		D_H	mm	260 bis 420	
ND-Verdichter		$M_{korr,2.1}$	kg/s	34,8	
		Π		2,45	
		z		3	
	Eintritt	Ma_{ax}		0,60	
	Austritt	Ma_{ax} Ma_{ax}		0,49	
		$D_i = const.$	mm	611	
		N	U/min	9680 (vgl. NDT)	
		$\overline{\psi}^*$		0,526	
		η_{pol}		0,890	
		PGR^*	%	45	

*) mit Rücksicht auf Betriebsverhalten und Entwicklungspotential ist niedrige aerodynamische Belastung angesetzt

		Symbol	Einheit		
HD-Verdichter		$M_{korr,2.4}$	kg/s	16,35	35,4
		Π		9,5	23,3
		z		7	9
		$\overline{\psi}$		0,825	0,90
		$D_{fm} = const.$	mm	362	446
		N	U/min	19600	14900
	Eintritt	$v_{2.4}$		0,64	0,50
		Ma_{ax}		——— 0,55 ———	
	Austritt	v_3		0,90	0,93
		Ma_{ax}		0,28	0,26
		$M_{korr,3}$	kg/s	——— 2,41 ———	
		η_{pol}		——— 0,91 ———	
		PGR	%	30	20
Brennkammer (Doppeldom)		M_{BK}/M_V		0,862	0,830
		$M_{korr,BK}$	kg/s	2,08	2,04
		$\Delta p/p$		——— 0,05 ———	
		m_{BK}		——— 0,022 ———	
		$\Delta p/q_{ref}$		——— 170 ———	
		Ma_{ref}		——— 0,0205 ———	
		h_{ref}	mm	130	120
HD-Turbine		$M_{korr,4.1}$	kg/s	3,29	3,22

	Π		4,0	5,44
	$\overline{M}_T / M_V$		0,88	0,847/0,976
	$(H_T / H_V)_{eff}$		1,12	1,07
	ψ		3,8	3,2/2,8
	U_{fm}	m/s	474	411
Austritt	$v_{4.4}$		0,82	0,78
	$Ma_{ax,4.4}$		0,50	0,45
	$\eta_{is,res}$		0,84	0,895
	$D_{fm} = const.$	mm	472	525
	$A_{ax} (N/60)^2$	m²/s²	7340	3910/6580
	bei TO, 0/0, ISA:	m²/s²	7700	4090/6880
	SKP		7,2	8/6,5
ND-Turbine	$M_{korr,4.5}$	kg/s	12,5	16,6
	Π		5,83	4,30
	z		3	5
	$\overline{\psi}$		2,45	3,90
Austritt	$D_{a,5}$	mm	880	920
	v_5		0,60	0,56
	$Ma_{ax,5}$		0,59	0,48
	$\overline{\varphi}$		0,82	1,25
	η_{is}^{*}		0,940	0,925
	N	U/min	9680	4950
	$A_{ax} (N/60)^2$	m²/s²	8300	2930
	bei TO, 0/0, ISA:	m²/s²	8800	3100

*) in beiden Fällen ist die Zuordnung von $\overline{\psi}$ und $\overline{\varphi}$ nach Abschnitt 5.2.3.5 etwa optimal

Düsen	$M_{korr,D,h}$	kg/s	60,4 60,1
	$A_{D,h}$	m²	—— 0,254 ——
	$M_{korr,D,k}$	kg/s	—— 181,5 ——
	$A_{D,k}$	m²	—— 0,763 ——

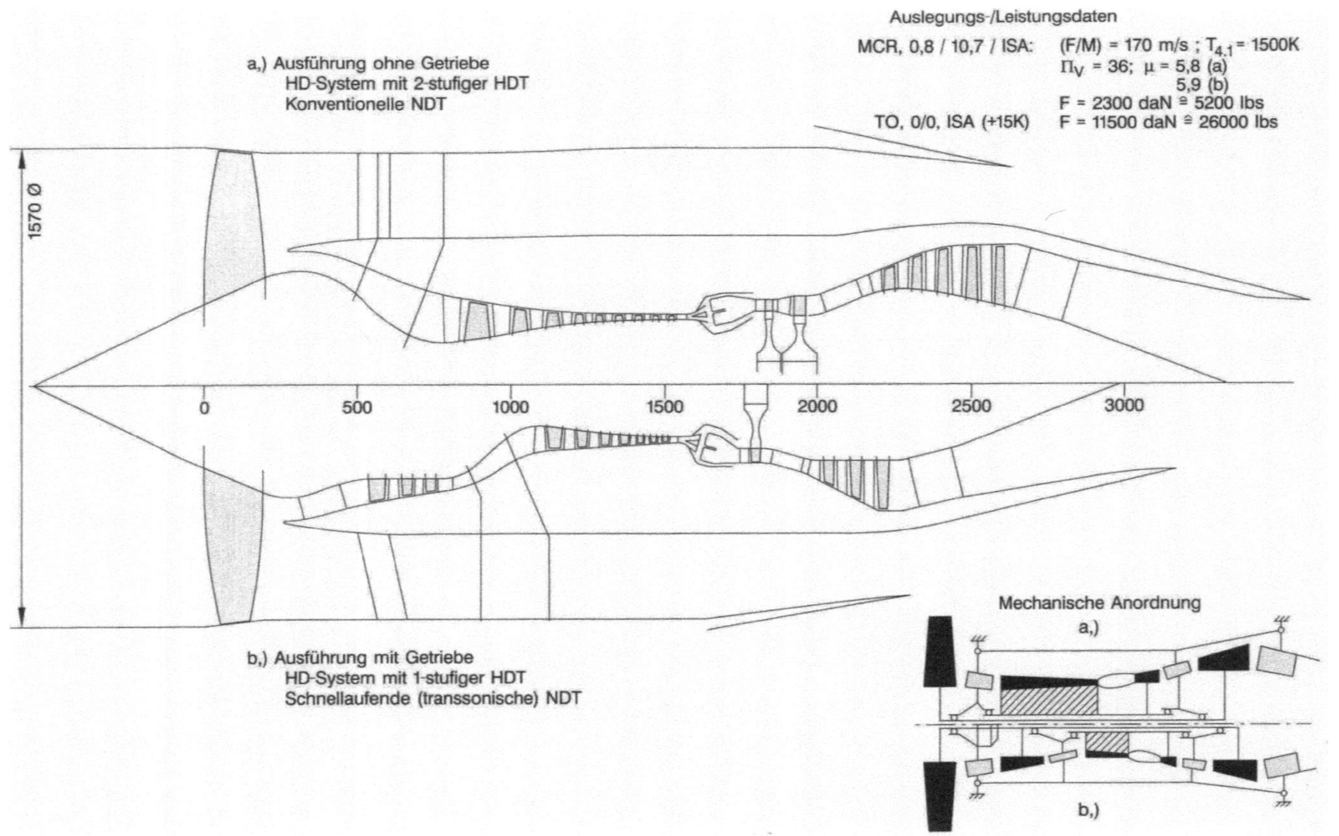

Bild 6.3.3: Ringräume und Anordnung der Komponenten eines zivilen Turbofans ohne Mischung beider Sröme, in zwei Ausführungen

Wie man sieht, hat die Ausführung mit Getriebe – abgesehen von der o. a. Herabsetzung der Lärmemission des Fans – positive Auswirkungen auf die Wirkungsgrade des Fans und der ND-Turbine, die sich günstig auf die zu erwartenden *SBV*-Werte auswirken können.

Damit ergeben sich die in Bild 6.3.3a und b schematisch dargestellten Ringräume mit Hauptabmessungen. Es sei betont, daß diese Ringräume nur beispielhaften Rang haben. Bei anderer, etwa mehr oder weniger forcierter aerodynamischer Auslegung der Komponenten können weitere Varianten ermittelt werden, die mit großer Wahrscheinlichkeit – insgesamt gesehen – als etwa gleichwertig gelten könnten. Die Ringräume nach Bild 6.3.3 mit Auslegungsdaten können einerseits als Ausgangspunkt für Projektentwürfe, andererseits aber als Ausgangspunkt für die detailliertere Analyse der Komponenten auf breiterer Datenbasis zur Überprüfung des Gesamtkonzepts dienen.

Was die Leistungsdaten, insbesondere die Charakteristik $SBV = f(F)$ im Reiseflug betrifft, so kann diese detaillierte Analyse dazu benützt werden, die Komponentenwirkungsgrade durch Modifikation der Auslegung so zu beeinflussen, daß der resultierende Wirkungsgrad η_{res} nach Abschnitt 4.2.5 im erwähnten Bereich mittlerer Schübe sein Optimum erhält. Als Vergleichsmaßstab für die anzustrebende *SBV*-Charakteristik unter Reiseflugbedingungen mag der an der „Parametrischen ZTL-Studie" orientierte Verlauf nach Bild 6.3.4 dienen.

Durch den Vergleich mit dem nach Abschnitt 4.2.3 bei konkreten Triebwerken bei Teillast in Abhängigkeit vom resultierenden Wirkungsgrad $\eta_{res}(X)$ festgestellten Streubereich der *SBV*-Werte sei die Möglichkeit deren Annäherung an die „Idealwerte" nach der „Parametrischen ZTL-Studie" durch Optimierung von $\eta_{res}(X)$, die nur auf sehr viel breiterer Datenbasis erfolgen kann, unterstrichen.

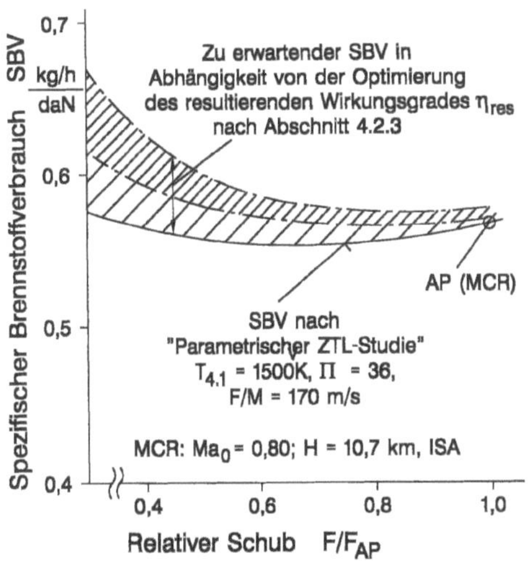

Bild 6.3.4: Spezifischer Brennstoffverbrauch eines zivilen Turbofans bei Teillast im Reiseflug mit Spielraum bei Optimierung des resultierenden Wirkungsgrades η_{res} (Triebwerk nicht installiert)

6.3.3 Zivile Mantelpropfans mit Getriebe

Für die hier beschriebene Projektierung des Triebwerks für ein 4-strahliges Langstre-cken-Verkehrsflugzeug der Klasse A340 wird bei der Festlegung der Hauptdaten von den gleichen Zusammenhängen wie in Abschnitt 6.3.2 – wenngleich mit anderen Daten im einzelnen – ausgegangen. Als Reiseflug-Mach-Zahl, die bei Langstreckenflugzeugen im Bereich $Ma_0 = 0{,}80$ (Wirtschaftlichkeit) bis 0,85 (Zeitgewinn) liegt, wird auch hier $Ma_0 = 0{,}80$ bei $H_{ICR} = 10{,}7$ km angenommen. Hierzu wird entsprechend Gl. 6.3.1

$$(A/W)_{ICR} = 20;\ G_{ICR}/G_A = 0{,}98$$

festgelegt. Ferner ist nach Bild 4.2.37 im hier vorliegenden Falle

$$F_{ICR}/F_{MCR} = 0{,}885;\ F_{MCL}/F_{MCR} = 1{,}17$$

und nach Abschnitt 5.11.2

$$F_{strom}/F_{n.inst.} = 0{,}97$$

anzusetzen. Damit ergibt sich entsprechend Gl. 6.3.2 – wiederum mit einer Schubreserve von 5% zur Gewährleistung der „en route"-Mindeststeigfähigkeit –

$$(F/G)_{ICR,n.inst.} = 0{,}525\ \text{N/kg}$$

Ferner sei der Schubbedarf bei TO entsprechend Gl. 6.3.3

$$F_{TO}/G_A \approx 1{,}9 \cdot \frac{4}{3} \approx 2{,}5\ \text{N/kg}$$

angenommen. Damit ergibt sich nach Gl. 6.3.4 die Relation

$$\left(\frac{F_{MCR}}{F_{TO}}\right)_{n.inst.} = 0{,}233$$

und daraus die effektive „Lapse Rate" entsprechend Gl. 6.3.4 und 4.2.16

$$LR_X \approx 1{,}00$$

Mit den Daten nach der „Parametrischen ZTL-Studie" ergibt sich für MCR im hier inte-ressierenden Bereich

$$F/M \qquad = \quad 70 \qquad\qquad 90 \qquad\qquad 110 \qquad \text{m/s}$$

die normierte „Lapse Rate" nach Bild 4.2.35

$$LR_{0,9}^{*} \qquad = \quad 1{,}29 \qquad\quad 1{,}175 \qquad\quad 1{,}090 \quad ,$$

wobei aufgrund der hier anvisierten anspruchsvolleren Werte $T_{4.1}$ und Π_V, siehe unten, der Korrekturfaktor $\varepsilon = 1{,}015$ gesetzt wird. Damit ergibt sich

$$LR_X/LR_{0,9}^{*} \quad = \quad 0{,}776 \qquad\quad 0{,}852 \qquad\quad 0{,}917$$
$$\text{und daraus } X_{TO} \quad = \quad 0{,}813 \qquad\quad 0{,}843 \qquad\quad 0{,}868$$

Aufgrund der geringeren thermischen Belastung der Heißteile bei TO – vergleiche die niedrigeren Werte X_{TO} gegenüber Abschnitt 6.3.2 – und der geringeren zyklischen

Belastung entsprechend der höheren Missionsdauer, können hier die thermodynamisch anspruchsvolleren Werte bei MCR

$$T_{4.1} = 1600 \text{ K}; \; \Pi_V = 42$$

anvisiert werden. Damit ergibt sich bei TO am heißen Tag bei den o.a. spezifischen Schüben

$$T_{4.1,TO} \quad = \quad 1620 \qquad 1685 \qquad 1740 \quad \text{K} \; .$$

Ferner ist nach Bild 4.2.39 mit

$$F_{MCL} / F_{MCR} = 1,17$$

$$(T_{MCL} / T_{MCR})_{4.1} \approx 1,072$$

und damit

$$T_{4.1,MCL} = 1715 \text{ K} \; .$$

Auch hier mögen als erste grobe Orientierung die Daten der „Parametrischen ZTL-Studie" für die Abschätzung der spezifischen Schübe bei TO dienen, die bei den o.a. Werten X_{TO} nach Bild 6.3.1

$$(F / M)_{TO} \quad \approx \quad 220 \qquad 245 \qquad 270 \quad \text{m/s}$$

betragen.

Ferner ist nach der „Parametrischen ZTL-Studie" bei MCR nach Bild 6.3.2 – allerdings bei $T_{4.1} = 1500$ K, $\Pi_V = 36$ – etwa mit Nebenstromverhältnissen in der Größenordnung

$$\mu \quad \approx \quad 21 \qquad 15,6 \qquad 12,0$$

zu rechnen, wobei jedoch bei höheren Werten $T_{4.1}$ und Π_V eine Tendenz zu größeren Werten μ besteht. Dabei ist das Fan-Druckverhältnis im kalten Kreis

$$\Pi_{F,k} \quad \approx \quad 1,29 \qquad 1,38 \qquad 1,49$$

und nach Abschnitt 5.2.2.2 mit

$$(H_h / H_k)_{\mathit{eff}} \quad \approx \quad 0,49 \qquad 0,54 \qquad 0,595$$

im heißen Kreis

$$\Pi_{F,h} \quad \approx \quad 1,135 \qquad 1,195 \qquad 1,275$$

Ferner gewinnt man nach Abschnitt 5.11.2 – ebenfalls nach Daten der „Parametrischen ZTL-Studie" – und Bild 6.3.2 die im mittleren Schubbereich zu erwartende Tendenz des SBV des installierten Triebwerks

$$\overline{SBV}_{CR,inst.} \quad \approx \quad 0,593 \qquad 0,596 \qquad 0,605 \quad \frac{\text{kg/h}}{\text{daN}}$$

Vom Standpunkt des Fan-Durchmessers ist wegen der Tendenz

$$M_F \quad = \; 129 \qquad 100 \qquad 82 \quad \%$$
$$\text{bzw. } D_{F,a} \quad = \; 113,5 \qquad 100 \qquad 90,5 \quad \%$$

eine zu starke Absenkung des spezifischen Schubes nicht opportun. Daher erscheint es zunächst als nicht sinnvoll, auf spezifische Schübe $(F/M)_{MCR} < 90$ m/s zu gehen.

Allerdings ist diese Frage im Zusammenhang mit dem hier zur Diskussion stehenden einwelligen (SR-) oder zweiwellig/gegenläufigen (CR-)Fan-Konzept zu sehen. Da es sich beim SR- und CR-Mantelpropfan um Komponenten handelt, die noch im Stadium der Projektierung oder der experimentellen Erprobung stehen bzw. bei denen EIS noch in der Zukunft liegt, wird auf diese Komponenten neben Abschnitt 5.2.2.2 auch in Abschnitt 6.11.3 besonders eingegangen. Danach sind bei MCR (MCL) folgende Daten angesprochen:

Fan-Konzept		SR	CR	
Eintritts-Nabenverhältnis	$v_2 =$	0,38	0,25	
axiale Machzahl	$Ma_{ax,2} =$	0,66 (0,69)	0,73 (0,765)	
relativer, korrigierter Durchsatz/Stirnfläche	$\dfrac{M_{korr,2}}{D_{F,a}^2 \cdot \pi/4} =$	100	114,6	%
bzw. bei $M_{F,MCR} = const.$	$D_{F,a} =$	100	93,4	%

Ebenso wie beim Turbofan ohne/mit Getriebe nach Abschnitt 6.3.2 wird auch hier von gleichen Installationsbedingungen bzw. gleichem Fan-Durchmesser ausgegangen, so daß hier mit spezifischen Schüben im Bereich $(F/M)_{MCR} = 90$ m/s

bei	$D_{F,a} =$		100		%
bzw.	$M_F =$	100	114,6		%
z.B.	$F/M =$	90	78,5		m/s

gesetzt werden kann. Daraus ergeben sich aus Daten der „Parametrischen ZTL-Studie", d.h. bei $T_{4.1}/\Pi_V = 1500$ K / 36 unter Vernachlässigung des Einflusses von $T_{4.1}/\Pi_V = 1600$ K / 42 nach Bild 6.3.2 die vorläufigen Richtwerte

	μ	$\approx$	16,5	19,6
	$\Pi_{F,k}$	$\approx$	1,380	1,33
und nach Abschnitt 5.2.2.2	$\Pi_{F,h}$	$\approx$	1,195	1,165

Nach Abschnitt 6.11.3 ist beim CR-Fan u. a. mit einem Wirkungsgradbonus zu rechnen, auf den noch zurückzukommen ist.

Obwohl im Langstreckenverkehr der *SBV* eine dominierende Rolle spielt, wird trotz des starken Einflusses des spezifischen Schubes auf den Fan-Durchmesser – unter den gleichen Vorbehalten vom Standpunkt der Anwendung bei einem bestimmten Flugzeugmuster wie in Abschnitt 6.3.2 – beim SR-Konzept weiterhin von $(F/M)_{MCR}$ im Bereich um 90 m/s ausgegangen. Mit der o.a. Festlegung von $T_{4.1}$ und Π_V bei MCR ergeben sich z.B. mit $(F/M)_{MCR} \approx 90$ m/s folgende vorläufige Daten in wichtigen Betriebspunkten:

	TO	ICR	MCR	MCL	
	0/0, ISA + 15 K		0,80/10,7/ISA		
T_2	303	——	247 ——		K
X	0,843	0,953	1,0	1,072	
$T_{4.1}$	1660	1522	1600	1715	K
$Y_{V,0}$	0,67	0,90	1,0	1,175	
Π_V	28,5	38	42	49	
T_3	850	697	772	803	K

und mit $Y_F \approx Y_V \hat{=} Y_{V,0}$ für $\Delta\eta_{res} = 0$

$\Pi_{F,k}$	1,255	1,34	1,38	1,45

Beim CR-Konzept gleichen Fan-Durchmessers bzw. $(F/M)_{MCR} = 78,5$ m/s könnte aufgrund der höheren normierten „Lapse Rate" $LR_{0,9}^* = 1,235$ mit $X = 0,826$ bei TO am heißen Tag mit

$$T_{4.1} = 1635 \text{ K}; \ \Pi_V = 27,2 \ (Y_0 = 0,640)$$

$$T_3 = 840 \text{ K}; \ \Pi_{F,k} = 1,21$$

und damit gegenüber dem SR-Konzept bei TO mit einer noch geringeren thermischen Belastung gerechnet werden. Damit ergibt sich der auf den niedrigen spezifischen Schub zurückzuführende interessante Gesichtspunkt, daß trotz hohem $\Pi_{V,MCR}$ aufgrund der niedrigen Werte X und $Y_{V,0}$ die thermische Belastung sowohl des HD-Verdichters an dessen Austritt als auch der HD-Turbine relativ moderat ist, so daß nach Abschnitt 5.10.2 ein beträchtliches Entwicklungspotential zu höheren Werten Π_V und $T_{4.1}$ besteht. Dieser Vorteil wird – wie schon erwähnt – unterstützt durch die im Vergleich zum Turbofan nach Abschnitt 6.3.2 im Langstreckeneinsatz niedrigere thermisch/zyklische Belastung im Sinne geringerer Zyklenzahl pro Flugstunde.

Wird das Triebwerk für ein Langstreckenflugzeug der Klasse A340-600/700 mit $G_A = 270$ t Abfluggewicht dimensioniert, dann ist der geforderte Standschub pro Triebwerk

$$F_{TO,n.inst.} = 270 \cdot 2,5 \cdot \frac{1}{4} = 169 \text{ kN} \hat{=} 38000 \text{ lbs}$$

und der maximale Schub im Reiseflug

$$F_{MCR,n.inst.} = 0,233 \cdot F_{TO} = 39,4 \text{ kN} \triangleq 8900 \text{ lbs}$$

Analog Abschnitt 6.3.2 wird auch hier die Auslegung bei MCR, d.h. $Ma_0 = 0,80, H = 10,7 \text{ km}$, ISA vorgenommen, so dass wiederum eine gewisse Vergleichbarkeit z.B. mit den Daten nach der „Parametrischen ZTL-Studie" besteht.

Da im vorliegenden Fall aufgrund der zu erwartenden niedrigen Fan-Drehzahl nur die Auslegung mit Getriebe zwischen Fan und ND-Turbine in Frage kommt, bestehen praktisch nur die folgenden 2 konzeptionellen Möglichkeiten, die beide am besten mit einem HD-System mit 1-stufiger HD-Turbine entsprechend Abschnitt 6.2.2 realisiert werden können:

– der ND-Verdichter sitzt auf der schnellaufenden Welle der ND-Turbine,

– der ND-Verdichter bildet zusammen mit einer MD-Turbine das mechanisch unabhängige MD-System, so daß damit insgesamt gesehen ein 3-Wellen-Triebwerk entsteht.

Wenngleich viele aerodynamische, konstruktive und mechanische Gründe zugunsten des einen oder anderen Konzepts angeführt werden könnten, wird im vorliegenden Falle – sowohl beim SR- als auch beim CR-Konzept – die 2-Wellen-Anordnung verfolgt, obwohl bei dieser der ND-Verdichter besondere Aufmerksamkeit erfordert. Auf die bei 2-welligen Turbofans/Mantelpropfans mit „Booster"-Stufen zu erwartenden Stabilitätsprobleme wurde bereits in Abschnitt 4.2.5 eingegangen. Während danach mit zunehmendem Druckverhältnis der „Booster"-Stufen (oder eines schnellaufenden MD-Verdichters) einerseits die Stabilitätsprobleme im normalen Betrieb eher zurückgehen, muß andererseits bei hohem NDV-Druckverhältnis im Zuge der Leistungssteigerung mit erheblicher Problematik gerechnet werden. Auf diese wird in Abschnitt 6.4.3 eingegangen.

Zur Festlegung der Kreisprozesse mit SR- oder CR-Fan wird mit Blick auf den Turbofan mit Getriebe nach Abschnitt 6.3.2 von einem HD-System mit den Hauptdaten bei MCR

$$\Pi_{HDT} = 1600 \text{ K}; T_{4.1} = 4,0$$

entsprechend einem Technologie-Standard EIS = 2000 ausgegangen, bei dem aufgrund der geringeren thermischen Belastung bei TO als beim Turbofan mit $T_m = 1190 \text{ K}$ gegenüber 1275 K bei TO, 0/0, ISA

$$M_{4.1} / M_V = 0,92; (H_T / H_V)_{eff} = 1,08$$

gesetzt werden kann. Dies führt bei MCR mit den Wirkungsgraden

$$\eta_{is,T,res} = 85,3\%; \eta_{pol,V} = 91,4\%$$

bei $\Pi_V = 42$ zum Druckverhältnis des HD-Verdichters

$$\Pi_{HDV} = 12,4$$

Damit ergeben sich als Ausgangspunkt für die Kreisprozeßberechnung bei MCR analog Abschnitt 6.3.2 folgende Daten des aus dem HD-System abgeleiteten TL-Triebwerks, das beim SR- und CR-Konzept, wie noch gezeigt wird, etwa denselben Durchsatz hat.

$$T_D = 1016 \text{ K}; \quad \Pi_D = 10,3; \, C_{is,D} = 1052 \text{ m/s}$$

$$(M_D / M_V) = 1,025; \, (F / M)_{TL} = 752 \text{ m/s}; \, (B / M_V) = 0,0233$$

Ferner ergeben sich mit den vorweggenommenen Fan-Wirkungsgraden

$$\eta_{F,k} = 0,920 \text{ beim SR-Konzept}$$

$$= 0,927 \text{ beim CR-Konzept}$$

und mit

$$\eta_{NDT} = 0,940; \eta_G = 0,99$$

die Parameterwerte

$$K = (\eta_{F,k} \cdot \eta_{NDT})_{is} \cdot \eta_G$$

$$= 0,857 \text{ beim SR-Konzept}$$

$$= 0,865 \text{ beim CR-Konzept.}$$

Mit den Relationen

$$\varepsilon = \eta_{NSK} / \eta_{TAK} = 0,99 / 0,985 = 1,005$$

$$c_{F,k} / c_{F,h} = 0,99 / 0,99 = 1,0; \, \tau_F / \tau_T = 1,008 / 1,026 = 0,981$$

und der auch hier getroffenen Annahme $\zeta_{rel} = 0,80$ ergeben sich beim SR- und CR-Konzept die Geschwindigkeitsverhältnisse

$$\zeta = \zeta_{rel} \cdot (c_k / c_h)_{is} \approx 0,80 \cdot 1,005 \cdot 0,981 \cdot (0,857 \text{ bis } 0,865)$$

$$= 0,676 \text{ bis } 0,684 \approx 0,68$$

Mit diesen Werten ergeben sich analog Abschnitt 6.3.2 – d.h. auf der Basis von Abschnitt 3.5.2 – folgende Auslegungsdaten bei MCR:

Konzept		SR	CR
μ		16,2	19,0
$T_{1.3} = T_{D,k}$	K	271	269
$T_5 = T_{D,h}$	K	756	736
$\Pi_{D,k}$		2,06	1,99
$\Pi_{D,h}$		1,72	1,69

und mit den o. a. Koeffizienten $c_{F,k}$ und $c_{F,h}$ die Strahlgeschwindigkeiten

		SR	CR
C_k	m/s	317	307
C_h	m/s	466	452

Mit den Druckverlusten im Nebenstrom- und Turbinenabgaskanal nach Abschnitt 5.5.3 ergeben sich die Fan-Druckverhältnisse im kalten Kreis

$$\Pi_{F,k} \qquad 1{,}370 \qquad 1{,}313,$$

die nach Abschnitt 5.2.2.2 im heißen Kreis zu

$$\Pi_{F,h} \qquad 1{,}190 \qquad 1{,}150$$

führen, und die Gegendrücke der ND-Turbine

$$p_5 / p_2 \qquad 1{,}135 \qquad 1{,}115.$$

Mit den spezifischen Schüben

$$(F / M) \qquad \text{m/s} \quad 90 \qquad 78{,}5$$

und dem Schub $F_{MCR} = 39{,}4\ \text{kN}$ ergeben sich die Fan-Durchsätze

$$M_F \qquad \text{kg/s} \quad 438 \qquad 502$$

und damit die Durchsätze der Kerntriebwerke

$$M_V = \frac{M_F}{1+\mu} \qquad \text{kg/s} \quad 25{,}5 \qquad 25{,}1 \ .$$

Während beim ND-Verdichter die Druckverhältnisse

$$\Pi_{NDV} = \frac{\Pi_V}{\Pi_{HDV} \cdot \Pi_{F,h}} = \quad 2{,}95 \qquad 3{,}05$$

festliegen, sind bei der ND-Turbine die aus der Kreisprozeßrechnung erhaltenen Druckverhältnisse

$$\Pi_{NDT} = \frac{\Pi_V \cdot \Pi_{BK}}{\Pi_{HDT} \cdot \dfrac{p_5}{p_2}} = \quad 8{,}80 \qquad 9{,}00$$

anhand der Komponentenauslegung zu kontrollieren und – was normalerweise unnötig sein wird – ggf. iterativ zu korrigieren.

　　Damit sind die Rahmenbedingungen für die Auslegung/Dimensionierung der Komponenten festgelegt.

　　Was den Fan betrifft, so ergibt sich folgender, auf den Abschnitten 5.2.2.2 und 6.11.3 beruhender Vergleich der Betriebsdaten bei MCR:

	Konzept		SR	CR
				1. (2.) Rotor
	$M_{korr,2}$	kg/s	1130	1295
	ν_2		0,38	0,25/0,38
	$Ma_{ax,2}$		0,68	0,75 (0,73)
	D_a	mm	——— 27 90 ———	
Kalter Kreis	$(D_{fm}/D_a)_k$		0,770	0,747 (0,772)
	$\Psi_{fm,k}$		1,4	0,8
	$U_{fm,k}$	m/s	192	165 (165)
	U_a	m/s	250	220 (213)
	N	U/min	1710	1500 (1460)

Wirkungsgrade in Anlehnung an Abschnitte 5.2.2.2 und 6.11.3:

		SR	CR
	$\varphi_{fm,k}$	1,07	1,35
	K_{St}	2,64	2,10
	ε_{ink}	——— 0,028 ———	
	$\eta_{St,ink} \approx 1 - K_{St} \cdot \varepsilon$	0,925	0,942
	$Ma_{W1,a}$	1,05	1,05 (1,12)
Pfeilung in Strömungsrichtung		35°	35°
	$\Delta\eta_{komp}$	0,005	0,015
resultierender Stufenwirkungsgrad	η_{St}	0,920	0,927

Aufgrund des mit dem CR-Fan bei MCR erreichbar erscheinenden Wirkungsgrad-Vorteils ergibt sich zusammen mit dem etwas geringeren spezifischen Schub des CR-Konzepts bei diesem einen um ca. 2% günstigeren *SBV*. Damit im Zusammenhang muß gesehen werden, daß bei einigen wichtigen Betriebseigenschaften die folgenden signifikanten Unterschiede bestehen:

Konzept	SR	CR
— Schubumkehrung durch Schaufelverstellung ist		
	nur durch die Axiale hindurch möglich (through feather)	durch die Tangentiale hindurch möglich (through pitsch)

vgl. hierzu Abschnitt 6.11.3.

– Triebwerkausfall im Fluge, bei nicht blockierten Rotoren – ob in Normal- oder Segelstellung – ergibt

hohen Widerstand mit Strömungsablösung an der Gondel	weit geringeren Widerstand ohne Ablösung

Allerdings verursacht die Schaufelverstellung beim CR-Konzept sichtbar höheren konstruktiven Aufwand.

Da die übrigen Komponenten nach denselben Prinzipien und Schlüsseldaten wie aerodynamische Belastungen, axiale Mach-Zahlen und Nabenverhältnisse wie beim Turbofan mit Getriebe nach Abschnitt 6.3.2 ausgelegt werden, seien hier nur einige wenige Daten zusammengestellt, die zu den Ringräumen der Konzepte mit SR- und CR-Fan nach Bild 6.3.5a und b führen:

	Konzept		SR	CR
Getriebe	$i = N_{NDT} / N_F$		5,0	5,7/(5,85)
	P_{MCR}	kW	11200	10850
	P_{TO}	kW	19100	17600
	D_H	mm	500 bis 900	
ND-Verdichter	$M_{korr,2.1}$	kg/s	56,6	57,2
	Π		2,95	3,05
	z		——— 3 ———	
	$\overline{\psi}$		0,505	0,515
	N	U/min	——— 8550 ———	
	$D_i = const.$	mm	——— 750 ———	
HD-Verdichter	$M_{korr,2.4}$	kg/s	22,8	22,5
	Π		——— 12,4 ———	
	z		——— 8 ———	
	$\overline{\psi}$		——— 0,895 ———	
	N	U/min	18000	18150
	$D_{fm} = const.$	mm	387	384
	$M_{korr,3}$	kg/s	2,49	2,45
Brennkammer	$M_{korr,BK}$	kg/s	2,23	2,20
	$\Delta p / p$		——— 0,05 ———	
	h_{ref}	mm	——— 140 ———	

HD-Turbine	$M_{korr,4.1}$	kg/s	4,18	4,13
	Π		——— 4,0 ———	
	ψ		——— 3,8 ———	
	D_{fm}	mm	——— 530 ———	
	$A_{ax}\,(N/60)^2$	m^2/s^2	——— 7750 ———	
	bei TO, 0/0, ISA:	m^2/s^2	——— 8000 ———	
ND-Turbine	$M_{korr,4.5}$	kg/s	14,5	14,25
	Π		8,80	9,00
	z		——— 4 ———	
	$\overline{\psi}$		2,50	2,45
	$D_{a,5}$	mm	——— 980 ———	
	N	U/min	——— 8550 ———	
	$A_{ax}\,(N/60)^2$	m^2/s^2	——— 10750 ———	
bei TO, 0/0, ISA:		m^2/s^2	——— 11200 ———	
Düsen	$M_{korr,D,h}$	kg/s	101,0	103,5
	$A_{D,h}$	m^2	0,427	0,438
	$M_{korr,D,k}$	kg/s	752	990
	$A_{D,k}$	m^2	3,18	4,20

Entsprechend dem in den 80er Jahren verfolgten Konzept des offenen CR-Propfans ohne Getriebe (UDF-Experimentalprogramm von General Electric) wurde in Studien die Ausführung ohne Getriebe auch beim CR-Mantelpropfan in Erwägung gezogen [5.8.8], zumal einerseits bei CR-Turbinenstufen sehr hohe Druckziffern bei sehr günstigen Wirkungsgraden erreicht werden können, während andererseits in den 80er Jahre Getriebe großer Leistungen als Risikofaktoren galten. Als Problem stellte sich jedoch u. a. die Einbringung schnellaufender „Booster"- bzw. NDV-Stufen heraus, die, wenn nicht schon von Beginn an, so doch bei späterer Schubsteigerung, unumgänglich sind.

Schließlich zeigt Bild 6.3.6 für das SR- und CR-Konzept die in Anlehnung an die „Parametrische ZTL-Studie" abgeschätzten SBV-Charakteristiken bei Teillast mit Installationseinflüssen nach Abschnitt 5.11 Der ebenso wie in Abschnitt 6.3.2 angestellte Vergleich mit dem Einfluß des resultierenden Wirkungsgrades $\eta_{res}\,(X)$ auf den SBV zeigt auch hier, daß die Optimierung von $\eta_{res}\,(X)$ im Vergleich zu den Kreisprozeßdaten oder gegenüber der Frage SR- oder CR-Konzept überragende Bedeutung hat.

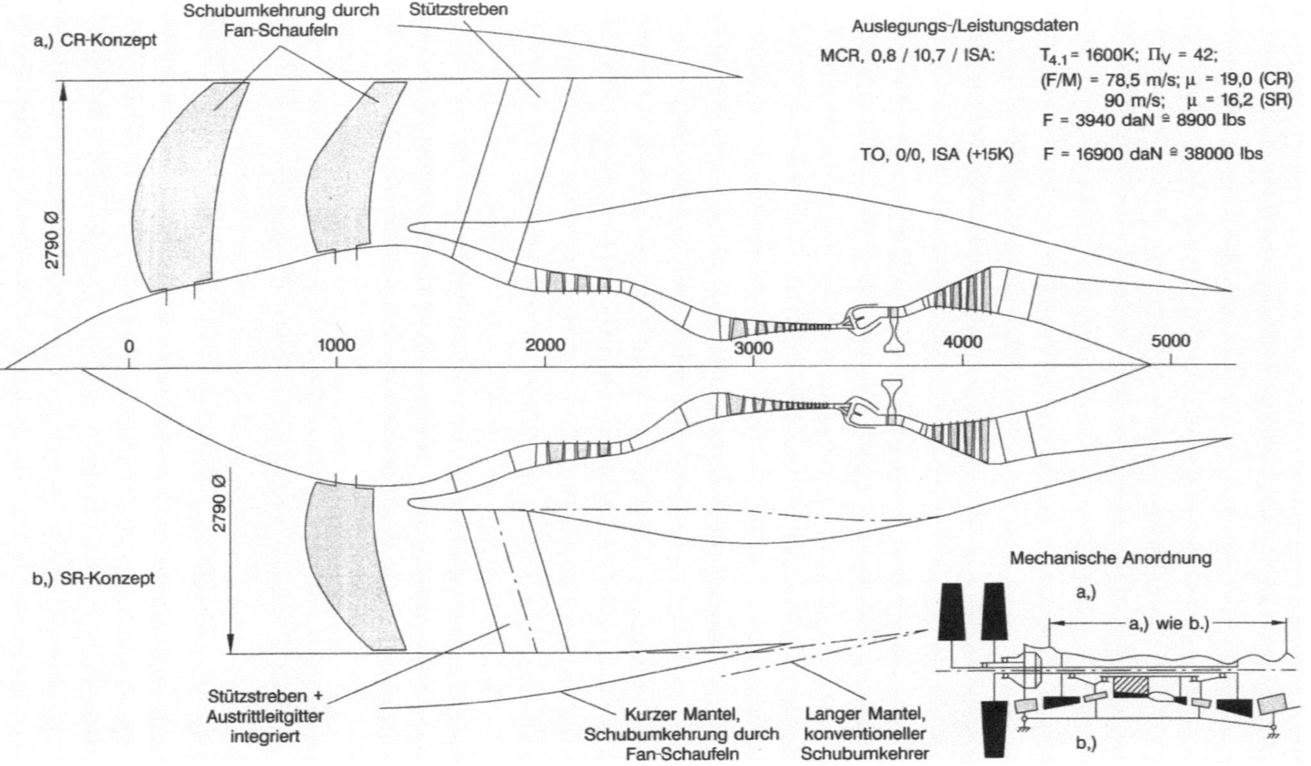

Bild 6.3.5: Leistungsdaten, Ringräume und Anordnung der Komponenten eines zivilen Mantelpropfans nach CR- und SR-Konzept

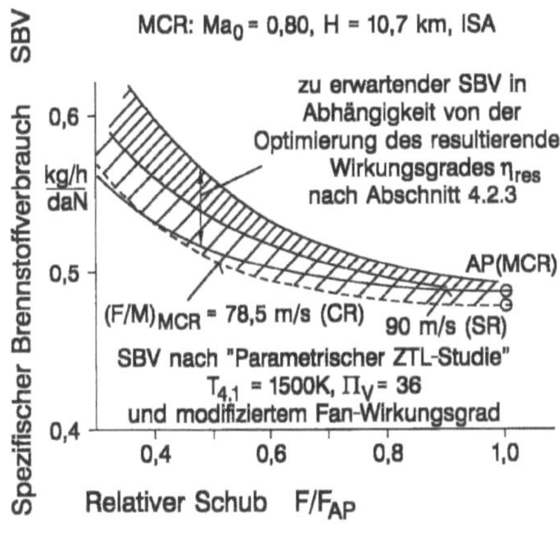

Bild 6.3.6:
Vergleich des Einflusses der Optimierung des resultierenden Wirkungsgrades η_{res} und der Kreisprozeßdaten bei Varianten eines zivilen Mantelpropfans (Triebwerke installiert)

Während das Konzept mit mechanisch unabhängigem MD-System uneingeschränkt auf offene Propfans oder Propellertriebwerke übertragen werden kann, die bis herunter in den tiefen Teillastbereich mit konstanter Propfan- bzw. Propellerdrehzahl betrieben werden, würden sich bei der Anwendung des Konzepts mit ND-Verdichter auf den NDT-Welle bereits im stationären (Teillast-)Betrieb erhebliche Stabilitätsprobleme am ND-Verdichter ergeben, da diesem bei konstanter Drehzahl im Teillastbetrieb eine sehr ungünstige Arbeitslinie aufgezwungen wird. Im Falle einer Leistungssteigerung wird bei diesem Konzept die Problematik noch verstärkt, da der ND-Verdichter – bei unveränderter Drehzahl – für höheres Druckverhältnis umzugestalten ist. Dafür bestehen hier wesentlich ungünstigere Voraussetzungen als bei langsam laufenden „Booster"-Stufen von 2-welligen Turbofans.

Es muß allerdings gesehen werden, daß bei offenen Propfans und Propellertriebwerken die bei MCR, d.h. z.B. bei $Ma_0 = 0,50; H = 7,5$ km , anzustrebenden Druckverhältnisse sichtbar niedriger als bei Turbofans/Mantelpropfans sind:

- nach Abschnitt 3.7 sind bei Startleistungen $P \geq 10$ MW bzw. mit Durchsätzen $M_V \geq 25$ kg/s und Turbineneintrittstemperaturen im Bereich $T_{4.1} = 1500$ bis 1600 K Druckverhältnisse $\Pi_V = 25$ bis 30 optimal.

- Bei diesen Durchsätzen sind bei axialer Verdichterbauweise mit Rücksicht auf genügende Kanalhöhe am HDV-Austritt nur moderate Druckverhältnisse durchführbar.

Bei $P = 10$ MW bzw. M_V im Bereich 25 kg/s – jeweils bei TO – ist dabei am Austritt des HD-Verdichters bei $v_3 = 0,90$ und $Ma_3 = 0,25$ mit einer Kanalhöhe $h \approx 16mm$ zu rechnen, die am unteren Ende des akzeptablen Bereichs liegt. Geht man in Anlehnung an Abschnitt 6.2.2 davon aus, daß bei MCR mit $T_{4.1} = 1500$ K und $\Pi_V = 30$ das HD-System mit 1-stufiger HD-Turbine bei $\Pi_{HDT} = 4,0$ arbeitet, so ergibt sich in diesem Falle das Druckverhältnis des HD-Verdichters $\Pi_{HDV} \approx 8,46$ und damit das Druckverhältnis des ND-Verdichters $\Pi_{NDV} = 3,5$.

Bei kleinen Einheiten, die in Abschnitt 6.3.5 behandelt werden, kommt nur die Bauweise mit Ax/R- oder 2R-Verdichter zum Einsatz.

6.3.4 Militärische Turbofans

Gegenstand dieses Abschnitt ist die Auslegung und der Entwurf eines Nachbrenner-triebwerks für ein Überschall-Kampfflugzeug, das in 1. Linie für die Luftverteidigung bzw. die Erringung der Luftüberlegenheit vorgesehen ist und in 2. Linie in der Erd-kampfunterstützung eingesetzt werden kann. Im allgemeinen dient bei der Konzipierung eines Kampfflugzeugs *eine* Mission (oder Missionsgruppe) als Entwurfgrundlage. Bei den sehr unterschiedlichen, aus der einen oder anderen Missionsgruppe resultierenden Forderungen und daraus abzuleitenden Entwurfparametern wie Flächenbelastung, Schubbelastung, Reichweite bzw. Aktionsradius, maximale Flug-Mach-Zahl und Flug-höhe, Bewaffnung bzw. Waffenlast bis hin zur Avionik, die zu entsprechend verschiede-nen Konfigurationen führen, würde ein echter Kompromiß zu Nachteilen bei der Durch-führung beider Missionsgruppen führen. Daher wird ein Kampfflugzeug für *eine* Gruppe, z.B. die Luftverteidigungsmissionen optimiert, während die Durchführbarkeit der 2. Gruppe mitbetrachtet bzw. kontrolliert werden muß.

Selbst bei den Luftverteidigungsmissionen besteht aufgrund des Missionsspektrums, das u. a.

– Abfangmissionen,

– Luftüberlegenheitmissionen,

– Eskortierung von Bombern etc.

umfaßt, ein weiter Bereich an Kombinationen verschiedener Triebwerkbelastungen ent-sprechend

– Maximalschub mit NV im Überschall- und Unterschall-Luftkampf oder im Überschall-Anflug zum Zielort,

– Maximalschub ohne NV im Steigflug,

– Teillast ohne NV im oberen Bereich für Unterschall-Marschflug und

– Teillast ohne NV im unteren Bereich für Warteflug.

Dabei liegen die Anteile des mit NV verbrauchten Missionsbrennstoffs bei 20 bis 80%, während der Anteil der Betriebszeit mit hoher thermischer Belastung – mit oder ohne NV – je nach Mission bis zu 20% beträgt. Ferner entspricht die Häufigkeit der Lastwechsel im Sinne von Mittelwerten innerhalb eines weiten, auch das Verhalten der Piloten ein-schließenden Spektrums, dem Äquivalent von ca. 4 bis 5 Vollast/Leerlauf/Vollast-Zyklen pro Flugstunde. Bei Luftverteidigungsmissionen ist es ferner wichtig, möglichst hohe interne Brennstoffreserven für eine möglichst lange Kampfphase bei Maximalschüben mit NV zu haben. Dies führte in den 70er und 80er Jahren zu ausgedehnten Studien mit dem Ziel, die bis dahin üblichen 3 bis 4 Minuten Kampfdauer pro Mission auf möglichst 10 bis 15 Minuten auszudehnen, ohne Reichweite bzw. Aktionsradius zu kompromittie-ren. Hieraus ergab sich der Ansatzpunkt zu alternativen Triebwerkkonzepten wie

– Nachbrennertriebwerke mit variablem Kreisprozeß (VCEs) und

– Triebwerke ohne Nachbrenner,

auf die noch eingegangen wird. Im Luft-/Boden-Einsatz, zu dem u. a. zwei Mission

– Tiefflugangriff gegen Punktziele im feindlichen Hinterland,

– Gefechtsfeldabriegelung

gehören, wird im allgemeinen mit NV nur gestartet. Allerdings beträgt dabei der Missionszeitanteil mit hoher thermischer Belastung (ohne und mit NV) bis zu 30%, während hier im Mittel mit 3 bis 4 Zyklen pro Flugstunde in der Definition wie oben zu rechnen ist.

Was die Häufigkeit der Zyklen betrifft, besteht neben der Eigenart der Piloten auch ein (verständlicher) Trend zu höherer Zyklenhäufigkeit

– beim Einsatz im Luftkampf und

– bei höherer Schubbelastung des Flugzeugs.

Simulationen haben gezeigt, daß sich die Situation bei der zyklischen Belastung im Training zu Friedenszeiten kaum von jener im Ernstfall unterscheidet.

Die an ein Nachbrennertriebwerk gestellten Forderungen umfassen somit

a) unter Maximalschubbedingungen mit NV hoher spezifischer Schub mit entsprechend günstigem SBV im Überschall- und Unterschallflug,

b) unter Maximalschubbedingungen ohne NV – ebenfalls bei hohem spezifischen Schub – möglichst hohes Verhältnis F_{TR} / F_{NV} mit akzeptablem SBV im Unterschallflug,

c) günstiger SBV ohne NV im oberen Teillastbereich im Unterschall-Marschflug und

d) günstiger SBV ohne NV im unteren Teillastbereich im Warteflug.

Während die o.a. Forderungen a) und b) bei gegebenen Werten $T_{4.1}$ und Π_V (Maximalwerte von T_8 sind ohnehin physikalisch vorgegeben) zu einem Triebwerk mit niedrigem Nebenstromverhältnis bzw. hohem spezifischen Schub führen, sprechen die Forderungen c) und d) zugunsten eines Triebwerks mit hohem Nebenstromverhältnis bzw. mit niedrigem spezifischen Schub.

Diese konträren Bedingungen, die entsprechend der Dauer der Missionsabschnitte, in denen sie vorkommen, im Einzelfall zu bewerten sind, führten in den 70er und 80er Jahren zu Studien an Triebwerken mit variablem Kreisprozeß (VCEs), die in Abschnitt 6.6 behandelt werden.

Da bei konventionellen Nachbrennertriebwerken – abgesehen vom Gashebel und den Flugbedingungen – der Kreisprozeß nur durch Verstellung der Düsenhalsfläche in bescheidenem Maße verändert werden kann, verbleibt im Hinblick auf die Forderungen a) bis d) nach den in Abschnitt 3.6 dargelegten thermodynamischen Zusammenhängen und der in Abschnitt 5.10.3 beschriebenen technologischen Entwicklung der Kreisprozeßparameter – insbesondere $T_{4.1}$ und Π_V – nur die Möglichkeit, das Nebenstromverhältnis entsprechend einem Kompromiß im Sinne der o.a. Forderungen unter Betrachtung der Triebwerkkonstruktion und seiner Betriebseigenschaften etc. festzulegen. Zunächst sei betont, daß es

– nach Abschnitt 3.6 grundsätzlich opportun ist, neben der technisch vertretbaren, möglichst hohen Turbineneintrittstemperatur $T_{4.1}$ zugleich

– mit Rücksicht auf F/M und SBV ohne und mit NV das höchstmögliche Druckverhältnis Π_V zu wählen, das unter Maximalschubbedingungen im Überschallflug technologisch, d.h. mit Rücksicht auf T_3, zulässig ist.

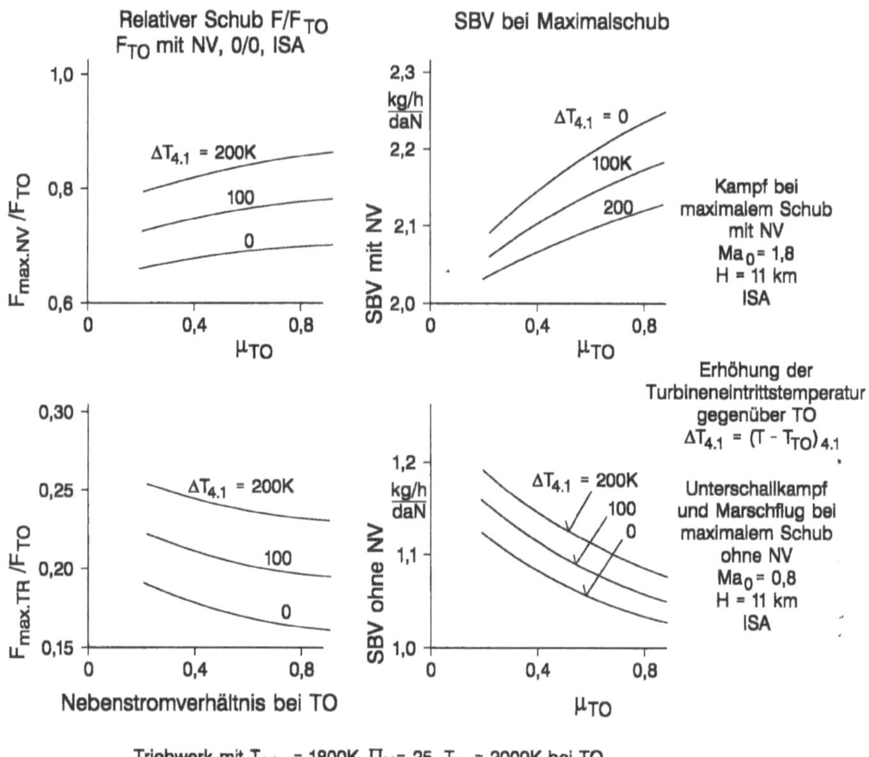

Bild 6.3.7: Einfluß der Erhöhung der Turbineneintrittstemperatur gegenüber *TO* und des Nebenstromverhältnisses auf die erzielbaren Schübe und *SBV*s mit und ohne *NV* unter Kampf- und Marschflugbedingungen

Was das Nebenstromverhältnis betrifft, so besteht zwar im Prinzip einiger Entwicklungsspielraum. Geht man aber davon aus, daß neben der HD-Turbine auch die ND-Turbine 1-stufig ausgeführt werden soll, so ist allerdings nach Studien [6.3.1] nur der Bereich $\mu < 0,5$ möglich. In diesem Bereich sind die Maximalschübe F_{TR} und F_{NV} unter Einsatzbedingungen nach Bild 6.3.7 durch Veränderung von μ nur wenig beeinflußbar, während z.B. die Erhöhung von $T_{4.1}$ bei max. *NV* gegenüber max. *TR* um 50 K die 2 bis 3fach höhere Wirkung hat. Der Einfluß von μ auf SBV_{NV} und SBV_{TR} ist dagegen wesentlich stärker und zugleich gegensinnig. Aber auch hier ist $T_{4.1}$ bei max. *NV* höher als bei max. *TR* anzusetzen, weil dadurch SBV_{NV} verbessert wird, während SBV_{TR} sich wenigstens nicht verschlechtert.

Bei der Festlegung des Nebenstromverhältnisses spielen weitere Gesichtspunkte eine gewisse Rolle, denn mit zunehmenden Nebenstromverhältnis

– nimmt die Gastemperatur T_5 am Flammhaltereintritt ab, wenngleich hier die Parameter $T_{4.1}$ und Π_V entscheidenden Einfluß haben,

- ist die Luft nach dem ND-Verdichter zur Kühlung des Hitzeschildes und der Düse kühler,

- rückt die Nachbrenner-Verlöschgrenze bei gegebener Flug-Mach-Zahl nach Abschnitt 5.4.5 zu geringeren Flughöhen und schließlich

- besteht im Zuge späterer Leistungssteigerung durch Erhöhung von $T_{4.1}$, bei der stets μ zu kleineren Werten rückt, mehr Spielraum

Aufgrund dieser Zusammenhänge wird für den Entwurf vorläufig

$$\mu_{TO} = 0{,}40$$

$$T_{4.1,\mathrm{max}} - T_{4.1,TO} = 30 \text{ bis } 50 \text{ K}$$

festgelegt, wobei der Index max. für Überschall-/Unterschall-Kampfbedingungen steht.

Was die bereits erwähnten Alternativen VCEs und Triebwerke ohne Nachbrenner betrifft, so gilt bzgl. der Einflüsse von $T_{4.1}$ und Π_V dasselbe wie bei konventionellen Nachbrennertriebwerken. Bei VCEs wird u. a. angestrebt, durch Variation des Nebenstromverhältnisses Einfluß auf den spezifischen Schub und damit den *SBV* zu nehmen und damit das Triebwerk den o.a. Bedingungen a) bis d) anzupassen. Zumindest bei den in den 70er und 80er Jahren verfolgten, in Abschnitt 6.6 dargestellten Konzepten erschien die erreichbare Flexibilität des Kreisprozesses unbefriedigend, während sich der konstruktive Aufwand als inakzeptabel erwies. Damit kam diese zunächst aussichtsreich erscheinende Entwicklungsrichtung zum Erliegen.

Bei Triebwerken ohne Nachbrenner, die im gleichen Zeitraum in die Diskussion kamen, wurde ursprünglich vor allem aufgrund des guten *SBV* unter Maximalschubbedingungen versucht, unter sonst gleichen Missionsforderungen bzw. -bedingungen die Dauer der Kampfphase zu erhöhen. Insgesamt gesehen sind bei diesem Konzept folgende Gesichtspunkte interessant:

- Bei Überschall-Kampfbedingungen kommen – wenn überhaupt – mit Rücksicht auf den erforderlichen hohen spezifischen Schub nur minimale Nebenstromverhältnisse in Frage.

- Trotzdem ist der spezifische Schub sichtbar geringer als bei Nachbrennertriebwerken, so daß größere Triebwerke mit entsprechend hohem Luftdurchsatz und daraus resultierenden Konsequenzen auch für die Zelle erforderlich sind, um den Schubforderungen gerecht zu werden.

- Der Anteil der Heißzeiten an der gesamten Missionsdauer ist relativ niedrig, während die Zahl der thermischen Zyklen erheblich höher ist als bei Nachbrennertriebwerken.

- Der gute *SBV* unter Maximalschubbedingungen wird konterkariert durch weniger gute *SBV*s im Marsch- und Warteflug als bei Nachbrennertriebwerken. Damit hängen potentielle Vorteile im Hinblick auf das Gesamtgewicht aus Triebwerk + Missionsbrennstoff von der Mission ab.

- Die bei fester Düse unvermeidlich hohen Leerlaufschübe sind beim Rollen etc. hinderlich.

- Lastwechsel sind weit weniger problematisch als bei Nachbrennertriebwerken, da die Komplikationen mit dem Zünden/Hochfahren/Verlöschen des Nachbrenners, besonders auch in der „linken oberen Ecke" der Flugenveloppe, entfallen.

- Schließlich liefern Triebwerke ohne Nachbrenner gerade unter Maximalschubbedingungen besonders günstige Voraussetzungen zur weitgehenden Unterdrückung der IR-Emission, vgl. hierzu Abschnitt 5.6.1.

Gesichtspunkte zur Auslegung, Konstruktion und zum Betrieb von Triebwerken ohne Nachbrenner sind in [6.3.2] enthalten.

Ergänzend sei mit Blick auf die weitere Zukunft bemerkt, daß die seit langem vergeblich diskutierte Frage der Verwirklichung unbemannter „intelligenter" Kampfflugzeuge (d.h. nicht „cruise missiles"), mit denen

- Missionen ähnlich effektiv und flexibel wie mit bemannten Flugzeugen durchgeführt werden können,

- der zunehmenden Gefährdung der Piloten durch „intelligente" Abwehrwaffen begegnet werden kann und

- die Missionskosten gesenkt werden können,

weiterhin offen ist, vgl. hierzu [6.3.3]. Offen ist auch, ob dieser grundsätzliche Schritt ggf. Konsequenzen für die Gestaltung der Triebwerke mit sich bringen würde, indem kürzere Laufzeiten und kleinere Zyklenzahlen mit weniger anspruchsvollem Zuverlässigkeitsstandard genügen könnten mit dem Ziel, die Einsatzeffektivität noch höher zu treiben.

Vor diesem Hintergrund wird im folgenden der Entwurf eines konventionellen Nachbrennertriebwerks für ein Überschall-Luftverteidigungsflugzeug behandelt.

Geht man für die Projektierung nach Abschnitt 5.10.3 entsprechend einem Standard EIS = 2000 von einer Turbineneintrittstemperatur $T_{4.1} = 1900$ bis 2000 K bei TO, 0/0, ISA aus, so korrespondiert damit das höchstmögliche Druckverhältnis $\Pi_V = 32$ bis 35, das unter der Überschall-Kampfbedingung $Ma_0 = 1,8$, $H = 11$ km bei $T_{4.1,\mathrm{max}} = T_{4.1,TO}$ nach Abschnitt 5.10.3 am Verdichteraustritt zu $T_3 = 900$ bis 950 K führt. Dabei liegen die spezifischen Schübe, jeweils bei TO, mit bzw. ohne NV bei $(F/M)_{TO} = 1200$ bis 1350 m/s bzw. 820 bis 860 m/s. Ferner liegt nach Abschnitt 5.10.3 das Nebenstromverhältnis im Bereich $\mu_{TO} = 0,3$ bis 0,4. Weitere Argumente zu Entwurf und Technologie von Nachbrennertriebwerken sind in [6.3.1] und [6.3.4] zu finden.

Um genügend Wachstumspotential sicherzustellen, aber auch mit Rücksicht auf die bereits weitgehende Annäherung an örtlich stöchiometrische Bedingungen am Brennkammeraustritt, vgl. Abschnitte 5.10.2 und 5.3.1, wird bei TO entsprechend Punkt 1 der Flugenveloppe nach Bild 6.3.8

$$T_{4.1} = 1900 \text{ K}, \ \Pi_V = 32, \ \mu = 0,40, \ T_8 = 2100 \text{ K}$$

festgelegt. Darüber hinaus werden innerhalb der Flugenveloppe die für die Triebwerkleistungen entscheidenden Parameterwerte $T_{4.1}$ und $T_8 = T_{NV}$ wie folgt definiert.

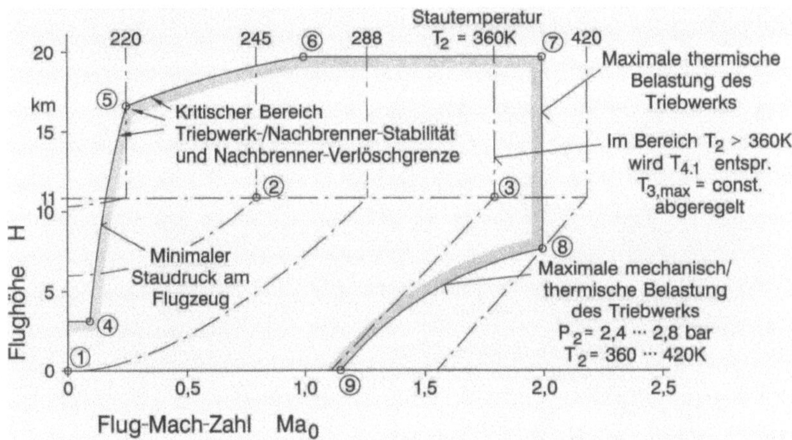

Bild 6.3.8: Typische Flugenveloppe eines Nachbrennertriebwerkes für Überschall-Kampfflugzeug

Punkt 1)   entsprechend TO mit den o.a. Daten,

Punkt 2)   entsprechend Maximalschüben ohne (mit) NV bei $Ma_0 = 0{,}80$, $H = 11\,km$, ISA, mit $T_{4.1} = 1770$ K und $T_8 = 2030$ K,

Punkt 3)   entsprechend Maximalschüben mit NV bei $Ma_0 = 1{,}8$, $H = 11\,km$, ISA mit $T_{4.1} = 1930$ K und $T_8 = 2150$ K.

Diese Punkte ordnen sich entsprechend Bild 6.3.9 in die Charakteristik der in der gesamten Flugenveloppe gefahrenen maximalen Temperaturen $T_{4.1}$ ohne/mit NV und T_8 ein.

Bei der Flugenveloppe nach Bild 6.3.8 bestehen insgesamt folgende Grenzen:

Punkt 4) bis 5)   minimaler Staudruck am Flugzeug,

Punkt 5) bis 6)   Minimaler Druck in Brennkammer und Nachbrenner

Punkt 6) bis 7)   Einsatzgipfelhöhe des Flugzeugs und damit Triebwerks,

Punkt 7) bis 8)   maximale Flug-Mach-Zahl des Flugzeugs, zugleich höchste thermische Belastung des Triebwerks bei reduzierter Temperatur $T_{4.1}$,

Punkt 8) bis 9)   maximale mechanisch/thermische Belastung des Flugzeugs und Triebwerks.

Dabei sind folgende Eckpunkte der Flugenveloppe besonders hervorzuheben:

– Im Bereich von Punkt 5), d.h. in der „linken oberen Ecke" der Flugenveloppe und damit im Bereich niedrigster Re-Zahlen bzw. Drücke in Brennkammer und Nachbrenner, ist die Stabilität des Triebwerks eingeschränkt. Insbesondere ist zu prüfen, ob nach Abschnitt 5.4.5 bei den hier herrschenden Bedingungen (spezifischer Schub ohne NV als Kontrollparameter) die Stabilität des Nachbrenners gegeben ist.

– Im Punkt 8) tritt – dem Punkt 3) etwa vergleichbar – die höchste mechanisch/thermische Belastung auf (Temperaturen, Drücke, Drehzahlen).

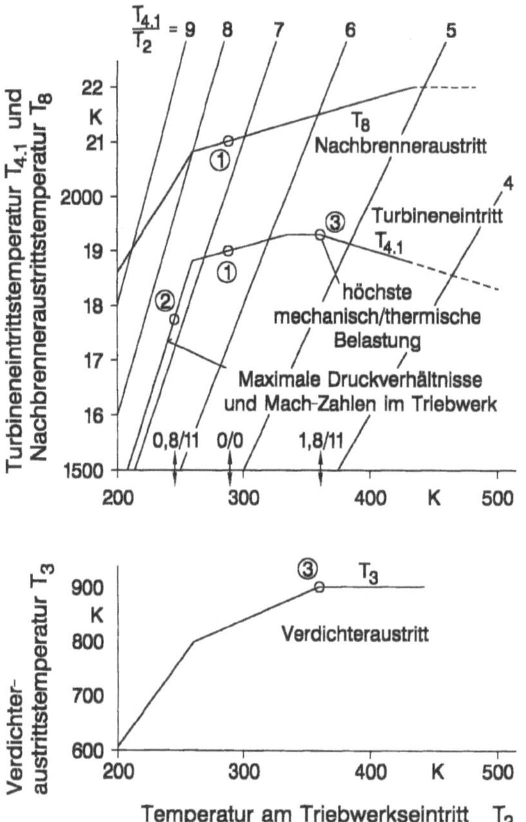

Bild 6.3.9: Typische Festlegung der technologisch und betriebstechnisch wichtigen Temperaturen $T_{4.1}$, T_3 und T_8 eines Nachbrennertriebwerks in Abhängigkeit von der Eintrittstemperatur T_2

Hervorzuheben ist nach Bild 6.3.9 ferner, daß

- $T_{4.1}$ im Punkt 3), wie eingangs begründet, um 30 K höher ist als bei TO

- $T_{4.1}$ im Bereich $T_2 > 360$ K mit Rücksicht auf die thermische Belastung des Triebwerks so abgeregelt wird, daß die maximale Verdichteraustrittstemperatur $T_3 = 900$ K nicht überschritten wird und

- im Bereich $T_2 < 260$ K das maximale Temperaturverhältnis $T_{4.1}/T_2 \approx 7{,}0$ entsprechend maximalen Druckverhältnissen und Mach-Zahlen im Triebwerk erreicht ist und damit $T_{4.1}$ proportional T_2 gehalten wird.

- Entsprechend muß im Bereich $T_2 < 260$ K auch T_8 mit Rücksicht auf die Verbrennungsstabilität im Nachbrenner im Sinne einer zunehmenden Beschränkung des (totalen) Brennstoff-/Luftverhältnisses im Nachbrenner stärker zurückgenommen werden.

An sich repräsentiert – Bild 4.1.1 folgend – der Betriebspunkt 2) entsprechend $X = 1$ den aerodynamischen Auslegungspunkt. Aus praktischen Gründen wird jedoch die Auslegung/Dimensionierung für TO, 0/0, ISA vorgenommen, um auf die Daten nach den Abschnitten 6.2.2 und 5.10.3 direkt Bezug nehmen zu können.

Damit werden folgende wichtigen Schlüsseldaten festgelegt bzw. daraus entsprechend Abschnitt 4.2 abgeleitet:

Punkt		1)	2)	3)
Bedingungen		TO (NV)	max. TR / max. NV	max. NV
		0/0 / ISA	0,80/11/ISA	1,8/11/ISA
T_2	K	288	245	358
$T_{4.1}$	K	1900	1770	1930
$T_{4.1} / T_2$		6,6	7,2	5,4
X		0,92	1,0	0,75
T_8	K	2100	2030	2150

Daraus ergibt sich nach Abschnitt 4.2

Y_0		0,875	1,0	0,520
Π_V		32	36,5	19,5
T_3	K	835	≈ 735	≈ 900

und als Richtwert die Tendenz

μ	0,40	$\approx 0,35$	$\approx 0,57$

Die stets auf ein bestimmtes Flugzeugprojekt zugeschnittene Dimensionierung des Triebwerks hängt von verschiedenen Parametern ab, zu denen

– die Schubbelastung mit NV bei TO bei maximalem Abfluggewicht,

– der unter Überschall-Kampfbedingungen – z.B. Punkt 3) – erforderliche Schub zur Erfüllung der Flugzeug-„Punktleistungen“,

– die für Manöver unter verschiedenen Überschall-/Unterschall-Flugbedingungen im Bereich der Flugenveloppe zur Erfüllung der Flugzeug-„Punktleistungen“ erforderliche Schubreserve „specific excessive power“

$$SEP = \frac{F - W}{G} \qquad\qquad SEP \text{ in m/s}^2 \qquad (6.3.5)$$

gehören. Die zu Beginn der Projektierung am ehesten überschaubare Relation ist die o.a. Schubbelastung bei TO, die im Bereich

$$F_{NV} / G_A = 0,9 \text{ bis } 1,1 \text{ daN/kg}$$

zu liegen pflegt.

Vor diesem, nur vom Gesamtsystem ausgehend im Einzelfall explizit klärbaren Hintergrund wird die Projektierung für ein Triebwerk der 8 t Klasse (Standschub mit NV, ISA) vorgenommen. Ferner wird zunächst mit dem o.a. spezifischen Schub mit NV nach Abschnitt 5.10.3 der Durchsatz bei TO

$$M_F = \frac{8000}{1200} = 67 \text{ kg/s}$$

abgeschätzt, der zusammen mit $\mu = 0,40$ zum Durchsatz des Kerntriebwerks

$$M_h = M_{HDV} = \frac{67}{1,4} = 48 \text{ kg/s}$$

führt.

Zur Bestimmung der Hauptdaten der Komponenten ist insbesondere das Fan-Druckverhältnis im kalten Kreis erforderlich. Unbeschadet der Möglichkeit, alle Kreisprozeß- und Komponentendaten mittels eines verfügbaren EDV-Programms, z.B. nach [4.8], zu berechnen, soll hier ebenso wie in den vorausgegangenen Abschnitten nach den in den Abschnitten 3.2 bis 3,6 dargestellten Zusammenhängen, die gewissermaßen einen geschlossenen Ansatz zur Bestimmung des NDV-Druckverhältnisses etc. ergeben, vorgegangen werden.

Zunächst wird – soweit diese Daten nicht anderweitig verfügbar sind – für das dem ZTL-Triebwerk zugrunde liegende TL-Triebwerk nach Bild 3.2.1b für TO, 0/0, ISA

$$T_{4.1} / T_2 = \frac{1900}{288} = 6,6 \text{ und } \Pi_V = 32$$

$$T_{TL} / T_2 = 4,56 \text{ und } \Pi_D = 6,5$$

und damit

$$C_{is,TL} = 1056 \text{ m/s}; T_{TL} = 1315 \text{ K}$$

bestimmt. Ferner ist nach Bild 3.2.1a

$$(F / M)_{TL} = 1030 \text{ m/s}; B / M_V = 0,0266 \;.$$

Wie die Nachprüfung ergab, harmonisieren diese Daten bei fortschrittlichem Kühlluftbedarf (siehe unten) gut mit dem zu entwerfenden HD-System.

Ferner werden nach Abschnitt 3.5.3 mit der einfachen Annahme $p_{1.5} / p_5 = 1,0$ bzw. $\beta = 1$ die zur Lösung der Gl. 3.5.41 bzw. zur Bestimmung von $\zeta_M = (C_k / C_h)_{is}$ des fiktiven, für die Mischung beider Ströme ausgelegten ZTL-Triebwerks nötigen Parameter

$$\eta_{is,F} \approx 0,85 \text{ nach Abschnitt 5.2.2.3}$$

$$\eta_{is,T} = 0,88 \text{ nach Abschnitt 5.2.3.3}$$

bzw.

$$K = \eta_{is,F} \cdot \eta_{is,T} = 0,85 \cdot 0,88 = 0,75$$

festgelegt. Mit den nach Abschnitt 5.5.3 abschätzbaren Druckverlusten im Nebenstrom- und Turbinenabgaskanal, den nach den Abschnitten 3.6 und 5.4.3 abschätzbaren Druckverlusten im Flammhalter und Nachbrenner, im letzteren Falle zunächst ohne NV, erhält man im Sinne einer 1. Näherung für den kalten Kreis

$$p_8 \,/\, p_{1.3} \approx 0,96 \cdot 0,98 \cdot 0,97 = 0,91 \qquad\qquad\text{mit } NV$$

$$0,96 \cdot 0,98 = 0,94 \qquad\qquad\text{ohne } NV$$

und im heißen Kreis

$$p_8 \,/\, p_5 \approx 0,99 \cdot 0,98 \cdot 0,97 = 0,94 \qquad\qquad\text{mit } NV$$

$$0,99 \cdot 0,98 = 0,97 \qquad\qquad\text{ohne } NV$$

Hieraus ergeben sich nach Abschnitt 3.5.1 die Wirkungsgrade η_{NSK} und η_{TAK} und der Koeffizient

$$\varepsilon = \frac{\eta_{NSK}}{\eta_{TAK}} = \frac{0,966}{0,982} = 0,984$$

Damit können für $C_0 = 0$ die Koeffizienten der Gl. 3.5.41 in der einfachsten Form, d.h. mit $\tau_F = \tau_T = 1$, ohne Iteration entsprechend

$$a_0' = \frac{\mu}{K} \cdot \frac{1}{\varepsilon} = 0,558$$

$$b_0' = \frac{1 - \dfrac{\mu}{K \cdot \varepsilon} \cdot \dfrac{T_2}{T_{TL}} - \dfrac{1}{2 c_{p,F} \cdot \eta_{is,F} \cdot \eta_{NSK}} \cdot \left(\dfrac{C_{is}}{\sqrt{T}}\right)^2_{TL}}{1 - \dfrac{\eta_{is,T}}{2 c_{p,T} \cdot \eta_{TAK}} \cdot \left(\dfrac{C_{is}}{\sqrt{T}}\right)^2_{TL}} = 0,478$$

$$c_0' = \frac{-\dfrac{T_2}{T_{TL}}}{1 - \dfrac{\eta_{is,T}}{2 c_{p,T} \cdot \eta_{TAK}} \cdot \left(\dfrac{C_{is}}{\sqrt{T}}\right)^2_{TL}} = 0,305$$

bestimmt werden. Damit ergibt sich nach Gl. 3.5.41

$$\zeta_M = \frac{-b_0' + \sqrt{b_0'^2 - 4 a_0' c_0'}}{2 a_0'} = 0,652$$

und ferner nach Gl. 3.5.20 für $C_0 = 0$ mit den gleichen Vereinfachungen wie oben

$$\left(\frac{C_h}{C_{TL}}\right)_{is} = \frac{1}{\sqrt{1 + \dfrac{\mu \cdot \zeta_M^2}{K \cdot \varepsilon}}} = 0,900 \ .$$

Hieraus resultieren die gesuchten (fiktiven) Strahlgeschwindigkeiten

$$C_{is,h} = \left(\frac{C_h}{C_{TL}}\right)_{is} \cdot C_{is,TL} = 952 \text{ m/s}$$

$$C_{is,k} = \zeta_M \cdot C_{is,h} = 621 \text{ m/s}$$

Ferner können mit den nach Abschnitt 5.5.3 geschätzten Werten η_{NSK} und η_{TAK} die Temperaturdifferenzen im kalten Kreis nach Gl. 3.5.38

$$T_{1.3} - T_{1.2} \approx \frac{1}{c_{p,F} \cdot \eta_{is,F} \cdot \eta_{NSK}} \cdot \frac{C_{is,k}^2}{2} = 239 \text{ K}$$

und im heißen Kreis nach Gl. 3.5.39

$$T_{TL} - T_{5.1} \approx \frac{\eta_{is,T}}{c_{p,T} \cdot \eta_{TAK}} \left(\frac{C_{is,TL}^2}{2} - \frac{C_{is,h}^2}{2}\right) = 79 \text{ K}$$

und damit die Temperaturen $T_{1.3}$ und $T_{5.1}$ am Eintritt in den Flammhalter bestimmt werden. Zur Kontrolle werden die nun berechenbaren (fiktiven) reduzierten Strahlgeschwindigkeiten für den kalten und heißen Kreis im Betrieb ohne NV

$$\left(\frac{C}{\sqrt{T}}\right)_{is,k} = \left(\frac{C}{\sqrt{T}}\right)_{is,h} = 26{,}95 \text{ m/s,}\sqrt{K}$$

ermittelt, die nach Gl. 3.5.37 wegen $\beta = 1$ beide gleich sein müssen. Hieraus ergibt sich mit $\Pi_D = 4{,}60$ das NDV-Druckverhältnis im kalten Kreis

$$\Pi_{NDV,k} = \frac{\Pi_D}{p_8 / p_{1.3}} = 4{,}90$$

und das für die spätere Auslegung der ND-Turbine mit maßgebende Druckverhältnis

$$\frac{p_{5.1}}{p_2} = \frac{\Pi_D}{p_8 / p_{5.1}} = 4{,}75$$

Diese Prozedur kann mit Einbringung der Faktoren τ_F und τ_T nach den Gln. 3.5.17 und 3.5.18 – wozu etwas Iteration nötig ist – zur Überprüfung und Verbesserung der Ergebnisse wiederholt werden.

Unbeschadet der nach späterer Erweiterung der Datenbasis zu ermittelnden konkreten Relation

$$Y_{NDV} = \left(\frac{\Pi_h - 1}{\Pi_k - 1}\right)_{NDV} > 1 \ , \tag{6.3.6}$$

die auf besserem Wirkungsgrad im inneren, den heißen Kreis beaufschlagenden Teil des NDV beruht und unter der Annahme $H_{eff}(r) = const.$ im Bereich $Y_{NDV} = 1{,}04$ bis $1{,}15$ liegen kann, wird zunächst $Y_{NDV} = 1{,}09$ angenommen. Damit ergibt sich das Druckverhältnis des HD-Verdichters vorläufig zu

$$\Pi_{HDV} = \frac{\Pi_V}{\Pi_{NDV,h}} \approx \frac{32}{5,26} = 6,1 \ ,$$

das ebenso wie $\Pi_{NDV,k}$ mit dem Verlauf der Daten nach Abschnitt 5.10.3 harmoniert.

Mit den Abschnitt 6.2.2 unter Beachtung der Kühlluftmengen nach Abschnitt 5.2.3.3 zu entnehmenden Daten

$$M_T / M_V = 0,845; \ (H_T / H_V)_{eff} = 1,16 \qquad\qquad \text{der HD-Turbine}$$

$$M_T / M_V = 1,007; \ (H_T / H_V)_{eff} \cdot \frac{1}{1+\mu} = 0,993 \qquad\qquad \text{der ND-Turbine}$$

und mit den nach den Abschnitten 5.2.2 und 5.2.3 geschätzten Wirkungsgraden aller Turbokomponenten können deren Hauptdaten unter Beachtung der Daten nach Abschnitt 6.2.2 bestimmt werden.

Einige für den Entwurf dieser Komponenten entscheidenden Parameter sind für TO in der folgenden Tabelle zusammengestellt.

ND-Verdichter ($z=3$)	$M_{korr,2}$	kg/s	67,0
heißer Kreis	Π_h		5,25
kalter Kreis	Π_k		4,90
	$\overline{\psi}$		0,85
	N	U/min	14400
	$D_{fm} = const.$	mm	526
	$Ma_{ax,2}$		0,62
HD-Verdichter ($z=5$)	$M_{korr,2.4}$	kg/s	11,85
	Π		6,1
	$\overline{\psi}$		0,90
	N	U/min	20800
	$D_{fm} = const.$	mm	372
	$Ma_{ax,2.4}$		0,50
	$Ma_{ax,3}$		0,28
	$M_{korr,3}$	kg/s	2,55
Brennkammer	$M_{korr,BK}$	kg/s	2,10
	$\Delta p / p$		0,050
	$\Delta p / q_{ref}$		170
	h_{ref}	mm	163
HD-Turbine	$M_{korr,4.1}$	kg/s	3,41
	Π		2,85
	$\overline{\psi}$		3,95
	$D_{fm} = const.$	mm	438

	$A_{ax}\,(N/60)^2$	m^2/s^2	7120
	$Ma_{ax,4.2}$		0,50
ND-Turbine	$M_{korr,4.5}$	kg/s	9,90
	Π		2,22
	ψ		3,8
	$D_{a,5}$	mm	595
	$A_{ax}\,(N/60)^2$	m^2/s^2	7700
	$Ma_{ax,5}$		0,40

Bei dem nach Abschnitt 5.4 auszulegenden Nachbrenner wird wie in Abschnitt 3.6 davon ausgegangen, daß 15% des Gesamtdurchsatzes zur Kühlung des Hitzeschildes und der Düsenklappen benötigt werden und damit nicht an der Nachverbrennung teilnehmen. Ferner wird angenommen, daß im Flammhalter 45% aerodynamische Versperrung herrschen und im maßgebenden Querschnitt direkt dahinter, vgl. Bild 5.4.3, Ebene 6, die „Freistrom"-Mach-Zahl $Ma_6 = 0{,}18$ herrscht. Im übrigen wird – Abschnitt 5.4.1 folgend – davon ausgegangen, daß (konfluente) Mischung beider Ströme erst nach dem Flammhalter einsetzt und damit bei der Auslegung keine Rolle spielt. Hervorzuheben ist, daß sich bei den hier vorliegenden günstigen Daten p_6, T_6 und Ma_6 zusammen mit der Nachbrennerlänge $L_8 = 1{,}4$ m nach Abschnitt 5.4.4 ein sehr günstiger Ähnlichkeitsparameter für den gesamten Strom bei TO

$$\xi_M = 150 \cdot 10^6 \; bar^{0,324} \cdot K^{1,07} \; (m/s)^{0,252}$$

und für den kalten Kreis immerhin noch

$$\xi_k = 75 \cdot 10^6$$

ergibt. Da ξ von p_6 dominiert wird und beispielsweise an der oberen Grenze der Flugenveloppe nach Bild 6.3.8 bei $Ma_0 = 0{,}8$, $H = 19$ km unter Maximalschubbedingungen $p_6 \approx 0{,}465$ bar zu erwarten ist, ergibt sich hier

$$\xi_M \approx 72 \cdot 10^6; \; \xi_K \approx 35 \cdot 10^6$$

Damit kann innerhalb der Flugenveloppe zumindest im heißen Kreis optimaler Ausbrenngrad erwartet werden.

Ferner ist nach Abschnitt 5.4.5 bei einer angenommenen mittleren Breite $B_{FH} = 50$ mm der (radialen) Flammhalterelemente und einer Versperrung nach Bild 5.4.9 im Bereich $N/t = 0{,}45$ entsprechend einer Mach-Zahl $Ma_6' = 0{,}33$ im engsten Querschnitt $A' = A_6(1 - N/t)$ der für die Nachbrenner-Verlöschgrenze maßgebende Parameter nach Gl. 5.4.39, ebenfalls bei $Ma_0 = 0{,}8$, $H = 19$ km, im heißen Kreis

$$\Lambda_h = 0{,}11 \; bar \cdot s \cdot K \quad .$$

Da die für die Zündfähigkeit maßgebenden Primärdüsen vom heißen Kreis her beaufschlagt werden und die Verlöschgrenze nach Bild 5.4.19 bei

$$\Lambda_{min} = 0,075 \text{ bis } 0,10$$

zu erwarten ist, liegt damit die Verlöschgrenze im heißen Kreis knapp außerhalb der Flugenveloppe.

Die Düse wird nach Abschnitt 5.6.2.3 als 2-parametrische c/d-Düse vorgesehen, um nicht nur unter Überschall-Maximalschubbedingungen, sondern auch bei TO und im Unterschallflug optimale Schubausbeute zu erreichen. In den dabei wichtigen, bereits angesprochenen Betriebspunkten

	1)	2)	3)
	$TO\ (NV)$	max. TR /max. NV	max. NV
	0/0 / ISA	0,80/11/ISA	1,8/11/ISA

ergeben sich unter den für die Funktion der Düse wesentlichen Bedingungen

IRF		1	1	0,945
$p_2 / p_0 = \Pi_{vst}$		1	1,52	5,45
p_6 / p_2		4,75	5,13	3,12

ggf. mit den Druckverlusten bei NV die maßgebenden Düsenparameter

Π_D		4,46	7,80/7,56	16,40
M_D	kg/s	71,0	26,4	69,2
T_D	K	2100	1030/2030	2150
$A_{eff,8}$	m^2	0,177	0,119/0,174	0,216

Mit der Bedingung $\lambda = A_9 / A_8 = 1$ im Warteflug bei geringem Schub und $A_{8,TR} = const.$ ergibt sich

$$A_{9,min} = A_{8,TR} = 0,119 \text{ m}^2 \ ,$$

während nach Abschnitt 5.6.2 die konstruktiv mögliche maximale Düsenendfläche bei

$$A_{9,max} \approx 3,0 \cdot A_{9,min} = 0,360 \text{ m}^2$$

ist. Daraus resultiert die im kritischen Fall max. NV /1,8/11 mögliche Divergenz

$$\lambda = \frac{0,360}{0,216} = 1,67$$

entsprechend einem nach Bild 3.2.4 „angepaßten" Düsendruckverhältnis $\Pi^* \approx 7,0$, während in den anderen Betriebspunkten die den Düsendruckverhältnissen entsprechenden idealen Divergenzen

Betriebspunkt:		1)	2)	3)
	λ	1,30	1,80/1,76	$(2,25)^*$

mit den Endflächen

A_9	m^2	0,230	0,214/0,306	$(0,486)^*$

$(\ )^*$ nicht realisierbar

erreicht werden können. Damit ergeben sich mit den relativierten Düsendruckverhältnissen

$$Y_D = \left(\frac{\Pi - 1}{\Pi^* - 1}\right)_D \qquad 1 \qquad\qquad 1 \qquad\qquad 2,57$$

nach Bild 5.6.12 die isentropen Schubkoeffizienten

$$c_{F,is} \qquad 1 \qquad\qquad 1 \qquad\qquad 0,975$$

Mit den Durchmessern

D_8	mm	475	390/470	494
D_9	mm	541	522/625	677

und der Düsenklappenlänge im divergenten Teil,

   $L = 400$ mm

ergeben sich schließlich die Divergenzwinkel

$$\vartheta \quad ° \qquad 5,4 \qquad\qquad 9,5/11 \qquad\qquad 13$$

Mit den damit festliegenden Düsenkonturen können nach Abschnitt 5.6.2.3 die konfigurations- und verlustbedingten Koeffizienten $c_{F,W}$, $c_{F,\vartheta}$ und $c_{F,H}$ bestimmt werden, woraus sich nach Gl. 5.6.13 der Gesamtkoeffizient

$$c_F \qquad 0,973 \qquad\qquad 0,971 \qquad\qquad 0,955$$

ergibt.

Mit 1-parametrisch verstellbarer Düse würden sich wegen $\lambda = f(A_8)$ bei *TO* infolge zu hoher Divergenz, bei max. TR/0,8/11 wegen fehlender Divergenz erhebliche Schubeinbußen ergeben.

Damit können die Daten des Abgassystems für die maximalen Schübe ohne und mit *NV* bei *TO*, 0/0, ISA wie folgt zusammengefaßt werden:

			max. TR	max. NV
Druckverhältnis	Π_V	–	———— 32 ————	
Turbineneintrittstemperatur	$T_{4.1}$	K	———— 1900 ————	
Druck und Temperatur am NDV-Austritt, kalter Kreis	$p_{1.3}$	bar	———— 4,96 ————	
	$T_{1.3}$	K	———— 486 ————	
Druck und Temperatur am NDT-Austritt	$p_{5.1}$	bar	———— 4,81 ————	
	$T_{5.1}$	K	———— 1238 ————	
Druckabfall im NSK, FLH und Nachbrenner	$p_8 / p_{1.3}$	–	0,94	0,91
Druckabfall im TAK, FLH und Nachbrenner	$p_8 / p_{5.1}$	–	0,97	0,94
fiktive Temperaturen an der Düse (ohne Mischung)	$T_{8,k}$	K	486	2100
	$T_{8,h}$	K	1227	2100
Düsendruckverhältnis	Π_D	–	4,60	4,46

Durchsatz, ggf. inklusive Brennstoff ($\eta_{BK} = 1,0; \eta_{NV} = 0,80$)

			max. TR	max. NV
– Hitzeschild (15% M_F)		kg/s	———— 10,0 ————	
– Rest kalter Kreis (13,5% $M_F + B_{NV}$)		kg/s	9,2	9,80
– heißer Kreis (71,5% $M_F + B_{BK} + B_{NV}$)		kg/s	49,4	51,2
Gastemperatur an der Düse bei vollständiger Mischung	$T_{8,M}$	K	1046	2100

Damit ergeben sich die folgenden spezifischen Schübe, bezogen auf den Luftdurchsatz, mit voll angepaßter c/d-Düse, d.h. bei

			max. TR	max. NV
Schubkoeffizienten	c_F		0,973	0,971
ohne Mischung	$(F/M)_{o,M}$	m/s	841	1170
mit 100% Mischung	$(F/M)_{M,id}$	m/s	868	–

und damit beim Mischungswirkungsgrad $\eta_M \approx 70\%$ nach Abschnitt 3.6

			max. TR	max. NV
	$(F/M)_M$	m/s	858	–

Mit dem bereits festgelegten Gesamtdurchsatz

			max. TR	max. NV
	M_F	kg/s	———— 67,0 ————	

ergeben sich die Schübe ohne und mit NV

			max. TR	max. NV
	F	daN	5750	7840

und mit den Brennstoffmengen

| in der Brennkammer | B_{BK} | kg/s | 1,385 | 1,385 |
| im Nachbrenner | B_{NV} | kg/s | – | 2,370 |

die spezifischen Brennstoffverbräuche

| | SBV | $\dfrac{\text{kg/h}}{\text{daN}}$ | 0,866 | 1,721 |

Damit können die Komponenten und der gesamte Ringraum des Triebwerks festgelegt werden. Dabei sind die in Anlehnung an [6.3.4] in Bild 6.3.10 chematisch dargestellten Varianten der konstruktiven Gesamtanordnung von Interesse.

a) NDV mit (verstellbarem) Vorleitgitter, das zugleich den Rahmen für das NDV-Frontlager bildet,

b) NDV ohne oder mit (verstellbarem) Vorleitgitter, Rotor fliegend, d.h. vom dahinter liegenden Hauptgehäuse aus gelagert,

c) „heißer" Lagerträger für beide Wellen zwischen HD- und ND-Turbine,

d) Zwischenwellenlager zwischen HD- und ND-Turbine, ND-Turbine durch „kalten" Lagerträger im Turbinenabgaskanal gelagert.

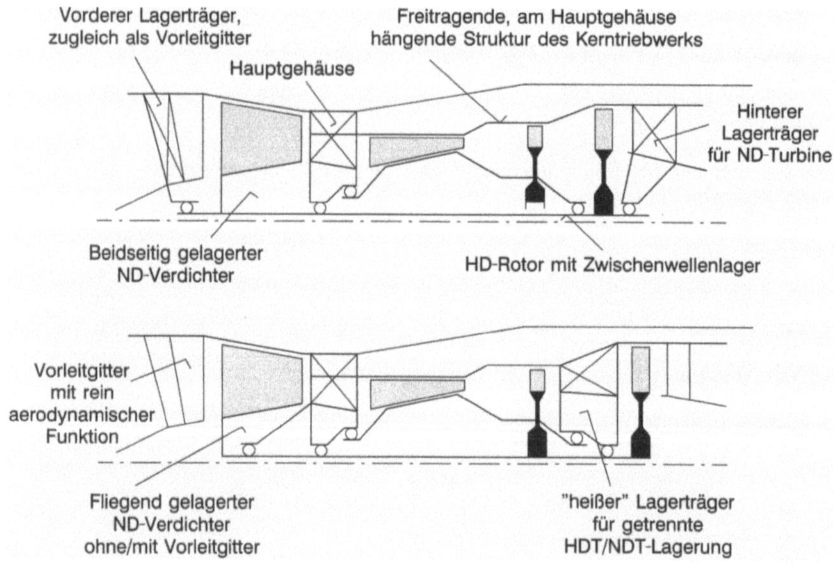

Bild 6.3.10: Alternativen des strukturellen Aufbaus von 2-welligen Nachbrennertriebwerken

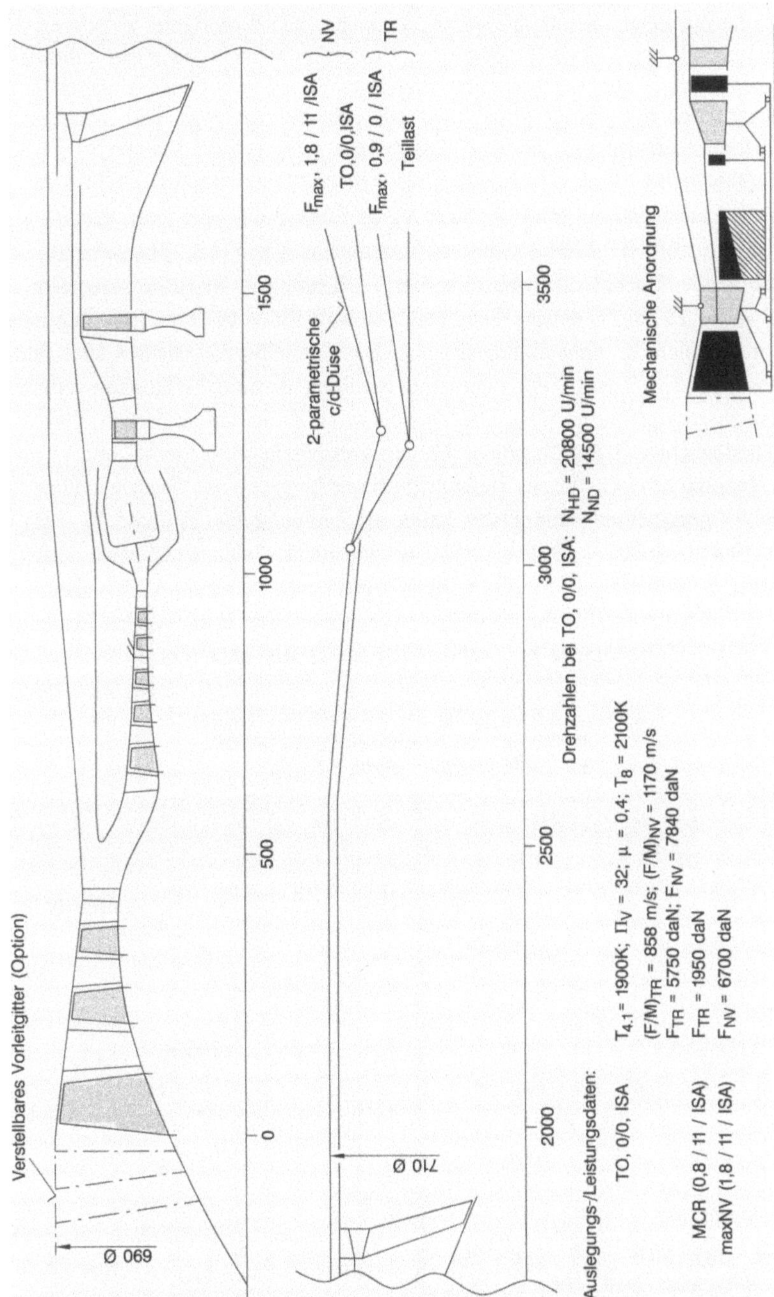

Bild 6.3.11: Leistungsdaten, Ringraum und Anordnung der Komponenten eines Nachbrennertriebwerks für den Einsatz in Überschall-Kampfflugzeugen

Mit Rücksicht auf günstiges dynamisch/mechanisches Verhalten bei Vogelschlag wird trotz der mit steigendem Druckverhältnis zunehmend schwierigerer zu beherrschenden Aerodynamik bei Teillast (Pumpgrenze, Unempfindlichkeit gegenüber Eintrittsstörungen) die Version b) ohne Vorleitgitter bevorzugt. Ferner wird trotz der anspruchsvolleren Konstruktion mit erhöhtem Kühlungsbedarf die schwingungs- und montagetechnisch günstigere Lösung mit „heißem" Lagerträger entsprechend Version c) gewählt. Damit ergibt sich der in Bild 6.3.11 dargestellte Ringraum des gesamten Triebwerks.

Was die Leistungsdaten mit oder ohne NV im Überschall- oder Unterschallflug betrifft, so seien in Bild 6.3.12a bis c die im Zusammenhang mit [6.6.7] berechneten Leistungsdaten zweier Nachbrennertriebwerke der 7 t Klasse mit Nebenstromverhältnissen $\mu = 0,25$ und 1,25 bei TO entsprechend dem Standard EIS = 1975 bis 1980 gegenübergestellt, wenngleich die Entwicklung der Nachbrennertriebwerke seit den 80er Jahren, wie in Abschnitt 5.10.3 dargestellt, deutlich in Richtung niedriger Nebenstromverhältnisse im Bereich $\mu \leq 0,4$ bis 0,5 ging. Die Version $\mu = 0,25$ entspricht dem Triebwerk für ein Luftüberlegenheits-Kampfflugzeug, d.h. mit vorherrschendem Einsatz mit NV, während die Version $\mu = 1,25$ für ein Tiefangriffs-Kampfflugzeug mit überwiegendem Einsatz ohne NV geeignet erscheint. Dabei haben die Temperaturen $T_{4.1}$ und T_8 – im Niveau dem Standard EIS = 1975 bis 1980 entsprechend – sinngemäß etwa denselben Verlauf über T_2 wie in Bild 6.3.9. Im übrigen besteht nach Abschnitt 4.2.5 – ebenso wie bei zivilen Turbofans und Mantelpropfans – auch hier ein sehr beträchtlicher Einfluß des resultierenden Wirkungsgrades η_{res} auf den SBV bei Teillast ohne NV.

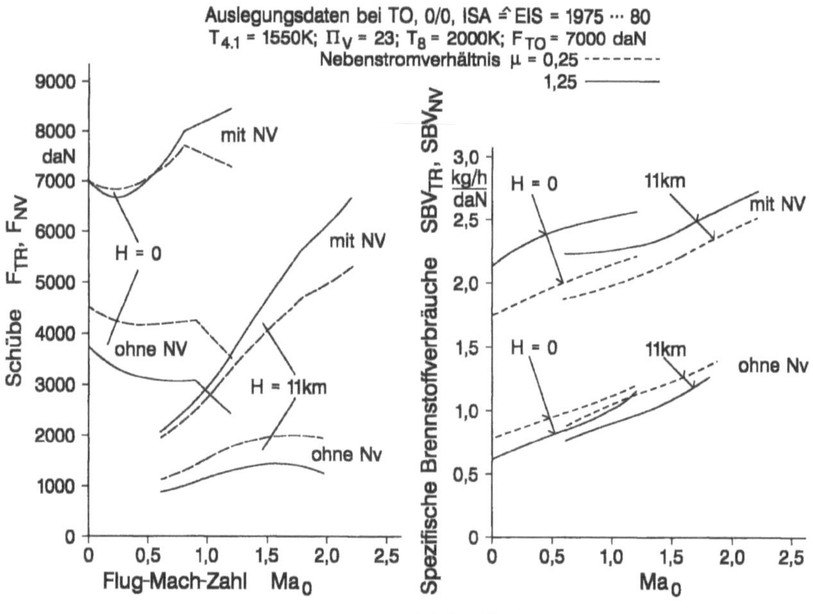

Bild 6.3.12a, b: Einfluß des Nebenstromverhältnisses auf Maximalschübe und zugehörige spezifische Brennstoffverbräuche, jeweils ohne und mit NV

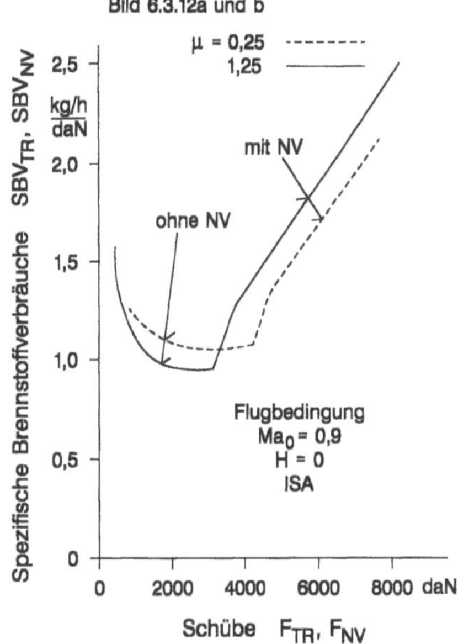

Bild 6.3.12c:
Einfluß des Nebenstromverhältnisses auf die spezifischen Brennstoffverbräuche bei Teillast mit und ohne *NV*

6.3.5 Propeller- und Wellenleistungstriebwerke

Gegenstand dieses Abschnitt ist die Dimensionierung und der Entwurf eines Propellertriebwerks für ein Regionalflugzeug, wobei auch die Frage der Eignung dieses Triebwerks bei Adaption für den Einsatz im Hubschrauber angesprochen wird. Hintergrund ist ein zwischen den Mustern Fairshild-Dornier FDo 23 und Embraer EMB120 liegendes 2-motoriges Flugzeug mit einem Abfluggewicht $G_A = 9,5\,t$, das in 7 km Höhe mit der Reisegeschwindigkeit $C_0 = 560$ km/h entsprechend $Ma_0 = 0,50$ operiert. Ist

$$\frac{G_{ICR}}{G_A} = 0,98; \quad \left(\frac{A}{W}\right)_{ICR} = 18 \quad ,$$

dann ist der Schubbedarf bei Eintritt in den Reiseflug

$$F_{ICR} = \frac{W}{A} \cdot g \cdot G_{ICR}$$

$$= \frac{9,81 \cdot 9300}{18} = 5080 \text{ N} \quad .$$

Bei gegebener Fluggeschwindigkeit C_0 sind Schub und Vortriebsleistung entsprechend

$$P_{Fr} = F \cdot C_0 \tag{6.3.7}$$

proportional und nach Abschnitt 3.7.3 besteht zwischen Vortriebsleistung und Wellenvergleichsleistung die Relation

$$\frac{P_{Fr}}{P_{WV}} = \frac{P_W \cdot \eta_{Pr} \cdot \eta_G + P_R}{P_W + P_R} \tag{6.3.8}$$

mit den Anteilen

$$P_W = M_T \cdot H_{eff,NT}; \; P_R = M_D \cdot (C_D - C_0) \cdot C_0 \, .$$

Üblicherweise ist mit der Größenordnung $P_R / P_W \approx 0{,}06$ zu rechnen, während der Getriebewirkungsgrad $\eta_G = 0{,}985$ und z.B. nach [1] der Propellerwirkungsgrad $\eta_{Pr} = 0{,}85$ ist. Damit ergibt sich aus Gl. 6.3.8

$$\frac{P_{Fr}}{P_{WV}} \approx \frac{0{,}985 \cdot 0{,}85 + 0{,}06}{1 + 0{,}06} = 0{,}845 \, ,$$

so daß mit F_{ICR} und Gl. 6.3.7 die geforderte Wellenvergleichsleistung bei ICR pro Triebwerk

$$P_{WV,ICR} = \frac{F_{ICR} \cdot C_0}{P_{Fr} / P_{WV}} \cdot \frac{1}{2} = \frac{5080 \cdot 155{,}5}{0{,}845 \cdot 2} = 467 \text{ kW}$$

berechnet werden kann.

Ferner ergibt sich nach Abschnitt 4.2.7

$$\frac{F_{ICR}}{F_{MCR}} = \left(\frac{P_{ICR}}{P_{MCR}} \right)_{WV} = 0{,}85$$

$$\frac{F_{MCL}}{F_{MCR}} = \left(\frac{P_{MCL}}{P_{MCR}} \right)_{WV} = 1{,}02$$

und dem anlog Abschnitt 6.3.2 erst später abzuklärenden Sicherheitszuschlag von 5% zur Bewältigung der „en route"-Mindeststeigfähigkeit bei Triebwerkausfall im Reiseflug die zu installierende Triebwerkleistung

$$P_{WV,MCR} = \frac{P_{WV,ICR} \cdot 1{,}05}{P_{ICR} / P_{MCR}} = 578 \text{ kW}$$

bzw.

$$P_{WV,MCL} = 578 \cdot 1{,}02 = 590 \text{ kW} \, .$$

Bei *TO* liegt die Leistungsbelastung bei dieser Flugzeugklasse im Bereich

$$\frac{P_{TO}}{G_A} \approx 0{,}21 \text{ kW/kg}$$

Bei modernen Propellern besteht nach [1] bei voller Belastung, d.h. bei *TO*, die Relation

$$\frac{F}{P_W} = 14 \text{ bis } 16 \text{ N/kW} \, ,$$

so daß der o.a. Leistungsbelastung (bei $C_0 = 0$) die Schubbelastung

$$\frac{F_{TO}}{G_A} = 0{,}21 \, (14 \text{ bis } 16) = 2{,}94 \text{ bis } 3{,}36 \text{ N/kg}$$

entspricht. Diese ist einerseits zwar eher höher als bei 2-strahligen Flugzeugen, dabei ist aber andererseits der Schubabfall des Propellers mit zunehmender Rollgeschwindigkeit des Flugzeugs sichtbar stärker. Somit ist die erforderliche Startleistung pro Triebwerk bei $C_0 = 0$

$$P_{W,TO} = 9500 \cdot 0,21 \cdot \frac{1}{2} = 1000 \text{ kW} \ .$$

Damit kann nach Abschnitt 4.2.7 die Relation der thermischen Belastungen bei MCR und *TO* bestimmt werden. Bei MCR ist die reduzierte Leistung

$$\frac{P_{WV}}{p_0 \sqrt{T_0}} = \frac{578}{0,41 \cdot \sqrt{242}} = 90,6 \ \frac{\text{kW}}{\text{bar} \cdot \sqrt{\text{K}}} \ ,$$

während bei *TO*

$$\frac{P_W}{p_0 \sqrt{T_0}} = \frac{1000}{1,013 \cdot \sqrt{288}} = 58,2 \ \frac{\text{kW}}{\text{bar} \cdot \sqrt{\text{K}}}$$

ist. Damit ist die effektive „Lapse Rate"

$$LR_X = \frac{58,2}{90,6} = 0,642 \ .$$

Ferner ist nach Bild 4.2.40 bei der geschätzten spezifischen Leistung bei MCR im Bereich $P_{WV} / M_V = 330$ bis $360 \text{ kW} \cdot \text{s/kg}$ – deren Einfluß im übrigen minimal ist – mit dem Düsendruckverhältnis im Bereich $\Pi_D = 1,10$ bis $1,15$ die normierte „Lapse Rate"

$$LR_{0,9}^* \approx 0,530$$

und damit

$$\left(\frac{X}{0,9}\right)^{3,75} = \frac{LR_X}{LR_{0,9}^*} = \frac{0,642}{0,53} \approx 1,21 \ .$$

Damit ergibt sich der gesuchte, für die thermische Belastung bei *TO* maßgebende Parameter

$$X_{TO} \approx 0,95 \ .$$

Geht man entsprechend dem Standard EIS = 2000 nach Abschnitt 5.10.4 von den Parametern bei *TO*

$$T_{4.1} = 1600 \text{ K}; \ \Pi_V = 16; \ P / M_V \approx 330 \ \frac{\text{kW}}{\text{kg/s}} \cdot$$

aus, so ergeben sich in den bereits angesprochenen Leistungspunkten folgende Kreisprozeßdaten:

		TO	ICR	MCR	MCL
T_0	K	288	—————— 242 ——————
T_2	K	288	—————— 254 ——————
$T_{4.1}$	K	1600	1425	1485	1500
$\dfrac{T_{4.1}}{T_2}$		5,55	5,61	5,85	5,90
X		0,95	0,96	1,0	1,01

Mit Bild 4.2.42 und 4.2.6 ergibt sich daraus

		TO	ICR	MCR	MCL
$P_{WV,rel}$	%	-	85	100	102
Y_0		0,90	0,92	1,0	1,025
Π_V		16	16,3	17,7	18,1

Bei der nach Abschnitt 3.7.3 vorzunehmenden Optimierung der Vortriebsleistung P_{Fr} durch entsprechende Festlegung des Düsendruckverhältnisses Π_D ist zu beachten, daß es sich um ein „kleines" Triebwerk im Sinne von Abschnitt 3.8 handelt, bei dem der Durchsatz bei *TO* in der Größenordnung $M_V = 1000/330 \approx 3$ kg/s liegt. Nach Bild 3.8.4 ist die angenommene spezifische Leistung bei *TO*, $P/M_V = 330\,\mathrm{kW\cdot s/kg}$ bei $\Pi_D = 1,02$ durchaus erreichbar und steht in akzeptabler Übereinstimmung mit den Daten nach Abschnitt 5.10.4, zumal es sich auch hier um Triebwerke mit vergleichbaren Durchsätzen bzw. Leistungen handelt. Zur Optimierung von Π_D bei MCR sind nach Abschnitt 3.7.3 die Parameter $C_0/C_{TL,is}$ und $C_0/C_{D,is}$ erforderlich, wobei

$C_0/C_{TL,is}$ aus $\Pi_{TL} = p_{4.5}/p_0$ mit $T_{TL} = T_{4.5}$ und

$C_0/C_{D,is}$ aus $\Pi_D = p_6/p_0$ mit $T_D = T_5$

zu ermitteln sind. Nach Abschnitt 3.7.3 soll die Fluggeschwindigkeit zur Strahlgeschwindigkeit im Verhältnis

$$\zeta_{opt} = (C_0/C_{D,is})_{opt} = \frac{\Gamma}{\tau_T \cdot c_F \cdot M_D/M_{NT}}$$

stehen, wobei allerdings $C_{D,is}$ unbedenklich im Bereich 100 bis 130% des Optimalwerts liegen kann. Mit der Wirkungsgradkette nach Gl. 3.7.16

$$\Gamma = \eta_{is,NT} \cdot \eta_G \cdot \eta_{Pr} \approx 0,89 \cdot 0,985 \cdot 0,85 = 0,745$$

und

$$\tau_T \approx 1,03;\; c_F = 0,99 \text{ und } M_D/M_{NT} \approx 1,03 \text{ (Nutzturbine gekühlt)}$$

ergibt sich der Optimalwert

$$(C_0/C_{D,is})_{opt} = 0,708 \;,$$

so daß die Strahlgeschwindigkeit in den o.a., akzeptablen Bereich

$$C_{D,is} = \frac{155,6}{0,708}(1,0 \text{ bis } 1,3) = 220 \text{ bis } 286 \text{ m/s}$$

zu liegen kommt. Die in Bild 6.3.13 dargestellte, für MCR durchgeführte Optimierung von Π_D bzw. $C_{D,is}$ wird auch mit Blick auf Bild 3.7.2b durchgeführt, das den Einfluß von $C_{D,is} > C_{D,is,opt}$ auf $H_{eff,NT}$ zeigt. Danach ergibt sich mit

$$\Pi_{TL} = \frac{\Pi_{vst} \cdot \Pi_V \cdot \Pi_{BK}}{\Pi_{HDT}} = p_{4.5} / p_0 = 4,92 \text{ und } T_{TL} = T_{4.5} = 1105 \text{ K}$$

$$C_{TL,is} = 910 \text{ m/s und damit } C_0 / C_{TL,is} = 0,171 \; .$$

Bei $\Pi_D = 1,175$, $\Pi_{NT} = \dfrac{\Pi_{TL} \cdot p_6 / p_5}{\Pi_D} = 4,06$ und $T_D = T_5 = 811 \text{ K}$ ergibt sich

$$C_{D,is} = 272 \text{ m/s und damit schließlich } (C / C_{opt})_{D,is} = 1,23 \; .$$

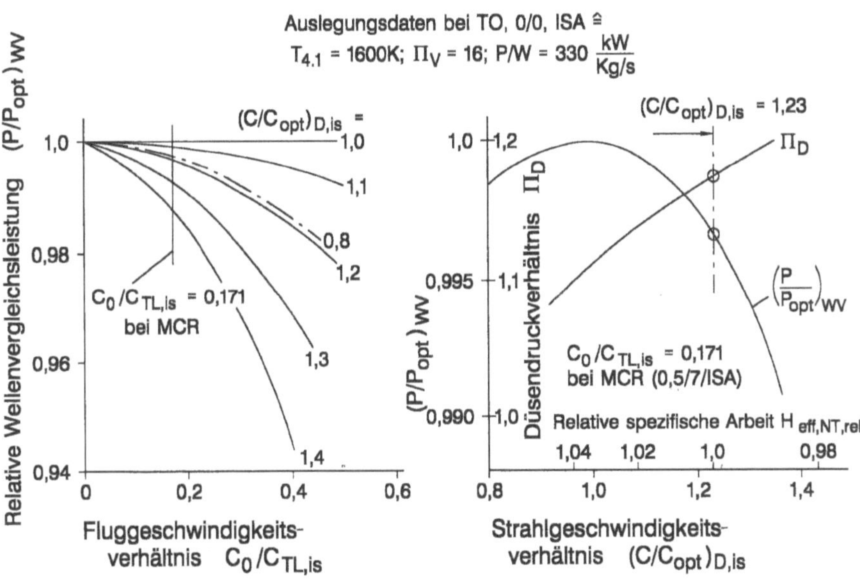

Bild 6.3.13: Optimierung des Düsendruckverhältnisses eines Wellenleistungstriebwerks für MCR

Damit ergeben sich insgesamt die folgenden Kreisprozeß- und Leistungsdaten bei

		TO	MCR
Π_V		16	17,7
$T_{4.1}$	K	1600	1485
Π_{HDT}		—— $\approx 3,85$ ——	
$T_{4.5}$	K	1190	1105
Π_{NT}		3,55	3,65

und bei gleicher Düsenfläche

		TO	MCR
A_D	m^2	—— $0,0338$ ——	
T_D	K	920	827
Π_D		1,10	1,175
P_{NT} / M_V	kW·s/kg	330	330,5
P_R / M_V	kW·s/kg	–	20,1
P_{WV} / M_V	kW·s/kg	330	350,6
P_R / P_{NT}		–	0,061
M_V	kg/s	3,04	1,65
P_W bzw. P_{WV}	kW	1000	578

An dieser Stelle sei bemerkt, daß dasselbe Triebwerk in der Ausführung als reines Wellenleistungstriebwerk (z.B. für Hubschrauberantrieb) bei TO mit

$$\Pi_D = 1,02$$

und entsprechend angepaßter Düsenfläche

$$A_D = 0,0775 \ m^2$$

mit den Kreisprozeßdaten

$$T_{4.1} = 1600 \ K; \ \Pi_V = 16; \ \Pi_{NT} = 3,69$$

die Leistungsdaten

$$P / M_V = 346 \ \frac{kW}{kg/s}$$

$$P_W = 1050 \ kW$$

liefert. Dabei kann nach Abschnitt 5.2.3.8 mit derselben Nutzturbine wie beim Propellertriebwerk ohne Einbuße an Wirkungsgrad gefahren werden.

Aus praktischen Gründen wird die Auslegung des Propellertriebwerks zwar für TO, 0/0, ISA vorgenommen, um die Datenbasis nach Abschnitt 6.2.4 verwenden zu können; dabei ist aber der Blick auf MCR gerichtet, zumal hier das Verdichterdruckverhältnis sichtbar höher ist und der Verdichter so gestaltet werden muß, daß er seinen optimalen Wirkungsgrad etwa im Bereich 70% P_{MCR} erreichen kann.

Nachdem in Abschnitt 6.2.4 die verschiedenen Gasgenerator-Bauweisen

- Ax/R-Verdichter oder 2R-Verdichter,

- 1- oder 2-stufige HD-Turbine und

- Umkehr- oder Diagonalbrennkammer

bereits gegenübergestellt wurden und dabei – der Praxis entsprechend – keine gravierenden Vor- oder Nachteile der einen oder anderen Bauart festgestellt werden konnten, wird hier die an sich arbiträre Entscheidung zugunsten des Konzepts

- Ax/R-Verdichter,

- 1-stufige HD-Turbine, zumal deren Druckverhältnis $\Pi = 3{,}85$ bereits feststeht und

- Umkehr-Ringbrennkammer

getroffen. Damit ergeben sich entsprechend Abschnitt 6.2.4 eine Anzahl Rahmenbedingungen für die Hauptabmessungen der Komponenten, die als – unverbindliche – Richtschnur für die Auslegung im einzelnen dienen können. Danach ergeben sich für $\Pi_V = 16$ die für den Verdichter zuständigen Parameter

- $D_{Ax,1,fm} / D_{II,2} = 0{,}62$ bis $0{,}67$ nach Bild 6.2.23,

- $(b/D)_{II,2} = 0{,}025$ bis $0{,}031$ nach Bild 6.2.24 und

- $M_{korr,3} / D_{II,2}^2 = 5{,}3$ bis $8{,}0$ kg/s, m^2 nach Bild 6.2.25.

Unter der Annahme, daß die Nutzturbine zu kühlen ist, liegt das Druckgefälle bei Entnahme der Kühlluft nach dem Axialverdichter bei

- $p_{4.2} / p_{2.4} = 0{,}58$ bis $0{,}92$ nach Bild 6.2.27,

wenn die damit abzustimmende Aufteilung der spezifischen Arbeiten auf Axial- und Radialteil des Verdichters

- $(H_{Ax} / H_R)_{eff} = 0{,}59$ bis $0{,}92$ nach Bild 6.2.26

entspricht. Schließlich sind die für die geometrische Zuordnung des Radialverdichters, der HD-Turbine und der Brennkammer wichtigen Parameter

- $D_{T,fm} / D_{II,2} = 0{,}79$ bis $0{,}99$ nach Bild 6.2.28 und

- $D_{T,fm} / D_a = 0{,}45$ bis $0{,}52$ nach Bild 6.2.29.

Im übrigen sind die Komponenten nach folgenden Abschnitten auszulegen:

- der Axial- und Radialverdichter nach Abschnitt 5.2.2.6,

- die HD-Turbine nach Abschnitt 5.2.3.3,

- die Nutzturbine nach Abschnitt 5.2.3.2 und

- die Brennkammer nach Abschnitt 5.3.

Die für die Auslegung und Dimensionierung wichtigen Daten sind für TO, 0/0, ISA in der folgenden Tabelle zusammengestellt:

Verdichter	$M_{korr,2}$	kg/s	3,05
	Π_V		16
	N	U/min	50800

– Axialteil	Π_{ax}		5,47
	z		4
	$\overline{\psi}$		0,89
	$D_{fm} = const.$	mm	130
	$Ma_{ax,2}$		0,55
– Radialteil	Π_R		2,93
	$D_{\Pi,2}$	mm	200
	$(D_{1a}/D_2)_\Pi$		0,68
	ψ		1,50
	$Ma_{ax,2.4}$		0,43
	$(b/D)_{\Pi,2}$		0,0315
Brennkammer	$M_{korr,BK}$	kg/s	0,263
	$\Delta p/p$		0,04
	$\Delta p/q_{ref}$		200
	h_{ref}	mm	55
Verdichterturbine	$M_{korr,4.1}$	kg/s	0,432
	Π		3,85
	ψ		3,8
	D_{fm}	mm	183
	$Ma_{ax,4.2}$		0,50
	$A_{ax}(N/60)^2$	m^2/s^2	6560
Nutzturbine	$M_{korr,4.5}$	kg/s	1,57
(Auslegung für PTL)	Π		3,55
	z		2
	$\overline{\psi}$		3,0
	$D_{fm,5}$	mm	292
	N	U/min	26800
	$A_{ax,5}(N/60)^2$	m^2/s^2	7520
	$Ma_{ax,5}$		0,35
Düse (für PTL)	$M_{korr,D}$	kg/s	4,98
	Π		1,10
	A_D	m^2	0,0358

Wie bei den übrigen Entwürfen wird auch hier davon ausgegangen, daß die Durchführbarkeit in dem Sinne gesichert ist, daß alle Triebwerk- und Komponentendaten im Rahmen der Statistik unter Berücksichtigung des festgelegten Standards EIS liegen.

Der Ringraum des mit 2-stufiger Nutzturbine und Lagerträger zwischen HD- und Nutzturbine ausgeführten Entwurfs ist in Bild 6.3.14 dargestellt.

Mit den o.a. Kreisprozeß- und Komponentendaten ergeben sich die spezifischen Brennstoffverbräuche bei

		TO	MCR
SBV	$\dfrac{g/h}{kW}$	217	186

und für den Reiseflug die in Bild 6.3.15 dargestellte *SBV*-Charakteristik bei Teillast in Anlehnung an die „Parametrische PTL-Studie". Auch hier können die *SBV*-Werte bei Teillast nur als Optimalwerte unter dem Vorbehalt des nach Abschnitt 4.2.5 bestehenden Einflusses des resultierenden Wirkungsgrades $\eta_{res} = f(X)$ gelten, der nur auf breiterer Datenbasis geklärt bzw. optimiert werden kann.

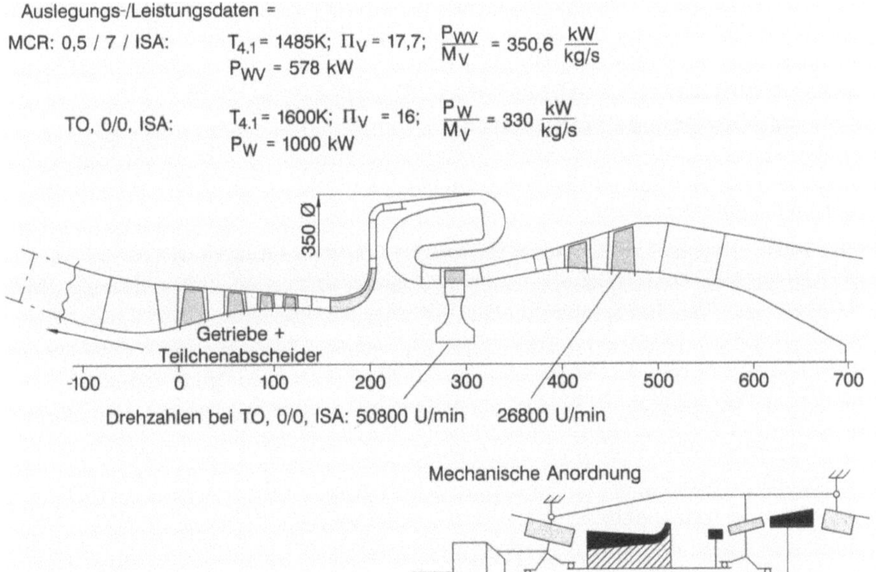

Bild 6.3.14: Leistungsdaten, Ringraum und Anordnung der Komponenten eines Wellenleistungstriebwerks für Propellerantrieb

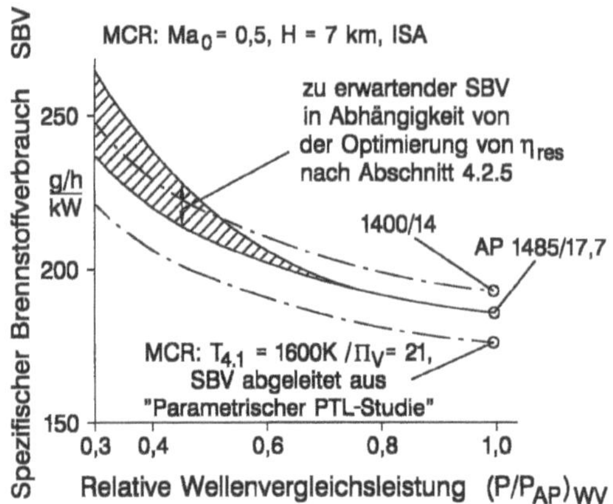

Bild 6.3.15:
Spezifischer Brennstoffverbrauch
eines Propellertriebwerks bei Teil-
last im Reiseflug, mit Einfluß der
Optimierung des resultierenden
Wirkungsgrades im Vergleich zum
Einfluß der Kreisprozeßdaten im
Auslegungspunkt (Triebwerk nicht
installiert)

6.4 Methoden der Leistungssteigerung bei Strahl- und Wellenleistungstriebwerken

6.4.1 Vorbemerkungen

Bei allen zivilen und militärischen Triebwerken, die zum Einsatz kommen, ist der Erfolg
im Verlauf ihrer Einsatzphase, die 25 bis 30 Jahre dauern kann, davon abhängig, daß im
allgemeinen – von Forderungen auf der Flugzeugseite ausgehend – in Stufen

- Varianten mit verbesserten Leistungen, d.h. erhöhten Schüben oder Wellenleistungen,
  möglichst begleitet von Verbesserungen im *SBV*, verfügbar werden und/oder

- Erhöhte Betriebszeiten zwischen Überholungen, möglichst verbunden mit vermindertem Ausfallrisiko im Fluge

angeboten werden können.

Dabei ist, wie in Abschnitt 6.1 bereits angesprochen, die Situation sowohl im Hinblick auf die zu erfüllenden Forderungen als auch vom Standpunkt der anwendbaren
technischen Maßnahmen bei

- zivilen Turbofans/Mantelpropfans,

- Triebwerken für Kampfflugzeuge,

- Propellertriebwerken/Propfans für militärische Transporter,

- Propellertriebwerken für kleine Regionalflugzeuge und Transporter und

- Wellenleistungstriebwerken für Hubschrauber

nicht nur innerhalb ihrer Klasse, sondern auch im einzelnen Fall durchaus unterschiedlich.

Vom Standpunkt der auf die Triebwerke zukommenden Schub- bzw. Leistungsforderungen ist folgendes zu bemerken:

- Bei Verkehrsflugzeugen sind im Laufe der Einsatzphase eines Musters Leistungssteigerungen im Sinne der Erhöhung der Passagierzahl (durch Streckung des Rumpfes) mit entsprechenden Schubforderungen und/oder der Reichweite die Regel. Dabei können im Laufe der Einsatzphase – in Schritten – durchaus Schubsteigerungen in der Größenordnung von 50 bis 70% zustande kommen. Ferner kann der Umstand, daß ein Triebwerkmuster in mehreren Flugzeugmustern zum Einsatz kommt, zur Häufigkeit und zum Ausmaß solcher Entwicklungsschritte beitragen. In Einzelfällen – z.B. bei der Triebwerkfamilie RB211/Trent – wurden seit der Einführung 1970 Schubsteigerungen bis 100%, begleitet von Verbesserungen des *SBV*, zurückgelegt. Bei Schubsteigerungen in dieser Größenordnung sind Maßnahmen zur Erhöhung des Durchsatzes mit entsprechender Vergrößerung der Hauptabmessungen im ND-Bereich unausweichlich.

- Bei (Überschall-)Kampfflugzeugen mit Triebwerken im Rumpfheck sind im Rahmen von Kampfwertsteigerungen im allgemeinen ebenfalls Schuberhöhungen gefordert, wobei aber, wenn es sich um ein gemeinsam entwickeltes System Flugzeug/Triebwerk handelt, aus Einbaugründen die Erhöhung des Durchsatzes eng begrenzt und damit auch das Schubsteigerungspotential limitiert ist. Dabei besteht äußerste Beschränkung gegenüber Änderungen der Triebwerkhauptabmessungen bzw. -enveloppe. Aber auch hier ist im (eher seltenen) Falle der Übernahme eines Triebwerkmusters in ein anderes Flugzeugmuster mehr Freiraum für weitergehende Maßnahmen mit Änderungen der Hauptabmessungen, besonders im Frontbereich, verfügbar.

  Bei VTOL-Flugzeugen gilt ähnliches. Im Einzelfalle, z.B. beim Triebwerk Rolls-Royce „Pegasus" für den „Harrier", sind seit der Einführung dieses VTOL-Kampfflugzeugs enorme Schuberhöhungen über 100% hinaus zurückgelegt worden.

- Auch bei militärischen Transportflugzeugen – ob strahl- oder propellergetrieben – sind im Laufe der Einsatzphase in einzelnen Fällen Schub- bzw. Leistungssteigerungen vorgekommen, wenngleich in weit bescheidenerem Maße als bei Verkehrsflugzeugen, d.h. im Rahmen von 20 bis 25%.

- Bei kleineren Regionalflugzeugen, kleinen Transportern und Geschäftsflugzeugen mit Propellerantrieb kommen vor allem im erstgenannten Fall aufgrund der auch hier üblichen Streckung des Rumpfes zur Erhöhung der Passagierzahl ebenfalls Forderungen nach erheblicher Leistungssteigerung zustande. Auch hier trägt der Einsatz eines Triebwerkmusters in mehreren Flugzeugmustern zu Häufigkeit und Ausmaß von Leistungssteigerungen bei. Im Einzelfall „überlebt" – wie das Beispiel des Triebwerks Pratt & Whitney PT6 zeigt – ein Triebwerkmuster Generationen von Flugzeugmustern und erreicht dabei, wenn auch mit weitgehenden konstruktiven Eingriffen, Leistungssteigerungen im Bereich von 100%.

- Bei Hubschraubern – vor allem für militärischen Einsatz – sind Erhöhungen des Abfluggewichts von 30 bis 40% im Verlaufe eines Jahrzehnts durchaus die Regel, so daß im Verlauf ihrer Einsatzphase von 25 bis 30 Jahren mit Leistungssteigerungen der Triebwerke im Bereich bis 80% zu rechnen ist.

Wenngleich die Situation innerhalb einer Flugzeugkategorie, aber auch im Einzelfall, sehr unterschiedlich ist – insbesondere auch, was die längerfristige Kalkulierbarkeit solcher Entwicklungsschritte betrifft – so muß doch bereits beim Entwurf eines Triebwerks der Gesichtspunkt genügenden Potentials für die Erfüllung späterer Schub- bzw. Leistungsforderungen im Blickfeld gehalten werden, zumal die Rücksichtnahme auf genügendes Entwicklungspotential eine gewisse Zurückhaltung bei der Definition des für den Zeitpunkt der Einführung vorauszusetzenden technologischen Entwurfstandards erfordert. Dabei darf allerdings das entscheidende Ziel, trotzdem möglichst fortschrittlich und günstig im Vergleich mit konkurrierenden Triebwerkmustern dazustehen, nicht aus den Augen verloren werden.

Wichtig ist dabei, realistisch einzuschätzen, daß im Laufe der Einsatzphase eines Triebwerkmusters im Zuge mit geforderten Schub- bzw. Leistungssteigerungen auch inzwischen eingetretene Technologiefortschritte eingebracht und in Leistungssteigerungen umgesetzt werden können. Vgl. hierzu die Abschnitte 5.2.2 und 5.2.3 und insbesondere Abschnitt 5.10.

6.4.2 Zivile Turbofans

Eine einfache, allerdings nicht weit reichende Methode zur Schubsteigerung ist das „Vorschieben des Gashebels" (throttle bending) bei möglichst unverändertem Triebwerk. Dabei können nach bisheriger Erfahrung Schubsteigerungen bei TO in der Größenordnung bis 15 (20)% erreicht werden. Die dabei eintretenden Umstände, die der Kontrolle bedürfen, sind:

- neben $T_{4.1}$ steigt auch Π_V an, während μ fallende Tendenz hat, vgl. Abschnitt 4.2.3,
- der spezifische Schub nimmt zu,
- die Drehzahlen im HD- und ND-System nehmen zu; aus thermodynamischen Gründen steigt dabei – z.B. bei 2-Wellen-Triebwerken entsprechend dem höheren (kleineren) Anstieg des NDV-(HDV-)Druckverhältnisses – die Drehzahl des ND-Systems wesentlich stärker als jene des HD-Systems; bei 3-Wellen-Triebwerken liegt das MD-System zwischen ND- und HD-System;
- bei Triebwerken ohne (bzw. mit) Mischung beider Ströme tritt eine Veränderung der Relation der Strahlgeschwindigkeiten C_k/C_h (bzw. der Relation der Totaldrücke in der Mischungsebene) ein, vgl. Abschnitt 4.2.3).

Ob bei dieser Methode der SBV steigt oder fällt, hängt vom spezifischen Schub ab. Wie man mit Blick auf Bild 5.11.4 feststellen kann, nimmt bei dem hier angesprochenen Bereich $(F/M)_{MCR} = 120$ bis 200 m/s der SBV des installierten Triebwerks mit zunehmendem Schub leicht ab. Dabei ist allerdings vorausgesetzt, daß trotz zunehmender Mach-Zahlen und Druckverhältnisse der Triebwerkkomponenten kein Einbruch in deren Wirkungsgrade eintritt, (vgl. die Tendenzen der Komponentenwirkungsgrade in Abhängigkeit von X nach Abschnitt 4.2.4). Da Schubsteigerungen nach dieser Methode existierende Triebwerke voraussetzen, ist die Ausgangssituation im allgemeinen bekannt. Es lohnt sich aber in jedem Falle, bereits beim Entwurf eines Triebwerks darauf zu achten, daß im Rahmen einer vorgesehenen Schubsteigerung durch „Vorschieben des Gashebels", die stets am Anfang derartiger Aktionen zu stehen pflegt, keine Probleme im Zusammen-spiel der Komponenten etc. auftreten.

Insbesondere muß die Steigerung der Parameter $T_{4.1}$ und T_3 und der Drehzahl des HD-Systems, die für die Durchführbarkeit der Schubsteigerung entscheidend sind, vor dem Hintergrund der verfügbaren Technologie überprüft werden.

Bei der Schubsteigerung durch „Vorschieben des Gashebels" – im Folgenden als Methode I bezeichnet – werden die Änderungen der Parameter

$$F,\ T_{4.1},\ T_3,\ N_{HD}\ \text{und}\ N_{ND}$$

in der relativierten Form

$$F_{rel} = F / F_{AP}\ \text{mit}\ AP \triangleq MCR\ \text{bzw.}\ TO$$

a) $\quad X = \dfrac{T_{4.1}/T_2}{(T_{4.1}/T_2)_{AP}}\ \text{mit}\ X = 1\ \text{bei}\ MCR$ $\qquad\qquad$ vgl. Bild 6.4.1

b) $\quad Y = \left(\dfrac{\varPi - 1}{\varPi_{AP} - 1}\right)_V\ \text{mit}\ Y = 1\ \text{bei}\ MCR$

c) $\quad Z = \dfrac{T_3/T_2}{(T_3/T_2)_{AP}}\ \text{mit}\ Z = 1\ \text{bei}\ MCR$

$$N_{rel,HD} = (N/N_{AP})_{HD}\ \text{mit}\ AP \triangleq MCR\ \text{bzw.}\ TO$$

$$N_{rel,ND} = (N/N_{AP})_{ND}\ \text{mit}\ AP \triangleq MCR\ \text{bzw.}\ TO$$

in ihrer Abhängigkeit von X, d.h. in der Form ihrer Gradienten

$$\frac{\mathrm{d}F_{rel}}{\mathrm{d}X},\ \frac{\mathrm{d}Y}{\mathrm{d}X},\ \frac{\mathrm{d}Z}{\mathrm{d}X},\ \frac{\mathrm{d}N_{rel,HD}}{\mathrm{d}X}\ \text{und}\ \frac{\mathrm{d}N_{rel,ND}}{\mathrm{d}X}$$

in Bild 6.4.1 für eine größere Zahl konkreter Triebwerke dargestellt. Die dabei sichtbare beträchtliche Streuung der Werte – bei der keine klare Ordnung bzgl. der Bedingungen MCR oder TO besteht – ist bei der Vielzahl der Einflüsse der einzelnen Komponenten verständlich. Die folgende Gegenüberstellung zeigt auf der Basis von Bild 6.4.1 die z.B. bei einem Triebwerk mit $(F/M)_{MCR} = 170$ m/s anzusetzenden Gradienten (im Sinne von Mittelwerten)

$$\frac{\Delta F_{rel}}{\Delta X} = 3{,}0;\ \frac{\Delta Y}{\Delta X} = 2{,}2;\ \frac{\Delta Z}{\Delta X} = 0{,}84$$

$$\frac{\Delta N_{rel,HD}}{\Delta X} = 0{,}50;\ \frac{\Delta N_{rel,ND}}{\Delta X} = 1{,}2$$

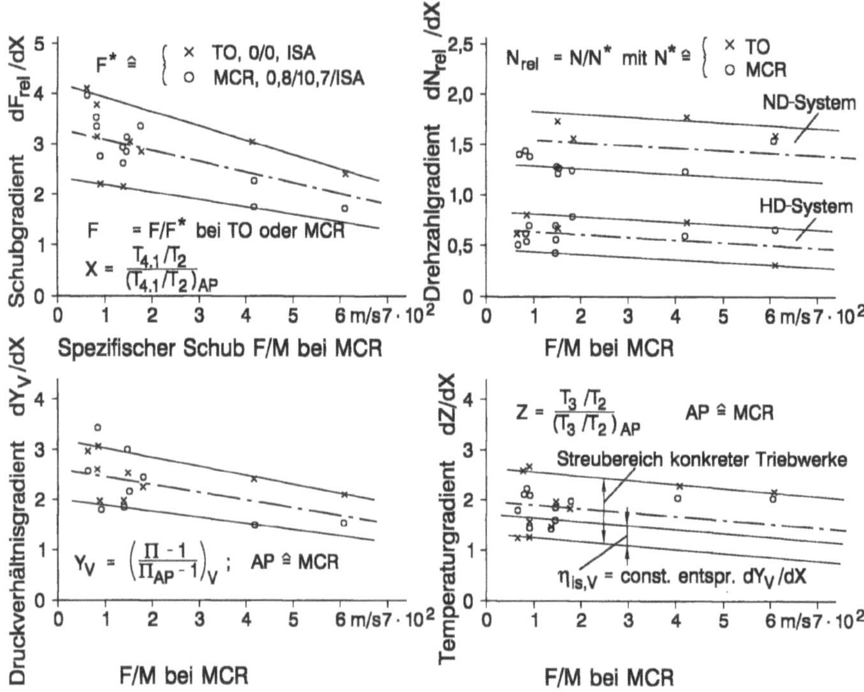

Bild 6.4.1: Einfluß der Schuberhöhung bei Strahltriebwerken mit fester Geometrie durch „Vorschieben des Gashebels" auf die Betriebsparameter, Druckverhältnis, Verdichteraustrittstemperatur und HD-/ND-Drehzahlen

Bei $\Delta F / F = 15\%$ bei *MCR* und/oder *TO* ergibt sich somit $\Delta X = 0{,}15 / 3{,}0 = 0{,}05$. Daraus resultieren bei einem Triebwerk entsprechend Abschnitt 6.3.2, d.h. mit den Daten bei *MCR*

$$(F / M)_{MCR} = 170 \text{ m/s}$$

$$T_{4.1} = 1500 \text{ K}; \Pi_V = 36; T_3 = 740 \text{ K}; \mu = 6{,}7$$

die Änderungen bei

			TO 0/0, ISA + 15K	MCR 0,8/10,7/ISA
Ausgangswert	$T_{4.1}$	K	1790	1500
Erhöhung	$\Delta T_{4.1}$	K	90	75
	Π_V	–	32,5	36
	$\Delta\Pi_V$	–	3,4	3,8
	T_3	K	895	740
	ΔT_3	K	38	32

$N_{rel,HD}$	%	100	100
$\Delta N_{rel,HD}$	%	———— 2,5 ————
$N_{rel,ND}$	%	100	100
$\Delta N_{rel,ND}$	%	———— 6,6 ————

Es sei daran erinnert, daß diese Werte nach Bild 6.4.1 aufgrund der Streuung der Daten mit einer entsprechenden Unsicherheit belastet sind. Die Relation zwischen dY/dX und dZ/dX zeigt, daß bei Erhöhung von $T_{4.1}$ aufgrund höherer Mach-Zahlen und aerodynamischer Belastungen etc. der Triebwerke überwiegend mit Verschlechterung der Komponentenwirkungsgrade zu rechnen ist – vgl. hierzu auch Abschnitt 4.2.4 –, so daß unter anderem T_3 stärker ansteigt, als nach der Steigerung von Π_V bei gleichem Verdichterwirkungsgrad zu erwarten wäre. Diese von Fall zu Fall verschiedene Situation trägt erheblich zur beträchtlichen Streuung der Gradienten nach Bild 6.4.1 bei.

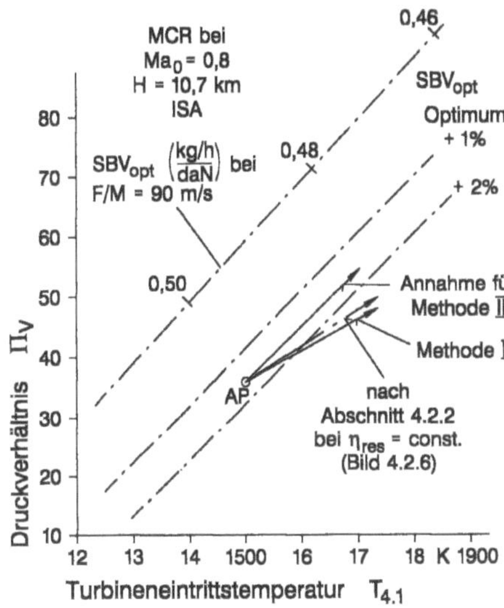

Bild 6.4.2:
Entwicklung der Kreisprozeßparameter Π_V und $T_{4.1}$ bei Schubsteigerung nach Methoden I und II (Ausschnitt aus Bild 5.10.3)

Ferner zeigt Bild 6.4.2 als Ausschnitt aus Bild 5.10.3 die bei der Schubsteigerung nach Methode I bei MCR eintretende Tendenz $\Pi_V = f(T_{4.1})$ bei $T_2 = const.$ entsprechend der Bedingung MCR. Dieser Trend entspricht zugleich etwa dem aus Abschnitt 5.10.2 hervorgehenden Trend der Parameter $T_{4.1}$ und Π_V über EIS. Der Vergleich mit dem ebenfalls in Bild 6.4.2 markierten thermodynamisch optimalen Trend $\Pi_V = f(T_{4.1})$ zeigt, daß bei der hier besprochenen Methodik der Schubsteigerung

– einerseits keine Chance besteht, dem thermodynamisch optimalen Trend $\Pi_V = f(T_{4.1})$ mit entsprechend günstigem Einfluß auf den SBV zu entsprechen, während

- andererseits die Verfolgung dieses Trends zu höherer Temperatur am Verdichteraustritt führen würde.

In der Praxis besteht durchaus die Möglichkeit, die Schubsteigerung nach Methode I mit Verbesserungen des Komponenten-Standards (aerodynamisch und/oder konstruktiv) zu verbinden. Immerhin dürfte die Verbesserung der Wirkungsgrade aller Turbokomponenten um 1% (was sehr viel ist) bei $T_{4.1} = const.$ bei MCR ca. 1,8% Schubsteigerung und ca. 2,4% Verbesserung des *SBV* mit sich bringen.

Selbstverständlich ist es auch möglich, mit der nach Abschnitt 4.2.2 ermittelten Arbeitslinie $Y = f(X)$ im heißen Kreis mit Extrapolation über $X = 1$ bzw. X_{TO} hinaus das Betriebsverhalten im Sinne der Schuberhöhung nach Abschnitt 4.3 zu berechnen. In Bild 6.4.2 ist auch die dabei zu erwartende Tendenz mit eingezeichnet, die mit dem Trend der Werte $\Pi_V = f(T_{4.1})$ nach Abschnitt 5.10.2 praktisch zusammenfällt.

Bei der zweiten Methode (II) zur Schubsteigerung, die viel weiter reicht, werden Änderungen der Komponenten – vor allem im ND-Bereich – impliziert, während das HD-System – abgesehen ggf. von technologischen Verbesserungen im einzelnen – nach Möglichkeit konstruktiv unverändert bleibt. Obwohl eine große Zahl von Varianten möglich ist, wird hier zugunsten der Überschaubarkeit des Vorgehens von folgenden, durchaus sinnvollen Voraussetzungen ausgegangen:

- Der spezifische Schub bei *MCR* soll unverändert bleiben. Dies läuft praktisch auf eine Vergrößerung des Fans hinaus.
- Das HD-System soll bei Erhöhung von $T_{4.1}$ konstante Drehzahl behalten. Dies entspricht durchaus der gängigen Praxis und kommt dem Bestreben, ein Kerntriebwerk möglichst lange im Einsatz zu halten, besonders entgegen.
- Einführung von „Booster"-Stufen oder Erhöhung der Zahl und/oder der aerodynamischen Belastung von „Booster"-Stufen. Ähnliches gilt für einen ND- bzw. MD-Verdichter.
- Entsprechende Änderungen im Bereich der ND-Turbine, d.h. ggf. Erhöhung ihrer Stufenzahl und Änderung des Ringraums.

In Anlehnung an Abschnitt 6.3.2 wird hier das Konzept des Turbofans

- ohne Getriebe,
- mit 2-stufiger HD-Turbine,
- bei Einführung in den Dienst zunächst ohne „Booster"-Stufen

behandelt, während auf die beim Konzept des Turbofans

- mit Getriebe,
- mit 1-stufiger HD-Turbine,
- mit schnellaufender ND-Turbine

bestehende Problematik im folgenden Abschnitt am Beispiel des Mantelpropfans eingegangen wird.

An sich wäre es reizvoll, auch hier eine Zuordnung der Steigerung von $T_{4.1}$ und Π_V wie beim vorausgegangenen Fall zu verfolgen – vgl. Bild 6.4.2 –, um gewissermaßen die Wirksamkeit beider Methoden bei gleicher Thermodynamik darzustellen. Es ist hier jedoch durchaus realistisch, dem thermodynamisch „optimalen" Trend nach Bild 6.4.2 zu folgen, d.h. entlang einer Linie gleicher prozentualer Abweichung vom minimalen SBV voranzuschreiten, wobei folgende Gründe maßgebend sind:

- Das HD-System wird bei konstanter Drehzahl aerodynamisch eher entlastet, indem Π_{HDV} und Π_{HDT} zurückgehen und damit die Wirkungsgrade zumindest erhalten bleiben.

- Der zu vergrößernde Fan behält bei gleichem Druckverhältnis und damit gleicher Umfangsgeschwindigkeit ebenfalls seine volle Effektivität.

- Die gesamte Erhöhung des Druckverhältnisses im heißen Kreis wird durch Einführung neuer Elemente, d.h. von „Booster"-Stufen realisiert.

- Die höhere spezifische Arbeit der ND-Turbine kann bei entsprechender Anpassung des Ringraums und gegebenenfalls durch Hinzufügen einer Stufe bei unveränderter Effektivität bewältigt werden.

- Der höhere Gradient dY/dX trägt zur Durchsatzsteigerung im Kerntriebwerk bzw. des gesamten Triebwerks und damit zur Schubsteigerung bei.

Damit ist es möglich, bei optimalem SBV eine vorgegebene Schubsteigerung mit geringerer Erhöhung von $T_{4.1}$ durchzuführen, wobei zugleich trotz starker Erhöhung von Π_V die Temperatur T_3 aufgrund höherer Effektivität der Verdichter im Rahmen bleibt.

Ausgangspunkt ist wiederum der Turbofan ohne Getriebe nach Abschnitt 6.3.2 mit den bereits bekannten Daten $F/M, T_{4.1}, \Pi_V$ und μ bei MCR und den übrigen, hier zu betrachtenden Komponentendaten

$$\Pi_{HDV} = 23{,}3; \ \Pi_{HDT} = 5{,}44; \ \Pi_{F,k} = 1{,}81; \ \Pi_{F,h} = 1{,}545; \ \Pi_{NDT} = 4{,}30.$$

In Anlehnung an Abschnitte 5.10.2 und 6.2.3 wird zunächst angenommen, daß bei der beträchtlichen, ins Auge gefaßten Schubsteigerung bis 40% die entsprechende Erhöhung der Parameter $T_{4.1}$ und T_3 technologisch abgedeckt ist. Ferner gilt entsprechend dem Standard EIS = 2000 für das HD-System mit

$$(H_{HDT}/H_{HDV})_{eff} = 1{,}07$$

$$N_{HD} = const.$$

zugleich

$$H_{eff,HDT} \approx const.; \ H_{eff,HDV} \approx const..$$

Die Kapazität des HD-Systems wird üblicherweise durch den korrigierten Durchsatz $M_{korr,3}$ am HDV-Austritt vor der Entnahme von Kühlluft etc. charakterisiert. Allerdings sind im Betrieb bei kritischer HD-Turbine bzw. $M_{korr,4.1} = const.$ – auch bei konstanter Relation $M_{4.1}/M_V$ (entsprechend $(H_T/H_V)_{eff} = const.$) und praktisch konstanten Brennkammer-Druckverlusten – aufgrund des sich ändernden Temperaturverhältnisses $T_{4.1}/T_3$ und Brennstoff-/Luftverhältnisses m_{BK} Änderungen von $M_{korr,3}$ entsprechend der Relation

$$\left(\frac{M_{4.1}}{M_3}\right)_{korr} = (1 + m_{BK}) \cdot \left(\frac{M_{4.1}}{M_3}\right) \cdot \frac{\sqrt{T_{4.1}/T_3}}{1 - (\Delta p / p)_{BK}} \tag{6.4.1}$$

zu erwarten.

Ferner ergeben sich bei Erhöhung der Turbineneintrittstemperatur mit unveränderten Wirkungsgraden $\eta_{is,V}$ und $\eta_{is,T}$ die Relationen

$$\Pi_{HDT} = f\left(\frac{H_{eff,T}/\eta_{is,T}}{T_{4.1}}\right) \tag{6.4.2}$$

$$\Pi_{HDV} = f\left(\frac{H_{eff,V} \cdot \eta_{is,V}}{T_{2.4}}\right), \tag{6.4.3}$$

wobei

$$T_{2.4} = T_3(\Pi_V) - \frac{H_{eff,HDV}}{\bar{c}_{p,HDV}}. \tag{6.4.4}$$

in Abhängigkeit von Π_V zu bestimmen ist. Daraus folgen die Parameter Π_{HDV} und Π_{HDT} in Abhängigkeit von $T_{4.1}$ entsprechend Bild 6.4.3 und mit dem zugleich nach Bild 6.4.2 festgelegten „optimalen" Druckverhältnis Π_V das Druckverhältnis der einzuführenden „Booster"-Stufen aus

$$\Pi_{Boo} = \frac{\Pi_V}{\Pi_{HDV} \cdot \Pi_{F,h}}. \tag{6.4.5}$$

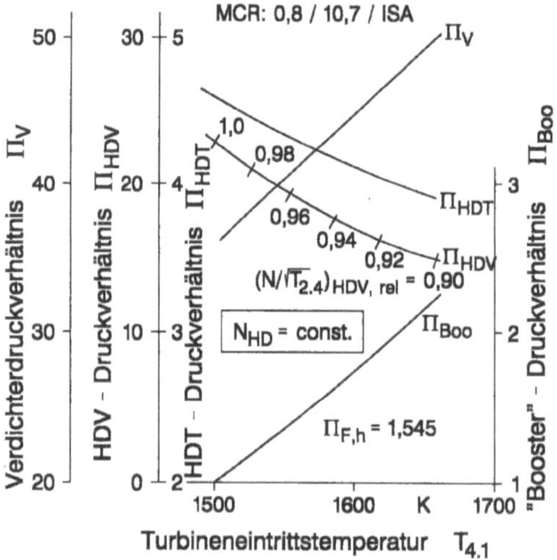

Bild 6.4.3:
Daten des HD-Systems mit 2-stufiger HD-Turbine bei Schubsteigerung mit N_{HD} = *const.*

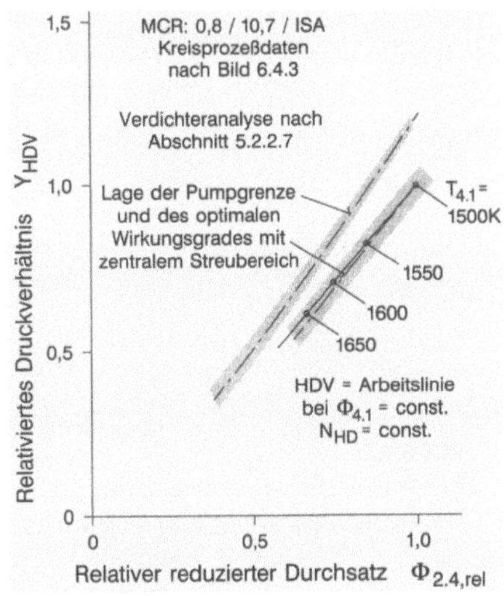

Bild 6.4.4:
Verträglichkeit der HDV-Arbeitspunkte
bei Schubsteigerung mit N_{HD} = const. bei
unverändertem HD-Verdichter

Die generelle Verträglichkeit der bei Steigerung von $T_{4.1}$ bei N_{HD} = const. sich ergebenden Arbeitspunkte mit einem – nicht explizit gegebenen – Verdichterkennfeld ist
aufgrund der Analyse von Verdichterkennfeldern nach Abschnitt 5.2.2.7 gegeben und in
Bild 6.4.4 dargestellt.

Bei kritischer HD-Turbine ist die Relation der Fan-Durchsätze im Zuge der Schuberhöhung bei MCR

$$M_{rel,F} = \frac{(1+\mu)_{rel}}{(1+m_{BK})_{rel}} \cdot \left(\frac{\Pi_V}{\sqrt{T_{4.1}}}\right)_{rel} \tag{6.4.6}$$

und wegen $(F/M)_{MCR}$ = const. zugleich $F \sim M_F$. Damit ergeben sich die – ebenso
wie in Abschnitt 6.3.2 – nach den Abschnitten 3.2, 3.5.1 und 4.2 berechneten Zusammenhänge zwischen

$$M_F, F, \mu \text{ bei MCR und } D_{Fa}$$

nach Bild 6.4.5.

Im betrachteten Temperaturbereich bei MCR

$T_{4.1}$	K	1500	1650

treten bei TO am heißen Tag (ISA + 15 K) die folgenden „kritischen" Temperaturen auf:

HDT-Rotoreintritt	$T_{4.1}$	K	1790	1970
HDV-Austritt	T_3	K	895	980
NDT-Eintritt	$T_{4.5}$	K	1035	1200

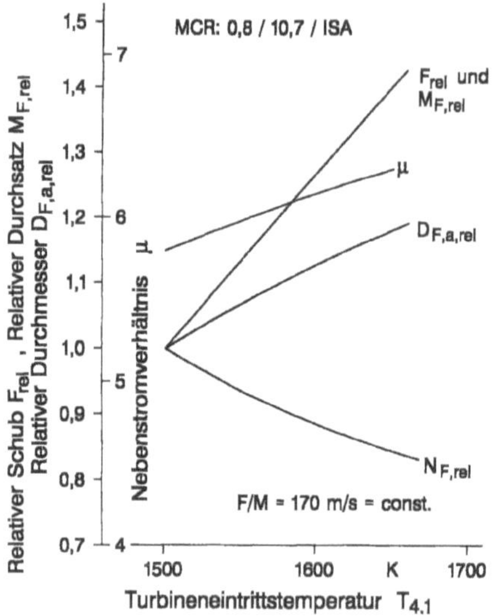

Bild 6.4.5:
Relative Leistungsdaten eines zivilen Turbofans bei Schubsteigerung nach Methode II

Danach kann zwar die ND-Turbine (aufgrund der hohen Temperaturabsenkung in der 2-stufigen HD-Turbine) im ungekühlten Bereich $T_{4.5} < 1250\ K$ bleiben. Dagegen verläßt die Temperatur T_3 das beim Standard EIS = 2000 akzeptable Niveau $T_{3,max} \approx 950\ K$. Dies bedeutet, daß die Schuberhöhung im beschriebenen Umfang von 40% bei der vorausgesetzten thermodynamisch günstigen Zuordnung $\Pi_V = f(T_{4.1})$ nach Bild 6.4.2 nur zu einem späteren Zeitpunkt realisierbar ist, bei dem die Zulässigkeit höherer Werte T_3 gegeben ist, vgl. hierzu auch Abschnitt 5.10.2 bzw. Bild 5.10.4.

Obwohl im Zuge der Schubsteigerung mit Erhöhung des Fan-Durchmessers und der Einführung von „Booster"-Stufen eine Festlegung ihrer Hauptabmessungen getroffen werden muß, wird vorläufig die Relation der Durchmesser $(D_{Boo}/D_{F,k})_{fm}$ in Abhängigkeit von dem zu erwartenden Nebenstromverhältnis nach Abschnitt 5.2.2.4 bzw. Bild 5.2.2.38 beibehalten. Nach Studien im Zusammenhang mit Abschnitt 6.3.2 ergibt sich der in Bild 6.4.5 ebenfalls mit dargestellte Zusammenhang $\mu = f(T_{4.1})$, so daß das o.a. Durchmesserverhältnis, bei dem nach Bild 5.2.2.38 ein gewisser Freiraum besteht, und die Ringraum-Hauptabmessungen der „Booster"-Stufen nach Abschnitt 5.2.2.4 bestimmt werden können. Da wie vereinbart $\Pi_{F,k} = const.$ sein soll, ist zugleich $U_{F,k,fm} = const.$, so daß damit die an den „Booster"-Stufen verfügbare Umfangsgeschwindigkeit nach den Bildern 5.2.2.36 und 5.2.2.38 mit zunehmendem Nebenstromverhältnis und/oder zunehmendem Druckverhältnis Π_{Boo}, abnimmt. Damit ergibt sich die in Bild 6.4.6 dargestellte Zahl notwendiger „Booster"-Stufen in Abhängigkeit von der Temperatur $T_{4.1}$ und der vorausgesetzten aerodynamischen Belastung der „Booster"-Stufen. Nach Abschnitt 5.2.2.4 liegt die aerodynamische Belastung der „Booster"-Stufen im Bereich $\overline{\psi} = 0,4$ bis $1,0$, wobei allerdings die Drosselzahl auf einem relativ niedrigen

Niveau $\overline{\psi} / \overline{\varphi}^2 = 0,5$ bis $2,0$ liegt, das sich wahrscheinlich aufgrund der niedrigen Umfanggeschwindigkeiten zusammen mit akzeptablen Axialgeschwindigkeit möglicherweise „von selbst" ergibt, aber mit Rücksicht auf die geforderte hohe Stabilität der „Booster"-Stufen – vgl. Abschnitt 4.2.3 – willkommen ist. Damit ergibt sich, daß

– bei Einführung von „Booster"-Stufen mit bescheidenem Druckverhältnis zunächst von geringer Belastung ($\overline{\psi} = 0,4$ bis $0,5$) ausgegangen werden kann,

– um später bei weiterer Schubsteigerung und damit Erhöhung des Druckverhältnisses und der aerodynamischen Belastung der „Booster"-Stufen ihre Zahl und damit den konstruktiven Aufbau (ggf. mit Anpassung des Ringraums) beibehalten zu können.

Aus Bild 6.4.6 geht hervor, daß mit 4 „Booster"-Stufen im Rahmen des angesprochenen Belastungsniveaus Schubsteigerungen bis 40% beherrscht werden können.

Turbinenseitig ist davon auszugehen, daß zusammen mit den verdichterseitigen Maßnahmen zugleich Ringraum und Stufenzahl der ND-Turbine geändert werden müssen. Nach Abschnitt 5.2.3.2 bzw. Bild 5.2.3.11 kann der Außendurchmesser am Austritt der ND-Turbine jenem des Fans in Abhängigkeit des Nebenstromverhältnisses zu einem gewissen Grad folgen, so daß eine günstige Gondelkontur (Verkleidung des Kerntriebwerks) erreicht werden kann. Dies bedeutet praktisch, daß mit der Vergrößerung des Fans – auch bei gleichzeitiger Erhöhung des Nebenstromverhältnisses – die ND-Turbine „sichtbar" mitwachsen muß, wobei zugleich die Stufenzahl zunimmt. Damit ergeben sich die in Bild 6.4.7 zusammengestellten Daten der ND-Turbine einschließlich des stark zunehmenden Drehmoments der ND-Welle in Abhängigkeit von $T_{4.1}$ und damit von der Schubsteigerung.

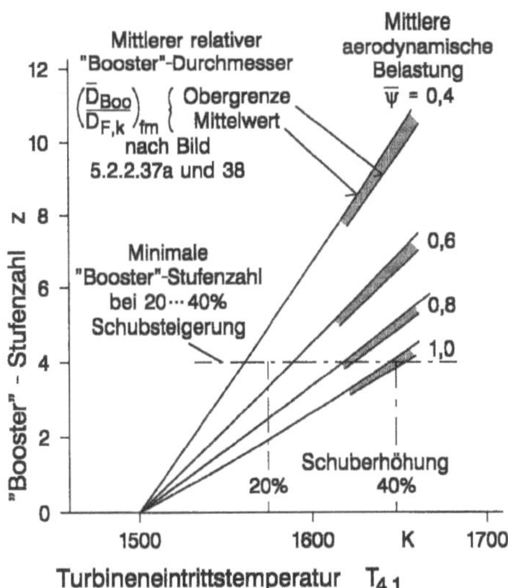

Bild 6.4.6:
Festlegung der „Booster"-Stufenzahl bei zivilem Turbofan für Schubsteigerungspotential bis 40%

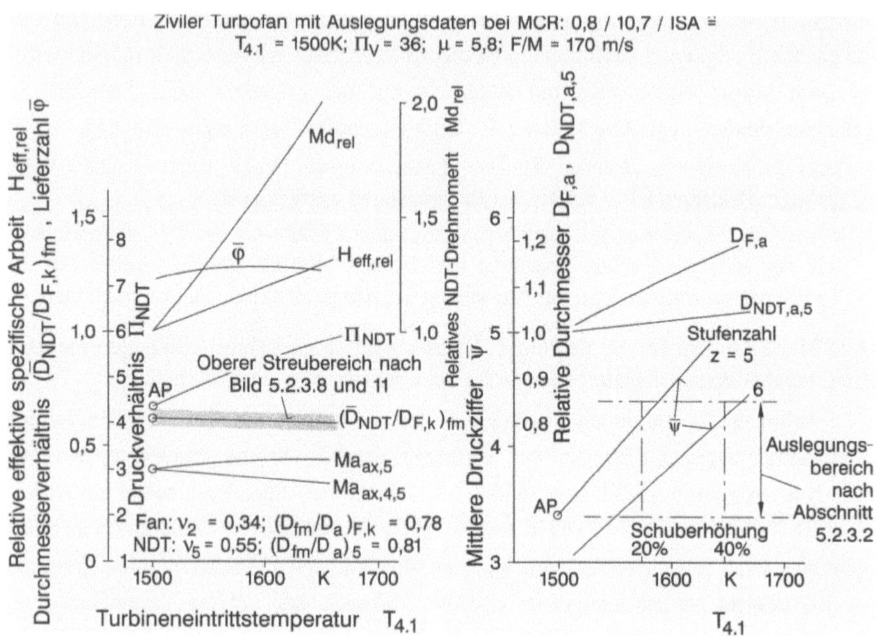

Bild 6.4.7: Auswirkung der Schubsteigerung nach Methode II auf Auslegung und Dimensionierung der ND-Turbine

Im Bereich der ND-Turbine ist wegen der Zunahme der spezifischen Arbeit – vgl. Bild 6.4.7 – bei gleichzeitiger Abnahme der Drehzahl eine Erhöhung der Stufenzahl notwendig, um eine inakzeptable Vergrößerung der Ringraumdurchmesser nach dem Austritt hin – die etwa im Rahmen der Relation $(D_{NDT} / D_F)_a = f(\mu)$ nach Bild 5.2.3.11 liegen sollte – zu vermeiden. Ferner verlangt auch die Erhöhung des reduzierten Durchsatzes $(M\sqrt{T} / p)_5$ am NDT-Austritt eine gewisse Vergrößerung des Ringraumquerschnitts im Bereich des NDT-Austritts und Turbinenabgaskanals bis hin zur heißen Düse. Nicht zuletzt mit Rücksicht auf eine günstige Kontur der Verkleidung des Kerntriebwerks wird man bei der Erhöhung des Außendurchmessers am NDT-Austritt zurückhaltend sein. Daher muß ein Kompromiß zwischen der aerodynamischen Belastung der ND-Turbine und dem Außendurchmesser zusammen mit dem Nabenverhältnis am NDT-Austritt gefunden werden.

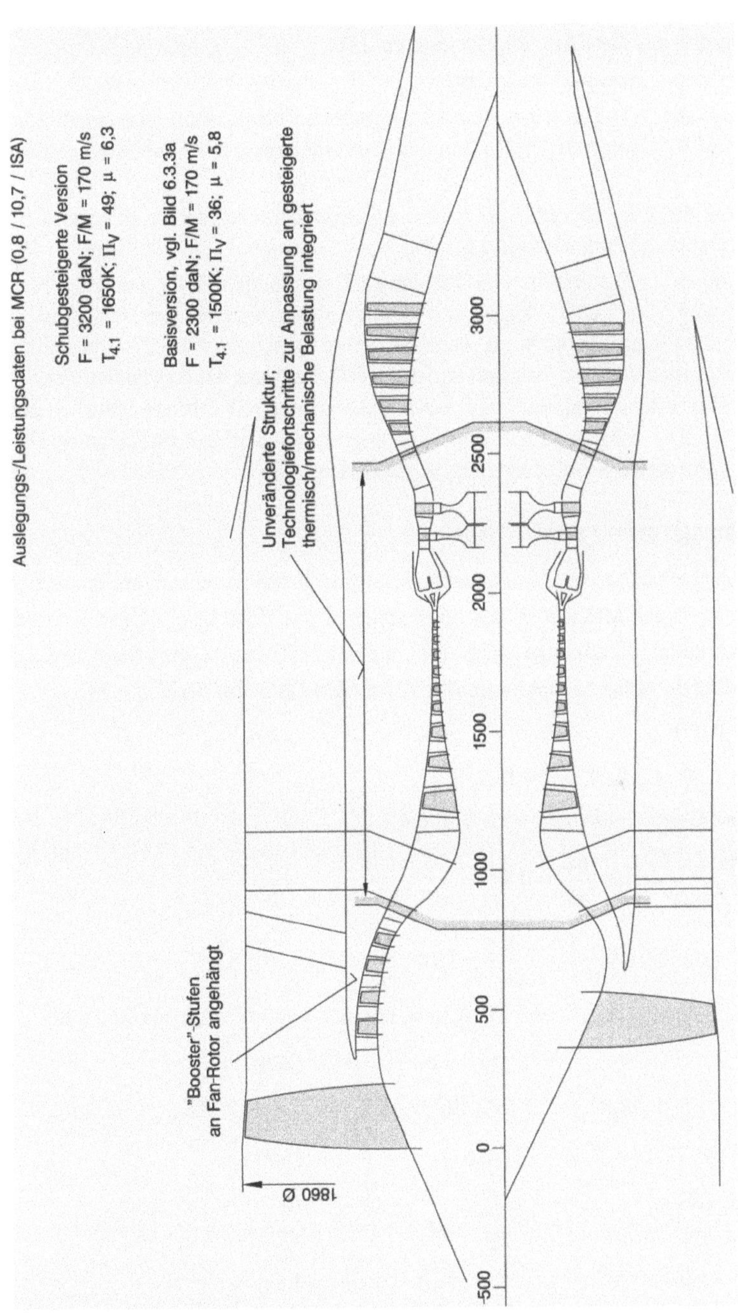

Bild 6.4.8: Änderungen der Konfiguration eines zivilen Turbofans im ND-Bereich bei Schubsteigerung um 40%

Damit ergibt sich bei der Festlegung auf

– eine Vergrößerung des Fan-Durchmessers um ca. 18%,

– die Einfügung von 4 „Booster"-Stufen und

– die Einführung einer ND-Turbine mit einer zusätzlichen Turbinenstufe und einem zum
  Austritt hin um 10% vergrößerten Ringraumquerschnitt bzw. um 4% erhöhten Außendurchmesser

ein Potential von 40% Schuberhöhung. Bild 6.4.8 zeigt den erweiterten Ringraum im
Vergleich zum ursprünglichen nach Bild 6.3.3b.

Die Änderungen im Bereich der ND-Turbine nach den Bildern 6.4.7 und 6.4.8 bleiben beim Übergang von 5 auf 6 Stufen mit größerem Durchmesser am NDT-Austritt
auch bei Schubsteigerung um 40% im Rahmen der in Abschnitt 5.2.3.2 dargestellten
statistischen Daten mehrstufiger, langsam laufender ND-Turbinen bei Extrapolation nach
EIS = 2000+. Man erkennt zugleich, daß beim Entwurf der ND-Turbine eines zivilen
Turbofans nicht allzu fortschrittliche oder gar aggressive Auslegungsparameter sich
später, d.h. bei geforderten Schubsteigerungen, auszahlen.

6.4.3 Zivile Mantelpropfans mit Getriebe

Die für zivile Turbofans beschriebenen Methoden I und II zur Schubsteigerung werden
auch hier verfolgt. Nach Methode I, d.h. „Vorschieben des Gashebels", sind hier nach
Bild 6.4.1 etwas höhere Gradienten $\mathrm{d}F_{rel}/\mathrm{d}X$ und $\mathrm{d}Y/\mathrm{d}X$ etc. zu erwarten. Verfolgt
man z.B. den Mantelpropfan nach Abschnitt 6.3.3 mit den Daten bei MCR

$$F/M = 90 \text{ m/s}$$

$$T_{4.1} = 1600 \text{ K}; \quad \Pi_V = 42; \quad \mu = 16{,}2 \; ,$$

so ergeben sich mit den Gradienten nach Bild 6.4.1

$$\frac{\mathrm{d}F_{rel}}{\mathrm{d}X} = 3{,}2; \quad \frac{\mathrm{d}Y}{\mathrm{d}X} = 1{,}1; \quad \frac{\mathrm{d}Z}{\mathrm{d}X} = 0{,}8$$

$$\frac{\mathrm{d}N_{rel,HD}}{\mathrm{d}X} = 0{,}52 \quad \text{und} \quad \frac{\mathrm{d}N_{rel,ND}}{\mathrm{d}X} = 1{,}24$$

bei 15% Schubsteigerung bei TO und MCR bzw. mit $\Delta X = 0{,}047$ folgende Daten bei

			TO	MCR
			0/0, ISA + 15 K	0,8/10,7/ISA
Ausgangswert	$T_{4.1}$	K	1680	1600
Erhöhung	$\Delta T_{4.1}$	K	78	75
	Π_V		29	42
	$\Delta \Pi$		4,5	4,5
	T_3	K	855	772
	ΔT_3	K	32	29

$N_{rel,HD}$	%	100	100
$\Delta N_{rel,HD}$	%	———— 2,5 ————	
$N_{rel,ND}$	%	100	100
$\Delta N_{rel,ND}$	%	———— 5,8 ————	

Auch hier gelten dieselben Unsicherheiten aufgrund der Streuung der statistischen Daten nach Bild 6.4.1, die auf der Extrapolation von Leistungsdaten konkreter Triebwerke nach Bild 4.2.1 über $X = 1$ bzw. X_{TO} hinaus beruhen, ebenso wie in Abschnitt 6.4.2. Ebenso wie dort ist mit Rücksicht auf die gleichzeitige Erhöhung der Drehzahl und des Temperaturniveaus im HD-System gegenüber einer Ausdehnung dieser Maßnahme Vorsicht geboten.

Bei der weiter reichenden, mit substantiellen Eingriffen in das ND-System verbundenen Schuberhöhung nach Methode II wird auch hier der überschaubare Sonderfall
– gleicher spezifischer Schub bei MCR und damit gleiches Fan-Druckverhältnis,
– konstante Kapazität $\Phi_{4.1}$ der HD-Turbine und Drehzahl des HD-Systems
vorausgesetzt. Ferner wird auch hier der gleiche Zusammenhang zwischen Π_V und $T_{4.1}$ bei MCR wie in Abschnitt 6.4.2, d.h. mit gleicher prozentualer Abweichung vom optimalen SBV entsprechend Bild 6.4.2 verfolgt, wobei hier allerdings bei MCR der Ausgangspunkt bei $T_{4.1} = 1600\,\text{K}$, $\Pi_V = 42$ liegt und bei 36% Schubsteigerung mit $T_{4.1} = 1750\,\text{K}$, $\Pi_V = 56$ zu rechnen ist. Damit ergeben sich für das o.a. Beispiel im betrachteten Temperaturbereich bei MCR

| $T_{4.1}$ | K | 1600 | 1750 |

in Anlehnung an Abschnitt 6.3.3 folgende Daten des HD-Systems:

Π_V	42	56
Π_{HDT}	4,0	3,43
Π_{HDV}	12,4	9,7 .

Ferner sind bei TO am heißen Tag (ISA + 15 K) die technologisch kritischen Temperaturen

HDT-Rotoreintritt	$T_{4.1}$	K	1680	1840
HDV-Austritt	T_3	K	855	920
NDT-Rotoreintritt	$T_{4.5}$	K	1250	1400

Damit ergeben sich mit dem nach den Abschnitten 3.2 und 3.5.1 bestimmten Trend des Nebenstromverhältnisses und dem nach Gln. 6.4.1 und 6.4.6 berechneten Fan-Durchsatz mit den Tendenzen $F_{rel} \sim M_{F,rel}$, $D_{F,a} \sim \sqrt{M_F}$ und $N_F \sim 1/D_{F,a}$ die in Bild 6.4.9 zusammengefaßten Kreisprozeß- und relativen Leistungsdaten.

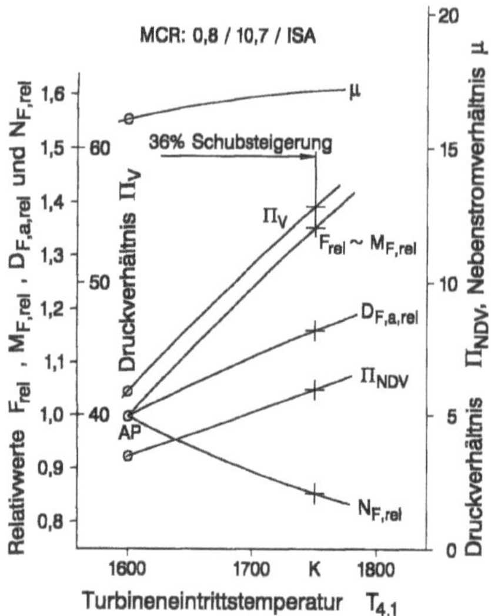

Bild 6.4.9:
Kreisprozeß- und relative Leistungsdaten
eines zivilen Mantelpropfans bei Schubsteigerung nach Methode II

Hervorzuheben ist, daß ebenso wie in Abschnitt 6.3.2 die gesamte Erhöhung des Druckverhältnisses Π_V und die Kompensation für das infolge $N_{HD} = const.$ zurückgehende
HDV-Druckverhältnis vom ND-Verdichter aufgebracht wird. Bei der Auslegung dieser
Komponente wird man sich nach dem bei maximal vorgesehener Schubsteigerung erforderlichen Druckverhältnis richten müssen, um die dabei auftretenden maximalen Strömungs-Mach-Zahlen und Druckziffern etc. zu beherrschen. In diesem Zusammenhang ist
es hilfreich, die mit zunehmender Schuberhöhung vorzusehende Vergrößerung des Fan-
Durchmessers nach Bild 6.4.9 mit entsprechend kleiner werdender Fan-Drehzahl nicht an
die ND-Welle weiterzugeben, sondern durch Erhöhung des Übersetzungsverhältnisses
des Getriebes konstante Drehzahl der ND-Welle anzustreben, zumal von dieser Maßnahme neben dem ND-Verdichter auch die ND-Turbine profitiert. Damit ergeben sich
gegenüber Abschnitt 6.3.3 folgende Änderungen der NDV-Auslegungsdaten bei MCR:

relativer Schub	F_{rel}	%	100	136
relative Drehzahl	N_{ND}	%	100	100
Druckverhältnis	Π_{NDV}		2,89	4,90
relativiertes Druckverhältnis	Y		0,485	1,0
rel. reduz. Durchsatz	Φ_{rel}		0,785	1,0

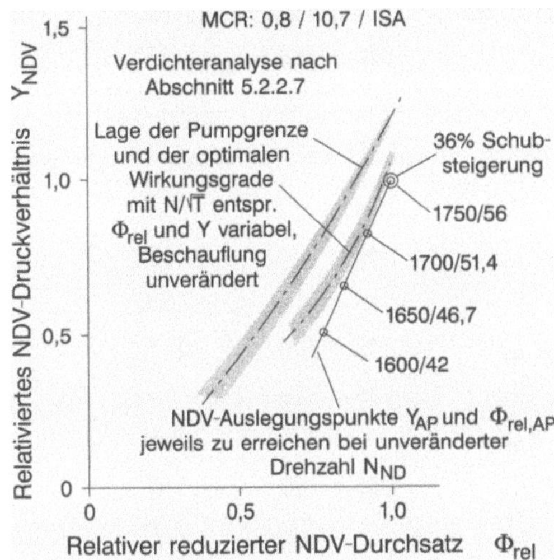

Bild 6.4.10: Relation zwischen NDV-Auslegungsdaten und statistischen Verdichterbetriebsdaten bei Erhöhung von $T_{4.1}$ und Π_V zur Schubsteigerung nach Methode II. Beispiel für Vereinbarkeit von $\Pi_{NDV} = 4{,}9$ bei $T_{4.1} = 1750$ K, $\Pi_V = 56$ entsprechend 36% Schubsteigerung, mit dem Bereich kleinerer Schubsteigerungen nach Bild 6.4.9

Die Spannweite dieser Daten läßt sich nicht mit *einer* Beschaufelung bei gleichem Ringraum bewältigen. Der Vergleich der bei Schuberhöhung bis 36% zu durchlaufenden relativen Daten Y und Φ_{rel} ist in Bild 6.4.10 – mit Vorbehalt – dem nach Abschnitt 5.2.2.7 zu erwartenden Trend der Pumpgrenze und der Lage der optimalen Wirkungsgrade bei veränderlicher Drehzahl, aber ansonsten gleichbleibendem Verdichter gegenübergestellt. Im Gegensatz dazu würde bei der Verwendung eines bestimmten ND-Verdichters im Zuge aufeinander folgender, stufenweiser Schuberhöhungen das Problem bestehen, bei gleicher Drehzahl die in Bild 6.4.10 angegebenen Werte Y_{AP} und $\Phi_{rel,AP}$ zu erreichen.

Damit wird der ND-Verdichter der Basisversion so auszulegen sein, daß mit ihm zunächst eine gewisse Schubsteigerung nach Methode I zu beherrschen ist, während bei späterer größerer Schubsteigerung nach Methode II eine Neuauslegung mit erhöhter Stufenzahl und im Eintrittsbereich erweitertem Ringraum erforderlich ist. Immerhin erhöht sich bei Schubsteigerung um 36% die spezifische Arbeit des ND-Verdichters gegenüber der Basisversion – bei gleicher Drehzahl – um ca. 57% und der reduzierte Durchsatz um ca. 30%. Ferner wird man beim ND-Verdichter sowohl bei der Basisversion als auch bei der Neuauslegung mit erhöhtem Druckverhältnis mit ausgedehnter variabler Geometrie – möglicherweise bei allen Stufen außer dem letzten Leitgitter – auszugehen haben, um den Bedingungen bei Teillast gerecht werden zu können, vgl. die Abschnitte 4.2.3 und 5.2.2.7.

An der ND-Turbine treten im betrachteten Temperaturbereich bei MCR

$$T_{4.1} \qquad \text{K} \quad 1600 \qquad 1750$$

folgende Änderungen der aerodynamischen und mechanischen Parameter auf, die aufgrund $N_{ND} = const.$ mit gleichbleibender Stufenzahl und unverändertem Ringraum beherrscht werden können:

NDT-Rotor-Eintrittstemperatur	$T_{4.5}$	K	1183	1338
Druckverhältnis	Π		11,6	13,0
relat. spezif. Arbeit	$H_{eff,rel}$	%	100	117,5
	$N_{NDT,rel}$	%	——— 100 ———	
Getriebeübersetzung	$i = N_{NDT} / N_F$		5,0	5,84
rel. Drehmoment	Md_{rel}	%	100	150
mittlere Druckziffer	$\overline{\psi}$		2,5	2,97

relative reduz. Durchsätze am

Eintritt	$\Phi_{rel,4.5}$	1,0	0,874
Austritt	$\Phi_{rel,5}$	1,0	0,985
mittlere Lieferzahl	$\overline{\varphi}$	0,77	0,73

Obwohl kein Anlaß besteht, in den NDT-Ringraum sichtbar einzugreifen, wird jedoch die Beschaufelung der erhöhten aerodynamischen Belastung anzupassen sein. Die einschneidende konstruktive Änderung tritt jedoch durch den Übergang auf die gekühlte Eintrittspartie der ND-Turbine ein, der aufgrund des Anstiegs der Temperatur $T_{4.5}$ – siehe o.a. Daten bei TO am heißen Tag – unumgänglich ist. Beachtung zu schenken ist auch der Erhöhung des Drehmoments der ND-Welle, obwohl hier im Vergleich zum Turbofan nach Abschnitt 6.4.2. die Änderung des Übersetzungsverhältnisses bzw. die konstante Drehzahl der ND-Welle weniger aggressive Änderungen im Bereich der ND-Turbine mit sich bringt. Der Belastungsparameter $A_{ax}(A/60)^2$ der letzten Stufe ändert sich nicht.

Der für die Schubsteigerung bis 36%, d.h. mit

– um 16,5% vergrößertem Fan-Durchmesser und

– ND-Verdichter mit erhöhter Stufenzahl (von 3 auf 5)

entworfene erweiterte Ringraum ist in Bild 6.4.11 jenem der Basisversion nach Bild 6.3.5b gegenübergestellt.

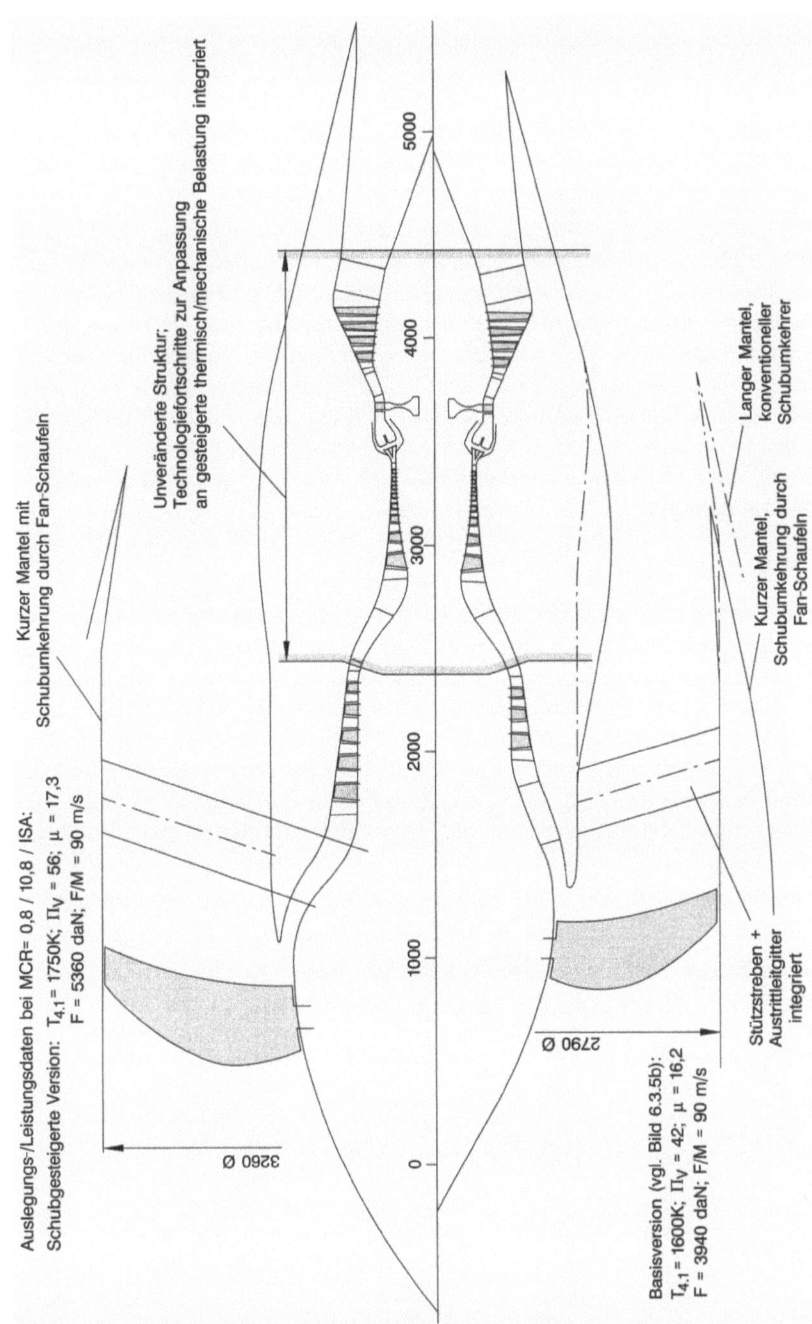

Bild 6.4.11: Änderungen der Konfiguration eines zivilen Mantelpropfans im ND-Bereich bei Schubsteigerung um 36%

Bei dem in Abschnitt 6.3.3 mit angesprochenem offenen Propfan ergeben sich bei Schubsteigerung nach Methode II die gleichen Bedingungen und Probleme wie beim hier beschriebenen Mantelpropfan, so daß darauf nicht speziell eingegangen zu werden braucht. Natürlich gelten die beim Mantelpropfan bei Teillast auftretenden Stabilitätsprobleme im Bereich des ND-Verdichters auch bei schubgesteigerten Versionen, vgl. Abschnitt 4.2.3. Besonders kritisch ist die Lage beim offenen Propfan oder Propellertriebwerk bei Teillast aufgrund der hier üblicherweise konstanten Propeller- bzw. ND-Drehzahl.

Bei 2-welliger Ausführung des Kerntriebwerks, d.h. wenn der ND-Verdichter mit einer eigenen (MD)-Turbine auf einer separaten Welle sitzt, können Stabilitätsprobleme bei Teillast weitgehend vermieden werden, wobei zugleich beim ND-Verdichter die variable Geometrie auf 1 bis 2 Leitgitter, wenn nicht auf ein verstellbares Vorleitgitter beschränkt werden kann. Dagegen besteht bei größerer Schuberhöhung entsprechend Methode II auch hier nach wie vor die Notwendigkeit, den ND-Verdichter aerodynamisch und konstruktiv, d.h. mit erhöhter Stufenzahl und im Eintrittsbereich erweitertem Ringraum, dem geforderten höheren Druckverhältnis und gesteigerten reduzierten Durchsatz anzupassen.

6.4.4 Militärische Turbofans

Gegenüber den Bedingungen bei zivilen Turbofans und Mantelpropfans sind bei Nachbrennertriebwerken die Randbedingungen, unter denen Schuberhöhungen zu erreichen sind, wesentlich eingeengt. Zunächst ist zu bemerken, daß hier aufgrund der üblicherweise von Beginn an extrem hohen mechanisch/thermischen Belastung des HD- und ND-Systems Drehzahlerhöhungen zumindest beim HD-System absolut, beim ND-System weitgehend nicht zu verantworten sind. Damit bestehen schwerwiegende Vorbehalte gegenüber der Anwendung der Methode I, „Vorschieben des Gashebels", wie die folgenden Richtwerte auf der Basis von Bild 6.4.1 – wenngleich auf sehr schmaler Datenbasis – zeigen.

Betrachtet man z.B. wie in den vorangegangenen Abschnitten eine Schuberhöhung ohne NV von 15%, so ist auf der Basis der Triebwerkdaten nach Abschnitt 6.3.4, d.h. mit den spezifischen Schüben $(F/M)_{TO} = 880$ m/s bzw. $(F/M)_{MCR} = 680$ m/s bei $Ma_0 = 0,8$, $H = 11$ km mit den Gradienten (als Mittelwerten)

$$\frac{dF_{rel}}{dX} = 2,0; \quad \frac{dY}{dX} = 1,6; \quad \frac{dZ}{dX} = 0,7;$$

$$\frac{dN_{HD,rel}}{dX} = 0,4 \quad \text{und} \quad \frac{dN_{ND,rel}}{dX} = 1,1$$

zu rechnen. Damit ergeben sich im Betriebspunkt TO (0/0, ISA) mit $\Delta X = 0,075$ folgende Änderungen:

F_{rel}	%	100	115
$T_{4.1}$	K	1900	2040
Π_V		32	35,7
T_3	K	850	877

$N_{HD,rel}$	%	100	103
$N_{ND,rel}$	%	100	108

Diese Tendenzen sind in Bild 6.4.12 den nach Abschnitt 4.2.3 zu erwartenden Daten gegenübergestellt. Mit den Bildern 4.2.12 und 4.2.14 ergibt sich ferner, daß auch das Nebenstromverhältnis und das Druckverhältnis $p_k / p_h \stackrel{\wedge}{=} p_{1.5} / p_{5.1}$ am Eintritt in den Flammhalter abnehmen. Die Abnahme des Nebenstromverhältnisses ist zwar an der Schuberhöhung beteiligt, verdient aber im Hinblick auf die Kühlung des Hitzeschildes Aufmerksamkeit.

Da die Verdichteraustrittstemperatur T_3 unter Kampfbedingungen bei 1,8/11/ISA um ca. 65 bis 70 K höher als bei TO ist, kann Methode I mit Rücksicht auf die Begrenzung von T_3 auf Werte ≤ 950 K und damit auf die thermische Belastung des HD-Systems sicher nicht beschritten werden.

Im Falle der Schubsteigerung nach Methode II, bei der Änderungen im ND-Bereich impliziert sind, muß neben der auch hier vorausgesetzten

– Verwendung eines möglichst unveränderten HD-Systems bei konstanter Drehzahl

ferner davon ausgegangen werden, daß mit Rücksicht auf den Einbau im Rumpfheck

– die Triebwerkenveloppe zumindest hinter dem NDV-Austritt bzw. vom Hauptgehäuse an stromabwärts unverändert bleibt,

– die Triebwerkstruktur innerhalb des Triebwerkmantels vom Hauptgehäuse an stromabwärts bis hin zur Düse unverändert bleiben muß, während

– im Bereich des NDV-Eintritts in Abstimmung mit dem zellenseitigen Einlaufkanal eine gewisse Vergrößerung des NDV-Eintrittquerschnitts bzw. -Außendurchmessers zugelassen ist.

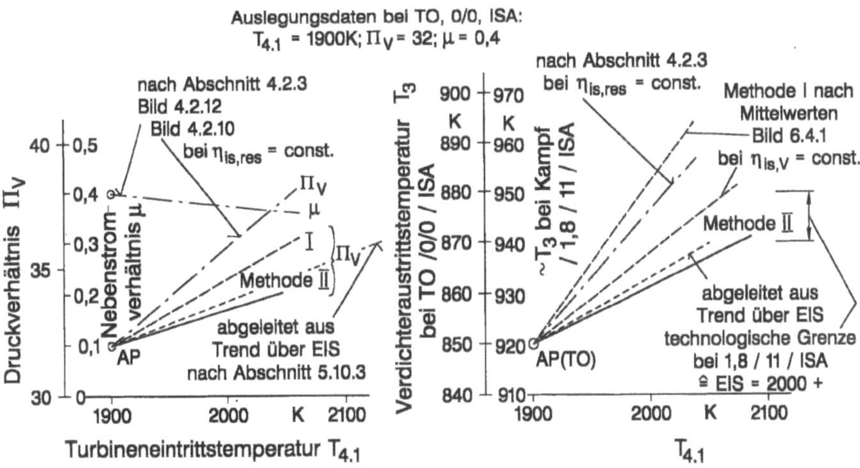

Bild 6.4.12: Änderung der Kreisprozeßparameter im Vergleich zur Technologieentwicklung bei Schubsteigerung eines Nachbrennertriebwerks nach Methode I und II

Dies ist im Einklang mit der beim Flugzeugentwurf im allgemeinen vorgesehenen Durchsatzreserve im Einlaufkanal – vor allem auch im Hinblick auf dessen Eintrittspartie – von 10 bis 15%.

Im Falle der bei aerodynamisch unverändertem HD-System konstanten Kapazität $\Phi_{4.1}$ ist bei der hier notwendigen Erhöhung von $T_{4.1}$ bei geringer Steigerung von Π_V und der Tendenz zu abnehmendem Nebenstromverhältnis μ abzusehen, daß nach Gl. 6.4.6 nur ein geringes Potential zur Erhöhung des Triebwerkdurchsatzes besteht. Entscheidend für die bei bestimmter Erhöhung von $T_{4.1}$ erreichbare Schubsteigerung ist daher die Erhöhung des NDV-Druckverhältnisses und damit des Drucks und der mittleren Gastemperatur am Nachbrennereintritt. Dabei bestehen folgende Beschränkungen:

– Die bereits angesprochene Temperatur T_3 unter Überschall-Kampfbedingungen ist entsprechend den Abschnitten 5.10.3 bzw. 6.3.4 einzuhalten.

– Nach Möglichkeit ist die Temperatur $T_{5.1}$ in dem Rahmen zu halten, der dem Einsatz metallischer Flammhalterelemente – ggf. mit konvektiver Kühlung vom kalten Kreis her – ermöglicht. Dabei dürften bei modernen, radialen Flammhalterelementen Kühlungseffektivitäten

$$\varepsilon_{FH} = \frac{T_{5.1} - T_{FH}}{T_{5.1} - T_{1.5}} = 0{,}20 \text{ bis } 0{,}25$$

kaum überschritten werden können.

– Der reduzierte Durchsatz $(M\sqrt{T}/p)_6$ unmittelbar hinter dem Flammhalter – vgl. Bild 5.4.3 – soll nach Möglichkeit nicht erhöht werden, um Probleme im Nachbrennerbereich zu vermeiden.

– Mit $\Phi_6 = const.$ bleibt auch die Düsenhalsfläche A_8 – ob mit oder ohne Nachverbrennung – jeweils konstant.

– Die optimale Mischbedingung $p_k/p_h \triangleq p_{1.5}/p_{5.1} \approx 1$ am Flammhaltereintritt soll möglichst eingehalten werden und damit im Zusammenhang

– das Nebenstromverhältnis möglichst wenig verändert werden, um die Durchströmung des Flammhalters mit gleicher Stromdichte in beiden Kreisen beizubehalten.

Eine Verkleinerung des Nebenstromverhältnisses trägt zwar unter sonst gleichen Bedingungen $T_{4.1}$ und Π_V zur Erhöhung des spezifischen Schubes bei, bringt aber bei größeren Abweichungen vom Auslegungswert die Notwendigkeit der Anpassung der Strömungsquerschnitte beider Kreise durch radiale Verschiebung im Bereich der Primär-Flammhalter des Nachbrenners mit sich, vgl. Bild 5.4.3.

Im folgenden wird davon ausgegangen, daß zusammen mit der Steigerung von $T_{4.1}$ die Erhöhung von Π_V maximal in der Weise zulässig ist, wie es dem Technologiefortschritt nach Abschnitt 5.10.3 entspricht. Der aus den Bildern 5.10.7 und 5.10.8 erhaltene Trend $\Pi_V = f(T_{4.1})$ ist in Bild 6.4.12 dem Trend nach Methode I und nach Abschnitt 4.2.3 bei fester Geometrie des Triebwerks gegenübergestellt. Unter dieser Voraussetzung ergeben sich in Anlehnung an Abschnitt 6.3.4 bei Steigerung von $T_{4.1}$ bei TO, 0/0, ISA folgende Schlüsseldaten:

$T_{4.1}$	K	1900	2050
Π_V		32	34,2
T_3	K	850	867

und die damit korrespondierenden Werte bei der Überschall-Kampfbedingung 1,8/11/ISA

| $T_{4.1}$ | K | 1930 | 2080 |
| T_3 | K | 920 | 937 |

Für das HD-System ergeben sich daraus im Anschluß an die Auslegungsdaten nach Abschnitt 6.3.4 die Kreisprozeßdaten für TO, 0/0, ISA

$T_{4.1}$	K	1900	2050
Π_{HDV}		6,1	5,76
Π_{HDT}		2,85	2,63

und die Temperatur am NDT-Eintritt nach Zufuhr der HDT-Kühlluft

| $T_{4.5}$ | K | 1522 | 1676 |

Dies heißt praktisch, daß bei der Steigerung von $T_{4.1}$ mit $N_{HD} = const.$ die Kapazität $\Phi_{4.5}$ der ND-Turbine von 100 auf 93,5% verkleinert werden muß.

Aus der Abgleichung der Drücke $p_{1.5}$ und $p_{5.1}$, die entsprechend Abschnitt 3.5.3 mit dem Parameter $\beta = 1$ nach Gln. 3.5.37 und 3.5.42 erfolgt, ergeben sich mit dem Düsendruckverhältnis ohne NV, $\Pi_D = p_6 / p_2$, die (fiktiven) reduzierten Strahlgeschwindigkeiten $(C/\sqrt{T})_{k,6} = (C/\sqrt{T})_{h,6}$ nach Bild 6.4.13. Dabei ist die bei $\Phi_6 = const.$ geforderte Tendenz des Nebenstromverhältnisses, die zugleich einer auf den kalten Kreis konzentrierten Durchsatzerhöhung entspricht, kenntlich gemacht. Zugleich ist mit dem Druckverhältnis $p_6 / p_{1.3} = 0{,}94$ – vgl. Abschnitt 6.3.4 – das NDV-Druckverhältnis im kalten Kreis festgelegt, das mit den o.a. Daten bei

| $T_{4.1}$ | K | 1900 | 2050 |

in den Bereich

| $\Pi_{NDV,k}$ | | 4,90 | 5,20 |

zu liegen kommt. Da aufgrund der o.a. Daten des HD-Systems bei $N_{HD} = const.$ das NDV-Druckverhältnis im heißen Kreis

$$\Pi_{NDV,h} = \Pi_V / \Pi_{HDV}$$

in Abhängigkeit von $T_{4.1}$ und Π_V vorgegeben ist, ergibt sich daraus mit $\Pi_{NDV,k}$ die Relation nach Gl. 6.3.6

$$Y_{NDV} = \left(\frac{\Pi_h - 1}{\Pi_k - 1}\right)_{NDV},$$

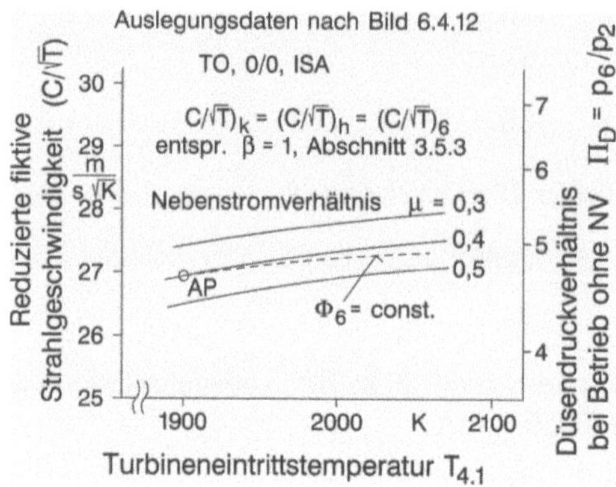

Bild 6.4.13: Fiktive reduzierte Strahlgeschwindigkeit $(C/\sqrt{T})_6$ nach Zusammenführung beider Kreise bei $p_{1.5}/p_{5.1} = 1$ im Zuge der Schubsteigerung nach Methode II

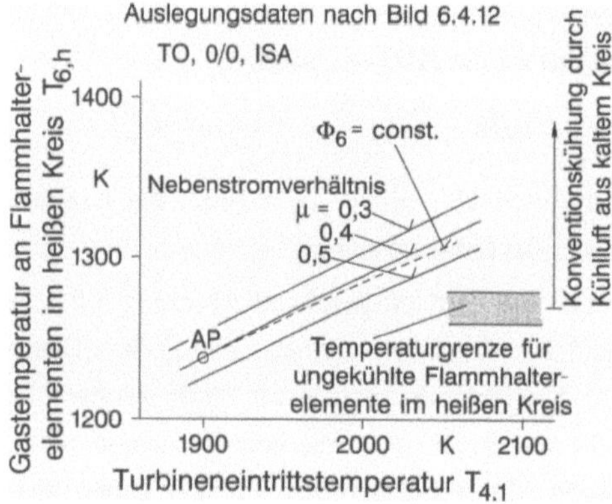

Bild 6.4.14: Thermische Belastung der Flammhalterelemente im heißen Kreis bei Schubsteigerung nach Methode II

die vom Auslegungswert $Y_{NDV} = 1{,}08$ bei $T_{4.1} = 1900\ \text{K}$ auf den bei $T_{4.1} = 2050\ \text{K}$ zu erwartenden, noch akzeptabel erscheinenden Wert $Y_{NDV} = 1{,}17$ ansteigt.

Der beim ND-Verdichter eintretende Anstieg der spezifischen Arbeit um 9% führt zusammen mit der hier vorgesehenen Erhöhung des Nebenstromverhältnisses bei der ND-Turbine zu einer Erhöhung ihrer spezifischen Arbeit um ca. 12%. Die beim ND-Verdichter ferner eintretende Durchsatzerhöhung um ca. 6% kann mit den Auslegungsdaten nach Abschnitt 6.3.4 noch mit den selben radialen Ringraumabmessungen realisiert werden, so daß bei einer Erhöhung der mittleren Druckziffer $\overline{\psi}_{NDV}$ von 0,80 auf 0,87 auch die Drehzahl unverändert bleiben kann. Dagegen ist mit Rücksicht auf die geforderte Pumpgrenzenreserve eine Änderung der axialen Abmessungen in Betracht zu ziehen. Ferner ist auf der ND-Turbinenseite neben der geringen Änderung der reduzierten Durchsätze $\Phi_{4.5}$ (siehe HD-Turbine) und Φ_5 – ebenfalls bei gleichem Ringraum – eine Erhöhung der Druckziffer von $\psi = 3{,}3$ auf 3,6 erforderlich. Allerdings müssen die Beschaufelungen beider Komponenten entsprechend der erhöhten aerodynamischen Belastung geändert werden.

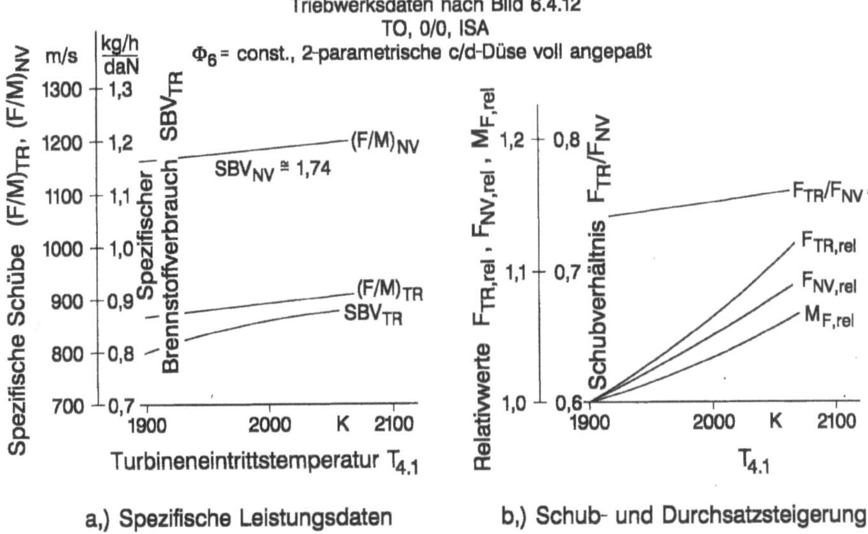

a,) Spezifische Leistungsdaten   b,) Schub- und Durchsatzsteigerung

Bild: 6.4.15: Schubsteigerung bei einem Nachbrennertriebwerk nach Methode II

Ferner ist in Bild 6.4.14 die Temperatur $T_{5.1} = T_{6,h}$ am Flammhalter im heißen Kreis dargestellt. Danach stellt die bei $T_{4.1} = 2050\,K$ zusammen mit $\mu = 0{,}44$ sich einstellende Temperatur $T_{5.1} \approx 1306\,K$ beim Einsatz metallischer Flammhalter mit konvektiver Kühlung aus dem kalten Kreis die mit Rücksicht auf die Kampfbedingung 1.8/11/ISA äußerstens vorstellbare technologische Grenze dar. Damit ergeben sich im Vergleich mit den Auslegungsdaten nach Abschnitt 6.3.4 und in Ergänzung zu Bild 6.4.15 folgende Daten bei *TO*, 0/0, ISA

$T_{4.1}$	K	1900	2050
Π_V		32	34,3
$\Phi_{6,rel}$		——— 100% ———	
μ		0,40	0,44
$T_{5.1}$	K	1238	1306
$\Pi_{NDV,k}$		4,90	5,20
$\Pi_{NDV,h}$		5,26	5,94
$M_{F,rel}$	%	100	105,7

Betrieb ohne *NV*:

$\Pi_{D,TR}$		4,60	4,88
$(F/M)_{TR}$	m/s	858	897
$F_{TR,rel}$	%	100	110,6

Betrieb mit NV:

$\Pi_{D,NV}$		4,46	4,71
$(F/M)_{NV}$	m/s	1170	1195
$F_{NV,rel}$	%	100	108
F_{TR}/F_{NV}		0,734	0,750

Wie man sieht, liegen die erreichbaren Schubsteigerungen deutlich unter den Werten nach Methode I und halten sich unter den hier vorliegenden Einschränkungen in bescheidenen Grenzen.

Die bei Anwendung der Methode II angesetzte Bedingung $\Phi_6 = const.$, die zugleich zu konstanter Düsenhalsfläche führt, ist indessen nicht notwendigerweise einzuhalten. Wird im Zuge der Schubsteigerung zur stärkeren Erhöhung des spezifischen Schubes der Übergang zu kleinerem Nebenstromverhältnis, z.B. $\mu = 0,3$, ins Auge gefaßt, so ergibt sich wie erwartet eine Tendenz zu kleineren Werten Φ_6 und damit zu kleinerer Düsenhalsfläche A_8. Dabei wird jedoch bei unverändertem Kerntriebwerk der Gesamtdurchsatz entsprechend des geringeren Durchsatzes im kalten Kreis ebenfalls verkleinert, so daß die resultierende Schubsteigerung bei gleichen Werten $T_{4.1}$ geringer ist. So gesehen macht der Übergang zu kleinerem Nebenstromverhältnis nur Sinn, wenn zugleich die Kapazität des Kerntriebwerks durch Änderung der HDV- und HDT-Beschaufelung erhöht wird. Vorstellbar ist dabei eine Kapazitätserhöhung um max. 10%, so daß sich damit der Gesamtdurchsatz entsprechend $1,1 \cdot 1,3/1,4 = 1,02$ etwas erhöht. Wird aber eine Kapazitätserhöhung des Kerntriebwerks grundsätzlich akzeptiert, um größere Schubsteigerung zu realisieren, so kann diese auch unter Beibehaltung des Nebenstromverhältnisses – z.B. 0,4 – durchgeführt werden, so daß der Gesamtdurchsatz und damit auch Φ_6 sich um 10% erhöhen würde. Geht man ferner davon aus, daß diese Durchsatzerhöhung – bei gleicher Triebwerkenveloppe, aber etwas größerer Düsenhalsfläche – trotz erhöhter Druckverluste in der Brennkammer, im Nebenstrom- und Abgaskanal sowie im Flammhalter und Nachbrenner weitestgehend in Schuberhöhung umgesetzt werden kann, so sind nach der o.a. Datentabelle im Rahmen der in Betracht gezogenen Steigerung von $T_{4.1}$ Schubsteigerungen ohne (mit) NV im Bereich um 22 (19)% erreichbar. Dabei sind allerdings moderate Auslegungsdaten – vor allem niedrige axiale Mach-Zahlen im Bereich der Turbomaschinen und des Nachbrenners – wie sie in Abschnitt 6.3.4 vorausgesetzt wurden – eine wichtige Vorbedingung.

Zum Zeitpunkt des Triebwerkentwurfs wird es besonders schwierig sein, bei der Festlegung der Kreisprozeßparameter $T_{4.1}$ und Π_V bzw. T_3 und der mechanisch/thermischen Belastung der Rotoren unter Rücksichtnahme auf spätere Leistungssteigerungen hinter dem verfügbaren technologischen Standard zurückzubleiben. Daher wird mit Rücksicht auf die sowohl zeitlich als auch im Umfang ohnehin nicht im voraus bestimmbare Schubsteigerungsrate bei der Dimensionierung des NDV-Eintritts zusammen mit dem Flugzeugeinlauf eine gewisse Querschnittreserve vorgesehen werden müssen, um spätere Durchsatzerhöhungen wenigstens prinzipiell zu ermöglichen. Die zur Realisierung der Schubsteigerung in jedem Falle erforderliche Steigerung von $T_{4.1}$ und Π_V bzw. T_3 wird jedoch nur mit nachträglich verfügbar werdender Technologie im Sinne von Abschnitt 5.10.3 möglich sein.

6.4.5 Wellenleistungstriebwerke

Während bei Turbofans/Mantelpropfans unter sonst gleichen Bedingungen (Nebenstromverhältnis, Fluggeschwindigkeit) nach Gl. 3.5.34 wegen

$$SBV_{ZTL} \approx \frac{SBV_{TL}}{\sqrt{(1+K\cdot\mu)}\dfrac{A}{C}-\dfrac{B}{C}}$$

die Erhöhung von $T_{4.1}$ nach Bild 3.2.1 bzw. 6.4.2 von starker Erhöhung von Π_V begleitet sein muß, um den SBV_{ZTL} zu halten oder zu verbessern, ist bei Wellenleistungstriebwerken nach den Bildern 3.7.1 bzw. 3.8.4 bei Erhöhung von $T_{4.1}$ selbst dann eine Verbesserung des SBV zu erwarten, wenn Π_V konstant gehalten wird.

Auch hier können die von den vorausgegangenen Abschnitten her bekannten Methoden I und II verfolgt werden.

Aus statistischen Daten konkreter Triebwerke – wenn auch auf äußerst schmaler Datenbasis nach Bild 4.2.1 – erhält man im Sinne der Methode I, „Vorschieben des Gashebels", die Gradienten bei teilweise erheblicher Streuung in der Größenordnung

$$\frac{dP_{rel}}{dX}=2{,}4 \text{ bis } 3{,}4; \quad \frac{dY}{dX}=1{,}6 \text{ bis } 2{,}1$$

$$\frac{dZ}{dX}=0{,}60 \text{ bis } 0{,}63; \quad \frac{dN_{rel,Gg}}{dX}=0{,}34 \text{ bis } 0{,}43 \ .$$

Geht man auch hier von einer Leistungssteigerung von 15% aus, dann ist mit $\Delta X = 0{,}052$ bei einem Triebwerk nach Abschnitt 6.3.5 mit den Auslegungsdaten bei TO, 0/0, ISA

$$T_{4.1} = 1600 \text{ K}; \quad \Pi_V = 16$$

im Mittel mit folgenden Änderungen der Kreisprozeßparameter etc. zu rechnen:

relative Wellenleistung					
P_{rel}	%	von	100	auf	115
Π_V	–		16		17,4
$T_{4.1}$	K		1600		1685
T_3	K		696		717
$N_{rel,Gg}$	%		100		102

Auch hier ist größeren Leistungssteigerungen aufgrund der gleichzeitigen Erhöhung der Drehzahl und des Temperaturniveaus im Gasgenerator mit Vorsicht zu begegnen.

Die bei Triebwerken für Kampfhubschrauber mit Rücksicht auf den Flug in Bodennähe aus Sicherheitsgründen geforderte kurzzeitige Notleistung im Bereich 125 bis 130% P_{TO} führt bei den dabei relevanten Parametern $T_{4.1}$, Π_V und N_{Gg} zu Konsequenzen, die der Leistungssteigerung nach Methode I entsprechen. Daraus ergibt sich zugleich, daß auf diesen Gesichtspunkt bereits bei der Projektierung Rücksicht genommen werden muß.

Bei der Methode II für größere Leistungssteigerungen bis 40%, bei der konstruktive Änderungen in Kauf genommen werden, wird hier vorausgesetzt, daß
- die Drehzahl des Gasgenerators konstant bleibt,
- bei Erhöhung von $T_{4.1}$ das Druckverhältnis der Verdichterturbine ebenfalls konstant bleibt und
- zumindest des Ensemble RV-Endstufe, Brennkammer und Verdichterturbine unverändert bleibt.

Vom Standpunkt des Technologiefortschritts mag es sinnvoll sein, der Tendenz $\Pi_V = f(T_{4.1})$ nach den Bildern 5.10.13 und 5.10.14 zu folgen oder diese zumindest im Auge zu behalten.

Mit der Festlegung $\Pi_{VT} = const.$ ist mit der Erhöhung von $T_{4.1}$ wegen

$$H_{eff,VT} \sim T_{4.1} \quad \text{und} \quad (H_T / H_V)_{eff,Gg} = const.$$

$$H_{eff,V} \sim T_{4.1}$$

und damit die Steigerung des Verdichterdruckverhältnisses eindeutig festgelegt. Daraus folgt in Anlehnung an Gl. 6.4.6 die Erhöhung des Verdichterdurchsatzes aus

$$M_{V,rel} = \frac{1}{(1+m)_{rel}} \cdot \left(\frac{\Pi_V}{\sqrt{T_{4.1}}} \right)_{rel} = f(T_{4.1})$$

Für das Beispiel aus Abschnitt 6.3.5 mit den o.a. Auslegungsdaten ergeben sich damit bei 40% Leistungssteigerung folgende Änderungen der Kreisprozeß- und Betriebsparameter bei TO, 0/0, ISA:

relative Wellenleistung	P_{rel}	%	von	100	auf	140
	$T_{4.1}$	K		1600		1750
	Π_V	–		16		19,1
	T_3	K		696		737
	M_V	kg/s		100		114
	Π_{VT}	–		—— 3,85 ——		
	$T_{4.5}$	K		1190		1320
	Π_{NT}	–		3,55		4,20

Dabei ist vorausgesetzt, daß die Düsenfläche so angepaßt ist, daß das Düsendruckverhältnis $\Pi_D = 1{,}10$ erhalten bleibt. Die spezifische Wellenleistung ist

$$P/M_V \quad \frac{\text{kW}}{\text{kg/s}} \qquad\qquad 330 \qquad\qquad 410$$

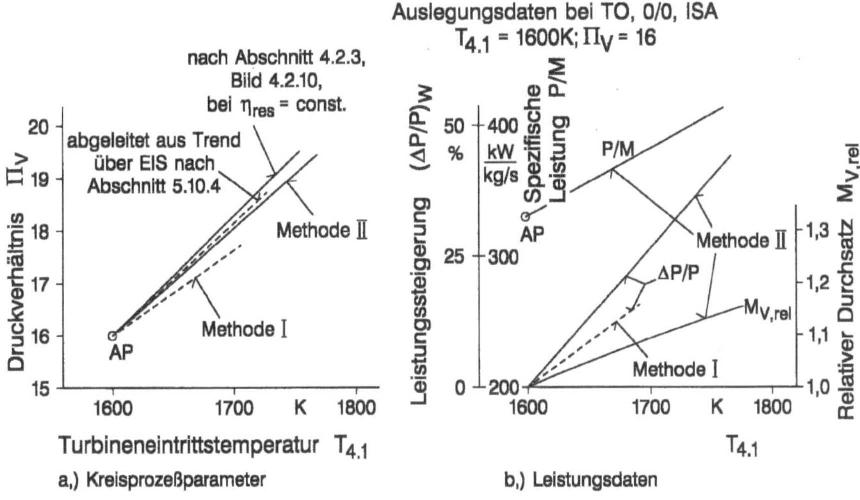

Bild 6.4.16: Kreisprozeß- und Leistungsdaten bei Leistungsteigerung eines Wellenleistungstriebwerks

Hierzu ist in Bild 6.4.16a der Trend $\Pi_V = f(T_{4.1})$ bei Leistungssteigerung nach den Methoden I und II dem Trend entsprechend dem Technologiefortschritt nach den Bildern 5.10.13 und 5.10.14 gegenübergestellt. Im übrigen stimmt der Trend nach Methode I – wie zu erwarten – mit der Tendenz $Y_0 = f(X)$ nach Bild 4.2.10, d.h. bei Extrapolation über $X = 1$ bzw. X_{TO} hinaus und für $\eta_{res} = const.$, gut überein. Ferner zeigt Bild 6.4.16b u.a. die nach Methode I und II bei Erhöhung von $T_{4.1}$ erreichbare Leistungssteigerung.

Auf der Verdichterseite wird auf der Basis des Ax/R-Verdichters vorausgesetzt, daß die radiale Endstufe nicht verändert wird. Nimmt man nach Abschnitt 6.2.5 bzw. Bild 6.2.27 mit Rücksicht auf die Kühlluftentnahme für die Nutzturbine nach dem Axialteil an, daß die Relation

$$p_{4.2}/p_{2.4} \le 0{,}8 \text{ entsprechend } (H_I/H_{II})_{\mathit{eff}} \triangleq (H_{Ax}/H_{RV})_{\mathit{eff}} \ge 0{,}8$$

ist, dann ergeben sich im Auslegungspunkt mit $(H_{Ax}/H_{ges})_{\mathit{eff}} = 0{,}50$ die Druckverhältnisse

$$\Pi_{Ax} = 5{,}47; \quad \Pi_{RV} = 2{,}93$$

und bei 40% Leistungssteigerung aufgrund der Zunahme von $T_{4.1}$ und entsprechend der auf den Axialteil konzentrierten Zunahme der spezifischen Arbeit $(\Delta H / H)_{eff,Ax} = 18,8\%$ bzw. $(\Delta H / H)_{eff,ges} = 9,4\%$ die Druckverhältnisse

$$\Pi_{Ax} = 7,08; \ \Pi_{RV} = 2,70$$

Mit Blick auf Abschnitt 5.2.2.6 ergibt sich, daß bei moderaten Auslegungsdaten die im Axialteil verlangte Leistungssteigerung ohne Änderung des Ringraums oder gar der Stufenzahl bewältigt werden kann. Hierzu in Anlehnung an Abschnitt 6.3.5 folgende Gegenüberstellung der relevanten aerodynamischen Parameter bei TO, 0/0, ISA

relative Wellenleistung	P_{rel}	%	100	140
mittlere Druckziffer	$\overline{\psi}$		0,65	0,785
mittlere Lieferzahl	$\overline{\varphi}$		0,55	0,578
mittlere Drosselziffer	$\overline{\psi}/\overline{\varphi}^2$		2,15	2,35
axiale Mach-Zahl				
am Eintritt	$Ma_{ax,2}$		0,55	0,665
am Austritt	$Ma_{ax,2.4}$		0,43	0,40
mittleres Stufendruckverhältnis bei 4 Stufen	$\overline{\Pi}_{St}$		1,53	1,63

Bei dieser Leistungssteigerung sind somit die Anforderungen an die Aerodynamik des Axialteils mit Blick auf Abschnitt 5.2.2.6 zwar aggressiv, liegen aber nicht außerhalb der technischen Möglichkeiten.

Mit Sicherheit ist beim Axialverdichter von Beginn an variable Geometrie in großem Umfang erforderlich, vgl. Abschnitt 5.2.2.7.

Bei der Nutzturbine stellt sich mit Blick auf Abschnitt 5.2.3.2 ebenfalls heraus, daß bei moderaten aerodynamischen Auslegungsdaten Ringraum und Stufenzahl unverändert bleiben können. Ausgehend von den Auslegungsdaten nach Abschnitt 6.3.5 ergibt sich bei 2-stufiger Ausführung folgender Datenvergleich für TO, 0/0, ISA

relative Wellenleistung	P_{rel}	%	100	140
relative spezifische Arbeit	$H_{eff,rel}$	%	100	123,5
	$\Phi_{4.5,rel}$	%	——— 100 ———	
	$\Phi_{5,rel}$	%	100	117
	$N_{NDT,rel}$	%	——— 100 ———	
	$\overline{\psi}$		3,0	3,7
	$\overline{\varphi}$		0,705	0,790
axiale Mach-Zahl				
am Eintritt	$Ma_{ax,4.5}$		——— 0,40 ———	
am Austritt	$Ma_{ax,5}$		0,35	0,40

Somit kann bei der Bauweise mit Ax/R-Verdichter beim Entwurf des Axialverdichters und der Nutzturbine bei moderaten Auslegungsparametern im Sinne der Abschnitte 5.2.2.6 und 5.2.3.2 davon ausgegangen werden, daß das gesamte Triebwerk in seinen Hauptabmessungen erhalten bleibt, wenngleich die Beschaufelungen des Axialverdichters und der Nutzturbine den anspruchsvolleren aerodynamischen Bedingungen angepaßt werden müssen.

Bei Ausführung des Verdichters als 2-stufiger Radialverdichter besteht z.B. nach Abschnitt 6.2.5 bei einer Relation $(H_I/H_{II})_{eff} = 1{,}1$ bzw. $(H_I/H_{ges})_{eff} = 0{,}525$ bei 40% Leistungssteigerung die Notwendigkeit, die spezifische Arbeit der 1. Stufe bei gleicher Drehzahl um 19% zu erhöhen, so daß sich die Relation $(H_I/H_{ges})_{eff} = 0{,}570$ ergibt. Geht man davon aus, daß das Durchmesserverhältnis $(D_I/D_{II})_2$ im Bereich $\leq 1{,}10$ bis $1{,}15$ liegen soll und die Druckziffern der beiden Stufen in dem durch Bild 5.2.2.67 gegebenen Rahmen bleiben sollen, so liegen die praktisch in Frage kommenden Möglichkeiten entsprechend

$$\frac{\psi_I}{\psi_{II}} = \frac{(H_I/H_{II})_{eff}}{(D_I/D_{II})_2^2} \tag{6.4.7}$$

z.B. bei $\psi_{II} = 1{,}5$ in folgendem Bereich:

relative Leistung	P_{rel}	%	=	100	140
	$(H_I/H_{II})_{eff}$		=	1,10	1,30
$(D_I/D_{II})_2 = 1{,}10$	ψ_I		=	1,36	1,60
$(D_I/D_{II})_2 = 1{,}20$	ψ_I		=	1,14	1,35

Geht man davon aus, daß mit Rücksicht auf die Stabilität des Verdichters bei Teillast $\psi_I < \psi_{II}$ sein soll, so ist bei Anlehnung an die – sehr schmale – Datenbasis nach Bild 5.2.2.67 die Relation

$$\psi_I = 1{,}3 \text{ bis } 1{,}4 \text{ bei } \psi_{II} = 1{,}5 \text{ bis } 1{,}6$$

sinnvoll und realistisch. Somit besteht im Zuge der hier angesprochenen Leistungssteigerung von 40% die Forderung nach einem Durchmesserverhältnis im Bereich $(D_I/D_{II})_2 = 1{,}15$ bis $1{,}20$.

Bei dem in Einzelfällen anzutreffenden, etwas aufwendigeren Konzept mit 2-welligem Gasgenerator – mit Ax/R- oder 2R-Verdichter – wird bei Leistungssteigerung im hier diskutierten Ausmaß die hier angesprochene Problematik vermieden, d.h. das ND- und HD-System des Gasgenerators können nach Methode II – allenfalls mit Anpassung der Beschaufelung des ND-Verdichters – bei konstanter Drehzahl des HD-Systems auf höhere Leistung gebracht werden. Darüber hinaus kann hier beim Ax/R-Verdichter auf die variable Geometrie beim ND-Verdichter – ausgenommen allenfalls das Vorleitgitter – verzichtet werden.

6.5 Familienkonzept bei zivilen Turbofans und Mantelpropfans

Im Bereich der Triebwerke für Verkehrsflugzeuge zeigt die bisherige Praxis die Tendenz, daß erprobte, im praktischen Einsatz bewährte bzw. betriebssichere Kerntriebwerke (HD-Systeme)

- bei Schubsteigerungen möglichst ohne Änderungen erhalten bleiben (vgl. Abschnitte 6.4.2 und 6.4.3), oder
- die Basis für Neuentwicklungen bilden. Auch hier wird man die Betriebsbedingungen, auf denen die Erfahrungen im praktischen Einsatz beruhen, möglichst nicht zu weit ausdehnen.

Besonders attraktiv erscheint die Entwicklung – in Schritten – einer Triebwerkfamilie, die einen größeren Schubbereich – z.B. im Verhältnis 1:3 – abdeckt, um damit dem Kunden eine Kette von Triebwerkmustern anbieten zu können, die den gesamten Bereich vom

- kleinen, besonders kostengünstigen Triebwerk für kleine Regional- oder Kurzstrecken-Verkehrsflugzeuge bis hin zu
- großen, besonders im SBV anspruchsvollen Triebwerken für Langstrecken-Verkehrsflugzeuge

abdecken. Damit werden folgende Vorteile erreicht:

- Die Entwicklungsdauer und -kosten eines neuen Triebwerks dieser Familie können herabgesetzt werden,
- die mit dem bestehenden Kerntriebwerk gesammelten Betriebserfahrungen summieren sich,
- die Erhaltungskosten des gemeinsamen Kerntriebwerks der Familie, die einen hohen Anteil der gesamten Erhaltungskosten ausmachen, können rationalisiert werden und
- technische Verbesserungen aufgrund verfügbar werdender neuer Technologien kommen mehreren Triebwerken zugute.

Obwohl das Konzept einer solchen Triebwerkfamilie auf der Basis eines HD-Systems mit 1- oder 2-stufiger HD-Turbine gleichermaßen entworfen werden kann, erscheint es im Hinblick auf die Abdeckung eines großen Schubbereichs mit der dabei notwendigen Variation der Druckverhältnisse vorteilhaft, von einem HD-System mit 1-stufiger HD-Turbine auszugehen. In jedem Falle wird man – ebenso wie in den Abschnitten 6.4.2 bis 6.4.4 – ein bestimmtes Kerntriebwerk unter verschiedenen Parametern $T_{4.1}$ und Π_V mit konstanter mechanischer Drehzahl betreiben, damit bei gleicher mechanischer Beanspruchung nur auf die unterschiedliche thermische Belastung Rücksicht genommen zu werden braucht.

Von vornherein ist klar, daß mit *einem* – möglichst identischen – Kerntriebwerk nur dann ein großer Schubbereich abgedeckt werden kann, wenn die Parameter $T_{4.1}$ und Π_V einen großen Bereich überdecken und zudem das Nebenstromverhältnis, dem gleichen Trend folgend, verändert wird. Daher sei in Anlehnung an Bild 6.4.2 und die Abschnitte 6.4.2 und 6.4.3 bei MCR von einem Bereich der Turbineneintrittstemperatur

$$T_{4.1} = 1400 \text{ bis } 1700 \text{ K}$$

und Druckverhältnisse

$$\Pi_V = 26 \text{ bis } 56$$

ausgegangen. Dieser Trend wird – dem Einsatz der Triebwerke folgend – kombiniert mit einer Verkleinerung des spezifischen Schubes bei MCR vom kleinsten zum größten Triebwerk entsprechend

$$F / M = 170 \text{ auf } 90 \text{ m/s} .$$

Mit dem gewählten, für die günstige Tendenz des SBV bei Steigerung von $T_{4.1}$ und Π_V besonders vorteilhaften Zusammenhang $\Pi_V = f(T_{4.1})$ entsprechend Bild 6.4.2 und bei konstanter Relation $M_V \sim M_{HDT} = M_{4.1}$ ergibt sich mit konstanter (kritischer) HDT-Kapazität $M_{korr,4.1}$ zugleich, daß auch der im allgemeinen als Kerntriebwerk-Kapazität bezeichnete Wert $M_{korr,3}$ etwa konstant ist, vgl. hierzu Abschnitt 6.11.3 bzw. Bild 6.11.16. Im übrigen besteht bzgl. der Auslegungsdaten des HD-Systems eine gewisse Freiheit. Wählt man das Druckverhältnis der HD-Turbine $\Pi_{HDT} = 4.0$ bei $T_{4.1} = 1500$ K und $\Pi_V = 36$, dann ist bei dem für EIS = 2000 in Abschnitt 6.2.2 anzunehmenden Verhältnis

$$(H_T / H_V)_{eff} = 1{,}13$$

bei $N_{HD} = const.$ im gesamten Auslegungsbereich die spezifische Arbeit

$$H_{eff,HDT} = 432 \cdot 10^3 \text{ m}^2/\text{s}^2; \quad H_{eff,HDV} = 383 \cdot 10^3 \text{ m}^2/\text{s}^2 .$$

Damit liegen zugleich im gesamten angesprochenen Bereich $T_{4.1}$ und Π_V die Hauptdaten des HD-Systems

$$\Pi_{HDV}, \Pi_{HDT}, T_{2.4} \text{ und } T_{4.5}$$

mit den relativen Kapazitäten

$$\Phi_{2.4} / \Phi_{4.1} \text{ und } \Phi_{4.5} / \Phi_{4.1}$$

fest, vgl. hierzu Bild 6.5.1.

Die Erhöhung des HDV-Druckverhältnisses zu kleineren Werten $T_{4.1}$ und Π_V hin mag aufgrund der damit nötigen Rücksichtnahme auf das mittlere Stufendruckverhältnis und die Anström-Mach-Zahlen etc. als für die Mehrfachanwendung des HD-Systems zu zahlender Preis angesehen und damit hingenommen werden. Ohne Zweifel überdecken die Betriebsdaten des HD-Systems bei $N = const.$ mit den Werten bei MCR

$T_{4.1}$	K	1400	bis	1700
Π_{HDT}		4,48	bis	3,29
Π_{HDV}		13,6	bis	6,86
$M_{korr,2.4}$	%	100	bis	57
$N / \sqrt{T_{2.4}}$	%	100	bis	81

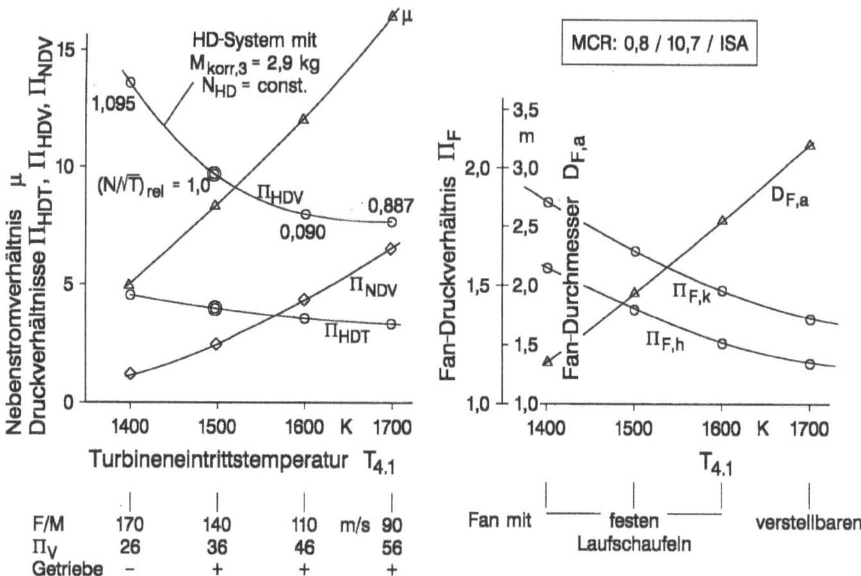

Bild 6.5.1: Konzeptionelle und aerodynamische Daten einer Triebwerkfamilie mit gleichem HD-System für den zivilen Luftverkehr im *TO*-Schubbereich 9000 bis 27000 daN (20000 bis 60000 lbs)

einen sehr weiten Bereich. Damit erfordert die Abstimmung der Arbeitspunkte mit dem HDV-Kennfeld – nicht zuletzt auch bei Teillast – besondere Aufmerksamkeit, vgl. hierzu Abschnitt 6.4.2 bzw. Bild 6.4.4. Zwar könnte diese Problematik durch eine flachere „Familien"-Charakteristik $\Pi_V = f(T_{4.1})$ – vgl. Bild 6.4.2 – und/oder die Einschränkung des umschlossenen Bereichs $T_{4.1}$ reduziert werden. Zugleich ergäbe sich daraus jedoch eine Einschränkung des abgedeckten Schubbereichs.

Zur Bestimmung des Nebenstromverhältnisses werden analog den Abschnitten 6.3.2 und 6.3.3 nach der in den Abschnitten 3.2 bis 3.5 beschriebenen Methode die Relationen

$$F_{ZTL} / F_{TL} \quad \text{und} \quad (F/M)_{ZTL} / (F/M)_{TL}$$

bestimmt und damit nach Gl. 3.5.32 das Nebenstromverhältnis ermittelt.

Aus dem Fan-Druckverhältnis im kalten Kreis, das durch den spezifischen Schub – weitgehend unabhängig von den übrigen Kreisprozeßparametern – gegeben ist, kann nach Abschnitt 5.2.2.2 mit μ auch das Fan-Druckverhältnis im heißen Kreis bestimmt werden. Damit sind alle Voraussetzungen für die Ermittlung der Komponentendaten wie

$$\Pi_{Boo} \quad \text{bzw.} \quad \Pi_{NDV} \quad \text{und} \quad \Pi_{NDT}$$

analog den Abschnitten 6.3.2 und 6.3.3 gegeben. Des weiteren ergibt sich der Triebwerkdurchsatz nach Gl. 6.4.6.

Der mit zunehmenden Werten $T_{4.1}$, Π_V und μ sichtbar besser werdende SBV ergibt sich aus

$$\frac{B}{F} = \frac{B/M_V}{(F/M_F)\cdot(1+\mu)} = \frac{m_{BK}\cdot M_{BK}/M_V}{(F/M_F)\cdot(1+\mu)} \; . \tag{6.5.1}$$

Daraus resultieren folgende Hauptdaten der in Betracht gezogenen 4 Varianten bzw. Mitglieder einer Triebwerkfamilie bei MCR, nach zunehmendem Schub geordnet:

		①	②	③	④

mit den von vornherein festgelegten spezifischen Schüben

F/M	m/s	170	140	110	90

und den Kreisprozeßdaten

$T_{4.1}$	K	1400	1500	1600	1700
Π_V		26	36	46	56
μ		5,0	8,3	12,1	16,4

bei gleicher Kerntriebwerkkapazität

$$M_{korr,3} = 2,90 \text{ kg/s}$$

die Kerntriebwerkdurchsätze,

M_V	kg/s	17,5	23,3	28,8	34,0

die Fan-Durchsätze

M_F	kg/s	105	216	378	592

und damit die Leistungsdaten bei MCR

F	daN	1780	3020	4160	5320
SBV	$\dfrac{\text{kg/h}}{\text{daN}}$	0,565	0,490	0,485	0,482

Aus den eingangs getroffenen Festlegungen zum HD-System und den obigen Kreisprozeßdaten resultieren bei MCR die folgenden Komponentendaten

$\Pi_{F,k}$	1,86	1,66	1,49	1,38
$\Pi_{F,h}$	1,58	1,40	1,27	1,19
Π_{Boo} bzw. Π_{NDV}	1,15	2,40	4,31	6,54
Π_{HDV}	13,60	9,92	7,98	6,86
Π_{HDT}	4,48	4,00	3,60	3,29
Π_{NDT}	4,0	6,4	9,5	13,7

Ferner ist – wie eingangs angesprochen – davon auszugehen, daß die Varianten ① und ②
für 2-strahlige Kurz- und Mittelstrecken-Flugzeuge, die Varianten ③ und ④ für (2-) 4-
strahlige Langstrecken-Flugzeuge gedacht sind. Damit ergeben sich in Anlehnung an die
Abschnitte 6.3.2 und 3 die Schubrelationen

	①	②	③	④
$\dfrac{F_{MCR}}{F_{TO}}$	——— 0,20 ———		——— 0,233 ——— (0,200)	

und damit bei der Reiseflughöhe H = 10,7 km die effektiven „Lapse Rates"

	①	②	③	④
LR_{eff}	——— 1,16 ———		——— 1,0 ——— (1,16)	

Ferner folgen aus Bild 4.2.35, bezogen auf $MCR \hateq 0,8/10,7/ISA$, die normierten „Lapse
Rates"

	①	②	③	④
$LR_{0,9}^{*}$	0,945	1,01	1,10	1,20

und damit nach Abschnitt 4.2.3 die relativierten Turbineneintrittstemperaturen bei TO

	①	②	③	④
X_{TO}	0,975	0,952	0,865 (0,923)	0,835 (0,886)

Zugleich ergeben sich damit nach Abschnitt 4.2.2 die relativierten Druckverhältnisse (bei
$\eta_{res} = const.$)

	①	②	③	④
Y_0	0,95	0,90	0,705 (0,830)	0,640 (0,735)

und die Druckverhältnisse selbst

	①	②	③	④
$\Pi_{V,TO}$	24,8	32,5	32,8 (38,3)	36,2 (42,2)

Mit den o.a. Schüben bei MCR ergeben sich aus LR_{eff} mit den getroffenen Annahmen
zu $T_{4.1}$, Π_V und F/M die auf die Forderungen bei (2-) 4-strahligen Flugzeugen zugeschnittenen Schübe bei TO

		①	②	③	④
F	daN	8900	15100	17900 (20800)	22800 (26600)

Somit ergeben sich Schübe bei MCR im Verhältnis 1:3 bei etwa gleichen (absoluten)
Abständen, vgl. Bild 6.5.2.

Selbstverständlich könnte der überdeckte Schubbereich auch anders – z.B. im Sinne einer geometrischen Reihe – eingeteilt werden. Dabei würden sich bei MCR z.B. die Schübe

F	daN	8900	12800	18500	26600

mit der nicht notwendigerweise gleichen Sequenz der Kreisprozeßparameter und spezifischen Schübe

$T_{4.1}$	K	1400	1465	1560	1700
Π_V		26	32	42	56
μ		6,3	7,0	10,5	16,4
M/F		170	150	120	90

mit jeweils ca. 44% Abstand zur nächsten Variante ergeben. Damit könnte bei Schubsteigerung nach Methode II – vgl. Abschnitte 6.4.2 und 6.4.3 – jeweils etwa der Anschluß an die nächstgrößere Variante erreicht werden.

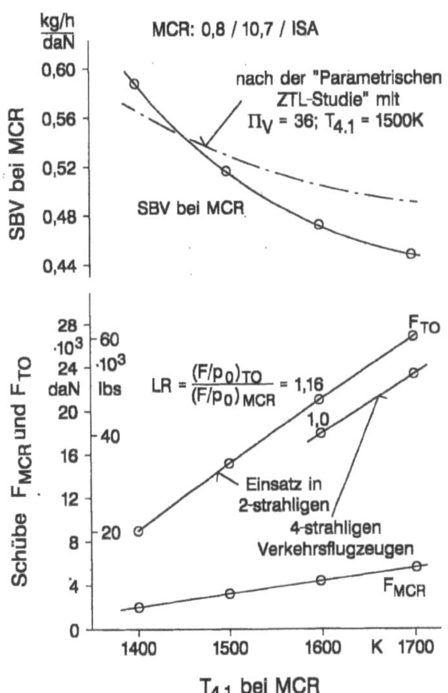

Bild 6.5.2:
Schübe und SBVs der Mitglieder einer Triebwerkfamilie mit gleichem HD-System

Trotzdem wird die o.a. Festlegung der Parameter $T_{4.1}$, Π_V und μ beibehalten, da es hier nur um das grundsätzliche Vorgehen handelt.

Ferner sind die besonders zu beachtenden, technologisch kritischen Temperaturen bei *TO* am heißen Tag, vgl. Bild 6.5.3,

		①	②	③	④
$T_{4.1}$	K	1675	1770	1700	1745
				(1810)	(1845)
T_3	K	815	883	886	910
				(925)	(948)
$T_{4.5}$	K	1303	1395	1323	1365
				(1433)	(1465)

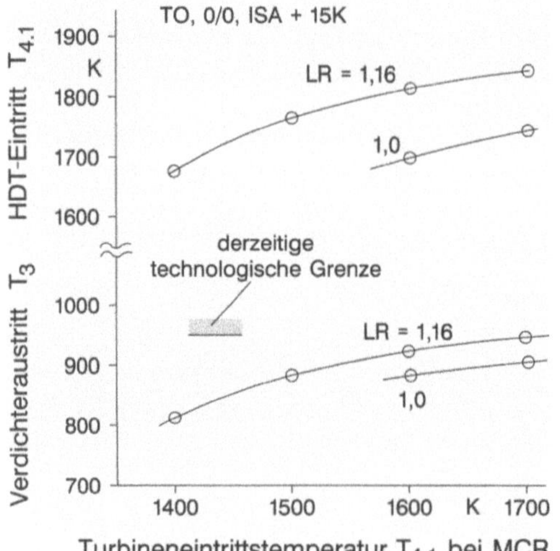

Bild 6.5.3:
Thermische Belastung der Mitglieder einer Triebwerkfamilie mit gleichem HD-System bei TO am heißen Tag

Somit stellt sich der interessante Umstand heraus, daß trotz steigender Werte $T_{4.1}$ und Π_V bei MCR aufgrund der damit einhergehenden Verminderung des spezifischen Schubes mit entsprechend höherer „Lapse Rate" $LR_{0,9}^*$ die thermische Belastung bei *TO* am heißen Tag akzeptabel bleibt. Vergleicht man die für den Kühlluftbedarf maßgebende mittlere Temperatur $T_m = 0{,}5(T_{4.1} + T_3)$ bei *TO*, 0/0, ISA, die einen Vergleich mit den statistischen Daten nach Abschnitt 5.2.3.3 zuläßt, so erhält man die Werte

T_m	K	1185	1260	1230	1260
				(1300)	(1330)

so daß die eingangs getroffene Festlegung bzgl. $(H_T / H_V)_{eff} = const.$ der HD-Turbine, die zugleich $M_{4.1} / M_V = const.$ und damit etwa konstanten Kühlluftbedarf für den HDT-Rotor und die ND-Turbine bedeutet, einigermaßen berechtigt erscheint. Dies trifft umso mehr zu, als die beim Schritt von Variante ① in Richtung ② bis ④ zunehmende

Temperatur T_m vor dem Hintergrund der zeitlichen Staffelung (EIS) mit entsprechendem Technologiefortschritt gesehen werden kann. Auch die bei Triebwerken für Regional-/Kurzstrecken-Flugzeuge im Vergleich zu Triebwerken für Mittel-/Langstrecken-Flugzeuge höhere zyklische Belastung läßt beim Schritt von Variante ① nach ④ höhere Werte T_m zu.

Geht man bei der Festlegung der Auslegungsdaten des Fans bei Variante

	①	②	③	④
mit	———— fester Geometrie ————			variablen Laufschaufeln

aus, so ist bei MCR mit den Daten am Fan-Eintritt und dem bereits festgelegten Fan-Durchsatz in Ergänzung zu Bild 6.5.1

		①	②	③	④
v_2		———— 0,30 ————			0,35
$\psi_{fm,k}$		1,0	———— 1,4 ————		1,40
Ma_{ax}		———— 0,62 ————			0,68
D_a	m	1,36	1,95	2,57	3,18
$U_{fm,k}$	m/s	325	248	218	200
U_a	m/s	420	324	287	259
N	U/min	5900	3170	2130	1530

Demgegenüber erhält man mit dem konstanten korrigierten Durchsatz $M_{korr,3} = 2{,}90$ kg/s am HDV-Austritt mit $v_3 = 0{,}91$, $Ma_{ax,3} = 0{,}28$ den mittleren Durchmesser des HD-Verdichters $D_{fm} = 425$ mm. Während vom Standpunkt der aerodynamischen Belastung $\overline{\psi}$ mit 5 Stufen auszukommen wäre, sind mit Rücksicht auf die Änderung des Druckverhältnisses im vorgesehenen Variationsbereich, siehe oben, 6 Stufen erforderlich, um das mittlere Stufendruckverhältnis bei der Variante ① im Bereich $\overline{\Pi}_{St} < 1{,}55$ zu halten.

Ohne Zweifel bedeutet der Entwurf des HD-Verdichters für den o.a. breiten Bereich der Betriebsbedingungen eine Herausforderung an die aerodynamische Auslegung, zumal nach Abschnitt 5.2.2.5 – z.B. bei der axialen Eintritts-Mach-Zahl – über den Stand der Technik hinausgegangen werden muß. Die Beherrschung dieser Bedingungen ist gewissermaßen der Preis für die Verwendung eines gemeinsamen HD-Systems für die gesamte Triebwerkfamilie. Bei individueller Auslegung des HD-Verdichters für die 4 Mitglieder der Triebwerkfamilie würden – bei jeweils gleicher Stufenzahl – die Ringraumquerschnitte im Bereich des NDV-Austritts und HDV-Eintritts der Varianten ② bis ④ zunehmend eingeengt werden können.

Bei der HD-Turbine ergibt sich in Anlehnung an Abschnitt 6.2.2 mit $\psi = 4{,}0$ die Umfangsgeschwindigkeit $U_{fm} = 465\,\text{m/s}$ und mit den weiteren Parametern am HDT-Austritt

$$
\begin{aligned}
\nu &= 0{,}82 \\
Ma_{ax} &= 0{,}53 \text{ beim Strömungswinkel } 30° \text{ gegen die Axiale} \\
\varphi &= 0{,}725 \\
A_{ax} &= 0{,}083\ \text{m}^2 \\
N_{HD} &= 17400\ \text{U/min}
\end{aligned}
$$

der Laufschaufel-Belastungsparameter

$$
A_{ax}(N/60)^2 \quad = \quad 7000\ \text{m}^2/\text{s}^2\ .
$$

Dieser liegt bei TO, 0/0, ISA aufgrund der höheren Drehzahl bei

$$
A_{ax}(N/60)^2 \quad = \quad 8000\ \text{m}^2/\text{s}^2
$$

und damit nach Abschnitt 5.2.3.3 ebenso wie die Umfangsgeschwindigkeit bei TO, $U_{fm} = 500$ m/s, bei EIS ≈ 2000 günstig im Bereich statistischer Werte.

Bei der ND-Turbine, die bei Variante ① – ohne Getriebe – mit der vom Fan diktierten niedrigen Drehzahl läuft, wird bei den Varianten ② bis ④ mit Getriebe die Drehzahl so gewählt, daß bei MCR die Schaufelbelastung im Bereich um $A_{ax}(N/60)^2 = 12000\ \text{m}^2/\text{s}^2$ entsprechend einem Bezugswert bei TO, 0/0, ISA nach Abschnitt 5.2.3.2 von $A_{ax}(N/60)^2 \leq 13500\ \text{m}^2/\text{s}^2$ erreicht wird, um die Zahl der Stufen möglichst niedrig zu halten. Damit ergeben sich bei den 4 Varianten die Außendurchmesser am NDT-Austritt in Anlehnung an Bild 5.2.3.11

		①	②	③	④
D_a	m	0,870	0,980	1,055	1,180

entsprechend einer Relation zur HD-Turbine

		①	②	③	④
$\left(\dfrac{D_{NDT}}{D_{HDT}}\right)_a$	=	1,56	1,75	1,88	2,10

und zum Fan

		①	②	③	④
$\left(\dfrac{D_{NDT}}{D_F}\right)_a$	=	0,64	0,50	0,41	0,37

Bei dieser Festlegung ergibt sich zusammen mit dem Durchsatz die Drehzahl der ND-Turbine

N_{ND}	U/min	5900	9300	8600	7800

so daß sich mit den Stufenzahlen

z	4	2	3	3

die mittlere aerodynamische Belastung

$\overline{\psi}$	3,50	3,73	2,97	3,48

ergibt. Des weiteren ergibt sich mit den axialen Mach-Zahlen

am Eintritt	$Ma_{ax,4.5}$	0,45	0,46	0,41	0,37
Austritt	$Ma_{ax,5}$	0,45	0,48	0,48	0,47

die für die langsam laufende ND-Turbine von Variante ① typische hohe (ungünstige) mittlere Lieferzahl; bei den schnellaufenden ND-Turbinen der Varianten ② bis ④ ergeben sich dagegen die niedrigen (günstigen) mittleren Lieferzahlen

$\overline{\varphi}$	1,14	0,71	0,69	0,67

Ferner ergeben sich die Laufschaufel-Belastungsparameter der letzten Stufe bei TO, 0/0, ISA im Vergleich zu den statistischen Daten nach Abschnitt 5.2.3.3,

$A_{ax,5}(N/60)^2$	m²/s²	4100	——— 13150 ——— ,

die relativen Drehmomente der ND-Welle

Md_{rel}	1,0	1,12	1,90	3,00

und die Getriebe-Übersetzungen

i	–	2,93	4,03	5,10 .

Beim „Booster" der Variante ① sind Drehzahl und Ringraum-Eintritt vom Fan diktiert – vgl. Abschnitt 5.2.2.4 –, zumal der glatte Übergang von der Fan-Nabenpartie zum dichtauf folgenden „Booster"-Ringraum anzustreben bzw. unausweichlich ist. Dagegen richtet sich der ND-Verdichter der Varianten ② bis ④ nach der schnellaufenden ND-Turbine. Hier ist sowohl zwischen Fan-Nabenpartie und NDV-Eintritt als auch zwischen NDV-Austritt und HDV-Eintritt ein Übergangskanal erforderlich, um neben günstigen Kanalkonturen entsprechend Abschnitt 5.2.2.4 beim ND-Verdichter

– aktzeptable Umfangsgeschwindigkeiten bzw. Anström-Mach-Zahlen,

– günstige aerodynamische Belastung und

– günstige Nabenverhältnisse

zu erhalten.

Für die 4 Varianten ergeben sich mit den bereits festgelegten Drehzahlen jeweils für den „Booster"- bzw. NDV-Eintritt mit den Durchmessern

| $D_{fm,NDV}$ | m | 0,672 | 0,800 | 0,830 | 0,856 |

die Durchmesserrelationen zum Fan

	①	②	③	④
$\left(\dfrac{D_{Boo}}{D_{F,k}}\right)_{fm}$	0,64	–	–	–
$\left(\dfrac{D_{NDV}}{D_{F,k}}\right)_{fm}$	–	0,53	0,42	0,35

und zum HD-Verdichter

| $\left(\dfrac{D_{NDV}}{D_{HDV}}\right)_{fm}$ | 1,58 | 1,88 | 1,95 | 2,02 . |

Ferner sind die Umfangsgeschwindigkeiten am „Booster"- bzw. NDV-Eintritt

| U_{fm} | m/s | 207 | 390 | 371 | 349. |

Damit ergeben sich mit den Stufenzahlen

| z | 1 | 3* | 4 | 6 |

die aerodynamischen Belastungen

| $\overline{\psi}$ | 0,59 | 0,42* | 0,66 | 0,67 |

*Rücksichtnahme auf mittleres Stufendruckverhältnis

und damit die mittleren Stufendruckverhältnisse

| $\overline{\Pi}_{St}$ | 1,15 | 1,35* | 1,44 | 1,35 |

Ferner sind mit den gewählten Ringräumen in Abstimmung mit den Bedingungen am HDV-Eintritt (Beschleunigung im NDV-/HDV-Übergangskanal) die axialen Mach-Zahlen des „Boosters" bzw. ND-Verdichters

| am Eintritt | Ma_{ax} | 0,55 | ———— 0,60 ———— | | |
| Austritt | Ma_{ax} | 0,53 | 0,415 | 0,335 | 0,285 |

die mittleren Lieferzahlen

| $\overline{\varphi}$ | 0,865 | 0,48 | 0,475 | 0,485 |

und die mittleren Drosselziffern

| $\overline{\psi}/\overline{\varphi}^2$ | 0,80 | 1,43* | 2,90 | 2,96 |

mit dem typischen niedrigen Wert beim „Booster".

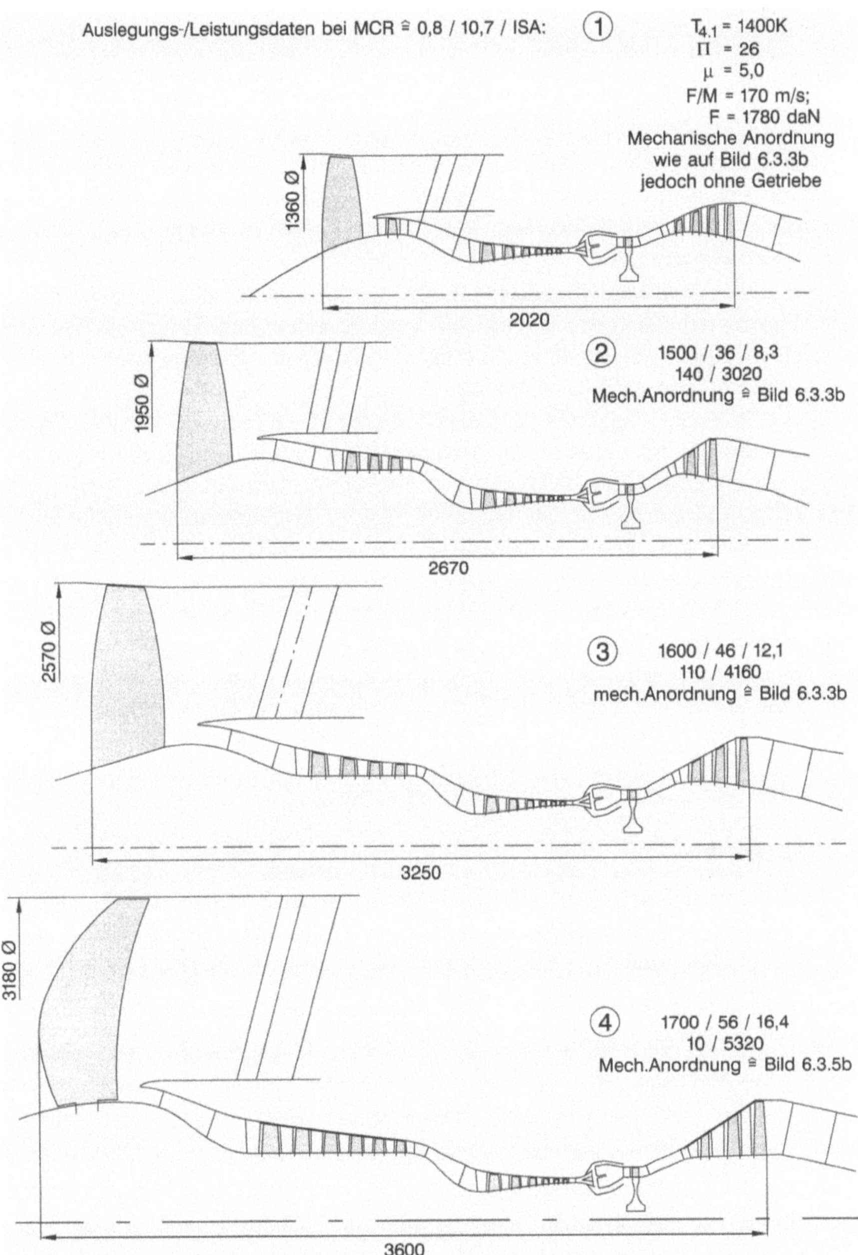

Bild 6.5.4: Familie von zivilen Turbofans/Mantelpropfans auf der Basis eines gemeinsamen HD-Systems

Diese Verdichter enthalten aufgrund der moderaten Auslegungsdaten durchaus das Potential zur späteren Schubsteigerung – etwa entsprechend Methode II, vgl. Abschnitte 6.4.2 und 6.4.3.

Die vereinfachten, schematischen Ringräume dieser 4 Triebwerkvarianten sind in Bild 6.5.4 zusammengefaßt.

Die gesamte Triebwerkfamilie kann ebenso auf der Basis eines 2-welligen Kerntriebwerks (mit gleichbleibendem HD-System) entworfen werden. Dabei besteht wesentlich mehr Freiraum beim Entwurf des ND-Verdichters, weil er nicht an die Drehzahl der ND-Turbine gebunden ist.

Bei großen Propellertriebwerken, z.B. für Militärtransporter, die i. a. zusammen mit dem Flugzeug dimensioniert und entwickelt werden, stellt sich die Frage eines Familienkonzepts nicht, obwohl gerade hier die technischen Voraussetzungen ebenso bestehen wie bei zivilen Turbofans/Mantelpropfans.

Bei militärischen Turbofans für Kampfflugzeuge ist die Frage des Familienkonzepts wie o.a. ebenfalls nicht relevant. In Ausnahmefällen (z.B. General Electric F101 und F404) wurden jedoch Kerntriebwerke von Nachbrennertriebwerken als Basis für die Entwicklung anderer – ziviler und/oder militärischer – Triebwerkmuster vorgesehen.

Bei kleinen Wellenleistungstriebwerken mit 1-welligem Gasgenerator, z.B. für Hubschrauber und kleine Geschäftsflugzeuge, sind die technischen Voraussetzungen für den Aufbau einer Triebwerkfamilie für den Einsatz in mehreren Hubschrauber-/Flugzeugmustern sehr ungünstig, weil hier der Gasgenerator zugleich das Kerntriebwerk darstellt. Nur beim Konzept mit 2-welligem Gasgenerator, das in Einzelfällen realisiert wurde (z.B. Rolls-Royce Gem und Pratt & Whitney 100), besteht hier einiger Freiraum.

6.6 Triebwerke mit variablem Kreisprozeß

6.6.1 Allgemeines

Zu Triebwerken mit variablem Kreisprozeß bzw. mit variabler Geometrie – im folgenden dem allgemeinen Sprachgebrauch entsprechend VCEs (Variable Cycle Engines) genannt – seien alle Triebwerkkonzepte gerechnet, bei denen über die variable Düse bei Nachbrennertriebwerken und über die bei konventionellen Triebwerken unter verschiedenen Flug- und Betriebsbedingungen sich einstellenden Kreisprozeß- und Leistungsdaten hinaus durch Maßnahmen im Bereich der Turbomaschinen und des Abgassystems Änderungen in den spezifischen Leistungsdaten F/M und SBV und ggf. des Durchsatzes $(M\sqrt{T}/p)_2$ erreicht werden, die eine weitergehende Anpassung der Triebwerke an Forderungen unter weit auseinanderliegenden Flug- und Betriebsbedingungen ermöglichen. Somit wird auch variable Geometrie im Verdichterbereich nicht zu diesen Maßnahmen gerechnet, da mit verstellbaren Verdichtern bzw. deren Leiträder zwar Verbesserungen der Stabilität und des Wirkungsgrades, nicht aber Änderungen der Kreisprozeßdaten, z.B. Π_V und μ, erreicht werden können.

Ausgangspunkt für Konzeptstudien und Entwicklungsaktivitäten in dieser Richtung war das Bemühen, erhöhte Flexibilität der Triebwerke in folgenden Anwendungsbereichen zu erreichen:

1. Strahltriebwerke für Überschall-Verkehrsflugzeuge, bei denen
   - optimaler *SBV* ohne *NV* bei hohem spezifischen Schub im Überschall-Reiseflug und (möglichst ohne *NV*) bei der transsonischen Beschleunigung und
   - akzeptabler *SBV* bei möglichst niedrigem spezifischen Schub im Unterschall-Reiseflug mit
   - möglichst niedrigem spezifischen Schub bei Start und Landung mit Rücksicht auf die Lärmemission

   verbunden werden sollten.

2. Nachbrennertriebwerke für Kampfflugzeuge mit der Forderung nach
   - hohem spezifischen Schub bei zugleich hohem Schub mit oder ohne *NV* im Steigflug und unter Überschall- und Unterschall-Kampfbedingungen und
   - niedriger spezifischer Schub ohne *NV* im Unterschallflug mit entsprechend günstigem *SBV*

3. Strahltriebwerke bei V/STOL-Flugzeugen, bei denen
   - bei Start und Landung hoher Schub – möglichst ohne *NV* – gefordert ist, wobei hier die Frage nach dem spezifischen Schub und *SBV* bei V/STOL nicht gestellt ist, während
   - im Normalflug möglichst Triebwerkeigenschaften erreicht werden sollen, die dem Fall 2 entsprechen.

Im Folgenden werden nur die erstgenannten zwei Fälle angesprochen, da es sich hier jeweils um bestimmte Triebwerkkonzepte mit variablem Kreisprozeß handelt, während im dritten Fall – der in Abschnitt 6.9 behandelt wird – im allgemeinen der Schwerpunkt der Projektierung auf den Möglichkeiten der Kombination mehrerer Triebwerke und/oder der Schubablenkung für den Schwebeflug und Normalflug liegt. Auch die in Abschnitt 6.10 beschriebenen rekuperativen Triebwerke, d.h. Wellenleistungstriebwerke und Mantelpropfans, die in jedem Falle eine verstellbare ND- bzw. Nutzturbine und – ggf. als Option – einen verstellbaren Fan enthalten, werden nicht zur Kategorie der VCEs gerechnet.

Im Sinne der Fälle 1 und 2 kann die zu lösende technische Problematik wie folgt umrissen werden:

- Entkoppelung der Triebwerkleistung (d.h. des Schubes) und des Durchsatzes,
- Änderung des spezifischen Schubes, in der Hauptsache durch Beeinflussung des Nebenstromverhältnisses, und damit einhergehend Änderungen des *SBV* und
- Änderung des Triebwerkdurchsatzes, z.B. zur Abstimmung mit der Einlaufkapazität.

Eine Übersicht der bei zivilen und militärischen Turbofans unter relevanten Einsatzfällen bzw. -bedingungen gestellten Anforderungen ist durch Bild 6.6.1 gegeben.

Anpassung an	Haupt-Forderung*	Fan-Druck-verhältnis	Nebenstrom-verhältnis	Überschall-Verkehrs-flugzeug	Überschall-Kampf-flugzeug	Hyperschall-Raum-fahrzeug
Überschall-Kampf mit NV	Schub/SBV	hoch	niedrig		x	
-Aufstieg mit NV	"	"	"		x	x
Überschall-Reise(Marsch)-flug mit NV	Schub/SBV	hoch	niedrig		x	x
" ohne NV	"	"	"	x	x	
Transsonische Beschleunigung	Schub					
mit NV		hoch	niedrig		x	x
ohne NV		"	"	x		
Unterschall-Kampf mit NV	Schub/SBV	hoch	niedrig			
" -Steigflug mit NV	"	"	"		x	x
" " ohne NV	"	"	"	x	x	
Unterschall-Reise(Marsch)-flug ohne NV	SBV	niedrig	hoch	x	x	
" -Tiefflug ohne NV	SBV/Lärm	"	"		x	
Unterschall-Warteflug ohne NV	SBV	"	"		x	
Take-off mit NV	Schub	hoch	niedrig		x	x
Take-off ohne NV	"	"	"	x	x	x
Take-off ohne NV	Lärm	niedrig	hoch	x		x
Schubumkehrung bei Landung	Schub			x		

* im Sinne hoher Schub und/oder niedriger SBV

Bild 6.6.1: Forderungen an Triebwerke für Überschall-Verkehrs-/Kampfflugzeuge und Hyperschall-Raumfahrzeuge mit Empfehlung für Kreisprozess-Parameter

6.6.2 Triebwerkkonzepte, technische Möglichkeiten

Die angesprochene Problematik wurde in den 70er Jahren thematisiert und in einer Vielzahl von Publikationen im Sinne der o.a. Forderungen und denkbaren technischen Möglichkeiten diskutiert. Die in diesem Zeitraum publizierten Konzeptvorstellungen sind in den Bildern 6.6.2 und 6.6.3 in ihrem prinzipiellen Aufbau schematisch dargestellt. Dabei können folgende Gruppen festgestellt werden:

– Konzepte mit variabler Geometrie im Abgasbereich, vgl. Konzept C)

– Konzepte mit variabler Geometrie im Abgas- und Turbinenbereich. Hierzu gehören die Konzepte A) und B), D) bis F) und H).

– Konzepte mit Umschaltorgan im Verdichterbereich, vgl. Konzepte G) und H)

– Konzepte mit Umschaltorganen im Turbinen- und Abgasbereich. Hierzu gehören die Konzepte F), I) und K)

– Konzepte mit zwei Umschaltorganen, d.h. im Verdichter- und Turbinenbereich, entsprechend Konzept L).

Diese Konzepte sind, wie in den Bildern 6.6.2 und 6.6.3 vermerkt, teilweise mehrfach und übergreifend in [6.6.1] bis [6.6.10] beschrieben. Eine zusammenfassende Beschreibung der bis 1977 bekannt gewordenen Konzepte A) bis E) und G) bis L) findet sich in [6.6.8].

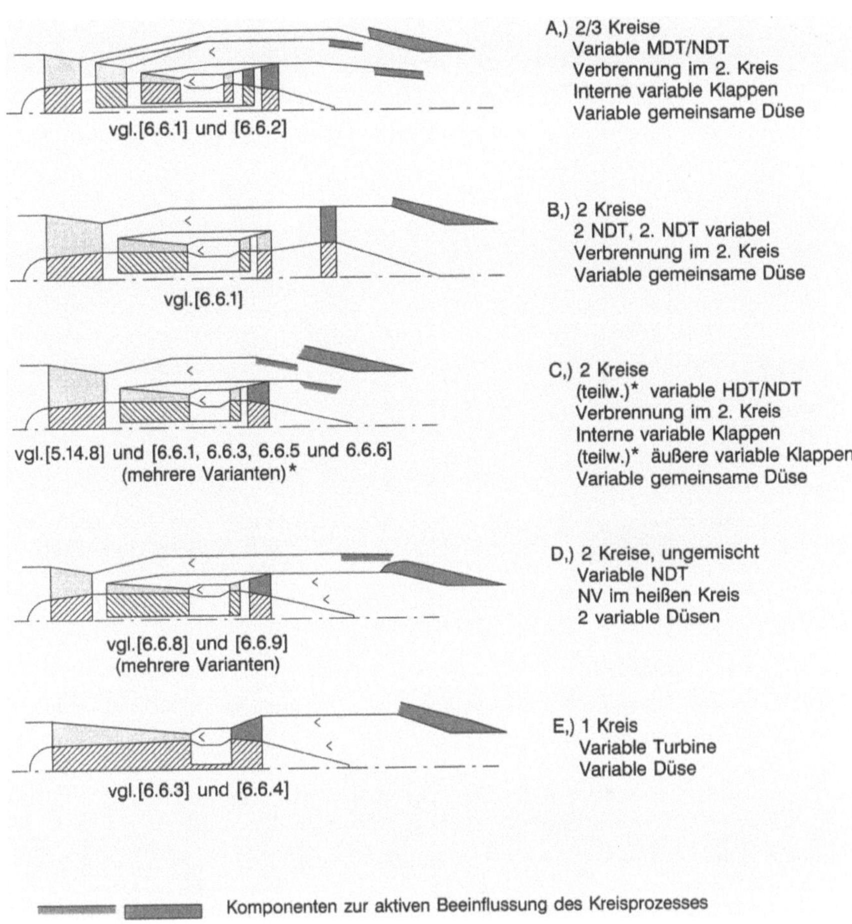

Bild 6.6.2: Ältere VCE-Konzepte ohne Umschaltorgan(e), für den Einsatz in Überschall-Kampf-/ Verkehrsflugzeugen (schematisch, vereinfacht)

In neuerer Zeit wurden in der Hauptsache die in Bild 6.6.4 zusammengestellten Konzepte M) bis O) nach MTU-Datenbasis und [6.6.11] bis [6.6.17] verfolgt, von denen N) im wesentlichen auf G) in Bild 6.6.3 zurückgeführt werden kann. Die Möglichkeit, Schub und Durchsatz zur Abstimmung mit der Einlaufkapazität zu entkoppeln, ist nur bei einigen Konzepten gegeben, zu denen G) und H) sowie M bis O) zählen. Dabei ist allerdings zwischen den beiden Einstellungen „Serien- oder Parallelbetrieb" mit festem Durchsatzverhältnis bei den Konzepten G), H) und N) bzw. „Fan zu- oder abgeschaltet" bei Konzept O) gegenüber der kontinuierlichen Einstellbarkeit des Durchsatzes bei Konzept M) zu unterscheiden.

Insgesamt gesehen kommen Konzepte mit Umschaltorganen im Verdichter-, Turbinen- und Abgasbereich, d.h. die Konzepte F) bis L), N) und O), voraussichtlich nur bei ziviler Anwendung, d.h. für Überschall-Verkehrsflugzeuge in Frage.

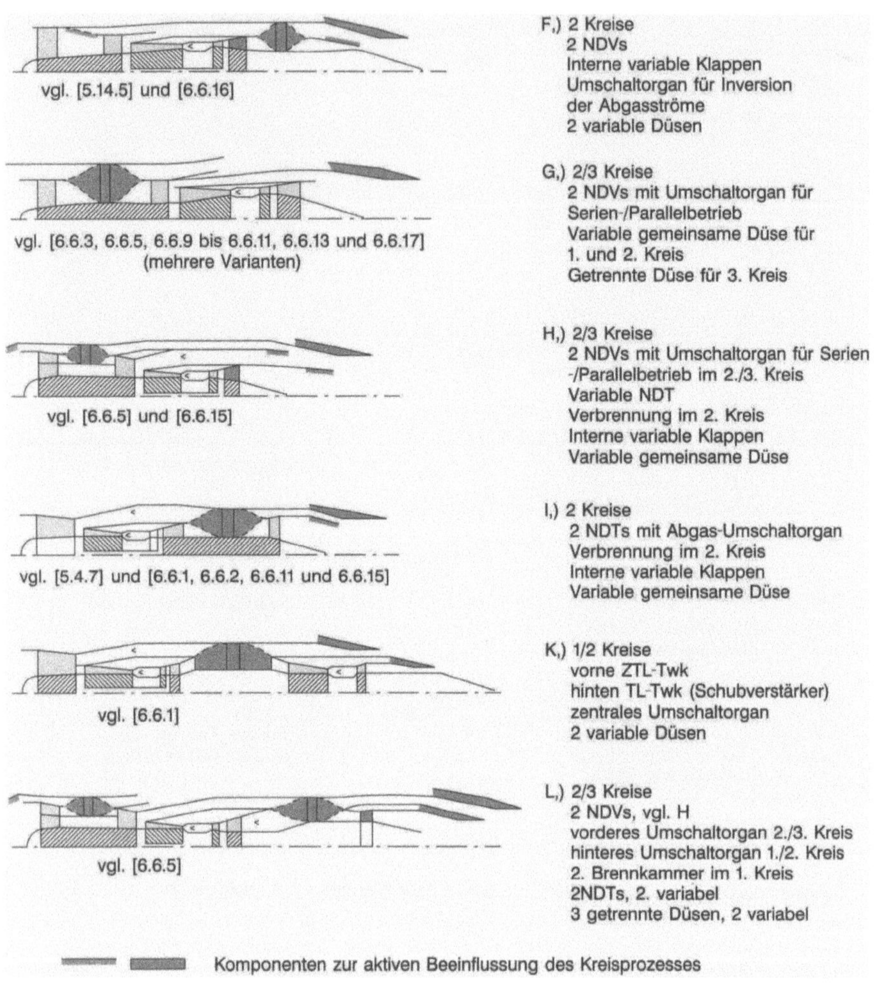

Bild 6.6.3: Ältere VCE-Konzepte mit Umschaltorgan(en), für den Einsatz in Überschall-Verkehrsflugzeugen (schematisch, vereinfacht)

Allen Maßnahmen/Konzepten, die auf die Variation des Nebenstromverhältnisses hinzielen – ob mit oder ohne Erhöhung des Triebwerkdurchsatzes –, ist gemeinsam, daß bei Konzepten mit konventioneller Verdichterarchitektur, d.h. bei denen der HD-Verdichter durch den ND-Verdichter aufgeladen wird

- die Erhöhung des Nebenstromverhältnisses eine entsprechende Verkleinerung des NDV-Druckverhältnisses zur Folge hat. Dies ist thermodynamisch bedingt, weil die Leistung der ND-Turbine sich verdichterseitig auf einen größeren Durchsatz verteilt,
- die Erhöhung des Nebenstromverhältnisses zugleich eine Herabsetzung von Π_V mit sich bringt, weil die Verkleinerung von Π_{NDV} nicht durch eine Erhöhung von

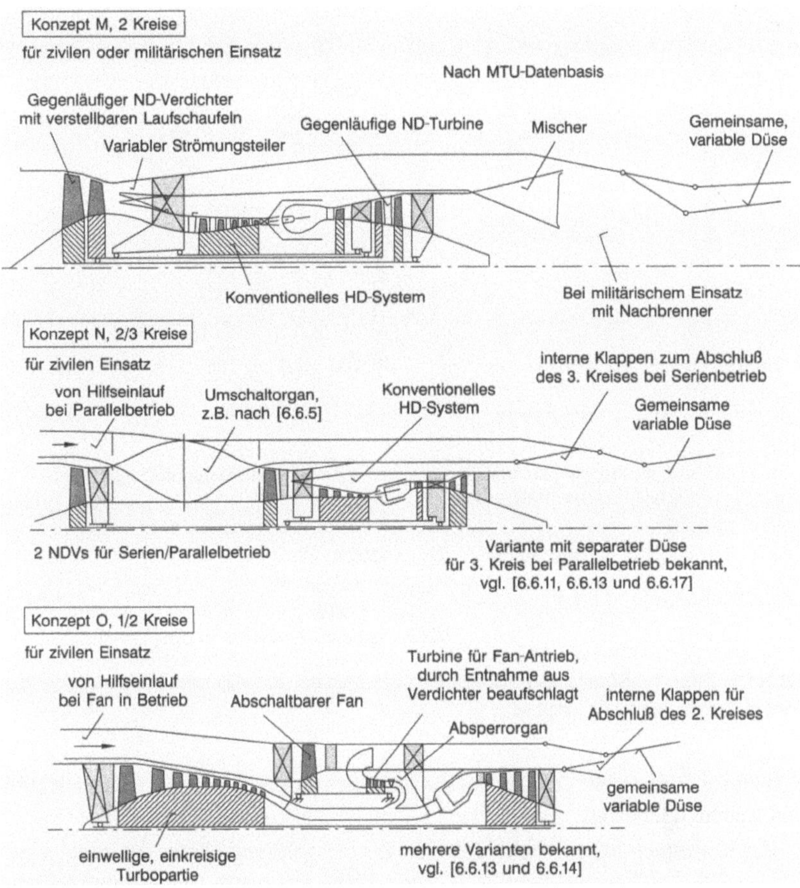

Bild 6.6.4: Neuere VCE-Konzepte für zivilen und/oder militärischen Einsatz (schematisch, vereinfacht)

Π_{HDV} kompensiert werden kann. Dies trifft zu, obwohl z.B. bei $T_{4.1} = const.$ bzw. $N_H = const.$ das Druckverhältnis des HD-Verdichters aufgrund der niedrigeren NDV-Austrittstemperatur ansteigt.

Dieser thermodynamische Zusammenhang ist zusammen mit den sich daraus ergebenden spezifischen Leistungsdaten für den Fall eines ZTL-Triebwerks mit Mischung beider Ströme entsprechend Konzept M) in Bild 6.6.5 dargestellt. Dem Zusammenhang zwischen Π_{NDV}, Π_V und μ unterliegen alle Konzepte mit Ausnahme von E) und O), wenngleich entsprechend der Triebwerkarchitektur in verschiedener Weise. Wie anhand der Leistungsdaten des Konzeptes N) noch gezeigt wird, spielt dabei auch die Frage, ob es sich um ein Triebwerk ohne oder mit Mischung handelt, eine gewisse Rolle. In jedem Falle sind beide Effekte – d.h. μ und Π_V –, was ihren Einfluß auf den *SBV* betrifft, zwar

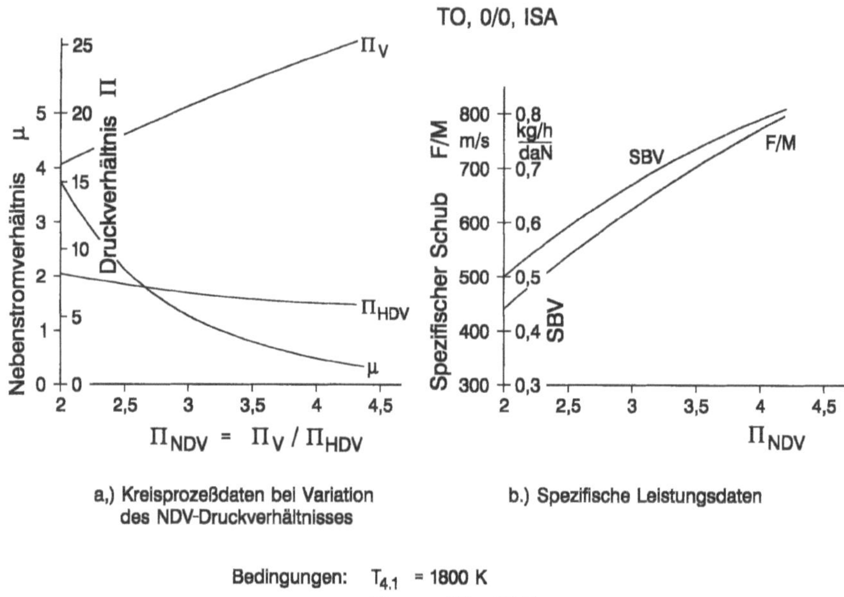

a,) Kreisprozeßdaten bei Variation   b.) Spezifische Leistungsdaten
des NDV-Druckverhältnisses

Bedingungen: $T_{4.1}$ = 1800 K
Π_{HDT} = 4,0 = const.
$H_{eff,HDV}$ = const.
Mischung beider Kreise bei $p_{1,5}/p_{5,1}$ = 1,0

Bild 6.6.5: Kreisprozeß- und spezifische Leistungsdaten bei Variation des NDV-Druckverhältnisses in Anlehnung an Konzept M

gegenläufig, wobei aber der Einfluß des Nebenstromverhältnisses – z.B. nach Bild 6.6.5
– bei weitem überwiegt.

Bei Konzepten mit abschaltbarem Fan in einem Sekundärkreis, der zwar seine (Gas-
oder Wellen-)Leistung aus dem Primärkreis erhält, ansonsten aber aerodynamisch parallel zum Primärkreis arbeitet, wirkt dieser insgesamt als Schubverstärker, wenngleich die
Turbine bei zugeschaltetem Fan entsprechend der zusätzlichen Leistung bei geöffneter
Düse stärker expandiert und damit weniger Schub im Primärkreis übrig bleibt. Hierzu
gehört das Konzept O) mit pneumatischem Antrieb des Fans durch Druckluftentnahme
nach dem Verdichter entsprechend Bild 6.6.4. Allerdings sind bei diesem Konzept –
ebenso wie bei Konzept N) – Schub und Durchsatz nur bedingt, d.h. im Sinne einer
Doppelcharakteristik, entkoppelt, d.h. die Triebwerke verhalten sich innerhalb der beiden
Schaltfälle wie konventionelle Turbofans.

Bei Konzept N) können die Zusammenhänge entsprechend den Abschnitten 3.5.1 bis
3.5.3 weiterhin zur Berechnung der Leistungsdaten im Serien- und Parallelbetrieb herangezogen werden, wenn das im Serienbetrieb bestehende ZTL-Triebwerk mit kleinem
Nebenstromverhältnis μ_S als „fiktives" TL-Triebwerk betrachtet wird, für das mit den
Daten $T_{4.1}, \Pi_V$ und μ_S im Parallelbetrieb die Parameter $\Pi_{TL,D}, T_{TL,D}$ und $(F/M)_{TL}$
ermittelt werden können. Zur Berechnung der Leistungsdaten des gesamten Triebwerks
mit Fan im Parallelbetrieb ist vom Nebenstromverhältnis μ_P auszugehen, das mit dem

Durchsatz der Fan-Frontstufe, bezogen auf den Durchsatz der 2. Fan-Stufe und damit des fiktiven TL-Triebwerks – jeweils im Parallelbetrieb – zu bilden ist.

Bei Konzept O) gelten dagegen die Zusammenhänge nach den Abschnitten 3.5.1 bis 3.5.3 nicht mehr, weil der Antrieb des den kalten Kreis bildenden Fans durch Druckluftentnahme nach dem Verdichter thermodynamisch wesentlich ungünstiger ist als die Leistungsentnahme durch zusätzliche Expansion in der Turbine entsprechend Bild 3.5.1. Ferner ist bei diesem Konzept die Abstimmung der Komponenten im heißen Kreis wegen der beim Antrieb des Fans eintretenden beträchtlichen Entdrosselung des Verdichters und der Änderung der Betriebsbedingungen in der Turbine problematisch.

Im folgenden wird auf Studien etc. eingegangen, in denen die mit verschiedenen Maßnahmen im Sinne variabler Geometrie erreichbaren Effekte beschrieben werden.

Variable Geometrie im Abgasbereich, vgl. Konzept C)

Dieses seit langem bekannte, in vielen Varianten diskutierte Konzept, das auf die Anforderungen bei Überschall-Verkehrsflugzeugen zugeschnitten ist, wurde in vielen Publikationen, [5.14.8] und [6.6.1, 6.6.3, 6.6.5 und 6.6.6], behandelt. Durch Kombination mit Verbrennung im kalten Kreis können Schubforderungen im transsonischen Bereich – wenngleich mit sichtbar höherem SBV – abgedeckt werden. Nach [6.6.6] kann mit diesem Konzept auch das Problem der Anpassung des Triebwerks an die Einlaufcharakteristik gelöst werden.

Variable Geometrie im Turbinenbereich und/oder Abgassystem

Die mit variabler Geometrie im Bereich der ND-Turbine – vgl. Konzepte A), B), D), F) und H) – erreichbare Beeinflussung der Verdichterpartie im Sinne der Variation des Nebenstromverhältnisses bzw. der spezifischen Leistungsdaten ist eher beschränkt, wie aus Studien [6.6.7 und 6.6.8] an Konzept D) hervorging, während der erforderliche konstruktive Mehraufwand erheblich ist.

Die Änderung der HD-Turbinenkapazität entsprechend Konzept E) wurde, da technisch riskant, nur in Einzelfällen [6.6.3 und 6.6.4] in Betracht gezogen, obwohl damit große Wirkung im Sinne der Verbesserung des SBV bei Teillast erzielt werden kann. Bei den Konzepten C) bis E) ist eine gewisse Entkoppelung von Schub und Durchsatz möglich; z.B. durch Änderung oder Blockierung der Turbinen-Verstellcharakteristik, wenngleich damit „Nebenwirkungen", betreffend den SBV, zu erwarten sind.

Gegenläufiger Fan mit variabler Geometrie, vgl. Konzept M)

Während bei konventionellen, hochbelasteten, mehrstufigen ND-Verdichtern mit hohem Druckverhältnis durch verstellbare Leiträder zwar eine Verbesserung des Betriebsverhaltens (Wirkungsgrad, Pumpgrenze, Unempfindlichkeit gegenüber Eintrittsdruckstörungen) erreichbar ist, so ist dennoch der praktisch nutzbare Arbeitsbereich nach Bild 6.6.6a relativ schmal. Demgegenüber verspricht ein leitradloser, gegenläufiger, 2-stufiger Fan mit verstellbaren Laufschaufeln, wie in Bild 6.6.4 skizziert, die erwünschte Entkoppelung von Durchsatz und Druckverhältnis. Dennoch stellt dieses Konzept, das im Zusammenhang mit Mantelpropfans – allerdings bei niedrigem Druckverhältnis und entsprechend niedrigen Umfangsgeschwindigkeiten – in Abschnitt 6.3.3 beschrieben ist, unter den bei Konzept M) gestellten Anforderungen, d.h. bei Druckverhältnissen im Bereich um 3 bis 4, eine technologische Herausforderung dar, die in Abschnitt 6.11.3 noch behandelt wird. Dabei erscheint es nach MTU-Datenbasis, wie in Bild 6.6.6b qualitativ dargestellt, möglich, Druckverhältnis und Durchsatz des NDV in folgendem Rahmen zu variieren:

Druckverhältnis	Π	=	ca. 2,1	4,0
korrigierter Durchsatz	M_{korr}	=	130	100%
korrigierte Drehzahl	N_{korr}	=	ca. 75	100%
axiale Machzahl				
am Eintritt	$Ma_{ax,E}$	=	0,75	0,48
am Austritt	$Ma_{ax,A}$	=	0,75	0,25

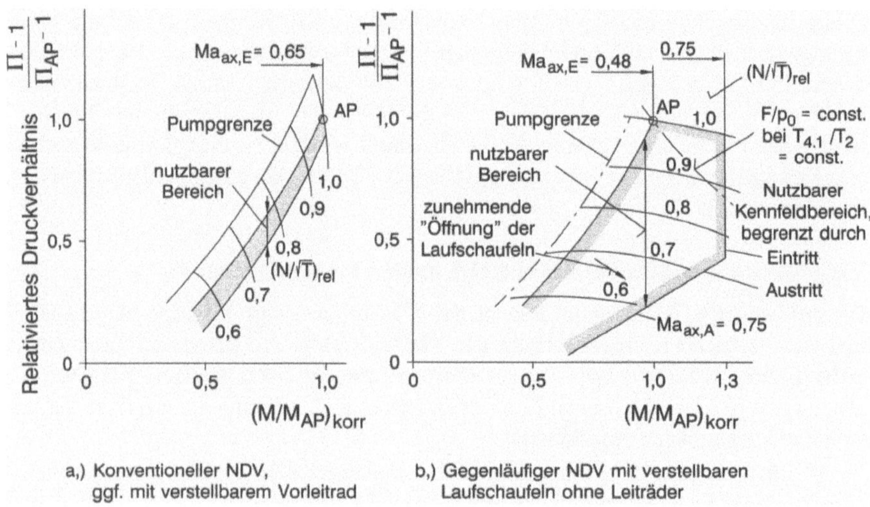

Bild 6.6.6: Qualitativer Vergleich des Kennfeldes eines gegenläufigen, verstellbaren ND-Verdichters mit dem Kennfeld eines ND-Verdichters in konventioneller Bauweise

Vom Standpunkt des erreichbaren Wirkungsgrades sind gegenüber konventionellen Fans zumindest im Teillastbereich eher günstige Werte zu erwarten, da die Verluste in den Leiträdern, die bei konventionellen Fans mit ca. 4% im Stufenwirkungsgrad enthalten sind, entfallen und die Laufschaufeln im ganzen Betriebsbereich optimal der Anströmung angepaßt werden können, vgl. Abschnitt 6.11.3.

Des weiteren ergibt sich aus Bild 6.6.7, daß der durch den ND-Verdichter begrenzte Bereich realisierbarer Vollast-Betriebsdaten vom Standpunkt der Flexibilität auf der Abgas- bzw. Düsenseite nicht weiter eingeschränkt wird. Vorzuziehen ist in jedem Falle die Zusammenführung des Nebenstrom- und Turbinenabgaskanals mit erzwungener Mischung beider Ströme bei möglichst hohem Mischungswirkungsgrad, um unter Überschall-Flugbedingungen ein Maximum an Bruttoschub zu erhalten. Dabei ist, wie der Ringraum in Bild 6.6.4 zeigt, der Querschnitt in Höhe der ND-Turbine für maximalen

Durchsatz bei niedrigem Fan-Druckverhältnis zu dimensionieren. Man erkennt, daß – ebenso wie bei konventionellen Turbofans mit Nachbrenner – der Triebwerkmantel den maximalen Durchmesser bildet. Bei militärischer Anwendung ist die Ausführung mit Nachbrenner zwanglos möglich.

Nach Studien sind mit diesem Konzept z.B. Leistungsdaten bei *TO*, 0/0, ISA in folgendem Bereich erreichbar:

		hoher Schub hoher spezif. Schub	hoher Durchsatz günstiger *SBV*	
Schub F	%	100	≈ 100	0,66
$T_{4.1}$	K	1800	1800	1480
Π_V		25	21,1	13,4
Π_F		4,20	3,14	2,10
μ		0,50	1,15	2,50
F/M	m/s	790	650	400
SBV	kg/daN, h	0,81	0,71	0,53
M	%	100	130	130
Düsenfläche A_8	%	100	158	225

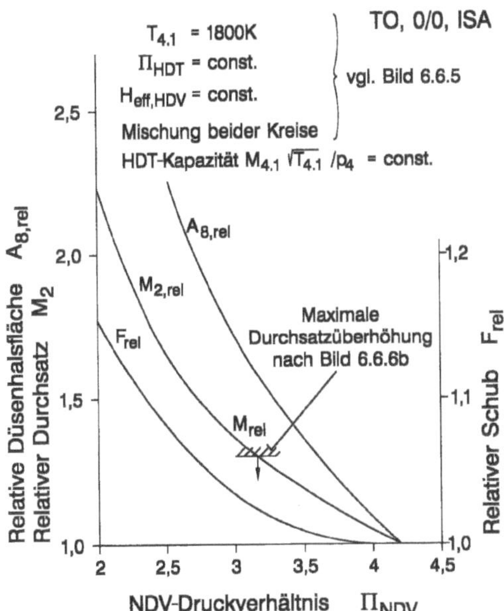

Bild 6.6.7:
Vollast-Betriebsdaten entsprechend Konzept M mit Begrenzungen durch NDV und Düse

Wie man sieht, wird bei maximalem Durchsatz im Teillastbereich der Arbeitsbereich des gegenläufigen, verstellbaren Fans entsprechend den Bildern 6.6.6b und 6.6.7 voll in Anspruch genommen. Die zugleich erforderliche große Düsenhalsfläche liegt innerhalb des Ausführbarkeitsbereichs runder Düsen, der nach Abschnitt 5.6.2.3 bis zu $(A_{max} / A_{min})_8 \approx 2,8$ bis $3,4$ reicht. Im Prinzip kommt hier auch das Konzept der Rechteck(2D)-Düse in Frage, vgl. Abschnitte 5.6 und 6.8.

Fan mit Serien-/Parallelschaltung
(Tandem-Fan), vgl. Konzept G) bzw. N)

Dieses seit langem bekannte Konzept ist in vielen Publikationen, u. a. in [6.6.3, 6.6.5 und 6.6.9 bis 6.6.11, 6.6.13 und 6.6.17] in mehreren Varianten behandelt worden. Hierzu zeigt Bild 6.6.4 einen an [6.6.14] orientierten Ringraum mit Konzept des Umschaltorgans des Tandem-Fans als Drehschieber in Anlehnung an [6.6.5] und Expansion der 2 bis 3 Ströme in einer gemeinsamen Düse mit entsprechend flexibel zu gestaltendem Abgassystem. Hierzu ist in Bild 6.6.8 für den Tandem-Fan unter bestimmten Annahmen der Zusammenhang zwischen Druckverhältnis und Durchsatz im Serien- und Parallelbetrieb dargestellt. Danach liegt die im praktisch interessierenden Bereich, d.h. bei $\Pi_S = 3$ bis 4 im Serienbetrieb, erreichbare Durchsatzerhöhung im Parallelbetrieb bei ca. 50% und liegt vom Standpunkt der Abstimmung des Triebwerkdurchsatzes mit der Einlaufkapazität bei Triebwerken für Überschall-Verkehrsflugzeuge nach Abschnitt 6.7 in der richtigen Größenordnung. Ob – im Gegensatz zu Bild 6.6.4 – im Parallelbetrieb neben ausschwenkbaren Nebeneinläufen auch ausschwenkbare Nebendüsen für den 3. Kreis opportun sind, um ein für Serienbetrieb konzipiertes, einfaches Abgassystem erhalten zu können, sei dahingestellt. Denkbar sind auch konzentrische, getrennte Düsen für Serien- und Parallelbetrieb, z.B. entsprechend Konzept D). Bei der Umstellung vom Serien- auf Parallelbetrieb und umgekehrt sind unter Umständen Instabilitäten/Rückströmungen zu befürchten, die Auslöser für Pumpstöße sein können, vgl. auch Abschnitt 6.8. Jedenfalls wäre diesem Problem im Falle des Eintritts in eine praktische Entwicklung dieses Konzepts besondere Aufmerksamkeit zu schenken.

Bei gleichen Kreisprozeß- und Leistungsdaten im Serienbetrieb wie bei Konzept M) mit 100% Durchsatz ergeben sich im Parallelbetrieb bei getrennter Düse für den 3. Kreis oder gemeinsamer Düse folgende Bedingungen:

Der Durchsatz des HD-Systems des Triebwerks entsprechend der Konfiguration „Serie" wird im Parallelbetrieb weniger aufgeladen, so dass dieser in Anlehnung an Gl. 6.4.6 der Relation

$$(M_P / M_S)_{HDV} = \frac{1 + m_S}{1 + m_P} \cdot \left(\frac{\Pi_P}{\Pi_S}\right)_V \cdot \sqrt{\left(\frac{T_S}{T_P}\right)_{4.1}}$$

unterliegt. Diese Relation liegt z.B. mit den Annahmen zum HD-System für Konzept M) nach Bild 6.6.5a, d.h. $T_{4.1}$, Π_{HDT} und $H_{eff,HDV}$ jeweils konstant, in Verbindung mit zusammenhängenden NDV-Daten nach Bild 6.6.8, d.h. z.B. $\Pi_{F,S} \approx 4,65$, $\Pi_{F,P} \approx 2,38$ und $(M_P / M_S)_F = 1,50$, bei $(M_P / M_S)_V \approx 0,70$.

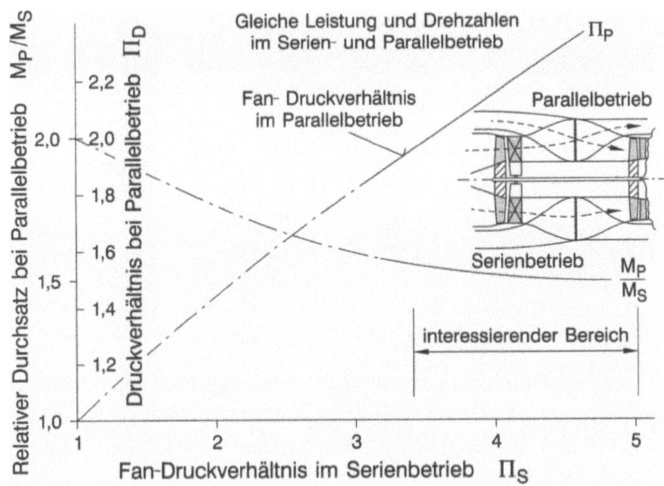

Bild 6.6.8: Durchsätze und Druckverhältnisse des Tandem-Fans nach Konzept N im Serien- und Parallelbetrieb

Unter der Annahme, daß das Nebenstromverhältnis des „Serien"-Triebwerks, $\mu_S = 0{,}4$, entsprechend dem Serienbetrieb auch im Parallelbetrieb gleich bleibt, ergibt sich das Nebenstromverhältnis des 3. Kreises im Parallelbetrieb $\mu_3 \approx (1{,}50 - 0{,}70)/0{,}70 = 1{,}14$ und das gesamte Nebenstromverhältnis, bezogen auf den Durchsatz des Kerntriebwerks,

$$\mu_{tot} = \frac{1{,}50 - 0{,}7 \cdot 1/1{,}40}{0{,}7 \cdot 1/1{,}4} \approx 2{,}0 \ .$$

Bei gemeinsamer Düse interessiert nur noch das zuletzt genannte Nebenstromverhältnis μ_{tot}, da sich der 3. Kreis mit dem 2. Kreis des „Serien"-Triebwerks bei etwa gleichen Werten p und T in der Mischungsebene vereinigt.

Damit ergeben sich analog Konzept M) folgende maximalen Leistungsdaten bei TO, 0/0, ISA:

Konfiguration		getrennte Düse im 3. Kreis		gemeinsame Düse	
Betrieb		Serie	Parallel	Serie	Parallel
$T_{4.1}$	K	—— 1800 ——		—— 1800 ——	
Π_V		25	17,4	25	17,4
$\Pi_{F,k}$		4,65	2,38	4,65	2,38
μ		0,40	2,03	0,40	2,03
F/M	m/s	800	510	820	533

SBV	kg/h, daN	0,880	0,688	0,860	0,660
M	%	100	150	100	150
F	%	100	95,7	102	100
$A_{D,3.Kreis}$	%	–	88	–	) 206
$A_{D,1.+2.Kreis}$	%	100	112	96	)
$(C_k / C_h)_D$		0,615	0,525	–	–
$(p_k / p_h)_D$		–	–	1,0	1,0

Hinzuschaltung eines Fans für zweiten Kreis, vgl. Konzept O)

Dabei wird nach [6.6.15], wie in Bild 6.6.4 dargestellt, ein 1-stufiger Fan einem Einkreis-Triebwerk parallel geschaltet, um im Unterschall-Reiseflug und bei TO ein Triebwerk mit niedrigem spezifischen Schub und zugleich großem Durchsatz zu erhalten. Der Antrieb des Fans erfolgt durch Luftentnahme am Verdichteraustritt, die bei hohem spezifischen Schub, d.h. im Überschallflug, abgesperrt wird. Gegenüber einer früheren Version wurde durch Weglassen einer Brennkammer vor der Fan-Turbine das System vereinfacht, wenngleich damit aufgrund der höheren Entnahme aus dem Primärkreis Nachteile bezüglich der Abstimmung seiner Komponenten verbunden sind.

Nach der Expansion in der Fan-Turbine wird die Abluft mit dem Nebenstrom gemischt. Dabei werden nach [6.6.15] folgende Leistungsdaten erreicht:

		TO	Unterschall-Reiseflug	Überschall-Reiseflug
Flugbedingung				
$Ma_0, H, \Delta T_2$		0/0	0,95/9,5 km	2,0/18
		ISA	ISA + 5 K	ISA + 10 K
F	daN	22000	7800	4200
$T_{4.1}$	K	1646	1500	1525
Π_V		19,2	19,0	17,0
μ		1,0	0,994	0
Π_F		2,50	2,48	–
$X = (T_{4.1}/T_2)_{rel}$		1,0	0,97	0,67
F/M	m/s	450	290	472
SBV	kg/daN, h	0,65	0,89	1,16

Wird beim Antrieb des Fans durch Entnahme aus dem Verdichter (ohne Brennkammer) der (geringe) Druckverlust zwischen Verdichteraustritt und Fan-Turbineneintritt vernachlässigt und angenommen, daß bei der Zusammenführung der Ströme aus Fan und Turbine gleiche Drücke herrschen, so ist das Druckverhältnis der Fan-Turbine

$$\Pi_T \approx \Pi_V / \Pi_F \tag{6.6.1}$$

Damit ergibt sich mit der Entnahmemenge ΔM_{Ent} nach dem Verdichter aus dem Leistungsgleichgewicht

$$M_{Ent} \cdot H_{eff,T} = M_F \cdot H_{eff,F} \qquad (6.6.2)$$

mit den Abkürzungen

$$\mu_F = \frac{M_F}{M_V} \qquad (6.6.3)$$

$$\mu_{Ent} = \frac{M_{Ent}}{M_V} \qquad (6.6.4)$$

die relative Entnahmemenge

$$\mu_{Ent} = \left(\frac{H_F}{H_T}\right)_{eff} \cdot \mu_F \, . \qquad (6.6.5)$$

Dabei ist die isentrope spezifische Arbeit des Fans

$$H_{is,F} = RT_2 \frac{\kappa}{\kappa-1}\left[\Pi_F^{\left(\frac{\kappa-1}{\kappa}\right)}-1\right] \qquad (6.6.6)$$

und der Fan-Turbine

$$H_{is,T} = RT_3 \frac{\kappa}{\kappa-1}\left[1-\left(\frac{1}{\Pi_T}\right)^{\frac{\kappa-1}{\kappa}}\right] \qquad (6.6.7)$$

Beim o.a. Beispiel nach [6.6.15] ist somit bei *TO* mit einer extrem hohen Entnahme aus dem Verdichter entsprechend $\mu_{Ent} = 0{,}32$ zu rechnen.

Was die Abstimmung des Durchsatzes mit der Einlaufkapazität betrifft, so gilt hier etwa dasselbe wie bei Konzept N) mit Tandem-Fan. Gleiches trifft für die Abgasseite zu, wobei nach [6.6.15] eine gemeinsame Düse für den Betrieb mit oder ohne Fan vorgesehen ist. Ohne Frage bedeutet die Anordnung des Fans mit Turbine an der Peripherie des Basis-Einkreis-Triebwerks mit absperrbarer Entnahme aus dem Verdichter und der im Betrieb ohne Fan abzusperrende zweite Kreis eine beträchtliche Komplizierung der Triebwerkarchitektur, die nach Vereinfachung verlangt. Ansätze hierzu wurden unternommen, sind aber bislang nicht publiziert.

6.7 Triebwerke für Überschall-Verkehrsflugzeuge

Allgemeines

Seit der Einführung der „Concorde" in den frühen 70er Jahren, der trotz erwiesener Betriebssicherheit im Einsatz aus mehreren Gründen kein wirtschaftlicher Erfolg beschieden war bzw. ist, sind in einer Vielzahl von Studien und Ansätzen zu Technologieprogrammen die an ein zukünftiges Überschall-Verkehrsflugzeug zu stellenden Ansprüche bzw. zu erfüllenden Forderungen untersucht und diskutiert worden. Während die „Concorde" für die Eckwerte

- 100 Passagiere,
- Mach-Zahl 2,0 im Reiseflug,
- Reichweite 6.000 km

konzipiert und damit hauptsächlich auf eine schnelle Verbindung zwischen Europa und Amerika zugeschnitten war, sind bei den Studien für ein zukünftiges Nachfolgemuster

- ca. 200 bis 250 Passagiere,
- Mach-Zahl 2,0 bis 2,5 im Reiseflug,
- Reichweiten von mindestens 10.000 km

angestrebt, um auch den mehr und mehr interessierenden asiatischen Markt rund um den Pazifischen Ozean bedienen und damit ein weltweites Überschall-Streckennetz etablieren zu können. Dabei sollen die Preise der Flugtickets nach Möglichkeit nur unwesentlich über jenen der Business-Klasse im Unterschall-Luftverkehr liegen. Für diese Entwicklung besteht aufgrund der Tendenz zur Globalisierung der Geschäftswelt und des durch die Kürzung der Reisezeiten bei langen Strecken in Aussicht stehenden höheren Reisekomforts nach wie vor ein starker Anreiz. Dabei ist nach Schätzungen aus den 80er Jahren zu erwarten, daß der Überschall-Langstreckenverkehr ca. 10 bis 15% des Unterschall-Geschäftsreiseverkehrs im Langstreckenbereich an sich ziehen wird.

Aufgrund der heute überschaubaren Daten zu Überschall-Verkehrsflugzeugen und -Triebwerken ergibt sich ein grobes Maß für die Produktivität eines zukünftigen Überschall-Verkehrsflugzeugs im Vergleich zu jener eines Unterschall-Verkehrsflugzeugs aus der Kombination der bekannten Breguet'schen Reichweitenformel

$$R \sim \frac{A/W}{SBV} \cdot V_0 \cdot \ln\left(\frac{G_A}{G_A - B}\right) \tag{6.7.1}$$

mit dem Nutzlastanteil G_N/G_A und der pro Zeiteinheit zurückgelegten Strecke, d.h. der Fluggeschwindigkeit V_0, entsprechend

$$\text{Pr} \sim \frac{G_N}{G_A} \cdot \frac{A/W}{SBV} \cdot V_0^2 \cdot \ln\left(\frac{G_A}{G_A - B}\right) \tag{6.7.2}$$

Dieser Ansatz kann allerdings nur einen ungefähren Anhalt liefern, da nur die Reiseflugphase angesprochen ist. Unter Vorwegnahme einiger im Folgenden dargelegten Daten ergibt sich für das

			Unterschall-	Überschall-Verkehrsflugzeug		
bei	Ma_0	=	0,80	2,0	2,5	
	H	=	10,6	18	20	km
mit	V_0	=	845	2120	2650	km/h
	G_N/G_A	=	18	8	7	%
	B/G_A	=		45%		
	A/W	=	20	10,5	9,5	
	SBV	=	0,55	1,10	1,26	$\dfrac{\text{kg/h}}{\text{daN}}$

die relative Produktivität

	Pr_{rel}	=	100	74	77	%

In diesem Kriterium nicht enthalten sind Nebenumstände – wie hohe Entwicklungskosten – bei begrenzter Zahl weltweit benötigter Flugzeuge, welche die Kostenrelation sicher nicht zugunsten des Überschall-Luftverkehrs verschieben. Damit ist von vornherein klar, daß der Überschall-Luftverkehr nur aufgrund des dem Passagier zugute kommenden Zeitgewinns im Langstreckenverkehr attraktiv sein kann, wobei aber höhere Ticketpreise unausweichlich sind.

Während die Einführung der „Concorde" in einen Zeitraum fiel, in dem die heute bestehenden und akzeptierten ökologischen Forderungen sich noch nicht in entsprechenden Zulassungsbestimmungen etc. niedergeschlagen hatten, sind bei einem zukünftigen Überschall-Verkehrsflugzeug – u. a. auch aufgrund der Erfahrungen mit der „Concorde" – neben der selbstverständlich zu gewährleistenden Betriebssicherheit und Wirtschaftlichkeit, folgende ökologische Forderungen zu erfüllen:

– Die Lärmemission bei Start und Landung hat der in FAR Part 36 festgelegten Obergrenze zu entsprechen, wobei zukünftig mit einer weiteren Absenkung des maximalen Lärmpegels (entsprechend zu erwartender Stage 4 mit voraussichtlich -15 EPNdB gegenüber Stage 3, über 3 Meßpunkte kumuliert) gerechnet werden muß.

– Was den von der Öffentlichkeit voraussichtlich noch tolerierbaren Überschallknall bzw. Drucksprung am Boden betrifft, so ist nach [6.6.12] zu erwarten, daß beim Überschallflug über bewohntem Gebiet ein Drucksprung von weniger als 0,3 bis 0,5 lb/sqft $\hat{=}$ 14 bis 24 N/m² als akzeptabel betrachtet wird. In diesem Zusammenhang sei betont, daß nach bisherigen Untersuchungen der Überschallknall am Boden im wesentlichen eine Funktion des Flugzeuggewichts, der Flug-Mach-Zahl und der Flughöhe ist und durch die Flugzeugkonfiguration nur wenig beeinflußbar ist. Als Beispiel ist in [6.7.1] für ein Flugzeug entsprechend der „Concorde" bei einem Gewicht im Reiseflug von 80% des Abfluggewichts entsprechend 135 to in Abhängigkeit von der Flug-Mach-Zahl und Flughöhe (entsprechend einem Korridor von 20 bis 30 kPa Staudruck beim Aufstieg und Reiseflug) in Bild 6.7.1 der am Boden zu erwartende Drucksprung Δp aufgetragen und mit den von der Öffentlichkeit als akzeptabel betrachteten Grenzwerten verglichen. Zum besseren Verständnis der maßgebenden physikalischen Zusammenhänge und der Möglichkeit der Berechnung mögen [6.7.2 und 6.7.3] beitragen. Bisher ist weder vom Standpunkt der Flugzeugkonfiguration noch von sinnvollen Flugbedingungen Ma_0 / H her gesehen ein Weg bekannt, auch nur annähernd in die Nähe der o.a. Grenze zu kommen, so daß man gezwungen sein wird, über bewohntem Gebiet im Unterschall zu fliegen und die damit verbundene Beeinträchtigung der Wirtschaftlichkeit des Überschallverkehrs hinzunehmen. Hierzu zeigt Bild 6.7.2 die bei den interessierenden Verbindungen zu überfliegenden „bewohnten" Gebiete und die ggf. dabei in Betracht zu ziehenden Umwege, um die Streckenabschnitte „über See" möglichst zu maximieren. Erwähnt sei, daß bereits geringe Unterschall-Streckenabschnitte (z.B. 10%) bei einer Mach-Zahl 2,5 im Überschall-Reiseflug bereits erheblich zur Verlängerung der Gesamtreisezeit (17 bis 20%) beitragen.

– Die spezifische Emission von NO_x im Sinne des Emissionsindex EI $\doteq$ g NO_x/kg Brennstoff muß, da der Brennstoffverbrauch pro Passagierkilometer im Überschall-Steig- und Reiseflug wesentlich höher als im Unterschall-Reiseflug sein wird, mit Rücksicht auf die Reiseflughöhe im Bereich von 15 bis 20 km und die hier eintretende Vernichtung von Ozon, die zur Schädigung der Ozon-Schicht führen kann, extrem niedrig sein. Gegenwärtig ist jedoch keine Technologie bekannt oder gar für den Einsatz geeignet, die Emissionsindizes im Bereich des vorderhand als akzeptabel betrachteten bzw. – z.B. nach [6.7.4] – als Obergrenze bei zukünftigen Triebwerken für Überschall-Verkehrsflugzeuge im Reiseflug festgelegten Wertes 5 g/kg zu erreichen oder gar zu unterschreiten. Diese Obergrenze scheint jedoch eher an den technischen Möglichkeiten als an der Rücksichtnahme auf Erkenntnisse über die denkbare Schädigung der Ozonschicht orientiert zu sein. Die Beantwortung der Frage der zulässigen NO_x-Emission wird außerdem dadurch erschwert, daß die zulässige Belastung der unteren Stratosphäre durch NO_x noch keineswegs abgeklärt ist.

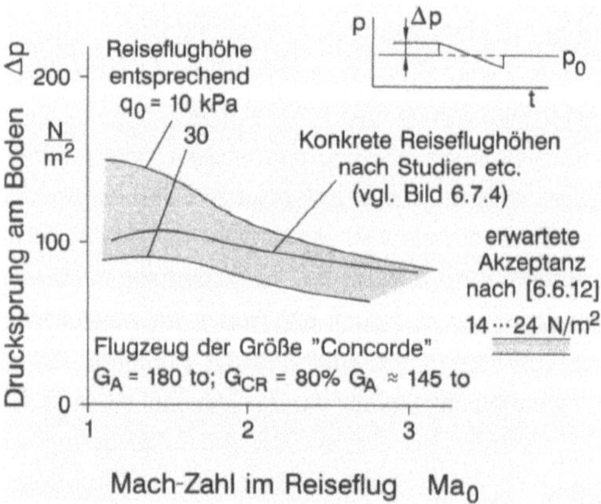

Bild 6.7.1: Beim Überschall-Reiseflug eines Verkehrsflugzeugs zu erwartender Überschallknall am Boden

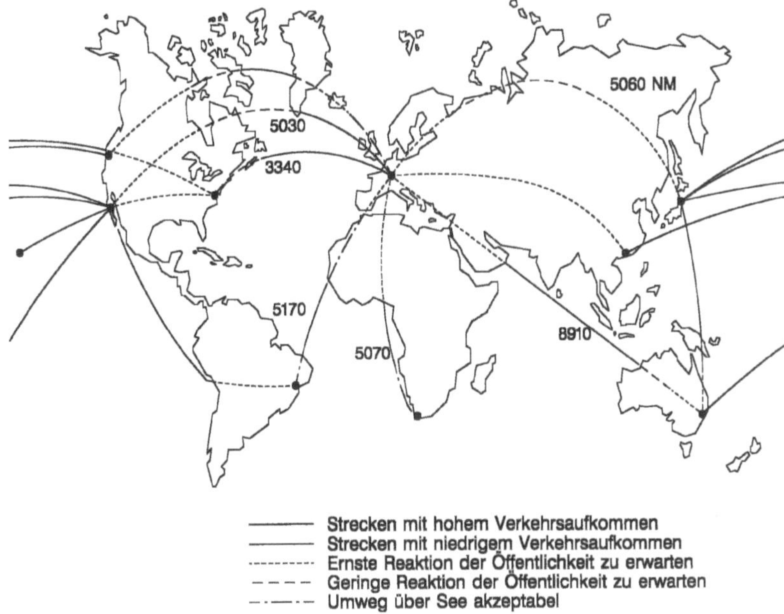

Bild 6.7.2: Zukünftige Überschall-Langstrecken mit Zonen, wo Reaktionen der Öffentlichkeit gegen Überschall-Knall zu erwarten sind

Schließlich müssen über die ökologischen Forderungen/Beschränkungen hinaus bei Flugzeug und Triebwerk wesentliche technische Fortschritte über den Stand der Technik hinaus erzielt werden, um folgende wirtschaftlich relevanten Forderungen erfüllen zu können:

- sichtbare Verbesserung des Auftrieb-/Widerstandverhältnisses im Reiseflug,
- Verbesserung des Faktors Nutzlast/Abfluggewicht bei dem im Langstreckeneinsatz zu erwartenden hohen Brennstoffanteil am Abfluggewicht,
- Verbesserung des spezifischen Brennstoffverbrauchs der Triebwerke im Überschall-Reiseflug.

Bei der im folgenden beschriebenen Dimensionierung und Auslegung der Triebwerke wird davon ausgegangen, daß bei einem zukünftigen Überschall-Luftverkehr sowohl im Überschall- als auch im Unterschallflug möglichst wirtschaftlich geflogen werden muß.

Schubforderungen

Ausgehend von den bei Unterschall- und Überschall-Verkehrsflugzeugen erreichbaren und zukünftig zu erwartenden Verhältnissen Auftrieb/Widerstand im Reiseflug nach Bild 6.7.3 kann der bei Überschall-Verkehrsflugzeugen zu Beginn des Reiseflugs geforderte Schub, bezogen auf das Abfluggewicht, mit Hilfe folgender Eckdaten bestimmt werden:

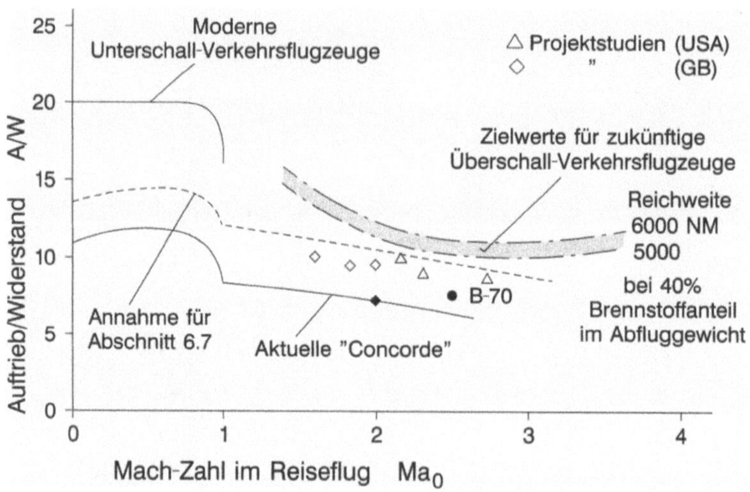

Bild 6.7.3: Entwicklungsziele beim Verhältnis Auftrieb/Widerstand zukünftiger Überschall-Verkehrsflugzeuge im Vergleich mit dem Stand der Technik nach [6.6.12] und MTU-Datenbasis

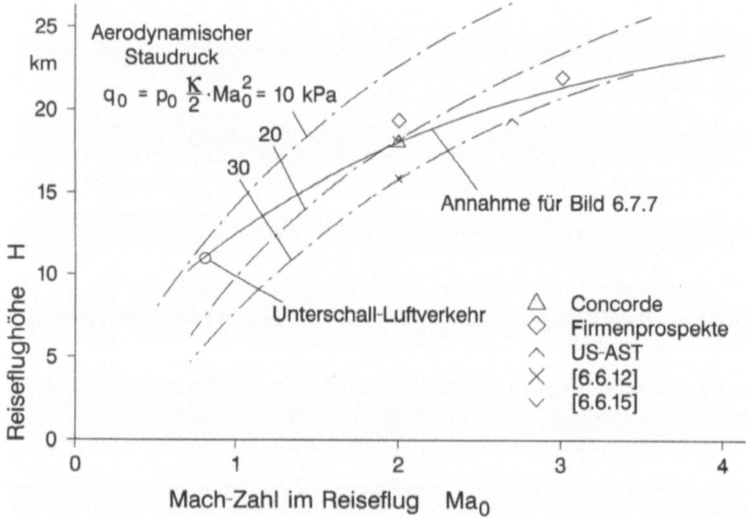

Bild 6.7.4: Reiseflug-Mach-Zahlen und Flughöhen von Überschall-Verkehrsflugzeugen

Mach-Zahl im Reiseflug	2,0	2,5
Flughöhe im Reiseflug	16 bis 18	18 bis 21km
Auftrieb/Widerstand $(A/W)_{ICR}$	10	9,5
Schubrelation F_{MCL}/F_{ICR}	——— 1,20 ———	
G_{ICR}/G_A	——— 0,97 ———	

Dabei wurde in Anlehnung an verfügbare Daten aus der Literatur von Werten Auftrieb/Widerstand im Reiseflug nach Bild 6.7.3 und von einer in Bild 6.7.4 gezeigten Mach-Zahl-/Höhenkorrelation im Überschall-Reiseflug entsprechend Staudrücken im Bereich $q_0 = 20$ bis 30 kPa ausgegangen. Ferner ergeben sich aus Studien (u. a. [6.6.12, 6.6.14 und 6.6.15] und Daten konkreter Triebwerke die im Höhenbereich $H \geq 11$ km erreichten Maximalschübe in Relation zu den Schüben bei TO, die zur Elimination der Flughöhe entsprechend

$$\left(\frac{F_{MCL}}{p_0}\right)_{Ma_0,H} \bigg/ \left(\frac{F_{TO}}{p_0}\right)_{0/0} \approx f(Ma_0) \tag{6.7.3}$$

mit dem Druck der Atmosphäre reduziert und in dieser Form in Bild 6.7.5 dargestellt sind. Damit kann die Belastung der Triebwerke bei TO bei bekannter Schubbelastung des Flugzeugs beim Start, die bei

$$\left(\frac{F_{TO}}{G_A}\right)_{erf} = 0,35 \text{ bis } 0,40 \text{ daN/kg} \tag{6.7.4}$$

liegen mag, wie folgt bestimmt werden. Zunächst ist mit $(A/W)_{ICR}$ nach Bild 6.7.3 und $F_{MCL}/F_{ICR} > 1$

$$\frac{F_{MCL}}{G_A} = \frac{G_{ICR} \cdot g}{G_A} \cdot \frac{1}{(A/W)_{ICR}} \cdot \frac{F_{MCL}}{F_{ICR}} \tag{6.7.5}$$

$$\frac{F_{MCL}}{F_{TO}} = \frac{(F_{MCL}/p_0)_{Ma_0,H}}{(F_{TO}/p_0)_{0/0}} \cdot \frac{p_{0,0/0}}{p_{0,Ma_0,H}} \tag{6.7.6}$$

und damit der bei TO „maximal verfügbare" Schub

$$\left(\frac{F_{TO}}{G_A}\right)_{max.} = \frac{F_{MCL}}{G_A} \cdot \frac{F_{TO}}{F_{MCL}} \, , \tag{6.7.7}$$

der sich aus der Schubforderung am Ende der Steigphase (oder ggf. aus der transsonischen Beschleunigung, die noch zu kommentieren sein wird) ergibt. Die aus den Gln. 6.7.4 bis 6.7.7 resultierende Belastung der Triebwerke bei TO, d.h.

$$\frac{F_{TO,erf}}{G_A} \bigg/ \frac{F_{TO,max}}{G_A} = f\left(\frac{F_{TO,erf}}{G_A}, Ma_0, H_{ICR}\right) \tag{6.7.8}$$

ist für nicht installierte Schübe in Bild 6.7.6 dargestellt. Die dabei für TO und MCL bzw. ICR angesetzten Installationseinflüsse $F_{inst}/F_{n.inst}$ sind in Anlehnung an [6.6.14] angenommen. In gleicher Weise erhält man die Belastung der Triebwerke im Unterschall-Reiseflug aus der Kombination der Gln. 6.7.3 und 6.7.5 mit 6.7.6 mit den zugehörigen Werten $(A/W)_{CR}$ und G_{CR}/G_A im Unterschallflug.

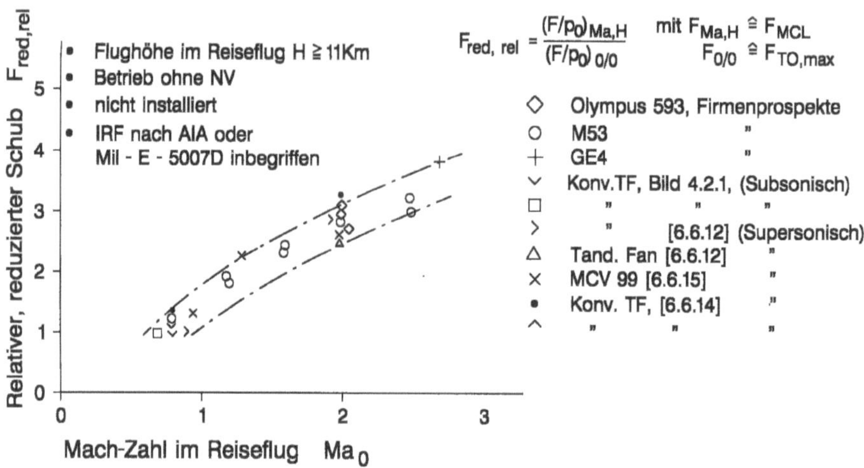

Bild 6.7.5: Relative, reduzierte Schübe ausgeführter und projektierter Triebwerke

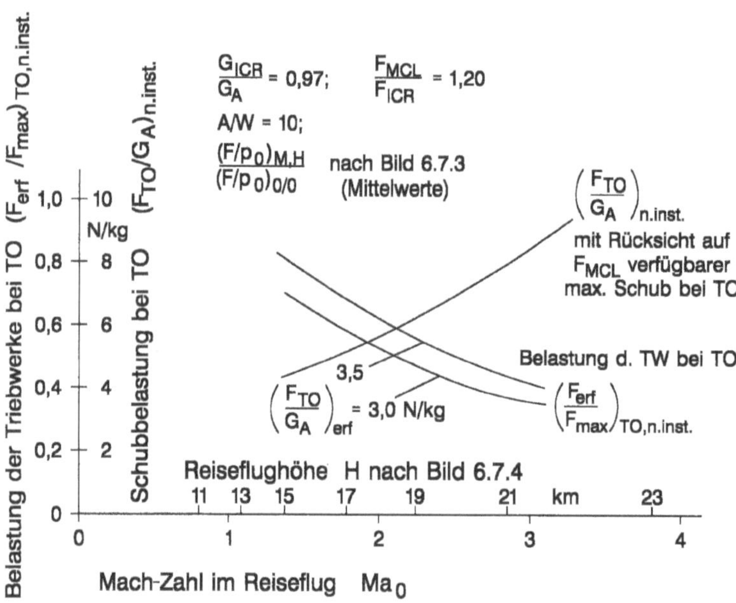

Bild 6.7.6: Einfluß der Reiseflugbedingungen und des Schubbedarfs bei *TO* auf die Belastung der Triebwerke

Die im Überschall- und Unterschall-Reiseflug sowie bei *TO* interessierenden Parameterwerte sind für ein spezielles Beispiel in Bild 6.7.7 zusammengestellt, dem die aus der obigen Tabelle entnommenen Eckdaten zugrundeliegen. Aus den Bildern 6.7.6 und 6.7.7 kann geschlossen werden, daß die Belastung der Triebwerke bei *TO* und im Unterschall-Reiseflug umso geringer ist, je höher *Ma0* und/oder *H* im Überschall-Reiseflug ist. Die

Belastung der Triebwerke bei *TO* ist insbesondere auch vom Standpunkt der Lärmentwicklung relevant, da mit dem Schub auch der spezifische Schub bzw. die Geschwindigkeit des Schubstrahls, der hier die einzige Lärmquelle darstellt, zurückgeht. Dies trifft zu, obwohl – wie noch gezeigt wird – der optimale spezifische Schub im Reiseflug mit höherer Reiseflug-Mach-Zahl und damit unter sonst gleichen Bedingungen auch bei *TO* zunimmt, vgl. hierzu [6.6.12]. Die Frage, ob der in dieser Weise festgelegte Schub für die transsonische Beschleunigung in 11 km Höhe ausreicht oder ob dabei ggf. Nachverbrennung eingesetzt werden muß, ist noch offen, zumal die Klärung dieser Frage auch vom Triebwerkkonzept abhängt.

Die Erkenntnis, daß Triebwerke im Unterschall-Reiseflug und bei *TO* erheblich gedrosselt gefahren werden müssen bzw. können, ist von grundsätzlicher Wichtigkeit für das Verständnis der im folgenden angesprochenen Abstimmung der Einlaufkapazität und des Triebwerkdurchsatzes, vor allem im Unterschall-Reiseflug und bei der transsonischen Beschleunigung.

Flugmachzahl	-	0,9			2,5			0,30	0	Bem.
Flugzustand	-	Reiseflug-Anfang	Reiseflug-Ende		Reiseflug-Anfang	Reiseflug-Ende		Take-off		
Flughöhe	km	10,6	13,5	10,6	20	22,8	20	0	0	
A/W	-	13,5	13,5	11,0	9,5	9,5	6,8	5,5	-	
G_{CR}/G_A	-	0,97	0,60		0,97	0,60		1,0	1,0	
Auftriebsbeiwert	-	0,285	0,285	0,177	0,163	0,163	0,101	0,626[****]	-	Triebw. install.
$F_{CR}/G_A = \frac{g}{A/W} \cdot \frac{G_{CR}}{G_A}$	N/kg	0,704	0,436	0,534	1,00	0,620	0,864	-	-	
$F_{inst.}/F_{n.inst.}$	-	0,99			0,94			0,997	-	
$(F/P_0)_{MCL}/(F/P_0)_{TO}$	-	1,2			3,2			1,10	1,0	n.inst.
(F_{CR}/G_A)	N/kg	0,712	0,441	0,540	1,062	0,658	0,918	-	-	"
(F_{MCL}/G_A)	-	2,00	1,24	2,0	1,275[*]	0,794	1,275			"
(F_{MCL}/F_{TO})	-	0,288	0,178	0,288	0,183	0,114	0,183	-	-	"
(F_{TO}/G_A)	N/kg							6,30[***]	6,96[*]	"
TW-Belastung F_{CR}/F_{MCL}	-	0,356	0,356	0,270	0,833	0,833	0,723			"
" $(F/F_{max})_{TO}$	-								0,43÷0,50[**]	"

$$(F_{MCL}/F_{ICR})^* = 1{,}20 \qquad \text{(Forderung)}$$
$$(F_{TO}/G_A)^{**} = 3{,}0 \cdots 3{,}5 \text{ N/kg (Forderung)}$$
$$\text{Schubcharakteristik}^{***} \quad F = f(Ma_0)$$
$$\text{Flächenbelastung}^{****} \quad G_A \cdot g/A_{FL} = 400 \text{ daN/kg}$$

Bild 6.7.7: Erforderliche Schübe bzw. Belastung der Triebwerke eines Überschall-Verkehrsflugzeuges im Reiseflug und bei Take-off

Abstimmung Einlaufkapazität/Triebwerkdurchsatz

Aus der geringen Belastung der Triebwerke im Unterschall-Reiseflug nach Bild 6.7.7 ergibt sich neben der grundsätzlichen Forderung nach günstigem spezifischen Brennstoffverbrauch die weitere Forderung nach der Verträglichkeit der Einlaufkapazität mit dem Triebwerkdurchsatz. Zunächst besteht der aus konkreten Einläufen von Überschall-Flugzeugen einschließlich der „Concorde" nach MTU-Datenbasis abgeleitete sowie aus [6.6.12] hervorgehende typische Verlauf der Einlaufkapazität mit dem unvermeidlichen Einbruch der Einlaufkapazität bzw. der Relation A_0 / A_{Fg} im Mach-Zahl-Bereich zwischen 0,5 und 1,7 nach Bild 6.7.8. Dabei ist

$$A_0 = \frac{M_{0,korr} \cdot R}{I_0} \tag{6.7.9}$$

der Stromröhrenquerschnitt des vom Einlauf geschluckten Durchsatzes und A_{Fg} die Einlauf-Fangfläche in Strömungsrichtung. Dabei besteht zwischen A_0, A_{Fg} und dem Einlauf-Halsquerschnitt A_{Hals} der Zusammenhang

$$\frac{A_{Hals}}{A_{Fg}} \approx \frac{A_0}{A_{Fg}} \cdot \frac{I_{Hals}}{I_0} \cdot \frac{1}{IRF} \ , \tag{6.7.10}$$

wobei A_{Hals} / A_{Fg} so geregelt werden kann, daß z.B. $Ma_{Hals} = const.$ im Bereich um 0,75 gehalten wird.

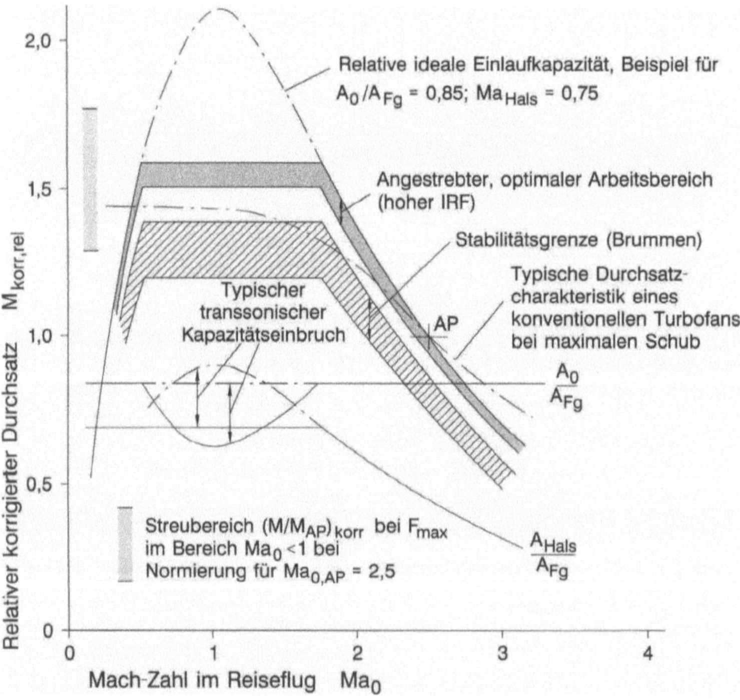

Bild 6.7.8: Relation der Durchsatzkapazität eines Überschall-Einlaufs zum Durchsatz eines konventionellen Turbofans bei maximalem Schub, bei Auslegung für $Ma_0 = 2,5$ (vereinfacht, idealisiert)

Einerseits hat der Durchsatz M_0 unter Berücksichtigung der im Bereich des Einlauf-Halsquerschnitts erforderlichen Abblasung zur Beseitigung der Rampengrenzschicht in einem engen Bereich entlang des maximalen Durchsatzes zu liegen, um maximale IRF-Werte zu erreichen. Andererseits muß der Durchsatz M_0 in genügendem Abstand oberhalb der Grenze liegen, unterhalb der im Einlauf mit Instabilität bzw. Brummen zu rechnen ist. Im Vergleich dazu zeigt Bild 6.7.8 für den speziellen Fall entsprechend Bild 6.7.7 auch die Durchsatzcharakteristik eines konventionellen Turbofans mit niedrigem Nebenstromverhältnis bei Vollast.

Bei konkreten Einläufen ziviler und militärischer Überschall-Flugzeuge liegen die Relationen A_0 / A_{Fg} im Bereich oberhalb des transsonischen Kapazitätseinbruchs, d.h. bei $Ma_0 > 1,5$ bis $1,8$, nach verschiedenen Quellen im Bereich $A_0 / A_{Fg} = 0,7$ bis $0,95$. Nach [6.7.5] ergeben sich z.B. bei $Ma_0 = 2,0$ optimale Werte IRF im Bereich $A_0 / A_{Fg} = 0,85$ bis $0,95$. Zugleich liegen beim transsonischen Kapazitätseinbruch die Minimalwerte A_0 / A_{Fg} im Bereich von 65 bis 75% der oben angeführten. Bei $A_0 < A_{Fg}$ ergibt sich der bekannte Überströmwiderstand, auf den weiter unten näher eingegangen wird.

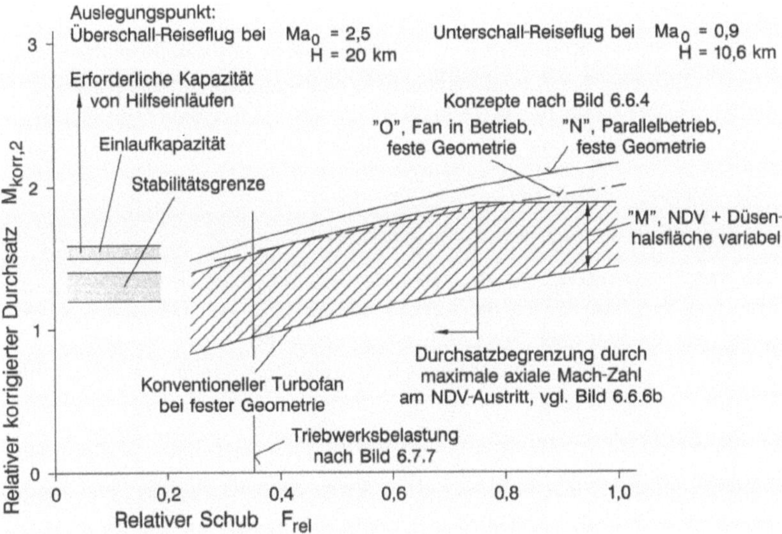

Bild 6.7.9: Relation der Triebwerkdurchsätze verschiedener Triebwerkkonzepte zur Einlaufkapazität bei Überschall-Verkehrsflugzeugen im Unterschall-Reiseflug

Als Ergänzung zu Bild 6.7.8 zeigt Bild 6.7.9 für den Unterschall-Reiseflug den Vergleich der Einlaufkapazität mit den bei einem konventionellen Überschall-Turbofan und den VCE-Konzepten M, N und O nach Abschnitt 6.6 bzw. Bild 6.6.4 zu erwartenden Durchsatzcharakteristiken. Die dabei festzustellenden – alle Konzepte betreffenden – Abstimmungsprobleme werden allerdings bei moderateren Überschall-Reiseflugbedingungen Ma_0 und/oder H gemildert.

Vor diesem Hintergrund ist verständlich, daß ein Großteil der Studien zu Triebwerken für Überschall-Verkehrsflugzeuge Triebwerkkonzepten mit variablem Kreisprozeß gewidmet ist. Dabei steht das Bestreben, Schub und Durchsatz der Triebwerke zur besseren Anpassung an die Einlaufkapazität zu entkoppeln im Vordergrund, um folgende Ziele zu erreichen:

– Im Überschall-Steig- und Reiseflug muß bei optimalem Kreisprozeß (d.h. bei hohem spezifischen Schub) optimale Abstimmung des Triebwerkdurchsatzes und der Einlaufkapazität gegeben sein.

– Im Unterschallflug muß bei stark gedrosselten Triebwerken mit Rücksicht auf den *SBV* ein Kreisprozeß mit möglichst niedrigem spezifischen Schub angestrebt werden, wobei zugleich der Triebwerkdurchsatz möglichst der Einlaufkapazität angeglichen sein soll.

– Bei der transsonischen Beschleunigung muß bei möglichst hohem spezifischen Schub – wie im Überschall – eine möglichst gute Abstimmung des Triebwerkdurchsatzes mit der Einlaufkapazität erreicht werden.

– Bei *TO* muß bei gedrosselten Triebwerken mit Rücksicht auf den Strahllärm, der hier die einzige Lärmquelle darstellt, ebenfalls ein möglichst niedriger spezifischer Schub angestrebt werden.

Auf die dabei im Blickfeld stehenden Triebwerkkonzepte mit variablem Kreisprozeß wurde bereits in Abschnitt 6.6 zusammenfassend eingegangen, zumal auch bei Triebwerken für Überschall-Kampfflugzeuge großes Interesse am flexiblen Betriebsverhalten im Über- und Unterschallflug besteht, wenngleich hier die Akzente etwas anders gesetzt sind.

Kreisprozeßoptimierung für Überschall-Reiseflug

Unabhängig vom Triebwerkkonzept im Sinne der Verwirklichung der Entkoppelung des Durchsatzes und Schubes müssen die Kreisprozeßdaten für den Überschall-Reiseflug optimiert werden, da in dieser Flugphase der Großteil des Missionsbrennstoffs verbraucht wird. Bei modernem Technologiestand sind die thermischen Grenzen im Reiseflug

$$T_{4.1} = 1600 \text{ bis } 1700 \text{ K} \quad \text{und} \quad T_3 = 850 \text{ bis } 950 \text{ K}$$

relevant. Entsprechend können die [6.6.14] entnommenen spezifischen Leistungsdaten bei vorgegebenen Werten $T_{4.1}$ und T_3 von Turbofans ohne Nachbrenner für $Ma_0 = 2{,}0$ bei $T_{4.1} = 1600 \text{ K}$ bei $T_3 = 850 \text{ K}$ und $T_{4.1} = 1700 \text{ K}$ bei $T_3 = 950 \text{ K}$ Bild 6.7.10 entnommen werden, so daß bei gegebener Flug-Mach-Zahl $Ma_0 = 2{,}0$ der Einfluß des spezifischen Schubes auf das Nebenstromverhältnis und den *SBV* bei parametrischer Festlegung von $T_{4.1}$ und T_3 deutlich wird.

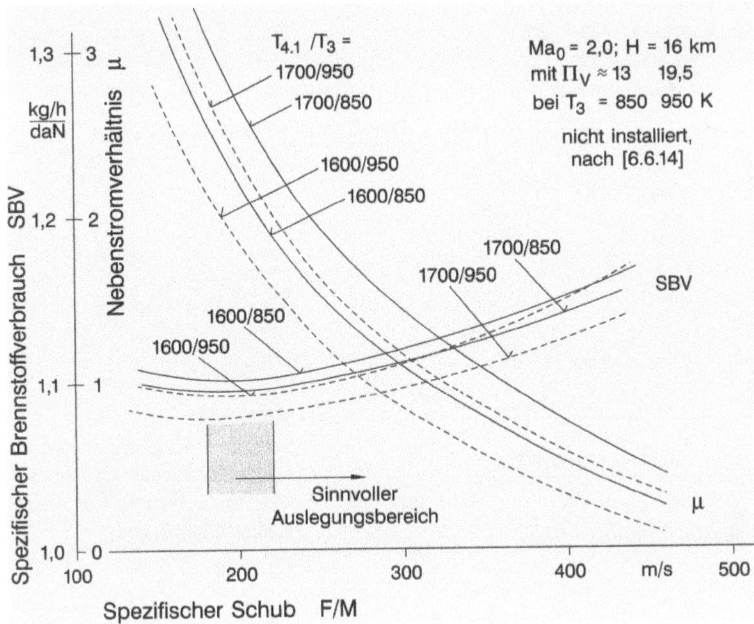

Bild 6.7.10: Einfluß der Kreisprozeßdaten auf die spezifischen Leistungsdaten von Triebwerken für Überschall-Verkehrsflugzeuge

In Bild 6.7.11 werden die [6.6.12] entnommenen, mit [6.6.14] allerdings nicht ganz konsistenten spezifischen Leistungsdaten für $T_{4.1} = 1600\,\text{K}$ und $T_3 = 850\,\text{K}$ mit dem Nebenstromverhältnis als Parameter bei Flug-Mach-Zahlen 2,0 und 2,5 dargestellt, so daß hier der sehr erhebliche Einfluß der Flug-Mach-Zahl bei vorgegebenen Werten $T_{4.1}$ und T_3 zu erkennen ist. Danach stellen sich die günstigsten *SBV*-Daten bei umso höheren spezifischen Schüben bzw. bei umso kleineren Nebenstromverhältnissen ein, je höher die Flug-Mach-Zahl ist, wobei zugleich allerdings die optimalen *SBV*-Werte mit der Flug-Mach-Zahl ansteigen. Dies gilt zunächst für nicht installierte Triebwerke.

Wie das auf [6.6.14] zurückgehende Bild 6.7.12 zeigt, verschiebt sich der optimale *SBV* mit zunehmendem äußeren Gondelwiderstand in signifikanter Weise zu höheren spezifischen Schüben, so daß der Einfluß der Installation auf den optimalen spezifischen Schub und damit auf die Kreisprozeßparameter und Hauptabmessungen des Triebwerks von vornherein mitbetrachtet werden muß.

Nach [6.6.14] muß mit Gondelwiderständen in der Größenordnung von 7 bis 8% des nicht installierten Nettoschubes gerechnet werden.

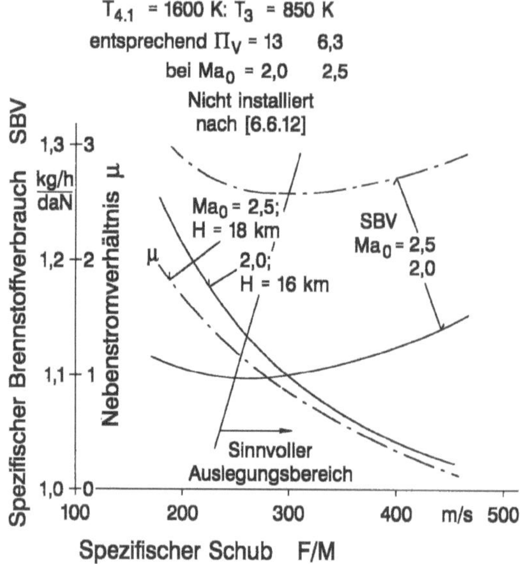

Bild 6.7.11:
Einfluß der Flugbedingungen auf die spezifischen Leistungsdaten von Triebwerken für Überschall-Verkehrsflugzeuge

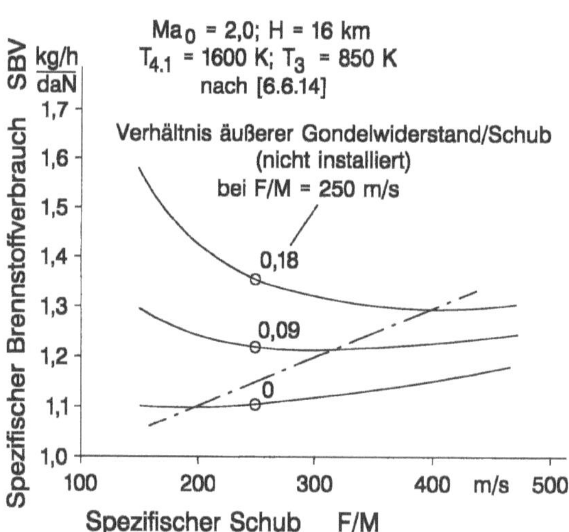

Bild 6.7.12:
Einfluß des (äußeren) Gondelwiderstandes auf die spezifischen Leistungsdaten im Überschall-Reiseflug

Ausgehend von der Variation der Kreisprozeßdaten werden beim Triebwerkentwurf in Anlehnung an Bild 4.1.1 folgende Betriebspunkte in Betracht gezogen:

Flugbedingung	$Ma_0 / H / \Delta T_0$		TO	Transsonische Beschleunigung	Überschall-Reiseflug
			0/0	0,9/11 km	2,0/16
			ISA + 15 K	ISA	ISA
Temperaturen:					
– Turbineneintritt	$T_{4.1}$	K	< 1600[*]	1600	1600/1700
– Verdichteraustritt	T_3	K			950
– Triebwerkeintritt	T_2	K	303	252	392
	$T_{4.1}/T_2$		< 5,3	6,35	4,1/4,35
	$(T_{4.1}/T_2)_{rel} = X$		< 0,80	1,0	0,64/0,68

[*]entsprechend Schubbedarf bei TO, $F_{TO} / G_A = 3,5$ N/kg

Unbeschadet der für den Überschall-Reiseflug vorzunehmenden optimalen Abstimmung der Einlaufkapazität mit dem Triebwerkdurchsatz wird der Betriebspunkt „Transsonische Beschleunigung" bei Ma_0/H entsprechend 0,9/11 km, bei dem die höchste aerodynamische Belastung (Maximum von $T_{4.1}/T_2$) auftritt, für das Triebwerk als aerodynamischer Auslegungspunkt gewählt, obwohl der Betriebspunkt MCL bei $Ma_0 / H \hat{=} 2,0/16$ km die höchste thermische Belastung repräsentiert.

Installationseffekte

Zu den Installationseffekten zählen – abgesehen vom Einlaufdruckverlust entsprechend IRF
– der (äußere) Gondelwiderstand (Reibung, Druck- und Wellenwiderstand),
– der Widerstand, der sich im wesentlichen aus der Absaugung der Rampengrenzschicht im Bereich der Einlauf-Halsfläche ergibt,
– der bereits angesprochene Überströmwiderstand und
– der an der Düse auftretende Basiswiderstand.

Daneben spielt die zur Ventilation des Triebwerkraums benötigte Luft eine geringe Rolle. Während der äußere Gondelwiderstand im eingangs erwähnten Verhältnis Auftrieb/Widerstand des Flugzeugs enthalten ist, können die übrigen (d.h. die „inneren") Widerstände nur mit dem Triebwerk, abhängig von dessen Konzept und Betriebsbedingungen, korreliert werden. In jedem Falle bringen auch die inneren Installationswiderstände eine gewisse Verlagerung des in den Bildern 6.7.9 bis 6.7.12 dargestellten SBV-Optimums zu höheren Werten des spezifischen Schubes.

Beim äußeren Gondelwiderstand, der zwar vom Triebwerkentwurf abhängt, aus praktischen Gründen aber als Angelegenheit der Zelle betrachtet (d.h. in A/W enthalten ist) und hier nicht explizit behandelt wird, kommt es u. a. wesentlich darauf an, ob das Triebwerk entsprechend seinen Querabmessungen hinter dem Einlauf-Fangquerschnitt (der in Strömungsrichtung als rechteckig oder quadratisch angenommen wird) gewissermaßen „versteckt" werden kann. Maßgebend ist dabei der Massendurchsatz

$$M_0 = M_2 + \Delta M_{Ab} = M_2 \left(1 + \frac{\Delta M_{Ab}}{M_2} \right) \qquad (6.7.11)$$

mit der Absaugungsmenge ΔM_{Ab} im Bereich der Einlauf-Halsfläche. Bei Druckverlusten im Einlauf entsprechend IRF ergibt sich aus Gl. 6.7.11 der Zusammenhang entsprechend

$$\left(\frac{M_0}{M_2} \right)_{korr} = \left(1 + \frac{\Delta M_{Ab}}{M_2} \right) \cdot IRF \ . \qquad (6.7.12)$$

Damit ergibt sich, wenn die Fangfläche in Anströmrichtung quadratisch angenommen und die am Triebwerkeintritt beim Nabenverhältnis ν_2 in Anspruch genommene quadratische Frontalfläche $A_{2,2D} = D_2^2$ ist, mit Gl. 6.7.9 und 10 die Relation

$$\frac{A_{Fg}}{A_{2,2D}} = \frac{A_{Fg}}{D_2^2} = \frac{\pi}{4} \cdot (1 - \nu_2^2) \cdot \frac{I_2}{I_0} \cdot \frac{A_{Fg}}{A_0} \cdot \left(1 + \frac{\Delta M_{Ab}}{M_2} \right) \cdot IRF \qquad (6.7.13)$$

Bei konstanter axialer Mach-Zahl am Verdichtereintritt, z.B. im Bereich $Ma_{ax,2} = 0,50$ bis 0,65, kann somit das Triebwerk umso eher hinter der Fangfläche versteckt werden, je höher die Flug-Mach-Zahl Ma_0 im Reiseflug ist, vgl. auch [6.6.12].

Im allgemeinen ist bei Turbofans der Manteldurchmesser $D_{\max}$ im Bereich des Nebenstromkanals größer als der Durchmesser D_2 am Verdichtereintritt, d.h., es ist mit $D_{\max} / D_2 = 1,05$ bis 1,10 zu rechnen. Ferner kann davon ausgegangen werden, daß die Hilfsgeräte, die im Bereich des Verdichters angeordnet werden, so um das Triebwerk herumgelegt werden, daß ein rechteckiger oder quadratischer Querschnitt entsteht, der zwar zum Einlauf paßt, dessen Seitenlänge allerdings größer als $D_{\max}$ ist. Mit dem Faktor $\zeta_{HG} = 1,15$ bis 1,20, der die Seitenlänge des (quadratischen) Triebwerkquerschnitts im Verhältnis zu $D_{\max}$ und mit $\zeta_{Go} = 1,05$ bis 1,10, der die Seitenlänge der Gondel-Außenseite in Relation zur Seitenlänge der Triebwerksenveloppe repräsentiert, ergibt sich mit

$$\frac{A_{Go}}{A_{2,2D}} = \left(\frac{D_{\max}}{D_2} \right)^2 \cdot \zeta_{HG}^2 \cdot \zeta_{Go}^2 \qquad (6.7.14)$$

und Gl. 6.7.13 die entscheidende Relation der Querschnitte

$$\left(\frac{A_{Go}}{A_{Fg}} \right) = \frac{A_{2,2D}}{A_{Fg}} \cdot \frac{A_{Go}}{A_{2,2D}} \qquad (6.7.15)$$

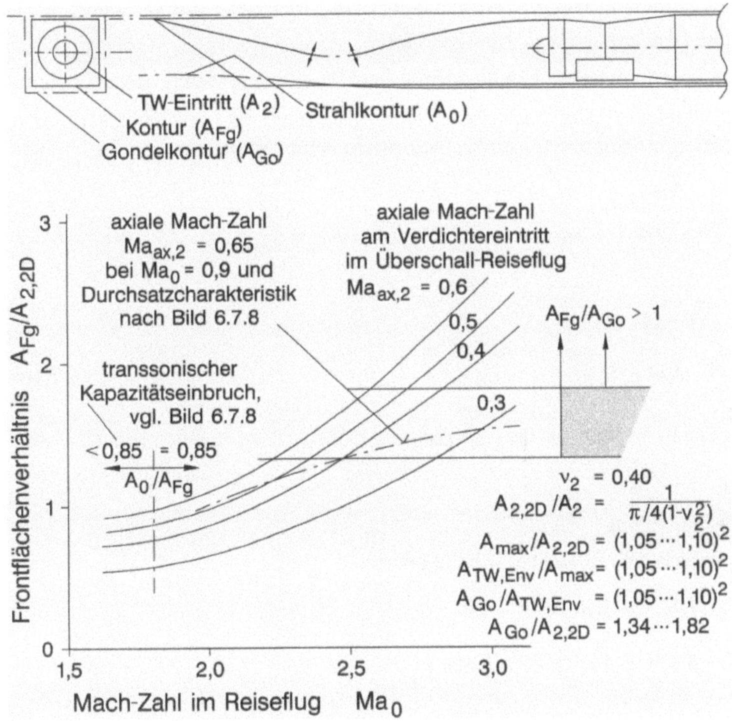

Bild 6.7.13: Relation der Einlauf-Fangfläche zur Frontalfläche am Verdichtereintritt und zum Gondelquerschnitt

Bild 6.7.13 gibt einen parametrischen Überblick der zu erwartenden Verhältnisse $A_{Fg}/A_{2,2D}$ und A_{Go}/A_{Fg} in Abhängigkeit von der Flug-Mach-Zahl im Reiseflug. Danach ist bei relevanten Reiseflug-Mach-Zahlen im Bereich $Ma_0 = 2{,}0$ bis $2{,}5$ stets mit Relationen A_{Go}/A_{Fg} wesentlich > 1 zu rechnen, so daß mit Rücksicht auf eine möglichst gestreckte An-/Umströmung der Gondel-Frontpartie zur Minimierung der Summe aus Überström- und Gondelwiderstand eine Relation $A_0/A_{Fg} < 1$ opportun erscheint. Ferner erfordert der maximale Schub am Ende des Steigflugs im Bereich $F_{MCL}/M_{MCR} = 1{,}14$ bis $1{,}16$ eine gewisse Durchsatzreserve $M_{MCL}/M_{MCR} = 1{,}05$ bis $1{,}06$, so daß insgesamt die Relation

$$(A_0/A_{Fg})_{MCR} < (A_0/A_{Fg})_{MCL} \leq 1$$

eingehalten werden muß. Anhaltspunkte für den Gondelwiderstand sind in [6.6.14] zu finden.

Zugleich wird damit deutlich, daß im Bereich des Triebwerkeintritts ein gewisser Freiraum für die Anpassung des Triebwerkdurchsatzes an die Bedingungen im transsonischen Flugbereich besteht, dem entsprechend flexible Triebwerke mit variablem Kreisprozeß gerecht werden können, vgl. Abschnitt 6.6.

Was die „inneren" Installationswiderstände betrifft, so sind verschiedene Definitionen bekannt. Sinnfällig und leicht überschaubar erscheinen die im Folgenden erläuterten.

Die Grenzschichtabsaugung im Einlauf entspricht einem Widerstand

$$W_{Ab} \approx \zeta_{Ab} \cdot \frac{\Delta M_{Ab}}{M_0} \cdot A_0 \cdot q_0 \,, \tag{6.7.16a}$$

woraus sich mit

$$M_0 = A_0 \cdot \rho_0 \cdot C_0$$

$$W_{Ab} \triangleq \frac{\zeta_{Ab}}{2} \cdot \Delta M_{Ab} \cdot C_0 \tag{6.7.16b}$$

ergibt. Dabei gehen Richtwerte für die Abblasemenge $\Delta M_{Ab} / M_0$ und den Koeffizienten

$$\zeta_{Ab} = \frac{W_{Ab}}{A_0 \cdot q_0 \cdot \Delta M_{Ab} / M_0} \tag{6.7.17}$$

nach MTU-Datenbasis aus folgender Tabelle hervor:

Ma_0	$\leq$	1,1	1,4	2,0	2,5
$\dfrac{\Delta M_{Ab}}{M_0}$	=	0,6	1,1	1,8	2,6%
ζ_{Ab}	=	1,0	0,88	0,66	0,57.

Mit Gl. 6.7.16b wird verdeutlicht, daß sich nur ein Anteil $(1 - \zeta_{Ab}/2)$ des der Absaugemenge entsprechenden Eintrittsimpulses $\Delta M_{Ab} \cdot C_0$ im Schub wiederfindet.

Der bei $A_0 < A_{Fg}$ auftretende Überströmwiderstand beträgt bei Überschalleinläufen mit „scharfen" Eintrittskanten und gestreckter Außenkontur, an der keine Sogspitze auftreten kann,

$$W_{Üs} \approx \zeta_{Üs}(A_{Fg} - A_0)q_0. \tag{6.7.18a}$$

Hieraus ergibt sich wie oben

$$W_{Üs} \approx \frac{\zeta_{Üs}}{2} \cdot \Delta M_{Üs} \cdot C_0 \tag{6.7.18b}$$

mit dem Koeffizienten

$$\zeta_{Üs} = \frac{W_{Üs}}{(A_{Fg} - A_0)q_0}. \tag{6.7.19}$$

Nach MTU-Datenbasis ist im Bereich $Ma_0 \geq 2$ und

$A_0 / A_{Fg} =$	0,2	0,4	0,6	0,8	1,0
$\zeta_{Üs} \approx$	0,6	0,42	0,25	0,12	0

mit einer beträchtlichen Streuung – je nach Einlaufkonzept und/oder Quelle – im Bereich $\pm 30\%$.

Im transsonischen Bereich muß mit bis zu doppelt so hohen Werten gerechnet werden. Dabei ist ein Zusammenhang mit dem Einbruch der Einlaufkapazität im transsonischen Bereich, vgl. Bild 6.7.8, unverkennbar. Der Überströmwiderstand erreicht somit im transsonischen Bereich des Flugzeugs erhebliche Werte und behindert damit die Beschleunigung bzw. kann maßgebenden Einfluß auf die Dimensionierung der Triebwerke haben. Auch im Unterschall-Reiseflug, d.h. mit gedrosselten Triebwerken, ist mit einem gewissen Überströmwiderstand zu rechnen, der jedoch – entsprechend dem kleineren Staudruck q_0 – geringer ausfällt.

Schließlich ergibt sich, wenn der Strahlquerschnitt A_9 am Düsenaustritt kleiner als die Querschnittsfläche $A_{Go,9}$ am Gondel- bzw. Düsenaustritt ist, der Basiswiderstand

$$W_B \approx \zeta_B (A_{Go,9} - A_9)(p_0 - p_9)_{stat} \, , \tag{6.7.20a}$$

der entsprechend dem Druckkoeffizienten

$$c_{p,B} = \frac{(p_0 - p_9)_{stat}}{q_0} = \frac{\Delta p_{stat,B}}{q_0} \tag{6.7.21}$$

und dem fiktiven, der Basisfläche entsprechenden Durchsatz

$$\Delta M_B = \frac{(A_{Go,9} - A_9)}{A_0} \cdot M_0 \tag{6.7.22}$$

auf die Form

$$W_B = \frac{c_{p,B}}{2} \cdot \Delta M_B \cdot C_0 \tag{6.7.20b}$$

gebracht werden kann. Dabei kann der Druckkoeffizient $c_{p,B}$, der im Bereich $\gtrless 0$ liegen kann, nur im Einzelfall bestimmt werden, da er nicht nur von der Heck-/Düsengeometrie, sondern auch vom relativierten Düsendruckverhältnis Y_D abhängt, vgl. Abschnitt 5.6.2.3. Immerhin wird mit der Formulierung nach Gl. 6.7.20b eine überschaubare Relation zu den übrigen Widerständen sichtbar.

Mit den Widerständen $W_{Go}, W_{Ab}, W_{Üs}$ und W_B ergibt sich der installierte Nettoschub

$$F_{Ne,inst} = F_{Br,n.inst} - M_2 \cdot C_0 - (W_{Go} + W_{Ab} + W_{Üs} + W_B) \tag{6.7.23}$$

mit dem nicht installierten Bruttoschub $F_{Br,n.inst} = M_2 \cdot (F/M)_{Br,n.inst}$.

Da die Installationswiderstände mit abnehmendem Triebwerkdurchsatz – wenngleich in verschiedener Weise – ebenfalls kleiner werden, verschiebt sich der SBV-optimale spezifische (Netto)Schub, wie schon erwähnt, zu höheren Werten. Ferner erhöht sich entsprechend den Installationswiderständen bzw. aufgrund des dadurch verursachten Verlusts an Nettoschub der SBV. Die mit $(F_{inst}/F_{n.inst})_{Ne}$ zusammenhängende Relation $SBV_{inst}/SBV_{n.inst}$ kann nur im Zusammenhang mit dem konkreten Triebwerkkonzept und der Abstimmung seines Durchsatzes mit der Einlaufkapazität ermittelt werden.

Triebwerkentwürfe

Als Vergleichsmaßstab für ein nach Abschnitt 6.6 infrage kommendes Triebwerk mit variabler Geometrie sei der [6.6.14] entnommene Entwurf eines konventionellen Turbofans ohne Nachbrenner als Referenztriebwerk angesprochen, der für folgende Bedingungen bzw. Kreisprozeßparameter dimensioniert wurde:

		TO	Transsonische Beschleunigung	Überschall-Reiseflug
Flugbedingung	$Ma_0 / H / \Delta T_0$	0/0	1,02/11	2,0/16
		ISA + 15 K	ISA	ISA
$T_{4,1}$	K	1430	1410	1720
T_2	K	303	268	399
$X = (T_{4.1}/T_2)_{rel}$		0,895	1,0	0,82
Π_V		24,1	31,7	20,0
T_3	K	823	780	973
μ		1,48	1,12	1,49
Π_F		1,91	2,40	1,88
Π_D		1,765	4,56	13,6
A_8	m^2	1,77	1,46	1,39
$(F/M)_{inst}$	m/s	400	322	266
SBV_{inst}	$\dfrac{kg}{daN,h}$	0,510	0,812	1,090
$F_{max,inst}$	daN	22000	8190	7700
$M_{2,korr}$	kg/s	576	576	454

Beim Maximalschub $F_{MCL} = 113\%\ F_{MCR}$ ist $(T_{MCL}/T_{MCR})_{4.1} \approx 1{,}04$ und damit $T_{4.1,max} = 1780$ K.

Bild 6.7.14 zeigt den Ringraum bzw. schematischen Längsschnitt dieses Triebwerks.

Da nicht nur im Überschall-Reiseflug, sondern auch bei der transsonischen Beschleunigung und nach Möglichkeit auch im Unterschall-Reiseflug hohe Ansprüche an die Effektivität der Düse zu stellen sind, ist die Ausführung als 2-parametrische c/d-Düse unausweichlich. Für die Flugbedingungen

	Ma_0	=	0,8	0,9	1,2	2,0
bei	F/F_{max}	=	0,4	1	1	1
und	Π_D	=	2,35	4,0	5,7	13,6

liegt die nach [6.6.14] gewählte Divergenz bei oder leicht unter den Werten der nach Bild 3.2.4 bei „angepaßter" Düse einzustellenden Divergenz

	λ^*	=	1,10	1,25	1,52	2,55 .

Bei 1-parametrisch verstellbarer Düse wäre, da λ nur in Abhängigkeit von der Düsenhalsfläche – etwa nach den Bildern 5.6.9 bis 5.6.11 – verändert werden könnte und die Düse für den Überschallbereich optimiert werden muß, im transsonischen und subsonischen Flugbereich mit erheblichen Einbußen an Bruttoschub zu rechnen, die mit Rücksicht auf die noch höheren Einbußen an Nettoschub mit entsprechender Erhöhung des *SBV* nicht hinnehmbar erscheinen.

Bei den Triebwerken mit variabler Geometrie nach Abschnitt 6.6 sind besonders angesprochen die Konzepte M) bis O) nach Bild 6.6.4. Hierzu zeigt als Beispiel Bild 6.7.15 in Anlehnung an Bild 6.6.4 bis 6.6.7 den Ringraum eines für den Durchsatz $M_2 = 100$ kg/s bei *TO* entworfenen VCE-Triebwerks nach Konzept M).

Während der Kreisprozeß des Referenztriebwerks als Kompromiß aus den Anforderungen im Überschall- und Unterschall-Reiseflug sowie bei *TO* zu verstehen ist, kann beim VCE-Konzept M) der Kreisprozeß an diese Bedingungen flexibel angepaßt werden. Insbesondere kann hier im Überschall-Reiseflug und bei der transsonischen Beschleunigung mit maximalem spezifischen Schub – d.h. bei minimalem Nebenstromverhältnis gefahren werden, während im Unterschall-Reiseflug und bei *TO* – jeweils bei reduzierter Schubforderung, vgl. Bild 6.7.7 – der minimale spezifische Schub bzw. das maximale Nebenstromverhältnis eingestellt wird.

Geht man im Sinne des Einstiegs in eine überschlägige Bewertung dieser beiden Triebwerke davon aus, daß für ihre Dimensionierung die Schubforderung im Überschall-Reiseflug bei $Ma_0 = 2{,}0$; $H = 16$ km, ISA maßgebend ist, dann ergeben sich mit Kreisprozeßdaten in Anlehnung an [6.6.14] und Bild 6.7.10 beim

			Referenz-Triebwerk (Bild 6.7.14)	VCE-Konzept M) (Bild 6.7.15)
mit	$T_{4.1}$	K	——————— 1700 ———————	
	$T_{4.1}$	K	——————— 950 ———————	
	μ		1,49	0,50 (einstellbar)

die spezifischen Schübe

	F/M	m/s	260	420

und damit die relativen Durchsätze

	$\dfrac{F}{F/M} \sim M_{rel}$	%	100	62

Unter diesen Bedingungen liegt zwar beim nicht installierten Triebwerk der optimale *SBV* nach Bild 6.7.10 bei $\mu \approx 2{,}0$ bzw. $F/M \approx 220$ m/s. Unter dem Einfluß des äußeren Gondelwiderstands rückt der optimale *SBV* nach Bild 6.7.12 jedoch sichtbar zu höherem spezifischen Schub und damit zu kleinerem Nebenstromverhältnis. So gesehen eröffnet sich mit dem VCE-Konzept u. a. die wichtige Verbesserung des *SBV* im Überschall-Reiseflug. Dies gilt nicht nur für Konzept M), sondern auch für die Konzepte N) und O) nach Abschnitt 6.6.

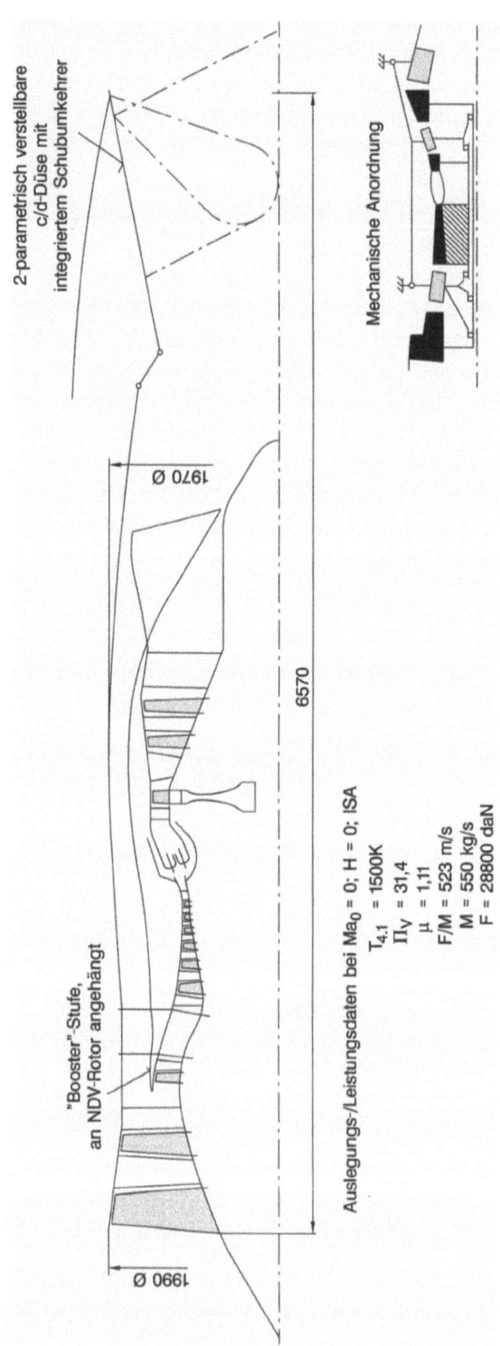

Bild 6.7.14: Ringraum und Anordnung der Komponenten eines konventionellen Turbofans für den Einsatz in Überschall-Verkehrsflugzeugen, Referenztriebwerken nach Konzeptstudien [6.6.14]

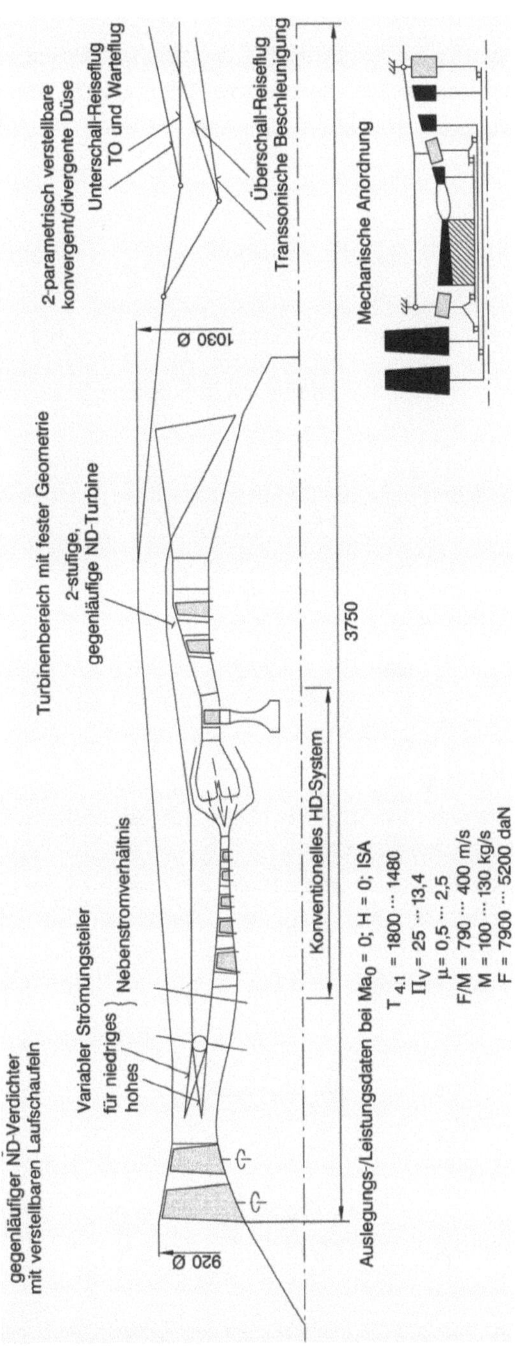

Bild 6.7.15: Ringraum und Anordnung der Komponenten eines Triebwerks mit variablem Kreisprozeß (Konzept M) für den Einsatz in Überschall-Verkehrsflugzeugen

Wird das Referenztriebwerk nach Bild 6.7.14 unter Berücksichtigung des Größeneinflusses auf die axialen Schlankheitsgrade der Beschaufelungen im Verdichter- und Turbinenbereich auf den gleichen Durchsatz bei TO des VCE-Konzepts M) nach Bild 6.7.15 skaliert, so ergibt sich zunächst folgender Vergleich der Hauptmessungen bei $M_{TO} = 100$ kg/s :

Durchmesser am		Referenz-Triebwerk	VCE-Konzept M)
Fan-Eintritt	mm	830	920
Triebwerkmantel	mm	830	1030
Länge über alles	mm	2700	3750

Aus der o.g. Durchsatzrelation ergeben sich mit dem linearen Skalierungsfaktor

LSF		1,0	0,79

die auf gleichen Schub im Überschall-Reiseflug bezogenen Hauptabmessungen

Durchmesser am			
Fan-Eintritt	mm	830	730
Triebwerkmantel	mm	830	815
Länge über alles	mm	2700	2970

Dabei ist zwar aufgrund der Tendenz

$$M_2 \sim (1+\mu)p_{4.1} / \sqrt{T_{4.1}}$$

die Relation der Durchsätze bei TO etwas anders; die Durchsätze und Kreisprozeßdaten bei TO sind jedoch nicht dimensionierend.

Schließlich gibt in Anlehnung an die Bilder 6.7.7 und 6.7.9 die folgende Tabelle einen Überblick der bei den hier gewählten Überschall-Reiseflugbedingungen (d.h. $Ma_0 = 2,0$; $H = 16$ km) zu erwartenden Abstimmung der Einlaufkapazität mit dem Triebwerkdurchsatz im Unterschall-Reiseflug bei $Ma_0 = 0,9$, $H = 11$ km:

		Referenz-Tw.	Konzept M)
relative Einlaufkapazität	$(M / M_{AP})_{korr,0}$		
bei optimalem IRF		——— ~ 1,15 ———	
an der Stabilitätsgrenze		——— 0,82 bis 1,0 ———	
Triebwerkbelastung	$(F / F_{max})_{n.inst}$	——— 0,40 ———	
relativer Triebwerkdurchsatz	$(M / M_{AP})_{korr,2}$	0,97	1,0 bis 1,6 einstellbar

Wie zu erkennen ist, sind die hier zutreffenden Reiseflugbedingungen im Vergleich zu jenen nach den Bildern 6.7.7 und 6.7.9 (d.h. bei $Ma_0 = 2,5$; $H = 18$ km) – wie erwartet – zwar wesentlich komfortabler, aber das Problem der Abstimmung der Einlaufkapazität mit dem Triebwerkdurchsatz besteht beim Referenztriebwerk nach wie vor.

In diesem Zusammenhang ist zu bemerken, daß beim Referenztriebwerk nach Bild 6.7.14 zwar die Lärmsituation bei *TO* durch Inanspruchnahme der vollen NDV-Durchsatzkapazität bei geöffneter Düse bzw. abgesenkter NDV-Arbeitslinie verbessert werden kann. Dagegen ist mit dieser Maßnahme nur eine begrenzte Verbesserung des *SBV* im Unterschall-Reiseflug möglich. Beim VCE nach Bild 6.7.15 ist dagegen nicht nur bei *TO*, sondern auch im Unterschall-Reiseflug eine sichtbar weitergehende Absenkung des spezifischen Schubes und damit eine wesentliche Verbesserung des *SBV* möglich.

Schließlich zeigt Bild 6.7.16 auf der Basis der Untersuchung nach [6.6.12] die mit dem Referenztriebwerk und dem VCE nach den Bildern 6.7.14 bzw. 6.7.15 erreichbar erscheinenden Lärmpegel. Eine mit der Darstellung in [6.6.12] vergleichbare Untersuchung ist in [6.7.7] beschrieben. Der Vollständigkeit halber erwähnt sei hier auch die in [5.14.7 und 5.14.8] sowie [6.6.10] und [6.7.6] beschriebene Möglichkeit der Reduzierung des Strahllärms durch „inverses" Geschwindigkeitsprofil.

Ob über die hier im Zusammenhang mit Abschnitt 6.6 behandelten Triebwerkkonzepte hinaus weitere Konzepte wie z.B. das in [6.7.8 und 6.7.9] behandelte Triebwerk mit axial supersonischer Durchströmung realisierbar sein wird und ggf. technisch/wirtschaftliche Fortschritte zu bringen vermag, sei dahingestellt.

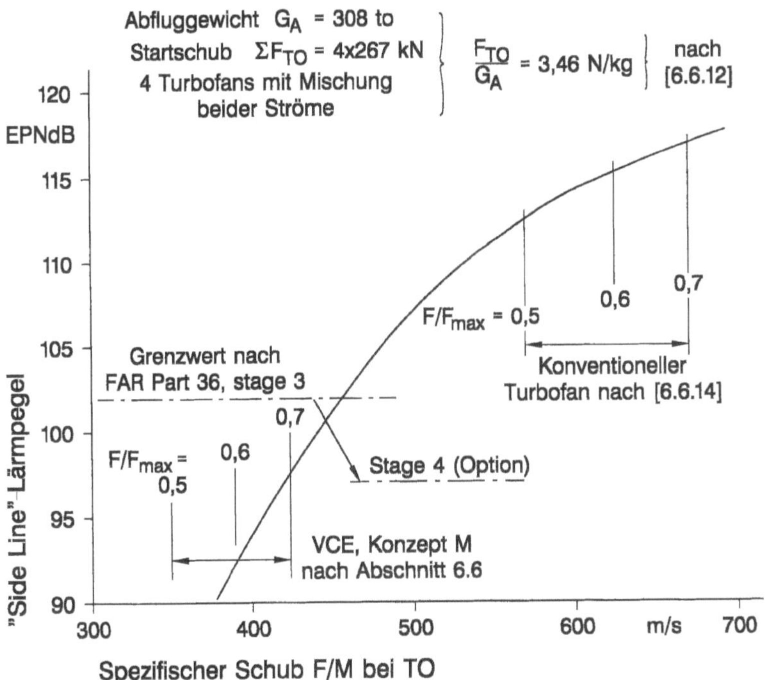

Bild 6.7.16: Lärm beim Start eines Überschall-Verkehrsflugzeugs in Abhängigkeit vom spezifischen Schub der Triebwerke

Belastung der Atmosphäre

Auf der Basis o.a. Daten läßt sich ein Vergleich der NO_x-Emission im Überschall-Luftverkehr mit der bei konventionellen Turbofans im Unterschall-Luftverkehr eintretenden Belastung der Atmosphäre ziehen. Maßgebend sind dabei die Emissionen an CO_2 und vor allem an NO_x pro Passagierkilometer entsprechend folgender Tabelle:

Reiseflugbedingungen			Unterschall	Überschall
Reiseflug-Mach-Zahl	Ma_0		0,8	2,5
Reiseflughöhe	H	km	10,7	20
Passagierzahl			200	200
Abfluggewicht	G_A	t	156	320
Auftrieb/Widerstand	A/W		20	10,5
rel. Nutzlast	G_N/G_A	%	16	8
rel. Brennstoffgewicht*	(B/G_A)	%	45	45
Schubbedarf im Reiseflug				
Beginn Reiseflug**	F_{ICR}	10^3 daN	7,4	32,0
im Mittel	$\overline{F}$	10^3 daN	6,25	24,3
Kreisprozeß bei ICR				
	$T_{4.1}$	K	1500	1600
	Π_V		40	6
	μ		8	0,7
	SBV	kg/daN, h	0,55	1,26
Brennkammer*** bei ICR				
	p_3	bar	14,8	4,5
	T_3	K	775	850
	$EI^* - NO_x$	g/kg	14	12,9
max. Reichweite		km	15500	11300
Brennstoffverbrauch				
pro Flug	B	t	63	131
pro Passagier-km****		kg	3,4	9,6
			(100%)	(280%)

NO_x-Emission

pro Flug	kg	8800	16800
pro Passagier-km[****]	g	47	125
		(100%)	(270%)

[*] inklusive 10% Reserve
[**] mit 95 bzw. 80% Abfluggewicht
[***] Doppeldom-Technologie, EIS = 1995
[****] 60% Ladefaktor

Aufgrund der im Ganzen vergleichbaren Bedingungen p_3, T_3 am Brennkammereintritt wurde auf der Basis gleicher Technologie der Emissionsindex in beiden Fällen etwa gleich angesetzt. Aus diesem Vergleich geht hervor, daß im Überschallverkehr etwa 2,8 mal so viel CO_2 und 2,7 mal soviel NO_x pro Passagierkilometer wie im Unterschall-Luftverkehr emittiert wird. Hinzu kommt, daß das NO_x im Überschall-Luftverkehr in kritischer Flughöhe, d.h. im Höhenbereich von 15 bis 20 km und damit im Bereich des Ozongürtels emittiert wird und damit ökologisch sehr viel schwerer wiegt als die im Bereich der Tropopause stattfindende Emission im Unterschall-Luftverkehr. Die eingangs erwähnten Zielwerte für Technologieentwicklungen zu Brennkammern in Triebwerken für Überschall-Verkehrsflugzeuge entsprechen daher einer Reduzierung der NO_x-Emission – verglichen mit EIS = 1995 – auf etwa 1/3. Da aber neue Brennkammertechnologien sowohl im Überschall- als auch im Unterschall-Luftverkehr eingeführt werden können, wird die Relation der Emissionen entsprechend obiger Tabelle nicht entscheidend beeinflußt werden können, zumal auch die Relation der *SBV*s aus physikalischen Gründen nicht wesentlich veränderbar ist.

6.8 Hyperschalltriebwerke

Allgemeines

Mit der in den 60er Jahren einsetzenden bemannten Raumfahrt und der zunehmenden wissenschaftlich/ökonomischen Bedeutung der Raumfahrt bzw. Satelliten bis hin zur Installation permanent bemannter Raumstationen wuchs zugleich der Wunsch nach rückkehrfähigen, d.h. von normalen Startbahnen – z.B. in Europa – aus operierenden, horizontal startenden Raumfahrzeugen. Maßgebend und treibend waren dabei folgende Argumente:

– Herabsetzung des Unfallrisikos, besonders mit Rücksicht auf die Besatzung,

– Rückkehrfähigkeit bzw. vielfache Anwendung und damit entscheidende Herabsetzung der Transportkosten für die in den Orbit zu befördernden Massen,

– Operation vorzugsweise von europäischen bzw. bestehenden Basen aus mit Einschwenken auf äquatornahe Aufstiegsbahnen und entsprechende Rückkehr und

– geringere Belastung der Atmosphäre durch Schadstoffemissionen gegenüber Raketen.

Von Beginn an waren zwei grundsätzliche Konzepte in der Diskussion:

- Einstufige Fahrzeuge (SSTO $\hat{=}$ $\underline{S}$ingle $\underline{S}$tage $\underline{T}$ake off to $\underline{O}$rbit), bei denen die gesamte Fahrzeugmasse mit in den Orbit und zurück zu befördern sind und

- 2-stufige Fahrzeuge (TSTO $\hat{=}$ $\underline{T}$win $\underline{S}$tage $\underline{T}$ake off to $\underline{O}$rbit), mit Trennung des Trägerfahrzeugs vom Orbiter am Rande der Atmosphäre.

Beim SSTO umfaßt der Antrieb den luftatmenden Bereich – d.h. bis in den Hyperschall in der unteren Stratosphäre – und den luftunabhängigen (Raketen-)Antrieb im Bereich der Stratosphäre bis zum Orbit. Beim TSTO arbeitet der Antrieb der 1. Stufe im luftatmenden Bereich, d.h. bis zu Hyperschallgeschwindigkeiten in der unteren Stratosphäre, während die 2. Stufe nach der Trennung im Bereich der Stratosphäre bis zum Orbit durch Raketen angetrieben wird.

Maßgebend für die Entscheidung auf deutscher Seite zugunsten des TSTO-Konzepts in den 80er Jahren war die sich abzeichnende Erkenntnis, daß das SSTO-Konzept

- sichtbar höhere Abflugmasse bei gegebener Nutzlast,

- merklich komplexeres Antriebskonzept und damit

- höheren Entwicklungsaufwand mit infolgedessen

- wesentlich höheren Kosten/Mission bzw. pro in den Orbit zu bringender Nutzlast

mit sich zu bringen versprach, während demgegenüber die Trennung der beiden Stufen im Hyperschallbereich als zwar schwierig und innovativ, aber als realisierbar eingestuft wurde, vgl. hierzu [6.8.8]. Diese Einschätzung mag auch heute noch gültig sein.

Da einerseits auf deutscher Seite nach früheren, in den 70er Jahren wieder eingestellten Ansätzen, in den 80er Jahren das Projekt eines normal startenden Raumfahrzeugs „Sänger" nach dem TSTO-Konzept wieder aufgenommen wurde, vgl. [6.8.1], und damit die verfügbare Datenbasis auf dem Projekt „Sänger" beruht, und andererseits das vorliegende Buch sich auf luftatmende Triebwerke beschränkt, wird in diesem Abschnitt nur der Antrieb für die Unterstufe vor dem Hintergrund des Projekts „Sänger" behandelt. Im übrigen enthält [6.8.1] auch einen Abriß der seinerzeit weltweit verfolgten SSTO- und TSTO-Programme.

Als seit langem bekannt wird vorausgesetzt, daß luftatmende Antriebe für Hyperschall-Flugzeuge mit LH_2 (Liquid Hydrogen) gegenüber Kerosin als Brennstoff folgende wesentlichen Vorteile bieten:

a) Die höhere Verbrennungswärme Hu bringt eine entscheidende Verkleinerung der Brennstoffmenge/Mission und damit Herabsetzung der Startmasse/Nutzlast.

b) Der höhere erreichbare spezifische Schub F/M sorgt ebenfalls für eine Beschränkung des Bauaufwandes bzw. der Dimensionen der Antriebsanlage.

c) Die wesentlich höhere spezifische Wärme bzw. Kühlkapazität von LH_2 pro Energieeinheit erlaubt die Ausdehnung des luftatmenden Betriebsbereichs bis zu attraktiven Trennungs-Mach-Zahlen im Bereich $Ma_0 = 6$ bis 7 .

Von der Raketentechnik als Vergleichsparameter übernommen wird der auch bei luftatmenden Hyperschall-Triebwerken übliche spezifische Impuls

$$I_{sp} = \frac{(F/M)_{Ne}}{B/M} , \qquad\qquad\qquad I_{sp} \text{ in m/s,} \qquad (6.8.1)$$

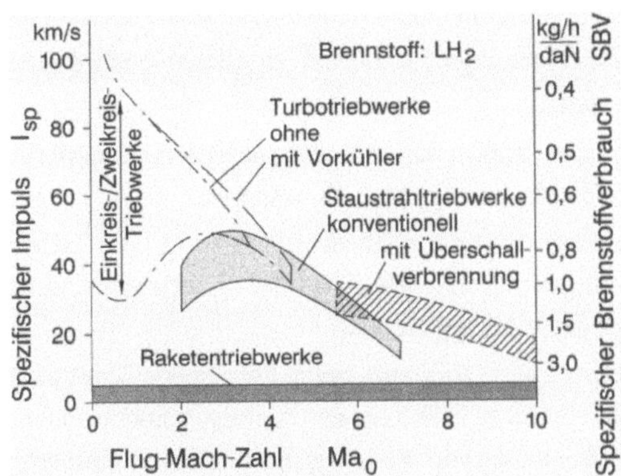

Bild 6.8.1: Spezifische Leistungsdaten und Betriebsbereiche von Überschall- und Hyperschall-Antrieben mit LH_2 als Brennstoff

der dem reziproken *SBV* entspricht und u.a. die Argumente a) und b) zusammenfaßt. Hierzu zeigt Bild 6.8.1 die [6.8.13 und 6.8.19] entnommenen, im Turbobetrieb (TL- und ZTL-Triebwerke) und Staustrahlbetrieb (mit Unterschall- und Überschallverbrennung) erreichbaren (Netto-)Impulswerte im Vergleich zu den bei Raketen erreichten (Brutto = Netto) Impulswerten. Allerdings reicht der Parameter I_{sp} zur Beurteilung eines Antriebs nicht aus. Wichtig und notwendig sind nach wie vor der spezifische Schub F/M zur Beurteilung der zu erwartenden Triebwerkabmessungen und der *SBV*. Ferner zeigt Bild 6.8.2 die bei Kerosin, Methan (LCH_4) und LH_2 vorliegenden Parameter Volumen, Gewicht und Kühlkapazität pro Energieeinheit als Indikatoren für Größe und Gewicht des Raumfahrzeugs und die Beherrschung der Kühlproblematik.

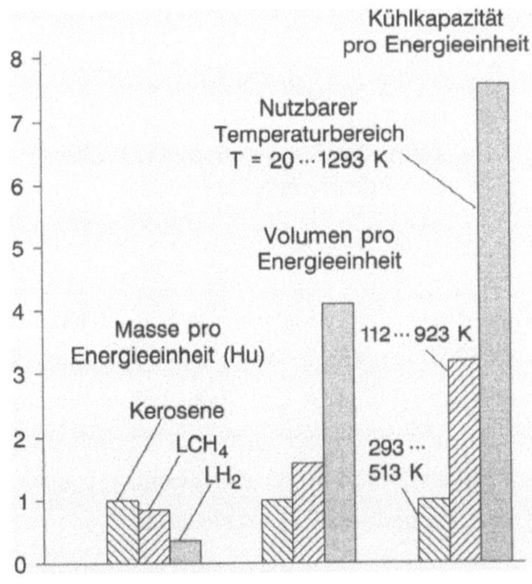

Bild 6.8.2: Relation der bei Hyperschall-Raumtransportern bzw. Antrieben relevanten physikalischen Eigenschaften von Kerosin, LCH_4 und LH_2

Aufgrund der weit günstigeren Werte I_{sp} luftatmender Triebwerke – selbst bei hypersonischen Flug-Mach-Zahlen – wird die Trennungs-Mach-Zahl möglichst hoch gesetzt. Dabei sind folgende Argumente maßgebend:

– Bei Flug-Mach-Zahlen über 7 fällt die Effektivität, d.h. der spezifische Impuls von Staustrahltriebwerken mit Unterschallverbrennung rasch ab, während

– Staustrahltriebwerke mit Überschallverbrennung zwar gute Werte I_{sp} im Bereich $Ma_0 > 7$ versprechen, aber im wichtigen Bereich $Ma_0 = 4$ bis 7 unterlegen sind und überdies noch im ersten Stadium der Entwicklung stehen.

– Für die ohnehin nur mit LH_2 realisierbare Kühlung der luftatmenden Triebwerke einschließlich Einlauf- und Düsenbereich und Kühlung der thermisch hochbelasteten Teile der Zelle reicht die hohe Kühlkapazität von LH_2 bei Einsatz heute einigermaßen überschaubarer Technologie – wie noch gezeigt wird – nur etwa bis $Ma_0 = 7$.

Hierzu zeigt Bild 6.8.3 die an der Flugzeugoberfläche an verschiedenen Positionen zu erwartenden (adiabaten) Temperaturen und die am Triebwerk und dessen Einlauf auftretende Stautemperatur T_2.

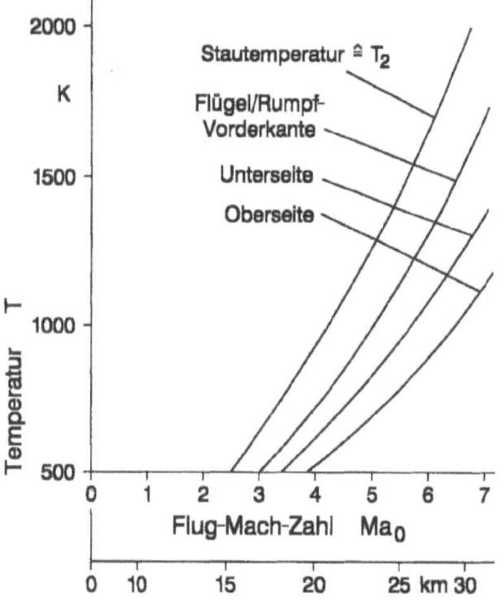

Bild 6.8.3:
Zellen-Oberflächentemperaturen (adiabat) im Vergleich zur Stautemperatur

Beim Projekt „Sänger" wurde die Trennungs-Mach-Zahl $Ma_0 = 6{,}8$ in $H = 31$ km Höhe entsprechend einer Stautemperatur $T_2 = 2050$ k festgelegt. Damit kann mit Blick auf Bild 6.8.1 auf die Beschreibung von Staustrahltriebwerken mit Überschallverbrennung als vorderhand nicht relevant verzichtet werden, zumal diese noch weit von der praktischen Anwendung in einem Kombinationstriebwerk entfernt zu sein scheinen. Immerhin sei zur Information auf [6.8.17], [6.8.18], [6.8.20] und [6.8.22] hingewiesen.

Missionen, Aufstiegsbahn

Die gewählte Aufstiegsbahn $Ma_0 = f(H)$ von einer europäischen Basis aus mit Einschwenken nach Osten in die äquatornahe Aufstiegsbahn in Richtung Orbit ist in Anlehnung an [6.8.10a], [6.8.11] und [6.8.13] in Bild 6.8.4 dargestellt. Danach bewegt sich das Raumfahrzeug im Über-/Hyperschallbereich in einem vor allem mit Rücksicht auf die Zellenaerodynamik und die mechanische Belastung im Triebwerkbereich in einem Korridor entsprechend

$$q_0 = p_0 \, \kappa / 2 \cdot Ma_0^2 = 25 \text{ bis } 75 \text{ kPa} \quad .$$

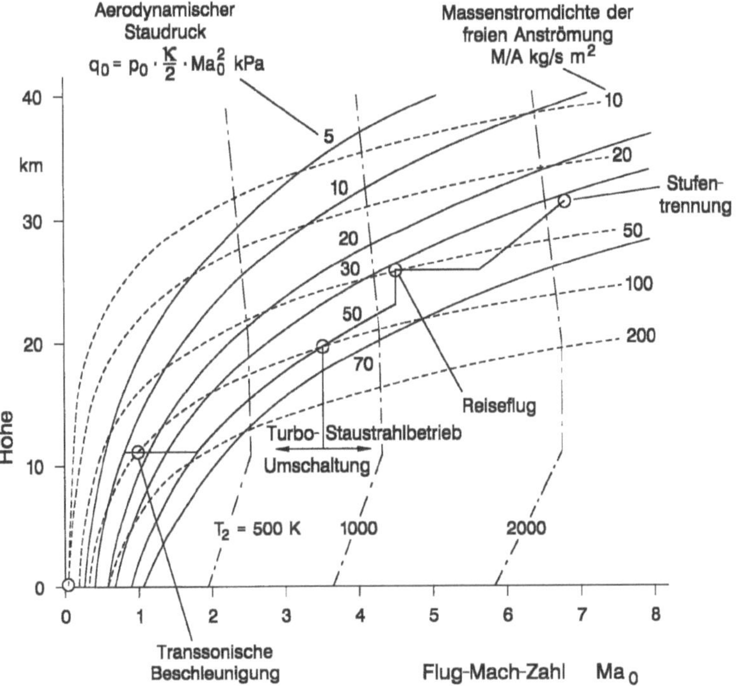

Bild 6.8.4: Aufstiegsbahn eines 2-stufigen Raumtransporters (Projekt „Sänger") mit Überführung (Reiseflug) vom Startplatz zur äquatornahen Aufstiegsbahn

Aufgrund einer nach MTU-Datenbasis zu veranschlagenden Aufstiegsdauer der 1. Stufe von ca. 45 min ist selbst bei der Durchführung von 500 Missionen (beim US-Space-Shuttle wurden ursprünglich 100 Missionen geplant), was bei 25 Missionen pro Jahr einer Nutzungsdauer von 20 Jahren entspricht, und mit einer relativ niedrigen Gesamtbetriebszeit in der Größenordnung von 400 h und niedriger Zyklenzahl (1 thermischer Zyklus pro Mission) zu rechnen. Damit ist einerseits eine denkbare Nutzbarmachung des Antriebs für ein potentielles Hyperschall-Verkehrsflugzeug – wie im Rahmen des Projekts „Sänger" verschiedentlich diskutiert und propagiert – vom Standpunkt der bei Auslegung und Konstruktion zu verfolgenden Prinzipien wenig wahrscheinlich. Andererseits kann auf die Technologiebasis bei Raketentriebwerken – z.B. bei der Kühlung durch LH_2, vgl. z.B. [6.8.9] – nur sehr begrenzt zurückgegriffen werden, da hier die gesamte Betriebsdauer bei maximal 100 Einsätzen im Bereich weniger Stunden liegt. Zugleich ist zu sehen, daß der Hyperschallantrieb für einen Raumtransporter nur in extrem kleiner Stückzahl mit entsprechend hohen Kosten pro Triebwerk zu realisieren sein wird.

Triebwerkkonzepte

Bei Antrieben für TSTO-Unterstufen sind eine Anzahl Konzepte entstanden, die im Folgenden skizziert werden, vgl. z.B. [6.8.1], [6.8.12], [6.8.15], [6.8.19] und [6.8.21]. Diese sind jeweils mit axialem oder (vorzugsweise) rechteckigem (2D-)Einlauf und mit axialer oder rechteckiger, konvergent/divergenter Düse mit zellenseitiger Expansionsrampe zu verstehen, vgl. Bild 6.8.5. Die dabei im Einzelfall zu lösende Problematik wird am Ende der Aufstellung zusammenfassend kommentiert.

- **Konzept I** ist ein kombiniertes TL-/Staustrahl-Triebwerk in koaxialer Ausführung. Dabei stellt der Nachbrenner des TL-Triebwerks zugleich die Staustrahlbrennkammer dar. Die Turbokomponenten des TL-Triebwerks werden beim Übergang vom Turbo zum Staustrahlbetrieb vorne und hinten gegenüber dem Staustrahlkanal abgeschottet.

- **Konzept II** ist eine Variante zu Konzept I mit paralleler Anordnung des TL-Triebwerks mit Nachbrenner und des Staustrahltriebwerks. Nach Trennung der Strömungskanäle vor dem TL-Triebwerk ist neben dem kompletten TL-Triebwerk mit Nachbrenner und Düse auch eine separate Staustrahlbrennkammer mit Düse erforderlich, wobei beide Düsen in dieselbe zellenseitige Expansionsrampe münden.

  Die TL-Triebwerke der Konzepte I und II sind auch als ZTL-Triebwerke mit niedrigem Nebenstromverhältnis vorstellbar. Diese werden jedoch nicht weiter verfolgt.

- **Konzept III** ist ein integriertes ZTL-/Staustrahltriebwerk, wobei der Fan beim Staustrahlbetrieb im „Windmilling" mitläuft, während das ZTL-Kerntriebwerk mit ND-Turbine gegenüber dem Straustrahlkanal abgeschottet wird.

- **Konzept IV** ist ein TL-Triebwerk wie bei Konzept I mit Vorkühler zur Absenkung der Eintrittstemperatur T_2 bei hohen Flug-Mach-Zahlen. Dabei soll bzw. kann der Betriebsbereich des Turbotriebwerks zu höherer Flug-Mach-Zahl verschoben werden. Vergleiche Bild 6.8.1 und die im Anschluß an die Konzeptbeschreibung erläuterte Problematik der Vorkühlung.

  Konzept IV erscheint auch als ZTL-Triebwerk mit niedrigem Nebenstromverhältnis denkbar; ob damit Vorteile erreicht werden könnten, ist allerdings offen.

- **Konzept V** ist ein integriertes ZTL-/Staustrahltriebwerk wie Konzept III, jedoch mit Vorkühler zwischen Fan und HD-System. Hierzu ist dasselbe wie bei den Konzepten III und IV zu bemerken.

- **Konzept VI** entspricht dem seit langem bekannten Turbo-/Raketentriebwerk (vgl. z.B. [6.8.2]) mit Antrieb des Fans, der denselben Bedingungen wie bei den Konzepten III und V unterworfen ist, durch eine mit LH_2 und LOX beaufschlagte Turbine. Zur Einhaltung akzeptabler Turbineneintrittstemperaturen wird mit H_2-Überschuß gearbeitet, wobei der unverbrannte Wasserstoff nach Mischung des Fan-Durchsatzes mit dem Turbinenabgas in der Staubrennkammer verbrannt wird. Auch hier kann der Turbobetrieb zu wesentlich höheren Flug-Mach-Zahlen bis hin zu der genannten Trennungs-Mach-Zahl ausgedehnt werden. Bei früherer Abschaltung der Turbine arbeitet der Fan wie bei den Konzepten III und V im „Windmilling".

– **Konzept VII** nennt sich Turbo-/Expandertriebwerk und folgt mit der von der Atmosphäre ebenfalls unabhängigen Turbine ebenso wie Konzept VI der Absicht, den Turbobetrieb zu höheren Flug-Mach-Zahlen auszudehnen. Durch eine besondere Schaltung der LH_2-Zufuhr wird der Wasserstoff zum Antrieb der Turbine mittels Vorkühler wie bei Konzept IV so vorgewärmt, daß auch Startschub zustande kommt, vgl. [6.8.21] und [6.8.23]. Für eine der vielen Varianten dieses Konzepts ist die LH_2-Führung in [6.8.21] beschrieben. Damit wird H_2 nur in der Staubrennkammer verbrannt, so daß ein Oxidator wie bei Konzept VI unnötig ist. Allerdings bringt dieses Konzept nach [6.8.4] nur niedrige spezifische Impulse.

Zumindest die Konzepte I und III bis VII können, wie aus [6.8.4] und [6.8.5] hervorgeht, zu Kombinationstriebwerken mit Raketen-Modul – z.B. bei Beaufschlagung mit LH_2 / LOX – ergänzt werden, die für den Einsatz in SSTO-Raumfahrzeugen geeignet erscheinen.

Folgende Probleme von grundsätzlichem Interesse seien zusammenfassend angesprochen:

Bei den Konzepten I und II ist die Umschaltung vom Turbo- auf den Staustrahlbetrieb besonders kritisch zu sehen, weil die Umschaltphase, u.a. mit Rücksicht auf die Drehmassen der Turbopartie, zeitlich so ablaufen muß, daß u.a. Pumpen vermieden wird. Dies bedeutet, daß

1) Konstanter Durchsatz ohne Pulsationen mit Rücksicht auf den Einlauf bzw. dessen Stabilität herrschen muß,

2) möglichst keine Schubänderungen, d.h. keine Störungen der Verbrennung im Nachbrenner bzw. in der Staubrennkammer vorkommen und

3) die Strömung im Bereich der Umschaltelemente in allen momentanen Zwischenstellungen in beiden Ästen (ob koaxial oder parallel) trotz unvermeidlicher Strömungsablösungen – d.h. bei ausgedehnten Totwasserbereichen – stabil sein muß.

Besonders die letzte Bedingung, die wiederum die ersten beiden beeinflußt, erscheint sehr schwer erfüllbar, besonders bei Konzept II. Einige Argumente zum zeitlichen Ablauf der Umschaltung und der dabei zu beachtenden regeltechnischen Gesichtspunkte werden in [6.8.10g] diskutiert.

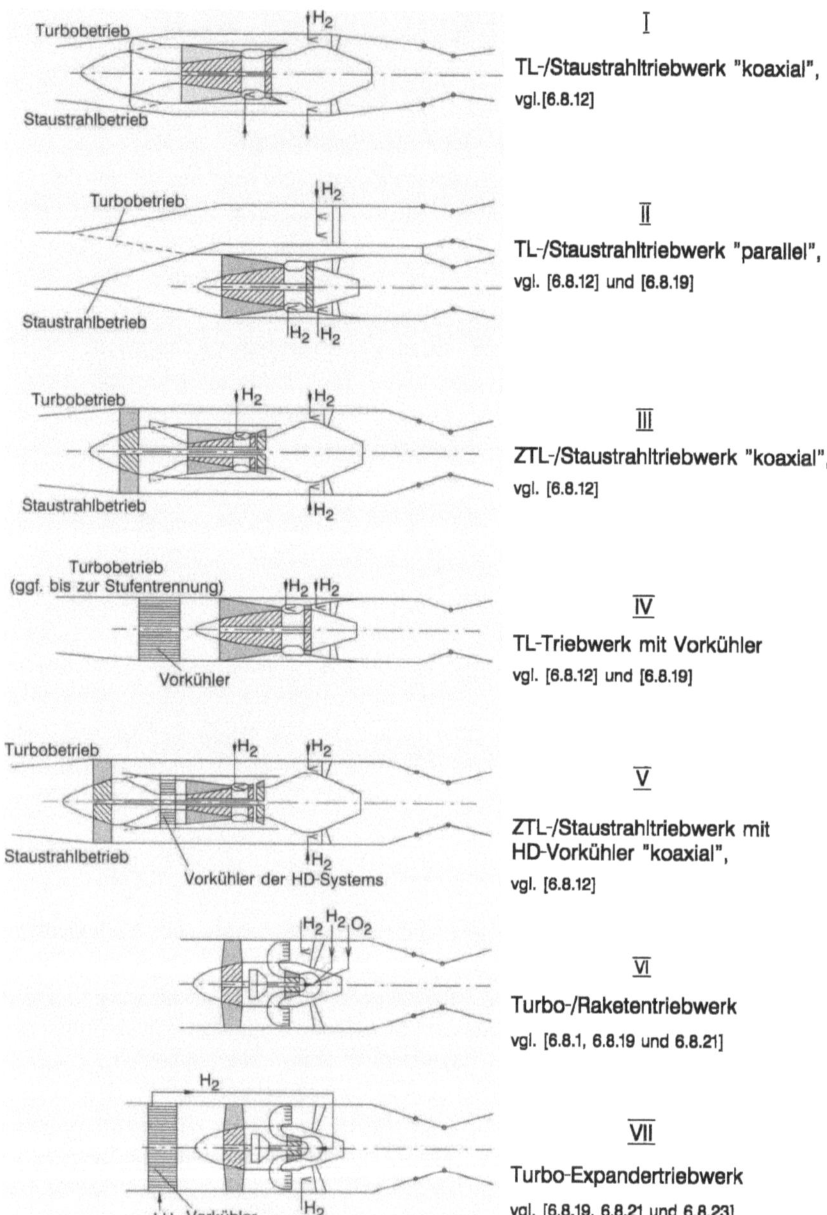

Bild 6.8.5: Konzepte von Hyperschalltriebwerken für TSTO-Raumtransporter (schematisch, vereinfacht)

Die Kühlung der großen Oberflächen im Bereich der Umschaltorgane dürfte vom Standpunkt der verfügbaren LH_2-Kühlkapazität eine gewisse Hürde darstellen. Auch bei „schnellem" Umschalten vom Turbo- in den Staustrahlbetrieb (z.B. im Zeitraum von 1 s) würden die beschriebenen Probleme bestehen bleiben, da sich die aerodynamischen Vorgänge (Durchlaufzeit, Schwingungsvorgänge, Pulsationen etc.) im Millisekundenbereich abspielen und damit die o.a. Zwischenstadien – aerodynamisch gesehen – als quasistationär zu betrachten sind. Demgegenüber werden bei den Konzepten III und V die im Staustrahlbetrieb nötigen Verschlüsse der Kerntriebwerke bei zeitlich mit den Rotoren abgestimmter Funktion als nicht kritisch betrachtet.

Bei den Konzepten III, V bis VII bleibt der Fan im Staustrahlbetrieb im „Windmilling". Bei normaler, d.h. 2 bis 3-stufiger Bauweise, d.h. mit Lauf- und Leiträdern, entstehen dabei hohe, möglicherweise inakzeptable Druckverluste. Außerdem ist zu bezweifeln, ob damit die geforderte Flexibilität der Arbeitslinie erreicht werden kann. Ferner ist die Kühlung der vielen Schaufeln bis hin zu der in Bild 6.8.3 dargestellten Maximaltemperatur T_2 = 2000 bis 2100 K ein höchst schwieriges Problem – abgesehen vom extrem hohen Bedarf an LH_2-Kühlkapazität. Bei Einführung eines gegenläufigen, leitradlosen, 2-stufigen Fans, z.B. nach [6.8.6] – ob mit oder ohne Verstellbarkeit der Laufschaufeln – wird die aerodynamische Situation wesentlich komfortabler. Eine Ausführung mit festen Laufschaufeln erscheint möglich, wenngleich eine begrenzte Verstellung der Schaufeln nach [6.8.16] gefordert sein mag. Auch hier besteht ein nicht zu unterschätzendes Kühlproblem vom Standpunkt der in Anspruch genommenen LH_2-Kühlkapazität. Die bei einem Fan dieser Art, der eine technologische Innnovation darstellt, angesprochene aerodynamische und mechanische Problematik wird in Abschnitt 6.11.3 erläutert.

Der bei den Konzepten IV, V und VII erforderliche Vorkühler Luft/LH_2 stellt in folgender Hinsicht ein besonders schwieriges Problem dar:

– Die nach heutigem Stand der Werkstofftechnik vertretbare, luftseitige Maximaltemperatur liegt bei T_2 = 1100 bis 1150 K, so daß auch mit Vorkühler nur Flug-Mach-Zahlen Ma_0 = 4,5 bis 4,7 erreichbar sind. Eine Verschiebung dieser Temperaturgrenze nach oben ist – wenn überhaupt – nur in geringem Maße zu erwarten.

– Durch besondere Schaltung auf der LH_2-Seite, die allerdings erhöhten Aufwand bedeutet, muß vermieden werden, daß die Lufttemperatur auf der kalten Seite örtlich unter den H_2O-Gefrierpunkt gerät, da sonst Vereisung droht, vgl. hierzu Bild 6.8.6a, [6.8.10b] und [6.8.10f]. Zwar läßt sich – wie in Bild 6.8.6b ebenfalls skizziert – dasselbe Prinzip auch auf der Luftseite anwenden, um werkstoffverträgliche Eintrittstemperaturen < 1100 bis 1150 K zu erhalten. Dies ist jedoch nur bei begrenzten Luftmengen, wie z.B. im Kühlsystem, nicht aber im Triebwerkeinlauf realisierbar.

– Wärmetauscher – z.B. entsprechend Abschnitt 5.7 – können luftseitig allenfalls mit Mach-Zahlen im Bereich < 0,20 bis 0,25 angeströmt werden. Damit verbietet sich die frontale Anordnung im Kanal vor dem Verdichter von vornherein. Bei fächerartiger Anordnung, wie in Bild 6.8.6c skizziert, kann diese Situation verbessert werden.

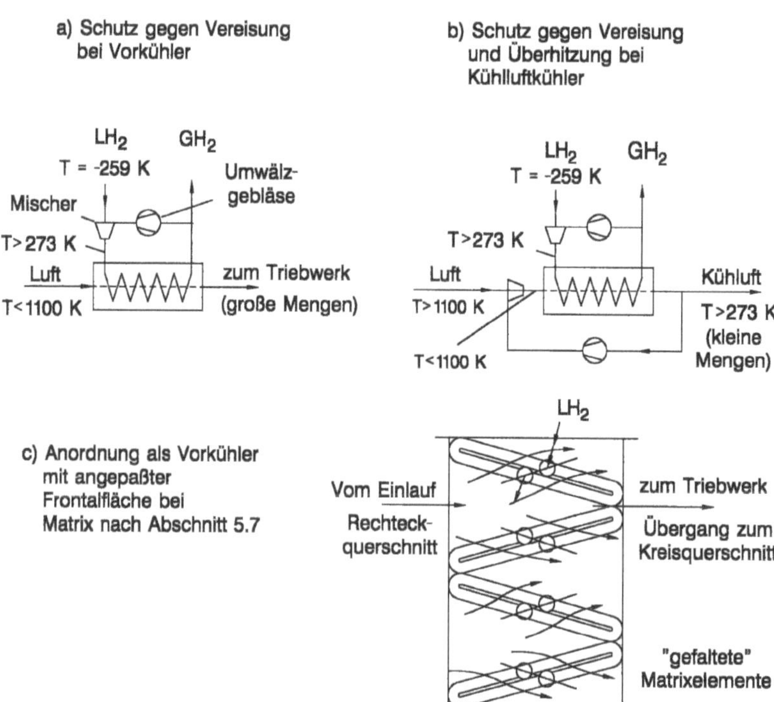

Bild 6.8.6: Wärmetauscher Luft/LH_2 mit Schaltung zur Vermeidung der Vereisung und ggf. der Überhitzung, und Matrixanordnung als Vorkühler

– Bei der Beaufschlagung des Vorkühlers mit LH_2 ist ebenso wie bei den noch zu behandelnden Kühlern des Hilfssystems mit LH_2 als Wärmesenke bei längerer Betriebsdauer mit Materialschäden

  – durch Versprödung und Rißbildung an Stellen mit Spannungsanhäufung und

  – durch Penetration von atomarem Wasserstoff mit Schädigung (Sprengung) des Gefüges von innen her bei Stillstand

zu rechnen, vgl. [6.8.24] bis [6.8.27]. Darüber hinaus ist aufgrund der Diffusion von Wasserstoff hinüber zur Luftseite mit der Ansammlung von zündfähigen H_2/O_2-Gemischen in örtlichen Totwassergebieten zu rechnen. Gegenüber der Lösung dieser Problematik durch (nichtmetallische) Überzüge – vgl. [6.8.28] und [6.8.29] – ist einige Vorsicht angebracht, da diese in O_2-armer Atmosphäre abgebaut werden können.

Die hier beschriebene H_2-Problematik tritt auch bei Konzept VI in der Turbine auf.

Bei Konzept VI ist vom Standpunkt des Turbinenantriebs die Betriebsgrenze nach höheren Flug-Mach-Zahlen hin offen. Allerdings ergibt sich auch hier die Begrenzung des Turbobetriebs – ebenso wie bei den Konzepten III und V im Staustrahlbetrieb mit „Windmilling" des Fans – aus der maximal zulässigen thermischen Belastung des Fans, die auch hier bei T_2 = 2000 bis 2100 K, d.h. bei Ma_0 = 6,8 bis 7,0 liegt. Setzt man bei

TO ein Fan-Druckverhältnis $\Pi_{NDV} = 3$ bis 4 voraus, so ist bei $N = const.$ bzw. bei $H_{eff} \approx const.$ das Fan-Druckverhältnis an der o.a. thermischen Betriebsgrenze noch bei $\Pi_{NDV} = 1{,}18$ bis $1{,}25$, so daß die Aufrechterhaltung des Turbobetriebs bis zur Stufentrennung zumindest vom Standpunkt des erzielbaren spezifischen Schubes gerechtfertigt erscheint.

Bei allen Konzepten herrschen vor allem im Staustrahlbetrieb die gleichen thermischen Bedingungen in der Staubrennkammer und in der Düse. Insbesondere können spezielle Brennkammer- und Düsenkonzepte bzw. deren Problematik, auf die noch eingegangen wird, für alle Konzepte zutreffen.

So gesehen erscheinen – je nach Standpunkt – als attraktivste Konzepte
– Konzept I mit dem Vorbehalt der Umschaltproblematik und
– Konzept III mit dem Vorbehalt des innovativen, gegenläufigen Fans im „Windmilling"
berechtigterweise als Ausgangspunkt für eine vertiefte technische Klärung der zu lösenden Problematik. Dies ist umso mehr berechtigt, als nach MTU-Datenbasis mit beiden Konzepten etwa vergleichbare Leistungsdaten erreicht werden können.

Betriebs- und Leistungsdaten

Die im Folgenden dargelegten Betriebs- und Leistungsdaten nach MTU-Datenbasis entsprechen Konzept I, gelten aber genähert auch für Konzept III.

Zunächst zeigt Bild 6.8.7 die im Turbo- und Staustrahlbetrieb am Triebwerk herrschenden bzw. festgelegten Betriebstemperaturen und zusammen mit Bild 6.8.8 den entscheidenden Einfluß der am Verdichteraustritt zugelassenen Temperatur T_3 und der dadurch eingeschränkten Turbineneintrittstemperatur $T_{4.1}$ auf den sinnvollen Bereich der Umschaltung und den dabei erzielbaren Schub bzw. Schubüberschuß. Dabei wird die Staustrahlbrennkammer bei $Ma_0 > 4{,}5$ zunehmend überstöchiometrisch bis $\Phi = 2$ gefahren, um die Gastemperatur, die stöchiometrisch bei $Ma_0 = 6{,}8$ das Niveau $T_7 \approx 3200\ K$ erreichen würde, auf das technologisch eher vertretbare Niveau $T_7 \approx 2750\ K$ zu begrenzen, zumal – wie noch gezeigt wird – sehr viel LH_2 zur Kühlung erforderlich ist und danach dem Hauptstrom beigemischt wird. Zur Ergänzung zeigt Bild 6.8.9 für die Gesamtanordnung nach Konzept I die bei Erreichen der Trennungs-Mach-Zahl $Ma_0 = 6{,}8$ und $H = 31$ km Höhe an verschiedenen Positionen auftretenden Temperaturen und Drücke. Es ist offensichtlich, daß mit zunehmender Flug-Mach-Zahl die Elemente Einlauf und Düse – beim Staustrahlbetrieb ohnehin – aber auch im Turbobetrieb eine zunehmend dominierende Rolle spielen. Hierzu zeigt Bild 6.8.10 den beim Projekt „Sänger" angesetzten IRF mit Vergleich zu den z.B. nach [6.8.10c] und [6.8.19] bekannten Daten von Einläufen verschiedener Konzeptionen.

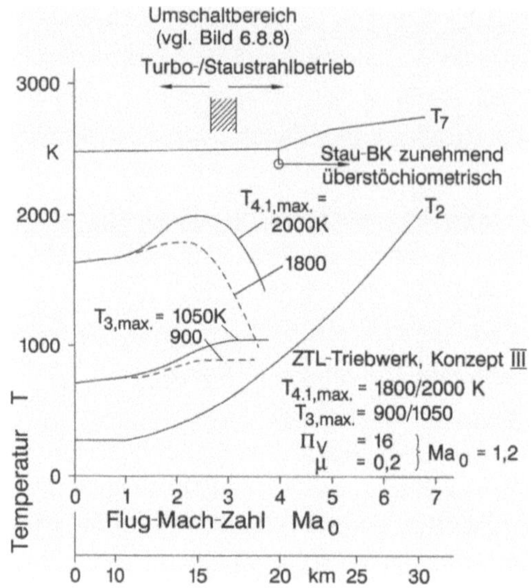

Bild 6.8.7:
Temperaturen im Triebwerkbereich

Flughöhe bei Aufstiegsbahn nach Bild 6.8.4

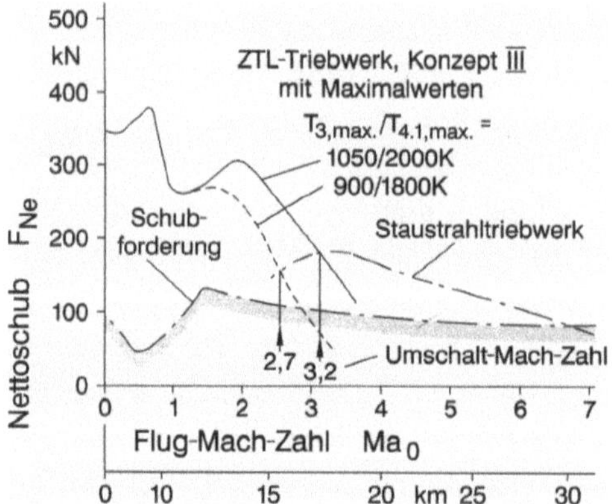

Bild 6.8.8:
Einfluß der Maximalwerte $T_{3,max}$ und $T_{4.1,max}$ auf die optimale Umschalt-Mach-Zahl

Flughöhe bei Aufstiegsbahn nach Bild 6.8.4

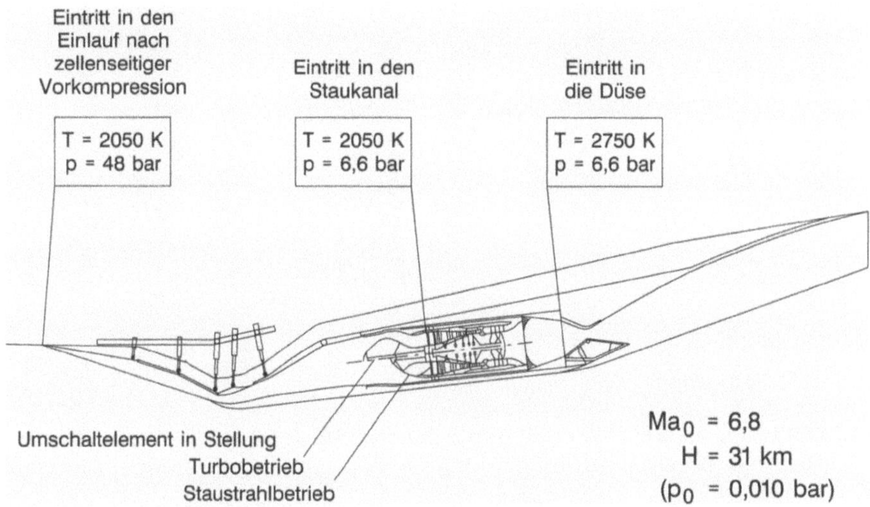

Bild 6.8.9: Temperaturen und Drücke in Einlauf- und Triebwerkbereich im Staustrahlbetrieb am Ende der Aufstiegsbahn (Einkreis-Triebwerk, Konzept I, nach [6.8.9]

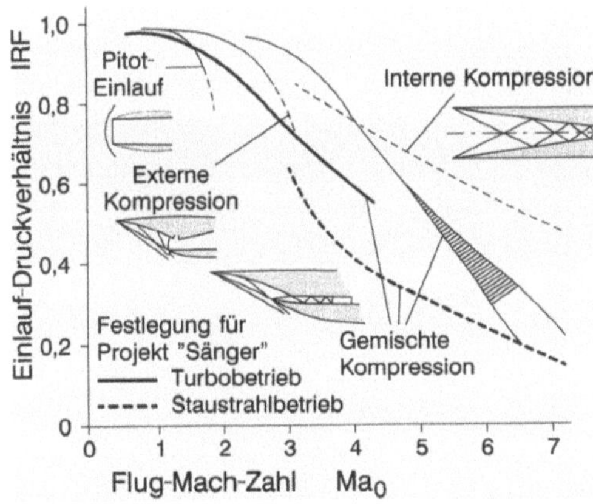

Bild 6.8.10:
Effektivität verschiedener Überschall-/Hyperschall-Einlaufkonzepte, nach [6.8.19] und [6.8.20]

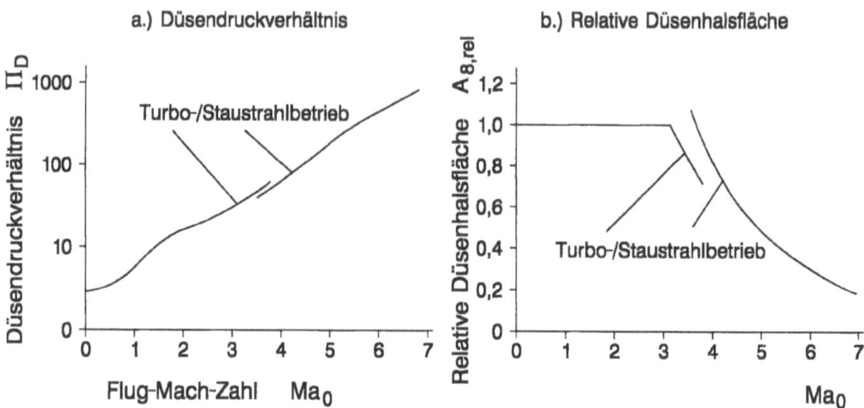

Bild 6.8.11: Düsendruckverhältnis und relative Düsenhalsfläche im Turbo- und Staustrahlbetrieb (TL-Triebwerk, Konzept I, nach [6.8.9])

Für die Abgasseite zeigt Bild 6.8.11 das Düsendruckverhältnis Π_D und die erforderliche Düsenhalsfläche A_8. Die bei maximalem Düsendruckverhältnis $\Pi_D \approx 800$ und vollständiger interner Expansion erforderliche Divergenz $\lambda \approx 20$ ist mit einer konventionellen c/d-Düse, etwa nach Abschnitt 5.6.2, bei weitem nicht realisierbar. Mit einer zellenseitigen Expansionsrampe treten jedoch bei der Definition einer Endfläche A_9 nach Bild 6.8.12b etwa bei $Ma_0 = 4,7$ bzw. $\Pi_D^* = 80$ mit $\lambda^* \approx 8,0$ und 70% der maximalen Düsenhalsfläche Bedingungen auf, die sinngemäß jenen der angepaßten Düse nach Abschnitt 5.6.2.3 bzw. Bild 5.6.16 entsprechen. Bei der Stufentrennung ergibt sich aufgrund der nach Bild 6.8.11 erforderlichen minimalen Düsenhalsfläche A_8 von 20% der maximalen, nach Bild 6.8.12c eine hohe, wenn auch „fiktive" Divergenz im Sinne von Bild 6.8.12b zusammen mit einer Nachexpansion. Demgegenüber ist aufgrund der im transsonischen Flugbereich nach Bild 6.8.11 und 6.8.12a auftretenden niedrigen Düsendruckverhältnisse und damit extrem niedrigen Parameterwerten

$$Y_D = \left(\frac{\Pi - 1}{\Pi^* - 1} \right)_D < 0,1$$

der Einbruch im Schubkoeffizienten entsprechend Bild 6.8.13 unvermeidlich, wenngleich die in Abschnitt 5.6.2.3 bzw. den Bildern 5.6.16 und 5.6.17 beschriebenen Zusammenhänge hier aufgrund der sehr verschiedenen Kanalkonfigurationen allenfalls qualitativ gelten können. Ferner ergibt sich aufgrund der zellenseitigen Expansionsrampe im transsonischen Flugbereich eine ebenfalls in Bild 6.8.13 dargestellte Richtungsänderung des Schubvektors, da der Gasstrahl gewissermaßen an die Rampe „angeklebt" wird. Hinzu kommt zumindest bei der Düse mit Zentralkörper das nach [4] bei niedrigen Druckverhältnissen hinter dem Zentralkörper auftretende Totwasser.

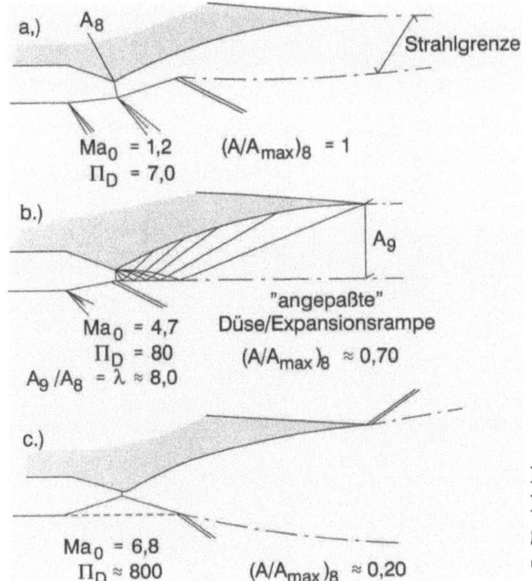

Bild 6.8.12:
Beispiele für Düsen- und Strahlkonfigurationen nach [6.8.10] und [6.8.13], ohne Grenzschicht-Einführung (Projekt „Sänger", Triebwerk nach Konzept I)

Dennoch verhalten sich nach [6.8.10d] sowie [5.6.23] und [5.6.24] die Rechteckdüse und die runde Düse mit Zentralkörper – jeweils mit zellenseitiger Expansionsrampe – bezüglich des Schubkoeffizienten und der Impulsrichtung sehr ähnlich, d.h. entsprechend Bild 6.8.13. Wird der aus der Triebwerkdüse kommende Gasstrahl zellenseitig durch Einleitung des aus der Abscheidung der Zellengrenzschicht am Eintritt in den Einlauf resultierenden Luftstrahls ergänzt, so kann damit nach [6.8.10e] die Effektivität der Expansion im transsonischen Flugbereich merklich verbessert werden.

Damit ist der transsonische Flugbereich nicht nur für die Triebwerkdimensionierung maßgebend, sondern auch eine für die Steuerfähigkeit des Flugzeugs kritische Phase.

Zusammen mit der Rechteckdüse ist eine gleichbleibende Konfiguration der Staubrennkammer mit Flammhaltersystem – ggf. in Anlehnung an bekannte Konfigurationen bei Nachbrennertriebwerken – möglich, wobei allerdings an die Kühlung des Flammhaltersystems außerordentliche Anforderungen gestellt sind. Bei der runden Düse mit axial verschiebbarem Zentralkörper (vgl. z.B. Bild 5.6.6) entsteht nach bisherigen Vorstellungen nach einer starken Erweiterung des Staustrahlkanals (sog. „Dump-Diffusor") ein torusförmiger, je nach Düsenstellung verschieden langer Brennraum mit stehendem Ringwirbel zur Flammstabilisierung, so daß ein Flammhaltersystem entfallen kann. Damit erreichte erste Betriebsergebnisse sind in [6.8.12] und [6.8.13] enthalten. Problematisch dürfte hier die schwingungsfreie Lagerung und Funktion des Zentralkörpers und seine Kühlung sein.

Einen Überblick des vom Einlauf aufgenommenen und vom Triebwerk geschluckten Durchsatzes und damit der insgesamt auftretenden Abblasungen erhält man aus Bild 6.8.14.

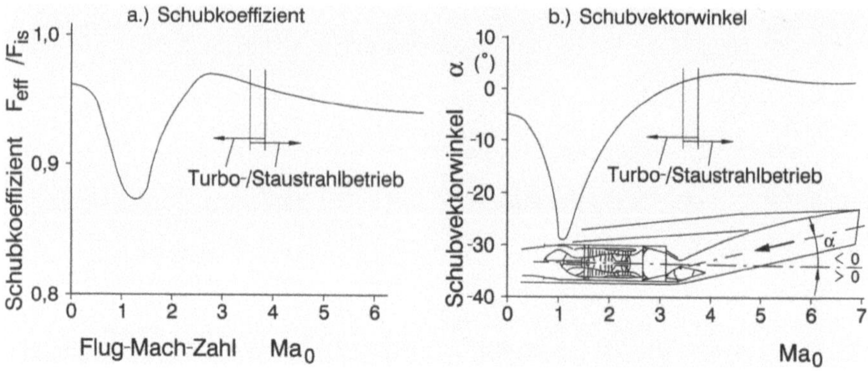

Bild 6.8.13: Schubkoeffizient und Schubvektorwinkel einer Rechteckdüse mit Expansionsrampe nach [6.8.9] und [6.8.12]

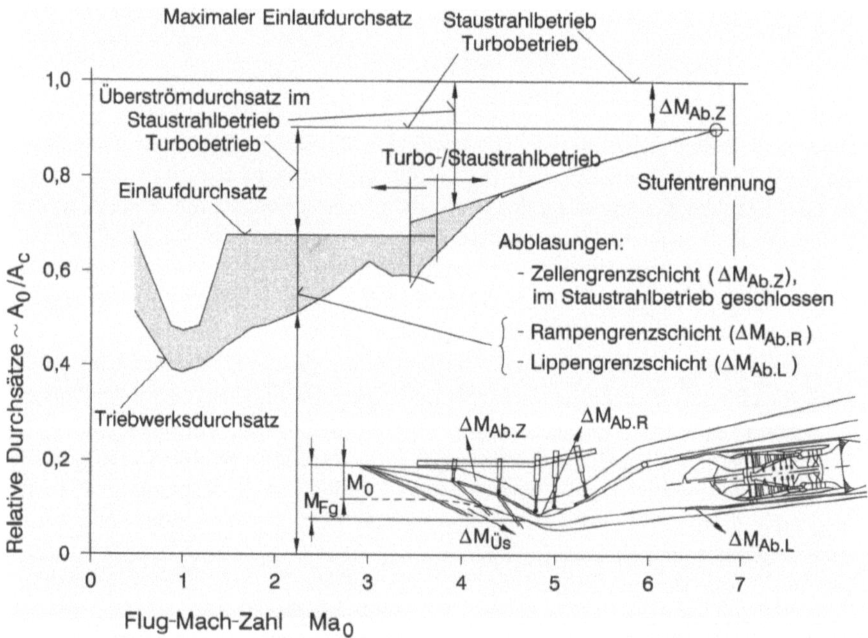

Bild 6.8.14: Relation des Triebwerkdurchsatzes zum maximalen Einlaufdurchsatz, entsprechend Fangquerschnitt nach [6.8.13] (Projekt „Sänger", Triebwerk nach Konzept I)

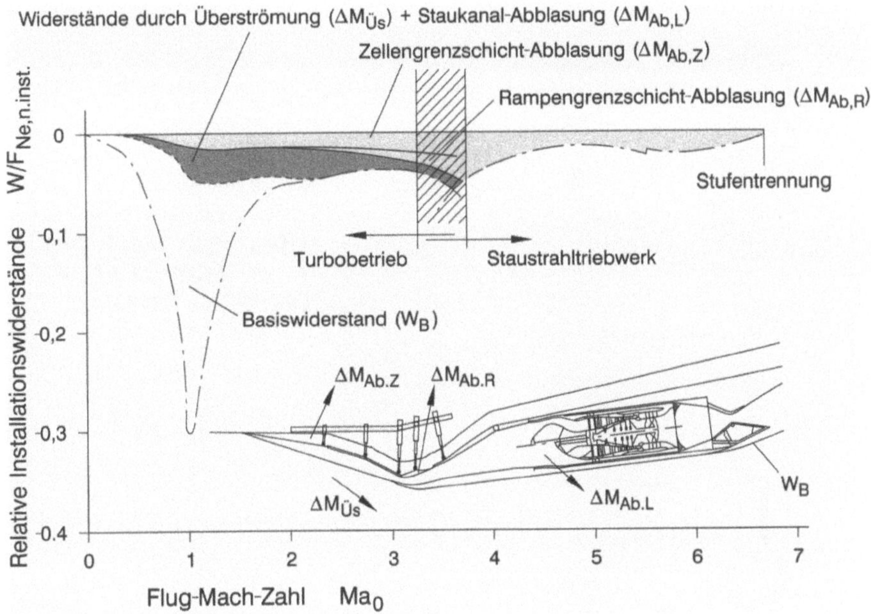

Bild 6.8.15: Installationswiderstände beim Aufstieg nach [6.8.13] (Projekt „Sänger", Triebwerk nach Konzept I)

Die bereits in Abschnitt 6.7 angesprochenen, im Bereich der Triebwerke auftretenden „inneren" Installationswiderstände nach [6.8.13] sind in Bild 6.8.15 additiv zusammengefaßt. Dabei betrifft

1) $W_{Ab,Z}$ die Ableitung der an der Einlauframpe ankommenden Zellengrenzschicht,

2) $W_{Ab,R}$ die Ableitung der an der Einlauframpe entstehenden Grenzschicht im Bereich des Einlaufhalses,

3) $W_{Ab,L}$ die Abblasung der hinter der Einlauflippe entstehenden Grenzschicht,

4) $W_{\ddot{U}s}$ den am Einlauf bei $A_0 < A_{Fg}$ entstehenden Überstromwiderstand und

5) W_B den an der Düse aufgrund der Differenz zwischen Strahlquerschnitt A_9 und geometrischem Zellenquerschnitt $A_{geo,9}$ auftretenden Widerstand durch Totwasser bzw. die Druckdifferenz $(p_0 - p_9)_{stat}$.

Demgegenüber spielt der Leistungsbedarf für das separate, noch zu kommentierende Hilfssystem zur Kühlung der Triebwerkanlage, der im Turbobetrieb bis zu 2‰ der Verdichterleistung betragen kann, keine nennenswerte Rolle. Im übrigen ist vorausgesetzt, daß die im Turbobetrieb nötigen Hilfsgeräte des Triebwerks selbst von diesem mechanisch angetrieben werden.

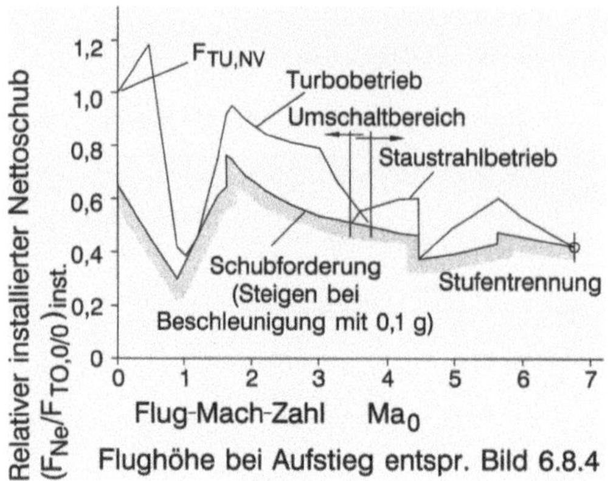

Bild 6.8.16:
Verfügbarer installierter Nettoschub
im Vergleich zur Schubforderung,
nach [6.8.13] (Projekt „Sänger",
Triebwerk nach Konzept I)

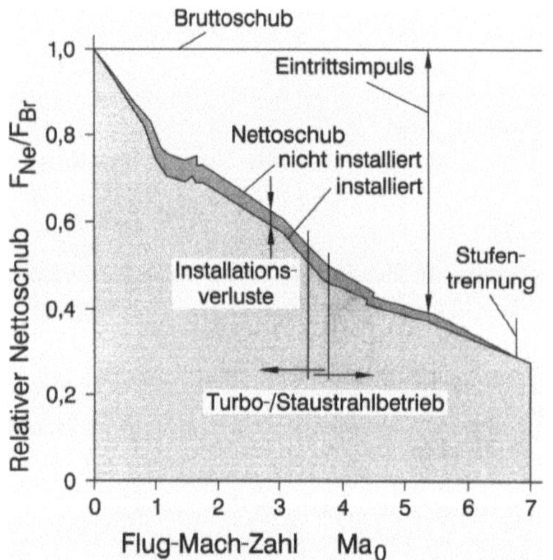

Bild 6.8.17:
Einfluß der Flug-Mach-Zahl und der
Installationsverluste auf den Anteil
des installierten Nettoschubes am
Bruttoschub, nach [6.8.13] (Projekt
„Sänger", Triebwerk nach Konzept I)

Damit ist der installierte Nettoschub des Triebwerks

$$F_{Ne} = F_{Br} - F_0 - \Sigma_1^5 W \ . \tag{6.8.2}$$

Bild 6.8.16 zeigt den installierten Nettoschub im Vergleich zum geforderten Schub, der zellenseitig festgelegt ist und neben dem Flugzeugwiderstand den zusätzlichen Schubbedarf für Steigen und Beschleunigung (letztere entsprechend 0,1 g) enthält. Ergänzend zeigt Bild 6.8.17 die starke Abnahme des Nettoschubes, verglichen mit dem Bruttoschub, auf ca. 30% bei Annäherung an die Stufentrennung. Dies unterstreicht den starken Einfluß des Einlauf- und Düsenbereichs, da 1% Verlust an Bruttoschub bis zu 3% Nettoschub kostet.

Nach Bild 6.8.16 wird der geforderte Minimalschub stellenweise beträchtlich übertroffen. Die Festlegung des optimalen Schubüberschusses beim Aufstieg stellt eine das Gesamtsystem umfassende Optimierungsaufgabe im Sinne der Minimierung des Abfluggewichts dar, da abgesehen von der Erfüllung der Schubforderungen im kritischen, transsonischen Bereich

- höherer Schubüberschuß einerseits die Aufstiegszeit verkürzt, so daß Brennstoff gespart werden kann,
- andererseits durch den höheren Schub zugleich zumindest höheres Triebwerkgewicht erforderlich wird.

Hilfssystem

Bei den im Rahmen des Projekts „Sänger" projektierten Triebwerken hat das getrennt vom Triebwerk installierte Hilfssystem nach [6.8.10h] folgende Aufgaben:

- Versorgung der Komponenten des triebwerkseitigen Kühlsystems mit Antriebsleistung (Kompression für Kühlluft und LH_2, ggf. Wasserpumpen etc.) und Funktion als Wärmesenke.
- Versorgung des zellenseitigen Kühlsystems, das optionell mit He als Arbeitsmedium und Funktion als Wärmesenke arbeitet, mit Antriebsleistung für die He-Kompression.

Das Hilfssystem muß bei Aufstieg und Abstieg sowie (im Notfall) bei stehenden Triebwerken in Funktion bleiben können. Bei der Kühlung der projektierten Triebwerke (Konzepte I und III) werden

- Einlauf, Triebwerk und Düse mit Luft gekühlt, die durch LH_2 vorgekühlt ist und
- die Staubrennkammer direkt durch LH_2 zunächst konvektiv gekühlt, wobei der „verbrauchte" gasförmige Wasserstoff anschließend der Verbrennung zugeführt wird.

Die für den Antrieb des Hilfssystems benötigte Leistung wird durch eine Turbine besorgt, die mit H_2 aus dem LH_2-Tank nach Erhitzung durch Stauluft beaufschlagt wird, vgl. [6.8.10h] und [6.8.13]. Von der insgesamt erforderlichen Leistung des Hilfssystems wird nach Bild 6.8.18 der geringste Teil für die direkte (konvektive) Kühlung durch LH_2 in der Staubrennkammer benötigt, während der größte Teil für den Entzug der Wärme aus der Stauluft für die Kühlung der Triebwerke zur Verfügung gestellt werden muß. Bei Annäherung an die Trennungs-Mach-Zahl $Ma_0 = 6{,}8$ wird der überwiegende Teil des gesamten LH_2-Stroms (ca. 70%) zunächst zur Kühlung herangezogen, während der Rest direkt in die Staubrennkammern geht. Dies gilt für Konzept I. Bei Konzept III wird für die Kühlung des Fans zusätzlich Kühlkapazität und damit Leistung aus LH_2 benötigt, so daß hier fast der gesamte LH_2-Strom für die Kühlung in Anspruch genommen werden muß.

Bei dem im Kühlsystem zur Kühlung der Stauluft durch LH_2 nötigen Wärmetauscher ist es durch entsprechende Schaltung – wie im Zusammenhang mit den Vorkühlern für Konzepte IV und VII bereits beschrieben – die luftseitige Eintrittstemperatur unter 1100 bis 1150 K und die H_2-seitige Eintritttstemperatur über 273 K zu halten, vgl. Bild 6.8.6a und 6.8.6b. Nach Möglichkeit kann wegen der bei enger Nachbarschaft von LH_2 und

Luft bestehenden Werkstoff- und Sicherheitsprobleme etc. – wie im Zusammenhang mit dem Vorkühler bei Konzept IV bereits angesprochen – beim Kühlsystem Helium als Trägermedium zwischengeschaltet werden, obwohl sich nach [6.8.28] und [6.8.29] auch beim Kontakt von hochfesten Werkstoffen mit Helium indirekt Werkstoffprobleme ergeben können.

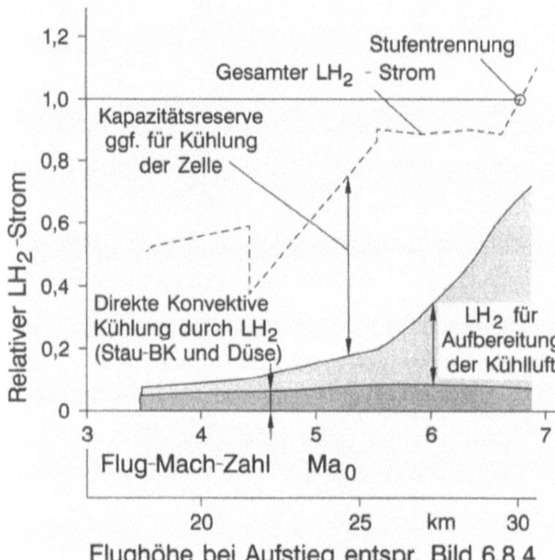

Bild 6.8.18: Inanspruchnahme des LH_2-Stroms beim Aufstieg durch Triebwerkkühlung, nach [6.8.14] (Projekt „Sänger", Triebwerk nach Konzept I)

Regelung

Die Zahl der aktiv zu beherrschenden Parameter bzw. Verstellelemente ist nach [6.8.11] und [6.8.13] beträchtlich und geht über den Stand der Technik, z.B. nach [6.8.3] hinaus, erscheint aber durch ein digitales Regelsystem beherrschbar. Gleichwohl dürfte es unumgänglich sein, die Vorgänge beim Umschalten vom Turbo- auf Staustrahlbetrieb und das Zusammenwirken der Triebwerke mit dem Hilfssystem völlig zu automatisieren.

Werkstoffe und Bauweisen

Hyperschall-Triebwerke wie beschrieben können aufgrund der extremen, über den Stand der Technik im Triebwerkbau weit hinausgehenden thermischen Belastung bei Annäherung an die Trennungs-Mach-Zahl nur mit extrem fortschrittlichen Strukturen und Werkstoffen realisiert werden.

Zwar sind aus der Raketentechnik, z.B. bei der Kühlung von Glockendüsen mit LH_2, bewährte Kühlstrukturen bekannt. Diese sind jedoch nach [6.8.9] für eine begrenzte Zahl von Einsätzen bei extrem kurzen Betriebszeiten im Bereich weniger Stunden Gesamtlaufzeit konzipiert und entgehen somit der bei Hyperschall-Triebwerken existierenden, bereits angesprochenen Problematik. Außerdem können bei Raketendüsen plastische Deformationen, die als Folge der hier zugelassenen extremen örtlichen Temperaturunterschiede entstehen, aufgrund der sehr kurzen Gesamtlaufzeit eher akzeptiert werden.

Anhaltspunkte für die im Bereich des Umschaltorgans bei Konzept I, des Staustrahlkanals, der Staubrennkammer und der Düse ins Auge gefaßten Strukturen und Kühlkonfigurationen sind in [6.8.10b], [6.8.10i] und [6.8.13] zu finden. Was die in Frage kommenden Werkstoffe betrifft, so demonstriert die in [6.8.13] enthaltene Liste, daß im heißen Bereich teilweise absolutes werkstofftechnisches Neuland beschritten werden muß. Die offensichtliche Diskrepanz zwischen den Eigenschaften bekannter, verfügbarer Werkstoffe und den wünschenswerten bzw. geforderten Eigenschaften zukünftiger Werkstoffe zeigt, daß die Realisierung horizontal startender Raumfahrzeuge noch sehr viel Forschungs- und Entwicklungsaufwand, vor allem auf dem Gebiet der nichtmetallischen, ggf. faserverstärkten, ggf. mit Schichten zum Schutz vor Oxidation zu versehenden Werkstoffe erfordert, vgl. hierzu auch Abschnitt 6.11.7.

Man mag diese Situation aber auch als Ausgangspunkt für den Aufbruch zu einer neuen Generation von Luftfahrt-Triebwerken mit außerordentlichem Fortschrittspotential und bedeutender Ausstrahlung auf andere Bereiche der Technik sehen.

6.9 Hub-/Schubtriebwerke

6.9.1 Allgemeines

Ausgehend von der aus der militärischen Planung hervorgegangenen Forderung bzw. Vorstellung, Kampf- und Transportflugzeuge von verwundbaren Start-/Landeflächen unabhängig zu machen, wurde – beginnend mit den 50er Jahren – bis in die 70er Jahre hinein eine große Zahl von Senkrechtstart-Flugzeugen und Triebwerkkonzepten für Senkrechtstart entworfen und teilweise in Experimentalprogrammen verfolgt.

Im Vergleich zu Hubschraubern, die zwar vertikal starten und landen können und Schwebefähigkeit besitzen, aber nur für niedrige Fluggeschwindigkeiten, begrenzte Nutzlasten und kurze Reichweiten ausführbar sind, werden die hier angesprochenen Senkrechtstart-Flugzeuge (im englischen Sprachgebrauch als VTOL-Flugzeuge für Vertical Take-Off and Landing bezeichnet) als solche verstanden, die im Normalflug die Eigenschaften konventioneller bzw. normal startender Flugzeuge erreichen, wenngleich die dabei zu erwartende Effektivität im Vergleich zu „echten", normal startenden Flugzeugen der gleichen Klasse noch zu beurteilen ist.

Eine Übersicht der seit den Anfängen weltweit verfolgten Konzepte bzw. Flugzeuge ist in [11] enthalten. Auf deutscher Seite wurden neben einer Anzahl konzeptioneller Ansätze zu VTOL-Flugzeugen für zivile und militärische Verwendung drei militärisch orientierte Experimentalprogramme verfolgt:
- Programm VJ 101 C, ein überschallfähiges Kampfflugzeug,
- Programm VAK 191, ein Unterschall-Kampfflugzeug,
- Programm Do 31, ein Kampfzonen-Transportflugzeug.
Eine Rückschau auf diese Experimentalprogramme ist in [19] zu finden.

Im Westen kam bis heute nur der Senkrechtstarter „Harrier" mit dem Triebwerk Rolls-Royce „Pegasus" – ein Unterschall-Kampfflugzeug – und in den USA die daraus entwickelte AV8B gleichen Konzepts zu praktischem Einsatz. Ansätze zur Anwendung dieses Konzepts für Überschall-Kampfflugzeuge führten zur Entwicklung eines Triebwerks entsprechend dem „Pegasus" mit Nachverbrennung in den vorderen Schwenkdüsen (Triebwerk Rolls-Royce BS 100 mit PCB für Plenum Chamber Burning), vgl. [6.9.1] und [6.9.2].

Während einerseits aus den oben angeführten Experimentalprogrammen hervorging, daß VTOL-Flugzeuge betriebssicher gebaut werden können und die von normal startenden Flugzeugen her bekannten flugmechanischen Eigenschaften im Unterschall- und Überschallflug erreichbar sind, so ergab sich andererseits außer Zweifel, daß für die Verwirklichung der VTOL-Fähigkeit ein hoher Preis im Sinne eingeschränkter Missionseffektivität, z.B. geringere Nutzlast und/oder kürzere Reichweite bei gegebenem Abfluggewicht, hingenommen werden muß.

Da für normal startende Transportflugzeuge bei TO eine Schubbelastung F_{TO}/G_A im Bereich um 0,3 bis 0,4 daN/kg erforderlich ist, muß beim VTOL-Transportflugzeug in jedem Falle, das heißt auch bei voller Nutzung des für den Vortrieb installierten Schubes, sehr viel Vertikalschub installiert werden, um die bei VTOL in jedem Falle erforderliche Vertikal-Schubbelastung $F_{VTOL}/G_A = 1,2$ bis $1,25$ daN/kg zu erreichen. Bei Kampfflugzeugen ist dagegen die Situation stark davon abhängig, ob das Flugzeug im Überschall- oder nur im Unterschallbereich operieren soll. Eine Übersicht des bei Überschall- oder Unterschall-Kampfflugzeugen mit verschiedenen Kombinationen aus Hub-/Schubtriebwerken und reinen Hubtriebwerken zu erwartenden Gewichts der gesamten Triebwerkanlage auf der Basis der in den 70er Jahren verfolgten Entwicklungen geht aus [6.9.3] hervor. Die Aktualisierung der dort zugrunde gelegten Parameterwerte entsprechend der inzwischen zurückgelegten Entwicklung unter Beachtung von Abschnitt 6.10.3 ergibt Bild 6.9.1. Daraus geht hervor, daß es bei Flugzeugen mit hohem installierten Schub für den Normalflug eminent wichtig ist, diesen bei VTOL voll zu nutzen. Dabei ergeben sich allerdings mit Rücksicht auf die erforderliche Abstimmung des Vertikalschub-Schwerpunkts mit dem Gewichtsschwerpunkt des Flugzeugs einschneidende Konsequenzen für Antriebskonzept und Flugzeugkonfiguration.

Das Problem, die bei normal startenden Kampfflugzeugen mit optimaler Installation der Triebwerke im Heck mit der Forderung nach schubschwerpunktgerechter Triebwerkinstallation für VTOL-Fähigkeit zur Deckung zu bringen, begleitete alle derartigen Projekte von Beginn an, vgl. z.B. [6.9.4].

Interessant mag zwar sein, daß bei Zurücknahme der VTOL-Fähigkeit auf die Kurzstartfähigkeit (STOL für Short Take-Off and Landing) weniger Vertikalschub zu installieren ist. Hierzu zeigt allerdings das an [11] und [19] angelehnte Bild 6.9.2, daß die dabei notwendige Abhebegeschwindigkeit und damit Startstrecke einer bedeutenden operationellen Einschränkung gegenüber der ursprünglichen VTOL-Philosophie gleichkommt. Dagegen kann bei Bedarf und gegebenen Voraussetzungen der STOL-Einsatz von VTOL-Flugzeugen mit erhöhter Nutzlast – wie beim Einsatz der „Sea Harrier" vom Flugzeugträger aus – eine Erweiterung der Einsatzflexibilität und Erhöhung der Effektivität von VTOL-Kampf- und Transportflugzeugen mit sich bringen.

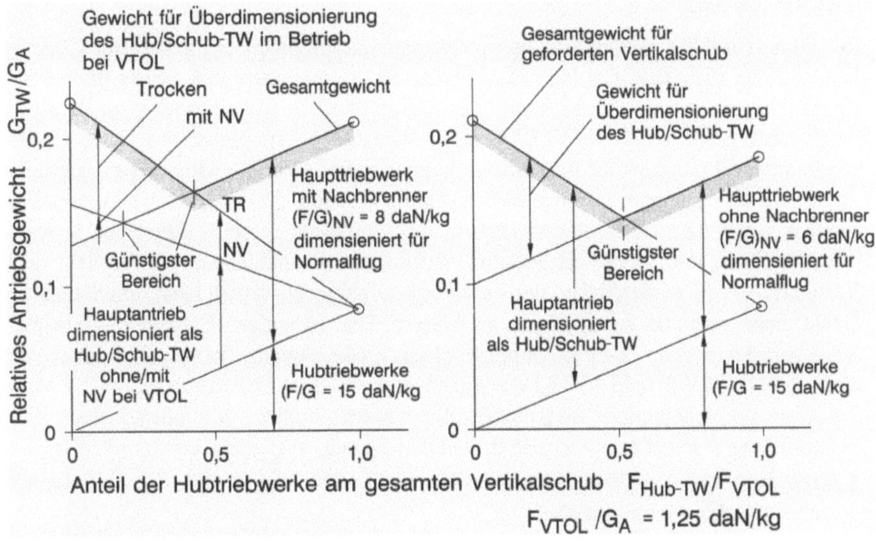

Bild 6.9.1: Kombination des Hauptantriebs als Hub-/Schubtriebwerk mit Hubtriebwerken zur Minimierung des gesamten Antriebsgewichts bei VTOL-Kampfflugzeugen

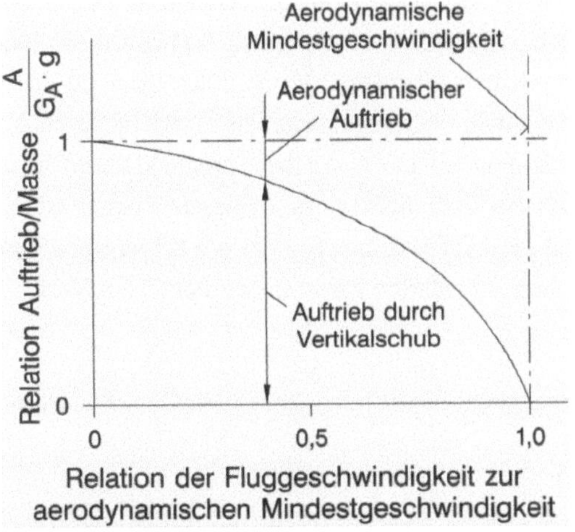

Bild 6.9.2:
Bei VTOL durch Vertikalschub aufzubringender Auftriebsanteil im Bereich der Transition (nach [11] und [19])

6.9.2 Triebwerke

Bei **Überschall-Kampfflugzeugen** mit Nachbrennertriebwerken ist man im Zuge der
Nutzung des Hauptantriebs bei VTOL gezwungen, zumindest den Schub ohne Nachverbrennung nach unten abzulenken, vgl. Abschnitt 5.6.1. Mit Rücksicht auf den unab-
dingbaren Betrieb mit NV im Normalflug ist anzustreben, den Hauptantrieb wie bei konventionellen Flugzeugen im Rumpfheck zu installieren, so daß – wie oben angesprochen
– der mit dem Hauptantrieb durch Umlenkung erzeugte Vertikalschub in jedem Falle
sichtbar hinter dem Gewichtsschwerpunkt des Flugzeugs angreift. Daher sind – wie in
[6.9.4], [6.9.5] und [6.9.6] dargestellt – zusätzliche Einrichtungen erforderlich, damit
Vertikalschub im vorderen Teil des Flugzeugs aufgebracht werden kann, um Schub- und
Gewichtsschwerpunkt zur Deckung zu bringen. Bei derzeitigen Entwicklungsprogrammen, von denen das US-Programm JSF (Joint Strike Fighter) hervorgehoben sei, wird
nach [6.9.4], [6.9.5] und [6.9.6] die günstige Installation des Schubtriebwerks, einem
Turbofan mit Nachbrenner, im Rumpfheck bevorzugt, wobei – zumindest bisher – beim
Schubtriebwerk selbst entsprechend Bild 6.9.3 folgende Varianten verfolgt werden:

A) Erzeugung von Vertikalschub – mit oder ohne NV – mittels Ablenkdüse, unterstützt
   durch autarkes Hubtriebwerk,

B) Entnahme von mechanischer Leistung bei VTOL aus dem ND-System zum Antrieb
   eines Schubverstärkers, während das Abgas – mit oder ohne NV – wie unter A nach
   unten abgelenkt wird und expandiert,

C) Entnahmekammer im Abgasbereich zwischen Turbinenaustritt und Nachbrennersys-
   tem zur Entnahme von Heißgas bei VTOL, während der übrige Teil des Heißgases –
   mit oder ohne NV – in der Triebwerkdüse nach unten abgelenkt wird und expandiert.
   Eine – bereits in [5.6.14] angesprochene – Variante hierzu besteht in der Umlenkung
   und Expansion des Gasstrahls ohne NV von dieser Kammer aus nach unten mit
   Abschluß der Entnahmekammer nach hinten.

Ob im Rahmen des JSF-Programms bei VTOL trotz der damit verbundenen Probleme
mit NV gearbeitet werden soll oder nicht, ist bislang nicht bekannt. An sich ist es – wie
noch gezeigt wird – mit der bei modernen Überschall-Kampfflugzeugen typischen
Schubbelastung mit NV im Bereich $F_{TO}/G_A \approx 1$ daN/kg auch im Trockenbetrieb mit
zusätzlichen Elementen zur Schubverstärkung bei VTOL durchaus möglich, die erforderliche Schubbelastung $F_{VTOL}/G_A \approx 1{,}2$ bis $1{,}25$ daN/kg zu erreichen. Hierzu ist bei
modernen Nachbrennertriebwerken mit einem Verhältnis $F_{TR}/F_{NV} \approx 0{,}7$ entsprechend
Abschnitt 5.10.3 zusammen mit den oben angeführten Parametern zusätzlicher Vertikalschub in der Größenordnung

$$\frac{F_V}{G_A} = \frac{F_{VTOL}}{G_A} \cdot \left(1 - \frac{F_{TR}}{F_{NV}}\right) \cdot \frac{F_{TO,NV}}{G_A} \qquad (6.9.1)$$

$$= (1{,}20\ bis\ 1{,}25)(1 - 0{,}7) \cdot 1{,}0$$

$$= 0{,}35\ bis\ 0{,}38\ \frac{daN}{kg}$$

erforderlich. Dabei sind als Ergänzung zum Vertikalschub des Haupttriebwerks und zugleich zur Abdeckung des Schubschwerpunkts mit dem Gewichtsschwerpunkt des Flugzeugs folgende Alternativen in der Diskussion:

a) autarkes Hubtriebwerk in Einkreis- oder Zweikreis-Bauart – im vorderen Rumpfteil installiert –, zusammen mit Haupttriebwerk entsprechend A),

b) Hubgebläse, das mechanisch mit dem ND-System des Haupttriebwerks, wie in B) beschrieben, lösbar gekuppelt und im vorderen Rumpfteil installiert ist,

c) Hubgebläse, das durch Abgas aus dem Haupttriebwerk, wie in C) beschrieben, beaufschlagt wird und

d) Ejektorsystem, das wie im Falle c) mit Heißgas aus dem Haupttriebwerk betrieben wird.

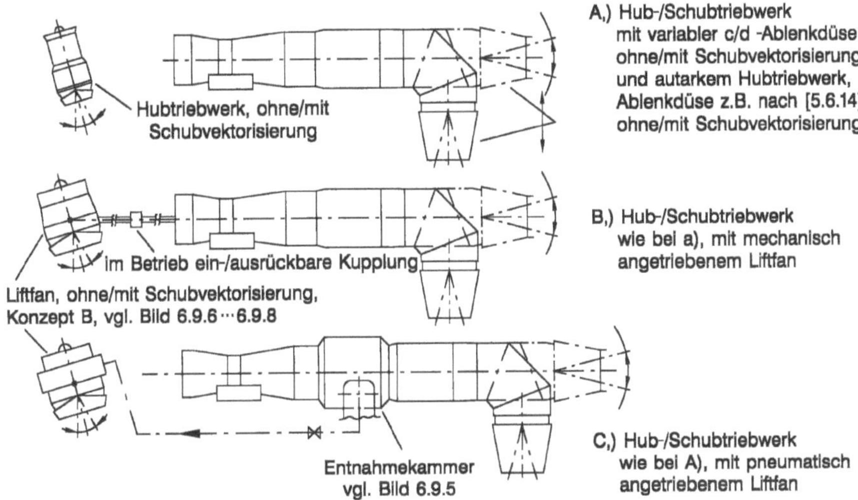

Bild 6.9.3: Beispiele für Triebwerkkonzepte/Anordnungen von VTOL-Überschall-Kampfflugzeugen; Haupttriebwerk mit Nachbrenner

Das gewissermaßen „klassische" Konzept A mit a) kann als bekannt betrachtet werden. Im Falle B mit b) muß, wie in [6.9.5] beschrieben, die ND-Turbine für die bei VTOL erforderliche höhere Expansion gestaltet und die Kapazität der ohnehin verstellbaren Düse dieser Bedingung angepaßt werden. Die lösbare, d.h. im Betrieb ein- und ausrückbare Kupplung zwischen ND-Verdichter und Hubgebläse dürfte ein schwieriges technologisches Problem darstellen. Im Falle C mit c) kommt der seit langem bekannte „Liftfan" in Frage, der in seiner ursprünglichen Form weiterhin in der Diskussion ist, vgl. [6.9.7]. Im Rahmen des JSF-Programms ist nach [6.9.6] jedoch ein anderer, für den Einbau im vorderen Rumpfteil besser geeigneter Liftfan in der Diskussion. Einige Gesichtspunkte hierzu werden weiter unten erläutert.

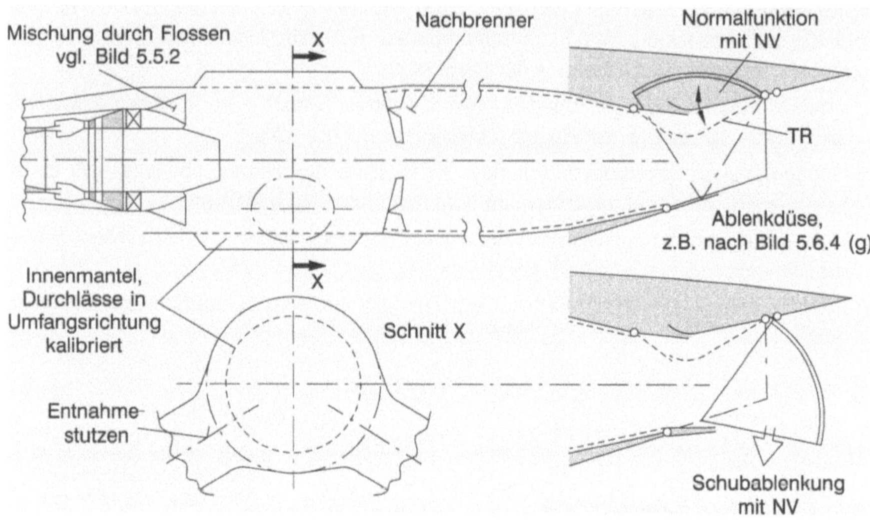

Bild 6.9.4: Hub-/Schubtriebwerk mit Entnahmekammer für Liftfan-Antrieb und c/d-Ablenkdüse (schematisch) für Überschall-Kampfflugzeug

Zu dem ebenfalls seit langem bekannten Ejektor-Konzept C mit d) werden in [6.9.8] experimentelle Ergebnisse im Vergleich zu theoretischen Überlegungen diskutiert. Nach [11] blieben allerdings die experimentellen Ergebnisse an einem Demonstrationsflugzeug weit hinter den Erwartungen zurück. Trotzdem scheint dieses Konzept im Rahmen des JSF-Programms nach [6.9.4] mit in der Diskussion zu stehen. Ergänzend ist in Bild 6.9.4 das Haupttriebwerk zu Konzept C mit c oder d) mit der bereits in Abschnitt 5.6.2.4 angesprochenen Vektordüse etwas detaillierter dargestellt.

Beim JSF-Programm wird in allen Fällen die Steuerung um die Querachse (Nicken) durch Schubmodulation und um die Hoch- und Längsachse (Gieren und Rollen) durch Druckluft- oder Heißgasentnahme aus dem Haupttriebwerk bewirkt.

Bei **Unterschall-Kampfflugzeugen** mit Triebwerken ohne Nachbrenner, bei denen die am Normalflug orientierte Schubbelastung im Bereich $F_{TO}/G_A \approx 0,5$ bis $0,6$ daN/kg liegen mag, kommen neben der „Harrier-/Pegasus"-Konzeption, d.h. mit überdimensioniertem, im Bereich des Gewichtsschwerpunkts zu installierenden Hub-/Schubtriebwerk nach Bild 6.9.5 folgende Lösungen in Betracht:

α) Ein für den Vortrieb im Normalflug ausreichendes Hub-/Schubtriebwerk mit Schwenkdüsen in ähnlicher Position wie bei der „Harrier" oder der VAK 191, und zur Schuberhöhung bei VTOL die Installation von Hubtriebwerken vor und hinter dem Haupttriebwerk ebenso wie bei der VAK 191. Die mit dieser Triebwerkanordnung bestehenden, konfigurativen Nachteile sind bekannt.

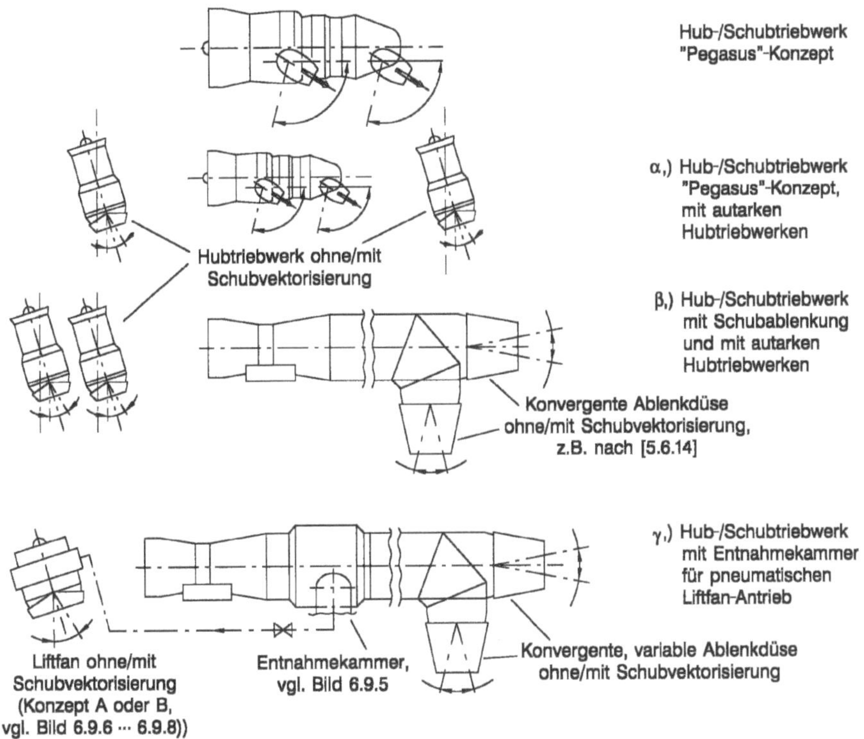

Bild 6.9.5: Beispiele für Triebwerkkonzepte/Anordnungen von VTOL-Unterschall-Kampfflugzeugen; Haupttriebwerk ohne Nachbrenner

β) Das ebenfalls für den Normalflug dimensionierte Haupttriebwerk mit Schubablenkung mittels einer entsprechend gestalteten Düse ist im Rumpfheck installiert. Der zusätzliche Schub bei VTOL wird durch ein oder mehrere Hubtriebwerke im vorderen Rumpfteil aufgebracht.

γ) Aus dem ebenso wie im o.a. Falle *β)* dimensionierten und installierten Haupttriebwerk mit Schubablenkung wird bei VTOL Abgas zum Antrieb von Liftfans im vorderen Rumpfteil oder im Flügel entnommen. In diesem Falle ist eine Düse mit variabler Kapazität erforderlich.

Es kann davon ausgegangen werden, daß hier eine Lösung entsprechend *γ)* mit Ejektor zur Schuberhöhung wegen des begrenzten Effekts bei zugleich niedriger Schubbelastung nicht in Frage kommt.

Somit ist zu erkennen, daß bei Unterschall-Kampfflugzeugen auf der Basis von im Rumpfheck installierten Haupttriebwerken ohne Nachbrenner etwa dieselben Tendenzen verfolgt werden können wie bei Überschall-Kampfflugzeugen, wobei allerdings aufgrund der niedrigeren Schubbelastung F_{TO}/G_A für den Normalflug wesentlich mehr Zusatzschub für VTOL benötigt wird. Dabei dürfte in diesem Falle dem Konzept des Liftfan mit Blattspitzenantrieb bei Installation im Flügel – trotz der bestehenden räumlichen Beschränkung mit Rücksicht auf die Flügeldicke – weiterhin Beachtung zukommen, vgl. [6.9.7]. Trotzdem sei bemerkt, daß zwar das Konzept des Liftfan seit über 30 Jahren bis in die Gegenwart verfolgt wurde, während in diesem Zeitraum – zumindest im Westen – bei Unterschall-Kampfflugzeugen nur das „Harrier"-Konzept operationell wurde.

Im Zusammenhang mit den in Abschnitt 6.6 beschriebenen Triebwerken mit variabler Geometrie bietet sich bei den Konzepten M), N) und O) nach Bild 6.6.4 im Betrieb mit hohem Durchsatz – d.h. nach [6.6.17] und [6.9.5] z.B. bei Konzept N) mit Tandem-Fan der Betrieb mit Parallelschaltung – die Umlenkung und Expansion des Durchsatzes des Frontfans in Schwenkdüsen im vorderen Teil des Triebwerks an. Allerdings wird dabei nicht annähernd derselbe Effekt vom Standpunkt des erzielbaren Vertikalschubes und der Verlagerung des Schubschwerpunkts nach vorne erzielt werden können wie im Falle γ) nach Bild 6.9.5. Außerdem wird bei Konzept N) bei Parallelschaltung des Fans die Aufladung des Kerntriebwerks herabgesetzt und damit der mit diesem Triebwerk insgesamt erzielbare Schub – ebenso wie bei den Konzepten M) und O) nach Bild 6.6.4 – herabgesetzt. Gesichtspunkte zur Entnahme von Luft aus dem Fanbereich sind in [6.9.9] zu finden.

Was die in den Fällen B) und C) sowie γ) angesprochenen Elemente zur Schuberhöhung mit Antrieb durch das Haupttriebwerk betrifft, so kann der mit Abgas aus dem Haupttriebwerk angetriebene Liftfan entsprechend der in Bild 6.9.6 schematisch dargestellten Konfiguration „A" mit 1-stufiger Blattspitzenturbine analog dem in Abschnitt 3.5.1 und 3.5.2 behandelten Übergang vom Einkreis- zum Zweikreis-Triebwerk ohne Mischung beider Kreise berechnet werden. Danach ist die bei der Entnahme von Heißgas aus dem Haupttriebwerk erzielbare Schuberhöhung gegenüber der Expansion dieser Gasmenge in der Triebwerkdüse

$$\frac{F_{LF}}{F_{Gg}} \approx \sqrt{\eta_{Ent}}\,\sqrt{1 + K \cdot \mu_{LF}} \ . \tag{6.9.2}$$

Dabei berücksichtigt der Entnahmewirkungsgrad

$$\eta_{Ent} = \left(\frac{H_{eff}}{H_{is}}\right)_{Ent} = \frac{1 - \left(\dfrac{1}{\Pi}\right)^{\left(\frac{\kappa-1}{\kappa}\right)}}{1 - \left(\dfrac{1}{\Pi'}\right)^{\left(\frac{\kappa-1}{\kappa}\right)}} \tag{6.9.3}$$

mit

$$\Pi' = \Pi\left[1 - \left(\frac{\Delta p}{p}\right)_{Ent}\right] \tag{6.9.4}$$

die Druckverluste zwischen der Entnahmekammer hinter der ND-Turbine des Haupttriebwerks und dem Eintritt in die Turbine des Liftfans. Der Faktor

$$K = \eta_{is,F} \cdot \eta_{is,T} \approx (C_k / C_h)_{LF} \tag{6.9.5}$$

entsprechend Gl. 3.5.15 und 3.5.16 hat nach Gl. 6.9.2 maßgeblichen Einfluß auf die erzielbare Schuberhöhung und ergibt zugleich die Relation der Strahlgeschwindigkeiten C_k hinter dem Fan und C_h hinter der Turbine. Das realisierbare Nebenstromverhältnis

$$\mu_{LF} = \frac{M_{LF}}{M_{Gg}} = \left(\frac{H_T}{H_F}\right)_{eff} \tag{6.9.6}$$

entsprechend Gl. 3.5.2 und 3.5.3 ergibt sich aus der aerodynamischen Gestaltung der 1-stufigen Blattspitzenturbine. Mit den Parameterdaten

– isentroper Wirkungsgrad des Fans $\quad \eta_{is,F} = 0,90$,

– isentroper Wirkungsgrad der Turbine $\quad \eta_{is,T} = 0,85$

ergibt sich der Faktor $K = 0,76$. Ferner ist bei einem

– Totaldruckverlust zwischen Haupttriebwerk und Turbine, $(\Delta p / p)_{Ent} = 0,20$

und z.B. bei einem Gaszustand in der Entnahmekammer entsprechend $T_{Gg} = 990$ K und $p_{Gg} = 3,8$ bar, der etwa dem Triebwerk „1" in Bild 4.2.1 entspricht, der Entnahmewirkungsgrad $\eta_{Ent} \approx 0,86$. Ferner ist mit den Bezeichnungen nach Bild 6.9.6

$$H_{eff,F} = U_{F,a}^2 \cdot \frac{\psi_{fm,F}}{2} \cdot (D_{fm} / D_a)_F^2 \tag{6.9.7}$$

$$H_{eff,T} = U_{a,F}^2 \cdot \frac{\psi_{fm,T}}{2} \cdot (D_{fm,T} / D_{a,F})^2 \tag{6.9.8}$$

$$\left(\frac{H_T}{H_F}\right)_{eff} = \frac{(D_{fm,T} / D_{a,F})^2}{(D_{fm} / D_a)_F^2} \cdot \left(\frac{\psi_T}{\psi_F}\right)_{fm} . \tag{6.9.9}$$

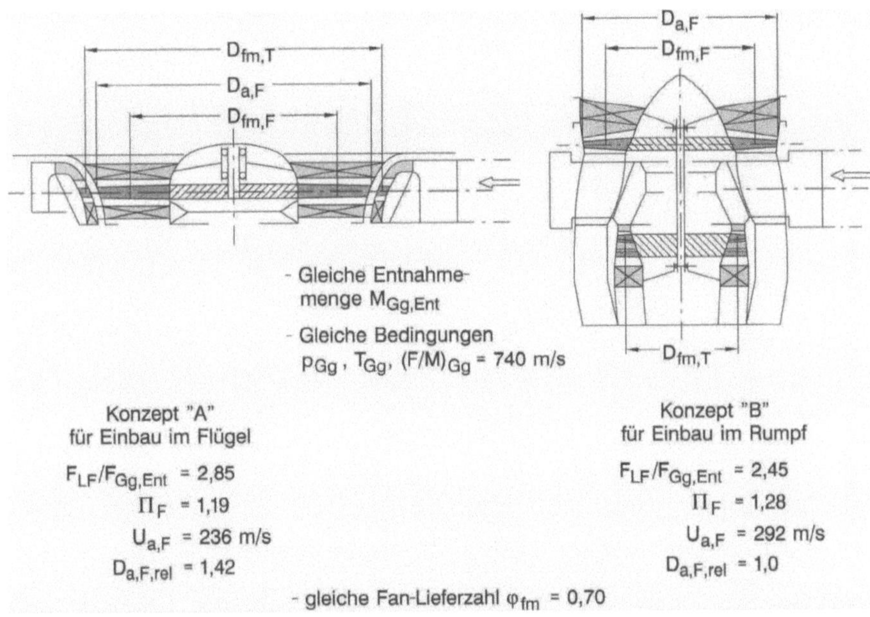

Bild 6.9.6: Liftfan-Konzepte mit pneumatischem Antrieb (schematisch); Größen- und Leistungsvergleich für gleiche Entnahme aus dem Gasgenerator

Mit der Druckziffer im Flächenmittel des Fans nach Abschnitt 5.2.2.2

$$\psi_{fm,F} = 1{,}0 \; ,$$

der Turbine nach Abschnitt 5.2.3.3 und 5.2.3.5

$$\psi_{fm,T} = 4{,}5 \text{ bis } 6{,}0$$

und den geometrischen Relationen

$$v_F = 0{,}4 \text{ bzw. } (D_{fm}/D_a)_F = 0{,}76 \, , \; (D_{fm,T}/D_{a,F}) = 1{,}10$$

ergibt sich aus den Gln. 6.9.6 und 6.9.9 das maximal zulässige Nebenstromverhältnis

$$\mu_{LF,\max} = \frac{1{,}1^2}{0{,}76^2} \cdot \frac{4{,}5 \text{ bis } 6{,}0}{1{,}0} \approx 9{,}4 \text{ bis } 12{,}5 \; .$$

Damit ergibt sich die Schuberhöhung nach Gl. 6.9.2, die in Bild 6.9.7 als Funktion von μ_{LF} dargestellt ist. Ferner ist die mittlere Strahlgeschwindigkeit hinter dem Liftfan mit C_k/C_h nach Gl. 6.9.5

$$\overline{C}_{LF} = \frac{C_h + \mu_{LF} \cdot C_k}{1 + \mu_{LF}} = C_h \left(\frac{1 + K \cdot \mu_{LF}}{1 + \mu_{LF}} \right) \tag{6.9.10}$$

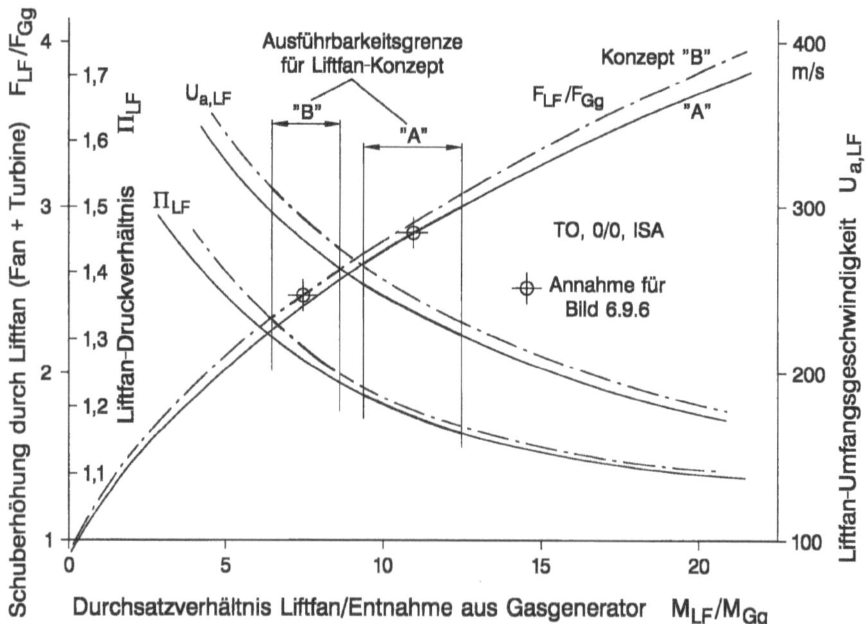

Bild 6.9.7: Leistungsdaten und Ausführbarkeitsgrenzen der Liftfan-Konzepte „A" und „B" nach Bild 6.9.6

und zugleich mit dem aus dem o.a. Gaszustand im Haupttriebwerk ermittelten spezifischen Schub $C_{Gg} = 740$ m/s mit den Gln. 6.9.2 und 6.9.5 die Relation

$$\frac{\overline{C}_{LF}}{C_{Gg}} = \frac{F_{LF}/F_{Gg}}{M_{LF}/M_{Gg}} = \sqrt{\eta_{Ent}} \cdot \frac{\sqrt{1+K\cdot\mu_{LF}}}{1+\mu_{LF}} \ . \qquad (6.9.11)$$

Damit kann die Strahlgeschwindigkeit C_k hinter dem Fan sowie dessen Druckverhältnis Π_F, und aufgrund der bekannten Daten des Fans dessen Umfanggeschwindigkeit U_a ermittelt werden, vgl. Bild 6.9.7.

Im Rahmen des JSF-Programms wird nach [6.9.6] der Liftfan „B" nach Bild 6.9.6 und 6.9.7 verfolgt. Dabei ist analog Gl. 6.9.7 und 6.9.9

$$\left(\frac{H_T}{H_F}\right)_{eff} = \left(\frac{\Sigma U_T^2}{U_F^2}\right)_{fm} \cdot \left(\frac{\overline{\psi}_T}{\psi_F}\right)_{fm}$$

$$= (\overline{D}_T/D_F)^2_{fm} \cdot z_T \cdot \left(\frac{\overline{\psi}_T}{\psi_P}\right)_{fm} \qquad (6.9.12)$$

und damit zugleich $\mu_{LF,\max}$ festgelegt.

Dabei kann zwar mit günstigerem Turbinenwirkungsgrad $\eta_{is,T} = 0,90$ gerechnet werden, während die Wirkungsgrade $\eta_{is,F}$ und η_{Ent} jenen beim Liftfan „A" entsprechen. Aufgrund der goemetrischen Bedingungen nach Bild 6.9.6 ergibt sich mit $(\overline{D}_T/D_F)_{fm} = 0,725$ bei $z_T = 2$ Stufen aus Gl. 6.9.12

$$\mu_{LF,\max} = \left(\frac{H_T}{H_F}\right)_{eff} = 0,725^2 \cdot 2 \cdot \frac{4,5 \text{ bis } 6,0}{1,0}$$

$$= 6,5 \text{ bis } 8,7$$

und damit die Parameter F_{LF}/F_{Gg}, Π_F und $U_{a,F}$ ebenfalls nach Bild 6.9.7. Mit drei oder vier Turbinenstufen ließen sich natürlich auch hier größere Schuberhöhungen, allerdings bei wesentlich größerem Fan-Durchsatz bzw. -Durchmesser erreichen. Dies läge jedoch nicht im Sinne der hier angestrebten kompakteren Bauart und des bei Überschall-Kampfflugzeugen verfügbaren höheren Schubes des Haupttriebwerks.

Damit ergibt sich der Gesamtschub aus Haupttriebwerk und Liftfan in Abhängigkeit von der Entnahme M_{Ent}/M_{Gg} bei vernachlässigtem Schubverlust des Haupttriebwerks durch Schubablenkung angenähert zu

$$F_{ges} \approx F_{NV/TR}\left(1 - \frac{M_{Ent}}{M_{Gg}}\right) + F_{TR} \cdot \frac{M_{Ent}}{M_{Gg}} \cdot \frac{F_{LF}}{F_{Gg}} \qquad (6.9.13)$$

Man kann entsprechend den Bildern 6.9.1, 6.9.6 und 6.9.7 als Beispiel bei Unterschall- und Überschall-Kampfflugzeugen von folgenden typischen Eckdaten ausgehen:

		Unterschall-Kampfflugzeug Haupttriebwerk ohne Nachbrenner	Überschall-Kampfflugzeug Haupttriebwerk mit Nachbrenner	
Schubbelastung	F_{TO}/G_A	0,6	1,0 daN/kg	
relativer Schub des Haupt-triebwerks bei VTOL	$\dfrac{F_{VTOL}}{F_{TO}}$	1,0	0,7 (TR)	1,0 (NV)
Liftfan vom Typ		„A" oder "B"	„B"	„B"
Schuberhöhung durch Liftfan technisch möglich (Bild 6.9.7)	$\dfrac{F_{LF}}{F_{Gg}} \approx$	2,85 2,45	2,45	2,45
Forderung	$\dfrac{\Delta F_{LF}}{F_{TO}} \approx$	—— 0,60 ——	0,50	0,20
rel. Entnahme	$\dfrac{\Delta F_{LF}}{F_{TO}} \approx$	0,62 0,75	0,55	0,35

Entsprechend ergeben sich in beiden Fällen die bei VTOL verfügbaren Gesamtschübe und die Anteile des Liftfans am Gesamtschub nach Bild 6.9.8. Daraus geht hervor, daß der bei VTOL geforderte Gesamtschub $F_{VTOL}/G_A = 1,25$ daN/kg bei Überschall-Kampfflugzeugen mit Entnahme im Bereich $\Delta M_{Ent}/M_{Gg} = 0,35$ bis $0,55$ und bei Unterschall-Kampfflugzeugen im Bereich $\geq 0,6$ erzeugt werden kann. Man kann davon ausgehen, daß bei mechanisch angetriebenem Liftfan entsprechend Fall B) oder C) bzw. $\gamma)$ ähnliche Bedingungen erreicht werden können.

Interessanterweise scheint sich nach [6.9.12] der Liftfan bei STOL und bei der Transition, d.h. mit Anblasung von vorne quer zur Liftfan-Achse, im Hinblick auf Stabilität der Durchströmung und verfügbaren Vertikalschub relativ günstig zu verhalten.

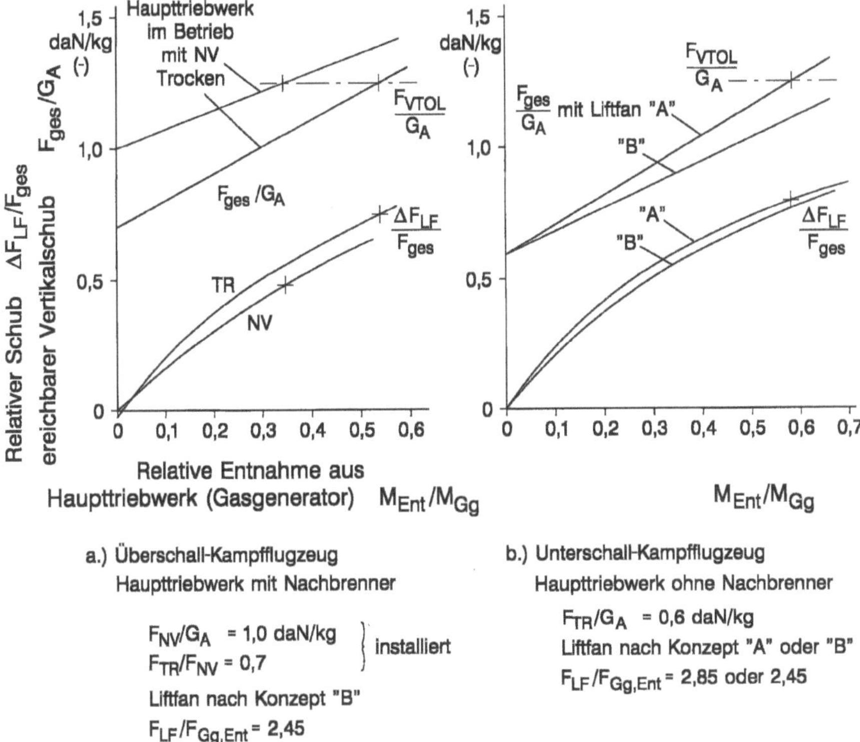

a.) Überschall-Kampfflugzeug
Haupttriebwerk mit Nachbrenner

F_{NV}/G_A = 1,0 daN/kg ⎱ installiert
F_{TR}/F_{NV} = 0,7   ⎰

Liftfan nach Konzept "B"
$F_{LF}/F_{Gg,Ent}$ = 2,45

b.) Unterschall-Kampfflugzeug
Haupttriebwerk ohne Nachbrenner

F_{TR}/G_A = 0,6 daN/kg
Liftfan nach Konzept "A" oder "B"
$F_{LF}/F_{Gg,Ent}$ = 2,85 oder 2,45

Bild 6.9.8: Mit Liftfan, angetrieben durch Heißgas aus dem Haupttriebwerk, erreichbarer Gesamtschub bei VTOL

6.9.3 Steuerschübe

Große Aufmerksamkeit erfordert die Frage der erforderlichen Steuerschübe für Stabilisierung und Steuerung des Flugzeugs bei VTOL. Verglichen mit der Schubmodulation bei Triebwerken, die zwar ohne wesentlichen konstruktiven Mehraufwand an den Triebwerken selbst praktiziert werden kann, aber träge ist und die Triebwerke thermisch/ zyklisch belastet, ist die Entnahme von Druckluft mit Leitungssystem und Steuerdüsen zwar reaktionsschnell und erlaubt nach Stärke und Zeitdauer exakt dosierbare Steuerschübe, bedeutet aber einen erheblichen konstruktiven Aufwand und kann die Triebwerke – je nach Konzeption – ebenfalls thermisch erheblich belasten.

Die Aufbringung der geforderten Steuerschübe durch Schubmodulation ist nur bei entsprechender Anordnung der Triebwerke möglich, wofür die eingangs erwähnten Flugzeuge VJ 101 C, VAK 191 und Do 31 als richtungsweisende Beispiele gelten können, vgl. [11], [6.9.4] und [6.9.10]:

– Bei der VJ 101 C erlaubte die Anordnung der Triebwerke an den Flügelenden und im Rumpfvorderteil, die somit ein Dreieck rund um den Flugzeugschwerpunkt bilden, die Steuerung um alle drei Achsen durch Schubmodulation aller Triebwerke und Schubvektorisierung der Triebwerke an den Flügelenden.

- Bei der VAK 191 wurde nach [11] und [6.9.10] die Steuerung und Stabilisierung vollständig durch Druckluftentnahme aus allen drei Triebwerken bewirkt, wobei großer Wert auf die Erhaltung der Steuerfähigkeit auch bei Triebwerkausfall gelegt wurde.
- Bei der Do 31 wurde nach [6.9.10] die Steuerung um die Längsachse (Rollen) durch Schubmodulation der an den Tragflügelenden installierten 2 x 4 Hubtriebwerke, die Steuerung um die Hochachse (Gieren) durch gegensinnige Bewegung der Schwenkdüsen der Hubtriebwerke und die Steuerung um die Querachse (Nicken) durch Entnahme von Druckluft aus den Hubtriebwerken mittels Düsen am Rumpfheck durchgeführt.

In allen drei Fällen wurde die Steuerung und Stabilisierung am Flugzeug erfolgreich erprobt.

Mit Rücksicht auf den Gewichtsaufwand und Raumbedarf für die Steuerung durch Druckluft kam bei den o.a. Programmen praktisch nur die Entnahme am HDV-Austritt in Frage, wenngleich in diesem Falle – bei festgelegten Steuerschüben, bezogen auf den Triebwerkschub – aus den Triebwerken besonders viel Energie entzogen werden muß.

Ausgehend von einem typischen militärischen Turbofan mit Mischung beider Kreise treten bei der Entnahme von Druckluft nach dem HD-Verdichter folgende Effekte auf, die für die Abnahme des resultierenden Schubes bei zunehmender thermischer Belastung verantwortlich sind:

- Die Arbeitslinie im HD-Verdichter wird bei $(M\sqrt{T}/p)_4 = const.$ abgesenkt, so daß der Durchsatz des Kerntriebwerks und damit der Energieumsatz verkleinert wird.
- Der im Vergleich zum HD-Verdichter kleinere Durchsatz der Turbine erfordert zum Beispiel bei $H_{eff,V} = const.$ bzw. $N \approx const.$ höhere Turbineneintrittstemperatur bei zugleich höherem Druckverhältnis Π_T, um das Leistungsgleichgewicht bei Entnahme von ΔM_{Ent} entsprechend

$$H_{eff,V} = \frac{M_T}{M_V}\left(1 - \frac{\Delta M_{Ent}}{M_V}\right)H_{eff,T} \tag{6.9.14}$$

mit M_T / M_V entsprechend dem Betrieb ohne Entnahme zu erhalten.
- Bei gegebener Kapazität $(M\sqrt{T}/p)_D$ der Düse stellen sich aufgrund des kleineren Durchsatzes auch kleinere Werte T_D und P_D und damit auch ein geringerer spezifischer Schub ein.

Beim Turbofan RB 193-12 der VAK 191 wird nach [5.6.14] bis zu 20%, nach [6.9.11] bis zu 16% Luft nach dem HD-Verdichter entnommen, die im letzteren Falle unter Inanspruchnahme der kurzzeitig maximal zulässigen Turbineneintrittstemperatur zu 13 bis 15% Verlust an Schub des verbleibenden Triebwerks führen. Wichtig ist, daß bei Hub-/Schubtriebwerken im Normalflug die Druckluftentnahme abschaltbar sein muß, so daß hier bei „hoher" Arbeitslinie die Stabilität der Verdichterpartie zu sichern ist.

Beim Hubtriebwerk RB 162-81 war nach [6.9.11] eine konstante Entnahme von 8% am Verdichteraustritt mit kurzzeitigen Spitzen bis zu 13% vorgesehen.

Beim JSF-Programm wird dagegen die Entnahme von Druckluft hinter dem ND-Verdichter des Haupttriebwerks in Betracht gezogen, zumal es sich hier um ein Triebwerk mit hohem spezifischen Schub bzw. hohem NDV-Druckverhältnis $\varPi > 4{,}0$ bis $4{,}5$ handelt. Es ist wichtig, daß in diesem Falle im Gegensatz zur Entnahme von Druckluft am HDV-Austritt praktisch kein Schubverlust und keine thermische Belastung des Haupttriebwerks entsteht.

Bei früheren Projekten mit Liftfan im Flügel wurde nach [6.9.7] die Steuerung um die Querachse (Nicken) durch einen ebenfalls mit Abgas aus dem Haupttriebwerk angetriebenen kleinen Liftfan im Rumpfvorderteil übernommen, während die Steuerung um Längs- und Hochachse durch Schubmodulation und Schubvektorisierung durch die beiden Liftfans im Flügel durchgeführt wurde. Bei den im Rahmen des JSF-Programms verfolgten Antriebskonzepten nach [6.9.4] und [6.9.5] wird zumindest bei den in Abschnitt 6.9.2 erwähnten Varianten A) mit a) und C) mit c) und d) die Steuerung um die Querachse durch Schubmodulation in Betracht gezogen, während die Steuerung um die Hoch- und Längsachse durch Steuerdüsen mit Druckluftentnahme nach dem ND-Verdichter des Haupttriebwerks besorgt wird.

Der Zeitverzug bei Änderung des Schubes im Zuge der Schubmodulation ist, da nur Änderungen im oberen Lastbereich gefragt sind, relativ gering. Nach [11], [6.9.3] und [6.9.10] ist mit Verzugszeiten im Bereich $\Delta t_{acc} < 0{,}3$ bis $0{,}5$ s zu rechnen. Bei Hub- und Hub-/Schubtriebwerken erfordert die Konstruktion der Rotoren mit Rücksicht auf die geforderte schnelle Reaktionsfähigkeit nach Abschnitt 4.2.9 besonders niedrige Drehmassen $\varTheta$ bzw. niedrige Drehbeschleunigungsparameter

$$K_{acc} = \varTheta \cdot \omega_{AP}^2 / 2 P_{V,AP} \;, \qquad\qquad K_{acc} \text{ in s,}$$

zumal nach den Gesetzmäßigkeiten der Regelung und Steuerung umso größere Steuermomente zur Korrektur von Auslenkungen/Lageänderungen aufzubringen sind, je höher der Zeitverzug bis zur Verfügbarkeit dieser Momente ist.

6.9.4 Bodeneffekte

Unter VTOL-Bedingungen treten nach Auftreffen und Ausbreitung der Schubstrahlen am Boden und ihrer Durchmischung mit der Atmosphäre bei dem von den Triebwerken angesaugten Gemisch aus Luft und Abgas erhöhte Temperaturen auf, die nach den Abschnitten 4.2.2 und 4.2.4 wegen des Zusammenhangs

$$F / p_0 = f(X, Ma_0) \triangleq f(X) \qquad\qquad \text{bei VTOL}$$

mit

$$X = (T_{4.1} / T_2)/(T_{4.1} / T_2)_{ref}$$

zum Beispiel bei $T_{4.1} = const.$ zu entsprechender Abnahme des Schubes führt. Hierzu wurden umfangreiche Messungen an Schwebegestellen und an VTOL-Flugzeugen durchgeführt, vgl. [11], [6.9.10] und [6.9.11]. Bei STOL fährt das Flugzeug nach [6.9.11] beim Start erkennbar in die heißen Abgaswolken hinein, während bei „reinem" VTOL dieser Effekt eher in Grenzen bleibt. So erklärt sich auch der geringe Effekt der Windgeschwindigkeit bei V/STOL auf die (mittlere) Ansaugtemperatur der Triebwerke nach [6.9.4].

Während dieser Einfluß bei gleichmäßiger Verteilung der erhöhten Temperatur am Eintrittsquerschnitt der Triebwerke relativ gut überschaubar und vor allem berechenbar ist, besteht bei örtlicher Ungleichförmigkeit der Temperatur, die zu radialen oder – besonders kritischen – zirkularen Übertemperaturfeldern am Triebwerkeintritt führen kann, ein sehr viel schwieriger zu beherrschendes Problem. Dies rührt daher, daß bei sektoraler Übertemperatur das dort erreichbare Verdichterdruckverhältnis wegen

$$H_{is,V} = (H_{is,V} / T_2) \cdot T_2 \quad = \text{momentan konstant mit} \quad \Pi_V = f(H_{is} / T_2)$$

reduziert wird und damit Pumpen ausgelöst werden kann. Gegenüber der bekannten Wirkung quasistationärer, sektoraler Druckstörungen ist die Wirkung von Temperaturstörungen nach [6.9.13] eher stärker. Dabei können Störungen, deren Dauer über 20 bis 30 ms hinausgeht, als quasistationär betrachtet werden. Im übrigen ist dieses Problem mit dem in Abschnitt 5.2.2.8 angesprochenen Ansaugen von Raketenabgasen zu vergleichen, wobei jedoch dort dem Problem durch „Schließen" des Vorleitgitters etc. des Verdichters und/oder Zurücknahme der Brennstoffzufuhr begegnet werden kann.

Neben der Frage der Beeinflussung des Schubes und der Stabilität der Triebwerke bei VTOL ist auch das Problem der durch den Aufprall heißer Gasstrahlen am Boden erzeugten Felder mit Über- oder Unterdruck unter dem Flugzeug zu beachten, die unter anderem nach [6.9.10] und [6.9.11] bei Änderung der Höhe über Grund in Bodennähe zu abrupten Änderungen der Auftriebskräfte führen können. Problematisch sind dabei nach [11] insbesondere bei der Landung bei Annäherung an den Boden plötzlich auftretende Sogkräfte, die zu unangenehmen Lageänderungen und/oder hartem Aufprall des Flugzeugs am Boden führen können.

Schließlich sei auch auf die Wirkung heißer Gasstrahlen auf unvorbereiteten Boden (z.B. Grasflächen) hingewiesen, wobei es bereits nach wenigen Sekunden zur Austrocknung und Erosion der Oberfläche mit der Gefahr der Beschädigung der Triebwerke durch Ansaugen abgeschleuderter Bodenbrocken kommen kann, vgl. [6.9.10].

6.10 Rekuperative Triebwerke

6.10.1 Allgemeines

Zumindest im Fall des zivilen Turbofans und Mantelpropfans bedeutet die sich abzeichnende werkstoffbedingte Grenze in der Steigerung der Verdichteraustrittstemperatur T_3 beim Start am heißen Tag und die Annäherung der Temperatur T_4 am Brennkammeraustritt an die durch stöchiometrische Mischungsverhältnisse örtlich gegebene Obergrenze einen gewissermaßen „natürlichen" Endpunkt der thermodynamischen Entwicklung. Daher stellt die Einführung des rekuperativen Kreisprozesses die letzte grundsätzliche Möglichkeit dar, Freiraum für die weitere thermodynamische Entwicklung im Sinne der Steigerung der Wirtschaftlichkeit und der Herabsetzung der Schadstoffemission zu gewinnen.

In diesem Zusammenhang ist zu erwähnen, daß durch die verschiedentlich diskutierte Zwischenkühlung bei der Verdichtung zwar die Austrittstemperatur begrenzt werden kann, zugleich aber der *SBV* ansteigt, so daß die weitere Steigerung des Verdichterdruckverhältnisses auf dieser Basis – was den *SBV* betrifft – in jedem Falle kontraproduktiv wäre. Die Kühlung der Austrittspartie des Verdichters und (der ersten Stufe) der HD-Turbine, d.h. Scheibe und Schaufeln, durch gekühlte Kühlluft ist zwar durchführbar und mag bei Steigerung des Verdichterdruckverhältnisses weitere Verbesserungen des *SBV* ermöglichen. Diese Maßnahme ist aber vom Standpunkt der Schadstoffemission ebenfalls nicht wünschenswert. Im übrigen bringt diese Entwicklungsrichtung, die in Abschnitt 6.11.2 speziell angesprochen wird, bei konventionellem Kreisprozeß weitere schwerwiegende Entwicklungsprobleme im Hochdruck-/Hochtemperaturbereich mit sich.

Ansätze zur Entwicklung rekuperativer Propellertriebwerke für Langstrecken-Transportflugzeuge wurden schon seit Ende der 40er bis in die 60er Jahre unternommen, vgl. [6.10.1] bis [6.10.3], und die fortschreitende Entwicklung der Wellenleistungstriebwerke wurde von vielen Studien zu rekuperativen Konzepten begleitet, vgl. [6.10.4] bis [6.10.11], wenngleich einerseits die damals verfügbare Wärmetauschertechnologie zu inakzeptablen Triebwerkgewichten und -abmessungen führte und andererseits der einsetzende Übergang vom Propeller- zum Zweikreis-Triebwerk und die sich anbietenden Verbesserungen der Kreisprozeßdaten durch fortschrittliche Werkstoffe und Einführung der Turbinenkühlung die weitere Verfolgung des rekuperativen Konzepts einschlafen ließen. Auch die Entwicklung des Turbofans wurde seit den Anfängen in den 50er Jahren von Studien zu rekuperativen Konzepten begleitet, wobei auch diesen Ansätzen wegen der ungelösten Frage der Wärmetauschertechnologie trotz avisiertem Fortschrittspotential kein Erfolg beschieden war, vgl. [6.10.4], [6.10.12] und [6.10.13]. Relativ frühzeitig wurde nach [6.10.11] und [6.10.14] für Turboprops und Turbofans auch die Frage des rekuperativen Kreisprozesses mit Zwischenkühlung behandelt. Aufgrund des hohen Gewichtsaufwandes für den metallischen Wärmetauscher nach damaligem Technologiestand wurde in [6.10.15] der Einsatz keramischer Wärmetauscher diskutiert. Auch heute ist man in der Luftfahrt nach wie vor weit davon entfernt, bei den in Frage kommenden Triebwerkklassen

– Wellenleistungstriebwerke für Hubschrauber (bei großer Missionsdauer) und propeller- bzw. propfangetriebene Langstrecken-Transportflugzeuge,
– Turbofans mit hohem Nebenstromverhältnis oder Mantelpropfans für Langstrecken-Verkehrs-/Transportflugzeuge

rekuperative Konzepte in Betracht zu ziehen bzw. in Angriff zu nehmen, obwohl inzwischen attraktive Wärmetauschertechnologie verfügbar ist und bei Turbofans mit hohem Nebenstromverhältnis und Mantelpropfans das Fortschrittpotential zur Senkung des *SBV* wesentlich höher als bei früheren Zweikreis-Strahltriebwerken ist. Darüber hinaus bieten rekuperative Triebwerke ein Potential zur Reduzierung der Schadstoffemission NO_x, die zunehmend an Bedeutung gewinnt. Es erscheint daher gerechtfertigt, ausgehend vom entscheidenden Kriterium, dem gesamten Antriebsgewicht, bestehend aus dem Gewicht der nicht installierten Triebwerke plus dem Brennstoffgewicht pro Mission, die Frage der Durchführbarkeit rekuperativer Triebwerke und der damit erreichbaren Fortschritte zu prüfen. Dabei wurde trotz einiger Bedenken das Gewicht des nicht installierten Triebwerks einbezogen, weil die Installationsbedingungen und entsprechenden Mehrgewichte, z.B. für die Gondel bei Turbofans und Mantelpropfans oder für den Propeller bei Turboprops bzw. offenen Propfans sehr unterschiedlich und bei der Frage konventionelles oder rekuperatives Konzept nicht relevant sind. Danach sind rekuperative Triebwerke (R- oder ICR-Kreisprozeß) (R (d.h. rekuperativ) mit Wärmetauscher, ICR (d.h. intercooled, rekuperativ) mit Zwischenkühler und Wärmetauscher) gegenüber konventionellen Triebwerken (SC-Kreisprozeß) (SC (d.h. Simple Cycle), konventionell) nur dann sinnvoll, wenn die Relation der Antriebsgewichte (mit Index R oder ICR im Zähler)

$$\frac{(G_{TW}+B)_R}{(G_{TW}+B)_{SC}} = \frac{\left(1+\dfrac{\Delta G_R}{G_{SC}}\right)_{TW} + \left(1-\dfrac{\Delta B_R}{B_{SC}}\right)\cdot(B/G_{TW})_{SC}}{1+(B/G_{TW})_{SC}} = \text{sichtbar} < 1 \quad (6.10.1)$$

mit $G_{TW,R} = G_{TW,SC} + \Delta G_{TW,R}$ und $B_R = B_{SC} - \Delta B_R$ und dem vor allem von der Missionsdauer bei konventionellem Antrieb bestimmten Parameter $(B/G_{TW})_{SC}$ als rohes Vorauskriterium erfüllt ist.

Bild 6.10.1 zeigt in vereinfachter Form die bei Einkreis-Triebwerken bzw. im heißen Kreis von Zweikreis-Triebwerken beim SC-, R- und ICR-Kreisprozeß wichtigen thermodynamischen Zusammenhänge. Die Erweiterung zum Zweikreis-Triebwerk kann bei beliebigem Kerntriebwerkkonzept nach Abschnitt 3.5 vorgenommen werden. Dabei ist leicht einzusehen, daß der R- oder ICR-Kreisprozeß nur dann sinnvoll ist, wenn das die Brennstoffzufuhr bestimmende Produkt

$$B_R \sim M_{BK,R}(T_{4.1} - T_3')_R \tag{6.10.2a}$$

mit dem Durchsatz M_{BK} der Brennkammer unter sonst gleichen Bedingungen (Schub bzw. Wellenleistung) kleiner als beim konventionellen Triebwerk

$$B_{SC} \sim M_{BK,SC}(T_{4.1} - T_3)_{SC} \tag{6.10.2b}$$

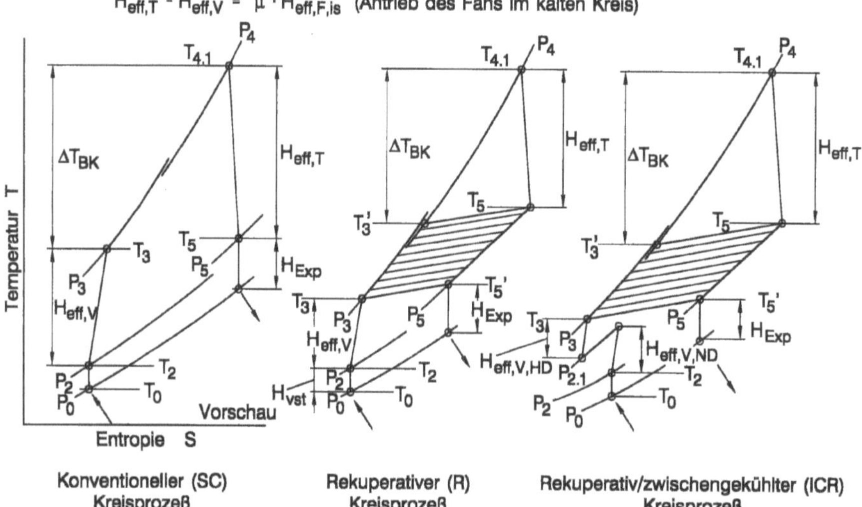

Bild 6.10.1: Rekuperative Kreisprozesse im Vergleich zum konventionellen Kreisprozeß – jeweils im heißen Kreis – am Beispiel eines zivilen Turbofans/Mantelpropfans unter Flugbedingungen (vereinfacht, schematisch)

ist. Diese Möglichkeit ist beim rekuperativen Triebwerk vor allem bei Teillast und auch hier nur dann gegeben, wenn dabei die Kapazität der ND- oder Nutzturbine durch variable Geometrie verkleinert und dadurch die Turbineneintritts-temperatur $T_{4.1}$ hochgehalten wird. Damit verkleinert sich zugleich (bei gegebenem Schub bzw. bei gegebener Wellenleistung) der Durchsatz M_{BK}, so daß die Relation der Brennstoffmengen beim R- oder ICR-Kreisprozeß gegenüber dem SC-Kreisprozeß dem Trend

$$\frac{B_R}{B_{SC}} \sim \left(\frac{M_R}{M_{SC}}\right)_{BK} \cdot \frac{(T_{4.1}-T_3')_R}{(T_{4.1}-T_3)_{SC}} \tag{6.10.3a}$$

bzw. mit dem Wärmetauscherwirkungsgrad $\eta_{WT}=1$ dem Idealfall

$$\left(\frac{B_R}{B_{SC}}\right)_{id} \sim \left(\frac{M_R}{M_{SC}}\right)_{BK} \cdot \frac{(T_{4.1}-T_5)_R}{(T_{4.1}-T_3)_{SC}} \tag{6.10.3b}$$

folgt. Ferner ergibt sich bei Teillast die Abhängigkeit des relativen Brennstoffverbrauchs vom Wärmetauscherwirkungsgrad aus den Gln. 6.10.3a und 6.10.3b entsprechend

$$\left(\frac{B}{B_{id}}\right)_R = \frac{T_{4.1}-T_3'}{T_{4.1}-T_5} = \frac{T_{4.1}-T_3}{T_{4.1}-T_5} - \frac{(T_5-T_3)\eta_{WT}}{T_{4.1}-T_5} \, ,$$

woraus sich die Regel

$$\left(\frac{\Delta B}{B_{id}}\right)_R = -\frac{(T_5-T_3)}{(T_{4.1}-T_5)} \cdot \Delta\eta_{WT} \tag{6.10.4}$$

ableiten läßt. Hierzu zeigen die Bilder 6.10.2a und 6.10.2b beispielhaft die aus Studien und konkreten rekuperativen und konventionellen Triebwerken ermittelten Verbesserungspotentiale $\Delta B/B_{SC}$ im Brennstoffverbrauch für den Idealfall $\eta_{WT}=1$ und $\eta_{WT}=0{,}80$. Danach bestehen bei rekuperativen Turbofans und Mantelpropfans bei relevanten Kreisprozeßdaten und im einfachen, praktisch aber wichtigen Fall $T_{4.1}=const.$ bei Teillast weniger günstige Bedingungen als bei Turboprops und Turbomotoren bei den hier typischen Kreisprozeßdaten.

Mit den Kreisprozeßdaten entsprechend Bild 6.10.2 ergibt sich

– bei Turbofans/Mantelpropfans im Reiseflug ($Ma_0=0{,}8$; $H=10{,}7$ km) im Bereich

$$F = 40 \text{ bis } 100\% \; F_{MCL}$$

$$\frac{\Delta B}{B_{id}} \approx -(0{,}60 \text{ bis } 0{,}23) \cdot (\eta_{WT}-0{,}6) \tag{6.10.5a}$$

– und bei Wellenleistungstriebwerken am Boden im Bereich

$$P = 40 \text{ bis } 100\% \; P_{TO}$$

$$\frac{\Delta B}{B_{id}} \approx -(1{,}40 \text{ bis } 0{,}50) \cdot (\eta_{WT}-0{,}7) \tag{6.10.5b}$$

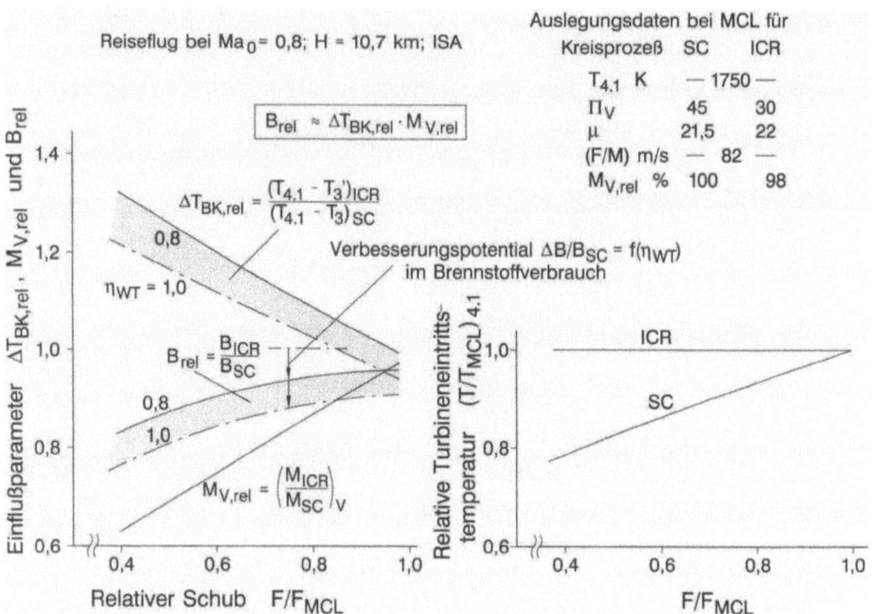

Bild 6.10.2a: Vergleich der für den Brennstoffverbrauch maßgebenden Parameter bei Mantelpropfans mit SC- oder ICR-Kreisprozeß (nach [5.3.11] und MTU-Datenbasis)

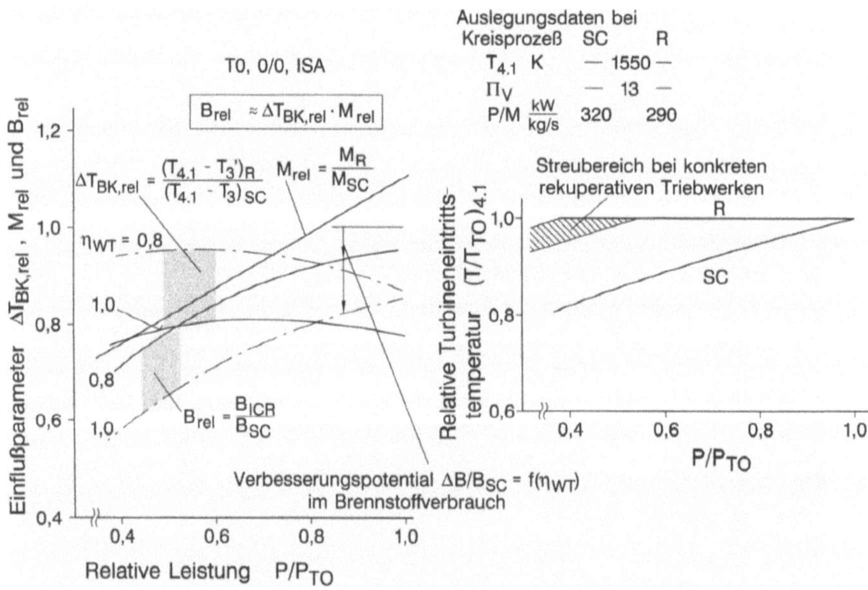

Bild 6.10.2b: Vergleich der für den Brennstoffverbrauch maßgebenden Parameter bei Wellenleistungstriebwerken mit SC- oder R-Kreisprozeß (nach [6.10.7] und MTU-Datenbasis)

Entsprechend liegen aufgrund der luft- und gasseitigen Druckverluste im Bereich des Wärmetauschers (und ggf. des Zwischenkühlers)

- bei Turbofans/Mantelpropfans die Verluste an Bruttoschub unter Bedingungen wie oben bei

$$\left(\frac{\Delta F}{F}\right)_{Br} = -(0{,}4 \text{ bis } 0{,}25)\,\Delta\left(\Sigma\frac{\Delta p}{p}\right) \tag{6.10.6a}$$

- und bei Wellenleistungstriebwerken die Verluste an Leistung bei

$$\frac{\Delta P}{P} = -(0{,}8 \text{ bis } 0{,}5)\,\Delta\left(\Sigma\frac{\Delta p}{p}\right) \tag{6.10.6b}$$

mit jeweils fallender Tendenz zu höheren Werten $T_{4.1}/T_2$ und Π_V hin.

Durch die Anwendung der Zwischenkühlung im Verdichter, die thermodynamisch im Sinne der Verbesserung des *SBV* nur zusammen mit dem Wärmetauscher opportun ist, wird einerseits die spezifische Leistung (ggf. des Kerntriebwerks) erhöht und damit indirekt – d.h. aufgrund geringeren Durchsatzes bei gegebener Gasleistung – der Brennstoffverbrauch gesenkt, während andererseits – bei gegebenem Verdichterdruckverhältnis (ggf. im Kerntriebwerk) – die Leistung der Turbine und damit deren mechanische Belastung verringert wird. Besonders attraktiv ist die Zwischenkühlung beim Turbofan und Mantelpropfan, da hier die Anströmung des Kühlers auf der kalten Seite durch den Fan im gesamten Betriebsbereich – insbesondere auch bei *TO* – in kontrollierter Weise gesichert ist, und zugleich bei festgelegtem spezifischen Schub des Gesamttriebwerks die Erhöhung der spezifischen Leistung des Kerntriebwerks zu dessen Verkleinerung und damit auch zu geringerem Aufwand für den Wärmetauscher führt. Des weiteren mag der durch den Zwischenkühler strömende Anteil des kalten Stroms aufgrund der Wärmezufuhr trotz der Druckverluste einen Schubgewinn ergeben. Allerdings erfordert beim Verdichter die Anwendung der Zwischenkühlung eine spezielle Bauart und das Betriebsverhalten besondere Aufmerksamkeit. Durch Einsatz der Zwischenkühlung kann mit einer Verbesserung des *SBV* im Bereich von 5 bis 7% gerechnet werden. Beim Turboprop ist die Anwendung der Zwischenkühlung nur dann ratsam, wenn die satte Anströmung durch den Propellerstrahl unter allen Betriebsbedingungen, d.h. auch bei Boden/Stand und Schubumkehrung gesichert ist. Bei Turbomotoren für Hubschrauber erscheint die Anwendung der Zwischenkühlung aufgrund des höheren Aufwandes für die Anströmung der kalten Seite durch ein separates Gebläse mit Luftzuführungen etc. nicht opportun.

Was die Relation der Antriebsgewichte nach Gl. 6.10.1 betrifft, so bestehen bei Hubschraubern, propellergetriebenen Transportflugzeugen und strahlgetriebenen Verkehrsflugzeugen unterschiedliche Bedingungen im Hinblick auf Triebwerkgewichte und Brennstoffgewichte pro Mission.

Bei rekuperativen Triebwerken kann der Mehraufwand an Gewicht für den Wärmetauscher und ggf. Zwischenkühler am besten mit dem Massendurchsatz des Triebwerks bzw. Kerntriebwerks korreliert werden. Beim Strahltriebwerk (Turbofan und Mantelpropfan) ergibt sich der gesuchte Zusammenhang zwischen Triebwerkgewicht und Durchsatz $M_{V,TO}$ des Kerntriebwerks mit den Daten F, M und μ bei *TO* zu

$$\frac{G_{TW}}{M_{V,TO}} \approx (1+\mu) \cdot \frac{F/M}{F/G_{TW}} \qquad\qquad (6.10.8a)$$

und bei Wellenleistungstriebwerken (Propellertriebwerk und Turbomotor) analog mit P und M_V bei TO

$$\frac{G_{TW}}{M_{V,TO}} \approx \frac{P/M_V}{P/G_{TW}} , \qquad\qquad (6.10.8b)$$

wobei die Parameter F/G_{TW} und P/G_{TW} Abschnitt 5.9 zu entnehmen sind (bei Turboprops und Turbomotoren enthält G_{TW} das Untersetzungsgetriebe und ggf. den Teilchenabscheider, aber nicht den Propeller).

Das Mehrgewicht des Wärmetauschers ergibt sich nach Abschnitt 5.7 auf der Basis der dort beschriebenen Wärmetauschertechnologie für einfachen Kreuz-/Gegenstrom. Danach folgt das Netto-Gewicht der reinen Matrix (d.h. der wärmetauschenden Teile) in Abhängigkeit von der Flug- bzw. Auslegungsbedingung bzw. von dem dabei herrschenden Durchsatz $M_{WT} \approx M_V$ und mit $M_{V,rel} = (M_{AP}/M_{TO})_V$ der Relation

$$\frac{\Delta G_{WT,net}}{M_{V,AP}} \approx f\left[\frac{G_{WT,net}}{M_{V,TO}}, \frac{1}{M_{V,rel}}, \eta_{WT,AP}\right] \qquad\qquad (6.10.9a)$$

entsprechend Bild 6.10.3a, wobei $\eta_{WT,AP}$ nach Bild 6.10.3b aus der Beziehung

$$\left(\frac{\eta-\eta_{TO}}{1-\eta_{TO}}\right)_{WT} \approx f(M_{V,rel}) \qquad\qquad (6.10.9b)$$

hervorgeht. Diese Gewichtsdaten beruhen auf konkreten Demonstratortriebwerken [5.7.2] oder Projektstudien [5.3.11], [6.10.7] und [6.10.16], wobei die Auslegungsdaten $M_{V,AP}$ und $\eta_{WT,AP}$ teilweise Reiseflug- oder Boden-/Stand-Bedingungen entsprechen. Die in Bild 6.10.3 aufgenommenen Zwischenkühlerdaten gehen auf [6.10.16] zurück. Aus Bild 6.10.3 geht hervor, daß insbesondere bei Auslegung für den Reiseflug bei gleichem relativen Schub F_{AP}/F_{MCR} und gleichen Werten $\eta_{WT,AP}$, der Gewichtsaufwand um so höher ist, je größer die Flughöhe bzw. je geringer die Dichte der Strömung im Wärmetauscher ist. Da später Daten G_{WT}/M_V für TO-Bedingungen benötigt werden, seien für die zu betrachtenden Fälle folgende Durchsatzrelationen festgehalten:

Triebwerkklasse	CTF	MPF	TP	TM	
Installation	Verkehrs-/Transportflugzeuge			Kampf*-/Transport**-Hubschrauber	
Flughöhe	10,7	10,7	7	0	km
Flug-Mach-Zahl	0,8	0,8	0,5	0	

wichtiger
Schub-/Leistungsbereich

F / F_{MCL} bzw. P / P_{MCL}	0,4 bis 0,8	0,4 bis 0,8	0,4 bis 0,8	–
P / P_{TO}	–	–	–	0,25 bis 0,75* 0,45 bis 0,82**

Damit ergeben sich die als Auslegungspunkte betrachteten Werte

Relativer Schub bzw.
relative Leistung

$F_{rel} = F_{AP} / F_{MCL}$	0,65	0,65	–	–
$P_{rel} = P_{AP} / P_{MCL}$	–	–	0,65	–
$P_{rel} = P_{AP} / P_{TO}$	–	–	–	0,45* 0,55**

und daraus die für die Gewichtsbilanz benötigten Werte M_{TO} aus

$M_{V,rel} = (M_{AP} / M_{TO})_V$	0,34	0,34	0,45	0,51* 0,58**

wobei unter *TO*-Bedingungen die Austauschgrade gegenüber den Reiseflug- bzw. Teil-
lastbedingungen nach Bild 6.10.3 niedriger sind. Damit ergeben sich – je nach Fall – aus
den Auslegungsdaten, z.B. unter Reiseflugbedingungen, die in Bild 6.10.3 mit angege-
nen, für die Gewichtsbilanz benötigten Werte $\Delta G_{WT} / M_{V,TO}$. Die Bezugnahme auf den
Verdichterdurchsatz ist damit begründet, daß der luftseitige Wärmetauscherdurchsatz
von mehreren Parametern abhängt bzw. $M_{WT} < M_V$ ist, während stets $M_V \approx M_G$ ist.
Ferner ist nach Projektstudien für das Bruttogewicht des Wärmetauschers, das neben
dem Matrixgewicht alle luft- und gasseitigen Leitungen und Gehäuse enthält, entsprechend

$$\Delta G_{WT,Br} = \delta \cdot \Delta G_{WT,net} \tag{6.10.10}$$

mit

$$\delta = 2,0 \text{ bis } 1,6$$

bei Durchsätzen des Triebwerks bzw. Kerntriebwerks im Bereich

$$M_{V,TO} = 5 \text{ bis } 150 \text{ kg/s}$$

anzusetzen.

Bei Triebwerken mit Zwischenkühlung ist zwar mit einem gewissen Mehraufwand
an Gewicht für den Zwischenkühler zu rechnen, der bei jeweils 70% Austauschgrad im
Bereich

$$\Delta G_{ZK,Br} \approx (0,22 \text{ bis } 0,28) \cdot \Delta G_{WT,Br} \tag{6.10.11}$$

liegen mag, aber durch die damit erreichbare Verkleinerung des Kerntriebwerks wahrscheinlich mehr als kompensiert wird. Ferner bringt der geringere Aufwand für die Tur-

bomaschinen – vor allem beim ICR-Konzept – einen Gewichtsvorteil, dem neben dem oben angeführten Mehrgewicht ein höherer Raumbedarf für den Wärmetauscher und ggf. Zwischenkühler und damit ein größerer Installationsaufwand – bei Turbofans/Mantel-propfans nur im Kerntriebwerkbereich – entgegenzusetzen ist. Diese Unsicherheiten können nur im Einzelfall aufgrund detaillierter Projektierung beseitigt werden.

Der weitere, nach Gl. 6.10.1 entscheidende Parameter $B/G_{TW,SC}$ kann aus dem maxi-malen Brennstoffanteil B/G_A am Abfluggewicht des Flugzeugs und aus der Schub-bzw. Leistungsbelastung F_{TO}/G_A bzw. P_{TO}/G_A bei Strahlflugzeugen aus

$$\frac{B_{\max}}{G_{TW}} = \frac{B_{\max}}{G_A} \cdot \left. \frac{F/G_{TW}}{F/G_A} \right|_{TO} \qquad\qquad (6.10.12a)$$

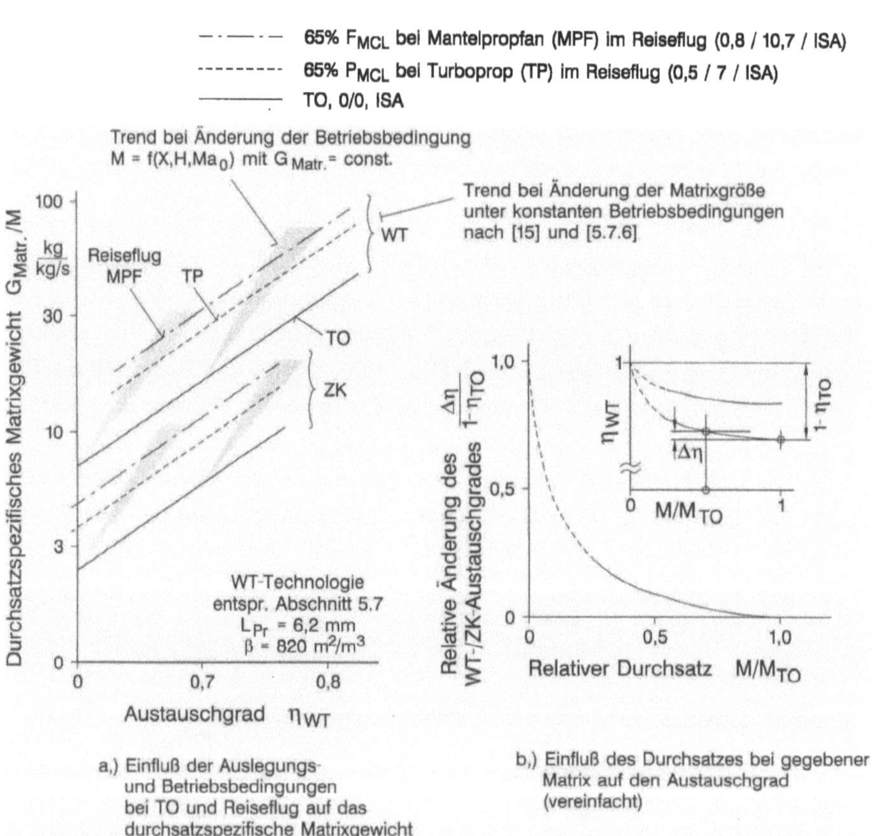

Bild 6.10.3: Relation zwischen Austauschgrad und durchsatzspezifischem Matrixgewicht von Wärmetauschern und Zwischenkühlern bei Mantelpropfans und Turboprops unter Bedingungen bei *TO* und im Reiseflug

und bei Propellerflugzeugen aus

$$\frac{B_{max}}{G_{TW}} = \frac{B_{max}}{G_A} \cdot \frac{P/G_{TW}}{P/G_A}\bigg|_{TO}$$

(6.10.12b)

ermittelt werden, wobei B_{max} die maximale Brennstoffkapazität und G_{TW} das Gesamtgewicht der nicht installierten Triebwerke (d.h. bei Turboprops und Turbomotoren einschließlich Getriebe und ggf. mit Teilchenabscheider, aber ohne Propeller) darstellt. Bei den verschiedenen Flugzeugklassen sind entsprechend ihrer Reichweite folgende Werte anzutreffen:

2- bis 4-strahlige Langstrecken-Verkehrsflugzeuge	$(B_{max}/G_{TW})_{SC}$ =	8 bis 9,5
2-strahlige Kurz-/Mittelstrecken-Verkehrsflugzeuge	=	3 bis 3,5
4-strahlige Militärtransporter		6 bis 9
4-motorige Militärtransporter		5,5 bis 7,5
Kampfhubschrauber		2,5 bis 4
Transporthubschrauber		3,5 bis 5,5

Mit dem durchsatzspezifischen Triebwerkgewicht $G_{TW,SC}/M_{V,TO}$ nach Gl. 6.10.8, dem durchsatzspezifischen Bruttogewicht des Wärmetauschers $\Delta G_{WT,Br}/M_{V,TO}$ nach Gln. 6.10.9 und 6.10.10 bzw. Bild 6.10.3 mit der nach obiger Tabelle bzw. im Einzelfall zu bestimmenden Relation $(M_{AP}/M_{TO})_V$, der Einsparung an Brennstoff $\Delta B_R/B_{SC} = 1 - B_R/B_{SC}$ nach Gl. 6.10.3 und schließlich dem Parameter $(B_{max}/G_{TW})_{SC}$ nach Gl. 6.10.12 bzw. nach obiger Tabelle ergibt sich aus Gl. 6.10.1 nach Umformung das gesuchte Kriterium

$$\frac{\Delta G_{WT,Br}}{G_{TW,SC}} < \frac{\Delta B_R}{B_{SC}} \cdot \left(\frac{B_{max}}{G_{TW}}\right)_{SC}$$

(6.10.13)

Mit den diskutierten Daten ergeben sich nach Bild 6.10.4 als grober Überblick grundsätzlich erfolgversprechende Einsatzmöglichkeiten und Wärmetauscher-Auslegungsdaten rekuperativer Triebwerke an zwei ausgesuchten Beispielen, d.h. für Langstrecken-Verkehrsflugzeuge mit Antrieb durch R- oder ICR-Mantelpropfans und militärische Transportflugzeuge mit Antrieb durch offene R- oder ICR-Propfans oder -Propellertriebwerke. Dabei dürften bei der gegenwärtig verfügbaren, z.B. in Abschnitt 5.7 beschriebenen Wärmetauschertechnologie Wärmetauscherwirkungsgrade $\eta_{WT} \leq 70$ bis 75 % in Frage kommen, da das Matrixgewicht und -volumen mit allem Zubehör wie Gehäuse und Leitungen auf der Luft- und Gasseite mit η_{WT} exponentiell ansteigt.

Durch die in Abschnitt 5.7.2 bereits angesprochene, zukünftig denkbare, weitere Verfeinerung der Wärmetauschermatrix im Sinne der Verkleinerung der Profile gegenüber dem derzeit verfügbaren Standard, z.B. von L_{Pr} = 6,3 auf 5,0 mm, können bei gleichem Wärmetauscherwirkungsgrad Matrixgewicht und -volumen mit allem Zubehör auf ca. 80% reduziert werden. Damit ergibt sich nach Bild 6.10.4 eine außerordentliche Ausweitung des Fortschrittpotentials, zumal dabei auch der Bereich sinnvoller Wärmetauscherwirkungsgrade auf ca. 80%, die ohnehin die obere Grenze des Möglichen beim einfachen Kreuz-/Gegenstrom darstellen, ausgedehnt werden kann. In diesem Zusammenhang muß auch der Einfluß des Wärmetauscherwirkungsgrades auf die Brennkammereintrittstemperatur T_3' bzw. die NO_x-Emission im Auge behalten werden, vgl. Abschnitt 5.3.5.

Nicht zu unterschätzen sind beim Entwurf zukünftiger Langstrecken-Verkehrsflugzeuge mit Triebwerken am Flügel auf der Basis geringeren Antriebgewichts (Triebwerk plus Brennstoff pro Mission), d.h. bei höherem Triebwerk-, aber geringerem Brennstoffgewicht sich eröffnenden Möglichkeiten, aerodynamisch günstigere, d.h. u.a. schlankere Flügel mit geringerem Brennstoffvolumen und niedrigerer Belastung an der Flügelwurzel zu konstruieren.

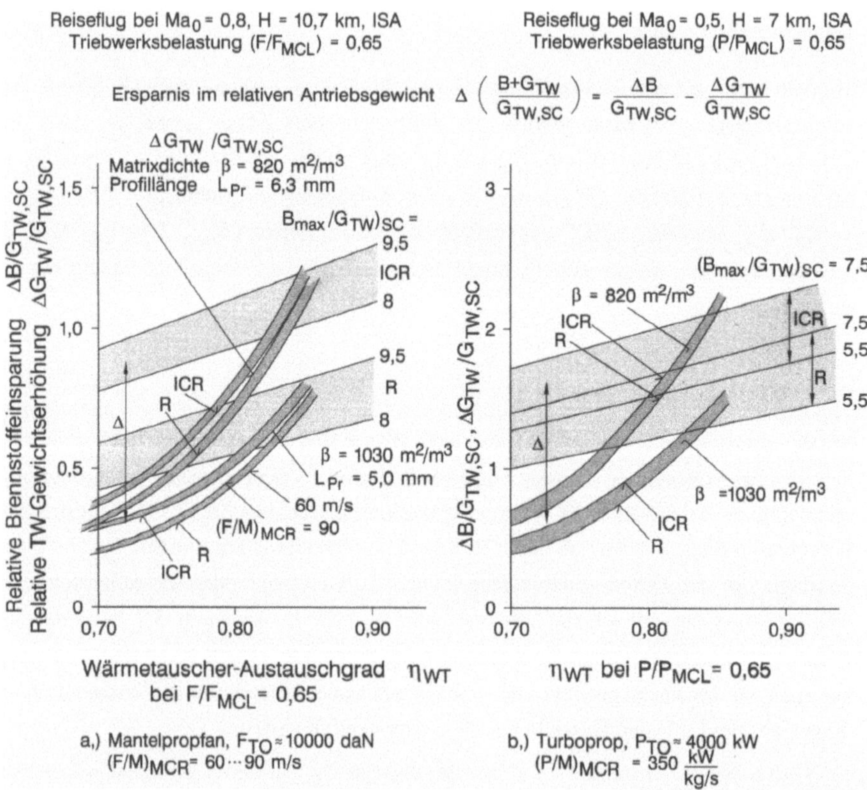

Bild 6.10.4: Ersparnis im relativen Antriebsgewicht durch rekuperative Triebwerke in Langstreckenflugzeugen

Gegenüber dem R- oder ICR-Mantelpropfan mit spezifischen Schüben $(F/M)_{MCR} = 60$ bis 90 m/s beim Einsatz im Langstreckenflugzeug ist beim Turbofan mit spezifischen Schüben $(F/M)_{MCR} \geq 120$ m/s beim Einsatz in Kurz-/Mittelstreckenflugzeugen das Fortschrittpotential sichtbar kleiner, zumal der Parameter $(B_{max}/G_{TW})_{SC}$ eine maßgebende Rolle spielt.

Bei Turbomotoren für Hubschrauber ist, wie in [6.10.7] bereits gezeigt, das rekuperative Konzept als Grenzfall anzusehen, zumal dann, wenn Werte $(B_{max}/G_{TW})_{SC}$ im unteren Bereich < 3 angesprochen sind.

Im Folgenden wird an zwei Beispielen, d.h. in Anlehnung an [6.10.7] ein rekuperatives Hubschraubertriebwerk der Leistungsklasse 1000 kW und orientiert an [5.3.11] ein rekuperativer Mantelpropfan der Schubklasse 170 kN mit Zwischenkühlung umrissen, wobei auf die dabei zu lösende Auslegungsproblematik eingegangen wird.

Ergänzend sei bemerkt, daß bei rekuperativen Triebwerken im Bereich des Kühlluft-Managements neue Wege beschritten werden können, da die Kühllufttemperatur bei gesteuerter Mischung von Luft nach dem Verdichter und nach dem Wärmetauscher im Sinne der Minimierung der zyklischen thermischen Belastung optimal geregelt werden kann, vgl. Abschnitt 6.11.2.

6.10.2 Rekuperatives Wellenleistungstriebwerk für Hubschrauber

Geht man in Anlehnung an [6.10.7] davon aus, daß die vorherrschende Leistung bei

- Kampfhubschraubern im Bereich $P_{rel} = P/P_{TO} = 0{,}25$ bis $0{,}75$ mit dem Schwerpunkt bei $P_{rel} = 0{,}45$ und bei

- Transporthubschraubern bei $P_{rel} = P/P_{TO} = 0{,}45$ bis $0{,}82$ mit Schwerpunkt bei $P_{rel} = 0{,}55$ liegt,

so erscheint eine Optimierung des rekuperativen Kreisprozesses für den Bereich $P_{rel,AP} = 0{,}45$ bis $0{,}55$ opportun.

Ferner sei das konventionelle Vergleichstriebwerk der 1000 kW-Klasse mit den Auslegungsdaten bei TO

$$\Pi_V = 13$$

$$T_{4.1} = 1500 \text{ K}$$

und im übrigen mit den weiteren Annahmen zum Kreisprozeß entsprechend den Abschnitten 3.7.2 und 3.8 ausgelegt, die bei TO zu

$$P/M_V = 320 \, \frac{\text{kW}}{\text{kg/s}}$$

und damit zu

$$M_V = 3{,}1 \text{ kg/s}$$

führen. Wie im Folgenden gezeigt wird, ist es durchaus opportun, beim rekuperativen Triebwerk bei TO das gleiche Druckverhältnis Π_V wie beim konventionellen Triebwerk zu wählen. Im übrigen ist beim rekuperativen Triebwerk aufgrund der Druckverluste im

Bereich des Wärmetauschers und des Wirkungsabschlags bei der Nutzturbine mit Rücksicht auf die variable Geometrie die spezifische Leistung bei *TO* etwas kleiner, so daß

$$P/M_V = 300\ \frac{\text{kW}}{\text{kg/s}}\ \text{ bei }\ M_V = 3{,}30\ \text{kg/s}$$

erreicht wird.

Bei der Optimierung des Druckverhältnisses für minimalen *SBV* im Teillastbereich um $P_{rel} \approx 0{,}5$ kann davon ausgegangen werden, daß beim rekuperativen Triebwerk die Turbineneintrittstemperatur bis herunter zu $P_{rel} \approx 0{,}4$ konstant gehalten werden kann. Hierzu zeigt Bild 6.10.5 den *SBV* in Abhängigkeit vom Druckverhältnis bei Boden/Stand für $P_{rel} = 50$ und 100%. Diese Darstellung reflektiert die typischen Teillastcharakteristiken konventioneller und rekuperativer Wellenleistungstriebwerke nach Bild 6.10.6, nämlich

- beim konventionellen Triebwerk mit fester Kapazität der Nutzturbine und entsprechend von der Leistung abhängiger Turbineneintrittstemperatur mit einem *SBV*-Minimum bei Vollast und

- beim rekuperativen Triebwerk mit variabler Nutzturbinenkapazität bei $T_{4.1} = const.$ und mit parametrischer Variation des Wärmetauscher-Austauschgrades mit einem *SBV*-Minimum im Bereich $P_{rel} = 0{,}65$ bis $0{,}75$.

Danach führt die Optimierung des Druckverhältnisses des rekuperativen Triebwerks etwa zu demselben Auslegungswert $\Pi_{V,AP}$ wie beim konventionellen Triebwerk.

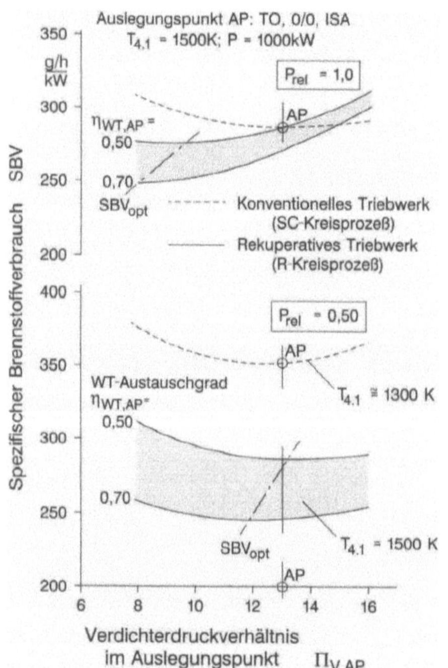

Bild 6.10.5:
Einfluß des Verdichterdruckverhältnisses auf den *SBV* bei Vollast und Teillast eines Wellenleistungstriebwerks als Ausgangspunkt für die Optimierung des rekuperativen Kreisprozesses (in Anlehnung an [6.10.7])

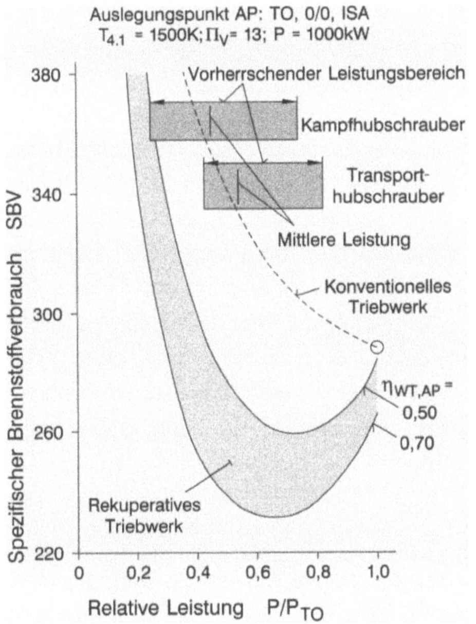

Bild 6.10.6: *SBV*-Charakteristiken von Wellenleistungstriebwerken mit konventionellem und rekuperativem Kreisprozeß (in Anlehnung an [6.10.7])

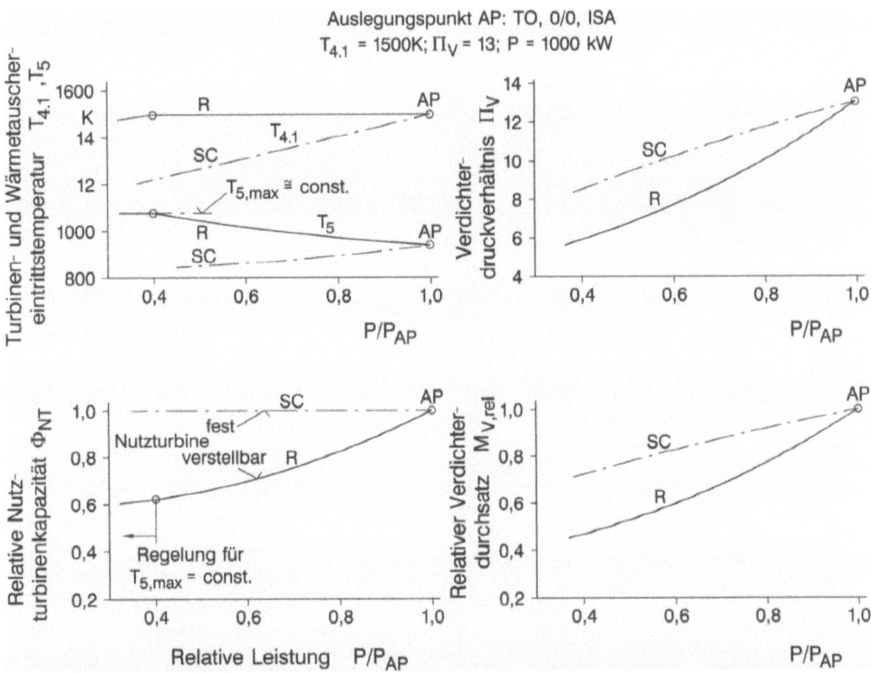

Bild 6.10.7: Vergleich der Tendenzen wichtiger Betriebsparameter von Wellenleistungstriebwerken mit konventionellem (SC-) und rekuperativem (R-)Kreisprozeß bei Teillast (in Anlehnung an [6.10.7]

Ferner sind in Bild 6.10.7 in Abhängigkeit von P_{rel} die Verdichterdruckverhältnisse Π_V und relativen Durchsätze $M_{V,rel}$, die Turbineneintrittstemperaturen $T_{4.1}$ und beim rekuperativen Triebwerk die relative Nutzturbinenkapazität $\Phi_{NT,rel}$ und die Temperatur T_5 am Wärmetauschereintritt dargestellt. Die Verkleinerung der Nutzturbinenkapazität führt bei Teillast zu einer höher liegenden Arbeitslinie im Verdichterkennfeld, deren Verlauf im Vergleich zu jenem beim konventionellen Triebwerk in Bild 6.10.8 dargestellt ist. Mit eingezeichnet ist dabei der nach Abschnitt 5.2.2.7 bei Ax/R-Verdichtern vergleichbarer Druckverhältnisse zu erwartende Verlauf der Pumpgrenze und des Bereichs optimaler Wirkungsgrade. Danach ist auch beim rekuperativen Triebwerk bei großzügiger Pumpgrenzenreserve bei P_{TO} und genügend variabler Geometrie im Verdichter das Problem ausreichender Pumpgrenzenreserve auch bei Teillast lösbar (vgl. die Abschnitte 5.2.2.8 und 6.11.3). Bei der Beschleunigung aus dem unteren Lastbereich kann die Nutzturbinenkapazität durch Öffnen der Leiträder vorübergehend vergrößert werden, wodurch zugleich die Temperaturdifferenz

$$\Delta T = (T_{4.1,R} - T_{4.1,SC})_{str} = f(P_{rel}) \tag{6.10.14}$$

für die Beschleunigung des Gasgenerators genutzt werden kann, ohne die Arbeitslinie im Verdichter über jene bei stationärem Betrieb des rekuperativen Triebwerks anzuheben. Was den bereits angesprochenen Wirkungsgrad der Nutzturbine betrifft, so ist der Einfluß der Kapazitätsveränderung durch verstellbare Leitgitter – abgesehen von einem generellen

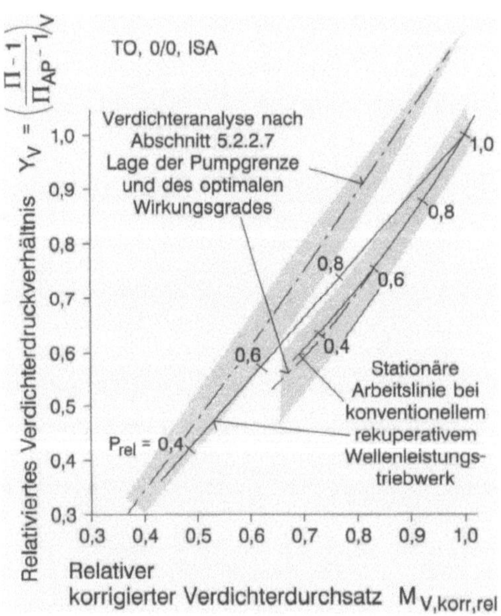

Bild 6.10.8:
Relation zwischen Verdichter-Betriebsdaten (stationäre Arbeitslinie) und statistischen Kennfelddaten bei konventionellem und rekuperativem Wellenleistungstriebwerk der Klasse $P_{TO} = 1000$ kW bei $T_{4.1} = 1500$ K; $P_V = 13$

Wirkungsgradabschlag von 1 bis 1,5%, im betrachteten Leistungsbereich $P_{rel} = 0{,}4$ bis 1,0 erfahrungsgemäß eher gering. Man wird zwar mit der Festlegung des Auslegungspunktes der Nutzturbine im Bereich $P_{rel} < 1$ vorsichtig sein, um die Leistung bei TO nicht zu kompromittieren, aber die Festlegung $P_{rel,AP} = 80\%$ mit einem Verlust an Nutzturbinenwirkungsgrad von 1 bis 2% bei P_{TO} erscheint akzeptabel. Entsprechend Abschnitt 5.2.3.8 ist selbst bei $P_{rel} = 0{,}25$ bzw. $Y_{NT} \approx 0{,}51$ bei optimaler Nutzturbinendrehzahl nur mit einem Wirkungsgradabschlag gegenüber P_{TO} von ca. 2% zu rechnen. Im übrigen ist diesem Einfluß beim Betrieb im Hubschrauber mit $N_{NT} = const.$ der nach den Bildern 5.2.3.51 und 5.2.3.55 hinzunehmende, eher größere Wirkungsgradabschlag zu überlagern. Auch im Hinblick auf $N_{NT} = const.$ empfiehlt sich die Auslegung der Nutzturbine für $P_{rel} \approx 0{,}8$.

Abschließend zeigt Bild 6.10.9 den Ringraum bzw. die Projektkonzeption des rekuperativen Triebwerks, bei dem die Turbokomponenten – abgesehen von der etwas verschiedenen Größe – praktisch gleich jenen des konventionellen Triebwerks sind, mit den beim rekuperativen Triebwerk im Bereich des Verdichters, der Brennkammer, der Nutzturbine und des Abgaskanals hinzugekommenen Elementen. Bei der Integration des Wärmetauschers kommt es darauf an, die luftseitigen Leitungen/Kammern mit hohem Innendruck so zu gestalten, daß unter hohem Innendruck stehende „Felder“, die als Membranen wirken und zu großer Wandstärke mit entsprechendem Gewicht führen, vermieden werden. Ferner ist mittels elastischer Elemente dafür zu sorgen, daß die heißen Teile im Bereich des Wärmetauschers – insbesondere die Matrix – sich frei dehnen können, und dabei die Dichtungen zwischen Luft- und Gasseite intakt bleiben.

Schließlich ergibt sich auf der Basis eines Triebwerks der 1000 kW-Klasse mit konventionellem und rekuperativem Konzept in Anlehnung an [6.10.7] und die hier verfolgten Auslegungsdaten bei Installation in einem Hubschrauber folgender Vergleich der erreichbaren Antriebsgewichte:

Triebwerkkonzept			SC		R	
Durchsatz	$M_{V,TO}$	kg/s	3,10		3,30	
Triebwerkgewicht ohne WT nach Abschnitt 5.9.4	G_{TW}	kg	125		133	
WT-Gewicht bei $\eta_{WT} \triangleq 0{,}60$						
netto (Matrix)	$G_{WT,Ne}$	kg	–		25	
brutto	$G_{WT,Br}$	kg	–		50	
mittlere Leistung	$\overline{P}$	kW	———— 500 ————			
mittlerer SBV		$\dfrac{\text{g/h}}{\text{kW}}$	—— 340 ——		—— 260 ——	
Missionsdauer	t	h	2	4	2	4
Missionsbrennstoff	B	kg	340	680	260	520
Antriebsgewicht	$B + G_{TW}$	kg	465	805	443	703
rel. Antriebsgewicht		%	100	100	95	87

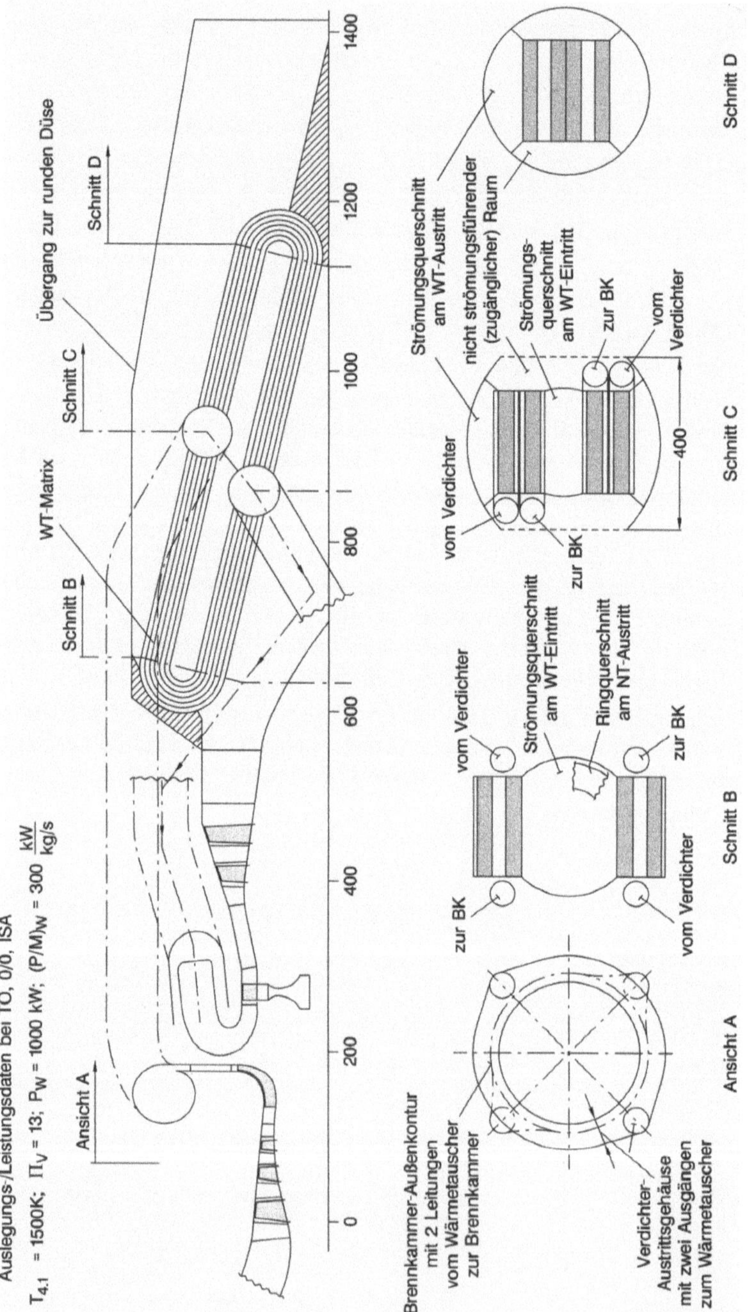

Bild 6.10.9: Ringraum und Anordnung der Komponenten eines rekuperativen Wellenleistungstriebwerks für den Einsatz in Hubschraubern

Wie erwartet geht daraus hervor, daß die Missionsdauer eine entscheidende Rolle spielt, wobei – wie eingangs angesprochen – rekuperative Triebwerke nur bei Relationen $(B/G_{TW})_{SC} > 5$ attraktiv sein können.

6.10.3 Mantelpropfan mit Wärmetauscher und Zwischenkühler

Wie bereits in [5.3.11] angenommen, erscheint hier mit Rücksicht auf den wichtigsten Schubbereich eine Optimierung des Kreisprozesses bei gegebenem spezifischen Schub für optimalen SBV_F bei $F_{rel} = 72\% F_{MCR}$ bzw. $65\% F_{MCL}$ gerechtfertigt. Vergleichsmaßstab ist ein konventioneller Mantelpropfan etwa entsprechend Abschnitt 6.3.3 mit dem Schub $F = 3940$ daN und spezifischen Schub $F/M = 78{,}5$ m/s bei MCR, im hier behandelten Fall jedoch mit den Kreisprozeßdaten bei MCL ($Ma_0 = 0{,}8$; $H = 10{,}7$ km, ISA)

$$\Pi_V = 47$$

$$T_{4.1} = 1750\ \text{K}$$

$$F/M_F = 81{,}5\ \text{m/s}$$

$$\mu = 21{,}6\ .$$

Diese führen bei TO am heißen Tag ($ISA + 15$ K) zur maximalen Turbineneintrittstemperatur

$$T_{4.1} = 1913\ \text{K}$$

und am Verdichteraustritt zur Temperatur

$$T_3 = 926\ \text{K}\ ,$$

die dicht am maximal vertretbaren Niveau $T_3 = 950$ K liegt.

Beim rekuperativen Triebwerk liegt die Präferenz im Vergleich zum R-Kreisprozeß beim ICR-Kreisprozeß, da dieser neben einer zusätzlichen Verbesserung des SBV um 4 bis 5% zugleich höhere spezifische Leistung des Kerntriebwerks und damit bei gegebener Fan-Antriebsleistung geringeren Durchsatz im heißen Kreis neben geringerem konstruktiven Aufwand für die Turbokomponenten zugleich kleineres WT-Gewicht etc. verspricht. Damit erscheint der für die Zwischenkühlung erforderliche Mehraufwand als gerechtfertigt. Im Reiseflug bei 0,8/10,7/ISA, $F = 65\% F_{MCL}$ ergeben sich z.B. beim

Kreisprozeß		SC	R	ICR
mit $T_{4.1}$	K	1550	— 1700 —	
Π_V		35	21	25

und den gemeinsamen Randbedingungen

$$\Pi_{F,h} = 1{,}16;\quad \Pi_{D,h} = 1{,}38$$

die spezifischen Leistungsdaten des Kerntriebwerks

P/M	$\dfrac{\text{kW}}{\text{kg/s}}$	480	543	617
	%	100	113	128
SBV	$\dfrac{\text{g/h}}{\text{kW}}$	174,5	166	158
	%	100	95,2	90,5

Die Festlegung des ICR-Kreisprozesses für optimalen SBV – z.B. bei $F_{rel} = 65\%\,F_{MCL}$ – ist wesentlich komplizierter als beim konventionellen, da die für den Brennstoffverbrauch maßgebende Temperaturdifferenz $T_{4.1} - T_3'$ im Zusammenhang mit dem Strahlgeschwindigkeitsverhältnis C_k/C_h optimiert werden muß. Dabei ist zu bedenken, daß beim konventionellen Mantelpropfan ebenso wie beim Turbofan die Optimierung von C_k/C_h entsprechend Abschnitt 3.5.2 auf die Betrachtung der Austrittsbedingungen und der im Fan und in der ND-Turbine umgesetzten Leistungen beschränkt werden kann, während die übrigen Kreisprozeßdaten, insbesondere Π_V und T_3, nicht betroffen sind. Beim R- und ICR-Kreisprozeß bedingt jedoch nach Bild 6.10.1 eine Änderung von C_k/C_h bzw. des Druckverhältnisses $\Pi_{D,h}$ an der heißen Düse und in der ND-Turbine entsprechend der damit zusammenhängenden Änderung von T_5 auch eine Änderung von T_3' und T_5'. Dabei beeinflußt T_5' die Strahlgeschwindigkeit C_h und T_3' den Brennstoffverbrauch. Praktisch kann jedoch die Optimierung des Druckverhältnisses Π_V bei sinnvoll festgehaltenem oder parametrisch variiertem Verhältnis C_k/C_h bzw. $\Pi_{D,h}$ vorweggenommen und nachfolgend bei $\Pi_V = const.$ das Druckverhältnis $\Pi_{D,h}$ optimiert werden. Hierzu zeigt Bild 6.10.10 die beim SC- und ICR-Prozeß unter Bedingungen im Bereich $65\%\,F_{MCL}$ sich einstellende Abhängigkeit des SBV von $T_{4.1}$ und Π_V. Danach ist beim verfolgten Beispiel bei $F_{rel} = 65\%\,F_{MCL}$, $T_{4.1} = 1700\,\text{K}$, $F/M \approx 60\,\text{m/s}$, etwa $\Pi_{V,ICR} = 19$ bis 26 optimal. Ist Π_V bestimmt, so ergeben sich bei anderen Schüben mit gegebenem Verlauf $T_{4.1} = f(F_{rel})$ mit der damit ebenfalls festgelegten Nutzturbinenkapazität $\Phi_{NDT} = f(F_{rel})$ die Kreisprozeßparameter Π_V und μ in Abhängigkeit vom Schub zwangsläufig. Beim ICR-Triebwerk sind mit der Festlegung $T_{4.1} = 1700\,\text{K}$.
$\Pi_V = 25$ bei $F_{rel} = 65\%\,F_{MCL}$ die Kreisprozeß-Hauptdaten bei MCL

$$\Pi_V = 41$$

$$T_{4.1} = 1750\,\text{K}$$

$$F/M_F = 82,0\,\text{m/s}$$

$$\mu = 21,7\,,$$

bei TO am heißen Tag die Turbineneintrittstemperatur

$$T_{4.1} = 1880\,\text{K}$$

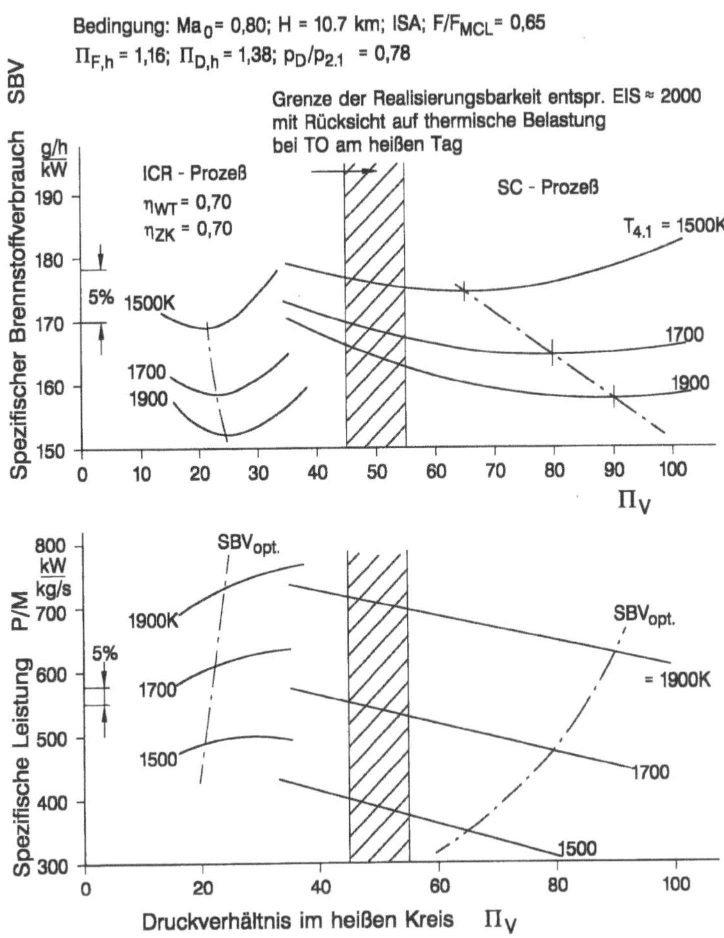

Bild 6.10.10: Vergleich der spezifischen Wellenleistungen und Brennstoffverbräuche von Kerntriebwerken für Mantelpropfans mit SC- und ICR-Kreisprozeß

und die technologisch wichtige maximale Gastemperatur am Wärmetauschereintritt

$$T_5 = 973 \text{ K} \ .$$

Diese Bedingungen entsprechen bei MCR einem spezifischen Schub $F/M = 78,5$ m/s .
Damit ist die Vergleichbarkeit im Betriebsverhalten mit dem CR-Mantelpropfan nach
Abschnitt 6.3.3 bzw. Bild 6.3.5a gegeben, wenngleich die Auslegungsparameter
$T_{4.1}$, Π_V und μ sich von jenen von Abschnitt 6.3.3 unterscheiden.

Ferner ist impliziert, daß beim Triebwerk mit ICR-Kreisprozeß das Optimum des
SBV bei $F_{rel} = 65\% F_{MCL}$ in Abhängigkeit vom Druckverhältnis nach Bild 6.10.10 eher
flach ist (1% Änderung des SBV zwischen $\Pi_V = 17$ bis 28), so daß im Prinzip einiger
Freiraum zu kleineren Werten Π_V hin besteht. Dies kann in dreifacher Weise genützt
werden:

- Die mechanische Belastung des Wärmetauschers durch Innendruck geht zurück, wenngleich bei niedrigerem Druckniveau p_3 die gasseitige Eintrittstemperatur T_5 höher ist, vgl. Abschnitt 5.7.2.
- Der HD-Teil der Turbopartie wird einfacher, wobei insbesondere aufgrund der geringeren mechanischen Belastung der HD-Turbine u.U. höhere $T_{4.1}$-Werte in Betracht gezogen werden können.
- Ferner trägt ein niedriges Druckverhältnis Π_V nach Abschnitt 5.3.5 zur Verminderung der NO_x-Emission bei.

Allerdings erfordert die Verkleinerung von Π_V nach Bild 6.10.10 – im Gegensatz zur Tendenz beim SC-Kreisprozeß – eine Vergrößerung des Kerntriebwerks und damit auch des Wärmetauschers etc., und führt daher zu höherem Triebwerkgewicht.

Bei beiden Konzepten ergeben sich auf der Basis der oben angeführten Kreisprozeßdaten im Hinblick auf die thermisch/mechanische Belastung der HD-Turbine bei Vollast und Teillast sehr verschiedene Bedingungen, die durch folgende Vergleichstabelle charakterisiert seien:

		SC	ICR
Konzept mit Auslegungsdaten bei MCL/0,8/10,7/ISA			
$T_{4.1}$	K	1750	1750
Π_V		47	41
μ		21,6	21,7
F / M	m/s	81,5	82,0

und weiteren Daten in den wichtigen Lastpunkten

		TO ISA + 15 k 0/0	CR ISA 0,8/10,7 65% F_{MCL}	TO	CR
$T_{4.1}$	K	1913	1550	1880	1700
Π_V		38,5	35,0	35,2	25,0
μ		19,0	25,3	35,7	33,1
Π_{HDV}		36,5	33,2	33,8	23,8
$H_{eff,HDT}$	$m^2/s^2 \cdot 10^3$	690	556	621	411
$\Delta T_{rel} / \Delta T_{st}$		0,55	0,55	0,55	0,55
T_G	K	1629	1307	1614	1523
T_3	K	926	752	790	534

Kühlungseffektivität $\varepsilon = 0,50$

$\overline{T}_{Sch}$	K	1275	1029	1202	1028
$T_G - T_3$	K	703	555	824	989

Während beim SC-Konzept die thermisch/zyklische Belastung der HD-Turbine unvermeidbar ist, bestehen beim ICR-Konzept grundsätzlich Eingriffsmöglichkeiten, um diese zu vermeiden. Zunächst ergibt sich beim ICR-Konzept bei konventionellem Kühlluft-Management aufgrund der großen Temperaturdifferenz $T_G - T_3$ und den Änderungen von T_G und T_3 bei Laständerungen eine erhebliche, über jene beim SC-Konzept hinausgehende thermisch/zyklische Belastung der HD-Turbine. Wird diese jedoch mit einem Gemisch aus Luft vom Verdichter- und vom Wärmetauscheraustritt gekühlt, so kann bei geeigneter, lastabhängiger Regelung der Mischungsanteile die Temperatur der HDT-Laufschaufeln und -Scheibe praktisch konstant gehalten und damit die thermisch/zyklische Belastung weitgehend eliminiert werden, vgl. Abschnitt 6.11.2.

Ebenso wie das Wellenleistungstriebwerk kann auch der Turbofan/Mantelpropfan bei voller Öffnung der Nutzturbine ohne Übertemperaturen gegenüber dem stationären Betrieb beschleunigt werden, vgl. Gl. 6.10.14.

Bei der Optimierung des Geschwindigkeitsverhältnisses C_k / C_h und damit des Düsendruckverhältnisses $\Pi_{D,h}$, die bei $\Pi_V = const.$ ebenfalls bei $F_{rel} = 65\% F_{MCL}$ vorgenommen wird, hält sich die Möglichkeit der Beeinflussung bzw. Optimierung des *SBV* ebenso wie bei der Optimierung von Π_V in Grenzen. Da dies nicht von vornherein verständlich ist, sei der Unterschied in den thermodynamischen Zusammenhängen gegenüber dem konventionellen Triebwerk im Folgenden erläutert, wobei Abschnitt 3.5.2 als Ausgangspunkt dient.

Zunächst ist die Strahlgeschwindigkeit C_h' unter dem Einfluß des Wärmetauschers im Vergleich zu C_h des konventionellen Triebwerks zu bestimmen. Hierzu erhält man mit dem Düsendruckverhältnis

$$\Pi_{D,h} = p_5 / p_0 \left[1 - \Sigma (\Delta p / p)_{AS} \right] \qquad (6.10.15)$$

in Anlehnung an Gl. 3.5.11 den Wirkungsgrad im Abgassystem (d.h. vom NDT-Austritt bis zum Düsenaustritt) des konventionellen Triebwerks

$$\eta_{AS} = f \left[p_5 / p_0 , (\Delta p / p)_{TAK} \right] \qquad (6.10.16)$$

und beim rekuperativen Triebwerk aufgrund der gasseitigen Druckverluste im Bereich des Wärmetauschers $(\Delta p / p)_{WT,G}$ den Wirkungsgrad im Abgassystem

$$\eta_{AS}' = f \left[p_5 / p_0 , (\Delta p / p)_{TAK} , (\Delta p / p)_{WT,G} \right] . \qquad (6.10.17)$$

Ferner ergibt sich aus der Wärmebilanz am Wärmetauscher nach Abschnitt 5.7

$$M_5 \cdot c_{p,G} \Big|_5^{5'} \cdot (T_5 - T_5') = M_{3.1} \cdot c_{p,L} \Big|_3^{3'} (T_3' - T_3)$$

$$= M_{3.1} \cdot c_{p,L} \Big|_3^{3'} (T_5 - T_3) \cdot \eta_{WT} \qquad (6.10.18)$$

die Temperatur T_5' entsprechend

$$T_5'/T_5 = 1 - W_{rel} \cdot \eta_{WT} \cdot (1 - T_3/T_5) \tag{6.10.19}$$

mit der Relation der Wärmekapazitäten

$$W_{rel} = M_{3.1} \cdot c_{p,L}\Big|_3^{3'} / M_5 \cdot c_{p,G}\Big|_5^{5'} \ .$$

Damit ist die Relation der Strahlgeschwindigkeiten im heißen Kreis mit und ohne Wärmetauscher

$$C_h'/C_h = \sqrt{\eta_{AS}'/\eta_{AS}} \cdot \sqrt{T_5'/T_5} \ , \tag{6.10.20}$$

so daß sich für die Abgasseite in Anlehnung an Abschnitt 3.5.2 in vereinfachter Schreibweise, d.h. mit

$$C_h = C_{is,h} \cdot c_{F,h}, \ \ C_k = C_{is,k} \cdot c_{F,k}$$

und dem thermodynamisch optimalen – von den Kreisprozeßdaten weitestgehend unabhängigen – Strahlgeschwindigkeitsverhältnis nach Gl. 3.5.28/29

$$\zeta_{SC,opt} = \left(\frac{C_k}{C_h}\right)_{is} = \frac{\tau_F}{\tau_T} \cdot \frac{c_{F,k}}{c_{F,h}} \cdot \varepsilon \cdot K \approx \frac{\tau_F}{\tau_T} \cdot K$$

der optimale spezifische Schub des SC-Triebwerks

$$(F/M)_{SC,opt} = \frac{C_h(1 + \mu \cdot \zeta_{opt})}{1 + \mu}\Bigg|_{SC} - C_0 \tag{6.10.21}$$

ergibt. Für das ICR-Triebwerk erhält man mit dem zunächst noch unbestimmten Strahlgeschwindigkeitsverhältnis

$$\zeta_{ICR} \approx \left(\frac{C_k}{C_h'}\right) \approx \left(\frac{C_k}{C_h'}\right)_{is} \tag{6.10.22}$$

und dem noch zu erläuternden Beitrag der Zwischenkühlung zum Schub mit dem Durchsatz $M_{ZK} = M_V$ der Zwischenkühlung und der Strahlgeschwindigkeit C_{ZK} an der ZK-Düse den resultierenden spezifischen Schub

$$(F/M)_{ICR} \approx \frac{C_h'[1 + (\mu - 1)\zeta_{ICR} + C_{ZK}]}{1 + \mu} - C_0 \ . \tag{6.10.23}$$

Damit ist die Relation der Schübe

$$\frac{F_{ICR}}{F_{SC,opt}} = \frac{(F/M)_{ICR}}{(F/M)_{SC,opt}} \cdot \left(\frac{M_{ICR}}{M_{SC}}\right)_F \ . \tag{6.10.24}$$

Ferner ist der auf M_V bezogene Brennstoffverbrauch beim SC-Triebwerk

$$\frac{B_{SC}}{M_V} = \frac{M_{BK}}{M_V} \cdot c_p\Big|_3^{4.1} (T_{4.1} - T_3)_{SC} \ , \tag{6.10.25}$$

der von ζ_{SC} unabhängig ist, während sich beim ICR-Triebwerk der sehr deutlich von ζ_{ICR} abhängige Wert

$$\frac{B_{ICR}}{M_V} = \frac{M'_{BK}}{M_V} \cdot c_p\Big|_{3'}^{4.1} (T_{4.1} - T'_3)_{ICR} = \frac{M'_{BK}}{M_V} \cdot c_p\Big|_{3'}^{4.1} (T_{4.1} - T_5)_{ICR} \cdot \eta_{WT} \qquad (6.10.26)$$

ergibt. Da M_{BK} / M_V aufgrund der Kreisprozeßdaten bei MCL bei beiden Triebwerken gleichgesetzt werden kann, ergibt sich die Relation der Brennstoffverbräuche

$$\frac{B_{ICR}}{B_{SC}} = \frac{(T_{4.1} - T_5)_{ICR} \cdot \eta_{WT}}{(T_{4.1} - T_3)_{SC}} \cdot \left(\frac{M_{ICR}}{M_{SC}} \right)_V \qquad (6.10.27)$$

mit

$$\left(\frac{M_{ICR}}{M_{SC}} \right)_V = \left(\frac{M_{ICR}}{M_{SC}} \right)_F \cdot \frac{1 + \mu_{SC}}{1 + \mu_{ICR}} \cdot \qquad (6.10.28)$$

Damit ergibt sich als Optimierungskriterium das Minimum der Relation

$$\frac{SBV_{ICR}}{SBV_{SC}} = \frac{B_{ICR}}{B_{SC}} \Big/ \frac{F_{ICR}}{F_{SC,opt}} \qquad (6.10.29)$$

An sich ließe sich diese Optimierung analog Abschnitt 3.5.2 mathematisch entwickeln. Es mag hier aber genügen und zugleich instruktiv sein, die Tendenzen von B_{ICR} / B_{SC} und $F_{ICR} / F_{SC,opt}$ bei Variation von ζ_{ICR} bzw. dem Düsendruckverhältnis $\Pi_{D,h}$ zu verfolgen. Dies ist für das o.a. Beispiel bei $F_{rel} = 65\% F_{MCL}$ und konstanten Werten $T_{4.1}$ und Π_V, μ und M_F nach Bild 6.10.11 durchgeführt. Interessant ist, daß der optimale Strahlgeschwindigkeitskoeffizient – vor allem verursacht durch die Tendenz von B_{ICR} / B_{SC} – mit $\zeta_{ICR,opt} \approx 0,61$ sehr viel niedriger liegt als $\zeta_{SC,opt} \approx 0,85$ nach Gl. 3.5.29. Dieses – mindestens qualitativ – wohl allgemein gültige Ergebnis führt nach den Bildern 6.10.11 und 6.10.12 zwar zu

– höherer WT-Eintrittstemperatur T_5 und damit trotz geringerer Druckdifferenz $p_3 - p_5$ zu höherer thermischer Belastung der WT-Matrix,

zugleich aber zu

– kleinerer gasseitiger (kritischer) WT-Eintrittsfläche und zu
– geringerer spezifischer Arbeit der ND-Turbine.

Praktisch wird man bei 65% F_{MCL} den Koeffizienten $\zeta > \zeta_{opt} = 0,61$ wählen, um bei MCL nicht zuviel Schub zu verlieren, zumal sich nach Bild 6.10.11 beim Schritt von $\zeta_{opt} = 0,61$ nach $\zeta = 0,69$ der SBV bei 65% F_{MCL} nur um 0,6% verschlechtert, während bei MCL 5,5% Schub gewonnen wird.

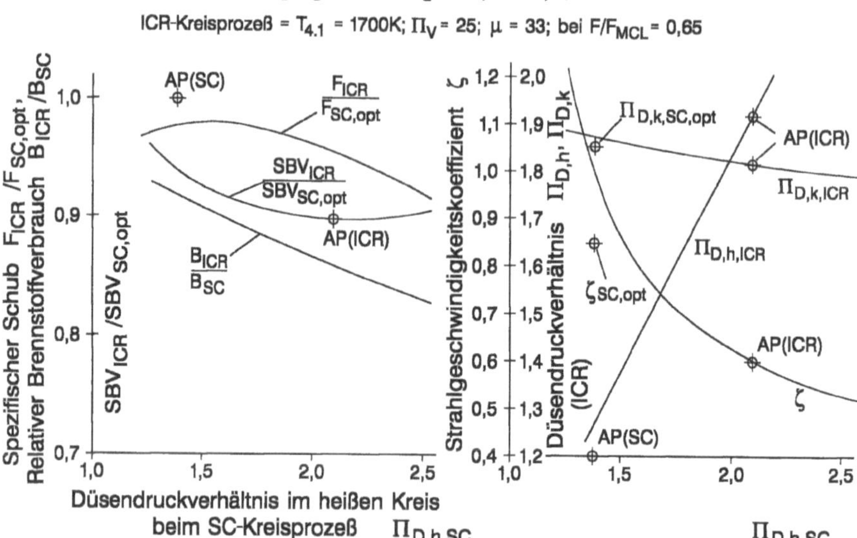

Bild 6.10.11: Optimierung der Düsendruckverhältnisse bzw. der Strahlgeschwindigkeitskoeffizienten des SC- und ICR-Mantelpropfans für mittleren Schub im Reiseflug

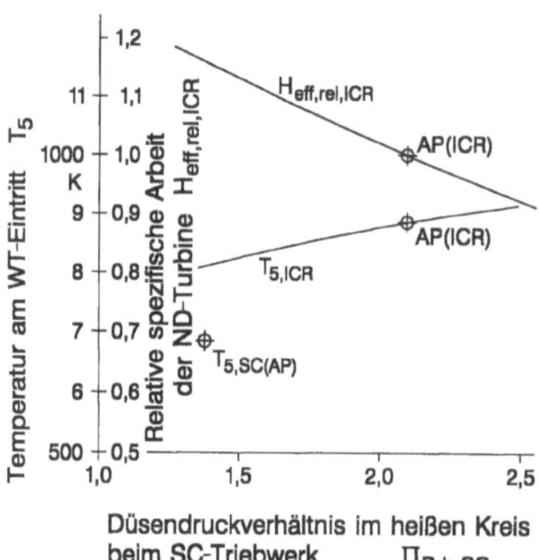

Bild 6.10.12: Einfluß der Optimierung des ICR-Kreisprozesses für optimalen *SBV* auf die spezifische Arbeit der ND-Turbine und die gasseitige WT-Eintrittstemperatur

Diese Optimierung trifft nur für das dabei betrachtete Schubverhältnis $F_{rel} =$ 65% F_{MCL} zu. Mit den dabei als optimal und vom Standpunkt der Wärmetauschertechnologie als durchführbar erkannten Kreisprozeßdaten

$$\Pi_V = 25$$

$$T_{4.1} = 1700 \text{ K}$$

$$\mu = 33{,}1$$

ergeben sich aus der Optimierung der Abgasseite die Düsendruckverhältnisse

$$\Pi_{D,h} = 1{,}92 \quad \text{und} \quad \Pi_{D,k} = 1{,}82 \;.$$

Mit fester heißer Düse weicht das Strahlgeschwindigkeitsverhältnis ζ_{ICR} gegenüber dem Optimum nach kleineren und größeren Werten F_{rel} hin zunehmend stark ab. Diese Veränderung ist viel stärker als bei konventionellen Triebwerken (vgl. Abschnitt 4.2.3) und geht auf die – mit Rücksicht auf den *SBV* unabdingbare – Veränderung der Nutzturbinenkapazität zurück.

Im Prinzip kann zwar das optimale Verhältnis $\zeta_{ICR,opt}$ durch eine variable heiße Düse im interessierenden Schubbereich eingehalten werden. Die dabei erzielbare Verbesserung des *SBV* ist jedoch äußerst gering. Dies geht für Triebwerke mit hohem Nebenstromverhältnis auch aus Abschnitt 3.5.2 im Zusammenhang mit Bild 3.5.7 hervor, wonach bei Triebwerken mit extrem hohem Nebenstromverhältnis die Variation von ζ in einem größeren Bereich praktisch keinen Einfluß auf den Schub hat.

Hierzu zeigt Bild 6.10.13 den vom Standpunkt des Schubes und spezifischen Schubes bei MCR mit dem konventionellen Mantelpropfan nach Abschnitt 6.3.3 bzw. Bild 6.3.5a vergleichbaren Ringraum des Mantelpropfans mit Wärmetauscher und Zwischenkühler zusammen mit einigen Querschnitten im Bereich des Wärmetauschers und Zwischenkühlers. Dabei wurde als Beispiel vom gegenläufigen Fan ausgegangen, obwohl dieser vom Standpunkt der Gegenüberstellung des rekuperativen und konventionellen Konzepts keine grundsätzliche Präferenz gegenüber dem 1-welligen Fan signalisieren soll.

Im Kerntriebwerk des ICR-Triebwerks ist das bei *MCR* zu beherrschende Druckverhältnis

$$\left[1 - (\Delta p / p)_{ZK}\right] \cdot \Pi_{HDV} \cdot \Pi_{NDV} = \frac{\Pi_V}{\Pi_{F,h}} \approx \frac{37{,}6}{1{,}1} = 34 \;.$$

Dies ist – auch unter der mit der Zwischenkühlung verbundenen Reduzierung der spezifischen Arbeit um ca. 20% – nur mit einer 2-stufigen Turbine möglich. Damit empfiehlt sich – wie in Bild 6.10.13 vorausgesetzt – ein 2-welliges ND-/HD-System. Mit diesem Konzept kann die bei Teillast zu erwartende „hohe" Arbeitslinie im ND-Verdichter mit einem Minimum an variabler Geometrie beherrscht werden. Ferner sind bei der dabei zugleich möglichen Auslegung des ND- und HD-Systems mit maßvollen Parametern spätere Leistungssteigerungen ohne größere konstruktive Änderungen realisierbar.

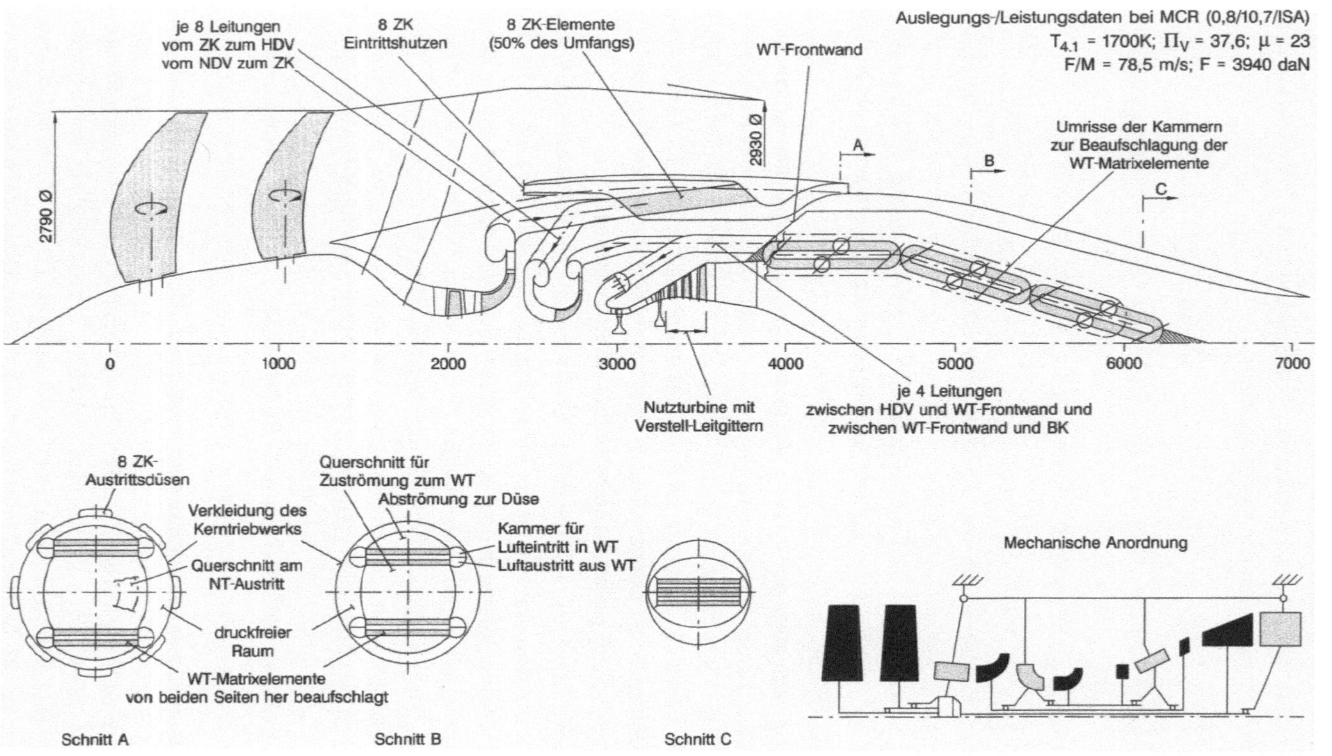

Bild 6.10.13: Ringraum und Anordnung der Komponenten eines rekuperativen, zwischengekühlten Mantelpropfans für den Einsatz in Langstreckenverkehrsflugzeugen

Das Ensemble Fan – Getriebe – Nutzturbine kann ähnlich dem des Mantelpropfans nach Bild 6.3.5a gestaltet werden, wenngleich im hier vorliegenden Falle die Nutzturbine weniger spezifische Arbeit aufzubringen hat und daher 3-stufig ausgeführt werden kann.

Bei der bereits angesprochenen Zwischenkühlung wird in Anlehnung an [6.10.16] davon ausgegangen, daß der im Prinzip nach Bild 6.10.14 angeordnete Zwischenkühler fan- und verdichterseitig von derselben Menge $M_{ZK} = M_V$ durchströmt wird. Der fanseitige Durchsatz expandiert in einer hinter der Hauptdüse im kalten Kreis liegenden separaten Düse. Unter der Voraussetzung einer bereits in Abschnitt 6.3.3 diskutierten Auslegung des Fans mit zur Nabe hin abnehmender spezifischer Arbeit, muß entsprechend Bild 6.10.14 darauf geachtet werden, daß am Eintritt des dem Zwischenkühler vorgeschalteten Diffusors nach vorausgehendem Aufstau – z.B. im Verhältnis $C_{ZK,E} / C_{1.3} \approx 0{,}8$ – die Eintritts-Mach-Zahl im Reiseflug im Bereich $Ma_{ZK,E} \le 0{,}4$ bis 0,45 bleibt, um hohe Druckverluste in Diffusor und Matrix zu vermeiden. Diese Problematik besteht vor allem beim Konzept des CR-Mantelpropfans, weniger beim SR-Mantelpropfan oder beim Turbofan.

Bei *TO* muß dagegen trotz fehlendem Triebwerkvorstau, d.h. bei $p_2 / p_0 \approx 1$, genügend Druckverhältnis an der Düse des Zwischenkühlers anliegen, um ausreichende Durchströmung zu gewährleisten. Aus Studien geht hervor, daß im Zwischenkühler bei akzeptablem Matrixvolumen Austauschgrade $\eta_{ZK} = 70\%$ realistisch sind. Mit einem Diffusor-

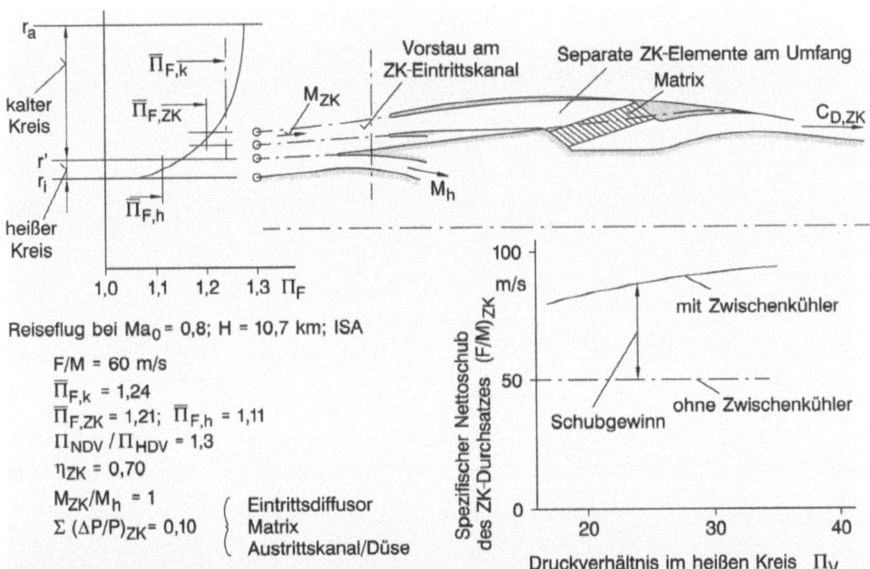

Bild 6.10.14: Aerodynamische Bedingungen am Zwischenkühler eines ICR-Mantelpropfans im Reiseflug bei $F_{rel} = 65\% \, F_{MCL}$

Druckverlust $\Delta p / q_{ZK,E} = 0{,}35$ entsprechend einem Totaldruckverlust $\Delta p / p = 0{,}04$ bei $Ma_{ZK,E} = 0{,}42$ und den in Matrix und Austrittskanal insgesamt auftretenden Druckverlusten $(\Delta p / p)_{ZK} = 0{,}06$ ergeben sich die in Bild 6.10.14 im Reiseflug bei $F_{rel} = 65\% \, F_{MCL}$ erreichbaren, auf den Zwischenkühlerdurchsatz bezogenen spezifischen Schübe mit und ohne Zwischenkühler in Abhängigkeit vom Verdichterdruckverhältnis. Dabei ist zugleich angenommen, daß das Druckverhältnis des ND-Verdichters zu jenem des HD-Verdichters im Verhältnis $\Pi_{NDV} / \Pi_{HDV} = 1{,}3$ steht. Damit kann zumindest unter Reiseflugbedingungen mit geringem Schubgewinn im kalten Kreis gerechnet werden.

Auf dieser Basis ergeben sich die in Bild 6.10.15 gezeigten *SBV*-Werte des SC- und ICR-Mantelpropfans unter Reiseflugbedingungen. Wie bei rekuperativen Triebwerken zu erwarten, ist der geringere *SBV* des ICR-Triebwerks auf den wichtigen Teillastbereich konzentriert. Mit dieser Tendenz des SBV_{ICR} verschiebt sich bei der Triebwerkinstallation der in Abschnitt 5.11.2 dargestellte, *SBV*-optimale spezifische Schub $(F / M)_{MCR}$, der bei SC-Triebwerken nach Bild 5.11.6 bei 70 bis 80 m/s liegt, beim ICR-Triebwerk zu noch kleineren Werten um 55 bis 65 m/s bei um ca. 10% günstigerem, „installierten" *SBV*.

Was die beim konventionellen und rekuperativen Konzept bei *TO* zu erwartende NO_x-Emission betrifft, so ergeben sich in Anlehnung an Abschnitt 5.3.5 bei Anwendung der gleichen Brennkammertechnologie und mit den gewählten Kreisprozeßdaten die in folgender Tabelle zusammengestellten Vergleichswerte für das verfolgte Beispiel nach verschiedenen Ansätzen:

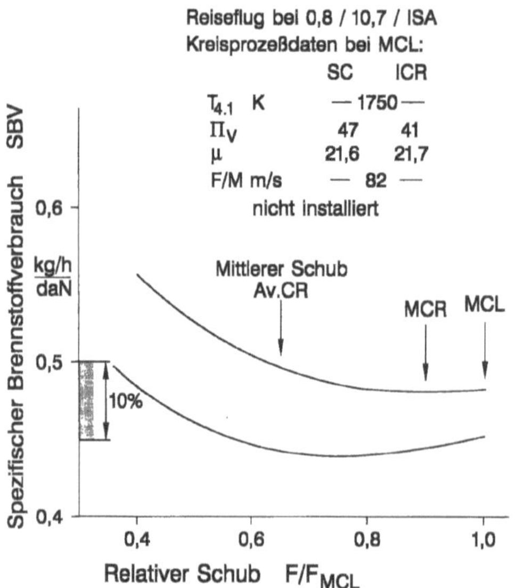

Bild 6.10.15: Spezifische Brennstoffverbräuche im Reiseflug von Mantelpropfans mit SC- und ICR-Kreisprozeß

Kreisprozeß		SC		ICR	
Bedingung		TO ISA +15 K 0/0	CR ISA 0,8/10,7 65% F_{MCL}	TO	CR
$T_{4.1}$	K	1913	1550	1880	1700
Π_V		38,5	35,0	35,2	25,0
T_3 bzw. T_3'	K	926	752	920	780
$(EI - NO_x)_{rel}$	%	100	100	98 bis 93	91 bis 75
$\left(\dfrac{M_{NO_x}}{F}\right)_{rel}$	%	100	100	100 bis 95	83 bis 69

Danach ist das ICR-Konzept bei den verfolgten Auslegungsdaten nur bei der möglicherweise in Zukunft in die ICAO-Grenzwerte einzubeziehenden Reiseflugphase, die allerdings nach Abschnitt 5.3.5 den Großteil der NO_x-Emission pro Mission ausmacht, günstiger. Der Blick auf Bild 6.10.10 zeigt aber, daß bei modifizierter, mehr ökologisch orientierter Festlegung der Kreisprozeßparameter – d.h. mit niedrigerem Druckverhältnis Π_V – ohne größere Nachteile im *SBV* im Reiseflug, wenngleich mit etwas größerem Kerntriebwerk und damit höherem Triebwerkgewicht, auch bei *TO* eine sichtbare Reduzierung der NO_x-Emision erreicht werden kann. Eine Optimierung des Entwurfs in diesem Sinne ist jedoch nur auf breiterer Datenbasis sinnvoll.

6.11 Potentielle Elemente zukünftiger Triebwerkentwicklungen

6.11.1 Allgemeines

Als Ergänzung zu den vor dem Hintergrund ihrer Anwendung bereits angesprochenen Triebwerkprojekten werden hier einige potentielle – mehr oder weniger innovative – Elemente zukünftiger Triebwerke beschrieben. Diese Aufstellung kann notwendigerweise nur als beispielhaft verstanden werden und mag eher als Anregung dazu dienen, die weitere Entwicklung der Turboflugtriebwerke – ob zivil oder militärisch – als noch in vollem Fluß stehend zu betrachten. Zugleich soll damit zum Ausdruck kommen, daß auch bei Annäherung an nicht überschreitbare physikalische Grenzen – wie in Abschnitt 5.10 bereits angesprochen – dennoch ein weites Feld für zukünftige Entwicklungen zu höherer Wirtschaftlichkeit bzw. Effektivität und/oder Flexibilität der Erschließung harrt. Diese Entwicklungen können

– aero-/thermodynamische Verbesserungen bzw. neue Kreisprozesse,

– Verbesserungen im Sinne der Flexibilisierung des Betriebsverhaltens einschließlich der Regeltechnik und

– konstruktiv/strukturell/werkstofftechnische Verbesserungen

einschließen.

Die Realisierung derartiger Elemente mag technisch und zeitlich von vielen Faktoren abhängen, wobei neben der technischen Entwicklung u.a. im zivilen Bereich

α die strenger werdenden Zulassungsvorschriften zur Erhöhung der Sicherheit,

β die aggressiver werdenden Auflagen/Zulassungsbestimmungen mit Rücksicht auf die Ökologie,

γ die Konkurrenz unter Herstellerfirmen und Fluglinien und nicht zuletzt

δ die wiederum von vielen Faktoren abhängige finanzielle Situation der Herstellerfirmen und Fluglinien

wichtige Einflüsse darstellen, von denen α und β vor allem den Grad des Fortschritts, die Faktoren γ und δ in der Hauptsache die Zeitachse der weiteren Entwicklung betreffen.

Auf der militärischen Seite dürfte – wie bisher – die technische Entwicklung weit mehr als im zivilen Bereich der Schrittmacher der Entwicklung sein, zumal hier

α die weitere Steigerung der Effektivität von Waffensystemen zur Erhaltung oder Erlangung der Überlegenheit gegenüber potentiellen Gegnern,

β die Frage der Überlebensfähigkeit eigener Waffensysteme gegenüber Gegnern,

γ die Entwicklung der Militärbudgets vor dem Hintergrund weltweiter Gefährdungspotentiale

bei weitem Vorrang haben gegenüber

δ der Konkurrenz zwischen Herstellerfirmen, die in erster Linie auf dem Exportmarkt eine Rolle spielt.

6.11.2 Kühlluft-Management

Kühlung der Turbinenkühlluft

Bemühungen, bei Turbofans und Wellenleistungstriebwerken durch Kühlung der Turbinenkühlluft höhere Effektivität zu erreichen, sind seit langem bekannt, vgl. [6.11.1] bis [6.11.3]. Dabei waren folgende Zielsetzungen zu erkennen:

– Erhöhung der Turbineneintrittstemperatur zur Verbesserung des Kreisprozesses bzw. zur Erhöhung der spezifischen Leistung des HD-Systems oder

– Verbesserung der Standzeit der Turbinenschaufeln durch Herabsetzung der Schaufeltemperatur oder

– Einsatz „billigerer" Schaufelwerkstoffe mit geringerer thermischer Standfestigkeit und schließlich

– Erhöhung der Effektivität im Turbinenbereich durch Herabsetzung der Kühlluftmengen und der damit verbundenen Verbesserung des Turbinenwirkungsgrades.

Soweit bekannt, ist nach [6.11.4] bisher nur der sowjetrussische Turbofan AL-31F der Sukhoy SU27 mit (abschaltbarer) Kühlluftkühlung ausgerüstet, wobei allerdings Zielsetzungen und Betriebserfahrungen nicht bekannt sind.

Aufgrund intensiver Studien bei MTU in den 70er und 80er Jahren entsprechend [6.11.5] stellte sich allerdings heraus, daß die Kühlung der Turbinenkühlluft bei Triebwerken mit konventionellem Kreisprozeß vom Standpunkt der thermisch/zyklischen Belastung der gekühlten Heißteile, insbesondere der HDT-Laufschaufeln, nicht unbedenklich ist. Da sich aber, wie in Abschnitt 6.10 bereits angesprochen, mit kühlerer Kühlluft – schub- bzw. leistungsabhängig gesteuert – bei rekuperativen Triebwerken grundsätzlich neue günstige Aspekte im Hinblick auf die thermisch/zyklische Belastung von Turbinenschaufeln ergeben können, wird zum besseren Verständnis die bei konventionellen Triebwerken bei Kühlung der Kühlluft bestehende Problematik kurz beschrieben. Nach [6.11.5] seien als Basis für den Vergleich der Turbinenkühlung ohne und mit Kühlluftkühlung (KLK) folgende typische Daten eines militärischen Turbofans zusammengestellt:

	TO, 0/0, ISA	ohne	mit	KLK
	$T_{4.1}$	1750	1950	K
	Π_V	24	32	
	μ		— 0,6 —	
	Π_{NDV}	4,1	5,2	
	$T_{1.3}$	450	490	K
	Π_{HDV}	5,92	6,16	
	T_3	795	880	K
	Π_{HDT}		— 2,52 —	
	ΔT_{rel}	160	180	K
	$T_G = T_{4.1} - \Delta T_{rel}$	1590	1770	K
Austauschgrad des Kühlluftkühlers	$\eta_{KLK} = \dfrac{T_3 - T_{KL}}{T_3 - T_{1.3}}$	–	0,59	
	T_{KL}	795	650	
Laufschaufel-Kühlungseffektivität	ε		— 0,55 —	
mittl. Schaufeltemperatur	$\overline{T}_{Sch}$	1153	1153	K
rel. Kühlluftmenge des Rotors	$\dfrac{\Delta M_{KL,R}}{M_V}$		— 0,03 —	
	$T_G - T_{KL}$	795	1120	K
		100%	140%	

Obwohl sich die Durchführbarkeit des Kühlsystems als gegeben herausstellte, wurde die weitere Verfolgung dieses Konzepts vor allem deswegen ausgesetzt, weil
– zum damaligen Zeitpunkt die bei einem konkreten Triebwerkprojekt erforderliche konventionelle Kühltechnologie – d.h. ohne KLK – ausreichend erschien,

– der konstruktive Aufwand für die Kühlung der Kühlluft und den Wärmetransfer in den Nebenstromkanal doch erheblich war und

– mit KLK die zyklisch/thermische Beanspruchung der HDT-Laufschaufeln, die etwa proportional dem Betrag $T_G - T_{KL}$ ist, nach o.a. Tabelle erheblich höher sein würde, so daß bei der geforderten hohen zyklischen Belastung die Realisierbarkeit der o.a. höheren Turbineneintrittstemperatur in Frage gestellt war.

Bei raschen Änderungen des Schubes bzw. raschen Änderungen von $T_{4.1}$ bzw. T_G folgt die Schaufeltemperatur im Bereich der Vorder- und Hinterkante viel rascher der Gastemperatur als die Profilmitte, so daß sich zeitlich und örtlich rasch ändernde Zug- oder Druckspannungen bis hin zur plastischen Deformation ergeben.

Hierzu zeigt Bild 6.11.1 beispielhaft die bei thermisch/zyklischer Belastung örtlich auftretenden Schaufeltemperaturen, Spannungen und Dehnungen. Herrschen auf beliebigem Radius des Strömungskanals die lokalen Temperaturen

$$T_{lok} \begin{cases} T_{EK} & \text{an der Profilnase} \\ T_M & \text{in der Profilmitte} \\ T_{HK} & \text{an der Hinterkante,} \end{cases}$$

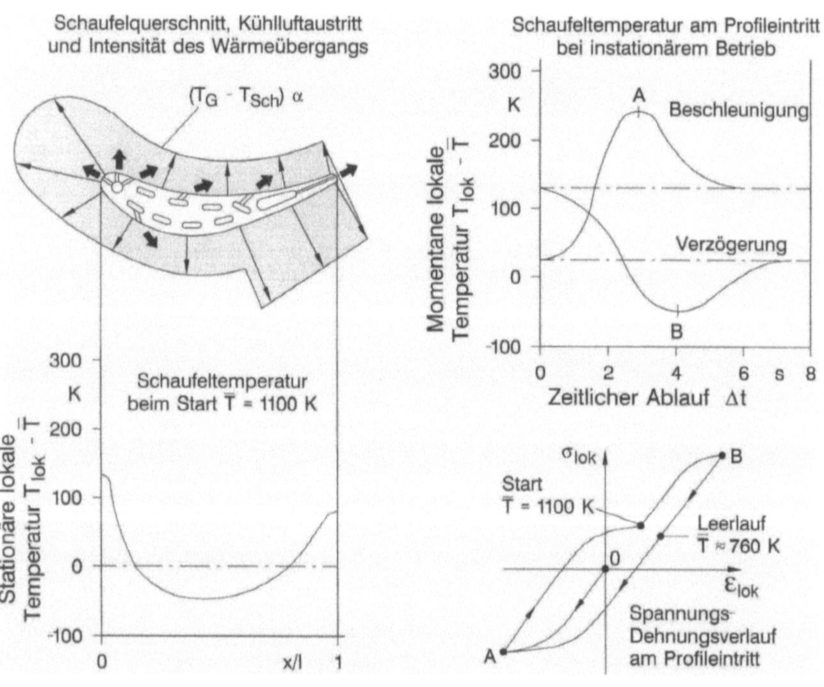

Bild 6.11.1: Thermische Wechselbeanspruchung einer gekühlten Turbinenlaufschaufel (in Anlehnung an [5.2.18] bzw. nach MTU-Datenbasis)

so ist leicht einzusehen, daß die örtlichen Temperaturdifferenzen gegenüber der mittleren Schaufeltemperatur $\overline{T}_{Sch}$ entsprechend $T_{EK} - \overline{T}_{Sch}$, $T_M - \overline{T}_{Sch}$ und $T_{HK} - \overline{T}_{Sch}$ – ob stationär oder instationär – etwa proportional dem Betrag $T_G - T_{KL}$ sind und damit die örtlichen, einen stationären und (bei Lastwechsel auftretenden) instationären Anteil enthaltenden thermischen Spannungen gegenüber der stationären Fliehkraftspannung die Beträge

$$\Delta\sigma_{th} \sim -(T_{lok} - \overline{T}_{Sch}) \tag{6.11.1}$$

mit

$$(T_{lok} - \overline{T}_{Sch}) \sim (T_G - T_{KL}) \tag{6.11.2}$$

annehmen. Nach o.a. Tabelle erhöht sich in diesem Falle die thermisch/zyklische Belastung durch KLK um ca. 40%.

Kühlluft-Management bei rekuperativen Triebwerken

Aus den Überlegungen zur Thermodynamik rekuperativer Triebwerke nach Abschnitt 6.10 ergab sich zusammen mit den o.a. Erkenntnissen zur Kühlluftkühlung der Anstoß zur Nutzung der Turbinenkühlung im Sinne der Annäherung an thermisch konstante Bedingungen im gesamten operationellen Betriebsbereich durch gesteuerte Kühllufttemperatur.

Beim rekuperativen Mantelpropfan nach Abschnitt 6.10.3 als Beispiel ergibt sich mit den Temperaturen $T_{4.1}$, T_3 und T_3' entsprechend Bild 6.11.2, daß neben der angestrebten konstanten Temperatur $T_{4.1}$ mit lastabhängiger Zusammenführung der Turbinenkühlluft aus den Teilmengen

– ΔM_3 vom Verdichteraustritt mit relativ niedriger Temperatur T_3 und
– $\Delta M_3'$ vom luftseitigen Wärmetauscheraustritt mit der Temperatur T_3'

auch eine konstante Kühllufttemperatur T_{KL} mit lastabhängiger Relation der Mengen

$$\zeta_{KL} = \frac{\Delta M_3}{M_{KL}} = \frac{\Delta M_3}{\Delta M_3' + \Delta M_3} < 1 \tag{6.11.3}$$

erreichbar ist. Dies gilt bei stationärem und instationärem Betrieb.

Bei Laständerungen wird die Kapazität der ND-Turbine so verändert (im Sinne „Schließen" bei Lastverkleinerung), daß stationär unter gleichen Bedingungen T_2 und Ma_0 die Turbineneintrittstemperatur $T_{4.1}(F) = const.$ bleibt. Auch bei der Beschleunigung und Verzögerung des Triebwerks kann $T_{4.1} = const.$ beibehalten werden, indem

– bei Beschleunigung die Öffnung der ND-Turbine zu Beginn des Beschleunigungsvorgangs z.B. auf den Maximalwert vorgenommen wird, so daß mit den Bezeichnungen nach Abschnitt 6.10 gegenüber der tieferen Arbeitslinie $\Pi_{SC} = f(T_{4.1,SC})$ im HD-Verdichter, die bei stationärem Betrieb der maximalen ND-Turbinenkapazität bei der Temperatur $T_{4.1,SC} = f(F)$ des Kreisprozesses bei fester Geometrie entspricht, eine Übertemperatur entsprechend Abschnitt 6.10.2

$$\Delta T_{acc} = (T_{4.1,R} - T_{4.1,SC})_{str}$$

bei entsprechend höherer (eben rekuperativer, stationärer) Arbeitslinie im Verdichter entsteht, die für die Beschleunigung des Triebwerks verfügbar ist, vgl. Bild 6.11.3.

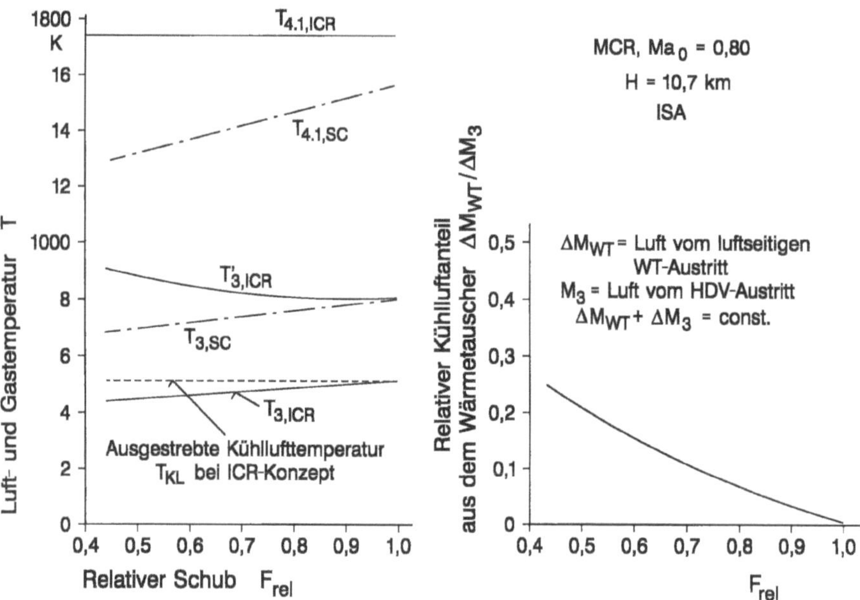

Bild 6.11.2: Aufbereitung der Turbinenkühlluft bei isothermem Betrieb der HD-Turbine (ICR-MPF nach Abschnitt 6.10.3)

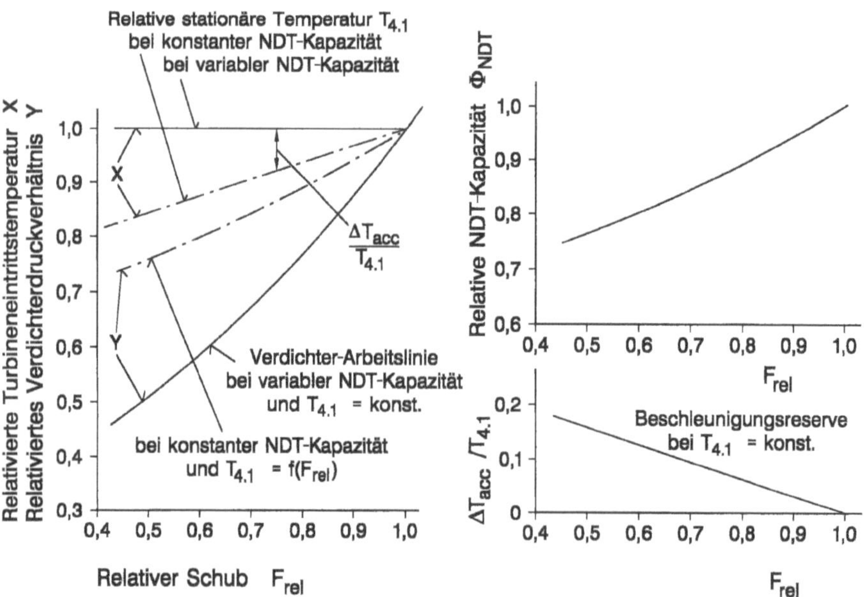

Bild 6.11.3: Temperatur-Reserve zur Beschleunigung eines ICR-Mantelpropfans bei voll geöffneter ND-Turbine und konstanter Turbineneintrittstemperatur

Dabei wird die Übertemperatur $\Delta T_{acc} / T_{4.1,SC,str}$ nach den in Abschnitt 4.2.9 angestellten Überlegungen eher größere Werte als bei konventionellen Triebwerken annehmen, so daß günstige Beschleunigungswerte ohne thermische Mehrbelastung erreicht werden können.

Bei der Verzögerung wird – ebenfalls bei $T_{4.1} = const.$ – die ND-Turbinenkapazität entsprechend dem Minimalwert oder dem Zielwert bei der angestrebten Belastung verkleinert, so daß auch hier $T_{4.1} = const.$ gehalten werden kann.

Damit ist es bei rekuperativen Triebwerken möglich, die thermisch/zyklische Belastung praktisch auf den Start- bzw. Abstellvorgang zu reduzieren, der bei entsprechender Steuerung der Kühlluft ebenfalls schonend gestaltet werden kann. Ob dieser Bonus im Sinne einer

- Erhöhung der zulässigen Schaufeltemperatur und damit der Turbineneintrittstemperatur oder
- im Sinne vergrößerter Standzeit etwa entsprechend der Kriechlebensdauer oder
- im Sinne billigerer Schaufelwerkstoffe etc.

genützt wird, ist offen.

Im Prinzip ist es bei rekuperativen Triebwerken denkbar, durch Zumischung von Luft direkt aus dem Verdichter in die Brennkammer – also bei teilweiser Umgehung des Wärmetauschers – die bei rekuperativen Triebwerken an sich schon reduzierte NO_x-Emission weiter zu beschränken. Allerdings würde dies eine erhebliche Verschlechterung des *SBV* zur Folge haben, so daß diese Maßnahme nur in ökologisch kritischen Missionsphasen – d.h. z.B. beim Start – in Frage kommen kann.

Schließlich ist es im Prinzip denkbar, auch bei konventionellen Triebwerken mit Kühlluftkühlung die thermisch/zyklische Belastung zu eliminieren. Dies würde allerdings eine verstellbare ND-Turbine erfordern und damit eine wesentliche Verschlechterung des *SBV* bei Teillast mit sich bringen, da hier die Abgasenergie nicht regeneriert wird. Dies würde sicher ein zu hoher Preis für die Eliminierung der thermisch/zyklischen Belastung sein.

6.11.3 Neue Elemente mit variabler Geometrie bei Verdichtern

Allgemeines

Aus den Abschnitten 6.3.3 und 6.6 bis 6.8 geht hervor, daß mit variabler Geometrie auf der Verdichterseite, z.B.

- durch 1-stufigen Fan mit kleinem Druckverhältnis für Mantelpropfans durch verstellbare Schaufeln Kennfeld und Düsenkapazität zur Deckung gebracht werden können und
- bei mehrstufigen ND-Verdichtern durch Entkoppelung von Durchsatz und Druckverhältnis an Flexibilität im Betriebsverhalten durch Variation des spezifischen Schubes bzw. des Nebenstromverhältnisses

gewonnen werden kann. Hierzu wurden in Abschnitt 6.3.3 für Mantelpropfans

– der 1-stufige konventionelle Fan (SR-Stufe) dem gegenläufigen Fan (CR-Stufe), jeweils mit verstellbaren Laufschaufeln, gegenübergestellt

und in den Abschnitten 6.6 bis 6.8 bei VCEs für Überschall-Verkehrsflugzeuge sowie - Kampfflugzeuge und Hyperschall-Raumfahrzeuge

– der mehrstufige konventionelle ND-Verdichter hohen Druckverhältnisses ebenfalls im Vergleich zu einem gegenläufigen ND-Verdichter

angesprochen. Darüber hinaus ist bei MD- und HD-Verdichtern für zivile und militärische Turbofans, Mantelpropfans und bei Gasgenerator-Verdichtern von Wellenleistungstriebwerken variable Geometrie durch verstellbare Leitschaufeln im Eintrittsbereich nach Abschnitt 5.2.2.7 zwar Stand der Technik; aber auch hier sind neue Elemente vorstellbar, um zukünftigen höheren Anforderungen – z.B. bei rekuperativen Triebwerken – gerecht werden zu können.

Gegenläufiger, verstellbarer Fan für Mantelpropfans

Aus Abschnitt 5.2.2.2 geht hervor, daß CR-Fans mit wesentlich kleinerer Drosselziffer ψ/φ^2, d.h. mit kleineren Druckziffern ψ bei gleichzeitig größeren Lieferzahlen φ als bei SR-Fans ausgelegt wurden. Was die höheren Lieferzahlen betrifft, so läßt sich in Anlehnung an [8] das Phänomen, wonach bei CR-Fans optimale Wirkungsgrade bei wesentlich höheren Lieferzahlen als bei SR-Fans erreicht werden, wie folgt erklären:

Bei inkompressibler Strömung kann für ein Stufenelement entlang einer Stromröhre eines konventionellen Fans ohne Vorleitrad der Wirkungsgrad

$$\eta_{ink} = 1 - (\varepsilon_R \cdot K_R + \varepsilon_S \cdot K_S)$$

$$\approx 1 - \bar{\varepsilon}(K_R + K_S) \tag{6.11.4}$$

mit der Gleitzahl $\varepsilon = c_W / c_\Gamma$ und mit den nur von den Geschwindigkeitsdreiecken abhängigen Faktoren K_R und K_S des Rotors und Stators angesetzt werden. Dabei sind die bekannten Widerstands- und Zirkulationsbeiwerte

$$c_{W,R} = \zeta_R \cdot (t/l)_R \cdot \left(\frac{W_1}{W_\infty}\right)^2 \cdot \frac{C_{ax}}{W_\infty} \qquad \text{(Rotor)} \tag{6.11.5a}$$

$$c_{W,S} = \zeta_S \cdot (t/l)_S \cdot \left(\frac{C_2}{C_\infty}\right)^2 \cdot \frac{C_{ax}}{C_\infty} \qquad \text{(Stator)} \tag{6.11.5b}$$

und

$$c_{\Gamma,R} = (t/l)_R \cdot 2\frac{\Delta W_u}{W_\infty} \qquad \text{(Rotor)} \tag{6.11.6a}$$

$$c_{\Gamma,S} = (t/l)_S \cdot 2\frac{\Delta C_u}{C_\infty} , \qquad \text{(Stator)} \tag{6.11.6b}$$

aus denen sich die Gleitzahlen

$$\varepsilon_R = \left(\frac{c_W}{c_\Gamma}\right)_R = \zeta_R \cdot \left(\frac{W_1}{W_\infty}\right)^2 \cdot \frac{C_{ax}}{\Delta W_u} \qquad\qquad \text{(Rotor)} \qquad (6.11.7a)$$

$$\varepsilon_S = \left(\frac{c_W}{c_\Gamma}\right)_S = \zeta_S \cdot \left(\frac{C_2}{C_\infty}\right)^2 \cdot \frac{C_{ax}}{\Delta C_u} \qquad\qquad \text{(Stator)} \qquad (6.11.7b)$$

ergeben. Ferner sind bei der Stufe ohne Vordrall nach [8] die Faktoren

$$K_R = \varphi + \frac{1}{\varphi}\left(1 - \frac{\psi}{4}\right)^2 \qquad\qquad (6.11.8a)$$

$$K_S = \varphi + \frac{1}{\varphi}\left(\frac{\psi}{4}\right)^2 \; . \qquad\qquad (6.11.8b)$$

Somit ergibt sich mit $\bar{\varepsilon} = \varepsilon_R \approx \varepsilon_S$ für die SR-Stufe

$$\eta_{SR} \approx 1 - \bar{\varepsilon}\left[2\varphi + \frac{1}{\varphi}\left(1 - \frac{\psi}{2} + \frac{\psi^2}{8}\right)\right] \qquad\qquad (6.11.9a)$$

$$= 1 - \bar{\varepsilon} \cdot K_{SR} \qquad\qquad (6.11.9b)$$

Bei der CR-Stufe ergibt sich für den I. und II. Rotor

$$\eta_I = 1 - \varepsilon_I \cdot K_{I,R} \qquad\qquad (6.11.10a)$$

$$\eta_{II} = 1 - \varepsilon_{II} \cdot K_{II,R} \qquad\qquad (6.11.10b)$$

und damit der resultierende Stufenwirkungsgrad beider Rotoren mit ε_I und ε_{II} nach Gl. 6.11.7a und $\bar{\varepsilon} = \varepsilon_I \approx \varepsilon_{II}$ mit $H_{I,eff} = H_{II,eff}$ der resultierende Wirkungsgrad der CR-Stufe

$$\eta_{CR} = \frac{1}{2}(\eta_I + \eta_{II}) = 1 - \frac{\bar{\varepsilon}}{2}(K_{I,R} + K_{II,R}) \; . \qquad\qquad (6.11.11)$$

Dabei ist für den 1. Rotor (ohne Vordrall) entsprechend Gl. 6.11.8a

$$K_{I,R} = \varphi + \frac{1}{\varphi}\left(1 - \frac{\psi}{4}\right)^2 \qquad\qquad (6.11.12)$$

und beim 2. Rotor mit dem Gegendrall

$$C_{1,u} = -\Delta C_{u,I} \quad \text{bzw. mit } C_{u,I}/U = -\left(\frac{\psi}{2}\right)_I$$

$$K_{II,R} = \varphi + \frac{1}{\varphi}\left(1 - \frac{\psi}{4} + \frac{\psi}{2}\right)^2$$

$$= \varphi + \frac{1}{\varphi}\left(1 + \frac{\psi}{4}\right)^2 \qquad\qquad (6.11.13)$$

und damit der Stufenwirkungsgrad

$$\eta_{CR} \approx 1 - \bar{\varepsilon}\left[\varphi + \frac{1}{\varphi}\left(1 + \frac{\psi^2}{16}\right)\right] \tag{6.11.14a}$$

$$\approx 1 - \bar{\varepsilon} \cdot K_{CR} \tag{6.11.14b}$$

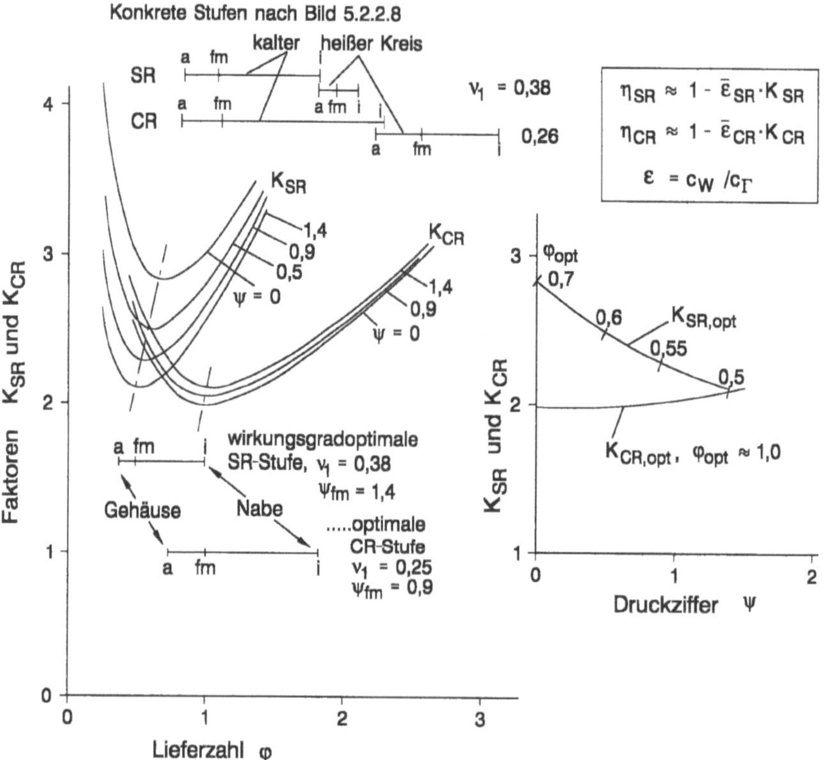

Bild 6.11.4: Einfluß der Lieferzahlen auf den Wirkungsgrad bei SR- und CR-Stufen nach inkompressibler Analyse

Hierzu zeigt Bild 6.11.4 die für den SR-Fan nach Gl. 6.11.9 und für den CR-Fan nach Gl. 6.11.14 erhaltenen Ausdrücke K_{SR} und K_{CR}. Man erkennt, daß beim SR-Fan das Minimum von K_{SR} bzw. der optimale Wirkungsgrad bei $\varphi = 0,4$ bis $0,75$, beim CR-Fan dagegen des Wirkungsgradoptimum bei wesentlich höheren Werten $\varphi = 0,75$ bis $1,50$ liegt. In beiden Fällen liegen die Lieferzahlen zwischen Nabe und Gehäuse – abhängig vom Nabenverhältnis – in einem relativ weiten Bereich, so daß die mittleren Werte $\bar{K}_{SR}$ und $\bar{K}_{CR}$ einer Stufe höher als die Minimalwerte sind. In Anlehnung an Bild 5.2.2.8 ist der Bereich der Lieferzahlen einer konkreten SR-Stufe mit $v_1 = 0,38$ und einer CR-Stufe mit $v_1 = 0,25$ in Bild 6.11.4 – jeweils in Relation zum Flächenmittel des kalten bzw.

heißen Kreises – eingezeichnet. Allerdings ist dabei wegen der Gewichtung der Werte $K(\varphi) \mathrel{\hat{=}} K(r)$ und $H_{eff}(r) = const.$ entsprechend

$$\overline{\eta} = \frac{2}{r_a^2 - r_i^2} \int_{r_i}^{r_a} (1 - \overline{\varepsilon} \cdot K) r \, \mathrm{d}r \tag{6.11.15}$$

die Bedeutung der nabennahen Stufenelemente gering.

Geht man nach Bild 5.2.2.2 z.B. bei $\varPi = 1{,}3$ von Stufenwirkungsgraden $\eta_{pol} = 0{,}92$ bis 0,94 aus, so entsprechen die Werte K_{SR} und K_{CR} zusammen mit $\overline{\varepsilon}$ -Werten im Bereich 0,03 bis 0,035 diesem Niveau. Diese Werte harmonieren durchaus mit den nach Messungen an ebenen Gittern bei inkompressibler Strömung zu erwartenden Werten $\varepsilon = 0{,}016$ bis $0{,}020$. Im Gegenzug können die hier dargelegten Zusammenhänge im konkreten Falle dazu beitragen, die in Abschnitt 5.2.2.2 nicht weiter auflösbare Streuung der statistischen Werte $\overset{***}{\eta}_{pol}$ durch Betrachtung der Auslegungsparameter ψ, φ und Ma_{W1} aufzuhellen bzw. einzuengen.

Was die bei transsonischen Anström-Mach-Zahlen in den Laufrädern auftretenden Verluste auch Verdichtungsstöße betrifft, so kann aus Messungen an transsonischen Fan-Stufen und Überschall-Rotoren nach MTU-Datenbasis sowie nach [6.11.13 und 6.11.14] die Relation $(\hat{p}/p_1) = f(Ma_{W1})$ im Relativsystem mit $\hat{p}$ hinter dem Stoßsystem nach Bild 6.11.5 ermittelt werden. Diese stellt allerdings gegenüber der in Wahrheit komplizierteren Situation, die aufgrund der Einflußparameter wie Profilform, Teilungsverhältnis und Staffelungswinkel besteht, eine weitgehende, wenngleich bei der Projektierung praktikable Vereinfachung dar. Während bis in die 80er Jahre hinein die Überschall-Druckverluste weitgehend auf der Basis von Messungen an „ebenen" Transsonik-/Überschall-Gittern oder an entsprechenden Rotoren bestimmt wurden, sind weitere Fortschritte in der Entwicklung von Überschall-Gittern mit günstiger Stoßkombination etc. und entsprechender Verbesserung des Druckverhältnisses $\hat{p}/p_1 = f(Ma_{W1})$ – wie in Bild 6.11.5 dargestellt – voraussichtlich nur auf der Basis moderner Berechnungsverfahren für dreidimensionale, reibungsbehaftete Strömungen möglich. Diese Fortschritte sind aber unumgänglich, wenn – wie noch gezeigt wird – die weitere Entwicklung zu höheren Stufendruckverhältnissen vom Standpunkt der erreichbaren Wirkungsgrade erfolgreich sein soll. Ein erster Ansatz hierzu ist in [6.11.18] gegeben.

Für konventionelle Rotoren mit radialen Schaufeln kann der Einfachheit halber die für D_{fm} gültige Korrelation angewendet werden, aber bei gegebener Anström-Mach-Zahl am Außendurchmesser kann auch die für D_a gültige benutzt werden. Demgegenüber muß bei gepfeilten Schaufeln die für D_a gültige Korrelation angewendet werden. Aus Daten der Fan-Stufen nach Abschnitt 5.2.2.2 und mehrstufiger ND-Verdichter nach Abschnitt 5.2.2.3 rückgerechnete Werte $\hat{p}/p_1$ bestätigen die Relation nach Bild 6.11.5 zufriedenstellend. Aus $\hat{p}/p_1$ ergibt sich nach [6.11.13] der Wirkungsabschlag

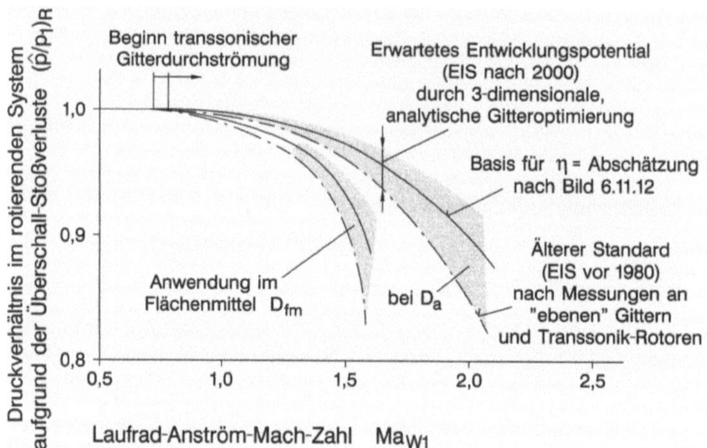

Bild 6.11.5: Repräsentatives Druckverhältnis im rotierenden System von Laufgittern bei transsonisch/supersonischer Anströmung

$$\Delta\eta_{kompr} = 1 - \frac{T_2/T_1 \cdot (\hat{p}/p_1)^{\frac{\kappa-1}{\kappa}} - 1}{T_2/T_1 - 1} \tag{6.11.16}$$

und damit aus Gl. 6.11.9 bzw. 6.11.14 der „kompressible" Stufenwirkungsgrad

$$\eta_{kompr} = 1 - \overline{\varepsilon}K - \Delta\eta_{kompr} \tag{6.11.17}$$

In jedem Falle bedarf diese Vorausschätzung der späteren Überprüfung auf breiterer Datenbasis, um den Einfluß der o.a. Gitterparameter auf $\hat{p}/p_1$ zu kontrollieren bzw. einzubringen.

Bei SR-Stufen ist die axiale Mach-Zahl am Laufradeintritt nicht nur mit Rücksicht auf die Versperrung des axialen Querschnitts durch die Laufschaufeln, deren Teilungsverhältnis der hohen Druckziffer wegen relativ niedrig zu sein hat, sondern auch wegen der Rücksichtnahme auf das im Leitradbereich akzeptable Niveau der axialen Mach-Zahlen im Bereich $Ma_{ax,2} \leq 0,5$ – ebenso wie bei konventionellen Fans – auf $Ma_{ax,1} = 0,65$ bis $0,68$ begrenzt. Damit einher geht mit Rücksicht auf das enge Teilungsverhältnis an der Nabe die Begrenzung des Nabenverhältnisses nach unten mit $\nu_1 = 0,37$ bis $0,40$, vgl. Abschnitt 5.2.2.2.

Bei CR-Stufen kann dagegen aufgrund der geringeren Versperrung (kleineres ψ, höheres t/l) und die hier nicht notwendige axiale Verzögerung im Laufrad auf die höhere axiale Mach-Zahl $Ma_{ax,1} = 0,73$ bis $0,75$ gegangen werden, vgl. [5.2.8]. Gleichzeitig kann hier aufgrund der größeren Schaufelteilung das Nabenverhältnis mit $\nu_1 \hat{=} 0,25$ wesentlich tiefer gesetzt werden. Damit erlaubt der CR-Fan sichtbar höhere Durchsätze pro Frontalfläche, die bereits in Bild 5.2.2.11 dargestellt wurden.

Wichtig vom Standpunkt der Schaufelgestaltung und der Lärmemission ist die Frage der bei gegebener spezifischer Arbeit H_{eff} erforderlichen Umfangsgeschwindigkeit. Beim SR-Fan ist auf beliebigem Radius

$$U_{SR} = \sqrt{\frac{2H_{eff}}{\psi_{SR}}} \; , \qquad\qquad\qquad (6.11.18)$$

während beim CR-Fan

$$U_{CR} = \sqrt{\frac{2H_{eff}}{2 \cdot \psi_{CR}}} \qquad\qquad\qquad (6.11.19)$$

ist. Somit ergibt sich die Relation

$$U_{CR}/U_{SR} = \sqrt{\frac{1}{2} \cdot \frac{\psi_{SR}}{\psi_{CR}}} \; . \qquad\qquad\qquad (6.11.20)$$

Bei bisherigen Auslegungen nach Bild 5.2.2.8 liegt dieses Verhältnis im Flächenmittel des kalten Kreises bei $(U_{CR}/U_{SR})_{fm,k} \approx 1{,}08$, so daß die Relativgeschwindigkeit der CR-Rotoren $U_{rel,CR}/U_{SR} = 2{,}16$ und damit vom Standpunkt der Lärmemission sehr hoch ist.

Nach Bild 6.11.4 ist es beim SR-Fan günstig, die Druckziffer möglichst hoch zu wählen, und nach Bild 5.2.2.8 trifft dies bei konkreten SR-Stufen zu. Zugleich wird dadurch bei gegebenem Druckverhältnis bzw. H_{eff} die Umfangsgeschwindigkeit minimiert, was mit Rücksicht auf die Schaufelverstellung wünschenswert bzw. notwendig ist. Bei $\Pi = 1{,}3$ und $\nu_1 = 0{,}38$ beträgt bei $\psi_{fm,k} = 1{,}4$ im Flächenmittel des kalten Kreises die am Außenschnitt notwendige Umfangsgeschwindigkeit $U_a = 225$ m/s.

Mit Rücksicht auf die Lärmentwicklung erscheint es auch beim CR-Fan opportun, die Druckziffer möglichst hoch zu setzen, um die Umfangsgeschwindigkeit U_{CR} und damit zugleich die Relativgeschwindigkeit $U_{rel} = 2\,U_{CR}$ beider Rotoren zu begrenzen. Wird dabei Ma_{ax} im Bereich beider Rotoren auf dem o.a. Niveau gehalten, so ergibt sich ausgehend von Bild 5.2.2.8 bei

$\psi_{fm,k}$	$=$	$0{,}6$	$0{,}8$	$1{,}0$
$\varphi_{fm,k}$	$\approx$	$1{,}2$	$1{,}38$	$1{,}55$

und damit z.B. bei $\Pi = 1{,}3$ bzw. $H_{eff} = 25000 \; \mathrm{m}^2\big/\mathrm{s}^2$ bei TO

$U_{fm,k}$	$\approx$	205	177	159	m/s

wobei weiterhin $\psi/\varphi^2 = 0{,}42$ bleibt. Mit Blick auf Bild 6.11.4 und Gl. 6.11.15 erscheint $\varphi_{fm,k} \approx 1{,}4$ bis $1{,}6$ und damit $\psi_{fm,k} = 0{,}8$ bis $1{,}0$ durchaus akzeptabel, so daß gegenüber den Daten nach Bild 5.2.2.8 ein beträchtliches Entwicklungspotential zur Reduzierung des Lärms besteht. Gegenüber dem SR-Fan wird damit die Relation

$$(U_{CR}/U_{SR})_{fm,k} = 0{,}93 \text{ bis } 0{,}84$$

erreicht.

Bei niedrigen Umfangsgeschwindigkeiten kann die Pfeilung der Laufschaufeln im äußeren Bereich, vor allem in axialer Richtung, wie in Bild 6.11.6 skizziert, zur weiteren Reduzierung der Lärmemission beitragen. Mit der axialen Pfeilung im Zusammenhang steht auch die damit erreichbare Verminderung der effektiven Versperrung des axialen Strömungsquerschnitts, da die Fläche minimaler Querschnitte keine Ebene mehr darstellt und damit die Stromflächen radial ausweichen können. Dies begünstigt beim CR-Fan, der für die Pfeilung der Laufschaufeln prädestiniert ist, die Auslegung für hohe axiale Mach-Zahlen bzw. Lieferzahlen.

In Anlehnung an Daten nach der „Parametrischen ZTL-Studie" und an die konkreten Mantelpropfan-Stufen nach Abschnitt 5.2.2.2 ergibt sich folgender Vergleich der Fan-Wirkungsgrade bei MCR ($Ma_0 = 0,8$; $H = 10,7$ km):

Fan-Konzept	SR	CR (Rotor I/II)	
$\Pi_{F,k}$	——— 1,30 ———		
μ	——— 20 ———		
ν_1	0,38	0,25 / 0,35	
ν_k	0,43	0,33 / 0,405	
$(D_{fm}/D_a)_k$	0,77	0,744 / 0,762	
$\psi_{fm,k}$	1,4	0,8	
$U_{fm,k}$	173	162	m/s
$C_{ax,1}$	205	224	m/s
$Ma_{ax,1}$	0,68	0,75 / 0,73	
$\varphi_{fm,k}$	1,18	1,38	
K_{St}	2,85	2,13	
ε_{ink}	——— 0,030 ———		
$\eta_{ink} = 1 - K_{St} \cdot \varepsilon_{ink}$	0,915	0,937	

Mit der Rotor-Anström-Mach-Zahl am Außenschnitt

Ma_{W1a}	0,97	1,03 / 1,13	

ist der Kompressibilitätseinfluß auf den Wirkungsgrad, beim CR-Fan über beide Rotoren gemittelt,

– ohne Pfeilung in Strömungsrichtung	$\Delta\eta_{kompr}$	0,015	0,054
und damit	η_{kompr}	0,900	0,883
– mit 35° Pfeilung	$\Delta\eta_{kompr}$	0,005	0,017
	η_{kompr}	0,910	0,920

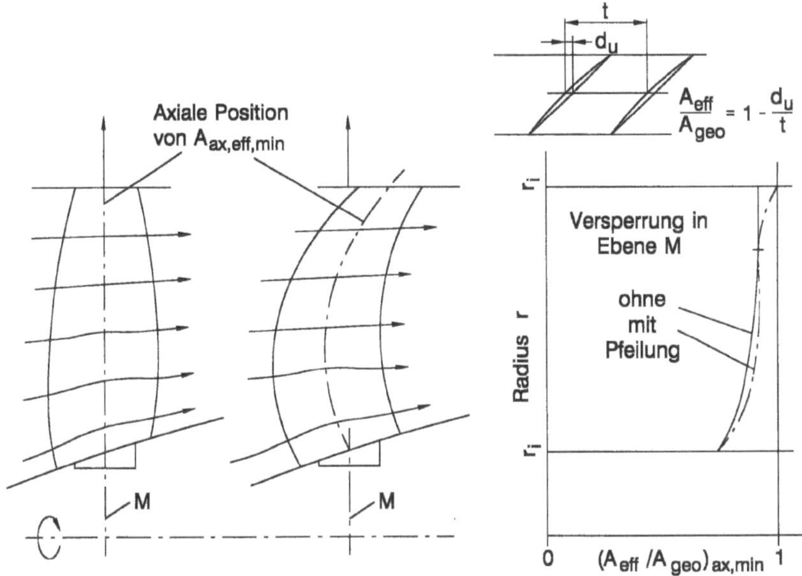

Bild 6.11.6: Einfluß der axialen Laufschaufel-Pfeilung auf die axiale Versperrung bei Fan-Stufen für Mantelpropfans

Danach ist beim CR-Fan zwar ein günstigerer „inkompressibler" Wirkungsgrad zu erwarten; ohne Pfeilung ergeben sich bei transsonischer Anströmung bei ihm allerdings erheblich größere Wirkungsgradabschläge als beim SR-Fan. Durch Pfeilung kann weitgehende Annäherung an die Relation der „inkompressiblen" Wirkungsgrade erreicht werden. Bei CR-Fans nach Abschnitt 5.2.2.3 sind aufgrund der geringen aerodynamischen Belastung $(\psi_{fm,k} \approx 0{,}6)$ mit entsprechend hohen Laufrad-Anström-Mach-Zahlen höhere Wirkungsgradabschläge $\Delta\eta_{kompr}$ zu verzeichnen. Mit

$$\psi_{fm,k} \quad = \quad 0{,}6 \qquad 0{,}8 \qquad 1{,}0$$

ergibt sich beim CR-Fan

η_{ink}	=	0,939	0,937	0,933
η_{kompr}	=	0,849	0,883	0,885	(0° Pfeilung)
	=	0,909	0,920	0,921	(35° Pfeilung)
$(t/l)_{fm,k,opt}$	=	3,8	2,8	2,3	(Bild 6.11.7)

Über die Tendenz der Überschall-Stoßverluste nach Bild 6.11.5 hinaus tragen auch die bei geringer aerodynamischer Belastung nach Bild 6.11.7 günstigen hohen Teilungsverhältnisse – über die Tendenz nach Bild 6.11.5 hinaus – zu höheren Stoßverlusten bei.

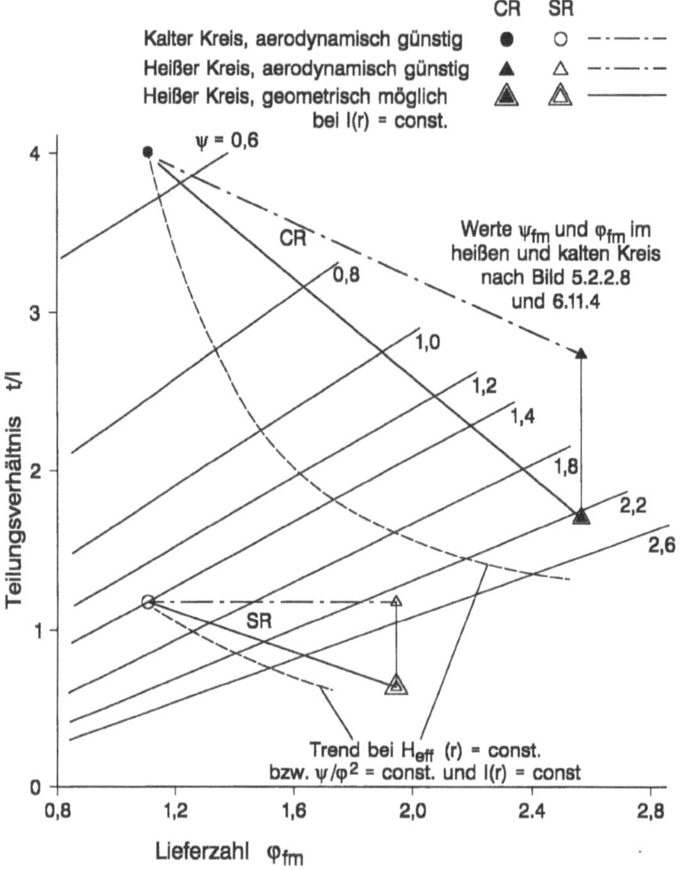

Bild 6.11.7: Aerodynamisch günstige und geometrisch mögliche Teilungsverhältnisse bei Laufrädern von CR- und SR-Mantelpropfans

Neben der Umfangsgeschwindigkeit sind nach Abschnitt 5.14 weitere Parameter für die Lärmentwicklung maßgebend. Nach Gl. 5.14.2 begünstigt die niedrige Schaufelzahl der CR-Rotoren entsprechend $(z_{CR} / z_{SR})_R \approx 0{,}5$ zunächst den CR-Fan. Während beim SR-Fan die Relation der Schaufelzahlen z_R / z_S optimal und der axiale Abstand $s / l_{ax,R}$ beider Gitter günstig gestaltet werden können, ist jedoch beim CR-Fan die Relation $(z_I / z_{II})_R \approx 1$, so daß hier zur Minimierung der akustischen Interaktion beider Rotoren nur der axiale Abstand $s / l_{ax,R,I}$ bleibt. Auch bei der Interaktion Rotor II/Stützschaufeln ist die Optimierung der Relation $z_{R,II} / z_S$, die im Bereich 1 bis 1,2 liegt, nicht möglich, und auch der axiale Abstand $s / l_{ax,R,II}$ ist aus konstruktiven und dynamischen Gründen begrenzt. Über Ergebnisse akustischer Messungen und Möglichkeiten der Beeinflussung der Lärmemission an einem CR-Fan wird in [6.11.6] berichtet.

Sowohl beim SR- als auch beim CR-Fan wird man nicht in der Lage sein, $H_{eff}(r) = const.$ bis zur Nabe hin zu realisieren. Vielmehr wird man analog Abschnitt 5.2.2.2 bzw. Bilder 5.2.2.12 und 5.2.2.13 H_{eff} zur Nabe hin zurücknehmen, um die Druckziffer ψ auf ein realisierbares Niveau, das bei $\psi_{fm,h} = 2{,}2$ bis $2{,}4$ liegen mag, zu begrenzen. Während beim SR-Fan aufgrund des höheren Niveaus der Druck- und Drosselziffer an der Nabe ein relativ enges Teilungsverhältnis $t/l < 1$ nicht zu umgehen ist, besteht beim CR-Fan durchaus die Chance, an der Nabe bei $t/l > 1$ zu bleiben, wenn die mittlere Druckziffer im kalten Kreis im Bereich $\psi_{fm,k} < 0{,}8$ bis $1{,}0$ bleibt. Als Anhalt zum Zusammenhang zwischen ψ, φ und t/l und dem dabei verfügbaren konstruktiven Spielraum dient das aus [6.11.7] abgeleitete Bild 6.11.7. Dabei braucht die Zurücknahme von $H_{eff}(r)$ nicht auf den heißen Kreis beschränkt zu bleiben, obwohl dadurch im Nebenstromkanal gewisse Verluste durch Druckausgleich entstehen können.

Beim SR-Fan ist es voraussichtlich unumgänglich, bei der Schubumkehrung mittels Schaufelverstellung durch die Segelstellung (through feather) mit entsprechend hohen Spitzenwerten der Schaufel-Biegemomente zu gehen, während beim CR-Fan eine Verstellung durch die tangentiale Stellung (through pitch) möglich ist, wobei keine Probleme zu erwarten sind, vgl. hierzu [5.11.8] bzw. das daraus entwickelte Bild 6.11.8.

Nach Messungen an SR- und CR-Stufen sind bei gleichem Druckverhältnis etwa dieselben, mit steigenden Π_{AP} abnehmenden Kennfeldbreiten

$$\Delta\Phi/\Phi_{AL} = \frac{\Phi_{max} - \Phi_{PG}}{\Phi_{AL}}\bigg|_{N/\sqrt{T}\,=const.} \tag{6.11.21}$$

zu erwarten, vgl. auch Bild 5.2.2.73. Messungen zum Betriebsverhalten eines CR-Fans in der Gondel sind in [6.11.6, 10 und 12] beschrieben. Allerdings ist bei Fan-Stufen für Mantelpropfans die Anpassung des Kennfeldes an die Bedingungen bei TO und im Reiseflug umso wichtiger, je niedriger das Fan-Druckverhältnis ist. Bei Fan-Druckverhältnissen $\Pi < 1{,}4$ bis $1{,}45$ läßt sich nach Bild 6.11.9 die Lage der Arbeitslinie bei TO und im Reiseflug mit Rücksicht auf Pumpgrenze und Sperrgrenze bei gleichzeitig gutem Wirkungsgrad im Reiseflug mit fester Geometrie (d.h. bei festen Laufschaufeln und fester Düse) nicht realisieren.

Auch bei starken Eintrittsstörungen wird man bei der anzustrebenden schlanken Gondelkontur im Eintrittsbereich die Stabilität des Fans durch „Schließen", d.h. mit Verschieben des Kennfeldes zu kleineren Durchsätzen hin, besser erhalten können als z.B. mit festen Laufschaufeln und variabler Düse.

Nicht zuletzt ist die bei abgestelltem Triebwerk im Flug hinzunehmende Drosselung des Fan-Durchsatzes und die dadurch verursachte Ablösung der Strömung an der Gondelaußenkontur wegen des hohen Gesamtwiderstandes ein Problem. Bei stehendem Rotor in Segelstellung ist beim SR-Fan wegen der nach wie vor bestehenden Drosselung durch das nachfolgende Leitrad mit sehr hohem Widerstand und damit niedrigem Gondeldurchsatz – ggf. mit Ablösung der Gondelumströmung – zu rechnen. Dagegen ist beim CR-Fan der Widerstand erheblich geringer. Ein Anhalt für den dabei auftretenden Widerstand des Fans, ermittelt am offenen CR-Propfan, ist [6.11.8] zu entnehmen.

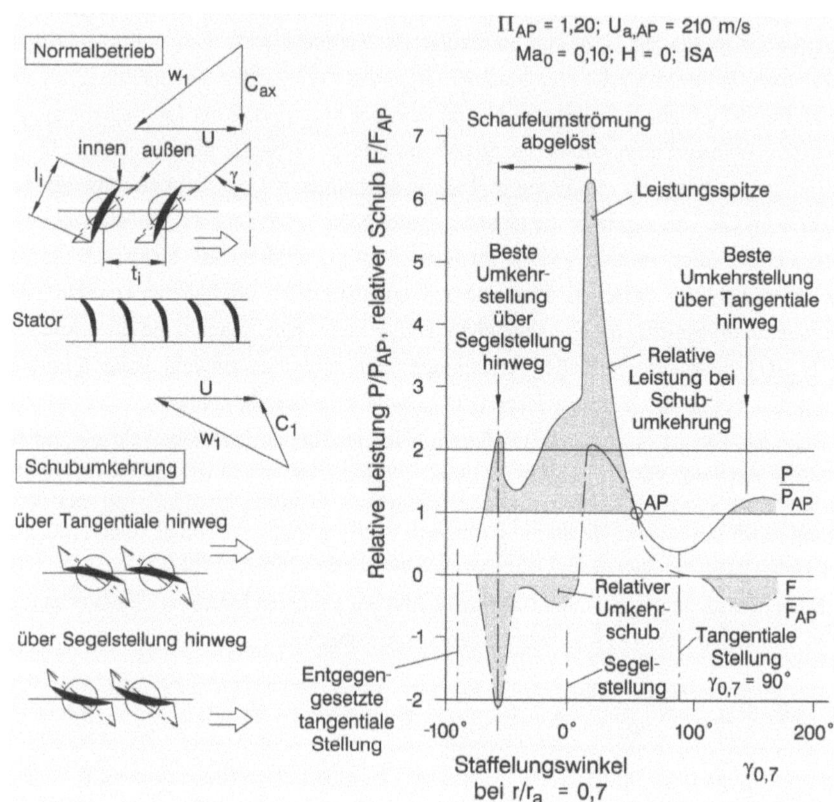

Bild 6.11.8: Einfluß des Laufschaufel-Staffelungswinkels einer Fan-Stufe auf Leistung und Schub im Normalbetrieb und bei Schubumkehrung, nach [5.11.8]

Was die Empfindlichkeit des SR- oder CR-Fans gegenüber Eintrittstörungen betrifft, die vor allem aufgrund der Rotation des Flugzeugs bei *TO* und bei Schräganströmung durch Seitenwind auftreten, so sind bei gegebener Störungsstärke $\Delta p / \bar{q}$ am Eintritt bei beiden Konzepten im Vergleich zum maßgeblichen Einfluß des Fan-Druckverhältnisses und des davon dominierten Eintritts-Staudrucks des (1.) Rotors am Außenschnitt nur geringe Unterschiede zu erkennen, vgl. [6.11.9 und 6.11.10].

Bei Vogelschlag trägt der beim CR-Fan aus akustischen Gründen notwendige Abstand zwischen beiden Rotoren zugleich dazu bei, daß die Schaufeln beider Rotoren nicht gegenseitig kollidieren. Überlegungen zur konstruktiven Gestaltung der Schaufeln sind in [6.11.11] zu finden.

Was die Gondelstruktur mit örtlichen Verstärkungen gegen das Abschleudern von Schaufelblättern (Blade containment) betrifft, so dürfte der Aufwand für den CR-Fan trotz der kleineren Fliehkräfte der Schaufeln höher als beim SR-Fan sein, vgl. [5.11.7].

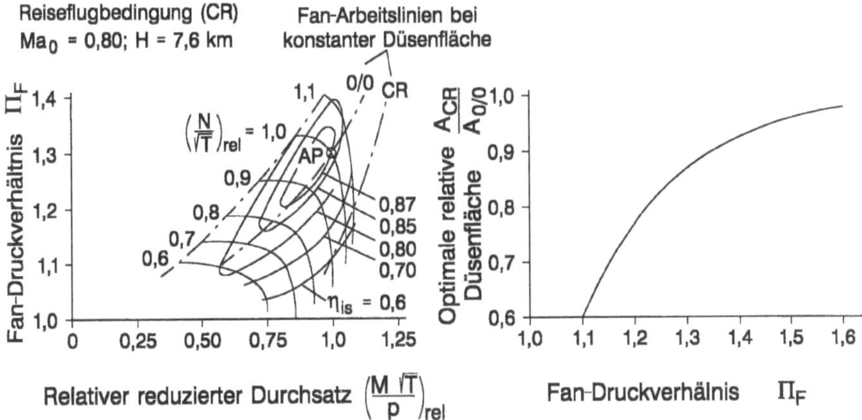

Bild 6.11.9: Einfluß des Fan-Druckverhältnisses auf die optimale Düsenfläche im Reiseflug und bei Boden/Stand

Mit Sicherheit erfordert selbst bei einparametrischer Verstellung beider Rotoren des CR-Fans diese etwa den doppelten Aufwand gegenüber dem SR-Fan, wobei zugleich mit doppeltem Ausfallrisiko zu rechnen ist. Hingegen scheint der konstruktive Aufwand für das CR-Untersetzungsgetriebe nach Abschnitt 5.8 eher geringer als jener für das SR-Getriebe zu sein.

Gegenläufiger ND-Verdichter mit hohem Druckverhältnis

Aus den Abschnitten 6.6 und 6.7 geht hervor, daß bei Triebwerken mit hohem spezifischen Schub für den Einsatz in

− Überschall-Verkehrsflugzeugen oder

− Überschall-Kampfflugzeugen

aufgrund der wünschenswerten Flexibilität im Sinne der

− Variation des spezifischen Schubes und damit des NDV-Druckverhältnisses und der

− Anpassung des Triebwerkdurchsatzes an die Einlaufkapazität

als wirksamste Maßnahme die Entkoppelung von Druckverhältnis und Durchsatz des ND-Verdichters gelten kann. Damit kann nach Möglichkeit auf Umschaltung oder Zu-/Abschaltung von NDV-Teilen verzichtet werden, vgl. Triebwerkkonzepte M) bis O) in Abschnitt 6.6. Dabei wurde bereits angesprochen, daß einerseits bei konventionellen mehrstufigen ND-Verdichtern hohen Druckverhältnisses (SR-NDV) im Sinne von Abschnitt 5.2.2.3 auch mit verstellbaren Leitgittern die o.a. Entkoppelung nicht erreichbar ist, vgl. Bild 6.6.6, während andererseits ein gegenläufiger ND-Verdichter mit verstellbaren Laufschaufeln (CR-NDV) ohne Leitschaufeln, der entsprechend der hohen mechanischen Belastung der drehbaren Laufschaufeln eine technologische Innovation darstellt, diese Flexibilität verspricht.

Darüber hinaus erlaubt ein CR-NDV (mit festen oder verstellbaren Schaufeln) bei Hyperschall-Triebwerken mit Turbo-/Staustrahlbetrieb nach Abschnitt 6.8 den Übergang von der einen zur anderen Betriebsart ohne Umschaltelemente im Einlaufbereich.

Angesprochen ist in diesem Sinne der Vergleich des CR-NDV mit einem 2 bis 3-stufigen SR-NDV mit Druckverhältnis im Bereich $\Pi = 3$ bis 4 (ggf. bis 5). ND-Verdichter mit Druckverhältnissen im Bereich um 5 sind bei militärischen Turbofans nach Abschnitt 5.10.3 bereits aktuell. Zunächst ist festzustellen, daß der bei 1-stufigen SR- bzw. CR-Fans ermittelte Zusammenhang zwischen den Parametern ψ und φ mit Blick auf den erreichbaren Wirkungsgrad auch hier zutrifft, wenngleich hier aufgrund der hohen Umfangsgeschwindigkeiten die hohen (optimalen) Lieferzahlen des CR-Fans nicht erreichbar sind und die Wirkungsgrade nach Gln. 6.11.9 und 6.11.14 entsprechend den hohen Anström-Mach-Zahlen der Laufräder geringer sind. Zunächst gibt Bild 6.11.10 einen Vergleich der auf $\Pi = 4$ zugeschnittenen Ringräume mit dem in diesem Falle realistischen konstanten Durchmesser im Flächenmittel, der auch bei der folgenden Analyse der Einfachheit halber vorausgesetzt wird. Damit ergibt sich, wenn in beiden Fällen der gleiche Wirkungsgrad und die gleiche mittlere Druckziffer angenommen wird, bei gleichem Druckverhältnis mit

$$H_{eff} = 2 \cdot \frac{\psi}{2} \cdot U_{fm}^2 \bigg|_{CR} \quad bzw. = (2 \text{ bis } 3) \cdot \frac{\psi}{2} U_{fm}^2 \bigg|_{SR}$$

die Relation der Umfangsgeschwindigkeiten in Anlehnung an Gl. 6.11.20

$$(U_{CR}/U_{SR})_{fm} = \sqrt{1 \dots 1.5}$$

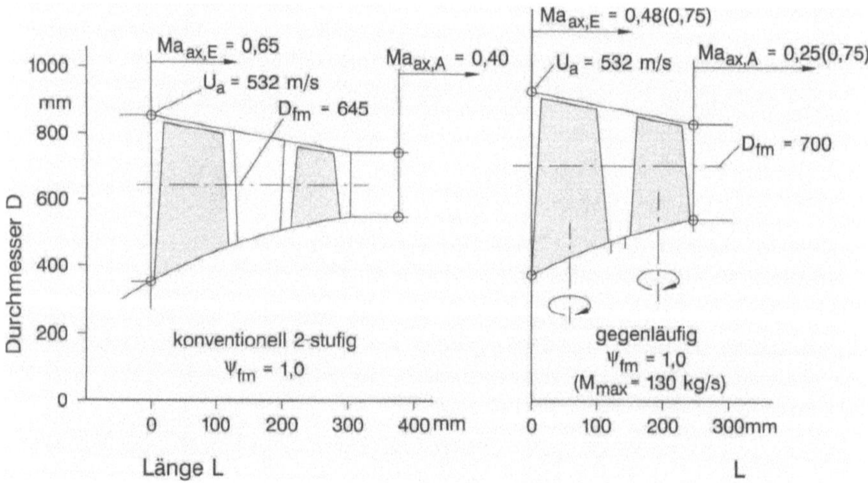

Bild 6.11.10: Ringräume alternativer ND-Verdichter für $\Pi_{AP} = 4{,}0$; $M_{AP} = 100$ kg/s (0/0, ISA)

Bei maximalem Druckverhältnis bzw. maximaler Drehzahl wird – abweichend von den 1-stufigen Fans – angenommen, daß die axialen Mach-Zahlen am Eintritt des 1. Rotors in beiden Fällen bei $Ma_{ax,1} = 0{,}65$ bis 0,68 liegen, während beim CR-NDV in Anlehnung an Abschnitt 6.6 im Falle maximalen Durchsatzes bei zugleich niedrigerem Druckverhältnis und niedrigerer Drehzahl weiterhin von $Ma_{ax,1} = 0{,}73$ bis 0,75 ausgegangen wird. Damit ergeben sich beim SR- und CR-NDV unter der an Abschnitt 5.2.2.3 orientierten weiteren Annahme $\psi = 1$ für die Ringräume nach Bild 6.11.10 die in Bild 6.11.11 dargestellten Lieferzahlen im Flächenmittel und die bei Anströmung ohne Vordrall sich am Außendurchmesser einstellenden Laufrad-Anström-Mach-Zahlen. Die auch bei erheblicher Abweichung der Lieferzahlen von den Optimalwerten nach Bild 6.11.4 hinzunehmenden Wirkungsgradabschläge sind minimal, d.h., die „inkompressiblen" Wirkungsgrade liegen bei $\bar{\varepsilon} = 0{,}035$ im Bereich $\eta_{ink} = 0{,}915$ bis $0{,}925$. Dagegen beherrschen die mit steigendem (Stufen-)Druckverhältnis zunehmenden Anström-Mach-Zahlen der Laufräder die dabei eintretende Verschlechterung der Stufenwirkungsgrade. Während beim SR-NDV einerseits in der 2. und ggf. 3. Stufe die Anström-Mach-Zahlen zurückgehen, andererseits aber die Verluste der Leiträder hinzukommen, sind beim CR-NDV die Anström-Mach-Zahlen des 2. Rotors aufgrund des negativen Vordralls

$$\Delta C_{u,1} = -\frac{\psi}{2} \cdot U_I$$

beträchtlich höher. Der Vergleich der Rotorwirkungsgrade des CR-Fans mit den Stufenwirkungsgraden des 2-stufigen SR-Fans im Bereich $\Pi = 3$ bis 4(bis 5) unter den o.a. Festlegungen für ψ und $Ma_{ax,1}$ – jeweils auf der Basis der nach Bild 6.11.5 zukünftig erreichbar erscheinenden Überschall-Druckverluste – ist durch Bild 6.11.12 gegeben. Während der Trend $\eta_{pol} = f(\Pi)$ des SR-NDV jenem nach Bild 5.2.2.16 entspricht, sind unter vergleichbaren Bedingungen beim CR-NDV – durch den 2. Rotor verursacht – sichtbar schlechtere Wirkungsgrade η_{pol} des gesamten Verdichters zu erwarten. Dieses – zunächst enttäuschende – Ergebnis ist allerdings unter dem Blickwinkel des Einsatzes eines CR-NDV in Triebwerken mit variablem Kreisprozeß entsprechend Abschnitt 6.6 und 6.7 zu bewerten.

Was das Kennfeld des CR-NDV betrifft, so ergaben analytischen Studien bei MTU Charakteristiken entsprechend Bild 6.11.13, wobei davon auszugehen ist, daß die o.a. Wirkungsgrade bei Verstellung der Schaufeln – im Gegensatz zu einem SR-NDV mit verstellbarem Vorleitgitter, vgl. Bild 6.6.6 – in einem breiten Betriebsbereich Druckverhältnis/Durchsatz erreichbar sind. Wichtig ist dabei, daß beim CR-NDV mit Schaufelverstellung bei jeder Kombination Π / Φ bei Vollast und Teillast – abgesehen von Effekten an Nabe und Gehäuse – die Fehlanströmung der Laufräder weitgehend vermieden werden kann, während beim SR-NDV auch bei verstellbarem Vorleitgitter (oder gar verstellbaren Leitgittern; bisher nicht eingeführt) – selbst in dem hier angesprochenen engeren Bereich $\Pi = f(\Phi)$, vgl. Bild 6.6.6 – besonders bei Teillast erhebliche Fehlanströmung der Lauf- und Leiträder unvermeidlich ist. Hierzu zeigt Bild 6.11.14 für die nach Abschnitt 6.6 und 6.7 bei VCEs – z.B. nach Konzept M) – bei zivilem und militärischem Einsatz interessierende Charakteristik $\eta_{is} = f(\Pi)$ bei $\Phi = \Phi_{max} = const.$ des CR-NDV im Vergleich zum Betriebsverhalten konkreter SR-NDVs. Auch bei konventioneller NDV-Arbeitslinie $\Pi = f(\Phi)$ mit Variation der Drehzahl ist davon auszugehen, daß der Wirkungsgrad des CR-NDV sich bei Teillast rasch jenem des SR-NDV angleicht und ihn schließlich übertrifft.

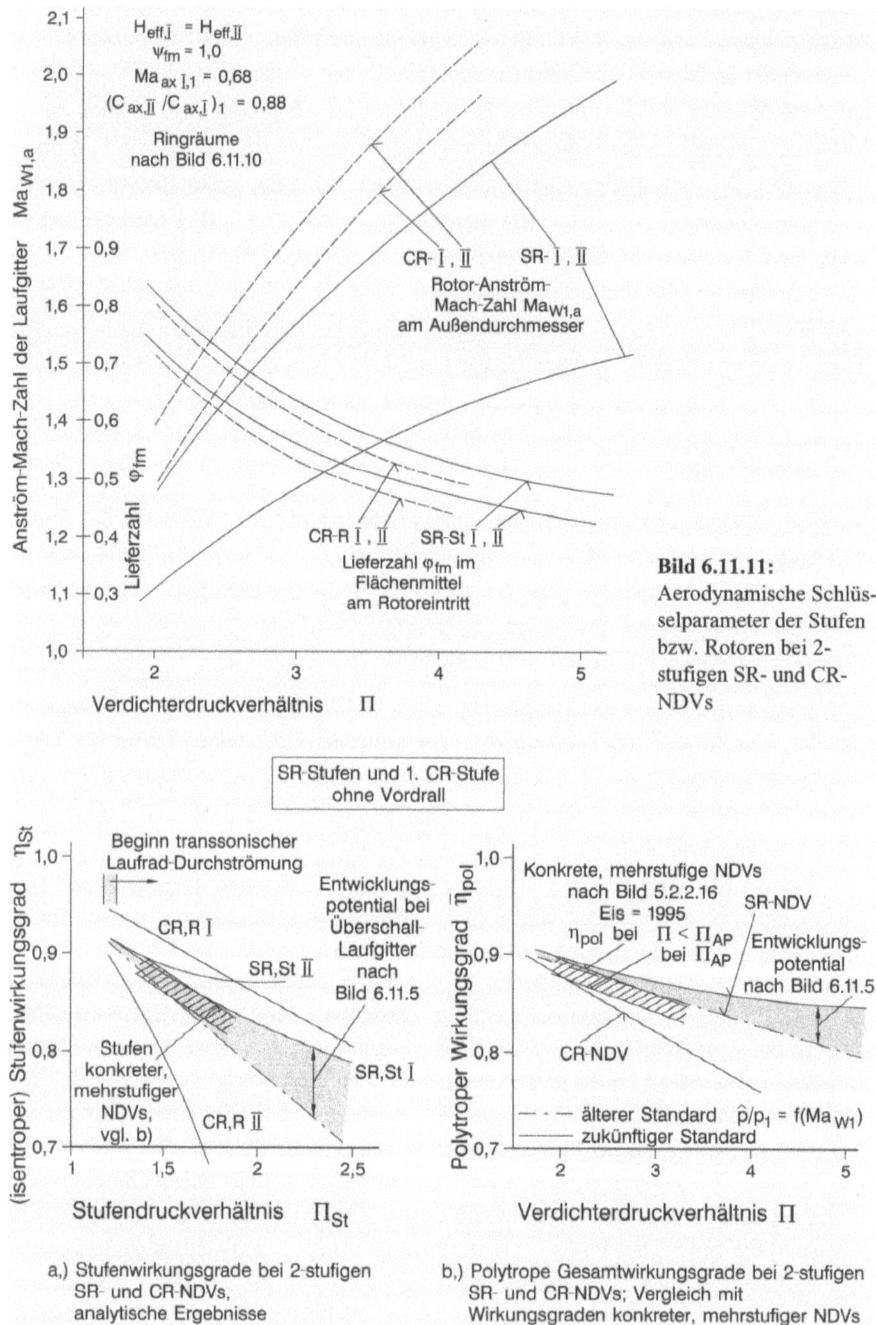

Bild 6.11.11: Aerodynamische Schlüsselparameter der Stufen bzw. Rotoren bei 2-stufigen SR- und CR-NDVs

Bild 6.11.12: Wirkungsgrade zukünftiger 2-stufiger ND-Verdichter (analytisch) und Vergleich mit Wirkungsgraden konkreter, mehrstufiger ND-Verdichter

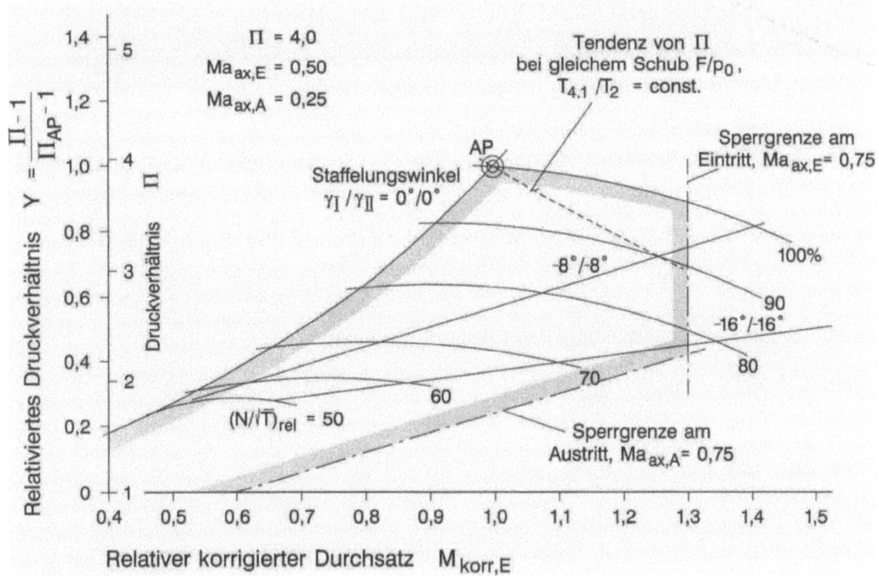

Bild 6.11.13: Kennfeld eines gegenläufigen ND-Verdichters mit verstellbaren Laufschaufeln (analytisch, nach MTU-Datenbasis)

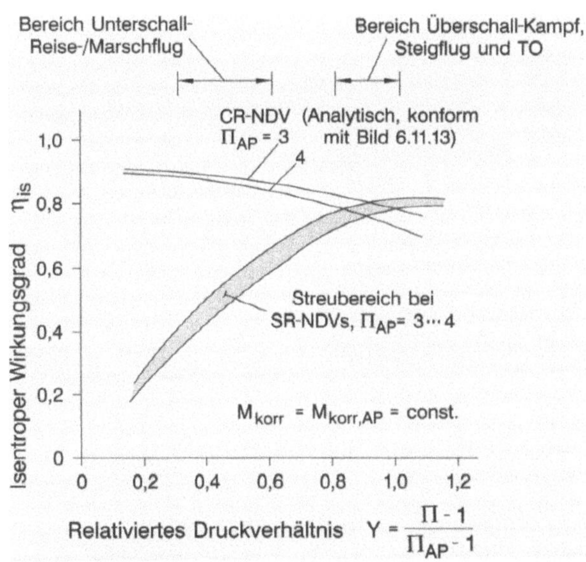

Bild 6.11.14: Wirkungsgrade bei SR- und CR-NDVs bei Entkoppelung von Π und M_{korr} entsprechend VCE-Konzept M

Die Innovation liegt beim CR-NDV in der sehr anspruchsvollen, weil mechanisch hochbelasteten Aufhängung der verstellbaren Laufschaufeln in der Scheibe und in ihrer Verstellung unter dieser Bedingung. Immerhin scheint nach [5.11.8] die Verstellbarkeit von auf Wälzlagern gestützten Laufschaufeln bei $\Pi = 1{,}55$ bzw. bei $U_a = 430$ m/s lösbar zu sein. Bei Druckverhältnissen im Bereich $\Pi = 3$ bis 4 , polytropen Wirkungsgraden nach Bild 6.11.12, Druckziffer $\overline{\psi} = 1{,}0$ und $D_{fm} = const.$ bei Eintritts-Nabenverhältnissen an der 1. Stufe $\nu_1 = 0{,}4$ ergeben sich mit Blick auf Gl. 6.11.20 bei Druckverhältnissen

$$\Pi \quad = \quad 3 \qquad 4 \qquad\qquad (5)$$

Umfangsgeschwindigkeiten am Außenschnitt der 1. Stufe

beim CR-NDV	U_a =	484	576	–	m/s

beim SR-NDV

mit 3 Stufen	375	435	486	m/s
mit 2 Stufen	461	537	599	m/s

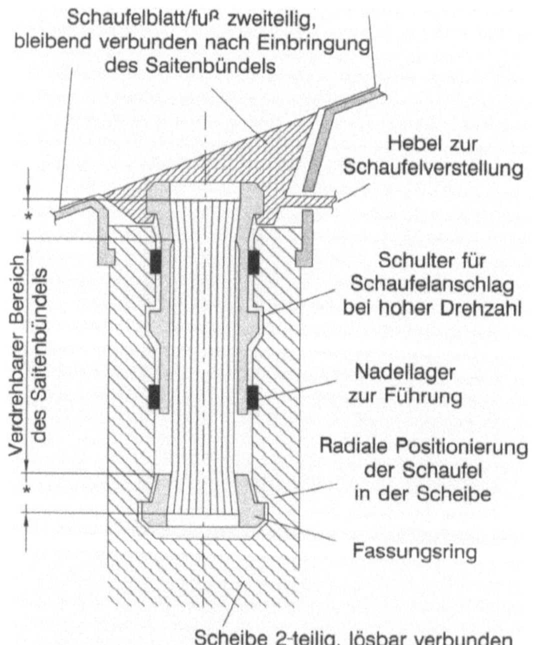

* Saiten in diesem Bereich
nach Lötmittel-Injektion
zu konischem Ende formiert,
untereinander und mit
Fassungsring verbunden

Bild 6.11.15:
Lagerung und Führung der
Laufschaufeln eines gegen-
läufigen ND-Verdichters
durch Saitenbündel und
Nadellager (schematisch)

Da die Lagerung der Laufschaufeln auf Wälzkörpern aufgrund der geringen Winkelverstellung von ± 8 bis 10° unnötig „luxuriös" erscheint, können in Anlehnung an die Technologie moderner, gelenkloser Hubschrauberrotoren die Laufschaufeln entsprechend Bild 6.11.15 an einem Bündel hochfester „Saiten" aufgehängt werden. Dabei ist das eine Ende dieses Bündels außen mit dem Schaufelfuß fest verbunden, während das andere Ende innen in der Scheibe verankert wird. Zudem können die Schaufeln im Bereich hoher Drehzahlen, bei denen Verstellbarkeit nicht gefordert ist, dadurch fixiert werden, daß sie aufgrund der Radialdehnung des Saitenbündels sich gegen eine Schulter lehnen, wobei zugleich der Dehnung bzw. Belastung des Saitenbündels eine feste Grenze gesetzt ist.

Sicher ist auch hier – ebenso wie beim CR-Fan – der konstruktive Aufwand für die Verstellung der Schaufeln sehr hoch.

Die Frage der Abklärung der Realisierbarkeit und der mit der Flexibilität des Durchsatzes und spezifischen Schubes im Einsatz erreichbaren Vorteile ist als Voraussetzung einer Annäherung an dieses Konzept vorläufig offen.

Fortschrittliche variable Geometrie bei HD-Verdichtern ·

HD-Verdichter in mehrwelligen Turbofans und Verdichter von Gasgeneratoren von Wellenleistungstriebwerken mit freier Nutzturbine laufen bei (ggf. annähernd) transsonischer HD-Turbine gewissermaßen gegen eine feste Drossel, wenn man vom Einfluß der Brennstoffzufuhr absieht. Damit ergibt sich aus

$$\Phi_4 = \Phi_3 \cdot \frac{(1 + m_{BK})\left(1 - \dfrac{\Sigma \Delta M_{KL}}{M_V}\right)\sqrt{T_4 / T_3}}{p_4 / p_3} = const. \tag{6.11.22}$$

mit

$$1 - \Sigma \frac{\Delta M_{KL}}{M_V} \approx const., \quad T_{4.1} / T_4 \approx const., \quad p_4 / p_3 = 1 - (\Delta p / p)_{BK} \approx const.$$

der relative, d.h. auf den Auslegungspunkt AP – z.B. MCR oder *TO* – bezogene reduzierte Durchsatz am Verdichter- bzw. HDV-Austritt

$$\Phi_{rel,3} = \frac{1}{(1 + m_{BK})\sqrt{T_{4.1} / T_3}}\bigg|_{rel} \tag{6.11.23}$$

und damit die relative, gewissermaßen kompressible Lieferzahl

$$\varphi_{rel,3} = \frac{\Phi_{rel,3}}{(N / \sqrt{T_3})_{rel}} = (\varphi / \varphi_{AP})_3 \sim \left(\frac{C_{ax}}{U}\right)_{rel,3}$$

$$= \frac{\sqrt{T_3 / T_{2.4}}}{(1 + m_{BK}) \cdot N / \sqrt{T_{2.4}} \cdot \sqrt{T_{4.1} / T_3}}\bigg|_{rel} \tag{6.11.24}$$

$$\approx f(X)$$

mit X nach Gl. 4.1.8.

Am Verdichter- bzw. HDV-Eintritt ergibt sich mit Index 2 bzw. 2.4

$$\Phi_{2.4} = \Phi_3 \cdot \Pi_{HDV} \cdot \sqrt{T_{2.4}/T_3} \tag{6.11.25}$$

und daraus die relative Lieferzahl

$$\varphi_{rel,2.4} = \left. \frac{\Phi_{2.4}}{N/\sqrt{T_{2.4}}} \right|_{rel} = (\varphi/\varphi_{AP})_{2.4} \sim \left(\frac{C_{ax}}{U} \right)_{rel,2.4}$$

$$= \Phi_3 \cdot \left. \frac{\Pi_{HDV}}{N/\sqrt{T_{2.4}} \cdot \sqrt{T_3/T_{2.4}}} \right|_{rel} \tag{6.11.26}$$

$$\approx f(X, \Pi_{AP})$$

Dabei nimmt $\varphi_{rel,3}$ – ziemlich unabhängig von Π_{AP} – mit abnehmendem X leicht zu, während $\varphi_{rel,2}$ bzw. $\varphi_{rel,2.4}$ mit abnehmendem X umso stärker abnimmt, je höher das Druckverhältnis Π_{AP} des Verdichters bzw. HD-Verdichters und je größer der Anteil des HD-Verdichters an der gesamten Verdichtung ist. Die Tendenzen der relativen Lieferzahlen $\varphi_{rel,3}$ und $\varphi_{rel,2}$ bzw. $\varphi_{rel,2.4}$ sind für einige Verdichter von Turbofans und Wellenleistungstriebwerken nach Bild 4.2.1 und nach Daten der „Parametrischen ZTL- und PTL-Studie", deren Druckverhältnisse im Bereich $\Pi_{AP} = 3{,}5$ bis 22 liegen, in Bild 6.11.16a dargestellt. Ferner zeigt Bild 6.11.16b für den Bereich des Leerlaufs, d.h. $X \approx 0{,}6$, neben $\varphi_{rel,3}$ die Abnahme der Lieferzahl $\varphi_{rel,2}$ bzw. $\varphi_{rel,2.4}$ in Abhängigkeit vom Druckverhältnis Π_{AP}, wonach es mit steigenden Werten Π_{AP} zunehmend schwieriger wird, die Aerodynamik der Frontstufe(n) im unteren Lastbereich bis hin zum Leerlauf zu beherrschen. Dies trifft besonders für Verdichter von Wellenleistungstriebwerken mit 1-welligem Gasgenerator zu.

Hierzu zeigt Bild 6.11.17 die Geschwindigkeitsdreiecke der Frontstufe eines mehrstufigen Axialverdichters bei hohem und tiefem Wert X und entsprechenden Werten $\varphi_{rel,2}$ bzw. $\varphi_{rel,2.4}$, die sich z.B. im Falle der Sollanströmung des Laufrades ergeben. Hieraus ist zu erkennen, daß bei zunehmenden Druckverhältnissen Π_{AP} extreme Ansprüche an die Verstellung der Leitgitter der Frontstufe(n) bestehen. Bei konventionellen Verstell-Leitgittern – beginnend mit dem Vorleitgitter – sind Verstellwinkel im Sinne „Schließen" bis zu 40° üblich. Dabei ergeben sich die in Bild 6.11.18 dargestellten Konfigurationen bei Normalstellung und maximalem „Schließen". Man erkennt, daß

– beim Vorleitgitter – ob mit Verstellung der gesamten Schaufel oder mit verstellbarer Flosse – extrem starke Eintrittsstöße oder Konturknicke auftreten, die mit Sicherheit stark gestörte Zuströmung des folgenden Laufrades mit sich bringen und

– bei Nachleitgittern aufgrund der enormen Diffusion in den von den Schaufeln gebildeten Strömungskanälen die Abströmung und damit die Zuströmung zum folgenden Laufrad empfindlich gestört ist.

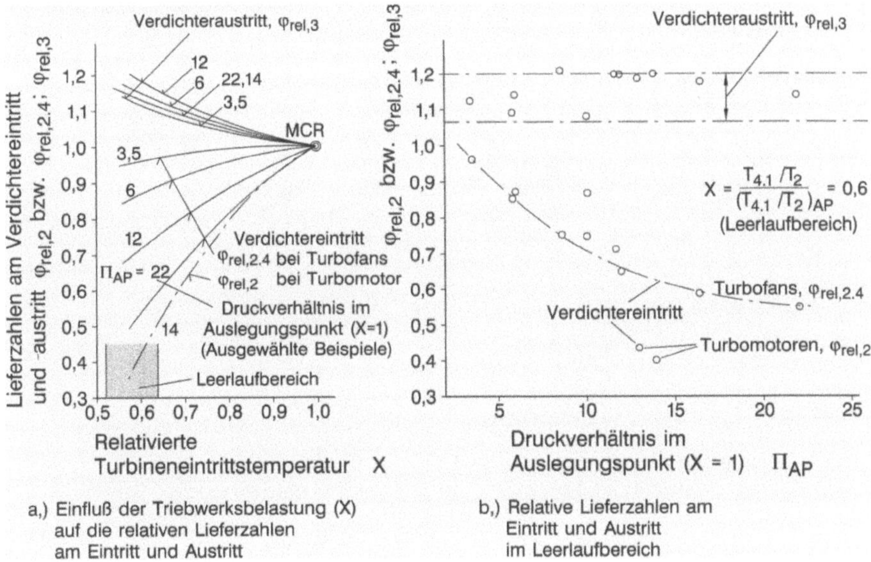

Bild 6.11.16: Betriebsverhalten von (HD-)Verdichtern im Gesamttriebwerk (Turbofan oder Turbomotor) bei Teillast (Drosselung der Frontpartie bzw. Entdrosselung der Austrittspartie)

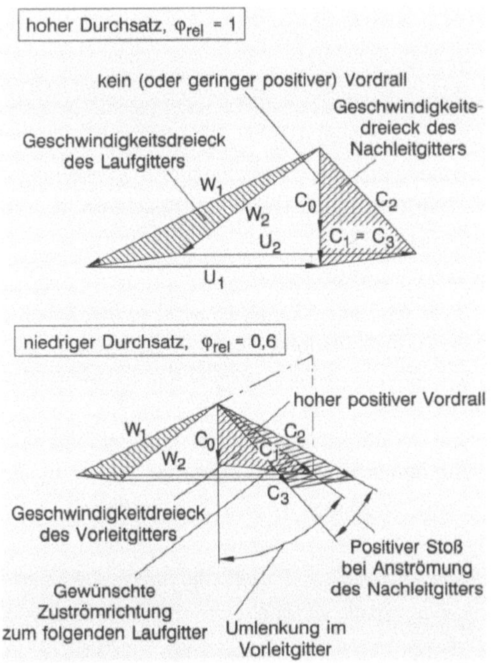

Bild 6.11.17: Geschwindigkeitsdreiecke der Frontstufe eines Axialverdichters bei hohem und niedrigem Durchsatz (Sonderfall: Soll-Anströmung des Laufgitters)

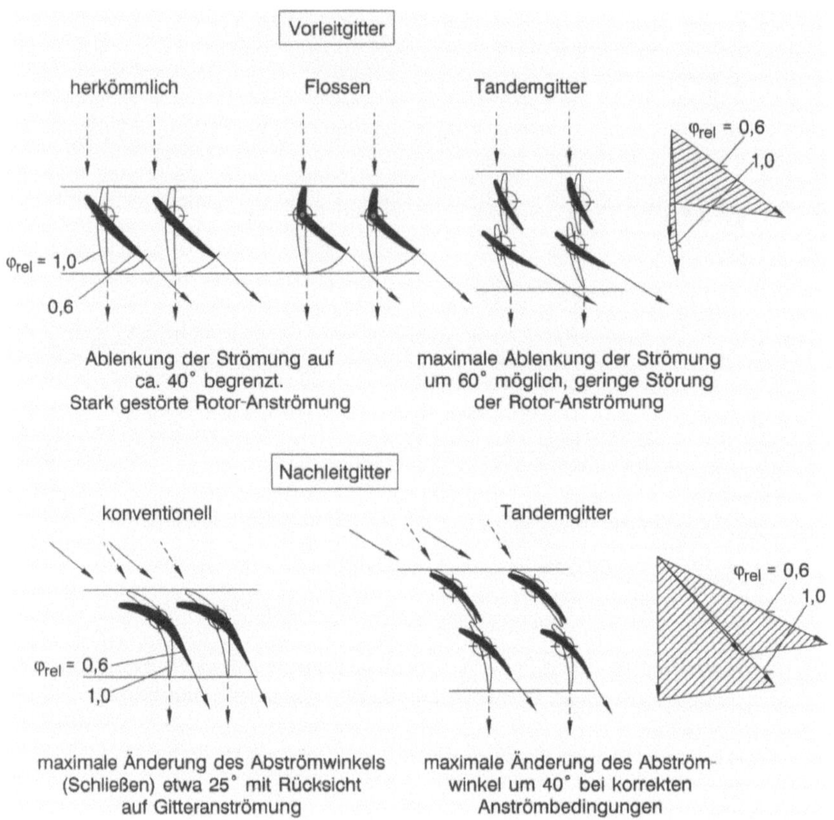

Bild 6.11.18: Verstell-Leitgitter von Axialverdichtern in konventioneller und Tandem-Ausführung

Bei der Ausführung der Leitgitter als Tandemgitter mit unterschiedlicher Verstellung der Eintritts- und Austrittspartie kann die Durchströmung erheblich verbessert werden, weil

– die Eintrittspartie sich nach der Zuströmung und

– die Austrittspartie sich nach der gewünschten Abströmung

richten kann und dabei die Diffusion in den Strömungskanälen zwischen den Schaufeln im Rahmen bleibt. Damit können sehr hohe Verstellwinkel im Sinne „Schließen" bis zu 60° bei günstigen Strömungsbedingungen erreicht werden, so daß die Zuströmung des nachfolgenden Laufgitters entscheidend verbessert wird.

Hierzu zeigt Bild 6.11.19 die Ringräume der Eintrittspartie eines HD-Verdichters mit verstellbaren Leitgittern in konventioneller und in Tandem-Ausführung.

Eintritts- und Austrittspartien der Leitgitter können 1- oder 2-parametrisch verstellt werden.

Bei 2-parametrischer Verstellung kann über die o.a. Fortschritte hinaus die Eintrittsseite der Gitter den Zuströmbedingungen angepaßt werden, ohne die Abströmung und damit die Parameter Π, $N/\sqrt{T}$ und Φ, zu verändern. Damit kann – soweit die Anströmung der Leitgitter betrachtet wird – z.B. stationären oder instationären Druckstörungen begegnet werden oder z.B. bei der Beschleunigung des Triebwerks Einfluß auf die Pumpgrenze in Abstimmung mit der höher liegenden Arbeitslinie genommen werden. Allerdings ist bei 2-parametrischer Verstellung der konstruktive Aufwand für die Verstellstangen und deren Betätigung bzw. Regelung sicher höher.

Die zu erwartende Verbesserung des Betriebsverhaltens im unteren Lastbereich kann sich besonders günstig bei rekuperativen Triebwerken auswirken, da hier z.B. bei $T_{4.1} \approx const.$ bzw. $X = const.$

- die Parameter Π, $N/\sqrt{T}$ und Φ zum Leerlauf hin besonders stark abnehmen und
- bei Teillast die Arbeitslinie höher als bei konventionellen Triebwerken liegt, vgl. Abschnitt 6.10.2.

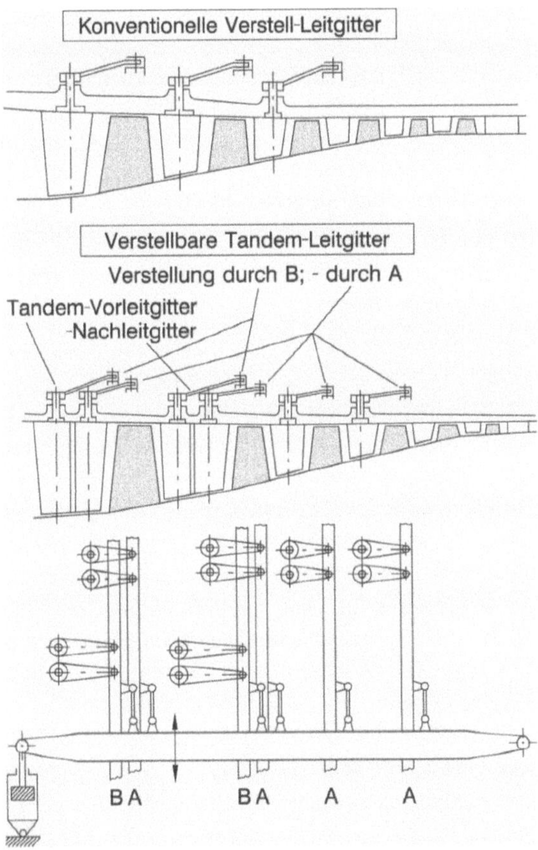

Bild 6.11.19: Verstellung von konventionellen und Tandem-Leitgittern bei Axialverdichtern mit variabler Geometrie

Selbst bei hohem Druckverhältnis des HD-Verdichters – vorstellbar ist zukünftig $\Pi_{HDV,AP} = 25$ bis 30, dürfte die beschriebene Ausbildung der Verstell-Leitgitter auf die Nachleitgitter der 1. und ggf. 2. Stufe beschränkt bleiben, da die erforderlichen Verstellbereiche von Stufe zu Stufe rasch abklingen, vergleiche hierzu auch Abschnitt 5.2.2.7.

Schließlich sei mit Blick auf Bild 6.11.16 erwähnt, daß aufgrund der Entdrosselung der Verdichter-Austrittspartie bei niedrigen Werten X, die z.B. bei Triebwerken für Überschall-Verkehrsflugzeuge im Reiseflug auftreten, variable Geometrie in den hinteren Stufen in Betracht gezogen wird, um hier im Überschall-Reiseflug optimale Stufen-Betriebspunkte zu erhalten.

6.11.4 HD-Systeme mit Tandem-Brennkammern

Allgemeines

Ausgehend von den positiven Erfahrungen mit stationären Gasturbinen mit Tandem-Brennkammern (Sequentual Combustion) bei Gas-/Dampf-Kraftwerken, z.B. nach [6.11.19], [6.11.20] und [6.11.22], liegt der Gedanke nahe, zu prüfen, ob die Anwendung der Tandem-Brennkammer in Turbofans zu Fortschritten in der Wirtschaftlichkeit und/oder Ökologie führen kann. Allerdings ist beim Vergleich zwischen Vorschalt-Gasturbinen in Gas-/Dampf-Kraftwerken bzw. -prozessen und Flugtriebwerken die Situation in folgender Hinsicht grundsätzlich verschieden:

- Während bei Vorschalt-Gasturbinen

  - hohe Abgastemperaturen mit Rücksicht auf optimalen thermischen Wirkungsgrad des nachfolgenden Dampfprozesses,

  - möglichst hohe spezifische Leistung und

  - günstige Bedingungen für niedrige NO_x-Emissionen

im Vordergrund stehen, muß im Bereich der Luftfahrt

- bei **zivilen Turbofans** und Mantelpropfans im Rahmen der hier gefragten spezifischen Schübe

  - die erreichbare Erhöhung der spezifischen Leistung P/M_V des HD-Systems von geringerer Erhöhung des spezifischen Brennstoffverbrauchs B/M_V begleitet sein, um Verbesserungen im *SBV* des gesamten Triebwerks zu erreichen, während

  - die Erhöhung der spezifischen Leistung des HD-Systems im Falle gleichzeitiger Erhöhung von B/M_V bei gegebenem spezifischen Schub des gesamten Triebwerks nur zur Verkleinerung des HD-Systems bzw. des Kerntriebwerks beiträgt.

Die dabei bestehenden Möglichkeiten werden in [6.11.21] diskutiert.
- Bei **militärischen Turbofans**, bei denen die Erhöhung des spezifischen Schubes ohne/mit Nachverbrennung im Vordergrund steht,

  - ist die zu erwartende Erhöhung des spezifischen Schubes ohne *NV* (bei voraussichtlich gleichzeitig erhöhtem SBV_{TR}) sicher interessant, wobei allerdings

  - der spezifische Schub mit *NV* – z.B. aufgrund höherer Druckverluste und/oder höheren Kühlungsaufwandes für ND-Turbine und NB-Flammhalter – nicht beeinträchtigt werden darf.

In beiden Fällen mag die Regelung der 2. Brennkammer bzw. der Temperatur $T_{4.3}$ in Relation zu $T_{4.1}$ möglicherweise eine gewisse Flexibilität im Betriebsverhalten im Sinne eines „VCE-Effekts" mit sich bringen.

Konzepte mit Tandem-Brennkammern

Die bei Flugtriebwerken, d.h. bei zivilen und militärischen Turbofans, vorstellbaren Konzepte mit Tandem-Brennkammern sind in Anlehnung an Bild 4.1.2 in Bild 6.11.20 schematisch dargestellt. Ausgehend von Konzept III oder V bzw. VII in Bild 4.1.2 wird bei Konzept A) die 2. Brennkammer zwischen HD- und ND-Turbine eingefügt. Dabei kann die HD-Turbine 1- oder 2-stufig sein, wobei allerdings die folgenden Tendenzen einen gewissen Zielkonflikt signalisieren:

– Je höher das Druckverhältnis der 1- oder 2-stufigen HD-Turbine ist, desto höher ist der Spielraum für die Temperaturerhöhung bzw. Energiezufuhr in der 2. Brennkammer, während dabei

– zugleich aufgrund des sinkenden Druckniveaus in der 2. Brennkammer deren Volumen im Vergleich zu jenem der 1. Brennkammer zunimmt.

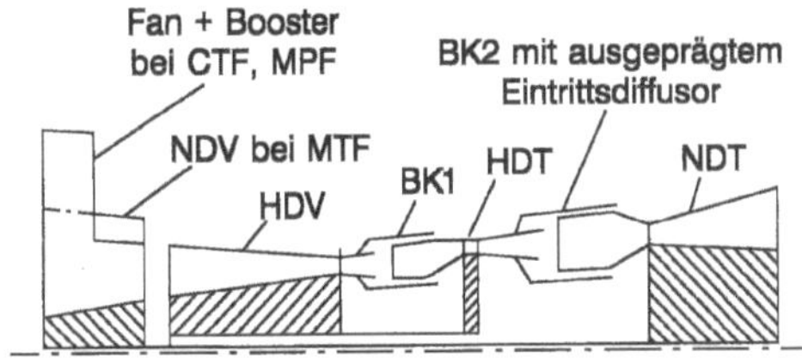

Konzept A, 2. BK zwischen HDT und NDT

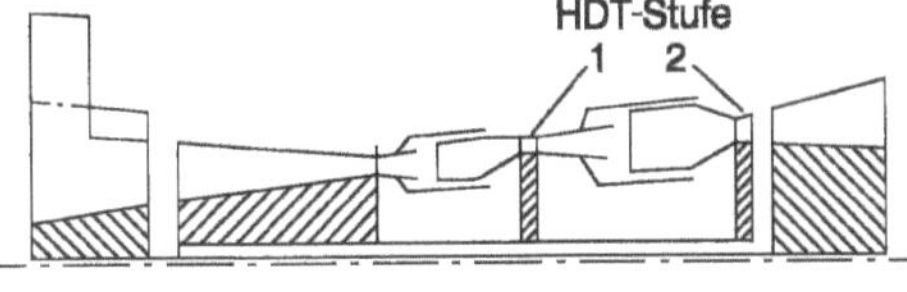

Konzept B, 2. BK zwischen 1. und 2. HDT-Stufe

Bild 6.11.20:
Turbofans mit Tandem-Brennkammer, Anordnung der 2. Brennkammer (schematisch)

Bei Konzept B), ebenfalls auf der Basis von Konzept III oder V bzw. VII nach Bild 4.1.2, ist bei Ausführung des HD-Systems mit höherem HDV-Druckverhältnis und 2-stufiger HD-Turbine, vgl. Abschnitt 6.2.3, die 2. Brennkammer zwischen die 1. und 2. Turbinenstufe gesetzt. Dabei besteht wegen der höheren Temperatur $T_{4.2}$ als bei Konzept A) weniger Spielraum für die Temperaturerhöhung auf $T_{4.3}$ in der 2. Brennkammer, so daß damit die Steigerung der spezifischen Leistung des HD-Systems geringer ausfällt.

Während Konzept A) mit 1-stufiger HD-Turbine für zivile Turbofans/Mantelpropfans und militärische Turbofans in Frage kommt, ist Konzept B) nur für zivile Turbofans/Mantelpropfans geeignet, da nur hier hohe Druckverhältnisse $\Pi_{HDV} = \Pi_V / \Pi_F$ bzw. Π_V / Π_{NDV} vorkommen.

Z.B. bei Konzept A) mit 1-stufiger HD-Turbine bestehen im Hinblick auf die Kühlung der 2. Brennkammer und der ND-Turbine 2 Möglichkeiten:

- Bei Entnahme von Kühlluft am Austritt des HD-Verdichters besteht gegenüber der HD-Turbine aufgrund der höheren Werte $T_m = 0{,}5\,(T_{4.3} + T_3)$ extrem hoher Kühlluftbedarf für die ND-Turbine. Ansonsten wird die Kühltechnologie einschließlich der thermisch/zyklischen Belastung der ND-Turbine jener der HD-Turbine vergleichbar sein. Allerdings ergibt sich dabei ein sehr hoher Drosselverlust der großen Kühlluftmengen für die 2. Brennkammer und die ND-Turbine.

- Bei der Entnahme von Kühlluft an einer Zwischenstufe des HD-Verdichters ist aufgrund der niedrigeren Temperatur $T_m = 0{,}5\,(T_{4.3} + T_{KL})$ mit geringerem Kühlluftbedarf zu rechnen. Dafür steigt aber aufgrund der größeren Differenz $T_G - T_{KL} > T_G - T_3$ die thermisch/zyklische Belastung der ND-Turbine.

Entsprechendes gilt auch für Konzept B).

Es ist anzunehmen, daß zur Maßnahme der Leistungssteigerung durch Tandem-Brennkammern erst dann gegriffen wird, wenn die Temperatur vor der HD-Turbine ihre physikalische Grenze erreicht hat. Diese besteht zumindest bei zivilen Triebwerken nach Abschnitt 5.10.2 darin, daß örtlich $T_{4,\max}$ unter stöchiometrischen Bedingungen erreicht wird.

HD-System mit 1-stufiger HD-Turbine ohne und mit 2. Brennkammer nach Konzept A)
Bei der im folgenden durchgeführten Analyse der beiden HD-Systeme wird mit Rücksicht auf die Vergleichbarkeit der Ergebnisse in Anlehnung an Abschnitt 6.11.2, d.h. beim Einsatz in zivilen Turbofans/Mantelpropfans und entsprechend dem Standard EIS = 2010, welcher nach Abschnitt 5.10.2 der stöchiometrischen Bedingung am HDT-Eintritt örtlich bereits nahekommt, von folgenden Daten bei *TO*, 0/0, ISA ausgegangen:

- Druckverhältnis im heißen Kreis $\Pi = 47$ mit $T_3 = 926\ \mathrm{K}$ entsprechend $T_{3,\max} \approx 970\ \mathrm{K}$ bei ISA + 15 K,

- Korrigierter Durchsatz amd HDV-Austritt $M_{3,korr} = 4\ \mathrm{kg/s}$,

- Druckverhältnis der 1-stufigen HD-Turbine $\Pi = 4{,}0$,

- Druckverluste in beiden Brennkammern jeweils $(\Delta p\,/\,p)_{BK} = 5\%$,

  die Annahme gleichen Druckverlusts in beiden Brennkammern erfordert einen ausgeprägten Brennkammer-Eintrittsdiffusor hinter der HD-Turbine, da die axiale Mach-Zahl am HDT-Austritt, die im Bereich $Ma_{ax,4.2} = 0{,}45\ bis\ 0{,}50$ liegt, auf ca. 0,20 bis 0,25 abgesenkt werden muß,

- die Kühlluft für die 2. Brennkammer und die ND-Turbine wird trotz der damit verbundenen höheren thermisch/zyklischen Belastung, vgl. Abschnitt 6.11.2, an einer Zwischenstufe des HD-Verdichters entnommen. Damit ergibt sich in Anlehnung an Abschnitt 6.2.2 bei

- 30% Druckverlust der Kühlluft zwischen Entnahme und Wiedereintritt in den Hauptstrom analog Gl. 6.2.9 der Entnahmedruck aus

$$p_{Ent}\,/\,p_3 = \Pi_{Ent}\,/\,\Pi_{HDV} = \frac{1 - \Sigma(\Delta p\,/\,p)_{BK}}{0{,}7 \cdot \Pi_{HDT}}\ .$$

– In Anlehnung an [6.11.19] ist bei der 2. Brennkammer mit einem Kühlluftbedarf, bezogen auf $M_{4.2}$, von ca. 10 bis 12% zu rechnen.

Da im vorliegenden Fall sehr viel Zwischenentnahme aus dem HD-Verdichter erforderlich ist, werden den Kühlluftmengen für die HD- und ND-Turbine und die 2. Brennkammer entsprechend Abschnitt 5.2.3.3 auf den jeweiligen Gasdurchsatz bezogen, wobei entsprechend

$$\frac{\Delta M_{KL}}{M_G} = \frac{\Delta M_{KL} / M_V \cdot (1-m)}{1 - \Delta M_{KL} / M_V} \tag{6.11.27}$$

die Beträge $\Delta M_{KL} / M_V = f(T_m)$ aus den Bildern 5.2.3.17 und 5.2.3.18 entnommen werden können.

Damit ergibt sich folgender Vergleich der maßgeblichen Eingangsdaten beider Systeme.

HD-System		konventionell		mit 2. Brennkammer		
		HDT	NDT	HDT	BK	NDT
$T_{4.1}(T_{4.3})$	K	1880		1880		(1880)
$T_3(T_{Ent})$	K	926		926		(678)
$T_{4.2}\ (T_{BK,A})$	K	1388		1388		(2130)
$T_{m,HDT}(T_{m,NDT})$	K	1403	(1016)	1403		(1279)
$(\Delta M_{KL} / M_3)_{HDT}$		0,275		0,275		
$(\Delta M_{KL} / M_{4.2})_{NDT}$			0,073			0,230
$(\Delta M_{KL} / M_{4.2})_{BK}$					0,120	

Hieraus folgen die für die resultierende Gasleistung maßgebenden Daten des Hauptstroms

$(M_{4.1} / M_V)_{HDT}$	0,83	0,64	
$\Pi_{Exp} = \dfrac{p_{4.4}}{p_{2.4}} = \dfrac{\Pi_{HDV} \cdot \Pi_{BK}}{\Pi_{HDT}}$	1,71	1,36	

und des aus dem Kühlluftbedarf für die ND-Turbine resultierenden Anteils

$(\Delta M_{KL} / M_V)_{NDT}$	0,069	0,190	
$\Pi_{Exp} = \Pi_{Ent} \cdot \Pi_{BK1} \cdot \Pi_{BK2}$	2,74	2,28 .	

Damit ergeben sich die folgenden spezifischen Gesamt-Leistungsdaten, vgl. Abschnitt 6.2.4,

$\Sigma P / M_V$	202	160	$\dfrac{kW}{kg/s}$
B / M_V	0,020	0,029 .	

Bei gleicher Kerntriebwerkkapazität $M_{3,korr} = 4$ kg/s ergeben sich bei $\Pi_V = 47$ mit dem Durchsatz $M_3 = 105$ kg/s folgende Leistungsdaten P_{Exp} und B:

M_3 / M_V	0,93	0,72	
M_V	113	146	kg/sec
ΣP_{Exp}	23000	23400	kW
B	2,30	4,22	kg/s

Damit ergeben sich zunächst mit der 2. Brennkammer bzw. Konzept A) bei gleicher Kerntriebwerkkapazität $M_{3,korr}$ zwar etwa gleiche Gasleistungen, aber ein wesentlich höherer Brennstoffverbrauch als beim konventionellen HD-System.

Leistungsdaten bei TL- und ZTL-Triebwerken

Die Beurteilung der Effektivität der beiden Konzepte ist jedoch in Übereinstimmung mit Abschnitt 6.2.4 nur möglich bei Einbettung der HD-Systeme in gleiche TL- und ggf. ZTL-Kreisprozesse mit gleichen Werten $T_{4.1}$, Π_V und ggf. F / M_F. Dabei ist auch dem Umstand Rechnung zu tragen, daß mit Tandem-Brennkammer, Konzept A), die ND-Turbine thermisch wesentlich höher belastet ist als beim konventionellen Konzept und damit einen höheren Kühlluftaufwand erfordert. In beiden Fällen bedeutet die Erweiterung zum TL-Triebwerk im Sinne von Abschnitt 3.5 bzw. Bild 3.5.1 jeweils 1-stufige ND-Turbinen, deren Effektivität unter Berücksichtigung der Kühlung nach den Abschnitten 5.2.3.3 und 5.2.3.4 zu behandeln ist. Auf dieser Basis ergeben sich folgende Kreisprozeßdaten

TO, 0/0, ISA		Konventionelles Konzept	Tandem-BK Konzept A)	
	Π_V	47	47	-
	$T_{4.1}$	1880	1880	K
	$T_{4.3}$	1355	1880	K
	$M_{korr,3}$	——— 4,0 ———		kg/s
	$T_{KL,HDT}$	926	926	K
	$T_{KL,NDT}$	678	678	K

und Leistungsdaten der (fiktiven) TL-Triebwerke

		Konventionelles	Tandem-BK	
Düsendruckverhältnis	Π_D	5,58	5,75	–
Düsentemperatur	T_D	1155	1620	K
spez. isentr. Schub	F / M_V	978	1170	m/s
Brennstoffverbrauch	B / M_V	0,0202	0,0289	–
	SBV_{TL}	0,742	0,888	kg/h,daN

Ferner ist der bereits o.a., für die Triebwerkgröße maßgebende

Verdichterdurchsatz M_V 113   146   kg/s

Damit würde bei militärischen Turbofans, bei denen das Nebenstromverhältnis im Bereich niedriger Werte liegt, das Konzept mit Tandem-BK wie erwartet zu höherem spezifischen Trockenschub $(F/M)_{TR}$ bei gleichzeitig erhöhtem SBV_{TR} führen. Mit einer für die Triebwerkdimensionierung i. a. maßgebenden Erhöhung des spezifischen Schubes mit NV kann allerdings nicht gerechnet werden.

Demgegenüber führen die Leistungsdaten der beiden HD-Systeme bei Erweiterung der TL-Triebwerke zu ZTL-Triebwerken gleichen spezifischen Schubes, z.B. ohne Mischung der beiden Ströme bei $F/M_F = 270$ m/s bei TO, 0/0, ISA, nach den Abschnitten 3.5.1 und 3.5.2 mit $K = \eta_{is,F} \cdot \eta_{is,T} = 0{,}85$ zu folgenden Leistungsdaten:

		Konventionelles Konzept	Tandem-Konzept A)	
Nebenstromverhältnis	μ	10,0	15,0	
	SBV_{ZTL}	0,241	0,240	
		(100%)	($\approx$ 100%)	
Schub	F_{ZTL}	33500	61000	daN
Fan-Durchsatz	M_F	1225	2260	kg/s
		(100 %)	(184 %)	

Daraus folgt, daß der Schritt vom konventionellen HD-System zum Tandem-HD-System bei gleicher HDT-Technologie, aber thermisch fortschrittlicher NDT-Technologie, bei gleicher Kerntriebwerkkapazität $M_{korr,3}$, gleichen Kreisprozeßdaten und gleichem spezifischen Schub zwar zu bedeutend schubstärkerem zivilen Turbofan, aber nicht zur Verbesserung im SBV führt. Ist neben F/M_F zugleich der Schub selbst festgelegt, so ergibt sich mit dem Tandem-Konzept nur ein kleineres Kerntriebwerk.

Daß durch Regelung der Temperatur $T_{4.3}$ in Relation zu $T_{4.1}$ Vorteile im Teillastverhalten erreicht werden können, ist denkbar.

Ob, wie in [6.11.23] angesprochen, die Verbrennungsbedingungen in der 2. Brennkammer dazu beitragen können, die insgesamt auftretende NO_x-Emission – verglichen mit dem konventionellen Konzept bei gleichem Kreisprozeß und gleichem Schub – niedriger zu halten, wäre unter den in Flugtriebwerken vorliegenden Bedingungen zu prüfen.

Der Vollständigkeit halber sei die Anwendung des Tandem-Konzepts bei rekuperativen Turbofans/Mantelpropfans angesprochen, zumal hier die Abgasenergie teilweise zurückgewonnen wird, während dies beim konventionellen zivilen Turbofans nicht der Fall ist und damit die Aussichten zur Verbesserung des SBV – wie gezeigt – schlecht sind. Aus den Abschnitten 5.7 und 6.10 ergab sich, daß selbst bei $T_{4.1} = const.$ und entsprechend geregelter Temperatur $T_{4.3}$ der Wärmetauscher im Teillastbereich im wünschenswerten Bereich thermisch höher belastet werden könnte. Entsprechend könnte mit der 2. Brennkammer vor der ND-Turbine (Konzept A), deren Durchsatz nicht rekuperativ aufgeheizt werden kann, das Temperaturniveau im Wärmetauscher angehoben und damit der *SBV* im Reiseflug sichtbar verbessert werden. Allerdings ist damit höhere NO_x-Emission verbunden.

Kühlung und Dimensionierung der 2. Brennkammer

Ein Handikap ist beim Tandem-Konzept sicher die erforderliche, sehr voluminöse 2. Brennkammer, zumal der korrigierte Eintrittsdurchsatz zum korrigierten Durchsatz der 1. Brennkammer im Verhältnis

$$\frac{M_{korr,BK2}}{M_{korr,BK1}} = \frac{M_{4.2}}{M_{3.1}} \cdot \Pi_{HDT} \cdot \sqrt{\frac{T_{4.2}}{T_3}} > 1 \tag{6.11.28}$$

steht. Damit ergeben sich im hier verfolgten Beispiel folgende Relationen der korrigierten Brennkammerdurchsätze zur Kerntriebwerkkapazität $M_{korr,3}$:

		Konventionelles Konzept	Tandem-Konzept A)
1. Brennkammer	$(M_{BK1}/M_3)_{korr}$	0,725	0,725
2. Brennkammer	$(M_{BK2}/M_3)_{korr}$	–	2,9

Da bei Konzept B) das Druckverhältnis der 1. HDT-Stufe in jedem Falle $\Pi < 4$ sein würde, könnte in diesem Falle mit weniger voluminöser 2. Brennkammer gerechnet werden. Allerdings würde sich damit zugleich der mit dem Tandem-Konzept erzielbare Effekt verkleinern.

Soweit die Flammrohrkühlung der 2. Brennkammer betroffen ist, mag ein Vergleich einerseits mit der 1. Brennkammer, andererseits mit einem Nachbrenner-Hitzeschild instruktiv sein. Ist

$T_{G,E}$ die Gastemperatur am Eintritt und

$T_{G,A}$ am Austritt des Flammrohrs,

T_{KL} die Eintrittstemperatur auf der Sekundärseite des Flammrohrs bzw. Hitzeschildes und

T_W die Wandtemperatur, die maximal 1200 K betragen soll,

dann ist bei den Konzepten

	Tandem-Konzept A)		Nachbrenner-Hitzeschild	
	BK 1	BK 2	eines Turbofans	
$T_{G,E}$	926	1355	1260	K
	$(= T_3)$	$(= T_{4.2})$	$(= T_5)$	

$T_{G,A}$	2130	2130	2100	K
	$(= T_4)$	$(= T_4)$	$(= T_7)$	
T_{KL}	926	678	410	K
	$(= T_3)$	$(= T_{Ent})$	$(= T_{1.3})$	

Daraus ergibt sich die erforderliche mittlere Kühlungseffektivität des Flammrohrs bzw. Hitzeschildes, bezogen auf die mittlere Gastemperatur

$$\overline{T}_G = 0,5(T_{G,E} + T_{G,A}) \tag{6.11.29}$$

$$\overline{\varepsilon} = \frac{\overline{T}_G - T_W}{\overline{T}_G - T_{KL}} = \quad 0,54 \qquad\qquad 0,51 \qquad\qquad 0,38 \tag{6.11.30}$$

Damit im Zusammenhang steht der angesetzte Kühlluftbedarf für Flammrohr bzw. Hitzeschild

$$\Delta M_{KL} / M_G \qquad 0,15 \text{ bis } 0,20^* \quad 0,10 \text{ bis } 0,12^{**} \quad 0,15^{***}$$

* entsprechend $\Delta M_{BK,KL} / M_{BK} = 1 - (M_{PZ} + M_{Dil}) / M_{BK}$

** nach [6.11.19]

***Minimum entsprechend Bild 5.4.7.

Ferner kann die Relation zwischen Flammrohr- bzw. Nachbrennerquerschnitt A und zu kühlender Flammrohr- bzw. Nachbrenner-Hitzeschild-Oberfläche O nach Abschnitt 5.3.3 und 5.4.2 wie folgt angesetzt werden. Danach liegt bei

	BK 1	BK 2	Hitzeschild
die Relation O/A bei	$2l_{FR} / h_{PZ}$	$2l_{FR} / h_{PZ}$	$4l/D$
im Bereich	3 bis 4	3 bis 4	5 bis 7

Wenngleich aus den Werten $\Delta M_{KL} / M_G$ und O/A zu schließen ist, daß der bei der 2. Brennkammer angesetzte Kühlluftanteil eher knapp ist – was korrigierbar ist – so sind in Übereinstimmung mit [6.11.19] bis [6.11.22] auch bei den hier angesetzten fortschrittlichen Triebwerkdaten mit der 2. Brennkammer – abgesehen von den großen Abmessungen – keine außergewöhnlichen Probleme zu erwarten.

6.11.5 Wasserstoff als Brennstoff im zivilen Luftverkehr

Schadstoffemission und Brennstoffkosten

Seit langem wird flüssiger Wasserstoff (LH_2) als ökologisch günstiger Brennstoff für zukünftige Verkehrsflugzeuge propagiert, weil damit die zum Treibhauseffekt beitragende CO_2-Emission vermieden wird. Zwar wird dadurch die Emission von H_2O erhöht; zumindest unterhalb der Tropopause wird jedoch H_2O klimatisch neutralisiert und die Frage der Schädlichkeit der H_2O-Emission oberhalb der Tropopause, die bei einem zukünftigen denkbaren Überschall-Verkehr relevant sein könnte, ist nach [5.3.5] offen. Die Frage, ob sich mit LH_2 als Brennstoff die NO_x-Emission verkleinern läßt, wird weiter unten behandelt.

Abgesehen von der Gewißheit, daß die spezifischen Brennstoffkosten von LH_2 im Vergleich zu Kerosin – je nach Produktionsmethode und Ausgangspunkt – sehr hoch sein werden, dringt mehr und mehr die Erkenntnis durch, daß bei der Beurteilung des Beitrags zur CO_2-Emission nicht nur der Vorgang der Verbrennung in der Atmosphäre, sondern auch die Emission im Zuge der Produktion und der Erstellung der Produktionsanlagen einbezogen werden muß. Danach schneidet LH_2 als Brennstoff entsprechend dem auf MTU-Datenbasis beruhenden Bild 6.11.21 sowohl in den Kosten als auch in der resultierenden CO_2-Emission, verglichen mit Kerosin, mehr oder weniger ungünstig ab. Was die Kosten betrifft, kommt erschwerend hinzu, daß auf den Flughäfen die für LH_2 erforderliche Infrastruktur sehr viel aufwendiger als für Kerosin sein wird.

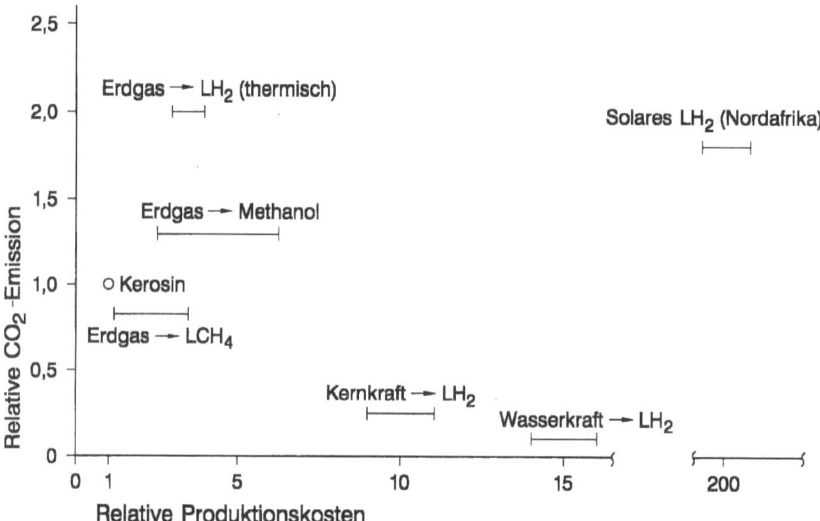

Bild 6.11.21: Relative CO_2-Emission bei Produktion + Verbrennung und relativer Produktionspreis (und Transport etc.) von Luftfahrtbrennstoffen bei gleichem Energiegehalt (nach MTU-Datenbasis, Stand 1996)

Verkehrsflugzeuge für LH_2

Aufgrund des auf den unteren Heizwert *Hu* bezogenen spezifischen Volumens und spezifischen Gewichts von LH_2 – vgl. Bild 6.8.2 – ergeben sich bei gegebener Mission (Zahl der Passagiere und Reichweite) vor allem im Langstreckenverkehr leichtere, aber voluminösere Flugzeuge. Damit wird die Transportleistung pro Passagier sichtbar kleiner, während bei Unterschall-Verkehrsflugzeugen der zur Unterbringung des Brennstoffs nötige größere Rumpfquerschnitt nur wenig zur Verschlechterung des Verhältnisses Auftrieb/Widerstand beiträgt. Bei Überschall-Verkehrsflugzeugen, deren Rumpf extrem schlank sein muß, mag die Situation anders aussehen. Da zugleich der spezifische Energieverbrauch der Triebwerke – deren Kreisprozeß derselbe wie mit Kerosin sein wird – ebenfalls dem mit Kerosin gleicht, würden LH_2-Unterschall-Verkehrsflugzeuge trotz des höheren Aufwandes für die Tankanlage etc. wirtschaftlicher als mit Kerosin zu betreiben sein, sofern der Brennstoffpreis pro Energieeinheit jenem von Kerosin vergleichbar wäre.

Triebwerke einschließlich Brennstoffzufuhr

Es besteht kein Anlaß, bei Triebwerken für LH_2 vom thermodynamischen Kreisprozeß und der Auslegung/Dimensionierung der Komponenten – ausgenommen die Brennkammer – gegenüber Triebwerken für Kerosin zu ändern. Allerdings wird man bestrebt sein, den Wasserstoff an der Peripherie der Triebwerke zu halten und in verdampfter Form (GH_2) direkt in die Primärzone der Brennkammer einzuspritzen. Wie in Abschnitt 6.8 bereits angesprochen, vgl. auch [6.8.28] bis [6.8.32], ist seit langem bekannt, daß

- hochfeste metallische Werkstoffe durch Wasserstoff bei längerer Betriebszeit – vor allem an Stellen mit Spannungsanhäufungen – verspröden,
- Wasserstoff in metallische Wände eindringt und die Struktur bei Absinken des Drucks – z.B. im Stillstand – sprengt und
- Wasserstoff durch Wände diffundiert und auf der Gegenseite, falls dort O_2 bzw. Luft vorhanden ist, an Stellen ohne Strömung zündfähige Gemische bilden kann.

Zwar werden die bei H_2/O_2-Raketentriebwerken vorliegenden Bedingungen (einmaliger Einsatz von extrem kurzer Dauer im Minutenbereich) technologisch beherrscht. Die o.a. Problematik trifft jedoch bei den im zivilen Luftverkehr geforderten extrem langen Betriebszeiten etc. in vollem Umfang zu. Erfahrungen im Umgang mit L/GH_2 in Verkehrsflugzeugen – allerdings nicht im Linienverkehr – liegen aufgrund des in den 80er Jahren durchgeführten sowjetrussischen Experimentalprogramms mit der Tupolev TU 155 vor, vgl. [6.8.7].

Ein gewisses Problem besteht in der vor dem Eintritt in das Triebwerk nötigen Verdampfung des Wasserstoffs durch Wärmezufuhr, die auch im Standbetrieb, d.h. bereits beim Anlassen, funktionieren muß.

Brennkammer

Es ist zwar möglich, eine für Kerosin dimensionierte und gestaltete Brennkammer auf die Verbrennung von GH_2 umzurüsten, vgl. [6.11.24]. Bei einer konsequent für GH_2 gestalteten Brennkammer können die beim Betrieb mit Kerosin zu beachtenden Parameter, insbesondere die arm-Verlöschgrenze $\Phi_{min} \approx 0{,}5$ in der Primärzone, die zulässige axiale Referenz-Mach-Zahl Ma_{ref}, die Relationen L_{FR}/h_{PZ} und h_{PZ}/h_{ref} sowie die Parameter Θ, ZP und BP in Richtung kleinerer Werte Φ_{min} und Dimensionierung des

Flammrohrs verschoben werden mit dem (vorerst hypothetischen) Ziel – vgl. [5.3.11] –, trotz höherer stöchiometrischer Verbrennungstemperatur niedrigere effektive, d.h. unterstöchiometrische Temperaturen in der Primärzone bei kürzerer mittlerer Aufenthaltszeit t_{FR} im Flammrohr zu erreichen, vgl. Abschnitte 5.3.3 bis 5.3.5. Für die Verbrennung von GH_2 gültige, experimentell abgesicherte nutzbare Betriebsbereiche der o.a. Parameter sind zwar nicht verfügbar, aber nach [6.11.21] ist bekannt, daß nach Triebwerkversuchen unter Höhenbedingungen Brennkammern mit GH_2 bis in 2,8 bis 3,6 km größere Flughöhen stabil bleiben. Dies entspricht einer Absenkung des bei Kerosin notwendigen minimalen Betriebsdrucks auf ca. 73 bis 64%.

Bei einer für GH_2 zu dimensionierenden Brennkammer können folgende günstigen physikalischen Eigenschaften von GH_2 genützt werden:
– die wesentlich höhere Flammenfortschrittsgeschwindigkeit (z.B. bei $\Phi = 1$ im Bereich $C = 3$ m/s im Vergleich zu 0,4 m/s bei Kerosin),
– die sehr viel schnellere Mischung GH_2/Luft durch Diffusion des Wasserstoffs in die Luft hinein,
– die wesentlich tiefere arm-Verlöschgrenze im Bereich $\Phi_{min} = 0,1$ (gegenüber 0,5 bei Kerosin).

Diese Brennstoff-Eigenschaften lassen eine sichtbar kompaktere Dimensionierung der GH_2-Brennkammer bei
– gleichen Druckverlusten aufgrund des geringeren Durchmischungsaufwandes,
– kürzerer mittlerer Aufenthaltszeit im Flammrohr und
– niedrigerer mittlerer Temperatur in der Primärzone
zu. Trotz der höheren Flammenfortschrittsgeschwindigkeit und leichteren Durchmischung GH_2/Luft wird auch bei GH_2-Brennkammern ein Flammenstabilisierungssystem mit seitlicher Zufuhr von Sekundärluft und Rückstromgebiet erforderlich sein.

Aufgrund der höheren Flammenfortschrittsgeschwindigkeit bei der Verbrennung von Wasserstoff muß der erhöhten Gefahr des Flammenrückschlags – z.B. beim Pumpen des Triebwerks – besondere Aufmerksamkeit geschenkt werden. Deswegen sowie mit Rücksicht auf die Zündfähigkeit des GH_2-Luft-Gemisches ist es voraussichtlich nicht möglich, Räume stromauf der Primärzone des Flammrohrs im Bereich der GH_2- und Luftzufuhr zuzulassen, in denen beide Medien zusammenkommen, vgl. [5.3.11].

Abschließener Kommentar

Die mit der potentiellen zukünftigen Einführung von LH_2 als Brennstoff in die zivile Luftfahrt zusammenhängende Problematik liegt nicht primär auf der technischen Seite, wenngleich auf die noch fehlende technologische Entwicklung und Erfahrung im Langzeiteinsatz von LH_2 oder GH_2 führenden Elementen (Leitungen, Ventile, Pumpen, Wärmetauscher etc.) hingewiesen werden muß. Die damit vorhandene Problematik erscheint lösbar. Vielmehr ist

– der wirkliche ökologische Fortschritt im Hinblick auf die CO_2-, H_2O- und NO_x-Emission nicht erkennbar und

– der Energiepreis von LH_2 vorerst prohibitiv hoch.

Zudem ist nicht zu übersehen, daß nach Bild 6.11.21 mit einer theoretisch denkbaren, ökologisch günstigen LH_2-Produktion auch bei vollständiger Umstellung des zivilen Luftverkehrs auf LH_2 – die mit Sicherheit nicht möglich ist – mit der Elimination des insgesamt etwa 2% betragenden Anteils der Luftfahrt an der gesamten anthropogenen CO_2-Emission nur ein zwar sehr teurer, ansonsten aber nur geringer Beitrag zur Lösung des globalen Treibhausproblems geleistet werden kann.

6.11.6 Neue Rotorstrukturen

Seit langem ist es bei Flugtriebwerken Stand der Technik, bei Sekundärstrukturen im niedrigen Temperaturbereich, d.h. z.B. für Verkleidungen in Nebenstromkanälen, Rotor-Frontkappen und ähnliches, nichtmetallische Werkstoffe zu verwenden, um Gewicht zu sparen. Hierzu zeigt Bild 6.11.22 die zeitliche Entwicklung der Liste solcher Elemente. Über den fortschreitenden Ersatz metallischer Teile hinaus sind seit den 80er Jahren zunehmend Anstrengungen im Gange, bei Rotoren nicht nur im Bereich der Verdichter, sondern auch auf der Turbinenseite hochfeste, faserverstärkte Verbundwerkstoffe einzuführen. Dabei besteht das Ziel,

– **Verdichterseitig** bei möglichst hohen Umfangsgeschwindigkeiten und damit hohen spezifischen Arbeiten pro Stufe

  – die Scheiben durch hochfeste Ringe mit geringer radialer Erstreckung zu ersetzen und zugleich die Elemente Ring, Schaufeln und Anschlußteile zu den Nachbarstufen monolithisch zu gestalten (Blings $\hat{=}$ Blades + Rings), vgl. Bild 6.11.23.

  – Dabei sind im Temperaturbereich $T < 900$ bis 950 K Verbundwerkstoffe mit ringförmig gewickelten, hochfesten Kohle- oder Keramikfasern vorgesehen, welche die Ringspannungen aufnehmen und zur Stützung bzw. radialen Positionierung in eine Titanmatrix eingebettet sind (TMCs $\hat{=}$ Titanium Matrix Composites), vgl. [6.11.26].

– **Turbinenseitig,** wo wesentlich höhere Temperaturen herrschen, werden zumindest bei kleinen Triebwerken für kurzzeitigen Einsatz in unbemannten Flugkörpern (Drohnen)

  – Scheiben mit eingesetzten, gekühlten Schaufeln ebenfalls durch hochfeste Ringe aus Verbundwerkstoff zusammen mit Schaufeln und Verbindungsteilen, die wie oben zu monolithischen (gekühlten) Elementen vereinigt sind, in Erwägung gezogen.

  – Dabei werden bei den Ringen Verbundwerkstoffe mit hochfesten, ebenfalls ringförmig gewickelten Kohle- oder Keramikfasern in Betracht gezogen, die in diesem Falle mit keramischer Matrix kombiniert werden (CMCs $\hat{=}$ Ceramic Matrix Composites).

Überlegungen, bei metallischen Turbinenschaufeln fortschrittliche Kühlstrukturen durch Fügung von Schichten zu integrieren, sind seit langem bekannt, vgl. [6.11.27]. Dadurch könnte im Prinzip die Entwicklung zu gekühlten „Blisks" oder „Blings" ermöglicht werden.

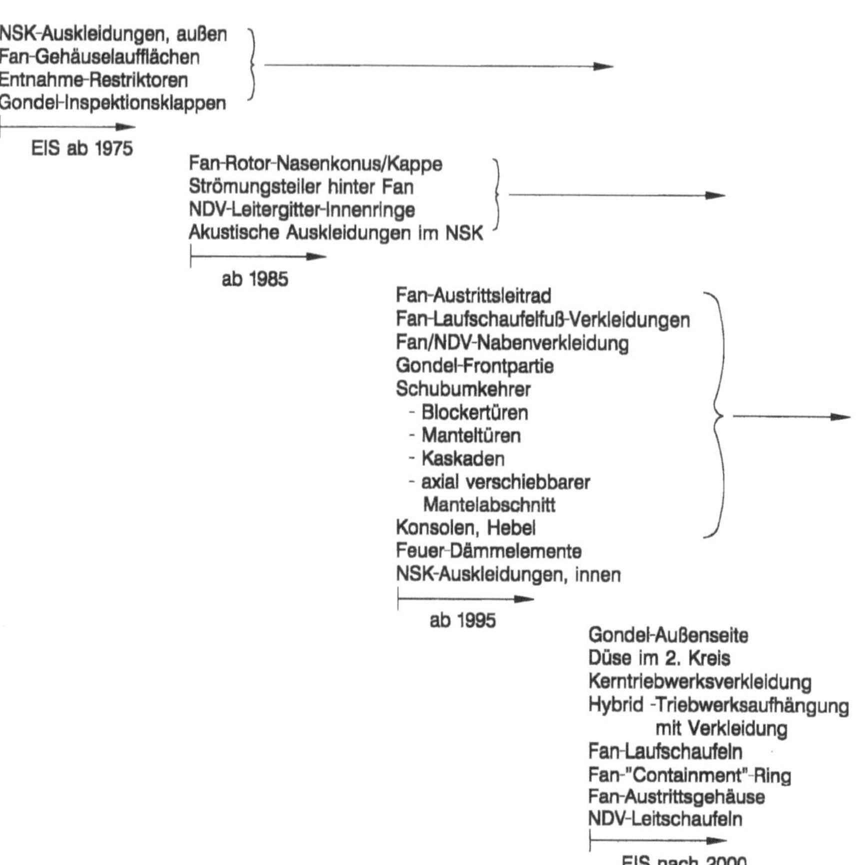

Bild 6.11.22: Überblick der progressiv voranschreitenden Einführung von Bauteilen aus nichtmetallischen, faserverstärkten Werkstoffen

Bei Kohle- oder Keramikfasern mit Keramikmatrix besteht gegenüber der herkömmlichen, spröden Keramik der Vorteil, daß die Festigkeit von den Fasern erbracht wird, während die Keramikmatrix nur für die Positionierung der Fasern zu sorgen hat. Dadurch wird zugleich die Ausbreitung von Rissen, ausgehend von Fehlstellen in der Matrix, verhindert und damit indirekt ein gewisser Duktilitätseffekt erreicht.

Ob zukünftig Verbundwerkstoffe mit Kohle- oder Keramikfasern und einer Matrix auf Nickelbasis denkbar sind, die für höhere Temperaturen als TMCs geeignet wären und sicher höhere Duktilität als CMCs aufweisen würden, ist offen.

Bei TMCs und CMCs ist der Übergang von den hochfesten Ringen mit hauptsächlich tangentialer Belastung zu den Schaufeln mit vorherrschend radialer Belastung nach wie vor kritisch. Insbesondere begrenzen diese Stellen entsprechend den Matrix-Werkstoffeigenschaften die zulässigen Betriebstemperaturen. Dies gilt besonders für Turbinen, zumal hier bei „Blings" – die zur Realisierung der angestrebten Vorteile unabdingbar sind – die Kühlstruktur der Schaufeln integriert werden muß.

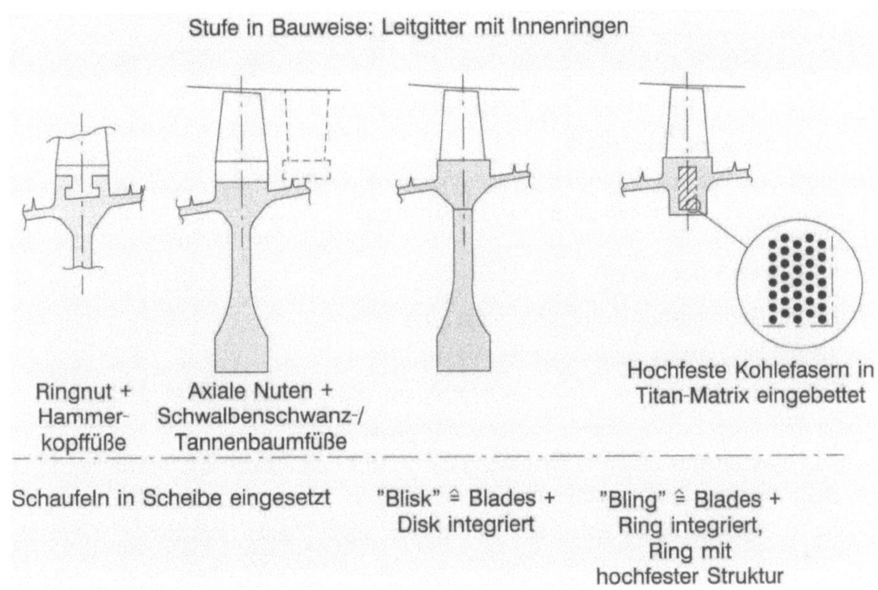

Bild 6.11.23: Entwicklung der Rotorkonstruktionen am Beispiel einer HD-Verdichterstufe

Verbundwerkstoffe mit Kohlefasern und Kohlematrix sind zwar thermisch am höchsten belastbar; die Frage der Notwendigkeit von Schutzschichten zur Vermeidung der über 500 bis 550 °C einsetzenden Oxidation, die der thermisch/mechanischen Belastung und dem Einschlag von Fremdkörpern standhalten, ist jedoch nach wie vor ungelöst.

Es scheint, als ob bei diesen Entwicklungstendenzen die USA im Rahmen eines umfassenden, mit hohem finanziellen Aufwand vorangetriebenen Forschungs-/Entwicklungsprogramms (IHPTET ≙ Integrated High Performance Turbine Engine Technology) die Führung innehaben. Im übrigen umfaßt dieses Programm neben den Turbomaschinen alle thermisch/mechanisch hochbeanspruchten Bauteile wie Düsen, Brennkammer-Flammrohre, Nachbrenner-Flammhalter und -Hitzeschilder etc., vgl. die Programmübersicht [6.11.28] und die Beschreibung technischer Einzelheiten entsprechend [6.11.29] bis [6.11.31]. Auch die im folgenden Abschnitt 6.11.7 angesprochene magnetische Lagerung wird im Rahmen des IHPTET-Programms verfolgt.

Voraussichtlich werden die hier angesprochenen Technologien, die in erster Linie geringeres Gewicht bzw. höhere Schub-/Gewichtsverhältnisse bei hohen spezifischen Schüben versprechen, zunächst nur bei militärischen Turbofans – oder ggf. bei Hyperschall-Triebwerken – zum Einsatz kommen, zumal hier die geforderten Standzeiten weit weniger hoch sind als im zivilen Bereich und die Frage der Zuverlässigkeit im Betrieb nicht den gleichen Rang wie in der zivilen Luftfahrt einnimmt.

Ohne Zweifel könnte die Einführung nichtmetallischer Werkstoffe bei thermisch/mechanisch hochbelasteten, vor allem rotierenden Bauteilen zusammen mit den dadurch erzielbaren Vereinfachungen der Konzeption gewissermaßen eine technische Revolution

bedeuten. Allerdings erfordert dabei die Beurteilung der mit dem Einsatz von Verbundwerkstoffen erzielbaren Effekte vom Standpunkt der Kriterien

- Sicherheit im Betrieb,

- Steigerung der Effektivität bzw. Wirtschaftlichkeit und

- Ausdehnung der Standzeiten,

bei denen die Anforderungen im zivilen und militärischen Bereich anders gelagert sind,
sicher intensive, unvoreingenommene Untersuchungen.

6.11.7 Ölfreie Triebwerke

Schon seit längerem bestehen Überlegungen zur

- Vermeidung mechanischen Verschleißes und zur

- Eliminierung brennbarer Medien wie Schmieröl oder Hydraulik-Flüssigkeit.

Diese führen bei Triebwerken in letzter Konsequenz dazu,

- die Lager ohne metallische Berührung des Rotors und Stators, d.h. vorzugsweise als
  „magnetische Lager" einzuführen und

- die Hilfsgeräte durch einen am HD-System angeordneten elektrischen Generator
  anzutreiben und dabei diesen Generator auch als Anlasser einzusetzen.

Die hypothetische Einführung magnetischer Lager – axial und radial – eröffnet völlig
neue Aspekte in der Dimensionierung/Konzeption, da

- die bei Wälzlagern bisher bestehende, zuweilen einschneidende Beschränkung auf den
  Parameter $N \cdot D \hateq 2{,}5$ bis $3 \cdot 10^6$ mm/min wegfällt, so daß Wellen bzw. Rotor-Wellen-
  stummel anders gestaltet werden können,

- die an den Lagern bzw. in den Lagerkammern bestehende Beschränkung der Betriebstemperatur bzw. die Rücksichtnahme auf die Vermeidung von Ölfeuer, vgl. Abschnitt
  5.12, wegfällt und nur noch durch die Rücksichtnahme auf die zulässigen (höheren)
  Betriebstemperaturen der Isolation elektrischer Leitungen und der zulässigen Temperaturen der Magnetkerne zur Erzeugung der Magnetfelder begrenzt werden und

- die mechanische Dämpfung von Rotorschwingungen etc. durch Ölfilme zwischen
  Wälzlager und Stator und sonstige konstruktive Maßnahmen zur Schwingungsdämp-
  fung durch aktive Dämpfung mittels Steuerung der Magnetfelder viel gezielter und effektiver eingebracht werden kann.

Problematisch ist dabei – wenigstens aus heutiger Sicht – die Frage der Kompensati-
on/Begrenzung der durch

- gyroskopische Momente und/oder

- Schaufelverlust

verursachten Auslenkungen der Rotorachse an den Lagern durch entsprechende Gegen-
kräfte. Die Problematik besteht darin, daß – z.B. bei einem Radiallager – bei konstanter
Erregung der am Umfang angeordneten Magnete die Rückstellkraft an den Stellen zunehmenden Spalts etwa umgekehrt quadratisch proportional abnimmt und damit die
Rückführung des Rotors nur durch überproportionale Verstärkung der Erregung der
Magnete an dieser Stelle erreicht werden kann, vgl. Bild 6.11.24. Nach [6.11.32] werden
vor diesem Hintergrund bei magnetischen Lagern radiale Spiele zwischen rotierenden
und stationären Teilen in der Größenordnung von 0,5 mm in Betracht gezogen, die aller-

dings vom Standpunkt der Radialspiele bei Verdichter- und Turbinenschaufeln sowie bei Labyrinthen nicht akzeptabel sind. Bei Wälzlagern mit Dämpfungs-Ölfilm zwischen Außenring und Gehäuse werden Auslenkungen der Rotorachse bis zu 0,2 mm akzeptiert, was mit Rücksicht auf die Radialspiele der Beschaufelungen und der Labyrinthe verständlich ist. Daher sind nach [6.11.32] bei magnetischen Lagern voraussichtlich Hilfslager erforderlich, um im Notfall – d.h. kurzzeitig während einer momentanen Belastung – die radialen und axialen Auslenkungen des Rotors, allerdings bei metallischem Kontakt zwischen rotierenden und stationären Teilen, auf die o.a. Größenordnung zu begrenzen und damit sonstige konstruktive Rücksichtnahmen wie größere Spiele an Schaufeln und Labyrinthen etc. unnötig zu machen. Dieser Aspekt ist ohne Frage sehr kritisch zu sehen, d.h. die Frage der „Hilfslager" bzw. die wünschenswerte Begrenzung momentaner radialer Auslenkungen ohne mechanischen Kontakt ist weiterhin offen, zumal dies bei rein magnetischen Lagern extrem starke Magnetfelder erfordern würde.

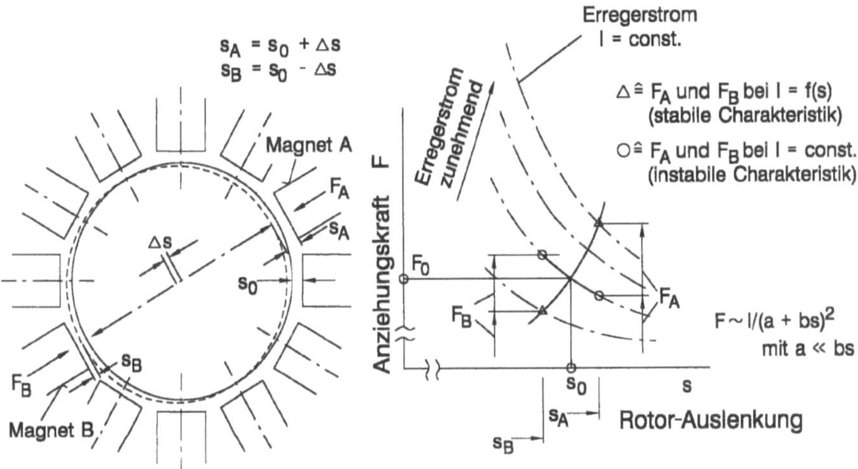

Bild 6.11.24: Zusammenhang zwischen Auslenkung des Rotors, Erregerströmen und Anziehungskräften bei Magnetlagern (quasistationäre Betrachtung)

Die Betriebstemperaturen der im Stator angeordneten Magnetkerne müssen mit Rücksicht auf die realisierbare Feldstärke in Grenzen gehalten werden. Kritisch erscheinen jedoch die höher anzusetzenden Temperaturen der elektrisch durchflossenen Wicklungen mit Rücksicht auf deren Isolationsmaterial. Immerhin scheinen nach [6.11.32] Temperaturen im Bereich von 400 bis (kurzzeitig) 500 °C bei im zivilen Luftverkehr gefragten Standzeiten $>10^4$ h zulässig zu sein.

Die für die Erzeugung der Magnetfelder erforderlichen starken elektrischen Ströme erfordern sicher einen erheblichen konstruktiven Aufwand, der bei der Prüfung der Gesamtwirtschaftlichkeit in Rechnung zu setzen ist. Ferner ist die Leistungs- und Steuerelektronik zur statischen und dynamischen Zentrierung des Rotors sicher nicht unkompliziert.

Ob zukünftige Werkstoffe für die stromführenden Wicklungen etc. verfügbar werden, die bei den zu erwartenden Betriebstemperaturen supraleitend sind und damit die

Möglichkeit besteht, den Aufwand für die Erzeugung der magnetischen Felder zu verkleinern und zugleich die thermische Belastung der Magnete zu reduzieren, ist vorläufig offen, würde jedoch die Realisierbarkeit dieses Prinzips in der Luftfahrt bedeutend wahrscheinlicher machen.

Was den elektrischen Antrieb der Hilfsgeräte betrifft, so können mit einem am HD-Verdichtereintritt angeordneten Generator mit Samarium-Kobalt-Permanentmagneten folgende Fortschritte erreicht werden:

- der Generator kann zugleich als Startermotor und als Bordgenerator verwendet werden,

- der Getriebekasten mit Winkelgetriebe am HD-System und Königswelle kann entfallen, da

- die Hilfsgeräte – von der heißen Turbopartie getrennt – an leicht zugänglichen, thermisch weniger belasteten Stellen angeordnet werden können, wobei

- jedes Hilfsgerät, durch separaten Elektromotor angetrieben, mit der ihm zukommenden Drehzahl und optimaler, ggf. leistungsabhängiger Drehzahlcharakteristik betrieben werden kann.

Für einen Samarium-Kobalt-Generator gelten ähnliche Beschränkungen der Betriebstemperaturen wie bei magnetischen Lagern, die allerdings im Bereich zwischen ND- und HD-Verdichter im allgemeinen nicht erreicht werden. Einige Vorsicht ist gegenüber dem Risiko von Kurzschlüssen angebracht, dem durch entsprechende Schalt- und Regeltechniken begegnet werden muß. Ein Vergleich des Standes der Entwicklung und der zu lösenden Problematik ist durch [6.11.33] bis [6.11.35] zu gewinnen.

Bezeichnungen

Physikalisch/technische Größen

A	m^2	Querschnittsfläche
A	N	Auftrieb
a	m/s	Schallgeschwindigkeit
a	m^2/s	Temperaturleitfähigkeit
AR	–	Schaufelhöhe/Profillänge (Aspect Ratio)

$$\hat{=}\,(D_a-D_i)/2l$$

B	kg/s	Brennstoffdurchsatz
B	m	Breite
BP	$\dfrac{m^3,bar^{1,8}}{kg/s}$	Korrelationsparameter, betreffend die Beschleunigungsfähigkeit bei Brennkammern

$$\hat{=}\,\frac{V_{FR}\cdot p_3^{1,8}\cdot 10^{T_3/700}}{M_{BK}}$$

C	m/s	Strömungsgeschwindigkeit
c	–	Düsenkoeffizient, mit

Index F   Schukoeffizient $\hat{=}\,F_{eff}\,/\,F_{is}$

D Durchsatzkoffizient $\hat{=}\,A_{eff}\,/\,A_{geo}$

c_p –   Druckkoeffizient $\hat{=}\dfrac{\Delta P_{stat}}{q}$

c_p	J/kg, K	spezifische Wärme bei konstantem Druck
D	m	Durchmesser
DF	–	Diffusionsfaktor $\hat{=}\,1-\dfrac{W_2}{W_1}+\dfrac{\Delta W_u}{2W_1}\cdot t\,/\,l$
EI	g/kg	Emissionsindex
$EPNL$	EPNdB	Nach Frequenz und Dauer bewerteter, wahrgenommener Lärmpegel (Effectiv Perceived Noise Level)
ErP	$\dfrac{(m/s)^{2,5}}{mm{\cdot}MPa}$	Erosionsparameter $\hat{=}\dfrac{W_1^{2,5}}{l\cdot\sigma_{0,2}}$
F	N	Schub (Force)

f	m/s$\sqrt{\text{K}}$	reduzierte Strahlgeschwindigkeit $\hat{=} C / \sqrt{T}$ bzw. reduzierter spezifischer Strahlschub
f	–	Fanning-Faktor $\hat{=} \dfrac{\Delta p}{q} \cdot \dfrac{L}{4 D_{hydr}} = \lambda / 4$
f	Hz	Schaufeldrehfrequenz $\hat{=} \dfrac{N}{60}$
F, f	–	Funktionszeichen
G	kg	Masse (Gewicht)
H	J/kg	spezifische Arbeit
H	km	Flughöhe
Hu	kJ/kg	unterer Heizwert
h	J/kg	Enthalpie
h	mm	Schaufelhöhe, Kanalbreite
I	m/s$\sqrt{\text{K}}$	Stromdichte $\hat{=} \dfrac{\rho_{stat}}{\rho} \cdot \dfrac{C}{\sqrt{T}} = \dfrac{M \cdot R\sqrt{T}}{A \cdot p}$
IRF	–	Einlauf-Druckverhältnis $\hat{=} \left(p_{eff} / p_{is} \right)_2$ (Inlet Recovery Factor)
j	–	Colburn-Faktor $\hat{=} \dfrac{Nu}{Re \cdot Pr^{1/3}}$
K	–	Auslegungsparameter $\hat{=} \eta_{is,Fk} \cdot \eta_{is,NDT}$ bei ZTL-Triebwerken
K	s	Drehbeschleunigungsparameter $\hat{=} \dfrac{\Theta \cdot \omega^2}{2 P_V}$
L	m	Länge, allgemein
l	mm	Profilsehnenlänge
LR	–	Parameter betreffend den Schubabfall mit zunehmender Fluggeschwindigkeit (Lapse Rate) $\left(F / p_0 \right)_{MCR} / \left(F / p_0 \right)_{TO}$
M	kg/s	Massendurchsatz (Luft oder Abgas)
Ma	–	Mach-Zahl
Md	Nm	Drehmoment
MR	–	Mischungsrate $\hat{=} \Delta Q / \Delta Q_{max}$
m	–	Brennstoff/LuftVerhältnis
m	–	Exponent der Korrektur $\eta = f\left(M_{Korr} \right)$
N	U/min	Drehzahl

$A\left(\dfrac{N}{60}\right)^2$	$\mathrm{m^2/s^2}$	mechanischer Belastungsparameter
NTU	–	Anzahl der Wärmetauscheinheiten (Number of Transfer Units) $\hat{=}\dfrac{O\cdot\alpha}{M\cdot c_p}$
Nu	–	Nußelt-Zahl $\hat{=}\alpha\cdot L/\lambda$
n	–	Exponent bei η (Re)-Korrelation
n	–	Ordnung der Harmonischen zur Drehfrequenz
O	$\mathrm{m^2}$	Oberfläche
$OASPL$	dB	resultierender Schalldruckpegel (Overall Sound Pressure Level)
PNL	dB	wahrgenommerer Lärmpegel (Perceived Noise Level)
P	kW	Leistung (Power)
p	bar, kPa	Druck
q	bar	inkompressibler Staudruck $\hat{=}\dfrac{\rho}{2}C^2\hat{=}p_{stat}\dfrac{\kappa}{2}\cdot Ma^2$
PGR	–	Pumpgrenzenreserve $\hat{=}\dfrac{\Pi_{PG}-\Pi_{AL}}{\Pi_{AL}-1}$
Pr	–	Prandtl-Zahl $\hat{=}v/a$
Q	J/s	Wärmeumsatz $\hat{=}h\cdot M$
R	J/kg, K	Gaskonstante
R	m	Radius
Re	–	Reynolds-Zahl $\hat{=}C\cdot L/v$
RNI	–	Reynolds-Zahl-Index $\hat{=}v_{ref}/v$ (Re-Number Index)
Rt	µm	technische Oberflächenrauhigkeit
r	m	Krümmungsradius (z.B. bei Wandkontur)
r	–	Kinematischer Reaktionsgrad $\hat{=}W_{u,\infty}/U$
SBV		spezifischer Brennstoffverbrauch
	kg/DaN, h	mit Index F, bei Strahltriebwerken
	g/kW, h	P, bei Wellenleistungstriebwerken

SF	–	NO_x-Bildungsparameter (Sensitivity Factor) $\hat{=} \left(\dfrac{p_3}{30}\right)^{0,4} \cdot \exp\left(\dfrac{T_3 - 820}{194}\right)$
SKP	–	Scheibenkontur-Parameter $\hat{=} \dfrac{R_a / R_i}{b_a / b_i}$
SPL	dB	Schalldruckpegel (frequenzabhängig) (Sound Pressure Level)
Sr	–	Strouhal-Zahl $\hat{=} \dfrac{f}{C / L}$
s	mm	Radialspiel bei Schaufeln, Labyrinthen
T	K	Temperatur
t	mm	Teilung (z.B. bei Schaufeln)
t	s, h	Zeit
U	m/s	Umfangsgeschwindigkeit
V	m^3	Volumen
W	m/s	Strömungsgeschwindigkeit im rotierenden System
W	N	Gondelwiderstand
W	J/K, s	Wärmekapazität (Wasserwert) $\hat{=} M \cdot c_p$
X	–	normiertes Temperaturverhältnis (Turbineneintritt) $\hat{=} \dfrac{T_{4,1} / T_2}{(T_{4,1} / T_2)_{AP}}$
Y	–	normiertes Druckverhältnis $\hat{=} \dfrac{\Pi - 1}{\Pi_{AP} - 1}$
Z	–	normiertes Temperaturverhältnis (Verdichteraustritt) $\hat{=} \dfrac{T_3 / T_2}{(T_3 / T_2)_{AP}}$
ZP	$\dfrac{\text{m}^3, \text{bar}^{1,3}}{\text{kg/s}}$	Korrelationsparameter, betreffend die Wiederzündfähigkeit bei Brennkammern $\hat{=} \dfrac{V_{PZ} \cdot p^{1,3} \cdot 10^{T_3 / 700}}{M_{PZ}}$
z	–	Stufenzahl, Schaufelzahl
α	$\dfrac{\text{W}}{\text{m}^2 \cdot \text{K}}$	Wärmeübergangszahl
α	°	Winkel der Absolutströmung relativ zur Achsrichtung

β	$^\circ$	Winkel der Relativströmung relativ zur Achsrichtung
β	–	Verhältnis der reduzierten Strahlgeschwindigkeiten beider Kreise $\hat{=} f_k / f_h$
β	–	Dimensionslose Beschleunigungszeit $\hat{=} (t / K)_{acc}$
β	m^2/m^3	Wärmetauscher-Matrixdichte $\hat{=} O / V$
δ	–	Druckverhältnis, bezogen auf Referenzdruck p_{ref} (ISA, 0/0) $\hat{=}$ 1,013 bar
ε	–	Wirkungsgradverhältnis $\hat{=} \eta_{NSK} / \eta_{TAK}$
ε	–	Effektivität der Schaufelkühlung $\hat{=} \dfrac{T_G - T_{Sch}}{T_G - T_{KL,E}}$
ε	–	Gleitzahl $\hat{=} c_W / c_\Gamma$
ζ	–	Auf den Staudruck bezogener Druckverlust $\hat{=} \Delta p / q$ (inkompressibel) oder $\hat{=} \Delta p / p_{dyn}$ (kompressibel)
ζ	–	Verhältnis der isentropen Strahlgeschwindigkeiten beider Kreise $\hat{=} \left(C_k / C_h\right)_{is}$
η	–	Wirkungsgrad
Θ	–	Temperaturverhältnis, bezogen auf Referenztemperatur T_{ref} (ISA, 0/0)
Θ	$\dfrac{bar^{1.75} \cdot m^3}{kg/s}$	Korrelationsparameter, betreffend den Verbrennungswirkungsgrad in Brennkammern $\hat{=} \dfrac{p_3^{1,75} \cdot \exp(T_3 / 305) \cdot (A \cdot h)_{max,BK}}{M_{BK}}$
Θ	kgm^2	Drehmasse
ϑ	$^\circ$	Erweiterungswinkel (Wandkontur gegen die Achse) bei divergenten Düsen
κ	–	Isentropenexponent
Λ	$bar \cdot s \cdot K$	Ähnlichkeitsparameter, betreffend die Nachbrenner-Zünd/Verlöschgrenze $\hat{=} \left(\dfrac{p \cdot T}{C}\right)_6 \cdot B_{FH}$
λ	–	Wandreibungskoeffizient der Kanalströmung $\hat{=} \Delta p / q \cdot L / D_{hydr}$

λ	–	Flächenerweiterungsverhältnis (Divergenz) bei Düsen $\hateq \left(A_9 / A_8\right)_{geo}$
λ	$\dfrac{W}{m \cdot K}$	Wärmeleitfähigkeit $\hateq a \cdot c_p \cdot \rho$
μ	–	Nebenstromverhältnis $\hateq M_k / M_h$
υ	–	Nabenverhältnis $\hateq D_i / D_a$
υ	m^2/s	kinematische Zähigkeit
ξ	$bar^{0,324} \cdot K^{1,07} \cdot (m/s)^{0,252}$	Ähnlichkeitsparameter, den Ausbrenngrad im Nachbrenner betreffend $\hateq 30,4 \cdot \dfrac{p_6^{0,324} \cdot T_6^{1,07}(229 - C_6)^{0,252}}{\exp(0,92 / L_{NB})}$
Π	–	Druckverhältnis
ρ	kg/m^3	Dichte
σ	–	Korrelationsparameter, betreffend die Streuung bei der Darstellung statistischer η-Werte $\hateq \dfrac{\eta_{max} - \eta_{min}}{1 - \overline{\eta}}$
σ	–	Drosselziffer $\hateq \psi / \varphi^2$
σ	N/mm^2, MPa	Spannung
τ	–	Temperatur-Rückwirkung bei Turbomaschinen $\hateq T_{eff} / T_{is}$
Φ	$\dfrac{kg/s \cdot \sqrt{K}}{bar}$	reduzierter Durchsatz $\hateq \dfrac{M\sqrt{T}}{p}$
Φ	–	Äquivalenzverhältnis bei der Verbrennung $\hateq m / m_{Stöch}$
φ	–	Lieferzahl $\hateq C_{ax} / U$
χ	–	Korrelationsparameter bei der Darstellung statistischer η-Werte $\hateq \dfrac{\eta - \eta_{min}}{\eta_{max} - \eta_{min}}$
χ	–	Parameter, betreffend die thermodynamische Schädlichkeit der Kühlluftentnahme $\hateq M_{KL}^* / M_{KL}$
ψ	–	aerodynamische Belastung, Druckziffer $\hateq 2H_{eff} / U^2$

Ψ_{K} –   Wärmetransfer-Parameter bei konvektiver Schaufelkühlung

$$\hat{=} \frac{M_{KL} \cdot c_{p,KL}}{O_G \cdot \alpha_G} \text{ (vgl. NTU)}$$

ω 1/sec   Winkelgeschwindigkeit

Weitere, vorübergehend benützte Bezeichnungen werden im Text erklärt.

Hierzu gehört auch der Gebrauch von α, β, γ, δ etc. als Koeffizienten, soweit Kollisionen mit den o.a. Bezeichnungen ausgeschlossen werden können.

Abkürzungen, auch als Indizes benützt

AP   Auslegungspunkt, Festlegung im allgemeinen bei maximalem Schub im Reiseflug (max. cruise)

AL   Arbeitslinie in Verdichtern oder Turbinen

PG   Pumpgrenze

CR   Reiseflug bei Teillast, d.h. bei F_{rel} oder $P_{rel} < 1$ (cruise)

ICR   Beginn des Reiseflugs (initial cruise)

MCR   Maximaler Schub im Reiseflug (max. cruise)

MCL   Maximaler Schub im Steigflug (max. climb)

TO   Start bei Ma_0 (take off)

NV   Betrieb mit Nachverbrennung

TR   Trockenbetrieb bei Nachbrennertriebwerken

EIS   Eintrittsjahr in den Dienst (entry into service)

R   Rotor, Laufrad

S   Stator, Leitrad

St   Stufe

VL   Vorleitrad

CTF   Turbofan für zivile Anwendung

GTF   Turbofan mit Getriebe

MPF   Mantelpropfan

MTF   Turbofan für militärische Anwendung (im allgemeinen mit Nachbrenner)

TM   Turbomotor

TP   Turboprop

PTL   Propeller-Turbinen-Luftstrahl-(...)

TL   Einkreis-Turbinen-Luftstrahl-(...)

ZTL   Zweikreis-Turbinen-Luftstrahl-(...)

Indizes

Leistungen, Aero-/Thermodynamik

Br	bezogen auf Bruttoschub
Ne	bezogen auf Nettoschub
W	bezogen auf Wellenleistung
WV	bezogen auf Wellenvergleichsleistung
Fr	bezogen auf Vortriebsleistung bzw. -wirkungsgrad (Froude)
R	bezogen auf Restschub

Exp	Expansion
eff	effektiv (bei spezifischer Arbeit) oder Querschnittsfläche
id	ideal (z.B. bei vollständiger Verbrennung)
is	isentrop
pol	polytrop
th	thermisch, thermodynamisch
stöch	stöchiometrisch

min	Minimum, minimal
max	Maximum, maximal
opt	Optimum, optimal

ink	inkompressibel
kompr	kompressibel
hydr	hydraulisch
gl	hydraulisch glatt
rh	hydraulisch rauh
bl	Blockage in Strömungskanälen
korr	korrigiert (z.B. auf ISA, 0/0)
ges	gesamt
ref	bezugs..., Referenz...
rel	relativ
res	resultierend

stat	statisch
tot	total

acc	Beschleunigung
str	Stationär

co	bezogen auf konvergente Düse
c/d	bezogen auf konvergent/divergente Düse
krit	kritisch (z.B. Schalldurchgang)
x	Ordnung (z.B. bei Verdichterstufen)
h	heißer Kreis (Primärstrom)
k	kalter Kreis (Sekundärstrom)
vst	Vorstau

A	Abflug(gewicht)
Br	Brutto...
Ne	Netto...
inst	installiert
n.inst	nicht installiert
add	additiv im Zusammenhang mit Gondelwiderstand
strom	Stromschub, d.h. äußerer Gondelwiderstand nicht inbegriffen

a	außen, am Gehäuse
m	auf Kanalmitte
i	innen, an der Nabe
fm	im Flächenmittel $\widehat{=} D_{fm} = \sqrt{\left(D_a{}^2 + D_i{}^2\right)/2}$
geo	geometrisch

ax	axial
rad	radial
—	Durchschnittswert, Mittelwert
*	Bezugswert

Komponenten:

V	Verdichter
F	Fan bzw. 1stufiger ND-Verdichter
AxV	Axialverdichter
RV	Radialverdichter
Boo	„Booster"-Stufen, d.h. an Fan angehängte NDV-Stufen
NDV	Niederdruckverdichter (mehrstufig)
MDV	Mitteldruckverdichter
HDV	Hochdruckverdichter

BK	Brennkammer
FR	Flammrohr bei Brennkammer
PZ	Primärzone in Brennkammer
T	Turbine
HDT	Hochdruckturbine
MDT	Mitteldruckturbine
NDT	Niederdruckturbine
NT	Nutzturbine bei Wellenleistungstriebwerk
VT	Verdichter(antrieb)turbine
NB	Nachbrenner
FH	Flammhalter
HS	Hitzeschild
AS	Abgassystem
NSK	Nebenstromkanal $\rightarrow$ bei Mischung bis Mischereintritt
TAK	Turbinenaustrittskanal $\rightarrow$ ohne Mischung bis Düse
M	Mischer, nach der Mischung
AK	Abgaskanal zwischen Mischer und Düse
D	Düse
2D	zweidimensional (rechteckig, quadratisch)
Fg	Fangquerschnitt bei Überschall-Einlauf
GT	Gasturbine, allgemein
HG	Hilfsgeräte
G	Getriebe
Go	Gondel
Pr	Propeller
CR	gegenläufig (Counter Rotation)
SR	einwellig (Single Rotation)
WT	Wärmetauscher
ZK	Zwischenkühler

L	Luft, luftseitig	
G	Gas, gasseitig	bei Wärmtausch
KL	Kühlung, Kühlluft	und/oder
FK	Filmkühlung	Schaufelkühlung
KK	Konvektionskühlung	
Sch	Schaufel	
E	Eintritt	
Ent	Entnahme	
A	Austritt	

Aero-/thermodynamische Rechenebenen:

0	Atmosphäre
1	isentrop aufgestaute Atmosphäre
2	Triebwerkeintritt
2.1	ND-Verdichteraustritt
2.1'	Zwischenkühleraustritt, verdichterseitig
2.2	MD-Verdichtereintritt
2.3	MD-Verdichteraustritt
2.4	HD-Verdichtereintritt
3	HD-Verdichteraustritt $\hat{=}$ Verdichteraustritt vor Abzug von Entnahmen
3.1	HD-Verdichteraustritt nach Entnahmen
3.1'	Luftseitiger Wärmetauscheraustritt
4	Brennkammeraustritt bzw. Turbineneintritt
4.1	HDT-Rotoreintritt, d.h. am Beginn der Entnahme von spezifischer Arbeit
4.2	HDT-Austritt
4.3	MDT-Rotoreintritt
4.4	MDT-Austritt
4.5	NDT- bzw. NT-Rotoreintritt
5	Turbinenaustritt vor Wiedereintritt von Kühlluft etc.
5.1	Turbinenaustritt nach Kühllufteintritt; ggf. Mischereintritt, heißer Kreis
5.1'	Gasseitiger Wärmetauscheraustritt
6	Mischeraustritt, ggf. Nachbrennereintritt
7	Düseneintritt
8	Düsenhals, ggf. Nachbrenneraustritt
9	Düsenaustritt bei c/d-Düse

1.2 – 1.9   Im kalten Kreis erhalten analoge Ebenen eine 1 vorgesetzt (bei Mischung bis
            Ebene 1.5 $\hat{=}$ 5.1)

Turbomaschinen

0   Eintritt Vorleitrad bei Verdichtern, Eintritt Leitrad bei Turbinen

1   Eintritt Rotor bei Verdichtern und Turbinen

2   Austritt Rotor bei Verdichtern und Turbinen, Eintritt Leitrad bei Verdichtern

3   Austritt Leitrad bei Verdichtern

Literaturverzeichnis

Handbücher

[1] Luftfahrttechnisches Handbuch, Band Triebwerkstechnologie (1994): Herausgeber: Arbeitskreis Triebwerk, LTH-Koordinierungsstelle, IABG-WTF

[2] MAN Turbo-Handbuch Innenströmung (1966): MAN Turbo GmbH

[3] Rolls-Royce plc (1986): The Jet Engine, The Technical Publications Department Rolls-Royce plc, Derby

Fachbücher

[4] Abramovich, G.N. (1969): Applied Gas Dynamics, Translation from Prikladnaya Gazovaya Dinamika, 3rd Edition, Translation Division, WP-AFB, Ohio

[5] Bodemer, A. (1979): Les Turbomachines Aeronautiques Mondiales, Collection DOCAVIA Volume 10, Editions Lariviere, Paris

[6] Cordes, G. (1963): Strömungstechnik der gasbeaufschlagten Axialturbine, Springer-Verlag Berlin/Göttingen/Heidelberg

[7] Cumpsty, N.A. (1989): Compressor Aerodynamics, Longman Group UK Limited

[8] Eckert, B.; Schnell, E. (1980): Axial- und Radialkompressoren, 2. Auflage, Springer-Verlag Berlin/Heidelberg/New York

[9] Emmons, H.W. (1958): Fundamentals of Gas Dynamics, Volume III: High Speed Aerodynamics and Jet Propulsion, Princeton, New Jersey, Princeton University Press

[10] Gunston, G. (1995): Jet and Turbine Aero Engines, Butler & Tanner Ltd, London and Frome

[11] Hafer, X.; Sachs, G. (1982): Senkrechtstarttechnik – Flugmechanik, Aerodynamik, Antriebssysteme, Springer-Verlag, Berlin/Heidelberg/New York

[12] Hagen, H. (1982): Fluggasturbinen und ihre Leistungen, Verlag G. Braun, Karlsruhe

[13] Hill, P.G.; Peterson, C.R. (1970): Mechanics and Thermodynamics of Propulsion, Third Printing, Addison-Wesley Publishing Company, Reading, Massachusetts, London, Amsterdam

[14] Huenecke, K. (1993): Flugtriebwerke – Ihre Technik und Funktion, Motorbuch Verlag, Stuttgart

[15] Kays, W.M.; London, A.L. (1967): Compact Heat Exchangers, Second Edition, McGraw-Hill Book Company, New York

[16] Kerrebrock, J.L. (1992): Aircraft Engines and Gas Turbines, Second Edition, The MIT Press Cambridge, Massachusetts, London, England

[17] Müller, R. (1997): Luftstrahltriebwerke – Grundlagen, Charakteristiken, Arbeitsverhalten, Friedr. Vieweg & Sohn, Braunschweig/Wiesbaden

[18] Münzberg, H.G. (1972): Flugantriebe – Grundlagen, Systematik und Technik der Luft- und Raumfahrtantriebe, Springer, Berlin

[19] Pabst, O.E. (1984): Kurzstarter und Senkrechtstarter, Bernard & Graefe Verlag, Koblenz

[20]   Sawyer, S.W. (Editor) (1985): Gas Turbine Engineering Handbook, Volume I, Third
         Edition, Turbomachinery International Publications, Norwalk, Connecticut, USA

[21]   Smith, M.J.T. (1989): Aircraft Noise, Cambridge University, Cambridge

[22]   Traupel, W. (1977): Thermische Turbomaschinen, 1. Band, Thermodynamisch-
         strömungstechnische Berechnung, Springer-Verlang, Berlin/Heidelberg/New York

[23]   Walsh, Ph.P.; Fletcher, P. (1998): Gas Turbine Performance, Blackwell Science, UK

[24]   Urlaub, A. (1991): Flugtriebwerke – Grundlagen, Systeme, Komponenten, Springer-
         Verlag, Berlin/Heidelberg/New York

Aufsätze in Fachzeitschriften, Konferenzvorträge, Technische Berichte etc.

[3.8.1]   Bentele, M; Laborde, J. (1972): Evolution of Small Turboshaft Engines, SAE 720830,
          National Aerospace Engineering and Manufacturing Meeting, San Diago, California

[4.1]   (1995): Federal Aviation Regulations, Department of Transportation Federal Aviation
          Administration, Washington, DC

[4.2]   Schäffler, A. (1962): Das Verhalten von TL-Triebwerken beim Antrieb durch den
          Flugstau (Windmilling), AVA-Forschungsbericht Nr. 62-02

[4.3]   Ackermann, E. (1988): Projektmäßige Dimensionierung von Ringbrennkammern,
          MTU/EP-Notiz 88-005

[4.4]   Bauer, K.; Müller, P.R. (1972): Windmilling-Untersuchungen an einem Dreiwellen-
          Nebenstrom-Triebwerk, MTU/EW-Notiz 72/070

[4.5]   Braig, W.; Riegler, C.; Schulte, H. (1979): Comparative Analysis of the Windmilling
          Performance of Turbojet and Turbofan Engines, Journal of Propulsion and Power, Vol.
          15, No. 2

[4.6]   Shou, Z.Q. (1980): Calculation of Windmilling Characteristics of Turbojet Engines,
          ASME 80-GT-50, Gas Turbine Conference and Products Show, New Orleans, La.

[4.7]   Childre, M.T.; McCoy, K.D. (1987): Flight Test of the F100-PW-220 Engine in the F-
          16, AIAA 87-1845, AIAA/SAE/ASME/ASEE 23rd Joint Propulsion Conference, San
          Diego, CA

[4.8]   Kurzke, J. (1995): Gasturb User's Manual Version 6.0, Internet www.gasturb.de

[5.2.1]   Wassell, A.D. (1967): Reynolds Number Effects in Axial Compressors, ASME 67-
          WA/GT-2, ASME Gas Turbine Division and presented at the Winter Annual Meeting,
          Pittsburgh, Pa.

[5.2.2]   Schäffler, A. (1979): Experimental and Analytical Investigation of the Effects of Rey-
          nolds Number and Blade Surface Roughness on Multistage Axial Flow Compressors,
          ASME 79-GT-2, ASME Gas Turbine Conference, San Diego, California

[5.2.3]   Huck, W. (1975): Beitrag zum Einfluß der Reynoldszahl bei Axialverdichtern im
          gesamten Betriebsbereich, Dissertation, Universität Stuttgart

[5.2.4]   Hürlimann, R. (1973): Zum Einfluß der Oberflächenrauheit, insbesondere der Ferti-
          gungsgüte auf die Strömungsverluste von Dampfturbinenschaufeln, VDI-Berichte Nr.
          193

[5.2.5]   Bammert, K.; Milsch, R. (1972): Boundary Layers on Rough Compressor Blades,
          ASME 72-GT-48, Gas Turbine and Fluids Engineering Conference and Products Show,
          San Francisco, Calif.

[5.2.6] Hoheisel, H.; Kiock, R. (1986): Influence of Free Stream Turbulence and Blade Pressure Gradient on Boundary Layer and Loss Behaviour of Turbine Cascades, ASME 86-GT-234, ASME International Gas Turbine Conference and Exhibit, Düsseldorf, West Germany

[5.2.7] Lieblein, S. (1958): Loss and Stall Analysis of Compressor Cascades, ASME 58-A-91, ASME Annual Meeting, New York, N.Y.

[5.2.8] Grieb, H.; Eckardt, D. (1986): Propfan and Turbofan – Antagonism or Synthesis, ICAS-86-3.8.2, 15th Congress International Council of the Aeronautical Sciences, London

[5.2.9] Koch, C.C. (1981): Stalling Pressure Rise Capability of Axial Flow Compressor Stages, ASME 81-GT-3, International Gas Turbine Conference and Products Show, Houston, Texas

[5.2.10] Schweitzer, J.K.; Garberoglio, J.E. (1983): Maximum Loading Capability of Axial Flow Comnpressors, AIAA 83-1163, AIAA 19 th Joint Propulsion Conference, Seattle, Wash.

[5.2.11] Greitzer, E.M. (1975): Surge and Rotating Stall in Axial Flow Compressors, Part I: Theoretical Compression System Model, ASME 75-GT-09, ASME Gas Turbine Conference, Houston, Texas

Part II:Experimental Results and Comparison with Theory, ASME 75-GT-10, Gas Turbine Conference, Houston, Texas

[5.2.12] Lichtfuß, H.-J.; Dupslaff, M. (1982): Pumpgrenzenbestimmung eines Ax/R-Kombinationsverdichters bei gegebenen Einzelkennfeldern, MTU/EW-Notiz 82/048

[5.2.13] Stone, A. (1958): Effects of Stage Characteristics and Matching on Axial-Flow-Compressor Performance, Transaction of the ASME, Volume 80

[5.2.14] Schmücker, J.; Schäffler, A. (1994): Performance Deterioration of Axial Compressors Due to Blade Defects, AGARD Symposium on Erosion, Corrosion and Foreign Object Damage Effects in Gas Turbines, Conference Proceedings 558, Rotterdam, The Netherlands

[5.2.15] Tabakoff, W. (1988): Overview of Turbomachinery Erosion and Erosion Wear Fundamentals, Lecture Series on Particulate Flow and Blade Erosion, von Karman Institute, Rhode-Saint-Genèse, Belgium

[5.2.16] Smith, S.F. (1965): A Simple Correlation of Turbine Efficiency, Journal of the Royal Aeronautical Society, Volume 69

[5.2.17] Wilde, G.L. (1977): The Design and Performance of High Temperature Turbines in Turbofan Engines, Aeronautical Journal

[5.2.18] Peters, M. et al. (1997): Effective Thermal Barrier Coatings for Modern Turbine Engine Design, European Propulsion Forum on Design of Aero Engines for Safety, Reliability, Maintainability and Cost, Berlin, Germany

[5.2.19] Fischer, M. (1982): Festigkeitsvergleich von HD-Turbinenscheiben militärischer und ziviler Strahl- und Wellentriebwerke, MTU/EP-Notiz 82/001

[5.2.20] Suciu, S.N. (1970): High Temperature Turbine Design Considerations, AGARD Conference on High Temperature Turbines, Conference Proceedings No. 73, Florence, Italy

[5.2.21] Balje, O.E. (1951): A Contribution to the Problem of Designing Radial Turbomachines, ASME 51-F-12, ASME Gas Turbine Power Division, and Fall Meeting, Minneapolis, Minn.

[5.2.22] Schönauer, W. (1963): Beitrag zum Entwurf einstufiger Radialturbinen besten Wirkungsgrades für kompressible Strömung, MTZ Jahrg. 24, Heft 10

[5.2.23] Alcorta, J.A. (1986): Small Engine Propulsion Readiness for the 21st Century, AIAA 86-1624, AIAA/ASME/SAE/ASEE 22nd Joint Propulsion Conference, Huntsville, Alabama

[5.2.24] Dietrichs, H.-J.; Malzacher, F.; Broichhausen, K. (1993): Development of a HP-Turbine for a Small Helicopter Engine, AGARD Conference on Technology Requirements for Small Gas Turbines, Conference Proceedings No. 537, Montreal, CDN,

[5.3.1] Höper, H.J. (1970): Grundlagen der Auslegung von Brennkammern in Luftstrahltriebwerken, MTU, Technischer Bericht 70/008

[5.3.2] (1981): Aircraft Engine Emissions, International Standards and Recommended Practices, ICAO, Annex 16, Volume II, First Edition

[5.3.3] Mularz, E.J. (1979): Lean, Premixed, Prevaporized Combustion for Aircraft Gas Turbine Engines, AIAA 79-1318, AIAA/SAE/ASME 15th Joint Propulsion Conference, Las Vegas, Nevada

[5.3.4] Roberts, R.; Peduzzi, A.; Niedzwiecki, R.W. (1976): Low Polution Combustor Designs for CTOL Engines – Results of the Experimental Clean Combustor Programm, AIAA 76-762, AIAA/SAE 12th Propulsion Conference, Palo Alto, California

[5.3.5] Schumann, U. (1996): Emissionen des Luftverkehrs im Reiseflug und dadurch bedingte Änderungen in der Atmosphäre, DLR-Seminar „Luftreinhaltung im Flugverkehr", Weßling

[5.3.6] (1996): Emissionen des Luftverkehrs und ihre Wirkung auf die Atmosphäre, DLR-Workshop, Berlin-Adlershof,

[5.3.7] Lecht, M.; Räde, M.; Schmitt, A. (1995): Emissionssituation im Luftverkehr, DLR, Köln, Vortrag im Haus der Technik, Essen

[5.3.8] Tacina, R.R. (1990): Combustor Technology for Future Aircraft, AIAA 90-2400, AIAA/SAE/ASME/ASEE 26th Joint Propulsion Conf., Orlando, FL

[5.3.9] Bahr, D.W. (1991): Aircraft Engine NO_x Emissions – Abatement Progress and Prospects, ISABE 91-7022, ISABE/AIAA Conference, Nottingham, UK

[5.3.10] Sokolowski, D.E.; Rohde, J.E. (1981): The E^3 Combustors: Status and Challenges, NASA TM 82684, AIAA/SAE/ASME 7th Joint Propulsion Conference, Colorado Springs, Colorado

[5.3.11] Grieb, H.; Simon, B. (1990): Pollutant Emissions of Existing and Future Engines for Commercial Aircraft, DLR Seminar on Air Traffic and the Environment, Background, Tendencies and Potential Global Atmospheric Effects, Bonn, Germany

[5.3.12] Walther, R. (1986): Berechnung der Schadstoffbildung in Gasturbinenbrennkammern, MTU, Technischer Bericht 86/012

[5.3.13] Lyons, V.J. (1981): Fuel/Air Nonuniformity – Effect on Nitric Oxide Emissions, AIAA 81-0327, 19th AIAA Aerospace Sciences Meeting, St. Louis, Missouri

[5.3.14] Fiorentino, A.J.; Mularz, E.J. (1980): Variable Geometry, Lean, Premixed, Prevaporized Fuel Combustor Conceptual Design Study, ASME 80-GT-16, ASME Gas Turbine Conference and Products Show, New Orleans, La.

[5.3.15] Penner, E.J. et al., Editors (1999): Aviation and the Global Atmosphere, Cambridge University Press

[5.4.1] Willis, E. (1976): Variable Cycle Engines for Supersonic Cruise Aircraft, AGARD Conference on Variable Geometry and Multicycle Engines, Proceedings No. 205, Paris, France

[5.4.2] Boxer, E.; Morris, S.J.; Foss, W.E. (1976): Assessment of Variable-Cycle Engines for Supersonic Transports, AGARD Conference on Variable Geometry and Multicycle Engines, Proceedings No. 205, Paris, France

[5.4.3] Gupta, S. et al. (1991): Development of Advanced Carbon-Carbon Annular Flameholders for Gas Turbines, International Gas Turbine Congress, Yokohama, Japan

[5.4.4] Hill, R.J. (1995): The Purpose and Status of IHPTET – 1995, AGARD Symposium on Advanced Aero-Engine Concepts and Controls, Seattle, USA

[5.4.5] Moxon, J. (May 27, 1989): US Propulsion Looks Beyond ATF, Flight International

[5.4.6] King, C.R. (1957): A Semiempirical Correlation of Afterburner Combustion Efficiency and Lean-Blowout Fuel-Air-Ratio Data with Several Afterburner-Inlet Variables and Afterburner Lengths, NACA Research Memorandum E57 F26

[5.4.7] Sotheran, A. (1987): High Performance Turbofan Afterburner Systems, AIAA 87-1830, AIAA/SAE/ASME/ASEE 23rd Joint Propulsion Conference, San Diego, California

[5.4.8] Bauerfeind, K. (1992): Der gesteuerte Nachbrennerbetrieb beim Tornado-Triebwerk RB199, Zeitschrift für Flugwissenschaften und Weltraumforschung 16

[5.4.9] Underwood, F.N. et al. (1977): Low Frequency Combustion Instability in Augmentors, AGARD Conference on High Temperature Problems in Gas Turbine Engines, Proceedings No. 229, Ankara, Turkey

[5.4.10] Walton, J.T.; Burcham, W. (1986): Augmentor Performance of an F100 Engine Model Derivative Engine in an F-15 Airplane, NASA Technical Memorandum 86745

[5.4.11] Heinig, K.; Kennepohl, F. (1983): Theoretische Untersuchung zur Verminderung der tieffrequenten Nachbrennerinstabilität, MTU Technischer Bericht 83/041

[5.4.12] Langhorne, P.J. (1988): Reheat Buzz: An Acoustically Coupled Combustion Instability, Journal of Fluid Mechanics, Vol. 193

[5.4.13] Höper, H.J. (1967): Auslegungs- und Leistungsrechnung von Nachbrennern, MTU, Technischer Bericht 67/03

[5.5.1] Frost, T.H. (1966): Practical Bypass Mixing Systems for Fan Jet Aero Engines, The Aeronautical Quarterly

[5.5.2] Hartmann, A. (1967): Theory and Test of Flow Mixing for Turbofan Engines, AIAA 67-416, AIAA 3rd Propulsion Joint Specialist Conference, Washington, D.C.

[5.5.3] Kuchar, A.P.; Chamberlin, R. (1980, Scale Model Performance Test Investigation of Exhaust System Mixers for an Energy Efficient Engine (E³) Propulsion System, AIAA 80-0229, AIAA 18th Aerospace Sciences Meeting, Pasadena, California

[5.5.4] Packman, A.B.; Eiler, D.C. (1977): Internal Mixer Investigation for JT8D Engine Jet Noise Reduction, Volume I – Results, Report No. FAA RD-77-132,1, Federal Aviation Administration, Washington, D.C.

[5.5.5] Diehl, B.A. (1987): Military Specification Effects on Engine Particle Separator Design, Aerospace Techology Conference and Exposition, Long Beach, California

[5.5.6] Tan, S.C. et al. (1989): A Study of Particle Trajectories in a Gas Turbine Intake, ISABE 89-7883, ISABE Conference, Athens, Greece

[5.5.7] Breitman, D.S.; Dueck, E.G.; Habashi, W.G. (1985): Analysis of a Split-Flow Inertial Particle Separator by Finite Elements, Journal of Aircraft, Vol. 22, No. 2

[5.5.8] Vittal, B.V.R.; Tipton, D.L.; Bennett, W.A. (1985): Development of an Advanced Vaneless Inlet Particle Separator for Helicopter Engines, AIAA 85-1277, AIAA/SAE/ASME/ASEE 21st Joint Propulsion Conference, Monterey, CA

[5.5.9] Stiefel, W. (1989): Environment Icing Test of T800 Helicopter Engine with Integral Inlet Particle Separator, AIAA 89-2324, AIAA/ASME/SAE/ASEE 25th Joint Propulsion Conference, Monterey, CA

[5.6.1]   Zimmermann, H. et al. (1993): CFD Study of Nozzle Configurations for Ultra High Bypass Engines, ASME 93-GT-389, International Gas Turbine and Aeroengine Congress and Exposition, Cincinnati, Ohio

[5.6.2]   Weist, G.; Albers, M. (1989): Wind Tunnel Tests of Four Axisymmetric CRISP Nozzle Configurations, MTU, Technischer Bericht 89/004

[5.6.3]   Seed, A.R. (1976): Design Techniques for High By-Pass Ratio Powerplant Nozzle Systems, International Council of the 10th Aeronautical Sciences, Congress, Ottawa, Canada

[5.6.4]   Schnell, W.C. (1974): F-14A Installed Nozzle Performance, AIAA 74-1099, AIAA/SAE 10th Propulsion Conference, San Diego, California

[5.6.5]   Dusa, D.J.; McCardle, A. (1977): Simplified Multi-Mission Exhaust Nozzle System, AIAA 77-960, AIAA/SAE 13th Propulsion Conference, Orlando, Florida

[5.6.6]   Grieb, H. et al. (1981): Comparison of Different Nozzle Concepts for a Reheated Turbofan, AGARD Fluid Dynamics Panel Symposium on Aerodynamics of Power Plant Installation, Toulouse, France

[5.6.7]   Swavely, C.E.; Soileau, J.F. (1972): Aircraft Aftbody/Propulsion System Integration for Low Drag, AIAA 72-1101, AIAA/SAE 8th Joint Propulsion Specialist Conference, New Orleans, Louisiana

[5.6.8]   Aulehla, F.; Besigk, C. (1974): Reynolds Number Effects on Fore- and Aftbody Pressure Drag, AGARD-FDP/PEP Symposium on Airframe/Propulsion Interference, Rome

[5.6.9]   Geidel, H.A. (1987): Improved Agility for Modern Fighter Aircraft Part II: Thrust Vectoring Engine Nozzles, ISABE 87-7062, 8th International Symposium on Air Breathing Engines, Cincinnati, OH

[5.6.10]   ·Hienz, E.; Vedova, R. (1984): Requirements, Definition and Preliminary Design for an Axisymmetric Vectoring Nozzle, to Enhance Aircraft Maneuverability, AIAA 84-1212, AIAA/SAE/ASME 20th Joint Propulsion Cenference, Cincinnati, Ohio

[5.6.11]   Cohn, J.A. et al. (1985): Axisymmetric Thrust Reversing Thrust Vectoring Exhaust System for Maneuver and Balanced Field Length Aircraft, AIAA 85-1466, AIAA/SAE/ASME/ASEE 21st Joint Propulsion Conference, Monterey, California

[5.6.12]   Geidel, H.A. (Februar 1992): Schubvektorvariable Turbofantriebwerke integiert in Hochleistungsflugzeuge, Seminarvortrag TU München

[5.6.13]   Dusa, D.J. (December 1988): Engine Integration with Aircraft Exhaust Nozzle Systems, Aero-Propulsion Short Course, University of Tennessee, Space Institute

[5.6.14]   Kohler, G.; Schubert, H. (1968): Deutsche Beiträge zur Entwicklung von VTOL-Antriebsanlagen, Luftfahrttechnik – Raumfahrttechnik, Nr. 4

[5.6.15]   Taylor, R.P.; Lander, J.A. (1973): Recent Technology Advances in Thrust Vectoring Systems, 42nd Meeting of the AGARD Propulsion and Energetics Panel on V/STOL Propulsion Systems, Schliersee, Germany, AGARD Conference Proceedings No. 135

[5.6.16]   Vedova, R.; Wildner, W. (1979): Verbesserung der Heckkonfiguration zweistrahliger Kampfflugzeuge mit Hilfe zweidimensionaler Düsen, MTU, Technischer Bericht 79/038

[5.6.17]   Enderle, H.; Jabs, A.; Eckardt, D. (1983): Konvergent-divergente Rechteck- und Kreisdüsen mit Schubvektorisierung und Schubumkehr, MTU, Technischer Bericht 83/040

[5.6.18]   Lander, J.A.; Nash, D.O.; Palcza, J.L. (September/October 1975): Augmented Deflector Exhaust Nozzle (ADEN) Design for Future Fighters, AIAA 75-1318, AIAA/SAE 11th Propulsion Conference, Anaheim, California

[5.6.19] Palcza, J.L. (1976): Augmented Deflector Exhaust Nozzle (ADEN) Design for High Performance Fighters, AGARD Symposion on "Variable Geometry and Multicycle Engines", Paris, AGARD Conference Proceedings No. 205

[5.6.20] Goetz, G.F.; Young, J.H.; Palcza, J.L. (1976): A Two-Dimensional Airframe Integrated Nozzle Design with Inflight Thrust Vectoring and Reversing Capabilities for Advanced Fighter Aircraft, AIAA 76-626, AAIA/SAE 12th Propulsion Conference, Palo Alto, California

[5.6.21] Straight, D.M. (1979): Effect of Shocks on Film Cooling of a Full Scale Tubojet Exhaust Nozzle Having an External Expansion Surface, AIAA 79-1170, AIAA/SAE/ASME 15th Joint Propulsion Conference, Las Vegas, Nevada

[5.6.22] Barlow, B.; Petach, A. (May 1977): Advanced Design Infrared Suppressor for Turboshaft Engines, 3rd Annual National Forum of the American Helicopter Society, Preprint No. 77.33-73, Washington, D.C.

[5.6.23] Lederer, R.; Hertel, J. (Oct. 1993): Exhaust System Technology, Spece Course, TU München

[5.6.24] Koschel, W.; Rick, W. (1991): Design Considerations for Nozzles of Hypersonic Airbreathing Propulsion, AIAA 91-5019, AIAA 3rd International Aerospace Planes Conference, Orlando, FL

[5.6.25] Nagel, H.; Heinig, K. (1976): Auslegungsverfahren zur Optimierung konvergentdivergenter Schubdüsen sowie Methoden zur Berechnung der Überschallstrahlausbreitung, MTU, Technischer Bericht 76/007

[5.6.26] Ackermann, E.; Wildner, W. (1977): Interferenzprobleme und Realisierbarkeit einstrahliger Heckkonfigurationen, Teil 2: Realisierbarkeit einer Eingelenk-Langklappendüse, MTU, Technischer Bericht 77/024

[5.6.27] Tracksdorf, P. et al. (1982): Alternative Konzepte konvergent/divergenter Rechteckdüsen mit Schubvektorisierung und Schubumkehrung, MTU, Technischer Bericht 82/036

[5.6.28] Willard, C.M. et al. (1977): Static Performance of Vectoring/Reversing Nonaxisymmetric Nozzles, AIAA 77-840, AIAA/SAE 13th Propulsion Conference, Orlando, Fla.

[5.6.29] Capone, F.J.; Hunt, B.L.; Poth, G.E. (1981): Subsonic/Supersonic Nonvectored Aeropropulsive Characteristics of Nonaxisymmetric Nozzles Installed on an F-18 Model, AIAA 81-1445, AIAA/SAE/ASME 17th Joint Propulsion Conference, Colorado Springs, Colorado

[5.6.30] Chen, C.L.; Chakravarthy, S.R.; Hung, C.M. (1994): Numerical Investigation of Separated c/d-Nozzle Flows, AIAA Journal, Vol. 32, No. 9

[5.6.31] Rebolo, R. et al. (1993): Aerodynamics Design of Convergent-Divergent Nozzles, AIAA 93-2574, AIAA/SAE/ASME/ASEE 29th Joint Propulsion Conference and Exhibit, Monterey, CA

[5.7.1] Kadambi, V.; Etemad, S.; Russo, L. (1992): Primary Surface Heat Exchanger for a Ground Vehicle Gas Turbine, SAE 920148, International Congress & Exposition, Detroit, Michigan

[5.7.2] Eggebrecht, R.; Schlosser, W. (1986): Kompakter Hochtemperatur-Wärmetauscher für Wellenleistungsturbinen, MTZ Motortechnische Zeitschrift, Heft 6

[5.7.3] McDonald, C.F. (1990): Gas Turbine Recuperator Renaissance, Heat Recovery Systems & CHP, Vol. 10, No. 1

[5.7.4] Ward, M.E.; Holmann, L. (1992): Primary Surface Recuperator for High Performance Prime Movers, SAE 920150, International Congress & Exposition, Detroit, Michigan

[5.7.5] Pellischek, G.; Reile, E. (1992): Compact Energy Recovery Units for Vehicular Gas Turbines, SAE 920151, International Congress & Exposition, Detroit, Michigan, USA,

[5.7.6]   Pellischek, G.; Reile, E. (1975): Heat Exchanger Design Data and Performance Analysis, MTU, Technischer Bericht 85/007

[5.8.1]   Strack, W.C. et al. (1982): Technology and Benefits of Aircraft Counter Rotation Propellers, NASA TM 82983, SAE Aerospace Congress and Exposition, Anaheim, California

[5.8.2]   Godston, J.; Kish, J. (1982): Selecting the Best Reduction Gear Concept for Prop-Fan Propulsion Systems, AIAA 82-1124

[5.8.3]   Godston, J.; Mike, F.J. (1984): Evaluation of Single and Counter Rotation Gearboxes for Propulsion Systems, AIAA 84-1195, AIAA/SAE/ASME 20th Joint Propulsion Conference, Cincinnati, Ohio

[5.8.4]   Anderson, R.D. et al. (1984): Advanced Propfan Drive System Characteristics and Technology Needs, AIAA 84-1194, AIAA/SAE/ASME 20th Joint Propulsion Conference, Cincinnati, Ohio

[5.8.5]   Rued, K. et al. (1989): High Performance Gear Systems and Heat Management for Advanced Ducted Systems, AIAA 89-2482, AIAA/ASME/SAE/ASEE 25th Joint Propulsion Conference, Monterey, CA

[5.8.6]   Britz, K. (1987): CRISP-Reduktionsgetriebevarianten – Parameterstudie zur Auslegung von CRISP-Reduktionsgetriebevarianten im Hinblick auf Einbauvolumen und Gewichtsminimierung, Diplomarbeit, RWTH-Aachen

[5.8.7]   Geidel, H.A.; Eckardt, D. (1989): Gearless CRISP – The Logical Step to Economic Engines for High Thrust, ISABE 89-7116, ISABE 9th International Symposium on Air Breathing Engines, Athens, Greece

[5.8.8]   Eckardt, D. (1991: Future Engine Design Trade Offs, ISABE 10th International Symposium on Air Breathing Engines, Nottingham, UK

[5.10.1] Saunders, N.T.; Bowditch, D.N. (1987): Impact and Promise of NASA Aeropropulsion Technology, Conference Publication 10003, Part 1, Aeropropulsion '87, NASA Lewis Research Center, Cleveland, Ohio

[5.11.1] (1996): DLR-Workshop on Aspects of Airframe Engine Integration for Transport Aircraft, DLR-Braunschweig, Germany

[5.11.2] Rubbert, P.E.; Tinoco, E.N. (1983): Impact of Computational Methos on Aircraft Design (Invited Paper), AIAA 83-2060, AIAA Atmospheric Flight Mechanics Conference, Gatlinburg, Tennessee

[5.11.3] Burgsmüller, W.; Hoheisel, H.; Kooi, J.W. (1993): Results of Engine/Airframe Interference Investigations on Transport Aircraft with Ducted Propfan Versus Turbofan Engines, Aerodays 93, 2nd Community Aeronautics RTD Conference of the CEC, Napoli, Italy

[5.11.4] Hoheisel, H. (1996): Aerodynamic Aspects of Engine-Aircraft Integration of Transport Aircraft, Aerospace Science and Technology, No. 7

[5.11.5] Younghans, J.L.; Dusa, D.J. (1990): High Bypass Turbofan Nacelles for Subsonic Transports (Aero Design and Installed Performance), Short Course on Propulsion System Integration and Design at the University of Kansas

[5.11.6] Brandys, A. (1996): Erweiterung eines aerodynamischen Vorauslegungssystems für Triebwerksgondeln, Diplomarbeit, Technische Universität München

[5.11.7] Eckardt, D.; Brines, G. (1992): Technology Readiness for Advanced Ducted Engines, Moscow Aero & Industry Engine '92 Propulsion Seminar

[5.11.8] Jackson, A.H. (1973): Q-Fan Propulsion for Short Haul Transports, AGARD Conference on V/STOL Propulsion Systems, Conference Proceedings No. 135, Schliersee, Germany

[5.12.1] Schmidt, J. et al. (1982): The Oil/Air System of a Modern Fighter Aircraft Engine, AGARD Conference on Problems in Bearings and Lubrication, Conference Proceedings No. 323, Ottawa, Canada

[5.12.2] Johnson, A.M.; Roth, A.J.; Moussa, N.A. (1988): Hot Surface Ignition Tests of Aircraft Fluids, AFWAL-TR 88-2101, Wright-Patterson Air Force Base, OH

[5.12.3] Kutz, K.J.; Speer, T.M. (1992): Simulation of the Secondary Air System of Aero Engines, ASME 92-GT-68, International Gas Turbine and Aeroengine Congress and Exposition, Cologne, Germany

[5.12.4] Zimmermann, H. (1989): Some Aerodynamic Aspects of Engine Secondary Air Systems, ASME 89-GT-209, Gas Turbine and Aeroengine Congress and Exposition, Toronto, Canada

[5.12.5] Schmidt, J.; Eidenschink, H. (1988): Designing Modern Engine Air and Oil System, Symposium der Technischen Akademie, Esslingen, BRD

[5.13.1] (1997): European Propulsion Forum on Design of Aero Engines for Safety, Reliability, Maintainability and Cost, Technische Universität, Berlin, Germany

[5.14.1] Mathews, D.C.; Peracchio, A.A. (1974): Progress in Core Engine and Turbine Noise Technology, AIAA Paper 74-948, AIAA 6th Aircraft Design, Flight Test and Operations Meeting, Los Angeles, California

[5.14.2] Bragg, S.L.; Bridge, R. (1964): Noise From Turbojet Compressors, Journal of The Royal Aeronautical Society, Volume 68, Number 637

[5.14.3] Lowson, M.V. (1968): Reduction of Compressor Noise Radiation, Acoustical Society of America, Journal, Vol. 43

[5.14.4] Smith, M.J.T.; Bushell, K.W. (1969): Turbine Noise – 1st Significance in the Civil Aircraft Noice Problem, ASME 69-WA/GT-12, ASME Winter Annual Meeting, Los Angeles, California

[5.14.5] Marshall, D.A.A. (1972): Sources of Noise in Aero-Engines, 1st International Symposium on Air Breathing Engines, Marseille, France

[5.14.6] Williams, T.J.; Ali, M.R.M.H.; Anderson, J.S. (1969): Noise and Flow Characteristics of Coaxial Jets, Jounal Mechanical Engineering Science, Vol. 11, No. 2

[5.14.7] Allan, R.D. (1979): General Electric Company Variable Cycle Engine Technology Demonstrator Program, AIAA 79-1311, AIAA/SAE/ASME 15th Joint Propulsion Conference, Las Vegas, Nevada

[5.14.[8] Howlett, R.A.; Kozlowski, H. (1975): Variable Cycle Engines for Advanced Supersonic Transports, SAE 751086

[5.14.9] Simcox, C.D.; Armstrong, R.S.; Atvars, J. (1975): Recent Advances in Exhaust Systems for Jet Noise Suppression of High Speed Aircraft, AIAA 75-333, AIAA 11th Annual Meeting and Technical Display, Washington, D.C.

[5.14.10] Kennepohl, F. et al. (1995): Influence of Bypass Ratio on Community Noise of Turbofans and Single Rotation Ducted Propfans, AIAA 95-135, CEAS/AIAA 1st Joint Aeroacoustics Conference, Munich, Germany

[5.14.11] Dawson, L.G.; Sills, T.D. (1972): An end to aircraft noise?, Aeronautical Journal, Lecture

[5.14.12] Morgan, H.G.; Hardin, C. (1974): Airframe Noise – The Next Aircraft Noise Barrier, AIAA 74-949, AIAA 6th Aircraft Design, Flight Test and Operations Meeting, Los Angeles, California

[5.14.13] Gibson, J.S. (1974): Recent Developments at the Ultimate Noise Barrier, The 9th Congress of the International Council of the Aeronautical Sciences, Haifa, Israel

[5.15.1] Schwamm, F. (1998): Fadec Computer Systems for Safety Critical Application, ASME 98-GT-170, International Gas Turbine & Aeroengine Congress & Exhibition, Stockholm, Sweden

[5.15.2] Bickard, T.; Hubart, N.; Lanet, J.-L. (1997): Future Jet Engine Control Systems, European Propulsion Forum on Design of Aero Engines for Safety, Reliability, Maintainability and Cost, Berlin, Germany

[6.2.1] Koff, B.L. (1989): The next 50 Years of Jet Propulsion,Celebration of the Golden Anniversary of Jet Powered Flight, 1939–1989, AIAA, Dayton, Ohio

[6.3.1] Schill, G. et al. (1980): HD-Systeme von Triebwerken der 60–80 kN-Klasse mit Technologie der 90er Jahre, MTU-Bericht 80/036

[6.3.2] Tracksdorf, P. et al. (1983): Triebwerke mit und ohne Nachbrenner für den Phantom-Nachfolger, MTU-Bericht 83/029

[6.3.3] Sweetman, B. (1997): Pilotless fighters: has their time come? – Reducing the risk and cutting the cost of air combat, Janes International Defense Review, June 1997

[6.3.4] Schäffler, A.; Lauer, W. (1998): Design of a new Fighter Engine – the dream in an engine man's life, RTO AVT Symposium on Design Principles and Methods for Aircraft Gas Turbine Engines, RTO MP-8, Toulouse, France

[6.6.1] Payzer, R.J. (1976): Variable-Cycle Engine Applications and Constraints, AGARD Conference on Variable Geometry and Multicycle Engines, Proceedings No. 205, Paris, France

[6.6.2] Boxer, E.; Morris, S.J.; Foss, W.E. (1976): Assessment of Variable-Cycle Engines for Supersonic Transports, AGARD Conference on Variable Geometry and Multicycle Engines, Proceedings No. 205, Paris, France

[6.6.3] Hines, R.W.; Sabatella, J.A. (1973): Benefits of Advanced Propulsion Technology for the Advanced Supersonic Transport, SAE 730896, National Aerospace Engineering and Manufacturing Meeting, Los Angeles, California

[6.6.4] Ramsay, J.W.; Oates, G.C. (1972): Potential Operating Advantages of a Variable Area Turbine Turbojet, ASME 72-WA/Aero-4, Winter Annual Meeting, New York

[6.6.5] Howlett, R.A. et al. (1975): Advanced Supersonic Propulsion Study Phase II in Final Report, Report NASA CR-134904, National Aeronautics and Space Administration, Washington, D. C.

[6.6.6] Hines, R.W. (1977): Variable Stream Control Engine for Supersonic Propulsion, AIAA 77-831, AIAA/SAE 13th Propulsion Conference, Orlando, Fla.

[6.6.7] Grieb, H.; Ackermann, E. (1976): Advanced Engine Design Concepts and Their Influence on the Performance of Multi-Role Combat Aircraft, AGARD Conference on Variable Geometry and Multicycle Engines, Proceedings No. 205, Paris, France

[6.6.8] Grieb, H.; Weiler, W.; Weist, G. (1977): Variable-Cycle Engines for Fighter Aircraft – Advance in Performance and Development Problems, AGARD Conference on Fighter Aircraft Design, Proceedings No. 241, Florence, Italy

[6.6.9] Kuenkler, H. (1982): Individual Bypass Throttling in Fighter Engines, AIAA 82-1285, AIAA/SAE/ASME, 18th Joint Propulsion Conference, Cleveland, Ohio

[6.6.10] Moxon, J. (March 20, 1982): Variable-Cycle Engine: Propulsion Panacea?, FLIGHT International

[6.6.11] Zola, C.L. (1984): Tandem Fan Applications in Advanced STOVL Fighter Configurations, NASA Technical Memorandum 83689, Joint Propulsion Conference 20th, AIAA, SAE, and ASME, Cincinnati, Ohio

[6.6.12] Lowrie, B.W.; Denning, R.M.; Gupta, P.C. (1988): The Next Generation Supersonic Transport Engine – Critical Issues, RAeS - Symposium on "Aerodynamics Design for Supersonic Flight"

[6.6.13] Lowrie, B.W. (1989): Future Supersonic Transport Propulsion Optimisation, European Symposium on Future Supersonic Hypersonic Transportation, Strasbourg, France

[6.6.14] Ackermann, E.; Albers, M. (1993): Studie SST-Antrieb, MTU, Technischer Bericht 93-0001

[6.6.15] Habrard, A. (1992): The Variable-Cycle Engine to Meet the Economic and Environmental Challenge of the Future Supersonic Transport Aircraft, Revue Scientifique SNECMA, No. 1

[6.6.16] Morisset, J. (10 Juin 1989): La Solution: Le Moteur à Cycle Variable, Air & Cosmos No. 1241

[6.6.17] Smith, A.D.F. (1989): Next Fifty Years in Jet Propulsion: European Perspective, Celebration of the Golden Anniversary of Jet Powered Flight 1939–1989, AIAA, Dayton, Ohio

[6.7.1] Kloster, M. (1998): Die Bewertung künftiger Überschall-Verkehrsflugzeuge (SST) mittels des Schallknall-Kriteriums, Workshop DGLR-Fachausschuß Luftfahrtsysteme, TU München

[6.7.2] Plotkin, K.J. (1989): Review of Sonic Boom Theory, AIAA 89-1105, AIAA 12th Aeroacoustics Conference, San Antonio, TX

[6.7.3] Carlson, H.W. (1978): Simplified Sonic-Boom Prediction, NASA TP-1122, NASA Langley Research Center, Hampton, VA

[6.7.4] (January 1997): Emissions Technology Review on Advanced Subsonic Technology (AST), ICAO/CAEP-4 WG3 Emissions 2nd Meeting, Seville, Spain

[6.7.5] Rettie, I.H.; Lewis, W.G.E. (1968): Design and Development of an Air Intake for a Supersonic Transport Aircraft, Journal of Aircraft, Volume 5, Number 6

[6.7.6] Salay, C.R.; Elliott, D.W. (1996): Matching Engine and Aircraft Lapse Rates for High Speed Civil Aircraft, Journal of Aircraft, Vol. 33, No. 1

[6.7.7] Michel, U. (1987): Berechnung des beim Start eines Überschall-Verkehrsflugzeuges erzeugten Lärms, DFVLR IB 22214-87/B2

[6.7.8] Champagne, G.A. (1988): Payoffs for Supersonic Through Flow Fan Engines in High Mach Transports and Fighters, AIAA 88-2945, AIAA/ASME/SAE/ASEE 24th Joint Propulsion Conference, Boston, Massachusetts

[6.7.9] Ball, C.L. (1987): Supersonic Throughflow Fans for High-Speed Aircraft, Aeropropulsion '87, Conference at NASA Lewis Research Center, Cleveland, Ohio, NASA Conference Publication 10003, Part 6

[6.8.1] (1988): Broschüre Förderkonzept Hyperschalltechnologie, Bundesministerium für Forschung und Technologie, Bonn

[6.8.2] Lombard, A.A.; Keenan, J.G. (1965): Ein Turboraketentriebwerk für luftatmende Hochgeschwindigkeitsflugzeuge, Interavia I

[6.8.3] Lorenzo, C.F. (1987): Directions in Propulsion Control, Aeropropulsion '87, Conference at NASA Lewis Research Center, Cleveland, Ohio, NASA Conference Publication 10003, Part 4

[6.8.4] Pouliquen, M.F.; Doublier, M.; Scherrer, D. (1988): Combined Engines for Future Launchers, AIAA 88-2823, AIAA/SAE/ASME/ASEE 24th Joint Propulsion Conference, Boston

[6.8.5]   Cazin, P. (1989): French Space Plane Research, from Hermes to Transatmospheric Vehicles, AIAA First National Aero-Space Plane Conference, Dayton, USA

[6.8.6]   Albers, M. et al. (1989): Technology Preparation for Hypersonic Air-Breathing Combined Cycle Engines, ISABE 9th International Symposium on Air-Breathing Engines, Athens, Greece

[6.8.7]   Sosounov, V. (1989): Some Aspects of Hydrogen and Other Alternative Fuels for Application in Air-Breathing Engines, ISABE, IX International Symposium on Air Breathing Engines, Athens, Greece

[6.8.8]   Kuczera, H.; Krammer, P.; Sacher, P. (1991): SÄNGER und das Deutsche Hyperschall-Technologieprogramm, Statusbericht, Deutscher Luft- und Raumfahrt-Kongreß, DGLR Jahrestagung, Berlin

[6.8.9]   Kramer, P.-A. et al. (1991): Hochenergie-Triebwerke für das Jahr 2000, Deutscher Luft- und Raumfahrt-Kongreß, DGLR Jahrestagung, Berlin

[6.8.10]   (1991): Technologien und Synergien bei Antrieben für 2-stufige, horizontal-startende Raumtransporter, Gemeinsame Sitzung der DGLR-Fachausschüsse „Luftatmende Antriebe" und „Chemische Antriebe", Ottobrunn

Vortrag a) Heitmeir, F.; Krammer, P.; Schwab, R.R: Hyperschall-Antriebe: Komponenten, Systeme, Integration
        b) Rüd, K.: Kühlkonzept und Thermalhaushalt für luftatmende Hyperschall-Antriebe
        c) Bissinger, N.; Weinreich, H.L.: Gestaltung und Leistung von Hyperschall-Lufteinläufen
        d) Koschel, W.; Rick, W.; Bikker, S.: Flexibilität von Rechteck- und Plug-düsen
        e) Göing, M.; Krüger, W.; Walther, R.: Auslegung und Integration asymmetrischer Hyperschall-Düsen
        f) Pellischek, G.: H_2-Luft-Wärmetauscher zur Kühlluftversorgung von Hyperschall-Antrieben
        g) Therkorn, D.: Umschaltvorgang eines Turbo-Straustrahlkombinationstriebwerkes für ein Hyperschallflugzeug
        h) Weber, G.: Hilfsenergiesysteme für die Unterstufe eines zweistufigen Raumtransporters
        i) Smarsly, W.; Krueger, W.; Ottenstein, A.: Entwicklung hochbelasteter optimaler Bauweisen für Hyperschallantriebe

[6.8.11]   Krammer, P.; Schwab, R.R. (1991): Engine Technologies for Future Spaceplanes, ISABE 10th International Symposium on Air Breathing Engines, Nottingham, UK

[6.8.12]   Lederer, R.; Schwab, R.R. (1991): Hypersonic Propulsion Activities for SÄNGER, AIAA 91-5040, AIAA 3rd International Aerospaceplane Conference, Orlando, Fl

[6.8.13]   Krammer, P. et al. (1991): Airbreathing Propulsion, Review of the German Hypersonics Research and Technology Programme, BMFT, Bonn, Germany

[6.8.14]   Rued, K.; Mark, H.; Goetz, G. (1991): Heat Management Concepts for Hypersonic Propulsion Systems, AIAA 91-2493, AIAA/ASME/SAE/ASEE 27th Joint Propulsion Conference, Sacramento, CA

[6.8.15]   Webb, W.L.; Hill, J.D. (1993): Mach 5 Turboramjet Requirements and Design Approach, ISABE 93-7015, 11th Symposium on Airbreathing Engines, Tokyo, Japan

[6.8.16]   Bussi, G.; Colasurdo, G.; Pastrone, D. (1993): An Analysis of Air-Turborocket Performance, AIAA 93-1982, AIAA/SAE/ASME/ASEE 29th Joint Propulsion Conference and Exhibit, Monterey, CA

[6.8.17]　Walther, R. et al. (1995): Progress in the Joint German-Russian Scramjet Technology Programme, ISABE 95-7121, 12th International Symposium on Air Breathing Engines, Melbourne, AUS

[6.8.18]　Walther, R. et al. (1997): Investigations into the Aerothermodynamic Characteristics of Scramjet Components, ISABE 97-7085, AIAA-CP-9713, 13th International Symposium on Air Breathing Engines, Chattanooga, TN, USA

[6.8.19]　Koschel, W. (1998): Engine Cycle Selection, Lecture Series 1998-01 on High Speed Propulsion, von Karman Institute for Fluid Dynamics

[6.8.20]　Koschel, W. (1998): Scramjet Performance Calculation and Testing, Lecture Series 1998-01 on High Speed Propulsion, von Karman Institute for Fluid Dynamics, Rhode-Saint-Genèse, Belgium

[6.8.21]　Johnson, C. (1998): Air Breathing Propulsion for Spacecraft Launch Vehicles, Lecture Series 1998-01 on High Speed Propulsion, von Karman Institute for Fluid Dynamics, Rhode-Saint-Genèse, Belgium

[6.8.22]　Murthy, S.N.B. (1998): High Speed Propulsion, Part I: Introduction, Lecture Series 1998-01 on High Speed Propulsion, von Karman Institute for Fluid Dynamics, Rhode-Saint-Genèse, Belgium

[6.8.23]　Tanotsugu, N. et al. (1996): Development Study of the ATREX Engine, AIAA 96-4553

[6.8.24]　Thompson, A.W.; Bernstein, I.M. (1976): Effect of Hydrogen on Behaviour of Materials, The Metallurgical Society of AIME, Warrendale, PA

[6.8.25]　Ortner, H.M. (1982): Gase in Metallen, Deutsche Gesellschaft für Metallkunde, Oberursel

[6.8.26]　Wei, W. (1983): Crack Growth Kinetics of Nickel in Hydrogen, Dissertation – University of Illinois, Urbana, IL

[6.8.27]　Gibala, R.; Hehemann, R.F. (1984): Hydrogen Embrittlement and Stress Corrosion Cracking, American Society for Metals, Metals Park, Ohio

[6.8.28]　Murray, G.T.; Bouffard, J.P.; Briggs, D. (January 1987): Retardation of Hydrogen Embrittlement of 17-4 PH Stainless Steels by Nonmetallic Surface Layers, Metallurgical Transactions A, Volume 18A

[6.8.29]　Yuzo, H.; Seizaburo, A. (June 1975): The Effect of Helium Environment on the Creep Rupture Properties of Inconel 617 at 1000 °C, Metallurgical Transactions A, Volume 6A

[6.9.1]　(1966): Plenum Chamber Burning, Bristol Siddeley Journal, Volume 7, No. 1

[6.9.2]　(October 10, 1987): PCB Tests Linked to Astovl Research, Flight International

[6.9.3]　Biehl, W. (1973): Propulsion System of the VJ 101 C VTOL Aircraft Philosophy and Practical Experience, AGARD Conference on V/STOL Propulsion Systems, Conference Proceedings No. 135, Schliersee, Germany

[6.9.4]　Blaha, B.J.; Batterton, P.G (1987): Supersonic STOVL Propulsion Technology Program, Aeropropulsion '87, Conference at NASA Lewis Research Center, Cleveland, Ohio, NASA Conference Publication 10003, Part 6

[6.9.5]　Bevilaqua, P.M. (1996): Dual-Cycle Operation of the Shaft Driven Lift Fan Propulsion System, Presentation at the International Powered Lift Conference, SAE-P-306, Jupiter, FL, USA

[6.9.6]　Phariss, G. (1996): Lift + Lift/Cruise Propulsion System for STOVL Powered Lift, Presentation at the International Powered Lift Conference, SAE-P-306, Jupiter, FL, USA

[6.9.7]   Corgiat, A.; Lind, G.W.; Hartsel, J. (1993): Fan-in-Wing Technology from the XV-5A to the Present, AIAA 93-4839-CP, AIAA Powered Lift Conference, Santa Clara, CA, USA

[6.9.8]   Quinn, B. (1973): Compact Thrust Augmentors for V/STOL Aircraft, AGARD Conference on V/STOL Propulsion Systems, Proceedings No. 135, Schliersee, Germany

[6.9.9]   Strough, R.I.; Wynosky, T.A. (1973): V/STOL Deflector Duct Profile Study, AGARD Conference on V/STOL Propulsion Systems, Proceedings No. 135, Schliersee, Germany

[6.9.10]   Lotz, M.; Bartels, P. (1973): Problems of V/STOL Aircraft Connected with the Propulsion System as Experienced on the DO 31 Experimental Transport Aircraft, AGARD Conference on V/STOL Propulsion Systems, Proceedings No. 135, Schliersee, Germany

[6.9.11]   Wieland, K. (1973): The Development and Flight Testing of the Propulsion System of the VAK 191 B V/STOL Strike and Reconnaissance Aircraft, AGARD Conference on V/STOL Propulsion Systems, Proceedings No. 135, Schliersee, Germany

[6.9.12]   Schaub, U.W. (1973): Aerodynamic Characteristics of an Experimental Lifting Fan Under Crossflow Conditions, AGARD Conference on V/STOL Propulsion Systems, Proceedings No. 135, Schliersee, Germany

[6.9.13]   Mehalic, M. (1988): Of Spatial Inlet Temperature and Pressure Distortion on Turbofan Engine Stability, AIAA 88-3016, AIAA/ASME/SAE/ASEE 24th Joint Propulsion Conference, Boston, Massachusetts

[6.10.1]   Godsey, F.W.; Young, L.A. (1949): Gas Turbines for Aircraft, First Edition, McGraw-Hill Book Company, Inc., New York, Toronto, London

[6.10.2]   Beam, P.E.; Cutler, R.E. (1965): Turboprop-Triebwerk mit Regeneration, Flugrevue, Heft 8

[6.10.3]   Cutler, R.E.; Spears, E.W. (1961): Allison T78 – die erste Propellerturbine mit regenerativem Wärmaustausch, Interavia 11

[6.10.4]   Sallee, G.P.; Mehwald, G. (1965): Application of Regenerative Engines to Current and Future Aircraft, SAE 973C, International Automotive Engineering Congress, Detroit, Michigan

[6.10.5]   Beam, P.E. (1980): Development of Small Fuel Efficient Aircraft Engines, Preprint No. 80-38, 36th Annual Forum of the American Helicopter Society, Washington, D.C.

[6.10.6]   Easterling, A.E.; Chesser, P. (1980): Regenerative Engine for Helicopter Application, Preprint No. 80-39, 36th Annual Forum of the American Helicopter Society, Washington, D.C.

[6.10.7]   Grieb, H.; Klussmann, W. (1981): Regenerative Helicopter Engines – Advances in Performance and Expected Development Problems, AGARD Conference on Helicopter Propulsion Systems, Proceedings No. 302, Toulouse, France

[6.10.8]   Vinson, P.W.; Tameo, R.P.; Neitzel, R.E. (1981): A Study of Regenerative Turboshaft Engines Suitable for Light Military Helicopters, ASME No. not available, ASME 26th International Gas Turbine Conference and Exhibit, Houston, Texas

[6.10.9]   Vanco, M.; Wintucky, W.; Niedzwiecki, R. (1986): An Overview of the Small Engine Component Technology (SECT) Studies, AIAA 86-1542, AIAA/ASME/SAE/ASEE 22nd Joint Propulsion Conference, Huntsville, Alabama

[6.10.10] Hirschkron, R.; Russo, C.J. (1986): Small Turboshaft/Turboprop Engine Technology Study, AIAA 86-1623, AIAA/ASME/SAE/ASEE 22nd Joint Propulsion Conference, Huntsville, Alabama

[6.10.11] Mock, E.A.T.; Caldwell, R.T.; Boyd, K.E. (1984): Regenerative Intercooled Turbine Engine (RITE) Study, AIAA 84-1267, AIAA/SAE/ASME, 20th Joint Propulsion Conference, Cincinnati, Ohio

[6.10.12] Kentfield, J.A.C. (1974): Regenerative Turbofans: A Comparison with Nonregenerative Units, Journal of Aircraft, Vol. 12, No. 3

[6.10.13] Kraft, G.A. (1975): Preliminary Study of the Fuel Saving Potential of Regenerative Turbofans for Commercial Subsonic Transports, NASA Technical Memorandum X-71785

[6.10.14] Miura, Y. (1983): Preliminary Investigation on the Performance of Regenerative Turbofan with Inter-Cooled Compressor and its Influence to Aircraft, AIAA 83-7028, AIAA 6th International Symposium on Airbreathing Engines, Paris, France

[6.10.15] Boudigues, S.; Fabri, J. (1985): Interet des Echangeurs en Ceramique pour Turbine à Gaz ou Turboreacteurs, AGARD Conference on Heat Transfer and Cooling in Gas Turbines, Proceedings No. 390, Bergen, Norway

[6.10.16] Pellischek, G. (1990): Compact High Performance Heat Exchangers for ICR Aircraft Gas Turbines, DGLR/AAAF/RAeS European Propulsion Forum on Future Development of Commercial Aircraft Engines with Respect to the Protection of the Atmosphere, Cologne, Germany

[6.10.17] Lecht, M. (1990): Thermodynamic Considerations on Fan Engine Recuperative Heat Cycles, DGLR 90-010, European Propulsion Forum on Future Civil Engines and the Protection of the Atmosphere, Köln-Porz, Germany

[6.11.1] Denning, R.M.; Hooper, J.A. (Jan. 1972): Prospects for Improvement in Efficiency of Flight Propulsions Systems, Journal of Aircraft, Vol. 9, No. 1

[6.11.2] Swan, W.C.; Schott, G.J. (Jan. 1975): New Engine Cylces – Opportunity for Creativity, Astronautics and Aeronautics, Vol. 13, No. 1

[6.11.3] Gauntner, J.W. (1983): Use of Cooling Air Heat Exchangers as Replacements for Hot Section Strategic Materials, NASA-TM-83494

[6.11.4] (March 30, 1992): Saturn/Lyulka Diversifies Business to Cope with Russian Economic Crisis, Aviation Week & Space Technology

[6.11.5] Schill, G. et al. (1980): HD-Systeme von Triebwerken der 60–80 kN-Klasse mit Technologie der 90er Jahre, MTU, Technischer Bericht 80/036

[6.11.6] Sieber, J.; Jackwerth, H. (1991): Betriebsverhalten eines CRISP-Vortriebserzeugers, DGLR Deutscher Luft- und Raumfahrt-Kongreß 1991, Berlin, DGLR Jahrbuch

[6.11.7] Stiefel, W. (Sept. 1950): Betrachtungen zur Auslegung der Beschaufelung von axial durchströmten Verdichtern, MTZ Jahrg. 20, Heft 9

[6.11.8] Wainauski, H.S.; Vaczy, C.M. (1986): Aerodynamic Performance of a Counter Rotating Prop-Fan, AIAA 86 1550, AIAA/ASME/SAE/ASEE 22nd Joint Propulsion Conference, Huntsville, Alabama

[6.11.9] Lücking, P.; Tracksdorf, P.; Gaag, R. (1989): Neue Manteltriebwerke, Auslegung der CRISP-Gondel und Versuchsanalyse, DGLR 89-121, Deutscher Luft- und Raumfahrt-Kongreß 1989, Hamburg, Jahrbuch der DGLR

[6.11.10] Jackwerth, H.; Köppel, B.; Braeunling, W. (1989): CRISP-Modelluntersuchungen, Versuchsaufbau und erste Messungen, DGLR 89-122, Deutscher Luft- und Raumfahrt-Kongreß 1989, Hamburg, Jahrbuch der DGLR

[6.11.11] Frischbier, J.; Sikorski, S. (1991): CRISP-Modellversuch – Entwicklung der CFD-/ Titan-Hybrid-Fanschaufeln, DGLR 91-194, Deutscher Luft- und Raumfahrt-Kongreß 1991, Berlin, Jahrbuch der DGLR

[6.11.12] Wehlitz, P.; Sieber, J.; Helmig, K. (1989): Aerodynamische Auslegung der CRISP-Fanmodelle und Analyse vorliegender Versuchsergebnisse, DGLR 89-120, Deutscher Luft- und Raumfahrt-Kongreß 1989, Hamburg, Jahrbuch der DGLR

[6.11.13] Lieblein, S.; Johnsen, I.A. (Juli 1961): Résumé of Transonic-Compressor Research at NACA Lewis Laboratory, Journal of Engineering for Power

[6.11.14] Volkmann, H.; Fottner, L.; Scholz, N. (1974): Aerodynamische Entwicklung eines dreistufigen Transsonik-Frontgebläses, Zeitschrift für Flugwissenschaften 22, Heft 4

[6.11.15] Schreiber, H.A.; Starken, H. (1983): Experimental Cascade Analysis of a Transonic Compressor Rotor Blade Section, ASME 83-GT-209, International Gas Turbine & Aeroengine Congress & Exhibition, Phönix, Arizona

[6.11.16] Schreiber, H.A. (1988): Shock Losses in Transonic and Supersonic Compressor Cascades, Lecture Series 1988-03 on Transonic Compressors, von Karman Institute, Rhode-Saint-Genèse, Belgium

[6.11.17] Tweedt, T.L.; Schreiber, H.A.; Starken, H. (1988): Experimental Investigation of the Performance of a Supersonic Compressor Cascade, ASME 88-GT-306, International Gas Turbine and Aeroengine Congress & Exhibition, Amsterdam, Netherlands

[6.11.18] Bloch, G.S.; Copenhaver, W.W.; O'Brien, W.F. (1997): A Shock Loss Model for Supersonic Compressor Cascades, ASME 97-GT-405, International Gas Turbine & Aeroengine Congress & Exhibition, Orlando, Florida

[6.11.19] Joos, F. et al. (1996): Development of the Sequential Combustion System for the ABB GT24/GT26 Gas Turbine Family, ASME 96-GT-315, International Gas Turbine and Aeroengine Congress & Exhibition, Birminham, UK

[6.11.20] Joos, F. et al. (1998): Field Experience of the Sequential Combustion System for the GT24/GT26 Gas Turbine Family, ASME 98-GT-220, International Gas Turbine & Aeroengine & Exhibition, Stockholm, Sweden

[6.11.21] Vogeler, K. (1998): The Potential of Sequential Combustion for High Bypass Jet Engines, ASME 98-GT-311, International Gas Turbine & Aeroengine Congress & Exhibition, Stockholm, Sweden

[6.11.22] Eroglu, A. et al. (1998): Vortex Generators in Lean-Premix Combustion, ASME 98-GT-487, International Gas Turbine & Aeroengine Congress & Exhibition, Stockholm, Sweden

[6.11.23] Kiesow, H.J. et al. (1999): The ABB GT26 Familiy – Field Experience, VDI/SET, Jahrbuch

[6.11.24] Anderson, D.N. (1976): Emissions of Oxides of Nitrogen from an Experimental Premixed Hydrogen Burner, NASA TM X-3393

[6.11.25] Conrad, W. (1979): Turbine Engine Altitude Chamber and Flight Testing with Liquid Hydrogen, NASA Lewis Research Center, Cleveland, OH, USA, DGLR Symposium on Hydrogen in Air Transportation, Stuttgart, Germany

[6.11.26] Brindley, P.K. (1987): Development of a New Generation of High-Temperature Composite Materials, Aeropropulsion '87, NASA Conference Publication 10003, Part 1, NASA Lewis Research Center, Cleveland, Ohio

[6.11.27] George, D.G.; Brown, B.T.; Cox, A.R. (1979): The Application of Rapid Solidification Rate Superalloys to Radial Wafer Turbine Blades, AIAA 79-1226, AIAA/SAE/ASME 15th Joint Propulsion Conference, Las Vegas, Nevada

[6.11.28] Moxon, J. (Mai 1989): US Propulsion Looks Beyond ATF, Flight International, WPAFB

[6.11.29]   Zahedi, A.; Mitchell, S.C. (1991): Advanced Technology Engine Casing Designs, AIAA 91-1893, AIAA/SAE/ASME/ASEE 27th Joint Propulsion Conference, Sacramento, CA

[6.11.30]   Petty, J.S.; Hill, R.J. (1985): Future High Performance Turbine Engines – JAFE and HPTE, Conference on Evolution of Aircraft/Aerospace Structures and Materials, Dayton, OH, USA

[6.11.31]   Skira, C.A. (1997): Lowering the Production Cost of Advanced Technology Engines, 97-7158, ISABE Conference, WPAFB, USA

[6.11.32]   Storace, A.F. et al. (Okt. 1995): Integration of Magnetic Bearings in the Design of Advanced Gas Turbine Engines, Journal of Engineering for Gas Turbines and Power, Vol. 117

[6.11.33]   Nuscheler (1987): Samarium-Kobalt-Technologie, MTU-Notiz 87-014

[6.11.34]   (1980): Samarium-Cobalt Generator/Engine Integration Study, Technical Report AFWAL-TR-80-2022, General Electric Company, Aircraft Engine Group, Cincinnati, Ohio

[6.11.35]   (1981): Aircraft Electrical Power Systems, SAE/SP-81/500, Aerospace Congress & Esposition, Anaheim, California

Arbeitsdiagramme

Für die Durchführung von Projektstudien in der beschriebenen Weise sind folgende Arbeitsdiagramme/-tabellen nötig und zugleich ausreichend:

1) Normatmosphäre

$$p_0, T_0 \text{ und } \rho_0 = f(H) \text{ für ISA nach [1]}$$

2) Stautemperatur unter Flugbedingung Ma_0 / H

$$T_1 = T_0\left[1 + \frac{\kappa - 1}{2} Ma_0^2\right] = f(Ma_0, H)$$

3) Statische Strömungszustände bei isentroper Strömung

$$\frac{T_{stat}}{T} = 1 - \frac{1}{2R} \cdot \frac{\kappa - 1}{\kappa} \cdot \frac{C^2}{T} = f(C / \sqrt{T})$$

$$\frac{\rho_{stat}}{\rho} = \left[1 - \frac{1}{2R} \cdot \frac{\kappa - 1}{\kappa} \cdot \frac{C^2}{T}\right]^{\frac{1}{\kappa - 1}} = f(C / \sqrt{T})$$

$$\frac{p_{stat}}{p} = \left[1 - \frac{1}{2R} \cdot \frac{\kappa - 1}{\kappa} \cdot \frac{C^2}{T}\right]^{\frac{\kappa}{\kappa - 1}} = f(C / \sqrt{T})$$

für $\kappa = 1{,}33$ und $1{,}40$

4) Stromdichte bei Rohrströmung

$$I = \frac{R}{A} \cdot \frac{M\sqrt{T}}{p} = \frac{\rho_{stat}}{\rho} \cdot \frac{C}{\sqrt{T}} \qquad\qquad \text{m/s}, \sqrt{K}$$

für $\kappa = 1{,}33$ und $1{,}40$

5) Axiale Stromdichte bei Drallströmung im Ringraum

$$I_{ax} = \frac{R}{A_{ax}} \cdot \frac{M\sqrt{T}}{p} = f\left(\frac{C_{ax}}{\sqrt{T}}, \frac{C_u}{\sqrt{T}}\right) \mathrel{\hat=} f\left(\frac{C_{ax}}{\sqrt{T}}, \alpha\right)$$

für $\kappa = 1{,}33$ und $1{,}40$

Hilfreich ist das Polardiagramm auf der gegenüberliegenden Seite.

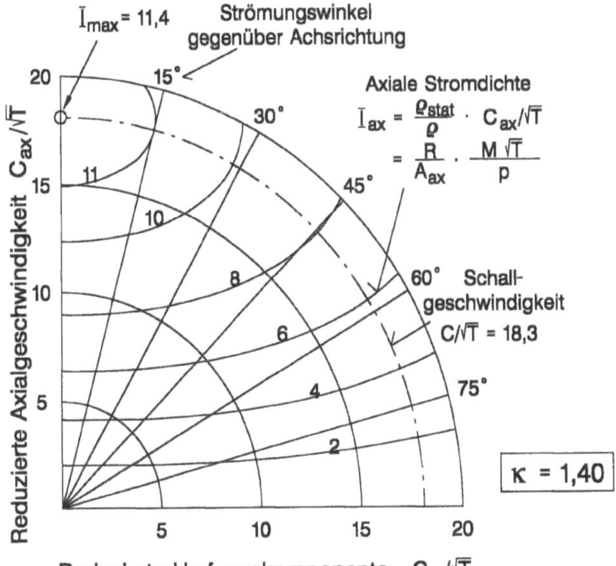

6) Hilfreich bei der Ringraumgestaltung sind grafische Darstellungen der Funktionen über v :

$$D_{fm} / D_a = \sqrt{(1+v^2)/2}$$

$$A / D_a^2 = \frac{\pi}{4}(1-v^2)$$

$$A / D_{fm}^2 = \frac{\pi}{2}\left(\frac{1-v^2}{1+v^2}\right)$$

$$h / D_a = = (1-v)/2$$

7) Strömungs-Mach-Zahl

$$Ma = \sqrt{\frac{C^2/T}{\kappa \cdot R - \frac{\kappa-1}{2} \cdot C^2/T}} = f(C/\sqrt{T}) \,, \text{ für } \kappa = 1{,}33 \text{ und } 1{,}40$$

8) Reduzierte Schallgeschwindigkeit

$$\frac{a}{\sqrt{T}} = \sqrt{\kappa \cdot R \cdot \frac{T_{stat}}{T}} = f\left(\frac{C}{\sqrt{T}}\right) \,, \text{ für } \kappa = 1{,}33 \text{ und } 1{,}40$$

im Bereich $c/\sqrt{T} = 0$ bis 30 m/s, $\sqrt{K}$

9) Kinematische Zähigkeit für Luft

$v = f(p, T)$ im Bereich $T = 250$ bis 1500 K und $P = 0,1$ bis 100 bar

10) Isentrope spezifische Verdichtungsarbeit

$$H_{is,V} / T_E = R \frac{\kappa}{\kappa - 1} \left[\Pi_V^{\frac{\kappa-1}{\kappa}} - 1 \right] = f(\Pi_V, \kappa) \text{ oder } f(\Pi_V, T_E)$$

11) Isentrope, spezifische Expansionsarbeit

$$H_{is,T} / T_E = R \frac{\kappa}{\kappa - 1} \left[1 - \left(\frac{1}{\Pi_T} \right)^{\frac{\kappa-1}{\kappa}} \right] = f(\Pi_T, \kappa)$$

mit $\Pi_T = p_E / p_A$, $\kappa = 1,25$ bis $1,40$

12) Isentroper Wirkungsgrad

$$\eta_{is,V} = \frac{\Pi_V^{\frac{\kappa-1}{\kappa}} - 1}{\Pi_V^{\frac{k-1}{\kappa} \cdot \frac{1}{\eta_{pol,V}}} - 1} \qquad \text{(Verdichter)}$$

$$\eta_{is,T} = \frac{1 - \left(\frac{1}{\Pi_T} \right)^{\frac{\kappa-1}{\kappa} \cdot \eta_{pol,T}}}{1 - \left(\frac{1}{\Pi_T} \right)^{\frac{\kappa-1}{\kappa}}} \qquad \text{(Turbine)}$$

13) Für rasche Abschätzungen (Verdichtung)

$T_A / T_E = f(\Pi_V, \eta_{pol,V})$ im Bereich $\Pi_V = 1$ bis 60 und $\eta_{pol,V} = 0,84$ bis $0,94$

14) Spezifische Wärme von Luft und Verbrennungsgas

$c_p = f(T, m)$

mit Brennstoff-/Luft-Verhältnis (Kerosin) $m = 0$ bis stöchiometrisch

15) Isentropenexponent von Luft und Verbrennungsgas

$\kappa = f(T, m)$ mit m wie unter 13)

16) Temperaturerhöhung bei Gleichdruckverbrennung von Kerosin bei

$\eta_A = 1,0$

$\Delta T = T_A - T_E = f(m, T_E)$

mit $T_E = 300$ bis 1500 K   und $m = 0$ bis stöchiometrisch

Stichwortverzeichnis